Geleitwort.

Auf Wunsch von Herrn Dr. Oswatitsch, der nahezu acht Jahre mein Mitarbeiter am Kaiser-Wilhelm-Institut für Strömungsforschung war, gebe ich gerne seinem Buch über Gasdynamik die folgenden Zeilen als Geleitwort mit:

Als ich selbst im Jahre 1904 meine Göttinger Tätigkeit begann, gab es bereits Anfänge dieser Wissenschaft. Der Name Gasdynamik war allerdings noch nicht erfunden. Über ihren Zustand im Jahre 1905 unterrichtet mein Beitrag V 5 b zum Physikband der „Enzyklopädie der mathematischen Wissenschaften"; er trägt den Titel „Über die strömende Bewegung der Gase und Dämpfe". Von dem, was man heutzutage Gasdynamik nennt, ist dort noch sehr wenig zu finden. Es gab ältere Ausführungen hierüber in Grashof, Theoretische Maschinenlehre (1875) und Zeuner, Technische Thermodynamik (1900), beide vorzügliche klare Lehrbücher, die unter anderem auch die strömende Bewegung der Gase behandelten, und es gab vor allem das berühmte Dampfturbinenbuch von Stodola, wovon die 3. Auflage 1905 erschienen war. Die Stodolaschen Forschungen waren auf diesem damals völlig neuen Gebiet führend gewesen. Von früher her existierten Betrachtungen über den Ausfluß von Druckluft, Dampf und dergleichen unter großen Druckunterschieden, es existierten aber auch eine Reihe von Ammenmärchen, so z. B. dieses, daß die Ausflußgeschwindigkeit von Gasen und Dämpfen niemals die Schallgeschwindigkeit dieser Stoffe überschreiten könne. Dieses, obwohl Energiebetrachtungen zeigten, daß wesentlich größere Geschwindigkeiten möglich waren. Das Märchen von der Schallgeschwindigkeit als Grenzgeschwindigkeit leitete sich davon her, daß Schlierenbilder von diesen Strahlen Wellenvorgänge zeigten und daraus geschlossen wurde, daß dies Schallwellen sein müßten. Das war die erste Sache, die mich selbst zu einer theoretischen Untersuchung angereizt hat, und ich konnte auch zeigen, daß es Wellen, und zwar solche mit Querschwingungen, gibt, die bei höheren Geschwindigkeiten als Schallgeschwindigkeit als stationäre Strömungsformen bestehen können. Diese und auch andere Fragen lockten mich selbst damals, das fragliche Gebiet durchzuarbeiten, und ich habe deshalb auch gerne Herrn Sommerfeld auf seine Bitte zugestimmt, den oben erwähnten Artikel für die Enzyklopädie zu schreiben. Diese Enzyklopädie hatte sich die Aufgabe gestellt, die Literatur der letzten hundert Jahre auf dem jeweiligen Einzelgebiet historisch darzustellen. In dem Falle meines Artikels, der mit 1905 abschließt, war allerdings der veröffentlichte Text im wesentlichen nur ein Nachweis, wie wenig auf diesem Gebiet bis dahin vorhanden war. Meine Resultate von den letzten paar Jahren gehörten jedoch auch schon zum eigentlichen Thema, aber alles dieses ist ungeheuer wenig gegenüber dem, was jetzt, also viereinhalb Jahrzehnte später, vorhanden ist. Seitdem nämlich die hohen Geschwindigkeiten nicht nur in Druckluft und Dampf erreicht werden, sondern auch die Flugzeuge immer schneller wurden, hat man sich mit den Körpergeschwindigkeiten der Schallgeschwindigkeit langsam immer mehr genähert und hat sie heutzutage auch schon überschritten. Und daneben gab es das ganze Gebiet der Ballistik, das allerdings in jener Zeit noch keine Theoretiker aufzuweisen hatte, von denen man in einer mathematischen Enzyklopädie zu berichten gehabt hätte. Durch die modernen Raketengeschosse, die den Flugzeugen den Rang bezüglich der Höchstgeschwindigkeiten längst abgelaufen haben, bei denen aber die für die Flugtechnik entwickelten Strömungsgesetze ebenfalls angewandt werden, fließen die Theorien der beiden Anwendungsgebiete völlig in eins zusammen, so daß sich heute ein überaus stattliches Wissenschaftsgebiet präsentiert, das sozusagen nach Lehrbüchern schreit.

Der Autor des gegenwärtigen Buches ist gerade in der Zeit, in der die modernen Entwicklungen im vollen Flusse waren, zu uns nach Göttingen gekommen und hat nicht ganz acht Jahre hier mitgearbeitet. Dank seiner guten physikalischen (und auch angewandt physikalischen) Ausbildung hat er sich überraschend schnell in das ihm vorher fremde Gebiet eingearbeitet und trat bald mit eigenen Ideen und eigenen Arbeiten hervor, wobei sich der Kreis der Probleme, die er selbständig bearbeitete, immer mehr erweitert hat.

Nach Kriegsschluß hörten die hiesigen Forschungen nach dem Gebot der Sieger völlig auf. In dieser Zeit hat er zuerst an dem großen Monographienwerk mitgearbeitet, das die deutschen Forschungsergebnisse auf allen Gebieten der kriegswichtigen Strömungslehre für das britische Military Government zusammenfassend dargestellt hat. Nach Beendigung dieser Arbeit im Sommer 1946 folgte er nacheinander Einladungen englischer und französischer Forschungsinstitute, für die er bis zu seiner Übersiedlung nach Schweden tätig war. Auch hier traf er mit anderen Gasdynamikern zusammen und konnte seinen Gesichtskreis auch auf deren Arbeitsgebieten noch erweitern.

Ich möchte noch besonders betonen, daß in vorliegendem Buch nicht nur das in einem halben Jahrhundert angesammelte Wissen zur Darstellung kommt, sondern daß darin auch eine ganze Reihe von eigenen selbständigen Beiträgen sowohl aus seiner Göttinger Tätigkeit wie aus der nachfolgenden Zeit enthalten ist, die sich den übrigen würdig einreihen.

Göttingen, im Sommer 1951.

L. PRANDTL.

GASDYNAMIK

VON

Dr. KLAUS OSWATITSCH

DOZENT AN DER KÖNIGL. TECHNISCHEN HOCHSCHULE IN STOCKHOLM,
FRÜHERER WISSENSCHAFTLICHER MITARBEITER AM KAISER-WILHELM-
(MAX-PLANCK-) INSTITUT FÜR STRÖMUNGSFORSCHUNG IN GÖTTINGEN

MIT 300 TEXTABBILDUNGEN UND 3 TAFELN

SPRINGER-VERLAG WIEN GMBH

ISBN 978-3-7091-3503-7   ISBN 978-3-7091-3502-0 (eBook)
DOI 10.1007/978-3-7091-3502-0

Vorwort.

Die Gasdynamik stellt als Lehre von den Strömungen zusammendrückbarer Medien die allgemeinste Form der Strömungslehre dar. Sie enthält die Hydrodynamik der inkompressiblen Flüssigkeiten als Spezialfall. Das gilt insbesondere auch für die Integralsätze und Differentialgleichungen und die daraus folgenden allgemeinen Sätze, wie jene der mechanischen Ähnlichkeit, die Bernoullische Gleichung, die Wirbelsätze usw.

Die ersten gasdynamischen Arbeiten, welche auch heute noch Bedeutung besitzen, fallen in das 19. Jahrhundert. Den Anfang machten wohl ST. VENANT und WANTZEL[II, 5] (= Literaturverzeichnis des II. Teiles, Zitat 5) mit einer im Jahre 1839 veröffentlichten Arbeit über das Ausströmen von Gasen bei starken Druckunterschieden. Im Jahre 1860 veröffentlichte RIEMANN[III, 1] seine bedeutende Arbeit über die Fortpflanzung der Luftwellen endlicher Amplitude. Die grundlegenden Arbeiten über Verdichtungsstöße stammen von RANKINE[II, 6] (1870) und von HUGONIOT[II, 7] (1887 bis 1889). Gleichzeitig mit letzterem veröffentlichte E. MACH[VI, 20] seine Beobachtungen von Strömungswellen an Projektilen, welche schneller als der Schall fliegen. Aus dieser Zeit stammt auch die wichtige potentialtheoretische Arbeit von MOLENBROEK[VI, 9]. Ebenfalls im vorigen Jahrhundert behandelt P. VIEILLE[III, 28] den Ausgleich eines Drucksprunges in einem Rohr. Die berühmte Arbeit von TSCHAPLIGIN[VI, 11] über Gasströmungen fällt schon in dieses Jahrhundert (1904). Unter PRANDTL setzte nun in Göttingen eine systematische Bearbeitung der Gasdynamik ein. Am bekanntesten aus der ersten Zeit wurde die Dissertation von MEYER[VIII, 52] (1908). Nach dem ersten Weltkrieg nahm das Interesse am Gesamtgebiet außerordentlich zu und hat gegenwärtig einen Umfang angenommen, welcher kaum mehr die Berücksichtigung aller Veröffentlichungen ermöglicht.

In diesem Buch soll das strömende Medium ausschließlich als Kontinuum behandelt werden; Betrachtungen, welche in das Gebiet der kinetischen Gastheorie fallen, bleiben fort. Dennoch ist der Stoff noch ungeheuer groß, denn die Dynamik eines Kontinuums umfaßt nicht nur die Strömungen in Maschinen und um fliegende Körper aller Art, mit und ohne Wärmezufuhr, sondern auch die gesamte Akustik und Meteorologie. Es sind daher weitere Einschränkungen erforderlich. Naturgemäß ist die Gasdynamik von den verwandten Gebieten nicht scharf abgrenzbar. Die Grenze zur Meteorologie ist in diesem Buch dadurch gezogen, daß der Einfluß der Schwerkraft nur wenig und der Einfluß der Corioliskräfte gar nicht berücksichtigt wird. Die Akustik unterscheidet sich schon von der Gasdynamik durch die Fragestellungen. Bei der Behandlung der Ausbreitung von Wellen endlicher Amplitude ergibt sich aber der Anschluß an die Ausbreitung von Schallwellen. Ferner erweist sich der Problemkreis des Flügelflatterns kleiner Amplitude als ein zwischen Gasdynamik und Akustik

liegendes Forschungsgebiet, das hier nur bei der Behandlung der Ähnlichkeitsgesetze und der instationären, räumlichen Vorgänge berührt wird. Obwohl die
Wärmezufuhr in ein Strömungsfeld zu vielen interessanten Fragen führt, wird
sie nur in einfachen Aufgaben berücksichtigt. Insbesondere werden Grenz-
schichtströmungen ausschließlich ohne Wärmezufuhr behandelt, da die Fragen
des Wärmeüberganges gesonderte Monographien beanspruchen. Den allgemeinen
Aussagen wird möglichst ein beliebiges, physikalisch homogenes (gleichbleibende
Mischung seiner Bestandteile) Medium zugrunde gelegt, während die speziellen
Beispiele meist ideale Gase konstanter spezifischer Wärme voraussetzen.

Die typischen Probleme der Gasdynamik sind jene erheblicher Dichteänderung.
Dabei lassen sich im wesentlichen zwei Ursachen für starke Dichteänderungen
angeben. Die eine liegt im Bestreben der Herstellung großer Kraftwirkungen
durch große Druckunterschiede beispielsweise bei Strömungsmaschinen, Wärme-
kraftmaschinen, Kanonen, Explosionswellen. Die andere Ursache für die starken
Dichteänderungen ist nicht beabsichtigt und ist darin zu suchen, daß das Gas
bei zunehmender Geschwindigkeit den herankommenden Hindernissen immer
weniger auszuweichen vermag und dadurch auf Verengung des Strömungs-
querschnittes mit einer Verdichtung reagiert. Der Übergang zur dichtebeständigen
Strömung ergibt sich dabei einfach dadurch, daß die Dichte bei genügend kleiner
Geschwindigkeit praktisch konstant bleibt, wobei es gleichgültig ist, ob das
Medium eher einem Gas oder einer Flüssigkeit ähnelt.

Ich habe mir im vorliegenden Buch die Aufgabe gestellt, den vorhin abgegrenzten Stoff möglichst umfassend darzustellen. Den zahlreichen Werken über
große, geschlossene Teilgebiete der Physik und Technik, den Büchern über
Mechanik, Festigkeitslehre, Optik, Elektrodynamik usw. soll damit ein entsprechendes Buch über Gasdynamik an die Seite gestellt werden. Wenn darin
auch nicht alle wichtigen Fragen mit gleicher Klarheit beantwortet werden
können, wie in den erwähnten älteren Wissenszweigen, so mag der Bedarf nach
einem solchen Buch dennoch außer Zweifel stehen. Dies gilt nicht nur für die
an der Gasdynamik direkt interessierten Kreise, sondern auch für jene, welchen
es nur auf einen Einblick oder einen Überblick ankommt. Ihnen hoffe ich
nicht nur neues Wissen vorgesetzt, sondern auch manche Arbeit erleichtert
zu haben.

Das Hauptgewicht wird im folgenden auf eine anschauliche Behandlung
der physikalischen und technischen Probleme gelegt und nicht auf eine Wiedergabe der mathematischen Probleme oder aller Berechnungsmethoden. Im allgemeinen wird die einfachste Form der Darstellung bevorzugt, doch wird von
diesem Grundsatz gelegentlich abgewichen, wenn es sich um Geläufiges handelt
und ein weniger gebräuchlicher Weg eine willkommene Ergänzung zur bekannten
Darstellung bedeutet. Daß bei den notwendigen Auswahlen die Ansicht des
Verfassers zum Ausdruck kommt, konnte und sollte nicht vermieden werden.
So wird bei der Behandlung der ebenen und achsensymmetrischen Überschallströmung den Charakteristikenmethoden mehr Raum gegönnt als den analytischen
Behandlungen, ferner wird die kegelige Überschallströmung ausschließlich mittels
Quellenbelegungen und nicht mittels konformer Abbildungen behandelt, obwohl
von anderer Seite je nach Anlage und Ausbildung die hier vernachlässigten
Verfahren bevorzugt werden könnten. Wo allerdings, wie bei der Unterschallströmung wegen der Undurchsichtigkeit der Vernachlässigungen, oder wie bei
der schallnahen Strömung wegen der Ungelöstheit vieler Probleme, eine Entscheidung für die Formeln (v. KÁRMÁN-TSIEN, KRAHN, RINGLEB) oder für die
Methoden (Integralgleichung, Hodographenmethode, Relaxationsmethode) vor-
eilig wäre, werden alle wichtigen Verfahren wiedergegeben. Auch auf eine reiche

Wiedergabe wichtigen Schrifttums ist Wert gelegt, doch darf eine enzyklopädische Darstellung der Gasdynamik nicht erwartet werden.

Die einzelnen Problemkreise werden in ihren wesentlichen Punkten behandelt und die Resultate meist an einem typischen Beispiel gezeigt, das möglichst mit Versuchen verglichen wird. Der Leser soll sich dabei die Behandlung der Aufgaben selbst aneignen können, wird aber meist das speziell ihn interessierende theoretische oder experimentelle Beispiel nicht antreffen. Dementsprechend treten die Versuche in diesem Buch etwas in den Hintergrund, weil die Darstellung der grundsätzlichen experimentellen Probleme und Methoden weniger Raum bedarf. Zur Arbeitsvereinfachung sind die Grundgleichungen und wichtigsten Formeln in verschiedenster Gestalt wiedergegeben und einige Tabellen und Diagramme beigefügt.

Der Aufbau des Buches ist so gewählt, daß die einfachen Fragestellungen möglichst unbelastet vom mathematischen Aufwand bleiben. In Teil I wird die Thermodynamik des einzelnen Gasteilchens gebracht. Dabei ergibt sich ein Überblick über die Berechtigung der häufigen Annahme eines idealen Gases konstanter spezifischer Wärme. In Teil II, der Stromfadentheorie, folgt dann die einfache „hydraulische" Behandlung des Gases bei stationärer Strömung und in Teil III bei instationärer Strömung. Diese instationäre Stromfadentheorie umfaßt bereits die Ausbreitung von Zylinder- und Kugelwellen und ergibt den erwähnten Kontakt mit der Akustik.

In Teil IV kann nun leicht zu den allgemeinsten Gleichungen übergegangen werden. Ähnlich wie bei der hydraulischen Behandlung werden zuerst die Integralsätze aufgestellt, also Gleichungen, welche Aussagen über einen endlichen Raum machen. Dabei können die Stoßwellen mit einbezogen werden, die ja bei den Differentialgleichungen stets ausgeschlossen werden müssen. Zu diesen gelangt man durch eine einfache Transformation der Integralsätze und ihre Anwendung auf ein Raumelement. Den allgemeinen Gleichungen kann eine Reihe allgemeiner Sätze entnommen werden. Teil V bringt Beispiele zu den Integralsätzen.

In Teil VI werden dann alle jene Gleichungen für stationäre Strömungen abgeleitet, welche der „stationären Gasdynamik" zugrunde liegen. Auch die dabei sich ergebenden exakten Lösungen gehören meist allen folgenden Teilen, der stationären Unterschallströmung (Teil VII), der stationären Überschallströmung (Teil VIII) und der stationären schallnahen Strömung (Teil IX) gleichmäßig an. Mindestens so eng wie die Verwandtschaft dieser Teile der stationären Gasdynamik untereinander ist die Verwandtschaft der stationären ebenen und achsensymmetrischen Überschallströmung (Teil VIII) mit der instationären Fadenströmung (Teil III).

Dieselbe enge Verwandtschaft zeigt sich auch bei der ebenen instationären Strömung und der dreidimensionalen stationären Überschallströmung. Letztere hat aber im speziellen Fall der „kegeligen Strömung" wieder starke Beziehungen zur Unterschallströmung. Diese komplizierteren, kleine Störungen voraussetzenden Fälle werden in Teil X zusammengefaßt.

Bei Strömungen mit Reibung (Teil XI) wurden die halbempirischen Theorien der Turbulenz weggelassen. Hier fehlt es in der Gasdynamik noch viel mehr als bei der dichtebeständigen Strömung an einer befriedigenden theoretischen Darstellung.

Die Versuchstechnik (Teil XII) betrifft im wesentlichen die stationäre Strömung und setzt meist nur die Kenntnis von Teil II voraus. Die Analogien (ebenfalls Teil XII) sind nach ihrer Begründung der Theorie, nach ihrer praktischen Bedeutung aber der Versuchstechnik zuzuzählen. Ähnliches gilt für die Kanalkorrekturen.

Wie für die Thermodynamik ist auch für die Gasdynamik nicht das spezifische Gewicht (Gewicht der Raumeinheit), sondern die Dichte (Masse der Raumeinheit) des Teilchens für den Großteil der Vorgänge maßgebend. Demzufolge wird mit ϱ die Masse der Raumeinheit bezeichnet und die spezifischen Wärmen c_p, c_v und die Gaskonstante R sind stets auf die Masse bezogen. c_p und c_v sind also stets Energien pro Masse und Grad. Dabei wird das Wärmeäquivalent stets gleich eins gesetzt, das heißt, alle Energiemengen müssen im selben Maß gemessen werden. Der Übergang zu der vielfach in der Technik gebräuchlichen Schreibweise ist durch eine Multiplikation mit der Schwerebeschleunigung leicht gefunden.

Mit Plänen zu einem Buch über Gasdynamik befaßte ich mich schon zu Kriegsende, doch gewannen diese erst durch die Initiative von Dr. Ing. ALFRED GRATZL Gestalt, der den Kontakt mit dem Springer-Verlag in Wien, Herrn OTTO LANGE, herstellte und in Vorbesprechungen eintrat. Dann wurde das Buch freilich bedeutend größer als ursprünglich vorgesehen. Ich möchte beiden Herren an dieser Stelle für alle Bemühungen danken, welche die Herausgabe des Buches in dieser Form in meiner Heimat ermöglichte. Die bewährte Erfahrung des Verlegers und sein verständnisvolles Eingehen auf meine Wünsche hat mir die Arbeit sehr erleichtert.

Prof. LUDWIG PRANDTL danke ich für das Geleitwort, welches meine innige Verbundenheit mit dem Göttinger Institut für Strömungslehre bekundet.

Den stärksten Anteil an Formulierung und Korrektur hat Dr. HERMANN BEHRBOHM. Ihm sowie den Herren Dr. HORST MERBT, Dr. HERBERT SCHUH und Dr. HERMANN STÜMKE möchte ich namentlich für die Korrekturarbeit und dem engeren Stockholmer Kollegenkreis für die tätige Anteilnahme danken. Dr. HERBERT SCHUH bin ich für die eingehende Beratung bei Problemen der Strömung mit Reibung und Dr. SIEGFRIED ERDMANN für die Beratung bei experimentellen Methoden sehr verbunden.

Stockholm, im Herbst 1952.

KLAUS OSWATITSCH.

Inhaltsverzeichnis.

I. Thermodynamik.

II. Stationäre Fadenströmung.

III. Instationäre Fadenströmung.

IV. Allgemeine Gleichungen und Sätze.

V. Spezielle Anwendungen der Integralsätze.

VI. Allgemeine Gleichungen und spezielle, exakte Lösungen für stationäre reibungslose Strömung.

VII. Stationäre, reibungsfreie, ebene und achsensymmetrische Unterschallströmung.

VIII. Stationäre, reibungsfreie, ebene und achsensymmetrische Überschallströmung.

IX. Stationäre, reibungsfreie, schallnahe Strömung.

X. Spezielle stationäre und instationäre räumliche Strömungen.

XI. Strömungen mit Reibung.

XII. Überblick über die Versuchstechnik, Analogien.

In der Tasche am Schluß des Buches die Tafeln I bis III.

I. Thermodynamik.

1. Einleitung zur Thermodynamik.

Die Gasdynamik als Lehre von den Gesetzmäßigkeiten strömender Gase erfordert die Kenntnis der Grundeigenschaften eines ruhenden Mediums. Ausführliches darüber bringen die Lehrbücher der Thermodynamik. Die notwendigen Voraussetzungen auf dem Gebiet der Thermodynamik seien im folgenden kurz zusammengefaßt.

Das strömende Medium wird im allgemeinen als *„physikalisch homogen"* angenommen, d. h. sein Zustand möge durch den Druck p, die Dichte ϱ (Masse der Raumeinheit) und die absolute Temperatur T vollkommen charakterisiert sein. Das Medium braucht deshalb keineswegs völlig gleichartig in den kleinsten Teilen zu sein. Es kann wie Luft ein Gemisch verschiedener Substanzen (Stickstoff, Sauerstoff) bilden, wobei das Mischungsverhältnis auch noch vom Zustand selbst abhängen darf (dissoziierte und ionisierte Anteile bei hohen Temperaturen). Wichtig ist nur, daß die Zusammensetzung des Stoffes für jeden Zustand festliegt und bei einem bestimmten Zustand keiner Veränderung fähig ist. So kann eine Mischung von feuchter Luft und einer *bestimmten* Menge Wasser, etwa in Form von kleinen Tropfen, als physikalisch homogen angesehen werden, wenn stets thermodynamisches Gleichgewicht angenommen werden kann. Kommt es zu wesentlichen Verzögerungen der Einstellung des thermodynamischen Gleichgewichtes (Nachhinken der Kondensation) oder ist der H_2O-Anteil nicht festgelegt (Ausfallen des Wassers etwa durch Regen), so kann nicht mehr von einer physikalisch homogenen Substanz gesprochen werden. Wie grob die Mischung sein darf, welche noch als physikalisch homogen angenommen werden kann, hängt lediglich von der Größe der Dimensionen ab, in welchen sich der betrachtete Vorgang abspielt. So kann das Gemisch von unverbrannten Pulverstangen und Pulverschwaden, welches in einem Kanonenrohr während des Abschusses entsteht, unter Umständen durchaus als homogenes Medium angesehen werden. Auch der Brückenbauer wird für seine Berechnungen eine dermaßen heterogen zusammengesetzte Substanz, wie es der Eisenbeton ist, als homogen betrachten.

2. Zustandsgleichung.

Die drei Größen p, ϱ und T, welche den Zustand eines homogenen Körpers charakterisieren, sind voneinander abhängig. Bei einem physikalisch homogenen Körper können nur zwei dieser Größen beliebig eingestellt werden, die dritte ist dann bereits festgelegt. Es besteht also stets ein funktionaler Zusammenhang:

$$p = p\,(\varrho, T), \tag{1}$$

der als *Zustandsgleichung* bezeichnet wird. p, ϱ und T nennt man *Zustandsgrößen*. Sie werden im folgenden noch durch weitere Zustandsgrößen ergänzt, deren je zwei beliebige zur Beschreibung des Zustandes eines physikalisch homogenen Gebildes ausreichen.

Der Zustandsgleichung in der allgemeinen Form der Gl. (1) genügt jeder Aggregatzustand eines isotropen Körpers, eines Körpers also, dessen Eigenschaften unabhängig von der Richtung sind. Gl. (1) wird demnach für die allgemeinsten Betrachtungen in der Gasdynamik herangezogen werden.

Für genügend verdünnte, sogenannte *ideale Gase* bekommt die Zustandsgleichung die einfache Gestalt:

$$p = \frac{R}{m} \varrho\, T. \tag{2}$$

Der Druck ist hier der Dichte und der absoluten Temperatur proportional. R, die sogenannte „*absolute Gaskonstante*", ist eine universelle Konstante mit dem Wert:

$$R = 1{,}986 \text{ cal/g . Grad} = 8{,}31_3 \text{ Joule/g . Grad} =$$

$$= 84{,}8 \text{ cm . kg-Gew./g . Grad} = 82{,}0_4 \text{ cm}^3 \text{ . phys . atm/g . Grad*.}$$

m ist das für jedes Gas charakteristische „*Molgewicht*". Es ist hier als dimensionslose Zahl eingeführt, welche im *Normalzustand* ($p = 760$ mm Hg, $T = 273°$) folgende Werte hat: für Sauerstoff $m = 32$, für Stickstoff $m = 28$, für Luft rund $m = 29{,}0$. Bei sehr hohen Temperaturen spalten sich die Moleküle der Gase auf, sie dissoziieren. Diesem Vorgang ist durch Einsetzen eines kleineren Molgewichtes in Gl. (2) Rechnung zu tragen. Das dissoziierte Gas kann im übrigen weiter als „ideal" angesehen werden, ein Begriff, der wie vieles in der Physik eine Abstraktion darstellt, welcher die realen Substanzen stets nur näherungsweise genügen.

Natürlich kann in Gl. (2) $\frac{R}{m}$ durch einen für jedes Gas charakteristischen Koeffizienten ersetzt werden, doch wurde die Einführung des Molgewichtes seiner anschaulichen Bedeutung wegen vorgezogen.

3. Erster Hauptsatz der Wärmelehre; spezifische Wärmen.

Zu weiteren Erkenntnissen führt die Anwendung des Satzes von der Erhaltung der Energie auf das Gebiet der Wärmelehre. Wird Arbeit in ein Medium, welches in einem Gefäß eingeschlossen ist, durch starkes Umrühren hereingesteckt, so wird die aufgewendete Arbeit mit der Zunahme irgendeiner Energie gekoppelt sein. (Von der Betrachtung der kinetischen Energie, welche durch das Umrühren im Medium entstanden ist, kann abgesehen werden, da dieses nach einiger Zeit stets zur Ruhe kommt.) Wird der Zustand eines homogenen Körpers, wie vorausgesetzt, durch Zustandsgrößen allein völlig beschrieben, so muß sich die

---

* Im technischen Maßsystem ist die Kalorie auf das Grammgewicht bezogen. Für die absolute Gaskonstante R, welche auf die technische Kalorie und auf das Grammgewicht bezogen wird, ergibt sich deshalb derselbe Zahlenwert, wie er hier angegeben wird (dasselbe gilt später für die spezifischen Wärmen), aber nicht dieselbe Dimension. Dadurch kommt im technischen Maßsystem die Schwerebeschleunigung in die Gaszustandsgleichung (2). In diesem Buch ist die Kalorie stets auf die Grammmasse bezogen. g ist die Grammasse. Das Wärmeäquivalent wird überall gleich eins gesetzt. p/ϱ muß daher im gleichen Maß gemessen werden wie $\frac{R}{m}\,T$, also gegebenenfalls auch in cal/g. Dies ist nicht so abwegig, wie es anfänglich zu sein scheint. Oft, wie in Gl. (9), (11) usw., treten ja mechanische und chemische Größen nebeneinander auf. Meistens ist das Maßsystem bei den Zwischenschritten bedeutungslos und muß erst bei der Anwendung der Endformeln geeignet gewählt werden.

Änderung des Energiezustandes des Körpers in der Änderung seiner Zustandsgrößen äußern, da ja sonst entgegen dem Erhaltungssatz der Energie angenommen werden müßte, daß Arbeit aufgewendet wurde, ohne irgendwo Spuren irgendeiner Änderung hinterlassen zu haben. Daraus folgt, daß jeder Körper Energie enthält. Diese wird als *innere Energie* bezeichnet und soll, auf die Masseneinheit bezogen, mit dem Buchstaben e bezeichnet werden. e ist eine Zustandsgröße und hängt beim homogenen Körper daher lediglich von zwei Zustandsgrößen ab. Am augenfälligsten ist die Abhängigkeit der inneren Energie im allgemeinen von der Temperatur; als zweite unabhängige Veränderliche kann etwa der meist leicht zu messende Druck gewählt werden;

$$e = e\,(T, p). \tag{3}$$

Gl. (3) wird als kalorische Zustandsgleichung bezeichnet. Sie kann im Versuch ermittelt werden. Durch Zufuhr derselben Energiemenge in verschiedener Energieform (mechanischer Arbeit, elektrischer Energie) wird gleichzeitig das Energieprinzip kontrolliert und bestätigt gefunden.

Bei *idealen Gasen* hängt die innere Energie der Masseneinheit lediglich von der Temperatur ab:

$$e = e\,(T). \tag{4}$$

Nur wenn sich — etwa als Folge von Dissoziationen — das Molgewicht ändert, gilt Gl. (4) nicht mehr, da der Grad der Molekülaufspaltung nicht nur temperatur-, sondern auch druckabhängig ist.

Ist das Medium nicht in einem festen Raum eingeschlossen, sondern vermag es sein Volumen zu verändern, so kann dies zu Arbeitsleistungen des Mediums führen. Allerdings ist mit der Ausdehnung eines Mediums noch nicht unbedingt eine Arbeitsleistung verbunden. Ein Gas, welches in einem Kessel eingeschlossen ist und durch Öffnen eines Hahnes zum Ausströmen in einen Vakuumkessel gebracht wird, hat sich schließlich wohl ausgedehnt, jedoch keine Arbeit geleistet. Wird bei diesem Vorgang auch noch von Wärmezufuhr (oder Wärmeabfuhr) abgesehen, so spricht man von der *adiabatischen Ausdehnung ohne Arbeitsleistung*. Da jeder Energieaustausch mit der Umgebung ausgeblieben ist, muß bei dieser Zustandsänderung die innere Energie des Mediums und daher auch seine innere Energie der Masseneinheit e gleichgeblieben sein. Mit den Indizes 1 und 2 für den Anfangs- und Endzustand der adiabatischen Ausdehnung ohne Arbeitsleistung gilt also:

$$e\,(T_1, p_1) = e\,(T_2, p_2). \tag{5}$$

Das hat für *ideale Gase* mit Rücksicht auf Gl. (4) die Folge, daß bei der adiabatischen Ausdehnung ohne Arbeitsleistung die Temperatur im Anfangs- und Endzustand gleich ist:

$$T_1 = T_2. \tag{6}$$

Der eben besprochene Vorgang zeichnet sich dadurch aus, daß der Endzustand unter Verzicht auf eine Betrachtung der Zwischenzustände mit dem Anfangszustand verglichen wurde. Ja es zeigt sich, daß es gar nicht möglich ist, diesen Endzustand durch unendlich langsames Vorrücken einer Wand in den Vakuumkessel hinein zu erreichen. Diese letzte Zustandsänderung entspräche der Ausdehnung eines kompressiblen Mediums in einem Zylinder mit beweglichem Kolben, wobei die Kolbengeschwindigkeit klein genug angenommen werden kann, um völligen Druckausgleich und völlige Gleichheit aller Zustandsgrößen im ganzen vom Medium erfüllten Raume annehmen zu können. Eine solche Zustandsänderung, welche wieder eine außerordentlich brauchbare Idealisierung darstellt, besteht aus einer Folge von Gleichgewichtszuständen des Gases. Man spricht daher von *„quasistatischen Vorgängen"*. Gebräuchlich ist es auch, von *„unendlich langsamen"* Zustandsänderungen zu sprechen, womit gemeint ist, daß der Vorgang langsam genug abläuft, um Unabhängigkeit der Zustandsänderung von der Geschwindigkeit ihres Ablaufes annehmen zu können. Es wird sich zeigen, daß für quasistatische Vorgänge oft für menschliche Begriffe außerordentlich große Ablaufgeschwindigkeiten zulässig sind.

Ein Medium, welches sich quasistatisch in einem mit Kolben abgeschlossenen Zylinder ausdehnt, leistet Arbeit, indem es den Kolben von der Fläche f mit dem Druck p vor sich herschiebt. Auf den Kolben wirkt also eine Kraft $p f$; indem dieser die Strecke dn (mit n als Kolbennormale) zurücklegt, wird eine Arbeit dA vom Gas geleistet, die sich aus dem Produkt von Kraft $\times$ Weg ergibt. Da nun das Produkt $f \times dn$ die Zunahme des Gasvolumens V darstellt, ist:

$$dA = p\,f\,dn = p\,dV. \tag{7}$$

Vermag sich das Medium nach allen Richtungen auszudehnen, so kann dieser Vorgang in eine Verschiebung einer großen Anzahl kleiner Kolben nach allen Richtungen aufgelöst werden, wobei es sich zeigt, daß es für die Arbeitsleistung dA wiederum nur auf die Volumenänderung dV ankommt.

Das Volumen der Masseneinheit, das sogenannte *spezifische Volumen*, ist der reziproke Wert der Dichte $\left(\dfrac{1}{\varrho}\right)$. Es soll dafür hier kein besonderes Symbol eingeführt werden. Als Energiezufuhren kommen Übertragungen von Wärme, welche auf die Masseneinheit bezogen mit q bezeichnet werden möge, in Frage. Die Zufuhr eines kleinen Teiles einer Wärmemenge muß nach dem Energiesatz gleich sein der Hebung der inneren Energie, vermehrt um die Arbeitsleistung des Mediums. Damit ergibt sich der *erste Hauptsatz der Wärmelehre* bei quasistatischem Vorgang für die Masseneinheit eines beliebigen Mediums:

$$dq = de + p\,d\left(\frac{1}{\varrho}\right). \tag{8}$$

Das Wärmeäquivalent der Arbeit wurde dabei gleich 1 gesetzt. Es müssen also sowohl Wärmemengen als auch Arbeitseinheiten, kurz alle Energiebeträge, im gleichen Maß gemessen werden. Dies gilt für alle Gleichungen dieses Buches.

Neben der inneren Energie spielt, wie in der ganzen Wärmelehre, so auch in der Gasdynamik eine andere Zustandsgröße eine ausgezeichnete Rolle, die sich aus der Summe von innerer Energie und dem Produkt $p\,V$ ergibt. Sie heißt *„Wärmeinhalt"* oder *„Enthalpie"* und sei auf die *Masseneinheit* bezogen mit i bezeichnet:

$$i = e + \frac{p}{\varrho}. \tag{9}$$

Mit Gl. (4) für die innere Energie und der Zustandsgleichung (2) gilt für die Enthalpie der Masseneinheit eines idealen Gases (festen Molgewichtes):

$$i = i\,(T). \tag{10}$$

Mit Gl. (9) kann der erste Hauptsatz auch geschrieben werden:

$$dq = di - \frac{1}{\varrho}\,dp. \tag{11}$$

Einem Medium kann Wärme unter verschiedenen Bedingungen zugeführt werden. Praktisch leicht realisierbar ist eine Wärmezufuhr bei konstantem Volumen und, im allgemeinen noch einfacher, eine Wärmezufuhr bei konstantem Druck. Die Wärmemenge, welche erforderlich ist, um die Temperatur der Masseneinheit eines Mediums um 1° zu erhöhen, heißt *„spezifische Wärme"*.

Wird das Volumen festgehalten ($V =$ konst. oder $\varrho =$ konst), so spricht man von der spezifischen Wärme bei konstantem Volumen c_v.

Für sie gilt mit Gl. (8):

$$c_v = \left(\frac{\partial q}{\partial T}\right)_v = \left(\frac{\partial e}{\partial T}\right)_v. \tag{12}$$

Für die spezifische Wärme bei konstantem Druck c_p gilt mit Gl. (11):

$$c_p = \left(\frac{\partial q}{\partial T}\right)_p = \left(\frac{\partial i}{\partial T}\right)_p. \tag{13}$$

Für das *ideale* Gas können, wegen Gl. (4) und (10), die partiellen Ableitungen in Gl. (12) und (13) durch gewöhnliche Ableitungen ersetzt werden. Damit ergeben sich für e und i die Gleichungen:

$$de = c_v \, dT \tag{14}$$

und

$$di = c_p \, dT. \tag{15}$$

Aus der Definitionsgleichung (9) für i und der idealen Zustandsgleichung ergibt sich mit Gl. (14) und (15) sofort für das *ideale* Gas:

$$\frac{R}{m} = c_p - c_v, \tag{16}$$

womit dessen Zustandsgleichung (2) auch geschrieben werden kann:

$$\frac{p}{\varrho} = (c_p - c_v) \, T. \tag{17}$$

Während der Begriff eines bestimmten idealen Gases stets an ein festes Molgewicht gebunden ist und von einem anderen Gas gesprochen wird, sobald sich m etwa durch Dissoziation oder Ionisation ändert, ist es keineswegs erforderlich, daß auch die spezifischen Wärmen eines idealen Gases konstant bleiben. Die Größe der spezifischen Wärmen hängt wesentlich davon ab, wie sich die innere Energie auf die translatorische und rotatorische Bewegung der Moleküle und auf deren Schwingungen aufteilt. Gerade der Energieanteil der Schwingungen ist stark temperaturabhängig — die Begründung gibt die Quantentheorie —, was mit geringer Dichte, welche für den idealen Zustand eines Gases verantwortlich ist, nichts zu tun hat.

Ein Maß für das Abweichen vom Zustand idealer Gase ist durch den Wert des Verhältnisses $\dfrac{p\,m}{R\,\varrho\,T}$ [Gl. (2)] gegeben. Versuchswerte finden sich in Tab. 1:

Tabelle I, 1. *Werte von* $\dfrac{p\,m}{R\,\varrho\,T}$ *für Luft**.

p techn. at	Temperatur: $T - 273°$			
	0	50	100	200° C
0	1,0000	1,0000	1,0000	1,0000
10	0,9945	0,9990	1,0012	1,0031
20	0,9895	0,9984	1,0027	1,0064
50	0,9779	0,9986	1,0087	1,0168
100	0,9699	1,0057	1,0235	1,0364

---

* Nach Versuchen der Physikalisch-Technischen Reichsanstalt von HOLBORN und OTTO: Z. Physik 33, I (1925).

Stärker sind die Schwankungen im Werte von c_p, wie Tab. 2 zeigt:

Tabelle I, 2. *Mittlere spezifische Wärme c_p für Luft zwischen 20 und 100° C (nach* HOLBORN *und* JAKOB*)*.

p	1	25	50	100	200	300 techn. at
c_p	0,242	0,249	0,255	0,269	0,292	0,303 cal/g Grad

Es wird sich zeigen, daß der Temperatureinfluß auf die spezifische Wärme für die Gasdynamik von größerer Bedeutung ist, so daß vielfach mit idealen Gasen, aber mit veränderlicher spezifischer Wärme zu rechnen ist. Tab. 3 zeigt neben c_p das wichtige Verhältnis der spezifischen Wärmen $\varkappa = c_p/c_v$ für den Zustand des idealen Gases ($p = 0$ at).

Tabelle I, 3. *$\varkappa$ und c_p für Luft und Wasserdampf bei $p = 0$ at abhängig von der Temperatur**.

$T - 273°$	0	200	400	600	800	1000	1500	2000° C
Luft $\{$ $\varkappa$ ...	1,401	1,390	1,368	1,349	1,332	1,320	1,303	1,294
c_p ...	0,240	0,244	0,255	0,266	0,276	0,283	0,295	0,302 cal/g Grad
H_2O $\{$ $\varkappa$ ...	1,331	1,313	1,292	1,265	1,244	1,228	1,203	1,187
c_p ...	0,444	0,464	0,489	0,527	0,563	0,596	0,659	0,701 cal/g Grad

Aus der kinetischen Gastheorie ergibt sich das Verhältnis der spezifischen Wärmen für 3, 5, 6, 7 Freiheitsgrade der Moleküle zu $\varkappa = {}^5/_3,\ {}^7/_5,\ {}^8/_6,\ {}^9/_7$. Bei 0° C und niedrigem Druck entspricht Luft also sehr genau dem Modell der kinetischen Gastheorie mit fünf, Wasserdampf jenem mit sechs Freiheitsgraden. Eine höhere Genauigkeit kann nur unter Berücksichtigung der Temperaturabhängigkeit der spezifischen Wärmen und der Luftfeuchte erreicht werden. Da die Werte der kinetischen Gastheorie auch für die numerische Rechnung besonders geeignet sind, sollen sie weitgehend den Tabellen dieses Buches zugrunde gelegt werden.

Für nicht zu große Temperaturintervalle kann mit einem *idealen Gas konstanter spezifischer Wärme* (id. Gas konst. sp. W.) gerechnet werden. Für dieses ergeben sich nach Gl. (14) und (15) folgende Ausdrücke für innere Energie und Enthalpie der Masseneinheit:

$$e = c_v\, T + \text{konst.} \tag{18}$$

und

$$i = c_p\, T + \text{konst.} \tag{19}$$

Mit seinen einfachen expliziten Ausdrücken für alle Zustandsgrößen spielt das id. Gas konst. sp. W. in der Gasdynamik eine hervorragende Rolle. Jedoch kann mit ihm bei Rechnungen über größere Temperaturintervalle keine große Genauigkeit erzielt werden. Wegen Gl. (16) ist im übrigen mit c_p auch stets c_v konstant.

4. Zustandsänderungen.

Schon bei der Definition der spezifischen Wärmen c_p und c_v wurden zwei Zustandsänderungen besonders ausgezeichnet. Bleibt das Volumen oder die Dichte konstant, so spricht man von einer *isochoren* Zustandsänderung. Die zugeführte Wärme ist dabei nach Gl. (8) gleich der Zunahme der inneren Energie:

$$dq = de. \tag{20}$$

---

* E. JUSTI: Spezifische Wärme, Enthalpie, Entropie und Dissoziation technischer Gase. Berlin: Springer, 1938.

Beim idealen Gas steigt dabei der Druck proportional mit der Temperatur, diese nimmt allerdings nur bei konstanter spezifischer Wärme proportional zur Wärmezufuhr zu.

Isobar heißt die Zustandsänderung bei konstantem Druck. Nach Gl. (11) ist hier die Wärmezufuhr gleich der Hebung der Enthalpie:

$$dq = di. \tag{21}$$

Beim idealen Gas wächst dabei das spezifische Volumen $\frac{1}{\varrho}$ wie die Temperatur. Bei *konstanter* spezifischer Wärme c_p gilt

$$q = c_p \, (T_2 - T_1), \tag{22}$$

wenn mit q die gesamte Wärmezufuhr pro Masseneinheit und mit den Indizes 1 und 2 Anfangs- und Endzustand bezeichnet werden. Gl. (22) gilt auch für beliebige Medien, da bei festgehaltenem p die Enthalpie i nur mehr von der Temperatur abhängt, Gl. (13) also bei festem c_p integriert werden kann. Die *Gleichdruckverbrennung* stellt im wesentlichen eine isobare Wärmezufuhr dar und spielt für die technischen Anwendungen eine besondere Rolle.

Wird der Luft nur ein Gewichtsprozent Kohlenwasserstoff (Benzin, Benzol usw.) mit einem Heizwert von rund 10000 cal/g zugesetzt und isobar verbrannt, so gibt dies bei einer spezifischen Wärme von $c_p = 0{,}240$ cal/Grad eine Temperaturerhöhung:

$$T_2 - T_1 = \frac{q}{c_p} = \frac{10\,000 \times 0{,}01}{0{,}240} \; °C = 417° \, C. \tag{23}$$

Die Berücksichtigung des Massenzusatzes bei der Verbrennung von Stoffen hohen Heizwertes ist darnach nur dann sinnvoll, wenn sehr genau unter Berücksichtigung der Temperaturabhängigkeit von c_p und der Verseuchung der Luft durch Abgase gerechnet wird. Bei vereinfachten Rechnungen mit Luft als id. Gas konst. sp. W. ist die Berücksichtigung des Massenzusatzes an Brennstoff im allgemeinen sinnlos, es genügt hier das einfache Bild der Verbrennung als reine Wärmezufuhr.

Als *isotherm* wird die Zustandsänderung bei konstanter Temperatur bezeichnet. Bei einem idealen Gas ändert sich dabei der Druck wie die Dichte, wobei nach Gl. (8) und Gl. (4) die zugeführte Wärme vollkommen in Arbeit verwandelt wird.

Die größte Bedeutung für Strömungen kommt der Ausdehnung eines Stoffteilchens zu, das mit seiner Umgebung stets im Druckgleichgewicht, nicht aber im Wärmeaustausch steht. (Sowohl Wärmeleitung als auch innere Reibung wird sich in vielen Fällen als unbedeutend erweisen. Sie kann außerhalb des unmittelbaren Wandeinflusses bei den hier interessierenden Strömungen fast durchwegs vernachlässigt werden.) Es handelt sich also um eine quasistatische adiabatische Zustandsänderung, bei welcher das Stoffteilchen — im Gegensatz zur adiabatischen Ausdehnung *ohne* Arbeitsleistung — Arbeit leistet. Dieser Gleichgewichtsvorgang wird gerne als adiabatische Ausdehnung bezeichnet, doch wird für ihn anschließend an Gl. (37) mit dem Wort *Isentrope* ein treffenderer Ausdruck eingeführt. Für diese Zustandsänderung gilt mit Gl. (8) oder (11)

$$0 = de + p \, d\left(\frac{1}{\varrho}\right) \quad \text{oder} \quad 0 = di - \frac{1}{\varrho} \, dp. \tag{24}$$

Da die innere Energie e der Masseneinheit als Zustandsgröße nur von p und ϱ abhängt, ist mit Gl. (24) ein funktioneller Zusammenhang von Druck und Dichte oder auch von irgendeinem anderen Paar von Zustandsgrößen gegeben. Für das *ideale* Gas ist mit Gl. (14) und (17):

$$0 = c_v\, dT - (c_p - c_v)\, T\, \frac{d\varrho}{\varrho}$$

oder mit dem Verhältnis der spezifischen Wärmen:

$$\left. \begin{aligned} 0 &= \frac{1}{\varkappa - 1} \frac{dT}{T} - \frac{d\varrho}{\varrho}; \\[4pt] 0 &= \frac{\varkappa}{\varkappa - 1} \frac{dT}{T} - \frac{dp}{p}; \\[4pt] 0 &= \frac{dp}{p} - \varkappa \frac{d\varrho}{\varrho}. \end{aligned} \right\} \qquad (25)$$

Für den allgemeineren Fall der Temperaturabhängigkeit von $\varkappa$ ergibt sich daraus:

$$\ln \frac{p_2}{p_1} = \int\limits_{T_1}^{T_2} \frac{\varkappa}{\varkappa - 1} \frac{dT}{T}, \qquad \ln \frac{\varrho_2}{\varrho_1} = \int\limits_{T_1}^{T_2} \frac{1}{\varkappa - 1} \frac{dT}{T} \qquad (26)$$

mit den Indizes 1 und 2 für Ausgangs- und Endzustand.

In den thermodynamischen Tabellen wird oft nicht die spezifische Wärme c_p, sondern das Produkt von spezifischer Wärme und Molgewicht: $m\, c_p = C_p$, die sogenannte Molwärme angegeben, da sich bei Gasen mit Molen (das sind m Masseneinheiten) besonders praktisch rechnen läßt. Es ist dann $\dfrac{\varkappa}{\varkappa - 1} = \dfrac{C_p}{R}$, wobei nun nur noch im Zähler eine vom speziellen Gas und dessen Temperatur abhängige Größe steht.

Für das id. Gas konst. sp. W. ist Gl. (25) einfach zu integrieren mit dem Resultat:

$$\frac{\varrho_2}{\varrho_1} = \left(\frac{T_2}{T_1} \right)^{\frac{1}{\varkappa - 1}}; \qquad \frac{p_2}{p_1} = \left(\frac{T_2}{T_1} \right)^{\frac{\varkappa}{\varkappa - 1}}; \qquad \frac{p_2}{p_1} = \left(\frac{\varrho_2}{\varrho_1} \right)^{\varkappa}. \qquad (27)$$

Mit der Ausdehnung des Gases fällt nicht nur der Druck, sondern auch die Temperatur, weil das Gas die zur Ausdehnung erforderliche Energie der inneren Energie entziehen muß, während bei der adiabatischen Ausdehnung ohne Arbeitsleistung die innere Energie erhalten blieb.

Tab. 4 zeigt den Einfluß der Temperaturveränderlichkeit von $\varkappa$ auf das Druckverhältnis bei adiabatischer Kompression. Mit Rücksicht auf die Zustände in der Stratosphäre wurde als Temperatur $T_0 = 223°$ gewählt. Das Druckverhältnis für eine beliebige andere Ausgangstemperatur ergibt sich durch Division durch das Druckverhältnis des geänderten T_0. Der Druck p_0 kann innerhalb der Grenzen, in welchen von idealen Gasen gesprochen werden kann, beliebig sein.

Tabelle I, 4. *Das Druckverhältnis $\dfrac{p_2}{p_1}$ für Luft, abhängig von der Temperatur mit [Gl. (26)] und ohne [Gl. (27)] Berücksichtigung der Temperaturabhängigkeit der spezifischen Wärmen.*

$T - 273$	-50	0	200	400	600	800	1000	1500	2000° C
$\dfrac{p_2}{p_1}$ { Gl. (26)	1,000	2,03	13,9	47,6	118,4	244	443	1415	3370
{ Gl. (27)	1,000	2,03	14,05	50,7	136,2	308	618	2500	7400

Die Abweichungen durch Vernachlässigung der Temperaturabhängigkeit von $\varkappa$ sind bei starkem Druckunterschied für genauere Rechnungen wesentlich.

Freilich kann die Genauigkeit durch Rechnen mit mittleren spezifischen Wärmen erhöht werden. Meistens aber werden bereits vorhandene Tabellen bestimmter $\varkappa$-Werte benützt.

Eine wichtige Rolle spielt neben der Ausdehnung von trockener Luft die Ausdehnung von feuchter Luft und von Wasserdampf unterhalb des Sättigungspunktes. Das Wassertropfen-Gas-Gemisch läßt sich als homogenes Medium betrachten, solange thermodynamisches Gleichgewicht, also Sättigung, herrscht. Man spricht dann von der *Kondensations-Adiabate* oder von der „*feuchten Adiabate*". Im Gegensatz zu dieser wird die Ausdehnung nach Gl. (27) in der Meteorologie auch als „trockene Adiabate" bezeichnet. Es gibt für jeden H_2O-Gehalt von Luft eine andere Kurve, für reinen Wasserdampf stets nur eine Kurve.

5. Wirkungsgrad von Kreisprozessen.

Nach Gl. (7) ist die Arbeitsleistung eines Gases durch die Formel:

$$A = \int p\, dV \qquad (28)$$

gegeben. Dabei ist das Integral über eine vorgeschriebene Zustandsfolge zu erstrecken. Ein Gas, welches in einem Zylinder mit beweglichen Kolben eingeschlossen ist, vermag nun Arbeit zu leisten, indem es im Mittel bei höheren Drucken expandiert und bei niedrigeren Drucken komprimiert wird. Dann ist der Aufwand bei der Kompression geringer als der Gewinn bei der Expansion. Letztere muß also im Mittel bei höheren Temperaturen erfolgen als die Kompression, d. h. das Gas muß im komprimierten Zustand erhitzt, im expandierten Zustand gekühlt werden. Praktisch ist dieser Vorgang weitgehend beim Otto- und Dieselmotor verwirklicht, indem die Heizung durch eine Verbrennung und die Kühlung durch den Austausch von Verbrennungsgemisch mit Frischluft ersetzt wird.

Prozesse, bei welchen ein Medium, das sogenannte *Arbeitsgas, periodisch* eine Reihe von Zustandsänderungen durchmacht, im übrigen nur Wärme von außen erhält oder nach außen abgibt, heißen *Kreisprozesse*. Für die Theorie spielt der *Carnotsche* Kreisprozeß eine wichtige Rolle. Bei ihm erfolgt Wärmezu- und -abfuhr isotherm, dazwischen liegt eine isentrope Expansion und Kompression (Abb. 1).

Auf der Isotherme (Kurve 1—2) wird die zugeführte Wärme zum größten Teil und bei einem idealen Arbeitsgas vollständig in Arbeit verwandelt.

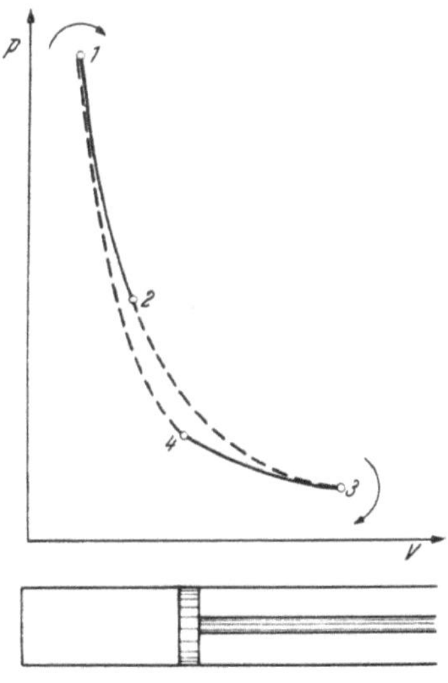

Abb. 1. Carnotscher Kreisprozeß.
- - - - - Isentrope, ———— Isotherme.

Anschließend (Kurve 2—3) wird noch isentrop expandiert und weiter Arbeit gewonnen. Sodann wird auf der Isotherme (Kurve 3—4) wieder Wärme entzogen, um das Gas nun auf der Isentrope (Kurve 4—1) bei kleineren mittleren Drucken komprimieren zu können. Nach Gl. (28) gibt die von den vier Kurven eingeschlossene Fläche die in einer Periode gewonnene Arbeitsleistung. Diese muß nach dem Energiesatz der Differenz der bei einer Periode auf den Isothermen zugeführten und abgeführten Wärmemengen Q_z und Q_a gleich sein:

$$A = Q_z - Q_a. \qquad (29)$$

Das Verhältnis von gewonnener Arbeit und zugeführter Wärmemenge heißt *thermodynamischer Wirkungsgrad* η:

$$\eta = \frac{A}{Q_z} = \frac{Q_z - Q_a}{Q_z}. \tag{30}$$

Nach Gl. (30) ist also auch bei ideal arbeitender periodischer Maschine stets $\eta < 1$, denn es wird nicht nur Wärme zugeführt, es muß stets auch Wärme abgeführt werden.

Der geschilderte Kreisprozeß ist umkehrbar (reversibel), denn ebensogut wie die Isotherme höherer Temperatur im Sinne einer Dilatation und die Isotherme niederer Temperatur im Sinne einer Kompression durchlaufen wird, kann auch der umgekehrte Fall verwirklicht werden, wobei Entsprechendes für die beiden Isentropen gilt. Eine solche Umkehrung eines Arbeitskreisprozesses ergibt eine *Wärmepumpe*. Bei ihr wird Arbeit aufgewendet, um Wärme von einem niedereren auf ein höheres Temperaturniveau zu schaffen.

Die auf der Isotherme 1—2 zugeführte Wärme Q_z errechnet sich aus der Expansionsarbeit des Gases mit Gl. (28) und Gl. (2) für die Masseneinheit eines *idealen Gases* zu:

$$q_z = \int_1^2 p\, d\left(\frac{1}{\varrho}\right) = -\frac{R}{m}\, T_z \int_1^2 \frac{d\varrho}{\varrho} = \frac{R}{m}\, T_z \ln \frac{\varrho_1}{\varrho_2},$$

wenn mit T_z die Temperatur bei der Wärmezufuhr $T_1 = T_2 = T_z$ bezeichnet wird. Mit T_a als Temperatur bei der Wärmeabfuhr ist die pro Masseneinheit des Arbeitsgases *abgeführte* Wärmemenge:

$$q_a = \frac{R}{m}\, T_a \ln \frac{\varrho_4}{\varrho_3}.$$

Mit der Isentropengleichung (26) ergeben sich für die Dichteverhältnisse zwischen denselben Temperaturen gleiche Werte:

$$\frac{\varrho_1}{\varrho_2} = \frac{\varrho_4}{\varrho_3}$$

und hiermit für den Wirkungsgrad eines Carnotschen Kreisprozesses η_c mit einem *idealen* Arbeitsgas:

$$\eta_c = \frac{Q_z - Q_a}{Q_z} = \frac{q_z - q_a}{q_z} = \frac{T_z - T_a}{T_z}. \tag{31}$$

Der Wirkungsgrad ist also um so besser, je größer die Temperaturspanne zwischen den Isothermen im Verhältnis zum oberen Temperaturniveau ist. Ganz entsprechende Resultate zeigen die verschiedensten Kreisprozesse.

6. Zweiter Hauptsatz der Wärmelehre.

Der wesentliche Unterschied zwischen der in Abschnitt 3 besprochenen Ausdehnung eines Gases ohne Arbeitsleistung und der adiabatischen Ausdehnung als Folge lauter Gleichgewichtszustände liegt in der Erfahrungstatsache, daß es unmöglich ist, den ersten Prozeß vollständig rückgängig zu machen. Darunter soll verstanden werden, daß alle irgendwie am Vorgang beteiligten Körper wieder in den Ausgangszustand zurückgeführt werden sollen. Ebensowenig wie die adiabatische Ausdehnung ohne Arbeitsleistung läßt sich der Vorgang der Wärmeleitung oder der Verwandlung von Arbeit durch Reibung in Wärme vollständig umkehren. Man nennt solche Vorgänge „*nicht umkehrbar*" oder „*irreversibel*". Sie sind für die Physik und Technik von ausschlaggebender Bedeutung, denn ein irreversibler Teilvorgang in einem Prozeß genügt, um den gesamten Prozeß irreversibel zu machen. Da in jedem Gerät und in jeder Maschine Reibung oder Wärmeleitung vorkommt, so stellt die Umkehrbarkeit eine physikalische Idealisierung dar, welche alle praktischen Vorgänge nur angenähert erfüllen können.

Die Irreversibilität jeder der drei Vorgänge, der Wärmeleitung, der Reibung und der adiabatischen Ausdehnung ohne Arbeitsleistung, läßt sich auch in den Satz fassen (zweiter Hauptsatz der Wärmelehre): Es gibt *keine periodisch wirkende Maschine, welche Wärme restlos in Arbeit verwandelt.* Man nennt eine solche Maschine ein *Perpetuum mobile zweiter Art* zum Unterschied vom Perpetuum mobile erster Art, welches die Aufgabe hätte, Energie aus dem Nichts zu erzeugen. Während der erste Hauptsatz die Unmöglichkeit des Perpetuum mobile erster Art aussagt, besagt der zweite Hauptsatz dasselbe für das Perpetuum mobile zweiter Art. Beide Behauptungen haben ihre Grundlage in einem ungeheuer großen Erfahrungsmaterial.

Ein Perpetuum mobile zweiter Art stellt z. B. die direkte Umkehrung des Reibungsvorganges dar. Es läßt sich leicht zeigen, daß die Umkehrung auch der beiden anderen irreversiblen Grundvorgänge zu einem Perpetuum mobile zweiter Art führt. Für dieses ist übrigens die Forderung des fortdauernden Funktionierens wichtig. Eine einmalige restlose Verwandlung von Wärme in Arbeit ist durchaus möglich, sie ist durch die isotherme Ausdehnung gegeben.

Der zweite Hauptsatz gestattet Aussagen über den Wirkungsgrad von Kreisprozessen und in weiterer Folge eine analytische Fassung seines Inhaltes.

Es werde mit einem beliebigen Medium ein umkehrbarer Kreisprozeß mit Wärmezu- und -abfuhr bei den Temperaturen T_z und T_a vollführt, dessen Wirkungsgrad kleiner sei als der Wirkungsgrad η_c eines Carnotschen Kreisprozesses mit einem idealen Arbeitsgas zwischen denselben Temperaturen. Der neue Kreisprozeß stellt eine bessere Wärmepumpe dar als die Umkehrung des Carnotschen Prozesses mit dem Wirkungsgrad η_c, weil er geringeren Arbeitsaufwand zum Heraufpumpen der Wärme erfordert. Indem er als Wärmepumpe mit dem Carnotschen Prozeß als Arbeitsmaschine vom Wirkungsgrad η_c gekoppelt wird, schafft er mehr Wärme auf das höhere Niveau, als diesem vom Carnotschen Prozeß entnommen wird. Damit führt die Annahme eines Wirkungsgrades $\eta < \eta_c$ zu einer Umkehrung des Wärmeleitungsvorganges und also zu einem Widerspruch zum zweiten Hauptsatz. Zum selben Widerspruch führt die Annahme $\eta > \eta_c$, wenn nun der Kreisprozeß mit dem Wirkungsgrad η als Wärmekraftmaschine und der Carnotsche Prozeß mit dem idealen Gas als Wärmepumpe laufen gelassen wird. Daraus folgt:

1. Jeder umkehrbare Kreisprozeß, der zwischen den Temperaturniveaus T_z und T_a arbeitet, hat denselben Wirkungsgrad wie der zwischen diesen Temperaturen arbeitende Carnotsche Kreisprozeß mit idealem Arbeitsgas.

Damit gilt die Wirkungsgradformel Gl. (31) für alle Carnotschen Kreisprozesse mit beliebigen Arbeitsmedien.

2. Nicht umkehrbare Prozesse haben kleinere Wirkungsgrade als umkehrbare Kreisprozesse zwischen den gleichen Temperaturniveaus.

Im folgenden mögen zu- und abgeführte Wärmemengen nur mehr durch das Vorzeichen unterschieden und mit laufenden Zahlenindizes versehen werden. Dann läßt sich Gl. (31) umschreiben auf

$$\frac{Q_1}{T_1} + \frac{Q_2}{T_2} \lessgtr 0, \tag{32}$$

wobei das Gleichheitszeichen für reversible, das Ungleichheitszeichen für irreversible Vorgänge gilt.

Nun können eine größere Zahl Carnotscher Kreisprozesses aneinandergeschaltet werden (Abb. 2). Dabei brauchen Isentropen, welche zwei aneinanderliegenden Prozessen gemeinsam sind, nicht erst durchlaufen zu werden, weil die beiden Vorgänge auf den anliegenden Kreisprozessen gerade entgegengesetzt sind. Dies führt zum Durchlaufen der gezackten Randkurve in Abb. 2. Es werden dabei auf den Isothermen der Temperaturen T_i die Wärmemengen Q_i zugeführt, wobei mit Gl. (32) gilt:

$$\sum_i \frac{Q_i}{T_i} \lessgtr 0,$$

wieder mit dem Ungleichheitszeichen für irreversible Vorgänge.

Es ist einleuchtend, daß ein beliebiger reversibler Kreisprozeß, dargestellt durch einen geschlossenen Kurvenzug im V-p-Diagramm, durch eine Reihe Carnotscher Kreisprozesse beliebig genau wiedergegeben werden kann. Für den Grenzfall einer großen Zahl kleiner Isothermenkurvenstücke führt dies schließlich zur Gleichung:

$$\oint \frac{dQ}{T} \lessgtr 0. \tag{33}$$

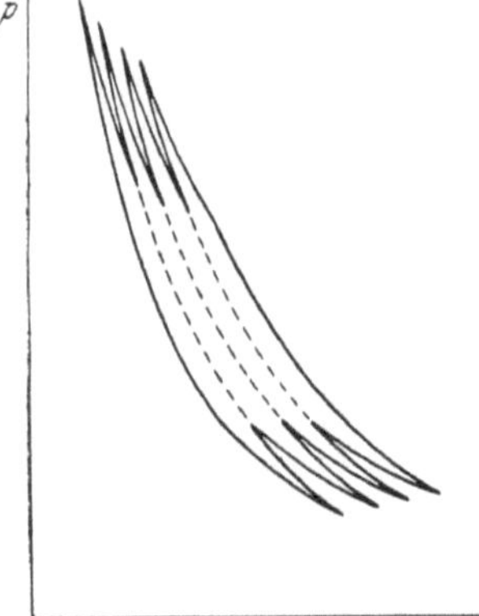

Abb. 2. Folge Carnotscher Kreisprozesse.

T in Gl. (33) ist stets die *Temperatur* des *Wärmebehälters*, mit welchem das Arbeitsgas im Wärmeaustausch steht. Dieser ist nur beim reversiblen Prozeß gleich warm mit dem Arbeitsgas, weshalb in diesem Fall T auch die Temperatur des Arbeitsgases ist. In allen praktischen Fällen ist stets ein wenn auch noch so kleines Temperaturgefälle für einen Wärmeübergang erforderlich, und zwar muß T bei allen positiven dQ stets etwas größer, bei allen negativen dQ stets etwas kleiner als im Grenzfall der Umkehrbarkeit sein, was dann zum Ungleichheitszeichen < 0 in Gl. (33) führt.

7. Entropiefunktion.

Die Aussage, daß das Integral der Gl. (33) für reversible Prozesse über eine geschlossene Kurve verschwindet, ist gleichbedeutend mit der Aussage, daß das Integral, gebildet zwischen einem Anfangs- und Endzustand, unabhängig vom Wege ist. Für reversible Zustandsfolgen ist in Gl. (33) T identisch mit der Temperatur des Arbeitsgases, und die Wärmezufuhr, nun bezogen auf die Masseneinheit, kann mit dem ersten Hauptsatz Gl. (8) durch Zustandsänderungen des Gases allein ausgedrückt werden. Mithin kann gesetzt werden

$$\int_A^E \frac{de + p\, d\,\dfrac{1}{\varrho}}{T} = s_E - s_A, \tag{34}$$

wobei s_E und s_A lediglich vom End- und Anfangszustand abhängen. s ist also bis auf eine frei verfügbare Konstante eine *Zustandsgröße*, sie wird als *Entropie der Masseneinheit* bezeichnet. Die Entropie selbst sei mit S bezeichnet, sie stellt das Produkt von s und der Masse des Mediums dar. Die Verfügbarkeit einer additiven Konstanten hat die Entropie mit der inneren Energie gemein. Die Konstante kann im Rahmen dieses Buches nach Gesichtspunkten praktischer Rechnung willkürlich gewählt werden.

Gl. (34) lautet in differentieller Form mit Gl. (11):

$$ds = \frac{de + p\,d\left(\dfrac{1}{\varrho}\right)}{T} = \frac{di - \dfrac{1}{\varrho}\,dp}{T} \tag{35}$$

ganz allgemein für jedes Medium. Mit Gl. (14), (15) und (17) lautet sie für ein *ideales* Gas:

$$ds = c_v\,\frac{dT}{T} - (c_p - c_v)\,\frac{d\varrho}{\varrho} = c_p\,\frac{dT}{T} - (c_p - c_v)\,\frac{dp}{p} = c_v\,\frac{dp}{p} - c_p\,\frac{d\varrho}{\varrho}. \tag{36}$$

Für ein id. Gas konst. sp. W. ist (36) sofort integrierbar und führt zu:

$$s_2 - s_1 = c_v \ln\frac{T_2}{T_1} - (c_p - c_v)\ln\frac{\varrho_2}{\varrho_1} = c_p \ln\frac{T_2}{T_1} - (c_p - c_v)\ln\frac{p_2}{p_1} =$$
$$= c_v \ln\frac{p_2}{p_1} - c_p \ln\frac{\varrho_2}{\varrho_1}. \tag{37}$$

Die *quasistatische* adiabatische Ausdehnung erfolgt nach Gl. (35) und (24) demnach bei konstanter Entropie. Man bezeichnet diese Zustandsänderung daher als *Isentrope* und hat damit eine Ausdrucksweise gefunden, welche eine Verwechslung mit der adiabatischen Ausdehnung *ohne* Arbeitsleistung unmöglich macht. Die Ableitungen längs der Isentropenkurven werden durch ein angefügtes s gekennzeichnet.

Für viele Aussagen über das Verhalten beliebiger Medien ist die Kenntnis der Funktion s, welche die Kenntnis der Zustansgleichung $p\,(\varrho,\,T)$ und der Energiefunktion $e\,(T,\,\varrho)$ voraussetzt, nicht erforderlich.

Oft genügt die Kenntnis der Ableitungen von s nach anderen Zustandsgrößen, in der Gasdynamik besonders nach dem Druck p und der Enthalpie der Masseneinheit i. Aus Gl. (35) resultiert unmittelbar:

$$\left.\begin{aligned}
&\left(\frac{\partial s}{\partial i}\right)_p = \frac{1}{T}; \quad \left(\frac{\partial s}{\partial p}\right)_i = -\frac{1}{\varrho\,T}; \quad \left(\frac{\partial i}{\partial p}\right)_s = \frac{1}{\varrho}; \\
&\left(\frac{\partial i}{\partial s}\right)_p = T; \quad \left(\frac{\partial p}{\partial s}\right)_i = -\varrho\,T; \quad \left(\frac{\partial p}{\partial i}\right)_s = \varrho;
\end{aligned}\right\} \tag{38}$$

mit der in der Wärmelehre üblichen Schreibweise, die festgehaltene Veränderliche als Index an die Klammer zu schreiben.

Während in der Mathematik meist von einem Paar unabhängiger Veränderlichen x, y zu einem anderen Paar u, v übergegangen wird, werden in der Thermodynamik des homogenen Mediums je nach der Betrachtungsweise die verschiedensten Paarungen von Zustandsgrößen als unabhängige Veränderliche benützt, so daß es bei der Ableitung nach einer Veränderlichen nicht klar ist, welche Zustandsgröße als zweite, in der partiellen Ableitung festzuhaltende unabhängige Größe verwendet wird. Bei der Schreibweise der partiellen Ableitungen eines Funktionenpaares $u\,v$:

$$\frac{\partial u}{\partial x}, \quad \frac{\partial u}{\partial y}, \quad \frac{\partial v}{\partial x}, \quad \frac{\partial v}{\partial y}$$

steht fest, daß y bei der Ableitung nach x festgehalten wird und umgekehrt. Werden nun die Abhängigen u, v mit den Unabhängigen x, y vertauscht:

$$\frac{\partial x}{\partial u}, \quad \frac{\partial x}{\partial v}, \quad \frac{\partial y}{\partial u}, \quad \frac{\partial y}{\partial v},$$

so wird bei der Ableitung $\dfrac{\partial x}{\partial u}$ jetzt v festgehalten, weshalb $\dfrac{\partial x}{\partial u}$ keineswegs den reziproken Wert von $\dfrac{\partial u}{\partial x}$ darstellt. Der hieran gewöhnte Mathematiker mag daher zunächst überrascht sein, daß etwa $\left(\dfrac{\partial s}{\partial i}\right)_p$ und $\left(\dfrac{\partial i}{\partial s}\right)_p$ reziprok zueinander sind. Hier wird aber stets dieselbe Veränderliche p konstant gehalten. Unter dieser Voraussetzung stellen $s = s\,(i)$ und $i = i\,(s)$ inverse Funktionen *einer* Veränderlichen dar, deren Ableitungen bekanntlich im reziproken Verhältnis zueinander stehen. Anschaulicher werden die Verhältnisse im Zustandsdiagramm mit den Koordinaten s, i, p. In diesem stellt die Zustandsgleichung $s = s\,(i, p)$ eine Fläche und bei festgehaltenem p eine Kurve in einer Ebene $p = \mathrm{konst.}$ dar, deren Neigung $\left(\dfrac{\partial i}{\partial s}\right)_p$ ist.

Es ist nun möglich, dem zweiten Hauptsatz mit Hilfe der Entropiefunktion eine analytische Formulierung zu geben.

Ein Medium habe irgendeinen irreversiblen oder in der Grenze reversiblen Vorgang durchgemacht, der es vom Anfangsstadium A in das Endstadium E (Abb. 3) gebracht hat. Ein irreversibler Weg kann dabei nicht in das Zustandsdiagramm eingetragen werden, da dieses dem Medium in jedem Kurvenpunkt einen ganz bestimmten Zustand zuordnet, während ein irreversibler Vorgang gerade dadurch gekennzeichnet ist, daß er nicht quasistatisch, also nicht als Folge von Gleichgewichtszuständen dargestellt werden kann. Die Zustandsänderung von A nach B sei durch eine gestrichelte Linie mit Pfeil angedeutet, deren Zwischenpunkten keine physikalische Bedeutung zukommen möge.

Die Zustandsänderung $A \to E$ sei durch einen reversiblen Vorgang längs der Kurve C zu einem irreversiblen Kreisprozeß ergänzt. Für diesen gilt nach Gl. (33):

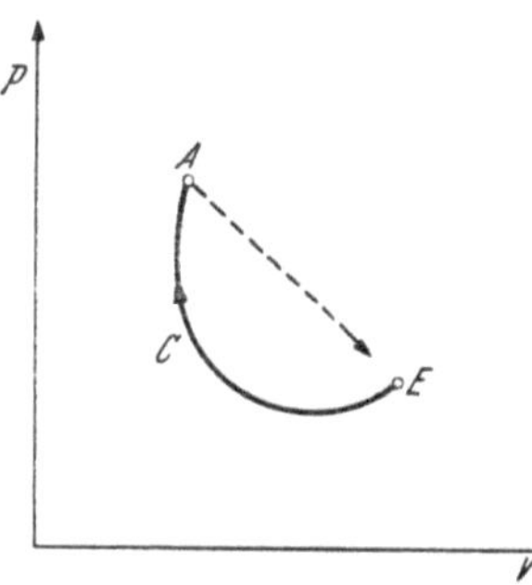
Abb. 3. Irreversibler Kreisprozeß.

$$\oint \frac{dQ}{T} = \int\limits_{A\ \mathrm{irrev.}}^{E} \frac{dQ}{T} + \int\limits_{E\ \mathrm{rev.}}^{A} \frac{dQ}{T} < 0.$$

Dabei ist für den irreversiblen Vorgang T die Temperatur des Wärmebehälters, dem die Wärme dQ entzogen wird, und daher stellt das Integral, in dem nur Größen des Wärmebehälters vorkommen, dessen Entropieabnahme (wegen des negativen Vorzeichens von dQ) dar. Mit S' als Entropie des Wärmebehälters also ist:

$$\int\limits_{A\ \mathrm{irrev.}}^{E} \frac{dQ}{T} = S_A{}' - S_E{}'.$$

Das Integral über den reversiblen Weg C stellt die Änderung der Entropie S des Mediums dar:

$$\int\limits_{A\ \mathrm{rev.}}^{E} \frac{dQ}{T} = S_E - S_A,$$

womit schließlich aus Gl. (33) folgt:

$$S_A + S_A{}' < S_E + S_E{}'. \tag{39}$$

Auf jeder der beiden Ungleichungsseiten steht die Summe der Entropien aller am Vorgang beteiligten Körper in einem bestimmten Zustand. Der Komplex aller am Vorgang beteiligten Körper heißt „*geschlossenes System*". Die Entropie eines Systems ist die Summe der Entropien aller zum System gehörigen Körper, daher kann dem zweiten Hauptsatz folgende ganz allgemeingültige Form gegeben werden:

Die Entropie eines geschlossenen Systems nimmt bei irreversiblen Vorgängen zu.

Daraus folgt:
Die Entropie eines geschlossenen Systems bleibt bei reversiblen Vorgängen konstant.

Könnte nämlich die Entropie eines geschlossenen Systems abnehmen, so brauchte dieses System nur an jenes mit dem irreversiblen Vorgang angeschlossen zu werden, um zu einem Widerspruch zu führen.

Besondere Betrachtungen werden erforderlich, wenn sich die niedrigsten Temperaturen dem absoluten Nullpunkt nähern, da dann der Wirkungsgrad des Carnot-Prozesses den Wert $\eta_c = 1$ annehmen kann. Diese extremen Zustände haben für die Gasdynamik keine Bedeutung und seien daher hier übergangen. Die entsprechenden Überlegungen und Erfahrungen führen zum 3. Hauptsatz der Wärmelehre, der unter anderem die Unerreichbarkeit des absoluten Nullpunktes aussagt.

8. Thermodynamisches Gleichgewicht.

Aus dem zweiten Hauptsatz folgen eine große Zahl von Aussagen über thermodynamische Gleichgewichte, wie sie z. B. durch die Koexistenz von Wasser und Wasserdampf oder von dissoziiertem und undissoziiertem Gas gegeben sind.

Aus der Tatsache, daß die Entropie eines geschlossenen Systems nicht abnehmen kann, kann auf Stabilität des Zustandes dann geschlossen werden, wenn die Entropie des Systems unter den gegebenen Bedingungen einen Maximalwert erreicht hat. Daraus ergeben sich die Dampfdruckkurven, Dissoziationsgleichgewichte usw. Typisch für die Abhängigkeit aller Gleichgewichte von der Temperatur sind Exponentialfunktionen mit einem negativen Exponenten, in dessen Nenner das Produkt $R\,T$ und in dessen Zähler die Umsetzungsenergie (Verdampfungswärme, Dissoziationswärme usw.) steht. Die Folge ist, daß bei hohen Temperaturen gerade jene Erscheinungen von Bedeutung werden, welche mit hohen Umwandlungswärmen verbunden sind. Dies hat weiter die Folge, daß Dissoziationen erst bei hohen Temperaturen auftreten, dann aber wegen ihres Energiebedarfes sofort eine ausschlaggebende Rolle spielen. In der Brennkammer eines Antriebes sind sie also tunlichst zu vermeiden. Strömungen kompressibler Medien führen vielfach zu extremen Temperaturen und Drucken und erfordern daher Kenntnisse extremer Zustände, welche die moderne Thermodynamik manchmal noch gar nicht zu vermitteln vermag.

II. Stationäre Fadenströmung.

1. Vorbemerkung.

Die Strömungen zusammendrückbarer Medien sind den Strömungen inkompressibler Flüssigkeiten gegenüber so viel komplizierter, daß es angebracht erscheint, sich zunächst der Behandlung einfachster Strömungstypen zu widmen. Als solche ergeben sich die zeitlich unveränderlichen — also *stationären* — Strömungen, bei welchen konstante Eigenschaften quer zur Strömungsrichtung angenommen werden können. Geschwindigkeitsbetrag W, Druck p, Dichte ϱ und Temperatur T eines Teilchens sind dann nur mehr abhängig von einer einzigen Veränderlichen, etwa der in Strömungsrichtung gemessenen Bogenlänge.

Angenähert verwirklicht sind diese Voraussetzungen bei Strömungen in Kanälen langsam veränderlichen oder konstanten Querschnittes f. Hier sind die Zustände vielfach bis auf eine schmale Zone unmittelbar an der Wand im Querschnitt nahezu konstant, so daß es sinnvoll ist, mit Mittelwerten zu rechnen.

Aber auch für die Behandlung beliebig räumlicher stationärer Strömungen sind die folgenden Überlegungen nützlich.

Kurven in einer beliebigen räumlichen Strömung, welche in jedem ihrer Punkte Strömungsrichtung besitzen, heißen *Stromlinien*. Aus diesen können *Stromröhren* gebildet werden. Werden deren Querschnitte nun genügend klein gewählt, so kann die Annahme einheitlicher Zustände über dem Querschnitt beliebig genau erfüllt werden. Man spricht dann von *Stromfäden*. Bei stationärer Strömung bleiben alle Teilchen entweder dauernd innerhalb oder außerhalb eines bestimmten Stromfadens. Die Voraussetzungen dieses Abschnittes sind demnach im Stromfaden erfüllt, woraus sich die Bezeichnung: stationäre Fadenströmung ergibt.

Vielfach wird in diesem Zusammenhang auch von hydraulischer Behandlung gesprochen, doch wird dieser Ausdruck nicht überall im selben Sinne verwendet, weshalb er hier vermieden wurde.

Die Einschränkung, daß die Querschnitte f nur langsam in Strömungsrichtung zu- oder abnehmen sollen, bedarf noch einer Erläuterung. Es ist klar, daß es dabei nur auf relative Größen ankommen kann. Handelt es sich etwa um einen Stromfaden rechteckigen Querschnittes, dessen Breite konstant, dessen Höhe aber veränderlich ist, so wird gefordert werden müssen, daß die Höhe im Verhältnis zur Länge nur wenig zunimmt. Die Neigung des Stromfadenrandes zu dessen Mittellinie muß also klein sein. Spätere Betrachtungen werden zeigen, daß die Stromfadenhöhe auch im Verhältnis zum Krümmungsradius der Stromlinien klein sein muß und ähnliches, wenn von Fadenströmung gesprochen werden soll. Das Querschnittsverhältnis kann hingegen beliebig groß sein, wenn die Querschnitte nur genügend weit voneinander entfernt sind, um die Bedingungen geringen Öffnungswinkels und geringer Krümmung der Stromlinien zu erfüllen.

Die Forderungen werden z. B. von einer ebenen oder kugelsymmetrischen Quellströmung erfüllt. Wenn dabei die Teilchen auch nach allen Richtungen auseinanderströmen, so sind die Stromlinien nicht gekrümmt und zwei genügend benachbarte Stromlinien beliebig wenig zueinander geneigt.

2. Grundgleichungen.

Der Zustand eines physikalisch homogenen Mediums ist durch zwei thermische Zustandsgrößen gegeben. Oft ist es allerdings zweckmäßig, mit mehr als zwei thermischen Zustandsgrößen zu arbeiten. Auch dann soll nur von zwei Unbekannten gesprochen werden, da nur zwei thermische Größen frei wählbar sind. Der Strömungszustand im Stromfaden wird durch den Geschwindigkeitsbetrag allein beschrieben — die Strömungsrichtung ist ja mit der Form des Stromfadens festgelegt —, so daß im ganzen drei unbekannte Funktionen zu ermitteln sind, was die Aufstellung dreier Gleichungen erforderlich macht.

Zu diesem Zweck sei von zwei Querschnitten des Stromfadens ausgegangen (Abb. 4). In einem, f_1, mag der Strömungszustand bekannt sein, im anderen, f, werde er gesucht. Es wird hier also nicht eine fest abgegrenzte Masse, sondern es wird ein fest abgegrenzter Raum betrachtet. Dies ist bei stationärer Strömung die einzig in Frage kommende Methode, da nur auf diese Weise die zeitliche Unveränderlichkeit des Zustandes an einem bestimmten Ort zur Geltung kommt.

Aus dem Querschnitt f tritt in der Zeiteinheit die Menge

$$G = f \varrho W \tag{1}$$

aus. Da die Strömung stationär ist, darf die Masse, welche sich zwischen den

Querschnitten f_1 und f befindet, nicht zunehmen. Es muß die Durchflußmenge in f_1 dieselbe sein wie in f:

$$f_1\,\varrho_1\,W_1 = f\,\varrho\,W. \tag{2}$$

Gl. (2) drückt die Erhaltung der Masse aus und wird als „*Kontinuitätsbedingung*" bezeichnet. Bei inkompressiblen Medien ($\varrho \equiv \varrho_1$) könnte aus dieser Gleichung allein schon die Geschwindigkeit bestimmt werden. Natürlich ist es denkbar, daß zwischen den Querschnitten f und f_1 Masse zugeführt wird, wie dies etwa bei der Zuführung von Brennstoff in die Brennkammer der Fall ist. Dann muß Gl. (1) entsprechend abgeändert werden. Jedoch sollen die Gleichungen zunächst nicht durch Berücksichtigung solcher Fälle unnötig kompliziert werden.

Das Produkt $\varrho\,W$ ist die Masse, welche durch die Flächeneinheit eines Querschnittes in der Zeiteinheit fließt; sie heißt *Stromdichte*. Sie wächst sowohl mit der Dichte ϱ als auch mit der Geschwindigkeit W.

Aus Impulsbetrachtungen wird bei inkompressiblen Medien auf den Druck geschlossen. Dieser hängt etwa bei reibungsfreier Strömung mit der Geschwindigkeit durch die Bernoullische Gleichung zusammen. Es ist daher naheliegend, auch hier von Impulsbetrachtungen auszugehen, wobei die Newtonschen Bewegungsgleichungen in der Form zugrunde gelegt werden sollen, daß die in einer bestimmten Richtung wirkenden Kräfte der zeitlichen Änderung der Bewegungsgröße in der gleichen Richtung gleichzusetzen sind. Die Summe aller in einer bestimmten Richtung wirkenden Kräfte (Abb. 4), ausgenommen

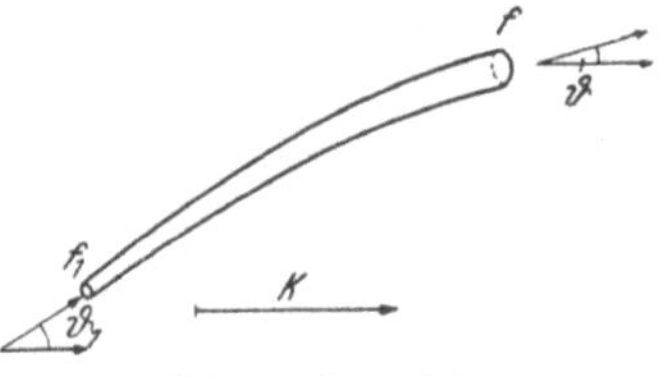

Abb. 4. Stromfaden.

die auf die Flächen f und f_1 wirkenden Druckkräfte, sei K. Darin können Druckkräfte an den Stromfadenwänden, Reibungskräfte an den Stromfadenwänden und in den Endquerschnitten f und f_1 und auch Massenkräfte, wie die Schwerkraft, zusammengefaßt sein. Die von den Drucken an den Endquerschnitten erzeugten Kräfte sind in Strömungsrichtung $p_1 f_1$ und $p f$. Sind ϑ_1 und ϑ die Winkel, welche der Stromfaden mit der Kraft K in den Endquerschnitten einschließt (Abb. 4), so üben die Drucke in den Endquerschnitten die Kräfte $p_1 f_1$ $\cos \vartheta_1$ und $- p f \cos \vartheta$ auf das betrachtete Stromfadenstück in der Richtung von K aus.

Eine Änderung der Bewegungsgröße im betrachteten Raum entsteht nur durch Zufluß und Abfluß durch die Endquerschnitte. Die Bewegungsgröße (Masse $\times$ Geschwindigkeit) pro Masseneinheit in Strömungsrichtung ist W. Die Bewegungsgröße pro Masseneinheit in der Richtung von K ist dann in den Endquerschnitten $W_1 \cos \vartheta_1$ und $W \cos \vartheta$. Diese Größen multipliziert mit den Durchflußmengen Gl. (1) ergeben den zeitlichen Zuwachs durch Einströmen in f_1 und den zeitlichen Abfall durch Ausströmen aus f. Die Summe aller Kräfte verursacht eine Zunahme der Bewegungsgröße in *Kraftrichtung*, folglich ist sie dem Ausfluß vermindert um den Einfluß in Kraftrichtung gleichzusetzen:

$$K + p_1 f_1 \cos \vartheta_1 - p f \cos \vartheta = f\,\varrho\,W^2 \cos \vartheta - f_1\,\varrho_1\,W_1{}^2 \cos \vartheta_1.$$

Es wird zweckmäßig wie folgt zusammengefaßt:

$$K + (p_1 + \varrho_1\,W_1{}^2)\,f_1 \cos \vartheta_1 = (p + \varrho\,W^2)\,f \cos \vartheta. \tag{3}$$

Gl. (3) nennt man den *Impulssatz*. Wie G in Gl. (1) eine Durchflußmenge, also eine Masse pro Zeiteinheit darstellt, ist $(p + \varrho\,W^2)\,f$ der Dimension nach eine Bewegungsgröße pro Zeiteinheit. Richtiger müßte also von einem *Impulsstromsatz* gesprochen werden. Der Ausdruck $p + \varrho\,W^2$ heißt *Impulsstromdichte*. Vielfach wird sowohl dieser Ausdruck als auch $\varrho\,W^2$ allein in der Strömungslehre als Impuls bezeichnet, während $\varrho\, W$ stets nur richtig „Bewegungsgröße" genannt wird. In diesem Buch werden möglichst die exakten Ausdrücke verwendet werden.

Charakteristisch für den Impulssatz ist die Abhängigkeit der Gl. (3) von der Richtung der betrachteten Kraftsumme K. Diese braucht keineswegs die Resultierende aller auftretenden Kräfte darzustellen, sie ist lediglich die Komponente der Resultierenden in einer willkürlich vorgeschriebenen Richtung. Je nach der Richtung, welche interessiert, ändern sich K, ϑ_1 und ϑ und damit das Resultat von Gl. (3). Eine solche Richtungsabhängigkeit ist Gl. (2) fremd.

Mit Gl. (2) und (3) wären nun alle erforderlichen Gleichungen für ein inkompressibles Medium abgeleitet. In der Gasdynamik ist aber zur Bestimmung der Dichte ϱ noch eine weitere Gleichung erforderlich. In der Thermodynamik wird die Änderung der Dichte mit dem Druck aus dem ersten Hauptsatz abgeleitet, wobei sich z. B. die Adiabate ergibt, wenn von jeder Wärmezufuhr abgesehen wird. Es liegt nahe, für den noch fehlenden Zusammenhang der thermischen Zustandsgrößen wieder auf das Energieprinzip zurückzugreifen.

Nach dem Energieprinzip muß die von außen zugeführte Leistung L, welche in den Stromfadenraum zwischen f_1 und f eingeführt wird, gleich sein der aus f in der Zeiteinheit ausfließenden Energie zuzüglich der dort vom Gase gleichzeitig geleisteten Arbeit vermindert um Energie und Arbeit, welche in f_1 pro Zeiteinheit an das Gas abgegeben wird. Die inneren Umsetzungen des Mediums, etwa an kinetischer Energie durch Reibung in Arbeit, bleiben dabei unberücksichtigt. Als Leistung kommt vor allem die dem Medium von außen in der Zeiteinheit zugeführte Wärmemenge Q in Frage, ferner die von äußeren Kräften vollbrachten Leistungen, welche sich als das Produkt von Geschwindigkeit und Kraftkomponente in Geschwindigkeitsrichtung summiert über den ganzen Raum ergeben. Die Reibungskräfte am Stromfadenmantel spielen dabei nur dann eine Rolle, wenn dort von Null verschiedene Geschwindigkeiten herrschen wie an einem mitten aus einer Strömung herausgegriffenen Faden — nicht aber an festen Kanalwänden, wo mit der Geschwindigkeit auch die Leistung der Reibungskräfte verschwindet. Ferner können Leistungen von Massenkräften wie der Schwerkraft hinzukommen.

Um hier jeden Zweifel auszuschließen, sei die Energiebilanz für den freien Fall aufgestellt. Es ist üblich, dabei zu sagen, daß die Summe von kinetischer Energie und potentieller Energie des fallenden Körpers konstant bleibt. Ebenso kann aber gesagt werden, daß die Änderung der kinetischen Energie gleich ist der vom Körper an der Schwerkraft geleisteten Arbeit — letzteres ist gerade die Änderung der potentiellen Energie. Diese Ausdrucksweise wurde hier vorgezogen, um auch alle nicht konservativen Kräfte (Kräfte, die sich nicht als Gradient eines Potentials ergeben) mit einzubeziehen.

Das Medium transportiert durch die Endquerschnitte pro Masseneinheit e innere und $\dfrac{W^2}{2}$ kinetische Energie. Die Summe dieser beiden Größen multipliziert mit der Durchflußmenge G, Gl. (1), gibt den Energiefluß. Die Arbeitsleistung an den Endquerschnitten ergibt sich aus Gl. (I, 28). Allerdings handelt es sich hier um eine Zunahme des Volumens in der Zeiteinheit, also um das Produkt von Fläche f und Geschwindigkeit W normal auf diese. Die Arbeitsleistung des Gases nach außen in f ist demnach $f\,p\,W$. Am Querschnitt f_1 wird Arbeit am Medium geleistet und Energie in den Raum eingeführt. Daher folgt aus dem *Energiesatz*:

$$L = f\,\varrho\,W\left(e + \frac{W^2}{2}\right) + f\,p\,W - f_1\,\varrho_1\,W_1\left(e_1 + \frac{W_1^2}{2}\right) - f_1\,p_1\,W_1.$$

Diese Gleichung kann nun durch Einführen der Enthalpie Gl. (I, 9) vereinfacht werden:

$$L = f\,\varrho\,W\left(\frac{W^2}{2} + i\right) - f_1\,\varrho_1\,W_1\left(\frac{W_1^2}{2} + i_1\right). \tag{4}$$

Es handelt sich dabei ähnlich wie beim Impulssatz nicht um einen Energiesatz, sondern um einen Satz vom *Energiestrom*.

Vielfach treten als Leistungen L Wärmezufuhren oder Arbeitsleistungen an der Schwerkraft auf. Für diese Fälle sei L berechnet. Ist q — entsprechend zur Bezeichnung in Teil I — die der Masseneinheit zwischen f und f_1 zugeführte Wärmemenge, so ist die an das Medium abgegebene Wärmeleistung durch das Produkt von q und der Durchflußmenge G gegeben: $q\,f\,\varrho\,W$. Die Arbeitsleistung an der Schwerkraft ergibt sich am einfachsten als Differenz von einfließender potentieller Energie in f_1 (mit z als zur Schwerebeschleunigung g entgegengesetzter Richtung): $g\,z_1\,f_1\,\varrho_1\,W_1$ und ausfließender potentieller Energie aus f: $g\,z\,f\,\varrho\,W$. Dann ist:

$$f\,\varrho\,W\,q + g\,z_1\,f_1\,\varrho_1\,W_1 - g\,z\,f\,\varrho\,W = f\,\varrho\,W\left(\frac{W^2}{2} + i\right) - f_1\,\varrho_1\,W_1\left(\frac{W_1^{\,2}}{2} + i_1\right).$$

Kommt zwischen den Querschnitten keine Masse hinzu, so gilt Gl. (2) und es kann durch die gleichbleibende Durchflußmenge dividiert werden mit dem Resultat:

$$q + g\,z_1 + \frac{W_1^{\,2}}{2} + i_1 = g\,z + \frac{W^2}{2} + i. \tag{5}$$

Die Summanden von Gl. (5) haben die Dimension einer Energie der Masseneinheit. Gl. (5) wird daher mit mehr Recht als *Energiesatz* bezeichnet als etwa Gl. (4). Die Enthalpie tritt an die Stelle der inneren Energie, womit die Arbeitsleistungen des Gases an den Endflächen gleich mit erfaßt werden.

Für den einfachen Fall stationärer Strömung eines Mediums ohne Leistungen L, also ohne Wärmezufuhr und ohne Arbeitsleistungen äußerer Kräfte, nimmt Gl. (5) oder (4) die einfache Form an:

$$\frac{W^2}{2} + i = \frac{W_1^{\,2}}{2} + i_1. \tag{6}$$

Hier wird zweckmäßig jene Enthalpie i eingeführt, welche das Medium im Ruhezustand ($W = 0$) annimmt. Alle Größen im Ruhezustand seien *Ruhegrößen* genannt und mit dem Index 0 gekennzeichnet. Dann lautet Gl. (6) auch

$$\frac{W^2}{2} + i = i_0. \tag{7}$$

Damit ergibt sich eine ähnliche Beziehung, wie sie durch die Bernoullische Gleichung:

$$\frac{W^2}{2} + \frac{p}{\varrho} = \frac{p_0}{\varrho} \tag{8}$$

für dichtebeständige Medien ($\varrho = $ konst.) gegeben ist, wobei an Stelle des durch die gleichbleibende Dichte dividierten Druckes die Enthalpie der Masseneinheit i tritt. Dennoch soll von Gl. (7) nicht als von einer Bernoullischen Gleichung gesprochen werden, denn diese setzt reibungsfreie Strömung voraus, eine Einschränkung, welche der Gl. (7) nicht zugrunde liegt. Dafür läßt sich mit der Bernoullischen Gleichung (8) der Druck sofort aus der Geschwindigkeit berechnen. Dies trifft für den entsprechenden Energiesatz Gl. (7) wohl betreffs der Enthalpie und bei einem idealen Gas betreffs der allein von der Enthalpie abhängigen Temperatur [Gl. (I, 10)] zu; damit sind die Möglichkeiten aber auch erschöpft. Denn der Druck bleibt mit der Dichte unbestimmt. Es ist auch einleuchtend, daß mit der größeren Zahl von Möglichkeiten, welche der Energiesatz Gl. (7) gegenüber der Bernoullischen Gleichung (8) enthält, eine weniger starke Festlegung des Zustandes verbunden sein muß.

Da die Enthalpie i einen Minimalwert hat, der bei verschwindender Temperatur zu suchen ist, kann die Geschwindigkeit bei stationärer Strömung abhängig von der Ruheenthalpie i_0 einen Maximalwert $W_{\max}$ nicht überschreiten. Die Geschwindigkeit steigt also keineswegs über alle Grenzen, wenn sich der thermische Zustand des Mediums dem absoluten Nullpunkt nähert, sie kann nur jenen Wert erreichen, welcher durch die volle Umwandlung der Enthalpie in kinetische Energie gegeben ist.

Beim idealen Gas ist i reine Temperaturfunktion, beim id. Gas konst. sp. W. geht Gl. (7) mit Gl. (I, 19) über in:

$$\frac{W^2}{2} + c_p\, T = c_p\, T_0. \tag{9}$$

Daraus ergibt sich die Maximalgeschwindigkeit für das id. Gas konst. sp. W.:

$$W_{\max} = \sqrt{2\, c_p\, T_0}. \tag{10}$$

Strömt Luft aus einem Raum mit Zimmertemperatur (20°C) durch einen geeignet geformten Kanal in einen Kessel, der auf absolutem Vakuum gehalten wird, so folgt ($c_p = 0{,}240$ cal/g Grad; Wärmeäquivalent: $0{,}4186 \cdot 10^8$ Erg/cal)

$$W_{\max} = \sqrt{2 \cdot 0{,}4186 \cdot 10^8 \cdot 0{,}240 \cdot 293}\ \frac{\mathrm{cm}}{\mathrm{s}} = 767\ \frac{\mathrm{m}}{\mathrm{s}}, \tag{11}$$

unabhängig vom Ruhedruck p_0 und auch davon, ob die Expansion unter innerer Reibung vor sich geht oder nicht.

Gaskinetisch ist der Vorgang so zu verstehen, daß die gesamte Bewegungsenergie der Moleküle, welche bei der Geschwindigkeit Null in Form von Wärme vorhanden ist, sich bei der Temperatur Null in einheitliche geradlinige Geschwindigkeit verwandelt hat. Diese beläuft sich übrigens auf nicht viel mehr als das Doppelte der Schallgeschwindigkeit im Ruhezustand.

Aus der Existenz einer Maximalgeschwindigkeit bei fester Ruhetemperatur darf nicht etwa auf eine Begrenzung der Fluggeschwindigkeit geschlossen werden. Bei Steigerung der Fluggeschwindigkeit wird nämlich bei festem Anströmzustand der Ruhezustand erhöht.

3. Stoßwelle und Schallwelle.

Die einfachste Anwendung der Grundgleichungen des vorangegangenen Abschnittes bietet ein Rohr oder ein Stromfaden konstanten Querschnittes ($f = f_1$), wenn das fließende Medium weder der Einwirkung äußerer Kräfte noch irgendwelcher Wärmeabgaben oder Leistungszufuhren ausgesetzt ist. Die Zustände im Anfangsquerschnitt seien ohne Index, die im Endquerschnitt mit Dach gekennzeichnet. Kontinuitätsbedingung Gl. (2), Impuls- und Energiesatz Gl. (3) und Gl. (5) haben dann die Form:

$$
\begin{aligned}
\hat{W}\,\hat{\varrho} &= W\,\varrho && \text{Kontinuitätsbedingung,} \\
\hat{W}^2\,\hat{\varrho} + \hat{p} &= W^2\,\varrho + p && \text{Impulssatz,} \\
\frac{\hat{W}^2}{2} + \hat{i} &= \frac{W^2}{2} + i && \text{Energiesatz.}
\end{aligned}
\tag{12}
$$

Da keinerlei Einwirkungen von außen erfolgen, ist sicher eine Lösung des Gleichungssystems (12) durch die Gleichheit der Zustände in den beiden Querschnitten gegeben ($\hat{W} = W$; $\hat{\varrho} = \varrho$; $\hat{p} = p$; $\hat{i} = i$). Es gibt aber noch eine zweite Lösung, die für das id. Gas konst. sp. W. leicht zu ermitteln ist. Für dieses kann i mit Gl. (I, 19) und der Zustandsgleichung (I, 17) direkt durch Druck und Dichte ausgedrückt werden. Die Elimination der thermischen Zustandsgrößen aus Gl. (12) ergibt dann eine quadratische Gleichung für $\hat{W}$ mit den Lösungen:

$$\hat{W} = \frac{1}{\varkappa + 1} \, W \left[\varkappa + \frac{\varkappa\,p}{\varrho\,W^2} \pm \left(1 - \frac{\varkappa}{\varrho}\,\frac{p}{W^2} \right) \right]. \tag{13}$$

Das positive Vorzeichen vor der runden Klammer gibt die Identität $\hat{W} = W$. Interessanter ist die zweite Lösung. Sie führt zusammen mit der Kontinuitätsbedingung und dem Impulssatz zum Resultat:

$$\frac{\hat{W}}{W} = \frac{\varrho}{\hat{\varrho}} = 1 - \frac{2}{\varkappa + 1} \left(1 - \frac{\varkappa\,p}{\varrho\,W^2} \right);$$
$$\frac{\hat{p}}{p} = 1 + \frac{2\,\varkappa}{\varkappa + 1} \left(\frac{W^2\,\varrho}{\varkappa\,p} - 1 \right). \tag{14}$$

Über den Abstand der beiden Flächen f und $\hat{f}$ wurde zunächst nichts vorausgesetzt. Handelt es sich um eine Rohrströmung, so können zwischen den betrachteten Querschnitten sehr komplizierte Strömungsvorgänge mit Wirbeln und Totwasser liegen. f und $\hat{f}$ sind dann so zu legen, daß in ihnen mit guter Näherung einheitliche Strömungszustände angenommen werden können. Werden die Betrachtungen aber in einen Stromfaden fern von jeder Wand verlegt, so können die Flächen zunächst beliebig nahe aneinandergerückt werden. Mit den Lösungen der Gl. (14) führt dies aber in der Grenze zu sprunghaften Änderungen von Geschwindigkeit, Druck, Dichte usw., welche unter bestimmten Bedingungen in der Tat beobachtet werden können. Sie heißen *Stoßwellen* (Abb. 5).

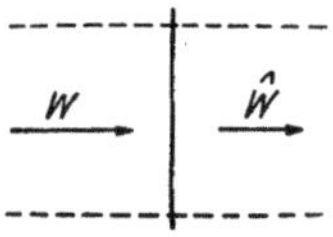

Abb. 5. Stoßwelle (—— Stromlinie).

Zunächst soll auf die einschränkende Annahme, daß es sich um ein id. Gas konst. sp. W. handelt, wieder verzichtet werden. Für ein *beliebiges Medium* kann der Impulssatz Gl. (12) mit Hilfe der Kontinuitätsbedingung wie folgt geschrieben werden:

$$\frac{\hat{W}^2}{2} - \frac{W^2}{2} + \frac{1}{2} \left(\frac{1}{\hat{\varrho}} + \frac{1}{\varrho} \right) (\hat{p} - p) = 0. \tag{15}$$

Durch Elimination der Geschwindigkeiten aus Gl. (15) und dem Energiesatz Gl. (12) folgt:

$$\hat{i} - i = \frac{1}{2} \left(\frac{1}{\hat{\varrho}} + \frac{1}{\varrho} \right) (\hat{p} - p). \tag{16}$$

Um die Gleichung auszuwerten, ist natürlich die Kenntnis der Enthalpie der Masseneinheit als Funktion von Druck und Dichte $i = i\,(p, \varrho)$ erforderlich. Dann kann aus der Kenntnis des Ausgangszustandes p, ϱ der Druck $\hat{p}$ abhängig von der Dichte $\hat{\varrho}$ mit Gl. (16) angegeben werden. Die auf diese Weise gewonnene Kurve heißt *dynamische Adiabate* oder auch nach den beiden Forschern[6, 7], welche die Beziehung zuerst aufstellten, *Rankine-Hugoniot-Kurve*. Bei ihr ergibt sich der Zusammenhang von Druck und Dichte aus einem dynamischen Problem.

Die nahe Verwandtschaft mit der Isentropengleichung wird sofort deutlich, wenn diese Gleichung (I, 24) integriert wird. Um im folgenden die Integrationsvariablen vom Anfangs- und Endzustand zu unterscheiden, sei der Anfangszustand mit dem Index 1 und der Endzustand mit dem Index 1 und einem Dach gekennzeichnet. Dies ergibt:

$$\hat{i}_1 - i_1 = \int\limits_{p_1}^{\hat{p}_1} \frac{1}{\varrho}\,dp. \tag{17}$$

$$s = \text{konst.}$$

Da die Dichte nicht allein vom Druck abhängt, muß der Integrationsweg ($s = $ konst.) angegeben werden.

Auf der Rankine-Hugoniot-Kurve muß sich die Entropie mit dem Druck ändern, da der funktionelle Zusammenhang hier anders ist als auf der Isentrope. Zunächst soll die Entropieänderung in der Umgebung des Ausgangspunktes (p_1, ϱ_1) berechnet werden. Mit Gleichung (I, 35) und Gl. (16) ist:

$$\int\limits_{\substack{s_1 \\ H}}^{\hat{s}_1} T\, ds = \hat{i}_1 - i_1 - \int\limits_{\substack{p_1 \\ H}}^{\hat{p}_1} \frac{1}{\varrho}\, dp = \frac{1}{2}\left(\frac{1}{\hat{\varrho}_1} + \frac{1}{\varrho_1}\right)(\hat{p}_1 - p_1) - \int\limits_{\substack{p_1 \\ H}}^{\hat{p}_1} \frac{1}{\varrho}\, dp. \tag{18}$$

Der an das Integral angefügte Buchstabe H deutet an, daß der Integrationsweg längs der Rankine-Hugoniot-Kurve verläuft. Zur Untersuchung der Verhältnisse im Ausgangspunkt (ϱ_1, p_1) sei die reziproke Dichte dort als Funktion des Druckes entwickelt:

$$\frac{1}{\varrho} = \frac{1}{\varrho_1} + \left(\frac{\partial}{\partial p}\frac{1}{\varrho}\right)_{H\,1}(p - p_1) + \frac{1}{2}\left(\frac{\partial^2}{\partial p^2}\frac{1}{\varrho}\right)_{H\,1}(p - p_1)^2 + \cdots$$

Die Ableitungen sind längs der dynamischen Adiabate im Ausgangspunkt gebildet. Die Entwicklung im Integral von Gl. (18) eingesetzt und integriert ergibt:

$$\int\limits_{\substack{p_1 \\ H}}^{\hat{p}_1} \frac{1}{\varrho}\, dp = \frac{1}{\varrho_1}(\hat{p}_1 - p_1) + \frac{1}{2}\left(\frac{\partial}{\partial p}\frac{1}{\varrho}\right)_{H\,1}(\hat{p}_1 - p_1)^2 + \frac{1}{6}\left(\frac{\partial^2}{\partial p^2}\frac{1}{\varrho}\right)_{H\,1}(\hat{p}_1 - p_1)^3 + \cdots$$

Da die Entwicklung von $\dfrac{1}{\varrho}$ auch im Endpunkt $\hat{\varrho}_1$, $\hat{p}_1$ gilt, kann damit die Ableitung $\left(\dfrac{\partial}{\partial p}\dfrac{1}{\varrho}\right)_{H\,1}$ eliminiert werden mit dem Resultat:

$$\int\limits_{\substack{p_1 \\ H}}^{\hat{p}_1} \frac{1}{\varrho}\, dp = \frac{1}{2}\left(\frac{1}{\hat{\varrho}_1} + \frac{1}{\varrho_1}\right)(\hat{p}_1 - p_1) - \frac{1}{12}\left(\frac{\partial^2}{\partial p^2}\frac{1}{\varrho}\right)_{H\,1}(\hat{p}_1 - p_1)^3 + \cdots$$

Danach reduziert sich die linke Seite von Gl. (18) auf ein Glied dritter Ordnung in ($\hat{p}_1 - p_1$) vermehrt um Glieder höherer Ordnung. Zur Ermittlung des Gliedes erster Ordnung des Entropieintegrals in Gl. (18) genügt es, den Integranden $T = T_1$ zu setzen mit dem Resultat:

$$T_1(\hat{s}_1 - s_1) = \frac{1}{12}\left(\frac{\partial^2}{\partial p^2}\frac{1}{\varrho}\right)_{H\,1}(\hat{p}_1 - p_1)^3 + \cdots \tag{19}$$

Erfahrungsgemäß ist die zweite Ableitung von $\dfrac{1}{\varrho}$ nach p positiv. Bei kleinem Druckanstieg wächst also die Entropie, allerdings erst mit der *dritten Potenz* von $\hat{p}_1 - p_1$.

Die erste und zweite Ableitung der Entropie nach dem Druck auf der Rankine-Hugoniot-Kurve verschwindet also. Das hat zur Folge, daß die erste und zweite Ableitung dieser Kurve mit den entsprechenden Ableitungen der Isentrope in irgendeinem Zustandsdiagramm identisch sind. Die beiden Kurven haben nicht nur gemeinsame Tangente, sie oskulieren auch noch (gemeinsame Krümmung). (Abb. 7). Es ist:

$$\left(\frac{\partial}{\partial p}\frac{1}{\varrho}\right)_{H\,1} = \left(\frac{\partial}{\partial p}\frac{1}{\varrho}\right)_{s\,1}; \quad \left(\frac{\partial^2}{\partial p^2}\frac{1}{\varrho}\right)_{H\,1} = \left(\frac{\partial^2}{\partial p^2}\frac{1}{\varrho}\right)_{s\,1}. \tag{20}$$

Damit kann der Entropieanstieg der Rankine-Hugoniot-Kurve näherungsweise auch durch die zweite Ableitung längs der Isentrope ausgedrückt werden. So ist er auf die thermodynamischen Eigenschaften des Mediums zurückgeführt. Es gilt also für *jedes* homogene Medium, wenn der Anfangs- und Endzustand nun wieder wie in den anderen Stoßgleichungen ohne unteren Index geschrieben werden:

$$T\,(\hat{s} - s) = \frac{1}{12}\left(\frac{\partial^2}{\partial p^2}\,\frac{1}{\varrho}\right)_s (\hat{p} - p)^3 + \cdots \qquad (21)$$

Das Medium steht im vorliegenden Falle in keinem Energieaustausch mit der Umgebung. Es kann daher nur in einer Richtung fließen, in welcher seine Entropie ansteigt, denn die dauernde Entropieabsenkung in einem Teil der Strömung ohne einen entsprechenden Entropieanstieg in einem anderen Teil bedeutete einen Widerspruch zum zweiten Hauptsatz der Thermodynamik. Es zeigt sich im übrigen, daß die Entropie nicht nur bei kleinen, sondern auch bei großen Druckanstiegen stets zunimmt. Danach sind stets nur Stoßwellen möglich, welche mit Druckanstiegen verbunden sind. Diese sind wegen Gl. (15) stets mit Geschwindigkeitsabnahmen und weiter wegen der Kontinuitätsbedingung mit Dichtezunahmen verknüpft. Man bezeichnet die Stoßwellen daher auch als *Verdichtungsstöße.* Verdünnungsstöße könnten nur bei Medien auftreten, welche eine negative zweite Ableitung von $\frac{1}{\varrho}$ nach p längs der Isentrope aufweisen.

Der Verdichtungsstoß wurde hier als stationäre Strömungsform behandelt. Es ergibt sich das gewohnte Bild einer *laufenden* Stoßwelle für einen Beobachter, der sich mit der Geschwindigkeit W des anströmenden Mediums auf die Stoßfront zu bewegt. Diese eilt dann mit der Geschwindigkeit W in das für den Beobachter nun ruhende Medium hinein. Hinter der Stoßfront fließt das Medium mit der Geschwindigkeit $\hat{W} - W$ der Stoßfront nach. Die Rechnungen dieses Abschnittes haben nicht nur für Gase, sondern sie haben auch für Flüssigkeiten Bedeutung, indem sie auch die Frage der Fortpflanzung endlicher Drucksprünge in Flüssigkeiten betreffen. Die Geschwindigkeit W, das ist also die negative *Laufgeschwindigkeit* U eines in gleichbleibender Stärke in ein ruhendes Medium vordringenden Stoßes, sowie die *Relativgeschwindigkeit* $\varDelta W$ der Gasmasse hinter dem Stoß zu jener vor dem Stoß, kann aus den beiden ersten Gleichungen des Systems (12) leicht wie folgt berechnet werden:

$$W = -\,U = \sqrt{\frac{\hat{\varrho}}{\varrho}\,\frac{\hat{p} - p}{\hat{\varrho} - \varrho}}\;;\quad \varDelta W = \hat{W} - W = -\sqrt{\frac{1}{\hat{\varrho}\,\varrho}\,(\hat{p} - p)\,(\hat{\varrho} - \varrho)}. \qquad (22)$$

Mit dem Grenzübergang zu beliebig kleinen Drucksprüngen nimmt auch die Nachlaufgeschwindigkeit $W - \hat{W}$ beliebig kleine Werte an. Der Quotient $\frac{\hat{p} - p}{\hat{\varrho} - \varrho}$ wird gleich dem entsprechenden Differentialquotienten der Rankine-Hugoniot-Kurve und also gleich der entsprechenden Ableitung auf der Adiabate. Damit ist der Grenzwert c für die Fortpflanzungsgeschwindigkeit kleinster Druckstörungen:

$$c = \sqrt{\left(\frac{\partial p}{\partial \varrho}\right)_s}. \qquad (23)$$

Die Fortpflanzungsgeschwindigkeit kleinster Störungen ist aber die *Schallgeschwindigkeit.* Sie wurde hier nur für einen kleinen Drucksprung ermittelt. Da die Zustandsänderung isentrop ist, gilt Gl. (23) ebenso für kleine Druckabnahmen und also auch für beliebige Wellenformen, die immer als Grenzfall überlagerter stufenförmiger Störungen angesehen werden können

(Abb. 6). Kleinheit der Störung bedeutet dabei, daß die Druckunterschiede im Verhältnis zum Druck, die Dichteunterschiede im Verhältnis zur Dichte und schließlich die Störungsgeschwindigkeiten der Teilchen im Verhältnis zur Schallgeschwindigkeit klein sein müssen.

Es sei darauf hingewiesen, daß die isentrope Zustandsänderung in der Schallwelle bei diesem weniger üblichen Weg der Ableitung der Formel für die Schallgeschwindigkeit nicht eine Voraussetzung, sondern vielmehr ein Ergebnis der Rechnung war.

Strömungen werden nun wesentlich von der Ausbreitung kleiner Störungen im fließenden Medium beeinflußt. Daraus ergibt sich eine außerordentliche Bedeutung des Verhältnisses von Strömungsgeschwindigkeit W und Schallgeschwindigkeit c. Dieses wird nach dem Physiker ERNST MACH als *Machsche Zahl* M bezeichnet:

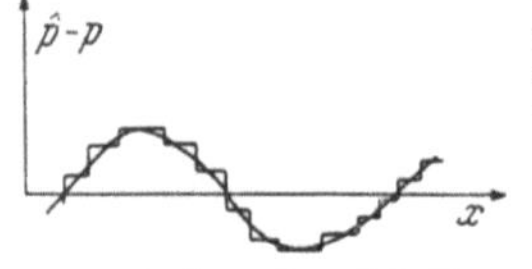

Abb. 6. Aufbau einer Schallwelle aus kleinen Stoßwellen.

$$M = \frac{W}{c}. \tag{24}$$

Ist die Strömungsgeschwindigkeit kleiner als die Schallgeschwindigkeit des Mediums, herrscht also „*Unterschallströmung*", so ist $M < 1$. Ist die Strömungsgeschwindigkeit größer als die örtliche Schallgeschwindigkeit, herrscht „*Überschallströmung*", so ist $M > 1$.

Aus der Adiabatengleichung (I, 25) folgt für ein *ideales Gas*:

$$\left(\frac{\partial p}{\partial \varrho}\right)_s = \varkappa \frac{p}{\varrho},$$

folglich für die Schallgeschwindigkeit zusammen mit Gl. (I, 17):

$$c = \sqrt{\varkappa \frac{p}{\varrho}} = \sqrt{c_p (\varkappa - 1)\, T}. \tag{25}$$

Die Schallgeschwindigkeit des idealen Gases hängt nur von der Temperatur ab. Weiter folgt für die Mach-Zahl des *idealen* Gases:

$$M^2 = \frac{\varrho\, W^2}{\varkappa\, p} = \frac{W^2}{c_p (\varkappa - 1)\, T}. \tag{26}$$

Wird die Enthalpie i für das id. Gas konst. sp. W. mit Gl. (I, 19) und (I, 17) durch p und ϱ ausgedrückt, so lautet die dynamische Adiabate Gl. (16) für dieses:

$$\frac{\varkappa}{\varkappa - 1}\left(\frac{\hat{p}}{\hat{\varrho}} - \frac{p}{\varrho}\right) = \frac{1}{2}\left(\frac{1}{\hat{\varrho}} + \frac{1}{\varrho}\right)(\hat{p} - p).$$

Mit Hilfe der Identität

$$\hat{p}\,\varrho - p\,\hat{\varrho} = \frac{1}{2}\left[(\hat{p} - p)(\hat{\varrho} + \varrho) - (\hat{\varrho} - \varrho)(\hat{p} + p)\right]$$

folgt schließlich die von v. KÁRMÁN auf dem Volta-Kongreß in Rom 1935 mitgeteilte Beziehung:

$$\frac{\hat{p} - p}{\hat{\varrho} - \varrho} = \varkappa\, \frac{\hat{p} + p}{\hat{\varrho} + \varrho}. \tag{27}$$

Diese Form der dynamischen Adiabate des id. Gases konst. sp. W. zeigt wieder die nahe Verwandtschaft zur Isentrope Gl. (I, 25). Abb. 7 gibt beide Kurven für $\varkappa = 1{,}400$ im $\frac{1}{\varrho}$, p-Diagramm. Sehr deutlich ist das Oskulieren im Punkte 1. Bis zu Werten von $\frac{\hat{p}}{p} = 2$ ist die Adiabate eine ausgezeichnete

Näherung für die Zustandsänderung im Verdichtungsstoß. Das Dichteverhältnis kann den Wert $\dfrac{\hat{\varrho}}{\varrho} = \dfrac{\varkappa + 1}{\varkappa - 1}$ nicht überschreiten. An dieser Schranke steigt der Druck über alle Grenzen.

Aus der zweiten Gl. (14) folgt die Wanderungsgeschwindigkeit U einer Stoßwelle in ein ruhendes Gas abhängig von der Höhe des Drucksprunges. Es ist mit Gl. (25) für das id. Gas konst. sp. W.:

$$U = c \sqrt{1 + \frac{\varkappa + 1}{2\,\varkappa}\, \frac{\hat{p} - p}{p}}. \qquad (28)$$

Stoßwellen stärkeren Druckanstieges laufen also mit *Überschallgeschwindigkeit*. Dieses Resultat stimmt mit der Erfahrung überein, welche man bei der Messung der Schallgeschwindigkeit in der Nähe starker Explosionen gemacht hat. Gl. (28) gilt nur für den einfachen Fall des Fortschreitens einer Druckstufe mit gleichbleibend hohem Druck hinter der Wellenfront. Eine solche Welle kann nur aufrechterhalten bleiben, wenn hinter der Front dauernd Masse nachgeliefert wird.

Ob nun das fließende Medium als kontinuierliche Masse oder auch als eine große Zahl durcheinanderfliegender Moleküle betrachtet wird, in keinem Fall ist

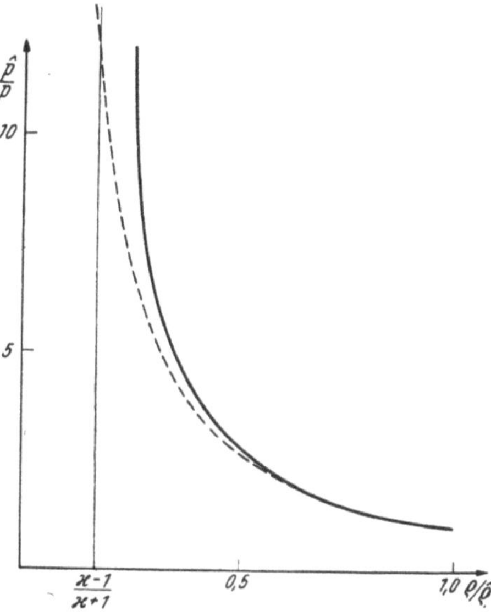

Abb. 7. Rankine-Hugoniot-Kurve und Isentrope
(- - - -) für $\varkappa = 1,400$.

ein absolut scharfer Druck- und Geschwindigkeitssprung in der Stoßfront denkbar. Die Stoßfront muß eine bestimmte Tiefe haben, davon soll später die Rede sein (Abschnitt XI, 1). Diese Tiefe erweist sich als außerordentlich gering, etwa von der Größenordnung der mittleren freien Weglänge der Moleküle.

4. Einige Folgerungen aus dem Energiesatz.

Der Energiesatz Gl. (6) gibt einen Zusammenhang zwischen Geschwindigkeit und Enthalpie i, bei *idealen* Gasen also einen Zusammenhang zwischen Geschwindigkeit und Temperatur. Bei diesen hängt, wenn der Energiesatz in der einfachen Form der Gl. (6) gilt, nach Gl. (25) die Schallgeschwindigkeit und nach Gl. (26) auch die Machsche Zahl lediglich von der Geschwindigkeit ab. Es kann demnach eine der genannten Größen durch eine beliebige andere ausgedrückt werden. Für das id. Gas konst. sp. W. lassen sich hierfür Formeln angeben, welche sehr oft benützt werden, weshalb es nützlich ist, diese ein für allemal abzuleiten.

Im Ruhezustand hat die Schallgeschwindigkeit c_0 einen aus der Ruhetemperatur T_0 leicht zu errechnenden Betrag. Mit der Geschwindigkeit verschwindet also auch die Mach-Zahl im Ruhezustand. Bei der Maximalgeschwindigkeit hingegen verschwindet mit der Temperatur auch die Schallgeschwindigkeit, hier wächst also die Machsche Zahl über alle Grenzen. Zwischen diesen Extremzuständen werden jene Werte von besonderem Interesse sein, wo die Unterschallströmung in Überschallströmung übergeht ($M = 1$), wo also die Strömungsgeschwindigkeit gleich der Schallgeschwindigkeit ist. Für das id. Gas konst. sp. W. kann der Energiesatz Gl. (9) mit Gl. (25) auch geschrieben werden:

$$W^2 + \frac{2}{\varkappa - 1}\, c^2 = W_{\text{max}}^2. \qquad (29)$$

Wird der „*kritische Zustand*", in welchem gerade $M = 1$ ist, mit einem Stern gekennzeichnet, so folgt aus Gl. (29):

$$\frac{\varkappa + 1}{\varkappa - 1} W^{*2} = \frac{\varkappa + 1}{\varkappa - 1} c^{*2} = W_{\max}^2.$$

Zusammen mit Gl. (10) und (25) ist dann:

$$W_{\max}^2 = \frac{\varkappa + 1}{\varkappa - 1} W^{*2} = \frac{\varkappa + 1}{\varkappa - 1} c^{*2} = \frac{2}{\varkappa - 1} c_0{}^2 = (\varkappa + 1) c_p T^* = 2 c_p T_0, \qquad (30)$$

woraus das Verhältnis der verschiedenen charakteristischen Größen unmittelbar abgelesen werden kann.

Die Temperatur wird in der Regel durch die Ruhetemperatur T_0 dimensionslos gemacht. Dies soll auch entsprechend bei der Schallgeschwindigkeit geschehen. Da es keine „Ruhegeschwindigkeit" gibt, bleibt die Möglichkeit, W entweder durch $W_{\max}$ oder durch $W^* = c^*$ zu dividieren. Beides hat gewisse Vorteile. Bei letzterem ist eine Unterscheidung von Unter- und Überschallströmung sofort möglich, weshalb es üblich geworden ist, mit dieser Größe zu rechnen und für sie die Beziehung:

$$M^* = \frac{W}{c^*} \qquad (31)$$

zu wählen. M^* nimmt abhängig von M die Werte an:

$$
\begin{array}{c|c|c|c}
M & 0 & 1 & \infty \\
\hline
M^* & 0 & 1 & \sqrt{\dfrac{\varkappa + 1}{\varkappa - 1}}
\end{array}
\qquad (32)
$$

Für die gegenseitigen Beziehungen von M, M^*, $\dfrac{T}{T_0}$ und $\dfrac{c}{c_0}$ gelten Formeln, welche in Tab. II, 5 mit einigen anderen Beziehungen zusammengestellt sind.

Der Energiesatz — etwa in der Form Gl. (29) — gilt in gleicher Weise vor und hinter einem Stoß. Damit bleibt die Ruhetemperatur, die Ruheschallgeschwindigkeit und bleiben alle aus Gl. (30) hervorgehenden kritischen Größen durch den Stoß ungeändert.

5. Zustandsänderung im senkrechten Stoß des idealen Gases konstanter spezifischer Wärme.

Es ist keineswegs erforderlich, daß die Stoßfront stets senkrecht auf der Strömungsrichtung steht. Ist dies, wie bisher vorausgesetzt, der Fall, so wird von einem *senkrechten Stoß* gesprochen. Der allgemeinere Fall des *schiefen* Stoßes spielt bei allgemeineren Strömungsformen eine Rolle und wird dort besprochen werden.

Explizite Formeln können nur für das id. Gas konst. sp. W. aufgestellt werden. Damit wird allerdings auch einer der am meisten interessierenden Fälle erfaßt. Es ist zweckmäßig, in die bereits gewonnenen Formeln Gl. (14) die Machsche Zahl M mit Hilfe von Gl. (26) einzuführen. Ferner interessiert das Verhältnis der Temperaturen und der Mach-Zahlen. Diese sind mit Hilfe der Zustandsgleichung (I, 2), der Gl. (26) und der Kontinuitätsbedingung des Systems (12) leicht durch das Verhältnis der Geschwindigkeit und Drucke auszudrücken:

$$\frac{\hat{T}}{T} = \frac{p}{\hat{p}} \frac{\varrho}{\hat{\varrho}} = \frac{\hat{p}\,\hat{W}}{p\,W}; \qquad \frac{\hat{M}^2}{M^2} = \frac{\hat{W}^2\,\hat{\varrho}}{W^2\,\varrho} \frac{p}{\hat{p}} = \frac{\hat{W}\,p}{W\,\hat{p}}. \qquad (33)$$

Damit erhält man für den *senkrechten* Stoß eines id. Gases konst. sp. W. die Formeln:

$$\frac{\hat{W}}{W} = \frac{\varrho}{\hat{\varrho}} = 1 - \frac{2}{\varkappa + 1}\left(1 - \frac{1}{M^2}\right) = \frac{1}{M^2}\left[1 + \frac{\varkappa - 1}{\varkappa + 1}(M^2 - 1)\right];$$

$$\frac{\hat{p}}{p} = 1 + \frac{2\varkappa}{\varkappa + 1}(M^2 - 1);$$

$$\frac{\hat{T}}{T} = \frac{\hat{c}^2}{c^2} = \frac{1}{M^2}\left[1 + \frac{2\varkappa}{\varkappa + 1}(M^2 - 1)\right]\left[1 + \frac{\varkappa - 1}{\varkappa + 1}(M^2 - 1)\right]; \qquad (34)$$

$$\hat{M}^2 = \frac{1 + \dfrac{\varkappa - 1}{\varkappa + 1}(M^2 - 1)}{1 + \dfrac{2\varkappa}{\varkappa + 1}(M^2 - 1)}.$$

Die Verhältnisse der Werte einer Größe vor und nach dem Stoß hängen darnach lediglich von der Mach-Zahl M vor dem Stoß ab, woraus allein schon die Bedeutung dieser Kennzahl folgt.

Eine sehr einfache, von L. PRANDTL stammende Beziehung folgt mit Gl. (34), (29) und (30):

$$\hat{W}\, W = \frac{\varkappa - 1}{\varkappa + 1}\, W^2 + \frac{2}{\varkappa + 1}\, c^2 = \frac{\varkappa - 1}{\varkappa + 1}\, W^2_{\mathrm{max}} = c^{*\,2} \qquad (35)$$

oder auch mit Gl. (31):

$$\hat{M}^* \, M^* = 1. \qquad (36)$$

Da die Geschwindigkeit im Stoß stets absinkt, folgt aus Gl. (36), daß ein senkrechter Stoß stets von Überschallgeschwindigkeiten zu Unterschallgeschwindigkeiten führt. Er kann also nur in Überschallströmungen auftreten.

Damit wird auch das Auftreten von Stößen verständlich. Einwirkung von den Seiten wurde bei der Ableitung von vornherein ausgeschlossen. Die Ursache muß in starken Störungen stromabwärts gesucht werden. Solche starken Störungen können ein Anlaufen einer Stoßwelle gegen Überschallströmungen bedingen. Die Stoßwelle bleibt schließlich an einer Stelle stehen, an welcher ihre Fortpflanzungsgeschwindigkeit gerade gleich der Strömungsgeschwindigkeit des Mediums ist.

In einer Unterschallströmung vermag sich eine kleine Druckstörung nach allen Richtungen hin bemerkbar zu machen. Irgendwelche Hindernisse stromabwärts der betrachteten Stelle des Stromfadens machen sich also theoretisch überall im Stromfaden geltend. Dies ist bei Überschallströmungen nicht möglich, weil eine kleine Schallwelle einfach nicht gegen die Strömung anlaufen kann. Befinden sich aber starke Hindernisse etwa in Form von Verengungen im Kanal, so machen sich diese in sprunghaften Aufstauungen, eben den Verdichtungsstößen geltend. Ihre Existenz ist zur Erfüllung bestimmter Strömungsbedingungen erforderlich.

Größeres Interesse kommt dem Entropieanstieg im Stoß zu. Für kleine Druckanstiege wurde Gl. (21) abgeleitet. Mit der Isentrope Gl. (I, 27) läßt sich die zweite Ableitung von $\dfrac{1}{\varrho}$ nach p leicht bilden, woraus dann weiter mit Gl. (34) folgt:

$$\frac{\hat{s} - s}{c_v} = \frac{\varkappa^2 - 1}{12\,\varkappa^2}\left(\frac{\hat{p}}{p} - 1\right)^3 + \ldots = \frac{2}{3}\frac{\varkappa(\varkappa - 1)}{(\varkappa + 1)^2}(M^2 - 1)^3 + \ldots \qquad (37)$$

Mit der entsprechenden Gleichung von Tab. II, 5 findet man leicht für Mach-Zahlen nahe an $M = 1$:

$$M^2 - 1 = (\varkappa + 1)(M^* - 1) + \dots \tag{38}$$

und mit Gl. (38) als weitere Näherung für den Entropieanstieg:

$$\frac{\hat{s} - s}{c_v} = \frac{2}{3}\,\varkappa\,(\varkappa^2 - 1)(M^* - 1)^3 + \dots \tag{39}$$

Für beliebig starke Stöße folgt aus Gl. (I, 37) und Gl. (34)

$$\frac{\hat{s} - s}{c_v} = \ln\left[1 + \frac{2\varkappa}{\varkappa + 1}(M^2 - 1)\right] + \varkappa \ln\left[1 - \frac{2}{\varkappa + 1}\left(1 - \frac{1}{M^2}\right)\right], \tag{40}$$

woraus durch Entwickeln wieder Gl. (37) gewonnen werden kann. Vielfach wird bei stationären Strömungen nicht mit der Änderung der Entropie s, sondern mit der Änderung des Ruhedruckes gearbeitet. Während die Ruhetemperatur T_0 nach dem Energiesatz durch das Abbremsen der Geschwindigkeit auf den Wert $W = 0$ vollkommen festgelegt ist, gilt das für den *Ruhedruck* p_0 und die *Ruhedichte* ϱ_0 nicht. Es muß noch gesagt werden, wie das Abbremsen der Geschwindigkeit zu erfolgen hat. Man fordert ein quasistatisches Abbremsen des Mediums, also eine verlustlose — eine isentrope — Drucksteigerung. Der Ruhedruck ist darnach jener Druck, der im besten Fall durch Reduktion der Geschwindigkeit auf den Wert $W = 0$ erreicht werden kann.

Die „Ruheentropie" ist definitionsgemäß gleich der Entropie des betrachteten Zustandes ($s = s_0$). Die Ruhedrucke $\hat{p}_0$ und p_0 zweier verschiedener Zustände drücken sich durch die Entropien und die Ruhetemperatur $\hat{T}_0$ und T_0 mit Gl. (I, 37) für ein id. Gas konst. sp. W. wie folgt aus:

$$(c_p - c_v)\ln\frac{\hat{p}_0}{p_0} = c_p \ln\frac{\hat{T}_0}{T_0} - (\hat{s}_0 - s_0) = c_p \ln\frac{\hat{T}_0}{T_0} - (\hat{s} - s).$$

Mit dem Energiesatz folgt wegen des Gleichbleibens der Ruhetemperatur:

$$\ln\frac{\hat{p}_0}{p_0} = -\frac{\hat{s} - s}{c_p - c_v} = \ln\frac{\hat{\varrho}_0}{\varrho_0}. \tag{41}$$

Gl. (41) folgt aus der Definition der Ruhegrößen und gilt stets, wenn der Energiesatz in Form der Gl. (9) erfüllt ist. Wie sich zeigen läßt, gilt (41) für *jedes ideale* Gas.

Für den senkrechten Stoß gilt mit Gl. ((40) und (41):

$$\frac{\hat{\varrho}_0}{\varrho_0} = \frac{\hat{p}_0}{p_0} = \left[1 + \frac{2\varkappa}{\varkappa + 1}(M^2 - 1)\right]^{-\frac{1}{\varkappa - 1}}\left[1 - \frac{2}{\varkappa + 1}\left(1 - \frac{1}{M^2}\right)\right]^{-\frac{\varkappa}{\varkappa - 1}}. \tag{42}$$

Die Ruhezustände vor und hinter dem Stoß verhalten sich also genau so wie die Zustände vor und hinter der adiabatischen Ausdehnung eines Gases ohne Arbeitsleistung. Wegen dieser Verwandtschaft mit dem Drosseleffekt, welcher stets eine Ausdehnung ohne Arbeitsleistung darstellt, wird das Ruhedruckverhältnis auch als *Drosselfaktor* bezeichnet.

Tab. II, 1 zeigt die Zustandsänderungen in einem senkrechten Stoß eines id. Gases konst. sp. W. abhängig vom Druckanstieg im Stoß. Die zweite Kolonne M kann ebensogut als Machsche Zahl einer stationären Strömung vor dem Stoß als auch als Verhältnis der Fortpflanzungsgeschwindigkeit U des Stoßes Gl. (28) zur Schallgeschwindigkeit c des ruhenden Mediums gelesen werden. Das Druckverhältnis ist die für den Experimentator „anschaulichste" Größe und wurde daher hier in die erste Reihe gestellt. Ein Druck von 3000 at herrscht etwa im Laderaum einer Kanone beim Abschuß. Entsprechende Druckverhältnisse sind also durchaus realisierbar.

Tabelle II, 1. *Zustandsgrößen und Geschwindigkeitsbeträge vor und hinter einem senkrechten Stoß.*

$$\varkappa = c_p/c_v = 1{,}400.$$

$\dfrac{\hat{p}}{p}$	M	M^*	$\dfrac{W}{c} - \dfrac{\hat{W}}{c}$	$\dfrac{\hat{\varrho}}{\varrho} = \dfrac{W}{\hat{W}}$	$\dfrac{\hat{T}}{T}$	$\dfrac{\hat{s}-s}{c_v}$	$\dfrac{\hat{p}_0}{p_0}$
$\dfrac{\hat{p}}{p}$	$\dfrac{U}{c}$		$\dfrac{\Delta W}{c}$	$\dfrac{\hat{\varrho}}{\varrho}$	$\dfrac{\hat{T}}{T}$	$\dfrac{\hat{s}-s}{c_v}$	$\exp\left(-\dfrac{\hat{s}-s}{c_p-c_v}\right)$
1	1	1	0	1	1	0	1
1,1	1,04	1,035	0,069	1,07	1,028	0,00004	0,9999
1,2	1,08	1,07	0,132	1,14	1,054	0,00025	0,9994
1,3	1,12	1,10	0,191	1,21	1,078	0,00073	0,9982
1,4	1,16	1,13	0,246	1,27	1,102	0,00154	0,9961
1,5	1,195	1,155	0,299	1,33	1,125	0,00271	0,9932
1,75	1,28	1,22	0,418	1,48	1,18	0,00709	0,9824
2	1,36	1,275	0,525	1,63	1,23	0,0134	0,9670
2,5	1,51	1,37	0,709	1,88	1,33	0,0307	0,9261
3	1,65	1,45	0,867	2,11	1,42	0,0525	0,8770
3,5	1,77	1,52	1,008	2,32	1,51	0,0771	0,8246
4	1,89	1,58	1,133	2,50	1,60	0,1038	0,7714
5	2,10	1,68	1,358	2,82	1,78	0,1589	0,6722
6	2,30	1,76	1,553	3,08	1,95	0,215	0,5839
8	2,65	1,87	1,890	3,50	2,28	0,326	0,4431
10	2,95	1,95	2,18	3,82	2,62	0,429	0,3423
12,5	3,30	2,03	2,50	4,11	3,04	0,548	0,2541
15	3,61	2,08	2,78	4,34	3,46	0,655	0,1944
17,5	3,89	2,12	3,03	4,51	3,88	0,753	0,1521
20	4,16	2,16	3,26	4,65	4,30	0,843	0,1215
25	4,65	2,21	3,69	4,87	5,14	1,002	0,0816
30	5,09	2,24	4,08	5,03	5,96	1,140	0,05785
40	5,87	2,29	4,75	5,25	7,63	1,370	0,0325
50	6,55	2,32	5,34	5,38	9,30	1,558	0,0203
60	7,19	2,34	5,86	5,47	11,0	1,715	0,0137
80	8,30	2,365	6,81	5,60	14,3	1,972	0,00722
100	9,27	2,38	7,64	5,67	17,6	2,176	0,00434
150	11,35	2,40	9,38	5,78	26,0	2,56	0,00168
200	13,1	2,41	10,85	5,83	34,3	2,83	0,000842
250	14,65	2,42	12,14	5,86	42,6	3,05	0,000542
300	16,05	2,43	13,31	5,89	51,0	3,22	0,000319
400	18,5	2,43	15,4	5,91	67,6	3,50	0,0001585
600	22,7	2,44	18,9	5,93	101	3,90	0,0000583
800	26,2	2,44	21,8	5,95	134	4,19	0,0000281
1000	29,3	2,44	24,4	5,97	168	4,41	0,0000162
2000	41,4	2,45	34,5	5,98	334	5,27	0,00000191
3000	50,7	2,45	42,3	5,99	501	5,50	0,00000107

Aus den errechneten Temperaturverhältnissen geht aber hervor, daß bei sehr starken Stößen und normalen Anfangstemperaturen keineswegs mehr mit Gasen konstanter spezifischer Wärme gerechnet werden kann. Stoßwellen können offenbar zu Extremwerten von Temperaturen führen, wie sie kaum auf anderen Gebieten der Physik erreicht werden. Das Abweichen vom Zustand eines idealen Gases bleibt bei kleinen Anfangsdichten stets gering, da das Verdichtungsverhältnis im Stoß beschränkt bleibt (Abb. 7).

Die Entropieanstiege oder anschaulicher die Ruhedruckverluste sind bei kleineren Druckverhältnissen unbedeutend. Bei einem Druckanstieg auf den zehnfachen Ausgangswert, was einer Mach-Zahl der Anströmung von etwa $M = 3$

entspricht, fällt der Ruhedruck auf ein Drittel. Die Ruhedruckverluste werden bei sehr großer Mach-Zahl schließlich außerordentlich hoch. Ein Stoß entspricht thermodynamisch also bei Mach-Zahlen wenig über 1 einem Vorgang von sehr gutem, bei hohen Mach-Zahlen einem Vorgang von sehr schlechtem Wirkungsgrad.

Tab. II, 2 zeigt einen Vergleich der exakt berechneten Entropieanstiege mit den mit Hilfe der Näherungsformeln Gl. (37) und Gl. (39) errechneten Werten.

Tabelle II, 2. *Entropieanstiege im Stoß für $\varkappa = 1{,}400$ nach Gl. (40), (37) und (39).*

$\dfrac{\hat{p}}{p}$	M	$M*$	$\dfrac{\hat{s}-s}{c_v}$		
			Gl. (37)	Gl. (39)	Gl. (40) (exakt)
1,0	1,000	1,000	0,00000	0,00000	0,00000
1,1	1,042	1,035	0,00004	0,00004	0,00004
1,2	1,082	1,067	0,00033	0,00027	0,00025
1,3	1,121	1,098	0,00110	0,00084	0,00073
1,4	1,159	1,127	0,00261	0,00184	0,00154
1,5	1,195	1,155	0,00510	0,00334	0,00271
1,75	1,275	1,218	0,0172	0,00928	0,00709
2,0	1,363	1,275	0,0408	0,0186	0,0134
2,5	1,512	1,372	0,1378	0,0461	0,0307
3,0	1,647	1,453	0,3265	0,0833	0,0525

Darnach ist Gl. (37) nur in der unmittelbarsten Umgebung der Schallgeschwindigkeit eine brauchbare Näherung für den exakten Wert nach Gl. (40). Dabei ist es gleichgültig, ob in Gl. (37) die Verluste aus dem Druckverhältnis oder aus dem Quadrat M^2 der Machschen Zahl berechnet werden, weil die beiden Ausdrücke mittels einer exakten Gleichung ineinander übergeführt werden. Bei einem Druckanstieg $\dfrac{\hat{p}}{p} = 2$ ist der Verlust zwar noch gering, jedoch genügt — falls die Entwicklung überhaupt noch konvergiert — sicher nicht mehr das erste Glied der Reihe. Anders ist es bei der Entwicklung nach $(M* - 1)$ — das bei $\dfrac{\hat{p}}{p} = 2$ den Wert von $M* - 1 = 0{,}275$ annimmt —, wo das erste Glied der Reihe den ausschlaggebenden Teil der Reihensumme liefert. Gl. (39) liefert also bei schallnaher Strömung brauchbarere Werte und ist im Zweifelsfall der Entwicklung Gl. (37) weit vorzuziehen.

Das Gleichungssystem (12), welches den Verdichtungsstoßformeln zugrunde liegt, ist völlig symmetrisch in den Größen vor und hinter dem Stoß. Alle Gleichungen, die aus ihm abgeleitet werden und Größen vor und hinter dem Stoß in gleicher Weise enthalten, müssen daher auf eine in den Veränderlichen mit und ohne Dach (p, $\hat{p}$; ϱ, $\hat{\varrho}$; W, $\hat{W}$ usw.) symmetrische Form gebracht werden können. Das gilt z. B. für die dynamische Adiabate Gl. (16). Dasselbe gilt für alle Gleichungen, welche unter Hinzuziehung der Gaszustandsgleichung gewonnen wurden, wenn diese vor und hinter dem Stoß dieselbe Form hat, wie es etwa bei idealen Gasen der Fall ist. So sind Gl. (27) und Gl. (36) völlig symmetrisch. Auch die Gleichung für $\hat{M}$, Gl. (34), läßt sich auf eine symmetrische Form bringen, indem in Gl. (36) $\hat{M}*$ und $M*$ mittels Tab. II, 5 durch $\hat{M}$ und M ersetzt wird. Das gilt ferner für alle anderen Größen, die sich durch $M*$ allein ausdrücken lassen, wie c und T. In den meisten Gl. (34) kommen aber die Größen vor und hinter dem Stoß nicht in gleicher Weise vor, indem beispielsweise der Druck $\hat{p}$ durch p und M ausgedrückt wird, während $\hat{M}$ fehlt. Jedoch läßt sich aus der Symmetrie der Ausgangsformeln folgern, daß sich die Werte p, ϱ, W usw. in formal gleicher Weise durch $\hat{p}$, $\hat{\varrho}$, $\hat{W}$ und $\hat{M}$ ausdrücken lassen, wie es in umgekehrter Weise in den Gl. (34) geschehen ist. Die Gleichungen müssen richtig bleiben, wenn die Werte mit Dach durch jene ohne Dach ersetzt werden und umgekehrt. So gilt:

$$\frac{W}{\hat{W}} = 1 - \frac{2}{\varkappa + 1} \cdot \left(1 - \frac{1}{\hat{M}^2}\right); \quad \frac{p}{\hat{p}} = 1 + \frac{2\varkappa}{\varkappa + 1} (\hat{M}^2 - 1).$$

Da nach dem Stoß stets Unterschall herrscht, gelten die Gleichungen von der Form der Gl. (34) also im ganzen Wertebereich der Machschen Zahl.

6. Berücksichtigung der Veränderlichkeit der spezifischen Wärmen, der Dissoziations- und Ionisationsvorgänge im Stoß eines idealen Gases.

Ein Stoß mit einem Druckanstieg auf den zehnfachen Ausgangswert läßt nach Tab. II, 1 die Temperatur von Zimmertemperatur auf etwa 470° C steigen. Nach Tab. I, 3 ist das Verhältnis der spezifischen Wärmen dabei vom Werte $\varkappa = 1,40$ auf $\varkappa = 1,36$ abgesunken, kann also für genauere Rechnungen keinesfalls mehr als konstant gleich dem Ausgangswert gesetzt werden. Bei Stoßwellen

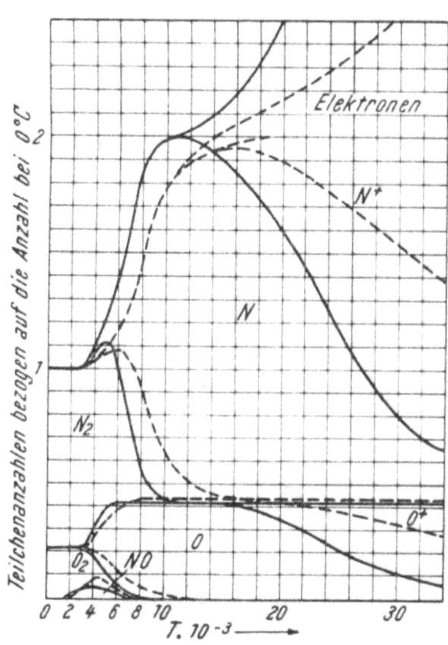

Abb. 8. Zusammensetzung der Luft bei sehr hohen Temperaturen nach Burkhardt für Normaldichte ($\varrho = 1,293$ g/cm³) und 20fache Normaldichte (gestrichelt).

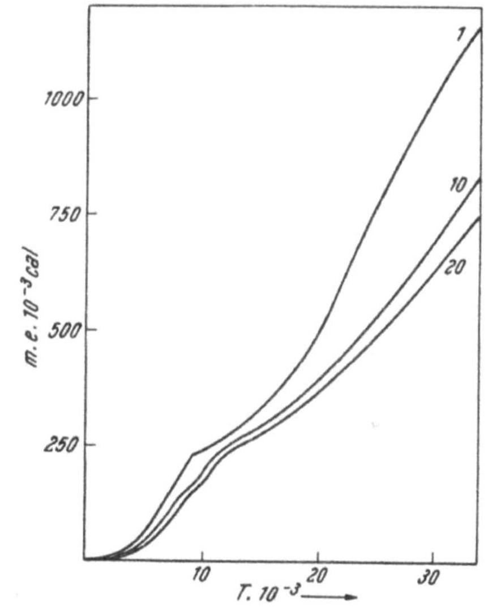

Abb. 9. Innere Energie eines Mols Luft (m Gramm) bei einfacher 10- und 20facher Normaldichte bei sehr hohen Temperaturen nach Burkhardt.

entsprechend einer Machschen Zahl $M = 6$ der Anströmung steigt der Druck auf das 40- bis 50fache des Ausgangswertes, und die Temperatur steigt von Zimmertemperatur auf über 2000° C. Sie erreicht damit Werte, wo Dissoziationsvorgänge bedeutungsvoll werden können. Es wurde schon in Abschnitt I, 8 darauf hingewiesen, daß bei hohen Temperaturen besonders energieraubende Umwandlungen in Betracht kommen.

Abb. 8 zeigt die Zusammensetzung der Luft bei sehr hohen Temperaturen nach Burkhardt für Normaldichte ($\varrho = 1,293$ g/cm³) und 20fache Normaldichte. Stets kann die Luft dabei als ideales Gas angesehen werden, jedoch mit einem kleineren Molgewicht m entsprechend der durch die Dissoziation und Ionisation gesteigerten Teilchenzahl im Gas. Die Dissoziations- und Ionisationsgleichgewichte sind dichteabhängig. Deshalb und nicht wegen des Abweichens vom Zustand idealer Gase wird die Dichte von Bedeutung. Die Zusammensetzung wurde theoretisch ermittelt. Sie dürfte die wirklichen Werte ziemlich genau wiedergeben. Darnach bleibt die typische Zusammensetzung der Luft mit rund $^1/_5$ O_2 und $^4/_5$ N_2 nur bis etwa 3000° C erhalten.

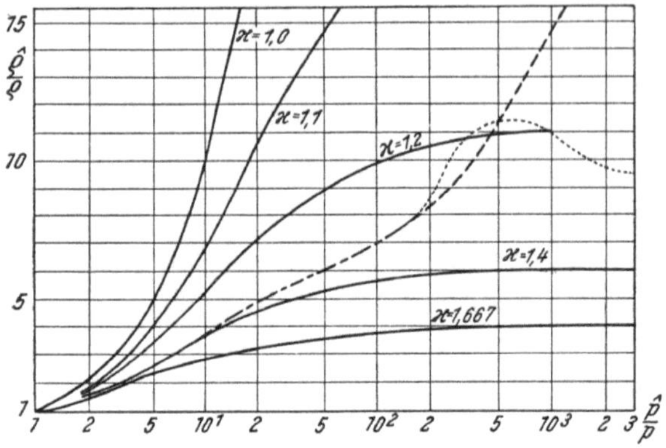

Neben der Zusammensetzung der Luft müssen die spezifischen Wärmen der einzelnen Bestandteile ermittelt werden, um dann die Enthalpie i der Luft abhängig von Temperatur und Dichte zu gewinnen. Die Dichteabhängigkeit von i ist wieder durch die Dichteabhängigkeit der Luftzusammensetzung bedingt. [Abb. 9 gibt anstatt der Enthalpie die auf das Mol bezogene innere Energie, also das Produkt von Molgewicht in Gramm und e wieder, woraus sich sofort mit Gl. (I, 9) i berechnen läßt.]

Abb. 10. Dichteanstieg abhängig vom Druckanstieg in einer Stoßwelle von idealen Gasen konstanter spezifischer Wärme und von Luft nach Becker (–·–·–) und nach Burkhardt (· · ·).

Die allgemeine dynamische Adiabate Gl. (16) gibt schließlich zusammen mit der Zustandsgleichung idealer Gase (I, 2) Druck und Dichte abhängig von der Temperatur nach dem Stoß. Mit Gl. (15) kann die Geschwindigkeit nach dem Stoß ermittelt werden. Becker[1] hat die Rechnungen unter Berücksichtigung der Temperaturabhängigkeit der spezifischen Wärmen bei gleichbleibender Luftzusammensetzung durchgeführt. Die Dissoziations- und Ionisationserscheinungen wurden von Burkhardt[2] berücksichtigt. Die Arbeit ist mühsam, sie erfordert die Anwendung der Quantenstatistik und Verwendung der spektroskopisch ermittelten Daten für die Schwingungsfrequenzen, die Anregungsenergie, die Dissoziations- und die Ionisationsarbeiten der in Frage kommenden Moleküle und Atome.

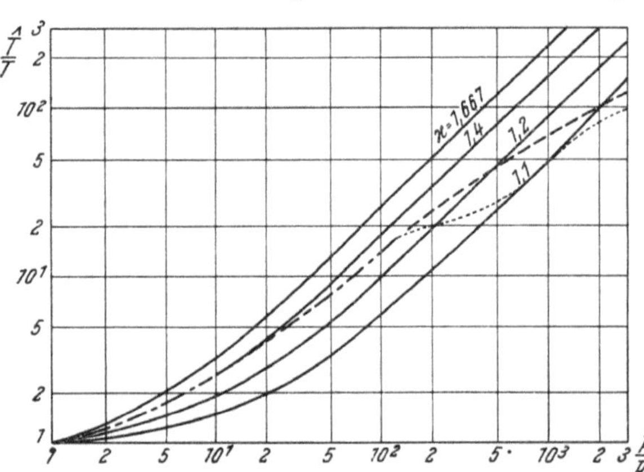

Abb. 11. Temperaturanstieg abhängig vom Druckanstieg in einer Stoßwelle von idealen Gasen konstanter spezifischer Wärme und von Luft nach Becker (–––––) und nach Burkhardt (· · · · ·).

Abb. 10 und 11 geben Dichteanstieg und Temperaturanstieg abhängig vom Druckanstieg. Als Ausgangszustand wurde dabei der Normalzustand $T = 273°$, $p = 1$ at gewählt. Die Abweichungen von der Kurve für konstantes $\varkappa = 1{,}400$ sind sehr stark. Immerhin werden bei 3000 at Druck Temperaturen von über 30000° C erreicht. Die Abweichungen der Kurven nach Becker von jenen nach Burkhardt sind in der Temperatur viel geringer als in der Dichte, weil sich auf diese vor allem der Zerfall der Moleküle auswirkt.

Abb. 12 gibt schließlich den Zusammenhang von Druckverhältnis und Mach-Zahl M vor dem stehenden Stoß. (M kann wieder als Wanderungsgeschwindigkeit U eines Stoßes in ein ruhendes Gas von der Schallgeschwindigkeit c gedeutet werden.) Hier fällt das geringe Abweichen der Kurven nach BECKER und BURK-HARDT voneinander auf. Dies hängt mit der geringen Abhängigkeit des Verhältnisses U/c vom $\varkappa$-Wert [siehe Gl. (28)] zusammen.

Man hat in Luft Stoßwellen mit Fortschreitungsgeschwindigkeiten bis über 10000 m/ sec beobachtet[3], dem würden nach den Berechnungen dieses Abschnittes Drucke von rund 1000 at mit Temperaturen von rund 14000° C hinter dem Stoß entsprechen.

7. Grundgleichungen in Differentialform.

Ist die Änderung des Strömungszustandes im Stromfaden stetig, so können alle Änderungen mit ausreichender Genauigkeit als linear angesehen werden, wenn der betrachtete Raum nur genügend klein gewählt wird. Bei unstetigen Änderungen, wie sie Stoßwellen in der Darstellung der letzten Abschnitte darstellen, würde auch ein Übergang zu kleinsten Dimensionen die sprunghafte Änderung des Zustandes nicht umgehen können. Ein Abschnitt eines Stromfadens oder eines Kanals veränderlichen Querschnittes kann dann durch einen Kegelstumpf dargestellt werden, dessen beide Grundflächen auf die mittlere Stromrichtung des Fadens normal stehen (Abb. 13). Die Parallelität der

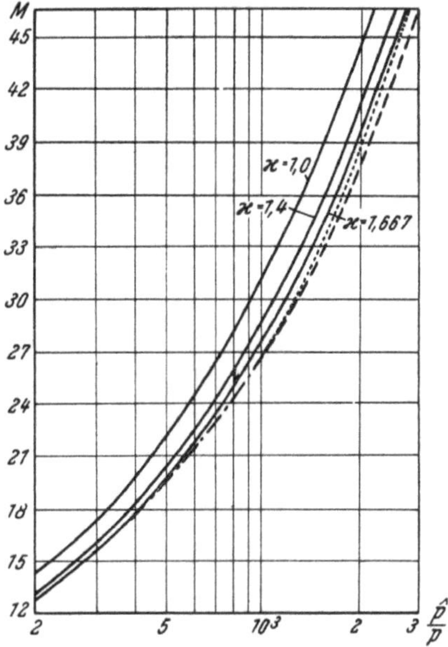

Abb. 12. Mach-Zahl vor dem stehenden Stoß abhängig vom Druckanstieg im Stoß von idealen Gasen konstanter spezifischer Wärme und von Luft nach BECKER (———) und nach BURKHARDT (··········).

beiden Grundflächen ist durch die Voraussetzung bedingt, daß der Stromfaden an der betrachteten Stelle keinen Knick macht.

Zur Überführung der *Kontinuitätsbedingung* in eine Differentialform genügt es, Gl. (1) zu differenzieren, am besten nachdem die Gleichung zuvor logarithmiert wurde („logarithmisches Differenzieren"). Es folgt mit x als Strömungsrichtung:

$$\frac{1}{W}\frac{dW}{dx} + \frac{1}{\varrho}\frac{d\varrho}{dx} + \frac{1}{f}\frac{df}{dx} = 0. \tag{43}$$

Zur Überführung des Impulssatzes Gl. (3) hingegen ist eine genauere Betrachtung an Hand von Abb. 13 erforderlich. Die Kraft K soll in Strömungsrichtung wirken ($\vartheta_1 = \vartheta = 0$) und sei in die am Kegelstumpfmantel wirkenden Druckkräfte und einen Rest aufgespalten, der auf die *Masseneinheit* bezogen mit X bezeichnet sei.

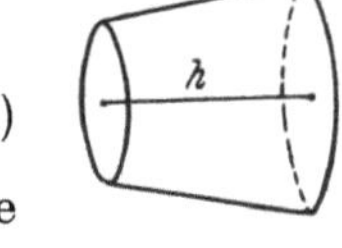

Abb. 13. Stromfadenabschnitt.

Es wirkt am Kegelstumpfmantel im Mittel der Druck $\dfrac{p_1 + p}{2}$. Er wirkt sich in X-Richtung auf die Flächendifferenz $f - f_1$ aus, so daß die Drucke folgende Kraft verursachen: $\dfrac{p_1 + p}{2}(f - f_1)$.

Die Summe der anderen Kräfte ergibt sich aus dem Produkt von X und der im Kegelstumpf eingeschlossenen Masse $h\,\dfrac{f + f_1}{2}\varrho$ (h Höhe des Kegelstumpfes). Damit kann der Impulssatz [Gl. (3)] geschrieben werden:

$$\frac{p_1 + p}{2}(f - f_1) + X\,h\,\frac{f + f_1}{2}\varrho + p_1 f_1 - p f = \varrho\,W^2 f - \varrho_1 W_1^2 f_1.$$

Daraus folgt nach Anwendung der Kontinuitätsbedingung Gl. (2) und kleinen Umformungen:

$$X - \frac{p - p_1}{h\,\varrho} = W\,\frac{W - W_1}{h}\,\frac{2f}{f + f_1}$$

und nach Übergang zu verschwindendem h:

$$W\,\frac{dW}{dx} = -\frac{1}{\varrho}\,\frac{dp}{dx} + X \tag{44}$$

mit X als pro *Masseneinheit* in Stromrichtung wirkender Kraft. Zum Unterschied von Gl. (43) spielt in die *Bewegungsgleichung* (44) die Querschnittsänderung nicht hinein.

Fehlen äußere Kräfte ($X = 0$), so gilt längs des Stromfadens also folgende Beziehung:

$$\varrho\,W\,dW = -\,dp. \tag{45}$$

Die Querschnittsänderung spielt auch in der differenzierten Form der *Energiegleichung* keine Rolle. Sie lautet nach Ableiten von Gl. (5) unter Verzicht auf die Schwereeinwirkungen:

$$\frac{dq}{dx} = W\,\frac{dW}{dx} + \frac{di}{dx}. \tag{46}$$

Hierin ist i Funktion zweier thermodynamischer Zustandsgrößen. Mit p und s als abhängigen Veränderlichen kann dann unter Anwendung der Gl. (I, 38) für jedes physikalisch homogene Medium geschrieben werden:

$$\frac{di}{dx} = \left(\frac{\partial i}{\partial p}\right)_s \frac{dp}{dx} + \left(\frac{\partial i}{\partial s}\right)_p \frac{ds}{dx} = \frac{1}{\varrho}\,\frac{dp}{dx} + T\,\frac{ds}{dx}.$$

Damit wird eine neue Form des Energiesatzes gewonnen:

$$\frac{dq}{dx} = W\,\frac{dW}{dx} + \frac{1}{\varrho}\,\frac{dp}{dx} + T\,\frac{ds}{dx}, \tag{47}$$

welche eine nahe Verwandtschaft mit der Bewegungsgleichung (44) aufweist.

In den gewöhnlichen Differentialgleichungen (43), (44), (46) und (47) ist x nicht als kartesische Koordinate, sondern als längs der Stromfadenmitte gemessene *Bogenlänge* eingeführt, was für manche Anwendung wichtig ist.

Die Subtraktion der Gl. (44) vom Energiesatz (47) liefert beim Fehlen äußerer Kräfte ($X = 0$):

$$\frac{dq}{dx} = T\,\frac{ds}{dx}$$

eine Gleichung, welche an den ersten Hauptsatz der Wärmelehre erinnert. Während hier aber die Änderungen der Zustände mit dem Ort stehen, werden in der Thermodynamik (I. Kapitel) lediglich die Zustandsänderungen von Massenteilchen betrachtet. Es wird später (Gl. III, 17) darauf näher eingegangen, wobei sich zeigen wird, daß sich beide Differentiale bei stationärer Strömung nur um den Faktor W unterscheiden. Hier sei nur darauf hingewiesen, daß ergänzend zur Kontinuitätsbedingung und zur Bewegungsgleichung anstatt des allgemeinen Energiesatzes als dritte Gleichung auch der erste Hauptsatz der Wärmelehre (der Energiesatz für das bewegte Massenteilchen) genommen werden kann.

8. Stetige Strömung ohne äußere Einwirkungen.

Treten weder äußere Kräfte noch Energie- oder Wärmezufuhren in Erscheinung $\left(X = 0;\ \dfrac{dq}{dx} = 0\right)$, steht die Strömung also lediglich unter der Einwirkung der ihren Drucken das Gleichgewicht haltenden Gegendrucke, nicht etwa aber unter der Einwirkung von Reibungskräften der Umgebung (Wände oder Nachbarstromfäden), so folgt durch Subtraktion der Bewegungsgleichung (44) vom Energiesatz (47) sofort:

$$\frac{ds}{dx} = 0,$$

die Entropie entlang dem Stromfaden ist konstant, die Zustandsänderung im Medium erfolgt *isentropisch*. Damit ist ein fester funktioneller Zusammenhang von Druck und Dichte gegeben. Es folgt aus der Bewegungsgleichung (44), aus der Definitionsgleichung (23) für die Schallgeschwindigkeit c und (24) für die Mach-Zahl M:

$$W \frac{dW}{dx} = -\frac{1}{\varrho} \left(\frac{\partial p}{\partial \varrho} \right)_s \frac{d\varrho}{dx} = -\frac{c^2}{\varrho} \frac{d\varrho}{dx}$$

und weiter:

$$\frac{1}{\varrho} \frac{d\varrho}{dx} = -M^2 \frac{1}{W} \frac{dW}{dx}. \tag{48}$$

Wird die Änderung einer Größe dividiert durch die Größe selbst (also eine dimensionslose Zahl) als *relative Änderung* bezeichnet, so sagt Gl. (48) aus, daß die relative Dichteänderung in Unterschallströmung ($M < 1$) kleiner, in Überschallströmung ($M > 1$) größer als die relative Geschwindigkeitsänderung ist. Für sehr kleine Mach-Zahlen ($M \ll 1$) verschwindet praktisch überhaupt jede Dichteänderung. Die Strömung eines kompressiblen Mediums kann in diesem Bereich also als *inkompressibel* angesehen werden. Es wurde am Ende von Abschnitt 2 gezeigt, daß die Geschwindigkeit bei stationärer Strömung einen Höchstwert nicht zu übersteigen vermag. Bei sehr hohen Mach-Zahlen finden daher keine Änderungen der Geschwindigkeit, sondern nur mehr solche der Dichte und der anderen thermischen Zustandsgrößen statt, wie auch direkt aus der Kontinuitätsbedingung (1) folgt. Gl. (48) zusammen mit der Kontinuitätsbedingung (43) gibt:

$$(1 - M^2) \frac{1}{W} \frac{dW}{dx} = \frac{1}{\varrho W} \frac{d\varrho W}{dx} = -\frac{1}{f} \frac{df}{dx}. \tag{49}$$

In Unterschallströmung wächst die Geschwindigkeit mit abnehmendem, in Überschallströmung mit zunehmendem Querschnitt. Bei Schallgeschwindigkeit ($M = 1$) ändert sich der Stromfadenquerschnitt nicht. Die Stromdichte ϱW hat dort offenbar ein Maximum.

Die Stromdichte kann darnach in der Umgebung von $M = 1$ aufgetragen über der Mach-Zahl als Parabel angenähert werden. Das gilt auch für alle Auftragungen der Stromdichte über irgendeiner anderen Größe, welche im kritischen Zustand nicht selbst ein Maximum hat, also über der Geschwindigkeit, dem Druck, der Dichte usw. Von den zwei Stellen gleicher Stromdichte nahe an $M = 1$ liegt also die eine ebenso weit im überkritischen wie die andere im unterkritischen Gebiet. Ein senkrechter schallnaher Stoß verläuft praktisch isentropisch, d. h. er springt von einem überkritischen Wert der Stromdichte auf einen gleich großen isentropischen unterkritischen Wert. Damit ist aber für ein beliebiges Medium gezeigt, daß die Zustände vor und hinter dem Stoß in *Schallnähe* symmetrisch zum kritischen Zustand liegen ($1 - \hat{M} = M - 1$; $1 - \hat{M}^* = M^* - 1$; $\hat{p} - p^* = p^* - p$ usw.).

Auch bezüglich der Stromdichte also ist der „kritische Zustand" ausgezeichnet. Es werden daher auch die *kritischen* Werte von *Druck* und *Dichte* interessieren, die sich mit der Isentropengleichung sofort aus der kritischen Temperatur ergeben. Für das id. Gas konst. sp. W. ist mit Gl. (30) und Gl. (I, 27):

$$\frac{p^*}{p_0} = \left(\frac{2}{\varkappa + 1} \right)^{\frac{\varkappa}{\varkappa - 1}}; \quad \frac{\varrho^*}{\varrho_0} = \left(\frac{2}{\varkappa + 1} \right)^{\frac{1}{\varkappa - 1}}. \tag{50}$$

Tabelle II, 3: *Zustands- und Geschwindigkeitsgrößen im Stromfaden bei isentroper, stationärer Strömung.*

Unterschalltabelle ($\varkappa = 1,400$)

M	M^*	$\dfrac{p}{p_0}$	$\dfrac{\varrho}{\varrho_0}$	$\dfrac{T}{T_0}$	$\dfrac{\varrho\,W}{\varrho^*\,c^*}$	$\beta = \sqrt{1 - M^2}$
0,05	0,055	0,998	0,999	1,000	0,086	0,999
0,1	0,109	0,993	0,995	0,998	0,172	0,995
0,15	0,164	0,984	0,989	0,996	0,256	0,980
0,2	0,218	0,973	0,980	0,992	0,337	0,980
0,25	0,272	0,958	0,969	0,988	0,416	0,968
0,3	0,326	0,939	0,956	0,982	0,491	0,954
0,35	0,379	0,919	0,941	0,976	0,562	0,937
0,4	0,431	0,896	0,924	0,969	0,629	0,917
0,45	0,483	0,870	0,906	0,961	0,690	0,893
0,5	0,535	0,843	0,885	0,952	0,746	0,866
0,55	0,585	0,814	0,863	0,943	0,797	0,835
0,6	0,635	0,784	0,840	0,933	0,842	0,800
0,65	0,684	0,753	0,816	0,922	0,881	0,760
0,7	0,732	0,721	0,792	0,911	0,914	0,714
0,75	0,779	0,689	0,766	0,899	0,941	0,661
0,8	0,825	0,656	0,740	0,887	0,963	0,600
0,85	0,870	0,623	0,714	0,874	0,980	0,527
0,9	0,915	0,591	0,687	0,861	0,991	0,436
0,95	0,958	0,559	0,660	0,847	0,998	0,312
1,00	1,000	0,528	0,634	0,833	1,000	0,000

Überschalltabelle ($\varkappa = 1,400$)

M	M^*	$\dfrac{p}{p_0}$	$\dfrac{\varrho}{\varrho_0}$	$\dfrac{T}{T_0}$	$\dfrac{\varrho\,W}{\varrho^*\,c^*}$	$\dfrac{\hat{p}_0}{p_0}$
1	1,000	0,528	0,634	0,833	1,000	1,000
1,05	1,041	0,498	0,608	0,819	0,998	1,000
1,1	1,082	0,468	0,582	0,805	0,992	0,999
1,2	1,158	0,412	0,531	0,776	0,970	0,993
1,3	1,231	0,361	0,483	0,747	0,938	0,979
1,4	1,300	0,314	0,437	0,718	0,897	0,958
1,5	1,365	0,272	0,395	0,690	0,850	0,930
1,6	1,425	0,235	0,356	0,661	0,800	0,895
1,7	1,483	0,203	0,320	0,634	0,748	0,856
1,8	1,536	0,174	0,287	0,607	0,695	0,813
1,9	1,586	0,149	0,257	0,581	0,643	0,767
2	1,633	0,128	0,230	0,556	0,593	0,721
2,5	1,826	0,059	0,132	0,444	0,379	0,499
3	1,964	0,027	0,0762	0,357	0,236	0,328
3,5	2,064	0,0131	0,0452	0,290	0,147	0,213
4	2,138	0,00659	0,0277	0,238	0,0933	0,139
4,5	2,194	0,00346	0,0174	0,198	0,0604	0,0917
5	2,236	0,00189	0,0113	0,167	0,0400	0,0618
6	2,295	0,000633	0,00519	0,122	0,0188	0,0297
7	2,333	0,000242	0,00261	0,0926	0,00960	0,0153
8	2,359	0,000102	0,00141	0,0725	0,00526	0,00849
9	2,377	0,0000474	0,000815	0,0581	0,00306	0,00496
10	2,391	0,0000236	0,000495	0,0476	0,00187	0,00304
20	2,435	0,000000209	0,0000170	0,0123	0,0000651	0,000108
∞	2,4495	0	0	0	0	0

Während aber kritische Temperatur und Geschwindigkeit lediglich an den Energiesatz gebunden sind und folglich vor und hinter einem Stoß gleichbleiben, werden kritischer Druck und kritische Dichte aus der kritischen Temperatur und dem Ruhezustand mit Hilfe der Isentrope errechnet, p^* und ϱ^* ändern sich daher, solange — wie im Stoß — der Energiesatz (9) gilt, wie die entsprechenden Ruhegrößen p_0 und ϱ_0.

Tab. II, 4 gibt die kritischen Daten für verschiedene Verhältnisse $\varkappa$ der spezifischen Wärmen. Der Ausdruck $\dfrac{2}{\varkappa - 1}$ entspricht der Anzahl der Freiheitsgrade eines Moleküls nach der gaskinetischen Theorie. Für ganzzahlige Werte von $\dfrac{2}{\varkappa - 1}$ ergeben sich besonders einfache Zahlenwerte der Ausdrücke $\dfrac{\varkappa}{\varkappa - 1}$, $\dfrac{1}{\varkappa - 1}$ usw., was die Rechnung oft sehr vereinfacht. Gase mit Werten $\varkappa > 1{,}66$ kommen nicht vor, weil ein Molekül mindestens drei Freiheitsgrade besitzt. Dennoch werden auch die Werte für $\varkappa = 2{,}00$ wiedergegeben, da dieser Wert einer der Strömung kompressibler Medien analogen Strömung von Flüssigkeiten in flachen offenen Gerinnen entspricht[4]. Der Wert $\varkappa = 1{,}00$ ist nur als unerreichbarer Grenzwert zu verstehen, der zusammen mit $\varkappa = 1{,}66$ die Grenzen gibt, innerhalb welcher alle kritischen Werte zu suchen sind. Auffallend sind die geringen Unterschiede in den Werten von p^*/p_0 und besonders von ϱ^*/ϱ_0. Beide Größen streben für $\varkappa \to 1$ nach $p^*/p_0 = \varrho^*/\varrho_0 = \dfrac{1}{\sqrt{e}}$ ($e = $ Basis der natürlichen Logarithmen).

Tabelle II, 4. *Kritische Werte idealer Gase konstanter spezifischer Wärmen.*

$\varkappa$	2	$1{,}66\dot{6}$	1,400	$1{,}33\dot{3}$	1,250	1,200	1,100	1,000
$\dfrac{2}{\varkappa - 1}$	2	3	5	6	8	10	20	∞
$W^*/W_{\max}$ ..	0,577	0,500	0,408	0,378	$0{,}33\dot{3}$	0,302	0,218	0
c^*/c_0	0,816	0,866	0,913	0,926	0,943	0,953	0,976	1,000
T^*/T_0	$0{,}66\dot{6}$	0,750	$0{,}83\dot{3}$	0,857	0,889	0,909	0,952	1,000
p^*/p_0	$0{,}44\dot{4}$	0,487	0,528	0,540	0,555	0,564	0,585	0,607
ϱ^*/ϱ_0	$0{,}66\dot{6}$	0,650	0,634	0,630	0,624	0,621	0,614	0,607

Die Steigerung von Unterschallgeschwindigkeiten auf Überschallgeschwindigkeiten erfordert zunächst eine Abnahme des Stromfadenquerschnittes, bis Schallgeschwindigkeit ($M = 1$) erreicht wird. An dieser Stelle erreicht der Stromfadenquerschnitt ein Minimum und nimmt dann wieder zu. Eine Düse zur Erzeugung von Mach-Zahlen $M > 1$ muß also erst konvergent, dann divergent sein. Sie wird nach dem Schweden DE LAVAL als *Laval-Düse* bezeichnet. Ihr engster Querschnitt weist die eben bezeichneten kritischen Zustände auf und sei daher als „*kritischer Querschnitt*" bezeichnet.

Mit der Bewegungsgleichung (45) ist die Geschwindigkeit durch den Druck durch folgendes Integral längs einer Isentrope gegeben:

$$\frac{W^2}{2} = -\int_{\substack{p_0 \\ s = s_0}}^{p} \frac{1}{\varrho}\, dp. \tag{51}$$

Noch schneller kommt man beim id. Gas konst. sp. W. mit Hilfe des Energiesatzes Gl. (9) und der Isentropengleichung (I, 27) zum Ziel. Es ist mit Einführen der Maximalgeschwindigkeit:

$$\frac{W^2}{W_{\max}^2} = 1 - \left(\frac{p}{p_0}\right)^{\frac{\varkappa - 1}{\varkappa}} = 1 - \left(\frac{\varrho}{\varrho_0}\right)^{\varkappa - 1}. \tag{52}$$

Direkt aus Gl. (51) erhält man durch Entwickeln leicht:

$$\frac{W - W_\infty}{W_\infty} = -\frac{1}{2}\, c_p - \frac{1}{8}\, (1 - M_\infty^2)\, c_p^2 + \ldots, \quad \text{mit } c_p = \frac{p - p_\infty}{\dfrac{\varrho_\infty W_\infty^2}{2}},$$

womit man aus der Druckverteilung, welche in den Versuchen meist durch den Staudruck im Anströmgebiet dimensionslos gemacht wird, sofort die Geschwindigkeitsverteilung erhält. Die Umkehrung dieser Gleichung lautet:

$$c_p = -2\,\frac{W - W_\infty}{W_\infty} - (1 - M_\infty^2)\left(\frac{W - W_\infty}{W_\infty}\right)^2 + \cdots$$

Der Zusammenhang von Geschwindigkeit und Druck stellt eine Verallgemeinerung von Gl. (8) dar und soll daher wie diese als *Bernoullische* Gleichung bezeichnet werden. Der mit c_p bezeichnete Ausdruck heißt *Druckkoeffizient*. (Der Umstand, daß dabei dasselbe Symbol verwendet wird wie für die spezifische Wärme bei konstantem Druck, dürfte weniger stören als ein Abweichen von den allgemein gebräuchlichen Bezeichnungen in einem der beiden Fälle.)

Mit Gl. (52) kann nun leicht die Stromdichte abhängig von der Geschwindigkeit dargestellt werden. Dabei ist es zweckmäßig, die Stromdichte durch den kritischen Wert $W^* \varrho^*$ zu dividieren, was stets einen Wert kleiner oder gleich 1 ergibt. Mit Tab. II, 5 kann die Stromdichte auch durch Mach-Zahl, Dichte ϱ oder den stets leicht meßbaren Druck p ausgedrückt werden, wobei die thermischen Größen hier besser auf ihre kritischen Werte Gl. (49) bezogen werden:

$$\frac{\varrho\,W}{\varrho^*\,W^*} = M\left[1 + \frac{\varkappa - 1}{\varkappa + 1}(M^2 - 1)\right]^{-\frac{\varkappa + 1}{2(\varkappa - 1)}} = M^*\left[1 - \frac{\varkappa - 1}{2}(M^{*2} - 1)\right]^{\frac{1}{\varkappa - 1}}$$

$$= \frac{\varrho}{\varrho^*}\sqrt{1 + \frac{\varkappa + 1}{\varkappa - 1}\left[\left(\frac{\varrho^*}{\varrho}\right)^{\varkappa - 1} - 1\right]} = \left(\frac{p}{p^*}\right)^{\frac{1}{\varkappa}}\sqrt{1 + \frac{\varkappa + 1}{\varkappa - 1}\left[\left(\frac{p^*}{p}\right)^{\varkappa - 1} - 1\right]}. \qquad (53)$$

Wie eine Entwicklung des Druckes, erweist sich auch eine solche der Stromdichte vielfach als zweckmäßig. Es ergibt sich aus Gl. (53)

$$\frac{\varrho\,W}{\varrho_\infty\,W_\infty} - 1 = (1 - M_\infty^2)\,\frac{W - W_\infty}{W_\infty} - \frac{1}{2}\,M_\infty^2\,[3 - (2 - \varkappa)\,M_\infty^2]\left(\frac{W - W_\infty}{W_\infty}\right)^2 + \cdots$$

Bei kleinen Mach-Zahlen wird das zweite, bei $M_\infty = 1$ das erste Glied bedeutungslos.

Die Beziehung zwischen Stromdichte und Druck wird nach DE SAINT VENANT und WANTZEL[5] benannt. Während sich die Stromdichte noch einfach abhängig von Mach-Zahl, Geschwindigkeit usw. darstellen läßt, ist eine Umkehrung der Gl. (53) im allgemeinen nicht mehr möglich. Die Strömungszustände für eine bestimmte Stromdichte sind daher am besten mittels einer Kurve (Abb. 14) aufgesucht. Es gibt stets je einen Wert bei $M < 1$ und bei $M > 1$. Nahe an $M^* = 0$ steigt die Stromdichte wegen der geringen Dichteveränderlichkeit dort nahezu linear mit M^*.

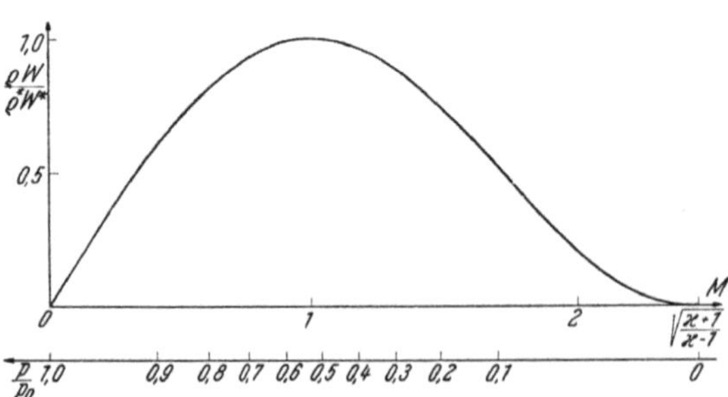

Abb. 14. Stromdichte abhängig von der Geschwindigkeit für $\varkappa = 1{,}400$.

Abgesehen von der Stromdichte, lassen sich die meisten wichtigen Größen für ein id. Gas konst. sp. W. gegenseitig explizit ausdrücken, wozu sich das in Tab. II, 5* wiedergegebene Schema besonders eignet. Wie in Abschnitt 4 bereits gezeigt, haben die Formeln im abgegrenzten Teil links oben nur den Energiesatz (keine Energiezufuhr von außen), der übrige Teil isentropische Ausdehnung (stetige Zustandsänderung ohne äußere Kräfte und Energiezufuhr) zur Voraussetzung.

---

* Mündliche Mitteilung von A. NAUMANN.

Tabelle II, 5. *Beziehungen zwischen verschiedenen Größen für das ideale Gas konstanter spezifischer Wärme.*

	M^2	M^{*2}	$\dfrac{c}{c_0}$	$\dfrac{T}{T_0}=\dfrac{i}{i_0}$	$\dfrac{p}{p_0}$	$\dfrac{\varrho}{\varrho_0}$
M^2	M^2	$\dfrac{M^{*2}}{1-\dfrac{\varkappa-1}{2}(M^{*2}-1)}$	$\dfrac{2}{\varkappa-1}\left[\left(\dfrac{c_0}{c}\right)^2-1\right]$	$\dfrac{2}{\varkappa-1}\left(\dfrac{T_0}{T}-1\right)$	$\dfrac{2}{\varkappa-1}\left[\left(\dfrac{p_0}{p}\right)^{\frac{\varkappa-1}{\varkappa}}-1\right]$	$\dfrac{2}{\varkappa-1}\left[\left(\dfrac{\varrho_0}{\varrho}\right)^{\varkappa-1}-1\right]$
M^{*2}	$\dfrac{M^2}{1+\dfrac{\varkappa-1}{\varkappa+1}(M^2-1)}$	M^{*2}	$\dfrac{\varkappa+1}{\varkappa-1}\left[1-\left(\dfrac{c}{c_0}\right)^2\right]$	$\dfrac{\varkappa+1}{\varkappa-1}\left(1-\dfrac{T}{T_0}\right)$	$\dfrac{\varkappa+1}{\varkappa-1}\left[1-\left(\dfrac{p}{p_0}\right)^{\frac{\varkappa-1}{\varkappa}}\right]$	$\dfrac{\varkappa+1}{\varkappa-1}\left[1-\left(\dfrac{\varrho}{\varrho_0}\right)^{\varkappa-1}\right]$
$\dfrac{c}{c_0}$	$\dfrac{1}{\sqrt{1+\dfrac{\varkappa-1}{2}M^2}}$	$\sqrt{1-\dfrac{\varkappa-1}{\varkappa+1}M^{*2}}$	$\dfrac{c}{c_0}$	$\sqrt{\dfrac{T}{T_0}}$	$\left(\dfrac{p}{p_0}\right)^{\frac{\varkappa-1}{2\varkappa}}$	$\left(\dfrac{\varrho}{\varrho_0}\right)^{\frac{\varkappa-1}{2}}$
$\dfrac{T}{T_0}=\dfrac{i}{i_0}$	$\dfrac{1}{1+\dfrac{\varkappa-1}{2}M^2}$	$1-\dfrac{\varkappa-1}{\varkappa+1}M^{*2}$	$\left(\dfrac{c}{c_0}\right)^2$	$\dfrac{T}{T_0}$	$\left(\dfrac{p}{p_0}\right)^{\frac{\varkappa-1}{\varkappa}}$	$\left(\dfrac{\varrho}{\varrho_0}\right)^{\varkappa-1}$
$\dfrac{p}{p_0}$	$\left(1+\dfrac{\varkappa-1}{2}M^2\right)^{-\frac{\varkappa}{\varkappa-1}}$	$\left(1-\dfrac{\varkappa-1}{\varkappa+1}M^{*2}\right)^{\frac{\varkappa}{\varkappa-1}}$	$\left(\dfrac{c}{c_0}\right)^{\frac{2\varkappa}{\varkappa-1}}$	$\left(\dfrac{T}{T_0}\right)^{\frac{\varkappa}{\varkappa-1}}$	$\dfrac{p}{p_0}$	$\left(\dfrac{\varrho}{\varrho_0}\right)^{\varkappa}$
$\dfrac{\varrho}{\varrho_0}$	$\left(1+\dfrac{\varkappa-1}{2}M^2\right)^{-\frac{1}{\varkappa-1}}$	$\left(1-\dfrac{\varkappa-1}{\varkappa+1}M^{*2}\right)^{\frac{1}{\varkappa-1}}$	$\left(\dfrac{c}{c_0}\right)^{\frac{2}{\varkappa-1}}$	$\left(\dfrac{T}{T_0}\right)^{\frac{1}{\varkappa-1}}$	$\left(\dfrac{p}{p_0}\right)^{\frac{1}{\varkappa}}$	$\dfrac{\varrho}{\varrho_0}$

Mit Hilfe der Bernoullischen Gleichung (52) kann die Geschwindigkeit aus Druckmessungen bestimmt werden, wenn zur Berechnung von $W_{\max}$ die Ruhetemperatur bekannt ist [Gl. (10)]. Obwohl dem Produkt $\frac{\varrho\,W^2}{2}$ lediglich bei dichtebeständigen Strömungen als „Staudruck" eine physikalische Bedeutung zukommt, wird es auch in der Gasdynamik häufig verwendet und ebenfalls als „*Staudruck*" bezeichnet. Diese Bezeichnung ist so weitgehend eingeführt, daß von ihr auch in diesem Buch nicht abgegangen werden soll, obwohl unter Kompressibilitätseinfluß mit dem Staurohr keineswegs in der Strömung der „Staudruck" gemessen wird. Für das *ideale* Gas gilt mit der Definition der Mach-Zahl (26):

$$\frac{\varrho\,W^2}{2} = \frac{\varkappa}{2}\,\frac{\varrho\,W^2}{\varkappa\,p}\,p = \frac{\varkappa}{2}\,p\,M^2, \tag{54}$$

eine Gleichung, die an keine weitere Voraussetzung gebunden ist.

Es interessiert nun, wie stark bei kleinen Mach-Zahlen die gemessene Differenz $p_0 - p$ vom Staudruck, dem sie bei dichtebeständiger verlustfreier Strömung gleich sein mußte, abweicht. Zu diesem Zweck wird die Funktion $\frac{p_0}{p}$ von M (Tab. II, 5) nach M entwickelt:

$$\frac{p_0}{p} = 1 + \frac{\varkappa}{2}\,M^2 + \frac{\varkappa}{8}\,M^4 + \frac{\varkappa\,(2-\varkappa)}{48}\,M^6 + \ldots$$

Zusammen mit Gl. (54) ist dann:

$$\frac{p_0 - p}{\dfrac{\varrho\,W^2}{2}} = \left(\frac{p_0}{p} - 1\right)\frac{2}{\varkappa\,M^2} = 1 + \frac{1}{4}\,M^2 + \frac{2-\varkappa}{24}\,M^4 + \ldots \tag{55}$$

Die entsprechende Entwicklung des Dichteverhältnisses ergibt:

$$\frac{\varrho}{\varrho_0} = 1 - \frac{1}{2}M^2 + \frac{\varkappa}{8}\,M^4 + \ldots \tag{56}$$

Der Druckunterschied weicht also relativ vom Staudruck noch weniger ab als die Dichte relativ von der Ruhedichte. Eine Windgeschwindigkeit von etwa 66 m/sec entspricht einer Mach-Zahl von $M = 0{,}20$. Daraus ergibt sich ein Fehler aus der Bernoullischen Gl. (8) dichtebeständiger Strömungen von:

$$\frac{p_0 - p}{\dfrac{\varrho\,W^2}{2}} = 0{,}01.$$

Damit ist ein Maß gewonnen, inwieweit Luftströmungen als inkompressibel aufgefaßt werden können.

Es sei besonders darauf hingewiesen, daß sich die relativen Änderungen von Druck und Dichte schon nach der Isentropengleichung (I, 25) nur um den Faktor $\varkappa$ unterscheiden. In der Bewegungsgleichung (44) wird aber die Dichteänderung bedeutungslos, weil die Dichte hier zum Unterschied vom Druck nur als Faktor auftritt. So können bei gleicher Größenordnung von relativer Dichte- und Druckänderung die erste bei niedrigen Mach-Zahlen vernachlässigt werden, die zweite aber nicht.

Die Funktion $p\,(M^*)$ läßt einige von A. Busemann[*] stammende geometrische Deutungen zu, die sich auch auf den Verdichtungsstoß beziehen. Sie sollen hier nicht weiter behandelt werden.

Dem Schluß des Buches ist ein Strichleiterdiagramm für die gegenseitige Abhängigkeit der thermischen Zustandsgrößen, der Geschwindigkeit, der Stromdichte usw. bei isentroper Ausdehnung mit $\varkappa = 1{,}400$ beigefügt.

---

[*] Handbuch der Experimentalphysik IV_1. A. Busemann: Gasdynamik, § 12. Oder R. Sauer: Gasdynamik, S. 9. Berlin: Spirnger-Verlag. 1943.

9. Ausfluß aus Mündungen.

Wird der Druck p an der Außenseite einer abgerundeten Mündung (Abb. 15), die etwa in einen entleerbaren Kessel führt, vom Werte des Ruhedruckes ($p = p_0$) beginnend langsam abgesenkt, so wird die Geschwindigkeit in der Mündung nach Gl. (52) und die Stromdichte nach Gl. (53) ansteigen. Aus dem Produkt von Stromdichte und Mündungsquerschnitt f läßt sich dann mit Gl. (1) die in der Zeiteinheit durchfließende Menge angeben, wenn der Ruhezustand bekannt ist. Je mehr sich der Zustand in der Mündung dem „kritischen Zustand" ($M = 1$) nähert, desto geringer wird der Einfluß der Druckabsenkung stromabwärts der Mündung. Er hört schließlich ganz auf, wenn in der Mündung Schallgeschwindigkeit erreicht ist, da hier die Stromdichte und damit die Durchflußmenge ihren Höchstwert erreicht. Eine weitere Druckabsenkung auf unterkritische Drucke ($p < p^*$) hat also keine Steigerung der Durchflußmenge zur Folge, aber auch kein neuerliches Absinken, weil unterkritische Drucke zu Überschallgeschwindigkeiten führen. Gegen diese vermögen nur grobe Störungen, wie sie von Druckanstiegen verursacht werden, anzulaufen. Der Zustand im kritischen Querschnitt der Mündung bleibt unberührt davon, welche Drucke p stromabwärts innerhalb des Bereiches $p^* > p > 0$ herrschen.

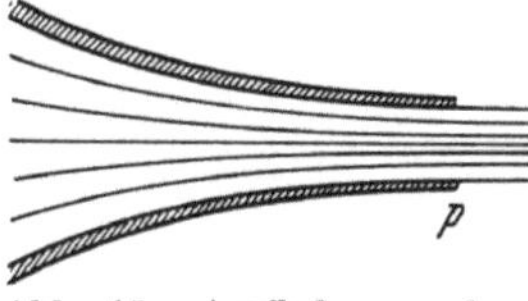

Abb. 15. Ausfluß aus abgerundeter Mündung.

Überschallgeschwindigkeit in der Mündung mit kritischem Zustand stromaufwärts der Mündung müßte überhaupt eine Ablösung der Strömung in der Umgebung von $M = 1$ zur Folge haben, da dort maximale Stromdichte herrscht!

Bei *überkritischem* Druckverhältnis $\left(\dfrac{p}{p_0} < \dfrac{p^*}{p_0} \right)$ ist die Durchflußmenge also *unabhängig* vom Außendruck mit Gl. (30) und (48) gegeben durch

$$\frac{G}{f^*} = \varrho^* W^* = \sqrt{\left(\frac{2}{\varkappa + 1} \right)^{\frac{\varkappa + 1}{\varkappa - 1}} \varkappa\, p_0\, \varrho_0} = \left(\frac{2}{\varkappa + 1} \right)^{\frac{\varkappa + 1}{2(\varkappa - 1)}} c_0\, \varrho_0 =$$

$$= \frac{c^*}{c_0} \frac{\varrho^*}{\varrho_0} c_0\, \varrho_0. \tag{57}$$

Mit Tab. II, 4 berechnet man für Luft ($\varkappa = 1{,}400$) bei einer Ruhetemperatur von $15°\mathrm{C}$ ($c_0 = 340$ m/sec) pro Quadratzentimeter Mündungsfläche ein Durchtrittsvolumen von:

$$\frac{G}{f^* \varrho_0} = 19{,}7 \cdot 10^3 \frac{\mathrm{cm}^3}{\mathrm{sec}} = 19{,}7 \frac{\mathrm{Liter}}{\mathrm{sec}}.$$

Als Faustregel kann man sich also merken, daß durch die kleine Öffnung von 1 cm^2 rund 20 Liter des Gases im Ruhezustand pro Sekunde strömen, wobei diese Zahl zugleich mit der Schallgeschwindigkeit nur mit der Wurzel aus der absoluten Temperatur variiert.

Damit ist auch eine Abschätzung gegeben, wieviel durch ein Loch in einen Vakuumkessel in der Zeiteinheit einströmt. Gute Übereinstimmung mit den Versuchen wird man an Gl. (57) allerdings nur bei abgerundeten Mündungen erwarten können. Bei blendenförmigen Öffnungen, Bordamündungen usw. kommt es wie bei dichtebeständiger Strömung zu Strahleinschnürungen, die naturgemäß herabgesetzte Durchflußmengen* zur Folge haben. Ausflußprobleme spielen im Motoren- und Dampfmaschinenbau beim Entleeren der Zylinder eine wichtige Rolle[8].

---

*Ausführliches darüber mit Zitaten: Handbuch der Experimentalphysik IV$_1$, A. BUSEMANN: Gasdynamik, 3. Kapitel.

10. Laval-Düse.

Wie der Stromdichteverlauf (Abb. 14) zeigt, ist zur Beschleunigung einer Strömung auf Überschallgeschwindigkeiten ein erst konvergenter, dann divergenter Kanal, eine sogenannte Laval-Düse, erforderlich. Ist der Strömungszustand im kritischen Querschnitt f^* der Düse gegeben, so läßt sich aus dem Verhältnis der Stromdichte an der betrachteten Stelle zu jener im kritischen Querschnitt der Strömungszustand an der betrachteten Stelle angeben (Abb. 16). Dies kann im allgemeinen nicht analytisch, sondern muß an Hand der Kurve Abb. 14 gemacht werden. In f^* kann irgendein Zustand vorgegeben sein. Herrscht dort Unterschallströmung, so herrscht sie mit verminderter Geschwindigkeit in der ganzen Düse. Herrscht in f^* Überschallgeschwindigkeit, so herrscht sie erhöht in der ganzen Düse. Nur wenn im kritischen Düsenquerschnitt der kritische Strömungszustand herrscht, dann kann eine Überleitung von Unterschall- in Überschallströmung und das Umgekehrte stattfinden (asymmetrische Lösung), es sind aber auch dann noch symmetrische Lösungen mit $M < 1$ oder $M > 1$ auf beiden Düsenseiten möglich.

Der Geschwindigkeitsgradient ergibt sich aus Gl. (49). Im kritischen Querschnitt verschwindet er darnach, wenn dort nicht gerade Schallgeschwindigkeit $(M = 1)$

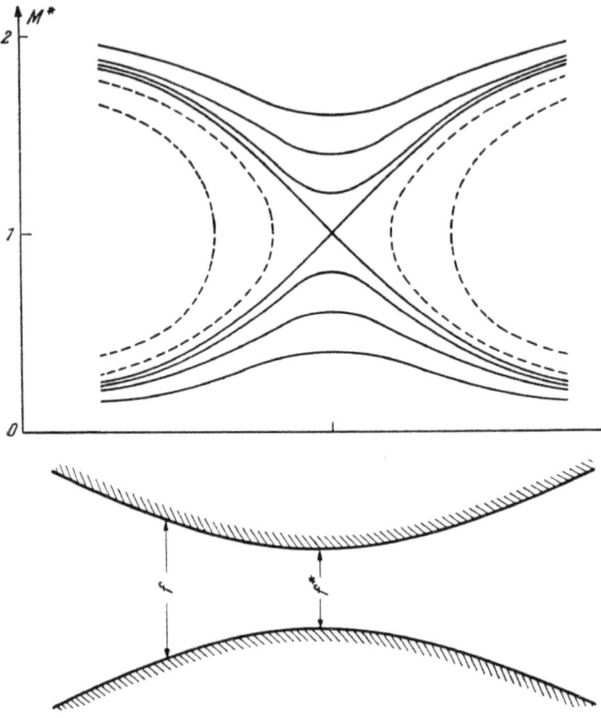

Abb. 16. Geschwindigkeitsverteilung in der Lavaldüse ($\varkappa = 1{,}40$).

herrscht. In diesem Falle wird er unbestimmt und ist nach der Regel von L'Hospital durch Ableiten von Zähler und Nenner zu berechnen:

$$\frac{f}{W}\frac{dW}{dx} = \frac{\dfrac{df}{dx}}{M^2-1} = \frac{\dfrac{d^2f}{dx^2}}{2\,M\,\dfrac{dM}{dM^*}\dfrac{1}{a^*}\dfrac{dW}{dx}}.$$

Nun ist für $M = 1$ nach Tab. II, 5 $\dfrac{dM}{dM^*} = \dfrac{\varkappa+1}{2}$. Mit R^* als Krümmungsradius der Funktion $f(x)$ an der Stelle $f = f^*$ führt das zu dem Ergebnis:

$$\frac{f^*}{c^*}\frac{dW}{dx} = \sqrt{\frac{f^*}{\varkappa+1}\left(\frac{d^2f}{dx^2}\right)_{f=f^*}} = \sqrt{\frac{1}{\varkappa+1}\frac{f^*}{R^*}}. \tag{58}$$

Abb. 16 zeigt, daß in einem beliebigen Querschnitt f der Düse ein bestimmter Geschwindigkeitsbereich gar nicht vorkommt. Wird eine entsprechende Geschwindigkeit vorgegeben (gestrichelte Kurve), so endet die Strömung vor dem kritischen Querschnitt der Düse, weil sie dort bereits das Maximum ihrer Stromdichte erreicht hat und eine weitere Verengung des Stromfadens daher nicht mehr zuläßt. Auch ein Verdichtungsstoß würde zu keiner Lösung führen, da er eine Herabsetzung der Ruhedichte — also auch der kritischen Dichte — und damit einen erhöhten Raumbedarf im kritischen Querschnitt verursacht. Lediglich der durch den zweiten Hauptsatz der Wärmelehre ausgeschlossene Verdünnungsstoß würde hier zum Ziele führen.

Die Aufklärung der Eigentümlichkeit, gewisse Geschwindigkeiten an bestimmten Stellen nicht vorgeben zu können, ist darin zu suchen, daß die Vorgabe von Geschwindigkeiten einer mathematischen Methode, nicht aber in diesem Falle einer physikalischen Bedingung entspricht. Normalerweise werden bei Düsen entweder die Drucke stromabwärts vorgegeben, indem etwa in einen Kessel abgesaugt wird, oder es werden Durchflußmengen vorgegeben, indem der Düse ein Verdichter vorgebaut wird.

Um den letzteren Fall näher zu erläutern, sei angenommen, daß der Verdichter die Luft in einen Vorraum der Düse pumpt, in welchem praktisch Ruhedruck herrscht. Der Verdichter besitzt eine Charakteristik, nach der die Durchflußmenge (das Ansaugvolumen) abhängig vom Druck p_0 gegeben ist. Auch die

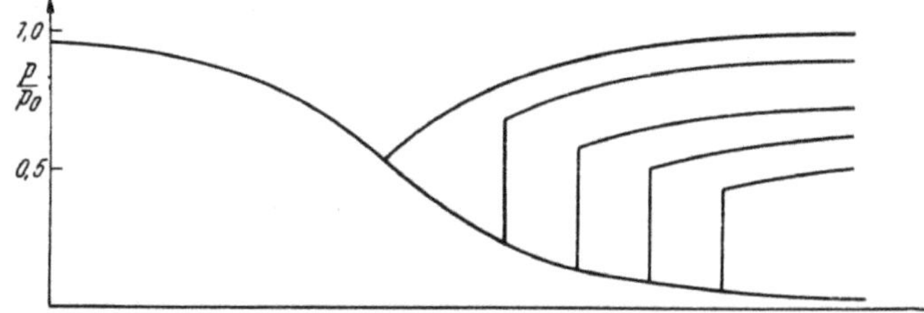

Abb. 17. Druckverteilung in der Lavaldüse der Abb. 16 bei verschiedenen Gegendrücken.

Durchflußmenge der Laval-Düse liegt abhängig vom Ruhezustand fest, und es wird sich jener Ruhedruck einstellen, bei welchem die Durchflußmengen durch Verdichter und Düse einander gleich sind. Solange im engsten Düsenquerschnitt kritische Geschwindigkeit herrscht, ist der Verlauf von M oder M^* in der Düse nach Gl. (53) völlig festgelegt. Eine Steigerung der Durchflußmenge ändert nicht den örtlichen Wert von M^*, sondern nur den von ϱ, indem sie ϱ_0 ändert, und den von W, indem sie c_0 und c^* ändert.

Zur Erläuterung der Absaugung in einen Kessel sei ein stetiger Übergang des Querschnitts-Verhältnisses f/f^* zu außerordentlich großen Werten angenommen (Abb. 17). An irgendeiner Stelle der Düse befinde sich ein senkrechter Stoß, nach welchem die Strömung bei Unterschallgeschwindigkeit abgebremst wird und bei den großen Querschnitten praktisch zur Ruhe kommt. Im Kessel herrscht der Ruhedruck $\hat{p}_0$, den die Strömung hinter dem Stoß annimmt und dessen Verhältnis zum Ruhedruck p_0 vor dem Stoß nach Gl. (42) und Tab. II, 1 allein von der Mach-Zahl M abhängt, bei welcher der Stoß stattfindet. Der Gegendruck im Absaugkessel bedingt also einen Stoß in der Düse, dessen Lage allein durch das Verhältnis $\hat{p}_0/p_0$ festgelegt ist. Da die Ruhedrucke hinter Stößen bei wachsenden Mach-Zahlen unter alle Grenzen sinken, gibt es zu jedem Gegendruck eine Lösung entsprechend der Abb. 17. Bei überkritischen Verhältnissen von Druck im Absaugkessel und Ruhedruck gibt es sogar zwei Lösungen, wenn Strahlablösungen zugelassen werden. Die Strömung kann sich, ohne die Mach-Zahl $M = 1$ zu überschreiten, beim Druck des Absaugkessels von der Wand ablösen, wofür vor allem der kritische Querschnitt selbst in Frage kommt. Im engsten Querschnitt herrscht dann der Druck des Absaugkessels mit der entsprechenden

Durchflußmenge und im divergierenden Teil durchmischt sich die abgelöste Strömung bei gleichbleibendem Druck mit dem sie umgebenden Gas und kommt dabei langsam zur Ruhe.

Es ist einleuchtend, daß die Strömung in der Laval-Düse durch Reibungsvorgänge beeinflußt wird, vor allem wenn Druckanstiege auftreten. Bei Druckabfall ist der Reibungseinfluß gering und die Druckverteilungen können zufriedenstellend aus den Querschnitten errechnet werden. Ein Vergleich zwischen Theorie und Versuch ist in Abb. 28 des Abschnittes über Kondensationserscheinungen gegeben. Beim Auftreten von Stößen (Abb. 17) in Düsen verursachen allerdings die Reibungsvorgänge ein *erhebliches* Abweichen der Versuche von dieser einfachen Theorie. Die Erklärung kann nicht mehr im Rahmen der Stromfadentheorie gegeben werden, auch tritt gerne Ablösung ein (Abschnitt XI, 7).

Laval-Düsen finden in der Windkanaltechnik, der Raketentechnik und in der Dampfturbinentechnik ausgedehnte Anwendung.

11. Kanal mit zwei Verengungen.

Zu einigen interessanten Resultaten führt ein Kanal mit zwei Verengungen, wie er durch das Hintereinanderschalten zweier Laval-Düsen gegeben ist. Diese Anordnung spielt für die Überschallwindkanaltechnik eine wichtige Rolle (Abb. 18). Im Parallelstück zwischen den beiden kritischen Querschnitten f_1 und f_3 herrsche — bei genügend starkem Druckgefälle und genügend weit geöffnetem zweiten kritischen Querschnitt f_3 — abhängig vom Querschnitt f_2 des Parallelstückes eine Mach-Zahl M_2. Der senkrechte Stoß, der bei dieser Mach-Zahl auftreten kann, habe ein Ruhedruckverhältnis $\hat{p}_{20}/p_{20}$. Dann ist für die geschilderte Anordnung folgender Bereich kritischer Querschnittsverhältnisse von besonderem Interesse:

$$1 > \frac{f_1}{f_3} > \frac{\hat{p}_{20}}{p_{20}}, \qquad (59)$$

denn er läßt mehrere Lösungen zu, wenn ausreichendes Druckgefälle da ist.

Stets wird im ersten kritischen Querschnitt Schallgeschwindigkeit herrschen. Es kann aber

1. im ganzen Kanal Überschallströmung herrschen mit einem Minimum in f_3,

2. kann sich zwischen den beiden Querschnitten f_1 und f_3 ein senkrechter Stoß befinden, der vor f_3 auf Unterschall und in

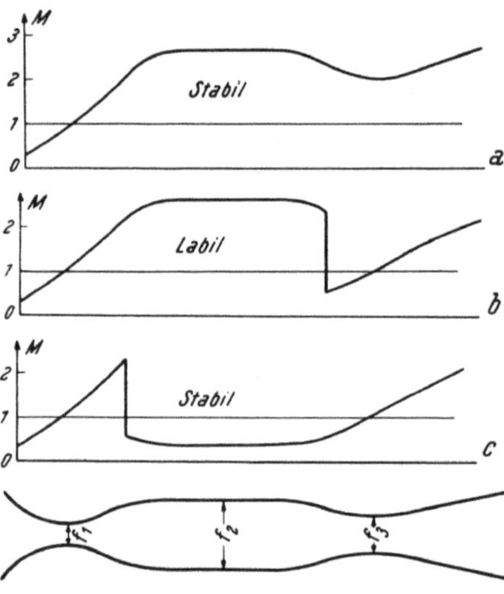

Abb. 18. Verlauf der Mach-Zahl in einem zweimal verengten Kanal.

f_3 gerade wieder auf Schall führt. Da nun durch beide kritische Querschnitte bei kritischer Strömung die gleiche Durchflußmenge fließen muß, gilt mit Gl. (50)

$$G = f_1 \, \varrho_1 \, w_1 = f_1 \, w_1 \left(\frac{2}{\varkappa + 1}\right)^{\frac{1}{\varkappa - 1}} \varrho_{10} = f_3 \, \varrho_3 \, w_3 = f_3 \, w_3 \left(\frac{2}{\varkappa + 1}\right)^{\frac{1}{\varkappa - 1}} \varrho_{30}.$$

Die kritische Geschwindigkeit bleibt durch den Stoß ungeändert, also ist $w_3 = w_1$. Die Ruhedichten verhalten sich wie die Ruhedrucke, also ist mit Gl. (59)

$$\frac{\varrho_{30}}{\varrho_{10}} = \frac{p_{30}}{p_{10}} = \frac{f_1}{f_3} > \frac{\hat{p}_{20}}{p_{20}}.$$

Das Ruhedruckverhältnis im Stoß muß größer sein als bei einem möglichen Stoß im Querschnitt f_2. Der Stoß muß also bei einer kleineren Mach-Zahl, er muß in einem Querschnitt $f < f_2$ liegen. Dafür könnte es allenfalls noch zwei Möglichkeiten geben, indem sich der Stoß zwischen f_1 und f_2 oder zwischen f_2 und f_3 befinden könnte. Die letztere Lage ist aber instabil.

Dies ist sofort einzusehen, wenn angenommen wird, daß der Stoß, durch eine kleine Störung veranlaßt, stromaufwärts rückt. Er rückt dann zu höheren Mach-Zahlen und damit zu stärkeren Ruhedruckabsenkungen. Die Folge ist, daß auch die Durchflußmenge in f_3 absinkt, d. h. der Raum zwischen Stoß und f_3 muß sich mit strömendem Medium anfüllen und den Stoß weiter stromaufwärts treiben. Dieselbe Überlegung führt zum Schluß, daß ein zwischen f_2 und f_3 stromabwärts rückender Stoß weiter stromab gesaugt wird, daß also ein zwischen f_1 und f_3 befindlicher Stoß labil ist. Es befindet sich zwischen zwei stabilen eine labile Strömungsform.

Die Strömungsform Abb. 18c entsteht, indem der Druck stromabwärts von f_3 ausgehend vom Ruhedruck $p = p_{10}$ langsam abgesenkt wird. Die Strömungsform Abb. 18a kann erhalten werden, wenn der Querschnitt f_3 bei bereits herrschender Überschallströmung ausgehend von $f_3 = f_2$ verengt wird. Sie ist nicht leicht realisierbar.

Die übrigen denkbaren Querschnittsverhältnisse sind uninteressant. Für $f_1/f_3 > 1$ herrscht in f_3 kritischer Zustand und stromaufwärts Unterschallströmung mit einem Geschwindigkeitsmaximum in f_1. Für $f_1/f_3 < p_{20}/p_{10}$ herrscht stromabwärts von f_1 Überschallströmung, ein Stoß kann sich zwischen f_1 und f_3 nicht halten.

Es interessieren noch die Verengungen f_3/f_2, welche zulässig sind, wenn das Auftreten von Stößen im Kanal eben noch verhindert werden soll. Sie sind durch

$$\frac{f_3}{f_2} = \frac{f_3}{f_1}\frac{f_1}{f_2} = \frac{p_{20}}{\hat{p}_{20}}\frac{\varrho_2 W_2}{\varrho^* W^*}$$

gegeben und mittels Gl. (42) für den Ruhedruckverlust und Gl. (53) für die Stromdichte abhängig von M_2 leicht zu berechnen. Es ist:

Zulässige Verengungen bei Vermeidung von Stößen ($\varkappa = 1{,}400$).

M_2	1	1,5	2	2,5	3	4	5	10	∞
$\dfrac{f_3}{f_2}$	1	0,915	0,82	0,76	0,72	0,67	0,65	0,60	0,60

Darnach sind nur verhältnismäßig geringe Verengungen erlaubt, wenn die Lösung mit Stoß, Abb. 18c, ausgeschlossen werden soll[13].

12. Die Mach-Zahl im s-i-Diagramm.

Wegen der Unübersichtlichkeit vieler gasdynamischer Formeln und der thermodynamischen Gleichungen, sobald die Aussagen auf nicht ideale Medien ausgedehnt werden sollen, ist es zweckmäßig, die Vorgänge an Hand von Diagrammen zu verfolgen. In diesen erscheinen komplizierte Funktionen meist als recht einfache, glatte Kurven. Für nicht isentrope Vorgänge, die im folgenden untersucht werden sollen, bietet sich wegen der Bedeutung von i im Energiesatz das s-i-Diagramm (oder Mollier-Diagramm) an. In ihm werden sich die Vorgänge in Richtung wachsender Entropie s abspielen.

Für Vorgänge ohne Energiezufuhr gilt dabei der Energiesatz [Gl. (7)], womit die Ordinate i als verzerrter Maßstab der Geschwindigkeit und beim idealen

Gas auch als verzerrter Maßstab der Temperatur, der Schallgeschwindigkeit und der Mach-Zahl aufgefaßt werden kann.

Die Stromdichte $\varrho\,W$ und der Ausdruck $\varrho\,W^2 + p$, die sogenannte *Impulsdichte*, sind für jedes Medium mit dem Energiesatz Gl. (7) auf thermische Zustandsgrößen allein rückführbar. Damit können Kurven konstanter Impulsdichte und konstanter Stromdichte in das s-i-Diagramm eingezeichnet werden. Letztere heißen auch „*Fanno-Kurven*"* (Abb. 19). Die Eigenschaft der Stromdichte- und Impulsdichtelinien, bei $M = 1$ einen Extremwert der Entropie zu besitzen, kommt jedem Medium zu und nicht etwa nur id. Gasen konst. sp. W.,

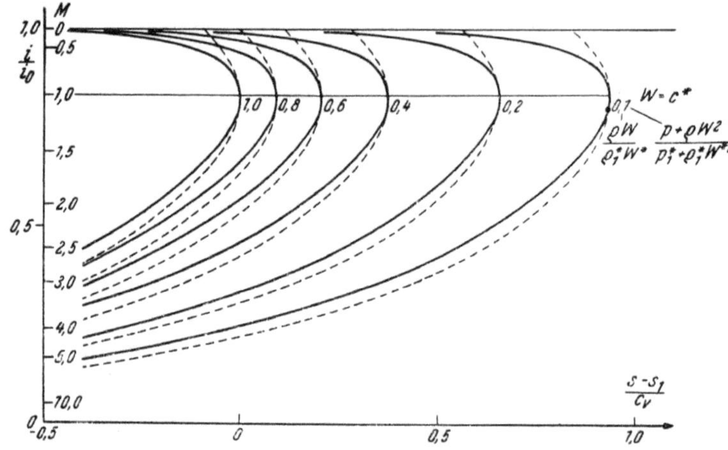

Abb. 19. (——) Stromdichte- und (-----) Impulsdichtelinien im s-i-Diagramm für das ideale Gas mit $\varkappa = 1{,}400$.

die der Abb. 19 zugrunde gelegt sind. Mit der Definitionsgleichung der Entropie (I, 35) und dem Energiesatz Gl. (7) gilt:

$$T\,ds = di - \frac{1}{\varrho}\,dp = - W\,dW - \frac{1}{\varrho}\,dp. \tag{60}$$

Hieraus folgt für eine Stromdichtelinie ($W\varrho = $ konst.):

$$0 = d(\varrho\,W) = \left(\frac{\partial \varrho}{\partial p}\right)_s W\,dp + \left(\frac{\partial \varrho}{\partial s}\right)_p W\,ds + \varrho\,dW =$$

$$= \left(1 - \frac{W^2}{c^2}\right)\varrho\,dW - \left[\frac{\varrho\,T}{c^2} - \left(\frac{\partial \varrho}{\partial s}\right)_p\right] W\,ds.$$

In der eckigen Klammer stehen zwei positive Ausdrücke. Bei konstantem Druck muß nämlich die Entropie mit fallender Dichte stets zunehmen, denn es ist Wärmezufuhr erforderlich, um den Druck bei fallender Dichte aufrechtzuerhalten. Die Entropiezunahme ergibt sich dabei aus der Wärmezufuhr auf reversiblem Wege. Da der Ausdruck in der eckigen Klammer nicht Null sein kann, muß bei $W = c$ mit der Stromdichtenänderung auch die Entropieänderung verschwinden.

Für die Änderung der Impulsdichte gilt mit Gl. (60) und der Gleichung für die Änderung der Stromdichte:

$$d(p + \varrho\,W^2) = dp + W\varrho\,dW + W\,d(\varrho\,W) = - \varrho\,T\,ds + W\,d(\varrho\,W) =$$

$$= \left(1 - \frac{W^2}{c^2}\right)\varrho\,dW - \left[\varrho\,T\left(\frac{W^2}{c^2} + 1\right) - W^2\left(\frac{\partial \varrho}{\partial s}\right)_p\right]ds.$$

Auf einer Impulsdichtelinie ($p + \varrho\,W^2 = $ konst.) hat die Entropie bei $W = c$ ebenfalls ein Maximum. Die Gleichung kann auch wie folgt gelesen werden:

---

* A. Stodola: Dampf- und Gasturbinen, S. 50. Berlin. 1924.

Bei konstanter Entropie (Laval-Düse) hat die Impulsdichte zugleich mit der Stromdichte (bei $M = 1$) für jedes Medium einen Extremwert.

Im kritischen Querschnitt verläuft darnach die Zustandsänderung jedes Mediums beim Ausschluß von Energiezufuhr isentrop, auch wenn äußere Kräfte einwirken.

Mit der Zunahme der Entropie ist eine Abnahme des Ruhedruckes und damit der kritischen Dichte verbunden. Da die an den Energiesatz gebundene kritische Geschwindigkeit W^* gleichbleibt, fällt also mit steigender Entropie die kritische Stromdichte. In der für id. Gase konst. sp. W. gezeichneten Abb. 19 sind die Stromdichte- und Impulsdichtelinien auf die zur Entropie s_1 gehörigen kritischen Größen $\varrho_1^* W^*$ und $p_1^* + \varrho_1^* W^{*2}$ (es ist ja $W_1^* = W^*$, $i_1^* = i^*$, $T_1^* = T^*$) bezogen. Die Stromdichtelinien („Fanno-Kurven") ergeben sich wegen $i/i_0 = T/T_0$ mit der Gl. (I, 37) für die Entropie:

$$\frac{s - s_1}{c_v} = \ln \frac{i}{i^*} - (\varkappa - 1) \ln \frac{\varrho}{\varrho_1^*} =$$

$$= \ln \frac{i}{i^*} + (\varkappa - 1) \ln \frac{W}{W^*} - (\varkappa - 1) \ln \frac{W \varrho}{W^* \varrho^*}.$$

Daraus folgt mit dem Energiesatz und durch Einsetzen der kritischen Verhältnisse $\dfrac{i^*}{i_0}$ und $\dfrac{W^*}{W_{\max}}$:

$$\frac{s - s_1}{c_v} = \ln \frac{i}{i_0} \left(1 - \frac{i}{i_0}\right)^{\frac{\varkappa - 1}{2}} - \ln \frac{2}{\varkappa + 1} \left(\frac{\varkappa - 1}{\varkappa + 1}\right)^{\frac{\varkappa - 1}{2}} - (\varkappa - 1) \ln \frac{W \varrho}{W^* \varrho^*}. \quad (61)$$

Zur Berechnung der Impulsdichtelinien sei von folgendem Ausdruck für die Impulsdichte id. Gase konst. sp. W. ausgegangen:

$$p + \varrho W^2 = p (1 + \varkappa M^2) = p \frac{\varkappa + 1}{\varkappa - 1} \left(\frac{2 \varkappa}{\varkappa + 1} \frac{i_0}{i} - 1\right). \quad (62)$$

Mit der Entropiegleichung für Enthalpie und Druck ist dann nach Einführen der Ruhegrößen:

$$\frac{s - s_1}{c_v} = \ln \left(\frac{i}{i_0}\right)^{\varkappa} \left(\frac{2 \varkappa}{\varkappa + 1} \frac{i_0}{i} - 1\right)^{\varkappa - 1} - \ln \left(\frac{2}{\varkappa + 1}\right)^{\varkappa} (\varkappa - 1)^{\varkappa - 1} +$$

$$- (\varkappa - 1) \ln \frac{p + \varrho W^2}{p_1^* + \varrho_1^* W^{*2}}. \quad (63)$$

Die Stromdichte- und Impulsdichtelinien gehen [Gl. (61) und (63)] durch Verschiebungen in Richtung der Entropieachse ineinander über, was den Zeichenaufwand für das Diagramm (Abb. 19) bedeutend herabsetzt.

Für nicht ideale Gase hängt die Mach-Zahl nicht nur von i, sondern auch von s ab, was das Einzeichnen von Mach-Linien erforderlich macht.

Die Zustandsänderung im Verdichtungsstoß kann aus Abb. 19 sofort abgelesen werden. Die Zustände vor und hinter dem Stoß müssen auf gemeinsamen Stromdichte- und Impulsdichtelinien liegen. Man sieht wieder, daß nur ein Sprung von Überschall- auf Unterschallgeschwindigkeiten mit einem Anwachsen der Entropie verbunden ist.

13. Rohrströmung mit Reibung.

Es soll hier lediglich die Rohrströmung mit Reibung *ohne* Energiezufuhr durch die Wände behandelt werden. Auch die Schwerkraft bleibe wieder unberücksichtigt, so daß der Energiesatz in der Form der Gl. (6) gilt. Damit kann das Diagramm Abb. 19 angewendet werden und gelten alle Aussagen des Abschnittes 4 bezüglich der kritischen Geschwindigkeit idealer Gase.

Unter einem Rohr wird in diesem Buch stets ein Kanal konstanten, aber nicht notwendig kreisförmigen Querschnittes verstanden. In ihm bleibt also die Stromdichte konstant. Das Fortschreiten eines Teilchens im Rohr entspricht dem Vorrücken auf einer „Fanno-Kurve" im s-i-Diagramm. Da die Entropie eines Teilchens im Rohr wie beim Verdichtungsstoß nur zunehmen kann, weil sonst an der betrachteten Stelle im Widerspruch zum zweiten Hauptsatz der Wärmelehre fortlaufend Entropieverminderungen eines abgeschlossenen Systems stattfänden, kann die kritische Geschwindigkeit nach Abb. 19 vom Medium stetig nicht überschritten werden.

Denn jedes Medium hat bei konstanter Stromdichte bei $M = 1$ ein Entropiemaximum. Bei stetiger Änderung nähert sich die Strömung in jedem Falle der kritischen Geschwindigkeit, sei es, daß die Mach-Zahl bei Unterschallgeschwindigkeit ansteigt oder bei Überschallgeschwindigkeit abnimmt.

Sicher ist die Wandreibung und damit die Entropiezunahme pro Längeneinheit um so größer, je höher die Geschwindigkeit, je größer also die Mach-Zahl ist. Die Strömung vermag bei kleinerer Mach-Zahl stets ein größeres Rohrstück bis zum Erreichen von $M = 1$ zu überwinden als bei höheren M-Zahlen. Bei Überschallströmungen in Rohren, welche zu einer kritischen Strömung und damit zu einer unübersteigbaren Schranke bereits vor dem Rohrende führen würden, wird die Strömung daher in einem Stoß auf Unterschallgeschwindigkeit springen und dann bei steigender Mach-Zahl am Rohrende gerade wieder den kritischen Zustand erreichen. Allerdings macht das Medium auch im Stoß einen Entropieanstieg mit, jedoch ist der besonders bei schwachen Stößen nicht groß. Der Druck p^*, den das Medium ausgehend von einem bestimmten Zustand bei $M = 1$ erreicht, ist, unabhängig ob ein Stoß auftritt oder nicht, stets der gleiche, da er nur vom Ruhedruckabfall, also vom Entropieanstieg abhängt. Dieser ist aber bis zum Erreichen des kritischen Zustandes, wie dies auch geschehen mag, stets derselbe (Abb. 19).

Wie in der Laval-Düse bestimmte Geschwindigkeitsbereiche ausgeschlossen sind, bei welchen der kritische Zustand schon vor dem kritischen Querschnitt erreicht wurde, sind auch bei der Rohrströmung jene Mach-Zahlen nicht realisierbar, welche vor dem Rohrende zu Werten $M = 1$ führen würden. Sie können ebensowenig wie in der Laval-Düse durch Hereinpumpen des Mediums erzwungen werden, da dies nur zu einer Drucksteigerung, nicht aber zu einer Änderung der Mach-Zahl führt.

Um über diese für jedes Medium geltenden qualitativen Aussagen hinaus zu quantitativen Aussagen zu kommen, bedarf es eines Ansatzes für die Reibungskraft, welche in der Bewegungsgleichung (44) an Stelle der auf die Masseneinheit bezogenen Kraft X einzuführen ist.

Mit τ_w als Wandschubspannung (Kraft pro Flächeneinheit) und U als (innerem) Rohrumfang wirkt auf der Längeneinheit die Reibungskraft $U\,\tau_w$. Auf der Längeneinheit wirkt die Massenkraft $X\,\varrho\,f$, womit die Reibungskraft als eine durch die Gleichung

$$X\,\varrho\,f = U\,\tau_w \tag{64}$$

gegebene Massenkraft angesehen werden kann.

Die Wandschubspannung sei in üblicher Weise proportional dem „Staudruck" angesetzt*:

$$\tau_w = \frac{\lambda}{4}\frac{\varrho\,W^2}{2}, \tag{65}$$

wobei angenommen werden muß, daß die Widerstandszahl λ nicht nur von der

---

* L. PRANDTL: Führer durch die Strömungslehre, S. 145. Vieweg. 1942.

Reynoldsschen Kennzahl, sondern auch von M abhängt (siehe Abschnitt IV, 4). Mit Gl. (64) und (65) ist:

$$X = \lambda \frac{W^2}{2} \frac{U}{4f}. \tag{66}$$

Damit ist die Kraft X durch W ausgedrückt. Das Verhältnis $4f/U$ werde als *hydraulischer Durchmesser* bezeichnet. Es ist der Durchmesser des Rohres kreisförmigen Querschnittes mit gleichem Wert von $4f/U$. Die Reibungsvorgänge in Rohren verschiedenster Querschnittsformen können also miteinander verglichen werden. Die mit dem Durchmesser des Rohres gebildete Reynoldssche Kennzahl ist in allen Teilen des Rohres im wesentlichen gleich, und die Versuche zeigen, daß λ innerhalb der Meßgenauigkeit als unabhängig von M angesehen werden kann. X variiert darnach in Strömungsrichtung nur mit W^2.

Der Ausdruck (66) für die Kraft in die Bewegungsgleichung (44) eingesetzt, gibt mit der Kontinuitätsgleichung (43) und der Energiegleichung (46) (mit $\frac{dq}{dx} = 0$) drei Gleichungen mit der Geschwindigkeit W und zwei voneinander unabhängigen thermischen Zustandsgrößen als unbekannten Funktionen von x. Die Gleichungen werden zweckmäßig auf eine einzige Gleichung für die Mach-Zahl reduziert, welche mit Tab. II, 5 für das id. Gas konst. sp. W. folgende Form hat:

$$\frac{1 - M^2}{1 + \frac{\varkappa - 1}{2} M^2} \frac{1}{M} \frac{dM}{dx} = \lambda \frac{\varkappa}{2} M^2 \frac{U}{4f}. \tag{67}$$

Nun kann wegen der Unabhängigkeit der Widerstandszahl λ von x integriert werden. Wird für $x = 0 : M = 1$ gesetzt, so folgt aus Gl. (67)

$$\frac{1}{\varkappa}\left(1 - \frac{1}{M^2}\right) + \frac{\varkappa + 1}{2\varkappa} \ln\left[1 - \frac{2}{\varkappa + 1}\left(1 - \frac{1}{M^2}\right)\right] = \frac{\lambda U}{4f} x. \tag{68}$$

Gemessen allerdings wird stets der Druckverlauf im Rohr abhängig von der Durchflußmenge pro Flächeneinheit $G/f = \varrho W$. Mit der Zustandsgleichung und mit Tab. II, 5 ergibt sich, wenn der Ruhezustand des Gases vor dem Rohr mit dem Index 0 bezeichnet wird:

$$\frac{p}{p_0} = \frac{T}{T_0} \frac{\varrho}{\varrho_0} = \frac{T}{T_0} \frac{G}{f \varrho_0 W} = \frac{G}{f \varrho_0^* W^*}\left(\frac{2}{\varkappa + 1}\right)^{\frac{\varkappa}{\varkappa - 1}} \frac{1}{M\sqrt{1 + \frac{\varkappa - 1}{\varkappa + 1}(M^2 - 1)}}.$$

Hierin ist $f \varrho_0^* W^* = G_{max}$ die maximale Durchflußmenge, welche überhaupt beim gegebenen Ruhezustand möglich ist. Mit p_0^* als kritischem Druck zu p_0 ist dann:

$$\frac{p}{p_0} \frac{G_{max}}{G} = \frac{\dfrac{p_0^*}{p_0}}{M\sqrt{1 + \dfrac{\varkappa - 1}{\varkappa + 1}(M^2 - 1)}}. \tag{69}$$

Darnach ist das Verhältnis $\dfrac{p}{p_0} \dfrac{G_{max}}{G}$ Funktion der Mach-Zahl allein. Mit diesem Verhältnis oder der Mach-Zahl aufgetragen über $\dfrac{\lambda U}{4f} x$ können alle stoßfreien Druckverlaufe in Rohren auf eine einzige Kurve reduziert werden[11].

Durch Subtraktion der Bewegungsgleichung (44) von der dem Energiesatz entstammenden Gl. (47) ergibt sich:

$$T \frac{ds}{dx} = X = \lambda \frac{W^2}{2} \frac{U}{4f}. \tag{70}$$

Durch Einführen der Mach-Zahl mit Gl. (26) ist dann der Ruhedruckabfall nach Gl. (41) im Rohr zwischen x_1 und x_2 gegeben durch:

$$\ln \frac{p_{01}}{p_{02}} = \frac{s_2 - s_1}{c_p - c_v} = \frac{\varkappa}{2} \int\limits_{x_1}^{x_2} \lambda \, M^2 \, \frac{U}{4\,f} \, dx. \tag{71}$$

Noch einfacher wird dieser Wert der „Fanno-Kurve" im s-i-Diagramm entnommen:

Abb. 20 und 21 zeigt Druckverteilungen in Rohren nach FRÖSSEL[12], die bei Reynoldschen Zahlen im Bereiche $3 \cdot 10^4 < Re < 4 \cdot 10^5$ (entsprechende Widerstandszahlen im Bereiche $0{,}022 > \lambda > 0{,}013$*) durchgeführt wurden.

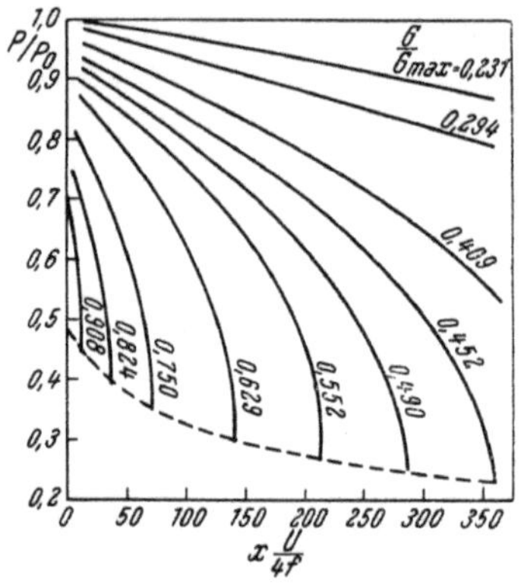

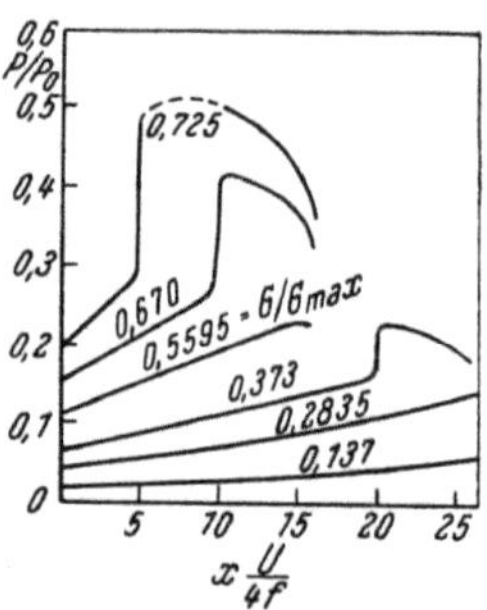

Abb. 20. Druckverteilung bei Unterschallgeschwindigkeit nach W. FRÖSSEL.   Abb. 21. Druckverteilung bei Überschallgeschwindigkeit nach W. FRÖSSEL.

Der kritischen Geschwindigkeit entspricht nach Gl. (69) und Tab. II, 4 ein Wert von $\dfrac{p}{p_0} \, \dfrac{G_{\max}}{G} = 0{,}528$, der im Rohr nicht durchschritten werden kann und der bei genügend starken Unterdrucken am Rohrende zu erwarten ist. Man errechnet für folgende Durchflußmengen aus den Messungen von FRÖSSEL am Rohrende:

	Abb. 20					Abb. 21		
$G/G_{\max}$	0,452	0,490	0,552	0,629	0,750	0,725	0,670	0,373
$\dfrac{p}{p_0} \, \dfrac{G_{\max}}{G}$ ...	0,498	0,500	0,470	0,478	0,466	0,502	0,485	0,482

Darnach werden die kritischen Druckwerte manchmal erheblich unterschritten, wozu allerdings nur eine kleine Unterschreitung von $M = 1$ erforderlich ist. Es handelt sich dabei zweifellos um einen Effekt am Rohrende, welcher mit einer einfachen Stromfadentheorie nicht mehr erfaßbar wird.

Abb. 22 zeigt den Verlauf der durch Gl. (68) und (69) gegebenen Kurve und die Reduktion der Frösselschen Versuche auf $\dfrac{p}{p_0} \, \dfrac{G_{\max}}{G}$ als Ordinate und $\dfrac{\lambda}{4\,f} \, U \, x$ als Abzisse. Diese ist am Rohrende Null gesetzt. Die Kurve ist völlig festgelegt, wenn am Rohrende kritische Geschwindigkeit herrscht. Das gilt auch für die Strömung stromabwärts eines Stoßes. Für jeden anderen Fall, auch für die Überschalldruckverteilung vor dem Stoß (Abb. 22, Überschall: $G/G_{\max} = 0{,}670$ und $0{,}373$) muß der Druck am Rohranfang oder in irgendeinem anderen Punkt als „Anfangsbedingung" der Differentialgleichung (67) gegeben sein.

---

* L. PRANDTL: Führer durch die Strömungslehre, III, § 11, S. 149. Vieweg. 1942.

Um den Ort des Verdichtungsstoßes in einem Rohr zu finden, welches bei Überschallströmung $M = 1$ bereits vor seinem Ende liefern würde, wird zum Überschallast in Abb. 22 diejenige Kurve gezogen, welche in jedem Punkt die dazugehörigen Werte hinter einem senkrechten Stoß wiedergibt (Abb. 23). Sie wird mittels der Stoßgleichung (35) leicht ermittelt. Vom Rohrende aus ist nun der Unterschallast der Kurve von Abb. 22 zu ziehen. Er verläuft flacher als die Verdichtungsstoßkurve und gibt im Schnittpunkt mit dieser den Ort des Stoßes.

Wird der Stoß durch starken Gegendruck am Rohrende verursacht, so ist dort anstatt des kritischen Wertes $\dfrac{p}{p_0}\dfrac{G_{\max}}{G} = \dfrac{p_0{}^*}{p_0}$ einfach der Wert des Gegendruckes zu nehmen.

In Abb. 22 entspricht ein Stoß einem Sprung in Richtung negativer x-Werte, denn nur so ist es in Abb. 22 möglich, zu dem hinter dem senkrechten Stoß auf-

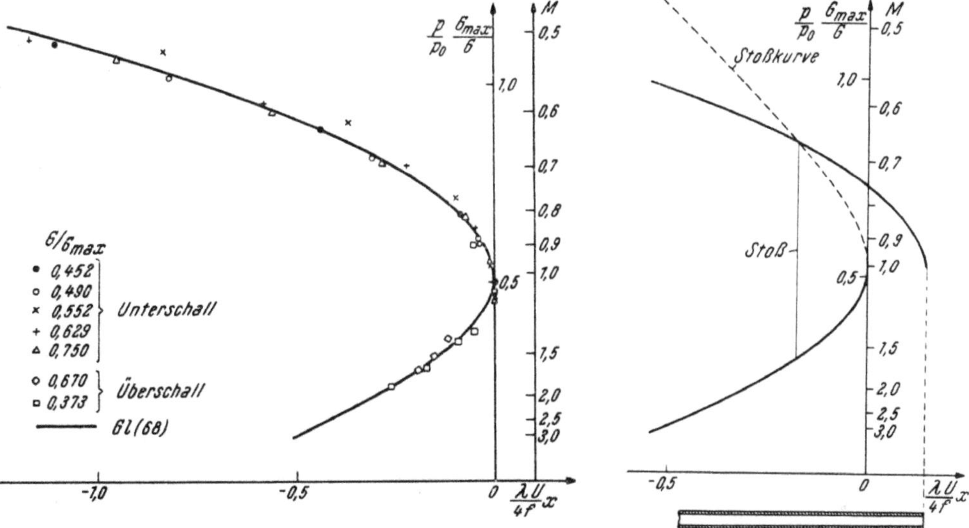

Abb. 22. Reduktion der Druckverteilung in Rohren mit Reibung auf eine Kurve.

Abb. 23. Verdichtungsstoß bei Reibungsverlusten ($M = 1$ am Rohrende).

tretenden Druckwert zu gelangen. Dieses Zurückspringen entspricht der Möglichkeit, nach dem Stoß ein längeres Rohrstück zu überwinden.

Diese einfache Theorie der Rohrreibung genügt besonders bei Überschallströmung keinen allzu großen Ansprüchen. Der Reibungsansatz reicht für rasche Zustandsänderungen, wie sie insbesondere in Schallnähe auftreten, nicht mehr aus.

Auch die Stöße spielen sich im Rohr im allgemeinen nicht in scharfen Fronten ab. Es sind viel kompliziertere Vorgänge, welche sich über ein Rohrstück erstrecken.

Sofern auf diesem die Wandreibung vernachlässigt werden kann — was sicher weitgehend zulässig ist —, ist der Zustand hinter dem Stoß, wenn wieder konstante Zustände über dem Querschnitt eingetreten sind, wieder durch die Stoßgleichungen gegeben, denn sie sind, wie beim Stoß, durch die Kontinuitätsbedingung, die Impuls- und Energiegleichung (12) bedingt. Nur beansprucht der Vorgang im Rohr zum Unterschied vom Stoß eine gewisse Länge.

Nach Abb. 22 sind in Rohren Mach-Zahlen über $M = 0,60$ zu vermeiden, da sie mit $\lambda = 0,016$ auf einer Rohrlänge von höchstens 30 Durchmessern zu $M = 1$ führen. Für den starken Druckabfall erweist sich dabei in erster Linie die Beschleunigung und erst in zweiter Linie der Ruhedruckverlust verantwortlich.

Die Wirkung von Kräften, welche keine Arbeit leisten, wie Reibungskräfte, Gitter oder Modelle in geschlossenen Kanälen, kann auch an Hand der Integralsätze untersucht werden. Das Gleichungssystem unterscheidet sich von den Gl. (12) für den senkrechten Stoß nur durch ein Zusatzglied im Impulssatz. Die Resultate haben große Ähnlichkeit mit jenen von Abschnitt 15 der Rohrströmung mit Energiezufuhr und sind nach dem Studium dieses Abschnittes leicht zu ermitteln.

14. Reibung im Kanal veränderlichen Querschnittes.

Es wurde im Abschnitt 10 bereits erwähnt, daß die Reibungseinflüsse bei beschleunigter Strömung in Laval-Düsen gering sind. Dies gilt vor allem für kurze Düsen und bei starken Beschleunigungen. Stets ist dabei eine verlustlose Kernströmung und eine Schicht mit Reibungsverlusten unmittelbar an der Wand zu unterscheiden. Diese Vorgänge lassen sich also nicht mehr mit den einfachen Mitteln einer Stromfadentheorie (konstante Zustände über dem ganzen Querschnitt) behandeln. Anders ist es bei verzögerten Strömungen, also bei der Aufgabe des Druckrückgewinnes aus dem Bewegungsimpuls des Mediums. Das Gerät zum Druckrückgewinn heißt Diffusor. Er ist bei Unterschallströmung divergent und müßte bei Überschallströmung konvergent sein. Jedoch wird bei Überschallströmung der Druck-

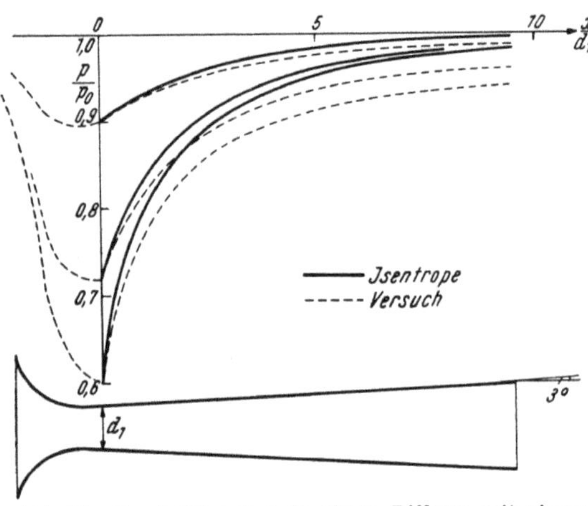

Abb. 24. Druckrückgewinn in einem Diffusor mit einem halben Öffnungswinkel von 3° nach A. NAUMANN.

rückgewinn zweckmäßig zum großen Teil in Verdichtungsstöße verlegt, da diese meist geringere Verluste ergeben als die bei hoher Geschwindigkeit erheblichen Wandreibungen bei vorsichtiger Verzögerung der Strömung auf längerer Strecke. Dazu kommt, daß eine starke Verengung des Kanals bei Überschallströmung unerwünschte Strömungsformen zuläßt (Abschnitt 11, Kanal mit zwei Verengungen).

Darnach kommt für die Behandlung in diesem Abschnitt praktisch nur der Unterschalldiffusor für hohe Geschwindigkeiten in Frage. Er bildet gleichzeitig den letzten Teil eines Überschalldiffusors, wenn nämlich stetig oder mit Stoß die kritische Geschwindigkeit unterschritten ist.

Da die besten Diffusoren bei dichtebeständiger Strömung halbe Öffnungswinkel von 4 bis 5° haben, machte A. NAUMANN[14] Diffusorversuche bei halbem Öffnungswinkel von 2,5°, 3° und 3,5°. Die besten Ergebnisse (Abb. 24) zeigte der 3°-Diffusor. Es ergeben sich dabei sehr starke Geschwindigkeitsanstiege in der Nähe des kritischen Querschnittes. Dort entstehen auch die größten Verluste, was sich aus der Zunahme des Abstandes der Versuchskurve von der isentropisch (verlustlos) gerechneten Kurve ergibt.

Die theoretische Behandlung der Aufgabe unterscheidet sich von jener des Rohres mit Reibung nur dadurch, daß in der Kontinuitätsbedingung Gl. (43)

nun die Querschnittsänderung mit zu berücksichtigen ist. Bewegungs-gleichung (44), der Reibungsansatz Gl. (66) und Energiegleichung (46) mit $\dfrac{dq}{dx} = 0$ hingegen bleiben unverändert und damit auch die daraus resultierende Gl. (71) für die Verluste. In diese geht die Mach-Zahl mit ihrer zweiten Potenz ein. Das ganze Gewicht einer sorgfältigen Formung des Diffusors ist also in die Umgebung seiner engsten Stelle zu verlegen. Hier müssen zu starke Druckanstiege vermieden werden, während am Diffusorende mit seiner nahezu dichtebeständigen Strömung auch halbe Öffnungswinkel von 4 bis 5° zulässig sind. Ein idealer Diffusor müßte darnach einen von der örtlichen Mach-Zahl abhängigen und bei $M = 1$ verschwin-denden Öffnungswinkel haben. Das führt zu weniger einfach herstellbaren und insbesondere von der Mach-Zahl im engsten Querschnitt abhängigen Diffusor-formen.

Wegen der Querschnittsveränderlichkeit führt die Reduktion der Gleichungen auf eine einzige für M [zum Unterschied von Gl. (67)], hier auf folgendes Resultat:

$$\frac{1 - M^2}{1 + \dfrac{\varkappa - 1}{2} M^2} \frac{1}{M} \frac{dM}{dx} + \frac{1}{f} \frac{df}{dx} = \lambda \frac{\varkappa}{2} M^2 \frac{U}{4\,f}. \tag{72}$$

Die Widerstandszahl λ hängt nun von der Güte des Diffusors ab und muß beim Diffusor der Abb. 24 im Mittel drei- bis viermal so groß angesetzt werden wie im Rohr. Genauere Rechnungen werden allenfalls hier eine Abhängigkeit des λ von M ergeben, während die Änderung der Reynolds-Zahl im Diffusor sicher zu gering ist, um berücksichtigt werden zu müssen.

Die Übertragbarkeit der Versuche auf Diffusoren verschiedener Querschnitts-formen ist dann möglich, wenn das Verhältnis des Querschnittsgliedes $\dfrac{1}{f} \dfrac{df}{dx}$ in Gl. (72) zum Reibungsglied in den Vergleichsfällen dieselbe Funktion der Mach-Zahl ist. Natürlich müssen die *Reynolds-Zahlen* dieselben sein. Es genügt also zu fordern:

$$\frac{4\,f}{U} \frac{1}{f} \frac{df}{dx} = F(M).$$

Die Mach-Zahl hängt wieder nur vom Querschnittsverhältnis f/f_1 (mit f_1 als Eintrittsquerschnitt, in welchem die gleichen *Mach-Zahlen* M_1 in den Ver-gleichsfällen auftreten müssen) ab, womit die Bedingung der hier etwas kurz abgeleiteten Übertragbarkeit von Diffusorversuchen durch die Gleichheit der Funktion F:

$$\frac{4}{U} \frac{df}{dx} = F\left(\frac{f}{f_1}\right) \tag{73}$$

gegeben ist. Die durch den Umfang dimensionslos gemachte Querschnitts-zunahme $\dfrac{df}{dx}$ muß also bei gleichen f/f_1 oder gleicher Mach-Zahl dieselbe sein. Daraus ergeben sich die Mach-Zahlen im allgemeinen keineswegs in Vergleichs-fällen als gleiche Funktionen von $\dfrac{x}{d_1}$, wohl aber von $\dfrac{f}{f_1}$.

15. Rohrströmung mit Energiezufuhr.

Während bisher nur Vorgänge ohne Energiezufuhr von außen behandelt wurden, womit der Energiesatz in der einfachen Form der Gl. (6) zugrunde gelegt werden konnte, soll in diesem Abschnitt die Wirkung von Energiezufuhren studiert werden. Dabei soll von der Einwirkung äußerer Kräfte, insbesondere von Wandreibungen, abgesehen werden.

Zunächst kann durch ein Zusatzglied im Energiesatz jede Art von Energiezufuhr dargestellt werden. Die Wirkung eines von außen angetriebenen Propellers auf das im Rohr strömende Medium müßte dann beispielsweise durch ein zusätzliches Kraftglied berücksichtigt werden. Gedacht wird hier jedoch in erster Linie an Wärmezufuhren. Gedanklich am einfachsten erfolgt dies durch Anheizen der Rohrwände oder durch Einführen elektrischer Heizdrähte. Praktisch von größter Bedeutung ist die Verbrennung von Kohlenwasserstoffen in Luft und das Freiwerden der Verdampfungswärme bei der Kondensation des Wasserdampfes durch die Expansion von Dampf oder feuchter Luft in Laval-Düsen. Auch dabei wird man, wie in Abschnitt I, 4 gezeigt, vielfach mit dem Bild einer Wärmequelle auskommen, weil die Wirkungen dieser Vorgänge überwiegend auf der hohen Umwandlungswärme und weniger in der Änderung der Zusammensetzung des Mediums beruhen. Im allgemeinen natürlich können völlige Änderungen der Zusammensetzungen des Mediums und dessen Aggregatzustandes auftreten. Sprengstoffe oder Treibstoffe in Kanonen gehen vom festen oder flüssigen Zustand in den gasförmigen über. Bei Gasreaktionen wie der Verbrennung eines Wasserstoff-Sauerstoff-Gemisches (Knallgas) zu Wasserdampf können auch erhebliche Volumenveränderungen (natürlich bezogen auf denselben Normalzustand) auftreten, indem die Teilchenzahlen im Endprodukt größer oder kleiner sind als im unverbrannten Gemisch.

Nach Avogadro haben alle idealen Gase bei Temperatur- und Druckgleichheit in gleichen Räumen gleich viel Moleküle. Es sind also stets jene Vorgänge am besten beherrschbar, bei welchen die Gasmolekülzahl bei der Verbrennung unverändert bleibt. Sind feste oder flüssige Teilchen dem Gas beigemischt, so braucht deren Teilchenzahl wegen ihrer großen Dichte nicht mitgezählt zu werden. Etwa: Verbrennung von Kohle in Sauerstoff zu CO_2. Hier liefert die feste Kohle mit einem O_2-Molekül ein CO_2-Molekül.

Das Verbrennungsgemisch und das Gemisch der Verbrennungsprodukte kann stets jedes für sich als physikalisch homogenes Medium angesehen werden. Wie beim senkrechten Stoß, seien die Zustände vor und nach dem betrachteten Vorgang mit p, ϱ, W usw. und $\hat{p}$, $\hat{\varrho}$, $\hat{W}$ usw. bezeichnet. Sie gehorchen nun aber im allgemeinen verschiedenen Zustandsgleichungen. Auch spielen sich chemische Reaktionen keineswegs auf kleinen Wegstrecken ab wie senkrechte Stöße, so daß ein beliebig starkes Aneinanderrücken der Ebenen mit den beiden verschiedenen Zuständen nicht möglich ist.

Nach Streichen der Glieder für die potentielle Energie lautet der Energiesatz (5):

$$\frac{\hat{W}^2}{2} + \hat{i} = \frac{W^2}{2} + i + q, \tag{74}$$

dabei ist q die der Masseneinheit zugeführte Energie oder auch die Wärme, welche bei der Umwandlung der Masseneinheit des strömenden Mediums frei wird.

Es werden in der Regel zwei Umwandlungswärmen unterschieden: Eine Umwandlungswärme bei konstanter Dichte und eine bei konstantem Druck. Bei einem ruhenden eingeschlossenen Medium können nun folgende Energieumsetzungen stattfinden: Eine Änderung der inneren Energien und eine Abgabe von Umwandlungswärme. Nach dem ersten Hauptsatz der Wärmelehre [Gl. (I, 20)] muß die Umwandlungswärme bei konstanter Dichte gleich der Differenz der inneren Energien nach und vor der Umwandlung sein. Entsprechend gibt nach Gl. (I, 21) die Differenz der Enthalpien von End- und Anfangszustand die *Umwandlungswärme* bei *konstantem Druck*. Um diese handelt es sich offenbar in Gl. (74) bei q, da Gl. (74) für $W = \hat{W} = 0$ den Energiesatz für das ruhende Medium darstellt.

Mit Kontinuitätsbedingung und Impulssatz zusammen gibt Gl. (74) ein System, welches sich vom Gleichungssystem für den senkrechten Stoß (12) nur um den Summanden q im Energiesatz unterscheidet.

Das id. Gas konst. sp. W. läßt wieder formal sehr einfache Lösungen zu, wenn es sich vor und nach der Wärmezufuhr um *dasselbe* Medium handelt. Mit Gl. (I, 19) und der Zustandsgleichung (I, 17) kann i wieder durch p und ϱ ausgedrückt und das System für die Unbekannten $\hat{W}, \hat{\varrho}, \hat{p}$ sodann gelöst werden. Es ergibt sich:

$$\frac{\hat{W}}{W} = \frac{\varrho}{\hat{\varrho}} = 1 - \frac{1}{\varkappa + 1}\left\{\left(1 - \frac{1}{M^2}\right) \pm \sqrt{\left(1 - \frac{1}{M^2}\right)^2 - 2\,(\varkappa^2 - 1)\,\frac{q}{W^2}}\right\},$$

$$\frac{\hat{p}}{p} = 1 + \frac{\varkappa\,M^2}{\varkappa + 1}\left\{\left(1 - \frac{1}{M^2}\right) \pm \sqrt{\left(1 - \frac{1}{M^2}\right)^2 - 2\,(\varkappa^2 - 1)\,\frac{q}{W^2}}\right\}. \tag{75}$$

Mit den Gl. (33) lassen sich hieraus auch leicht Temperatur und Mach-Zahl hinter dem Stoß berechnen.

In den Gl. (75) sind zwei Fälle zu unterscheiden. Der erste hat bei Unterschall ($M < 1$) ein positives, bei Überschall ($M > 1$) ein negatives Vorzeichen vor der Wurzel. Im zweiten Fall ist es umgekehrt. Der erste Fall ist durch die Identität bei verschwindender Wärmezufuhr gekennzeichnet. Er ergibt für kleine Wärmezufuhren auch kleine Zustandsänderungen. Hier kann jede größere Wärmezufuhr aus kleineren aufgebaut werden, wobei sich die ganze Zustandsänderung als Summe der einzelnen kleinen Zustandsänderungen ergibt. Eine Wärmezufuhr ist im Falle 1 und 2 stets bei $M < 1$ mit einer Geschwindigkeitszunahme und einer Druck- und Dichteabnahme verknüpft. Bei $M > 1$ führt der Fall 1 und 2 hingegen zu einer Geschwindigkeitsabnahme und zu einer Dichte- und Druckzunahme. Die Wärmezufuhr wirkt sich also·stets in einer Zunahme jener Größe aus, die der größeren relativen Änderung fähig ist, im Unterschall bei der Geschwindigkeit, im Überschall bei der Dichte.

Da Druck und Geschwindigkeit stets entgegengesetzte Änderungen durchmachen, folgt aus Gl. (33) eine Zunahme der Mach-Zahl bei Unterschall, eine Abnahme bei Überschall. Wie im Rohr mit Reibung nähert sich auch im Falle 1 die Mach-Zahl stets mit zunehmender Wärmezufuhr dem Werte $M = 1$. Dieser kann also offenbar im Falle 1 nicht überschritten werden.

Im Gegensatz dazu führt der Fall 2 stets über die kritische Geschwindigkeit hinweg, und zwar ist der Zusammenhang der Endzustände von Fall 1 und 2 durch einen zusätzlichen senkrechten Stoß gegeben. Dies läßt sich durch Bilden des Geschwindigkeitsproduktes $\hat{W}_1\,\hat{W}_2$ leicht zeigen. Mit Gl. (75) findet man für dieses:

$$\hat{W}_1\,\hat{W}_2 = \frac{W^2}{(\varkappa + 1)^2}\left[\left(\varkappa + \frac{1}{M^2}\right)^2 - \left(1 - \frac{1}{M^2}\right)^2 + 2\,(\varkappa^2 - 1)\,\frac{q}{W^2}\right] =$$

$$= 2\,\frac{\varkappa - 1}{\varkappa + 1}\left[\frac{W^2}{2} + \frac{c^2}{\varkappa - 1} + q\right] = 2\,\frac{\varkappa - 1}{\varkappa + 1}\left[\frac{c_0^2}{\varkappa - 1} + q\right].$$

Nun verhalten sich die Ruheenthalpien vor und nach der Energiezufuhr nach Gl. (74) so, wie wenn dem Gase die gesamte Energie im Ruhezustand bei $p =$ konst. zugeführt worden wäre:

$$\hat{i}_0 = i_0 + q. \tag{76}$$

Das bedeutet für das id. Gas konst. sp. W.:

$$c_p\,\hat{T}_0 = c_p\,T_0 + q \tag{77}$$

und mit Gl. (30) für die kritischen Geschwindigkeiten:

$$\frac{1}{2}\,\frac{\varkappa + 1}{\varkappa - 1}\,\hat{c}^{*2} = \frac{\hat{c}_0^2}{\varkappa - 1} = \frac{c_0^2}{\varkappa - 1} + q.$$

Damit ist das Produkt $\hat{W}_1 \hat{W}_2$ gleich dem Quadrat der kritischen Geschwindigkeit $\hat{c}^{*2}$ nach der Energiezufuhr:

$$\hat{W}_1 \hat{W}_2 = \hat{c}^{*2},$$

eine Beziehung, die mit jener Gl. (36) für den senkrechten Stoß identisch ist.

Offenbar ist der Zusammenhang für die beiden möglichen Zustände 1 und 2 nach der Energiezufuhr für *jedes* Medium durch den senkrechten Stoß gegeben. Denn die Wärmezufuhr q läßt sich stets als Summe zweier Vorgänge auffassen, einen unter Energiezufuhr von der Größe q und den anderen ohne Energiezufuhr. Letzterer läßt aber zwei Lösungen zu: Die Identität und den Stoß. Also muß es stets zwei Lösungen geben: Fall 1 vermehrt um die Identität (also Fall 1) und Fall 1 vermehrt um den Stoß, was den Fall 2 ergibt. Letzterer kann ebenso durch die umgekehrte Reihenfolge, nämlich Stoß vermehrt um Fall 1 gedeutet werden. Bei Unterschallgeschwindigkeiten ergibt sich dabei Fall 2 als Fall 1, vermehrt um einen Verdünnungsstoß, der allein nicht möglich ist. Es ist also fraglich, ob Fall 2 bei Unterschallgeschwindigkeit nicht dem Entropiesatz widerspricht. Das kann allerdings erst dann gesagt werden, wenn sich die Entropievermehrung im Falle 1 als kleiner erweist als die Entropieverminderung im Verdünnungsstoß.

Beim Verschwinden der Wurzel von Gl. (75) sind Fall 1 und 2 identisch. Mit Gl. (26) tritt das ein für

$$\frac{q}{c_p\,T} = \frac{1}{2\,(\varkappa + 1)} \frac{(M^2 - 1)^2}{M^2} \tag{78}$$

mit folgenden Zahlenwerten:

Tabelle II, 6. *Mach-Zahl für höchstzulässige Energiezufuhren ($\varkappa = 1{,}400$).*

$\dfrac{q}{c_p\,T}$ ……	0,01	0,05	0,10	0,20	0,50	1,0	2,0	5,0	10,0
M ……… $\Big\{$	1,12	1,28	1,40	1,60	2,0	2,6	3,4	5,1	7,1
	0,89	0,78	0,71	0,62	0,49	0,39	0,29	0,20	0,14

Für diese Werte wird die Schallgeschwindigkeit nach der Energiezufuhr eben erreicht, da nur dann Fall 1 und 2 identisch sein können. Natürlich läßt sich dies durch Ausrechnen von $\hat{M}$ mittels Gl. (75) und (34) auch direkt zeigen. Es genügt nach Tab. II, 6 also bei $M = 1{,}12$ oder $0{,}89$ eine Energiezufuhr von $\dfrac{q}{c_p\,T} = 0{,}01$, d. i. eine Zufuhr, welche die absolute Temperatur bei isobarer Zustandsänderung nur um 1% steigern würde, um den kritischen Strömungszustand zu erreichen. Es ist dies wieder eine Folge der geringen Veränderlichkeit der Stromdichte bei Schallnähe und ein Seitenstück zu den raschen Zustandsänderungen im Rohr mit Reibung nahe bei $M = 1$ (Abb. 22).

Größere Werte von $\dfrac{q}{c_p\,T}$ als die durch Gl. (78) angegebenen können bei einer Mach-Zahl M im Rohranfang nicht auftreten. Eine Steigerung der Wärmezufuhr über diesen Grenzwert hätte bei Unterschall ein Absinken der Mach-Zahl zur Folge, sie wirkt sich wie eine Verengung des Rohrquerschnittes aus. Bei Überschallgeschwindigkeit wird sie zu einem stromaufwärts wandernden Stoß führen. Mathematisch zeigt sich das Überschreiten der angegebenen Grenzen im Imaginärwerden der Wurzel von Gl. (75).

Jedes beliebige Medium führt im Grenzfall der höchstmöglichen Energiezufuhr ebenfalls zur Schallgeschwindigkeit im Zustand nach der Energiezufuhr, da nur so Fall 1 und 2, deren einer $M = 1$ nie und deren anderer $M = 1$ stets überschreitet, identisch sein können. Zur Behandlung des allgemeinen Falles wird zweckmäßig eine verallgemeinerte dynamische Adiabate eingeführt, welche sich von Gl. (16) nur um die Energiezufuhr q unterscheidet:

$$\hat{i} - i = q + \frac{1}{2}\left(\frac{1}{\hat{\varrho}} + \frac{1}{\varrho}\right)(\hat{p} - p). \tag{79}$$

Für das id. Gas konst. sp. W. läßt sich Gl. (79) nach einiger Rechnung in die Form bringen:

$$\frac{q}{c_p T} = \frac{1}{\varkappa}\frac{1}{2}\left(\frac{\varrho}{\hat{\varrho}} + 1\right)\left(\frac{\hat{p}}{p} - 1\right) + \frac{1}{2}\left(\frac{\hat{p}}{p} + 1\right)\left(\frac{\varrho}{\hat{\varrho}} - 1\right). \tag{80}$$

Das gibt auf der Isobare und der Isochore:

$$\hat{p} = p : \frac{\varrho}{\hat{\varrho}} = 1 + \frac{q}{c_p T}; \quad \hat{\varrho} = \varrho : \frac{\hat{p}}{p} = 1 + \frac{q}{c_v T}, \tag{81}$$

womit ein Überblick über die Lage der Kurve gewonnen ist. Aus der Lage läßt sich beim id. Gas konst. sp. W. die Größe der Wärmezufuhr unmittelbar ablesen. Abb. 25 zeigt die Kurve (79) für eine Energie-

zufuhr von etwa $\dfrac{q}{c_p T} = \dfrac{1}{\varkappa}$. Das Bild, welches für

$\varkappa = 1{,}40$ gezeichnet ist, kann für die weitere Diskussion der Vorgänge im beliebigen Medium dienen.

Gl. (22), welche die Geschwindigkeit vor dem senkrechten Stoß durch Druck und Dichte vor und hinter dem Stoß ausdrückt, wurde aus Kontinuitätsbedingung und Impulssatz allein abgeleitet und gilt in gleicher Weise hier:

$$W = \sqrt{\frac{\hat{\varrho}}{\varrho}\frac{\hat{p} - p}{\hat{\varrho} - \varrho}} = \frac{1}{\varrho}\sqrt{\frac{\hat{p} - p}{\dfrac{1}{\varrho} - \dfrac{1}{\hat{\varrho}}}}. \tag{22}$$

Bei einem festen Ausgangszustand (W, ϱ, p bekannt) und gegebener Wärmezufuhr q ergibt sich der Endzustand aus dem Schnitt der dyna-

mischen Adiabate Gl. (79) mit der im $\dfrac{1}{\varrho}, p$-Dia-

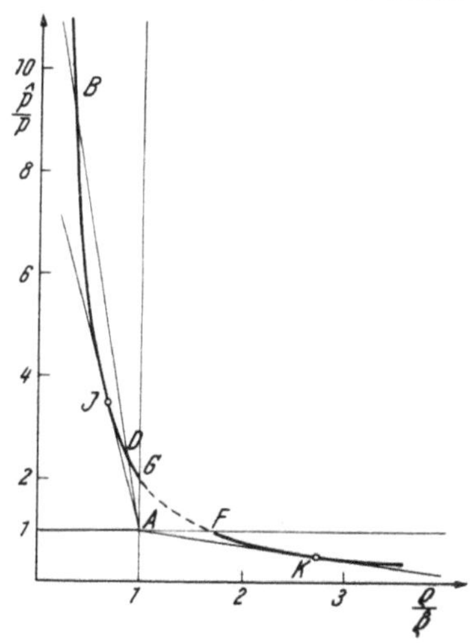

Abb. 25. Rankine-Hugoniot-Kurve bei Energiezufuhr.

gramm eine Gerade darstellenden Gl. (22). Es kommen offenbar nur Zustandsänderungen in Frage, bei welchen die Dichte gleichzeitig mit dem Druck zu- oder abnimmt, da andernfalls W imaginär sein müßte. Die dynamische Adiabate zwischen Punkt F und G ist also physikalisch ohne Bedeutung. Die Punkte rechts von F entsprechen einer Druckabnahme, also einer Unterschallströmung, die Punkte links von G einer Druckzunahme, also Überschallströmung. Im allgemeinen gibt es zwei Schnittpunkte der Geraden Gl. (22) mit der Rankine-Hugoniot-Kurve Gl. (79) entsprechend den beiden Lösungen des Falles 1 und 2. Nur in den Punkten J und K gibt es nur eine Lösung entsprechend dem Übereinstimmen von Fall 1 und 2 mit Schallgeschwindigkeit hinter der Stoßfront. Die schwächeren Zustandsänderungen entsprechen stets dem Fall 1, also herrscht *hinter* der Stoßfront zwischen K und F Unterschall, zwischen G und J Überschall, jenseits von J Unterschall und jenseits von K Überschall.

Vor der Energiezufuhr herrscht auf Punkten, welche gemeinsam auf der Geraden (22) liegen (Punkt B und D), stets dieselbe Mach-Zahl. Punkt F (isobare Wärmezufuhr) entspricht $M = 0$. Punkt G (Wärmezufuhr bei konstanter Dichte) entspricht $M = \infty$.

16. Verbrennung und Detonation[1, 15].

Für den Beobachter, der sich mit der Strömung vor der Energiezufuhr bewegt, erscheint diese als eine in ein ruhendes Medium hineinlaufende Störung. Herrschte vor der stehenden Welle Unterschallgeschwindigkeit (Abb. 25; links im Punkt F, Fall 1 und 2), so läuft nun die energieumsetzende Störung mit Unterschallgeschwindigkeit in das ruhende Medium hinein, wobei Druck und Dichte durch die Energiezufuhr abnehmen und die Geschwindigkeit nach der Reaktion (im sogenannten Schwaden), da sie im stationären Bezugssystem eine Zunahme erfahren hat, nun entgegengesetzt zur Fortpflanzung der Störung gerichtet ist. Dieser Vorgang heißt *Verbrennung*. Die Verbrennungsgeschwindigkeit ist im wesentlichen durch den Reaktionsablauf bestimmt und stets ziemlich klein. Man mißt* für Gemische von Wasserstoff mit Sauerstoff 30 m/sec, mit Luft 12 m/sec bei atmosphärischem Druck und Umgebungstemperatur. Für Gemische von Luft mit Benzin und Benzol 2,3 m/sec. Praktisch kann aber bei höheren Verbrennungsgeschwindigkeiten verbrannt werden, indem der Verbrennungsbeginn im Totwasser hinter kleinen Störkörpern eingeleitet wird.

Überschallgeschwindigkeit vor der stehenden Welle gibt im bewegten Bezugssystem eine mit Überschallgeschwindigkeit laufende Welle mit Energieumsatz. Sie heißt *Detonation* und ist durch Druck- und Dichteerhöhung und Nachlaufen des Schwadens hinter der Detonationsfront gekennzeichnet (Abb. 25, Rankine-Hugoniot-Kurve links von Punkt G, Fall 1 und 2). Während sehr verschiedene Verbrennungsgeschwindigkeiten gemessen werden, stellt sich bei der Detonation nach kurzer Zeit stets eine bestimmte, für das betreffende Medium typische Detonationsgeschwindigkeit ein. Sie ist durch die Tangente von Punkt A an die Rankine-Hugoniot-Kurve gegeben, was also der kleinstmöglichen Detonationsgeschwindigkeit entspricht.

Links von Punkt J herrscht bei stationärer Front Unterschallgeschwindigkeit, Wellen können also hier die Vorgänge bei der Energiezufuhr beeinflussen. Diese Eigenschaft bleibt auch im bewegten System erhalten, da der Front selbst wie den Wellen hinter ihr nur eine Zusatzgeschwindigkeit zugefügt ist. Wenn der im Punkt B herrschende hohe Druck also nicht künstlich aufrechterhalten wird, wird er absinken und die Detonationsfront abschwächen und verlangsamen, bis im Punkte J die Vorgänge hinter der Front keinen Einfluß mehr auf diese haben. Die Punkte J und K in Abb. 25 sind dadurch gekennzeichnet, daß die Neigung der Hugoniot-Kurve die Richtung einer Geraden durch den Punkt A hat. Es sind $\hat{p}$ und $\hat{\varrho}$ variabel, hingegen p und ϱ fest, also folgt für die Punkte J und K:

$$\frac{d\hat{p}}{d\left(\dfrac{1}{\hat{\varrho}}\right)} = \frac{\hat{p} - p}{\dfrac{1}{\hat{\varrho}} - \dfrac{1}{\varrho}}.$$

Für die Entropieänderung längs der Hugoniot-Kurve folgt mit Gl. (79)

$$\hat{T}\, d\hat{s} = d\hat{i} - \frac{1}{\hat{\varrho}}\, d\hat{p} = \frac{1}{2}\,(\hat{p} - p)\, d\left(\frac{1}{\hat{\varrho}}\right) - \frac{1}{2}\left(\frac{1}{\hat{\varrho}} - \frac{1}{\varrho}\right) d\hat{p},$$

d. h. zusammen mit der vorhergehenden Gleichung, daß die Entropieänderung auf der Hugoniot-Kurve in den Punkten J und K verschwindet. Die Entropie nimmt dort *Extremwerte* an. Die Änderung von $\hat{p}$ mit $\hat{\varrho}$ geht in diesen Punkten bei konstanter Entropie vor sich, also ist in J und K mit Gl. (23):

$$\frac{\hat{p} - p}{\dfrac{1}{\hat{\varrho}} - \dfrac{1}{\varrho}} = \left(\frac{\partial \hat{p}}{\partial \dfrac{1}{\hat{\varrho}}}\right)_s = -\hat{\varrho}^2\left(\frac{\partial \hat{p}}{\partial \hat{\varrho}}\right)_s = -\hat{\varrho}^2\,\hat{c}^2.$$

---

* E. Schmidt: Thermodynamik, 3. Aufl., S. 272. Springer-Verlag. 1945.

Wie schon im vorausgehenden Abschnitt erwähnt, gelten die lediglich aus der Kontinuitätsbedingung und dem Impulssatz abgeleiteten Gl. (22) in gleicher Weise auch hier.

Die letzte Gleichung, in Gl. (22) eingesetzt, ergibt also folgende Beziehungen für die Laufgeschwindigkeit U eines Detonationsstoßes und für die Nachlaufgeschwindigkeit ΔW in ein ruhendes Medium:

$$U = \genfrac{}{}{0pt}{}{+}{(-)}\,\hat{c}\,\frac{\hat{\varrho}}{\varrho}; \quad \Delta W = \genfrac{}{}{0pt}{}{+}{(-)}\,\hat{c}\left(\frac{\hat{\varrho}}{\varrho} - 1\right) = U\genfrac{}{}{0pt}{}{-}{(+)}\,\hat{c}. \tag{82}$$

Die unteren Vorzeichen gelten für eine gegen die x-Richtung laufende Detonation. Die Werte $\frac{\hat{\varrho}}{\varrho}$ und $\hat{c}$ ergeben sich aus dem Punkt J der entsprechenden Rankine-Hugoniot-Kurve (Abb. 25).

Daß Detonationszustände, welche einem Punkte zwischen J und G entsprechen, nicht auftreten, ist noch nicht völlig klargelegt. Tab. II, 7 zeigt die zufriedenstellende Übereinstimmung der gemessenen Detonationsgeschwindigkeit mit der nach R. BECKER[1] durch den Punkt J gegebenen.

Tabelle II, 7. *Detonationsgeschwindigkeiten, gemessen nach* LEWIS *und* FRIAUF[17].
Ausgangstemperatur 291° abs.

Mischung	Detonations-druck Ausgangsdruck (ber.)	Detonations-temperatur abs. (ber.)	Detonationsgeschwindigkeit m/sec	
			(ber.)	(beob.)
$(2\,H_2 + O_2)$	18,05	3583	2806	2819
$(2\,H_2 + O_2) + 3\,O_2$	15,3	2970	1925	1922
$(2\,H_2 + O_2) + 3\,N_2$	15,63	3003	2033	2055
$(2\,H_2 + O_2) + 4\,H_2$	15,97	2976	3627	3527
$(2\,H_2 + O_2) + 1,5\,H_2$	17,60	3412	3200	3010
$(2\,H_2 + O_2) + 5\,He$	16,32	3094	3613	3160
$(2\,H_2 + O_2) + 3\,A$	17,11	3265	1907	1800

Der Grund dafür, daß bei Detonationen Zustände zwischen den Punkten G und J in Abb. 25 nicht auftreten, dürfte mit dem Reaktionsablauf zusammenhängen. Wie der Abschnitt über Kondensationserscheinungen zeigt, kommt diesem Kurventeil durchaus physikalische Bedeutung zu.

Ebenfalls ungeklärt ist die Frage, wann und warum Verbrennung in Detonation übergeht oder einer der beiden Vorgänge nicht auftritt.

17. Energiezufuhr im Kanal veränderlichen Querschnittes.

Bei Beschränkung auf stetige Änderungen, also auch auf stetige Energiezufuhren, können die Zustandsänderungen aus der Kontinuitätsbedingung Gl. (43), der Bewegungsgleichung (44) (unter Ausschluß äußerer Kräfte $X = 0$) und der Energiegleichung (47) berechnet werden, wobei Querschnittsänderung und Energiezufuhr natürlich als gegeben angesehen werden müssen:

$$\frac{1}{W}\frac{dW}{dx} + \frac{1}{\varrho}\frac{d\varrho}{dx} = -\frac{1}{f}\frac{df}{dx}; \tag{43}$$

$$W\frac{dW}{dx} + \frac{1}{\varrho}\frac{dp}{dx} = 0; \tag{44}$$

$$T\frac{ds}{dx} + W\frac{dW}{dx} + \frac{1}{\varrho}\frac{dp}{dx} = \frac{dq}{dx}. \tag{47}$$

(Die Gleichungen speziell für Kondensationseffekte gibt K. Oswatitsch[10], in besonders allgemeiner Form auch unter Berücksichtigung der Zusatzimpulse H. Shapiro und W. Hawthorne[18].)

Aus Gl. (47) und (44) kann der Entropieanstieg direkt durch die Energiezufuhr ausgedrückt werden, was wieder nur die Entropiedefinition darstellt:

$$T \frac{ds}{dx} = \frac{dq}{dx}. \tag{83}$$

Um aber die vier thermischen Zustandsgrößen p, ϱ, s, T explizit auf zwei zu reduzieren, ist eine Beschränkung auf bestimmte Medien erforderlich. Für das *ideale* Gas — eine Beschränkung auf konstanten spezifische Wärmen ist hier nicht erforderlich — ergeben sich folgende Beziehungen:

$$\frac{1}{W} \frac{dW}{dx} = - \frac{1}{1-M^2} \left[\frac{1}{f} \frac{df}{dx} - \frac{1}{c_p\,T} \frac{dq}{dx} \right];$$

$$\frac{1}{M} \frac{dM}{dx} = \frac{1}{1-M^2} \left[- \left(1 + \frac{\varkappa - 1}{2} M^2 \right) \frac{1}{f} \frac{df}{dx} + \frac{1 + \varkappa M^2}{2} \frac{1}{c_p\,T} \frac{dq}{dx} \right];$$

$$\frac{1}{p} \frac{dp}{dx} = \frac{\varkappa M^2}{1-M^2} \left[\frac{1}{f} \frac{df}{dx} - \frac{1}{c_p\,T} \frac{dq}{dx} \right];$$

$$\frac{1}{\varrho} \frac{d\varrho}{dx} = \frac{1}{1-M^2} \left[\frac{M^2}{f} \frac{df}{dx} - \frac{1}{c_p\,T} \frac{dq}{dx} \right];$$

$$\frac{1}{T} \frac{dT}{dx} = \frac{1}{p} \frac{dp}{dx} - \frac{1}{\varrho} \frac{d\varrho}{dx} = \frac{1}{1-M^2} \left[\frac{(\varkappa-1)\,M^2}{f} \frac{df}{dx} + (1 - \varkappa M^2) \frac{1}{c_p\,T} \frac{dq}{dx} \right]. \tag{84}$$

Die Gl. (84) für f = konst. hätten ebenfalls durch Entwickeln der Gl. (75) für die dort als Fall 1 bezeichnete Lösung, welche Gleichbleiben der Werte bei verschwindender Wärmezufuhr ergibt, erhalten werden können. Es wirkt die Wärmezufuhr im allgemeinen wie eine Verengung des Kanals allerdings mit verschiedenen Gewichten für W, M, ϱ und T. Eine merkwürdige Ausnahme davon macht die Temperatur im Bereiche

$$\frac{1}{\sqrt{\varkappa}} < M < 1. \tag{85}$$

In diesem Intervall führt eine Wärmezufuhr im Rohr (f = konst.) sogar zu einer Temperaturabsenkung! Die Druckabnahme durch die Beschleunigung der Strömung wirkt hier stärker als die Dichteabnahme.

Wichtig ist, daß die Druckänderung durch die Wärmezufuhr im Rohr mit M^2 verschwindet. Es herrscht also bei kleinen Mach-Zahlen Gleichdruckverbrennung, was durch die Möglichkeit eines völligen Druckausgleiches bei kleinen Geschwindigkeiten zu erklären ist. Ganz entsprechend dazu wurde in dem in Abb. 25 der isobaren Energiezufuhr entsprechenden Punkte F vor der Verbrennungsfront $M = 0$ gefunden (Abschnitt 15).

Im Kanal veränderlichen Querschnittes ergeben sich die Zustandsänderungen einfach aus der Superposition der Vorgänge in der Laval-Düse und im Rohr mit Wärmezufuhr.

Neben der Änderung der Zustandsgrößen ist von größerem Interesse noch die Änderung des Ruhezustandes. Die Änderung der Ruheenthalpie und für das id. Gas konst. sp. W. jene der Ruhetemperatur wurde in Gl. (76) und (77) dem Energiesatz entnommen. Die Änderung des Ruhedruckes ergibt sich aus der Entropie und Ruheenthalpie mit der Entropiedefinition (I, 35) wie folgt:

$$\frac{1}{\varrho_0} dp_0 = di_0 - T_0\,ds,$$

also mit Gl. (76) und (83):

$$\frac{1}{p_0} \frac{dp_0}{dx} = - \frac{\varrho_0}{p_0} \frac{dq}{dx} \left[\frac{T_0}{T} - 1 \right] = - \frac{\varrho_0\,T_0}{p_0} \frac{ds}{dx} \left[1 - \frac{T}{T_0} \right]. \tag{86}$$

Da die Temperatur T auch für jedes beliebige Medium kleiner ist als die Ruhe-temperatur, so ist — außer bei Ruhe — die Wärmezufuhr unter den gegebenen Umständen stets mit einer *Ruhedruckabnahme* verbunden. Dabei ist es keineswegs erforderlich, daß es sich um einen irreversiblen Vorgang handelt. Wenn nämlich auch die Entropie des strömenden Mediums ansteigt, so kann es sich dennoch um einen reversiblen Vorgang handeln, in dem die Entropie des Wärmebehälters, dem die Wärmemenge q entzogen wird, in gleichem Maße sinkt, die Summe der Entropien aber konstant bleibt. Ruhedruckabfall ist darnach bei Vorgängen mit Energiezufuhren noch keineswegs mit Irreversibilität verknüpft.

Für das *ideale* Gas ist:

$$\frac{1}{p_0}\frac{dp_0}{dx} = -\frac{1}{c_p - c_v}\frac{ds}{dx}\left[1 - \frac{T}{T_0}\right] = -\frac{\varkappa}{\varkappa - 1}\frac{1}{c_p\,T}\frac{dq}{dx}\left[1 - \frac{T}{T_0}\right]. \tag{87}$$

Da hier die Temperatur T auftritt, bei welcher die Wärmezufuhr erfolgt, ist eine allgemeine Integration nicht möglich. Die Formel (87) läßt sich also nur mit der differenzierten Gl. (41) für den Zusammenhang von Ruhedruckabfall und Entropieanstieg im Verdichtungsstoß vergleichen. Der Ruhedruckabfall ist darnach bei der Wärmezufuhr stets kleiner als bei einem Stoß gleichen Entropie-anstieges, indem zum Entropieanstieg im ersteren Fall der Faktor $\left[1 - \dfrac{T}{T_0}\right]$ hin-zutritt, d. i. der Wirkungsgrad einer idealen, zwischen den Temperaturen T_0 und T arbeitenden Maschine.

Wegen der Änderung der Ruhetemperatur T_0 ändert sich die Ruhedichte ϱ_0 hier in anderer Weise als der Ruhedruck p_0. Durch Berechnung von ϱ_0 aus p_0 und T_0 kann leicht gezeigt werden, daß die Ruhedichte bei Wärmezufuhr abfällt; zum Unterschied von p_0 natürlich auch bei $T = T_0$.

Die Gl. (87) unterscheiden sich von den Gl. (84) darin, daß der Kanalquer-schnitt in ihnen nicht explizit auftritt. Implizit allerdings ist er in der Tem-peratur T enthalten, die von Wärmezufuhr und Kanalquerschnitt abhängt.

18. Gleichdruckverbrennung.

Neben der Wärmezufuhr bei konstantem Querschnitt spielt auch jene bei konstantem Druck eine wichtige Rolle. Bei dieser kann der Querschnitt nicht vorgegeben werden, er muß vielmehr so gewählt werden, daß eine isobare Zu-standsänderung gewährleistet wird. Die Gleichungen werden dabei besonders einfach, weshalb sich dieser Vorgang für theoretische Erwägungen besonders eignet.

Aus der Bewegungsgleichung (45) folgt mit $p = $ konst. sofort $W = $ konst. Der Vorgang vollzieht sich bei konstanter Geschwindigkeit. Bei konstantem Druck und konstanter Geschwindigkeit ist die Änderung von i gleich der Energie-zufuhr. i hinwiederum ist auf der Isobare nur abhängig von T, welches damit nur mehr von der Wärmezufuhr q abhängt. Es hängt aber auch die Dichte nur mehr von T und damit von q ab, womit über die Kontinuitätsbedingung Gl. (1) der Querschnitt f abhängig von q gegeben ist.

Für das id. Gas konst. sp. W. ergeben sich also folgende Beziehungen:

$$\left.\begin{aligned}
\frac{\hat{\imath}}{i} - 1 &= \frac{\hat{T}}{T} - 1 = \frac{q}{c_p\,T}\,, \\[2mm]
\frac{\hat{f}}{f} &= \frac{\varrho}{\hat{\varrho}} = \frac{\hat{T}}{T} = 1 + \frac{q}{c_p\,T}\,.
\end{aligned}\right\} \tag{88}$$

Die Schallgeschwindigkeit spielt bei der Gleichdruckverbrennung nicht jene ausgezeichnete Rolle wie bei der Energiezufuhr im Rohr konstanten Querschnittes. Da sich die Geschwindigkeit nicht ändert, ändert sich die Mach-Zahl umgekehrt wie die Schallgeschwindigkeit, also umgekehrt wie die Wurzel aus der Temperatur:

$$\frac{\hat{M}}{M} = \sqrt{\frac{T}{\hat{T}}} = \sqrt{\frac{1}{1 + \dfrac{q}{c_p\,T}}}. \tag{89}$$

Die Mach-Zahl nimmt also ab und kann, wenn anfangs Überschallströmung herrschte, den Wert 1 ohne Schwierigkeit durchschreiten, weil sich der Querschnitt f dabei gleichzeitig vergrößert.

Mit Gl. (I, 37) kann der Entropieanstieg für das id. Gas konst. sp. W. berechnet werden. Mit $p = \text{konst.}$ ergibt sich:

$$\hat{s} - s = c_p \ln \frac{\hat{T}}{T} = c_p \ln \left(1 + \frac{q}{c_p\,T}\right). \tag{90}$$

Daraus ergibt sich nun wieder der Ruhedruckabfall mit Gl. (77) für die Änderung der Ruhetemperatur:

$$\ln \frac{\hat{p}_0}{p_0} = \frac{\varkappa}{\varkappa - 1} \ln \frac{T_0}{\hat{T}_0} - \frac{\hat{s} - s}{c_p - c_v} = \frac{\varkappa}{\varkappa - 1} \left[\ln \left(1 + \frac{q}{c_p\,\hat{T}_0}\right) - \ln \left(1 + \frac{q}{c_p\,T}\right)\right]. \tag{91}$$

Es ergab sich am Ende von Abschnitt 17 stets eine Abnahme des Ruhedruckes bei Energiezufuhr. Auch bei Gl. (91) ist dies — wegen $T_0 > T$ — stets der Fall. Natürlich ist bei kleiner Mach-Zahl wegen des geringen Unterschiedes von T_0 und T auch der Ruhedruckabfall wieder sehr gering.

19. Kondensationseffekte.

Da der Sättigungsdampfdruck außerordentlich stark — im wesentlichen exponentiell — mit der Temperatur fällt, führen die starken Abkühlungen bei Beschleunigung von feuchter Luft oder von Wasserdampf in Strömungen hoher Geschwindigkeit stets dazu, daß der Dampfdruck bald unter den Sättigungsdruck sinkt. Man sagt, daß die feuchte Luft oder der Wasserdampf „übersättigt" oder „unterkühlt" werden. Kondensiert in jedem Augenblick so viel, daß das Medium eben gesättigt ist, dann spricht man von feucht-adiabatischer Ausdehnung. Sie spielt in der Meteorologie eine große Rolle, wo die aufsteigende, sich adiabatisch ausdehnende Luft zur Wolkenbildung führt. Dabei schlägt sich das Wasser an kleinen Staubteilchen zu Tropfen nieder. Bei den viel schneller ablaufenden Vorgängen in Hochgeschwindigkeitskanälen und Laval-Düsen, wo sich die Zustandsänderung in 10^{-2} bis 10^{-4} sec abspielen, kommt der feucht-adiabatischen Ausdehnung keine Bedeutung zu. Der Kondensationsvorgang findet zunächst keine Zeit, sich zu entwickeln, die Zustandsänderung erfolgt praktisch völlig trocken.

Obwohl die Änderung des Ruhezustandes nicht zu stark unterkühlter schnell-strömender Gase praktisch der isentropen Ausdehnung vor Erreichen der Sättigungsgrenze völlig gleicht und bei einem id. Gas konst. sp. W. die Gl. (I, 27) ohne weiteres verwendet werden können, kann dennoch nicht mehr von „Isentropie" gesprochen werden. Das thermodynamische Gleichgewicht ist bei einer solchen Ausdehnung nicht hergestellt. Die Zustandsänderung ist nicht mehr quasistatisch und folglich nicht mehr isentrop. Die Isentrope unter der Sättigungsgrenze ist die feuchte Adiabate. Die Ausdehnung ohne Wärmeaustausch und Kondensation unter der Sättigungsgrenze heißt „trocken" adiabatisch.

Man darf sich bei der Frage, ob wesentliche Kondensation stattfindet, d. h. ob die Ausdehnung wesentlich von der „trocken"-adiabatischen Ausdehnung abweicht, nicht von der Beobachtung von Nebel leiten lassen. Diese beruht auf komplizierten optischen Effekten, und es kann sowohl der Fall auftreten, daß sichtbare Nebelbildung ohne wesentliche Kondensation und auch wesentliche Kondensation ohne sichtbare Nebelbildung auftritt.

Übersättigungen lassen sich allerdings nicht beliebig steigern[19]. Bei Wasserdampf tritt bei Unterkühlung von etwa 35° unter die Sättigungsgrenze ein Zusammenbrechen des Übersättigungszustandes ein. Jedes zufällige Zusammentreffen mehrerer Moleküle bildet dann bereits den Keim für einen neuen Tropfen und führt zu der Bildung einer außerordentlich großen Tropfenzahl. Einer Unterkühlung von 35° entspricht eine Abkühlung durch adiabatische Ausdehnung um etwa 55°. Die „adiabatische Unterkühlung" ist stets größer als die örtliche Unterkühlung, weil mit der Ausdehnung auch noch der Dampfdruck abfällt. Abb. 26 zeigt das Zusammenbrechen des Übersättigungszustandes nach Versuchen von J. I. Yellott[20], A. M. Binnie und M. W. Woods[21] und K. Oswatitsch[9], abhängig von der

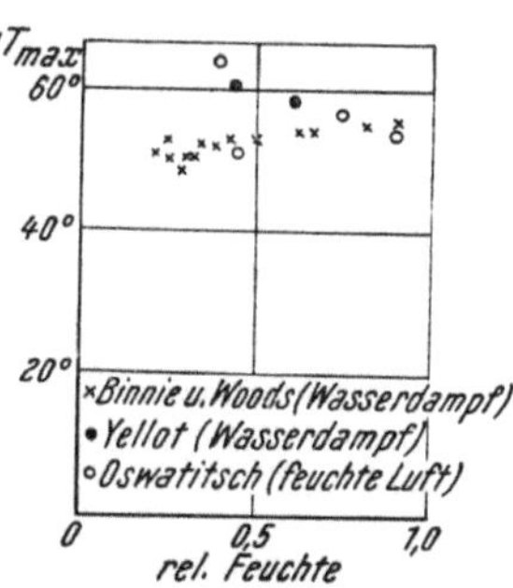

Abb. 26. Adiabatische Unterkühlung abhängig von der relativen Feuchte im Ausgangszustand.

relativen Feuchte (Verhältnis von Dampfdruck und Sättigungsdruck) im Ruhezustand. Das Zusammenbrechen bei Übersättigung erfolgt in der Regel erst bei Überschallgeschwindigkeit. Dort fällt die Temperatur in Strömungsrichtung so schnell, daß eine Ungenauigkeit von einigen Celsiusgraden in der Bestimmung des Kondensationsbeginnes praktisch keine Rolle spielt.

Die Kondensationseffekte haben für die Dampfturbinen und die Hochgeschwindigkeitswindkanäle große Bedeutung.

Man erhält schon ein recht gutes Bild der Vorgänge, wenn der Kondensationsvorgang in einen Querschnitt verlegt wird, im übrigen die Ausdehnung aber trocken-adiabatisch gerechnet wird. Bei feuchter Luft braucht dabei nur die Wärmeentwicklung durch Kondensation, nicht aber der Ausfall an Gasmasse berücksichtigt zu werden. Bei quantitativen Rechnungen für reinen Wasserdampf sind beide Effekte in Rechnung zu stellen[9]. Abb. 27 zeigt Rechnungen, bei denen die gesamte

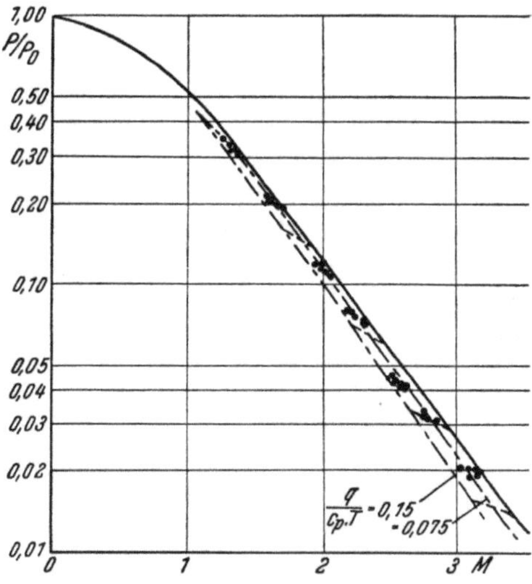

Abb. 27. Änderung des Enddruckes abhängig von der Machschen Zahl der Düse und der relativen Feuchte (——— Isentrope).

Wärmeentwicklung durch Kondensation in Überschalldüsen in den Endquerschnitt verlegt ist, und Druckmessungen im Endquerschnitt von Walchner[22].

Bei 100% relativer Feuchtigkeit (d. h. also Sättigung) bei 20° C enthält Luft unter Normaldruck etwa *1,5 Gewichtsprozent* Wasserdampf, ein Zustand, der in Mitteleuropa selten ist. Wird dieser Wasserdampf zu Schnee, so werden etwa 680 cal/g (bei Kondensation etwa 600 cal/g) frei. Erfolgt das bei 55° adiabatischer Unterkühlung ($T = 238°$), so ist

$$\frac{q}{c_p\, T} = \frac{0{,}015 \cdot 680}{0{,}24 \cdot 238} = 0{,}18.$$

Die gestrichelten Kurvenstücke in Abb. 27 geben das Abweichen vom trocken-
adiabatischen Zustand im betreffenden Querschnitt durch Zuführen von Wärme
(durch Kondensation). Die von WALCHNER im Endquerschnitt je einer Wind-
kanaldüse (den sieben Düsen entsprechend sieben Punktgruppen) bei verschiedenen Feuchten gemessenen Druckwerte fügen sich sehr gut in das Kurvensystem
ein. Dabei sind die Feuchtigkeitseinflüsse in der Nähe von $M = 1$ besonders
eindrucksvoll. Für die Versuchstechnik interessiert dabei weniger der Fehler,
der bei Berechnung der Mach-Zahl aus dem Querschnitt, sondern jener, der bei
Berechnung der Mach-Zahl aus dem Druck über die Bernoullische Gleichung
gemacht wird. Dieser ist in Schallnähe bedeutend geringer.

Nach Gl. (83) ist die Entropieänderung allein durch die Wärmezufuhr bedingt.
Damit kann nicht nur die Geschwindigkeit, sondern auch die Mach-Zahl als
Funktion von Druck und Entropie allein aufgefaßt werden [$M = M\,(p,\,s)$]. Es
interessiert die Abhängigkeit von s bei konstantem Druck, wofür durch logarithmisches Differenzieren der Gleichung für die Mach-Zahl eines *idealen* Gases
geschrieben werden kann:

$$\frac{1}{M}\left(\frac{\partial M}{\partial s}\right)_p = \frac{1}{W}\left(\frac{\partial W}{\partial s}\right)_p - \frac{1}{2}\frac{1}{T}\left(\frac{\partial T}{\partial s}\right)_p.$$

Nun ändert sich nach Gl. (45) bei konstantem Druck auch die Geschwindigkeit
nicht. Diese würde also in erster Näherung aus der Bernoulli-Gleichung bereits
richtig berechnet werden. Mit Gl. (I, 36) und (83) ist, wenn die kleine Wärmezufuhr
nicht mit dq, sondern wieder einfach mit q bezeichnet wird:

$$\left(\frac{dM}{M}\right)_p = -\frac{1}{2}\frac{1}{T}\left(\frac{\partial T}{\partial s}\right)_p ds = -\frac{ds}{2\,c_p} = -\frac{1}{2}\frac{q}{c_p\,T}. \qquad (92)$$

Darnach bleibt in jedem Fall der Fehler bei der Berechnung von M aus p mittels
Tab. II, 5 mit der Energiezufuhr klein.

Im freien Flug sind die Verhältnisse dadurch gegenüber der Strömung in
Kanälen etwas gemildert, daß in letzterer etwa diejenigen Feuchtigkeitsverhält-
nisse im Ruhezustand gegeben sind, welche beim Flug im Anströmzustand
herrschen. Immerhin können beim Hochgeschwindigkeitsflug mit Überschallgeschwindigkeiten am Flugzeug die für eine plötzliche Kondensation erforderlichen Unterkühlungen erreicht werden, wovon man sich durch Überschlags-
rechnungen überzeugen kann.

Eine genauere Verfolgung der Kondensationsvorgänge macht ein schrittweises Berechnen der Strömung etwa mit den Gl. (84) erforderlich. Dazu ist
eine genaue Kenntnis des Kondensationsvorganges erforderlich, die man bei
reinem Wasserdampf besitzt. Abb. 28 zeigt Versuche von YELLOTT[13] und die von
K. OSWATITSCH[9] gegebene Theorie. Bis zum Beginn der Kondensation sind
die Zustände „trocken-adiabatisch" aus dem Düsenquerschnitt berechnet.
Damit werden innerhalb der Versuchsgenauigkeit völlig richtige Werte erhalten,
was auch auf die geringe Bedeutung der Reibung bei kurzen Düsen hinweist.
Der Druckanstieg nach dem Ende der theoretischen Kurven zeigt Verdichtungsstöße an, welche durch starke Störungen stromabwärts bedingt sind. (Die Stöße
sind nicht senkrecht, daher ein geringerer Drucksprung im Stoß.)

Es kann also nur bei sehr langsamen Zustandsänderungen (Meteorologie)
mit feucht-adiabatischer Zustandsänderung gerechnet werden. In Düsen, Kanälen,
Strömungsmaschinen erfolgt die Ausdehnung von feuchter Luft und von Wasserdampf zunächst stets „trocken" bis zu einem plötzlichen Zusammenbrechen
des Übersättigungszustandes. Der Ort des Zusammenbrechens hängt von der
Unterkühlung, also im wesentlichen von der relativen Feuchte im Ruhezustand
ab. Wegen des starken Absinkens der Temperatur in Überschallströmung tritt

die Kondensation im allgemeinen schon bei geringer Überschallgeschwindigkeit ($M < 1,5$) auf. Die Stärke des Effektes hängt von der kondensierenden Wasserdampfmenge ab und wird am besten mit Gl. (92) abgeschätzt. Bei feuchter Luft kann mit einem Ausfall des größten Teiles des Wasserdampfes gerechnet werden. Bei reinem Wasserdampf ist die Abschätzung schwieriger. Hier ist durch Erreichen des Sättigungszustandes eine obere Grenze gegeben.

Der Kondensationsvorgang in Laval-Düsen wird wegen der damit verbundenen raschen Änderung des Strömungszustandes im Überschallbereich gerne als *Kondensationsstoß* bezeichnet. Dies soll nicht bedeuten, daß er dem in Abschnitt 15 mit Fall 2 bezeichneten Vorgang entspricht, der für $q = 0$ einen senkrechten Stoß ergibt. Der Kondensationsstoß entspricht vielmehr dem Fall 1, also dem in Abb. 25 zwischen Punkt G und J gelegenen Kurventeil, der bei der Detonation keine Rolle spielt.

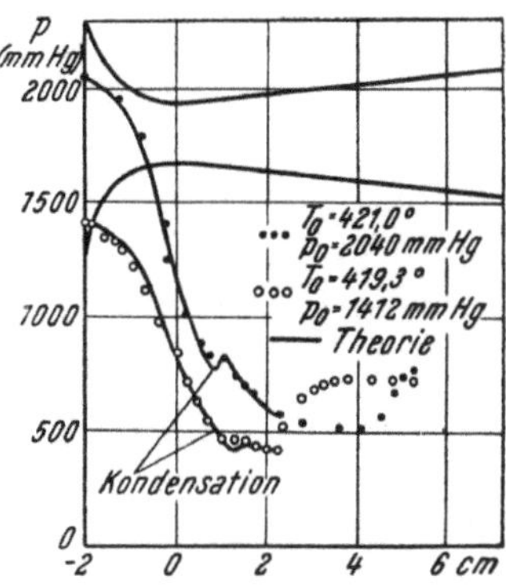

Abb. 28. Kondensation in einer Dampfdüse.

Bisher wurde nur von der Kondensation des Wasserdampfes gesprochen. Bei genügend tiefen Temperaturen kommt aber auch eine Verflüssigung von Luft in Frage. Bei etwa — 200° C fällt der Sättigungsdruck des Sauerstoffes und (wenige Grade danach) der Sättigungsdruck des Stickstoffes exponentiell mit der Temperatur zu verschwindend kleinen Werten ab. Bei isentroper Ausdehnung wird in der Nähe von — 200° C Sättigung erreicht, das entspricht nach Tabelle II, 3 einer Mach-Zahl von $M = 4$, wenn im Ruhezustand Zimmertemperatur herrscht. Die Übersättigungen, welche schließlich zu einem Kondensationsstoß in Luft führen, sind noch nicht genauer bekannt. Sicher tritt wesentliche Kondensation noch vor Erreichen der Mach-Zahl zehn infolge der außerordentlichen Unterkühlungen in Windkanälen ein. Damit bildet dieser Effekt ein ernstes Problem der „Hyperschall"-Meßtechnik[23]. Nur sehr kräftiges Aufheizen des Ruhezustandes schiebt das Zusammenbrechen des Übersättigungszustandes um ein wesentliches Stück hinaus. Im freien Flug liegen die Verhältnisse anders, weil eine Steigerung der Machzahl bei gleichbleibender Anströmtemperatur zu einer Steigerung der Ruhetemperatur führt.

20. Joule-Thomson-Effekt.

Handelt es sich um die Strömung eines *nicht idealen* Gases ohne Energiezufuhr, so ist der Energiesatz in der Form der Gl. (6) zu benützen. Sind die Enthalpiedifferenzen gering, so können diese nach Temperatur- und Druckänderung entwickelt werden. Man erhält bei Vernachlässigung der Glieder höherer Ordnung:

$$\hat{i} - i = \left(\frac{\partial i}{\partial T}\right)_p (\hat{T} - T) + \left(\frac{\partial i}{\partial p}\right)_T (\hat{p} - p).$$

Nach Gl. (I, 13) ist aber $\left(\frac{\partial i}{\partial T}\right)_p = c_p$, womit der Energiesatz wie folgt geschrieben werden kann:

$$\frac{\hat{W}^2}{2} + c_p \hat{T} = \frac{W^2}{2} + c_p T + \left(\frac{\partial i}{\partial p}\right)_T (p - \hat{p}). \tag{93}$$

Formal hat Gl. (93) also die gleiche Form wie der Energiesatz eines id. Gases konst. sp. W. bei Wärmezufuhr.

Für genügend kleine Mach-Zahlen der Strömung ist nicht nur das Verhältnis der kinetischen Energie zum Produkt $c_p\, T$, welches beim idealen Gas dem Werte

$\dfrac{W^2}{2}\big/c_p\,T = \dfrac{\varkappa-1}{2}\,M^2$ entsprechen würde, sehr klein, sondern es können die kinetischen Energien auch gegen die Differenz $c_p\,(\hat{T}-T)$ vernachlässigt werden. Man erhält einfach die Änderung der *Ruhezustände*. Für diese erhält man bei Luft normalen Druckes weitgehend unabhängig von diesem:

$$\frac{\hat{T}_0-T_0}{\hat{p}_0-p_0} = -\frac{1}{c_p}\left(\frac{\partial i}{\partial p}\right)_T = 0{,}26\left(\frac{273}{T}\right)^2 \;^\circ\mathrm{C/at.} \tag{94}$$

Bei Luft ergibt sich das Abweichen vom idealen Gaszustand in einem Abfallen der Temperatur mit dem Druck. Der Druckabfall darf dabei nicht durch eine wesentliche Geschwindigkeitserhöhung hervorgerufen sein. Im physikalischen Versuch wird er durch einen in einem gut isolierten Rohr befindlichen Wattepfropfen erzeugt. In der Technik kann der Joule-Thomson-Effekt Gl. (94) an Drosselventilen und Schiebern (Drosseleffekt) oft beobachtet werden. Stets ist er an starke Reibungsvorgänge (Turbulenz) gebunden. Nach Gl. (94) wird er erst bei höheren Luftdrucken bedeutungsvoll.

Ein Gas, welches vor einem Stoß als ideal angesehen werden kann, ist auch nach dem Stoß weitgehend ideal. Das Abweichen vom idealen Zustand ist ja an große Dichten geknüpft. Der Dichteanstieg im Stoß ist aber begrenzt (Höchstwert: $\dfrac{\hat{\varrho}}{\varrho} = \dfrac{\varkappa+1}{\varkappa-1}$), weshalb bei diesem ein Joule-Thomson-Effekt nur dann in Frage kommt, wenn sich das Medium schon vor dem Stoß an der Grenze des idealen Gaszustandes befindet.

Literatur.

[1] R. Becker: Stoßwelle und Detonation. Z. Physik VIII (1921/22), S. 321 bis 362.

[2] W. Döring und G. Burkhardt: Beiträge zur Theorie der Detonation. FB 1939 (1944).

[3] R. Becker: Physikalisches über feste und gasförmige Sprengstoffe. Z. techn. Physik II (1922), S. 152 u. 249.

[4] E. Preiswerk: Anwendung gasdynamischer Methoden auf Wasserströmungen mit freier Oberfläche. ETH — AERO MITT 7 (1938).

[5] B. St. Venant et L. Wantzel: Mémoire et expériences sur l'écoulement déterminé par des différences de pressions considérables. J. de l'École polyt., Cahier 27 (1839), S. 85—122.

[6] W. J. M. Rankine: On the thermodynamic theory of waves of finite longitudinal disturbance. Philos. trans. Roy. Soc. Lond. CLX (1870), S. 277—288.

[7] H. Hugoniot: Mémoire sur la propagation du mouvement dans les corps et spécialement dans les gases parfaits. J. de l'École polyt., Cahier 57 (1887), S. 1—97; Cahier 58 (1889), S. 1—125.

[8] G. Marx: Die Berechnung der Auspuffquerschnitte. Die Technik II/2 (1948), S. 67—74.

[9] K. Oswatitsch: Kondensationserscheinungen in Überschalldüsen. ZAMM XXII/1 (1942), S. 1—14.

[10] K. Oswatitsch: Kondensationsstöße in Laval-Düsen. Z. VDI LXXXVI (1942), S. 702.

[11] M. Koppe: Der Reibungseinfluß auf stationäre Rohrströmungen bei hohen Geschwindigkeiten. Ber. KWI für Strömungsforschung (1944).

[12] W. Frössel: Strömungen in glatten geraden Rohren mit Über- und Unterschallgeschwindigkeit. Forsch.-Ing.-Wes. VII (1936), S. 75—84.

[13] H. Eggink: Strömungsaufbau und Druckrückgewinn in Überschallkanälen. FB 1756 (1943).

[14] A. Naumann: Wirkungsgrad in Diffusoren bei hohen Unterschallgeschwindigkeiten. FB 1705 (1942).

[15] R. Becker: Die Zusammenhänge zwischen den Eigenschaften der Knallwelle und der Detonationswelle. Dtsch. Akad. Lufo, Tagung 25. Okt. 1940.

[16] R. Hermann: Der Kondensationsstoß in Überschall-Windkanaldüsen. Lufo XIX (1942), S. 201—209.

[17] B. LEWIS and J. B. FRIAUF: Explosives in detonating gas mixtures. 1. Calculation of rates of explosions in mixtures of hydrogen and oxygen and the influence of rare gases. J. Amer. chem. Soc. LII (1930), S. 3905—3929.

[18] H. SHAPIRO and W. HAWTHORNE: The mechanics and thermodynamics of steady one-dimensional gas flow. J. appl. Mechan. XIV (1947), S. 317—336.

[19] R. BECKER und W. DÖRING: Kinetische Behandlung der Keimbildung in übersättigten Dämpfen. Ann. Physik (5) XXIV (1935), S. 719—752.

[20] J. I. YELLOTT: Supersaturated steam. Engineering CXXXVII (1934), S. 303 bis 305; 333—335.

[21] A. M. BINNIE and M. W. WOODS: The pressure distribution in a convergent-divergent steam nozzle. Proc. Instn. mechan. Engr. CXXXVIII (1938), S. 229—266.

[22] O. WALCHNER: Systematische Geschoßmessungen im Windkanal. Lilienthalges. Ber. 139 (1942), S. 29.

[23] J. V. BECKER: Results of recent hypersonic and unsteady flow research at the Langley Aeronautical Laboratory. J. appl. Phys. XXI/7 (1950), S. 619—628.

III. Instationäre Fadenströmung.

1. Vorbemerkung.

Instationäre Strömungen mit einheitlichen Zuständen in den einzelnen Querschnitten (instationäre Fadenströmungen) stellen bereits sehr allgemeine Strömungsformen dar, um so mehr sind Einschränkungen des Gebietes bei dem zur Verfügung stehenden begrenzten Raume erforderlich. Es sollen hier die für die Gasdynamik typischen instationären Vorgänge mit starken Dichte-, Druck-, Temperatur- und daher auch Schallgeschwindigkeitsunterschieden behandelt werden, wobei Vorgänge der inneren Reibung und der Wärmezufuhr, insbesondere der Wärmeleitung, möglichst vernachlässigt werden sollen. Verbrennung und Detonation in schmalen Fronten („Stößen") und alle Vorgänge mit innerer Umsetzung bleiben dabei nicht ausgeschlossen, solange das Medium als homogen angesehen werden kann.

Schon im Abschnitt II, 1 wurde gezeigt, daß die ebene und kugelsymmetrische Quellströmung ein Spezialfall der stationären Fadenströmung ist. Ebenso stellt die Ausbreitung ebener Wellen und jene von Zylinder- und Kugelwellen nur einen Spezialfall der Wellenausbreitung in einem Kanal veränderlichen Querschnittes dar. Die allgemeinste Bewegungsform ist nicht nur durch zeitlich veränderliche Zustände, sondern auch durch *zeitlich veränderliche Fadenquerschnitte gegeben.*

Während aber die stationäre Fadenströmung genau der stationären Strömung in einem Stromfaden entspricht, trifft das bei einer instationären räumlichen Strömung nicht mehr zu, wo sich ein Stromfaden im allgemeinen zu verschiedenen Zeiten aus verschiedenen Teilen zusammensetzt. Ein Massenteilchen ist zwar nach kurzer Zeit an die Stelle seines vorausströmenden Teilchens gerückt, weist aber dort nicht mehr auf dieses hin, gehört also mit diesem nicht mehr einem gemeinsamen Stromfaden an. Eine Ausnahme machen beispielsweise kugel- und zylindersymmetrische Strömungen.

Das Zulassen großer Druck- und Schallgeschwindigkeitsunterschiede bedeutet zwar, daß die allgemeinen Gleichungen die Spezialfälle kleiner Zustandsänderungen enthalten, hat aber gleichzeitig eine Beschränkung der berechenbaren und bisher gelösten Aufgaben zur Folge. Die Behandlung der Ausbreitung kleiner Störungen in ruhendem Medium wäre nämlich gleichbedeutend mit dem Schreiben eines Buches über Akustik. Kleine periodische Störungen in Strömungen führen in das umfassende Gebiet der Berechnung von Luftkräften und Eigenschwingungen schwingender Platten und Flügel. Alles das kann weder hier noch in den späteren Kapiteln dieses Buches aufgenommen werden, wenngleich eine scharfe Abtrennung und Abgrenzung dieser Gebiete nicht immer möglich ist.

2. Eulersche und Lagrangesche Methode.

Bei der stationären Fadenströmung wurden die Strömungszustände an bestimmten Orten des Fadens betrachtet. Dies ist die nach EULER bezeichnete und bei stationären Strömungen gegebene Darstellungsart. In ihr werden die mit den unverändert bleibenden Strömungsberandungen verbundenen Koordinaten neben der Zeit als unabhängige Veränderliche gewählt und in Abhängigkeit von diesen die Strömungszustände gesucht. Die Ableitungen $\dfrac{\partial}{\partial x}$ und $\dfrac{\partial}{\partial t}$ nach den beiden Unabhängigen x, t der Fadenströmung bedeuten hier, daß jeweils die zweite unabhängige Veränderliche festgehalten wird, in der Schreibweise der Thermodynamik also:

$$\frac{\partial}{\partial x} = \left(\frac{\partial}{\partial x}\right)_t; \quad \frac{\partial}{\partial t} = \left(\frac{\partial}{\partial t}\right)_x.$$

Daneben kann entsprechend den Methoden der Punktmechanik und der Thermodynamik aber auch ein bestimmtes Massenteilchen herausgegriffen werden und nach dem Zustand und dem Ort der einzelnen Massenteilchen in Abhängigkeit von der Zeit gefragt werden. Bei dieser „*Lagrangeschen*" Darstellungsart sind unabhängige Veränderliche die Zeit t und eine Koordinate a, welche für jedes Massenteilchen typisch ist. Vorteilhaft ist es, etwa mit a den Ort x des Teilchens im Ausgangszustand ($t = 0$) zu bezeichnen. Dann sind die gesuchten Veränderlichen, also die Zustandsgrößen und der Ort x der Teilchen, abhängig von der Zeit und der Ausgangslage a. Hier bedeuten nun die partiellen Ableitungen in ausführlicher Schreibweise:

$$\frac{\partial}{\partial a} = \left(\frac{\partial}{\partial a}\right)_t; \quad \frac{\partial}{\partial t} = \left(\frac{\partial}{\partial t}\right)_a.$$

Insbesondere ist die Änderung des Ortes eines Teilchens mit der Zeit gleich der Geschwindigkeit. In Lagrangescher Bezeichnung also:

$$\frac{\partial x}{\partial t} = \left(\frac{\partial x}{\partial t}\right)_a = W.$$

Auch in der Eulerschen Darstellungsart interessiert die Änderung irgendeiner Teilcheneigenschaft mit der Zeit, etwa um den ersten Hauptsatz der Wärmelehre auszudrücken. Die Beziehung wird einfach mit der Kettenregel der partiellen Differentiation gewonnen, nach der die Ableitung einer Funktion g der Veränderlichen t, x, die selbst wieder Funktionen von ξ und η sind, gleich ist:

$$\frac{\partial g}{\partial \eta} = \frac{\partial g}{\partial t}\frac{\partial t}{\partial \eta} + \frac{\partial g}{\partial x}\frac{\partial x}{\partial \eta}.$$

Werden nun die Veränderlichen ξ und η den Lagrangeschen Variablen a und t gleichgesetzt und wird in üblicher Weise die zeitliche Änderung einer Teilcheneigenschaft bei Eulerscher Darstellung durch $\dfrac{d}{dt}$ ausgedrückt, so folgt:

$$\frac{dg}{dt} = \left(\frac{\partial g}{\partial t}\right)_a = \left(\frac{\partial g}{\partial t}\right)_x\left(\frac{\partial t}{\partial t}\right)_a + \left(\frac{\partial g}{\partial x}\right)_t\left(\frac{\partial x}{\partial t}\right)_a = \frac{\partial g}{\partial t} + W\frac{\partial g}{\partial x}. \tag{1}$$

Bei stationärer Strömung $\left[\left(\dfrac{\partial}{\partial t}\right)_x = 0\right]$ ergibt sich die zeitliche Änderung einer Teilcheneigenschaft in Eulerscher Darstellung einfach durch Multiplikation der örtlichen Änderung mit der Geschwindigkeit. In Lagrangescher Darstellung ist die stationäre Strömung im übrigen mit keiner wesentlichen Vereinfachung verbunden.

3. Integralsätze in Eulerscher Darstellung.

Nach der Aufstellung der Integralsätze für stationäre Fadenströmungen in Abschnitt II, 2 ist es nun nicht schwer, die entsprechenden Sätze auf instationäre Vorgänge zu erweitern. Als weitere Möglichkeit einer Massenänderung, einer Impuls- oder Energieänderung kommt hier zum Durchfluß der entsprechenden Größen durch die Endquerschnitte die Zunahme von Masse, Impuls und Energie im betrachteten Raum. Er ist durch den Verlauf des Querschnittes f gegeben, der nur von der — längs der im Raum festen Mittellinie der Strömung gemessenen — Bogenlänge x und noch von der Zeit t abhängt. Die zwischen den zeitlich festen Punkten x_1 und x_2 eingeschlossene Masse, der eingeschlossene Impuls in Richtung der Kraft K und die eingeschlossene Energie sind gleich (Abb. 4 mit dem Index 2 für den Endquerschnitt):

$$\int_{x_1}^{x_2} \varrho\, f\, dx; \qquad \int_{x_1}^{x_2} \varrho\, W \cos \vartheta\, f\, dx; \qquad \int_{x_1}^{x_2} \varrho \left(\frac{W^2}{2} + e\right) f\, dx. \tag{2}$$

Die zeitlichen Änderungen dieser Integrale sind den entsprechenden Sätzen hinzuzufügen, um diese auf instationäre Vorgänge zu erweitern. Wegen der zeitlichen Unveränderlichkeit von Integrationsweg und -grenzen kann die zeitliche Ableitung einfach am Integranden ausgeführt werden.

Dies führt zur *Kontinuitätsbedingung:*

$$\frac{\partial}{\partial t} \int_{x_1}^{x_2} \varrho\, f\, dx = \int_{x_1}^{x_2} \frac{\partial}{\partial t} (\varrho\, f)\, dx = f_1\, \varrho_1\, W_1 - f_2\, \varrho_2\, W_2. \tag{3}$$

Wie in Gl. (II, 2), wird hier von Massenquellen abgesehen. Da die Integrale der Gl. (2), nachdem über den Ort integriert wurde, reine Zeitfunktionen darstellen, ist die zeitliche Ableitung *vor* dem Integral einer gewöhnlichen Ableitung gleichzusetzen:

Als *Impulssatz* ergibt sich in Verallgemeinerung von Gl. (II, 3):

$$\frac{\partial}{\partial t} \int_{x_1}^{x_2} \varrho\, W \cos \vartheta\, f\, dx = \int_{x_1}^{x_2} \frac{\partial}{\partial t} (\varrho\, W \cos \vartheta\, f)\, dx =$$

$$= K + (p_1 + \varrho_1\, W_1{}^2)\, f_1\, \cos \vartheta_1 - (p_2 + \varrho_2\, W_2{}^2)\, f_2\, \cos \vartheta_2. \tag{4}$$

Und schließlich in Verallgemeinerung von Gl. (II, 4) der *Energiesatz:*

$$\frac{\partial}{\partial t} \int_{x_1}^{x_2} \varrho \left(\frac{W^2}{2} + e\right) f\, dx = \int_{x_1}^{x_2} \frac{\partial}{\partial t} f \varrho \left(\frac{W^2}{2} + e\right) dx =$$

$$= L + f_1\, \varrho_1\, W_1 \left(\frac{W_1{}^2}{2} + i_1\right) - f_2\, \varrho_2\, W_2 \left(\frac{W_2{}^2}{2} + i_2\right), \tag{5}$$

wobei unter L wieder alle von außen zugeführten Leistungen zusammengefaßt sind, insbesondere Wärmezufuhr oder Arbeitsleistungen durch äußere Kräfte (Änderungen der potentiellen Energie) und bei zeitlich veränderlichem Querschnitt die Arbeitsleistung, welche zum Zusammendrücken aufgewendet wird.

Das Auftreten von Ableitungen nach t in den Gl. (3), (4) und (5) legt eine weitere Integration dieser Gleichungen über die Zeit nahe, womit es sich dann dimensionsmäßig um Gleichungen für die Masse, die Bewegungsgröße und die Energie handeln würde und nicht um deren Ströme. Darüber mehr im nächsten Abschnitt.

4. Integralsätze in Lagrangescher Darstellung.

Die Brauchbarkeit der Lagrangeschen Darstellung liegt vor allem bei Anwendungen, wo eine bestimmte Masse in einem Raum variabler Größe eingeschlossen ist, wie dies in Motorzylindern und Kanonenrohren der Fall ist. Im ersten Fall stellt der Kolben, im zweiten Fall das Geschoß eine Grenze dar, welche wohl mit x veränderlich, aber an einen festen Wert von a gebunden ist, da stets dieselben Massenteile an Kolben oder Geschoßboden grenzen. Besonders im Kanonenrohr wird dabei gut mit konstanten Zuständen über den Querschnitt gerechnet werden können. Die genannten Vorgänge werden daher vor allem den Vorstellungen bei den Ableitungen dieses Abschnittes zugrunde liegen.

Die *Kontinuitätsbedingung* hat wieder für eine massen-quellenfreie Strömung auszudrücken, daß die zwischen den bewegten Endquerschnitten eingeschlossene Masse zeitlich konstant sein muß. D. h.:

$$\int_{x_1(t)}^{x_2(t)} \varrho \, f \, dx = \int_{a_1}^{a_2} \varrho_0 \, f_0 \, da = \text{konst.} \tag{6}$$

Mit dem Index 0 ist dabei der Zustand zur Zeit $t = 0$ bezeichnet, wobei möglichst ein Ruhezustand als Ausgangszustand zu wählen sein wird. Ist der Ausgangszustand kein Ruhezustand, so unterscheidet sich allerdings die Bezeichnung von jener bei stationärer Strömung. Jedoch gibt dies kaum zu Irrtümern Anlaß, weil dem Ruhezustand bei instationärer Strömung keineswegs dieselbe Bedeutung zukommt wie bei stationären Vorgängen. Bei instationären Vorgängen kann nämlich durch Übergang in ein bewegtes Bezugssystem für ein bestimmtes Teilchen stets jeder beliebige Zustand zum Ruhezustand werden. Dies ist bei einer stationären Strömung nicht möglich, weil diese im bewegten Bezugssystem sogleich zu einer instationären Strömung wird.

Die Kontinuitätsbedingung in Lagrange-Koordinaten ist schon allein durch die zeitliche Unabhängigkeit des Integrals über $\varrho_0 \, f_0 \, da$, der Masse des Elementes da, gegeben. In dieser Darstellung klingt die Kontinuitätsbedingung nahezu trivial. Das Integral über x zeigt folgende Beziehung für die Massenelemente in Eulerscher und Lagrangescher Schreibweise:

$$\varrho \, f \, dx = \varrho_0 \, f_0 \, da. \tag{7}$$

Die Kontinuitätsbedingung (6) drückt eine Massenbeziehung, die entsprechende Gl. (3) eine Durchflußmengenbeziehung $\left(\dfrac{\text{Masse}}{\text{Zeit}}\right)$ aus. Durch zeitliche Ableitung von Gl. (6) ist ein Vergleich sofort möglich. Es zeigt sich, daß sich die beiden Kontinuitätsbedingungen, wie auch entsprechend die anschließend abgeleiteten Impuls- und Energiesätze, durch die Massenflußglieder $f \varrho W$ durch die Endflächen unterscheiden. Wird nämlich das Integral über x in Gl. (6) bei festem x nach t abgeleitet, so sind auch die zeitlichen Ableitungen nach der oberen und unteren Grenze auszuführen, was gerade die entsprechenden Glieder ergibt.

Für eine Funktion $F(x, t)$ gilt mit $\dfrac{d}{dt}$ als gewöhnlicher und $\dfrac{\partial}{\partial t}$ und $\dfrac{\partial}{\partial x}$ als partieller Ableitung bei festem x und t:

$$\frac{d}{dt} \int_{x_1(t)}^{x_2(t)} F(x, t) \, dx = \int_{x_1}^{x_2} \frac{\partial F}{\partial t} \, dx + F(x_2, t) \, \frac{dx_2}{dt} - F(x_1, t) \, \frac{dx_1}{dt}.$$

Speziell in diesem Abschnitt ist $\dfrac{dx_1}{dt} = W_1$; $\dfrac{dx_2}{dt} = W_2$.

Der *Impulssatz* als Gleichung für die Bewegungsgrößen und nicht wie Gl. (4) für deren Ströme aufgestellt, drückt aus, daß die Differenz der Bewegungsgrößen in Richtung der Kraft K zu den Zeiten t und $t = 0$ gleich ist dem Zeitintegral der Kräfte zwischen 0 und t. Wieder sollen die Druckkräfte auf die Endflächen gesondert geschrieben werden:

$$\int_{a_1}^{a_2} [W(a, t) \cos \vartheta (a, t) - W(a, 0) \cos \vartheta (a, 0)] \varrho_0 f_0 \, da =$$

$$= \int_0^t K \, dt + \int_0^t (p_1 f_1 \cos \vartheta_1 - p_2 f_2 \cos \vartheta_2) \, dt. \qquad (8)$$

Ganz entsprechend ergibt sich die Gleichung für die *Energie* (und nicht für den Energiestrom):

$$\int_{a_1}^{a_2} \left[\frac{W^2(a, t)}{2} + e(a, t) - \frac{W^2(a, 0)}{2} - e(a, 0) \right] \varrho_0 f_0 \, da =$$

$$= \int_0^t L \, dt + \int_0^t (p_1 W_1 f_1 - p_2 W_2 f_2) \, dt. \qquad (9)$$

Dabei stehen im letzten Glied die Arbeitsleistungen der Druckkräfte an den Endflächen. Für den allgemeinsten Fall zeitlich veränderlichen Querschnittes $f(x, t)$ ist wieder auf die entsprechenden Arbeitsleistungen zu achten.

Grundsätzlich können die Integralsätze (6), (8) und (9) nach einer zeitlichen Ableitung ganz entsprechend zu den Sätzen des letzten Abschnittes hingeschrieben werden, doch werden in den folgenden Anwendungen gerade die hier wiedergegebenen Formen verwendet.

Mit Hilfe der Integralsätze dieses oder des vorhergehenden Abschnittes könnten nun die Bedingungen für instationäre Stöße gefunden werden. Jedoch ist es bedeutend einfacher, die erforderlichen Gleichungen zu gewinnen, indem man den stationären Stoß aus einem gegen den senkrechten stationären Stoß in Strömungsrichtung bewegten Bezugssystem betrachtet.

5. Differentialgleichungen in Eulerscher Darstellung.

Die Anwendung der Integralsätze auf Längenelemente dx liefert sofort die entsprechende Differentialgleichung. Dabei ergeben die Differenzen der in den Endflächen f_2 und f_1 auftretenden Größen dividiert durch dx die örtlichen Änderungen der entsprechenden Größen. Beispielsweise ist in der Grenze:

$$\lim_{dx \to 0} \frac{f_2 \varrho_2 W_2 - f_1 \varrho_1 W_1}{dx} = \frac{\partial f \varrho W}{\partial x} = f \varrho \frac{\partial W}{\partial x} + f W \frac{\partial \varrho}{\partial x} + \varrho W \frac{\partial f}{\partial x}. \qquad (10)$$

Mit dem im allgemeinen vorgegebenen Querschnitt f auf der linken Gleichungsseite lautet die *Kontinuitätsbedingung* Gl. (3) dann:

$$\frac{1}{\varrho} \frac{\partial \varrho}{\partial t} + \frac{W}{\varrho} \frac{\partial \varrho}{\partial x} + \frac{\partial W}{\partial x} = \frac{1}{\varrho} \frac{d\varrho}{dt} + \frac{\partial W}{\partial x} = -\frac{W}{f} \frac{\partial f}{\partial x} - \frac{1}{f} \frac{\partial f}{\partial t} = -\frac{1}{f} \frac{df}{dt}. \qquad (11)$$

Zur Ableitung der Bewegungsgleichung ist der Impulssatz Gl. (4) wieder auf einen Kegelstumpf (Abb. 13) anzuwenden. Die Rechnung unterscheidet sich im übrigen von jener bei stationärer Strömung nur dadurch, daß partielle Ableitungen nach der Zeit auftreten, von denen jene der Dichte $\frac{\partial \varrho}{\partial t}$ nach Anwendung der Kontinuitätsbedingung Gl. (11) wegfällt. Mit X als Massenkraft in x-Richtung bezogen auf die Masseneinheit ist:

$$\frac{\partial W}{\partial t} + W \frac{\partial W}{\partial x} = \frac{dW}{dt} = -\frac{1}{\varrho} \frac{\partial p}{\partial x} + X. \qquad (12)$$

In der *Bewegungsgleichung* fehlt also wieder der Querschnitt f.

Bevor der Energiesatz in die differentiierte Form übergeführt wird, sei die Leistung L genauer ausgedrückt. Sie besteht erstens aus der von außen zugeführten Wärme. Die der Masseneinheit eines Teilchens insgesamt zugeführte Wärme war q [Gl. (I, 8)]. Mithin ist die der Masseneinheit pro Zeiteinheit zugeführte Wärme $\dfrac{dq}{dt}$ und die der ganzen Masse in der Zeiteinheit zugeführte Wärme:

$$\int_{x_1}^{x_2} \frac{dq}{dt} f \varrho\, dx. \tag{13}$$

Zur zeitlichen Verengung des Stromfadens wird auch Leistung aufgewendet, die sich aus dem Produkt von Druck p und zeitlicher Volumenabnahme auf der Strecke dx $\left(- p \dfrac{\partial f}{\partial t}\, dx\right)$ ergibt,

$$-\int_{x_1}^{x_2} p\, \frac{\partial f}{\partial t}\, dx. \tag{14}$$

Die Arbeitsleistung der äußeren Kräfte X in x-Richtung ist schließlich

$$\int_{x_1}^{x_2} X \varrho\, f\, W\, dx. \tag{15}$$

Dieser Ansatz hat zur Voraussetzung, daß die Kräfte auch wirklich an den bewegten Teilchen angreifen und auf diese Weise Arbeit leisten. Das würde nicht zutreffen bei Reibungskräften an ruhenden Wänden. In diesem Abschnitt interessieren aber Reibungskräfte kaum. Sie werden in allgemeinster Form später behandelt. Nach Einsetzen von L:

$$L = \int_{x_1}^{x_2} \frac{dq}{dt} f \varrho\, dx - \int_{x_1}^{x_2} p\, \frac{\partial f}{\partial t}\, dx + \int_{x_1}^{x_2} X \varrho\, f\, W\, dx$$

in Gl. (5) und Anwendung dieser Gleichung auf eine Strecke dx ergibt sich nach kurzer Rechnung

$$\left(\frac{W^2}{2} + e\right)\left[\frac{\partial f \varrho}{\partial t} + \frac{\partial f \varrho W}{\partial x}\right] + f \varrho\, \frac{d}{dt}\left[\frac{W^2}{2} + e\right] + f W\, \frac{\partial p}{\partial x} + p\, \frac{\partial f W}{\partial x} =$$

$$= \frac{dq}{dt} f \varrho - p\, \frac{\partial f}{\partial t} + X \varrho\, f\, W.$$

Mit der Kontinuitätsbedingung Gl. (11) fällt der erste Summand weg und können die Glieder mit p als Koeffizient transformiert werden. Nach Division durch $f \varrho$ folgt schließlich:

$$\frac{d}{dt}\left(\frac{W^2}{2} + e\right) - \frac{p}{\varrho^2}\, \frac{d\varrho}{dt} + \frac{W}{\varrho}\, \frac{\partial p}{\partial x} = \frac{dq}{dt} + X W. \tag{16}$$

Die Glieder dieser *Energiedifferentialgleichung* lassen sich in verschiedenster Weise zusammenfassen, doch führt keine zu einer ähnlich übersichtlichen Form wie bei stationärer Strömung. Es ist daher am besten, die Kräfte mit der mit W multiplizierten Bewegungsgleichung (12) zu eliminieren, womit der Energiesatz in dem für das Teilchen ruhenden Koordinatensystem, d. h. der *erste Hauptsatz der Wärmelehre* gewonnen wird:

$$\frac{dq}{dt} = \frac{\partial q}{\partial t} + W\, \frac{\partial q}{\partial x} = T\, \frac{ds}{dt} = \frac{de}{dt} + p\, \frac{d}{dt}\, \frac{1}{\varrho} =$$

$$= \frac{\partial e}{\partial t} + W\, \frac{\partial e}{\partial x} + p\, \frac{\partial}{\partial t}\, \frac{1}{\varrho} + p W\, \frac{\partial}{\partial x}\, \frac{1}{\varrho}. \tag{17}$$

Er gibt bei instationärer Strömung die beste Ergänzung zu den Differentialgleichungen der Bewegung und der Kontinuität.

Würden die Kräfte X keine Arbeit leisten, wie dies bei Reibungskräften, die an ruhenden Wänden angreifen, der Fall ist, so würde der Summand mit X in der Energiegleichung (16), nicht aber in der Bewegungsgleichung (12) fehlen. Nach Subtraktion der mit W multiplizierten Bewegungsgleichung stünde in Gl. (17) neben $\frac{dq}{dt}$ noch $-WX$, d. i. die von den *gegen* die Geschwindigkeit gerichteten Reibungskräften produzierte Wärme.

Bei *stationärer* Strömung fallen alle partiellen Ableitungen $\frac{\partial}{\partial t}$ nach der Zeit weg und die partielle Ableitung $\frac{\partial}{\partial x}$ kann durch $\frac{d}{dx}$ ersetzt werden. Es kann ferner durch W dividiert werden, womit die Gleichungen des Abschnittes II, 7 wiedergewonnen sind.

6. Differentialgleichungen in Lagrangescher Darstellung.

Zur Ableitung dieser Gleichungen kann sowohl von den entsprechenden Integralsätzen als auch von den Differentialgleichungen des letzten Abschnittes ausgegangen werden. Der zweite Weg soll hier begangen werden.

Die Kettenregel der Differentiation (Abschnitt 2) liefert für eine beliebige Funktion g mit Gl. (7):

$$\left(\frac{\partial g}{\partial a}\right)_t = \left(\frac{\partial g}{\partial x}\right)_t \left(\frac{\partial x}{\partial a}\right)_t + \left(\frac{\partial g}{\partial t}\right)_x \left(\frac{\partial t}{\partial a}\right)_t = \frac{\varrho_0\, f_0}{\varrho\, f}\left(\frac{\partial g}{\partial x}\right)_t. \tag{18}$$

Mit Gl. (1) ergibt sich dann nach kurzer Transformation aus der *Kontinuitätsbedingung* (11)

$$\frac{\partial}{\partial t}\left(\frac{\varrho_0\, f_0}{\varrho\, f}\right) = \frac{\partial W}{\partial a}, \tag{19}$$

worin ϱ_0 und f_0 Funktionen von a sein können. Da die Geschwindigkeit W selbst die zeitliche Ableitung von x bei festem a darstellt, kann W und x in gleicher Weise als Unbekannte gewählt werden. Man gewinnt die *Kontinuitätsbedingung* für x durch Integration von Gl. (19) nach der Zeit:

$$\frac{\varrho_0\, f_0}{\varrho\, f} = \frac{\partial x}{\partial a} \tag{20}$$

oder auch direkt aus Gl. (7).

Mit Gl. (18) folgt aus der *Bewegungsgleichung* (12) sofort

$$\frac{\partial W}{\partial t} = \frac{\partial^2 x}{\partial t^2} = -\frac{f}{f_0}\frac{1}{\varrho_0}\frac{\partial p}{\partial a} + X. \tag{21}$$

Die noch fehlende Beziehung zwischen Druck und Dichte wird durch den *ersten Hauptsatz* Gl. (17) gegeben. Er lautet in Lagrangescher Darstellung:

$$\frac{\partial q}{\partial t} = \frac{\partial e}{\partial t} + p\,\frac{\partial}{\partial t}\frac{1}{\varrho} = T\,\frac{\partial s}{\partial t}. \tag{22}$$

Wo keine Wärmezufuhr stattfindet (und auch keine Wärme durch Reibung entwickelt wird), muß also mit Gl. (I, 35) die zeitliche Ableitung der Entropie verschwinden.

7. Strömungen ohne Beschleunigung.

Sind strömende Teilchen ohne Einwirkung äußerer Kräfte sich selbst überlassen, so kann der Fall eintreten, daß sich jedes Teilchen mit der ihm eigenen, zeitlich unveränderlichen Geschwindigkeit vorwärtsbewegt. Es ist naheliegend, diesen Vorgang in der Lagrangeschen Darstellungsweise zu verfolgen. Aus der Bewegungsgleichung (21) folgt wegen $W = W(a)$ sofort:

$$W = W(a); \quad p = p(t), \tag{23}$$

unter den Teilchen muß also völliger Druckausgleich herrschen.

Um aus der Kontinuitätsbedingung (19) weitere Schlüsse zu ziehen, müssen Annahmen über den Querschnittsverlauf gemacht werden. Vor allem wird der ebene, der zylindrische und der kugelsymmetrische Fall interessieren. Es ist:

$$f = x^n, \tag{24}$$

mit $n = 0$, 1 und 2 für ebene Strömung, für Zylinder- und Kugelsymmetrie, wobei der Querschnitt im Abstand $x = 1$ auf $f = 1$ festgelegt ist, was keine Einschränkung bedeutet. Mit Gl. (1) kann f sogleich abhängig von a und t dargestellt werden. Es ist:

$$\frac{\partial \ln f}{\partial t} = W \frac{n}{x} \begin{cases} = 0 & \text{für } n = 0, \\ = W n f^{-\frac{1}{n}} & \text{für } n \neq 0. \end{cases}$$

Weil W nur von a abhängt, läßt sich diese Gleichung integrieren, was mit Rücksicht auf:

$$f = f_0 = a^n \quad \text{für } t = 0$$

bei jedem n zur Gleichung führt:

$$\frac{f}{f_0} = \left(1 + \frac{Wt}{a}\right)^n. \tag{25}$$

Auch die Kontinuitätsbedingung (19) läßt sich integrieren. Mit $\dfrac{\partial W}{\partial a} = W'$ ist bei richtiger Wahl der Integrationskonstanten

$$\frac{\varrho_0}{\varrho} \frac{f_0}{f} = 1 + W' t.$$

Hierin kann ϱ_0 wie f_0 noch von a abhängen.

Da aber keine Wärme zugeführt werden soll, dehnt sich jedes Teilchen für sich isentrop aus. ϱ/ϱ_0 ist also eine Funktion von p/p_0 und daher eine reine Zeitfunktion. Während aber p nach Gl. (23) nur von der Zeit abhängt, kann ϱ_0 und ϱ einzeln auch noch von a abhängen. Nach der letzten Gleichung und Gl. (25) kann ϱ_0/ϱ nur dann unabhängig von a sein, wenn

$$W' = \text{konst. und } W = W' a \tag{26}$$

ist. Damit lautet die Lösung für eine unbeschleunigte Strömung

$$W = W' a; \quad \varrho_0/\varrho = (1 + W' t)^{n+1}, \tag{27}$$

mit $n = 0$, 1, 2 für den ebenen, zylinder- und kugelsymmetrischen Vorgang. Daraus läßt sich — etwa beim id. Gas konst. sp. W. — mit Hilfe der Isentrope die Änderung von Druck, Temperatur und Schallgeschwindigkeit ermitteln.

Das Ergebnis ist einleuchtend. Im Zentrum des Zylinders oder der Kugel ist die Geschwindigkeit Null. Je nachdem, ob W' positiv oder negativ ist, wächst die vom Zentrum weg oder auf das Zentrum hin gerichtete Geschwindigkeit proportional mit a über alle Grenzen. (Bei ebener Strömung gibt es kein Zentrum, der Punkt $a = 0$ ist nicht ausgezeichnet.) Entsprechend zur Volumenänderung ändert sich die Dichte in den drei Fällen mit der ersten, zweiten oder dritten Potenz der Zeit. Bewegen sich die Teilchen auf das Zentrum zu ($W' < 0$), so steigt die Dichte und um so mehr der Druck über alle Grenzen.

Abb. 29 zeigt eine kugelsymmetrische, beschleunigungslose Strömung für ein id. Gas konst. sp. W. ($\varkappa = 1{,}40$) und konstanter Entropie. Die Maßstäbe sind so gewählt, daß die Teilchen in den Punkten $t = 0$; $x = 1{,}0$; $2{,}0$; $3{,}0$ mit einfacher, zweifacher, dreifacher Schallgeschwindigkeit strömen und sich zur Zeit $t = 1$ im Zentrum treffen. Bei der Kompression bleibt wohl die Geschwindigkeit der einzelnen Teilchen konstant, jedoch steigt mit Dichte und Druck auch die Schallgeschwindigkeit. Die Kurven, welche den Ort eines bestimmten Teilchens in jedem Zeitpunkt angeben, heißen „*Teilchenbahnen*" oder „*Lebenslinien*". Sie ergeben sich durch Integration von $\left(\dfrac{\partial x}{\partial t}\right)_a = W$ hier als Geraden. Ist einmal $x(t, a)$ bekannt, so kann a aus den Gl. (27) eliminiert und der Vorgang in der x, t-Ebene dargestellt werden. In Abb. 29 sind ferner jene Kurven eingetragen, welche den Ort einer von einer gegebenen Stelle ausgehenden unendlich schwachen Schallwelle abhängig von der Zeit angeben. Diese Kurven heißen „*Machsche Linien*"*. Die Fortpflanzungsgeschwindigkeit $\dfrac{dx}{dt}$ schwacher Schallwellen ergibt sich aus der Summe von Strömungsgeschwindigkeit und Schallgeschwindigkeit, je nachdem,

ob sie in positiver oder negativer x-Richtung laufen, zu

$$\frac{dx}{dt} = W \pm c. \qquad (28)$$

Die Kurvengleichung einer Mach-Linie ergibt sich dann durch Integration von Gl. (28). Diese ist nicht immer leicht durchführbar. Wenn jedoch die Lösung und

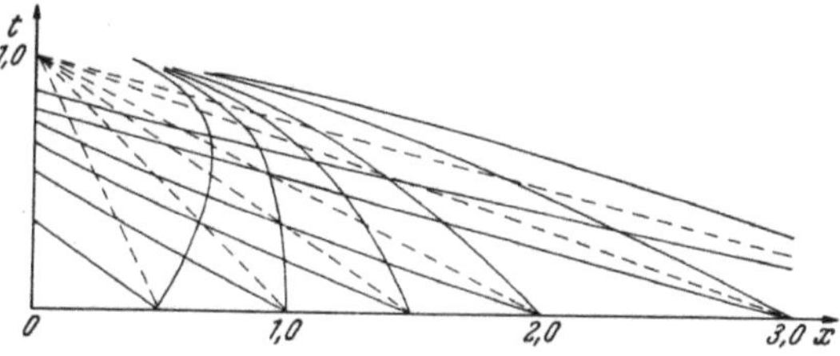

Abb. 29. Kugelsymmetrische beschleunigungslose Strömung ($\varkappa = 1{,}40$). ——— *Mach*-Linien, – – – – – Teilchenbahnen.

damit $W(x, t)$ und $c(x, t)$ bekannt ist, läßt sich ein „Richtungsfeld" zeichnen, in dem mit Gl. (28) die beiden Neigungen der Mach-Linien in einer großen Zahl von Punkten in die x, t-Ebene eingezeichnet werden, woraus sich unmittelbar ein Bild der Mach-Linien ergibt.

Weil bei Unterschallgeschwindigkeit die eine Schallwelle stets gegen die Strömung anzulaufen vermag, ist $W < c$ dadurch im Bild gekennzeichnet, daß die beiden Mach-Linien Neigungen entgegengesetzten Vorzeichens aufweisen, während die Neigungen der Mach-Linien bei Überschallgeschwindigkeiten gleiches Vorzeichen mit jener der Teilchenbahn haben. Die Richtungskotangente der Teilchenbahn, gegeben durch W, ergibt sich mit Gl. (28) sofort als arithmetisches Mittel der Richtungskotangenten beider Mach-Linien im selben Punkt. Bei Schallgeschwindigkeit steht eine Mach-Linie senkrecht zur x-Achse. Aus der Differenz der Mach-Linienkotangenten ergibt sich sogleich die Schallgeschwindigkeit. Aus den beiden Mach-Linienscharen ist somit der ganze Strömungszustand abzulesen.

Die Bedeutung der Mach-Linien liegt darin, daß sie die Grenzen der *Beeinflußbarkeit* der einzelnen Teile untereinander darstellen, solange keine Stöße auftreten. Diese laufen ja mit Überschallgeschwindigkeit und vermögen daher Störungen in Gebiete hereinzutragen, welche Mach-Wellen nicht zugänglich sind. Herrscht in Abb. 29 beispielsweise der Anfangszustand ($t = 0$) nur zwischen den Punkten $0{,}5 \leqslant x \leqslant 2{,}0$, so stellt das Bild die Vorgänge innerhalb jener Zone richtig dar, welche von der im Punkte $t = 0$, $x = 0{,}5$ nach rechts laufenden und im Punkte $t = 0$, $x = 2{,}0$ nach links laufenden Mach-Linie begrenzt wird. Innerhalb dieser Zone kann sich eine Störung, wie sie eine Änderung der Anfangsbedingungen außerhalb des Intervalls darstellt, gar nicht bemerkbar machen.

---

* Betreffs der Bezeichnung siehe Abschnitt VI, 5.

Um also beim beschriebenen Vorgang im Zentrum hohe Drucke zu erzeugen, ist es keineswegs erforderlich, gleich hohe Drucke auch weiter draußen sicherzustellen, da sich die Zustände außen nur bedingt im Zentrum bemerkbar machen. Es handelt sich bei Abb. 29 um einen der *Hohlraumwirkung* verwandten Effekt, bei welchem die Energiekonzentration in einem Zentrum dort zu Kompressionen und Druckerhöhungen führt, welchen auch starke Panzerplatten nicht mehr gewachsen sind.

8. Das innerballistische Problem.

Für die Frage, ob in einem durch bewegliche Kolben abgeschlossenen Zylinder einheitliche thermische Zustände angenommen werden können, ist die Möglichkeit eines Druckausgleiches entscheidend. Voraussetzung ist dabei natürlich, daß die einzelnen Teile des Mediums ausgehend von gleicher Entropie während der Ausdehnung gleiche Entropieänderungen erleiden oder sich überhaupt isentrop ausdehnen. Andernfalls wäre mit einem Druckausgleich ja auch kein Ausgleich von Temperatur und Dichte verbunden.

Aus der Bewegungsgleichung (12) ergibt sich der örtliche Druckunterschied Δp von zwei Stellen, welche die Entfernung l haben, aus mittlerer Dichte und Beschleunigung $\left(\dfrac{\partial W}{\partial t}\right)_a$ wie folgt:

$$\Delta p \approx \varrho\, l \left(\frac{\partial W}{\partial t}\right)_a.$$

Der Druck ist, wenn man sich mit der Näherung durch ein ideales Gas begnügt, $\varkappa\, p = \varrho\, c^2$, woraus sich dann die *örtliche* Druckschwankung berechnet:

$$\frac{\Delta p}{p} \approx \varkappa\, \frac{l \left(\dfrac{\partial W}{\partial t}\right)_a}{c^2}. \tag{29}$$

In kleinsten Abständen l kann also bei endlichen Beschleunigungen stets Druckausgleich angenommen werden, was für die Anwendung der Thermodynamik quasistatischer Vorgänge auf die Teilchen des strömenden Mediums entscheidend ist.

Es leuchtet ein, daß sowohl die Schallgeschwindigkeit als auch die Entfernung l der Punkte mit dem Druckunterschied Δp in die Gleichung für die Druckschwankung eingehen muß. Dann läßt sich aber nur eine dimensionslose Größe zusammen mit der mittleren Beschleunigung der Gasmasse bilden. Deren Wert läßt sich für den Vorgang in einem Rohr der Länge l leicht abschätzen. War die Gasmasse anfangs mit der Geschwindigkeit $W = 0$ auf die Gegend des Rohrbodens konzentriert und hatte sie schließlich in der Rohrmitte $l/2$ die mittlere Geschwindigkeit $\overline{W}$, so brauchte sie zur Erlangung dieser Geschwindigkeit die Zeit $\dfrac{l/2}{\overline{W}/2} = l/\overline{W}$. Daraus errechnet sich eine mittlere Beschleunigung von $\overline{W}^2/l$ und mit Gl. (29) die Abschätzung:

$$\frac{\Delta p}{p} \approx \varkappa\, \frac{\overline{W}^2}{c^2}.$$

Örtlicher Druckausgleich im Rohr kann also angenommen werden, wenn die mittlere Geschwindigkeit des Treibstoffes (der Ladung) genügend klein gegen die Schallgeschwindigkeit ist. Diese beträgt rund den dreifachen Wert (etwa 1000 m/sec) der Schallgeschwindigkeit in Luft normaler Temperatur, weil die absolute Temperatur im Rohr rund zehnfache Außentemperatur annimmt.

Für nicht zu hohe Austrittsgeschwindigkeiten W_G des Geschosses kann also wie bei der beschleunigungslosen Strömung mit Druckausgleich im Rohr [$p = p(t)$;

$\varrho = \varrho\,(t)]$ und folglich mit linearer Verteilung der Geschwindigkeit in jedem Zeitpunkt über die Rohrlänge gerechnet werden. Damit ist annähernd $\overline{W} = \frac{1}{2}\,W_G$, wenn $\dfrac{\varDelta p}{p} \approx \dfrac{\varkappa}{4}\,\dfrac{W_G^2}{c^2} \ll 1$ ist.

Wird von äußeren Kräften abgesehen (freier Rohrrücklauf, während das Geschoß im Rohr ist) und wird der Nullpunkt der Zeitzählung in den Ruhezustand vor der Auslösung des Schusses verlegt, so kann der Impulssatz (8) mit f als Rohrquerschnitt wie folgt geschrieben werden:

$$\int\limits_{a\,=\,a_1}^{a_2} W(a,\,t)\,\varrho_0\,f\,da = \int\limits_0^t (p_1 - p_2)\,f\,dt.$$

Hierin sei a_1 der Rohrboden mit dem zeitlich veränderlichen Druck p_1 und a_2 der Geschoßboden. Die Reibung des Geschosses an der Rohrwand werde vernachlässigt, dann sind $p_1 f$ und $p_2 f$ die auf Rohr und Geschoß wirkenden Kräfte, woraus sich mit M_R, W_R und M_G, W_G als Masse und Geschwindigkeit von Rohr und Geschoß nach NEWTON ergibt:

$$M_R\,\frac{dW_R}{dt} = -\,p_1\,f\,; \qquad M_G\,\frac{dW_G}{dt} = +\,p_2\,f.$$

Zur Berechnung des Impulsintegrals des Treibstoffes soll der lineare Geschwindigkeitsansatz für Strömung geringer Beschleunigung gewählt werden:

$$W = W_R + (W_G - W_R)\,\frac{a - a_1}{a_2 - a_1}. \tag{30}$$

Nach Ausrechnen aller Integrale auf Grund der obigen Ansätze erhält man schließlich mit $M_L = \varrho_0\,f\,(a_2 - a_1)$ als Ladungsmasse den *Impulssatz:*

$$W_G\left[M_G + \frac{1}{2}\,M_L\right] = -\,W_R\left[M_R + \frac{1}{2}\,M_L\right]. \tag{31}$$

Gl. (31) gibt eine Bindung zwischen Rohr- und Geschoßgeschwindigkeit und Rohr-, Geschoß- und Ladungsmasse. [In der Ballistik wird gerne die Rohrgeschwindigkeit in x-Richtung positiv gezählt, was in Gl. (31) rechts ein positives Vorzeichen ergäbe.] Die Zuzählung der halben Ladungsmasse zur Rohrmasse ist von untergeordneter Bedeutung. Der Anteil der Ladung, welcher zur Geschoßmasse hinzuzuzählen ist, in Gl. (31) also der Faktor $\frac{1}{2}$, heißt *Sébertscher Faktor.*

Zur Berechnung der Geschoßgeschwindigkeit muß vom Energiesatz Gl. (9) ausgegangen werden. Entsprechend einem Linearansatz der Geschwindigkeit sind die thermischen Zustandsgrößen und damit auch e als unabhängig von a [$e = e\,(t)$] anzusetzen. Als nach außen abgegebene Leistung sei nur eine abgegebene Wärmemenge Q angenommen:

$$Q = -\int\limits_0^t L\,dt.$$

Da $W_1\,dt = W_R\,dt$ und $W_2\,dt = W_G\,dt$ die Wegelemente von Rohr und Geschoß sind, stellen die Druckintegrale in Gl. (9) die Leistungen der Druckkräfte am Rohr und am Geschoß, also die kinetischen Energien der entsprechenden Massen dar:

$$-\int\limits_0^t p_1\,W_1\,f\,dt = -\,f\int\limits_0^t p_R\,dx = M_R\,\frac{W_R^2}{2}\,;$$

$$\int\limits_0^t p_2\,W_2\,f\,dt = f\int\limits_0^t p_G\,dx = M_G\,\frac{W_G^2}{2}.$$

Die *Energiegleichung* (9) lautet dann:

$$\int_{a_1}^{a_2} \frac{W^2(a, t)}{2}\, \varrho_0\, f\, da + M_R \frac{W_R^2}{2} + M_G \frac{W_G^2}{2}$$

$$= \int_{a_1}^{a_2} [e(a, 0) - e(a, t)]\, \varrho_0\, f_0\, da - Q$$

und nach Integration mit dem Ansatz für kleine Beschleunigungen:

$$M_L \frac{W_G^2 + W_G W_R + W_R^2}{6} + M_G \frac{W_G^2}{2} + M_R \frac{W_R^2}{2} = M_L [e(0) - e(t)] - Q. \tag{32}$$

Hierin kann noch die Rohrgeschwindigkeit mittels Gl. (31) eliminiert werden. Für große rücklaufende Rohrmassen, also *kleine* Geschwindigkeiten W_R, ist schließlich:

$$\frac{W_G^2}{2} \left(\frac{M_G}{M_L} + \frac{1}{3} \right) = e(0) - e(t) - \frac{Q}{M_L}. \tag{33}$$

In den Lehrbüchern der Ballistik wird die kinetische Energie der Ladung vielfach einfach aus deren mittlerer Geschwindigkeit berechnet, was sich so auswirkt, daß in der Klammer statt des Summanden $1/3$ der Wert $1/4$ steht. Zu dieser Ungenauigkeit besteht aber kein Anlaß.

Die Differenz der inneren Energie ergibt sich aus der Temperatur T_0, welche die Ladung annehmen würde, wenn sie im Ausgangszustand völlig verbrennen würde, und der Temperatur T zur Zeit des Geschoßaustrittes. Letztere ist im allgemeinen noch sehr hoch. Beträgt nämlich der Laderaum etwa 10% des Rohrvolumens, d. h. sinkt die Dichte bei der Ausdehnung auf rund 10%, so fällt die Temperatur bei isentropischer Ausdehnung nur etwa auf die Hälfte. Es wird also nur rund die Hälfte der verfügbaren Energie ausgenutzt, worin der Hauptverlust beim Schußvorgang liegt.

Legt man dem Verbrennungsprodukt folgende Zusammensetzung zugrunde[32]: 47(Vol.)% CO, 18% H_2, 17% H_2O, 11% N_2, 6% CO_2, so entspricht das einem mittleren Molgewicht von rund $m = 22$. Für ein Verhältnis der spezifischen Wärmen von[32] $\varkappa = 1{,}286$ errechnet sich aus Gl. (I, 16) eine spezifische Wärme von $c_v = 0{,}32$ cal/g . Grad. Bei einer Verbrennungstemperatur von $T_0 = 2800°$ abs. und einer Mündungstemperatur von $T = 1700°$ abs. wäre dann

$$e(T_0) - e(T) = c_v (T_0 - T) = 350 \text{ cal/g},$$

wobei hier näherungsweise mit den Formeln eines id. Gases konst. sp. W. gerechnet wurde.

Bei einem Verhältnis der Geschossmasse zur Ladungsmasse von $M_G/M_L = 7$ würde mit Gl. (33) ohne Wärmeverluste an das Rohr ($Q = 0$) die Geschwindigkeit W_G sein:

$$W_G = \sqrt{2 \frac{e(T_0) - e(T)}{\dfrac{M_G}{M_L} + \dfrac{1}{3}}} = 630 \text{ m/sec}.$$

Doch sind die Wärmeverluste beträchtlich, besonders bei kleinem Rohrdurchmesser, so daß die Geschoßgeschwindigkeit erheblich unter dem eben errechneten Wert liegt. Bei diesem Beispiel wird mit guter Näherung mit Gleichdruck (quasistatisch) im Rohr gerechnet werden können.

Nähert sich jedoch die Geschwindigkeit im Rohr der Schallgeschwindigkeit, so erstreckt sich die Ausdehnung der Ladung hauptsächlich auf die geschoßnahen Gebiete, was zwar zu einer Verminderung der kinetischen Energie der Ladung, aber auch zu einer Erhöhung von deren innerer Energie gegenüber der quasi-statischen Ausdehnung führt. Da der letztere Effekt ausschlaggebend ist, ist die Folge eine weitere Erhöhung der Verluste.

Das Rohrgewicht richtet sich nach den auftretenden Höchstdrucken. Daher wird mit Verzögerungen der Verbrennung gearbeitet. Die durch das Vortreiben des Geschosses erzielte Erweiterung des Verbrennungsraumes führt zu einer Herabsetzung der Druckspitzen.

9. Grundgleichungen für die Wellenausbreitung.

Die instationären Vorgänge in Gasen können ganz allgemein als Ausbreitung von Wellen endlicher Amplitude aufgefaßt werden. Dabei interessieren vorzüglich Vorgänge *ohne* äußere Einflüsse, wie Energiezufuhren oder Einwirkungen äußerer Kräfte. Auch zeitliche Änderungen des Stromfadenquerschnittes f seien damit ausgeschlossen. Neben dem ebenen Problem ($f = $ konst.) wird vor allem das zylindersymmetrische (f proportional x) und das kugelsymmetrische Problem (f proportional x^2) interessieren. Wird das Zentrum stets an die Stelle $x = 0$ verlegt, so ist dann

$$\frac{1}{f}\frac{\partial f}{\partial x} = \frac{1}{f}\frac{df}{dx} = \frac{\sigma}{x} \left\{ \begin{array}{l} \sigma = 0; \text{ ebenes Problem,} \\ \sigma = 1; \text{ Zylindersymmetrie,} \\ \sigma = 2; \text{ Kugelsymmetrie.} \end{array} \right. \tag{34}$$

Durch Kontinuitätsbedingung (11), Bewegungsgleichung (12) und ersten Hauptsatz der Wärmelehre (17) werden die Aufgaben voll erfaßt. Jedoch sind die Gleichungen schon deshalb etwas kompliziert, weil sie Größen unterschiedlicher physikalischer Dimensionen enthalten. Auf die Entropie s als eine thermische Zustandsgröße wird allerdings zweckmäßigerweise nicht verzichtet, da sie, von Verdichtungsstößen abgesehen, wenigstens für jedes Teilchen konstant bleibt. Als zweite thermische Zustandsgröße sei die Schallgeschwindigkeit $\left[c^2 = \left(\frac{\partial p}{\partial \varrho}\right)_s \right]$ eingeführt. Sie ist selbst eine Zustandsgröße, weil sie nur von solchen abhängt, und besitzt die Dimension einer Geschwindigkeit.

Nach dem ersten Hauptsatz der Wärmelehre bleibt unter den gemachten Voraussetzungen die Entropie eines Massenteilchens konstant $\left(\frac{ds}{dt} = 0\right)$. Die massenfeste Änderung der Dichte vollzieht sich also bei konstanter Entropie, woraus folgt:

$$\frac{1}{\varrho}\frac{d\varrho}{dt} = \frac{1}{\varrho}\left(\frac{\partial \varrho}{\partial p}\right)_s \left(\frac{\partial p}{\partial c}\right)_s \frac{dc}{dt} = \frac{1}{c^2}\frac{1}{\varrho}\left(\frac{\partial p}{\partial c}\right)_s \frac{dc}{dt}. \tag{35}$$

Bei stets festgehaltener Entropie s kann mit den partiellen Ableitungen in gleicher Weise wie mit den gewöhnlichen Ableitungen verfahren werden, wovon man sich sofort mittels der Kettenregel partieller Differentiation überzeugen kann. Der Ausdruck $\frac{1}{\varrho}\left(\frac{\partial p}{\partial c}\right)_s$ hat die Dimension einer Geschwindigkeit und kann nur für spezielle Gase explizit angegeben werden. Er kann mit Gl. (I, 38) auch ersetzt werden durch:

$$\frac{1}{\varrho}\left(\frac{\partial p}{\partial c}\right)_s = \frac{1}{\varrho}\left(\frac{\partial p}{\partial i}\right)_s\left(\frac{\partial i}{\partial c}\right)_s = \left(\frac{\partial i}{\partial c}\right)_s. \tag{36}$$

Der Druckgradient in der Bewegungsgleichung kann dann mit Gl. (I, 38) wie folgt ausgedrückt werden:

$$\frac{1}{\varrho}\frac{\partial p}{\partial x} = \frac{\partial i}{\partial x} - T\frac{\partial s}{\partial x} = \left(\frac{\partial i}{\partial c}\right)_s \frac{\partial c}{\partial x} + \left[\left(\frac{\partial i}{\partial s}\right)_c - T\right]\frac{\partial s}{\partial x} =$$
$$= \left(\frac{\partial i}{\partial c}\right)_s \frac{\partial c}{\partial x} + \frac{1}{\varrho}\left(\frac{\partial p}{\partial s}\right)_c \frac{\partial s}{\partial x}. \tag{37}$$

Damit lautet das Gleichungssystem für W, c, s:

$$\frac{1}{c}\left(\frac{\partial i}{\partial c}\right)_s \frac{\partial c}{\partial t} + \frac{1}{\varrho}\left(\frac{\partial i}{\partial c}\right)_s W \frac{\partial c}{\partial x} + c \frac{\partial W}{\partial x} = -\frac{cW}{f}\frac{df}{dx};$$

$$\frac{\partial W}{\partial t} + W \frac{\partial W}{\partial x} + \left(\frac{\partial i}{\partial c}\right)_s \frac{\partial c}{\partial x} = \left[T - \left(\frac{\partial i}{\partial s}\right)_c\right]\frac{\partial s}{\partial x}; \qquad (38)$$

$$\frac{\partial s}{\partial t} + W \frac{\partial s}{\partial x} = 0.$$

Beim *idealen* Gas hängt Enthalpie i und Schallgeschwindigkeit c nur von der Temperatur ab. Damit ist i nur Funktion von c und $\left(\frac{\partial i}{\partial s}\right)_c = 0$. Besonders einfach sind die Verhältnisse beim id. Gas konst. sp. W., wo mit Gl. (II, 25) und (I, 15) gilt:

$$\left(\frac{\partial i}{\partial c}\right)_s = \frac{di}{dc} = \frac{2}{\varkappa - 1}c. \qquad (39)$$

Es sei daran erinnert, daß der Faktor $\dfrac{2}{\varkappa-1}$ die in der kinetischen Gastheorie so wichtige „Anzahl der Freiheitsgrade" ausdrückt. Dieser Faktor tritt wie die entsprechende Größe in Gl. (38) überall dort auf, wo Ableitungen von c stehen. Mit Gl. (38) und (39) lautet das System für das id. Gas konst. sp. W.:

$$\frac{2}{\varkappa-1}\frac{\partial c}{dt} + \frac{2}{\varkappa-1}W\frac{\partial c}{\partial x} + c\frac{\partial W}{\partial x} = -\frac{cW}{f}\frac{df}{dx};$$

$$\frac{\partial W}{\partial t} + W\frac{\partial W}{\partial x} + \frac{2}{\varkappa-1}c\frac{\partial c}{\partial x} = \frac{c^2}{\varkappa-1}\frac{\partial}{\partial x}\left(\frac{s}{c_p}\right); \qquad (40)$$

$$\frac{\partial}{\partial t}\left(\frac{s}{c_p}\right) + W\frac{\partial}{\partial x}\left(\frac{s}{c_p}\right) = 0.$$

Besonders einfach werden die Systeme (38) und (40), wenn Isentropie ($s = $ konst.) angenommen werden kann.

10. Potential- und Stromfunktion.

Oft ist es zweckmäßig, Funktionen einzuführen, welche die Eigenschaft haben, bestimmten Gleichungen zu genügen. Mit ihrer Hilfe ist es vielfach möglich, die Probleme auf die Lösung einer einzigen Differentialgleichung zweiter Ordnung zu reduzieren.

Wird die Kontinuitätsbedingung (11) in der Form geschrieben:

$$\frac{\partial(f\varrho)}{\partial t} + \frac{\partial(f\varrho W)}{\partial x} = 0,$$

so zeigt sich, daß sie durch eine Funktion Ψ mit folgenden Ableitungen befriedigt wird:

$$\Psi_t = +f\varrho W; \quad \Psi_x = -f\varrho. \qquad (41)$$

Ψ erfüllt die Kontinuitätsbedingung identisch. Die Differenz der Ψ-Werte an einem bestimmten Ort x in zwei verschiedenen Zeitpunkten t_2 und t_1 gibt mit Gl. (41):

$$\Psi(x, t_2) - \Psi(x, t_1) = \int_{t_1}^{t_2} f\varrho W\, dt, \qquad (42)$$

d. h. also die Masse, welche am Ort x innerhalb der Zeit t_1 bis t_2 durchgeflossen ist. Die Neigung einer Kurve $\Psi = $ konst.:

$$-\frac{\Psi_t}{\Psi_x} = W \qquad (43)$$

ist überall gleich der Neigung der Bahnkurve eines Teilchens in der x, t-Ebene. Damit ist $\Psi = \text{konst.}$ überhaupt die Gleichung einer „Teilchenbahn" oder „Lebenslinie". Wegen der Analogie zur entsprechenden Funktion bei stationärer Strömung werde die durch Gl. (41) definierte Funktion als „Stromfunktion" bezeichnet. Um für diese eine Gleichung zu erhalten, sei die Bewegungsgleichung zunächst in der Form geschrieben:

$$\frac{\partial W}{\partial t} + W \frac{\partial W}{\partial x} + \frac{1}{\varrho}\left(\frac{\partial p}{\partial \varrho}\right)_s \frac{\partial \varrho}{\partial x} + \frac{1}{\varrho}\left(\frac{\partial p}{\partial s}\right)_\varrho \frac{\partial s}{\partial x} =$$
$$= \frac{\partial W}{\partial t} + W \frac{\partial W}{\partial x} + \frac{c^2}{\varrho} \frac{\partial \varrho}{\partial x} + \frac{1}{\varrho}\left(\frac{\partial p}{\partial s}\right)_\varrho \frac{\partial s}{\partial x} = 0. \tag{44}$$

Diese Gleichung ist mit $f \varrho$ zu multiplizieren:

$$f \varrho \frac{\partial W}{\partial t} + f \varrho\, W \frac{\partial W}{\partial x} + f\, c^2 \frac{\partial \varrho}{\partial x} = -f\left(\frac{\partial p}{\partial s}\right)_\varrho \frac{\partial s}{\partial x}$$

und zu der mit W multiplizierten Kontinuitätsbedingung:

$$W \frac{\partial f \varrho}{\partial t} + 2\,W \frac{\partial f \varrho\, W}{\partial x} - f \varrho\, W \frac{\partial W}{\partial x} - W^2 \frac{\partial f \varrho}{\partial x} = 0$$

zu addieren, um zu folgender Gleichung zu gelangen:

$$\frac{\partial f \varrho\, W}{\partial t} + 2\,W \frac{\partial f \varrho\, W}{\partial x} + (c^2 - W^2)\frac{\partial f \varrho}{\partial x} = c^2 f \varrho\, \frac{1}{f}\frac{\partial f}{\partial x} - f\left(\frac{\partial p}{\partial s}\right)_\varrho \frac{\partial s}{\partial x}. \tag{45}$$

Die Entropie s ist auf Teilchenbahnen ($\Psi = \text{konst.}$) konstant, d. h. sie ist nur abhängig von Ψ, weshalb wie folgt geschrieben werden kann:

$$\frac{\partial s}{\partial x} = \frac{\partial s}{\partial \Psi} \Psi_x = -f \varrho \frac{ds}{d\Psi}, \tag{46}$$

wobei $s = s(\Psi)$ eine durch die Ausgangswerte gegebene Funktion sein muß.

Mit Gl. (41) und (46) lautet Gl. (45) schließlich:

$$\Psi_{tt} + 2\,W\,\Psi_{xt} + (W^2 - c^2)\,\Psi_{xx} = -\Psi_x \frac{c^2}{f}\frac{\partial f}{\partial x} + f\left(\frac{\partial p}{\partial s}\right)_\varrho \frac{ds}{d\Psi}\Psi_x. \tag{47}$$

Wie die Entropieverteilung über die Lebenslinien, muß natürlich auch der Querschnittsverlauf $[f = f(x, t)]$ bekannt sein. Mit Gl. (43) ist die Geschwindigkeit W und mit Gl. (41) die Dichte ϱ und also mit vorgegebenem $s = s(\Psi)$ auch jede andere Zustandsgröße wie c und $\left(\dfrac{\partial p}{\partial s}\right)_\varrho$ eine wenn auch recht komplizierte Funktion von Ψ. Gl. (47) stellt also eine die Vorgänge völlig beschreibende, allerdings sehr verwickelte Gleichung dar, die jedoch in einfachen Fällen von Nutzen sein kann.

Es ist auch möglich, die Bewegungsgleichung durch eine entsprechende Funktion — *Potentialfunktion* genannt — zu erfüllen, wobei nun allerdings eine Beschränkung auf *isentrope* Vorgänge erforderlich ist. Man überzeugt sich, daß Gl. (44) durch eine Funktion φ mit den Ableitungen:

$$\varphi_x = W; \quad -\varphi_t = \frac{W^2}{2} + \int_{p_1}^{p} \frac{dp}{\varrho} = \frac{W^2}{2} + \int_{\varrho_1}^{\varrho} \frac{c^2}{\varrho}\,d\varrho \tag{48}$$

befriedigt wird, wobei das Integral stets eine feste untere Grenze p_1 oder ϱ_1 besitzt. Es ist in einem Zustandsdiagramm auf einer „Isentrope" zu integrieren und bedeutet eine Enthalpiedifferenz. Für id. Gase konst. sp. W. ist insbesondere (i_1 und c_1 beliebige feste Werte)

$$-\varphi_t = \frac{W^2}{2} + i - i_1 = \frac{W^2}{2} + \frac{1}{\varkappa - 1}(c^2 - c_1^2). \tag{49}$$

Die Geschwindigkeit stellt sich also als Gradient des Potentials dar, wie eine Kraft als Gradient eines Kräftepotentials, woraus auch die Bezeichnung entspringt. Die Ableitung des Geschwindigkeitspotentials φ nach der Zeit gibt gerade jene Verbindung von Geschwindigkeit und thermischer Zustandsgröße, wie sie im Energiesatz bei stationärer Strömung Gl. (II, 7) auftritt. φ_t bleibt also für stationäre Strömung konstant und ist daher zur Beschreibung der instationären Effekte besonders geeignet.

Mit Gl. (48) ist

$$\varphi_{xt} = \frac{\partial W}{\partial t} = -W\,\frac{\partial W}{\partial x} - \frac{c^2}{\varrho}\,\frac{\partial \varrho}{\partial x} = -W\,\varphi_{xx} - \frac{c^2}{\varrho}\,\frac{\partial \varrho}{\partial x},$$

$$\varphi_{tt} = -W\,\frac{\partial W}{\partial t} - \frac{c^2}{\varrho}\,\frac{\partial \varrho}{\partial t} = -W\,\varphi_{xt} - \frac{c^2}{\varrho}\,\frac{\partial \varrho}{\partial t},$$

womit in der Kontinuitätsbedingung Gl. (11) nun leicht alle Ableitungen ausgedrückt werden können. Es ist:

$$\varphi_{tt} + 2\,W\,\varphi_{xt} + (W^2 - c^2)\,\varphi_{xx} = \frac{c^2}{f}\,\frac{df}{dt} = \frac{c^2}{f}\,\frac{\partial f}{\partial t} + \varphi_x\,\frac{c^2}{f}\,\frac{\partial f}{\partial x}. \tag{50}$$

Auffallend ist die Ähnlichkeit von Gl. (50) mit Gl. (47). Jedoch lassen sich in der — allerdings nur für *isentrope* Vorgänge geltenden — Gl. (50) die Größen W und c besonders beim id. Gas konst. sp. W. mittels Gl. (49) und (48) verhältnismäßig einfach ausdrücken.

11. Kleine Störungen im ruhenden Medium.

Breiten sich schwächere Störungen in einem ruhenden Medium aus, sind also die Druckstörungen klein gegen den Druck, die Dichte- und Schallgeschwindigkeitsschwankungen klein gegen die Dichte und die Schallgeschwindigkeit des ruhenden Mediums, so lassen sich bedeutende Vereinfachungen in den Gleichungen durchführen. Es treten dann auch nur Strömungsgeschwindigkeiten W in den Wellen auf, welche klein gegen die Schallgeschwindigkeit c sind. In besonders starkem Maße treffen die Voraussetzungen kleiner Störungen in der *Akustik* zu. Schallwellen großer Lautstärke verursachen im ruhenden Medium Geschwindigkeiten W von nur wenigen Zentimetern pro Sekunde. Die Ableitung der Potentialfunktion nach t gemäß Gl. (49) kann mit $c_1 = c_0$ als Schallgeschwindigkeit des ruhenden Mediums wie folgt geschrieben werden:

$$-\varphi_t = \frac{1}{\varkappa - 1}\,(c + c_0)\,(c - c_0) + \frac{W^2}{2} =$$

$$= \frac{2}{\varkappa - 1}\,c_0\,(c - c_0) + \frac{1}{\varkappa - 1}\,(c - c_0)^2 + \frac{W^2}{2}.$$

In diesem Abschnitt soll *Isentropie* und id. Gas konst. sp. W. vorausgesetzt werden. Dann lassen sich die Schallgeschwindigkeitsschwankungen mittels der Gleichung für c und für die Isentrope Gl. (I, 25) auch durch Druck-, Dichte- und Temperaturschwankungen ausdrücken. Es ist dann bei Beschränkung auf die *Glieder erster Ordnung* der Störungen:

$$\varphi_x = W; \quad -\varphi_t = \frac{2}{\varkappa - 1}\,c_0\,(c - c_0) =$$

$$= \frac{c_0^2}{\varkappa - 1}\,\frac{T - T_0}{T_0} = c_0^2\,\frac{\varrho - \varrho_0}{\varrho_0} = \frac{c_0^2}{\varkappa}\,\frac{p - p_0}{p_0}. \tag{51}$$

Zur Berechnung kleiner Schwankungen wird es in der Differentialgleichung nur auf jene Glieder ankommen, welche nicht selbst noch kleine Koeffizienten haben. In Gl. (50) werden also alle Summanden mit W als Faktor fortgelassen werden können, während c^2 als Faktor durch c_0^2 ersetzt werden kann. Damit ergibt sich eine *lineare* Differentialgleichung mit konstanten Koeffizienten. Sie lautet mit Gl. (34) für den ebenen ($\sigma = 0$), zylindrischen ($\sigma = 1$) und kugelsymmetrischen ($\sigma = 2$) Fall:

$$\varphi_{tt} - c_0^2\,\varphi_{xx} - c_0^2\,\frac{\sigma}{x}\,\varphi_x = 0. \tag{52}$$

Eine entsprechende *Linearisierung* in der Gleichung für die Stromfunktion soll nach Einführen einer „Störungsstromfunktion" ψ, definiert durch:

$$\psi_t = f\,\varrho\,W; \quad \psi_x = -f\,(\varrho - \varrho_0), \tag{53}$$

durchgeführt werden (ϱ_0 Dichte des ruhenden Mediums, f nur abhängig von x). Wie Ψ Gl. (41), erfüllt auch ψ Gl. (53) die Kontinuitätsbedingung. Entsprechend zu Gl. (42) gibt auch ψ mittels Gl. (53):

$$\psi\,(x, t_2) - \psi\,(x, t_1) = \int_{t_1}^{t_2} f\,\varrho\,W\,dt \tag{54}$$

die Masse, welche den Ort x im Zeitintervall t_1 bis t_2 passiert hat. Jedoch ist $\psi = $ konst. *nicht* Lebenslinie, weshalb die Entropie s im allgemeinen nicht von ψ allein abhängt und ψ nur zur Verwendung für isentrope Strömungen geeignet ist.

Die Ableitungen von ψ in Gl. (53) enthalten als Faktor W und $\varrho - \varrho_0$, also Glieder erster Ordnung der Störungen. Die Glieder erster Ordnung ergeben sich daher, indem alle übrigen Faktoren ihren Werten im ungestörten Medium gleichgesetzt werden. Mit der Isentropengleichung und der Gleichung für c ist also entsprechend zu Gl. (51):

$$\begin{aligned}
\psi_t &= f\,\varrho_0\,W; \quad -\psi_x = f\,\varrho_0\,\frac{\varrho - \varrho_0}{\varrho_0} \\
&= f\,\varrho_0\,\frac{p - p_0}{\varkappa\,p_0} \\
&= \frac{2}{\varkappa - 1}\,f\,\varrho_0\,\frac{c - c_0}{c_0}.
\end{aligned} \tag{55}$$

Bis auf einen dem Querschnitt f proportionalen Faktor entspricht das ψ_x dem φ_t und das ψ_t dem φ_x.

Mit den Gl. (53) und (41) überzeugt man sich leicht, daß

$$\psi_{tt} = \Psi_{tt}; \quad \psi_{xx} - \psi_x\,\frac{1}{f}\,\frac{df}{dx} = \Psi_{xx} - \Psi_x\,\frac{1}{f}\,\frac{df}{dx}$$

gilt, so daß Gl. (47) nach Linearisierung entsprechend zu Gl. (52) wie folgt geschrieben werden kann:

$$\psi_{tt} - c_0^2\,\psi_{xx} + c_0^2\,\frac{\sigma}{x}\,\psi_x = 0, \tag{56}$$

eine Gleichung, die sich lediglich im Vorzeichen des letzten Gliedes von der entsprechenden Gl. (52) für das Potential unterscheidet.

Gl. (52) und (56) geht bei ebener Strömung ($\sigma = 0$, $f = $ konst.) in die bekannte Wellengleichung über:

$$\varphi_{tt} - c_0^2\,\varphi_{xx} = 0; \quad \psi_{tt} - c_0^2\,\psi_{xx} = 0 \tag{57}$$

mit der allgemeinen, für φ und ψ in gleicher Weise gültigen Lösung:

$$\begin{aligned}
\varphi &= F_1\,(x - c_0\,t) + F_2\,(x + c_0\,t), \\
\psi &= F_3\,(x - c_0\,t) + F_4\,(x + c_0\,t),
\end{aligned} \tag{58}$$

wobei F_1, F_2 beliebigen Funktionsverlauf haben können. Wegen der Beziehungen zwischen den Ableitungen von φ und ψ bestehen Beziehungen zwischen F_1, F_2 und F_3, F_4. Mit Gl. (51) und (55) ist:

$$\frac{2}{\varkappa - 1} \frac{c - c_0}{c_0} = \frac{1}{c_0} F_1{}'(x - c_0 t) - \frac{1}{c_0} F_2{}'(x + c_0 t)$$

$$= -\frac{1}{f \varrho_0} F_3{}'(x - c_0 t) - \frac{1}{f \varrho_0} F_4{}'(x + c_0 t),$$

$$\frac{W}{c_0} = \frac{1}{c_0} F_1{}'(x - c_0 t) + \frac{1}{c_0} F_2{}'(x + c_0 t)$$

$$= -\frac{1}{f \varrho_0} F_3{}'(x - c_0 t) + \frac{1}{f \varrho_0} F_4{}'(x + c_0 t). \tag{59}$$

Darnach stellt sich die Geschwindigkeit W und der thermische Zustand ($c - c_0$, $\varrho - \varrho_0$ oder $p - p_0$) genau so wie die Funktion ψ und φ als Summe zweier Funktionen dar, deren eine das Argument $x - c_0 t$ und deren andere das Argument $x + c_0 t$ hat. In Gl. (59) bedeuten dabei die oben angefügten Striche ($F_i{}'$) die Ableitung der entsprechenden Funktion nach ihrem Argument. Die Lösungstypen müssen für φ und ψ dieselben sein wie für deren Ableitungen, weil diese wie jene die Wellengleichung in gleicher Weise erfüllen, wovon man sich durch Differentiation von Gl. (57) leicht überzeugen kann.

Die Gerade $x - c_0 t =$ konst. ist die Weg-Zeit-Linie einer in positiver Richtung laufenden Schallwelle, es ist also eine „Mach-Linie", die auch durch Integration von Gl. (28) unter den vereinfachenden Annahmen $W = 0$, $c = c_0$ gewonnen werden kann. Auf jeder Mach-Linie $x - c_0 t =$ konst. hat $F_1{}'(x - c_0 t)$, unter der Voraussetzung $F_2 = 0$, also nach Gl. (59) Geschwindigkeit und thermischer Zustand, einen bestimmten gleichbleibenden Wert (Abb. 30). Damit kann die Lösung $\varphi = F_1(x - c_0 t)$ oder $\psi = F_3(x - c_0 t)$ als eine sich in x-Richtung bei *gleichbleibender* Gestalt fortpflanzende Schallwelle gedeutet werden. Vor und hinter der Welle bleibt das Medium im übrigen unbeeinflußt. Für die Funktionen F_2 und F_4 in Gl. (58) und deren Ableitungen nach dem Argument in Gl. (59) gilt ganz Entsprechendes, nur ist die Fortpflanzungsrichtung der x-Richtung entgegengesetzt. Damit kann die allgemeinste Lösung als die Summe zweier Wellen beliebiger Gestalt gedeutet werden, deren eine sich in positiver und deren andere sich in negativer x-Richtung fortbewegt.

Ist also die Geschwindigkeit und Druckverteilung in einem Zeitpunkt ($t = 0$) abhängig von x, oder ist die Quellwirkung (Stromdichte) an einem bestimmten Ort x abhängig von der Zeit gegeben, so kann innerhalb der getroffenen Näherungen die Geschwindigkeits- und Druckverteilung in der ganzen x, t-Ebene errechnet werden.

Die allgemeinste Lösung einer *kugelsymmetrischen* Strömung ($\sigma = 2$) ist nur wenig komplizierter. Man überzeugt sich, daß folgende Ansätze die Gl. (52) und (56) erfüllen:

$$\varphi = \frac{1}{x} F_1(x - c_0 t) + \frac{1}{x} F_2(x + c_0 t),$$

$$\psi = F_3(x - c_0 t) - x F_3{}'(x - c_0 t) + F_4(x + c_0 t) - x F_4{}'(x + c_0 t). \tag{60}$$

Dabei ist wieder $F_i{}'$ die Ableitung von F_i nach seinem Argument. x ist der Abstand vom Kugelzentrum und kann daher nur positive Werte annehmen. Wieder kann hier von einer in positiver und negativer x-Richtung laufenden Welle gesprochen werden, wobei sich letztere von ihrem Gegenstück bei ebener Strömung dadurch unterscheidet, daß sie nicht nach beliebig negativen Werten laufen kann, sondern entweder im Zentrum ($x = 0$) verschluckt oder reflektiert werden muß. Auch die Form einer positiv oder negativ laufenden Welle bleibt nicht unverändert, ihre Stärke nimmt mit der Entfernung vom Zentrum ab, was man schon aus einer Energiebetrachtung gar nicht anders erwarten kann. φ und seine Ableitungen:

$$W = \varphi_x = -\frac{1}{x^2} F_1(x - c_0 t) + \frac{1}{x} F_1'(x - c_0 t)$$

$$-\frac{1}{x^2} F_2(x + c_0 t) + \frac{1}{x} F_2'(x + c_0 t), \tag{61}$$

$$\frac{2}{\varkappa - 1}(c - c_0) = -\frac{1}{c_0} \varphi_t = \frac{1}{x} F_1'(x - c_0 t) - \frac{1}{x} F_2'(x + c_0 t)$$

haben nun Formen, welche sich mit dem Fortwandern der Wellen ändern und abhängig von t bei festem x andere Werte ergeben als abhängig von x bei festem t. (Das gleiche gilt natürlich auch für ψ, ψ_x, ψ_t).

Die Ableitungen von φ zeigen, daß Geschwindigkeit und Druck im Zentrum über alle Grenzen steigen, ein Resultat, das im Gegensatz zu den für die Linearisierung erforderlichen Voraussetzungen steht. Folglich ist diese Theorie kleiner Störungen in einem Kugelzentrum wohl eine mathematisch richtige Lösung der linearisierten Gleichungen, jedoch betreffs ihrer physikalischen Aussagen falsch. Wenn dennoch Lösungen behandelt werden, welche das Zentrum mit einschließen, so dürfen physikalische Schlüsse lediglich bei genügendem Abstand x gezogen werden, indem etwa angenommen wird, die Welle wäre erst an einer Kugel von genügend großem Radius x entstanden, wobei dieser Radius um so kleiner sein darf je schwächer die Störungen sind. Die physikalischen Folgerungen dieser Theorie über Kugelwellen (und Zylinderwellen) sind also nur außerhalb des Ursprunges gerechtfertigt und in diesem Sinne zu verstehen. Auch im Versuch ist im übrigen das Zentrum selbst vielfach ausgeschlossen. Ein Impuls oder eine Masse kann niemals in Wirklichkeit aus einem punktförmigen Zentrum fließen, sondern wird in seiner unmittelbaren Umgebung produziert.

Das Anwachsen von Druck und Geschwindigkeit über alle Grenzen im Zentrum überrascht nicht, da ein endlicher Energie- und Massenfluß an einem verschwindend kleinen Querschnitt f nur auf diese Weise möglich ist. Hingegen hat die Gesamtmasse, welche in der Zeiteinheit durch die Fläche f fließt, nach Gl. (55) und (61):

$$f \varrho_0 W = -\frac{\varrho_0 f}{x^2}[F_1(x - c_0 t) + F_2(x + c_0 t)]$$

$$+ \frac{\varrho_0 f}{x}[F_1'(x - c_0 t) + F_2'(x + c_0 t)], \tag{62}$$

wegen der Proportionalität von f zu x^2 auch in der Nähe des Zentrums einen endlichen Wert. Dasselbe gilt auch für das Produkt $(c - c_0) f$, das man wie $\varrho_0 W f$ direkt als Ableitung von ψ erhalten kann [Gl. (55)].

Wenn die Welle an einer Stelle zeitlich begrenzt ist, so behält sie diese Eigenschaft bei. Das Medium verfällt hinter der Welle in den vor der Welle herrschenden Ruhezustand. Während aber eine Quelle bei ebener Strömung nach Gl. (59) eine Überdruckwelle verursacht, verschwindet das Druckintegral einer zeitlich begrenzten Quelle bei einer Kugelwelle. Über der Zeit aufgetragen, ergibt sich für $\sigma = 2$ ebensoviel Unterdruck wie Überdruck, wie allgemein gezeigt werden kann:

Während für die Quellstärke $W \varrho_0 f$ in $x = 0$ einer ebenen Welle nach Gl. (59) die Ableitung $F_1'(x - c_0 t)$ [und $F_2'(x + c_0 t)$] verantwortlich ist, tritt im Zentrum einer Kugelwelle wegen der Proportionalität von f zu x^2 nach Gl. (62) nur $F_1(x - c_0 t)$ auf. [$F_2(x + c_0 t)$ würde sich auf eine auf das Zentrum zu laufende Welle beziehen.]

Soll in $x = 0$ eine Quelle $G = f \varrho_0 W$ nur innerhalb der Zeit $t = 0$ und $t = t_0$ vorhanden sein, so muß also $F_1 (x - c_0 t)$ am Anfang und Ende der Quelltätigkeit verschwinden. Nun ist aber das Zeitintegral der Schallgeschwindigkeits- (oder Druck-) Störung nach Gl. (61):

$$\int_{t_1}^{t_2} \frac{2}{\varkappa - 1} (c - c_0)\, dt = \frac{1}{x} \int_{t_1}^{t_2} F_1' (x - c_0 t)\, dt$$

$$= - \frac{1}{x} \frac{1}{c_0} \int_{t_1}^{t_2} F_1' (x - c_0 t)\, d(x - c_0 t) \qquad (63)$$

$$= - \frac{1}{x c_0} [F_1 (x - c_0 t_2) - F_1 (x - c_0 t_1)].$$

Die Argumente der Funktion F_1 geben den Ort einer nach rechts laufenden (positive x-Richtung) Schallwelle. F_1 verschwindet also bei jedem x am Anfang und am Ende der Störung und damit das zeitliche Druckintegral über die ganze Störung.

Das Auftreten von Unterdruckgebieten in Kugelwellen entspricht den Beobachtungen, daß bei Bombenwürfen die Fensterscheiben vielfach *vor* das Haus fallen.

Dem in Abb. 30 behandelten Beispiel der Kugelwelle ist folgende Funktion F_1 zugrunde gelegt ($\xi = x - c_0 t$):

für $- c_0 t_0 \leqq \xi \leqq 0$:

$$F_1 = - \frac{4}{\pi} \frac{\xi^2}{(c_0 t_0)^2} (\xi + c_0 t_0)^2,$$

für $\xi \leqq - c_0 t_0$ und $0 \leqq \xi$:

$$F_1 = 0.$$

Im Zentrum ist also $F_1 =$

$$= - \frac{4 (c_0 t_0)^2}{\pi} \left(\frac{t}{t_0}\right)^2 \left(1 - \frac{t}{t_0}\right)^2$$

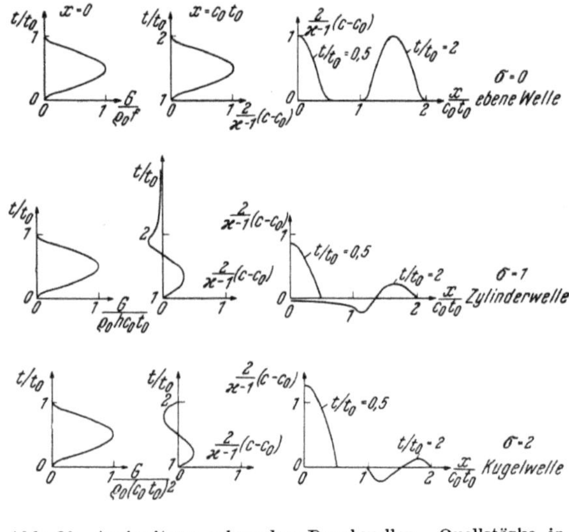

Abb. 30. Ausbreitung schwacher Druckwellen. Quellstärke in $x = 0$ und Druckwelle in $x = c_0 t_0$ über der Zeit, Druckwelle zu den Zeiten $t = 0.5\, t_0$ und $t = 2\, t_0$ über dem Ort.

für $0 \leqq t \leqq t_0$ und verschwindet für alle anderen Zeiten. D. h. mit Gl. (62), daß die Quellstärke im Zentrum in Form einer Glockenkurve anwächst und wieder abfällt. Das Extremum der Kurve liegt bei $\frac{t_0}{2}$, bei $t = 0$ und $t = t_0$ verschwindet F_1 und seine erste Ableitung. [Die Funktion F_1, welche nach Gl. (61) die Dimension von Geschwindigkeit mal Fläche haben sollte, ist hier einfach mit Dimension einer Fläche angesetzt, da es im Resultat (Abb. 30) nur auf einen Vergleich von Größen gleicher Dimension ankommt.] Für die thermischen Größen folgt:

$$\frac{2}{\varkappa - 1} (c - c_0) = \frac{1}{x} F_1' (\xi) = - \frac{16}{\pi} \frac{\xi}{x} \left(\frac{1}{2} + \frac{\xi}{c_0 t_0}\right) \left(1 + \frac{\xi}{c_0 t_0}\right)$$

für $- c_0 t_0 \leqq \xi \leqq 0$, sonst $F_1' = 0$.

Die Funktion F_1' verschwindet also an den Endpunkten und in der Mitte $\left(\xi = - \frac{c_0 t_0}{2}\right)$. In zeitlicher Reihenfolge ergeben sich anfangs Überdrücke. Da f

selbst proportional x^2 ist, nehmen die Druckextreme proportional mit dem Abstand vom Zentrum ab.

Während die Darstellung von Kugelwellen bei Linearisierung noch einfach war, bedürfen *Zylinderwellen* einer weitergehenden Überlegung. Die Gl. (52) und (56) lassen sich nicht mehr so einfach lösen. Wegen der Linearität der Gleichungen sind aber Superpositionen möglich, die Summe zweier oder mehrerer Lösungen ist wieder eine Lösung. Werden also auf der ganzen Zylinderachse z gleiche Kugelwellen angenommen, so müssen diese eine Zylinderwelle ergeben. Da es in dem Raum höherer Dimension ($\sigma = 2$) einfache Lösungen gibt, gelingt es, auch im Raum kleinerer Dimensionen Lösungen aufzubauen. Man spricht von einer „Absteigemethode"[*].

Ist nun x der Abstand von der Zylinderachse (Abb. 31) und z die Koordinate auf der Zylinderachse, so ist der Abstand eines Punktes x in der Ebene $z = 0$ von einer Kugelquelle mit dem Zentrum auf der Zylinderachse im Abstand z vom Ursprung gleich $\sqrt{x^2 + z^2}$. Dieser Abstand ist überall dort, wo bei der Kugelquelle x steht, auch in $f = \text{prop. } x^2$, einzusetzen und dann über jene Werte von F_1 zu integrieren, für welche sich die Funktion von Null unterscheidet.

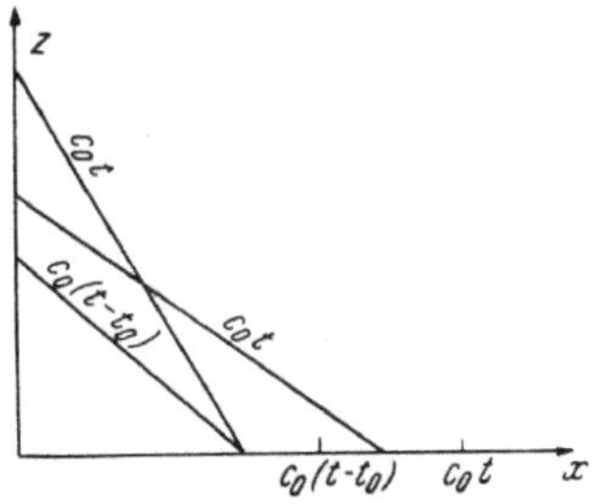

Auf der Zylinderachse selbst herrscht Quelltätigkeit in der Zeit $0 \leq t \leq t_0$. Die vom Ursprung ausgehende Störung wird einen Punkt x der x-Achse in der Zeit $\dfrac{x}{c_0} \leq t \leq \dfrac{x}{c_0} + t_0$ durchlaufen. In dieser Zeit kommt noch die Störung aller Quellpunkte hinzu, die genügend nahe am Ursprung liegen, um an der Störung im Punkte x zur Zeit t mitzuwirken. Für sie darf der Abstand vom Punkte x, d. i. $\sqrt{x^2 + z^2}$ nicht größer sein als der Weg $c_0 t$, den eine Störung in der Zeit t zurückzulegen vermag. Damit sind die Grenzen durch $z = 0$ und $\sqrt{x^2 + z^2} = c_0 t$ festgelegt, solange die Störung aus dem Ursprung den betrachteten Punkt durchläuft. Für spätere Zeiten ($t \geq \dfrac{x}{c_0} + t_0$) beteiligen sich die Quellen am Ursprung nicht mehr, weil sie versiegt sind. Es kommen dann nur Quellpunkte mit $\sqrt{x^2 + z^2} \geq c_0 (t - t_0)$ in Frage. Damit ist das Potential einer sich *ausbreitenden Zylinderwelle* (der positive und negative Teil der z-Achse ergibt das gleiche Resultat):

Abb. 31. Skizze zur Ausbreitung einer Zylinderwelle.

für $x \leq c_0 t \leq x + c_0 t_0$:

$$\varphi = 2 \int\limits_0^{\sqrt{c_0^2 t^2 - x^2}} \frac{1}{\sqrt{x^2 + z^2}} F_1\left(\sqrt{x^2 + z^2} - c_0 t\right) dz,$$

für $c_0 t \geq x + c_0 t_0$: $\qquad\qquad\qquad\qquad\qquad\qquad\qquad$ (64)

$$\varphi = 2 \int\limits_{\sqrt{c_0^2 (t - t_0)^2 - x^2}}^{\sqrt{c_0^2 t^2 - x^2}} \frac{1}{\sqrt{x^2 + z^2}} F_1\left(\sqrt{x^2 + z^2} - c_0 t\right) dz$$

bei Quelltätigkeit für $0 \leq t \leq t_0$. Für Zeiten $c_0 t < x$ bleibt die Stelle noch ungestört.

---

[*] Courant-Hilbert: Methoden der Mathematischen Physik, II. Bd., S. 166.

Schon die bisherigen Betrachtungen zeigen einen grundlegenden Unterschied der Zylinderwelle von der ebenen Welle und der Kugelwelle. Das Medium kommt nach dem Durchgang der ersten Störung überhaupt nicht mehr zur Ruhe, es klingen dauernd Störungen, von entlegenen Kugelwellen kommend, nach.

Die Ableitungen von φ Gl. (64) ergeben für $x \leq c_0\, t \leq x + c_0\, t_0$:

$$W = 2 \int_0^{\sqrt{c_0^2 t^2 - x^2}} \left[\frac{1}{\sqrt{x^2 + z^2}}\, F_1{}' \left(\sqrt{x^2 + z^2} - c_0\, t \right) - \frac{1}{x^2 + z^2}\, F_1 \left(\sqrt{x^2 + z^2} - c_0\, t \right) \right] \frac{x\, dz}{\sqrt{x^2 + z^2}},$$

$$(65)$$

$$\frac{2}{\varkappa - 1}\, (c - c_0) = 2 \int_0^{\sqrt{c_0^2 t^2 - x^2}} \frac{1}{\sqrt{x^2 + z^2}}\, F_1{}' \left(\sqrt{x^2 + z^2} - c_0\, t \right) dz$$

für $c_0\, t \geq x + c_0\, t$ ist wie in Gl. (64) wieder nur zwischen den Grenzen $\sqrt{c_0^2\,(t - t_0)^2 - x^2} \leq z \leq \sqrt{c_0^2 t^2 - x^2}$ zu integrieren. Die Ableitungen nach den Grenzen der Integrale von φ verschwinden mit der Funktion F_1 an diesen Stellen.

Gl. (65) kann aus Gl. (61) auch direkt gewonnen werden, indem das x der Kugelwelle wieder durch $\sqrt{x^2 + z^2}$ der Zylinderwelle ersetzt wird. Während sich $c - c_0$ als skalare Größe einfach durch die Summe der $(c - c_0)$-Werte aller Kugelwellen darstellt, muß bei der Geschwindigkeit W die Normalkomponente auf die z-Achse, also die mit $\dfrac{x}{\sqrt{x^2 + z^2}}$ multiplizierte Geschwindigkeit der Kugelwelle, integriert werden.

Es ist noch festzustellen, wie die Quelltätigkeit an der Achse mit der Funktion F_1 zusammenhängt. Die zeitlich durch einen Zylinder von der Höhe h und dem Radius x fließende Masse G ist innerhalb linearer Näherung mit Gl. (65):

$$G = 2\,\pi\, x\, h\, \varrho_0\, W$$

$$= 4\,\pi\, x^2\, \varrho_0\, h \int_0^{\sqrt{c_0^2 t^2 - x^2}} \left[\frac{1}{x^2 + z^2}\, F_1{}' \left(\sqrt{x^2 + z^2} - c_0\, t \right) - \frac{1}{(x^2 + z^2)^{3/2}}\, F_1 \left(\sqrt{x^2 + z^2} - c_0\, t \right) \right] dz.$$

Hierin muß über z integriert und darnach $x = 0$ gesetzt werden, wozu aber die Funktion F_1 bekannt sein muß. Endliche Werte für F_1 überall vorausgesetzt, lassen sich aber direkt schon Aussagen machen. Weil x^2 vor dem Integral als Faktor steht, kann von Ausdrücken ein Beitrag erwartet werden, deren Nenner bei $x = 0$ selbst gegen Null geht. Das können bei $x = 0$ nur Werte des Integranden bei $z = 0$ sein. Daher kann für *sehr kleine x-Werte* näherungsweise geschrieben werden:

$$G = 2\,\pi\, x\, h\, \varrho_0\, W$$

$$= 4\,\pi\, x^2\, h\, \varrho_0 \left[F_1{}'(- c_0\, t) \int_0^{\sqrt{c_0^2 t^2 - x^2}} \frac{dz}{x^2 + z^2} - F_1(- c_0\, t) \int_0^{\sqrt{c_0^2 t^2 - x^2}} \frac{dz}{(x^2 + z^2)^{3/2}} \right]$$

$$= 4\,\pi\, h\, \varrho_0\, F_1{}'(- c_0\, t)\, x \operatorname{arctg} \sqrt{\left(\frac{c_0\, t}{x} \right)^2 - 1} - 4\,\pi\, h\, \varrho_0\, F_1(- c_0\, t) \sqrt{1 - \left(\frac{x}{c_0\, t} \right)^2}.$$

Für $x = 0$ nimmt die *Quellstärke* auf der *Einheitsstrecke* der Zylinderachse also den Wert an:

$$G/h = - 4\,\pi\, \varrho_0\, F_1(- c_0\, t). \tag{66}$$

Genau derselbe Wert ergibt sich für die Kugel für G ($f = 4\,\pi\,x^2$), wenn in Gl. (62) zur Grenze $x = 0$ übergegangen wird; entsprechend zur Kugelwelle ist in Abb. 30 für die Zylinderwelle

$$F_1 = -\frac{4}{\pi}\,\frac{\xi^2}{(c_0\,t_0)^3}\,(\xi + c_0\,t_0)^2$$

angenommen. Für die *Flächeneinheit* der ebenen Strömung hingegen erhält man mit Gl. (59) im Punkte $x = 0$:

$$G/f = \varrho_0\,W = \varrho_0\,F_1{}'\,(-\,c_0\,t).$$

Entsprechend den verschiedenen Dimensionen ist auch nur ein Vergleich von Quellstärken unterschiedlicher Dimension möglich. Der Quellstärke G bei drei Dimensionen ($\sigma = 2$) steht die Quellstärke pro Längeneinheit G/h bei zwei Dimensionen ($\sigma = 1$) und die Quellstärke pro Flächeneinheit oder Stromdichte G/f bei einer Dimension ($\sigma = 0$) gegenüber. In Abb. 30 sind alle Größen mittels $c_0\,t_0$ auf die Dimension einer Geschwindigkeit gebracht, um einen direkten Vergleich mit $\dfrac{2}{\varkappa - 1}\,(c - c_0)$ zu ermöglichen. Der Maßstab ist dabei gleichgültig, nur müssen alle auftretenden Geschwindigkeiten klein gegen die Schallgeschwindigkeit sein. Die Berechnung der Zylinderwelle erfordert einigen Rechenaufwand.

12. Randbedingungen bei kleinen Störungen in ruhendem Medium.

Trifft eine fortwandernde Welle auf eine feste Wand auf, so muß dort die Geschwindigkeit verschwinden. Gelangt eine Welle hingegen an das Ende eines offenen Rohres, so herrscht dort Druckausgleich mit der Umgebung, es muß also die Druckstörung und damit auch die Schallgeschwindigkeitsstörung verschwinden.

Es sei angenommen, daß es sich um eine rechtslaufende Welle handelt, welche auf ein geschlossenes oder offenes Rohrende trifft. Stets läßt sich eine linkslaufende Welle so angeben, daß die Bedingung $W = 0$ oder $c - c_0 = 0$ an einer beliebigen Stelle erfüllt wird. Beispielsweise ergibt sich für eine ebene Welle, die im Punkte $x = 0$ auf *eine feste Wand* auftrifft, nach Gl. (59) dort $W = 0$, wenn $F_2{}'\,(x + c_0\,t) = -\,F_1{}'\,(-\,x - c_0\,t)$ gilt. Es ist dann:

$$W = F_1{}'\,(x - c_0\,t) - F_1{}'\,(-\,x - c_0\,t),$$

$$\frac{2}{\varkappa - 1}\,(c - c_0) = F_1{}'\,(x - c_0\,t) + F_1{}'\,(-\,x - c_0\,t). \tag{67}$$

Daraus geht hervor, daß sich $c - c_0$ und also auch $p - p_0$ einer ebenen Welle an der festen Wand *verdoppelt*. Die Bedingung eines offenen Rohrendes im Punkte $x = 0$, $c = c_0$ wird durch $F_2{}'\,(x + c_0\,t) = F_1{}'\,(-\,x - c_0\,t)$ erfüllt. Dann ist:

$$W = F_1{}'\,(x - c_0\,t) + F_1{}'\,(-\,x - c_0\,t),$$

$$\frac{2}{\varkappa - 1}\,(c - c_0) = F_1{}'\,(x - c_0\,t) - F_1{}'\,(-\,x - c_0\,t). \tag{68}$$

Daher verdoppelt sich also die Geschwindigkeit W einer ebenen Welle am offenen Rohrende.

Abb. 32 gibt die rechts- und linkslaufende Welle einige Zeit vor dem Eintreffen im Punkte $x = 0$. Darnach kann eine feste Wand verwirklicht werden, indem man spiegelbildlich die gleiche Druckwelle, $(c - c_0)$-Welle, ein offenes Rohrende, indem man spiegelbildlich eine auch in den Drucken gespiegelte Welle laufen läßt, was physikalisch unmittelbar einleuchtet. Die Wellen geben wechselweise die Gestalt der Druckwelle nach der Reflexion an, wenn die Wellen völlig übereinander weggelaufen sind.

Die Reflexion einer *Kugelwelle* an einer kugelförmigen Wand läßt sich ganz entsprechend behandeln, wenn $x \neq 0$ ist. Das Auffinden der Funktion F_2, welche in x mit F_1 zusammen $W = 0$ ergibt, ist allerdings nicht mehr so einfach. Vor der Reflexion haben die Wellen nicht mehr spiegelbildliche Gestalt. Die Wellen deformieren sich ja beim Fortschreiten und sollen sich erst im Punkte $x = 0$ zu $W = 0$ ergänzen.

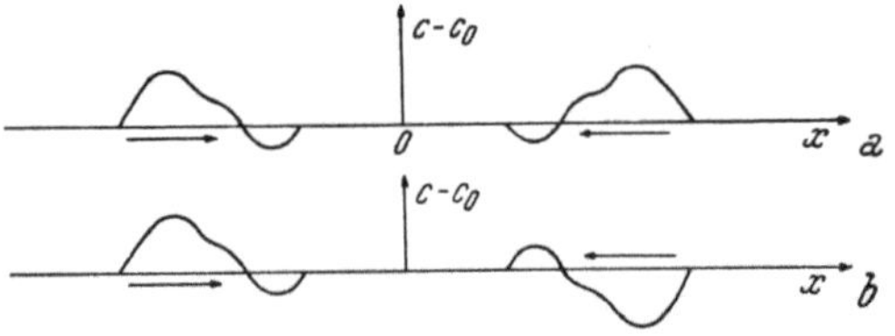

Abb. 32. Die rechts- und linkslaufende ebene Welle bei der Reflexion an der festen Wand (*a*) und am offenen Rohrende (*b*).

Die *Reflexion im Zentrum* $x = 0$ kann nicht an Hand der Ausdrücke für W behandelt werden, da W in $x = 0$ über alle Grenzen wächst. Da aber das Zentrum keine Senke sein soll, muß F_2 so angesetzt werden, daß die sich aus F_1 und F_2 ergebende Quellstärke $G = \varrho_0\, W\, f$ verschwindet. Mit Gl. (62) ergibt sich das einfache Resultat:

$$F_2\,(x + c_0\,t) = -\,F_1\,(-\,x - c_0\,t). \tag{69}$$

13. Das Aufsteilen von Wellenfronten.

Zur Untersuchung des Fehlers, der sich aus der Annahme konstanter Schallgeschwindigkeit im Medium ergibt, soll die Front einer ebenen ($\sigma = 0$), zylindrischen ($\sigma = 1$) oder kugelsymmetrischen ($\sigma = 2$), in ein ruhendes Medium hineinlaufenden Welle untersucht werden. An der Wellenfront habe weder W noch $c - c_0$ einen Sprung, jedoch mögen diese Größen gegen das Innere der Welle mit endlicher Tangente ansteigen (Abb. 33). Die Strömung sei isentrop (verlustfrei), dann lauten die Gl. (40) mit Gl. (34):

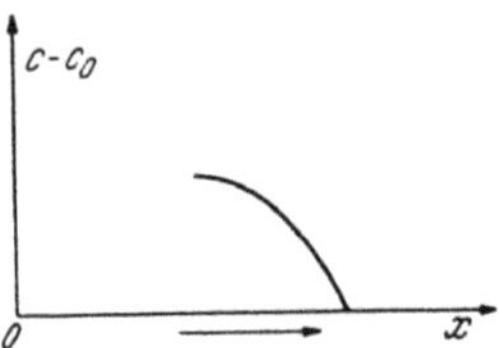

Abb. 33. Wellenfront einer in x-Richtung laufenden Welle.

$$\frac{2}{\varkappa - 1} \frac{\partial c}{\partial t} + \frac{2}{\varkappa - 1} W \frac{\partial c}{\partial x} + c \frac{\partial W}{\partial x} = -\,c\,W\,\frac{\sigma}{x},$$

$$\frac{\partial W}{\partial t} + W \frac{\partial W}{\partial x} + \frac{2}{\varkappa - 1} c \frac{\partial c}{\partial x} = 0. \tag{70}$$

An der Wellenfront herrscht stets die Schallgeschwindigkeit $c = c_0$. Um die Vorgänge dort zu verfolgen, sind c und W an der Stelle $x = c_0\,t$ zu entwickeln. Dabei ist die Zeitrechnung so eingerichtet, daß sich die Wellenfront zur Zeit $t = 0$ im Zentrum $x = 0$ befindet. Es sei:

$$\frac{2}{\varkappa - 1}\,(c - c_0) = a_1\,(x - c_0\,t) + \frac{1}{2}\,a_2\,(x - c_0\,t)^2 + \ldots,$$

$$W = b_1\,(x - c_0\,t) + \frac{1}{2}\,b_2\,(x - c_0\,t)^2 + \ldots, \tag{71}$$

worin $a_1, b_1, a_2, b_2, \ldots$ entsprechend einer zeitlichen Deformation des Wellenkopfes Funktionen der Zeit sind. Sie geben die Neigung und Krümmung des Wellenkopfes wieder. Sind $a_i{}'$, $b_i{}'$ die (zeitlichen) Ableitungen von a_i und b_i, so ist mit Gl. (71):

$$\frac{2}{\varkappa - 1} \frac{\partial c}{\partial x} = a_1 + a_2\,(x - c_0\,t) + \ldots,$$

$$\frac{\partial W}{\partial x} = b_1 + b_2\,(x - c_0\,t) + \ldots,$$

$$\frac{2}{\varkappa - 1} \frac{\partial c}{\partial t} = -\,c_0\,a_1 + (a_1{}' - c_0\,a_2)\,(x - c_0\,t) + \ldots,$$

$$\frac{\partial W}{\partial t} = -\,c_0\,b_1 + (b_1{}' - c_0\,b_2)\,(x - c_0\,t) + \ldots.$$

Das Gleichungssystem (70) muß auch für die Wellenfront $x = c_0 t$, $W = 0$, $c = c_0$ gelten und lautet dort:

$$\frac{2}{\varkappa - 1} \frac{\partial c}{\partial t} + c_0 \frac{\partial W}{\partial x} = 0,$$
$$\frac{\partial W}{\partial t} + \frac{2}{\varkappa - 1} c_0 \frac{\partial c}{\partial x} = 0. \tag{72}$$

Daraus folgt nach Einsetzen der Ableitungen $a_1 = b_1$. Die Neigung von W und $c - c_0$ an der Wellenfront kann nicht willkürlich angesetzt werden, beide Größen unterscheiden sich um den Faktor $\dfrac{\varkappa - 1}{2}$.

Die Entwicklungen von c, W und deren Ableitungen enthalten nur t und $(x - c_0 t)$, weshalb $\dfrac{1}{x}$ in Gl. (70) auch wie folgt entwickelt werden möge:

$$\frac{1}{x} = \frac{1}{c_0 t + (x - c_0 t)} = \frac{1}{c_0 t} \left[1 + \frac{x - c_0 t}{c_0 t} \right]^{-1} = \frac{1}{c_0 t} \left[1 - \frac{x - c_0 t}{c_0 t} + \ldots \right].$$

Alle Entwicklungen in Gl. (70) eingesetzt, gestatten nun einen Vergleich der Glieder erster Ordnung in $(x - c_0 t)$, was gleichbedeutend ist mit der Anwendung des Systems (70) auf die unmittelbare Nachbarschaft der Wellenfront. Nach Division durch $(x - c_0 t)$ ergeben sich dann folgende Gleichungen:

$$a_1' + \frac{\varkappa + 1}{2} a_1^2 - c_0 a_2 + c_0 b_2 = - a_1 \frac{\sigma}{t},$$
$$a_1' + \frac{\varkappa + 1}{2} a_1^2 + c_0 a_2 - c_0 b_2 = 0,$$

als Beziehungen zwischen den Zeitfunktionen a_i, b_i und deren Ableitungen. Nach Addition der beiden Gleichungen fällt a_2 und b_2 weg und es bleibt eine Differentialgleichung[2] für a_1, also im wesentlichen für die Ableitungen von c und W an der Front:

$$\frac{da_1}{dt} + \frac{\varkappa + 1}{2} a_1^2 + \frac{1}{2} a_1 \frac{\sigma}{t} = 0. \tag{73}$$

Die Substitution $z = \dfrac{1}{a_1 t}$ ergibt die Differentialgleichung

$$t \frac{dz}{dt} = \left(\frac{\sigma}{2} - 1 \right) z + \frac{\varkappa + 1}{2},$$

die sich durch Trennung der Veränderlichen — besonders für $\sigma = 2$ — leicht lösen läßt. Setzt man $a_1 = - \operatorname{tg} \mu$ und für $t = t_0$:

$$+ a_1 = \frac{2}{\varkappa - 1} \left(\frac{\partial c}{\partial x} \right)_{x = c_0 t} = \left(\frac{\partial W}{\partial x} \right)_{x = c_0 t} = - \operatorname{tg} \mu_0,$$

so ergeben sich die Beziehungen:

$$\sigma = 0: \quad \cot \mu - \cot \mu_0 = - \frac{\varkappa + 1}{2} \cdot (t - t_0),$$
$$\sigma = 1: \quad \sqrt{t_0} \cot \mu - \sqrt{t} \cot \mu_0 = - (\varkappa + 1) \sqrt{t} \left(\sqrt{t} - \sqrt{t_0} \right), \tag{74}$$
$$\sigma = 2: \quad t_0 \cot \mu - t \cot \mu_0 = - \frac{\varkappa + 1}{2} t\, t_0 \ln \frac{t}{t_0}.$$

Wird nun anstatt der Zeit wieder der Ort der Wellenfront $x = c_0 t$, $x_0 = c_0 t_0$ eingeführt, so kann man aus Gl. (74) sofort das Aufsteilen der Wellenfront zu senkrechtem Abfall[2] (cot $\mu = 0$) für folgende x-Werte abhängig von σ entnehmen:

	σ	x/x_0	
Ebene Welle	0	$1 + \dfrac{2}{\varkappa + 1} \dfrac{c_0}{x_0} \cot \mu_0,$	
Zylinderwelle	1	$\left(1 + \dfrac{1}{2} \dfrac{2}{\varkappa + 1} \dfrac{c_0}{x_0} \cot \mu_0\right)^2,$	(75)
Kugelwelle	2	$\exp\left(\dfrac{2}{\varkappa + 1} \cdot \dfrac{c_0}{x_0} \cot \mu_0\right).$	

Eine in x-*Richtung* laufende Welle der durch Abb. 33 skizzierten Form (tg $\mu > 0$) ergibt an der Front nach einer bestimmten Lauflänge stets einen senkrechten Abfall, also einen Stoß. Dies tritt auch bei kleinster Amplitude ein, woraus hervorgeht, daß die Linearisierung in Abschnitt 11 für lange Zeiten oder große Lauflängen *stets falsch* wird. Bei gleichen Werten von $\dfrac{2}{\varkappa + 1} \dfrac{c_0}{x_0} \cot \mu_0$ ergeben sich die größten Werte x/x_0, also die längsten Laufzeiten, bei der Kugelwelle, die kleinsten bei der ebenen Welle. Je flacher die Welle an der Front anfänglich ist, je größer also $\cot \mu_0$ ist, desto größer sind auch die Längen x, bei welchen ein Stoß entsteht.

Die Wellenfront der Abb. 33 entspricht einem negativen a_1. Aus der Differentialgleichung (73) folgt sofort, daß die Front steiler wird für:

$$-\left(\frac{\partial W}{\partial x}\right)_{x = c_0 t} = -\frac{2}{\varkappa - 1}\left(\frac{\partial c}{\partial x}\right)_{x = c_0 t} = \operatorname{tg}\mu > \frac{\sigma c_0}{x(\varkappa + 1)}.$$

Bei der ebenen Welle ($\sigma = 0$) steilt sich die Front also stets auf. Bei großen Abständen vom Zentrum benimmt sich die Zylinder- und Kugelwelle wie die ebene Welle. Bei kleinen x-Werten hingegen tritt zunächst ein Abflachen am Wellenkopf ein, bis so große Werte x erreicht werden, daß sich die Front wieder aufsteilt und schließlich in den in Gl. (74) angegebenen Abständen einen Stoß bildet.

Für Wellen, welche auf das Zentrum zulaufen, gelten entsprechende Resultate. In diesem Falle ist c und W analog zu Gl. (71) nach ($x + c_0 t$) zu entwickeln, wobei der Zeitmaßstab am besten so gewählt wird, daß die Welle zur Zeit $t = 0$ im Zentrum eintrifft. Die interessierenden Vorgänge spielen sich also während negativer t-Werte ab. Geschwindigkeits- und Schallgeschwindigkeitsgradient haben nun entgegengesetztes Vorzeichen. Die Differentialgleichung für b_1 lautet genau so wie früher Gl. (73) für a_1. Setzt man:

$$-a_1 = b_1 = \operatorname{tg}\mu = +\left(\frac{\partial W}{\partial x}\right)_{x = -c_0 t} = \frac{-2}{\varkappa - 1}\left(\frac{\partial c}{\partial x}\right)_{x = -c_0 t},$$

so ergibt sich nun entsprechend zu den Gl. (74), wenn der Ort der Wellenfront $x = -c_0 t$ als unabhängige Variable gewählt wird:

$$\sigma = 0: \quad \cot\mu - \cot\mu_0 = -\frac{\varkappa + 1}{2} \frac{1}{c_0}(x - x_0),$$

$$\sigma = 1: \quad \sqrt{x_0}\,\cot\mu - \sqrt{x}\,\cot\mu_0 = -(\varkappa + 1)\frac{\sqrt{x}}{c_0}\left(\sqrt{x} - \sqrt{x_0}\right), \qquad (76)$$

$$\sigma = 2: \quad x_0\,\cot\mu - x\,\cot\mu_0 = -\frac{\varkappa + 1}{2}\frac{x \cdot x_0}{c_0}\ln\frac{x}{x_0}.$$

Formal ergibt sich also genau dieselbe Form, wie wenn in Gl. (74) der Ort der Stoßfront (dort $x = +c_0 t$) anstatt t eingeführt wird, jedoch mit einer anderen

Bedeutung für tg μ. Damit gelten auch wieder die Gl. (75), wobei nun tg μ die Geschwindigkeitszunahme und Schallgeschwindigkeitsabnahme (Druckabnahme) in x-Richtung ist. Eine Druckwelle (cot $\mu < 0$) steilt sich also wieder in Fortschreitungsrichtung auf, wobei der Beginn eines Stoßes abhängig von der Anfangsneigung ($x = x_0$: cot μ = cot μ_0) durch Gl. (75) gegeben ist.

Verdünnungswellen entsprechen bei positiver (negativer) Fortpflanzungsrichtung positiven (negativen) Werten von $a_1 = -$ tg μ. Die Veränderungen der Wellenfront lassen sich direkt den abgeleiteten Gleichungen entnehmen. Besonders sei auf folgende Erscheinung hingewiesen: Eine Verdünnungswelle wird in großer Entfernung vom Zentrum bei Annäherung an dieses zunächst flacher, beginnt sich aber von der Stelle:

$$\left(\frac{\partial W}{\partial x}\right)_{x\,=\,-\,c_0\,t} = -\frac{2}{\varkappa - 1}\left(\frac{\partial c}{\partial x}\right)_{x\,=\,-\,c_0\,t} \leq \frac{\sigma}{\varkappa + 1}\frac{c_0}{x}$$

an aufzusteilen (für $\sigma \neq 0$) und erreicht, wie Gl. (76) zeigt, im Zentrum eine unendliche Geschwindigkeitszunahme und einen unendlichen Druckabfall am Wellenkopfe.

Bei den auf das Zentrum zulaufenden Wellen sind die Erscheinungen bei der Kugelwelle am stärksten, bei der ebenen Welle hingegen unabhängig von der Laufrichtung.

Eine Sonderstellung nimmt — wie später noch öfters — der Fall $\varkappa = -1$ ein, dem allerdings kein reales Gas entspricht, dem aber doch eine gewisse theoretische Bedeutung zukommt.

14. Der Verdichtungsstoß in instationärer Strömung.

Nach den Resultaten des letzten Abschnittes muß bei Druckanstiegen an der Wellenfront nach einiger Zeit stets mit einem unendlichen Gradienten, also mit einem Stoß gerechnet werden. Es wird sich in Abschnitt 27 zeigen, daß sich ebene Wellen endlicher Amplitude an Stellen des Druckanstieges stets zu einem Stoß aufsteilen. Lediglich bei den Vorgängen reiner Expansion, etwa bei der inneren Ballistik, kann von Stößen abgesehen werden. Bei der überwiegenden Zahl instationärer Strömungen kommen Stöße vor.

Wegen der sprunghaften Änderungen im Stoß genügt es, Stöße konstanter Wandergeschwindigkeit und konstanter Zustände vor und hinter dem Stoß zu betrachten, da die Wanderungsgeschwindigkeiten der Zustände in der Umgebung eines Stoßes gegenüber den Änderungsgeschwindigkeiten im Stoße selbst stets verschwindend klein bleiben. Die gewünschten instationären Stöße konstanter Eigenschaften ergeben sich sofort durch Betrachten eines Stoßes aus einem senkrecht zur Stoßfront bewegten Bezugssystem. Dieser Weg der Berechnung ist kürzer als eine Anwendung von Kontinuitätsbedingung, Impuls- und Energiesatz auf instationäre Strömungen (siehe Schlußbemerkung Abschnitt 4).

Es ist zweckmäßig, den Stoßvorgang durch Größen zu charakterisieren, welche unabhängig vom Bezugssystem sind. Dies ist von vornherein bei allen thermischen Zustandsgrößen und der lediglich von der Temperatur abhängigen Schallgeschwindigkeit der Fall. Die Geschwindigkeit der stationären Strömung vor dem Stoß W ist in der neuen Sprache die negative *Geschwindigkeit U des Stoßes* relativ zum anströmenden Medium. Die Differenz $\hat{W} - W$ bei stationärer Strömung ist die *Relativgeschwindigkeit* ΔW des Mediums hinter dem Stoß zum Medium vor dem Stoß. *Ruht* also das Medium vor dem Stoß, so läuft dieser mit der Geschwindigkeit U, wobei das Medium der Stoßfront mit der Geschwindigkeit ΔW nachströmt.

Durch Superposition

$$W = -U; \quad \hat{W} - W = \Delta W$$

gehen die Stoßgleichungen (II, 34) für das id. Gas konst. sp. W. dann über in:

$$\frac{\Delta W}{c} = \frac{2}{\varkappa + 1} \cdot \frac{U}{c}\left(1 - \frac{c^2}{U^2}\right) = \frac{2}{\varkappa + 1} \cdot \frac{c}{U}\left(\frac{U^2}{c^2} - 1\right);$$

$$\frac{\varrho}{\hat{\varrho}} = 1 - \frac{2}{\varkappa + 1}\left(1 - \frac{c^2}{U^2}\right) = \frac{c^2}{U^2}\left[1 + \frac{\varkappa - 1}{\varkappa + 1}\left(\frac{U^2}{c^2} - 1\right)\right];$$

$$\frac{\hat{p}}{p} = 1 + \frac{2\varkappa}{\varkappa + 1}\left(\frac{U^2}{c^2} - 1\right); \tag{77}$$

$$\frac{\hat{T}}{T} = \frac{\hat{c}^2}{c^2} = \frac{c^2}{U^2}\left[1 + \frac{2\varkappa}{\varkappa + 1}\left(\frac{U^2}{c^2} - 1\right)\right]\left[1 + \frac{\varkappa - 1}{\varkappa + 1}\left(\frac{U^2}{c^2} - 1\right)\right].$$

Hierin sind alle Geschwindigkeiten durch die Schallgeschwindigkeit c im anströmenden Medium dimensionslos gemacht. Das Verhältnis der Laufgeschwindigkeit des Stoßes U zu c ist unmittelbar ein Maß für die Stärke des Stoßes. Der Unterschied der Zustände vor und hinter dem Stoß verschwindet für $U = c$, also für schwächste Wellen.

Bei der Schallgeschwindigkeit ist es sinnvoll, nach dem Betrag und der Richtung zu fragen. Dimensionslos wird stets mit dem *Betrag* gemacht, auch ist der Sprung im Betrag ein Maß für die Stärke der Stoßwelle. Für die Fortpflanzungs-*richtung* einer Schallwelle hingegen kommen entsprechend den beiden Möglichkeiten beide Vorzeichen der Gl. (77) für $\hat{c}$ in Frage.

Aus Gl. (II, 40) ergibt sich für den Entropieanstieg

$$\frac{\hat{s} - s}{c_v} = \ln\left[1 + \frac{2\varkappa}{\varkappa + 1}\left(\frac{U^2}{c^2} - 1\right)\right] + \varkappa \ln\left\{\frac{c^2}{U^2}\left[1 + \frac{\varkappa - 1}{\varkappa + 1}\left(\frac{U^2}{c^2} - 1\right)\right]\right\}. \tag{78}$$

Wie alle thermischen Größen, ändert auch s seine Bedeutung beim Betrachten aus einem bewegten Bezugssystem nicht. Anders ist dies mit den Größen Ruhe-druck, Ruhedichte usw., deren Definition auf den Energiesatz stationärer Strömung Gl. (II, 7) zurückgeht. Sie sind für die Beurteilung der Verluste in instationären Strömungen ungeeignet, weil sie nicht mehr als reine Entropiefunktionen darstellbar sind. Für schwächere Stöße kann die Beziehung Gl. (II, 37) zwischen $\hat{s} - s$ und $\hat{p}/p$ unverändert übernommen werden. In der Beziehung zwischen $\hat{s} - s$ und der Mach-Zahl ist M durch U/c zu ersetzen.

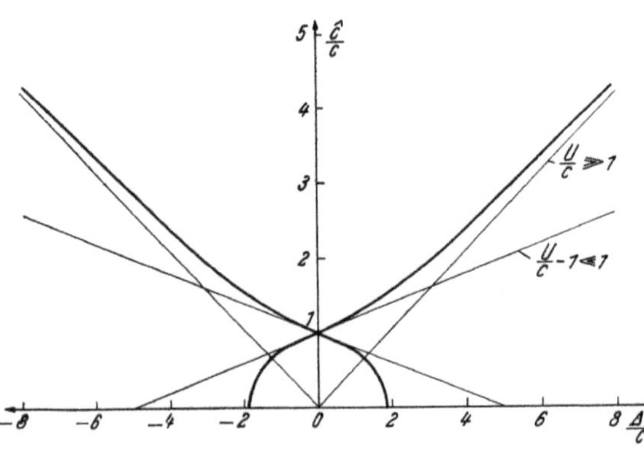

Abb. 34. Stoßpolare (instationär, $\varkappa = 1{,}40$) in der $\Delta W, c$-Ebene.

In den Gl. (77) kann jede linksstehende Größe durch jede andere solche dargestellt werden, wobei U/c als Parameter fungiert. Tab. (II, 1) gibt die entsprechenden Zahlenwerte. Als besonders zweckmäßig erweist sich die Auftragung in einem Diagramm Abb. 34, dessen Abszisse $\Delta W/c$ und dessen Ordinate $\hat{c}/c = \sqrt{\hat{T}/T}$ ist. Entsprechend den beiden möglichen Laufrichtungen eines Stoßes ergeben sich zwei Kurven, die „*Stoßpolaren*".

Für *hohe Stoßgeschwindigkeiten* U/c ergeben sich aus Gl. (77) und (78) in erster Näherung folgende Werte:

$$\Delta W = \frac{2}{\varkappa + 1}\, U;$$

$$\frac{\hat{\varrho}}{\varrho} = \frac{\varkappa + 1}{\varkappa - 1};$$

$$U/c \gg 1: \qquad \frac{\hat{p}}{p} = \frac{2\varkappa}{\varkappa + 1}\left(\frac{U}{c}\right)^2; \quad \hat{p} = \frac{2}{\varkappa + 1}\,\varrho\, U^2; \qquad (79)$$

$$\hat{c} = \pm\, \frac{\sqrt{2\varkappa(\varkappa - 1)}}{\varkappa + 1}\, U;$$

$$\frac{\hat{s} - s}{c_v} = 2\ln\left|\frac{U}{c}\right|.$$

Damit gilt für $U/c \gg 1$ folgende Beziehung zwischen $\hat{c}$ und ΔW:

$$U/c \gg 1: \qquad \hat{c} = \pm\,\sqrt{\frac{\varkappa(\varkappa - 1)}{2}}\,\Delta W. \qquad (80)$$

Einfache Lösungen ergeben sich ferner aus Gl. (77) für *schwache Stöße*:

$$\frac{\Delta W}{c} = \frac{4}{\varkappa + 1}\left(\frac{U}{c} - 1\right);$$

$$\frac{U}{c} - 1 \ll 1: \qquad \frac{\hat{\varrho}}{\varrho} = 1 + \frac{4}{\varkappa + 1}\left(\frac{U}{c} - 1\right) = 1 + \frac{\Delta W}{c};$$

$$(U > 0) \qquad \frac{\hat{p}}{p} = 1 + \frac{4\varkappa}{\varkappa + 1}\left(\frac{U}{c} - 1\right) = 1 + \varkappa\,\frac{\Delta W}{c}; \qquad (81)$$

$$\frac{\hat{c}}{c} = 1 + 2\,\frac{\varkappa - 1}{\varkappa + 1}\left(\frac{U}{c} - 1\right) = 1 + \frac{\varkappa - 1}{2}\,\frac{\Delta W}{c}.$$

Die Näherungen für $\dfrac{U}{c} \gg 1$ und $\dfrac{U}{c} - 1 \ll 1$ sind in Abb. 34 für den Zusammenhang von ΔW und $\hat{c}$ eingetragen.

Es wurde am Ende von Abschnitt II, 5 ausgeführt, daß die Verdichtungsstoßgleichungen ihre Gültigkeit beibehalten, wenn alle auf den Zustand vor dem Stoß bezogenen Größen auf den Zustand hinter dem Stoß bezogen werden und umgekehrt. Es ist dies eine notwendige Folge der Symmetrie der Ausgangsgleichungen. Es sei nun $-\hat{U}$ die Relativgeschwindigkeit des Stoßes und $\Delta\hat{W}$ die Relativgeschwindigkeit des Mediums vor dem Stoß, beides bezogen auf das verdichtete Medium hinter dem Stoß, dann gilt aus Gründen der Symmetrie beispielsweise:

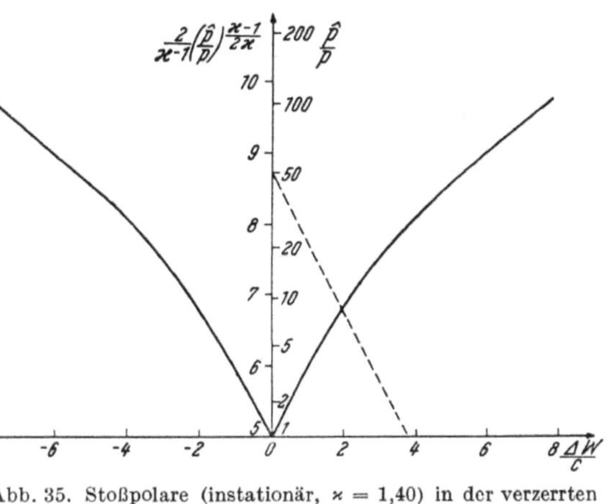

Abb. 35. Stoßpolare (instationär, $\varkappa = 1{,}40$) in der verzerrten ΔW, p-Ebene.

$$\frac{\Delta\hat{W}}{\hat{c}} = \frac{2}{\varkappa + 1}\,\frac{\hat{c}}{\hat{U}}\left(\frac{\hat{U}^2}{\hat{c}^2} - 1\right);$$

$$\frac{p}{\hat{p}} = 1 + \frac{2\varkappa}{\varkappa + 1}\left(\frac{\hat{U}^2}{\hat{c}^2} - 1\right); \qquad (82)$$

$$\frac{c^2}{\hat{c}^2} = \frac{\hat{c}^2}{\hat{U}^2}\left[1 + \frac{2\varkappa}{\varkappa + 1}\left(\frac{\hat{U}^2}{\hat{c}^2} - 1\right)\right]\left[1 + \frac{\varkappa - 1}{\varkappa + 1}\left(\frac{\hat{U}^2}{\hat{c}^2} - 1\right)\right].$$

Der Tatsache, daß hinter einem senkrechten Stoß stets Unterschallgeschwindigkeit herrscht, entspricht hier die Tatsache, daß sich die Stoßfront relativ zum verdichteten Medium mit einer Geschwindigkeit bewegt, die kleiner als die dortige Schallgeschwindigkeit ist ($\hat{U} \leqq \hat{c}$). Wäre das nicht der Fall, so könnte das verdichtete Medium die Stoßfront gar nicht beeinflussen. Der Stoß wird aber gerade durch die hohen Verdichtungen hinter seiner Front bedingt. Zwischen den Relativgeschwindigkeiten in Gl. (77) und (82) besteht folgende Beziehung:

$$\varDelta \hat{W} = W - \hat{W} = - \varDelta W. \tag{83}$$

Wird in den Gl. (82) oder (77) $\hat{U}/\hat{c}$ oder U/c eliminiert, so ergeben sich zwei formal gleiche Beziehungen zwischen den Störgeschwindigkeiten:

$$\frac{\varDelta W}{c} = F\left(\frac{\hat{c}}{c}\right); \quad \frac{\varDelta \hat{W}}{\hat{c}} = F\left(\frac{c}{\hat{c}}\right).$$

Es handelt sich in beiden Fällen um die gleiche Funktion, deren analytische Form durch die Kurve in Abb. 34, die Stoßpolare, dargestellt wird. Wegen Gl. (83) läßt sich nun schreiben:

$$\frac{\varDelta \hat{W}}{\hat{c}} = F\left(\frac{c}{\hat{c}}\right) = - \frac{\varDelta W}{c} \frac{c}{\hat{c}} = - \frac{c}{\hat{c}} F\left(\frac{\hat{c}}{c}\right).$$

Wird $\dfrac{\hat{c}}{c} = y$ gesetzt, so erfüllt die Stoßpolarenfunktion die Beziehung

$$y \, F\left(\frac{1}{y}\right) = - F(y), \tag{84}$$

woraus sich jeder Wert für $y < 1$ aus einem Wert für $y > 1$ ausdrücken läßt. Werden die Ableitungen nach dem Argument mit F' und F'' bezeichnet, so gilt:

$$- F'(y) = F\left(\frac{1}{y}\right) - \frac{1}{y} F'\left(\frac{1}{y}\right);$$

$$- F''(y) = - \frac{1}{y^2} F'\left(\frac{1}{y}\right) + \frac{1}{y^2} F'\left(\frac{1}{y}\right) + \frac{1}{y^3} F''\left(\frac{1}{y}\right) = \frac{1}{y^3} F''\left(\frac{1}{y}\right).$$

Die Krümmung der Stoßpolaren in Abb. 34 ist also für die Kurventeile $\dfrac{\hat{c}}{c} > 1$ und $\dfrac{\hat{c}}{c} < 1$ entgegengesetzt und muß bei $\dfrac{\hat{c}}{c} = 1$ verschwinden. Die Stoßpolare hat darnach bei $\dfrac{\hat{c}}{c} = 1$ einen Wendepunkt. D. h. der Fehler in den linearen Beziehungen (81) von $\dfrac{\hat{c}}{c}$ und $\dfrac{\varDelta W}{c}$ ist erst durch ein Glied *dritter Ordnung*: $\left(\dfrac{\varDelta W}{c}\right)^3$ gegeben, die Näherung ist also recht gut.

Zur Ableitung einer Näherung gleicher Güte sei der Energiesatz stationärer Strömung auf $\varDelta W$ und U umgeschrieben. Aus Gl. (II, 29) folgt exakt:

$$W^2 - \hat{W}^2 = \frac{2}{\varkappa - 1} (\hat{c}^2 - c^2),$$

oder mit Einführung von $\varDelta W$ und U

$$\varDelta W \, (2 \, U - \varDelta W) = \frac{2}{\varkappa - 1} (\hat{c}^2 - c^2).$$

Aus der letzten Gl. (81) folgt in zweiter Näherung:

$$\varDelta W = \frac{2}{\varkappa - 1} (\hat{c} - c)$$

und folglich zusammen mit der vorausgehenden Gleichung folgende bei Vernachlässigung von Gliedern $\left(\dfrac{\varDelta W}{c}\right)^3$ gültige, von H. PFRIEM aufgestellte Formel:

$$U = \frac{1}{2} [c + \hat{c} + \varDelta W]. \tag{85}$$

U ist die Stoßgeschwindigkeit, c die Schallgeschwindigkeit im unverdichteten, $\hat{c} + \Delta W$ die Geschwindigkeit einer Schallwelle im verdichteten Medium, alle drei Größen bezogen auf das unverdichtete Medium. In zweiter Näherung ist also die absolute Laufgeschwindigkeit eines Stoßes gleich dem arithmetischen Mittel der absoluten Laufgeschwindigkeiten gleichgerichteter Schallwellen vor und hinter dem Stoß. Dies gilt für jedes *beliebige* Bezugssystem, da die absoluten Laufgeschwindigkeiten von Stoß und Schallwelle sich in einem bewegten System in gleicher Weise ändern.

Die Näherungen zweiter Ordnung entsprechen der Annahme einer *isentropen* Zustandsänderung, weil sich die Entropie s erst in dritter Ordnung von $\dfrac{\Delta W}{c}$ ändert. Die Werte für U stimmen mit den exakten Werten besser, als es bei Gl. (85) der Fall ist, überein, wenn $\dfrac{\Delta W}{c}$ in der ersten Gl. (77) durch die isentrope Näherung von $\dfrac{\hat{c}}{c}$ ersetzt und daraus $\dfrac{U}{c}$ ermittelt wird.

Der Wert von $\dfrac{\Delta W}{c}$ für sehr kleine Werte $\dfrac{\hat{c}}{c}$ kann mit Gl. (84) aus sehr großen Werten von $\dfrac{\hat{c}}{c}$ berechnet werden. Für große Werte von $\dfrac{\hat{c}}{c}$ gilt die Beziehung (80), also $F(y) = \sqrt{\dfrac{2}{\varkappa(\varkappa-1)}}\, y$, und damit für:

$$\frac{\hat{c}}{c} = \varepsilon \ll 1: \quad \frac{\Delta W}{c} = F(\varepsilon) = -\,\varepsilon F\left(\frac{1}{\varepsilon}\right) = \sqrt{\frac{2}{\varkappa(\varkappa-1)}}\,.$$

15. Exakte Lösungen isentroper Strömungen.

Die Überlegungen über das Aufsteilen von Wellenfronten zeigten die begrenzte Brauchbarkeit von Lösungen, die durch Linearisierung gewonnen werden. Es sollen daher hier zur Erläuterung der wirklichen Verhältnisse einfache Lösungen ebener ($\sigma = 0$), zylindersymmetrischer ($\sigma = 1$) und kugelsymmetrischer ($\sigma = 2$) isentroper Vorgänge gesucht werden. Diesen liegt das Gleichungssystem (70) zugrunde, welches sich dadurch auszeichnet, daß alle Summanden entweder x oder t in erster Ordnung enthalten. Daher ist zu erwarten, daß es Lösungen gibt, welche lediglich von $\eta = \dfrac{x}{t}$ abhängen. Wird die Ableitung einer Funktion $F(\eta)$ nach η mit $F'(\eta)$ bezeichnet, so ist:

$$\frac{\partial F(\eta)}{\partial x} = \frac{1}{t}\,F'(\eta); \quad \frac{\partial F(\eta)}{\partial t} = -\frac{\eta}{t}\,F'(\eta),$$

und das Gleichungssystem (70) erhält die Gestalt:

$$(W - \eta)\,\frac{2}{\varkappa - 1}\,c' + c\,W' = -\,c\,W\,\frac{\sigma}{\eta};$$

$$(W - \eta)\,W' + \frac{2}{\varkappa - 1}\,c\,c' = 0; \tag{86}$$

$$\eta = \frac{x}{t}.$$

Lösungen ergeben sich aus dem Linearansatz $W = a_1 + a_2\,\eta$, $c = b_1 + b_2\,\eta$. Für die *ebene Welle* ($\sigma = 0$) ist:

$$\frac{W}{c_0} = \pm\,\frac{2}{\varkappa + 1}\left(\pm\,\frac{\eta}{c_0} - 1\right) = \pm\,\frac{2}{\varkappa + 1}\left(\pm\,\frac{x}{c_0\,t} - 1\right);$$

$$\frac{2}{\varkappa - 1}\,\frac{c - c_0}{c_0} = \frac{2}{\varkappa + 1}\left(\pm\,\frac{x}{c_0\,t} - 1\right) = \pm\,\frac{W}{c_0}. \tag{87}$$

c_0 ist die Schallgeschwindigkeit an der Stelle $W = 0$. Die Lösung wird in Abschnitt 16 und 17 verwendet und diskutiert. Für Zylinder- und Kugelwellen führt ein Linearansatz nur zum Ziel, wenn W und c proportional zu η sind. Für W ist diese Forderung sinnvoll, weil sie bedeutet, daß die Geschwindigkeit im Zentrum verschwinden soll. Anders ist es bei c, das im Zentrum im allgemeinen als $c \neq 0$ vorausgesetzt werden wird. Weitere Lösungen geben K. Bechert[3, 17] und H. Marx[4] an. Der Ansatz kann noch erweitert werden.

Um das Gleichungssystem (70) auf Differentialgleichungen von Funktionen einer einzigen Veränderlichen η zurückzuführen, müssen c und W in gleicher Weise so angesetzt werden, daß ihre Ableitung nach t dieselbe Potenz von x multipliziert mit einer Funktion von η gibt, wie das Produkt von W oder c mit einer ihrer Ableitungen nach x. Damit verschwindet auch das x im σ-Glied, da eine Ableitung nach x oder eine Division durch x einer Funktion x^a stets zur Potenz x^{a-1} führt. Es sei mit c_1 als beliebiger Bezugsgeschwindigkeit

$$\eta = \frac{x}{(\pm c_1 t)^n}; \quad \frac{c}{c_1} = x^a F_1(\eta); \quad \frac{W}{c_1} = x^a F_2(\eta).$$

Dann lauten mit $F_1' = \dfrac{dF_1}{d\eta}$ und $F_2' = \dfrac{dF_2}{d\eta}$ die Ableitungen

$$\frac{c_t}{c_1^2} = \mp n \frac{x^{a+1}}{(\pm c_1 t)^{n+1}} F_1' = \mp n \, x^{a-\frac{1}{n}} \eta^{1+\frac{1}{n}} F_1',$$

$$\frac{c_x}{c_1} = a \, x^{a-1} F_1(\eta) + \frac{x^a}{(\pm c_1 t)^n} F_1'(\eta) = x^{a-1} [a \, F_1(\eta) + \eta \, F_1(\eta)].$$

Mit $a = 1 - \dfrac{1}{n}$ stehen im Gleichungssystem (70) dann nur mehr Funktionen von η, Ableitungen nach η und η selbst. Der Ansatz muß also lauten:

$$\eta = \frac{x}{(\pm c_1 t)^n}; \qquad \frac{c}{c_1} = x^{1-\frac{1}{n}} F_1(\eta);$$

$$\frac{W}{c_1} = x^{1-\frac{1}{n}} F_2(\eta). \tag{88}$$

Dieser Ansatz stammt von Bechert[3].

Entsprechende Ansätze können bei ebener Strömung auch für die Gleichungen in Lagrangeschen Koordinaten gemacht werden. Mit W und c als abhängigen Veränderlichen treten nur erste Ableitungen nach a und t in jedem Glied einmal auf. Untersuchungen darüber sind noch nicht bekannt geworden.

16. Ausgleich eines Drucksprunges im Rohr.

Ist ein unendlich langes Rohr (konstanten Querschnittes) durch eine Wand in zwei Teile geteilt mit hohen Drucken auf der linken und niederen Drucken, allenfalls Vakuum, auf der rechten Seite, so führt das Wegnehmen der Wand zu einer druckausgleichenden Strömung, die im folgenden berechnet werden soll. Die Lösung gilt auch für Vorgänge in einem endlichen Rohr bis zu jenem Zeitpunkte, in dem die erste Störungswelle nach einer Reflexion an den Rohrenden in dem betrachteten Punkt anlangt. Der Druck ist wieder durch die Schallgeschwindigkeit repräsentiert. Das Verhältnis p/p_0 kann mit Hilfe der Isentropengleichung (Tab. II, 5) aus c/c_0 berechnet oder der Strichleiter (Tafel III) über $T/T_0 = (c/c_0)^2$ direkt entnommen werden.

Gl. (87) mit den unteren Vorzeichen gibt an der Stelle $x/c_0 t = -1$ die Werte $W = 0$ und $c = c_0$. Mit wachsendem x nimmt W zu und fällt c, bis bei $x/c_0 t =$

$= \dfrac{2}{\varkappa - 1}$ die Werte $c = 0$ und $W = \dfrac{2}{\varkappa - 1}\, c_0$ erreicht werden (Abb. 36).

Werte $\dfrac{x}{c_0 t} > \dfrac{2}{\varkappa - 1}$ sind sinnlos, da mit $c = 0$ auch der Wert $p = 0$, also Vakuum, erreicht ist. Der Wert $W = 0$ wandert mit $x = -\, c_0 t$ in das Medium hinein. Es handelt sich also um eine in ruhendes Medium der Schallgeschwindigkeit $c = c_0$ hinein-

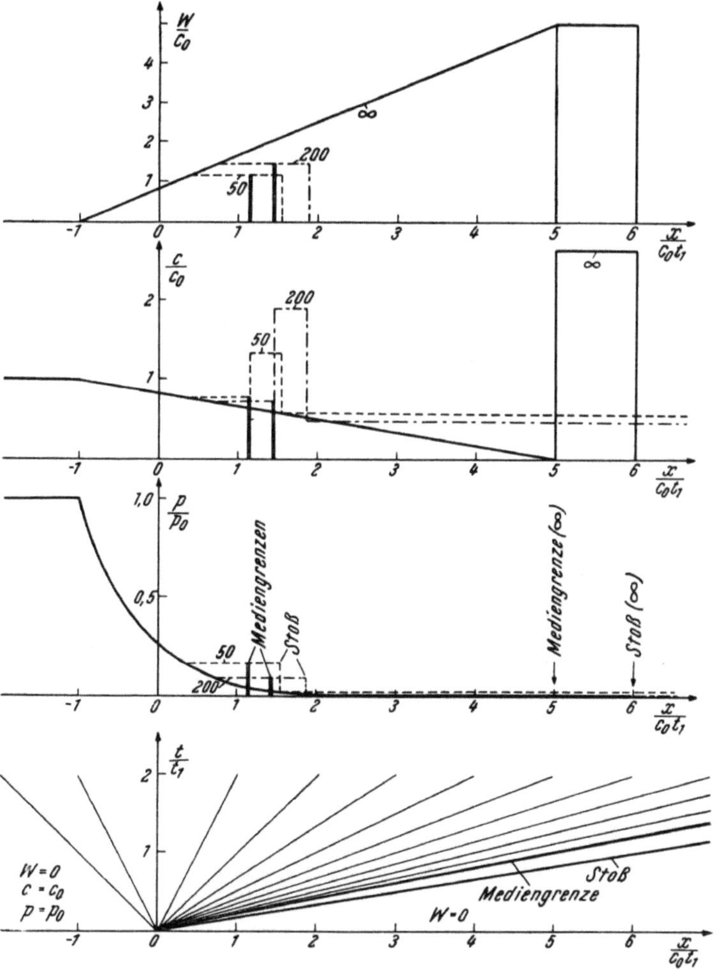

Abb. 36. Die linksläufigen Mach-Linien beim Ausgleich eines Drucksprunges $\infty : 1$. Zustandsverteilung zur Zeit $t = t_1$ beim Ausgleich eines Drucksprunges $\infty : 1$, $200 : 1$ und $50 : 1$ im Rohr ($\varkappa = 1{,}40$).

wandernde Störung: die in die Hochdruckseite des Rohres wandernde Störungsfront. Die Grenze $\dfrac{x}{c_0\, t} = \dfrac{2}{\varkappa - 1}$ hat nur eine Bedeutung, wenn auf der Niederdruckseite von vornherein Vakuum herrschte, weil nur dann im Medium an der Front der Ausdehnung $c = 0$, also verschwindende Temperatur herrschen kann. Die *erste Störung in das Vakuum* läuft also bei verschwindender Schallgeschwindigkeit mit einer Strömungsgeschwindigkeit

$$W = \dfrac{2}{\varkappa - 1}\, c_0. \tag{89}$$

7*

Damit übertrifft sie die in *stationärer* Strömung maximal erreichbare Strömungsgeschwindigkeit Gl. (II, 30) ganz bedeutend. Beide Extremzustände haben im wesentlichen theoretische Bedeutung, weil sich die Gaseigenschaften am absoluten Nullpunkt ändern. Der behandelte Strömungszustand hat zur Zeit $t = 0$ verschwindende Ausdehnung und stellt zu diesem Zeitpunkt den Zustand im Rohr nach Entfernen der Wand dar.

Herrscht auf der Niederdruckseite des Rohres nicht absolutes Vakuum, so muß das dort befindliche Medium vom anströmenden Medium der Hochdruckseite zusammengedrückt werden, wobei sich wegen der hohen Strömungsgeschwindigkeiten diese Kompressionswelle in Strömungsrichtung mit Überschallgeschwindigkeit fortpflanzen muß, also nur ein Verdichtungsstoß sein kann. Hinter diesem grenzen die beiden Medien irgendwo zusammen und müssen an dieser „*Unstetigkeitslinie*" *gleiche Geschwindigkeit* und *gleichen Druck* haben. Es sei vorausgesetzt, daß es sich auf der Hoch- und Niederdruckseite um das gleiche Gas handelt. Damit ist aber nicht verbunden, daß die Medien an der Grenzlinie auch dieselbe Temperatur und Schallgeschwindigkeit haben werden, denn über c im Ausgangsstadium ist noch keine Voraussetzung getroffen. Ist mit p_0, c_0, s_0 und p_1, c_1, s_1 als Ausgangswerten auf der Hoch- und Niederdruckseite $c_0 = c_1$, so herrschen an beiden Seiten der Unstetigkeitslinie sicher verschiedene Temperaturen, weil sich das eine Gas ausgedehnt und dabei das zweite verdichtet hat. Dieser Umstand rechtfertigt die Bezeichnung für die „Unstetigkeitslinie". Hat die Hochdruckseite jene Temperaturen, welche sie durch isentrope Verdichtung der Niederdruckseite annehmen würde, ist also $s_0 = s_1$, so hat das Gas der Niederdruckseite noch immer an der Unstetigkeitslinie eine höhere Temperatur, weil es nach Verdichtung durch den Stoß eine höhere Entropie besitzt als sein Nachbar an der Unstetigkeitslinie. Temperatur- oder Schallgeschwindigkeitsgleichheit an dieser Stelle entspricht also keineswegs den Verhältnissen in der Praxis, geschweige denn dem allgemeinen Fall.

Die Ausdehnung des anfangs komprimierten Gases ist durch Gl. (87) gegeben. Es ist eine lineare Beziehung von W und c und würde in einem Diagramm mit W und c als Koordinaten als Gerade erscheinen. In das Diagramm Abb. 34 eingetragen, würden einem Schnittpunkt dieser Geraden mit der Stoßpolaren unterschiedliche Drucke auf den beiden Kurven zugeordnet sein. Da es neben der Gleichheit der Geschwindigkeit auf die Gleichheit des Druckes an der Unstetigkeitslinie ankommt, sei die Stoßpolare in ein Diagramm eingetragen, dessen Abszisse wieder $\Delta W/c$, dessen Ordinate nun aber eine Funktion des Druckes p ist, die so gewählt sei, daß die durch Gl. (87) gegebene lineare Beziehung zwischen c und W (Abb. 35) auch in dem neuen Zustandsdiagramm als Gerade erscheint. Die Ausdehnung ist isentrop, also ist mit Tab. II, 5:

$$\frac{2}{\varkappa - 1}\,\frac{c - c_0}{c_0} = \frac{2}{\varkappa - 1}\left(\frac{p}{p_0}\right)^{\frac{\varkappa - 1}{2\varkappa}} - \frac{2}{\varkappa - 1} = \pm\,\frac{W}{c_0}.$$

Auf den Ruhezustand p_1, c_1 vor dem Stoß bezogen, gibt das:

$$\frac{2}{\varkappa - 1}\left(\frac{p}{p_1}\right)^{\frac{\varkappa - 1}{2\varkappa}}\left(\frac{p_1}{p_0}\right)^{\frac{\varkappa - 1}{2\varkappa}}\frac{c_0}{c_1} - \frac{2}{\varkappa - 1}\,\frac{c_0}{c_1} = \pm\,\frac{W}{c_1}. \tag{90}$$

Der Zusammenhang von W und p nach Gl. (90) ist in der $\dfrac{W}{c_1}$, $\dfrac{2}{\varkappa - 1}\left(\dfrac{p}{p_1}\right)^{\frac{\varkappa - 1}{2\varkappa}}$ Ebene eine Gerade, deren Neigung zur $\dfrac{W}{c_1}$-Achse:

$$\pm\,\frac{c_1}{c_0}\left(\frac{p_0}{p_1}\right)^{\frac{\varkappa - 1}{2\varkappa}} = \pm\,e^{\frac{s_1 - s_0}{2\,c_p}} \tag{91}$$

nach Gl. (I, 37) lediglich vom Entropieunterschied der Zustände p_0, c_0, s_0 und p_1, c_1, s_1 abhängt. Der Schnittpunkt der Geraden mit der p-Achse hängt nur vom Verhältnis c_0/c_1 ab und ist mit Gl. (91) über den Entropieunterschied auch aus dem Druckverhältnis angebbar.

Das lehrreichste Beispiel dürfte jenes mit gleicher Ausgangsentropie sein ($s_0 = s_1$), weil in ihm die Entropievermehrung im Stoß am klarsten hervortritt. Die Geraden (90) verlaufen dann unter 45° fallend [für positive W ist das negative Vorzeichen in Gl. (90) zu wählen], und ihr Schnittpunkt mit der p-Achse gibt dort das Druckverhältnis von Hoch- und Niederdruckseite im Ausgangsstadium. Da das Gas vor dem Stoß ruht, ist die Relativgeschwindigkeit ΔW gleich der Absolutgeschwindigkeit W, so daß die Gerade direkt in Abb. 35 eingetragen werden kann (es ist dort das Beispiel $p_0/p_1 = 50$, $s_0 = s_1$ gewählt; beachte die Maßstabsverzerrung). Im Schnittpunkt mit der Stoßpolaren hat die Gerade nun, wie erforderlich, gleiche Werte von W und p mit der Stoßpolaren, d. h. das expandierte Gas und das durch dieses im Stoß komprimierte Gas haben an der Berührungsstelle gleichen Druck und gleiche Geschwindigkeiten. Sie unterscheiden sich aber in der Temperatur (Schallgeschwindigkeit), die beim expandierten Gas der Isentrope, beim komprimierten Gas zusammen mit der Laufgeschwindigkeit des Stoßes den Stoßbeziehungen (Tab. II, 1) zu entnehmen ist.

Gl. (87) für die Geschwindigkeitsverteilung im expandierten Gas ist also bis zu den durch den Schnittpunkt mit der Stoßpolaren gegebenen Werten zu verwenden. Von da ab bis zur Berührungsfläche des expandierten Gases mit dem komprimierten Gas bleibt der Zustand (Geschwindigkeit, Druck usw.) konstant. An der Berührungsfläche springen alle Größen bis auf Druck und Geschwindigkeit. Die Mediumgrenze ist eine Bahnlinie, ihre Lage ist einfach durch die Geschwindigkeit gegeben. Die Wanderungsgeschwindigkeit der Grenze und die noch höhere des Stoßes sind konstant, ihre Abstände vom Ursprung wie bei Gl. (87) proportional der Zeit. Bei hohen Ausgangsdruckverhältnissen ist nach Abb. 36 auch der Stoß kräftig. Er läuft dann nach Gl. (79) mit der Geschwindigkeit $\dfrac{\varkappa + 1}{2} \Delta W$, in der Grenze höchster Druckverhältnisse nach Gl. (89) also mit der Geschwindigkeit

$$\frac{U}{c_0} = \frac{\varkappa + 1}{2} \frac{\Delta W}{c_0} = \frac{\varkappa + 1}{\varkappa - 1}.$$

Ebenfalls nach Gl. (79) steigt die Schallgeschwindigkeit beim Ausgangsdruckverhältnis $\infty : 1$ auf den Wert:

$$\frac{c}{c_0} = \sqrt{\frac{2\varkappa}{\varkappa - 1}},$$

d. h. die Temperatur liegt bei $\varkappa = 1{,}40$ im durch den Stoß komprimierten Gas beim siebenfachen Ausgangswert im Hochdruckgebiet! Dies ist ein Betrag, der in vielen Fällen über die Grenzen hinausführen wird, innerhalb denen mit id. Gasen konst. sp. W. gerechnet werden darf, eine Annahme, welche den Abb. 34, 35, 36 zugrunde liegt.

An der Ausgangsstelle der Störung ($x = 0$) herrscht zu allen Zeiten Schallgeschwindigkeit. Nur so kann sich der Vorgang in gleichbleibender Weise stromaufwärts geltend machen. In der x, t-Ebene sind die Machschen Linien Strahlen durch den Ursprung (in Abb. 36 für die Parameterwerte $\dfrac{1}{c_0} \dfrac{dx}{dt} = \dfrac{W - c}{c_0} = -1; -0{,}5; 0; +0{,}5;$ usw. eingetragen). Ganz entsprechend zu maximal erreichbaren Geschwindigkeiten beim besprochenen Vorgang und bei der stationären Strömung in einer Laval-Düse sind auch die Werte an der Stelle $W = c$ gerade das Quadrat der kritischen Verhältnisse bei stationärer Strömung.

Der behandelte Vorgang kann auch als ebene Explosion gedeutet werden. In der Praxis allerdings wird im explodierenden Gas (Schwaden) mit einem anderen $\varkappa$ gerechnet werden müssen als in der Luftumgebung. Die Rechnung wird dadurch nicht wesentlich erschwert. Auch dann ist damit zu rechnen, daß die Temperatur im explodierenden Schwaden bedeutend geringer ist als in der von ihm komprimierten Luft!

Die Ausgleichströmung wird neuerdings vielfach für Versuchszwecke benützt (Shock tube). Dabei kommt für Modellversuche vor allem das Gebiet konstanten Zustandes an der Mediumgrenze in Frage. Bei solchen Versuchen wird meistens im Ausgangszustand die Temperatur ausgeglichen sein ($c_0 = c_1$). Auch die Anwendung unterschiedlicher Gase kommt in Frage. Zahlreiche Tabellen und Zitate gibt J. LUKASIEWICZ[27].

Bei einem kugel- oder zylindersymmetrischen Druckausgleich muß die erste Stoßwelle mit der Entfernung vom Zentrum an Intensität abnehmen. Die durch den Stoß komprimierte Luft erfährt mit abnehmender Stoßstärke abnehmende Entropieerhöhungen. Dies erschwert die Rechnungen bedeutend. Diese werden erst dann einfacher, wenn der Stoß so schwach geworden ist, daß sich die Entropie praktisch nicht mehr ändert. Auch dann sind die Zustände in der Luft zwischen Mediengrenze und Stoß natürlich nicht mehr konstant.

17. Detonation im Rohr[5].

Ist ein Rohr mit einem detonationsfähigen Gemisch (Knallgas) gefüllt, so breitet sich in ihm nach einer Zündung ein Detonationsstoß aus, der nach einer Anlaufzeit mit konstanter Geschwindigkeit fortwandert (Abschnitt II, 16). Da der Ort der Detonationsfront nur vom Verhältnis $\dfrac{x}{t}$ abhängt [wenn der Beginn des Vorganges ($t = 0$) wieder an die Stelle $x = 0$ verlegt wird], wird wieder die Lösung Gl. (87) zur Beschreibung des ganzen Vorganges ausreichen. Ausgehend von der Detonationsfront wird die Geschwindigkeit W stromaufwärts absinken, bis sie an einer Stelle den Wert $W = 0$ erreicht, von wann an der Schwaden in Ruhe bleibt. Das Rohr, in welchem der Vorgang abläuft, sei linksseitig unmittelbar an der Zündstelle verschlossen. Die Geschwindigkeit $W = 0$ muß dann bei positivem x erreicht werden, es ist also die Lösung mit den oberen Vorzeichen in Gl. (87) zu nehmen. Die Rechnung mit einem id. Gas konst. sp. W. hinter dem Stoß wird durch das Ergebnis gerechtfertigt, das zeigt, daß sich die Temperatur im fraglichen Gebiet nur wenig ändert.

Nach Gl. (87) ist:

$$c_0 = \frac{\varkappa + 1}{2}\, c - \frac{\varkappa - 1}{2}\, \frac{x}{t}.$$

Die Schallgeschwindigkeit $\hat{c}$ unmittelbar hinter der Detonationsfront, die als verschwindend dünn angenommen werden soll, wird aus den Werten p_1, ϱ_1, c_1, $\varkappa_1$ vor und den Werten $\hat{p}$, $\hat{\varrho}$, $\varkappa$ hinter der Front sowie aus deren Laufgeschwindigkeit U mittels Gl. (II, 82) für den Detonationsstoß:

$$\hat{c}\, \frac{\hat{\varrho}}{\varrho_1} = U$$

und mittels der Formel für die Schallgeschwindigkeit idealer Gase

$$\hat{c}^2\, \frac{\hat{\varrho}}{\varrho_1} = c_1{}^2\, \frac{\varkappa}{\varkappa_1}\, \frac{\hat{p}}{p_1}$$

leicht aus den in Tab. II, 7 wiedergegebenen Resultaten berechnet, wenn $\varkappa$ bekannt ist. Für $c = \hat{c}$ muß $\frac{x}{t} = U$ sein, somit ist:

$$c_0 = \frac{\varkappa + 1}{2} \frac{\varkappa}{\varkappa_1} \frac{\hat{p}}{p_1} \frac{c_1^2}{U} - \frac{\varkappa - 1}{2} U,$$

woraus weiter mit Gl. (87) die W- und c-Verteilung und über die Isentropengleichung auch die Druckverteilung berechnet werden kann.

Bei dem in Abb. 37 wiedergegebenen Beispiel, welchem die Detonation reinen Knallgases zugrunde liegt (erstes Beispiel in Tab. II, 7), muß wegen der hohen Temperaturen hinter der Front nach DÖRING[6] (dort: S. 201) mit einem Verhältnis der spezifischen Wärme $\varkappa = 1{,}085$ gerechnet werden. Die Detonationsfront, in welcher sich ein chemischer Vorgang abspielt, ist nicht in jenem Grad als scharfer Sprung aufzufassen, wie es beim Verdichtungsstoß berechtigt ist. Abb. 37 gilt somit nur für Abstände von der Zündstelle, die groß gegen die Fronttiefe sind.

Die Berechnung kugel- oder zylindersymmetrischer Detonation ist etwas um-

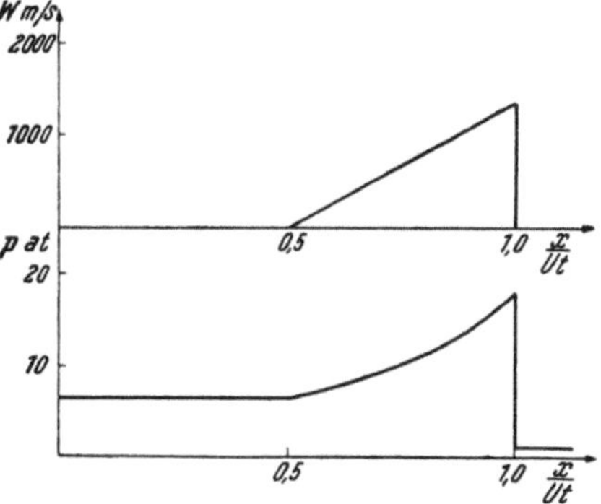

Abb. 37. Geschwindigkeits- und Druckverteilung einer mit $U = 2810$ m/s in Knallgas ($p = 1$ at, $T = 291°$ abs.) hineinlaufenden ebenen Detonation.

ständlicher, jedoch bedeutend einfacher als die Berechnung entsprechender Verdichtungsstoßvorgänge. Während die Verdichtungsstoßstärke mit dem Abstand vom Zentrum abnehmen muß, bleibt die Stärke des Detonationsstoßes konstant. Die detonierten Gase haben konstante Entropie. Es ist mit den wieder nur von $\frac{x}{t}$ abhängigen Lösungen des Gleichungssystems (86) zu arbeiten.

18. Reflexion eines Stoßes an einer Wand.

Das Auftreten von Verdichtungsstößen in Rohren legt die Frage nahe, was das Auftreffen eines Stoßes auf einer Wand zur Folge hat. Es soll hier der einfachste Fall behandelt werden, in dem konstante Zustände vor und hinter dem Stoß angenommen werden. Im allgemeinen kann in einer genügend kleinen Umgebung hinter dem Stoß während kurzer Zeit mit konstanten Zuständen gerechnet werden, so daß auch der allgemeinere Fall eines zeitlich veränderlichen Stoßes für den Moment des Auftreffens auf der Wand in der hier beschriebenen Art behandelt werden kann.

Eine feste Wand ist durch Verschwinden der Strömungsgeschwindigkeit gekennzeichnet. Aus der Reflexion schwacher Druckwellen (Abb. 32) läßt sich schließen, daß ein Stoß wieder als Stoß reflektiert wird, wobei die Strömungsgeschwindigkeit vor der Reflexion vor dem Stoß, nach der Reflexion hinter dem Stoß verschwinden muß. Wie bei schwachen Störungen, kann der Reflexionsvorgang durch das Aufeinanderprallen zweier gleichartiger, entgegengesetzt laufender Stöße ersetzt werden, wobei die Symmetrieebene die reflektierende Wand darstellt.

Während der Zustand hinter dem anlaufenden Stoß durch einen Punkt der Stoßpolare (Abb. 34 oder 35) dargestellt wird, muß die Anwendung des Stoßpolarendiagramms für den reflektierten Stoß auf bewegte Gase vor dem Stoß erweitert werden. Dabei ist es zweckmäßig, $\hat{W}$ und $\hat{c}$ nicht mehr auf die Schallgeschwindigkeit vor dem Stoß, sondern auf eine beliebige Bezugsgeschwindigkeit zu beziehen, etwa die Schallgeschwindigkeit vor dem ersten Stoß.

Das Beziehen der Größen ΔW und $\hat{c}$ auf eine beliebige Geschwindigkeit c_1 kommt einer ähnlichen Vergrößerung der Polaren in Abb. 34 um den Faktor $\dfrac{c}{c_1}$ gleich, indem sich die neuen aus den alten Größen mittels:

$$\frac{\Delta W}{c_1} = \frac{c}{c_1}\,\frac{\Delta W}{c}\,; \qquad \frac{\hat{c}}{c_1} = \frac{c}{c_1}\,\frac{\hat{c}}{c}$$

ergeben.

Werden die Relativgeschwindigkeiten ΔW durch die Geschwindigkeiten $\hat{W}$ nach dem Stoß ersetzt, so bleibt das Diagramm unverändert, wenn die Geschwin-

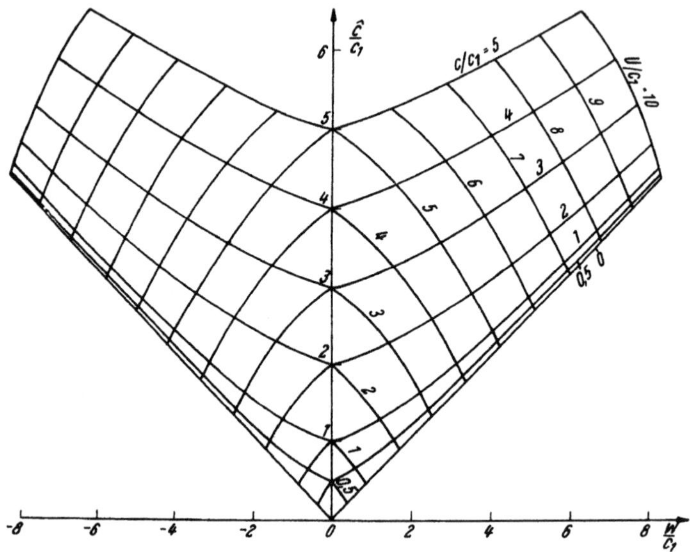

Abb. 38. *Stoßpolaren-Diagramm* in der W,c-Ebene mit Kurven konstanter Laufgeschwindigkeit des Stoßes U/c_1
($\varkappa = 1{,}40$).

digkeit W vor dem Stoß verschwindet; für $W \neq 0$ erfährt es dagegen einfach eine Verschiebung des Ursprunges um $\dfrac{W}{c_1}$ auf der $\dfrac{\hat{W}}{c_1}$-Achse.

Für verschwindende Geschwindigkeit vor dem Stoß ergibt sich dann das Diagramm (Abb. 38), in welches noch Kurven konstanter Stoßgeschwindigkeit U (ebenfalls durch c_1 dividiert) eingetragen sind. Mit Hilfe dieses Diagramms ist die gestellte Aufgabe nun schnell gelöst.

In der x,t-Ebene („Strömungsebene") wird die Zeit mit einer geeigneten Schallgeschwindigkeit, in Abb. 39 mit c_1, der Schallgeschwindigkeit im ungestörten Feld vor dem Stoß, auf die Dimension einer Länge gebracht. Die durch c_1 dividierten Geschwindigkeiten stellen dann Neigungen in der $x,c_1 t$-Ebene dar. Im wiedergegebenen Beispiel rast ein Stoß mit etwa vierfachem c_1 auf die Wand an der Stelle $x = 0$ zu. Hinter ihm strömt das Medium mit etwa dreifachem c_1 her, wie der daneben gezeichnete Teil der Stoßpolaren zeigt. In diesem entsprechen die Punkte 1, 2 und 3 den Zuständen in den Feldern 1, 2 und 3 der Strömungsebene. Der reflektierte Stoß wird gefunden, indem die Achse des Stoßpolarendiagramms in den Punkt 2 verlegt und die einem rechtslaufenden Stoß entsprechende Polare herausgegriffen wird. Sie gibt alle Zustände wieder, welche durch einen Stoß ausgehend vom Strömungszustand 2 erreichbar sind. Es interessiert derjenige Zustand, welcher hinter dem Stoß die Geschwindigkeit $\hat{W}=0$ ergibt, wodurch der Punkt 3 festgelegt ist. Die Relativgeschwindigkeiten $W_2 - W_1$ und $W_3 - W_2$ müssen gerade entgegengesetzt sein.

Für die Ermittlung der *absoluten* Stoßgeschwindigkeit ist zu berücksichtigen, daß der Stoß nun gegen das Medium im Zustand 2 anzulaufen hat. Die Neigung der Stoßlinie 2—3 ergibt sich also aus dessen Laufgeschwindigkeit U_{23} relativ zum Medium vor dem Stoß und der Geschwindigkeit W_2 wie folgt:

$$\frac{dx}{d(c_1 t)} = \frac{U_{23}}{c_1} + \frac{W_2}{c_1}, \tag{92}$$

worin W_2 im Beispiel Abb. 39 negativ ist. Die Neigungen der Lebenslinien zur t-Achse geben die Geschwindigkeit der Teilchen wieder. Aus dem Abstand der Teilchenbahnen von der Wand im Zustand 1 und 3 kann auf die Verdichtung geschlossen werden.

Abb. 39 zeigt einen Unterschied in der absoluten Laufgeschwindigkeit des Stoßes vor und nach der Reflexion. Hier ist „Einfallswinkel" und „Reflexionswinkel" verschieden zum Unterschied von den Verhältnissen bei „kleinen Störungen", die alle mit ein und derselben Schallgeschwindigkeit laufen. Dort ergab sich an der festen Wand eine Verdoppelung des Störungsdruckes (Abschnitt 12).

Bei stärkeren, im wesentlichen aber noch isentropischen Störungen gilt die lineare Beziehung von Stör- und Schallgeschwindigkeit [letzte Gl. (81)]. Dies führt zu einer Verdoppelung der Schallgeschwindigkeitsstörung nach der Reflexion an der Wand $[c_3 - c_1 = 2(c_2 - c_1)]$,

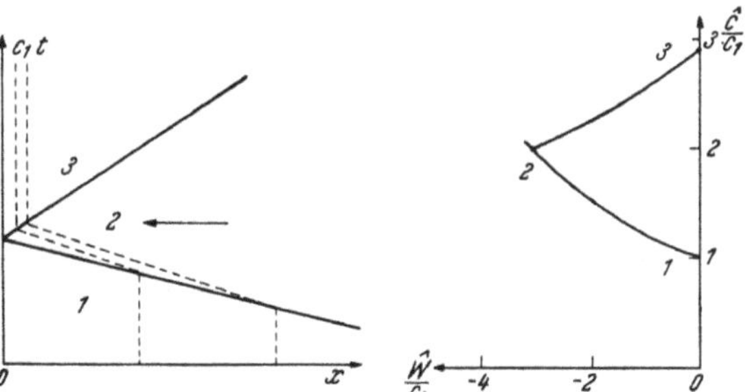

Abb. 39. Reflexion eines Stoßes an einer festen Wand (— — — Teilchenbahn). (Wenn, wie auch in mehreren der folgenden Bilder, kein Maßstab angegeben wird, muß dieser an den Koordinatenachsen gleich angenommen werden. Seine Länge hingegen bleibt willkürlich.)

während die Druckstörung mehr als verdoppelt wird, was unmittelbar aus der Isentropie folgt. Es unterscheiden sich auch bereits „Einfalls- und Reflexionswinkel" des Stoßes.

Handelt es sich um sehr starke Stöße, so kann beim „einfallenden" Stoß mit den Gl. (79) und (80) gerechnet werden, nicht aber beim reflektierten Stoß. Mit Gl. (80) ergibt sich $\frac{\Delta W}{c_2} = \sqrt{\frac{2}{\varkappa(\varkappa - 1)}}$. Da ΔW beim zweiten Stoß gleich ist, kann aus der ersten Gl. (77) das Verhältnis $\frac{U_{23}}{c_2}$ und aus den zweiten Gleichungen Dichte und Druck berechnet werden. Es ergibt sich für einen sehr starken einfallenden Stoß:

$$\frac{\varrho_3}{\varrho_2} = \frac{\varkappa}{\varkappa - 1}; \quad \frac{p_3}{p_2} = \frac{3\varkappa - 1}{\varkappa - 1}.$$

Die Verdichtung im ersten Stoß ist höchstens $\frac{\varrho_2}{\varrho_1} = \frac{\varkappa + 1}{\varkappa - 1}$, und damit ergibt sich die maximale Verdichtung bei einer Reflexion zu:

$$\frac{\varrho_3}{\varrho_1} = \frac{\varkappa(\varkappa + 1)}{(\varkappa - 1)^2}. \tag{93}$$

Das Druckverhältnis $\frac{p_3 - p_1}{p_2 - p_1}$, welches bei kleinsten Störungen den Wert 2 annimmt, kann bei einer Reflexion eines starken Stoßes ($p_1 \ll p_2$ und $p_1 \ll p_3$) den Betrag

$$\frac{p_3 - p_1}{p_2 - p_1} = \frac{3\varkappa - 1}{\varkappa - 1} \tag{94}$$

nicht übersteigen[7].

Die Reflexionsvorgänge an Stößen können auch in Abb. 34 verfolgt werden. Es wurde darauf hingewiesen (Abschnitt 14), daß die Kurvenäste unter $\dfrac{\hat{c}}{c} = 1$ die Werte vor dem Stoß wiedergeben, wenn die Werte nach dem Stoß bekannt sind. Abb. 34 gebe die Stoßpolare für den Zustand 2 wieder (also $c = c_2$). Dann liegt c_1/c_2 auf dem unteren, c_3/c_2 auf dem oberen Kurvenast beim gleichen durch die Aufgabe gegebenen $\dfrac{\Delta W}{c_2}$-Wert. Zur Auswertung wäre nur noch eine $\dfrac{U}{c}$-Skala an der Stoßpolaren anzubringen. Dieser für die Behandlung der Reflexion bedeutend einfachere Weg erscheint indessen nicht so verallgemeinerungsfähig.

Nicht immer ist eine Reflexion der hier geschilderten einfachen Art möglich. In diesem Zusammenhang kann es dann zu Stoßverzweigungen kommen (siehe etwa [8]).

19. Überlagerung gegenläufiger Verdichtungsstöße.

Schon die Reflexion eines Stoßes an einer Wand konnte als Überlagerung zweier gleich starker gegenläufiger Stöße betrachtet werden. Es interessiert die Verallgemeinerung auf Stöße beliebiger Stärke. Dabei kann das Koordinatensystem — ohne die Allgemeinheit zu beeinträchtigen — stets so gewählt werden,

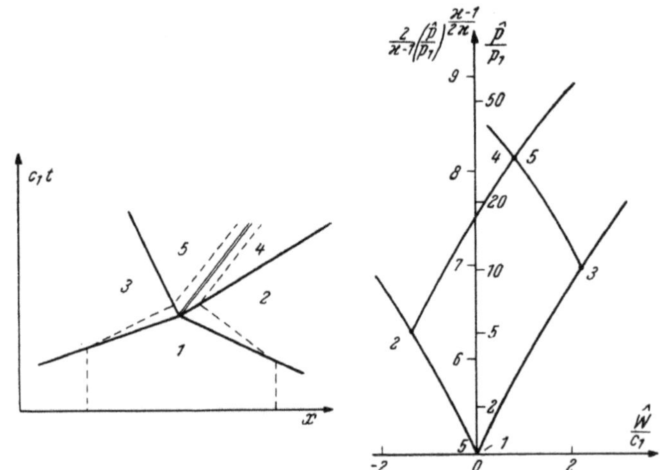

Abb. 40. Überlagerung zweier gegenläufiger Stoßwellen in der Strömungsebene und im W,p-Stoßpolarendiagramm (------ Teilchenbahn; ═══ Unstetigkeitslinie).

daß beide Stöße in ein ruhendes Medium hineinlaufen (Abb. 40). Nachdem das Gas alle Stöße durchlaufen hat, muß es eine einheitliche Endgeschwindigkeit und einheitlichen Enddruck besitzen. Jedoch können sich die Gasteilchen, je nachdem, welche Stöße sie durchlaufen, in der Endentropie und somit in der Endtemperatur unterscheiden. Lediglich bei schwachen Stößen sind die Zustandsänderungen isentrop. Gemeinsamer Enddruck ist dann gleichbedeutend mit gleicher Schallgeschwindigkeit, der im folgenden besprochene Vorgang kann dann einfacher im Stoßpolarendiagramm der $\hat{c},\hat{W}$-Ebene (Abb. 38) verfolgt werden. („Isentrope Näherung".) Im Beispiel der Abb. 40 ist ein großer Unterschied in der Stoßstärke angenommen, um den allgemeinsten Fall darzustellen.

Gegeben sind zwei in ein ruhendes Medium 1 vordringende Stöße und damit die Zustände 2 und 3, welche zwei Punkte auf den Stoßpolaren des Zustandes 1 in der verzerrten $\dfrac{\hat{p}}{p_1}$, $\dfrac{\hat{W}}{c_1}$ -Ebene darstellen. (Eine nichtverzerrte $\hat{p}, \hat{W}$-Ebene zu wählen, ist wegen der großen Druckunterschiede unzweckmäßig.) Alle möglichen Zustände, welche mit einem Stoß vom Zustand 2 oder 3 aus zu erreichen sind, liegen auf Stoßpolaren, die die Punkte 2 und 3 als Fußpunkte haben. Der Schnittpunkt der beiden Polaren gibt Druck und Geschwindigkeit in den Punkten 4, 5, bezogen auf p_1 und c_1. Die Schallgeschwindigkeiten und Stoßgeschwindigkeiten in den Punkten 4 und 5 sind über die Druckverhältnisse $\dfrac{p_4}{p_2}$ und $\dfrac{p_5}{p_3}$ gesondert zu berechnen. Zur Ermittlung der Neigungen von Lebenslinien und Stoßlinien in der Strömungsebene sind zunächst alle Geschwindigkeiten auf die Gerade c_1 zu beziehen. Auch darf nicht vergessen werden, zur Stoßgeschwindigkeit U relativ zum Medium vor dem Stoß die Geschwindigkeit vor dem Stoß zu addieren [Gl. (92)], um die absolute Stoßgeschwindigkeit zu erhalten.

Die Stoßpolare in Abb. 35 bezieht sich auf den Zustand vor dem Stoß, für den Stoß $2 \to 4$ also auf den Zustand 2. Wenn die $\hat{p}$ und $\hat{W}$ auf p_1 und c_1 bezogen werden sollen, ist $\dfrac{2}{\varkappa - 1} \left(\dfrac{\hat{p}}{p_2} \right)^{\frac{\varkappa - 1}{2\varkappa}}$ mit dem Faktor $\left(\dfrac{p_2}{p_1} \right)^{\frac{\varkappa - 1}{2\varkappa}}$ und $\dfrac{\hat{W}}{c_2}$ mit dem Faktor $\dfrac{c_2}{c_1}$ zu strecken. [Entsprechendes gilt natürlich auch für die im Punkte 3 beginnende Polare.] Zum Unterschied von den Verhältnissen in Abb. 38 unterscheiden sich die Streckungen auf beiden Achsen um einen Faktor:

$$\frac{c_1}{c_2} \left(\frac{p_2}{p_1} \right)^{\frac{\varkappa - 1}{2\varkappa}} = e^{\frac{s_1 - s_2}{2 c_p}},$$

der nach Gl. (91) vom Entropieanstieg im Stoße $1 \to 2$ allein abhängt.

20. Nachlaufende Schall- und Stoßwellen.

Laufen stetige oder stoßartige Verdichtungen hintereinander her, so läuft die nachkommende Verdichtung mit erhöhter Schallgeschwindigkeit auf der in Strömungsrichtung bewegten Gasmasse. Die Wellenfront steilt sich auf. Während dieser Vorgang in Abschnitt 13 näherungsweise verfolgt wurde, geben Gl. (87) und (90) ein exaktes Beispiel für eine ebene, steiler werdende Druckwelle. Mit den oberen Vorzeichen erhält man eine positiv laufende Druckwelle, die in Abb. 41 für ein Druckverhältnis von etwa $1 : 20$ gezeichnet wurde. (Der Zeitmaßstab ist der größeren Deutlichkeit wegen mit dem Faktor 2 multipliziert.) An einer bestimmten Stelle wird der Druckanstieg unendlich, hier muß offenbar ein Stoß ansetzen.

Die von 1 nach 2 führende Gerade sowie die in 1 ansetzende Stoßpolare im verzerrten $\hat{W}, \hat{p}$-Diagramm geben die stetige Verdichtung [Gl. (90)] und die möglichen Stöße wieder. Es kann aber kein Stoß gefunden werden, der zum Zustand 2 führt. Nur in dem Gebiet, in welchem die nach 2 führende Gerade und die Stoßpolare praktisch zusammenfallen, also innerhalb der isentropen Näherung, läge Punkt 2 auch auf der Polaren.

Im allgemeinen muß vom Ansatzpunkt des Stoßes also noch eine zweite Störung abgehen. Diese kann wieder nur die Lösung (90) sein. Mit dem unteren Vorzeichen genommen, ist es eine im Polarendiagramm fallende Gerade, welche im Schnittpunkt mit der Stoßpolaren 3 und 4 Geschwindigkeit und Druck hinter dem Stoß ergibt. Da im Zustand 1 und 2 gleiche Entropie herrscht ($s_2 = s_1$), ist die Neigung der Geraden zur $\dfrac{\hat{W}}{c_1}$-Achse gleich $-1{,}0$; der Punkt 3, 4 in der Zustandsebene entspricht den beiden Seiten der Unstetigkeitslinie

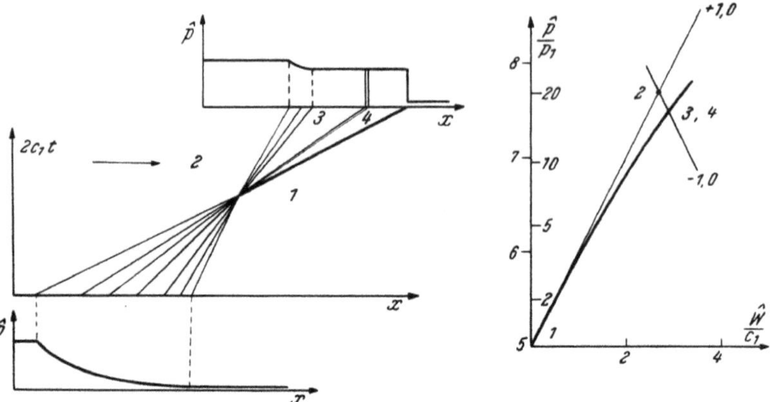

Abb. 41. Nachlaufende Schallwellen in Strömungsebene und $\hat{W},\hat{p}$-Ebene (——— Machlinien, ········ Unstetigkeitslinie, ——— Stoß).

in der Strömungsebene. Wieder errechnen sich für c, T oder ϱ für das Feld 3 über die Isentropengleichungen, für 4 über die Stoßgleichungen unterschiedliche Werte. Außer dem Stoß ergibt sich also eine stromaufwärts laufende Verdünnung, welche — im Gegensatz zu den Verhältnissen in Abb. 36 — bei endlicher Strömungsgeschwindigkeit in 2 endigt.

Die Lösung für zwei nachlaufende Stöße ergibt sich ganz analog (Abb. 42). Ein Stoß kann im allgemeinen nicht gleichzeitig vom Zustand 1 in den Zustand 2 und 3 führen. Vom Treffpunkt beider Stöße geht wieder eine Verdünnung aus [Gl. (90)], welche im Polarendiagramm durch eine vom Punkt 3 ausgehende fallende Gerade dargestellt wird, deren Schnittpunkt mit der Polaren des Zustandes 1 die gesuchten Zustände in den Feldern 4 und 5 ergibt. Wegen $s_3 \neq s_1$ ist die Richtung der Geraden durch $- e^{\frac{s_2 - s_3}{2\,c_p}}$ (im vorliegenden Fall $= -0{,}89$) gegeben.

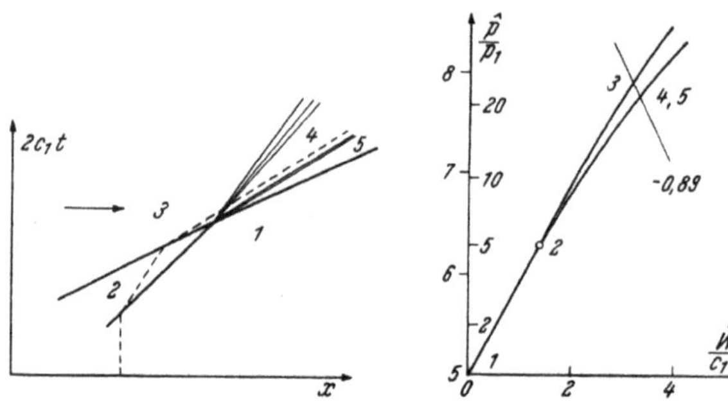

Abb. 42. Zwei nachlaufende Stöße in der Strömungs- und Zustandsebene.

21. Reflexion eines Stoßes am offenen Ende.

Es sei zunächst angenommen, daß ein Stoß konstanter Stärke in einem Rohr in ein ruhendes Medium laufe und dabei schließlich an das offene Rohrende gelange. Hier muß eine Reflexion so vor sich gehen, daß an der Reflexionsstelle stets der gleiche Druck p_1 herrscht. Es muß angenommen werden, daß ein Verdichtungsstoß ähnlich wie eine sehr kleine Verdichtung (Abb. 32) als Verdünnung reflektiert wird, wobei diese am Rohrende sprunghaft einsetzt. Am

Stoßende muß also eine Lösung der Gl. (90) einsetzen, welche auf den Druck p_1 führt. Es ist die eine vom Punkt 2 ausgehende, im vorliegenden Fall mit der Richtungskonstanten $-e^{+\frac{s_1-s_2}{2c_p}} = -0{,}99$ fallende Gerade, die im Schnittpunkte 3 mit der $\hat{W}$-Achse den Strömungszustand am Rohrende nach der Reflexion ergibt.

Während also an der festen Wand der Zustand nach der Reflexion dadurch gefunden wurde, daß in der Zustandsebene vom Punkte 2 ausgehend die Polare für einen entgegengesetzt laufenden Stoß bis zur Achse $\hat{W} = 0$ gezogen wurde, muß hier die einem entgegengesetzt laufenden Verdünnungsfächer entsprechende Gerade bis zur Achse $\hat{p} = p_1$ gezogen werden. Ein Verdünnungsfächer ersetzt hier den thermodynamisch unmöglichen Verdünnungsstoß. Im Gegensatz zum Stoß gibt der Fächer nur in einem einzigen Punkt einen sprunghaften Druckabfall.

Wenn das Medium vor dem Stoß strömt, so wird die Lösung durch entsprechende Verschiebung der Polaren in W-Richtung im $\hat{W},\hat{p}$-Diagramm gefunden. In diesem Fall oder auch bei stärkeren Stößen kann das Gas hinter dem Stoß mit Über-schallgeschwindigkeit strömen. Der

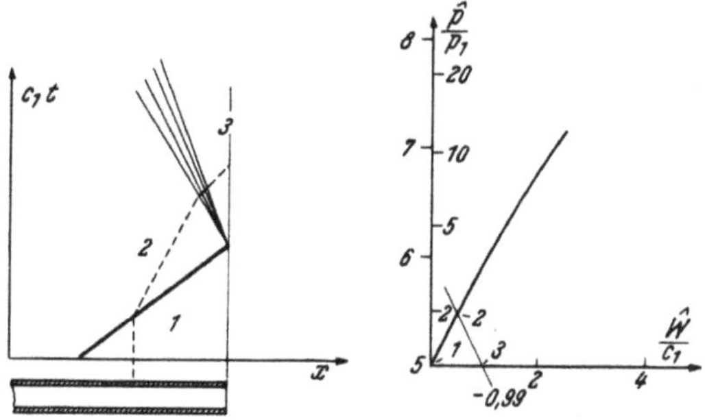

Abb. 43. Reflexion eines Stoßes am offenen Rohrende.

in Abb. 43 eingezeichnete Verdünnungsfächer weist dann aus dem Rohr heraus, im Rohr selbst wird der Druck durch das Rohrende nicht beeinflußt. Dies ist auch nicht zu erwarten. Die Bedingung von Gleichdruck am Rohrende gilt nur bei Unterschallströmung, weil nur diese vom Zustand jenseits des Rohrendes beeinflußt wird.

Die in den Absätzen 16 bis 21 besprochenen Vorgänge sind dadurch gekennzeichnet, daß die Strömungszustände auf Strahlen durch einen bestimmten Punkt konstant sind. Es treten nur Entropiesprünge in Stößen und an Unstetigkeitslinien auf. Unter diesen Umständen ist es möglich, mit Hilfe von Stößen und der stetigen Ausdehnung oder Kompression Gl. (90) exakte Lösungen des ebenen Problems aufzubauen.

22. Exakte Lösungen anisentroper Vorgänge.

Wird in die Gl. (40) für ein id. Gas konst. sp. W. die Querschnittsänderung (34) für das ebene, zylinder- und kugelsymmetrische Problem eingeführt, so ergibt sich ein Gleichungssystem, welches sich von Gl. (70) nur um Entropieglieder unterscheidet:

$$\frac{2}{\varkappa-1}\frac{\partial c}{\partial t} + \frac{2}{\varkappa-1}W\frac{\partial c}{\partial x} + c\frac{\partial W}{\partial x} = -cW\frac{\sigma}{x};$$

$$\frac{\partial W}{\partial t} + W\frac{\partial W}{\partial x} + \frac{2}{\varkappa-1}c\frac{\partial c}{\partial x} = \frac{c^2}{\varkappa-1}\frac{\partial}{\partial x}\left(\frac{s}{c_p}\right); \tag{95}$$

$$\frac{\partial}{\partial t}\left(\frac{s}{c_p}\right) + W\frac{\partial}{\partial x}\left(\frac{s}{c_p}\right) = 0.$$

Der Bechertsche Ansatz Gl. (88) läßt sich auf eine exakte Lösung des anisentropen Vorganges Gl. (95) erweitern, welche von G. GUDERLEY[9] stammt.

s nach x abgeleitet, muß eine Funktion von η gebrochen durch x ergeben. Der Ansatz:

$$\eta = \frac{x}{(\pm c_1 t)^n}; \qquad \frac{c}{c_1} = x^{1-\frac{1}{n}} F_1(\eta);$$

$$\frac{W}{c_1} = x^{1-\frac{1}{n}} F_2(\eta); \qquad \frac{s-s_1}{c_p} = F_3(\eta) + A \ln x \tag{96}$$

führt zu einem System gewöhnlicher Differentialgleichungen für die Funktionen $F_1(\eta)$, $F_2(\eta)$, $F_3(\eta)$:

$$\frac{2}{\varkappa-1} F_1'\left(\mp n\,\eta^{\frac{1}{n}} + F_2\right) + F_2' F_1 + \frac{F_1 F_2}{\eta}\left[\frac{\varkappa+1}{\varkappa-1}\left(1-\frac{1}{n}\right) + \sigma\right] = 0;$$

$$\frac{2}{\varkappa-1} F_1' F_2 + F_2'\left[\mp n\,\eta^{\frac{1}{n}} + F_2\right] - \frac{1}{\varkappa-1}\,F_3' F_1^2 +$$

$$+ \frac{F_2^2}{\eta}\left(1-\frac{1}{n}\right) + \frac{F_1^2}{\eta}\left[\frac{2}{\varkappa-1}\left(1-\frac{1}{n}\right) - \frac{A}{\varkappa-1}\right] = 0; \tag{97}$$

$$F_3'\left(\mp n\,\eta^{\frac{1}{n}} + F_2\right) + A\,\frac{F_2}{\eta} = 0.$$

Eine ausführliche Behandlung und weitere Reduktion des Gleichungssystems findet sich in der genannten Arbeit von GUDERLEY. In der großen Mannigfaltigkeit von Lösungen sind auch die isentropen Ansätze von Abschnitt 15 mit eingeschlossen.

23. Kugelige und zylindrische Stöße in der Nähe des Zentrums[9].

Da sich Impuls, Energie und Massenfluß in der Nähe des Zentrums auf kleinen Raum zusammendrängen, müssen die Stoßintensitäten dort ungeheuer anwachsen, so daß der Stoßvorgang mit den vereinfachten Gleichungen (79) genähert werden kann. Mit der Veränderlichkeit der Stoßstärke muß auch die

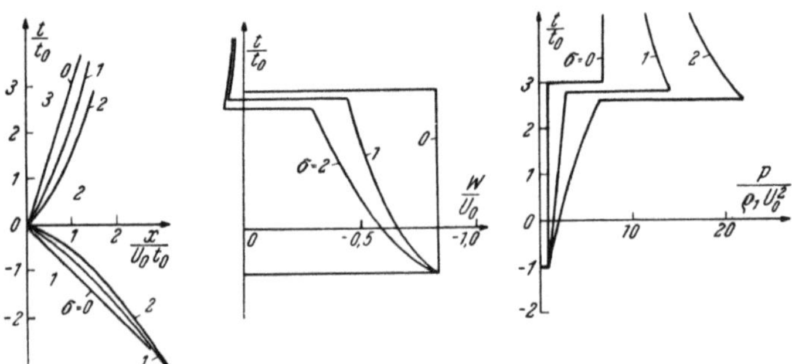

Abb. 44. Reflexion eines kugeligen ($\sigma = 2$) und zylindrischen ($\sigma = 1$) Stoßes im Zentrum nach GUDERLEY[9]. Stoßlinie in der Strömungsebene. Geschwindigkeit und Druckverlauf abhängig von der Zeit im Punkte x, der zur Zeit $t = -t_0$ von einem einfallenden Stoß der Geschwindigkeit U_0 erreicht wird ($\varkappa = 1{,}400$).

Stoßgeschwindigkeit U variieren. Sicher wird sie in der Nähe des Zentrums am größten sein, also wird die Stoßlinie keine Gerade wie bei der ebenen Reflexion an einer Wand, sondern eine Kurve sein, die mit $t = 0$ als Zeitpunkt für das Eintreffen des Stoßes in $x = 0$, durch:

$$x = B\,(\pm c_1 t)^n$$

gegeben sei. Dabei gilt das negative Vorzeichen für einen auf das Zentrum zueilenden, das positive Vorzeichen für einen vom Zentrum weggehenden Stoß. In $x = 0$ muß wie bei der Reflexion an einer Wand ständig $W = 0$ sein.

Aus der Stoßkurve ergibt sich die Stoßgeschwindigkeit zu:

$$\frac{U}{c_1} = \frac{dx}{d(c_1 t)} = \pm\, n\, B\, (\pm c_1 t)^{n-1} = \pm\, n\, B^{\frac{1}{n}}\, x^{1-\frac{1}{n}}.$$

Damit ergeben sich nach Einsetzen von U in Gl. (79) für Geschwindigkeit und Schallgeschwindigkeit gerade jene Potenzen von x, wie sie in Gl. (96) bei einem bestimmten η auftreten. $\eta = $ konst. wiederum gibt gerade den Ansatz für die Stoßkurve. Sie sei durch $\eta = \eta_s = B$ gekennzeichnet. Der Ruhezustand 1 (Abb. 44) im Zentrum vor Eintreffen des Stoßes herrscht bei negativen Werten von t. Für den ersten Stoß muß also eine Lösung von Gl. (97) gesucht werden, welche für $\eta = \eta_s$ bei $t < 0$ nach Gl. (79) und (96) folgende Werte liefert:

$$\frac{c}{c_1} = \frac{\sqrt{2\,\varkappa\,(\varkappa-1)}}{\varkappa+1}\, n\, \eta_s^{\frac{1}{n}}\, x^{1-\frac{1}{n}} = x^{1-\frac{1}{n}}\, F_1(\eta_s);$$

$$\frac{W}{c_1} = -\, n\, \eta_s^{\frac{1}{n}}\, x^{1-\frac{1}{n}} = x^{1-\frac{1}{n}}\, F_2(\eta_s);$$

$$\frac{s-s_1}{c_v} = \left(2-\frac{2}{n}\right)\ln x + \frac{2}{n}\ln \eta_s + \ln n = \varkappa\, F_3(\eta_s) + \varkappa\, A\, \ln x.$$

Daraus ergeben sich die Randwerte der Funktionen F_i für $\eta - \eta_s$. Auch der Entropieansatz genügt also den Anforderungen, wenn $\varkappa\, A = 2\left(1-\frac{1}{n}\right)$ gesetzt wird. Der Exponent n bleibt zunächst noch unbestimmt.

Im Zentrum $x = 0$ muß nach der Reflexion ebenfalls Ruhe herrschen. Es ist also an der Linie des reflektierten Stoßes eine Lösung anzusetzen, welche neben den Stoßbedingungen auch noch die Bedingung $W = 0$ auf $x = 0$ liefert. Auch dies leistet eine Lösung des Gleichungssystems (97) für ein ganz bestimmtes n, welches von Guderley für $\varkappa = 1{,}40$ wie folgt bestimmt wurde:

$$\sigma = 1: \quad n = 0{,}834,$$

$$\sigma = 2: \quad n = 0{,}717.$$

Die Geschwindigkeiten im Feld 2 am reflektierten Stoß haben sich gegenüber jenen am einfallenden Stoß geändert. Jedoch sind sie dort genau wie die Stoßgeschwindigkeit U proportional $x^{1-\frac{1}{n}}$. Damit ist diese Proportionalität am Stoß im Felde 3 gemäß Gl. (79) nicht nur für die Relativgeschwindigkeit $\varDelta W$, sondern auch für die Absolutgeschwindigkeit am Stoß in 3 und schließlich auch für die absolute Laufgeschwindigkeit des reflektierten Stoßes $U + W_2$ gegeben, der somit wieder auf einer Kurve $x/(c_1 t)^n = $ konst. liegt. Auch die Entropie am Stoß hat einen Summanden $A \ln x$, womit die Brauchbarkeit des Ansatzes (96) für das Feld 3 erwiesen ist.

In Abb. 44 ist die Zeit durch jene Zeit t_0 dimensionslos gemacht, welche der einfallende Stoß an der betrachteten Stelle bis zum Eintreffen im Zentrum braucht. Der Stoß treffe an der betrachteten Stelle mit der Geschwindigkeit U_0 ein. Mit U_0 und der Dichte ϱ_1 im Ruhezustand 1 vor dem Eintreffen des einfallenden Stoßes sind dimensionslose Größen gebildet. p_1 eignet sich nicht dazu, weil das Druckverhältnis $\dfrac{p}{p_1}$ in einem Stoß mit $\dfrac{U}{c} \gg 1$ gerade von der Größenordnung $\left(\dfrac{U}{c}\right)^2$ ist. Vergleichsweise sind die Werte für $\sigma = 0$ (im wesentlichen Abb. 39) für $\dfrac{U}{c} \gg 1$ hinzugefügt. Die Abstände $\dfrac{x}{U_0 t_0}$, für welche der Zustandsverlauf abhängig von der Zeit aufgetragen wird, sind für $\sigma = 0$: $\dfrac{x}{U_0\,t_0} = 1$;

$\sigma = 1$: $\dfrac{x}{U_0\,t_0} = 1{,}20$; $\sigma = 2$: $\dfrac{x}{U_0\,t_0} = 1{,}40$. Im ebenen Fall braucht der reflektierte Stoß für die Strecke vom Zentrum bis x die dreifache Zeit wie der einfallende Stoß, bei $\sigma = 1$ und $\sigma = 2$ geht es etwas schneller. Hinter dem reflektierten Stoß strömt das Medium langsam nach und steigt der Druck bedeutend stärker als bei $\sigma = 0$ an.

Die Berechnung des Vorganges mit den Methoden der Akustik (Linearisierung) liefert nicht einmal qualitativ richtige Resultate.

24. Stöße in großer Entfernung vom Störzentrum.

Bei kugeligen und zylindrischen Wellen muß die Störung in großer Entfernung so weit abgenommen haben, daß mit den Gl. (81) für schwache Stöße (isentrope Näherung) und für die Stoßgeschwindigkeit U nach PFRIEM Gl. (85) mit dem arithmetischen Mittel der Schallgeschwindigkeit vor und hinter dem Stoß gerechnet werden kann. Bei einer ebenen Welle ($\sigma = 0$) sei von vornherein eine ausreichend schwache Störung vorausgesetzt. Es soll das Fortschreiten einer sägezahnartigen Welle in x-Richtung verfolgt werden (Abb. 45).

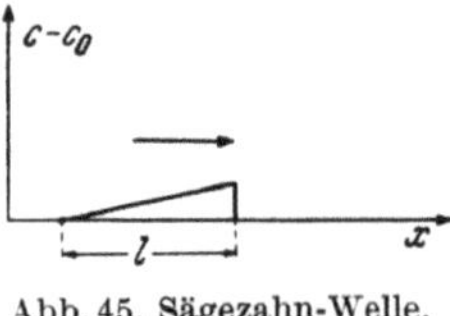

Abb. 45. Sägezahn-Welle.

Der Fußpunkt des linear angenommenen c- oder W-Verlaufes wandert mit der Schallgeschwindigkeit c_0 des ungestörten Mediums. Der Stoß wandert schneller. Um die Neigung des c- und W-Verlaufes zu erhalten, werden die Größen wieder wie in Abschnitt 13 im Punkte $x = c_0\,t$ entwickelt, woraus sich für den ersten Koeffizienten

$$\frac{2}{\varkappa - 1}\left(\frac{\partial c}{\partial x}\right)_{x = c_0 t} =$$
$$= \left(\frac{\partial W}{\partial x}\right)_{x = c_0 t} = a_1 = b_1 = \operatorname{tg}\mu$$

nach Einsetzen in das Differentialgleichungssystem eine gewöhnliche Differentialgleichung (73) mit den Lösungen (74) ergibt, wobei wegen der Umkehrung des Vorzeichens in der Beziehung von a_1 und $\operatorname{tg}\mu$ auch die umgekehrten Vorzeichen für $\cot\mu_0$ und $\cot\mu$ zu nehmen sind.

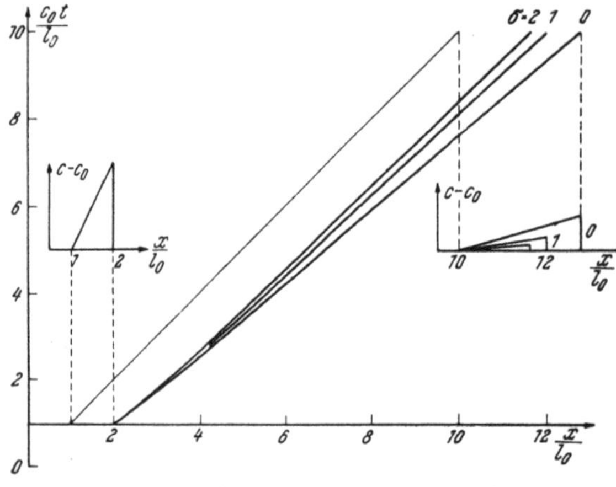

Im Gegensatz zu Abschnitt 13 interessieren hier nun die Gradienten $\cot\mu > 0$.

Abb. 46. Stoßverlauf in der Strömungsebene bei einer ebenen ($\sigma = 0$), zylindrischen ($\sigma = 1$) und kugeligen ($\sigma = 2$) Sägezahn-Welle (——— Stoß, ‑‑‑‑‑ Mach-Linie).

Mit c und W als Werten unmittelbar hinter dem Stoß, also an der Stelle $l = x - c_0 t$, wenn l die Länge des Sägezahnes ist, folgt aus Gl. (85) und dem Ansatz (71):

$$U = \frac{1}{2}\left[c_0 + c + W\right] = c_0 + \frac{\varkappa + 1}{4}\operatorname{tg}\mu \cdot l.$$

Die Geschwindigkeit U_0 des Stoßes zur Zeit $t = t_0$ hängt also mit der Anfangslänge l_0 des Sägezahnes und $\operatorname{tg}\mu_0$ wie folgt zusammen:

$$U_0 - c_0 = \frac{\varkappa + 1}{4}\operatorname{tg}\mu_0 \cdot l_0.$$

Der Stoß befindet sich zur Zeit t an der Stelle

$$x = c_0 t + l.$$

Damit ist seine Geschwindigkeit

$$U = \frac{dx}{dt} = c_0 + \frac{dl}{dt},$$

was zusammen mit der Pfriemschen Gleichung folgende Differentialgleichung ergibt:

$$\frac{1}{l} \frac{dl}{dt} = \frac{\varkappa + 1}{4}\, \mathrm{tg}\,\mu, \tag{98}$$

mit $\mathrm{tg}\,\mu$ als einer durch die Gl. (74) gegebenen Zeitfunktion. Die Lösung bietet keine Schwierigkeiten und führt zusammen mit den Anfangsbedingungen zum Ergebnis (99)[10, 11], in welches anstatt der Zeit auch die Koordinate des *Fußpunktes* des Sägezahnes $x = c_0 t$ eingeführt werden kann (Abb. 46):

$$\sigma = 0: \quad \left(\frac{l}{l_0}\right)^2 = 1 + 2\left(\frac{U_0}{c_0} - 1\right)\frac{c_0\,(t - t_0)}{l_0} = 1 + 2\left(\frac{U_0}{c_0} - 1\right)\frac{x_0}{l_0}\left(\frac{x}{x_0} - 1\right);$$

$$\sigma = 1: \quad \left(\frac{l}{l_0}\right)^2 = 1 + 4\left(\frac{U_0}{c_0} - 1\right)\frac{x_0}{l_0}\left(\sqrt{\frac{t}{t_0}} - 1\right) =$$

$$= 1 + 4\left(\frac{U_0}{c_0} - 1\right)\frac{x_0}{l_0}\left(\sqrt{\frac{x}{x_0}} - 1\right); \tag{99}$$

$$\sigma = 2: \quad \left(\frac{l}{l_0}\right)^2 = 1 + 2\left(\frac{U_0}{c_0} - 1\right)\frac{x_0}{l_0}\ln\frac{t}{t_0} = 1 + 2\left(\frac{U_0}{c_0} - 1\right)\frac{x_0}{l_0}\ln\frac{x}{x_0}.$$

Zur Berechnung der Stoßgeschwindigkeit U, welche gleichzeitig ein Maß für die Stoßintensität und also für den Überdruck hinter dem Stoß ist, muß Gl. (99) nach t abgeleitet werden. Es ergeben sich die einfachen Beziehungen:

$$\frac{U}{c_0} - 1 = \left(\frac{U_0}{c_0} - 1\right)\frac{l_0}{l}\left(\frac{x_0}{x}\right)^{\frac{\sigma}{2}}. \tag{100}$$

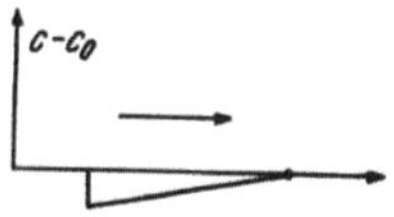

Naturgemäß wird die Kugelwelle am schnellsten geschwächt (Abb. 46), weshalb sich deren Stoßgeschwindigkeit U am raschesten der Schallgeschwindigkeit nähert. Bei der ebenen Welle sind die Intensitäten umgekehrt proportional zur Zahnlänge. Das Produkt von $(c - c_0)\, l$, welches im wesentlichen den Gesamtimpuls darstellt, bleibt, wie es nicht anders sein kann, konstant.

Abb. 47. Sägezahn mit abschließendem Stoß.

In analoger Weise kann die Fortpflanzung eines mit Stoß endenden Sägezahnes (Abb. 47) behandelt werden oder können beide Lösungen zu einer gemeinsamen aneinandergefügt werden. Eine Superposition hingegen ist nicht möglich, weil es sich nicht um ein lineares Problem handelt.

25. Einfluß-, Abhängigkeits- und Fortsetzungsgebiet.

Für alle behandelten instationären Vorgänge ist es kennzeichnend, daß sich eine in einem Punkte der Strömungsebene auftretende Störung nur in begrenztem Gebiet geltend machen kann. Entferntere Orte kommen erst dann unter den Einfluß der Störung, wenn die erste Schallwelle oder — bei starken Störungen — die erste Stoßwelle ausgehend von der Störung eingetroffen ist. Für jeden Ort x gibt es zu einem Zeitpunkt t also ein „*Einflußgebiet*", welches durch die vom Punkt x, t ausgehenden Bahnkurven der Schallfortpflanzung (Machschen Linien) begrenzt ist (Abb. 48). Sie sind durch Gl. (28) gegeben:

$$\frac{dx}{dt} = W \pm c.$$

Für einen sich mit dem Medium, also mit der Geschwindigkeit W, bewegenden Beobachter der Zeichenebene läuft die eine Schallwelle nach rechts, die andere nach links, weshalb nach TOLLMIEN und SCHÄFER[12] von einer *rechtsläufigen* ($W + c$) und einer *linksläufigen* ($W - c$) Mach-Linie gesprochen werden soll. Im Falle kleinster Störungen (Linearisierung) oder am Rande eines ruhenden Mediums konstanter Schallgeschwindigkeit ist die Mach-Linie eine Gerade ($\frac{dx}{dt} = c_0$, vgl. etwa Abb. 46). Bei unstetigen Zustandsänderungen, also bei Stößen, ist das Einflußgebiet durch die Stoßkurven begrenzt.

Der Zustand irgendeines beliebigen Punktes P_1 (x_1, t_1) der Strömungsebene kann seinerseits nur von jenen Störungen abhängen, in deren Einflußgebiet der betrachtete Punkt liegt. Eine ausgedehntere Störung kann während einer Zeitspanne von einem Ort oder von einer Reihe von Orten ausgehen, sie ist also durch die Zustände auf einer beliebig gelegenen Kurve in der x,t-Ebene dargestellt. Es können auch alle von einer solchen Kurve ausgehenden Einflüsse als auf der Kurve K entstandene Störungen angesehen werden. Der Zustand im Punkt P_1

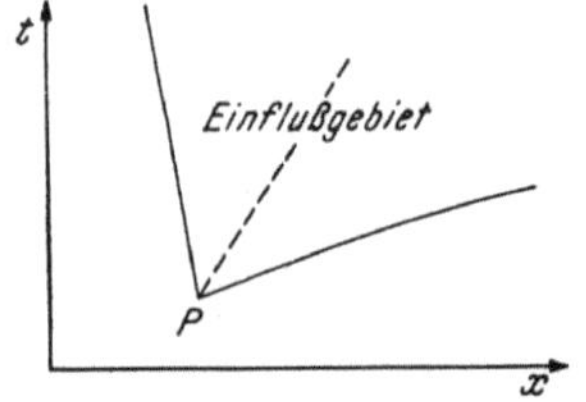

Abb. 48. Einflußgebiet eines Punktes P
(——— Mach-Linie, — — — Teilchenbahn).

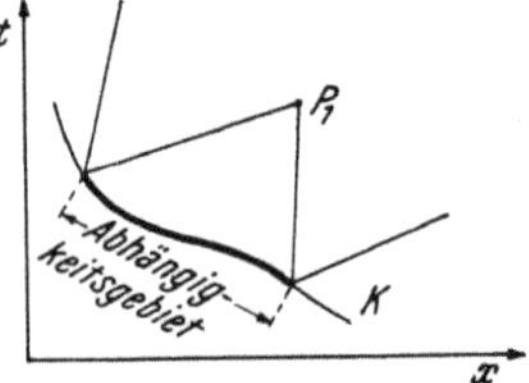

Abb. 49. Abhängigkeitsgebiet eines Punktes P_1 auf einer Kurve K.

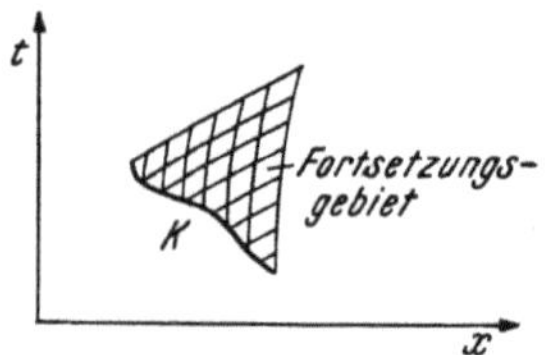

Abb. 50. Fortsetzungsgebiet eines Kurvenstückes K.

(Abb. 49) hängt nur von den Einflüssen eines wieder durch zwei Mach-Linien begrenzten Stückes der Kurve K ab, welches das „*Abhängigkeitsgebiet*" des Punktes P_1 auf der Kurve K genannt wird.

Aus der Festlegung der Zustände auf einem Kurvenstück folgt schließlich die Festlegung der Zustände in allen Punkten, deren Abhängigkeitsgebiet von dem Kurvenstück umfaßt wird. Dieses Gebiet, dessen Berechnung allein aus der Kenntnis der Zustände auf einem Kurvenstück möglich sein muß, weil es nur von diesem abhängt, heißt „*Fortsetzungsgebiet*" (Abb. 50).

Die partiellen Differentialgleichungen, wie etwa die Kontinuitätsbedingung oder die Bewegungsgleichung, stellen Bindungen der Zustandsänderungen in zwei verschiedenen Richtungen dar. Sie gelten nicht über die Stoßwellen hinweg, aber beliebig nahe von beiden Seiten an diese heran. Die folgenden Schlüsse werden deshalb auch nicht über Stoßwellen hinweg, sonst aber überall gelten.

Wird ein Koordinatensystem so gewählt, daß eine Koordinatenlinie mit einer Machschen Linie zusammenfällt, die andere Koordinatenlinie aber beliebig verläuft, so kann durch Koordinatentransformation leicht die Änderung einer Größe — etwa der Geschwindigkeit — längs der genannten Machschen Linie ermittelt werden. Diese Änderung einer Größe längs der Mach-Linie darf nun aber nur vom Zustand auf der Mach-Linie selbst, womit auch die Änderungen des Zustandes längs dieser Mach-Linie einbegriffen sind, abhängen. Dies ist notwendig, weil sich sonst — entgegen den vorausgegangenen Schlüssen — Zustandsänderungen, welche auf das Einflußgebiet beschränkt sind, außerhalb desselben geltend machen würden, oder umgekehrt Vorgänge, welche außerhalb des Abhängigkeitsgebietes liegen, sich bemerkbar machen würden. Weil nun aber jede Mach-Linie Begrenzung eines geeignet gewählten Einflußgebietes oder

Abhängigkeitsgebietes ist und durch jeden Punkt der Strömungsebene zwei Mach-Linien gehen, müssen die beiden Scharen links- und rechtsläufiger Mach-Linien als Koordinatenlinien eingeführt Differentialgleichungen ergeben, in denen stets nur die Änderungen in einer der beiden Richtungen von Mach-Linien vorkommen.

Es ist einleuchtend, daß diese einfachen Differentialgleichungen für die Behandlung allgemeiner Aufgaben besonders geeignet sein werden.

Eine Mach-Linie ist dadurch gekennzeichnet, daß sich ihr entlang eine kleine Störung fortpflanzen würde, wenn sie an einem ihrer Punkte hervorgerufen würde. Die Störung braucht realiter nicht gegeben zu sein. So gibt es auch in der ungestörten Parallelströmung und in einem ruhenden Medium zwei Scharen Machscher Linien. Die Störungen können sehr kleine Zustandssprünge oder auch beliebig starke Knicke im Zustandsverlauf sein (vgl. Abb. 36, 37, 45). So kann aus dem Geschwindigkeitsgefälle auf der einen Seite der Machschen Linie nicht auf das Gefälle auf der anderen Seite geschlossen werden. Dies ist ein weiterer Grund, weshalb die Ableitungen längs der Mach-Linie nicht von jenen quer zu ihr abhängen können, weil letztere auf beiden Seiten verschieden und somit auf der Mach-Linie unbestimmt sein können.

Diese Eigenschaft der Machschen Linien spielt in der Theorie einer ganzen Klasse von Differentialgleichungen, deren einfachste Vertreterin die Wellengleichung (57) ist, und die als „*hyperbolische*" Differentialgleichungen bezeichnet werden, eine hervorragende Rolle. Die den Machschen Linien entsprechenden Kurven werden allgemein als „*Charakteristiken*" oder „charakteristische Grundkurven" bezeichnet, ein Ausdruck, der im folgenden für die Machsche Linie öfters verwendet werden wird.

26. Transformation der Differentialgleichungen auf die Machschen Linien.

Im folgenden sei die durch die Neigung $W + c$ gekennzeichnete *rechtsläufige* Machsche Linie oder Charakteristik mit $\eta = $ konst., die durch die Neigung $W - c$ gekennzeichnete *linksläufige* Machsche Linie mit $\xi = $ konst. gekennzeichnet. Bei kleinen Störungen im ruhenden Medium ($W \ll c_0$, $c - c_0 \ll c_0$) sind die Neigungen in erster Näherung, die einer Linearisierung entspricht, gegeben durch:

$$\left(\frac{\partial x}{\partial t}\right)_\xi = -\frac{\xi_t}{\xi_x} = -c_0; \qquad \left(\frac{\partial x}{\partial t}\right)_\eta = -\frac{\eta_t}{\eta_x} = c_0.$$

Hieraus folgt nach Integration bei einfachster Wahl der verfügbaren Konstanten:

$$\xi = x + c_0\,t; \qquad \eta = x - c_0\,t. \tag{101}$$

Alle möglichen ξ- und η-Werte ergeben hier also in der $x, c_0 t$-Ebene eine Schar unter 45° fallender und eine zweite Schar unter 45° steigender gerader Linien.

Die allgemeinen Differentialgleichungen (28) für die Charakteristiken:

$$\left(\frac{\partial x}{\partial t}\right)_\xi = -\frac{\xi_t}{\xi_x} = W - c; \qquad \left(\frac{\partial x}{\partial t}\right)_\eta = -\frac{\eta_t}{\eta_x} = W + c \tag{102}$$

lassen sich nicht integrieren, weil W und c als Funktionen von x und t nicht bekannt sind, sondern erst gefunden werden sollen.

Um die Ableitungen in Richtung der beiden Charakteristiken zu erhalten, kann ganz analog zur Gl. (1) für die Ableitung in Richtung der Lebenslinie vorgegangen werden. Mit Gl. (102) ist für eine beliebige Funktion g:

$$\left(\frac{\partial g}{\partial t}\right)_\xi = \frac{\partial g}{\partial t} + \frac{\partial g}{\partial x}\left(\frac{\partial x}{\partial t}\right)_\xi = \frac{\partial g}{\partial t} + (W - c)\frac{\partial g}{\partial x} = \frac{dg}{dt} - c\frac{\partial g}{\partial x};$$

$$\left(\frac{\partial g}{\partial t}\right)_\eta = \frac{\partial g}{\partial t} + \frac{\partial g}{\partial x}\left(\frac{\partial x}{\partial t}\right)_\eta = \frac{\partial g}{\partial t} + (W + c)\frac{\partial g}{\partial x} = \frac{dg}{dt} + c\frac{\partial g}{\partial x}.$$

$$\tag{103}$$

Es sollen im folgenden nur Strömungen *ohne Wärmezufuhr* behandelt werden. Dann bleibt die Entropie längs Stromlinien konstant, woraus für ein *ideales* Gas folgt:

$$(\varkappa - 1)\, T\, \frac{ds}{dt} = \frac{1}{\varrho}\, \frac{dp}{dt} - \frac{c^2}{\varrho}\, \frac{d\varrho}{dt} = 0. \tag{104}$$

Damit kann die Kontinuitätsbedingung (11) wie folgt umgeformt werden:

$$\frac{1}{\varrho}\, \frac{dp}{dt} + c^2\, \frac{\partial W}{\partial x} = - c^2 \left(\frac{W}{f}\, \frac{\partial f}{\partial x} + \frac{1}{f}\, \frac{\partial f}{\partial t} \right). \tag{105}$$

Die Bewegungsgleichung (12) mit c multipliziert:

$$c\, \frac{dW}{dt} + \frac{c}{\varrho}\, \frac{\partial p}{\partial x} = 0$$

und zu Gl. (105) addiert oder von Gl. (105) subtrahiert ergibt:

$$\pm c \left(\frac{dW}{dt} \pm c\, \frac{\partial W}{\partial x} \right) + \frac{1}{\varrho} \left(\frac{dp}{dt} \pm c\, \frac{\partial p}{\partial x} \right) = - c^2 \left(\frac{W}{f}\, \frac{\partial f}{\partial x} + \frac{1}{f}\, \frac{\partial f}{\partial t} \right).$$

Damit sind die Gleichungen bereits auf die Machschen Linien transformiert. Mit Gl. (103) ist:

$$\begin{aligned}
- \left(\frac{\partial W}{\partial t} \right)_\xi + \frac{1}{\varrho c} \left(\frac{\partial p}{\partial t} \right)_\xi &= - c \left(\frac{W}{f}\, \frac{\partial f}{\partial x} + \frac{1}{f}\, \frac{\partial f}{\partial t} \right), \\
\left(\frac{\partial W}{\partial t} \right)_\eta + \frac{1}{\varrho c} \left(\frac{\partial p}{\partial t} \right)_\eta &= - c \left(\frac{W}{f}\, \frac{\partial f}{\partial x} + \frac{1}{f}\, \frac{\partial f}{\partial t} \right).
\end{aligned} \tag{106}$$

Die rechten Seiten enthalten die Änderungen des Querschnittes f bei festem t bzw. x. Die Größen müssen natürlich gegeben sein. Im allgemeinen bleibt der Querschnitt ja zeitlich unverändert $[f = f(x)]$. Bei ebenen Strömungen ($f =$ konst.) verschwindet die rechte Gleichungsseite; sie erhält bei Zylinder- oder Kugelsymmetrie die durch Gl. (34) gegebene einfache Form. An unbekannten Ableitungen treten in der ersten Gl. (106) nur solche längs der links-läufigen, in der zweiten nur solche längs der rechtsläufigen Charakteristik auf.

Die Gl. (106) können ebenso aus der Bedingung abgeleitet werden, daß die Ableitungen quer zur Charakteristik unbestimmt sind (siehe etwa [13]). Sie tragen von dieser Ableitung her die Bezeichnung „*Verträglichkeitsbedingungen*".

Nur bei isentroper Strömung reichen die beiden Gl. (106) zur vollständigen Beschreibung der Vorgänge aus, weil dann alle Größen auf W und c oder W und p zurückgeführt werden können. Bei anisentroper Strömung tritt noch Gl. (104) hinzu, welche aussagt, daß s nur längs Lebenslinien konstant ist. Dann stellt auch die Lebenslinie eine Charakteristik dar, an der außer p und W alle Zu-standsgrößen springen können. (Unstetigkeitslinie in den Abb. 36, 40, 41, 42.) Ganz wie die Verträglichkeitsbedingungen (106), enthält Gl. (104) ausschließlich Ableitungen in Richtung der möglichen Unstetigkeitslinie.

Die linke Gleichungsseite von (106) läßt verschiedene Formulierungen zu. Für die beiden in Frage kommenden Differentialsummen ergibt sich mit Hilfe der Entropiedefinition:

$$\mp c\, dW + \frac{1}{\varrho}\, dp = \mp c\, dW + di - T\, ds = - (W \pm c)\, dW + d \left(\frac{W^2}{2} + i \right) - T\, ds.$$

Die Summe $\dfrac{W^2}{2} + i$ gibt bei stationärer Strömung konstante Werte. Ihre Änderung ist ein Maß für das Abweichen von der stationären Zustandsänderung, woraus sich auch ihre Bedeutung erklärt. Die Größe $\dfrac{W^2}{2} + i$ wird von SAUER[14] als zweite abhängige Veränderliche neben W benützt. Sie stellt die Ableitung des Geschwindigkeitspotentials φ_t dar, Gl. (49).

In Differentialform lauten die Verträglichkeitsbedingungen für eine *linksläufige* (oberes Vorzeichen) und *rechtsläufige* Machsche Linie dann:

$$\mp c\, dW + di = -(W \pm c)\, dW + d\left(\frac{W^2}{2} + i\right) =$$

$$= -c^2\left(\frac{W}{f}\frac{\partial f}{\partial x} + \frac{1}{f}\frac{\partial f}{\partial t}\right) dt + T\, ds. \tag{107}$$

Für ein ideales Gas ergibt sich hieraus sofort

$$\mp dW + \frac{2}{\varkappa - 1}\, dc = -c\left(\frac{W}{f}\frac{\partial f}{\partial x} + \frac{1}{f}\frac{\partial f}{\partial t}\right) dt + \frac{c}{\varkappa - 1}\, d\left(\frac{s}{c_p}\right), \tag{108}$$

eine Gleichung, die für $f = f(x)$ auch leicht aus Gl. (40) hätte gewonnen werden können.

Das Entropieglied wurde auf die rechte Seite von Gl. (107) und (108) geschrieben, weil es bei der Anwendung aus Gl. (104) gesondert zu ermitteln und in den oberen Gleichungen einzusetzen sein wird.

27. Ebene isentrope Wellen.

Das Problem der ebenen isentropen Welle beliebiger Amplitude wurde zuerst von RIEMANN* behandelt. Eine ausgedehnte analytische Darstellung erfuhr das Problem durch BECHERT[3, 16, 17] auch für Kugel- und Zylinderwellen. Im folgenden sollen Methoden angewendet werden, die für die Praxis in ihrer Einfachheit besonders geeignet erscheinen[18]. Die Beschränkung auf id. Gase konst. sp. W. welche im folgenden meist erfolgt, kann gegebenenfalls leicht beseitigt werden.

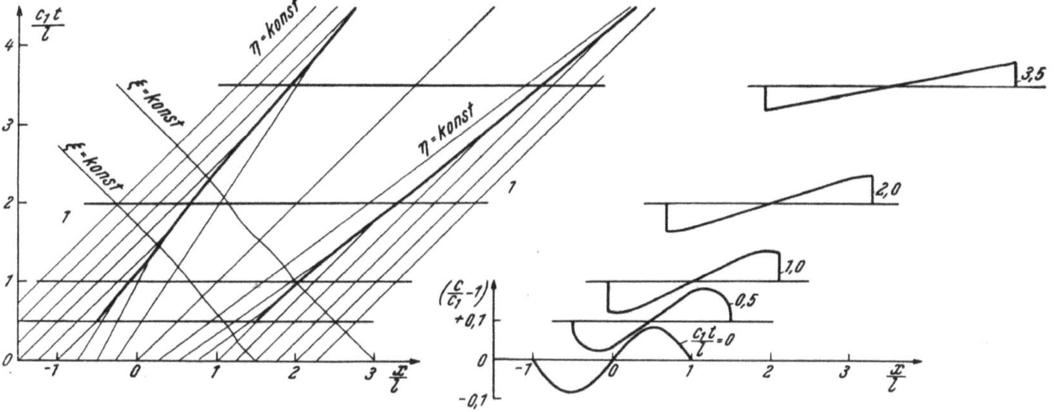

Abb. 51. Isentrope ebene Welle endlicher Amplitude (——— Stoß, ——— Mach-Linie).

Bei ebenen isentropen Wellen ($f = $ konst., $s = $ konst.) verschwinden die Ausdrücke auf der rechten Gleichungsseite von (108). Eine Integration ist sofort möglich mit dem Resultat:

linksläufige Welle ($\xi = $ konst.): $\quad - W + \dfrac{2}{\varkappa - 1}\, c = \dfrac{2}{\varkappa - 1}\, c_0(\xi),$

rechtsläufige Welle ($\eta = $ konst.): $\quad + W + \dfrac{2}{\varkappa - 1}\, c = \dfrac{2}{\varkappa - 1}\, c_0(\eta),$ (109)

wobei c_0 die Schallgeschwindigkeit bei $W = 0$ ist. Die auf der einzelnen Charakteristik konstante Größe c_0 kann auf einer benachbarten Charakteristik einen

---

* A. SOMMERFELD: Mechanik der deformierbaren Medien, S. 252f. Akad. Verlagsgesellschaft, 1945.

anderen Wert besitzen. Man überzeugt sich durch Differentiation, daß die Gl. (108) mit (109) erfüllt werden. [Es ist ja auf $\xi =$ konst.: $d\,c_0(\xi) = 0$].

Auf jeder Machschen Linie ist also eine bestimmte Geschwindigkeit W an eine bestimmte Schallgeschwindigkeit c gekoppelt.

Angenommen, eine Welle beliebiger Form wandere in x-Richtung in ein ruhendes (Abb. 51) oder mit konstanter Geschwindigkeit W_1 bewegtes Gas. In diesem herrscht Druckgleichgewicht und wegen Isentropie also konstante Schallgeschwindigkeit c_1. Die einzelnen Störungen, aus denen die Welle aufgebaut gedacht werden kann, pflanzen sich längs rechtsläufiger Machscher Linien ($\eta =$ konst.) fort, auf welchen die untere Gl. (109) erfüllt sein muß. Alle linksläufigen Machschen Linien enden schließlich im ruhenden oder gleichförmig mit W_1 bewegten Gas vor der Welle, weshalb auf diesen die obere Gl. (109) mit stets *gleichem*, von ξ unabhängigem Wert von c_0 erfüllt sein muß. Es ist also — zunächst im stoßfreien Gebiet —

überall:
$$- W + \frac{2}{\varkappa - 1}\, c = - W_1 + \frac{2}{\varkappa - 1}\, c_1,$$

auf $\eta =$ konst.:
$$+ W + \frac{2}{\varkappa - 1}\, c = \frac{2}{\varkappa - 1}\, c_0\,(\eta)$$

und daher:
$$2\,W = W_1 + \frac{2}{\varkappa - 1}\, [c_0(\eta) - c_1],$$
$$2\,c = - \frac{\varkappa - 1}{2}\, W_1 + c_0(\eta) + c_1. \tag{110}$$

W und c hängen damit nur von η ab, sie sind auf rechtsläufigen Mach-Wellen ($\eta =$ konst.) konstant. Nach Gl. (102) ist dann aber auch die Neigung der rechtsläufigen Mach-Linien konstant, diese sind *Geraden*.

Eine ebene isentrope Welle besteht darnach aus lauter Elementarwellen, aus Paarungen von W und c, welche gemeinsam weiterwandern.

Die Deformation einer ebenen Welle ist damit schnell zu verfolgen, da die rechtsläufigen Mach-Linien Träger der Zustände sind.

Mit Gl. (102) und (109) ergibt sich für die Neigung der rechtsläufigen Charakteristiken:
$$\left(\frac{\partial x}{\partial t}\right)_\eta = \frac{\varkappa + 1}{\varkappa - 1}\, (c - c_1) + \left(\frac{\partial x}{\partial t}\right)_{\eta\,1}. \tag{111}$$

Je größer c, je höher also der Druck, desto flacher verlaufen die Linien $\eta =$ konst. $\left[\left(\frac{\partial x}{\partial t}\right)_{\eta\,1}\right.$ Neigung beim Zustand W_1, $c_1\Big]$. Im Gebiet des Druckabfalles divergieren die Geraden $\eta =$ konst., im Gebiet des Druckanstieges laufen sie zusammen und müssen zu einem Stoß führen (Abb. 51).

Lösung (87) stellt jenen Spezialfall der hier behandelten allgemeinen Lösung dar, bei welcher sich alle Machschen Linien in einem Punkte treffen.

Natürlich können dieselben Überlegungen für eine in negativer x-Richtung laufende Welle angestellt werden. Es hängt dann der Zustand nur von ξ ab.

In den Argumenten der Funktion von Gl. (58) (linearisiertes ebenes Problem) erkennt man die Charakteristiken (101). Die allgemeine Lösung besteht dort aus einer Summe einer Funktion von η und einer Funktion von ξ. Beim hier behandelten allgemeinen Problem gibt es eine Lösung, die Funktion von η allein ist, und eine zweite, die Funktion von ξ allein ist. Eine Superposition ist aber in gleicher Einfachheit nicht mehr möglich.

Die in Abb. 51 wiedergegebene Welle hat Schallgeschwindigkeitsschwankungen von $\pm\,0{,}08$ der Schallgeschwindigkeit c_1 vor der Welle. Die Geschwindigkeitsschwankungen sind nach Gl. (108) fünfmal so groß, betragen also bis zu 40% von c_1. Die mit der Isentropengleichung aus der Schallgeschwindigkeitsschwankung zu berechnende Druckschwankung ergibt Werte zwischen $+ 0,72\, p_1$ und $- 0,44\, p_1$. Es handelt sich also um eine sehr kräftige Welle, die nach kürzester Zeit zu Stößen führt, deren Verlauf an die Abb. 46 erinnert. In dieser ändert sich die Geschwindigkeit innerhalb der isentropen Näherung nach der letzten Gl. (81) genau so wie auf der Charakteristik mit dem $\dfrac{2}{\varkappa - 1}$-fachen Betrag der Schallgeschwindigkeitsänderung. Dies ergibt sich auch sofort aus dem Stoßpolarendiagramm. Die Charakteristiken Gl. (109) in Abb. 34 oder Abb. 35 eingezeichnet, sind die durch Gl. (87) und (90) schon bekannten Geraden, welche mit den Stoßpolaren im Ausgangspunkt gemeinsame Tangente und Krümmung besitzen. Das erste gemeinsame Stück von Polare und Charakteristik im Zustandsdiagramm entspricht der isentropen Näherung. Innerhalb dieser gelten die Verträglichkeitsbedingungen (109) also auch über die Stöße hinweg, nur mit dem Unterschied, daß im Stoß eine endliche Änderung von W und c sprunghaft vor sich geht, die sich längs der Machschen Linie in stetiger Strömung auf einer endlichen Wegstrecke vollzieht. Die zu den Gl. (110) führende Schlußweise gilt also in der ganzen *isentropen* Strömungsebene. Die Linien $\eta = $ konst. sind auch *zwischen* den Stößen Gerade.

Die Richtung der Stöße ist mit Gl. (85) als Mittel der gleichlaufenden Charakteristikenrichtungen vor und hinter dem Stoß schnell und ohne weitere Hilfsmittel zu konstruieren.

Während die Druckanstiege mit der Zeit steiler werden, verflachen die Druckabfälle. Es ergibt sich bei kräftigen Wellen nach kurzer Zeit eine sägezahnähnliche Wellenform. Die Stöße werden mit zunehmender Stärke zunächst schneller, dann mit abnehmender Intensität immer langsamer. Ihre gegenseitige Entfernung wächst, wie Abschnitt 24 lehrte, mit der Wurzel aus der Laufzeit über alle Grenzen.

28. Berechnung beliebiger ebener, isentroper Vorgänge.

Ausbreitungsvorgänge, wie sie für das ebene Problem etwa durch Vorgänge in Rohren gegeben sind, spielen sich im allgemeinen nicht in einer Richtung ab. Sie bestehen im wesentlichen aus zwei entgegengesetzt gerichteten Wellensystemen. Übersteigen die dabei auftretenden Stöße nicht das Druckverhältnis von 1 : 2, so kann mit sehr guter Näherung isentrop gerechnet werden. Handelt es sich um reine Ausdehnungsvorgänge, so kommt es zu keinen Stößen. Die Strömung bleibt dann bei beliebig starken Druckunterschieden isentrop, wenn sie es im Ausgangszustand bereits war.

Die erste Arbeit auf diesem Gebiet stammt von K. KOBES[19] und wurde im Hinblick auf die Anwendung an Druckluftbremsen gemacht. Die neuen Methoden stammen von F. SCHULTZ-GRUNOW[20], R. SAUER[14], G. GUDERLEY[22] und W. DÖRING[6]. Es handelt sich dabei stets darum, die Machschen Linien als Koordinatenlinien zu verwenden, weshalb diese Methoden als *,,Charakteristikenverfahren"* bezeichnet werden. Das erste derartige Verfahren stammt von L. PRANDTL und A. BUSEMANN und wurde für stationäre ebene Überschallströmungen (Abschnitt VIII, 22) entwickelt. Alle Methoden beziehen sich ganz allgemein auch auf anisentrope Vorgänge bei veränderlichem Querschnitt oder können darauf erweitert werden (Abschnitt 31). Die Methode in allgemeinster Form wird von K. OSWATITSCH[13] behandelt. Es handelt sich dabei insofern um Näherungsverfahren, als ein schrittweises Berechnen — allenfalls verbunden mit zeichnerischen Methoden — notwendigerweise stets zu Ungenauigkeiten führen muß.

Jedoch ergeben die Verfahren bei Verkleinerung der Schritte schließlich die exakte Lösung und können von diesem Gesichtspunkt aus als exakt bezeichnet werden. In den einfachsten Fällen führen die Methoden sehr rasch und mit völlig ausreichender Genauigkeit zum Ziel.

Die hier geschilderte Methode sowie die Ableitung von Abschnitt 26 lehnt sich am meisten an jene von W. DÖRING an. Die Zweckmäßigkeit der Methode hängt immer etwas vom Beispiel, vor allem aber von dem zur Verfügung stehenden Kurven- und Tabellenmaterial ab. Sie wird in der Regel vom Ausführenden je nach Ausbildung und Geschmack abgeändert.

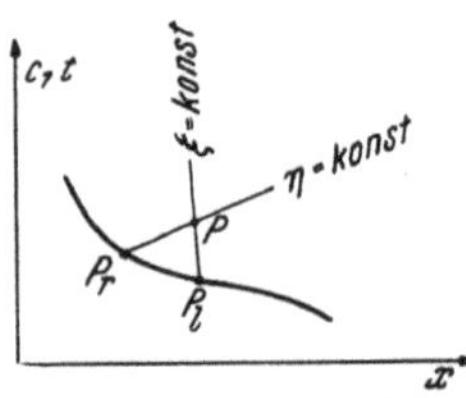

Abb. 52. Schritt der Charakteristikenmethode.

Angenommen, der Strömungszustand auf einer Kurve in der Strömungsebene, etwa auf der x-Achse oder auf der t-Achse, sei gegeben. Zwei Punkte P_r und P_l seien herausgegriffen (Abb. 52), mit denen ein Punkt P die rechtsläufige bzw. linksläufige Charakteristik gemeinsam hat. Der Ort des Punktes P ist also zunächst nicht bekannt, sondern nur indirekt durch die Gemeinsamkeit der Machschen Linien mit P_r und P_l festgelegt. Ort und Zustand im Punkte P sind zu suchen.

Der Zustand W, c im Punkte P kann sofort exakt durch die Zustände W_r, c_r und W_l, c_l in den Punkten P_r und P_l ausgedrückt werden:

Für ein *ideales* Gas ist nach Gl. (109)

$$W + \frac{2}{\varkappa - 1} c = W_r + \frac{2}{\varkappa - 1} c_r,$$

$$- W + \frac{2}{\varkappa - 1} c = - W_l + \frac{2}{\varkappa - 1} c_l;$$

daraus folgt sofort exakt für W und c im Punkte P:

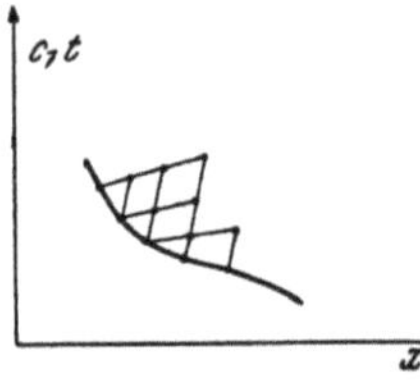

Abb. 53. Schrittweise Berechnung.

$$2\,W = (W_r + W_l) + \frac{2}{\varkappa - 1} \cdot (c_r - c_l),$$

$$2\,c = \frac{\varkappa - 1}{2} (W_r - W_l) + c_r + c_l. \tag{112}$$

Den Ort des Punktes P bestimmt man aus der Richtung der Machschen Linien Gl. (102) in den Punkten P_r und P_l:

$$P_r: \left(\frac{\partial x}{\partial t}\right)_\eta = W_r + c_r; \qquad P_l: \left(\frac{\partial x}{\partial t}\right)_\xi = W_l - c_l. \tag{113}$$

Diese Ortsbestimmung stellt eine Näherung dar, welche um so genauer ist, je näher die Punkte aneinander liegen. Lediglich bei Linearisierung besitzt man in Gl. (101) die exakten Machschen Linien. Die Ortsbestimmung der Machschen Linien läßt sich aber sofort leicht um eine Ordnung verbessern, wenn man für die Richtungen von P_r nach P und von P_l nach P das Mittel aus den Richtungen in den Punkten P_r und P bzw. P_l und P bildet. Es ist deshalb zweckmäßig, zuerst den Zustand im Punkte P mit Gl. (112) zu bestimmen, womit die mittlere Richtung der Machschen Linie *ohne* Iteration angegeben werden kann.

Indem aus den bereits bestimmten Punkten wieder neue Punkte berechnet werden (Abb. 53), wird das Strömungsfeld in einem Punktgitter berechnet, weshalb auch von „*Gitterpunktverfahren*" gesprochen wird. Auf diese Weise wird das ganze „Fortsetzungsgebiet" (Abb. 50) bestimmt. Dieses umfaßt, wenn die Zustände auf der ganzen x-Achse oder t-Achse bekannt sind, die gesamte Strömungsebene.

Das erste Verfahren von PRANDTL und BUSEMANN für stationäre Überschallströmung sowie das Verfahren von SCHULTZ-GRUNOW für instationäre ebene

Wellen ist als sogenanntes „*Felderverfahren*" aufgebaut. Bei diesem wird angenommen, die Zustände in der Strömungsebene wären in kleinen Feldern, wie sie sich *zwischen* den beiden Scharen Machscher Linien (Abb. 50 und 53) ergeben, konstant, die Zustandsänderungen hingegen gingen sprungartig in den Machschen Linien wie in kleinen stufenartigen Schallwellen vor sich. Stromlinien, Randkurven und Machsche Linien sind dann Polygonzüge. Das Verfahren birgt eine Dualität in sich, indem Felder der Strömungsebene, die ja kleine Gebiete konstanter Zustände darstellen, Punkte der Zustandsebene darstellen. In den Kreuzungspunkten Machscher Linien hingegen treten alle Übergangszustände der vier angrenzenden Felder auf. Diese

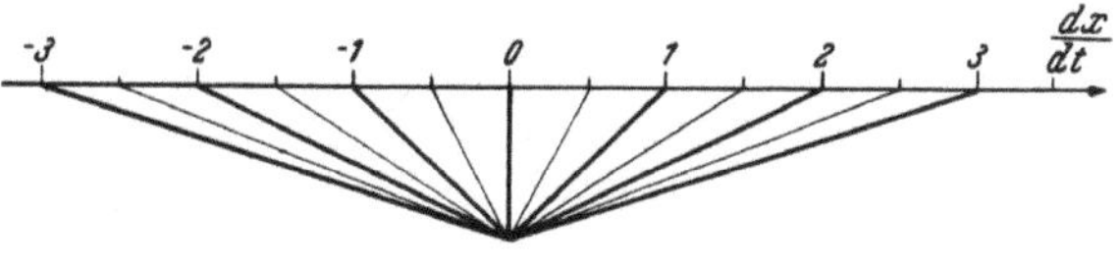

Abb. 54. Richtungsfeld.

Punkte entsprechen ganzen Feldern in der Strömungsebene. Der Nachteil der Felderverfahren besteht in der durch die Feldereinteilung eingeführten Ungenauigkeit, welche sich besonders bei der Erweiterung der Methode auswirkt, so daß fast nur mehr mit Gitterpunktverfahren gerechnet wird. In mancher Hinsicht sind die Felderverfahren allerdings physikalisch anschaulicher. Man erkennt sie in den Arbeiten sofort daran, daß die Zustandswerte in die Felder der Strömungsebene hineingeschrieben sind, während die Zustandswerte bei den Gitterpunktverfahren den Gitterpunkten zugeordnet sind.

Eine weitgehende Reduktion der Arbeit zur Berechnung des einzelnen Gitterpunktes ist wichtig. Nach Gl. (109) ändert sich W um den $\dfrac{2}{\varkappa - 1}$-fachen (bei Luft also um den fünffachen) Betrag der Änderung von c. Es ist zweckmäßig, von vornherein mit den Werten $\dfrac{2}{\varkappa - 1}\, c$ zu rechnen. Werden dann von vornherein diejenigen Machschen Linien gezogen, welche beginnend beim Ruhezustand $\left(W = 0,\ \dfrac{2}{\varkappa - 1}\, c = \dfrac{2}{\varkappa - 1}\, c_0\right)$ gleich großen Stufen von W entsprechen (etwa $W = 0$; $\pm\, 0{,}1\, c_0$; $\pm\, 0{,}2\, c_0$ usw.), so treten auch nur gleich große Stufen für $\dfrac{2}{\varkappa - 1}\, c$ auf und die

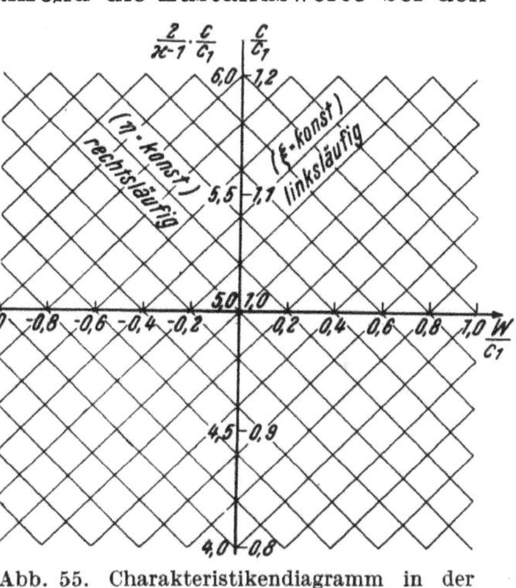

Abb. 55. Charakteristikendiagramm in der Zustandsebene für $\varkappa = 1.400$.

Berechnung der W- und c-Werte nach Gl. (112) wird so einfach, daß sie nach kurzer Übung im Kopf erledigt werden kann. Zu den Gitterpunkten in der Strömungsebene werden zweckmäßig Nummern geschrieben und in einem Protokoll zu den Nummern die Werte von W, $\dfrac{2}{\varkappa - 1}\, c$, $W - c$ und $W + c$ notiert. Für die Konstruktion der Machschen Linien zeichnet man ein Richtungsfeld (Abb. 54). Mit Zeichenmaschinen wird besonders wegen der zahlreichen Winkelübertragungen die Arbeit bei allen Charakteristikenverfahren sehr beschleunigt und kann im übrigen Rechenhilfskräften überlassen werden.

Bei den Verallgemeinerungen ist es sehr empfehlenswert, ein Diagramm der Zustandsebenen zur Hilfe zu nehmen (Abb. 55, W, c-Diagramm). In dieses sind die Geraden (Gl. 109) einzutragen. Es sind dies die Bedingungen auf den Charakteristiken und daher die Bilder der Charakteristiken in der Zustandsebene, wobei Rechtsläufigkeit bezüglich der Lebenslinie in der Strömungsebene Rechtsläufigkeit bezüglich der W-Achse in der Zustandsebene entspricht. Die Zustände W_r, c_r und W_l, c_l entsprechen zwei Punkten in der W,c-Ebene. Der gesuchte Zustand W, c ist jener Punkt der W,c-Ebene, welcher mit W_r, c_r die rechtsläufige und mit W_l, c_l die linksläufige Charakteristik gemeinsam hat (Abb. 56). In Abb. 55 könnten außerdem noch Gerade $W \pm c = $ konst. eingetragen werden, was aber kaum lohnt. Am besten werden gleich die Halbierungspunkte von $P\,P_r$ und $P\,P_l$ aufgesucht, bei ersterem $W + c$ und bei letzterem $W - c$ gebildet, um die Richtung der Machschen Linien zu erhalten. Ganz entsprechend läßt sich innerhalb isentroper Näherung auch die Richtung des Verdichtungsstoßes als arithmetisches Mittel der Neigungen gleichlaufender Machscher Linien ablesen. (Ein in positiver Richtung, also nach rechts laufender Stoß entspricht dabei linkslaufenden Machschen Linien, weil die Stoß*front* nach links über die Lebenslinie hinwegläuft.) Bei *nicht idealen* Gasen ist ein Diagramm entsprechend zu Abb. 55 besonders empfehlenswert. In Gl. (106) sind bei Isentropie ϱ und c

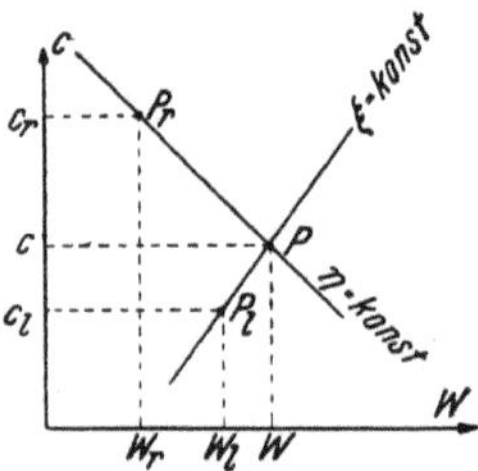

Abb. 56. Lage der Punkte P_l, P_r und P in der Zustandsebene.

Funktionen von p. Es kann dann als neue Zustandsgröße eine Funktion $F(c)$:

$$F(c) = \int \frac{dp}{\varrho\, c} \qquad (114)$$

eingeführt werden, die auch als Funktion von p oder ϱ angesehen werden kann. Sie tritt an Stelle von $\dfrac{2}{\varkappa - 1}\, c$ beim idealen Gas. Die Gl. (106) integriert lauten dann:

$$\begin{aligned} \xi &= \text{konst.}: \quad -W + F(c) = F(c_0\,(\eta)), \\ \eta &= \text{konst.}: \quad +W + F(c) = F(c_0\,(\xi)). \end{aligned} \qquad (115)$$

Die Kurven $\mp W + F(c) = $ konst. sind nun in der W,c-Ebene keine Geraden mehr. Sie können natürlich erst auf Grund der Isentropengleichungen des betreffenden Mediums mittels Gl. (114) berechnet werden. Man muß neben c auch noch den Maßstab von $\displaystyle\int \frac{1}{c\,\varrho}\, dp = F(c)$ eintragen. Wenn das Diagramm einmal hergestellt ist, erfolgt die Berechnung der Beispiele ebenso rasch wie beim id. Gas konst. sp. W. Bei dimensionsloser Schreibweise wird man nun nicht mehr auf eine Ruheschallgeschwindigkeit beziehen, sondern auf eine Schallgeschwindigkeit bei einem physikalischen Normalzustand (etwa $T = 273°$ und $p = 1$ at). Die Diagrammform hängt bei nicht idealen Gasen im allgemeinen noch vom absoluten Druck in einem beliebig zu wählenden Zustand ab.

Die Konstruktion der Teilchenbahnen bietet keine Schwierigkeit, ist aber ein wenig umständlich. Die Richtung ist durch

$$\frac{dx}{dt} = W$$

gegeben. Damit ist das ganze Richtungsfeld der Stromlinien bekannt, wenn die Gitterpunkte berechnet sind. Die schrittweise Konstruktion einer Stromlinie macht allerdings Interpolationen erforderlich, welche am besten in den Kreuzungspunkten der Stromlinien mit den Machschen Linien ausgeführt werden.

29. Randbedingungen bei ebener isentroper Strömung.

Die Randbedingungen lassen sich bei den Charakteristikenverfahren meist in einfachster Weise erfüllen. Ist an einer festen Stelle ($x = x_0$) eine *feste Wand* ($W = 0$), so wird zunächst die auf die Stelle zuwandernde Machsche Linie gezogen (Abb. 57). Auf ihr besteht eine Bindung zwischen W und c, bei einer rechtsläufigen Welle etwa:

$$W + \frac{2}{\varkappa - 1}\, c = W_r + \frac{2}{\varkappa - 1}\, c_r,$$

wobei die Werte W_r, c_r durch den letzten Gitterpunkt gegeben sind. An der Stelle, wo die Machsche Linie auf die Gerade $x = x_0$ trifft, wird ein neuer Gitterpunkt gezeichnet, dessen $W = 0$ ist und dessen c-Wert sich aus der oberen Gleichung sofort ergibt.

Handelt es sich um eine *bewegte Wand*, so ist die Lebenslinie der Wand in der Strömungsebene bekannt. Auf ihr kennt man in allen Punkten W, also kann, wie bei der festen Wand, das c in einem Schnittpunkt mit einer Machschen Linie sofort angegeben werden, womit ein neuer Gitterpunkt, von welchem die weiteren Rechnungen ausgehen können, gefunden ist.

Ganz analog ist bei einem *offenen Ende*, aus welchem das Medium ausfließt, vorzugehen. Hier ist bei Unterschallgeschwindigkeiten der Druck gleich dem

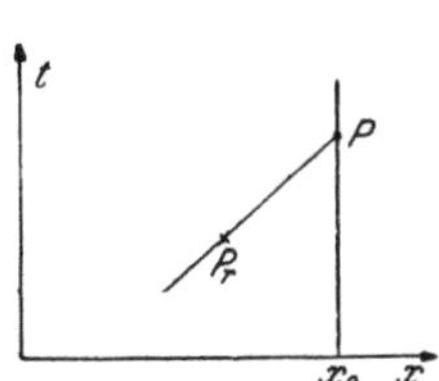

Abb. 57. Zustandswerte im Randgitterpunkt.

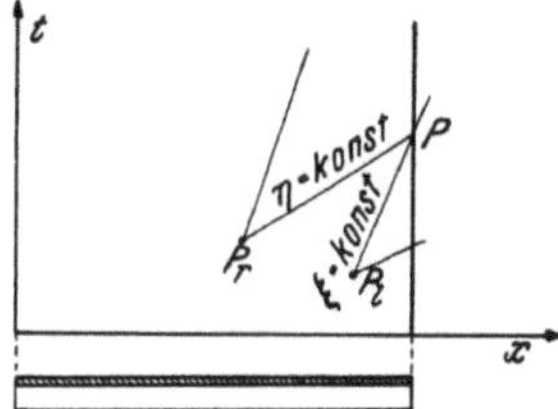

Abb. 58. Überschallaustrittsgeschwindigkeit am offenen Rohrende.

Außendruck. Mit der Isentropengleichung ist also am offenen Ende die Schallgeschwindigkeit c vorgeschrieben. Damit kann nun umgekehrt die Geschwindigkeit W der Punkte auf den Machschen Linien am offenen Ende sofort angegeben werden. Bei Überschallgeschwindigkeit im Austrittsquerschnitt laufen keine Machschen Linien vom Endquerschnitt in das Rohr hinein (Abb. 58). Die Werte in den Gitterpunkten am Austrittsquerschnitt werden mit Hilfe der Werte in zwei Gitterpunkten im Rohr bestimmt.

Alle besprochenen Randbedingungen lassen sich sehr einfach im Zustandsdiagramm verfolgen. Dies ist für den folgenden Fall besonders empfehlenswert. Strömt ein Medium in ein offenes Rohrende ein, so kann der Druck nicht mehr gleich dem Außendruck gesetzt werden, weil die Beschleunigung des Mediums auf die Einströmgeschwindigkeit mit einem Druckabfall verbunden ist. Die Strömung in der Umgebung des Rohrendes kann in jedem Zeitpunkt als stationär angesehen werden, wenn das Rohr lang im Verhältnis zu den Abmessungen ist, in welchen sich die Beschleunigung der Luft beim Einströmen vollzieht. Der Druckausgleich vollzieht sich ja mit Schallgeschwindigkeit, deren Wert bei den Vorgängen nicht stark variiert. Bei einem langen Rohr kommt die erste Schallwelle an das offene Ende zurück, nachdem dort schon viele Schallwellen im Beschleunigungsgebiet der Einströmung auf und ab laufen konnten und damit längst eine stationäre Strömung hergestellt haben. Weil das Einströmgebiet eine kugelige Senke darstellt, ist es sicher nur wenige Rohrdurchmesser groß. Das Rohr muß also lang im Verhältnis zu seinem Durchmesser sein, wenn am Rohrende mit quasistationärer Strömung gerechnet werden soll. Ganz entsprechende Überlegungen gelten bei einem Kessel, welcher durch ein Rohr entleert wird. Damit der Kesseldruck nicht zu rasch fällt, wird das Kesselvolumen im allgemeinen groß gegen das Rohrvolumen sein müssen, die Rohrlänge aber

wieder groß gegen dessen Durchmesser. Bei Zulässigkeit der Annahme quasistationärer Strömung am offenen Rohrende kann[20] mit dem Energiesatz stationärer Strömung [Gl. (II, 29)] gerechnet werden, der mit c_1 als Schallgeschwindigkeit des Ruhezustandes in der Rohrumgebung lautet:

$$\frac{\varkappa - 1}{2} \left(\frac{W}{c_1} \right)^2 + \left(\frac{c}{c_1} \right)^2 = 1.$$

Diese Beziehung zwischen $\dfrac{W}{c_1}$ und $\dfrac{c}{c_1}$ gibt in der W,c-Ebene eine Ellipse

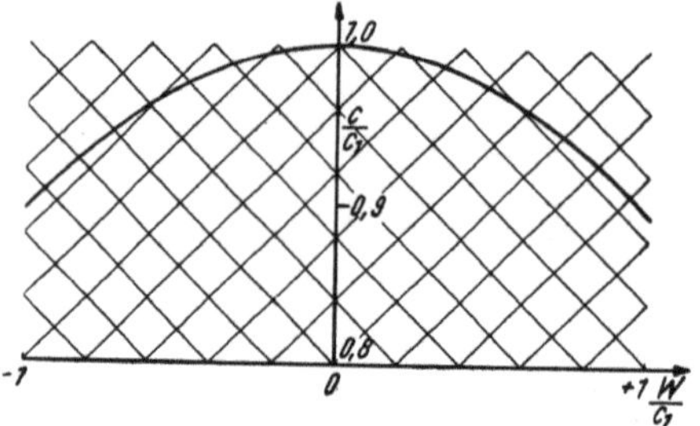

Abb. 59. Charakteristiken und Energieellipse
in der Zustandsebene für $\varkappa = 1{,}400$.

(Abb. 59). Die Zustandswerte eines Gitterpunktes am *offenen Rohrende* müssen beim
Einströmen sowohl auf dieser „*Energieellipse*" als auch auf der vom letzten Gitterpunkt zum Rohrende führenden Charakteristik liegen und sind damit an Hand von
Abb. 59 leicht bestimmbar.

Auf das Verhalten von Stößen an den
Rändern braucht nicht weiter eingegangen
werden. Da die Stoßfronttiefe außerordentlich gering ist, kann der Zustand in der
unmittelbaren Umgebung vor und hinter

dem Stoß stets als konstant angesehen werden. Die entsprechenden Beispiele wurden bereits in den Abschnitten 18 bis 21 behandelt.

30. Anwendung der Charakteristikenmethode auf das Ausströmen aus einem unter Überdruck stehenden Rohr.

Abb. 60 gibt die Strömung aus einem im Ausgangszustand unter Überdruck stehenden, linksseitig geschlossenen Rohr. Damit wird ein Einblick in
die Methode gegeben, der ohne weiteres für die Anwendung des Verfahrens auf
andere Beispiele ausreicht. Das Beispiel wurde ganz ähnlich bereits von SCHULTZ-
GRUNOW[20] gerechnet. Die Berechnung erfolgte im Felderverfahren und wurde
hier für das Gitterpunktverfahren und ein etwas gesteigertes Druckverhältnis
wiederholt. In der genannten Arbeit findet man ferner folgende Beispiele: Ausströmen aus einem Druckbehälter mit Ansatzrohr bei plötzlichem Öffnen des
Absperrschiebers am Rohransatz (Berechnung der Strömung im Ansatzrohr);
geschlossenes Rohr mit am linken Ende harmonisch bei Grundresonanzfrequenz
hin und her bewegtem Kolben und schließlich das letzte Beispiel bei offenem
Rohr.

In die Strömungsebene (a) und die Zustandsebenen (b, c, d, e) sind die Charakteristiken und Stöße eingetragen. Da ein und derselbe Zustand, also dieselbe
Paarung von W und c öfters vorkommt, sind einem Punkt der Zustandsebene
mehrere Punkte der Strömungsebene zugeordnet. Die Zustandsebene wird also
mehrfach überdeckt und wurde daher so in einzelne Teile (Blätter) aufgeteilt,
daß in diesen keine Überdeckungen vorkommen. Es ist nicht unbedingt erforderlich, die Zustandsebene heranzuziehen, vor allem wird man bei einiger Übung
ohne weiteres mit einer einzigen unaufgeteilten Zustandsebene auskommen.
In Abb. 60 geben aber die verschiedenen Blätter der Zustandsebene gleichzeitig ein Bild der Zustände in der Strömungsebene, weshalb die Wiedergabe
einer Tabelle, welche die Zustände in den einzelnen Punkten wiedergibt, ausbleiben konnte. Aus demselben Grunde wurden auch keine Lebenslinien eingezeichnet. Bei der praktischen Rechnung ist das Führen solch einer Tabelle
aber empfehlenswert. In ihr können die Werte $W + c$ und $W - c$ für die Nei-

gungen der Machschen Linien mit notiert werden; auch andere Größen wie der aus der Isentropenbeziehung errechnete Druck können mit eingetragen werden.

Von den beiden Scharen links- und rechtsläufiger Mach-Linien, welche die Strömungsebene völlig dicht überdecken, wurden nur jene gezeichnet, welche

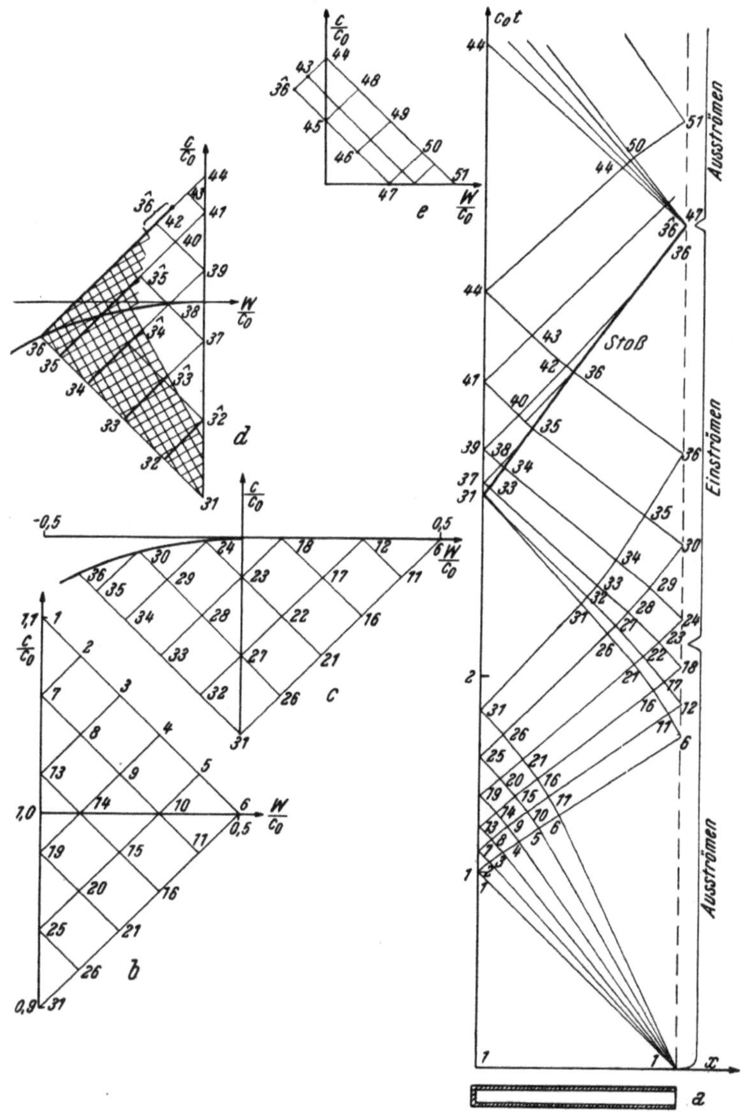

Abb. 60. Ausströmen aus einem anfangs unter Überdruck stehenden Rohr ($\varkappa = 1{,}400$).

für die Rechnung Bedeutung haben. Es sind dies die Charakteristiken (und der Stoß), welche die durch die Zahlen 1, 6, 31, 36, 44 usw. gekennzeichneten Dreiecksfelder konstanten Strömungszustandes begrenzen (in welchem die Machschen Linien also parallele Gerade wären) und eine Anzahl Machscher Linien in den Gebieten veränderlicher Zustandswerte. Die Zahl der letzteren Mach-Linien ist durch das Verhältnis von erforderter Genauigkeit und zulässigem Arbeits- und Zeitaufwand bedingt. Die Gitterpunkte in der Strömungsebene und deren

Bilder in der Zustandsebene sind mit gleichen Zahlen versehen. Den Feldern konstanten Zustandes (Dreiecksfelder 1, 6, 31 usw.) und den Linien konstanten Zustandes (etwa Gerade 6—6, 11—11, 16—16, 34—34 usw.) entspricht nur je ein Punkt der Zustandsebene. Dem Stoß in der Strömungsebene im Gebiete veränderlicher Anströmung aber ein ganzes Feld der Zustandsebene, nämlich das gesamte Gebiet zwischen den Punkten 32, 33 bis 36 vor und den Punkten $\hat{3}2$, $\hat{3}3$ bis $\hat{3}6$ hinter dem Stoß. Die Punkte $\hat{3}2$, $\hat{3}3$ usw. liegen dabei auf den Stoßpolaren der Punkte 32, 33 usw. Die Polaren fallen innerhalb der Isentropennäherung mit den Charakteristiken der Zustandsebene zusammen. Im Gebiete konstanten Strömungszustandes 36 entspricht der Stoß hingegen einem Streckenstück in der Zustandsebene, nämlich der von 36 ausgehenden Stoßpolaren bis zum entferntesten der verschiedenen vorkommenden Zustände $\hat{3}6$ hinter dem Stoß.

Das Verhältnis von Anfangsdruck p_1 im Rohr zum Außendruck wurde zu rund $p_1/p_0 = 2$ angenommen [genau $p_1/p_0 = (1{,}1)^{\frac{2\varkappa}{\varkappa-1}}$]. Daraus errechnet sich isentrop ein Schallgeschwindigkeitsverhältnis von $c_1/c_0 = 1{,}10$. Mit diesem c_0 ist c und W dimensionslos gemacht. Allerdings ist es nicht erforderlich, daß die Luft außen auch diese Schallgeschwindigkeit c_0 besitzt, solange kein Einströmen in das Rohr stattfindet. Die Randbedingung am offenen Ende ist durch den Druck p_0 bedingt, Entropie, Temperatur und Schallgeschwindigkeit des Außenmediums können zunächst beliebig sein. Erst wenn das Medium einströmt, fällt diese Freiheit wegen der Voraussetzung der Isentropie *im* Rohr fort.

Nach Öffnen des rechten Rohrendes gleicht sich dort die Strömung in einem Verdünnungsfächer sprunghaft dem Außendruck an. Punkt 6 ergibt sich im Zustandsdiagramm aus Punkt 1 durch den Schnittpunkt von dessen rechtsläufiger Charakteristik mit der Geraden $c = c_0$, also der W/c_0-Achse. Die Strecke 1 bis 6 wird willkürlich unterteilt, woraus sich die Punkte 2 bis 5 ergeben, von denen jeder einzelne eine ganze Machsche Linie des Verdünnungsfächers darstellt (bei stärkerem Druckverhältnis würde der Fächer bis an den rechten Rohrrand der x,c_0t-Ebene reichen). Die Werte 1 bis 31 am linken Rohrende ergeben sich in der Zustandsebene aus den Schnitten der von den Punkten 1 bis 6 ausgehenden linksläufigen Charakteristiken mit der Geraden $W = 0$ (c/c_0-Achse). Damit liegt das gesamte Gitterpunktsystem an der Wand (Abb. 60b) fest, und die Mach-Linien können sehr genau aus dem Mittel der Richtungen in den entsprechenden Endpunkten konstruiert werden.

Die Reflexion am offenen Ende ergibt sich (Abb. 60c) durch den Schnitt der von 6 bis 31 ausgehenden rechtsläufigen Charakteristiken mit der W/c_0-Achse beim Ausströmen ($W/c_0 > 0$) und der Energieellipse beim Einströmen ($W/c_0 < 0$) (SCHULTZ-GRUNOW nähert die Energieellipse durch eine Treppenkurve, wobei stets der nächstgelegene Punkt des Quadratnetzes der Charakteristiken gewonnen wird). Zwischen Punkt 18 und 24 beginnt das Einströmen.

Nach der Reflexion am offenen Ende laufen die Mach-Linien zusammen und führen zu einem Stoß, dessen Stärke sich einfach aus den Zuständen auf den zusammenlaufenden Charakteristiken ergibt. Die Reflexion des Stoßes an der Wand und am offenen Ende erfolgt ganz wie in den Abschnitten 18 und 21 (Abb. 39 und 43), indem mit jenen Zuständen gearbeitet wird, welche vor und hinter dem ankommenden Stoß unmittelbar an der Reflexionsstelle herrschen.

Die *Fortsetzung der Stoßfront* kann ganz analog zu Abschnitt 20 über nachlaufende Schall- und Stoßwellen erfolgen, da die Stoßstärke auch hier durch nachlaufende Druckwellen bedingt ist (Abb. 61). Der Stoß sei bis zu einer bestimmten Stelle bereits bekannt (etwa Punkt 34 in Abb. 60). Dann läßt sich durch Extrapolation der Frontrichtung näherungsweise der Zustand vor dem Stoß im nächsten zu konstruierenden Punkt angeben und außerdem eine Machsche Linie konstruieren, welche in dem neuen Punkt in den Stoß mündet. Eine solche Machsche Linie muß allenfalls durch Interpolation neu eingefügt werden. Der Zustand hinter dem Stoß ist dann in der Zustandsebene (im allgemeinen die verzerrte W,p-Ebene) einfach durch den Schnittpunkt der Stoßpolaren des Punktes vor dem Stoß und dem Bild der einmündenden Machschen Linie in der Zustandsebene gegeben. Damit ist auch die Laufgeschwindigkeit des Stoßes bekannt, welche noch mit der Strömungsgeschwindigkeit vor dem Stoß zu überlagern ist, um die Richtung der Stoßfront zu erhalten. Mit der so errechneten Richtung läßt sich der Schritt bei hohen Genauigkeitsansprüchen wiederholen.

Diese allgemein geltende Stoßkonstruktion vereinfacht sich für die isentrope Näherung schon dadurch, daß die Stoßpolaren mit den Charakteristiken in der W,c-Ebene zusammenfallen, die Verwendung des Stoßpolarendiagramms

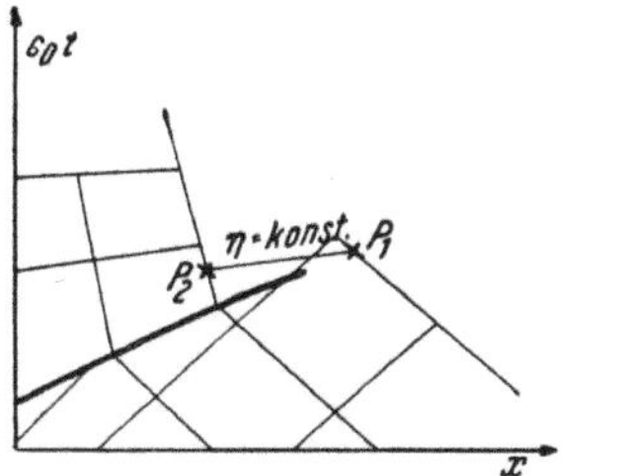
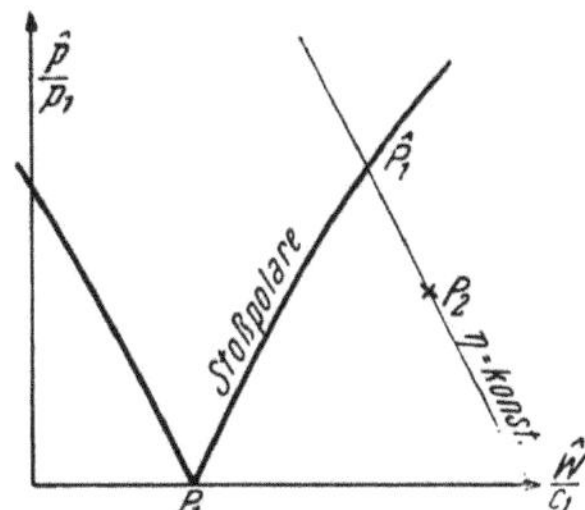

Abb. 61. Konstruktion der Stoßfront (schematisch).

sich also erübrigt. Vielfach ist es noch einfacher, sich den Umstand zunutze zu machen, daß die Verträglichkeitsbeziehungen in der isentropen Näherung auch über den Stoß hinweg gelten. Die Zustände hinter dem Stoß sind also bekannt. Nur der Ort der Gitterpunkte ist etwas ungewiß, weil die Machschen Linien beim Durchgang durch den Stoß etwas geknickt werden und die Knickstelle erst gefunden werden muß. Für Punkte unmittelbar hinter dem Stoß ist aber der Ort des Knickes ziemlich bedeutungslos. Es können dann die dem Stoß gleichlaufenden Mach-Linien gezeichnet werden. Aus dem Mittel der Richtungen ergibt sich die Stoßfrontrichtung.

Der Ablauf der Strömung nach Öffnen des Rohres ist physikalisch sehr einleuchtend. Es läuft eine Verdünnungswelle (divergierende Mach-Linien) in das Rohr hinein und wird am Rohrende als Verdünnungswelle reflektiert. Dabei ergeben sich im Feld 31 die tiefsten Unterdrucke (etwa $p/p_0 = 0,5$!). Am offenen Ende wird die Verdünnungswelle als Verdichtungswelle reflektiert (konvergierende Mach-Linien), welche sich vorne zu einem Stoß aufsteilt. Die anfängliche Überexpansion im Rohr hat nun Einströmen von Luft zur Folge. Die von der Wand zurückkommende Verdichtungswelle wird am offenen Ende wieder als Verdünnungswelle zurückgeworfen. Die Zustandsunterschiede sind geringer geworden, weshalb bei der nun einsetzenden Wiederholung des Vorganges auf die Fortkonstruktion gewisser Machscher Linien verzichtet werden kann.

31. Berechnung beliebiger anisentroper Vorgänge.

Die allgemeinste Fadenströmung eines Mediums weist verschiedene Strömungsquerschnitte f und unterschiedliche Entropie s der einzelnen Teilchen auf. Die Entropieunterschiede sind dabei meist durch Verdichtungsstöße bedingt, besonders wenn wie im folgenden von Wärmezufuhr abgesehen werden soll. Die Entropie eines Teilchens bleibt in der stetigen Strömung nach Gl. (104) dann konstant. Sie hat auf Lebenslinien *zwischen* den Stößen feste Werte und ändert sich nur auf den Stößen selbst sprunghaft. Werden also gleichzeitig mit dem

Netz der Machschen Linien auch die Teilchenbahnen konstruiert, so kann die
Entropie bei der Berechnung der Gitterpunkte als bekannt angesehen werden, da sie
im Abhängigkeitsgebiet (Abb. 49) mit dem Ausgangszustand gegeben ist. Allerdings münden die Lebenslinien meist nicht gerade in jenen Gitterpunkten, in
welchen der Entropiewert gefragt ist, wodurch Interpolationen erforderlich
werden. Es ist deshalb zweckmäßig, die Entropie am Rand der Strömungsebene
als Kurve aufzutragen (Abb. 62).

In den meisten Fällen wird der Querschnitt f eine Ortsfunktion sein, so daß
auch $\dfrac{1}{f}\dfrac{\partial f}{\partial x}$ als Funktion von x am Rand der Strömungsebene aufgetragen

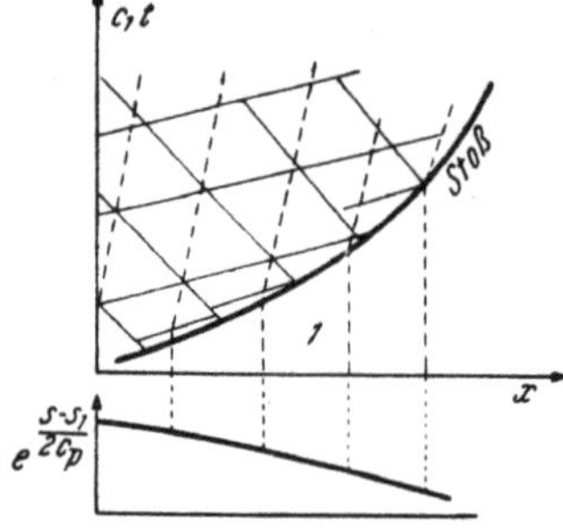

Abb. 62. Gitterpunktrechnung
in der Strömungsebene bei
anisentroper Strömung (schematisch) (---- Lebenslinie).

werden kann. Bei Anwendung auf Kugel- oder Zylinderwellen ist die Funktion [Gl. (34)] besonders einfach.

Es wird bei der allgemeinsten Form der Charakteristikenverfahren mit der Bestimmung des Ortes an
Punkt P begonnen, der wieder mit bekannten Punkten P_r
und P_l auf einer gemeinsamen rechtsläufigen und linksläufigen Mach-Linie liegen möge. Deren Richtungen
sind bekannt [Gl. (113)], wodurch P in der Strömungsebene festgelegt ist.

Mit den Verträglichkeitsbedingungen (106) ist die
Änderung von W und p längs Machscher Linien gegeben. Eine Integration dieser Gleichungen ist nun
aber allgemein nicht mehr möglich. In der Zustandsebene sind die Charakteristiken keine von vornherein
festliegenden Kurven. Die Gl. (106) können wie folgt
in Differentialform geschrieben werden:

$$-W + W_l + \frac{1}{\varrho\,c}(p - p_l) = -c\left(\frac{W}{f}\frac{\partial f}{\partial x} + \frac{1}{f}\frac{\partial f}{\partial t}\right)(t - t_l),$$
$$W - W_r + \frac{1}{\varrho\,c}(p - p_r) = -c\left(\frac{W}{f}\frac{\partial f}{\partial x} + \frac{1}{f}\frac{\partial f}{\partial t}\right)(t - t_r). \tag{116}$$

Für eine erste Näherung sind $\varrho\,c$ und das Produkt von c mit der Querschnittsänderung in den Gitterpunkten P_r und P_l zu nehmen (höhere Genauigkeit für
die Orts- und Zustandsbestimmung des Punktes P gewinnt man bei ein wenig
Übung sofort, weil sich die Werte der entsprechenden Größen für die Halbierungspunkte von $\overline{P\,P_r}$ und $\overline{P\,P_l}$ leicht extrapolieren lassen, wenn einige Schritte gerechnet sind).

Die beiden Gl. (116) stellen in der W,p-Ebene gerade Linien dar, deren
Richtungskonstante gegeben sind durch

$$\pm\,\varrho\,c. \tag{117}$$

Da ϱ und c von p und s allein abhängen, können sie aus den p-Werten in den
Punkten P_r und P_l und den Entropiewerten auf den Lebenslinien bestimmt werden.

Die erste Gerade (116) geht durch den Punkt mit den Koordinaten

$$W = W_l + c\left(\frac{W}{f}\frac{\partial f}{\partial x} + \frac{1}{f}\frac{\partial f}{\partial t}\right)(t - t_l), \qquad p = p_l;$$

die zweite Gerade (116) durch den Punkt:

$$W = W_r - c\left(\frac{W}{f}\frac{\partial f}{\partial x} + \frac{1}{f}\frac{\partial f}{\partial t}\right)(t - t_r), \qquad p = p_r.$$

Diese beiden Punkte sind also um die Beträge:

$$\Delta W = \pm\,c\left(\frac{W}{f}\frac{\partial f}{\partial x} + \frac{1}{f}\frac{\partial f}{\partial t}\right)(t - t_{l,r}) \tag{118}$$

gegenüber den Punkten P_l und P_r verschoben. Diese Beträge sind jeweils aus den t-Differenzen des Punktes P mit den Punkten P_l und P_r und den Querschnittsänderungen zu berechnen. Der Zustand im Punkte P ergibt sich dann als Schnitt der beiden Geraden (116) (Abb. 63).

Für id. Gase konst. sp. W., die bei den Anwendungen ja stets die größte Bedeutung haben, läßt sich die Verträglichkeitsbedingung (106) mit Gl. (91) für die links- und rechtsläufige Charakteristik leicht auf folgende Form bringen:

$$\mp\, d\,\frac{W}{c_1} + e^{\frac{s-s_1}{2\,c_p}}\, d\left[\frac{2}{\varkappa-1}\left(\frac{p}{p_1}\right)^{\frac{\varkappa-1}{2\,\varkappa}}\right] = -\frac{c}{c_1}\left(\frac{W}{c_1}\,\frac{\partial \ln f}{\partial x} + \frac{\partial \ln f}{\partial(c_1 t)}\right) d\,(c_1\,t). \tag{119}$$

Der Druck erscheint hier wieder in derselben funktionellen Form, wie er schon in der verzerrten W,p-Ebene (Abb. 35, 42 usw.) des Stoßpolarendiagramms auftrat. In dieser Ebene ergibt sich der Zustand des gesuchten Punktes ganz analog zu Gl. (116) durch den Schnitt zweier Geraden:

$$-\frac{W}{c_1} + \left(\frac{W}{c_1}\right)_l + e^{\frac{s-s_1}{2\,c_p}}\left\{\left[\frac{2}{\varkappa-1}\left(\frac{p}{p_1}\right)^{\frac{\varkappa-1}{2\,\varkappa}}\right]_l - \left[\frac{2}{\varkappa-1}\left(\frac{p}{p_1}\right)^{\frac{\varkappa-1}{2\,\varkappa}}\right]_l\right\} =$$

$$= -\frac{c}{c_1}\left(\frac{W}{c_1}\,\frac{\partial \ln f}{\partial x} + \frac{\partial \ln f}{\partial(c_1 t)}\right) d(c_1 t),$$

$$+\frac{W}{c} - \left(\frac{W}{c_1}\right)_r + e^{\frac{s-s_1}{2\,c_p}}\left\{\left[\frac{2}{\varkappa-1}\left(\frac{p}{p_1}\right)^{\frac{\varkappa-1}{2\,\varkappa}}\right]_r - \left[\frac{2}{\varkappa-1}\left(\frac{p}{p_1}\right)^{\frac{\varkappa-1}{2\,\varkappa}}\right]_r\right\} = \tag{120}$$

$$= -\frac{c}{c_1}\left(\frac{W}{c_1}\,\frac{\partial \ln f}{\partial x} + \frac{\partial \ln f}{\partial(c_1 t)}\right) d(c_1\,t),$$

deren Neigungen nun nur von der Entropie abhängen, also direkt am Diagrammrand abgelesen werden können. Sie gehen wieder durch jene Punkte, welche durch die W-Verschiebungen Gl. (118) aus P_l und P_r hervorgehen.

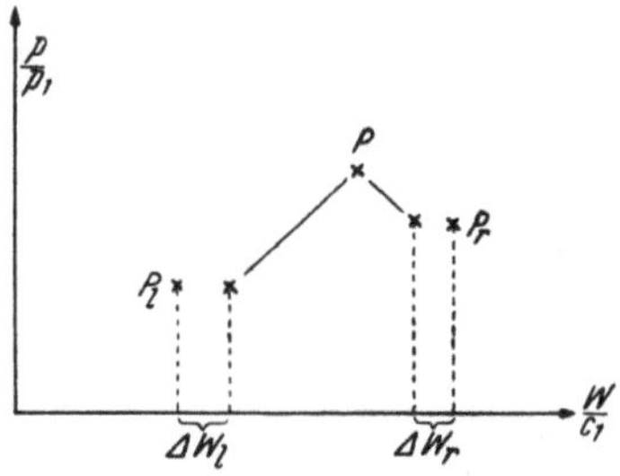

Es wird bei diesem Verfahren also mit drei thermischen Zustandsgrößen gearbeitet, mit s, $\dfrac{c}{c_1}$ und $\dfrac{2}{\varkappa-1}\left(\dfrac{p}{p_1}\right)^{\frac{\varkappa-1}{2\,\varkappa}}$. Das Mitführen der Entropie ist unvermeidlich, ebenso jenes der Schallgeschwindigkeit c, welche für die Ermittlung der Charakteristikenrichtungen erforderlich ist. Die Druckfunktion ist aber für die Arbeit im Stoßpolarendiagramm, für die Bedingungen an offenen Rohrenden und Unstetigkeitslinien besonders praktisch und schließlich auch die praktisch wichtigste Größe. Die Entropie wird

Abb. 63. Bestimmung des Zustandes im Gitterpunkt P im allgemeinsten Fall.

am besten nur in der Form $e^{\frac{s-s_1}{2\,c_p}}$ notiert. Dann läßt sich mit Gl. (91) stets leicht $\dfrac{c}{c_1}$ aus $\left(\dfrac{p}{p_1}\right)^{\frac{\varkappa-1}{2\,\varkappa}}$ ermitteln und umgekehrt.

Die Fortsetzung einer Stoßfront unterscheidet sich kaum von der Methode, wie sie schon in Abschnitt 30 beschrieben wurde. Lediglich die vom Punkte P_2 (Abb. 61) in die Stoßfront einmündende Charakteristik ist in der verzerrten W,p-Ebene nicht vom Punkte P_2, sondern von einem um $\varDelta W$ nach Gl. (118) verschobenen Punkt aus zu zeichnen, um im Schnittpunkt mit der Stoßfront den Zustand hinter dem Stoß zu gewinnen. Aus dem Druckverhältnis im Stoß folgt ohne weiteres das Schallgeschwindigkeitsverhältnis, der Entropieanstieg und die Laufgeschwindigkeit des Stoßes.

Die von den verschiedenen Punkten aus gezogenen Hilfsgeraden (116) oder (120) sind natürlich keine Charakteristiken der Zustandsebene, sondern nur Hilfskurven zur Ermittlung des Zustandes im neuen Punkt. Die Charakteristiken sind nach wie vor die Verbindungslinien der Bildgitterpunkte in der Zustandsebene.

Das Charakteristikenverfahren kann auch mit W und c als Zustandsgrößen unter Umgehung der Druckwerte durchgeführt werden. Es ist dann von den Gl. (108) auszugehen. Für die Änderung der Entropie längs der Mach-Linie ergibt sich mit Gl. (103) für ξ und $\eta = \text{konst.}$:

$$-\frac{c}{\varkappa - 1}\, d\left(\frac{s}{c_p}\right) = \mp \frac{c^2}{\varkappa - 1}\, \frac{\partial}{\partial x}\left(\frac{s}{c_p}\right) dt,$$

weil $\dfrac{ds}{dt} = 0$ ist. Weil s nur von der Stromfunktion $\varPsi$ abhängt, ist mit Gl. (46):

$$-\frac{c}{\varkappa - 1}\, d\,\frac{s}{c_p} = \pm f\,\frac{c^2}{c_p\,(\varkappa - 1)}\,\frac{ds}{d\varPsi}\, dt = \pm \frac{p}{c_p - c_v}\,\frac{ds}{d\varPsi}\, dt$$

$$= \pm p_1 f\left(\frac{c}{c_1}\right)^{\frac{2\varkappa}{\varkappa - 1}}\frac{d}{d\varPsi}\, e^{\frac{s_1 - s}{c_p - c_v}}\, dt.$$

Damit lauten die Verträglichkeitsbedingungen auf der links- und rechtsläufigen Mach-Linie eines *id.* Gases *konst.* sp. W.:

$$\mp dW + \frac{2}{\varkappa - 1}\, dc =$$

$$= \left[-c\left(W\,\frac{\partial \ln f}{\partial x} + \frac{\partial \ln f}{\partial t}\right) \pm p_1 f\left(\frac{c}{c_1}\right)^{\frac{2\varkappa}{\varkappa - 1}}\frac{d}{d\varPsi}\, e^{\frac{s_1 - s}{c_p - c_v}}\right] dt. \qquad (121)$$

Hierin ist die Ableitung der Entropiefunktion nach $\varPsi$ wieder nur Funktion von $\varPsi$, sie kann also über der Stromlinie ein für allemal aufgetragen werden. Sonst enthält Gl. (121) nur mehr W und c als Zustandsgrößen. Werden nun die Differentiale dW, dc, dt durch Differenzen $W - W_l$, $W - W_r$, $c - c_l$ usw. ersetzt, so ergibt sich der Zustand im Punkte P aus dem Schnitt zweier Geraden, deren Neigung durch den Wert $\pm \dfrac{2}{\varkappa - 1}$ festliegt, die aber nun durch Punkte gehen, welche aus P_l und P_r durch die Verschiebungen

$$\varDelta W = \left[\pm c\left(W\,\frac{\partial \ln f}{\partial x} + \frac{\partial \ln f}{\partial t}\right) - p_1 f\left(\frac{c}{c_1}\right)^{\frac{2\varkappa}{\varkappa - 1}}\frac{d}{d\varPsi}\, e^{\frac{s_1 - s}{c_p - c_v}}\right](t - t_{l,\,r}) \quad (122)$$

hervorgehen. Somit bleibt der Aufwand etwa derselbe wie bei der erst geschilderten Methode.

32. Randbedingungen insbesondere im Zentrum.

Die Randbedingungen bei der Anwendung der allgemeinen Methode führen zu keinen neuen Fragen. Bei Stößen kann eine genügend kleine Umgebung der Reflexionsstelle stets als isentrope Parallelströmung angesehen werden. Randgitterpunkte ergeben sich ganz wie bei der isentropen ebenen Strömung, wobei die Bedingung auf der Charakteristik in der Zustandsebene wieder mittels der Konstruktion einer Geraden, nun aber aus einem um $\varDelta W$ verschobenen Punkt, wie in Abb. 63 erfolgt.

Eine Ausnahme macht lediglich die Bedingung im Zentrum einer Zylinder- ($\sigma = 1$) oder Kugelwelle ($\sigma = 2$). Dort verschwindet mit der Geschwindigkeit W

auch der Querschnitt f. Die etwas schwierigen, aber für die Verfahren weniger wichtigen Reflexionsvorgänge von Stößen im Zentrum wurden in Abschnitt 23 behandelt. Für das Auftreffen einer links- oder rechtslaufenden Mach-Welle im Zentrum gilt mit Gl. (106) und (34):

$$\mp dW + \frac{1}{\varrho\, c}\, dp = -\,\sigma\, c\, \frac{W}{x}\, dt.$$

Auf der rechten Seite steht dabei eine kleine Größe im Nenner, weshalb es fraglich erscheint, ob dort W und x durch die Werte W_l und x_l in dem dem Zentrum nahegelegenen Ausgangspunkt P_l gesetzt werden dürfen. W verschwindet im Zentrum und kann in dessen Umgebung linear angesetzt werden:

$$W = \frac{W_l}{x_l}\, x,$$

d. h. das Verhältnis $\dfrac{W}{x}$ hat dort einen konstanten Wert. Nun kann in erster Näherung wegen des Verschwindens von W

$$\frac{dt}{x_l} = \frac{t-t_l}{x_l} = \pm\, c$$

gesetzt werden, folglich ist mit $dW = -\,W_l$:

$$\frac{1}{\varrho\, c}\,(p-p_l) = \mp\,(1+\sigma)\,W_l. \tag{123}$$

Der Druckanstieg und bei isentroper Strömung also auch der Schallgeschwindigkeitsanstieg ist der $(1+\sigma)$-fache Betrag des Wertes bei ebener Strömung. Natürlich gibt es bei einer linksläufigen Welle bei negativem W_l Druckanstieg, bei positivem W_l Druckabfall.

Beim ersten Auftreffen einer in ruhendes Gas auf das Zentrum zulaufenden Verdünnungswelle ergeben sich im Zentrum allerdings unendliche Geschwindigkeitsanstiege und Druckabfälle, wie in Abschnitt 13 (Aufsteilen von Wellenfronten) gezeigt wurde (Verdichtungswellen führen bereits vor dem Zentrum zum Stoß). Diese singuläre Stelle wurde von C. Heinz[23] untersucht. Ihre Auswirkungen scheinen unbedeutend zu sein, weshalb das Charakteristikenverfahren für nicht zu genaue Rechnungen ohne Berücksichtigung der singulären Stelle durchgeführt werden kann.

Alle Unannehmlichkeiten der Rechnungen im Zentrum können im übrigen umgangen werden, indem dieses mit einem möglichst kleinen starren Körper umgeben wird. Dessen Einfluß auf die Rechnung ist durch seinen Einfluß auf das Experiment gegeben, wofür man im allgemeinen ein gutes Abschätzungsvermögen besitzt.

33. Anwendung der allgemeinen Charakteristikenmethode auf Explosionsvorgänge.

Die anisentropen Vorgänge veränderlichen Querschnittes ergeben meist nur quantitative Abweichungen gegenüber den ebenen isentropen Vorgängen. Ihre Berechnung wird von jedem durchgeführt werden können, der mit dem einfachen Verfahren des Abschnittes 28 vertraut ist. Sie ist kaum schwieriger, aber in ihrer allgemeinsten Form bedeutend zeitraubender als das letztere. Unter den zahlreichen Autoren, welche das allgemeine Verfahren etwa gleichzeitig entwickelt haben, sind zu nennen: Schultz-Grunow[24], Döring[6], Guderley[22], Sauer[25], Pfeiffer und Meyer-König[26].

Abb. 64 zeigt eine schematische Skizze der Machschen Linie einer ebenen Explosion (nach Sauer). Angenommen wird wie in Abb. 36 (Ausgleich eines

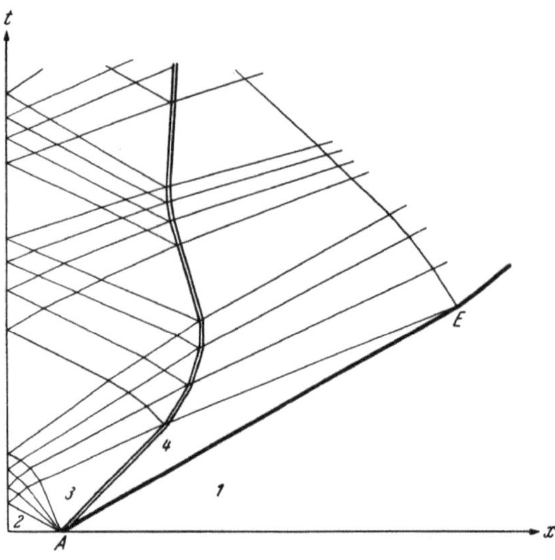

Abb. 64. Schema des Netzes Machscher Linien bei ebener Explosion nach SAUER (———— Mach-Linien, ———— Stoß, ———— Materiegrenze).

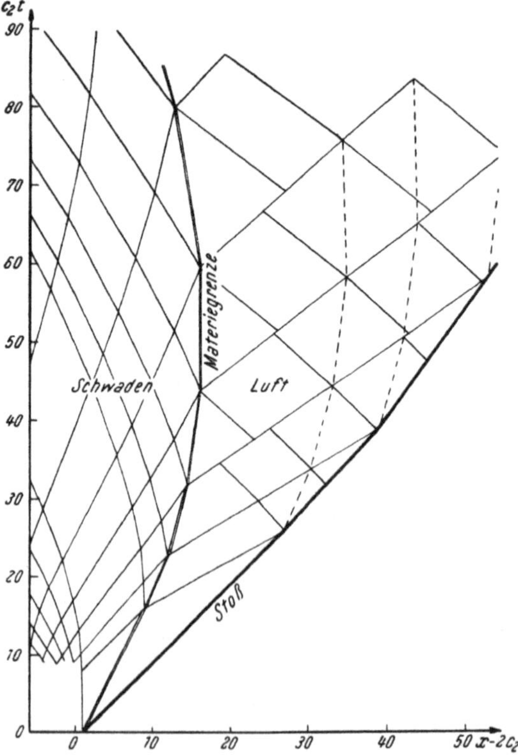

Abb. 65. Machsches Netz einer ebenen Explosion nach DÖRING.

Drucksprunges) eine Druckstufe im Punkt $x = A$, die aber nur bis zum Punkte $x = -A$ reicht. Es handelt sich also um einen bezüglich der t-Achse symmetrischen Vorgang, die Gerade $x = 0$ kann als feste Wand ($W = 0$) angesehen werden. Der Vorgang in Abb. 64 unterscheidet sich erst von jenem Zeitpunkt an vom Ausgleich einer beiderseits ins Unendliche gehenden Druckstufe, in welchem die erste Machsche Welle die Symmetriegerade erreicht. Je nachdem, ob die Vorstellung eines symmetrischen Vorganges oder die Vorstellung der Explosion an einer festen Wand zugrunde liegt, können die im weiteren Verlauf auftretenden Mach-Linien als von der linken Druckstufe ausgehend oder als an der Wand reflektiert und von der rechten Stufe ausgehend betrachtet werden. Die erste unter ihnen führt erst zu einer Störung der Parallelströmung in Feld 3 und 4 und zu einer Krümmung der Unstetigkeitslinie und der Stoßfront (im Punkte E). Dies führt zu den ersten Entropiedifferenzen. Sie machen sich weiter innen wieder erst von jenem Zeitpunkt an geltend, in welchem die erste linksläufige Mach-Linie von E aus eingetroffen ist. Dies ist bei starken Stößen erst sehr spät der Fall, so daß das ganze Gebiet des Schwadens (innerhalb der Unstetigkeitslinie) lange Zeit davon unberührt bleibt. Auch später ist die Rechnung nur jenseits der von E ausgehenden Lebenslinie komplizierter, weil nur dort Entropieunterschiede auftreten. Jedoch können die einfachen Rechnungen weiter innen nicht ohne vorausgegangene Berechnung der Gitterpunkte im anisotropen Gebiet erfolgen, sobald sie einmal in deren „Einflußzone" liegen. Wie beim Ausfluß aus dem Rohr (Abb. 60), findet auch hier eine Überexpansion des Schwadens im Zentrum statt, der später eine Schwingung des Schwadens folgt. Dies ist an den Lebenslinien und also auch an der Materiegrenze (= „Unstetigkeitslinie") zu erkennen.

Abb. 65 zeigt das Netz Machscher Linien einer von W. DÖRING berechneten ebenen Explosion. Als Ordinate ist das Produkt $c_2\,t$ mit c_2 als Schallgeschwindigkeit des Schwadens im Ausgangszustand (Abb. 64) gewählt. Um das wichtige, aber verhältnismäßig schmale Gebiet zwischen Schwaden und Stoß gut zu überblicken, ist als Abszisse $x - 2\,c_2\,t$ gewählt. So wird der Vorgang von einem

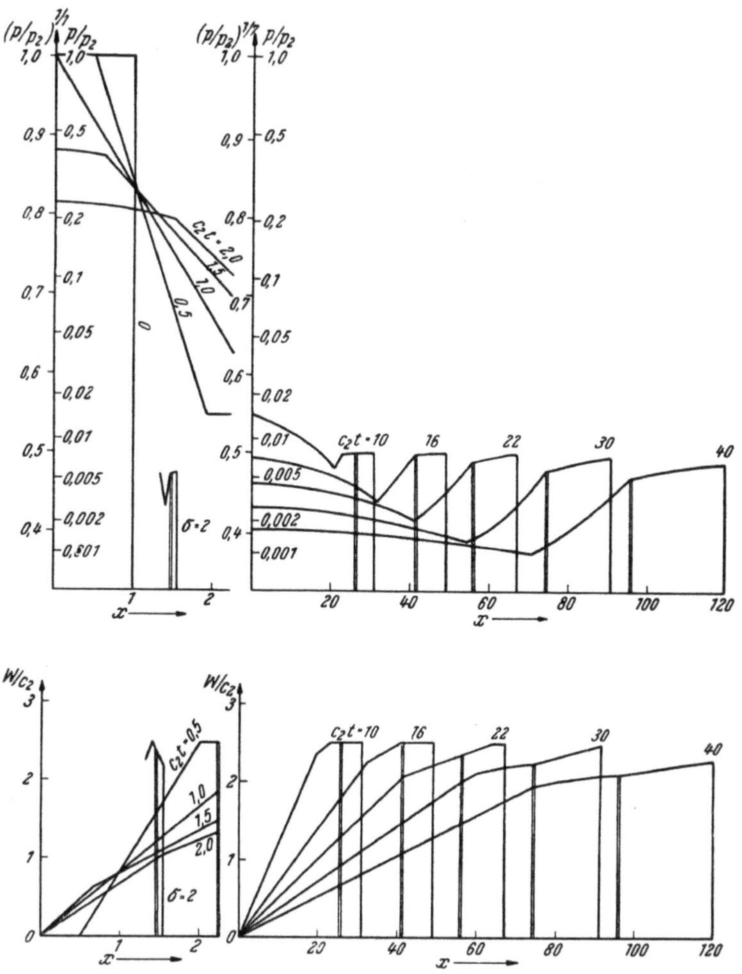

Abb. 66. Druck- und Geschwindigkeitsverteilung einer ebenen und kugelsymmetrischen ($\sigma = 2$) Explosion zu verschiedenen Zeiten nach DÖRING.

mit der Geschwindigkeit $2\,c_2$ bewegten Beobachter gesehen. Angenommen ist bei gleichem und konstantem $\varkappa$-Wert von Luft und Schwaden (beides ideale Gase) ein so hohes Ausgangsdruckverhältnis $\dfrac{p_2}{p_1}$, daß auch noch das Druckverhältnis $\dfrac{p_4}{p_1}$ groß genug ist, um mit den Gl. (79) für sehr starke Stöße rechnen zu können. Es ist ein Druckverhältnis $\dfrac{p_2}{p_3} = \dfrac{p_2}{p_4} = 128$ angenommen, woraus mit Isentrope und Verträglichkeitsbedingung für eine *rechts*laufende Mach-Welle (109) folgt:

$$\frac{c_3}{c_2} = \left(\frac{p_3}{p_2}\right)^{\frac{\varkappa - 1}{2\varkappa}} = \frac{1}{2}\,; \qquad \frac{W_3 - W_2}{c_2} = \frac{W_3}{c_2} = \frac{W_4}{c_2} = \frac{2}{\varkappa - 1}\,\frac{c_2 - c_3}{c_2} = \frac{5}{2}\,.$$

Für die Berechnung des Schallgeschwindigkeitssprunges an der Materiegrenze ist die Kenntnis des Ausgangsdichteverhältnisses $\dfrac{\varrho_2}{\varrho_1}$ erforderlich. Es ist nämlich mit Gl. (79)

$$\frac{\varrho_4}{\varrho_1} = \frac{\varkappa + 1}{\varkappa - 1}; \qquad \frac{\varrho_3}{\varrho_2} = \left(\frac{p_3}{p_2}\right)^{\frac{1}{\varkappa}}; \qquad \left(\frac{c_4}{c_3}\right)^2 = \frac{\varrho_3}{\varrho_4} = \frac{\varkappa - 1}{\varkappa + 1}\left(\frac{p_3}{p_2}\right)^{\frac{1}{\varkappa}}\frac{\varrho_2}{\varrho_1}.$$

Im angeführten Beispiel wurde $\dfrac{\varrho_1}{\varrho_2} = 0{,}744 \cdot 10^{-3}$ gesetzt. Dies entspricht einer bestimmten Sprengstoffmischung, welche hier durch ein ideales Ersatzgas dargestellt wird. Damit kann natürlich keine sehr gute Näherung der Wirklichkeit erreicht werden. Mit $\dfrac{p_2}{p_3} = 128$ errechnet sich rund $\dfrac{c_4}{c_3} = 2{,}7$. Die komprimierte Luft ist wieder bedeutend heißer als der expandierte Schwaden! (Siehe Abschnitt 16.)

Abb. 66 zeigt Druck- und Geschwindigkeitsverteilung in verschiedenen Zeitpunkten, stets aber noch vor der Schwingungsperiode des Schwadens.

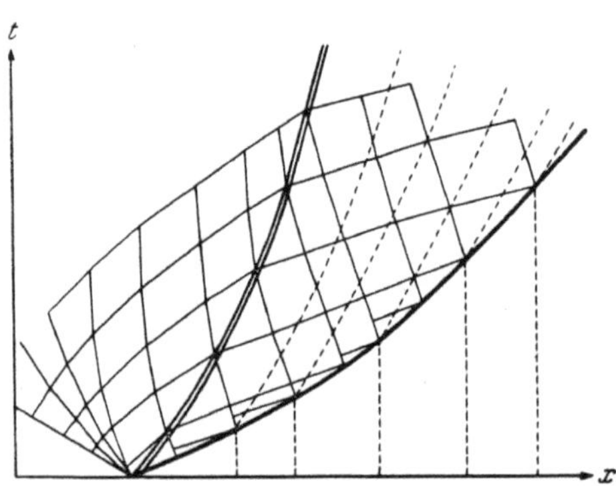

Abb. 67. Schematisches Netz Machscher Linien einer kugeligen Explosion nach SAUER.

Bemerkenswert ist, daß das Auftreffen eines solchen von einer Materiegrenze gefolgten Stoßes auf eine Wand Drucke ergibt, welche bedeutend über jenen in Abschnitt 18 (der einfachen Reflexion) errechneten liegen. Der von der Wand reflektierte Stoß wird nämlich am bedeutend kühleren Schwaden nochmals zurückgeworfen, ein Vorgang, der sich mehrmals wiederholen kann und weitere Drucksteigerungen ergibt.

In Abb. 66 ist auch noch die Druck- und Geschwindigkeitsverteilung einer kugeligen Explosion bei gleichen Anfangsdaten im Zeitpunkt $c_2 t = 0{,}20$ eingetragen. Der Ausgangsradius der Schwadenkugel ist wieder gleich eins gesetzt. Die Drucke liegen hier naturgemäß viel tiefer als bei der ebenen Explosion. Auffallend ist der starke Druckanstieg im Schwaden, der sich mit der Zeit zu einem zweiten Stoß aufsteilen dürfte und damit eine Druckverteilung ergäbe, welche nach der Näherung durch Linearisierung zu erwarten (Abb. 30; $\sigma = 2$) ist und im Versuch auch beobachtet wird.

Abb. 67 gibt die schematische Skizze einer kugeligen Explosion (nach SAUER). Die Stoßstärke nimmt hier mit der Zunahme der Stoßfrontfläche von Anfang an ab. Lediglich in infinitesimaler Umgebung des Ausgangspunktes herrscht das Bild der ebenen Strömung. Die Krümmung der Stoßfront hat Entropieunterschiede in der gesamten komprimierten Luft zur Folge, während der Schwaden selbst wieder isentrop gerechnet werden kann. Dort kann also eine Konstruktion der Lebenslinien entfallen. Bei der Berechnung des Schwadens ist lediglich auf die Kugelform Rücksicht zu nehmen, was eine wesentliche Arbeitsverminderung bedeutet. Es kann nur allgemein gesagt werden, daß eine Berücksichtigung der Entropieunterschiede mindestens so viel zusätzliche Arbeit ergibt wie die Berücksichtigung der Kugel- oder Zylindersymmetrie.

34. Charakteristikenmethode bei Lagrangescher Darstellungsweise.

Auch die Lagrangesche Darstellung der Strömung mit einer Teilchenkoordinate und der Zeit als unabhängigen Veränderlichen eignet sich für viele Aufgaben. Da Strömungsquerschnitt und offene Enden im allgemeinen vom Ort abhängen, wird die Lagrangesche Darstellung bei Vorgängen konstanten Querschnittes in fest abgeschlossenen Räumen wie beim innerballistischen Problem und bei Vorgängen in kolbenabgeschlossenen Zylindern in Frage kommen. Sie ist für die Behandlung von Randbedingungen an bewegten Wänden, deren Geschwindigkeit von den auf sie ausgeübten Kräften abhängt, besonders geeignet. Da stets dieselben Teilchen an die bewegte Wand angrenzen, ergibt sich die Randbedingung in der Strömungsebene stets bei derselben Teilchenkoordinate, also beim gleichen Abszissenwert. Beim innerballistischen Problem ergibt sich die Gasgeschwindigkeit unmittelbar am Geschoßboden aus der Geschwindigkeit und der durch die Kraft bedingten Beschleunigung im zuletzt berechneten Zeitpunkt.

Bei Vorgängen ohne Wärmezufuhr hängt die Entropie nur von der Teilchenkoordinate ab, sie ist also auf Geraden parallel zur t-Achse konstant, denn diese sind ja in der Lagrangeschen Strömungsebene die Lebenslinien. Dies bedeutet einen wesentlichen Vorteil bei der Konstruktion anisentroper Vorgänge und macht die Lagrangesche Methode auch für die Behandlung von Vorgängen mit Wärmezufuhr geeignet, welche hier allerdings nicht weiter betrachtet werden sollen.

Die Lagrangesche Darstellung ergibt gegenüber der Eulerschen lediglich Unterschiede in der Strömungsebene, nicht aber in der Zustandsebene, weshalb für die Berechnung der Zustände in neuen Gitterpunkten, die Erfüllung der Randbedingungen und die Behandlung von Stößen alles Abgeleitete aufrecht erhalten bleibt. Die Bilder der Machschen Linien in der Zustandsebene und die Verträglichkeitsbedingungen bleiben ja dieselben, wie auch die Strömungsebene verzerrt werden mag. Es handelt sich also nur um die Bestimmung der Richtung von Machschen Linien und Stoßfronten für die Bestimmung der Gitterpunkte in der Strömungsebene.

Irgendeine Kurve in der Eulerschen Strömungsebene sei durch eine Funktion $\zeta(x, t) = $ konst. gegeben. Ihre Richtungskonstante $\left(\dfrac{\partial x}{\partial t}\right)_\zeta$ ist dann in unabhängigen Veränderlichen a, t ($a = $ Teilchenkoordinate) nach der Kettenregel der Differentiation:

$$\left(\frac{\partial x}{\partial t}\right)_\zeta = \left(\frac{\partial x}{\partial a}\right)_t \left(\frac{\partial a}{\partial t}\right)_\zeta + \left(\frac{\partial x}{\partial t}\right)_a.$$

Mit Gl. (20) folgt daraus, wenn $f = $ konst. angenommen wird, für die Richtung der Kurve $\zeta = $ konst. in der Lagrangeschen Strömungsebene $\left(\dfrac{\partial a}{\partial t}\right)_\zeta$:

$$\left(\frac{\partial x}{\partial t}\right)_\zeta = \frac{\varrho_0}{\varrho}\left(\frac{\partial a}{\partial t}\right)_\zeta + W. \tag{124}$$

Dabei ist ϱ_0 die Anfangsdichte des Teilchens und kann daher bei anisentropen Strömungen noch von der Teilchenkoordinate abhängen $[\varrho_0 = \varrho_0(a)]$.

Da die Entropie nur von a abhängt $[s = s(a)]$, kann die Kontinuitätsbedingung (19) auch geschrieben werden:

$$\frac{\partial W}{\partial a} = -\frac{\varrho_0}{\varrho^2}\left(\frac{\partial \varrho}{\partial p}\right)_a \frac{\partial p}{\partial t} = -\frac{\varrho_0}{\varrho^2}\frac{1}{c^2}\frac{\partial p}{\partial t}.$$

Wie in Gl. (124) und in der Kontinuitätsbedingung, kommt auch in der Bewegungsgleichung (21):

$$\frac{\partial W}{\partial t} = -\frac{1}{\varrho_0}\frac{\partial p}{\partial a}$$

stets nur die Kombination $\varrho_0(a)\,da$ vor. Es ist daher bei veränderlichem ϱ_0 zweckmäßig, statt a eine neue Veränderliche μ

$$\mu = \int_{a_1}^{a}\varrho_0\,da = \int_{a_1}^{a}\varrho\,dx \tag{125}$$

einzuführen. Sie gibt die zwischen einem bestimmten Teilchen a_1 und dem betrachteten Teilchen eingeschlossene Masse an. Mit μ und t als unabhängigen Veränderlichen lauten dann die Gleichungen:

$$\frac{\partial W}{\partial \mu} + \frac{1}{\varrho^2 c^2}\frac{\partial p}{\partial t} = 0; \quad \text{Kontinuitätsbedingung.}$$

$$\frac{\partial W}{\partial t} + \frac{\partial p}{\partial \mu} = 0; \qquad \text{Bewegungsgleichung.} \tag{126}$$

$$s = s(\mu); \qquad \text{Energiegleichung.}$$

Die Richtung der Machschen Linien ist mit Gl. (124) und (102) gegeben durch:

$$\left(\frac{\partial \mu}{\partial t}\right)_\xi = -\varrho\, c; \quad \left(\frac{\partial \mu}{\partial t}\right)_\eta = +\varrho\, c. \tag{127}$$

Die Verträglichkeitsbedingungen sind einfach von Gl. (106) zu übernehmen:

$$\left(\frac{\partial W}{\partial p}\right)_\xi = \frac{1}{\varrho\, c}; \quad \left(\frac{\partial W}{\partial p}\right)_\eta = -\frac{1}{\varrho\, c}. \tag{128}$$

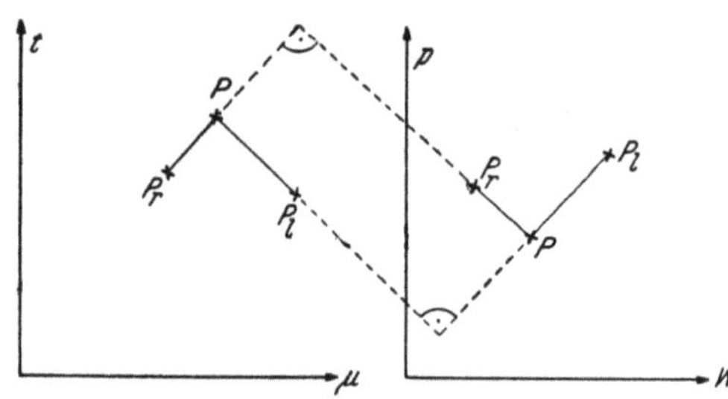

Abb. 68. Orthogonalitätsbeziehung der Charakteristiken in der μ,t- und W,p-Ebene nach Döring.

Damit steht die Charakteristik in der (nicht verzerrten) W, p-Ebene senkrecht auf ihrem Bild in der μ, t-Strömungsebene (Abb. 68). Ein weiterer Vorteil besteht darin, daß sich die beiden Charakteristikenrichtungen nur durch das Vorzeichen unterscheiden.

Mit Gl. (91) kann die Richtungskonstante für ein id. Gas konst. sp. W. durch c und s oder noch besser durch p und s allein ausgedrückt werden, womit c überhaupt aus dem System eliminiert wäre:

$$\varrho\, c = \varkappa \frac{p_1}{c_1}\left(\frac{c}{c_1}\right)^{\frac{\varkappa+1}{\varkappa-1}} e^{\frac{s_1-s}{c_p-c_v}} = \varkappa \frac{p_1}{c_1}\left(\frac{p}{p_1}\right)^{\frac{\varkappa+1}{2\varkappa}} e^{\frac{s_1-s}{2\,c_p}}. \tag{129}$$

Hierin ist c_1, p_1, s_1 ein bestimmter, möglichst zweckmäßig zu wählender Ausgangszustand. Bei ausgedehnteren Rechnungen wird man $\varrho\, c$ als Funktion von p und s als Kurvensystem von vornherein berechnen. Die Rechnungen für ein *nicht* ideales Gas unterscheiden sich von denen für ein ideales Gas dann nur durch dieses Kurvensystem.

Die Richtung der Stoßfront, in der x, t-Ebene gegeben durch

$$\left(\frac{\partial x}{\partial t}\right)_{\text{Stoß}} = W \pm U,$$

wobei W und U sich auf den Zustand *vor* der Front beziehen, ergibt sich aus Gl. (124) nun zu:

$$\left(\frac{\partial \mu}{\partial t}\right)_{\text{Stoß}} = \pm \varrho\, U, \tag{130}$$

wobei auch wieder ϱ *vor* der Stoßfront zu nehmen ist, eine Größe, die wieder nur von p und s abhängt. Hier wie in Gl. (127) ergeben sich also die Neigungen der Wellenfronten unabhängig von W.

Bei diesem Verfahren ergeben sich für $f =$ konst. ganz offenbar Vorteile. Allerdings erfordert die Bestimmung der Ortskoordinate zum Schluß noch eine Integration. Es ist

$$x(\mu, t) = a + \int_0^t W(\mu, t)\, dt,$$

denn a ist ja die Koordinate des Teilchens zur Zeit $t = 0$ $[x\,(\mu, 0) = a]$. Die Beziehung von μ und a gibt Gl. (125). Bei der praktischen Rechnung wird man natürlich zweckmäßig W und p dimensionslos machen, t mit einer Schallgeschwindigkeit und μ mit einer Dichte auf die Dimension einer Länge bringen.

Literatur.

[1] B. RIEMANN: Über die Fortpflanzung ebener Luftwellen von endlicher Schwingungsweite. Ges. Werke, 2. Aufl. (1892), S. 156—181.

[2] W. HANTZSCHE und H. WENDT: Zum Verdichtungsstoß bei Zylinder- und Kugelwellen. Jb. dtsch. Lufo, 1940 I, S. 536—538.

[3] K. BECHERT: Über die Ausbreitung von Zylinder- und Kugelwellen in reibungsfreien Gasen und Flüssigkeiten. Ann. Physik (5) XXXIX (1941), S. 169—202.

[4] H. MARX: Zur Theorie der Zylinder- und Kugelwellen in reibungsfreien Gasen und Flüssigkeiten. Ann. Physik (5) XLI (1942), S. 61—88.

[5] H. PFRIEM: Die stationäre Detonationswelle in Gasen. Forsch. Ing.-Wes. XII (1941), S. 143—158.

[6] W. DÖRING und G. BURKHARDT: Beiträge zur Theorie der Detonation. FB 1939 (1944).

[7] H. PFRIEM: Reflexionsgesetze für ebene Druckwellen großer Schwingungsweite. Forsch. Ing.-Wes. XII (1941), S. 244—256.

[8] F. WECKEN: Stoßwellenverzweigung bei Reflexion, ZAMM XXVIII/11, 12 (1948), S. 338—341.

[9] G. GUDERLEY: Starke kugelige und zylindrische Verdichtungsstöße in der Nähe des Kugelmittelpunktes. Lufo XIX/9 (1942), S. 302—312.

[10] R. SAUER: Mathem. Methoden für nichtstationäre Probleme der Gasdynamik. Tagungsbericht „Nichtstationäre Gasdynamik", I, St. Louis (1947).

[11] J. W. M. DU MOND, E. R. COHEN, W. K. H. PANOFSKY, E. DEEDS: A determination of the wave forms and laws of propagation and dissipation of ballistic shock. J. acoust. Soc. Amer. XVIII/1 (1946), S. 97—118.

[12] W. TOLLMIEN und M. SCHÄFER: Rotationssymmetrische Überschallströmung. Lilienthalges. Ber. 139, 2. Teil, S. 1—15.

[13] K. OSWATITSCH: Über die Charakteristikenverfahren der Hydrodynamik. ZAMM XXV/XXVII (1947), S. 195—208, 264—270.

[14] R. SAUER: Charakteristikenverfahren für die eindimensionale instationäre Gasströmung. Ing.-Archiv XIII (1942), S. 79—89.

[15] H. PFRIEM: Zur Frage des Gasdruckes auf bewegte Wände. Forsch. Ing.-Wes. XIII/2 (1942), S. 76—82.

[16] K. BECHERT: Zur Theorie ebener Strömungen in reibungsfreien Gasen. Ann. Physik (5) XXXVII (1940), S. 89—123; XXXVIII (1940), S. 1—25.

[17] K. BECHERT: Über die Differentialgleichungen der Wellenausbreitung in Gasen. Ann. Physik (5) XXXIX (1941), S. 357—372.

[18] H. PFRIEM: Die ebene ungedämpfte Druckwelle großer Schwingungsweite. Forsch. Ing.-Wes. XII (1941), S. 51—64.

[19] K. KOBES: Die Durchschlagsgeschwindigkeit bei den Luftsauge- und Druckluftbremsen. Z. Öst. Ing.- u. Arch.-Ver. LXII (1910), S. 553—579.

[20] F. SCHULTZ-GRUNOW: Nichtstationäre eindimensionale Gasbewegung. Forsch.-Ing.-Wes. XIII/3 (1942), S. 125—134.

[21] H. PFRIEM: Der Einfluß der Kolbenbeschleunigung auf die Verdichtung von Gasen. Forsch. Ing.-Wes. XIII, (1942) S. 112—124.

[22] G. GUDERLEY: Nichtstationäre Gasströmung in dünnen Rohren veränderlichen Querschnittes. FB 1744 (1942).

[23] C. HEINZ: Reflexion ebener und kugelsymmetrischer Wellen. Tagungsbericht „Nichtstationäre Gasdynamik", St. Louis, I (1947), S. 48.

[24] F. SCHULTZ-GRUNOW: Nichtstationäre kugelsymmetrische Gasbewegung und nichtstationäre Gasströmung in Düsen und Diffusoren. Ing.-Arch. XIV (1943), S. 21—29.

[25] R. SAUER: Charakteristikenverfahren für Kugel- und Zylinderwellen reibungsloser Gase. ZAMM XXIII (1943), S. 29—32.

[26] F. PFEIFFER und W. MEYER-KÖNIG: Druckausgleich zwischen einer Wasser- oder Schwadenkugel von hohem Druck und umgebendem Wasser von Atmosphärendruck. Ber. Forsch.-Amt Graf Zeppelin 209 (1942).

[27] J. LUKASIEWICZ: Shock tube theory and application. Nat. Res. Council Canada annu. Rep. MT 10 (1950).

[28] P. Vieille: Sur les discontinuités produites par la détente brusque des gaz comprimés. Comptes Rendus CXXIX (1899), S. 1228—1230.

[29] R. Sauer: Ausbreitungsgesetze schwacher Verdichtungsstöße in Gasen. Ing.-Arch. XVIII (1950), S. 239—241.

[30] S. R. Brinkley jr. and J. G. Kirkwood: Theory of the propagation of shock waves. Phys. Rev. (2) LXXI (1947), S. 606—611.

[31] A. Hertzberg and A. Kantrowitz: Studies with an aerodynamically instrumented shock tube. J. appl. Phys. XXI/9 (1950), S. 874—878.

[32] Roland Pirkl: Neue Grundlagen zur Berechnung von Mündungsbremsen. Dissertation (1941), Techn. Hochsch. Graz.

IV. Allgemeine Gleichungen und Sätze.

1. Integralsätze der Bewegung.

Eine Erweiterung der Integralsätze für die Erhaltung der Masse (Kontinuität), des Impulses und der Energie auf beliebige zeitlich veränderliche (instationäre) Vorgänge bietet keine Schwierigkeit. Dabei soll ausschließlich die Eulersche Darstellungsweise feststehender, von einem Medium durchflossener Räume verwendet werden.

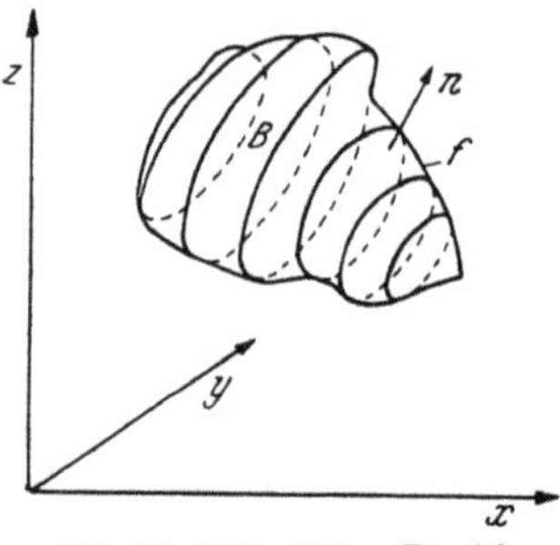
Abb. 69. Räumlicher Bereich.

Es sei f die beliebig geformte Begrenzungsfläche eines räumlichen Bereiches B (Abb. 69). df sei ein Flächenelement von f und n die nach außen gerichtete Flächennormale. Für die Menge, welche durch ein Flächenelement hindurchfließt, ist nur die Normalkomponente W_n der Geschwindigkeit W auf das Flächenelement maßgebend, sonst würde sich ja die Durchflußmenge ändern, wenn das Flächenelement von einem in tangentialer Richtung bewegten Beobachter aus betrachtet würde. Es seien (n, x), (n, y) und (n, z) die Winkel, welche die Richtung n mit der Richtung der drei kartesischen Koordinaten x, y, z einschließt, und u, v, w die entsprechenden Geschwindigkeitskomponenten. Dann ist W_n als Projektion der Geschwindigkeit W auf die Richtung n:

$$W_n = u \cos (n, x) + v \cos (n, y) + w \cos (n, z). \tag{1}$$

Die Durchflußmenge durch das Element df ist in der Zeiteinheit:

$$\varrho \, W_n \, df.$$

Das Integral aller dieser Anteile über die Fläche f muß, da es sich bei W_n um eine nach außen gerichtete Geschwindigkeitskomponente handelt, gleich der zeitlichen Abnahme der im Raumbereich B befindlichen Masse:

$$\iiint\limits_{B} \varrho \, dx \, dy \, dz$$

mit der Zeit sein. Weil der betrachtete Bereich zeitlich unveränderlich im Raume steht, ist es gleichgültig, ob die zeitliche Ableitung vor oder unter dem Integralzeichen steht. Mithin lautet die *Kontinuitätsbedingung* in integraler Form:

$$\frac{d}{dt} \iiint\limits_{B} \varrho \, dx \, dy \, dz + \iint\limits_{f} \varrho \, W_n \, df = \iiint\limits_{B} \frac{\partial \varrho}{\partial t} \, dx \, dy \, dz + \iint\limits_{f} \varrho \, W_n \, df = 0. \tag{2}$$

Im Gegensatz zur eindimensionalen Bewegung gibt es im Raume drei Gleichungen für den Impulssatz, für jede Koordinatenrichtung nämlich eine. Denn es gilt für jede der drei Komponenten der Bewegungsgröße der Masseneinheit $\varrho \, u$, $\varrho \, v$, $\varrho \, w$ der Satz, daß deren zeitliche Änderung gleich sein muß den in ihrer

Richtung wirkenden Kräften. Auch aus den drei Newtonschen Bewegungsgleichungen der Mechanik werden ja drei Impulssätze abgeleitet.

Die drei Komponenten der auf die Masseneinheit bezogenen Kraft K seien X, Y, Z. Sie haben die Dimension einer Beschleunigung entsprechend der Schwerebeschleunigung g bei der Massenkraft der Schwere. Auf das Flächenelement wirken ferner Normal- und Schubspannungen, insbesondere der Druck p und die Reibungskräfte. Alle diese auf df wirkenden Oberflächenkräfte können durch Kräfte ausgedrückt werden, welche auf senkrecht zu den Koordinatenachsen stehenden Flächen ausgeübt werden. Bei den auf die Flächeneinheit bezogenen Flächenkräften:

$$p_{xx}, \quad p_{yx}, \quad p_{zx},$$
$$p_{xy}, \quad p_{yy}, \quad p_{zy},$$
$$p_{xz}, \quad p_{yz}, \quad p_{zz},$$

bedeute der erste Index die Richtung der Fläche, auf welche die Kraft ausgeübt wird, und der zweite Index die Richtung der Kraft.

p_{xy} ist also eine auf eine Fläche normal zur x-Achse wirkende Kraft in y-Richtung. Es ist eine Schubkraft (Abb. 70). Die Normalkräfte p_{xx}, p_{yy} und p_{zz} setzen sich aus dem *gegen* die Normalenrichtung wirkenden statischen Druck p und einem Rest $p_{xx} + p$, $p_{yy} + p$ und $p_{zz} + p$ zusammen, welcher Reibungskräfte darstellt. In den Integralsätzen wird eine Aufteilung der Normalkräfte in den Druckanteil p und den Reibungsanteil ($p_{xx} + p$ usw.) erfolgen, ohne für letzteren eine besondere Bezeichnung einzuführen.

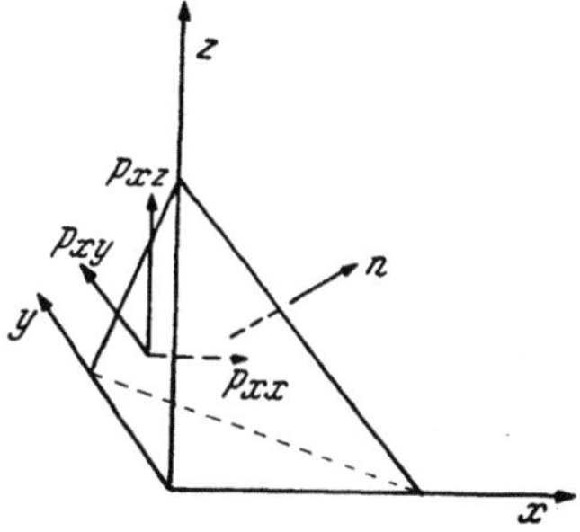

Abb. 70. Flächenelement und Flächenkräfte.

Um die x-Komponente der *Resultierenden* der im Raumbereich B wirkenden *Massenkräfte* zu erhalten, ist X zunächst auf die Raumeinheit zu beziehen (d. h. mit ϱ zu multiplizieren) und dann über den ganzen Raum zu integrieren:

$$\iiint\limits_{B} X \varrho \, dx \, dy \, dz.$$

Die Oberflächenkräfte p_{xx}, p_{yx} usw. beziehen sich jeweils auf eine Fläche senkrecht zur x-Achse, zur y-Achse usw. Sie sind also mit der Projektion des Flächenelements df auf die entsprechenden Richtungen, also mit $\cos(n, x)\, df$, $\cos(n, y)\, df$ usw. zu multiplizieren und dann erst über die ganze Fläche zu integrieren, um die Wirkung aller auf f wirkenden Kräfte zu erhalten. In x-Richtung wirkt somit die *Resultierende der Oberflächenkräfte*:

$$\iint\limits_{f} [p_{xx} \cos(n, x) + p_{yx} \cos(n, y) + p_{zx} \cos(n, z)] \, df.$$

Die Summe aller Massen- und Flächenkräfte muß gleich einer Erhöhung an Bewegungsgröße sein. Diese setzt sich aus der zeitlichen Änderung der Bewegungsgröße im Wirkungsbereich B der Kräfte

$$\frac{d}{dt} \iiint\limits_{B} \varrho \, u \, dx \, dy \, dz$$

zusammen (bei welcher die zeitliche Ableitung wieder unter das Integralzeichen genommen werden kann) und aus dem Transport von Bewegungsgröße durch die Begrenzungsfläche f in die Umgebung:

$$\iint\limits_{f} \varrho \, u \, W_n \, df.$$

Natürlich ist stets die zur Kraftrichtung entsprechende Komponente der Bewegungsgröße zu nehmen. Der *Impulssatz* für die *x-Richtung* lautet somit:

$$\frac{d}{dt}\int\!\!\int_{B}\!\!\int \varrho\, u\, dx\, dy\, dz + \int\!\!\int_{f}\!\int \varrho\, u\, W_n\, df = \int\!\!\int_{B}\!\!\int \varrho\, X\, dx\, dy\, dz +$$

$$+ \int\!\!\int_{f}\! [p_{xx}\cos(n,x) + p_{yx}\cos(n,y) + p_{zx}\cos(n,z)]\, df. \tag{3}$$

Nach Trennung des Druckanteils vom Anteil der Reibungskräfte ergibt sich schließlich der *Impulssatz* in den drei Koordinatenrichtungen in folgender Form:

$$\frac{d}{dt}\int\!\!\int_{B}\!\!\int \varrho\, u\, dx\, dy\, dz + \int\!\!\int_{f}\! [\varrho\, u\, W_n + p\cos(n,x)]\, df = \int\!\!\int_{B}\!\!\int \varrho\, X\, dx\, dy\, dz +$$

$$+ \int\!\!\int_{f}\! [(p_{xx}+p)\cos(n,x) + p_{yx}\cos(n,y) + p_{zx}\cos(n,z)]\, df;$$

$$\frac{d}{dt}\int\!\!\int_{B}\!\!\int \varrho\, v\, dx\, dy\, dz + \int\!\!\int_{f}\! [\varrho\, v\, W_n + p\cos(n,y)]\, df = \int\!\!\int_{B}\!\!\int \varrho\, Y\, dx\, dy\, dz +$$

$$+ \int\!\!\int_{f}\! [p_{xy}\cos(n,x) + (p_{yy}+p)\cos(n,y) + p_{zy}\cos(n,z)]\, df; \tag{4}$$

$$\frac{d}{dt}\int\!\!\int_{B}\!\!\int \varrho\, w\, dx\, dy\, dz + \int\!\!\int_{f}\! [\varrho\, w\, W_n + p\cos(n,z)]\, df = \int\!\!\int_{B}\!\!\int \varrho\, Z\, dx\, dy\, dz +$$

$$+ \int\!\!\int_{f}\! [p_{xz}\cos(n,x) + p_{yz}\cos(n,y) + (p_{zz}+p)\cos(n,z)]\, df.$$

Die Reibungskräfte werden in den Differentialgleichungen durch Deformationsgeschwindigkeiten ausgedrückt, bleiben aber hier besser in dieser Form stehen.

Die Aufstellung des allgemeinen *Energiesatzes* wurde im Abschnitt über instationäre Fadenströmung weitgehend vorbereitet. Es soll sich wieder um eine Leistungsbilanz handeln, in welcher die Leistung der Massen- und Flächenkräfte gleichgesetzt wird der zeitlichen Änderung an kinetischer Energie, an innerer Energie und der Energiezufuhr, für welche lediglich Wärmeleitung in Betracht gezogen werden soll.

Wieder kann die Arbeitsleistung eine zeitliche Änderung von kinetischer und innerer Energie im betrachteten Bereich

$$\frac{d}{dt}\int\!\!\int_{B}\!\!\int \varrho\left(\frac{W^2}{2}+e\right) dx\, dy\, dz$$

und einen Transport der beiden Energiesorten durch die Begrenzungsfläche f bewirken:

$$\int\!\!\int_{f}\! \varrho\, W_n\left(\frac{W^2}{2}+e\right) df.$$

Mit λ als *Wärmeleitvermögen* ist der Wärmestrom pro Flächeneinheit:

$$\lambda\,\frac{\partial T}{\partial n},$$

der gesamte Wärmestrom somit:

$$\int\!\!\int_{f}\! \lambda\,\frac{\partial T}{\partial n}\, df = \int\!\!\int_{f}\! \lambda\left[\frac{\partial T}{\partial x}\cos(n,x) + \frac{\partial T}{\partial y}\cos(n,y) + \frac{\partial T}{\partial z}\cos(n,z)\right] df.$$

Es ist dies eine Wärme*zufuhr*, da der Wärmestrom in Richtung des Temperaturgefälles verläuft, also in das Rauminnere gerichtet ist, wenn T in Normalrichtung zunimmt.

Die Leistungen der Kräfte ergeben sich, indem die Projektion der resultierenden Kraft auf die Geschwindigkeitsrichtung mit der Geschwindigkeit multipliziert und dann integriert wird. Es muß also die Summe der Produkte der Geschwindigkeitskomponenten mit den entsprechenden Kraftkomponenten gebildet werden (das innere Produkt der Vektorrechnung). Damit ergibt sich die Leistung der Massenkräfte zu:

$$\iiint_B (u\,X + v\,Y + w\,Z)\,\varrho\,dx\,dy\,dz$$

und die Leistung der Flächenkräfte zu:

$$\iint_f \{u\,[p_{xx}\cos(n,\,x) + p_{yx}\cos(n,\,y) + p_{zx}\cos(n,\,z)] +$$
$$+ v\,[p_{xy}\cos(n,\,x) + p_{yy}\cos(n,\,y) + p_{zy}\cos(n,\,z)] +$$
$$+ w\,[p_{xz}\cos(n,\,x) + p_{yz}\cos(n,\,y) + p_{zz}\cos(n,\,z)]\}\,df.$$

Der *Energiesatz* lautet mithin nach Abspalten des Druckgliedes mit Gl. (1):

$$\frac{d}{dt}\iiint_B \left(\frac{W^2}{2} + e\right)\varrho\,dx\,dy\,dz + \iint_f \left(\frac{W^2}{2} + e + \frac{p}{\varrho}\right)\varrho\,W_n\,df =$$
$$= \iint_f \lambda\,[\frac{\partial T}{\partial x}\cos(n,\,x) + \frac{\partial T}{\partial y}\cos(n,\,y) + \frac{\partial T}{\partial z}\cos(n,\,z)]\,df +$$
$$+ \iiint_B (u\,X + v\,Y + w\,Z)\,\varrho\,dx\,dy\,dz + \iint_f \{[u\,(p_{xx} + p) + v\,p_{xy} +$$
$$+ w\,p_{xz}]\cos(n,\,x) + [u\,p_{yx} + v\,(p_{yy} + p) + w\,p_{yz}]\cos(n,\,y) +$$
$$+ [u\,p_{zx} + v\,p_{zy} + w\,(p_{zz} + p)]\cos(n,\,z)\}\,df.$$

$$(5)$$

Im zweiten Summanden tritt wieder die als Enthalpie

$$i = e + \frac{p}{\varrho}$$

bekannte Summe der Zustandsgrößen auf.

Die Sätze (2), (4) und (5) gelten ganz allgemein für jedes beliebige Medium, betreffs dessen Eigenschaften ja keinerlei Voraussetzungen gemacht wurden. Sie geben für einen bestimmten Bereich B fünf Bindungen für fünf unbekannte unabhängige Funktionen: die drei Geschwindigkeitskomponenten und zwei thermische Zustandsgrößen. Von beiden letzteren hängen alle übrigen thermischen Zustandsgrößen ab.

2. Differentialgleichungen der Bewegung.

Die Differentialgleichungen lassen sich leicht aus den Integralsätzen gewinnen, nachdem alle Flächenintegrale in Raumintegrale umgewandelt sind.

Allerdings werden in den meisten Abhandlungen die Differentialgleichungen erst aufgestellt und sodann die Integralsätze gewonnen. Die ersteren stellen aber größere Anforderungen an die verwendeten Funktionen, wie die der Existenz von deren Differentialquotienten. Gerade das Auftreten unstetiger Sprünge der Zustände in Verdichtungsstößen macht ein direktes Ableiten der Integralsätze erforderlich. Deren Unabhängigkeit vom gewählten Koordinatensystem (die Invarianz gegen Drehungen und Galileitransformationen) ist auch viel augenfälliger als jene der Differentialgleichungen. Schließlich ist der hier gewählte Weg der Ableitung weder länger noch weniger anschaulich als eine direkte Aufstellung von Differentialgleichungen. Selbstverständlich muß bei der Herleitung der Differentialgleichungen aus den Integralsätzen eine entsprechende Differenzierbarkeit vorausgesetzt werden.

Die Umwandlung der Flächenintegrale erfolgt mit Hilfe des *Gaußschen* Integralsatzes. Es gilt für jede Funktion F:

$$\int\int_f F\,W_n\,df = \int\int_f [F\,u\,\cos\,(n,\,x) + F\,v\,\cos\,(n,\,y) + F\,w\,\cos\,(n,\,z)]\,df =$$

$$= \int\int\int_B \left[\frac{\partial(F\,u)}{\partial x} + \frac{\partial(F\,v)}{\partial y} + \frac{\partial(F\,w)}{\partial z}\right] dx\,dy\,dz. \tag{6}$$

Der Satz ist einleuchtend. Die Ausführung der Integration über den ersten Summanden des Raumintegrals ergibt:

$$\int\int\int_B \frac{\partial(F\,u)}{\partial x}\,dx\,dy\,dz = \int\int [(F\,u)_r - (F\,u)_l]\,dy\,dz.$$

$(F\,u)_l$ und $(F\,u)_r$ sind die Werte von $F\,u$ am linken und rechten Ende der Strecke parallel zur x-Achse, über welche integriert wurde, also Werte auf der Fläche f. Es ist ferner

$$dy\,dz = \pm\,\cos\,(n,\,x)\,df$$

am rechten und linken Ende, da die Normale rechts im wesentlichen die Richtung der positiven, links die Richtung der negativen x-Achse hat. Daraus ergibt sich dann:

$$\int\int\int_B \frac{\partial(F\,u)}{\partial x}\,dx\,dy\,dz = \int\int_f F\,u\,\cos\,(n,\,x)\,df. \tag{7}$$

Die entsprechende Integration kann bei den anderen Summanden gemacht werden, was in der Summe Gl. (6) ergibt.

Der Gaußsche Integralsatz (6) mit $F = \varrho$ auf Gl. (2) angewendet, ergibt:

$$\int\int\int_B \frac{\partial\varrho}{\partial t}\,dx\,dy\,dz + \int\int\int_B \left[\frac{\partial(\varrho\,u)}{\partial x} + \frac{\partial(\varrho\,v)}{\partial y} + \frac{\partial(\varrho\,w)}{\partial z}\right] dx\,dy\,dz = 0.$$

Wird der Raumbereich so klein gewählt, daß die Ableitungen darinnen als unveränderlich angesehen werden können, so ergibt sich daraus die *Kontinuitätsbedingung* als Differentialgleichung folgender Form:

$$\frac{\partial\varrho}{\partial t} + \frac{\partial(\varrho\,u)}{\partial x} + \frac{\partial(\varrho\,v)}{\partial y} + \frac{\partial(\varrho\,w)}{\partial z} = 0. \tag{8}$$

Wird analog zu Gl. (III, 1) eine zeitliche massenfeste Ableitung gebildet:

$$\frac{d\varrho}{dt} = \frac{\partial\varrho}{\partial t} + u\,\frac{\partial\varrho}{\partial x} + v\,\frac{\partial\varrho}{\partial y} + w\,\frac{\partial\varrho}{\partial z}, \tag{9}$$

so kann die Kontinuitätsbedingung auch wie folgt geschrieben werden:

$$\frac{1}{\varrho}\frac{d\varrho}{dt} + \frac{\partial u}{\partial x} + \frac{\partial v}{\partial y} + \frac{\partial w}{\partial z} = 0. \tag{10}$$

Aus dieser folgt sofort die bekannte Kontinuitätsbedingung für dichtebeständige Medien ($\varrho = $ konst).

Durch Umwandlung aller Flächenintegrale in Raumintegrale mittels Gl. (6) und (7) ergibt sich die erste Bewegungsgleichung zunächst in folgender Form:

$$\frac{\partial(\varrho\,u)}{\partial t} + \frac{\partial(\varrho\,u^2)}{\partial x} + \frac{\partial(\varrho\,u\,v)}{\partial y} + \frac{\partial(\varrho\,u\,w)}{\partial z} =$$

$$= -\frac{\partial p}{\partial x} + \varrho\,X + \frac{\partial}{\partial x}\,(p_{xx} + p) + \frac{\partial p_{yx}}{\partial y} + \frac{\partial p_{zx}}{\partial z}. \tag{11}$$

Mit der Kontinuitätsbedingung (8) ergibt sich für die x-Richtung und ganz entsprechend für die beiden anderen Koordinatenrichtungen folgende Form der *Bewegungsgleichungen*:

$$\varrho \,\frac{du}{dt} = -\,\frac{\partial p}{\partial x} + \varrho \, X + \frac{\partial (p_{xx} + p)}{\partial x} + \frac{\partial p_{yx}}{\partial y} + \frac{\partial p_{zx}}{\partial z};$$

$$\varrho \,\frac{dv}{dt} = -\,\frac{\partial p}{\partial y} + \varrho \, Y + \frac{\partial p_{xy}}{\partial x} + \frac{\partial (p_{yy} + p)}{\partial y} + \frac{\partial p_{zy}}{\partial z}; \qquad (12)$$

$$\varrho \,\frac{dw}{dt} = -\,\frac{\partial p}{\partial z} + \varrho \, Z + \frac{\partial p_{xz}}{\partial x} + \frac{\partial p_{yz}}{\partial y} + \frac{\partial (p_{zz} + p)}{\partial z}.$$

Hierin wurden wieder der kürzeren Schreibweise wegen entsprechend zu Gl. (9) massenfeste Ableitungen gebildet. Man erkennt in den Gl. (12) die nahe Beziehung zu den Newtonschen Bewegungsgleichungen.

Aus Gl. (12) ergeben sich für *reibungslose* Strömung ($p_{xx} + p = 0$, $p_{yx} = 0$, $p_{zx} = 0$ usw.) sofort die *Eulerschen Bewegungsgleichungen*:

$$\frac{du}{dt} = X - \frac{1}{\varrho}\,\frac{\partial p}{\partial x}; \qquad \frac{dv}{dt} = Y - \frac{1}{\varrho}\,\frac{\partial p}{\partial y}; \qquad \frac{dw}{dt} = Z - \frac{1}{\varrho}\,\frac{\partial p}{\partial z}. \qquad (13)$$

Die Reibungskräfte werden in der Hydrodynamik stets als lineare Funktionen der Formänderungsgeschwindigkeit angesetzt:

$$p_{xx} + p = +\,2\,\mu\,\frac{\partial u}{\partial x} + \mu'\left(\frac{\partial u}{\partial x} + \frac{\partial v}{\partial y} + \frac{\partial w}{\partial z}\right),$$

$$p_{xy} = p_{yx} = +\,\mu\left(\frac{\partial u}{\partial y} + \frac{\partial v}{\partial x}\right), \qquad (14)$$

die übrigen Größen entsprechend durch zyklisches Vertauschen. Hierin ist μ der Reibungskoeffizient und μ' ein Koeffizient der Volumenviskosität. Der letztere hat nur bei kompressiblen Medien Bedeutung. Seine praktische Bedeutung ist allerdings bisher gering, da er in keiner aller behandelten kompressiblen Strömungen mit Reibung auftritt.

Vielfach wird der statische Druck p dem mittleren Normaldruck $\frac{1}{3}\,(p_{xx} + p_{yy} + p_{zz})$ gleichgesetzt, woraus sich $\mu' = -\,\frac{2}{3}\,\mu$ ergibt. Diese Beziehung wird aber nicht durch die kinetische Gastheorie bestätigt und soll daher auch hier nicht verwendet werden.

Das Auftreten der doppelten Reibungskraft μ im Ausdruck für $p_{xx} + p$ kann nicht ohne tieferes Eingehen auf die Teilchendeformationen gezeigt werden. Es soll hier als bekanntes Ergebnis der klassischen Hydrodynamik einfach übernommen werden*.

Die Elimination der Reibungskräfte in Gl. (12) durch die Deformationsgeschwindigkeiten Gl. (14) führt zu den *Navier-Stokes-Gleichungen* kompressibler Medien:

$$\varrho \,\frac{du}{dt} = -\,\frac{\partial p}{\partial x} + \varrho \, X + 2\,\frac{\partial}{\partial x}\left(\mu\,\frac{\partial u}{\partial x}\right) + \frac{\partial}{\partial y}\left[\mu\left(\frac{\partial u}{\partial y} + \frac{\partial v}{\partial x}\right)\right] +$$

$$+ \frac{\partial}{\partial z}\left[\mu\left(\frac{\partial w}{\partial x} + \frac{\partial u}{\partial z}\right)\right] + \frac{\partial}{\partial x}\left[\mu'\left(\frac{\partial u}{\partial x} + \frac{\partial v}{\partial y} + \frac{\partial w}{\partial z}\right)\right] \qquad (15)$$

und zwei entsprechenden Gleichungen für die y- und z-Richtung. Keineswegs kann hierin μ und μ' als konstant angesehen werden und vor die Ableitungen gestellt werden. Diese Koeffizienten sind zwar bei idealen Gasen lediglich temperaturabhängig, ihre Temperaturabhängigkeit ist aber in vielen Fällen nicht

---

* Siehe etwa: Handbuch der Experimental-Physik (1931), Bd. IV$_1$, S. 59—68.

geringer als jene der Dichte. In manchen Fällen kann selbst bei Gasströmungen eher ϱ als μ durch konstante Größen genähert werden. Bei Strömungen von Ölen starker Temperaturunterschiede zeigt sich wegen der Temperaturabhängigkeit von μ eine nahe Verwandtschaft der Probleme mit jenen der Gasdynamik.

Der *Energiesatz* führt nach Umwandlung aller Flächenintegrale auf folgende Differentialgleichung:

$$\frac{\partial}{\partial t}\left[\varrho\left(\frac{W^2}{2}+e\right)\right] + \frac{\partial}{\partial x}\left[\varrho\,u\left(\frac{W^2}{2}+e+\frac{p}{\varrho}\right)\right] + \frac{\partial}{\partial y}\left[\varrho\,v\left(\frac{W^2}{2}+e+\frac{p}{\varrho}\right)\right] +$$

$$+\frac{\partial}{\partial z}\left[\varrho\,w\left(\frac{W^2}{2}+e+\frac{p}{\varrho}\right)\right] = \frac{\partial}{\partial x}\left(\lambda\,\frac{\partial T}{\partial x}\right) + \frac{\partial}{\partial y}\left(\lambda\,\frac{\partial T}{\partial y}\right) + \frac{\partial}{\partial z}\left(\lambda\,\frac{\partial T}{\partial z}\right) +$$

$$+ (u\,X + v\,Y + w\,Z)\,\varrho + \frac{\partial}{\partial x}\left[u\,(p_{xx}+p) + v\,p_{xy} + w\,p_{xz}\right] +$$

$$+\frac{\partial}{\partial y}\left[u\,p_{yx} + v\,(p_{yy}+p) + w\,p_{yz}\right] + \frac{\partial}{\partial z}\left[u\,p_{zx} + v\,p_{zy} + w\,(p_{zz}+p)\right].$$

Diese Gleichung ladt dazu ein, die mit u, v und w multiplizierten Bewegungsgleichungen zu subtrahieren, was mit der Kontinuitätsbedingung (10) zu folgendem Resultat führt:

$$T\,\frac{ds}{dt} = \frac{de}{dt} + p\,\frac{d}{dt}\left(\frac{1}{\varrho}\right) =$$

$$= \frac{1}{\varrho}\,\Phi + \frac{1}{\varrho}\left[\frac{\partial}{\partial x}\left(\lambda\,\frac{\partial T}{\partial x}\right) + \frac{\partial}{\partial y}\left(\lambda\,\frac{\partial T}{\partial y}\right) + \frac{\partial}{\partial z}\left(\lambda\,\frac{\partial T}{\partial z}\right)\right]. \tag{16}$$

Darin ist Φ die sogenannte *Dissipation*:

$$\Phi = (p_{xx}+p)\,\frac{\partial u}{\partial x} + (p_{yy}+p)\,\frac{\partial v}{\partial y} + (p_{zz}+p)\,\frac{\partial w}{\partial z} +$$

$$+ p_{xy}\left(\frac{\partial v}{\partial x}+\frac{\partial u}{\partial y}\right) + p_{yz}\left(\frac{\partial w}{\partial y}+\frac{\partial v}{\partial z}\right) + p_{zx}\left(\frac{\partial u}{\partial z}+\frac{\partial w}{\partial x}\right). \tag{17}$$

Sie ist die Arbeit, welche die Reibungskräfte in der Zeiteinheit und Raumeinheit bei der Deformation des entsprechenden Teilchens leisten. Die ersten drei Summanden ergeben sich aus den Streckungen und Dehnungen in drei aufeinander senkrechten Richtungen, die letzten drei Summanden aus den reinen Scherungen. Mittels Gl. (14) auf die Deformationsgeschwindigkeiten zurückgeführt, lautet die Dissipation:

$$\Phi = \mu'\left(\frac{\partial u}{\partial x}+\frac{\partial v}{\partial y}+\frac{\partial w}{\partial z}\right)^2 + 2\,\mu\left[\left(\frac{\partial u}{\partial x}\right)^2+\left(\frac{\partial v}{\partial y}\right)^2+\left(\frac{\partial w}{\partial z}\right)^2\right] +$$

$$+ \mu\left[\left(\frac{\partial v}{\partial x}+\frac{\partial u}{\partial y}\right)^2+\left(\frac{\partial w}{\partial y}+\frac{\partial v}{\partial z}\right)^2+\left(\frac{\partial u}{\partial z}+\frac{\partial w}{\partial x}\right)^2\right]. \tag{18}$$

Der erste Summand bezieht sich dabei allein auf kompressible Medien. Die Zusammensetzung von Φ aus lauter quadratischen Ausdrücken entspricht ihrer physikalischen Bedeutung als richtungsunabhängige Größe.

Gl. (16) stellt den ersten Hauptsatz der Wärmelehre dar. Auf der linken Gleichungsseite steht die Zunahme der inneren Energie in der Zeiteinheit und die Arbeitsleistung pro Masseneinheit. Die Summe dieser beiden muß gleich sein der zugeführten Wärme in der Zeiteinheit. Diese setzt sich unter den gemachten Voraussetzungen zusammen aus der durch die Arbeit der Reibungskräfte entstehenden und der durch Wärmeleitung zugeführten Wärme. So wenig wie der Reibungskoeffizient kann auch das Wärmeleitvermögen als konstant angesehen werden. Es muß daher unter dem Differentialzeichen stehen bleiben. Beim idealen Gas ist die Temperaturabhängigkeit von λ ähnlich jener von μ.

Da sich alle thermischen Zustandsgrößen mittels der Zustandsgleichungen auf zwei unabhängige Größen (etwa p und T) reduzieren lassen, stellt der erste Hauptsatz die neben der Kontinuitätsbedingung (8) und den drei Navier-Stokesschen Gleichungen (11) noch fehlende fünfte Differentialgleichung dar für die fünf gesuchten Funktionen u, v, w, p und T von x, y, z und t.

Gl. (16) kann auch als erweiterte *Wärmeleitungsgleichung* angesehen werden, wobei sich aus der Dichteänderung des Gases und dem Reibungsvorgang Zusatzglieder ergeben. Wie die stationäre Fadenströmung mit Wärmezufuhr zeigte, gehen die Vorgänge bei kleinen Mach-Zahlen isobar vor sich. Kann auch die Dissipation vernachlässigt werden, so bleibt mit Gl. (I, 9) und Gl. (I, 13) (wegen $p = \text{konst.}$ ist $\dfrac{di}{dt} = \left(\dfrac{\partial i}{\partial T}\right)_p \dfrac{dT}{dt}$):

$$c_p \varrho \frac{dT}{dt} = c_p \varrho \left(\frac{\partial T}{\partial t} + u \frac{\partial T}{\partial x} + v \frac{\partial T}{\partial y} + w \frac{\partial T}{\partial z} \right) =$$
$$= \frac{\partial}{\partial x} \left(\lambda \frac{\partial T}{\partial x} \right) + \frac{\partial}{\partial y} \left(\lambda \frac{\partial T}{\partial y} \right) + \frac{\partial}{\partial z} \left(\lambda \frac{\partial T}{\partial z} \right), \tag{19}$$

die Wärmeleitungsgleichung mit den konvektiven Gliedern $u \dfrac{\partial T}{\partial x}$, $v \dfrac{\partial T}{\partial y}$, $w \dfrac{\partial T}{\partial z}$. Darnach muß in der Wärmeleitungsgleichung wegen des Druckausgleiches stets c_p (und nicht c_v) stehen, was nicht immer beachtet wird.

3. Verdichtungsstöße allgemeiner Lage.

Zu einer vollständigen Beschreibung von Strömungen veränderlicher Dichte treten neben die Differentialgleichungen noch die Gleichungen, welche die Strömungszustände vor und hinter Verdichtungsstößen koppeln. Allerdings wären diese Stoßgleichungen exakt nur bei Strömungen ohne Reibung und Wärmeleitung erforderlich. Bei Reibung und Wärmeleitung können nämlich keine sprunghaften Änderungen von Zuständen auftreten. Beispielsweise bedeutet ein Temperatursprung ein unendliches Temperaturgefälle, das bei noch so kleinem Wärmeleitvermögen stets einen unendlichen Wärmestrom zur Folge hätte. Ein Temperatursprung müßte sich demnach sofort in eine stetige Temperaturverteilung auflösen. Daraus ergibt sich eine erstmalig von L. Prandtl[2] abgeschätzte Tiefe des Stoßes, welche von der Größenordnung der mittleren freien Weglänge der Moleküle ist und die sich daher mit den Mitteln der Kontinuumsphysik gar nicht berechnen läßt (Genaueres: Abschnitt XI, 1). Stöße sind also trotzdem auch in reibenden und wärmeleitenden Gasen praktisch als richtige Sprünge der Zustandsgrößen anzusehen, woraus sich die Bedeutung der Stoßgleichungen auch in diesem Falle ergibt.

Es wäre natürlich möglich, die allgemeinste Form von Stößen aus der allgemeinsten Form der Integralsätze abzuleiten. Jedoch gelangt man schneller zum Ziel, wenn man die Gleichungen durch Transformation auf ein bewegtes Bezugssystem ableitet, wie dies in III, Abschnitt 14, für die instationäre Fadenströmung gemacht wurde. Allerdings ist es zunächst nur erlaubt, auf gleichförmig bewegte Bezugssysteme zu transformieren (Galilei-Transformation), weil die Bewegungsgleichungen in beschleunigten Systemen ihre Gestalt ändern. Bereits die Berechtigung der Anwendung der Stoßgleichung auf veränderliche Zustände am Stoß könnte angezweifelt werden.

Die Berechtigung, mit Stößen als quasistationären Vorgängen zu rechnen, wird davon abhängen, um welchen Bruchteil sich etwa die Dichte, die Strömungsgeschwindigkeit oder auch die Schallgeschwindigkeit in jener Zeit ändert, in welcher sich die Änderung durch die Stoßfront hindurch bemerkbar macht.

Ist Δx die Stoßfronttiefe, $\bar{c}$ die mittlere Schallgeschwindigkeit und $\dfrac{\partial F}{\partial t}$ die zeitliche Änderung irgendeiner Zustandsfunktion F, so kommt es also auf die Kleinheit folgenden dimensionslosen Ausdruckes an:

$$\frac{1}{F}\,\frac{\partial F}{\partial t}\,\frac{\Delta x}{\bar{c}}\,.$$

Er ist fast stets verschwindend klein. Als Funktion F kann auch die Neigung $U+W$ der Stoßkurve in der x,t-Ebene genommen werden. Die zeitliche Ableitung ist dann im wesentlichen die Krümmung der Stoßkurve. Da es ja nur auf Größenordnungen ankommt, handelt es sich also darum, daß der Krümmungsradius der Stoßkurve in einer $x,c_0 t$-Ebene groß gegen die Stoßfronttiefe ist. Dies ist nun praktisch stets der Fall bis auf jene Stellen, an welchen Stöße ineinanderlaufen und folglich geknickt sind. Dort dürften die Stoßgleichungen auf die Abstände von mehreren Stoßtiefen falsch sein, was noch immer keine Rolle spielt.

Wird ein senkrechter, stationärer Stoß aus einem in Stoßfrontrichtung bewegten Bezugssystem betrachtet, so ergibt sich wieder ein stationärer Stoß, denn die Zustände am Stoß bleiben gleich, der Stoß bewegt sich nicht. Die Geschwindigkeit vor und hinter der Stoßfront steht nun aber nicht mehr senkrecht auf ihr, weshalb von einem *schiefen Verdichtungsstoß* gesprochen wird. Da die Betrachtung bei einem beliebig schwachen Stoß aus einem beliebig schnell bewegten System gemacht werden kann, ergeben sich daraus die verschiedenen Stoßneigungen mit beliebig kleinen Geschwindigkeitsunterschieden vor und hinter dem Stoß. Es kann also auch ohne weiteres hinter einem schiefen Stoß Überschallgeschwindigkeit herrschen. Solche Stöße sind als Kopf- und Schwanzwelle fliegender Geschosse sehr bekannt. Die Wellen sind im allgemeinen gekrümmt. Ein genügend kleiner Ausschnitt aus einer solchen Stoßwelle kann aber stets als ein gerades Stück eines schiefen Stoßes angesehen werden. Diese Näherung ist stets möglich, wenn — ganz wie beim instationären Stoß — der Krümmungsradius als groß gegen die Stoßtiefe angesehen werden kann. Dies ist bei allen bisher aufgetretenen Beispielen der Fall.

Die Gleichungen für die allgemeinste Form eines sich beliebig im Raume bewegenden Stoßes ergeben sich aus der Betrachtung eines senkrechten stationären Stoßes aus einem allgemeinst bewegten Bezugssystem. Während die Gleichungen für den schiefen stationären Stoß bei der Behandlung stationärer ebener und achsensymmetrischer Überschallströmungen abgeleitet werden, sind weitere Verallgemeinerungen bisher noch nicht durchgeführt worden.

4. Ähnlichkeitssätze.

In der Versuchstechnik und Praxis spielt die Frage eine große Rolle, wann sich Ergebnisse, welche mit einer bestimmten Anordnung erzielt wurden, auf eine andere Anordnung übertragen lassen. Im allgemeinen wird dabei Ähnlichkeit der Strömungsberandungen in den Vergleichsfällen vorausgesetzt. Insbesondere wird verlangt, daß ein im Kanal untersuchter Flügel das gleiche Profil besitzt wie sein in der Praxis interessierender größerer Partner. Bei instationären Vorgängen mit bewegten Berandungen (Vorgängen in Zylindern an Kolbenmotoren, Flügelplatten, Vorgänge beim Anfahren) werden Vorschriften über den zeitlichen Ablauf der Bewegung erforderlich sein. Alle diese Fragen der sogenannten „*mechanischen Ähnlichkeit*" sollen in diesem Abschnitt behandelt werden. Dabei soll das strömende Medium ein *ideales Gas* sein, auf welches als äußere Kraft lediglich die Schwerkraft, gegeben durch eine konstante, in negativer z-Richtung wirkende *Schwerebeschleunigung g*, wirkt. Die Resultate gelten gleichzeitig auch für dichtebeständige Medien. Die Zustandsgleichung ist dann einfach durch $\varrho = $ konst. zu ersetzen. Wärmequellen *im* Medium seien ausgeschlossen, an der Berandung aber zugelassen, womit also auch Detonationsvorgänge und Wärmeübergangsprobleme mit einbezogen werden können.

Die allgemeinen Differentialgleichungen von Abschnitt 2, die ihrer Kompliziertheit wegen allgemeinsten Lösungen nicht zugänglich sind, leisten für die hier gestellte Aufgabe ausgezeichnete Dienste. Dabei soll stets nur eines der typischen Glieder aufgeschrieben werden, um den Überblick zu erleichtern. Für ein ideales Gas ergeben sich nach Elimination der inneren Energie sechs Gleichungen für die Unbekannten u, v, w, p, ϱ, T von folgendem Typus:

$$\frac{\partial \varrho}{\partial t} + \frac{\partial (\varrho\, u)}{\partial x} + \ldots = 0 \quad \text{(Kontinuitätsbedingung)}.$$

$$\frac{\partial w}{\partial t} + u\, \frac{\partial w}{\partial x} + \ldots = -\frac{1}{\varrho}\, \frac{\partial p}{\partial z} - g + \ldots + 2\, \frac{1}{\varrho}\, \frac{\partial}{\partial z} \left(\mu\, \frac{\partial w}{\partial z} \right) + \ldots + \frac{\partial}{\partial z} \left(\mu'\, \frac{\partial w}{\partial z} \right)$$

$$\text{(die dritte Navier-Stokes-Gleichung)}.$$

$$c_v\, \frac{\partial T}{\partial t} + c_v\, u\, \frac{\partial T}{\partial x} + \ldots + p\, \frac{\partial}{\partial t} \left(\frac{1}{\varrho} \right) + p\, u\, \frac{\partial}{\partial x} \left(\frac{1}{\varrho} \right) = +\frac{1}{\varrho}\, \mu' \left(\frac{\partial w}{\partial z} \right)^2 +$$

$$+ \frac{2}{\varrho}\cdot \mu \left(\frac{\partial w}{\partial z} \right)^2 + \ldots + \frac{1}{\varrho}\, \frac{\partial}{\partial x} \left(\lambda\, \frac{\partial T}{\partial x} \right) + \ldots \quad \text{(erster Hauptsatz)}.$$

$$p = (c_p - c_v)\, \varrho\, T \quad \text{(Zustandsgleichung)}.$$

Hierin sind die spezifischen Wärmen c_v, c_p, die Koeffizienten der inneren Reibung μ, μ' und das Wärmeleitvermögen λ reine Temperaturfunktionen. Das gilt sowohl für ideale Gase als auch für dichtebeständige Medien, wie etwa Öle.

In der Literatur findet man die Bemerkung, daß entsprechend einem Ergebnis der kinetischen Gastheorie μ und λ proportional $\sqrt{T}$ sein muß. Das ist nur bedingt richtig, indem dieses Resultat nur dann gewonnen wird, wenn die Moleküle als starre Kugeln behandelt werden. Abhängig vom Anziehungsgesetz, welches zwischen den Molekülen angenommen wird, gibt die kinetische Gastheorie die verschiedensten Temperaturabhängigkeiten für μ und λ. Bei Luft kommt unter normalen Bedingungen die Potenz $T^{0,80}$ den wirklichen Verhältnissen am nächsten.

Um zwei Vorgänge vergleichen zu können, sollen zunächst lauter dimensionslose Größen eingeführt werden, indem die Koordinaten x, y, z durch eine bestimmte Länge L (etwa die Länge eines Profils, den Durchmesser eines Rohres, das Kaliber eines Geschosses), die Zeit t durch eine bestimmte Zeit τ (die erforderliche Zeit für einen Hub eines Kolbens, für die Verdopplung der Geschwindigkeit beim Anfahren usw.) und alle Geschwindigkeiten durch eine bestimmte Geschwindigkeit W_0 (die Fluggeschwindigkeit eines Körpers, die Schallgeschwindigkeit im Ruhezustand, die maximale Kolbengeschwindigkeit eines Motors) dividiert werden. Es sei

$$t' = \frac{t}{\tau}; \quad x' = \frac{x}{L}; \quad y' = \frac{y}{L}; \quad z' = \frac{z}{L};$$

$$u' = \frac{u}{W_0}; \quad v' = \frac{v}{W_0}; \quad w' = \frac{w}{W_0}; \quad W' = \frac{W}{W_0}; \quad c' = \frac{c}{W_0}.$$

Die thermischen Größen werden zweckmäßig durch die entsprechenden Größen in einem bestimmten Zustand, gekennzeichnet durch den Index 1 (einen Ruhezustand, den Anströmzustand vor einem fliegenden Körper usw.), dimensionslos gemacht:

$$\varrho' = \frac{\varrho}{\varrho_1}; \quad p' = \frac{p}{p_1}; \quad T' = \frac{T}{T_1}.$$

Entsprechendes gilt auch für die spezifischen Wärmen und die Koeffizienten der inneren Reibung und die Wärmeleitfähigkeit, wobei möglichst derselbe Zustand 1 wie bei den thermischen Zustandsgrößen heranzuziehen sein wird. Die so gebildeten Größen $\bar{c}_v$, $\bar{c}_p$, ..., $\bar{\lambda}$:

$$\bar{c}_v = \frac{c_v}{c_{v1}}; \qquad \bar{c}_p = \frac{c_p}{c_{p1}}; \qquad \bar{\varkappa} = \frac{\varkappa}{\varkappa_1}; \qquad \bar{\mu} = \frac{\mu}{\mu_1}; \qquad \bar{\mu}' = \frac{\mu'}{\mu_1'}; \qquad \bar{\lambda} = \frac{\lambda}{\lambda_1}$$

sind reine Temperaturfunktionen, die von vornherein für den zu untersuchenden Vorgang und seinen Vergleichsvorgang gegeben sind.

Es seien „*entsprechende*" Punkte solche Punkte, welche dieselben dimensionslosen Koordinaten t', x', y', z' haben. Sie decken sich bei zwei Vergleichsvorgängen, wenn die Berandungen durch ähnliche Vergrößerung oder Verkleinerung zur Deckung gebracht werden und bei instationären Vorgängen durch die Dehnung des Zeitmaßstabes dafür gesorgt wird, daß dies in jedem Zeitpunkt der Fall ist (in mathematischer Sprache heißt das, die Randbedingungen müssen in dimensionslosen Veränderlichen dieselbe Gestalt haben). Gefordert ist für die mechanische Ähnlichkeit die Übereinstimmung der dimensionslosen abhängigen Veränderlichen u', v', ..., p', T' in allen entsprechenden Punkten.

Um diese Forderung zu erfüllen, wird zunächst gefordert werden müssen, daß auch die dimensionslosen Materialkoeffizienten $\bar{c}_v$, $\bar{c}_p$, ..., $\bar{\mu}'$, $\bar{\lambda}$ an entsprechenden Punkten übereinstimmen, d. h. daß diese Größen in den Vergleichsfällen *innerhalb des auftretenden* Temperaturbereiches dieselben Funktionen der dimensionslosen Temperatur T' sind. Im einfachsten Falle konstanter Materialkoeffizienten c_v bis λ ist dies ohne weiteres erfüllt, denn es ist dann $\bar{c}_v = \bar{c}_p = ... = \bar{\lambda} = 1$. Auch wenn sich die Vorgänge im selben Temperaturbereich abspielen, ist die Forderung erfüllt. Sind die Temperaturbereiche hingegen verschieden, so werden die Materialkoeffizienten proportional einer Potenz von T angesetzt werden müssen ($c_v = A\,T^\alpha$), damit auch die quergestrichenen Größen Funktionen von T' bleiben ($\bar{c}_v = T'^\alpha$). Wenn nicht zu große Temperaturunterschiede auftreten, wird mit ein und demselben Potenzgesetz bei den Vergleichsvorgängen meist eine sehr gute Näherung erzielt werden können.

Für eine Erweiterung der Ähnlichkeitssätze auch auf druckabhängige Materialkoeffizienten gilt ganz Entsprechendes. Einfache Fälle ergeben sich dann, wenn die einzelnen Vorgänge bei geringen Druckunterschieden ablaufen, die Vergleichsvorgänge aber bei sehr verschiedenen Drucken durchgeführt werden.

Damit die abhängigen Veränderlichen u', v', ..., T' sich in zwei Vergleichsfällen als dieselben Funktionen der unabhängigen Veränderlichen t', x', y', z' ergeben, muß gefordert werden, daß die Randbedingungen und die Differentialgleichungen in den dimensionslosen Veränderlichen dieselbe Gestalt aufweisen. Daher seien nun die typischen Glieder der letzteren auf die dimensionslosen Größen umgeschrieben. Es ergibt sich:

$$\frac{L}{\tau\,W_0}\,\frac{\partial \varrho'}{\partial t'} + \frac{\partial(\varrho'\,u')}{\partial x'} + ... = 0 \qquad \text{(Kontinuitätsbedingung)}.$$

$$\frac{L}{\tau\,W_0}\,\frac{\partial w'}{\partial t'} + u'\,\frac{\partial w'}{\partial x'} + ... = -\frac{p_1}{\varrho_1\,W_0^2}\,\frac{1}{\varrho'}\,\frac{\partial p'}{\partial z'} - \frac{g\,L}{W_0^2} +$$

$$+ ... + 2\,\frac{\mu_1}{\varrho_1\,W_0\,L}\,\frac{\partial}{\partial z'}\left(\bar{\mu}\,\frac{\partial w'}{\partial z'}\right) + ... + \frac{\mu_1'}{\varrho_1\,W_0\,L}\,\frac{\partial}{\partial z'}\left(\mu'\,\frac{\partial w'}{\partial z'}\right)$$

(dritte Navier-Stokessche Gleichung).

$$\bar{c}_v \underline{\frac{L}{\tau W_0}} \frac{\partial T'}{\partial t'} + \bar{c}_v u' \frac{\partial T'}{\partial x'} + \cdots + \underline{\frac{p_1}{c_{v1} \varrho_1 T_1}} \frac{L}{\tau W_0} p' \frac{\partial}{\partial t'} \left(\frac{1}{\varrho'}\right) +$$

$$+ \underline{\frac{p_1}{c_{v1} \varrho_1 T_1}} p' u' \frac{\partial}{\partial x'} \left(\frac{1}{\varrho'}\right) = \underline{\frac{\mu_1'}{\varrho_1 W_0 L} \frac{W_0^2}{c_{v1} T_1}} \frac{\bar{\mu}'}{\varrho'} \left(\frac{\partial w'}{\partial z'}\right)^2 +$$

$$+ 2 \underline{\frac{\mu_1}{\varrho_1 W_0 L} \frac{W_0^2}{c_{v1} T_1}} \frac{\bar{\mu}}{\varrho'} \left(\frac{\partial w'}{\partial z'}\right)^2 + \cdots + \varkappa_1 \underline{\frac{\lambda_1}{c_{p1} \varrho_1 W_0 L}} \frac{1}{\varrho'} \frac{\partial}{\partial x'} \left(\lambda' \frac{\partial T'}{\partial x'}\right) + \cdots$$

(erster Hauptsatz).

$$p' = \varrho' T' \quad \text{(Zustandsgleichung).}$$

Die Zustandsgleichung erhält eine vom jeweiligen Problem unabhängige Gestalt. In allen anderen Gleichungen treten nun aber konstante Koeffizienten (die unterstrichenen Glieder) auf, welche zum Teil von den räumlichen und zeitlichen Dimensionen (L, τ), zum Teil von der für den Vorgang typischen Geschwindigkeit W_0 und zum Teil von dem in einem Bezugspunkte P_1 (Ruhezustand, Anströmzustand od. dgl.) herrschenden thermischen Zustand p_1, ϱ_1, T_1 abhängen. Stimmen die Differentialgleichungen in diesen Koeffizienten überein, so haben sie dieselbe Gestalt ($\bar{c}_v, \bar{c}_p, \ldots, \bar{\mu}, \bar{\lambda}$ sind letzten Endes ja nur abgekürzte Schreibweisen für ganz bestimmte, für die Vergleichsfälle voraussetzungsgemäß übereinstimmende Funktionen von T') und bei gleichen Randbedingungen damit auch dieselben Lösungen.

Um mechanische Ähnlichkeit zu gewährleisten, muß also Übereinstimmung in folgenden dimensionslosen Zahlen gefordert werden:

1. im Werte von $\dfrac{L}{\tau W_0}$.

Diese Forderung bezieht sich nur auf *instationäre* Vorgänge. Ist τ etwa die Schwingungsdauer, so wird $\dfrac{L}{\tau W_0}$ als *„reduzierte Frequenz"* bezeichnet. Beispielsweise muß bei einem Versuch über Flügelflattern die Anströmgeschwindigkeit U, die Profillänge L und die Schwingungsdauer so abgestimmt sein, daß ein Luftteilchen während der Zeit τ stets denselben Bruchteil einer Profillänge zurücklegt. Bei einem Versuch in einem durch einen bewegten Kolben abgeschlossenen Zylinder wird für W_0 etwa die Schallgeschwindigkeit im Ruhezustand, für L die Zylinderlänge zu wählen sein. Die erste Forderung kommt dann darauf hinaus, daß eine Schallwelle während eines Hubes bei zwei Vergleichsvorgängen gleich oft zwischen Kolben und Zylinderende hin- und herläuft. Ist diese sehr anschauliche Forderung erfüllt, dann stimmt die Kontinuitätsbedingung in den Vergleichsfällen überein. Bei stationären Vorgängen tut sie dies ohne weiteres.

Eine größere Anzahl von Forderungen ergeben sich aus der Bedingung, daß Navier-Stokes-Gleichung und Energiesatz in den Vergleichsfällen übereinstimmen müssen. Es sei mit der dimensionslosen Zahl $\dfrac{p_1}{c_{v1} \varrho_1 T_1}$ begonnen, die sich mit Hilfe der Zustandsgleichung auf den Wert $\varkappa_1 - 1$ reduzieren läßt. Es muß also

2. Übereinstimmung im *Verhältnis* der *spezifischen Wärmen* $\varkappa$ im Bezugspunkt P_1 verlangt werden. Bei *wesentlich* temperaturabhängiger spezifischer Wärme muß bei Verwendung desselben Gases die Temperatur im Bezugspunkt P_1 und damit in der gesamten Strömung übereinstimmen.

Die Zahl $\dfrac{p_1}{\varrho_1 W_0^2}$ läßt sich wegen der Gleichheit von $\varkappa_1$ nun als Verhältnis von $\left(\dfrac{c_1}{W_0}\right)^2$ schreiben. Es muß darnach

3. das Verhältnis $\dfrac{W_0}{c_1}$ von Bezugsgeschwindigkeit W_0 und Schallgeschwindigkeit im Bezugspunkt c_1 dasselbe sein. Ist die Bezugsgeschwindigkeit insbesondere die Strömungsgeschwindigkeit im Punkte 1 ($W_0 = W_1$), so hat man also die Forderung nach Übereinstimmung der *Machschen Zahl* im Bezugspunkt. Bei der *stationären* Umströmung eines Körpers gelangt man damit zur wichtigen Forderung nach Übereinstimmung der Machschen Zahl im Anströmgebiet. Aber auch bei instationären Vorgängen etwa mit bewegten Wänden darf diese Bedingung nicht übersehen werden. Etwa muß bei einem in einem Zylinder periodisch bewegten Kolben die maximale Kolbengeschwindigkeit mit der mittleren Schallgeschwindigkeit in ganz bestimmtem gleichbleibendem Verhältnis stehen, wenn ein Vergleich der Vorgänge möglich sein soll. Die beiden letzten Forderungen nach Übereinstimmung im $\varkappa$-Werte und in einem Verhältnis von Geschwindigkeit und Schallgeschwindigkeit sind die für die *Gasdynamik* typischen und unumgänglichen Bedingungen.

Bei Berücksichtigung der Schwerkraft muß

4. Übereinstimmung im Werte $g\,\dfrac{L}{W_0{}^2}$ (Froudesche Zahl) gefordert werden. Sie hat besondere Bedeutung bei vielen meteorologischen Strömungsproblemen. Auch bei Flugbahnberechnungen spielt sie naturgemäß eine große Rolle. Wird beispielsweise mit W_0 die Anfangsgeschwindigkeit einer Rakete und mit L ihre Steighöhe bezeichnet, so kann die Zahl als Verhältnis einer potentiellen zu einer kinetischen Energie gedeutet werden.

Die nächsten beiden Forderungen beziehen sich

5. auf zwei *Reynoldssche Kennzahlen* $\dfrac{\varrho_1\,W_0\,L}{\mu_1}$ und $\dfrac{\varrho_1\,W_0\,L}{\mu_1{}'}$. Sie können als das Verhältnis von Trägheitskräften zu Reibungskräften gedeutet werden. Die zweite Zahl ist mit der Volumviskosität μ' gebildet und spielt eine untergeordnete Rolle, zumal es bei dieser Kennzahl meist nur auf eine rohe Übereinstimmung ankommt, die für die zweite Zahl bestehen wird, wenn sie für die erste gegeben ist.

Die hohen Geschwindigkeiten, bei welchen Strömungsversuche mit Gasen in der Regel ausgeführt werden, bedingen im allgemeinen auch hohe Reynoldssche Zahlen. Man befindet sich damit im sogenannten „überkritischen Gebiet" reibender Strömungen, in welchem der Einfluß der Reynoldsschen Zahl nicht mehr groß ist. Die Reibungsvorgänge spielen sich bei Umströmungsproblemen in dünneren Reibungsschichten am Körper ab, die im großen und ganzen als turbulent anzusehen sein werden. Es seigt sich, daß die Kräfte bei Hochgeschwindigkeitsaufgaben überwiegend durch die reibungsfreie Außenströmung bedingt und die Reibungskräfte diesen gegenüber von geringerer Bedeutung sind. Wenn also in der Gasdynamik vorwiegend reibungsfreie Strömungen behandelt werden, so entspricht dies nicht nur einer mathematischen Notwendigkeit, welche durch die Schwierigkeit der Aufgabe bedingt ist, sondern es wird damit auch im allgemeinen der am meisten interessierende Teil einer kompressiblen Strömung erfaßt. Allerdings gibt es auch sehr eindrucksvolle Reibungseffekte, wie die Rohrströmung mit Reibung zeigte (Abschnitt II, 13).

Das Verhältnis $\dfrac{\mu_1}{\varrho_1} = \nu_1$ wird als *kinematische Zähigkeit* bezeichnet. Es hat die einfache Dimension einer Fläche durch eine Zeit. Dieselbe Dimension besitzt die sogenannte *Temperaturleitfähigkeit* $\dfrac{\lambda}{c_p\,\varrho}$. Ganz entsprechend wie die Reynoldssche Kennzahl, aber mit der Temperaturleitfähigkeit gebildet, ist die letzte Zahl $\dfrac{c_{p1}\,\varrho_1\,W_0\,L}{\lambda_1}$ (Pécletsche Kennzahl), bezüglich welcher noch Übereinstimmung bei

Vergleichsvorgängen gefordert werden muß. Mit gleichem Recht, formal aber noch etwas einfacher, kann

6. Übereinstimmung im Werte $\dfrac{\mu_1 c_{p1}}{\lambda_1}$ *(Prandtlsche Kennzahl)* gefordert werden. Diese ist das Verhältnis von kinematischer Zähigkeit und Temperaturleitfähigkeit. Sie spielt bei Problemen des Wärmeüberganges eine wichtige Rolle. Überhaupt sind alle Reibungsvorgänge bei Gasen auch mit Wärmeleitung verbunden. Die kinetische Gastheorie zeigt, daß die Prandtlsche Kennzahl nur vom Verhältnis der spezifischen Wärmen $\varkappa$ abhängt, ein Resultat, das experimentell gut bestätigt ist. Damit ist die Forderung 6 bei idealen Gasen bereits mit der Forderung 2 erfüllt. Aus dem Auftreten von Verdichtungsstößen ergeben sich keine neuen Bedingungen, denn die Stoßgleichungen können unverändert für die dimensionslosen Größen ϱ', p', c', W' usw. geschrieben werden.

In der Praxis des gasdynamischen Versuches wird vor allem auf Übereinstimmung im $\varkappa$-Wert und in der Machschen Zahl (oder einer entsprechend gebildeten Zahl) zu achten sein. Ist das Modell nicht zu klein und die Luftdichte nicht zu gering, so ist damit auch schon eine hohe Reynolds-Zahl gesichert.

Die Ähnlichkeitsforderungen bezüglich der Randbedingungen haben sich bisher nur auf deren geometrische Form (allenfalls abhängig von der Zeit) bezogen. In vielen Fällen ist aber die Änderung der Strömungsbegrenzung nicht von vornherein gegeben, sondern durch die auf den Rand ausgeübten Kräfte bedingt. Das Flügelflattern, die Bewegung eines Kolbens in einem Zylinder oder eines Geschosses im Rohr können dabei als Beispiel dienen. Oft erschöpfen sich aber die Randbedingungen nicht nur in mechanischen Forderungen, es treten noch thermische Forderungen hinzu, wie etwa beim Auftreten von Detonationsstößen oder bei Wärmeübergangsproblemen. Aus den Randbedingungen entspringen dann noch zusätzliche Forderungen, die sich ohne weiteres ergeben, nachdem die Randbedingungen in den dimensionslosen Veränderlichen geschrieben sind.

Beispielsweise lautet mit M_G als Geschoßmasse die Bedingung am Geschoßboden mit der Fläche f beim innerballistischen Problem:

$$M_G \frac{d^2 x}{dt^2} = p f,$$

oder in den dimensionslosen Größen:

$$\frac{M_G L}{p_1 f \tau^2} \frac{d^2 x'}{dt'^2} = \frac{p}{p_1}.$$

Wird das Treibpulver durch ein komprimiertes ideales Gas genähert, so bietet sich als einzige Geschwindigkeit im Ausgangszustand die Schallgeschwindigkeit c_0 an, die also als Bezugsgeschwindigkeit W_0 zu nehmen sein wird. Als einzige Länge kommt die Länge des Laderaumes in Frage. Als Bezugsdruck p_1 sei der Ruhedruck p_0 genommen. Zusammen mit der Bedingung 1 für instationäre Strömungen führt die Forderung nach Gleichheit der Zahl $\dfrac{M_G L}{p_0 f \tau^2}$ zu folgender Kennzahl:

$$\frac{M_G L}{p_0 f \tau^2} \frac{\tau^2 c_0^2}{L^2} = \frac{M_G \varkappa p_0}{\varrho_0 p_0 f L} = \varkappa \frac{M_G}{\varrho_0 f L}.$$

Dies kommt wegen der Bedingung 2 gleicher $\varkappa$-Werte auf die sehr einleuchtende Forderung heraus, daß das Verhältnis von Geschoßmasse zur Treibstoffmasse in den Vergleichsfällen übereinstimmen muß.

Bei *Detonationsvorgängen* sind Laufgeschwindigkeit des Stoßes U und Nachlaufgeschwindigkeit des Gases durch die Gl. (II, 82) gegeben. Handelt es sich um einen in ein ruhendes Medium fortschreitenden Vorgang, so wird dessen Schallgeschwindigkeit c_0 als Bezugsgeschwindigkeit und dessen Zustand p_0, ϱ_0 als Bezugszustand zu nehmen sein. Für ein ideales Gas ist dann nach Gl. (II, 82):

$$\frac{U}{c_0} = \frac{\hat{c}}{c_0}\frac{\hat{\varrho}}{\varrho_0} = \sqrt{\varkappa\,\frac{\hat{p}}{p_0}\frac{\hat{\varrho}}{\varrho_0}}\,; \qquad \frac{\varDelta W}{c_0} = \frac{U}{c_0} - \frac{\hat{c}}{c_0}.$$

Nach Gl. (II, 80) ergeben sich gleiche Sprungwerte im Detonationsstoß $\dfrac{\hat{\varrho}}{\varrho_0}$, $\dfrac{\hat{p}}{p_0}$, $\dfrac{\hat{c}}{c_0}$, wenn das Verhältnis $\dfrac{q}{c_p\,T_0}$ (mit q als pro Masseneinheit freiwerdender Wärme) das gleiche ist. Dies ist also die ausreichende Forderung für die Ähnlichkeit. Die Bezugszeit τ ist mit der Forderung 1 mit Hilfe einer Länge L (Ausdehnung des detonierenden Mediums) und c_0 zu bilden. Der Vorgang läuft bei gleichem c_0 dann so ab, daß alle Zeitintervalle wie die Längen gedehnt sind, womit ein von CRANZ stammendes Ähnlichkeitsgesetz ausgesprochen ist.

Bei Problemen mit Wärmeleitung enthält die Randbedingung auch Forderungen bezüglich der Wandtemperatur, welche bei den Vergleichsvorgängen erfüllt sein müssen. Eine einfache Bedingung ist das Ausbleiben jeglichen Wärmeüberganges an der Wand ($\frac{\partial T}{\partial n} = 0$: „Thermometerproblem"). Es kann durch eine wärmeisolierende Schicht an der Oberfläche erreicht werden. Findet Wärmeübertragung statt, so muß dafür gesorgt werden, daß an entsprechenden Punkten der Berandungen dieselben dimensionslosen Temperaturen T' herrschen, da diese Forderung sonst natürlich nicht in der Strömung selbst erfüllt sein kann.

Bei nicht idealen Gasen ergeben sich aus der Umschreibung der Gaszustandsgleichung auf die dimensionslosen thermischen Größen zusätzliche Forderungen, welche in komplizierten Fällen nur Modellversuche unter völlig gleichartigen thermischen Bedingungen zulassen.

5. Allgemeine Wirbelsätze.

Die bekannten Wirbelsätze — in allen einschlägigen Lehrbüchern der Hydrodynamik und Vektoranalysis behandelt — sollen hier nur kurz unter Anwendung der Vektorschreibweise abgeleitet werden. Sie haben natürlich auch für die Gasdynamik erhebliche Bedeutung.

Ist $\mathfrak{w}$ der Geschwindigkeitsvektor mit dem Betrag W und den Komponenten u, v, w, so wird unter rot $\mathfrak{w}$ (Rotation) ein Vektor mit folgenden Komponenten verstanden:

$$\text{rot } \mathfrak{w} \begin{cases} 2\,\omega_x = \dfrac{\partial w}{\partial y} - \dfrac{\partial v}{\partial z}, \\[2ex] 2\,\omega_y = \dfrac{\partial u}{\partial z} - \dfrac{\partial w}{\partial x}, \\[2ex] 2\,\omega_z = \dfrac{\partial v}{\partial x} - \dfrac{\partial u}{\partial y}. \end{cases} \tag{20}$$

Für einen solchen Vektor gilt der *Stokessche Integralsatz*, der ein Integral über eine Fläche f in ein Integral über die die Fläche begrenzende Kurve C verwandelt, dem Gaußschen Integralsatz Gl. (6) also verwandt ist:

$$\iint\limits_{f} \text{rot}_n\,\mathfrak{w}\,df = \oint\limits_{C} W_t\,d\sigma = \oint\limits_{C} (u\,dx + v\,dy + w\,dz). \tag{21}$$

Die Indizes n und t besagen, daß die Normalkomponente von rot $\mathfrak{w}$ auf das Flächenelement df und die Tangentialkomponente der Geschwindigkeit W auf das Bogenelement σ zu nehmen ist.

Der Satz läßt sich ähnlich wie der Gaußsche Satz beweisen. Es ist:

$$\iint\limits_{f} \operatorname{rot}_n \mathfrak{w}\, df = \iint\limits_{f}\left[\left(\frac{\partial w}{\partial y}-\frac{\partial v}{\partial z}\right)\cos(n,x)+\left(\frac{\partial u}{\partial z}-\frac{\partial w}{\partial x}\right)\cos(n,y)+\right.$$
$$\left.+\left(\frac{\partial v}{\partial x}-\frac{\partial u}{\partial y}\right)\cos(n,z)\right]df.$$

Schließt beispielsweise die Flächennormale n mit den drei Koordinatenrichtungen Winkel kleiner als 90° ein, so ist weiter:

$$\iint\limits_{f}\operatorname{rot}_n \mathfrak{w}\,df = \iint\left(\frac{\partial w}{\partial y}-\frac{\partial v}{\partial z}\right)dy\,dz+\iint\left(\frac{\partial u}{\partial z}-\frac{\partial w}{\partial x}\right)dz\,dx+$$
$$+\iint\left(\frac{\partial v}{\partial x}-\frac{\partial u}{\partial y}\right)dx\,dy.$$

Bei den letzten drei Integralen ist über die in positiver x-, y-, z-Richtung genommenen Projektionen der Fläche f auf die entsprechenden Koordinatenebenen zu integrieren (die Integrale $\iint dy\,dz$, $\iint dz\,dx$, $\iint dx\,dy$ müssen ja für sich positive Werte ergeben). Für den v-Anteil ergibt sich:

$$\int\left[-\int\frac{\partial v}{\partial z}\,dz+\int\frac{\partial v}{\partial x}\,dx\right]dy$$

mit den Werten der Variablen auf der Fläche f und den x-, y-, z-Werten der Kurve C als Grenzen. Die Integration werde zunächst bei festem $y=\bar{y}$ ausgeführt. Der Schnitt der Fläche f mit der Ebene $y=\bar{y}$ (Abb. 71) ist eine Kurve, über

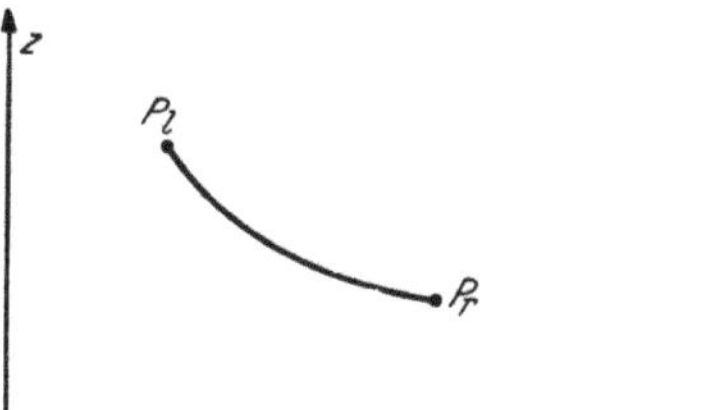
Abb. 71. Fläche f im Schnitt $y=\bar{y}$.

welche die Integrationen in der eckigen Klammer zu erstrecken sind. Die Randkurve C erscheint als Endpunkt P_l und P_r der Integration. Es ist:

$$\int\limits_{x_l}^{x_r}\frac{\partial v}{\partial x}\,dx-\int\limits_{z_r}^{z_l}\frac{\partial v}{\partial z}\,dz=\int\limits_{P_l}^{P_r}dv=v_r-v_l.$$

Diese v-Differenz ist nun über alle vorkommenden y-Werte zu integrieren. Bei Integration über die Kurve C in positiver Drehrichtung ergeben sich bei v_l abnehmende y-Werte. Daraus folgt

$$\iint\frac{\partial v}{\partial x}\,dx\,dy-\iint\frac{\partial v}{\partial z}\,dz\,dy=\int\limits_{y_{\min}}^{y_{\max}}(v_r-v_l)\,dy=\oint\limits_{C} v\,dy.$$

Mit entsprechenden Resultaten für die anderen Geschwindigkeitskomponenten ergibt sich schließlich der Stokessche Satz Gl. (21).

Der Stokessche Satz macht die Bedeutung von $\operatorname{rot}\mathfrak{w}$ als Wirbelvektor unmittelbar einleuchtend. Ein Wirbel kann auch durch eine Winkelgeschwindigkeit ω und die Richtung seiner Achse (zwei unabhängige Winkel) oder durch drei Winkelgeschwindigkeiten ω_x, ω_y, ω_z um die drei Koordinatenachsen festgelegt werden. Der Stokessche Satz auf ausreichend kleine Gebiete angewendet, ergibt die Winkelgeschwindigkeit als halben Betrag des Wirbelvektors:

$$\omega=\frac{1}{2}\,|\operatorname{rot}\mathfrak{w}|.$$

Wird die Fläche f zu einer *geschlossenen* Fläche gebogen, so verschwindet die Randkurve C und mit ihr das Integral über C. Es ist dann:

$$\iint\limits_{f}\operatorname{rot}_n \mathfrak{w}\,df=0, \tag{22}$$

was sich mit Hilfe des Gaußschen Satzes und der Definition von $\operatorname{rot}\mathfrak{w}$ leicht direkt zeigen läßt.

Eine *Wirbellinie* sei eine Linie, die in jedem ihrer Punkte in Richtung des Wirbelvektors verläuft (sie verhält sich also zu diesem wie die Stromlinie zum Geschwindigkeitsvektor). Eine *Wirbelröhre* sei ein Gebilde, dessen Mantelfläche aus lauter Wirbellinien besteht. Unter *Wirbelfaden* wird eine Wirbelröhre verstanden, die so schlank ist, daß die Zustände in jedem ihrer Querschnitte als konstant angesehen werden können. Wirbelfaden und Wirbelvektor stehen damit in genauer Analogie zu Stromfaden und Geschwindigkeitsvektor. Gl. (22) werde nun auf einen Abschnitt einer Wirbelröhre angewendet. Die geschlossene Fläche f besteht dann aus einem Anfangs- und Endquerschnitt q_1 und q_2 und einer Röhrenwand, auf welcher die Normalkomponente von rot $\mathfrak{w}$ definitionsgemäß verschwinden muß. Mithin ist:

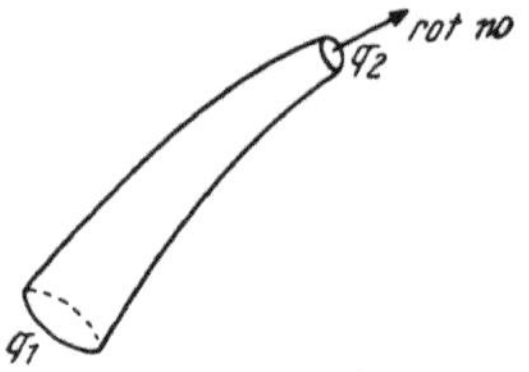

$$\iint_{q_1} \mathrm{rot}_n\, \mathfrak{w}\, df + \iint_{q_2} \mathrm{rot}_n\, \mathfrak{w}\, df = 0,$$

oder wenn die Normalkomponente nicht nach außen, sondern stets in derselben Richtung gezogen wird,

$$\iint_{q_1} \mathrm{rot}_{n_1}\, \mathfrak{w}\, df = \iint_{q_2} \mathrm{rot}_{n_2}\, \mathfrak{w}\, df.$$

Abb. 72. Wirbelröhre.

Damit ist der *Helmholtzsche Wirbelsatz* ausgesprochen, welcher besagt, daß der Wirbelfluß $\iint_q \mathrm{rot}_n\, \mathfrak{w}\, df$ einer Wirbelröhre örtlich konstant bleibt. Eine Wirbelröhre kann darnach nirgends *in* einem Medium endigen. Sie muß entweder geschlossen sein oder bis an den Rand des Mediums reichen. Es handelt sich bei diesem Satz um eine mathematische Aussage, welche aus der Definition von Wirbelvektor und Wirbelröhre allein gefolgert wurde, ohne daß physikalische Sätze herangezogen wurden; dies wird erst bei den folgenden Sätzen geschehen.

Das Linienintegral der Tangentialgeschwindigkeit über eine geschlossene Kurve wird auch als Zirkulation Γ:

$$\Gamma = \oint_C W_t\, d\sigma = \iint_f \mathrm{rot}_n\, \mathfrak{w}\, df \tag{23}$$

bezeichnet, wobei die Integrationsrichtung und die Orientierung von n stets so zu nehmen ist, daß sich Γ als positiver Wert ergibt. Die Zirkulation um eine Wirbelröhre bleibt also örtlich konstant.

Zur Untersuchung der zeitlichen Änderungen von Wirbeln sei die Zirkulation Γ um eine massenfeste Kurve, welche sich also mit dem Medium bewegt, nach der Zeit abgeleitet. Es ist:

$$\frac{d\Gamma}{dt} = \oint_C \left\{ \frac{du}{dt}\, dx + \frac{dv}{dt}\, dy + \frac{dw}{dt}\, dz \right\} + \oint_C \left\{ u\, \frac{d(dx)}{dt} + v\, \frac{d(dy)}{dt} + w\, \frac{d(dz)}{dt} \right\}.$$

Die Differentiation muß auch an den Differentialen dx, dy, dz ausgeführt werden, die sich beim Fortbewegen mit dem Medium ändern. Nun ist aber die zeitliche Änderung des Abstandes dx zweier Teilchen gleich dem Geschwindigkeitsunterschied du der beiden Teile, weshalb das zweite Integral

$$\oint_C \left[u\, \frac{d(dx)}{dt} + v\, \frac{d(dy)}{dt} + w\, \frac{d(dz)}{dt} \right] = \oint_C [u\, du + v\, dv + w\, dw] = \oint_C d\left(\frac{W^2}{2} \right) = 0$$

verschwindet.

Für ein *reibungsloses* Medium, dessen äußere Kräfte nur von einem Potential Ω abhängen ($X = -\dfrac{\partial \Omega}{\partial x}$, $Y = -\dfrac{\partial \Omega}{\partial y}$, $Z = -\dfrac{\partial \Omega}{\partial z}$) ergibt sich somit:

$$\frac{d\Gamma}{dt} = - \oint_C \left[\frac{1}{\varrho}\, \frac{\partial p}{\partial x}\, dx + \frac{1}{\varrho}\, \frac{\partial p}{\partial y}\, dy + \frac{1}{\varrho}\, \frac{\partial p}{\partial z}\, dz \right] - \oint_C \left[\frac{\partial \Omega}{\partial x}\, dx + \frac{\partial \Omega}{\partial y}\, dy + \frac{\partial \Omega}{\partial z}\, dz \right].$$

Das zweite Integral ist die Änderung der potentiellen Energie auf einer geschlossenen Kurve, also gleich Null, woraus die bekannte Beziehung folgt:

$$\frac{d\Gamma}{dt} = \frac{d}{dt} \oint_C W_t\, d\sigma = -\oint_C \frac{dp}{\varrho}. \tag{24}$$

Mit Gl. (I, 35) kann für $-\dfrac{dp}{\varrho} = T\, ds - di$ eingeführt werden, wobei das Integral über die Enthalpieänderung auf einer geschlossenen Kurve wieder verschwindet:

$$\frac{d\Gamma}{dt} = \frac{d}{dt} \oint_C W_t\, d\sigma = \oint_C T\, ds. \tag{25}$$

Für *isentrope* Vorgänge (die dann notwendigerweise auch reibungslos verlaufen müssen), ändert sich die Zirkulation auf einer geschlossenen massenfesten Kurve nicht *(Thomsonscher Satz)*. In einer isentropen Strömung können Wirbel also weder entstehen noch vergehen. Es ist dabei nur erforderlich, daß das Medium an der betrachteten Kurve C isentrop ist. Es kann durchaus von anisentropem Medium umgeben sein oder ein solches selbst umringen.

Wird nun eine geschlossene Kurve um eine Wirbelröhre gezogen, eine zweite Kurve an der Oberfläche der Wirbelröhre, so muß die Zirkulation auf beiden Kurven zeitlich konstant bleiben. Damit ist ein zweiter *Helmholtzscher Satz* gewonnen, der aussagt, daß eine Wirbelröhre dauernd von denselben Teilchen gebildet wird.

Bei anisentropen Vorgängen kann die Zirkulationsänderung auch wie folgt dargestellt werden (mit $\times$ ist das äußere Produkt bezeichnet):

$$\frac{d\Gamma}{dt} = \int\!\!\int_f \left[\operatorname{grad} p \times \operatorname{grad} \frac{1}{\varrho}\right]_n df = \int\!\!\int_f [\operatorname{grad} T \times \operatorname{grad} s]_n df.$$

Mit dem ersten Integral als rechter Gleichungsseite stammt der Satz von V. BJERKNES und wird in der Meteorologie angewendet.

Indem in der ersten Eulerschen Gl. (13) Wirbelglieder abgespalten werden, ergibt sich die Gleichung:

$$\frac{\partial u}{\partial t} + \frac{\partial}{\partial x}\left(\frac{W^2}{2}\right) + w\left(\frac{\partial u}{\partial z} - \frac{\partial w}{\partial x}\right) - v\left(\frac{\partial v}{\partial x} - \frac{\partial u}{\partial y}\right) = -\frac{1}{\varrho}\frac{\partial p}{\partial x}.$$

Analoge Beziehungen folgen aus der zweiten und dritten Eulerschen Gleichung. In Vektorschreibweise lautet der Sachverhalt:

$$\frac{\partial \mathfrak{w}}{\partial t} - \mathfrak{w} \times \operatorname{rot} \mathfrak{w} + \operatorname{grad} \frac{W^2}{2} = -\frac{1}{\varrho}\operatorname{grad} p = -\operatorname{grad} i + T \operatorname{grad} s. \tag{26}$$

Bei *stationären* Strömungen fällt der erste Summand weg. Unter diesen spielen die sogenannten *isoenergetischen* Strömungen eine besondere Rolle, die dadurch ausgezeichnet sind, daß der Energiesatz Gl. (II, 7):

$$\frac{W^2}{2} + i = i_0 \tag{II, 7}$$

mit einer und derselben Ruheenthalpie i_0 auf allen Stromlinien gilt. Da Stromfäden in einer stationären Strömung ruhig liegen, verhält sich eine reibungsfreie Strömung im Faden wie die in Teil II behandelte „stationäre Fadenströmung". Längs des Stromfadens gelten also alle in Teil II abgeleiteten Sätze für stationäre reibungsfreie Strömung, also der Energiesatz und bei Isentropie die Bernoullische Gleichung. Nun ändert sich in einem Verdichtungsstoß wohl die Entropie, nicht aber der Energiefluß, und dies gilt, wie später gezeigt wird, auch für alle schiefen Stöße. Die reibungsfreie stationäre Strömung mit beliebigen

Verdichtungsstößen hat also konstantes i_0, wenn i_0 im Anströmgebiet konstant ist. Alle reibungsfreien, stationären Strömungen mit konstantem Anströmzustand sind damit über alle Stöße hinweg isoenergetisch. In Gl. (26) läßt sich durch Bildung des Gradienten in Gl. (II, 7) $\dfrac{W^2}{2}$ und i eliminieren mit dem Resultat:

$$\mathfrak{w} \times \mathrm{rot}\ \mathfrak{w} = -\ T\ \mathrm{grad}\ s. \tag{27}$$

Dieser von L. Crocco stammende Satz[3, 4, 5] besagt:

1. Jede drehungsfreie (wirbelfreie), stationäre, isoenergetische Strömung muß isentrop sein.

2. Jede anisentrope, isoenergetische, stationäre Strömung hat Wirbel.

Die Strömung hinter der Kopfwelle eines mit Überschallgeschwindigkeit fliegenden Körpers kann also exakt nicht mehr als drehungsfrei angesehen werden. Die Änderung der Zirkulation ist allerdings im allgemeinen gering, wie Gl. (25) zeigt. Wird nämlich dort als eine erste Näherung die absolute Temperatur im Integranden konstant gleich der Anströmtemperatur gesetzt, so ergibt sich noch keine Zirkulationsänderung:

$$\oint\limits_{C} T\ ds \approx T_\infty \oint\limits_{C} ds = 0.$$

Aus Gl. (26) kann im übrigen nicht gefolgert werden, daß die Strömung wirbelfrei ist, wenn die Entropie konstant ist, weil das äußere Produkt zweier Vektoren auch dann verschwindet, wenn die Vektoren gleiche Richtung haben.

Der Croccosche Wirbelsatz gilt auch beim Vorhandensein äußerer Kräfte, die ein Potential haben. Allgemeinere Ableitungen auch für instationäre Strömungen und Strömungen mit Reibung gibt A. Vazsonyi[9]. Überflüssigerweise und fälschlich wird dabei der Reibungskoeffizient allerdings als konstant angenommen.

Bei Strömungen idealer Gase konstanter spezifischer Wärme im kräftefreien Feld lassen sich die abhängigen Variablen nach Munk und Prim[10] stets so umschreiben, daß der Croccosche Satz formal auch bei von Stromlinie zu Stromlinie veränderlicher Ruheenthalpie resultiert.

Für instationäre Strömungen hat H. Ertel[6] einen Wirbelsatz abgeleitet, der unter den hier gemachten Voraussetzungen folgende Form annimmt:

$$\frac{d}{dt}\left(\frac{\mathrm{rot}\ \mathfrak{w}\ \mathrm{grad}\ s}{\varrho}\right) = 0.$$

Er wurde in der Gasdynamik bisher noch nicht angewendet.

6. Auftrieb und Zirkulation in stationärer Strömung.

Die von der Luft auf einen fliegenden Körper ausgeübte resultierende Kraft kann in eine Komponente in Flugrichtung — den *Widerstand* — und in zwei Komponenten quer zur Flugrichtung — den *Auftrieb* und die *Querkraft* — zerlegt werden. Der Auftrieb ist dabei am Flugkörper nach oben, die Querkraft senkrecht dazu gerichtet.

Die Zerlegung der resultierenden Kraft erfolgt vielfach anstatt in Widerstand und Auftrieb auch in *Tangentialkraft* und *Normalkraft* (und Querkraft). Zu diesem Zweck muß eine Tangentenrichtung im Körper festgelegt sein. Sie ist bei einem achsensymmetrischen Körper durch die Achse, bei einem symmetrischen Profil durch die Symmetrielinie gegeben.

Bei der hier behandelten *stationären* Strömung ergibt sich der Auftrieb als Kraftkomponente senkrecht zur Anströmrichtung (Abb. 73). Dabei sei die y-Komponente nach oben gerichtet.

Mit Hilfe des Impulssatzes Gl. (4) läßt sich nun der Auftrieb durch den Impulsfluß und die Flächenkräfte an der sogenannten „*Kontrollfläche*" f berechnen. Dies kann auf zwei Arten erfolgen. Man betrachtet entweder nur die Fläche f und bringt am Körper eine dem Auftrieb entgegengesetzte Massenkraft an, welche diesem das Gleichgewicht hält. Beim Fehlen jeder anderen Massenkraft ist dann:

$$- A = \iiint_B \varrho \, Y \, dx \, dy \, dz$$

(das Raumintegral ist ja die resultierende Massenkraft). Der Körper wird also als ein Teil des Mediums selbst angesehen, was wegen der allgemeinen Gültigkeit des Impulssatzes durchaus erlaubt ist. Es ergibt sich dann nach Streichen der instationären Glieder:

$$- A = \iint_f [\varrho \, v \, W_n + p \cos (n, y)] \, df +$$

$$- \iint_f [p_{xy} \cos (n, x) + (p_{yy} + p) \cos (n, y) + p_{zy} \cos (n, z)] \, df. \qquad (28)$$

Anderseits kann aber der Körper auch durch eine zweite, unmittelbar an der Körperoberfläche verlaufende Kontrollfläche ausgeschlossen und von jeder Massenkraft abgesehen werden. An der Körperoberfläche verschwindet der Impulsfluß, und der Auftrieb ergibt sich dort als Integral über die in y-Richtung wirkenden Druck- und Reibungskräfte. Er ist den auf das Medium ausgeübten Oberflächenkräften entgegengesetzt:

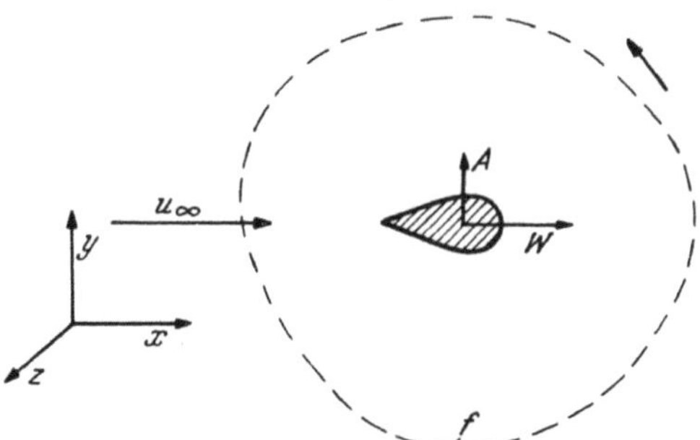

Abb. 73. Auftrieb und Widerstand.

$$\iint_{\text{Oberfläche}} [p_{xy} \cos (n, x) + p_{yy} \cos (n, y) +$$
$$+ p_{zy} \cos (n, z)] \, df = - A.$$

Nach Einsetzen in Gl. (4) und Streichen der instationären Glieder und der Massenkräfte ergibt sich wieder Gl. (28).

In Gl. (28) enthält das zweite Integral die Reibungskräfte an der Kontrollfläche, welche zunächst nicht gestrichen werden dürfen. Es zeigt sich allerdings, daß sie selbst für die Ermittlung des Widerstandes (nächster Abschnitt) bereits kurz hinter dem Körper bedeutungslos sind, so daß für den Auftrieb auch bei reibenden Flüssigkeiten in geringer Entfernung vom Körper geschrieben werden kann:

$$A = - \iint_f [\varrho \, v \, W_n + p \cos (n, y)] \, df =$$

$$= - \iint_f [\varrho \, v \, W_n + (p - p_\infty) \cos (n, y)] \, df. \qquad (29)$$

Die Projektion einer geschlossenen Fläche auf eine beliebige Ebene verschwindet, weil zwei gegenüberliegende Teile der Fläche entgegengesetzte Beiträge zum Integral liefern:

$$\iint_f \cos (n, x) \, df = \iint_f \cos (n, y) \, df = \iint_f \cos (n, z) \, df = 0. \qquad (30)$$

Folglich kann in Gl. (29) der Druck p durch die Differenz $p - p_\infty$ von Druck und Anströmdruck ersetzt werden.

Nicht alle Störungen, welche ein Körper in einer Strömung hervorruft, klingen so stark ab wie die durch Reibung bedingte Verzögerung der Teilchen.

Bei *ebener* Strömung (alle Größen unabhängig von z) ergibt sich Auftrieb dann, wenn unter dem Körper Überdruck — also Untergeschwindigkeit —, über dem Körper Unterdruck — also Übergeschwindigkeit — herrscht. Das entspricht also Zusatzgeschwindigkeit zur Anströmgeschwindigkeit u_∞ über dem Körper, negative Zusatzgeschwindigkeiten unter dem Körper oder eine Wirbelströmung in Uhrzeigerrichtung, welche sich der Anströmung überlagern. Mit dem Auftrieb muß demnach Zirkulation verbunden sein.

Ist nun die Strömung im Anströmgebiet wirbelfrei, so muß sie nach dem Thomsonschen Satz bei reibungsloser Strömung auf allen mit der Strömung wandernden geschlossenen Kurven wirbelfrei bleiben (Abb. 74). Keine dieser Kurven umschließt ja das ganze Profil, so daß es keinen Widerspruch bedeutet, wenn eine das Profil umschließende Kurve Zirkulation aufweist. Jedoch können zwei den Körper umschließende Kurven zu aus dem Anströmgebiet stammenden Kurven zusammengefügt werden. Daraus folgt, daß die Zirkulation für alle Kurven, die nur durch drehungsfreies Gebiet getrennt sind, konstant sein muß.

Die ebene Strömung im Raum betrachtet, ergibt einen in z-Richtung beiderseits ins Unendliche reichenden Wirbel. Auch bei einem endlich breiten Körper

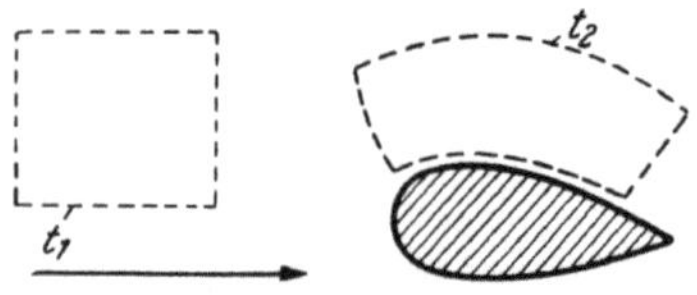
Abb. 74. Massenfeste Kurve in zwei Zeitpunkten.

müssen nach dem Helmholtzschen Wirbelsatz die Wirbelröhren in das Unendliche reichen (oder geschlossen sein). Die Wirbel biegen an den Enden einer endlichen tragenden Fläche um und setzen sich stromabwärts fort. Die Wirbelfäden können auch im Versuch stromabwärts weit verfolgt werden, denn die Geschwindigkeitsunterschiede klingen auch durch Reibung nur langsam ab.

Auch Verdichtungsstöße an Körpern, welche mit Überschallgeschwindigkeit fliegen, ragen weit in die Strömung hinein. Es wird gezeigt werden, daß die Stoßintensität bei ebener Strömung nur mit der Wurzel aus dem Abstand vom Körper abklingt.

In jedem Fall gibt es aber stets ein Abklingen der Störung, so daß die Fläche f nur groß genug gewählt zu werden braucht, $f = f_\infty$, um beliebig kleine Störungen auf ihr zu erhalten. Es genügt dann, im Integranden von Gl. (29) die Glieder erster Ordnung zu berücksichtigen. Mit Gl. (1) ist:

$$A = - \iint_{f_\infty} [\varrho_\infty\, u_\infty\, v \cos(n, x) + (p - p_\infty) \cos(n, y)]\, df.$$

Für eine *verlustfreie* Strömung kann nun ein Druckunterschied durch einen Geschwindigkeitsunterschied ausgedrückt werden. Es ist nach binomischer Entwicklung

$$\begin{aligned} W - u_\infty &= [(u_\infty + u - u_\infty)^2 + v^2 + w^2]^{1/2} - u_\infty = \\ &= u - u_\infty + \frac{u_\infty}{2}\left[\left(\frac{v}{u_\infty}\right)^2 + \left(\frac{w}{u_\infty}\right)^2\right] + \ldots, \end{aligned} \tag{31}$$

also in erster Näherung die Schwankung der Geschwindigkeit gleich der Schwankung der u-Komponente, wenn die Schwankungen aller Geschwindigkeitskomponenten von gleicher Größenordnung sind. In Ausnahmefällen, wie an einem achsensymmetrischen Körper (Abschnitte VII, 4; VIII, 3) oder bei Schallnähe (Abschnitte IX, 5, 6) bedarf es einer besonderen Untersuchung.

Aus der differenzierten Form der Bernoullischen Gl. (II, 51) ergibt sich dann in erster Näherung:

$$\varrho_\infty\, u_\infty\, (u - u_\infty) = - (p - p_\infty) + \ldots \tag{32}$$

und folglich mit Gl. (30)

$$A = - \iint_{f_\infty} \varrho_\infty\, u_\infty\, [v \cos(n, x) - u \cos(n, y)]\, df.$$

Wird die Zunahme der Fläche df positiv gerechnet, wenn in positiver z-Richtung und auf der Schnittkurve der Fläche f mit einer Ebene $z =$ konst. gegen den Uhrzeigersinn (Abb. 73: Pfeilrichtung) fortgeschritten wird, so ist:

$$\cos (n, x)\, df = + \, dy\, dz; \qquad \cos (n, y)\, df = - \, dz\, dx$$

und folglich

$$A = - \, \varrho_\infty\, u_\infty \int_{f_\infty} \left[\int (u\, dx + v\, dy) \right] dz.$$

In der eckigen Klammer steht die Zirkulation Γ auf einer Kurve in einer Ebene $z =$ konst.

$$A = - \, \varrho_\infty\, u_\infty \int \Gamma\, dz. \tag{33}$$

Die Integration über z ist über das Gebiet $\Gamma \neq 0$ zu erstrecken. Γ kann auf irgendeiner Kurve in Ebenen $z =$ konst. gebildet werden, außerhalb deren $\dfrac{\partial u}{\partial y} - \dfrac{\partial v}{\partial x} = 0$ ist.

Bei *ebener Strömung* ist Γ unabhängig von z. Es ergibt sich dann mit b als *Flügelbreite*: der *Kutta-Joukowskische Satz*:

$$A = - \, \varrho_\infty\, u_\infty\, \Gamma\, b, \tag{34}$$

mit Γ als Zirkulation über irgendeine Kurve um den Körper im drehungsfreien Gebiet. Auftrieb herrscht bei negativer Zirkulation, d. h. bei Zirkulation im negativen Drehsinn.

In den meisten Lehrbüchern findet man in Gl. (34) das umgekehrte Vorzeichen. Dann müßte aber hier die Zirkulation als positiv definiert werden, wenn sie in negativem Drehsinn erfolgt.

In *anisentroper* Strömung kann dieser Satz nicht mehr gelten. In ihr ändert sich die Zirkulation einer massenfesten Kurve nach Gl. (25) mit der Zeit, unterscheidet sich also auf den einzelnen Kurven um ein Profil.

7. Widerstand und Schub in stationärer Strömung.

Um die in Richtung der Anströmung wirkenden Kräfte zu erhalten, kann ganz entsprechend wie bei der Ermittlung des Auftriebes vorgegangen werden. Hat der Körper keinen Antrieb, so verzögert er im allgemeinen das ihn umfließende Medium und vermindert damit dessen Bewegungsgröße. Als Ursache dafür kommt die innere Reibung in Frage, welche unmittelbar am Körper in den Reibungsschichten sehr groß sein kann. Aber auch Verdichtungsstöße bringen Verluste. Ein Teilchen, welches einen Stoß durchlaufen hat, besitzt erhöhte Entropie in größerem Abstand hinter dem Körper, wo praktisch wieder Anströmdruck p_∞ herrscht, also erhöhte Temperatur gegenüber dem Anströmzustand. Wird lediglich der Stoßverlust betrachtet, von Reibung also abgesehen, so gilt für das Teilchen der Energiesatz (II, 7). Bei erhöhter Temperatur muß also die Geschwindigkeit und damit die Bewegungsgröße im „*Nachlauf*" des Körpers verringert sein.

Ein Schub entsteht immer dann, wenn einem Medium eine Bewegungsgröße erteilt wird. Dies braucht natürlich keineswegs in Anströmrichtung zu erfolgen. Jedoch soll hier nur der einfachste Fall, daß der Schub dem Widerstand genau entgegengesetzt ist, behandelt werden. Eine Verallgemeinerung bietet keine Schwierigkeiten.

Die Erhöhung der Bewegungsgröße kann dadurch erfolgen, daß das umströmende Medium am Körper beschleunigt wird, wie es beim Flugzeugpropeller und bei der Schiffsschraube der Fall ist. Auch die modernen Flugzeugantriebe

(„Düsenantrieb", Argusrohr-V 1, Lorinantrieb) arbeiten im wesentlichen auf dieser Grundlage. Bei ihnen wird die Luft zunächst verdichtet, sodann wird sie durch Brennstoffzufuhr erhitzt, schließlich wieder expandiert und mit erhöhtem Impuls ausgestoßen. Die Masse hat sich dabei allerdings um den Treibstoff vermehrt, jedoch ist dieser Zusatz wegen des hohen Energieinhaltes der Treibstoffe unwesentlich (Abschnitt I, 4).

Bei Pulver- und Flüssigkeitsraketen erfolgt der Antrieb durch die Beschleunigung von Materie, welche der Flugkörper mit sich trägt. Auf einer den Körper umgebenden Kontrollfläche ergibt sich ein Überschuß an ausströmender Materie. Dies schränkt die Anwendung des Impulssatzes keineswegs ein, der unabhängig von Kontinuitätsannahmen aufgestellt wurde. Jedoch ist zu beachten, daß es sich wegen der Massenabnahme im Körper nun um einen instationären Vorgang handelt. Das instationäre Glied des Impulssatzes stellt die zeitliche Änderung der Bewegungsgröße im Körper dar. Sind die Zustände in der Schubdüse zeitlich unverändert, wird also lediglich der im Körper ruhig liegende Treibstoff verbraucht, wie es im normalen Raketenbetrieb der Fall ist, so verschwindet in einem mit dem Körper fest verbundenen Koordinatensystem das instationäre Glied des Impulssatzes, und das Folgende gilt auch für Raketenantriebe.

Die Kraft K, welche sich als Schub oder Widerstand in x-Richtung äußert, sei positiv, wenn die Luftkräfte in positiver x-Richtung auf den Körper einwirken (Widerstand). Sie ist also (ganz entsprechend wie beim Auftrieb) als negative resultierende Massenkraft im Impulssatz einzuführen. Damit ergibt sich

$$K = - \iint_f [\varrho\, u\, W_n + p \cos(n, x)]\, df +$$
$$+ \iint_f [(p_{xx} + p) \cos(n, x) + p_{yx} \cos(n, y) + p_{zx} \cos(n, z)]\, df. \tag{35}$$

Wird von Reibungskräften abgesehen oder wird die Kontrollfläche groß genug gewählt, so daß die Reibungskräfte auf ihr bedeutungslos werden, so ist die Widerstands- ($K > 0$) oder Schubkraft ($K < 0$):

$$K = - \iint_f [\varrho\, u\, W_n + p \cos(n, x)]\, df =$$
$$= - \iint_f [\varrho\, u\, W_n + (p - p_\infty) \cos(n, x)]\, df. \tag{36}$$

Die starken Reibungskräfte entstehen dadurch, daß das Medium am Körper zu völliger Ruhe abgestoppt wird. Im Nachlauf hinter dem Körper werden diese langsamsten Teile sehr rasch auf Geschwindigkeiten beschleunigt, die mit der Anströmgeschwindigkeit vergleichbar sind. Damit nehmen die Reibungskräfte aber im Nachlauf sehr rasch ab, so daß sie bereits im Abstand von etwa *einer Körperlänge* nicht mehr berücksichtigt zu werden brauchen. Da es sich überwiegend um turbulente Vorgänge handelt, ist eine exakte theoretische Verfolgung der Vorgänge nicht möglich. Jedoch ist diese Tatsache auch durch Versuche genügend gefestigt, indem der Widerstand eines Körpers durch Ausmessen des Impulses im Totwasser (Abschnitt XII, 1) unter Anwendung von Gl. (36) bestimmt werden kann. Die Berechtigung einer Vernachlässigung der Reibungskräfte ergibt sich dann, wenn sich mit Gl. (36) dieselben Werte für den Widerstand unabhängig vom Körperabstand ergeben.

Für den Widerstand eines Körpers, der keine Energie (weder mechanische noch thermische Energie) und keine Masse an das umströmende Medium abgibt, lassen sich noch genauere Angaben machen. Es sei wieder eine Kontrollfläche f_∞ gewählt, welche so groß ist, daß im Integral (35) und (36) nur die Glieder erster Ordnung berücksichtigt zu werden brauchen. Die Reibungskräfte auf der Kontrollfläche f_∞ können dann wieder vernachlässigt werden, was die folgende Ableitung etwas vereinfacht.

Mit Gl. (36) ergibt sich entsprechend zur Ableitung des Kutta-Joukowskischen Satzes des letzten Abschnittes:

$$-K = + \iint_f [u_\infty \, \varrho \, W_n + (u - u_\infty) \, \varrho \, W_n + (p - p_\infty) \cos (n, x)] \, df =$$

$$= \iint_{f_\infty} [u_\infty \, \varrho_\infty \, (u - u_\infty) + (p - p_\infty)] \cos (n, x) \, df.$$

Der erste Summand im ersten Integranden fällt wegen der vorausgesetzten Quellfreiheit [Gl. (2)] weg.

Aus der Entropiedefinition ergibt sich für Zustände, welche sich nur wenig vom Anströmzustand unterscheiden:

$$T_\infty \, \varrho_\infty \, (s - s_\infty) = \varrho_\infty \, (i - i_\infty) - (p - p_\infty)$$

und folglich:

$$-K \, u_\infty = \iint_{f_\infty} [u_\infty^2 \, \varrho_\infty \, (u - u_\infty) + u_\infty \, \varrho_\infty \, (i - i_\infty) +$$

$$- u_\infty \, \varrho_\infty \, T_\infty \, (s - s_\infty)] \cos (n, x) \, df,$$

oder unter Verzicht auf die Linearisierung:

$$K \, u_\infty = \iint_{f_\infty} \left[- \frac{W^2}{2} - i + T_\infty \, (s - s_\infty) \right] \varrho \, W_n \, df.$$

Die ersten beiden Summanden sind die einzigen Glieder, welche im Energiesatz Gl. (5) noch übrigbleiben, wenn bei stationärer Strömung und Fehlen äußerer Kräfte auf der Kontrollfläche von Reibungsarbeit und dann natürlich auch von Wärmeleitung abgesehen werden kann. Im letzten Summanden der obigen Gleichung kann s_∞ auch weggelassen werden. $s \, \varrho \, W_n$ ist ein *Entropiestrom* oder Entropiefluß, die Menge an Entropie, welche pro Zeit- und Flächeneinheit fließt. Sie bleibt innerhalb des Gebietes, in welchem keine Entropieänderung mehr stattfindet, konstant, weshalb f_∞ durch irgendeine Fläche f ersetzt werden kann, welche alle vom Körper in der Strömung verursachten Entropieänderungen umfaßt. Mithin gilt für den Widerstand K eines Körpers[7]:

$$K \, u_\infty = T_\infty \iint_f (s - s_\infty) \, \varrho \, W_n \, df = T_\infty \iint_f s \, \varrho \, W_n \, df. \tag{37}$$

$K \, u_\infty$ ist die Leistung, welche zum Schleppen des Körpers im ruhenden Medium aufgebracht werden muß. Sie ist gleich der Anströmtemperatur mal dem Entropiestrom durch eine Fläche, welche alle vom Körper verursachten Entropieänderungen umschließt. Es gibt Fälle, bei welchen sich die Entropieänderungen weit stromab vom Körper erstrecken. Beispielsweise verursacht das Auflösen der von einer tragenden Fläche ausgehenden Wirbelbänder noch Entropieänderungen. Der Nachlauf von Stößen weist Temperaturunterschiede auf, deren Ausgleich auch noch Entropieanstiege erzeugt. Diese sind allerdings gegen die Entropieunterschiede, welche von den Stößen herrühren, so gering, daß sie im allgemeinen — wie die Reibungseinflüsse auf der Kontrollfläche — vernachlässigt werden können.

Der Satz (37) enthält die Aussage, daß ein Körper, welcher von einem reibungsfreien Medium umströmt wird, keinen Widerstand aufweist (d'Alembertsches Paradoxon). Dies gilt natürlich nur dann, wenn die Strömung hinter dem Körper wieder in den Anströmzustand übergeht, also keine Energie ins Unendliche getragen wird.

Ferner haben nach Gl. (37) Verdichtungsstöße stets Widerstand zur Folge. Wenn der Entropieanstieg im Stoß auch sehr klein ist, so erstreckt sich dieser jedoch in große Entfernungen vom Körper, so daß sich stets ein wesentlicher Betrag ergibt. Im Gegensatz dazu wurde am Ende vom Abschnitt 5 festgestellt, daß eine Entropieänderung bei kleinen Störungen in erster Näherung noch zu keiner Zirkulationsänderung führt, also noch näherungsweise wirbelfrei gerechnet werden darf.

Die Aussage von Gl. (37) ist nahe verwandt mit einem Satz der Thermodynamik*, wonach die Verminderung der Nutzarbeit einer Wärmekraftmaschine gleich der Entropieerhöhung des gesamten Systems multipliziert mit der Umgebungstemperatur ist.

Literatur.

[1] Lord RAYLEIGH: Aerial plane waves of finite amplitude. Proc. Roy. Soc. A LXXXIV (1910—1911), S. 247—284.

[2] L. PRANDTL: Zur Theorie des Verdichtungsstoßes. Z. ges. Turbinenwes. III (1906), S. 241—245.

[3] L. CROCCO: Eine neue Stromfunktion für die Erforschung der Bewegung der Gase mit Rotation. ZAMM XVII (1937), S. 1—7.

[4] W. TOLLMIEN: Ein Wirbelsatz für stationäre isoenergetische Gasströmung. Lufo XIX (1942), S. 145—147.

[5] K. OSWATITSCH: Zur Ableitung des Croccoschen Wirbelsatzes. Lufo XX (1943), S. 260.

[6] H. ERTEL: Ein neuer hydrodynamischer Wirbelsatz. Meteorol. Z. LIX (1942), S. 277—281.

[7] K. OSWATITSCH: Der Luftwiderstand als Integral des Entropiestromes. Nachr. Ges. Wiss. Göttingen, math.-phys. Kl. (1945), S. 88—90.

[8] H. ERTEL: Über das Verhältnis des neuen hydrodynamischen Wirbelsatzes zum Zirkulationssatz von Bjerknes. Meteorol. Z. LIX (1942), S. 385—387.

[9] A. VAZSONYI: On rotational gas flow. Quart. appl. Math. III/1 (1945), S. 29—37.

[10] M. MUNK und R. PRIM: On the multiplicity of steady gas flows having the same streamline pattern. Proc. Nat. Acad. Sci. U. S. A. XXXIII/1 (1947), S. 137 bis 141.

[11] R. PRIM: A note on the substitution principle for steady gas flow. J. appl. Phys. XX (1949), S. 448—450.

V. Spezielle Anwendungen der Integralsätze.

1. Carnotscher Stoßverlust, Mischvorgänge.

Es sei in einem Rohr eine stufenförmige Erweiterung angenommen (Abb. 75). Das Medium, welches stationär mit angenähert konstanten Zuständen durch den Querschnitt f_1 einströmt, wird sich nach stärkerer Durchwirbelung in der Nähe der Stufe später wieder beruhigen und mit angenähert konstanten Zuständen über den Querschnitt f weiter strömen. Von den Reibungskräften an der Rohrwand sei abgesehen. Ihr Einfluß bedarf für genauere Rechnungen einer gesonderten Untersuchung. Als „Kontrollfläche" diene die Rohrwand, ergänzt durch die Querschnitte f_1 und f. Nach Streichen der instationären Glieder und der Glieder, welche äußere Kräfte, Reibungskräfte und Wärmezufuhr berücksichtigen, bleibt von den Gl. (IV, 2), (IV, 4) und (IV, 5):

$$\varrho W f = \varrho_1 W_1 f_1 ; \qquad \text{Kontinuitätsbedingung.}$$

$$(\varrho W^2 + p) f = (\varrho_1 W_1^2 + p_1) f_1 + p_2 (f - f_1); \qquad \text{Impulssatz.}$$

$$\left(\frac{W^2}{2} + i\right) \varrho W f = \left(\frac{W_1^2}{2} + i_1\right) \varrho_1 W_1 f_1 ; \qquad \text{Energiesatz.}$$

---

* STODOLA: Dampf- und Gasturbinen, 6. Aufl., S. 1057. Springer-Verlag 1924.

Der Energiesatz kann mit der Kontinuitätsbedingung sofort auf die bekannte Form Gl. (II, 6) gebracht werden. Da an der Rohrstufe nicht mit einheitlichen Zuständen über den Querschnitt gerechnet werden kann — in der Mitte ist Strömung, außen Ruhe —, fällt dieser Vorgang bereits aus dem Rahmen der einfachen Stromfadentheorie heraus (wenn man mit dieser arbeiten wollte, wäre $p_2 (f - f_2)$ als äußere Kraft einzuführen).

Ohne weitere Rechnung kann gesagt werden, daß es zu jedem Anströmzustand mindestens zwei Lösungen geben wird. Es kann nämlich jedem Endzustand noch ein zu diesem gehöriger Verdichtungsstoß oder Verdünnungsstoß hinzugefügt werden, der auch Lösung des Gleichungssystems sein muß. Ein Verdünnungsstoß ist allerdings nach dem zweiten Hauptsatz unzulässig, er muß aber im Gleichungssystem enthalten sein und wird erst ausgeschieden, weil er im Widerspruch zum zweiten Hauptsatz der Wärmelehre Entropieabfall eines abgeschlossenen Systems ergibt. Hier entspricht das Anfügen eines „Verdünnungsstoßes" nur einer mathematischen Konstruktion. Physikalisch handelt es sich um einen einzigen verwickelteren Vorgang, von dem zu untersuchen ist, ob er im ganzen zu einem Entropieabfall führt, bevor über seine Realisierbarkeit entschieden wird.

Bei Unterschallströmung im Querschnitt $f_1 (M_1 < 1)$ stellt sich dort der Druck p_2, welcher am Austritt herrscht, ein (bis auf den zu vernachlässigenden Druckabfall durch Reibung). Bei $M_1 > 1$ sind zwei Fälle zu unterscheiden. Ist in f die Mach-Zahl $M < 1$,

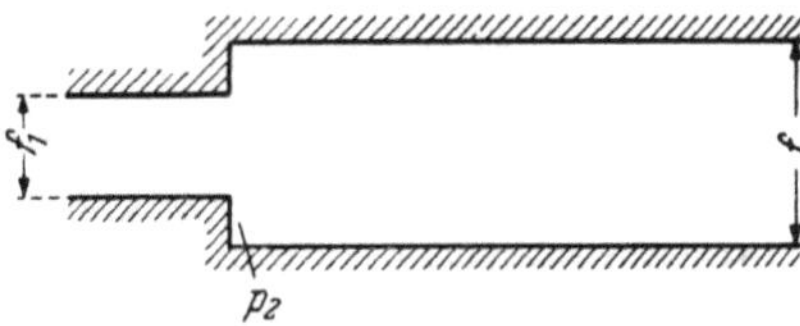

Abb. 75. Carnotscher Stoßverlust.

so ist der Druck in f durch die Verhältnisse stromabwärts bedingt. p ist also gegeben und im einfachsten Fall, daß das Rohr in f endet, gleich dem Umgebungsdruck. Das Gleichungssystem enthält dann ϱ, W und p_2 als einzige Unbekannte, die sich also eindeutig berechnen lassen. Ist hingegen $M > 1$, dann ist ϱ, W, p und p_2 unbekannt. Die ersten drei Größen lassen sich nur als Funktion von p_2 bestimmen. Dieser „Totraumdruck" ist durch das Gleichgewicht zuströmender langsamer Reibungsschichtmaterie und am Totraumrand mitgerissener Materie bedingt. Eine Berechnung von p_2 kann also nur auf Grund einer theoretischen Verfolgung turbulenter Vorgänge erfolgen und ist bis jetzt nicht gelungen. Die Behandlung des letzten Falles ($M_1 > 1$, $M > 1$) ist ohne Berücksichtigung der Reibungsvorgänge überhaupt nur von theoretischem Interesse. Bei Überschallströmungen stellen sich nämlich konstante Zustände über den Querschnitt nur sehr langsam ein, während die Rohrreibung (Abschnitt II, 13) bereits auf verhältnismäßig kurzen Strecken von ausschlaggebender Bedeutung ist.

Bei *dichtebeständigen* Strömungen sind, da $\varrho = \varrho_1$ und $p_1 = p_2$ ist, W und p aus Kontinuitätsbedingung und Impulssatz allein zu berechnen. Es ergibt sich der Verlust an der Stufe aus der Differenz an kinetischer Energie, welche das Medium annimmt, wenn es vor und nach dem Verlust auf denselben Druck gebracht wird (*„Carnotscher Stoßverlust"*). Der Verlust ergibt sich unabhängig davon, bei welchem Druck man vergleicht, einfach als Differenz der Ruhedrucke oder „Gesamtdrucke". Bei kompressiblen Medien würden sich dabei abhängig vom Bezugsdruck verschiedene Differenzen an kinetischer Energie ergeben. Auch hier ist die Entropie das gegebene Maß für die Beurteilung von Verlusten.

Die Auflösung des Gleichungssystems für id. Gase konst. sp. W. nach W ergibt:

$$\frac{W}{W_1} = \frac{M^*}{M_1{}^*} = \frac{1}{(\varkappa + 1) M_1{}^2} \left[1 + \varkappa M_1{}^2 + \frac{p_2}{p_1} \left(\frac{f}{f_1} - 1 \right) \pm \right.$$
$$\left. \pm \sqrt{(M_1{}^2 - 1)^2 + 2 (1 + \varkappa M_1{}^2) \frac{p_2}{p_1} \left(\frac{f}{f_1} - 1 \right) + \left(\frac{p_2}{p_1} \right)^2 \left(\frac{f}{f_1} - 1 \right)^2} \right]. \tag{1}$$

Die beiden Parameter $\dfrac{p_2}{p_1}$ und $\dfrac{f}{f_1}$ treten stets nur in einer bestimmten Verbindung auf. Da die kritische Schallgeschwindigkeit c^* bei der einfachen Form des Energiesatzes ungeändert bleibt, kann $W/W_1 = M^*/M_1^*$ gesetzt werden. Für $f = f_1$ ergibt sich bei positivem Vorzeichen der Wurzel die Identität $W = W_1$, bei negativem Vorzeichen Verdichtungs- und Verdünnungsstoß, je nachdem, ob $M_1 > 1$ oder $M_1 < 1$ ist.

Entropieanstieg oder Ruhedruckverlust ergibt sich am einfachsten wie folgt aus Energiesatz und Kontinuitätsbedingung:

$$\frac{s-s_1}{c_v} = (\varkappa - 1)\ln\frac{p_{10}}{p_0} = \ln\frac{T}{T_1} - (\varkappa-1)\ln\frac{\varrho}{\varrho_1} =$$

$$= \ln\left[1 + \frac{\varkappa-1}{2}M_1^2\left(1 - \frac{W^2}{W_1^2}\right)\right] - (\varkappa-1)\ln\frac{W_1 f_1}{W f}. \tag{2}$$

Hierin ist $\dfrac{W}{W_1}$ aus Gl. (1) einzusetzen. Das Verhältnis des Druckes p zum Druck p_s, welchen das Medium ohne Verluste bei der Geschwindigkeit W angenommen hätte, ist dem Ruhedruckverhältnis gleich:

$$\frac{p}{p_s} = \frac{p_0}{p_{10}} = e^{-\dfrac{s-s_1}{c_p - c_v}}, \tag{3}$$

da bei gleichen Geschwindigkeiten auch die Temperaturen übereinstimmen und sich folglich $\dfrac{p}{p_s}$ wie $\dfrac{p_0}{p_{10}}$ aus dem Entropieanstieg errechnet.

Für gegebenen Druck ist W aus Kontinuitätsbedingung und Energiegleichung allein zu gewinnen:

$$\frac{W}{W_1} = \frac{M^*}{M_1^*} = \sqrt{1 + \frac{2}{\varkappa-1}\frac{1}{M_1^2} + \left(\frac{1}{\varkappa-1}\frac{1}{M_1^2}\frac{p}{p_1}\frac{f}{f_1}\right)^2} -$$

$$- \left(\frac{1}{\varkappa-1}\frac{1}{M_1^2}\frac{p}{p_1}\frac{f}{f_1}\right). \tag{4}$$

Die Verluste ergeben sich dabei wieder aus Gl. (2).

Es ergibt sich Unterschallgeschwindigkeit in f ($M^* < 1$) für:

$$\frac{p}{p_1}\frac{f}{f_1} > \frac{M_1^2}{M_1^*}. \tag{5}$$

Für sehr große Werte von $\dfrac{p}{p_1}\dfrac{f}{f_1}$ geht M^* gegen sehr kleine Werte, also gegen inkompressible Strömung, für sehr kleine Werte von $\dfrac{p}{p_1}\dfrac{f}{f_1}$ gegen den möglichen Maximalwert $M^* = \sqrt{\dfrac{\varkappa+1}{\varkappa-1}}$.

Bei gegebenem $\dfrac{p}{p_1}$ errechnet sich $\dfrac{p_2}{p_1}$ aus Impulssatz und Kontinuitätsbedingung zu:

$$\frac{p_2}{p_1}\left(\frac{f}{f_1} - 1\right) = \frac{p}{p_1}\frac{f}{f_1} + \varkappa M_1^2\frac{W}{W_1} - (1 + \varkappa M_1^2). \tag{6}$$

Es dürfen die Vorgaben dabei nie so getroffen werden, daß das Verhältnis $\dfrac{p_2}{p_1}$ den Wert des senkrechten Verdichtungsstoßes übertrifft. Sonst läuft nämlich eine Stoßwelle stromaufwärts und die Überschallströmung im Querschnitt f_1 bricht zusammen.

In ähnlicher Weise, wie hier der Carnotsche Stoßverlust behandelt wurde, lassen sich auch die verschiedensten *Mischvorgänge* (Abb. 76) durchrechnen*.

---

* Handbook of Supersonic Aerodynamics, section 4 (1950), Navord Rep. 1488.

Zu beachten ist, daß sich dann der Energiesatz nicht als Summe von Energie der Form (II, 7) ergibt, sondern daß sich die Durchflußmenge als Faktor nun nicht mehr wegkürzen läßt. Sind die Stoffkonstanten der Anteile verschieden, so ergeben sich die Stoffkonstanten der Mischung aus den thermodynamischen Mischregeln. In vielen Fällen (Einspritzen von Treibstoff in Luft) überwiegt der eine Anteil so sehr, daß die Änderung der Stoffkonstanten zu vernachlässigen ist. Stets wird es sich empfehlen, neben den Verhältnissen der Geschwindigkeiten,

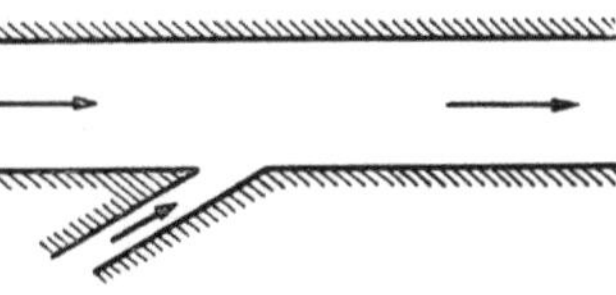

Abb. 76. Mischvorgang.

Drucke, Dichten usw. Machsche Zahlen einzuführen. Das Auftreten von M_1 und $\varkappa$ in den Formeln (1) und (4) ist schließlich nur ein spezielles Ergebnis der allgemeinen Ähnlichkeitssätze.

2. Strahlkontraktion, Borda-Mündung.

Es sei der stationäre Ausfluß aus einer beliebig geformten Öffnung eines Kessels betrachtet. Zur Aufrechterhaltung der stationären Strömung mag der Kessel durch ein senkrecht zur Richtung des Ausflußstrahles gerichtetes Rohr gespeist werden. Dann entsteht durch das Nachfüllen des Kessels keine Wirkung in Strahlrichtung (x-Richtung). Die Kraft K, mit welcher der Kessel gegen die x-Richtung gedrückt wird, muß gleich den resultierenden Massenkräften sein, welche aufgebracht werden müssen, um den Kessel in Ruhe zu halten:

$$K = + \iiint\limits_B \varrho \, X \, dx \, dy \, dz.$$

Um den Kessel sei durch die ruhende Luft vom Drucke p_a und quer zu dem auf einen Parallelstrahl vom Querschnitt f' sich zusammenziehenden Ausflußstrahl eine „Kontrollfläche" gelegt (Abb. 77). Von Reibung werde abgesehen. Dann fallen alle Oberflächenkräfte weg, da p_a auf der ganzen Kontrollfläche herrscht, und es bleibt:

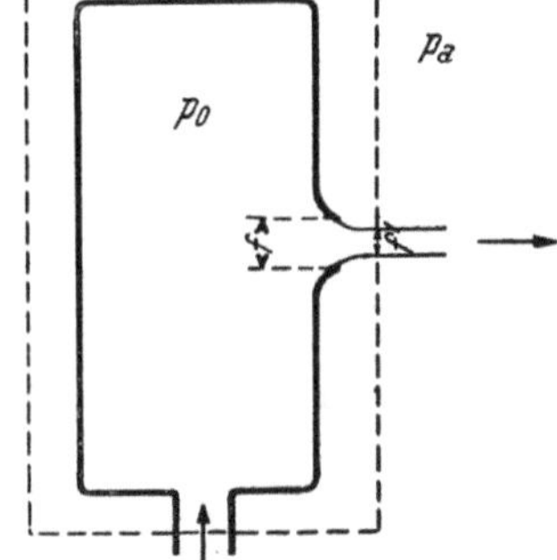

Abb. 77. Ausfluß aus einem Kessel.

$$K = + \varrho \, W^2 f'.$$

Die auf den Kessel ausgeübte Kraft setzt sich anderseits nur aus Druckkräften auf die Kesselwand zusammen. Es ist:

$$K = - \iint\limits_{\text{Kesselwand}} (p - p_a) \cos (n, x) \, df.$$

Ist p_0 der Ruhedruck im Kessel, so kann mit f als Mündungsquerschnitt senkrecht zur Strahlrichtung folgende Summe:

$$(p_0 - p_a) f + \iint\limits_{\text{Kesselwand}} (p_0 - p_a) \cos (n, x) \, df = \iint\limits_{\text{geschl. Fläche}} (p_0 - p_a) \cos (n, x) \, df = 0$$

beliebig addiert oder subtrahiert werden. Damit ist

$$\varrho \, W^2 f' = f \, (p_0 - p_a) + \iint\limits_{\text{Kesselwand}} (p_0 - p) \cos (n, x) \, df.$$

$\varrho \, W^2$ im Strahle beim Drucke p_a ist mit der Bernoulli-Gleichung (II, 52) und Isentropengleichung (I, 27) durch p_0 und p allein auszudrücken:

$$\varrho \, W^2 = \frac{2 \varkappa}{\varkappa - 1} \, p_0 \left(\frac{p}{p_0}\right)^{\frac{1}{\varkappa}} \left[1 - \left(\frac{p}{p_0}\right)^{\frac{\varkappa - 1}{\varkappa}}\right] = \frac{2 \varkappa}{\varkappa - 1} \, p \left[\left(\frac{p_0}{p}\right)^{\frac{\varkappa - 1}{\varkappa}} - 1\right]. \quad (7)$$

$\varrho\,W^2$ für $p = p_a$ eingesetzt, ergibt für die *Strahlkontraktion*:

$$\frac{f'}{f} = \frac{\dfrac{\varkappa-1}{2\,\varkappa}}{\left(\dfrac{p_0}{p_a}\right)^{\frac{\varkappa-1}{\varkappa}} - 1}\left[\left(\frac{p_0}{p_a} - 1\right) + \frac{1}{f}\iint\limits_{\text{Kesselwand}} \frac{p_0 - p}{p_a}\cos\,(n,\,x)\,df\right]. \qquad (8)$$

Da der Druck an der Kesselwand nicht größer als der Ruhedruck sein kann

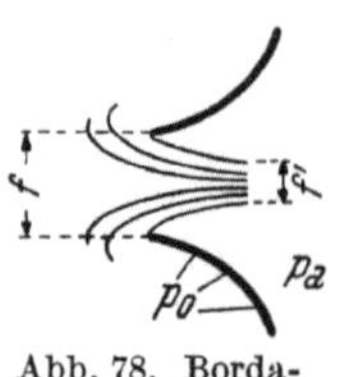

Abb. 78. Bordamündung.

$(p_0 > p)$ und in der Umgebung der Düsenmündung, wo allein wesentliche Differenzen $p_0 - p$ auftreten, cos $(n,\,x)$ positiv ist, ist das Integral in Gl. (8) stets positiv. Es ergibt sich die stärkste Strahlkontraktion, wenn das Integral verschwindet, wenn also überall an der Wand $p_0 = p$ ist. Dies ist bei der *Borda-Mündung* der Fall. Sie ist stark in den Kessel hereingezogen (Abb. 78), so daß der Druck erst an der scharfen, nach innen gerichteten Kante vom Werte p_0 auf p_a abfällt. Die Strahlkontraktion ergibt sich dann aus dem ersten Summanden in der eckigen Klammer von Gl. (8) allein und ist in diesem einfachen Falle also berechenbar.

3. Strahlablenker bei stationärer Strömung.

Ein aus einem Rohre in x-Richtung austretender Strahl (Abb. 79) werde von einem Strahlablenker aufgefangen und in die Richtung n abgelenkt. Die

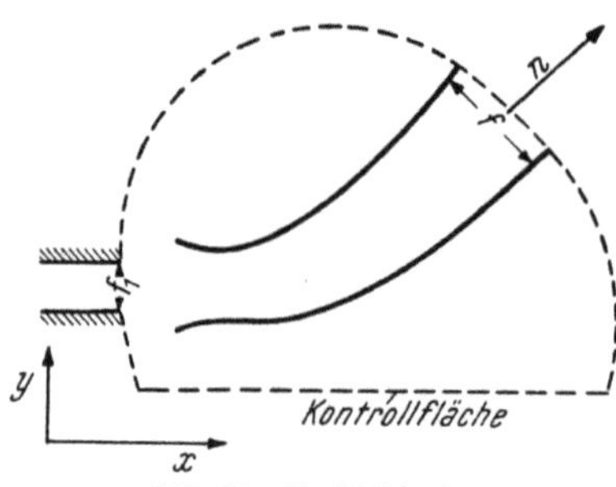

Abb. 79. Strahlablenker.

Zustände über dem Strömungsquerschnitt seien konstant, Reibung spiele keine Rolle. Welche Kraft übt die Strömung in x-Richtung und normal zur x-Richtung (y-Richtung) auf den Strahlablenker aus?

Wenn Überschallgeschwindigkeit herrscht, braucht der Druck p am Ende des Strahlablenkers nicht dem Außendruck p_a gleich zu sein. Im Austrittsquerschnitt f_1 des Rohres kann sich der Druck p_1 auch bei Unterschallgeschwindigkeit von p_a unterscheiden, wenn der Spalt am Rohr genügend klein ist.

Aus dem Impulssatz Gl. (IV, 4) ergeben sich mit Gl. (IV, 30) die beiden Komponenten der resultierenden Kraft K_x und K_y, mit welcher der Strahlablenker der Strömung entgegengehalten werden muß:

$$\begin{aligned}
K_x &= f\,(\varrho\,W^2 + p - p_a)\cos\,(n,\,x) - f_1\,(\varrho_1\,W_1{}^2 + p_1 - p_a),\\
K_y &= f\,(\varrho\,W^2 + p - p_a)\cos\,(n,\,y).
\end{aligned} \qquad (9)$$

Welcher Druck muß nun im Endquerschnitt f herrschen, damit ein Maximum an Kraftwirkung erzielt wird? Offenbar muß unter der Voraussetzung konstanter Durchflußmenge $G = f\,\varrho\,W$ der Impulsausdruck

$$I = f\,(\varrho\,W^2 + p - p_a) = G\,W + f\,(p - p_a)$$

einen Maximalwert annehmen. Die Ableitung von I nach p muß verschwinden. Für diese ergibt sich mit Gl. (II, 51)

$$\frac{dI}{dp} = f\,\varrho\,W\frac{dW}{dp} + f + (p - p_a)\frac{df}{dp} = (p - p_a)\frac{df}{dp}.$$

Abgesehen von der kritischen Geschwindigkeit, ist $\dfrac{df}{dp} \neq 0$, d. h. I hat einen Extremwert, wenn $p = p_a$ ist. Für $p = p_a$ ist

$$\frac{d^2 I}{dp^2} = \frac{df}{dp} + (p - p_a)\frac{d^2 f}{dp^2} = \frac{df}{dp}.$$

Bei Überschallgeschwindigkeit, für welche allein der Fall $p \neq p_a$ Bedeutung hat, ist $\dfrac{df}{dp} < 0$, d. h. I und damit K_x und K_y haben *Maximalwerte*, wenn $p = p_a$ ist. Dann wird

$$K_x = G\,W\cos(n,\,x) - G\,W_1 - f_1\,(p_1 - p_a),$$
$$K_y = G\,W\cos(n,\,y). \tag{10}$$

Dieses wichtige Resultat gilt unabhängig davon, ob Wärme zugeführt wurde oder nicht.

Der größtmögliche Schub K_x in x-Richtung wird natürlich bei einer Umlenkung von 180° [$\cos(n,\,x) = -1$] erreicht. Die Austrittsgeschwindigkeit W aus dem Strahlablenker hängt dabei vom Druckverhältnis ab. Sie erreicht den Höchstwert beim Außendruck $p_a = 0$, nämlich die stationäre Maximalgeschwindigkeit (Gl. II, 30). Es ist für die Anwendung bemerkenswert, daß sich W auch bei einem Druckverhältnis von $\dfrac{p_a}{p_0} = 0{,}001$ noch wesentlich von $W_{\max}$ unterscheidet (Tab. II, 3). In dieser Hinsicht ist also selbst ein so kleiner Außendruck p_a noch keineswegs als Vakuum anzusprechen.

4. Schaufelgitter.

Für den Bau von Turbinen und Verdichtern interessiert die stationäre Strömung durch Schaufelgitter (Abb. 80). Sie ist für kompressible Medien von A. Betz[1] bearbeitet worden.

Hier soll nur die verlustfreie Strömung behandelt werden. Es verlaufe x in Richtung und y quer zur Richtung der Schaufelreihe, mit den Indizes 1 und 2 werden die Zustände vor und hinter dem Gitter bezeichnet. a sei der Abstand der Schaufeln, die „Gitterteilung", und b die Länge der Schaufeln (normal zur Zeichenebene gemessen). Die Kontrollfläche werde von zwei benachbarten Schaufeln und dem Austritts- und Eintrittsquerschnitt gebildet. Die Kraftkomponenten K_x und K_y, welche das strömende Medium auf eine Schaufel in x- und y-Richtung ausübt, ergeben sich als entsprechende Druckintegrale über die Schaufeloberfläche. Da an allen Schaufeln die gleichen Verhältnisse herrschen, kann die Integration über eine einzige Schaufel ausgeführt werden, anstatt über die einander zugekehrten Seiten zweier benachbarter Schaufeln. Zunächst ergibt die Kontinuitätsgleichung (IV, 2):

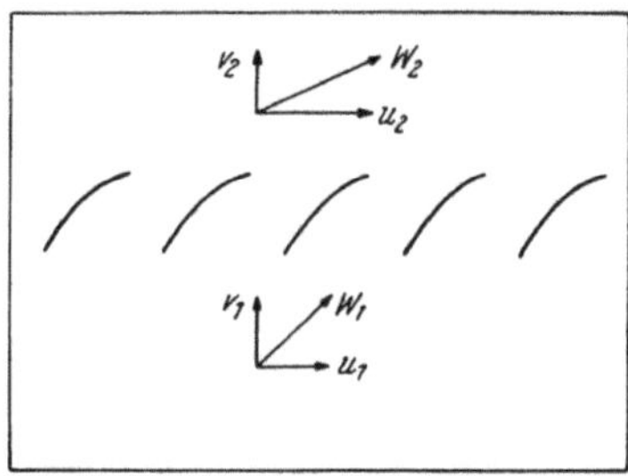

Abb. 80. Schaufelgitter.

$$\varrho_1\,v_1 = \varrho_2\,v_2. \tag{11}$$

Dann folgt aus den Impulssätzen Gl. (IV, 4):

$$K_x = \iint\limits_{\text{Schaufel}} p\cos(n,\,x)\,df = a\,b\,[\varrho_1\,v_1\,u_1 - \varrho_2\,v_2\,u_2] = a\,b\,\varrho_1\,v_1\,(u_1 - u_2),$$
$$K_y = \iint\limits_{\text{Schaufel}} p\cos(n,\,y)\,df = a\,b\,[p_1 - p_2 + \varrho_1\,v_1(v_1 - v_2)]. \tag{12}$$

Bei inkompressiblen Medien lautet die Kontinuitätsbedingung $v_1 = v_2$, womit in der Gleichung für K_y nur eine Druckdifferenz stehenbleibt.

K_y entspricht bei einer einzigen Schaufel in unendlicher Strömung deren Widerstand. Während letzterer bei verlustloser Strömung verschwindet (d'Alembertsches Paradoxon), unterscheidet sich K_y von Null. Es ist also entscheidend, daß es sich hier um ein unendlich langes Schaufelgitter handelt. In der Praxis ist es zwar nicht unendlich lang, aber kreisförmig geschlossen.

Die folgenden Ausführungen beziehen sich auf das id. Gas konst. sp. W. Eine Verallgemeinerung auf irgendwelche andere Medien ist ohne weiteres möglich, wenn die entsprechenden Zustandsgleichungen bekannt sind.

Wird in Gl. (II, 52) mit Gl. (II, 30) die Ruheschallgeschwindigkeit c_0 eingeführt, so ist

$$\frac{\varkappa - 1}{2}\left[\left(\frac{u}{c_0}\right)^2 + \left(\frac{v}{c_0}\right)^2\right] = 1 - \left(\frac{\varrho}{\varrho_0}\right)^{\varkappa - 1} = 1 - \left(\frac{p}{p_0}\right)^{\frac{\varkappa - 1}{\varkappa}}.$$

Zusammen mit der Kontinuitätsbedingung (11) kann dann bei gegebenem Anfangszustand u_1, v_1, ϱ_1 usw. eine der Größen u_2, v_2, ϱ_2, p_2 durch eine andere von ihnen ausgedrückt werden, wobei Zweideutigkeiten auftreten können. Damit kann in den Gl. (12) K_x und K_y durch den Anfangszustand und durch eine einzige Größe des Endzustandes, etwa p_2, dargestellt werden. Wird als Parameter stets der Anfangszustand $u_1 = 0$, $v = v_a$ eingeführt, so ergibt sich nach kurzer Rechnung folgender Zusammenhang zwischen u_2 und v_2 (,,Leitlinien``):

$$1 - \frac{\varkappa - 1}{2}\left[\left(\frac{u_2}{c_0}\right)^2 + \left(\frac{v_2}{c_0}\right)^2\right] = \left(\frac{c_0}{v_2}\right)^{\varkappa - 1} \cdot \left(\frac{v_a}{c_0}\right)^{\varkappa - 1}\left[1 - \frac{\varkappa - 1}{2}\left(\frac{v_a}{c_0}\right)^2\right]. \tag{13}$$

Diese Kurven sind in der Geschwindigkeitsebene (Abb. 81) mit $\dfrac{u}{c_0}$ und $\dfrac{v}{c_0}$ als Koordinaten eingetragen. Der Kurvenparameter ist einfach der Wert auf der v-Achse. Für einen beliebigen Anfangszustand $\dfrac{u}{c_0}$, $\dfrac{v}{c_0}$ können die möglichen Endzustände auf derselben Leitlinie abgelesen werden.

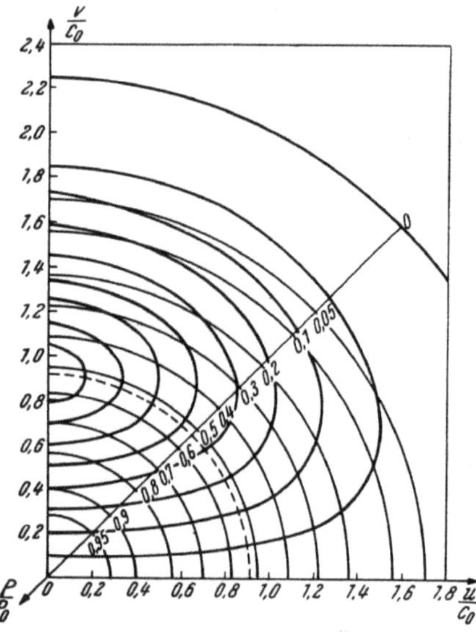

Abb. 81. Leitlinien für Zustandsänderungen durch Schaufelgitter (nach A. Betz).

Das Verhältnis $\dfrac{p}{p_0}$ hängt nur von $\dfrac{W^2}{c_0^2} = \left(\dfrac{u}{c_0}\right)^2 + \left(\dfrac{v}{c_0}\right)^2$ ab (das gilt natürlich auch für $\dfrac{\varrho}{\varrho_0}$), ist also auf Kreisen konstant und kann dem Diagramm auch direkt entnommen werden. Der Schallkreis ist gestrichelt eingezeichnet. Die Geschwindigkeitsrichtung ergibt sich einfach als Richtung des vom Ursprung ausgehenden Radialstrahls. Er tangiert die Leitlinien am Schallkreis. Dort ergibt also eine kleine Winkeländerung eine große Druckänderung.

Bei Überschallgeschwindigkeit ergibt eine Vergrößerung des Richtungswinkels einen Druckabfall, bei Unterschallgeschwindigkeit ist es umgekehrt. Überschallgeschwindigkeit scheint bei hohen Druckverhältnissen besonders geeignet zu sein, was nicht überrascht.

Da die x-Komponente der Geschwindigkeit das Vorzeichen wechseln kann, ist (Abb. 81) an der v-Achse zu spiegeln, um alle Möglichkeiten der Umlenkung in einem Schaufelgitter zu erfassen.

Ein anderes Problem, welches für die schallnahe Strömung großes Interesse besitzt, behandeln J. Ackeret und N. Rott[3]. Sie nehmen ein ungestaffeltes Gitter an, welches mit sehr hoher Unterschallgeschwindigkeit durchströmt wird. Das Gas strömt dann zwischen zwei Schaufeln wie durch eine Laval-Düse. Die

Stromdichte vor dem Gitter $\varrho_1 u_1$ kann bei stationärer Strömung jenen Wert nicht überschreiten, bei welchem an der engsten Stelle des Gitters gerade im Mittel Schallgeschwindigkeit herrscht. M_1 muß also unter einem kritischen Unterschallwert oder über einem kritischen Überschallwert liegen, andernfalls läuft ein Stoß instationär stromaufwärts. Angenommen, das Gitter werde mit dem kritischen $M_1 < 1$ angeströmt, so gibt es eine Strömung, welche im Gitter auf Überschallgeschwindigkeit beschleunigt wird und an dessen Ende die kritische Überschall-Mach-Zahl erreicht. Dort kann die Strömung in einem Stoß wieder annähernd auf M_1 springen. Der Widerstand, der sich bei einer solchen Strömung ergeben muß, kann näherungsweise mit Hilfe der Stromfadentheorie mit dem Impulssatz bestimmt werden. Erstaunlich ist dabei, daß diese Resultate selbst dann noch mit den Versuchen sehr gut übereinstimmen, wenn die Gitterteilung a den vierfachen Betrag der Flügeltiefe annimmt. Die Rechnungen lassen sich mit Hilfe der in Teil IX abgeleiteten Schallnäherungen bedeutend vereinfachen.

5. Düsenschub.

Die Kraft K, mit welcher eine stationär durchströmte Düse gehalten werden muß (Abb. 82), ergibt sich einfach als Spezialfall des Strahlablenkers für $(n, x) = 0$, Gl. (9):

$$K = f\,(\varrho\,W^2 + p - p_a) - f_1\,(\varrho_1\,W_1{}^2 + p_1 - p_a). \tag{14}$$

Die Schubkraft der Düse hat das entgegengesetzte Vorzeichen. Bei Unterschallgeschwindigkeit im Austrittsquerschnitt ist $p = p_a$. Bei Überschallgeschwindigkeiten (Raketenschubdüsen) herrscht bei $p = p_a$ der Maximalschub, also jener Wert, der anzustreben wäre, wenn alle Verluste vermieden werden sollen:

$$K_{\mathrm{max}} = G\,(W - W_1) - f_1\,(p_1 - p_a) \tag{15}$$

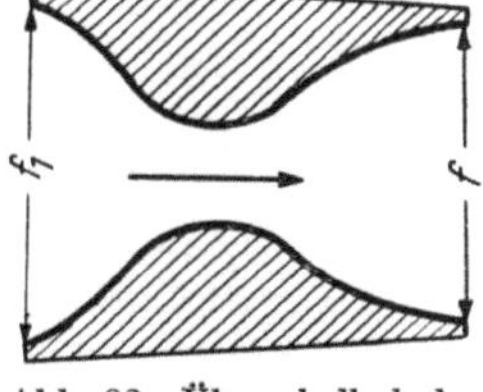

Abb. 82. Überschallschubdüse.

(G ist hierin wieder die durchströmende *Masse* pro Zeiteinheit). Es zeigt sich allerdings, daß der Schub bei hohen Überschallgeschwindigkeiten durch Verkleinerung des Austrittsquerschnittes nur wenig abnimmt. Beispielsweise ergibt bei einer ursprünglichen Machschen Zahl im Austritt von $M = 3$ eine Verminderung des Austrittsquerschnittes auf die Hälfte nur eine Schubverminderung von 3 bis 4%. Weil nun Düsen mit großen Austrittsquerschnitten auch hohe Gewichte haben, ist es vielfach günstig, auf die volle Expansion auf p_a zu verzichten. Eine verfeinerte Theorie muß natürlich auch die Geschwindigkeitsverteilung im Austrittsquerschnitt selbst berücksichtigen. Es zeigt sich, daß der Maximalschub bei konstantem Strömungszustand über den Querschnitt erzielt wird, daß aber auch hier die Empfindlichkeit gegen Abweichungen vom günstigsten Strömungszustand gering ist.

Da Unterschalldiffusoren Öffnungswinkel von 8 bis 10° nicht übersteigen dürfen, findet man vielfach ähnliche Forderungen auch bei Laval-Düsen gestellt. Dies ist aber sinnlos, denn der Öffnungswinkel von Unterschalldiffusoren ist deshalb begrenzt, weil zu starke Druckanstiege zu Rückströmungen im Rohr führen. In Schubdüsen herrscht hingegen Druckabfall, womit jede Gefahr einer Rückströmung fortfällt.

6. Mechanischer Antrieb. Strahlwirkungsgrad.

Die Geschwindigkeit der an einen Körper heranströmenden Luft sei in einem bestimmten Bereich in mechanischer Weise, etwa durch einen Propeller, erhöht. Wird in genügender Entfernung vom Antrieb eine Kontrollfläche gelegt, so kann der Druck überall gleich dem Außendruck p_a gesetzt werden, der Propeller wirkt sich lediglich in einer Geschwindigkeitserhöhung im Propellerstrahl aus (Abb. 83), und die auf den Körper von der Luft ausgeübte Kraft ergibt sich bei *verlustfreier*, stationärer Strömung mit dem Impulssatz (IV, 4) einfach zu:

$$K = - G\,(W - W_\infty). \tag{16}$$

W_∞ ist die Anströmgeschwindigkeit, W die Geschwindigkeit im „Antriebsstrahl". Die auf den Körper ausgeübte Kraft hat das entgegengesetzte Vorzeichen, wie die Geschwindigkeitszunahme, weil sie die entgegengesetzte Richtung besitzt. Die Luft außerhalb des Antriebstrahles muß bei gleichem Druck p_a nach der Bernoullischen Gleichung auch wieder gleiche Geschwindigkeit W_∞ annehmen.

Bei Überschallströmung ($M_\infty > 1$) wird die Strömung außerhalb des Antriebstrahles auch bei Reibungsfreiheit im allgemeinen Verluste aufweisen, da die Querschnittsänderungen des Antriebstrahles leicht Verdichtungsstöße in seiner

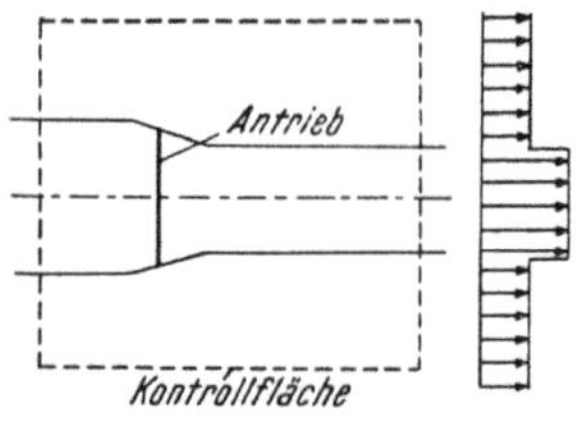

Abb. 83. Mechanischer Antrieb.

Umgebung auslösen. Es genügt dann nicht, zur Berechnung des Schubes die Übergeschwindigkeiten im Antriebsstrahl allein zu berücksichtigen. Die Untergeschwindigkeiten in seiner Umgebung, bedingt durch die Stoßverluste, können den Schub wesentlich vermindern. Das beheizte Rohr (Abschnitt 7) liefert hierzu ein Beispiel.

In der Energiebilanz muß zu den in Gl. (IV, 5) auftretenden Gliedern auch noch die mechanische Leistung L hinzugefügt werden. Ebensogut kann der Energiesatz Gl. (II, 4) der stationären Fadenströmung verwendet werden, weil zwischen der vom Antrieb beschleunigten Luft und ihrer Umgebung kein Energieaustausch besteht. Es soll auch die Luftbeschleunigung verlustfrei vor sich gehen. Das Medium im Antriebsstrahl muß also bei gleichem Druck auch gleiche Temperatur angenommen haben. Damit muß es auch wieder die Enthalpie i_∞ besitzen, und die Leistungsbilanz lautet:

$$L = G\left(\frac{W_\infty^2}{2} - \frac{W^2}{2}\right). \tag{17}$$

Bei stationärer Fluggeschwindigkeit $-\,W_\infty$ leistet der Antrieb in der Zeiteinheit eine Arbeit, die gleich ist dem Produkt von Kraft K und Geschwindigkeit $-\,W_\infty$. Das Verhältnis von dieser Nutzleistung zur aufgewendeten Leistung L ist dann der Wirkungsgrad η: Mit Gl. (16) und (17) ist

$$\eta = \frac{-\,K\,W_\infty}{L} = \frac{2\,W_\infty}{W + W_\infty}. \tag{18}$$

Die gesamte aufgewendete Leistung wird nutzbar gemacht ($\eta = 1$), wenn $W = W_\infty$. Nach Gl. (16) heißt das, es muß einer möglichst großen Masse in der Zeiteinheit G eine nur kleine Übergeschwindigkeit erteilt werden. Als verloren muß nämlich folgende Leistung angesehen werden:

$$L - (-\,K\,W_\infty) = G\,\frac{(W_1 - W_\infty)^2}{2}, \tag{19}$$

das ist die kinetische Energie, welche relativ zur anströmenden Luft pro Zeiteinheit erzeugt wird.

Es handelt sich beim besprochenen Beispiel um einen rein mechanischen Antrieb und nicht um eine Wärmekraftmaschine, weshalb theoretisch ein Wirkungsgrad $\eta = 1$ erreichbar ist, η nach Gl. (18) ist zweckmäßig als „*Strahl-*

wirkungsgrad" zu bezeichnen. Erst das Produkt aus diesem Strahlwirkungsgrad und dem Wirkungsgrad der Wärmekraftmaschine, welche den Propeller antreibt, gibt den Gesamtwirkungsgrad: das Verhältnis von Schubleistung und aufgewendeter Heizleistung.

Dem Antrieb allzu großer Massen sind natürlich technische Grenzen gesetzt, weshalb die praktisch günstigsten Bedingungen nicht bei den theoretischen Extremen liegen.

7. Das geheizte Rohr im Fluge.

Die Strömungsverhältnisse an einem unendlich dünnwandigen Rohr, in welchem die durchströmende Luft geheizt wird, sind für die Bearbeitung ähnlicher Aufgaben sehr lehrreich. Obwohl dem Problem keine weitere praktische Bedeutung zukommt, soll es daher dennoch behandelt werden.

Ein zylindrisches Rohr, von dem weder die Wände noch die Vorrichtung zur Beheizung der durchströmenden Luft Raum in Anspruch nehme, befinde sich

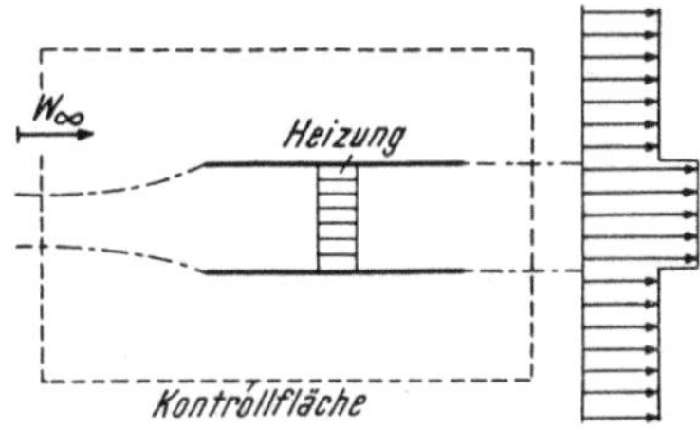

Abb. 84. Beheiztes Rohr in Unterschallströmung.

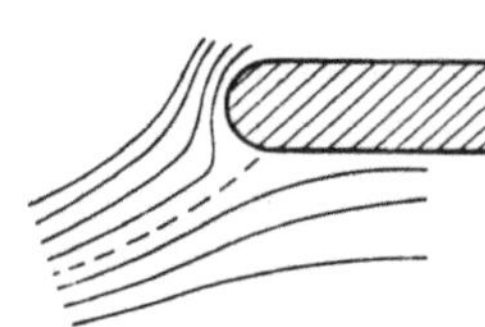

Abb. 85. Unterschallströmung in der Umgebung des Rohrrandes (schematisch).

im ersten Falle in Unterschallströmung (Abb. 84). Es wird — wenn die Heizung nicht unmittelbar am Rohrende erfolgt — aus dem Rohr ein Parallelstrahl mit dem Außendruck p_∞ austreten. Nach Abschnitt II, 15 fällt der Druck bei Wärmezufuhr in Unterschallströmung in einem Rohr konstanten Querschnittes, er ist also vor der Wärmezufuhr im Rohr größer als p_∞, d. h. die Strömung staut sich vor dem Rohr und ergibt die in der Abbildung wiedergegebene Stromlinie. Da die Verzögerung im Mittel bei höherer Dichte erfolgt als die Beschleunigung bei der Beheizung, ergibt sich mit der Bewegungsgleichung:

$$W\,dW = -\frac{dp}{\varrho}$$

eine Übergeschwindigkeit im austretenden Strahl. Wird die Kontrollfläche wieder im Gleichdruckgebiet gelegt, so gilt Gl. (16) und es ergibt sich ein Schub, obwohl am unendlich dünnen Rohr anscheinend doch keine Druckkräfte angreifen können.

Die Aufklärung dieser Paradoxie ergibt sich (nach einer mündlichen Mitteilung von D. KÜCHEMANN) aus einer Analyse der Strömung an der Rohrvorderkante. Hat diese endliche Dicke (Abb. 85), so ergibt sich eine Umströmung des Randes mit starken Unterdrucken, welche eine Sogkraft gegen die Anströmrichtung ergeben. Eine Herabsetzung der Wandstärke ist mit einer Erhöhung der Unterdrucke verbunden. Es muß sich schließlich Überschallströmung ergeben, die mit Stößen und damit mit Verlusten, welche zusätzlich in Rechnung zu stellen wären, verbunden ist. Ein sorgfältig ausgeführter Vorderrand endlicher Dicke ergibt tatsächlich einen Schub.

Befindet sich das gleiche Rohr in Überschallströmung und ist die Heizung nicht so stark, daß Schallgeschwindigkeit im Rohr erreicht wird, so bleibt die Strömung stromaufwärts unverändert, da sich eine Störung in dieser Richtung nun gar nicht bemerkbar machen kann. Bei der Wärmezufuhr steigt der Druck an, weshalb die Strömung am Rohrende glockenförmig expandiert (Abb. 86). Weil der Druck wieder im Mittel bei höheren Dichten ansteigt, als er in der Glocke abfällt, ergibt sich beim Druck p_∞ wieder Übergeschwindigkeit. Sicher treten

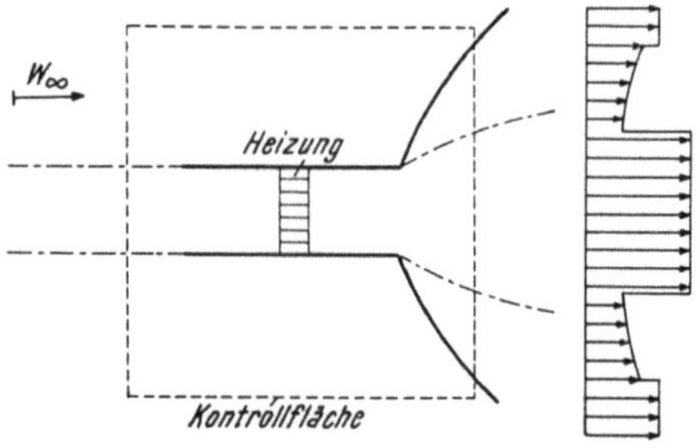

Abb. 86. Beheiztes Rohr in Überschallströmung.

aber — wie an einer Geschoßspitze — am Ansatz der Expansionsglocke Stöße auf, welche im Nachlauf Untergeschwindigkeiten hervorrufen, so daß sich im ganzen kein Schub ergibt. Denn nun können die Druckkräfte nirgends angreifen. Die endlichen Überdrucke nach der Wärmezufuhr können an einer scharf ausgeführten Hinterkante keine Schübe ergeben. Völlig klar werden die Verhältnisse, wenn die Kontrollfläche unmittelbar an der Hinterkante entlang gezogen wird.

Der Impuls der umströmenden Luft ist dann noch unverändert, der Impuls der durchströmenden Luft aber im Anströmgebiet und an der Hinterkante gleich, denn unter dieser Voraussetzung werden in Abschnitt II, 15 die Zustandsänderungen bei der Beheizung im Rohr überhaupt abgeleitet.

Das Beispiel zeigt, in welch verschiedener Weise Unter- und Überschallströmung in entsprechenden Fällen reagieren.

8. Thermodynamischer Antrieb (Lorin-Antrieb).

Am Beispiel des geheizten Rohres bei Unterschallströmung wurde gezeigt, daß eine Wärmeabgabe an die Strömung allein zu einem Vortrieb führen kann.

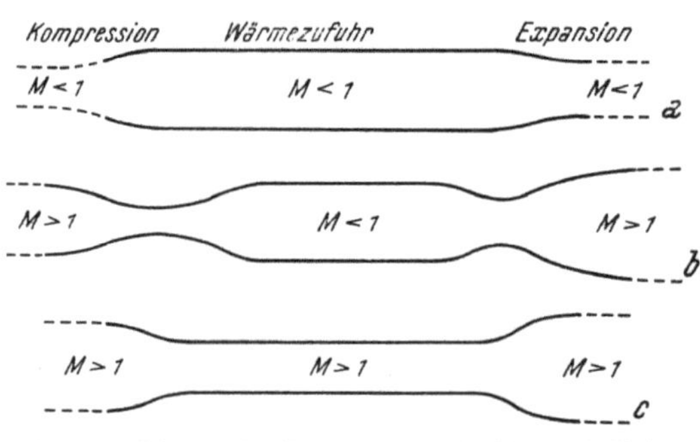

Abb. 87. Schema des Lorinantriebes in Unterschall (a), Überschallströmung mit Wärmezufuhr bei $M < 1$ (b) und $M > 1$ (c).

Da die zugeführte Wärme schließlich stets an die umströmende Luft der Temperatur T_∞ abgeführt wird, kann nach den Lehren der Thermodynamik (Abschnitt I, 5) von einem solchen Antrieb nur dann ein guter Wirkungsgrad erwartet werden, wenn die Wärme bei Temperaturen, welche möglichst stark über T_∞ liegen, zugeführt wird. Die Luft muß also zunächst durch Stauwirkung möglichst stark erwärmt werden, ehe ihr die Wärme zugeführt wird. Schließlich verläßt sie nach Expansion in einer Düse den Körper unter er-

höhtem Impuls und ergibt also einen Schub. Diese Antriebsart geht auf den Franzosen Lorin zurück und wird im deutschen Sprachgebiet nach ihm benannt. Im englischen Sprachgebiet wird ein solcher Antrieb als „Statoreactor" oder „Aethodyn" (Aero-thermodynamischer Antrieb), in Frankreich als „Statoréacteur" bezeichnet.

Die Querschnittsverhältnisse eines den Antrieb durchsetzenden Stromfadens zeigt Abb. 87. Bei Überschallgeschwindigkeiten ergibt sich ein Querschnittsminimum, wenn bei der Kompression und Expansion die Schallgeschwindigkeit durchschritten wird. Theoretisch wäre auch eine Wärmezufuhr bei Überschallgeschwindigkeit denkbar. Der Querschnittsverlauf ist dann gerade umgekehrt wie beim Unterschall-Lorin-Antrieb. Solange aber die Wärmezufuhr bei hohen Geschwindigkeiten nicht gelingt, hat diese letzte Variante nur theoretisches Interesse. In den folgenden Rechnungen ist sie ohne weiteres mit eingeschlossen.

Es soll wieder eine verlustfreie, stationäre Strömung angenommen werden. Das Medium expandiere in der Schubdüse auf den Außendruck p_∞, so daß der Schub wieder durch Gl. (16) gegeben ist. Die Wärmezufuhr wird praktisch meist durch Verbrennen von Kohlenwasserstoffen bewerkstelligt. Nach Abschnitt I, 4, Gl. (23) ist die Massenzufuhr dabei so unbedeutend, daß praktisch wie mit einer Wärmequelle gerechnet werden kann. Es handle sich um eine Gleichdruckverbrennung, bei welcher die Temperatur vom Wert T auf T' erhöht wird. Die Geschwindigkeit bleibt dabei konstant (Abschnitt II, 18), der Brennkammerquerschnitt muß abhängig von Wärmezufuhr und Strömungsgeschwindigkeit zunehmen, die zugeführte Wärmeenergie ist in der Zeiteinheit:

$$Q = G\, c_p\, (T' - T),$$

wobei wieder mit einem id. Gas konst. sp. W. gerechnet wird. Nach dem Energiesatz [Gl. (II, 9)] ist

$$c_p\, T + \frac{W^2}{2} = c_p\, T_\infty + \frac{W_\infty^2}{2} \quad \text{und} \quad c_p\, T' + \frac{W^2}{2} = c_p\, T_a + \frac{W_a^2}{2},$$

wenn T_a und W_a Ausstoßtemperatur und Ausstoßgeschwindigkeit beim Verlassen des Antriebes sind. Weil es sich um Gleichdruckverbrennung handelt, ist:

$$\frac{p}{p_\infty} = \frac{p'}{p_a}$$

und, weil die Kompression und Expansion verlustfrei, also isentrop sein soll, auch:

$$\frac{T}{T_\infty} = \frac{T'}{T_a}.$$

Damit ist:

$$\frac{Q}{G} = c_p\,(T_a - T_\infty) + \frac{W_a^2}{2} - \frac{W_\infty^2}{2} = c_p\,\frac{T}{T_\infty}(T_a - T_\infty) = \frac{\dfrac{W_a^2}{2} - \dfrac{W_\infty^2}{2}}{1 - \dfrac{T_\infty}{T}}.$$

$$(20)$$

Die Nutzleistung besteht wie beim mechanischen Antrieb in der Schubleistung:

$$- K\, W_\infty = G\, W_\infty\,(W_a - W_\infty).$$

Der *Energieverlust* in der Zeiteinheit ist also:

$$Q - (- K\, W_\infty) = G\left\{ c_p\,(T_a - T_\infty) + \frac{1}{2}\,(W_a - W_\infty)^2\right\}. \qquad (21)$$

Er besteht nun nicht nur in kinetischer Energie, sondern auch noch in Wärme, welche der Umgebung ungenutzt zugeführt wird. Entsprechend setzt sich nun der Wirkungsgrad:

$$\eta = \frac{- K\, W_\infty}{Q} = \left(1 - \frac{T_\infty}{T}\right)\frac{2\,W_\infty}{W_a + W_\infty} \qquad (22)$$

aus zwei Faktoren zusammen. Der zweite Faktor ist der Strahlwirkungsgrad, der auch beim mechanischen Antrieb auftrat, Gl. (18). Ein bestimmter Schub wird wieder dann unter geringstem Aufwand erzielt, wenn einer möglichst großen Masse eine kleine Übergeschwindigkeit erteilt wird. Der Strahlwirkungsgrad ist in Gl. (22) mit $\left(1 - \dfrac{T_\infty}{T}\right)$ multipliziert, das ist der Wirkungsgrad einer idealen, zwischen den Temperaturniveaus T und T_∞ arbeitenden Wärmekraftmaschine, Gl. (I, 31). Dieser Anteil kommt bei einem Propellerantrieb erst durch die antreibende Wärmekraftmaschine herein.

Es ist also eine möglichst hohe Temperatur vor der Wärmezufuhr, d. h. ein Abbremsen der Geschwindigkeit W_∞ auf einen verschwindenden Betrag anzustreben. Als größtmöglicher Wert ergibt sich mit Tab. II, 5 abhängig von der Mach-Zahl der Anströmung:

$$\eta_c = 1 - \frac{T_\infty}{T_0} = \frac{1}{1 + \dfrac{2}{\varkappa - 1}\dfrac{1}{M_\infty^2}}. \tag{23}$$

Der Carnotsche Wirkungsgrad allein schon ist bei Unterschallgeschwindigkeit recht niedrig und erreicht bei $M_\infty = 1$ erst 17%. Dennoch kommt der Antrieb wegen seiner großen Einfachheit auch für $M_\infty < 1$ in Betracht. Bei hohen Überschallgeschwindigkeiten wird der Wirkungsgrad sehr gut (für $M_\infty = 3{,}0$, $\eta_c = 64\%$). Der Lorin-Antrieb ist hier allem Anschein nach der geeignetste Antrieb für stationären Flug.

Der Wirkungsgrad wird in der praktischen Ausführung durch unvermeidbare Verluste herabgesetzt. Sie treten vor allem bei der Kompression auf, weshalb dieser Teil des Antriebes — der *Diffusor* — besonders sorgfältig ausgebildet sein muß. Da sich der Schub aus der Differenz von Austritts- und Eintrittsimpuls ergibt, wirkt sich bei kleinem Wirkungsgrad jeder Impulsverlust im Diffusor ganz entscheidend aus. Abb. 87b ist nur schematisch zu verstehen. Wie schon in Abschnitt II, 11 ausgeführt, gelingt es im allgemeinen nicht, die Luft in einer Laval-Düse zu komprimieren, weil sich ein Stoß vor die Düse lagert. Zu hohe Temperaturen durch Stauwirkung oder Verbrennung sind wegen der Materialbeanspruchung und wegen Dissoziationen in den Verbrennungsprodukten zu vermeiden.

9. Strahltriebwerk, Gasturbine.

Auch bei diesen Beispielen sollen nur die idealisierten Prozesse behandelt werden. Damit werden Wirkungsgrade errechnet, welche Grenzen darstellen, unter denen wegen unvermeidlicher zusätzlicher Verluste alle praktisch ausgeführten Maschinen arbeiten müssen.

Der Nachteil kleiner Wirkungsgrade des Lorin-Antriebes bei geringen Geschwindigkeiten kann dadurch wettgemacht werden, daß die Verdichtung der

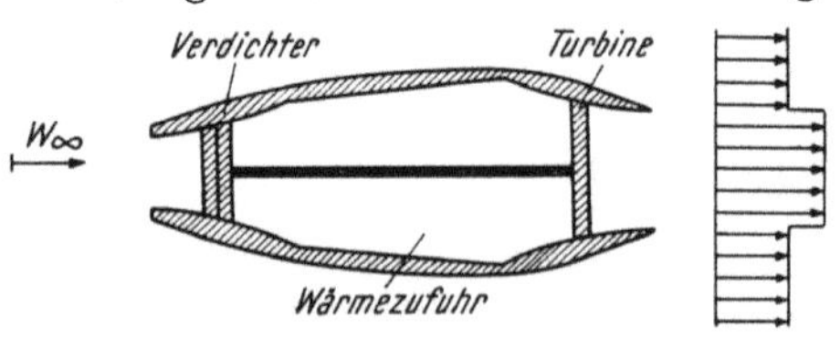

Abb. 88. Schema eines Strahltriebwerkes.

Luft durch einen „Lader" oder Kompressor erfolgt. Dies geschieht im Fluge zusätzlich zur Kompression durch Stauwirkung, am Stand fällt die Stauwirkung fort. Als Lader wird stets eine Strömungsmaschine verwendet, also ein Axial- oder Radialverdichter (nie Kolbenverdichter), welcher von einer Turbine betrieben wird, die ihre Leistung dem nach der Wärmezufuhr expandierenden Gas entnimmt. Sie ist beim Strahltriebwerk so ausgelegt, daß sie gerade zum Antrieb des Verdichters ausreicht. Das Gas expandiert schließlich wieder auf Gleichdruck ($p = p_\infty$), der verbleibende Impulsüberschuß gibt nach Gl. (16) wieder den Schub. Das Schema dieser einfachsten Form des Strahlantriebes zeigt Abb. 88. Er wird auch als T-L-Antrieb (Turbine-Lader) bezeichnet.

Die Wärmezufuhr gehe wieder bei konstantem Druck vor sich, dann ist die Geschwindigkeit davor und dahinter gleich. Es tritt nur insofern ein Unterschied auf gegenüber den Gleichungen, welche für den Lorin-Antrieb verwendet werden, als im Energiesatz zwischen den Zuständen W_∞, T_∞ und W, T die Verdichterleistung L_v und zwischen den Zuständen T_a, W_a und T', $W' = W$ die Turbinenleistung L_T zu berücksichtigen ist:

$$G\left(c_p\,T + \frac{W^2}{2}\right) = L_v + G\left(c_p\,T_\infty + \frac{W_\infty^2}{2}\right);$$

$$G\left(c_p\,T_a + \frac{W_a^2}{2}\right) = -L_T + G\left(c_p\,T' + \frac{W^2}{2}\right). \tag{24}$$

Wieder ist $\dfrac{p}{p_\infty} = \dfrac{p'}{p_a}$ und bei verlustfreier Strömung also $\dfrac{T}{T_\infty} = \dfrac{T'}{T_a}$. Weil $L_v = L_T$ vorausgesetzt ist, fallen die beiden Größen weg, wenn die Gl. (24) addiert werden, und es folgt Gl. (20) des letzten Abschnittes. Damit gilt wieder Gl. (21) und Gl. (22). Hierin hängt die Temperatur T vor der Verbrennung nun nicht mehr nur von der Fluggeschwindigkeit, sondern auch von der Leistung L_v des Laders (oder der Turbine) ab. Die kinetische Energie $\dfrac{W^2}{2}$ der Strömung in der Brennkammer ist praktisch zu vernachlässigen. Ein wesentlicher Vorteil des Strahltriebwerkes gegenüber dem Lorin-Antrieb besteht darin, daß es auch bei $W_\infty = 0$ arbeitet, es besitzt „*Standschub*". Eingehendere Betrachtungen über eine Anzahl unterschiedlicher Triebwerke findet man etwa bei K. R. Scheuter[4, 5].

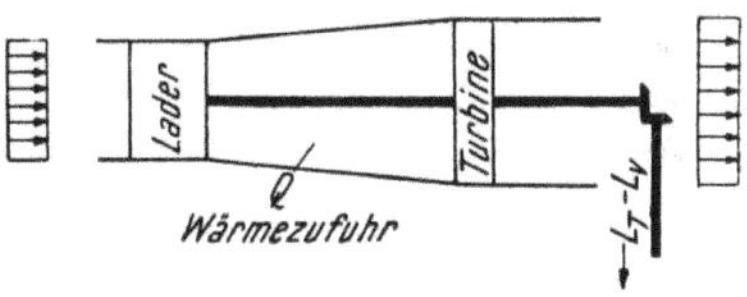

Anstatt $L_v = L_T$ auszulegen, besteht auch die Möglichkeit, auf einen Impulsüberschuß zu verzichten, also $W_a = W_\infty$ zu setzen, womit eine Wärmekraftmaschine der Leistung $L_T - L_v$ gegeben ist. Sie wird nach dem einen Maschinenelement als *Gasturbine* bezeichnet (Abb. 89). In der praktischen Ausführung ist $W_a = W_\infty$ so klein, daß die entsprechenden Energien in Gl. (24) auch vernachlässigt werden können. Wegen $T/T_\infty = T'/T_a$ ergibt sich nun mit Gl. (24):

Abb. 89. Schema einer Gasturbine.

$$L_T - L_v = G\,c_p\,(T' - T + T_\infty - T_a) =$$

$$= G\,c_p\left(1 - \frac{T_\infty}{T}\right)(T' - T) = Q\left(1 - \frac{T_\infty}{T}\right). \tag{25}$$

Der Strahlwirkungsgrad fällt weg, das Ergebnis ist ohne Ableitung mit Hilfe des zweiten Hauptsatzes der Wärmelehre hinzuschreiben. [Die Gasturbine hätte auch bereits in Teil II (stationäre Fadenströmung) behandelt werden können.]

Wird bei der Gasturbine das austretende heiße Gas bei Gleichdruck gekühlt und wieder dem Lader zugeführt, so ergibt sich eine kontinuierlich arbeitende Maschine mit einem Arbeitsgas, deren Teile periodisch eine gleichbleibende Zustandsfolge durchlaufen. Damit ergibt sich das Bild, welches den thermodynamischen Überlegungen, Teil 1, Abschnitt 5 (Kreisprozesse), zugrunde liegt. Im Gegensatz zu den Kolbenmaschinen ist der Arbeitsgang der Strömungswärmekraftmaschine selbst kontinuierlich und nicht periodisch. Wie bei den Kolbenmaschinen, ist es ohne Bedeutung, ob mit einer begrenzten Arbeitsgasmenge gerechnet wird, oder ob dieses einem unendlichen Reservoir entnommen und an dieses nach der Arbeitsleistung wieder abgegeben wird. So ließen sich auch Strahltriebwerk und Lorin-Antrieb mit Kreisprozessen vergleichen, wobei nun noch zusätzlich zu den thermischen Verlusten die kinetischen Verluste im Arbeitsstrahl treten.

Für brauchbare Strahltriebwerke und Gasturbinen sind sehr gut arbeitende Verdichter Voraussetzung, weil sich die Nutzleistung nur aus der Differenz von Turbinen- und Verdichterleistung ergibt. Die Wirkungsgrade sind vor allem dadurch begrenzt, daß die Turbinenschaufeln nicht beliebigen Wärmebeanspruchungen ausgesetzt werden dürfen. Gute Wirkungsgrade von Strömungsmaschinen sind stets an größere Fördermengen (hohe Reynoldssche Zahlen) gebunden, weshalb Gasturbine und Strahltriebwerk für zu kleine Leistungen nicht in Frage kommen.

10. Raketenantrieb.

Die Bewegung einer Rakete stellt eine Aufgabe der Mechanik starrer Körper dar und fällt aus dem Rahmen dieses Buches. Zum Antrieb selbst ist in Verbindung mit den Integralsätzen einiges Interessante zu bemerken. Zunächst sei eine ruhende Pulverrakete betrachtet, bei welcher eine konstante Menge in der Zeiteinheit abbrennt und ausgestoßen wird (Abb. 90). Nach einem kurzen Anlauf-

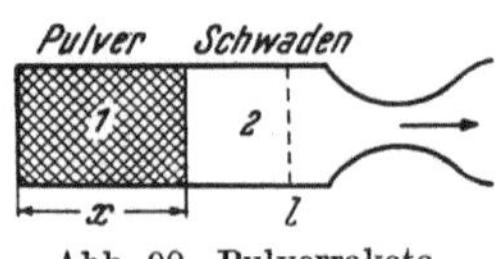

Abb. 90. Pulverrakete.

zustand stellt sich ein quasistationärer Endzustand ein, bei welchem eine Verbrennungsfront mit konstanter Geschwindigkeit in das Pulver hineinwandert. Ihre Lage sei durch die Koordinate $x(t)$ festgelegt und es seien konstante Zustände über dem Querschnitt f angenommen (für die ersten Überlegungen genügen auch die Sätze der instationären Fadenströmung). Für die Berücksichtigung der instationären Glieder genügt es, bis zu einer Stelle l unverminderten Querschnittes vor der Düse zu integrieren. Die Kontinuitätsbedingung lautet dann (Index 1: Pulver, Index 2: Schwaden):

$$ f \frac{d}{dt} \left[\int_0^x \varrho_1 \, dx + \int_x^l \varrho_2 \, dx \right] + f \cdot \varrho_1 W_1 = 0 $$

oder

$$ G = - f (\varrho_1 - \varrho_2) \frac{dx}{dt}. \tag{26} $$

$\left(- \dfrac{dx}{dt} \right)$ ist der Geschwindigkeitsbetrag der Verbrennung. Es ist zu beachten, daß die pro Zeiteinheit verbrennende Pulvermenge $\left(- f \varrho_1 \dfrac{dx}{dt} \right)$ größer ist als die ausgestoßene Menge G, weil der freiwerdende Raum durch Schwaden aufgefüllt werden muß.

Der Energiesatz lautet, wenn die kinetische Energie des Schwadens in der Brennkammer vernachlässigt wird, was den praktischen Verhältnissen entspricht:

$$ f \frac{d}{dt} \left[\int_0^x e_1 \varrho_1 \, dx + \int_x^l e_2 \varrho_2 \, dx \right] + f_2 \varrho_2 W_2 \left(e_2 + \frac{p_2}{\varrho_2} \right) = 0. $$

Die Kontrollfläche ist dabei an der Stelle l gezogen, wo ebenfalls der Zustand 2 mit dem Druck $p_2 = p_1$ herrscht. Wird diese Gleichung mit $(\varrho_1 - \varrho_2)$ mutipliziert, so ergibt sich mit Gl. (26):

$$ - G (e_1 \varrho_1 - e_2 \varrho_2) + G \left(e_2 \varrho_1 - e_2 \varrho_2 + p_2 \frac{\varrho_1}{\varrho_2} - p_2 \right) = 0, $$

oder nach Reduktion und Division durch ϱ_1:

$$ 0 = \left(e_1 + \frac{p_1}{\varrho_1} \right) - \left(e_2 + \frac{p_2}{\varrho_2} \right) = i_1 - i_2. $$

Es ist dies das dem Thermodynamiker bekannte Ergebnis, daß die Enthalpien der Masseneinheiten bei Gleichdruckprozessen gleich sein müssen. i_2 ist dabei

bei der bedeutend höheren Temperatur $T_2 > T_1$ genommen. Auf dieselbe Temperatur bezogen, lautet die Gleichung:

$$i_1(T_1) - i_2(T_1) = i_2(T_2) - i_1(T_1) = c_p(T_2 - T_1).$$

Die Differenz der Enthalpien bei derselben Temperatur ist die Umwandlungswärme oder Verbrennungswärme bei konstantem Druck, und diese ist natürlich gleich der Temperaturerhöhung multipliziert mit der spezifischen Wärme bei konstantem Druck. Diese rein thermodynamische Betrachtung zeigt, wie auch diese Vorgänge in den allgemeinen Integralsätzen enthalten sind.

Im Gegensatz zu den in den letzten Abschnitten behandelten Antrieben stellt die Rakete keine kontinuierlich arbeitende Maschine dar. Ihr thermischer Wirkungsgrad ist auch nicht durch die Temperatur der Umgebung, an welche die Wärme abgeführt wird, begrenzt. Ihre Wirkungsweise ist überhaupt nicht an die Umgebung geknüpft, ihr Idealfall ist die Bewegung im Vakuum, weshalb sie auch im folgenden unter dieser Voraussetzung behandelt werden soll. Tatsächlich liegt das Anwendungsgebiet der Rakete, in welchem sie allen anderen Antriebsarten überlegen ist, in den hohen Regionen der Erdatmosphäre.

Abb. 91. Rakete im Fluge.

Bei stationärem oder quasistationärem Antrieb im Vakuum wird die gesamte Enthalpie in kinetische Energie verwandelt. Das id. Gas konst. sp. W. erreicht dann die durch Gl. (II, 30) gegebene Maximalgeschwindigkeit:

$$W_{\max} = \sqrt{2\,c_p\,T_2} = \sqrt{\frac{2\,\varkappa}{\varkappa - 1}\,\frac{R\,T_2}{m}}. \tag{27}$$

Sie wächst mit der Temperatur T_2 nach der Verbrennung und mit abnehmendem Molgewicht.

Im folgenden sei eine Kontrollfläche um den Raketenkörper und den ganzen Raketenstrahl gezogen. Von äußeren Kräften, etwa der Schwerkraft, werde abgesehen. Nach dem Impulssatz Gl. (IV, 4) muß dann die gesamte von der Rakete und ihrem Strahl getragene Bewegungsgröße zeitlich konstant sein. Die Bewegungsgröße des Schwadens in der Rakete unmittelbar hinter der Brennfläche sei, wie es schon früher von seiner kinetischen Energie vorausgesetzt wurde, zu vernachlässigen. Dann ist die Änderung der Bewegungsgröße der Rakete gleich der Änderung des Produkts von Raketenmasse M_R (einschließlich der veränderlichen Ladung) und Raketengeschwindigkeit W_R. Die Teilchen, welche die Rakete verlassen haben, ändern später weder Energie noch Impuls, da sie sich völlig kräftefrei bewegen. Daher nimmt der Impuls des Strahles nur um den in der Zeiteinheit aus der Rakete ausgestoßenen Impuls zu. Er ist das Produkt von zeitlich ausgestoßener Masse $G = -\dfrac{dM_R}{dt}$ und Ausstoßgeschwindigkeit, das ist Summe von Fluggeschwindigkeit W und Ausstoßgeschwindigkeit relativ zur Rakete W_a (alle Geschwindigkeiten werden nach rechts positiv gezählt, in Abb. 91 besitzt die Rakete eine negative Geschwindigkeit). Es ist also:

$$\frac{d}{dt}(M_R\,W_R) - \frac{dM_R}{dt}(W_R + W_a) = 0.$$

Wird anstatt nach der Zeit nach der Masse abgeleitet, so ist:

$$\frac{d}{dM}(M_R\,W) - W_R - W_a = M\,\frac{dW_R}{dM} - W_a = 0.$$

Diese Differentialgleichung ist für *konstante Ausstoßgeschwindigkeit W_a* — eine Voraussetzung, welche in der Praxis weitgehend zutrifft — leicht zu integrieren und ergibt, wenn für die Anfangsmasse $M_R = M_0$ die Geschwindigkeit $W_R = 0$ angenommen wird, die bekannte Raketengleichung:

$$- \frac{W_R}{W_a} = \ln \frac{M_0}{M_R}. \tag{28}$$

Hohe Endgeschwindigkeiten können also nur mit großen Massenverhältnissen (Anfangsmasse/Endmasse) und hohen Ausstoßgeschwindigkeiten erreicht werden. Da die Temperatur T_2 im Raketenofen durch Dissoziation und Materialbeanspruchung begrenzt ist, sind kleine Molgewichte anzustreben. Gegenwärtig wird bei Pulver- und Flüssigkeitsraketen eine Ausstoßgeschwindigkeit von rund:

$$W_a = 2000 \text{ m/sec}$$

erreicht. Besonders bei Pulverraketen hat das Leergewicht des Antriebes einen wesentlichen Anteil am Anfangsgewicht, was eine weitere Beschränkung der Endgeschwindigkeit zur Folge hat. Die Ausstoßgeschwindigkeit W_a hingegen ist nicht etwa die obere Grenze für $(-W)$.

Nach dem Energiesatz muß die Anfangs- und Endenergie des gesamten Systems gleich sein. Eine anfänglich ruhende Rakete besitzt nur innere Energie. Beim Flug im Vakuum hat sich schließlich der gesamte Energieunterschied von unverbranntem Treibstoff und völlig abgekühltem Schwaden in kinetische Energie von Rakete und Schwaden verwandelt. Die erstere, gegeben durch $\frac{W_R{}^2}{2} M_R$, ist als Nutzarbeit anzusprechen. Die kinetische Energie des Strahles dagegen ist ein Integral über die verschiedenen Geschwindigkeiten, welche im Strahl auftreten, und wird durch

$$\int_{\text{Ladung}} \frac{W^2}{2} \, dM$$

gegeben.

Damit ist dann der Wirkungsgrad η (abweichend von der üblichen Definition):

$$\eta = \frac{W_R{}^2 \, M_R}{W_R{}^2 \, M_R + \int\limits_{\text{Ladung}} W^2 \, dM}.$$

Der Gesamtimpuls muß in jedem Augenblick verschwinden, da im Ausgangsstadium Ruhe angenommen wurde:

$$W_R \, M_R + \int\limits_{\text{Ladung}} W \, dM = 0. \tag{29}$$

Damit ist der Wirkungsgrad der Rakete:

$$\eta = \frac{1}{1 + \dfrac{\int W^2 \, dM}{- W_R \int W \, dM}}, \tag{30}$$

wobei die Integrale über die Ladung zu erstrecken sind (W_R hat einen negativen Wert). Besonders übersichtlich wird Formel (30) für den Fall, daß der Raketenstrahl einheitliche Geschwindigkeit $W = W_{\text{st}}$ hat. Damit dies erreicht wird, müßte also die Ausstoßgeschwindigkeit entsprechend reguliert werden. Die Formel bekommt dann die Gestalt wie bei der Annahme, daß zwei feste Körper der Massen M_R und M_L plötzlich auseinandergetrieben werden:

$$\eta = \frac{1}{1 + \dfrac{W_{\text{st}}}{- W_R}} = \frac{1}{1 + \dfrac{M_R}{M_L}}. \tag{31}$$

Gl. (31) fordert — ganz entsprechend wie Gl. (18) für den Strahlwirkungsgrad des stationären mechanischen Antriebes — für einen guten Wirkungsgrad den Ausstoß von viel Masse mit nur geringer Übergeschwindigkeit gegen die Fluggeschwindigkeit. Dieselbe Aussage ist auch in den allgemeiner gültigen Gl. (29) und (30) enthalten, nur handelt es sich dabei dann um Mittelbildungen über Geschwindigkeiten und deren Quadrate.

Es müssen demnach für einen wirksamen Antrieb ausreichende Massen ausgestoßen werden, weshalb von der *Atomenergie* für die Raketentechnik nicht allzu viel zu erhoffen ist. Nach ACKERET[2] ist auf diesem Wege nur ein Fortschritt durch Ausstoßen des leichten Wasserstoffes [Einfluß des Molgewichtes in Gl. (27)] mit zwei- bis dreimal höherer Auspuffgeschwindigkeit als „tote" Treibsubstanz zu erwarten.

11. Auffüllen eines Kessels.

Ein Kessel, in welchem sich Luft vom Druck p_a und der Temperatur T_a befinde, werde aus der Atmosphäre (Temperatur T_0) auf den Druck p_E aufgefüllt. Die Endtemperatur T_E im Kessel wird unter der Voraussetzung gesucht, daß die Wände wärmeundurchlässig sind. Die Luft werde als id. Gas konst. sp. W. angesehen.

Die Endtemperatur ist offenbar durch den Massen- und Energiezuwachs im Kessel bedingt. Es sei also eine Kontrollfläche um den Kessel gezogen (Abb. 92) und eine Energiebetrachtung angestellt. Vor dem Öffnen und nach dem Schließen des Kessels herrscht

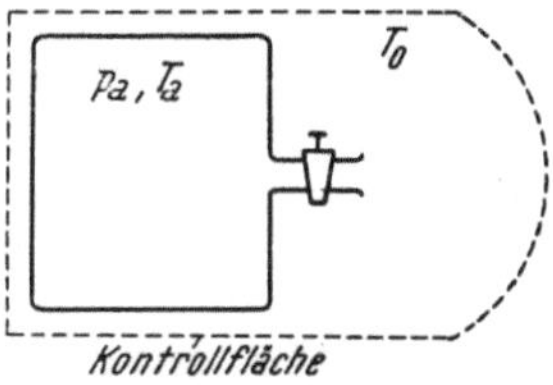

Abb. 92. Auffüllen eines Kessels.

in seiner ganzen Umgebung der ungestörte Außenzustand. Mit V als Kesselvolumen ist die Energiezunahme im Kessel:

$$V \left(\varrho_E \, c_v \, T_E - \varrho_a \, c_v \, T_a \right) = V \, \frac{1}{\varkappa - 1} \, (p_E - p_a).$$

Es ist beachtenswert, daß die innere Energie eines bestimmten Raumes durch den darin herrschenden Druck allein gegeben ist. Nach dem Energiesatz Gl. (IV, 5) muß der Energiezuwachs im Kessel gleich sein dem Zeitintegral über den Energiefluß durch die Kontrollfläche. Diese sei groß genug gewählt, um die kinetische Energie in ihrer Umgebung vernachlässigen und die Temperatur der Ruhetemperatur T_0 gleichsetzen zu können. Sicher können dort dann auch alle Reibungs- und Wärmeleitungserscheinungen vernachlässigt werden. Damit ist der Energiezuwachs vom Zeitpunkt $t = 0$ des Öffnens bis zum Augenblick des Schließens $t = t_E$:

$$\int_0^{t_E} \left[\iint_f \left(\frac{W^2}{2} + e + \frac{p}{\varrho} \right) \varrho \, W_n \, df \right] dt = c_p \, T_0 \int_0^{t_E} \left[\iint_f \varrho \, W_n \, df \right] dt = c_p \, T_0 \, (\varrho_E - \varrho_A) \, V.$$

Das nach dem Herausheben von $c_p \, T_0$ verbleibende Integral ist [nach der Kontinuitätsbedingung Gl. (IV, 2)] der Massenzuwachs. In der letzten Gleichung ist nun die Dichte mit der Zustandsgleichung zu eliminieren und der Ausdruck dem in der vorhergehenden Gleichung gewonnenen Wert für den Energiezuwachs gleichzusetzen. Daraus folgt nach kurzer Rechnung:

$$\frac{T_E}{T_0} = \frac{\varkappa}{1 + \left(\varkappa \, \frac{T_0}{T_a} - 1 \right) \frac{p_a}{p_E}}. \tag{32}$$

Die Endtemperatur T_E ist darnach unabhängig vom Außendruck p_0. Bei einem leeren Kessel ($p_a = 0$) wird also im Kessel der $\varkappa$-fache Wert der absoluten Außentemperatur T_0 erreicht. Dies ist ein wichtiger Unterschied gegenüber der stationären Strömung, bei welcher die Luft stets auf die Ausgangstemperatur abgebremst wird. Wird der Kessel also auch außerordentlich langsam aufgefüllt und kann die Geschwindigkeitsverteilung um die Kesselöffnung herum auch in jedem Augenblick als stationär angesehen werden, so ist der Endzustand im Kessel doch nicht jener der stationären Strömung, da der einströmenden Energie kein entsprechender Energieabfluß gegenübersteht.

Literatur.

[1] A. Betz: Einfluß der Elastizität der Gase auf die Wirkung von Schaufelgittern. Ing.-Arch. XVI (1948), S. 249—254.

[2] J. Ackeret: Zur Theorie der Raketen. Helv. physica Acta, Vol. XIX (1946), S. 103—112.

[3] J. Ackeret und N. Rott: Über die Strömung von Gasen durch ungestaffelte Schaufelgitter. Schweiz. Bauztg. LXVII (1949), S. 40—41 und 58—61.

[4] K. R. Scheuter: Theoretische Betrachtungen über Gasturbine und Strahlantrieb für Flugzeuge. „Flugwehr und Technik", VIII, Zürich (1945), S. 1—6.

[5] K. R. Scheuter: Theoretische Betrachtungen über einige Strahltriebwerke. „Flugwehr und Technik", XI u. XII, Zürich (1946), S. 1—12.

[6] W. Traupel: Kompressible Strömung durch Turbinen. Schweizer Archiv, XVI, 5, 6 (1950), S. 129—138, 176—186.

VI. Allgemeine Gleichungen und spezielle, exakte Lösungen für stationäre reibungslose Strömung.

1. Grundgleichungen der räumlichen Strömung.

Die Strömung soll in diesem und in den folgenden Teilen VII, VIII und IX als stationär angesehen werden. Sie sei frei von innerer Reibung und von Wärmeleitung, auch von jeder anderen Einwirkung durch Kräfte oder durch Energiezufuhr werde abgesehen. Kontinuitätsbedingung Gl. (IV, 8), Bewegungsgleichung (IV, 13) und Energiegleichung (IV, 16) ergeben dann fünf Gleichungen für die drei Geschwindigkeitskomponenten u, v, w und zwei unabhängige thermische Zustandsgrößen von folgender Form:

$$\frac{\partial(\varrho\, u)}{\partial x} + \frac{\partial(\varrho\, v)}{\partial y} + \frac{\partial(\varrho\, w)}{\partial z} = 0; \tag{1}$$

$$\left.\begin{aligned}
u\,\frac{\partial u}{\partial x} + v\,\frac{\partial u}{\partial y} + w\,\frac{\partial u}{\partial z} + \frac{1}{\varrho}\,\frac{\partial p}{\partial x} &= 0;\\[4pt]
u\,\frac{\partial v}{\partial x} + v\,\frac{\partial v}{\partial y} + w\,\frac{\partial v}{\partial z} + \frac{1}{\varrho}\,\frac{\partial p}{\partial y} &= 0;\\[4pt]
u\,\frac{\partial w}{\partial x} + v\,\frac{\partial w}{\partial y} + w\,\frac{\partial w}{\partial z} + \frac{1}{\varrho}\,\frac{\partial p}{\partial z} &= 0;
\end{aligned}\right\} \tag{2}$$

$$u\,\frac{\partial s}{\partial x} + v\,\frac{\partial s}{\partial y} + w\,\frac{\partial s}{\partial z} = 0. \tag{3}$$

Nach der letzten Gleichung muß die Entropie längs eines Stromfadens konstant sein, wenn die Differentialgleichung überhaupt gilt, d. h. überall außer über Stöße hinweg. Dieses Ergebnis ist schon von der stationären Fadenströmung her bekannt.

Unter den Voraussetzungen dieses Kapitels bewegt sich das Medium in den Stromfäden wie in einem Kanal mit festen Wänden. Damit gelten *längs* der

Stromlinien alle Gleichungen, welche bei der Fadenströmung unter entsprechenden Voraussetzungen gewonnen wurden.

Es gilt der *Energiesatz* in der Form der Gl. (II, 7), oder für id. Gase konst. sp. W. auch in der Form von Gl. (II, 29) mit allen seinen Folgerungen. Die Ruheenthalpie, die Maximalgeschwindigkeit usw. sind also längs der einzelnen Stromfäden konstant. Darüber hinaus soll im folgenden noch vorausgesetzt werden, daß die Ruheenthalpie in den einzelnen Stromfäden die gleiche ist. Gl. (II, 7) gelte mit ein und derselben Konstanten in der ganzen Strömung, diese sei *isoenergetisch*. Bei einer der häufigsten Annahmen, jener konstanten Anströmzustände, liegt die Erfüllung dieser Voraussetzung auf der Hand.

Entropieänderungen können nur in Stößen auftreten. Da sich diese schneller als der Schall fortpflanzen, können sie nur in stationärer Überschallströmung auftreten. In Unterschallströmung laufen sie stromaufwärts, ergeben also stets instationäre Vorgänge. Zwischen den Stößen herrscht daher Isentropie längs Stromlinien. Damit gilt zwischen den Stößen längs jeder Stromlinie die *Bernoullische Gleichung*, die für id. Gase konst. sp. W. durch Gl. (II, 52) gegeben ist. W_{max} ist darin eine in der ganzen Strömung gleichbleibende Konstante, p_0 und ϱ_0 hingegen sind die Werte von Ruhedruck und Ruhedichte auf der betreffenden Stromlinie nach dem letzten Verdichtungsstoß.

Bei Unterschallströmung im ganzen Raum sei *gleicher Ruhedruck* in allen Stromfäden vorausgesetzt. Da auch gleiche Ruheenthalpie angenommen wurde, ist die reine Unterschallströmung also stets isentrop. Nach dem Croccoschen Satz Gl. (IV, 27) ist die Unterschallströmung daher stets wirbelfrei, wenn nicht gerade Wirbel- und Geschwindigkeitsvektor dieselbe Richtung haben.

Der Energiesatz Gl. (3) sagt, daß die Entropie auf einer Stromlinie konstant ist. Auf einer Stromlinie gilt demnach:

$$\frac{dp}{d\varrho} = \left(\frac{\partial p}{\partial \varrho}\right)_s = c^2,$$

oder in der Form von Gl. (3) nach Division durch ϱ für jedes beliebige Medium:

$$\frac{u}{\varrho}\frac{\partial p}{\partial x} + \frac{v}{\varrho}\frac{\partial p}{\partial y} + \frac{w}{\varrho}\frac{\partial p}{\partial z} - c^2\frac{u}{\varrho}\frac{\partial \varrho}{\partial x} - c^2\frac{v}{\varrho}\frac{\partial \varrho}{\partial y} - c^2\frac{w}{\varrho}\frac{\partial \varrho}{\partial z} = 0. \qquad (4)$$

Die Eulerschen Gleichungen (2) werden nun mit $-u$, $-v$, $-w$, die Kontinuitätsbedingung (1) mit c^2/ϱ multipliziert und zu Gl. (4) addiert, woraus sich dann die sogenannte *gasdynamische Gleichung* (gasd. Gl.) ergibt:

$$(c^2 - u^2)\frac{\partial u}{\partial x} + (c^2 - v^2)\frac{\partial v}{\partial y} + (c^2 - w^2)\frac{\partial w}{\partial z} - u\,v\left(\frac{\partial v}{\partial x} + \frac{\partial u}{\partial y}\right) +$$

$$- v\,w\left(\frac{\partial w}{\partial y} + \frac{\partial v}{\partial z}\right) - w\,u\left(\frac{\partial u}{\partial z} + \frac{\partial w}{\partial x}\right) = 0; \qquad (5)$$

c^2 ist dabei lediglich Funktion des Geschwindigkeitsbetrages, für ein id. Gas konst. sp. W. gegeben durch Gl. (II, 29).

Bei drehungsfreier Strömung gibt Gl. (5), ergänzt durch zwei der drei Gleichungen für die Wirbelfreiheit:

$$\frac{\partial v}{\partial x} - \frac{\partial u}{\partial y} = 0, \qquad \frac{\partial w}{\partial y} - \frac{\partial v}{\partial z} = 0, \qquad \frac{\partial u}{\partial z} - \frac{\partial w}{\partial x} = 0, \qquad (6)$$

ein System von Gleichungen für die drei Geschwindigkeitskomponenten. Die thermischen Variablen sind eliminiert. Es empfiehlt sich im allgemeinen allerdings, die Elimination von c^2 mit Gl. (II, 29) möglichst lange hinauszuschieben, da Gl. (5) sonst an physikalischer Anschaulichkeit verliert, wie sich immer wieder zeigen wird.

Stärkere Verdichtungsstöße ergeben eine im allgemeinen unterschiedliche Entropie auf den einzelnen Stromlinien. An Stelle von Gl. (6) tritt dann der Croccosche Wirbelsatz, womit freilich eine wesentliche Erschwerung der Rechnung verbunden ist.

2. Grundgleichungen der ebenen und achsensymmetrischen Strömung.

Der überwiegende Teil der Lösungsmethoden räumlicher stationärer Strömungen bezieht sich auf Probleme mit zwei unabhängigen Veränderlichen, insbesondere auf die ebene und achsensymmetrische Strömung. Bei der ebenen Strömung seien stets alle Zustände von z unabhängig [$w = 0$, $u = u\,(x, y)$, $v = v\,(x, y)$ usw.]. Bei der achsensymmetrischen Strömung sei die x-Achse stets als Symmetrieachse gewählt. In allen Ebenen durch die x-Achse herrscht dann dasselbe Strömungsbild, so daß die Strömung in der x, y-Ebene als Repräsentantin der gesamten achsensymmetrischen Strömung angesehen werden kann. In ihr ist ebenfalls $w = 0$ und der Strömungszustand nur Funktion von x und y.

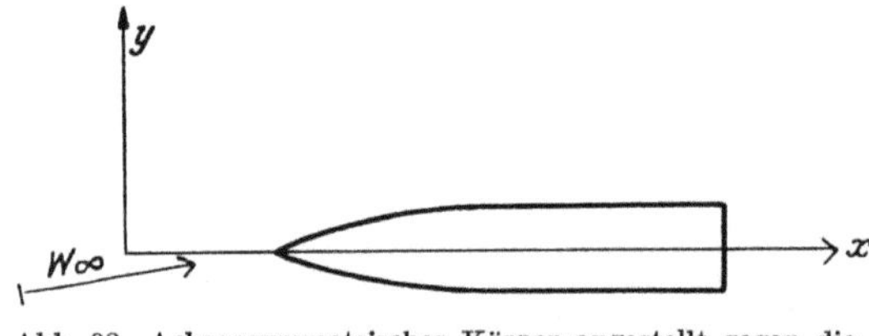

Abb. 93. Achsensymmetrischer Körper angestellt gegen die Anströmung.

Während eine ebene Strömung bei Anstellung des Körpers in y-Richtung stets eben bleibt, ist das Entsprechende bei achsensymmetrischer Strömung nicht mehr der Fall. Es zeigt sich aber, daß das Problem achsensymmetrischer Körper bei geringer Anstellung mit Methoden behandelt werden kann, welche wenig von der Behandlung rein achsensymmetrischer Strömungen abweichen. Da die Auftriebseigenschaften kaum weniger interessieren als die Widerstandseigenschaften, soll die eigentlich räumliche Strömung um den angestellten achsensymmetrischen Körper in Verbindung mit der achsensymmetrischen Strömung behandelt werden. Dabei bleibt die x-Achse stets die Körperachse, während die Anströmrichtung in der x, y-Ebene um einen kleinen Winkel gedreht wird (Abb. 93). Aus Gründen der Symmetrie ist auch in diesem Falle in der x, y-Ebene $w = 0$.

Damit gelten in der x, y-Ebene für die *ebene*, die *achsensymmetrische* Strömung und für die Strömung um einen achsensymmetrischen Körper bei *Anstellung* die Eulerschen Gleichungen in der Form:

$$u\,\frac{\partial u}{\partial x} + v\,\frac{\partial u}{\partial y} + \frac{1}{\varrho}\,\frac{\partial p}{\partial x} = 0;$$
$$u\,\frac{\partial v}{\partial x} + v\,\frac{\partial v}{\partial y} + \frac{1}{\varrho}\,\frac{\partial p}{\partial y} = 0. \qquad (7)$$

Die dritte Eulersche Gleichung verschwindet in der x, y-Ebene identisch. Der Druck p ist in z symmetrisch, also ist für $z = 0$: $\frac{\partial p}{\partial z} = 0$.

Für alle drei Strömungstypen lautet der Energiesatz Gl. (3) in der x, y-Ebene:

$$u\,\frac{\partial s}{\partial x} + v\,\frac{\partial s}{\partial y} = 0, \qquad (8)$$

und bei *wirbelfreier* Strömung Gl. (6):

$$\frac{\partial v}{\partial x} - \frac{\partial u}{\partial y} = 0. \qquad (9)$$

Bei der Kontinuitätsbedingung Gl. (1) und der ihr im wesentlichen gleichwertigen gasd. Gl. (5) bedarf es einer Fallunterscheidung, da $\dfrac{\partial w}{\partial z}$ nur bei *ebener* Strömung verschwindet. Für diese gilt:

$$\frac{\partial(\varrho\,u)}{\partial x} + \frac{\partial(\varrho\,v)}{\partial y} = 0 \tag{10}$$

und die *gasd. Gl.*:

$$(c^2 - u^2)\frac{\partial u}{\partial x} - u\,v\left(\frac{\partial u}{\partial y} + \frac{\partial v}{\partial x}\right) + (c^2 - v^2)\frac{\partial v}{\partial y} = 0. \tag{11}$$

Bei *achsensymmetrischer* Strömung verschwindet $\dfrac{\partial \varrho}{\partial z}$ auf $z = 0$. Für w hingegen besteht folgende Bindung:

$$\frac{w}{v} = \frac{z}{y}. \tag{12}$$

Daraus folgt:

$$\frac{\partial w}{\partial z} = \frac{z}{y}\,\frac{\partial v}{\partial z} + \frac{v}{y}$$

und folglich in der x, y-Ebene $(z = 0)$:

$$z = 0: \quad \frac{\partial w}{\partial z} = \frac{v}{y}. \tag{13}$$

Damit lautet die Kontinuitätsbedingung für achsensymmetrische Strömung (in der x, y-Ebene):

$$\frac{\partial(\varrho\,u)}{\partial x} + \frac{\partial(\varrho\,v)}{\partial y} + \frac{\varrho\,v}{y} = 0, \tag{14}$$

oder auch nach Multiplikation mit y entsprechend Gl. (10):

$$\frac{\partial(\varrho\,u\,y)}{\partial x} + \frac{\partial(\varrho\,v\,y)}{\partial y} = 0. \tag{15}$$

Die gasd. Gl. reduziert sich auf:

$$(c^2 - u^2)\frac{\partial u}{\partial x} - u\,v\left(\frac{\partial u}{\partial y} + \frac{\partial v}{\partial x}\right) + (c^2 - v^2)\frac{\partial v}{\partial y} + c^2\,\frac{v}{y} = 0. \tag{16}$$

Da sich in allen Meridianebenen durch die x-Achse bei achsensymmetrischer Strömung dasselbe Bild ergibt, kann bei dieser v einfach als Radialkomponente der Geschwindigkeit und y als Abstand von der x-Achse gedeutet werden.

Das Problem des angestellten achsensymmetrischen Körpers wird gleichzeitig mit dem entsprechenden räumlichen Fall in Abschnitt 7 behandelt.

3. Geschwindigkeitspotential.

Bei *drehungsfreier* räumlicher Strömung läßt sich der Geschwindigkeitsvektor als Gradient eines Potentials ($\mathfrak{w} = \operatorname{grad}\varPhi$) darstellen. Für die Komponenten ergibt sich:

$$u = \varPhi_x, \quad v = \varPhi_y, \quad w = \varPhi_z. \tag{17}$$

Diese Gleichungen befriedigen identisch die Gleichung der Wirbelfreiheit. Der Geschwindigkeitsbetrag ist durch den Betrag

$$W = |\operatorname{grad}\varPhi| = \left|\sqrt{\varPhi_x{}^2 + \varPhi_y{}^2 + \varPhi_z{}^2}\right| \tag{18}$$

gegeben. Bei *ebener* oder *achsensymmetrischer* Strömung fallen die Ableitungen nach z fort. Es bleiben lediglich die Ableitungen nach x und y, deren Verhältnis die Richtung der Stromlinie anzeigt. Ist ϑ der Winkel, den diese mit der x-Achse einschließt, so gilt:

$$\operatorname{tg} \vartheta = \frac{v}{u} = \Phi_y / \Phi_x. \tag{19}$$

Die *gasd.* Gl. kann nun wie folgt geschrieben werden:

räumlich:

$$\left(1 - \frac{u^2}{c^2}\right)\Phi_{xx} + \left(1 - \frac{v^2}{c^2}\right)\Phi_{yy} + \left(1 - \frac{w^2}{c^2}\right)\Phi_{zz} +$$
$$- 2\frac{uv}{c^2}\Phi_{xy} - 2\frac{vw}{c^2}\Phi_{yz} - 2\frac{wu}{c^2}\Phi_{zx} = 0;$$

eben:

$$\left(1 - \frac{u^2}{c^2}\right)\Phi_{xx} - 2\frac{uv}{c^2}\Phi_{xy} + \left(1 - \frac{v^2}{c^2}\right)\Phi_{yy} = 0; \tag{20}$$

achsensymmetrisch:

$$\left(1 - \frac{u^2}{c^2}\right)\Phi_{xx} - 2\frac{uv}{c^2}\Phi_{xy} + \left(1 - \frac{v^2}{c^2}\right)\Phi_{yy} + \frac{1}{y}\Phi_y = 0.$$

Hierin können u, v, w und c durch erste Ableitungen von Φ ausgedrückt werden, womit eine einzige Gleichung für die Funktion Φ gefunden ist. Sie ist in den höchsten Ableitungen linear, weshalb von einer *quasilinearen* Differentialgleichung *zweiter* Ordnung gesprochen wird.

Vielfach ist es vorteilhaft, nur die Geschwindigkeitsunterschiede zu einer konstanten Anströmgeschwindigkeit $W = u_\infty$ als Ableitung eines *Störpotentials* φ einzuführen. Dann ist:

$$\varphi = \Phi - u_\infty x; \qquad u - u_\infty = \varphi_x, \quad v = \varphi_y, \quad w = \varphi_z. \tag{21}$$

Wie Φ erfüllt auch φ die Gleichungen der Wirbelfreiheit identisch. Auch für φ ergibt sich eine quasilineare Differentialgleichung zweiter Ordnung. Keineswegs ist die Einführung eines Störpotentials an kleine Störungen gebunden.

4. Stromfunktion.

Wie bei instationärer Strömung (Abschnitt III, 10), läßt sich auch bei stationärer Strömung die Kontinuitätsbedingung durch Einführung einer „*Stromfunktion*" identisch befriedigen, wenn lediglich zwei unabhängige Veränderliche auftreten. Es ist:

für ebene Strömung:
$$\varrho u = \Psi_y, \qquad \varrho v = -\Psi_x,$$

für achsensymmetrische Strömung:
$$y\varrho u = \Psi_y, \qquad y\varrho v = -\Psi_x \tag{22}$$

zu setzen, womit Gl. (10) und (15) befriedigt ist.

Der Betrag des Gradienten ist bei ebener Strömung gleich der Stromdichte, bei achsensymmetrischer Strömung gleich der mit y multiplizierten Stromdichte:

ebene Strömung:
$$\varrho W = \sqrt{\Psi_x{}^2 + \Psi_y{}^2} = |\operatorname{grad} \Psi|,$$

achsensymmetrische Strömung:
$$y\varrho W = \sqrt{\Psi_x{}^2 + \Psi_y{}^2} = |\operatorname{grad} \Psi|. \tag{23}$$

In beiden Fällen gibt $\Psi = $ konst. die Gleichung der Stromlinie. Es ist nämlich:

$$\operatorname{tg} \vartheta = \frac{v}{u} = -\Psi_x / \Psi_y. \tag{24}$$

Durch eine entsprechende Bildung war auch bei instationärer Strömung die Richtung der Teilchenbahn gegeben. Eine Gegenüberstellung von Gl. (24) und

Gl. (19) zeigt, daß Potentiallinie (Φ = konst.) und Stromlinie (Ψ = konst.) stets *senkrecht* aufeinander stehen (Abb. 94). Doch kann das Strömungsfeld nur bei dichtebeständiger Strömung ($M \ll 1$) in ein Kurvennetz aufgelöst werden, das in kleinsten Abständen lauter Quadrate bildet. Damit sind konforme Abbildungen auf kompressible Strömungen im allgemeinen nicht mehr anwendbar.

Während die Einführung eines Geschwindigkeitspotentials auch bei drei unabhängigen Veränderlichen möglich ist, aber an Wirbelfreiheit gebunden ist, kann die Stromfunktion auch beim Vorhandensein von Wirbeln benutzt werden, erfordert aber eine Beschränkung auf zwei Unabhängige. Wie bei der instationären Strömung (Abschnitt III, 10), wird auch beim Croccoschen Satz zweckmäßig der Umstand ausgenutzt, daß die Entropie s nur von Ψ abhängt, da sie ja auf Stromlinien konstant ist.

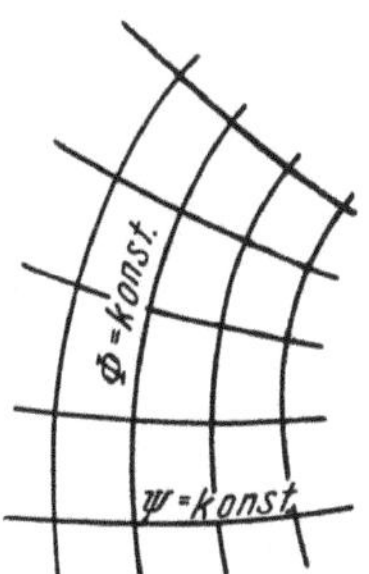

Abb. 94. Orthogonalität von Stromlinien (Ψ = konst.) und Potentiallinien (Φ = konst.).

Eine Funktion $\Psi\,(x, y, z)$ = konst. stellt im Raume keine Kurve, sondern eine Fläche dar. Deshalb lassen sich die Potentialflächen wohl durch $\Phi\,(x, y, z)$ = konst. darstellen, nicht aber die Stromlinien. Für deren Darstellung braucht man zwei Flächenscharen $\Psi_1\,(x, y, z)$ = konst. und $\Psi_2\,(x, y, z)$ = konst. Die Kontinuitätsbedingung (1) läßt sich befriedigen mit dem Ansatz[24]:

$$\varrho\,\mathfrak{w} = \operatorname{grad}\Psi_1 \times \operatorname{grad}\Psi_2.$$

Es ergibt sich bei ebener oder bei achsensymmetrischer Strömung in der Ebene $z = 0$ mit $w = 0$ aus Gl. (IV, 27):

$$v\left(\frac{\partial v}{\partial x} - \frac{\partial u}{\partial y}\right) = -T\frac{\partial s}{\partial x} = +T\frac{ds}{d\Psi}\varrho\,v \quad\left(= T\frac{ds}{d\Psi}\,y\,\varrho\,v\right).$$

$$-u\left(\frac{\partial v}{\partial x} - \frac{\partial u}{\partial y}\right) = -T\frac{\partial s}{\partial y} = -T\frac{ds}{d\Psi}\varrho\,u \quad\left(= -T\frac{ds}{d\Psi}\,y\,\varrho\,u\right).$$

In Klammern sind jeweils die rechten Gleichungsseiten bei Achsensymmetrie beigefügt. Beide Gleichungen ergeben dasselbe Resultat:

$$\frac{\partial v}{\partial x} - \frac{\partial u}{\partial y} = T\,\varrho\,\frac{ds}{d\Psi} \quad\left(= T\,\varrho\,y\,\frac{ds}{d\Psi}\right). \tag{25}$$

Für ein id. Gas konst. sp. W. lautet der *Croccosche Satz* schließlich bei *ebener* Strömung:

$$\frac{\partial v}{\partial x} - \frac{\partial u}{\partial y} = \frac{p}{c_p - c_v}\frac{ds}{d\Psi} = \frac{p}{p_0{}'}\frac{p_0{}'}{c_p - c_v}\frac{ds}{d\Psi} \tag{26}$$

und bei *achsensymmetrischer* Strömung:

$$\frac{\partial v}{\partial x} - \frac{\partial u}{\partial y} = \frac{y\,p}{c_p - c_v}\frac{ds}{d\Psi} = y\,\frac{p}{p_0{}'}\frac{p_0{}'}{c_p - c_v}\frac{ds}{d\Psi}, \tag{27}$$

mit $p_0{}'$ als Ruhedruck.

Da der Ruhedruck in Verdichtungsstößen springt, ist in solchen Fällen $p_0{}'$ stets der Ruhedruck $\hat{p}_0$ nach dem letzten Stoß auf derselben Stromlinie. In Gl. (26) und (27) läßt sich $p/p_0{}'$ mittels der Bernoullischen Gleichung (II, 52) durch den Geschwindigkeitsbetrag ersetzen, $\dfrac{ds}{d\Psi}$ und $p_0{}'$ sind dagegen auf Stromlinien konstant, also nur Funktion von Ψ.

Um eine einzige Gleichung für die Stromfunktion zu gewinnen, sind in Gl. (26) und (27) die Ableitungen $\dfrac{\partial v}{\partial x}$ und $\dfrac{\partial u}{\partial y}$ durch solche von Ψ auszudrücken. Die Rechnung soll für den ebenen Fall kurz durchgeführt werden. Es ist mit Gl. (22):

$$\Psi_x = -\varrho_0{}'\frac{\varrho}{\varrho_0{}'}\,v; \quad \Psi_y = \varrho_0{}'\frac{\varrho}{\varrho_0{}'}\,u.$$

Hierin ist die Ruhedichte ϱ_0' nur Funktion von Ψ und $\dfrac{\varrho}{\varrho_0'}$ nur Funktion von $W^2/W^2_{\max}$. Insbesondere gilt mit Gl. (II, 48):

$$\frac{d\left(\dfrac{\varrho}{\varrho_0'}\right)}{dW} = -\frac{M^2}{W}\frac{\varrho}{\varrho_0'} = -\frac{W}{c^2}\frac{\varrho}{\varrho_0'},$$

weil ϱ_0' als isentrope Ruhedichte definiert ist. Man findet:

$$\frac{1}{\varrho}\Psi_{xx} = -\left(1-\frac{v^2}{c^2}\right)\frac{\partial v}{\partial x} + \frac{uv}{c^2}\frac{\partial u}{\partial x} + \frac{\varrho}{\varrho_0'}v^2\frac{d\varrho_0'}{d\Psi};$$

$$\frac{1}{\varrho}\Psi_{xy} = \left(1-\frac{u^2}{c^2}\right)\frac{\partial u}{\partial x} - \frac{uv}{c^2}\frac{\partial v}{\partial x} - \frac{\varrho}{\varrho_0'}uv\frac{d\varrho_0'}{d\Psi};$$

$$\frac{1}{\varrho}\Psi_{xy} = -\left(1-\frac{v^2}{c^2}\right)\frac{\partial v}{\partial y} + \frac{uv}{c^2}\frac{\partial u}{\partial y} - \frac{\varrho}{\varrho_0'}uv\frac{d\varrho_0'}{d\Psi};$$

$$\frac{1}{\varrho}\Psi_{yy} = \left(1-\frac{u^2}{c^2}\right)\frac{\partial u}{\partial y} - \frac{uv}{c^2}\frac{\partial v}{\partial y} + \frac{\varrho}{\varrho_0'}u^2\frac{d\varrho_0'}{d\Psi}.$$

Aus den ersten beiden Gleichungen kann $\dfrac{\partial u}{\partial x}$, aus den letzten beiden Gleichungen $\dfrac{\partial v}{\partial y}$ eliminiert werden. Wird ferner mit Gl. (II, 41), die nicht nur für verlustlose Strömungen, sondern für alle isoenergetischen Strömungen gilt, die Ableitung der Ruhedichte nach Ψ durch die Ableitung von s' nach Ψ ersetzt, so ergibt sich für die *ebene Strömung*:

$$\left(1-\frac{u^2}{c^2}\right)\Psi_{xx} - 2\frac{uv}{c^2}\Psi_{xy} + \left(1-\frac{v^2}{c^2}\right)\Psi_{yy} =$$

$$= -\frac{\varrho}{\varrho_0'}\frac{p}{p_0'}[1+(\varkappa-1)M^2]\frac{\varrho_0'p_0'}{c_p-c_v}\frac{ds'}{d\Psi}. \tag{28}$$

Auf entsprechendem Weg erhält man bei *Achsensymmetrie*:

$$\left(1-\frac{u^2}{c^2}\right)\Psi_{xx} - 2\frac{uv}{c^2}\Psi_{xy} + \left(1-\frac{v^2}{c^2}\right)\Psi_{yy} - \frac{1}{y}\Psi_y =$$

$$= -y^2\frac{\varrho}{\varrho_0'}\frac{p}{p_0'}[1+(\varkappa-1)M^2]\frac{\varrho_0'p_0'}{c_p-c_v}\frac{ds'}{d\Psi}. \tag{29}$$

Auf der rechten Gleichungsseite von (28) und (29) lassen sich $\dfrac{\varrho}{\varrho_0'}$, $\dfrac{p}{p_0'}$ und der Ausdruck in der eckigen Klammer auf den Geschwindigkeitsbetrag W zurückführen, der Rest hängt nur mehr von Ψ ab. Auffallend ist die große Ähnlichkeit der linken Gleichungsseite mit jener von Gl. (20). Während es sich dort aber um die Kontinuitätsbedingung handelt, welche das Geschwindigkeitspotential erfüllen muß, handelt es sich in Gl. (28) und (29) um den Croccoschen Wirbelsatz und im Grenzfall $\dfrac{ds'}{d\Psi} = 0$ um die Wirbelfreiheit. Die Ähnlichkeit beider Gleichungen besteht auch nur, solange c und die Geschwindigkeitskomponenten u, v nicht durch die Ableitungen von Φ und Ψ ausgedrückt werden. Dies ist bei der Stromfunktion recht kompliziert. Mit Gl. (23) ist bei ebener Strömung die Stromdichte durch $|\mathrm{grad}\,\Psi|$ gegeben. Schon bei isentroper Strömung läßt sich die Geschwindigkeit und Dichte nicht analytisch (und auch nicht eindeutig) durch die Stromdichte ausdrücken. Bei anisentroper Strömung spielt außerdem noch das von Ψ abhängige ϱ_0' herein. Die letzte Schwierigkeit läßt sich allerdings durch eine von L. Crocco[1] eingeführte Stromfunktion umgehen.

Anstatt der Stromfunktion Ψ in Gl. (22) kann auch eine Stromfunktion $\overline{\Psi}$ wie folgt angesetzt werden:

$$\overline{\Psi}_x = f(\Psi) \cdot \Psi_x, \qquad \overline{\Psi}_y = f(\Psi) \cdot \Psi_y,$$

wobei f jede beliebige Funktion der Stromdichte sein kann. Es gilt dann auch:

$$d\overline{\Psi} = \overline{\Psi}_x \, dx + \overline{\Psi}_y \, dy = f \, d\Psi.$$

Die neue Stromfunktion kann direkt in Gl. (28) eingeführt werden und ergibt dann für *ebene* Strömung:

$$\left(1 - \frac{u^2}{c^2}\right) \overline{\Psi}_{xx} - 2 \frac{u\,v}{c^2} \overline{\Psi}_{xy} + \left(1 - \frac{v^2}{c^2}\right) \overline{\Psi}_{yy} =$$

$$= -f^2 \frac{\varrho}{\varrho_0{}'} \frac{p}{p_0{}'} \left[1 + (\varkappa - 1) M^2 - \varkappa M^2 \frac{c_p - c_v}{f} \frac{df}{ds'} \right] \frac{\varrho_0{}'\, p_0{}'}{c_p - c_v} \frac{ds'}{d\overline{\Psi}}. \tag{30}$$

Crocco wählt $f = \dfrac{1}{\varrho_0{}'}$ und erreicht damit, daß u, v, c, ϱ/ϱ_0 usw. nur mehr von den Ableitungen von Ψ, nicht mehr aber von der Größe selbst abhängt. Die Croccosche Stromfunktion springt aber an einem senkrechten Stoß.

Gl. (28), (29) und (30) sind außerordentlich kompliziert und können daher nur für allgemeine Aussagen oder unter Vernachlässigungen benutzt werden.

Vielfach ist es nützlich, mit *Störstromfunktionen* zu arbeiten:

ebene Strömung:

$$\psi = \Psi - u_\infty \varrho_\infty y; \qquad \psi_x = -\varrho\,v; \qquad \psi_y = u\,\varrho - u_\infty \varrho_\infty,$$

achsensymmetrische Strömung:

$$\tag{31}$$

$$\psi = \Psi - u_\infty \varrho_\infty \frac{y^2}{2}; \qquad \psi_x = -y\,\varrho\,v; \qquad \psi_y = y\,\varrho\,u - y\,\varrho_\infty\,u_\infty.$$

$u_\infty \varrho_\infty$ ist dabei als Stromdichte im Anströmgebiet anzusehen. Es ist zu beachten, daß dann $\psi = $ konst. nicht Stromlinie ist.

5. Typenunterscheidung.

Bei Strömungsgeschwindigkeiten, die klein gegen die Schallgeschwindigkeit sind, ist die Strömung unter den getroffenen Voraussetzungen sicher wirbelfrei und die gasd. Gl. für das Potential Gl. (20) und für die Stromfunktion Gl. (28) reduziert sich bei ebener Strömung nach Streichung aller Glieder mit den Koeffizienten $\dfrac{u^2}{c^2}$, $\dfrac{v^2}{c^2}$ und $\dfrac{u\,v}{c^2}$ ohne weiteres auf die Laplacesche Gleichung:

$$\Delta\Phi = \Phi_{xx} + \Phi_{yy} = 0; \qquad \Delta\Psi = \Psi_{xx} + \Psi_{yy} = 0. \tag{32}$$

Wirbelfreiheit und gasd. Gl. (11), in welcher nun die Summanden mit den Koeffizienten c^2 die einzig ausschlaggebenden sind, ergeben für die Geschwindigkeitskomponenten die Cauchy-Riemannschen Differentialgleichungen

$$\frac{\partial u}{\partial x} + \frac{\partial v}{\partial y} = 0; \qquad \frac{\partial u}{\partial y} - \frac{\partial v}{\partial x} = 0. \tag{33}$$

Bei kleinen Mach-Zahlen ist die Änderung der Dichte praktisch bedeutungslos [nach Gl. (II, 56) ergibt sich bei einer Geschwindigkeit von 60 m/sec eine Dichte, welche nur 2% unter der Ruhedichte liegt]. Das Medium muß sich also so bewegen, als ob es unzusammendrückbar wäre.

Bei einer Überschallströmung jedoch, bei welcher lediglich $v \ll c$, hingegen ständig $u > c$ ist, hat die zweite Ableitung von Φ und Ψ nach x in Gl. (20) und (28) einen Koeffizienten, dessen Vorzeichen zu jenen der zweiten Ableitungen nach y gerade entgegengesetzt ist. Die Gleichungen haben mit der Laplaceschen

Gl. (32) nichts mehr gemein, sie ähneln vielmehr der Wellengleichung (III, 52) und (III, 56).

Beispielsweise sei angenommen, es handle sich um kleine Störungen in einer Parallelströmung $u = u_\infty$, $v = 0$, $c = c_\infty$. Unter Berücksichtigung nur von Gliedern der ersten Ordnung (Linearisierung) lautet die gasd. Gl. (11) dann:

$$(1 - M_\infty^2)\,\frac{\partial u}{\partial x} + \frac{\partial v}{\partial y} = 0, \tag{34}$$

oder nach Einführen eines Störpotentials Gl. (21):

$$(1 - M_\infty^2)\,\varphi_{xx} + \varphi_{yy} = 0; \qquad (M_\infty^2 - 1)\,\varphi_{xx} - \varphi_{yy} = 0. \tag{35}$$

In der ersten Gleichung ist der Klammerausdruck bei $M_\infty < 1$, in der zweiten bei $M_\infty > 1$ positiv. Die allgemeinste Lösung der Wellengleichung wurde bereits unter (III, 58) angegeben. Sie lautet:

$$\varphi = F_1\left(x - \sqrt{M_\infty^2 - 1}\; y\right) + F_2\left(x + \sqrt{M_\infty^2 - 1}\; y\right). \tag{36}$$

Es ist nun nicht erforderlich, daß man sich auf reelle Funktionen und Argumente beschränkt. Bei komplexen Lösungen linearer Gleichungen ist bekanntlich der Real- und Imaginärteil für sich eine Lösung. So kann Gl. (36) durchaus noch als Lösung für $M_\infty < 1$ benutzt werden, wenn beim Herausschälen des Realteiles nur beachtet wird, daß $\sqrt{M_\infty^2 - 1} = i\sqrt{1 - M_\infty^2}$ imaginär ist.

Für $F_1(\eta) = u_\infty A\, e^{-i\eta}$ und $F_2(\eta) \equiv 0$ ist bei $M_\infty < 1$:

$$\varphi = u_\infty A\, e^{-i\,(x - i\sqrt{1 - M_\infty^2}\, y)} = u_\infty A\, e^{-\sqrt{1 - M_\infty^2}\, y}\,(\cos x + i\sin x),$$

bei $M_\infty > 1$ dagegen

$$\varphi = u_\infty A\; e^{-i\,(x - \sqrt{M_\infty^2 - 1}\, y)} =$$
$$= u_\infty A\left[\cos\left(x - \sqrt{M_\infty^2 - 1}\; y\right) - i\sin\left(x - \sqrt{M_\infty^2 - 1}\; y\right)\right].$$

Die Realteile ergeben also folgende Lösungen von Gl. (35):

$M_\infty < 1$:

$$\varphi = u_\infty A\, e^{-\sqrt{1 - M_\infty^2}\, y}\,\cos x; \qquad \frac{u}{u_\infty} - 1 = - A\, e^{-\sqrt{1 - M_\infty^2}\, y}\,\sin x;$$

$$\frac{v}{u_\infty} = - A\,\sqrt{1 - M_\infty^2}\; e^{-\sqrt{1 - M_\infty^2}\, y}\,\cos x. \tag{37}$$

$M_\infty > 1$:

$$\varphi = u_\infty A\,\cos\left(x - \sqrt{M_\infty^2 - 1}\; y\right);$$

$$\frac{u}{u_\infty} - 1 = - A\,\sin\left(x - \sqrt{M_\infty^2 - 1}\; y\right); \tag{38}$$

$$\frac{v}{u_\infty} = A\,\sqrt{M_\infty^2 - 1}\,\sin\left(x - \sqrt{M_\infty^2 - 1}\; y\right) = - \sqrt{M_\infty^2 - 1}\left(\frac{u}{u_\infty} - 1\right).$$

Bei kleinen Störungen in einer Parallelströmung ist $\dfrac{v}{u_\infty}$ in erster Näherung die Neigung der Stromlinie:

$$\operatorname{tg}\vartheta = \frac{v}{u} = \frac{v}{u_\infty + (u - u_\infty)} = \frac{v}{u_\infty}\left[1 - \frac{u - u_\infty}{u_\infty} + \left(\frac{u - u_\infty}{u_\infty}\right)^2 + \ldots\right]. \tag{39}$$

In unmittelbarer Umgebung von $y = 0$ hat die Stromlinie im wesentlichen die Form einer harmonischen Welle. Während sich aber diese Form bei Überschallströmung in der Richtung $\dfrac{y}{x} = \dfrac{1}{\sqrt{M_\infty^2 - 1}}$ bis ins Unendliche unverändert reproduziert, nimmt die Amplitude bei Unterschallströmung mit einer e-Potenz in y-Richtung ab (Abb. 95). Bei stationärer Strömung ist also das Verhalten einer Unter- und Überschallströmung grundverschieden.

In einer Überschallströmung vermögen nur außerordentlich kräftige stoßartige Störungen stromaufwärts zu laufen. Schwache Störungen hingegen, wie sie durch schlanke Körper oder durch stetig gekrümmte Berandungen hervorgerufen werden, laufen relativ zum ruhenden Medium mit Schallgeschwindigkeit, vermögen sich also überhaupt nur in einem bestimmten Winkelbereich stromabwärts geltend zu machen (Abb. 96). Es ergeben sich bei der stationären Überschallströmung wie bei der instationären Unter- und Überschallströmung Einflußgebiete (Abschnitt III, 25), woraus sich die nahe Verwandtschaft der entsprechenden Differentialgleichungen physikalisch erklärt. In einer stationären Überschallströmung können sich stehende Schallwellen ausbilden. Damit eine solche weder stromaufwärts läuft noch stromabwärts getragen wird, muß die Normalkomponente der Geschwindigkeit auf die Schallwellenfront der örtlichen Schallgeschwindigkeit c gleich sein. Der Winkel α, welchen die Wellenfront mit der Geschwindigkeitsrichtung einschließt, heißt *Machscher Winkel*. Es ergibt sich für ebene

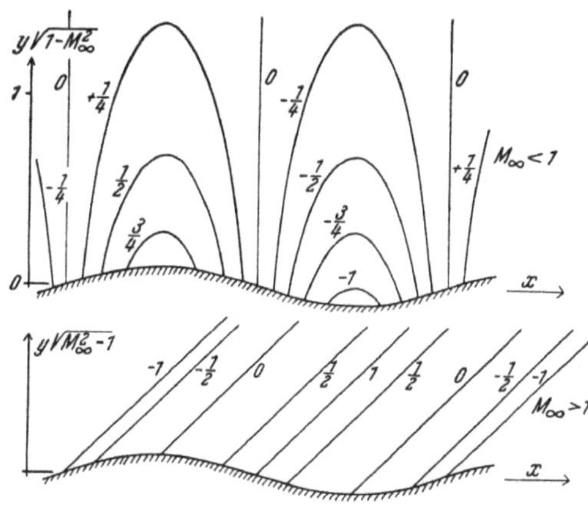

Abb. 95. Kurven konstanter Geschwindigkeit (Isotachen) an einer welligen Wand (bei Linearisierung).

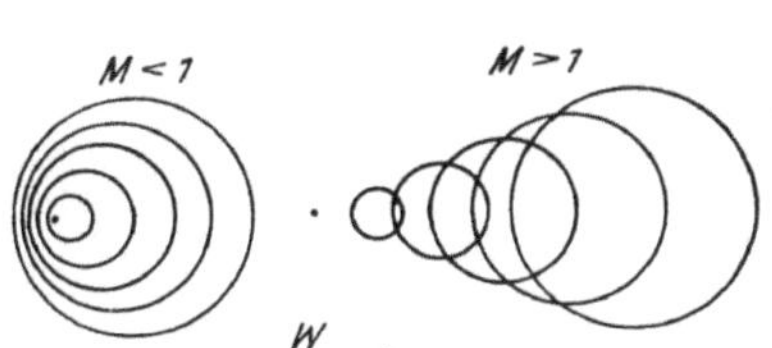

Abb. 96. Kreisförmige Ausbreitung einer kleinen Störung in einer Unterschall- und einer Überschallparallelströmung.

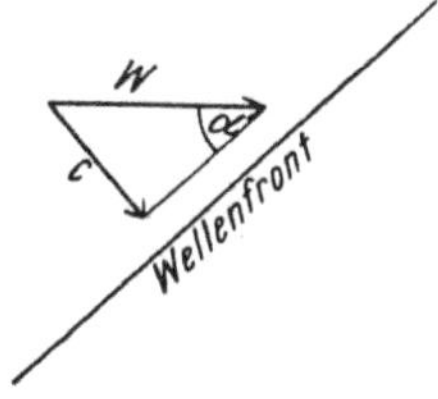

Abb. 97. Stehende Welle.

oder achsensymmetrische Strömung die Abb. 97. α steht offenbar zur Machschen Zahl in folgender Beziehung:

$$\sin \alpha = \frac{c}{W} = \frac{1}{M}. \tag{40}$$

In jedem Punkt eines ebenen oder achsensymmetrischen stationären Überschallfeldes gibt es zwei mögliche, zur Geschwindigkeitsrichtung ϑ symmetrische Lagen stehender Schallwellen mit den Neigungen:

$$\vartheta + \alpha \quad \text{und} \quad \vartheta - \alpha. \tag{41}$$

Das Richtungsfeld dieser Wellenfronten liefert, wieder in voller Analogie zur instationären Fadenströmung, ein aus zwei Scharen „*Machscher Linien*"[20] bestehendes Kurvennetz. Diese müssen bei gemischter Unter-Überschallströmung stets an der Schallisotache oder „*Schallinie*" enden, wo sie unter einer Neigung von 90° zur Strömungsrichtung [siehe Gl. (40)] einmünden. Dort fallen also beide Scharen Machscher Linien zusammen. Auch bei $M = \infty$ gibt es nur mehr eine Schar Machscher Linien mit dem gemeinsamen Winkel $\alpha = 0°$.

Bei der unter Annahme kleiner Störungen gewonnenen linearisierten Gl. (35) ergeben sich die Machschen Linien als zwei Scharen paralleler Geraden. In der Richtung der einen reproduziert sich in Abb. 95 die Wellenform ungedämpft.

Bei stationärer Unterschallströmung gibt es keine zu den Machschen Linien analogen Kurven. Der Machsche Winkel in Gl. (40) erweist sich als imaginär. Eine Störung macht sich, wenn auch in größerer Entfernung nur in sehr geringem Maße, nach allen Richtungen geltend. Es gibt keine Einflußgebiete. Eine Unterschallströmung hat also in dieser Hinsicht alle von der dichtebeständigen Strömung her bekannten Eigenschaften, wenngleich sich die Lösung der sie betreffenden Aufgaben im allgemeinen als bedeutend schwieriger erweisen wird.

Der an den linearisierten Gl. (35) besprochene Typenunterschied besteht ebenso in den kompletten Gl. (20), (28) und (29) oder in den Gleichungssystemen (11), (26) und (16), (27). Er erklärt sich ja völlig aus dem unterschiedlichen Verhalten einer Strömung bei $M < 1$ und $M > 1$. In Analogie zu den entsprechenden Kegelschnittsgleichungen wird der eine stationäre ebene

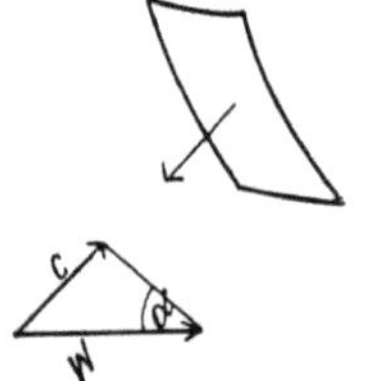

Abb. 98. Wellenfront im Raume.

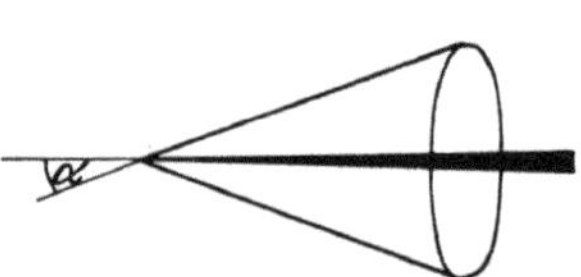

Abb. 99. Machscher Kegel.

oder achsensymmetrische Unterschallströmung beschreibende Gleichungstypus (im einfachsten Falle die Laplacesche Gleichung) als „*elliptisch*", der eine stationäre ebene oder achsensymmetrische Überschallströmung oder eine beliebige instationäre Fadenströmung beschreibende Gleichungstypus (im einfachsten Falle die Wellengleichung) als „*hyperbolisch*" bezeichnet. Die Verschiedenheit der Typen erklärt ihre getrennte Behandlung in den nächsten beiden Kapiteln. Eine mathematisch präzise Unterscheidung ergibt sich bei der Behandlung der stationären Überschallströmung in Teil VIII.

Als „*parabolisch*" wird jener Differentialgleichungstypus bezeichnet, bei welchem lediglich eine zweite Ableitung nach der einen Veränderlichen auftritt. Die Probleme der ebenen, achsen- oder kugelsymmetrischen instationären Wärmeleitung ergeben dafür physikalische Beispiele. Bei der stationären, kompressiblen Strömung nehmen die Gleichungen diesen Typus, dem eine Mittelstellung zwischen dem elliptischen und hyperbolischen Typus zukommt, lediglich auf einer Kurve, nämlich der Schallinie, an, weshalb er im folgenden von untergeordneter Bedeutung ist. Der Übergang von $M < 1$ auf $M > 1$ ist mit einem Typenwechsel verbunden. Daher stellt die „*schallnahe*" Strömung (Teil IX) eines der schwierigsten Gebiete der Gasdynamik dar.

Auch in der räumlichen stationären Überschallströmung rufen kleine Störungen stehende Schallwellen hervor. Hier muß nun die Komponente der Geschwindigkeit in Richtung der Flächennormalen der Schallgeschwindigkeit c gleich sein (Abb. 98). Eine kleine Störung, bedingt etwa durch eine scharfe Spitze, erzeugt eine kegelförmige stehende Schallwelle (*Machscher Kegel*), welche das Einflußgebiet der Störung abgrenzt (Abb. 99). Wieder gibt es nichts Entsprechendes in einer stationären Unterschallströmung. Bei drei unabhängigen Veränderlichen ist jedoch die Typenunterscheidung problematischer. Um dies zu erkennen, sei eine schwach gestörte Parallelströmung in x-Richtung betrachtet. Ganz entsprechend zu Gl. (35) kann dann aus der ersten Gl. (20) eine linearisierte Form für ein Störpotential φ abgeleitet werden:

$$(1 - M_\infty^2)\,\varphi_{xx} + \varphi_{yy} + \varphi_{zz} = 0. \tag{42}$$

Bei Unterschallströmung ($M_\infty < 1$) sind die Koeffizienten aller drei Ableitungen positiv. Damit entspricht Gl. (42) völlig dem elliptischen Typus. Bei Überschallströmung ($M_\infty > 1$) erhält φ_{xx} einen negativen Koeffizienten und Gl. (42) erhält, je nachdem, ob die Änderungen in x-Richtung oder etwa in y-Richtung bedeutungslos werden, elliptischen oder hyperbolischen Charakter. Gl. (42) enthält sowohl die *ebene* Überschallströmung als etwa auch die Überschallströmung um einen unendlich langen, nahezu axial angeströmten Kreiszylinder. Letztere kann aber einfach dadurch gewonnen werden, daß ein mit sehr kleiner Geschwindigkeit quer zur Achse angeströmter Kreiszylinder aus einem axial mit Überschallgeschwindigkeit bewegten Bezugsystem betrachtet wird. Damit ist die Lösung aus einem typisch elliptischen Problem abgeleitet. Das Auftreten elliptischer Elemente wird bei der Behandlung des Pfeileffektes (Abschnitt 21) und bei der Behandlung kegeliger Überschallströmungen (Abschnitt X, 5) besonders deutlich.

6. Koordinaten-Transformationen.

Das Einführen neuer Koordinaten ist sowohl für manche allgemeine Betrachtungen als auch für das Auffinden spezieller Lösungen vorteilhaft. Zunächst seien für ebene oder achsensymmetrische Strömungen zwei neue unabhängige Veränderliche ξ und η gewählt:

$$\xi = \xi(x, y); \quad \eta = \eta(x, y). \tag{43}$$

Für die Ableitungen gelten dann folgende Beziehungen:

$$\xi_x = \frac{y_\eta}{x_\xi\,y_\eta - x_\eta\,y_\xi}; \quad \xi_y = -\frac{x_\eta}{x_\xi\,y_\eta - x_\eta\,y_\xi}; \quad \eta_x = -\frac{y_\xi}{x_\xi\,y_\eta - x_\eta\,y_\xi};$$

$$\eta_y = \frac{x_\xi}{x_\xi\,y_\eta - x_\eta\,y_\xi}; \quad \xi_x\,\eta_y - \xi_y\,\eta_x = \frac{1}{x_\xi\,y_\eta - x_\eta\,y_\xi}. \tag{44}$$

Der letzte Ausdruck, die sogenannte Jakobische Determinante der ξ, η nach den x, y, muß stets endliche, von Null verschiedene Werte haben, wenn die Transformation in Gl. (43) umkehrbar eindeutig sein soll.

Im folgenden werden die Glieder, welche bei achsensymmetrischer Strömung zu denen der ebenen Strömung hinzukommen, in geschweifte Klammern gesetzt. *Kontinuitäts*bedingung (10) und (14) lauten dann:

$$\varrho\,u_\xi\,\xi_x + \varrho\,u_\eta\,\eta_x + \varrho\,v_\xi\,\xi_y + \varrho\,v_\eta\,\eta_y + \varrho_\xi\,(u\,\xi_x + v\,\xi_y) +$$
$$+ \varrho_\eta\,(u\,\eta_x + v\,\eta_y) + \left\{\frac{\varrho\,v}{y}\right\} = 0. \tag{45}$$

y im Nenner des letzten Gliedes kann durch ξ, η nur ersetzt werden, wenn die Transformation Gl. (43) explizit gegeben ist.

In den Eulerschen Gl. (46) sowie im Energiesatz (47) besteht bei ebener und achsensymmetrischer Strömung kein Unterschied:

$$\varrho\,u_\xi\,(u\,\xi_x + v\,\xi_y) + \varrho\,u_\eta\,(u\,\eta_x + v\,\eta_y) + p_\xi\,\xi_x + p_\eta\,\eta_x = 0;$$
$$\varrho\,v_\xi\,(u\,\xi_x + v\,\xi_y) + \varrho\,v_\eta\,(u\,\eta_x + v\,\eta_y) + p_\xi\,\xi_y + p_\eta\,\eta_y = 0. \tag{46}$$

Der *Energiesatz* folgt aus Gl. (4):

$$p_\xi\,(u\,\xi_x + v\,\xi_y) + p_\eta\,(u\,\eta_x + v\,\eta_y) - c^2\,\varrho_\xi\,(u\,\xi_x + v\,\xi_y) - c^2\,\varrho_\eta\,(u\,\eta_x + v\,\eta_y) = 0. \tag{47}$$

Die *gasd.* Gl. lautet:

$$u_\xi\,[(c^2-u^2)\,\xi_x - u\,v\,\xi_y] + u_\eta[(c^2-u^2)\,\eta_x - u\,v\,\eta_y] + v_\xi\,[(c^2-v^2)\,\xi_y +$$
$$- u\,v\,\xi_x] + v_\eta\,[(c^2-v^2)\,\eta_y - u\,v\,\eta_x] + \left\{c^2\,\frac{v}{y}\right\} = 0 \tag{48}$$

und die Gleichung für die *Drehungsfreiheit*:

$$u_\xi\,\xi_y + u_\eta\,\eta_y - v_\xi\,\xi_x - v_\eta\,\eta_x = 0. \tag{49}$$

Für den häufig verwendeten Fall, daß es sich bei Gl. (43) um *orthogonale* Koordinaten handelt, wird zweckmäßig der Winkel β eingeführt, welchen die ξ-Richtung ($\eta = $ konst.) mit der x-Richtung ($y = $ konst.) einschließt. Denselben Winkel β schließen η- und y-Richtung miteinander ein. Er ist im allgemeinen

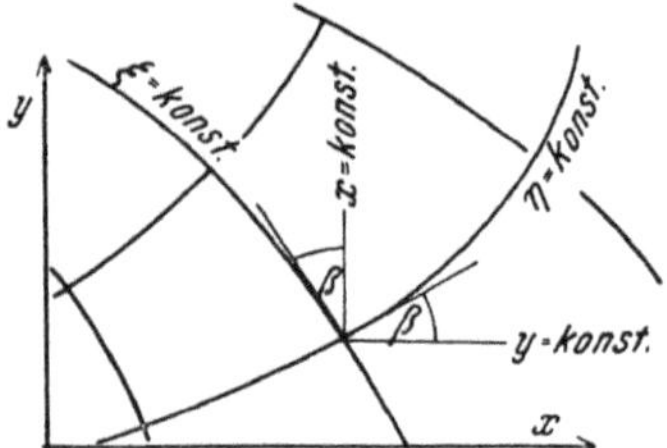

Abb. 100. Krummlinige Orthogonalkoordinaten.

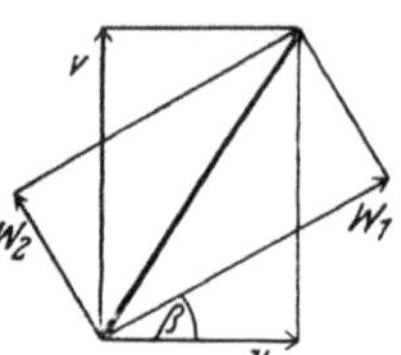

Abb. 101. Beziehung zwischen den Geschwindigkeitskomponenten.

eine Funktion des Ortes, hängt also von x, y oder ξ, η ab (Abb. 100). Wird der Gradient von ξ und η mit h_1 und h_2 bezeichnet:

$$h_1 = |\text{grad } \xi| = \sqrt{\xi_x{}^2 + \xi_y{}^2}, \qquad h_2 = |\text{grad } \eta| = \sqrt{\eta_x{}^2 + \eta_y{}^2}, \tag{50}$$

so gelten folgende Beziehungen für die Winkelfunktionen:

$$\sin \beta = \frac{1}{h_1}\,\xi_y = -\frac{1}{h_2}\,\eta_x; \qquad \cos \beta = \frac{1}{h_1}\,\xi_x = \frac{1}{h_2}\,\eta_y. \tag{51}$$

Sie enthalten die *Orthogonalitätsbedingung*:

$$\xi_x\,\eta_x + \xi_y\,\eta_y = 0. \tag{52}$$

Die Gleichungen erfahren wesentliche Vereinfachungen, wenn gleichzeitig mit den Orthogonalkoordinaten auch die Geschwindigkeitskomponenten W_1 in ξ-Richtung und W_2 in η-Richtung eingeführt werden. Es bestehen dann folgende Beziehungen (Abb. 101):

$$W_1 = u \cos \beta + v \sin \beta; \qquad u = W_1 \cos \beta - W_2 \sin \beta;$$
$$W_2 = -u \sin \beta + v \cos \beta; \qquad v = W_1 \sin \beta + W_2 \cos \beta. \tag{53}$$

Beim Einführen der neuen Geschwindigkeitskomponenten in die Differentialgleichungen ergeben sich auch Ableitungen von β. Es gehen in die neuen Gleichungen also die Krümmungen der neuen Koordinaten und mit Gl. (51) auch ihre Gradienten h_1 und h_2 ein. Nach elementarer Rechnung ergibt sich die *Kontinuitäts*bedingung:

$$h_1\,W_{1\,\xi} + h_2\,W_{2\,\eta} - h_1\,W_2\,\beta_\xi + h_2\,W_1\,\beta_\eta + h_1\,W_1\,\frac{1}{\varrho}\,\varrho_\xi +$$
$$+ h_2\,W_2\,\frac{1}{\varrho}\,\varrho_\eta + \left\{\frac{v}{y}\right\} = 0. \tag{54}$$

Im letzten Glied wäre wieder y durch ξ und η, aber auch v mittels Gl. (53) durch W_1 und W_2 zu ersetzen.

Aus beiden Eulerschen Gl. (46) ergibt sich ein neues Paar von folgender Form:

$$h_1 W_1 W_{1\xi} + h_2 W_2 W_{1\eta} - h_1 W_1 W_2 \beta_\xi + h_2 W_2{}^2 \beta_\eta + h_1 \frac{1}{\varrho} p_\xi = 0;$$

$$h_1 W_1 W_{2\xi} + h_2 W_2 W_{2\eta} + h_1 W_1{}^2 \beta_\xi + h_2 W_1 W_2 \beta_\eta + h_2 \frac{1}{\varrho} p_\eta = 0. \tag{55}$$

Der *Energiesatz* lautet:

$$h_1 W_1 p_\xi + h_2 W_2 p_\eta - c^2 h_1 W_1 \varrho_\xi - c^2 h_2 W_2 \varrho_\eta = 0. \tag{56}$$

Man erhält folgende *gasd.* Gl.:

$$h_1 W_{1\xi} (c^2 - W_1{}^2) + h_2 W_{2\eta} (c^2 - W_2{}^2) - h_2 W_1 W_2 W_{1\eta} - h_1 W_1 W_2 W_{2\xi} +$$

$$+ c^2 h_2 W_1 \beta_\eta - c^2 h_1 W_2 \beta_\xi + \left\{ c^2 \frac{v}{y} \right\} = 0. \tag{57}$$

Hierin ist wieder c^2 nur Funktion des Geschwindigkeitsbetrages:

$$W^2 = W_1{}^2 + W_2{}^2.$$

Die Gleichung der *Drehungsfreiheit* ergibt sich als

$$h_1 W_{2\xi} - h_2 W_{1\eta} + h_1 W_1 \beta_\xi + h_2 W_2 \beta_\eta = 0. \tag{58}$$

Bei ebener Strömung geht in alle Gleichungen lediglich das Verhältnis h_1/h_2 der Gradientenbeträge ein, welche beispielsweise für alle konformen Transformationen gleich 1 ist.

7. Polar- und Zylinderkoordinaten.

Für *Polarkoordinaten* hat man

$$x = r \cos \beta; \quad y = r \sin \beta; \quad \xi = r = \sqrt{x^2 + y^2}; \quad \eta = \beta = \operatorname{arctg} \frac{y}{x};$$

$$\xi_x = \frac{x}{r} = \cos \beta; \qquad \qquad \xi_y = \frac{y}{r} = \sin \beta; \tag{59}$$

$$\eta_x = -\frac{y}{r^2} = -\frac{1}{r} \sin \beta; \quad \eta_y = \frac{x}{r^2} = \frac{1}{r} \cos \beta;$$

mit Gl. (50) also:

$$h_1 = 1; \quad h_2 = \frac{1}{r}; \quad \beta_\xi = 0; \quad \beta_\eta = 1. \tag{60}$$

Damit bekommt die *Kontinuitäts*bedingung die Form:

$$\varrho r W_{1r} + \varrho W_1 + r W_1 \varrho_r + \varrho W_{2\beta} + W_2 \varrho_\beta + \{\varrho W_1 + \varrho W_2 \cot \beta\} = 0. \tag{61}$$

Gl. (58) für die *Drehungsfreiheit* reduziert sich auf:

$$W_{1\beta} = r W_{2r} + W_2 = \frac{\partial}{\partial r} (W_2 r) \tag{62}$$

und die *gasd.* Gl. auf:

$$W_{1r} (c^2 - W_1{}^2) + \frac{1}{r} W_{2\beta} (c^2 - W_2{}^2) - \frac{1}{r} W_1 W_2 W_{1\beta} +$$

$$- W_1 W_2 W_{2r} + c^2 \frac{W_1}{r} + \left\{ c^2 \frac{W_1}{r} + c^2 \frac{W_2}{r} \cot \beta \right\} = 0. \tag{63}$$

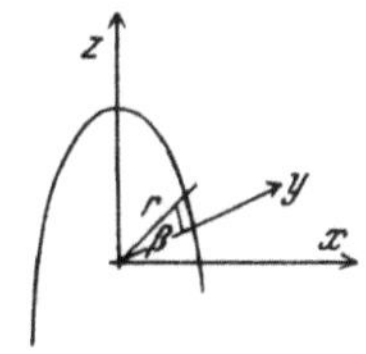

Abb. 102. Zylinderkoordinate.

Bei *Zylinderkoordinaten* (Abb. 102) soll die x-Achse als Zylinderachse und in jeder Ebene normal auf diese ein Variablenpaar entsprechend zu Gl. (59) gewählt werden:

$$y = r \cos \beta; \quad r = \sqrt{y^2 + z^2};$$

$$z = r \sin \beta; \quad \beta = \operatorname{arctg} \frac{y}{x}. \tag{64}$$

Dementsprechend seien nun die Geschwindigkeitskomponenten in Richtung des Radius r und des Umfanges:

$$W_1 = v \cos \beta + w \sin \beta; \qquad v = W_1 \cos \beta - W_2 \sin \beta;$$
$$W_2 = -v \sin \beta + w \cos \beta; \qquad w = W_1 \sin \beta + W_2 \cos \beta. \tag{65}$$

Bei den Umrechnungen können dann die Formeln (51) verwendet werden, wenn x durch y und y durch z ersetzt wird. Nach einfacher Rechnung ergibt sich aus Gl. (5) die *gasd.* Gl.:

$$(c^2 - u^2)\,\frac{\partial u}{\partial x} + (c^2 - W_1{}^2)\,\frac{\partial W_1}{\partial r} + (c^2 - W_2{}^2)\,\frac{1}{r}\,\frac{\partial W_2}{\partial \beta} - u\,W_1\left(\frac{\partial W_1}{\partial x} + \frac{\partial u}{\partial r}\right) +$$
$$- W_1\,W_2\left(\frac{\partial W_2}{\partial r} + \frac{1}{r}\,\frac{\partial W_1}{\partial \beta}\right) - W_2\,u\left(\frac{1}{r}\,\frac{\partial u}{\partial \beta} + \frac{\partial W_2}{\partial x}\right) + c^2\,\frac{W_1}{r} = 0. \tag{66}$$

Die Gleichung geht für $u = $ konst. und W_1, W_2 unabhängig von β in Gl. (16) über. Entsprechendes gilt für die aus Gl. (6) gewonnenen Gleichungen der *Drehungsfreiheit*:

$$\frac{\partial W_1}{\partial x} - \frac{\partial u}{\partial r} = 0; \quad \frac{1}{r}\,\frac{\partial W_1}{\partial \beta} - \frac{\partial W_2}{\partial r} - \frac{W_2}{r} = 0; \quad \frac{1}{r}\,\frac{\partial u}{\partial \beta} - \frac{\partial W_2}{\partial x} = 0. \tag{67}$$

Wieder können u, W_1 und W_2 als Ableitungen eines Potentials dargestellt werden. Und zwar erfüllt:

$$u = \Phi_x, \quad W_1 = \Phi_r, \quad W_2\,r = \Phi_\beta \tag{68}$$

die Gl. (67) und natürlich auch (65). Damit gewinnt die *gasd. Gl.* die Form:

$$(c^2 - u^2)\,\Phi_{xx} + (c^2 - W_1{}^2)\,\Phi_{rr} + (c^2 - W_2{}^2)\,\frac{1}{r^2}\,\Phi_{\beta\beta} - 2\,u\,W_1\,\Phi_{xr} +$$
$$- 2\,W_1\,W_2\,\frac{1}{r}\,\Phi_{r\beta} - 2\,W_2\,u\,\frac{1}{r}\,\Phi_{\beta x} + (c^2 + W_2{}^2)\,\frac{1}{r}\,\Phi_r = 0. \tag{69}$$

Mit $\Phi_x = 0$, $\Phi_{xx} = 0$ ergibt sich ohne weiteres die gasd. Gl. für das Potential in *ebenen Polarkoordinaten*.

8. Stromlinienkoordinaten.

Ein in gewissem Sinne natürliches Koordinatennetz stellen die Stromlinien und deren Orthogonaltrajektorien dar. Diese sind unter der zunächst getroffenen Annahme der Wirbelfreiheit die Potentiallinien. Es ist dann mit Gl. (18), (23) und (50) bei *ebener* Strömung:

$$\xi = \Phi, \quad \eta = \Psi, \quad h_1 = W, \quad h_2 = \varrho\,W. \tag{70}$$

Die Geschwindigkeitskomponente längs der Stromlinie (ξ-Richtung) ist der Geschwindigkeitsbetrag W, quer zur Stromlinie verschwindet die Geschwindigkeit und die Stromlinienneigung zur x-Richtung ist die unbekannte Strömungsrichtung ϑ:

$$W_1 = W; \quad W_2 = 0; \quad \beta = \vartheta. \tag{71}$$

Aus der Kontinuitätsbedingung (54) folgt:

$$\frac{1}{\varrho^2\,W}\,\frac{\partial(\varrho\,W)}{\partial \Phi} + \frac{\partial \vartheta}{\partial \Psi} = 0. \tag{72}$$

Die Änderung der Stromdichte längs der Stromlinie ist proportional der Änderung des Strömungswinkels quer zur Stromlinie, d. h. dem Öffnungswinkel des Stromfadens.

Aus der ersten Eulerschen Gl. (55) folgt die Bernoullische Gleichung in der Form:

$$\varrho\,W\,W_\Phi + p_\Phi = 0, \tag{73}$$

aus der zweiten Eulerschen Gleichung eine Gleichung für die Zentrifugalkräfte. ϑ_Φ ist ja im wesentlichen die Stromlinienkrümmung.

Die Energiegleichung (56) mit Gl. (I, 36) und Gl. (II, 25) liefert das Resultat $s_\Phi = 0$. Die *gasd.* Gl. kann sowohl direkt aus Gl. (57) als auch aus Gl. (72) abgeleitet werden. Da die Strömung drehungsfrei vorausgesetzt ist, ist sie auch isentrop. Die Ableitung der Stromdichte hängt mit der Ableitung der Geschwindigkeit dann in der von der Fadenströmung her bekannten Weise zusammen. Es ist:

$$(1 - M^2)\,\frac{1}{\varrho\,W}\,W_\Phi + \vartheta_\Psi = 0. \tag{74}$$

Die Gleichung der *Drehungsfreiheit* lautet:

$$\frac{\varrho}{W}\,W_\Psi - \vartheta_\Phi = 0. \tag{75}$$

Da der Zustand nur von W allein abhängt, kann Gl. (74) oder (75) stets so geschrieben werden, daß neben der Ableitung von ϑ eine Ableitung einer Funktion von W steht. Damit ist es stets möglich, neue „Stromfunktionen" oder „Potentialfunktionen" einzuführen, welche der Gl. (74) oder (75) identisch genügen. Das exakte Gleichungspaar (74), (75) zeigt den Einfluß der Machschen Zahl M auf den Gleichungstypus besonders klar. Etwas störend wirkt in den Gleichungen das Auftreten der Dichte ϱ, was mit der unterschiedlichen physikalischen Dimension von Φ und Ψ zusammenhängt.

Ist die Strömung nicht wirbelfrei, so gibt es keine Potentiallinien, wohl aber Orthogonaltrajektorien der Stromlinien. Es gilt dann $\eta = \Psi$, $h_2 = \varrho\,W$ und die Gl. (71). Mit Gl. (50) und (52) ist:

$$\xi_x = h_1\,\frac{u}{W}; \quad \xi_y = h_1\,\frac{v}{W},$$

wobei das h_1 zunächst noch unbekannt bleibt. Die Gleichungen, die auf diese Weise gewonnen werden, unterscheiden sich von den Gl. (72) bis (75) dadurch, daß an Stelle der Ableitung nach Φ jene nach ξ, multipliziert mit einem Faktor h_1/W, steht. Für diese Größe läßt sich folgende Darstellung gewinnen:

$$\ln\frac{h_1}{W} = \int_{\xi\,=\,\text{konst.}} \frac{T}{W^2}\,ds,$$

also ein Integral längs der Orthogonaltrajektorie über die Entropieänderung ds mit einem Faktor, der dem Quadrat der Mach-Zahl verkehrt proportional ist.

In der Literatur wird vielfach auf die Stromlinien und deren Orthogonaltrajektorien transformiert, wobei nach den Bogenlängen in und quer zur Strömungsrichtung differenziert wird. Bei solchen Gleichungen ist aber Vorsicht geboten. Es ist zu beachten, daß bei der Ableitung nach der einen Variablen nicht die andere Variable festgehalten wird. Im Gegensatz dazu stellen die hier wiedergegebenen Gleichungen richtige Differentialgleichungen dar.

9. Quelle und Wirbel.

Entsprechend der Bezeichnung bei dichtebeständiger Strömung wird eine Strömung, welche radial von einem Zentrum aus verläuft, als Quelle oder Senke bezeichnet, je nachdem, ob die Teilchen vom Mittelpunkt weg oder auf diesen zu strömen. Alle Größen sind also nur vom Zentrumsabstand abhängig. Mithin ergibt sich für eine *ebene Quelle* aus Gl. (61) mit $W = W_1$:

$$\varrho\,r\,W_r + \varrho\,W + r\,W\,\varrho_r = \frac{d}{dr}\,(r\,\varrho\,W) = 0;$$

die Stromdichte ist dem Abstand vom Zentrum verkehrt proportional, ein Resultat, welches auch mit Hilfe der stationären Fadenströmung hätte gegeben werden können. Da die Stromdichte den bei $M = 1$ erreichten Maximalwert $\varrho^* W^*$ nicht übersteigt, muß es einen kleinsten Radius $r = r^*$ geben, innerhalb dessen keine Lösung existiert. In Analogie zur ebenen Quelle kann auch eine räumliche Quelle und Senke gebildet werden, bei welcher sich die Stromdichte umgekehrt wie die Quadrate der Radien verhalten muß:

$$\text{ebene Quelle:}\ \frac{W\varrho}{W^*\varrho^*} = \frac{r^*}{r};\quad \text{räumliche Quelle:}\ \frac{W\varrho}{W^*\varrho^*} = \left(\frac{r^*}{r}\right)^2. \tag{76}$$

Mit Gl. (76) und Tab. II, 3 kann die Geschwindigkeitsverteilung leicht ermittelt werden. Es ergibt sich für $r > r^*$ entweder stets Unterschallströmung mit abnehmenden Geschwindigkeitsbeträgen nach außen, oder Überschallströmung mit nach außen zunehmenden Geschwindigkeitsbeträgen (Abb. 103). Wegen der Empfindlichkeit dieses Strömungszustandes gegen Änderungen des Stromfadenquerschnittes in der Umgebung der Schallgeschwindigkeit erfolgen die

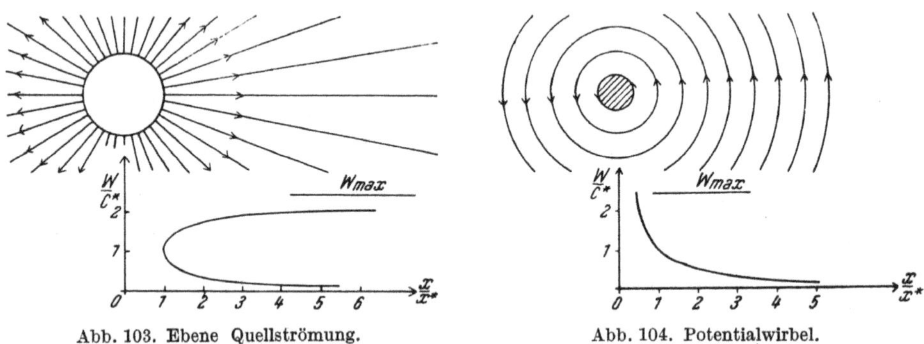

Abb. 103. Ebene Quellströmung.   Abb. 104. Potentialwirbel.

wesentlichsten Zustandsänderungen nahe am kritischen Radius r^*. Dort wächst der Geschwindigkeitsgradient über alle Grenzen. Dies ist nicht verwunderlich, da sich an der engsten Stelle einer Laval-Düse — an einer Stelle ohne Querschnittsänderung also — bei $M = 1$ ein endlicher Geschwindigkeitsgradient ergibt.

Ein Gegenstück zur Quelle stellt der „*Potentialwirbel*" dar, ein Wirbel, bei welchem die Strömung wohl örtlich wirbelfrei ist, bei dem sich aber dennoch auf einer das Zentrum umschlingenden geschlossenen Kurve eine Zirkulation ergibt. Es ist $\vartheta = \beta + \frac{\pi}{2}$, $W_1 = 0$, $W_2 = W$. Die Gl. (62) für die Wirbelfreiheit bekommt damit die einfache Form:

$$\frac{\partial}{\partial r}\,(W\,r) = 0,$$

mit der speziellen Lösung (Abb. 104):

$$\frac{W}{c^*} = \frac{r^*}{r}. \tag{77}$$

Hierin spielt der Radius r^*, auf welchem gerade Schallgeschwindigkeit herrscht, keinerlei ausgezeichnete Rolle. Wie Gl. (62), gilt auch Lösung (77) in gleicher Weise für kompressible und inkompressible Medien, nur kann bei letzteren c^* nicht als kritische Schallgeschwindigkeit gedeutet werden. Außerdem kann bei kompressiblen Medien die Maximalgeschwindigkeit nicht überschritten werden, da dort der Druck $p = 0$ erreicht wird und negative Drucke und Dichten nicht in Frage kommen.

Die Strömung in einem Potentialwirbel kann in einem Krümmer rechteckigen Querschnittes realisiert werden. Wird dafür gesorgt, daß der Krümmer die

Stelle kleinsten Kanalquerschnittes bei hohem Druckverhältnis darstellt, so wird sich im Krümmer im Mittel über den Querschnitt maximale Stromdichte einstellen. In der Mitte etwa wird also gerade Schall-, an der Innenseite Überschall-, an der Außenseite Unterschallgeschwindigkeit herrschen. Die Machschen Linien müssen am Schallkreis mit senkrechter Tangente münden. Mit Hilfe des Schlierenverfahrens (Abschnitt XII, 2) ist es möglich, Machsche Linien sichtbar

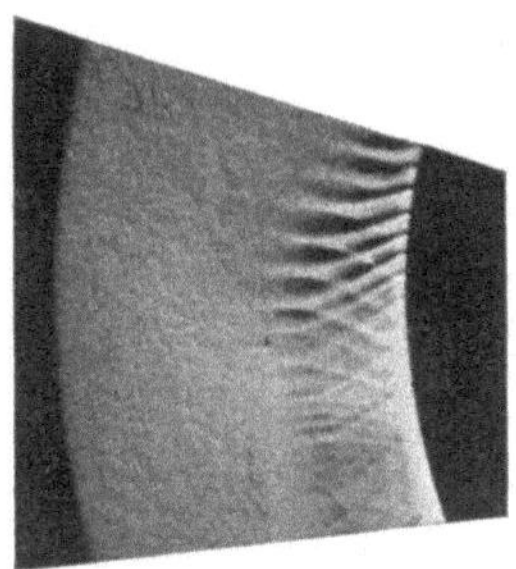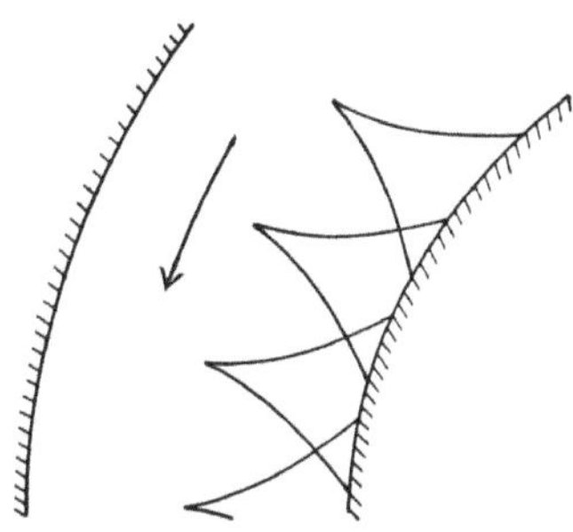

Abb. 105. Machsche Linien im Potentialwirbel.

zu machen, wenn für entsprechende kleine Störungen in der Strömung gesorgt wird. Abb. 105 zeigt die Machschen Linien in Theorie und Versuch. Die von künstlichen Wandrauhigkeiten ausgehenden Wellen werden an der Schallgrenze und daraufhin an der Wand selbst wieder reflektiert. Das Unterschallgebiet ist übrigens nicht völlig unberührt von den Störungen der Überschallströmung. Eine nähere Untersuchung[2] zeigt, daß die Störung in der Unterschallströmung analog zur Lösung (37) (Abb. 95) mit einer Exponentialfunktion abklingt. Dieser Vorgang hat in der Optik in den Erscheinungen der Totalreflexion sein Gegenstück.

10. Wirbelquelle und Spiralströmung.

Eine Verallgemeinerung der Quell- und Wirbelströmung stellen beliebig drehsymmetrische Lösungen dar. Die Geschwindigkeitskomponenten W_1 und W_2 sind dabei nur Funktionen von r. Die „*Wirbelquellströmungen*" wurden zuerst von G. J. TAYLOR[2] nach H. BATEMAN[3] behandelt. Mit $\frac{\partial}{\partial \beta} = 0$ ergibt sich aus Gl. (62) analog zu Gl. (77):

$$W_2 = W_2{}^* \frac{r^*}{r}.$$

Damit kann aus Gl. (63), welche sich auf:

$$\frac{dW_1}{dr}(c^2 - W_1{}^2) - W_1 W_2 \frac{dW_2}{dr} + c^2 \frac{W_1}{r} = 0$$

reduziert, W_2 eliminiert werden. Es ist dabei zu beachten, daß W_2 auch in c auftritt. Die Aufgabe ist damit auf die Lösung einer gewöhnlichen Differentialgleichung zurückgeführt. Abb. 106 zeigt eine Lösung. Während die Quellströmung an der Schallinie endigt und auch beim Potentialwirbel $M = 1$ nirgends von einem

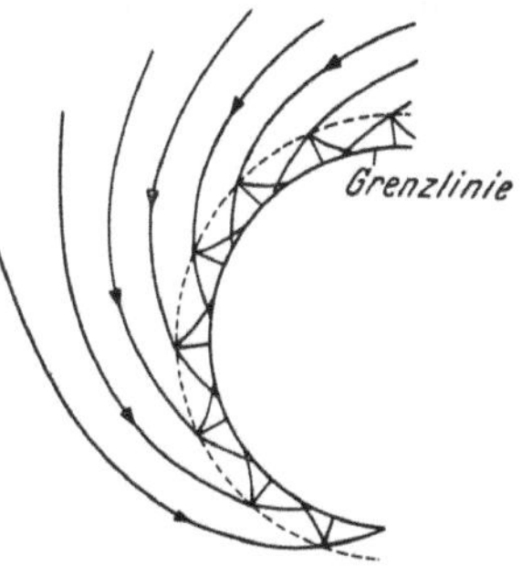

Abb. 106. Wirbelquellströmung. —→— Stromlinien, ——— Machlinien, ----- Schallinie.

einzelnen Teilchen durchschritten wird, endigt die Strömung bei der Lösung der Abb. 106 im Bereich der Überschallgeschwindigkeit. Sie besitzt dort eine „*Grenzlinie*"[4]. Diese ist „Einhüllende" der einen Schar Machscher Linien. Beide Scharen Machscher Linien münden am Schallkreis wieder normal auf die Stromlinie.

Eine andere von W. Tollmien[5] behandelte exakte ebene Lösung ergibt sich, wenn logarithmische Spiralen (mit ω als Polarwinkel)

$$\xi = \ln r + a\,\omega$$

als Kurven konstanter Normal- und Tangentialgeschwindigkeit W_1 und W_2 eingeführt werden. Die Orthogonaltrajektorien der Kurven $\xi = $ konst. sind dann wieder logarithmische Spiralen:

$$\eta = \ln r - \frac{1}{a}\,\omega.$$

In den Gl. (57) und (58) tritt nur das Verhältnis h_1/h_2 auf, welches sich als konstant erweist. Mit Gl. (50) und (52) ist:

$$\frac{h_1}{h_2} = \sqrt{\frac{\xi_x{}^2 + \xi_y{}^2}{\eta_x{}^2 + \eta_y{}^2}} = \frac{\xi_x}{\eta_y} = -\,a.$$

Etwas komplizierter ist die Berechnung von β_ξ und β_η. Mit Gl. (51) ist:

$$\operatorname{tg}\beta = \frac{\xi_y}{\xi_x} = \frac{\operatorname{tg}\omega + a}{1 - a\operatorname{tg}\omega}, \quad \beta = \frac{a}{1 + a^2}\,(\xi - \eta) + \operatorname{arctg} a.$$

Damit erweisen sich die Ableitungen

$$\beta_\xi = \frac{a}{1 + a^2}; \quad \beta_\eta = -\,\frac{a}{1 + a^2}$$

als konstant. Folglich treten in Gl. (57) und (58) nur mehr W_1 und W_2 und deren Ableitungen nach ξ und η auf. Sollen W_1 und W_2 auf der einen Schar konstant sein, so bleiben zwei gewöhnliche Differentialgleichungen, deren Lösung

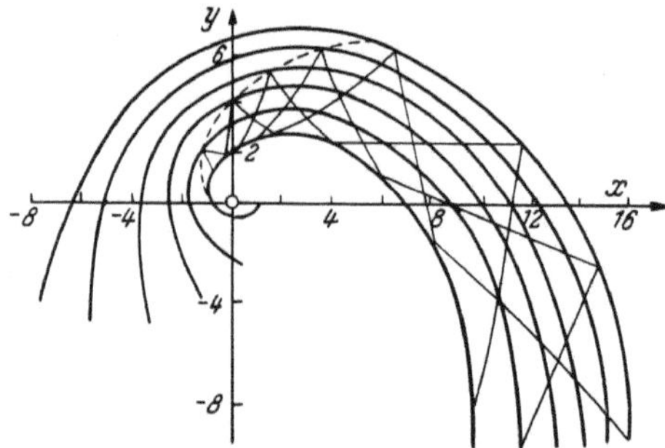

Abb. 107. Tollmiensche Spiralströmung. ______ Stromlinien, ______ Machlinien, _ _ _ Schallinie.

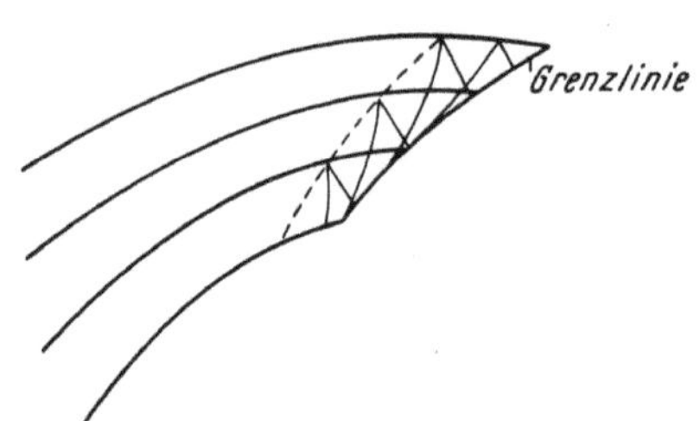

Abb. 108. Tollmiensche Spiralströmung mit Grenzlinie.
______ Stromlinien, ______ Machlinien _ _ _ Schallinie.

neue exakte Beispiele für kompressible Strömungen darstellen. a ist dabei ein Maßstabsfaktor, der zweckmäßig gleich 1 gesetzt wird. Abb. 107 zeigt eine Lösung, welche als Verallgemeinerung der Strömung im Potentialwirbel aufgefaßt werden kann. Auffallend sind die geringen Unterschiede im Stromlinienabstand bei schallnaher Strömung. Abb. 108 zeigt eine andere mögliche Lösung in der Umgebung der Schallinie und der Grenzlinie. Hier ist das tangentiale Einmünden einer Schar Machscher Linien besonders deutlich. Bei allen Beispielen sind beide Strömungsrichtungen zulässig.

11. Prandtl-Meyersche Eckenströmung.

Während Wirbel und Quelle und auch die Wirbelquelle Lösungen der ebenen Strömung darstellen, welche nur von der radialen Polarkoordinate abhängen, soll nun eine Lösung gesucht werden, die nur Funktion des Polarenwinkels β ist. Sie entspricht damit genau derjenigen Lösung instationärer eindimensionaler

Rohrströmung, welche lediglich vom Verhältnis $\dfrac{x}{t}$ abhängt (Abschnitt III, 15) und mit deren Hilfe der Ausgleich eines Drucksprunges im Rohr behandelt werden konnte.

Mit $\dfrac{\partial}{\partial r} = 0$ folgt für ebene Strömung aus Gl. (62):

$$W_{1\beta} = W_2. \tag{78}$$

Aus Gl. (63) folgt mit Hilfe von Gl. (78):

$$(W_{2\beta} + W_1)(c^2 - W_2{}^2) = 0.$$

Hier soll die spezielle Lösung:

$$c = W_2 \tag{79}$$

behandelt werden. Da W_2 die Normalkomponente der Geschwindigkeit auf die Radien ist, besagt Gl. (79), daß die Radien Machsche Linien darstellen. Die Lösung kann also nur bei Über- schallströmung auftreten. Das Analogon der instatio- nären Strömung (Abb. 36) zeigt auch Strahlen durch den Ursprung als Machsche Linien, gilt aber bei Unter- und Überschallströmung entsprechend der Tatsache, daß die eindimensionale instationäre Strömung stets ein „hyperbolisches Problem" darstellt.

Aus Energiesatz und Gl. (79) folgt, wenn die Strö- mung in Uhrzeigerrichtung verläuft:

$$W_2 = -\sqrt{\frac{\varkappa - 1}{\varkappa + 1}}\,\sqrt{W_{\max}^2 - W_1{}^2}.$$

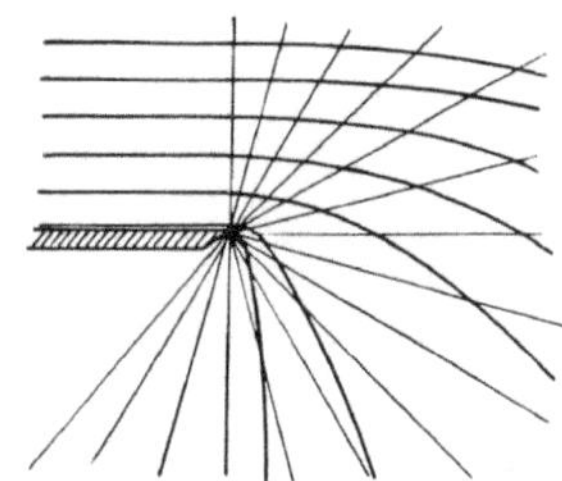

Abb. 109. Prandtl-Meyersche Eckenströmung ins Vacuum. ———— Stromlinien, ———— Mach- linien.

Damit läßt sich Gl. (78) leicht integrieren und liefert mit der Anfangsbedingung $W_1 = 0$ für $\beta = \dfrac{\pi}{2}$:

$$W_1 = W_{\max} \sin \sqrt{\frac{\varkappa - 1}{\varkappa + 1}}\left(\frac{\pi}{2} - \beta\right);$$

$$W_2 = c = -\sqrt{\frac{\varkappa - 1}{\varkappa + 1}}\, W_{\max} \cos \sqrt{\frac{\varkappa - 1}{\varkappa + 1}}\left(\frac{\pi}{2} - \beta\right).$$

Auf $\beta = \pi/2$ herrscht Schallgeschwindigkeit ($W^2 = W_1{}^2 + W_2{}^2 = c^2$). Die Machsche Linie steht senkrecht auf der Strömungsrichtung. Mit abnehmendem Winkel β wächst W_1 und damit die Machsche Zahl:

$$M^2 = \frac{W^2}{c^2} = \frac{W_1{}^2}{c^2} + 1,$$

die Strömungsrichtung dreht sich in zunehmendem Maß in die Radialrichtung und verläuft schließlich bei:

$$\beta = -\frac{\pi}{2}\left(\sqrt{\frac{\varkappa + 1}{\varkappa - 1}} - 1\right) = \vartheta, \quad W_2 = c = 0, \quad W_1 = W_{\max} \tag{80}$$

völlig radial (Abb. 109). Die Stromlinie macht im Zentrum einen Knick.

Für Strömungswinkel ϑ und Mach-Zahl findet man folgenden Zusammenhang: Aus dem Strömungsbild ergibt sich

$$-\vartheta = \alpha - \beta = \frac{\pi}{2} - \beta - \left(\frac{\pi}{2} - \alpha\right).$$

Aus den eben abgeleiteten Gleichungen und aus der Definition des Mach- Winkels folgt damit:

$$-\vartheta = \sqrt{\frac{\varkappa + 1}{\varkappa - 1}}\, \operatorname{arctg}\left(\sqrt{\frac{\varkappa - 1}{\varkappa + 1}}\,\sqrt{M^2 - 1}\right) - \operatorname{arctg}\sqrt{M^2 - 1}. \tag{81}$$

Mit Tab. II, 5 ergibt sich daraus leicht die Beziehung von ϑ und M^*, $\dfrac{p}{p_0}$ usw. Für eine Expansion gegen den Uhrzeigersinn hat ϑ das entgegengesetzte Vorzeichen.

Weil die Strömungszustände auf Strahlen konstant sind, läßt sich die Prandtl-Meyer-Strömung Gl. (81) mit Überschallparallelströmungen zu Strömungen um Ecken oder in gekrümmten Kanälen bestimmter Begrenzung (Abb. 110) stückeln. Die Zustände können dabei auch im Sinne einer Kompression durchlaufen werden, wenngleich die praktisch größere Bedeutung dieser Lösung in der Wiedergabe der Expansion um eine Ecke liegt. Im Extremfalle einer Expansion von kritischer Strömung ($M = 1$) auf den Druck 0

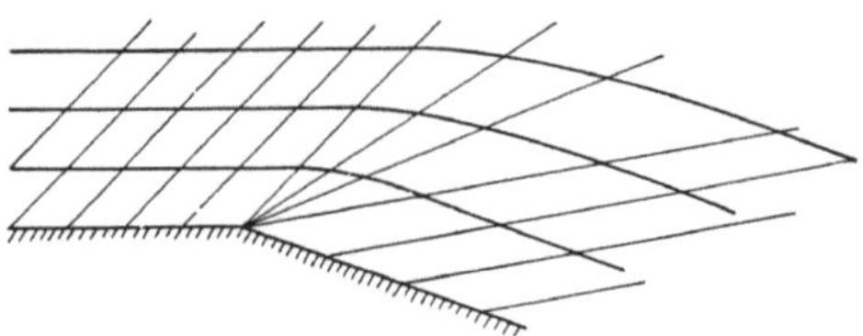

Abb. 110. Stückelung einer Prandtl-Meyer-Strömung mit Parallelströmungen ——— Stromlinien, ——— Mach-Linien.

($W = W_{\max}$, $M = \infty$) durchläuft die Strömung sogar einen Winkel von über $90°$.

Da eine Strömung im allgemeinen in einem genügend kleinen Bereich als ebene Parallelströmung angesehen werden kann, hat Lösung (81) auch für die unmittelbare Umgebung quer zur Strömungsrichtung verlaufender konvexer Wandknicke in räumlicher Überschallströmung Bedeutung.

12. Achsensymmetrisch-kegelige Strömung.

Als kegelig im allgemeinsten Sinne wird eine Strömung bezeichnet, bei welcher die Zustände auf räumlich von einem Zentrum ausgehenden Strahlen konstant sind. Ein spezieller Fall hiervon ergibt sich, wenn außerdem Achsensymmetrie gefordert wird, wenn also die Flächen konstanten Zustandes Kreiskegelflächen sind. Diese Strömung wird durch Gl. (62) und (63) mit $\partial/\partial r = 0$ einschließlich der beiden Glieder in der geschwungenen Klammer beschrieben. Das analoge instationäre Problem stellt die Ausbreitung von Zylinderwellen dar, deren Zustand nur von x/t abhängt.

Mit Gl. (62) gilt also wieder Gl. (78). Aus Gl. (63) folgt mit Gl. (78) nun aber die kompliziertere Gleichung

$$W_{2\beta} = -\,W_1 - \frac{W_1 + W_2 \cot \beta}{1 - \dfrac{W_2{}^2}{c^2}} = -\,W_1 - F(\beta), \tag{82}$$

wobei $F(\beta)$ eine lediglich für die folgende Ableitung eingeführte Abkürzung darstellt.

Gl. (78) und (82) stellen ein System gewöhnlicher Differentialgleichungen dar, welches zuerst von TAYLOR und MACCOLL[6] rechnerisch behandelt wurde. Hier sei das System auf eine von A. BUSEMANN[7] aufgestellte Gleichung für den Krümmungsradius R der Integralkurve in der Geschwindigkeitsebene (Hodograph) zurückgeführt.

Ist eine Kurve durch die Parameterdarstellung $u(\beta)$, $v(\beta)$ gegeben, so gilt bekanntlich für den Krümmungsradius

$$R = \frac{\left[\left(\dfrac{du}{d\beta}\right)^2 + \left(\dfrac{dv}{d\beta}\right)^2\right]^{3/2}}{\dfrac{du}{d\beta}\,\dfrac{d^2v}{d\beta^2} - \dfrac{dv}{d\beta}\,\dfrac{d^2u}{d\beta^2}}.$$

Mit den Gl. (53) ist u und v mittels W_1 und W_2 indirekt als Funktion von β gegeben. Es ist mit Rücksicht auf die Gl. (78) und (82), mit deren Hilfe die Ableitungen $\dfrac{dW_1}{d\beta}$ und $\dfrac{dW_2}{d\beta}$ eliminiert werden können:

$$\frac{du}{d\beta} = F \sin \beta; \quad \frac{dv}{d\beta} = -\,F \cos \beta.$$

Die zweiten Ableitungen ergeben sich zu:

$$\frac{d^2u}{d\beta^2} = \frac{dF}{d\beta}\sin\beta + F\cos\beta; \quad \frac{d^2v}{d\beta^2} = -\frac{dF}{d\beta}\cos\beta + F\sin\beta.$$

Bei der Bildung des Nenners von R fällt die Ableitung $\dfrac{dF}{d\beta}$ fort, braucht also gar nicht erst gebildet zu werden, und es bleibt:

$$R = F = \frac{W_1 + W_2\cot\beta}{1 - \dfrac{W_2{}^2}{c^2}}, \tag{83}$$

wobei c die durch den Energiesatz Gl. (II, 29) gegebene Funktion des Geschwindigkeitsbetrages W ist.

Mit Gl. (83) kann bei gegebenen Anfangswerten der Geschwindigkeitsverlauf abhängig von β leicht im Hodographen (Geschwindigkeitsebene) konstruiert werden (Abb. 111). Es sei für eine bestimmte Anfangsrichtung $\beta = \bar\beta$, Betrag $\overline{W}$ und Richtung $\bar\vartheta$ des Geschwindigkeitsvektors gegeben. Dann läßt sich W_2 und $W_1 + W_2\cot\beta$ unmittelbar aus dem Hodographen ablesen, also R leicht mit Gl. (83) angeben (c wird am besten einer Tabelle entnommen). Mit Hilfe des Krümmungsradius kann ein Kurvenstück — genähert durch seinen Krümmungskreis — gezeichnet werden. Damit ist der Geschwindigkeitsvektor in einer neuen Richtung ermittelt und der Konstruktionsvorgang wiederholt sich nun für den in der neuen Richtung mit Gl. (83) zu bestimmenden Krümmungsradius.

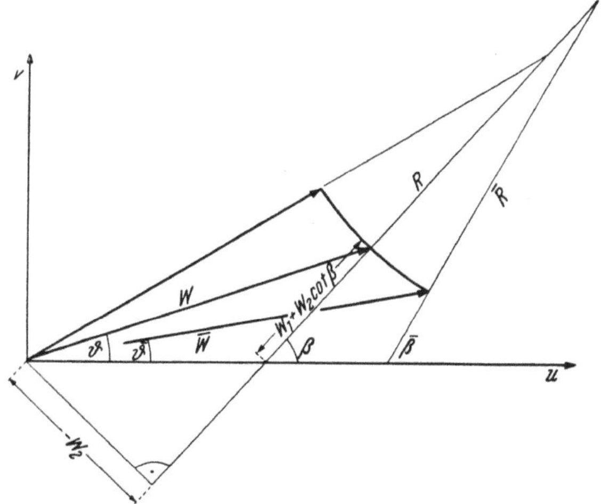

Abb. 111. Ermittlung des Geschwindigkeitsverlaufes einer kreiskegeligen Strömung mittels Gl. (83).

Es zeigt sich, daß Überschallströmungen an Kreiskegeln, wie sie näherungsweise an Geschoßspitzen beobachtet werden, stets in Verbindung mit Verdichtungsstößen auftreten, weshalb die Auswertung des hier gewonnenen Ergebnisses erst im Anschluß an die Behandlung schiefer Stöße erfolgen kann.

13. Die Differentialgleichungen in der Geschwindigkeitsebene.

Die Differentialgleichungen (9) und (11) der ebenen stationären Strömung zeichnen sich dadurch aus, daß die kartesischen Koordinaten x und y lediglich in den Ableitungen auftreten, und daß diese in jedem Summanden in der ersten Ordnung und im ersten Grade vorkommen. Diese Eigenschaft besitzen auch die entsprechenden Differentialgleichungen der instationären Wellenausbreitung im Rohr, weshalb dort ganz entsprechende Transformationen vorgenommen werden können, wobei an Stelle der u, v-Ebene bei stationärer ebener Strömung die W, c-Ebene bei instationärer Rohrströmung zu treten hat.

Werden in den Transformationsformeln (43) und (44) als neue Koordinaten einfach $u = \xi$ und $v = \eta$ gewählt, so können die kartesischen Koordinaten x und y als abhängige Veränderliche der nun Unabhängigen u, v dargestellt werden. Ausnahmen ergeben sich nur dort, wo die Abbildung nicht mehr eindeutig ist.

Die Jacobischen Determinanten in den Gl. (44) lassen sich in den Gleichungen kürzen, und die Gl. (9) der *Drehungsfreiheit* lautet nun:

$$-\frac{\partial y}{\partial u} + \frac{\partial x}{\partial v} = 0. \tag{84}$$

Die *gasd.* Gl. lautet:

$$(c^2 - u^2)\frac{\partial y}{\partial v} + u\,v\left(\frac{\partial x}{\partial v} + \frac{\partial y}{\partial u}\right) + (c^2 - v^2)\frac{\partial x}{\partial u} = 0. \tag{85}$$

Es handelt sich also beim Gleichungssystem (84), (85) um ein Paar *linearer* Differentialgleichungen, deren Koeffizienten allerdings noch von den Unabhängigen u, v abhängen.

Eine entsprechende Transformation bei achsensymmetrischen Problemen hätte keinen Erfolg, weil sich die Jacobische Determinante nicht wegkürzen läßt, weshalb die Linearität verlorenginge. Bei räumlicher Strömung würden die Transformationsgleichungen (44) im Zähler nicht lineare Verbindungen der Ableitungen aufweisen, die Nennerdeterminante allerdings ließe sich wegkürzen.

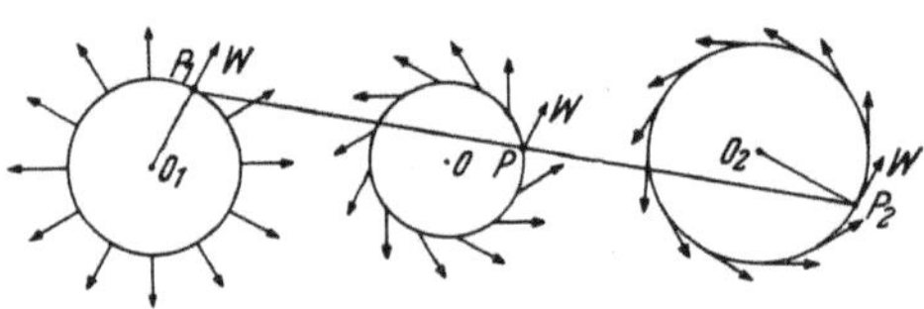

Abb. 112. Konstruktion der Wirbelquelle aus Quelle und Wirbel nach SAUER.

Die folgenden Ausführungen müssen auf die *ebene*, stationäre Strömung beschränkt bleiben.

Die Linearität des Gleichungssystems ermöglicht das Superponieren von Lösungen, in welchen sich der Ort x, y als Funktion des Strömungszustandes u, v oder W, ϑ darstellt. Sind also $x_1\,(u, v)$, $y_1\,(u, v)$ und $x_2\,(u, v)$, $y_2\,(u, v)$ zwei Lösungen des Gleichungssystems (84), (85), so können mit zwei *beliebigen* konstanten Koeffizienten λ_1 und λ_2 neue Lösungen:

$$x = \lambda_1\,x_1 + \lambda_2\,x_2, \quad y = \lambda_1\,y_1 + \lambda_2\,y_2, \tag{86}$$

aufgebaut werden. Nach R. SAUER[8] gewinnt man diese durch eine einfache geometrische Konstruktion, die in Abb. 112 für die Superposition einer Quelle und eines Wirbels zu einer „Wirbelquelle" wiedergegeben ist. Zunächst müssen bei den beiden bekannten Ausgangslösungen x_1, y_1 und x_2, y_2 die Orte gleichen Strömungszustandes (gleichen Geschwindigkeitsvektors) aufgesucht werden. Dann ergibt sich der Ort eines bestimmten Zustandes der neuen Lösung aus dem durch Gl. (86) gegebenen Teilungsverhältnis auf der Verbindungsgeraden der Orte desselben Zustandes der Ausgangslösungen.

So lassen sich mit Hilfe aller hier angeführten exakten Lösungen neue Lösungen aufbauen.

14. Legendre-Potential und -Stromfunktion.

Gl. (84) hat dieselbe Form wie Gl. (9), was das Einführen einer Potentialfunktion $\bar{\Phi}$ nahelegt. Es sei:

$$x = \bar{\Phi}_u, \quad y = \bar{\Phi}_v, \tag{87}$$

womit die Forderung der Drehungsfreiheit erfüllt ist. Man kann sicht leicht durch Differentiation davon überzeugen, daß das Potential $\bar{\Phi}$ folgendem Zusammenhang genügt:

$$\bar{\Phi} = u\,x + v\,y - \Phi, \tag{88}$$

eine Beziehung, die wegen ihrer geometrischen Bedeutung als *Legendresche Berührungstransformation* bezeichnet wird. Beispielsweise findet man:

$$\bar{\Phi}_u = x + u\,\frac{\partial x}{\partial u} + v\,\frac{\partial y}{\partial u} - \Phi_x\,\frac{\partial x}{\partial u} - \Phi_y\,\frac{\partial y}{\partial u} = x.$$

Für das Legendre-Potential $\bar{\Phi}$ erhält man nun die lineare Differentialgleichung zweiter Ordnung:

$$(c^2 - u^2)\,\bar{\Phi}_{vv} + 2\,u\,v\,\bar{\Phi}_{uv} + (c^2 - v^2)\,\bar{\Phi}_{uu} = 0, \tag{89}$$

oder abhängig von W und ϑ, den Polarkoordinaten des Hodographen:

$$c^2\,W^2\,\bar{\Phi}_{WW} + W(c^2 - W^2)\,\bar{\Phi}_W + (c^2 - W^2)\,\bar{\Phi}_{\vartheta\vartheta} = 0. \tag{90}$$

Ganz analog kann auch eine Stromfunktion eingeführt werden, welche Gl. (85) identisch befriedigt. Zu diesem Zweck wird besser von der Kontinuitätsbedingung (10) ausgegangen. x und y müssen nun abhängig von $\varrho\,u$ und $\varrho\,v$ als neue Koordinaten dargestellt werden*. Dabei ergeben sich alle Nachteile wie bei Gl. (28) und (29) daraus, daß sich die Geschwindigkeit nicht explizit als Funktion der Stromfunktion darstellen läßt. Während aber die Gl. (28) und (29) insofern gegenüber den Potentialfunktionsgleichungen (20) einen Fortschritt bedeuten, als auch Wirbel zugelassen sind, fällt dieser Vorteil mit der Voraussetzung der Drehungsfreiheit hier weg. Deshalb dürfte Gl. (89) und (90) in jedem Falle einer entsprechenden Stromfunktionsgleichung vorzuziehen sein.

15. Molenbroek-Transformation.

Es ist auch möglich, bei Beibehalten des gewöhnlichen Potentials Gl. (17) und der gewöhnlichen Stromfunktionen Gl. (22) lineare Gleichungen mit Geschwindigkeitsrichtung und Betrag als unabhängigen Veränderlichen zu erhalten. Diese Transformation wurde zuerst von MOLENBROEK[9] durchgeführt.

Wird in den Gl. (74), (75) mit Hilfe der Beziehungen Gl. (43) mit $x = \Phi$ und $y = \Psi$ zu neuen Unabhängigen $\xi \equiv W$ und $\eta \equiv \vartheta$ übergegangen, so fällt wieder die Jacobische Determinante fort und es bleibt die lineare Beziehung:

$$(1 - M^2)\,\frac{1}{\varrho\,W}\,\Psi_\vartheta + \Phi_W = 0; \qquad \frac{\varrho}{W}\,\Phi_\vartheta - \Psi_W = 0. \tag{91}$$

M und ϱ sind hierin Funktion von W, was bei der folgenden Ableitung zu beachten ist.

Nach A. BUSEMANN[10] läßt sich das Gleichungssystem (91) auch auf eine symmetrische Form bringen. Wird in beiden Gl. (91) Ψ isoliert auf eine Seite gebracht, die gemischte Ableitung $\Psi_{W\vartheta}$ gebildet und aus beiden Gleichungen eliminiert, so folgt schließlich die lineare Gleichung für das Potential Φ:

$$W^2\,(1 - M^2)\,\Phi_{WW} + W\,\Phi_W\,(1 + \varkappa M^4) + (1 - M^2)^2\,\Phi_{\vartheta\vartheta} = 0. \tag{92}$$

Auf demselben Weg erhält man für die Stromfunktion die erstmals von TSCHAPLIGIN[11] abgeleitete Gleichung:

$$W^2\,\Psi_{WW} + (1 + M^2)\,W\,\Psi_W + (1 - M^2)\,\Psi_{\vartheta\vartheta} = 0. \tag{93}$$

Aus Gl. (93) gewann RINGLEB[12] durch Separationsansatz die Lösung:

$$\Psi = \frac{C}{W}\,\sin\vartheta,$$

von deren Richtigkeit man sich durch Einsetzen leicht überzeugt. Die Berechnung von x und y macht allerdings einige Mühe.

Mit Gl. (91) ist:

$$\Psi_W = \Psi_x\,x_W + \Psi_y\,y_W = -\,\varrho\,v\,x_W + \varrho\,u\,y_W;$$

$$\Phi_W = -\,(1 - M^2)\,\frac{1}{\varrho\,W}\,\Psi_\vartheta = \Phi_x\,x_W + \Phi_y\,y_W = u\,x_W + v\,y_W.$$

---

* Siehe etwa SAUER: Gasdynamik, S. 96 (1943).

Entsprechende Formeln findet man für x_ϑ und y_ϑ. Damit lassen sich die Ableitungen von x und y nach W und ϑ bestimmen. Beispielsweise ergibt sich:

$$x_W = -\frac{1}{\varrho\,W}\left[\Psi_W \sin\vartheta + (1 - M^2)\frac{1}{W}\,\Psi_\vartheta \cos\vartheta\right].$$

Hierin sind die Abbildungen der Lösung von Gl. (93) einzusetzen und x durch Integration zu ermitteln.

Ringlebs Lösung stellt eine Verallgemeinerung der dichtebeständigen Strömung um eine Kante dar und ist in Abb. 113 wiedergegeben. Die Kurven konstanten Zustandes sind Kreise. Innerhalb eines weiß gelassenen Gebietes gibt es keine Lösung. Außerhalb der ersten durchgehenden Stromlinie gibt Abb. 113 die Umströmung einer abgestumpften Kante. Ein Fortschritt gegenüber den bisher gezeigten Lösungen besteht darin, daß die Teilchen ein lokales Überschallgebiet durchschreiten und bei stetiger Verdichtung wieder Unterschallgeschwindigkeit annehmen.

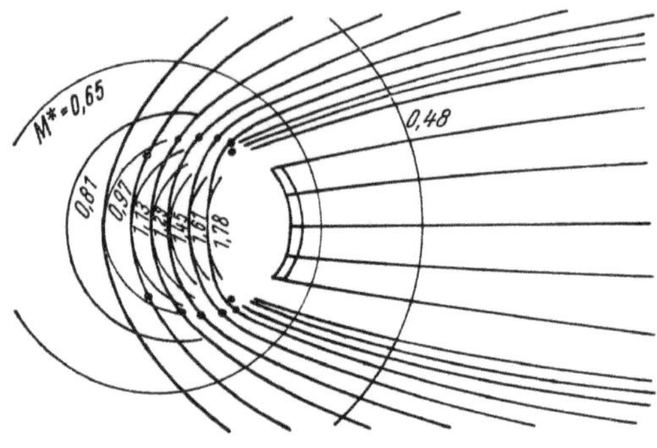

Abb. 113. Umströmung einer abgestumpften Kante nach Ringleb. ―― Stromlinien, ―― Isotachen; · Punkte mit $M = 1$.

Ringleb hat in der genannten Arbeit auch ein allgemeines Integrationsverfahren für die Geschwindigkeitsebene angegeben*. Für ein solches ist M mit Hilfe des Energiesatzes durch W zu ersetzen, woraus folgende Gleichung zu gewinnen ist:

$$\left(c_0^2 - \frac{\varkappa - 1}{2}\,W^2\right)W^2\,\Psi_{WW} + \left(c_0^2 + \frac{3 - \varkappa}{2}\,W^2\right)W\,\Psi_W +$$
$$+ \left(c_0^2 - \frac{\varkappa + 1}{2}\,W^2\right)\Psi_{\vartheta\vartheta} = 0. \qquad (94)$$

Hierin wird die Geschwindigkeit W zweckmäßig durch die Ruheschallgeschwindigkeit c_0 dimensionslos gemacht, was darauf hinausläuft, daß in Gl. (94) $c_0 = 1$ zu setzen ist.

16. Tschapligin-Transformation.

Die Gleichungen des vorigen Abschnittes legen die Frage nahe, ob es möglich ist, durch Einführen einer neuen Veränderlichen $g(W)$ etwa Gl. (94) auf jene Form zu bringen, welche sie bei dichtebeständiger Strömung ($M = 0$) annehmen würde. Nach Gl. (93) müßte die Gleichung mit g wie folgt lauten:

$$g^2\,\Psi_{gg} + g\,\Psi_g + \Psi_{\vartheta\vartheta} = 0. \qquad (95)$$

Zur Bestimmung der Funktion $g(W)$ muß diese in Gl. (94) eingeführt werden. Bei der Bildung der Ableitungen von Ψ tritt die erste und zweite Ableitung von g nach dem Argument W auf. Da die Koeffizienten in Gl. (94) und (95) bis auf eine beliebige multiplikative Funktion festgelegt sind, ergeben sich durch Koeffizientenvergleich zwei gewöhnliche Differentialgleichungen für $g(W)$, die im allgemeinen nicht gleichzeitig erfüllt werden können. Es zeigt sich aber, daß es eine Lösung für den Wert $\varkappa = -1$ gibt. Gl. (94) nimmt dann folgende Form an:

$$\left(1 + \frac{W^2}{c_0^2}\right)W^2\,\Psi_{WW} + \left(1 + 2\frac{W^2}{c_0^2}\right)W\,\Psi_W + \Psi_{\vartheta\vartheta} = 0 \qquad (96)$$

---

* Siehe auch Sauer: Gasdynamik, S. 105f. (1943).

und wird mit der nach TSCHAPLIGIN[11] benannten Transformation:

$$g = \frac{1 - \sqrt{1 + \dfrac{W^2}{c_0^2}}}{W}; \qquad \frac{1}{g}\frac{dg}{dW} = -\frac{1}{W\sqrt{1 + \dfrac{W^2}{c_0^2}}} \tag{97}$$

mit der Umkehrung:

$$W = \frac{2\,g}{g^2 - \dfrac{1}{c_0^2}}$$

in Gl. (95) übergeführt. Diese Gleichung zeigt im übrigen, daß dieselbe Aufgabe von einer mit einer beliebigen Konstanten multiplizierten Funktion g geleistet wird.

Nach Einführen entsprechender rechtwinkeliger kartesischer Koordinaten nimmt Gl. (95) die Form der Laplace-Gleichung (32) an. Wegen des grundsätzlich verschiedenen Charakters von Unter- und Überschallströmung kann dies nur die Bedeutung haben, daß Gl. (96) bereits von rein elliptischem Typus ist. Dies erkennt man am Energiesatz, der für $\varkappa = -1$ folgende Form annimmt:

$$c^2 - W^2 = c_0^2 = c_1^2 - W_1^2, \tag{98}$$

nach der bei reellem c_0 stets $c > W$ sein muß.

Ein Gas mit negativem Verhältnis der spezifischen Wärmen $\varkappa$ ist allerdings kaum vorstellbar. Es besäße beispielsweise bei reellem Druck und reeller Dichte nach Gl. (II, 25) eine imaginäre Schallgeschwindigkeit. Doch gelangt man nach

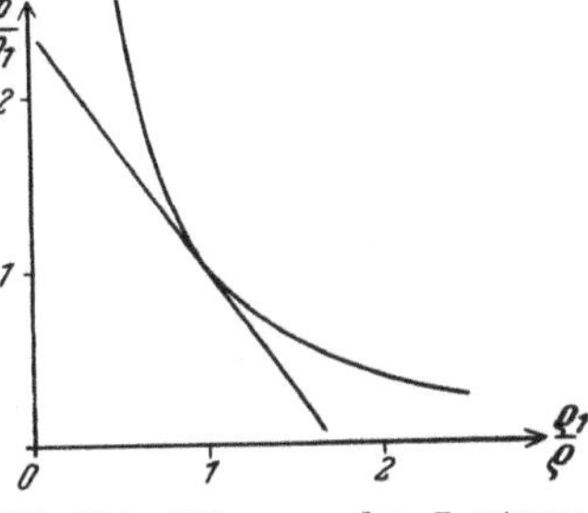

Abb. 114. Näherung der Isentrope durch eine Tangente.

TSCHAPLIGIN[11] und TSIEN[13] zur Form des Energiesatzes (98) und damit von Gl. (93) zu (96), wenn die Isentrope im $\frac{1}{\varrho}, p$-Diagramm in einem Punkte $\frac{1}{\varrho_1}, p_1$ durch ihre Tangente genähert wird (Abb. 114). Dann ist:

$$p - p_1 = -\varrho_1^2 \left(\frac{\partial p}{\partial \varrho}\right)_{s1}\left(\frac{1}{\varrho} - \frac{1}{\varrho_1}\right) = \varrho_1^2 c_1^2 \left(\frac{1}{\varrho_1} - \frac{1}{\varrho}\right).$$

Für die Schallgeschwindigkeit in einem benachbarten Punkte ergibt sich:

$$c^2 = \frac{dp}{d\varrho} = c_1^2 \left(\frac{\varrho_1}{\varrho}\right)^2.$$

c fällt darnach mit wachsender Dichte und wachsendem Druck. Aus der Bernoullischen Gl. (II, 51) folgt schließlich Gl. (98):

$$W^2 - W_1^2 = -2\int_1 \frac{dp}{\varrho} = c_1^2\left[\left(\frac{\varrho_1}{\varrho}\right)^2 - 1\right] = c^2 - c_1^2.$$

Eine lineare Näherung der Isentrope im $\frac{1}{\varrho}, p$-Diagramm ergibt also Gl. (96) und mit der Tschapligin-Transformation (97) den Gleichungstypus der dichtebeständigen Strömung.

Auf entsprechende Art erhalten die Gl. (91) die Form der Cauchy-Riemannschen Differentialgleichungen. Es ist:

$$\frac{c_0}{c_1}\frac{1}{\varrho_1}\,\Psi_\vartheta + g\,\Phi_g = 0; \qquad \Phi_\vartheta - \frac{1}{\varrho_1}\frac{c_0}{c_1}\,g\,\Psi_g = 0. \tag{99}$$

Mit $\ln g$ und ϑ als unabhängigen Veränderlichen gewinnen die Gl. (99) die Form der Gl. (33). Ganz dasselbe gilt bei Vertauschung von Abhängigen und Unabhängigen für die Gl. (74) und (75). Es ist:

$$\frac{1}{g}\,g_\Phi + \frac{c_1}{c_0}\,\varrho_1\,\vartheta_\Psi = 0; \quad \frac{c_1}{c_0}\,\varrho_1\,\frac{1}{g}\,g_\Psi - \vartheta_\Phi = 0, \tag{100}$$

womit wieder der Strömungszustand als abhängige und ein Koordinatennetz der Strömungsebene als unabhängige Veränderliche gewonnen ist. Natürlich kann Gl. (100) auch direkt aus Gl. (99) mit Hilfe der Transformationsgleichungen (44) gewonnen werden.

Es gibt auch eine Tschapligin-Transformation bei ständig herrschender Überschallgeschwindigkeit. In Gl. (98) ist dann $W_1 > c_1$ und folglich stets $W > c$. Daß c_0 unter dieser Voraussetzung imaginär wird, stört nicht, da der Ruhezustand ($W = 0$) außerhalb des Überschallbereiches liegt. Wie sich zeigen wird, ist die Überschallströmung aber weitgehend exakt berechenbar, weshalb für sie eine Näherung durch Linearisierung der Isentropenbeziehung (Abb. 114) kaum Interesse besitzt.

17. Randbedingungen.

Ein wesentlicher Teil aller Rechnungen auf dem Gebiet der stationären Strömungen ist dem Problem der Umströmung von Körpern gewidmet, welche im unendlichen Raum frei fliegen. Um zeitlich unabhängige Randbedingungen zu erhalten, wird dabei stets der Körper als im Raume fest, von einer stationären Parallelströmung des Zustandes

$$u = u_\infty, \quad v = 0, \quad w = 0, \quad c = c_\infty, \quad M = M_\infty \tag{101}$$

angeströmt betrachtet.

Eine Unterschallströmung wird dabei in ihrer ganzen Ausdehnung von einem irgendwo befindlichen Störkörper beeinflußt, wie schon im Abschnitt 5 über die Typenunterscheidung ausgeführt wurde. Abb. 95 zeigt dies für die y-Richtung, ist aber für die x-Richtung nicht maßgebend, weil es sich um eine unendlich lange wellige Wand handelt. Bei einer *Unterschallströmung* können die unter Gl. (101) eingeführten Bedingungen also nur als Grenzwerte angesehen werden, welchen sich die Strömung mit zunehmender Entfernung vom Körper $\left(\sqrt{x^2 + y^2 + z^2} \to \infty\right)$ in wachsendem Maße

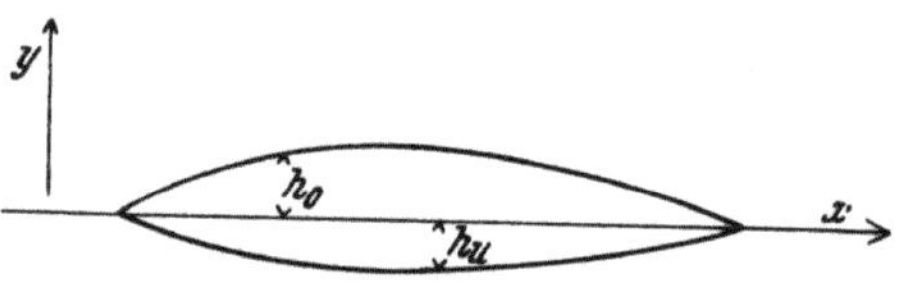

Abb. 115. Achsenanordnung im Flügelprofil.

nähert, ohne sie im Endlichen je zu erreichen. Es wird sich zeigen, daß die Formulierung für jeden Fall $M_\infty < 1$ gilt. Nur bei tragenden Körpern im *Raume* reichen stromabwärts Störungen in Form von Wirbeln bis ins Unendliche, da Auftrieb nach Gl. (IV, 33) stets mit Zirkulation verbunden ist, ein Wirbel aber nach HELMHOLTZ nicht im Endlichen endigen kann.

Eine *Überschallparallelströmung* bleibt bis unmittelbar an den Körper ungestört. Deshalb gelten hier die Bedingungen Gl. (101) bis zur ersten vom Körper ausgehenden Störung, der Kopfwelle, oder, bei sehr schwachen Störungen, der von der Körperspitze ausgehenden Machschen Linie (Abb. 99). Wie das Abklingen stromabwärts erfolgt, ist zunächst uninteressant, da es auf die Zustände am Körper keinen Einfluß hat.

Damit wären die *Anström*bedingungen für Unter- und Überschallströmung formuliert. Bei der Behandlung der Bedingungen am Körper bedarf es keiner Unterscheidung der beiden Strömungstypen. Es sei mit der *ebenen* Strömung begonnen. Das Profil werde von der x-Achse durchkreuzt und bei symmetrischen Profilen halbiert (Abb. 115). Der obere und untere Teil seines Umrisses sei durch die Funktionen:

$$y > 0: \ y = h_o(x) \quad \text{und} \quad y < 0: \ y = -h_u(x) \tag{102}$$

gegeben. Insbesondere gilt für das *symmetrische* Profil:

$$h_u(x) = h_o(x) = h(x). \tag{103}$$

Die Neigung eines Profilelementes ist gleich der Stromlinienneigung. Damit gilt als *Randbedingung* am *Profil*:

$$\begin{aligned} &\text{für} \quad y = h_o(x): \quad \frac{v}{u} = \frac{dh_o}{dx} = h_o{}'(x); \\[2mm] &\text{für} \ -y = h_u(x): \quad -\frac{v}{u} = \frac{dh_u}{dx} = h_u{}'(x). \end{aligned} \tag{104}$$

Bei einem *symmetrischen*, nicht angestellten Profil reduzieren sich beide Randbedingungen auf eine:

$$\text{für} \quad y = h(x): \quad \frac{v}{u} = h'(x). \tag{105}$$

Außerdem verschwindet vor und hinter dem Profil v auf der x-Achse aus Gründen der Symmetrie, oder anders formuliert: es ist dort $h(x) \equiv 0$.

Für den Spezialfall *schlanker* Profile, also kleiner Dickenverhältnisse (Verhältnis der größten Dicke zur Länge) und drehungsfreier Strömung lassen sich Geschwindigkeitsrichtung und -betrag mit Gl. (39) und (IV, 31) wie folgt nähern:

$$\begin{aligned} u_\infty \, h'(x) &= v(x, h) = v(x, 0) + \left(\frac{\partial v}{\partial y}\right)_{y=0} h + \ldots\ldots, \\[2mm] W(x, h) - u_\infty &= u(x, h) - u_\infty = u(x, 0) - u_\infty + \left(\frac{\partial u}{\partial y}\right)_{y=0} h + \ldots., \end{aligned} \tag{106}$$

wobei für asymmetrische Profile die Entwicklung an der Ober- und Unterseite zu unterscheiden wäre. Für eine Abschätzung von $\dfrac{\partial v}{\partial y}$ können in der gasd. Gl. (11) wegen der Kleinheit der Störungen alle Glieder, die v als Koeffizienten besitzen, gestrichen werden. Ist u_m der Maximalwert von u und l die Profillänge, so gilt näherungsweise:

$$\frac{\partial v}{\partial y} \sim \left(\frac{u^2}{c^2} - 1\right) \frac{\partial u}{\partial x} \sim (M^2 - 1)\, \frac{u_m - u_\infty}{l}.$$

Darnach klingt die v-Störung im allgemeinen in Abständen ab, welche nicht mit der Profildicke, sondern mit der Profillänge zu messen sind, ein Effekt, der sich auch an der exakten Lösung der Umströmung einer schlanken Ellipse studieren läßt. Der letzte Summand der ersten Gl. (106) erweist sich hiermit als Glied zweiter Ordnung. In erster Näherung kann die v-Komponente an einem schlanken Profil hiermit gleich der v-Komponente unmittelbar an der x-Achse gesetzt werden. Dort muß die v-Komponente auf jene Werte springen, welche sich aus der anderen Profilseite ergeben. Je nachdem, ob sich das Profil verdickt oder verdünnt, quillt das Medium aus der x-Achse heraus oder verschwindet in dieser (Abb. 125).

Bei *hohen* Mach-Zahlen ist das Projizieren der v-Komponente auf die x-Achse allerdings nicht mehr möglich, wie die vorhergehende Abschätzung ergibt. Dies wird sich noch in verschiedener Weise bestätigen und ist mit Rücksicht auf die Einfluß- und Abhängigkeitsverhältnisse bei $M \gg 1$ nicht anders zu erwarten. In *Schallnähe* hingegen ist die Näherung besonders gut, was mit der geringen Veränderlichkeit der Stromdichte in diesem Bereich zusammenhängt.

Nach der Prandtlschen Regel [Abschnitt 20 oder Gl. (VII, 8) oder Gl. (VIII, 3)] steigen die Geschwindigkeitsunterschiede bei gleicher Profilform proportional zu $\dfrac{1}{\sqrt{|1 - M_\infty^2|}}$, so daß im letzten Glied der Faktor $\sqrt{|1 - M_\infty^2|}$ hinzutritt. In Schallnähe sind die Verhältnisse insofern komplizierter, als man nicht mehr Profile gleichen Dickenverhältnisses vergleichen kann.

Auch ist der lokale Wert von $M^2 - 1$ nicht mehr durch den Wert in der Anströmung zu ersetzen.

Für die Geschwindigkeitsstörung ergibt sich das letzte Glied aus der Gleichung für die Drehungsfreiheit:

$$\frac{\partial u}{\partial y} = \frac{\partial v}{\partial x} \sim \frac{v}{l}.$$

Nach den letzten Überlegungen kann die Änderung der v-Komponenten in x-Richtung derjenigen am Profil gleichgesetzt werden. Daraus ergibt sich mit der zweiten Gl. (106) auch die Geschwindigkeit am Profil und auf der x-Achse als in erster Näherung gleich. Die Genauigkeit der letzten Näherung hängt dabei nicht von der Mach-Zahl ab. Eine Ausnahme machen hier wieder die hohen Mach-Zahlen, weil bei ihnen — wie sich zeigen wird — im allgemeinen nicht mehr mit Drehungsfreiheit gerechnet werden darf. Die Ausnahmestellung der hohen Mach-Zahlen hat hier praktisch keine große Bedeutung, weil man in diesem

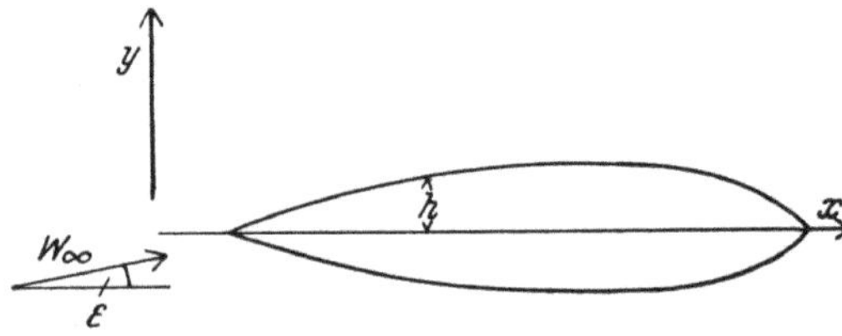

Abb. 116. Achsenanordnung beim drehsymmetrischen Körper.

Gebiet weniger mit analytischen Methoden (Charakteristikenmethoden!) arbeitet.

Die Fehler, welche durch das im folgenden häufig geübte Projizieren der Geschwindigkeits- und Neigungsverteilung auf die x-Achse entstehen, kompensieren sich im übrigen zum Teil, denn mit den Neigungen v/u_∞ nehmen auch die Geschwindigkeitsunterschiede $\dfrac{u - u_\infty}{u_\infty}$ mit Annäherung an die x-Achse zu. Auch entspricht das Vorschreiben einer v-Verteilung auf der x-Achse dem Aufsuchen einer *exakten* Lösung bei etwas geänderten Randbedingungen.

Bei Verwendung von Stromlinienkoordinaten nach Abschnitt 8 ist als Randbedingung der Strömungswinkel ϑ auf der Profilstromlinie ($\Psi = 0$) vorzuschreiben. Während er aber am Profil als Funktion der Bogenlänge gegeben ist, müßte er für die Lösung als Funktion des Potentials Φ gegeben sein, wenn das Profil exakt nachgebildet werden soll.

Bei einem *achsensymmetrischen* Körper ist die Form durch eine einzige Funktion $y = h(x)$ festgelegt. Sie soll den Körperradius an der Stelle x darstellen und entspricht im Achsenschnitt ganz dem Dickenverlauf eines symmetrischen, nicht angestellten Profils bei ebener Strömung. In der x, y-Ebene lautet die Randbedingung ganz analog zu Gl. (105), auch dann, wenn der Körper schräg in x-Richtung angeblasen wird (Abb. 116). Bei Verwendung von Zylinderkoordinaten (Abschnitt 7) drückt sich die Neigung der Strömungsrichtung gegen die Achsenrichtung lediglich durch die Axial- und Radialkomponente der Geschwindigkeit aus. Damit lautet die Randbedingung am *achsensymmetrischen* Körper bei ganz beliebiger Anblasrichtung:

$$\text{für} \quad r = h(x): \quad \frac{W_1}{u} = h'(x). \tag{107}$$

Wie bei ebener Strömung, kann bei kleinen Störungen auch hier linearisiert werden. Im Nenner von Gl. (107) ist dann u durch u_∞ zu ersetzen und die Randbedingung läuft auf eine Vorschrift für die Radialkomponente W_1 heraus.

Sehr zum Unterschied von der ebenen Strömung, zeigen bei einer achsensymmetrischen Strömung die Störungen nicht in Abständen, welche mit der Körperlänge, sondern in Abständen, welche mit dem Körperdurchmesser vergleichbar sind, wesentliche Änderungen. Das hängt damit zusammen, daß sich die Störungen nach zwei Dimensionen hin ausbreiten können. Diese Schwierigkeit macht sich sofort geltend, wenn in der an und für sich richtigen Entwicklung Gl. (106) die Ableitung $\dfrac{\partial v}{\partial y}$ mit der Kontinuitätsbedingung (16) eliminiert werden soll, da nun neben einem Summanden mit der Ableitung $\dfrac{\partial u}{\partial x}$ auch ein Summand $\dfrac{v}{y}$ auftritt. Im letzteren verschwindet mit Annäherung an die x-Achse nicht nur der Nenner, sondern auch der Zähler wächst über alle Grenzen. Dieses wird sich im folgenden bestätigen, ist aber auch direkt einzusehen. Denn auf der Achse mit ihrer verschwindenden Oberfläche muß es unendliche Austrittsgeschwindigkeiten geben, wenn endliche Mengen austreten sollen. Daraus folgt, daß vom Produkt $v\,y$ sehr wohl eine geringe Veränderlichkeit erwartet werden kann. Analog zu Gl. (106) ergibt sich für dieses:

$$(v\,y)_v = (v\,y)_{y=0} + \left(\frac{\partial (v\,y)}{\partial y}\right)_{y=0} y + \ldots \tag{108}$$

Nach Streichen derselben Glieder in der Kontinuitätsbedingung (16) wie bei der Abschätzung für ebene Strömung ergibt sich nun:

$$\frac{\partial (v\,y)}{\partial y} \sim \left(\frac{u^2}{c^2} - 1\right)\frac{\partial u}{\partial x}\, y \sim \left(\frac{u^2}{c^2} - 1\right)\frac{u_m - u_\infty}{l}\, y,$$

d. h. das Produkt $v\,y$ kann in Achsennähe als konstant angesehen werden, wobei für die Abhängigkeit von der Mach-Zahl ganz Entsprechendes gilt wie bei ebener Strömung (die höchste Genauigkeit in Schallnähe, dann abnehmende Genauigkeit mit wachsender Überschallgeschwindigkeit). Mit welcher Genauigkeit die Näherung:

$$y = 0: \quad \frac{v}{u_\infty}\, y = h'\, h + \ldots = \frac{1}{2\,\pi} F'(x) + \ldots \tag{109}$$

— mit $F(x)$ als Körperquerschnitt — gilt, kann erst gesagt werden, wenn die Größenordnung der u-Schwankung bekannt ist. Aus Wirbelfreiheit und Gl. (109) folgt:

$$\frac{\partial}{\partial y}\left(\frac{u}{u_\infty}\right) = \frac{\partial}{\partial x}\left(\frac{v}{u_\infty}\right) = \frac{1}{y}\,\frac{1}{2\,\pi}\, F''(x) + \ldots$$

und nach Integration:

$$\frac{u}{u_\infty} - \left(\frac{u}{u_\infty}\right)_h = \frac{u}{u_\infty} - 1 - \left(\frac{u}{u_\infty} - 1\right)_h = \frac{1}{2\,\pi} F''(x) \ln\left(\frac{y}{h}\right) + \ldots \tag{110}$$

Schon hieraus ergibt sich eine Abschätzung für die Größe der u-Störung am Körper. Da sie im Abstand einer Körperlänge l etwa verschwunden sein muß, folgt aus Gl. (110):

$$\left(\frac{u}{u_\infty} - 1\right)_h \sim -\frac{1}{2\,\pi} F'' \ln\frac{l}{h} \sim \left(\frac{h}{l}\right)^2 \ln\frac{h}{l},$$

was sich an den genaueren Rechnungen nur bestätigen wird. [Siehe etwa Gl. (VIII, 23). Die Abhängigkeit von der Mach-Zahl tritt dabei dann auch noch unter dem Logarithmus auf, was sich daraus erklärt, daß das Abklingen in y-Richtung von der Mach-Zahl abhängt.] Da der Logarithmus kleiner Beträge folgende Eigenschaften besitzt:

$$x \to 0: \quad \ln x \to -\infty, \quad x \ln x \to 0,$$

liegt die u-Schwankung zwischen der ersten und zweiten Ordnung des Dickenverhältnisses. Sehr zum Unterschied von der ebenen Strömung ist also die Größenordnung der u-Schwankung in Körpernähe bei Achsensymmetrie kleiner als jene der v-Schwankung.

Aus Gl. (108) und der darauf folgenden Gleichung ergibt sich ferner:

$$\frac{\left(\dfrac{v}{u_\infty}\,y\right)_0 - h'\,h}{h'\,h} \sim \left(\frac{u^2}{c^2} - 1\right)\left(\frac{h}{l}\right)^2 \ln\left(\frac{h}{l}\right).$$

Abgesehen vom Mach-Zahleffekt, ergibt sich also die Randbedingung Gl. (109) mit der Genauigkeit der Größenordnung der u-Schwankung am Körper. Von derselben Genauigkeit ergibt sich später auch der v-Wert selbst, womit sich die Randbedingung Gl. (109) für achsensymmetrische Körper als genauer erweist, als das Projizieren der Randwerte auf die x-Achse bei ebener Strömung. Allerdings lassen sich die Geschwindigkeiten selbst nicht mehr wie bei ebener Strömung an der Achse rechnen, wo sie nach Gl. (110) logarithmisch über alle Grenzen wachsen. Sie müssen bei Achsensymmetrie auf $y = h$ berechnet werden.

Während die Strömungsrichtung an der Oberfläche eines Körpers bei ebener und achsensymmetrischer Strömung völlig festliegt, ist das bei allgemein *räumlicher* Strömung einschließlich der schiefen Anblasung eines achsensymmetrischen Körpers nicht mehr der Fall. Die Randbedingung, die Aussage, daß die Normalkomponente der Geschwindigkeit auf die Körperoberfläche verschwindet, gibt im allgemeinen eine Beziehung zwischen allen drei Geschwindigkeitskomponenten. Ist die Körperoberfläche durch eine Beziehung

$$y = h\,(x,\,z)$$

gegeben, so ist die Richtung der Flächennormalen durch den Gradienten der Funktion $h\,(x,\,z) - y$ festgelegt. Die Randbedingung am Körper kommt auf das Verschwinden des inneren Produktes von Flächennormalenvektor und Geschwindigkeitsvektor heraus:

$$\text{auf } y = h\,(x,\,z)\colon \quad u\,h_x - v + w\,h_z = 0. \tag{111}$$

In dieser Randbedingung sind natürlich alle besprochenen Spezialfälle enthalten. Bei kleinen Störungen einer Parallelströmung kann wieder u durch u_∞ ersetzt werden, es bleibt eine Beziehung zwischen v und w. Von besonderem Interesse sind Körper, welche nur wenig von einer Ebene (im folgenden stets die Ebene $y = 0$) abweichen. Sie erfahren eine ausgedehnte Behandlung in den Tragflügeltheorien. Bei diesen „*flachen Körpern*" ist h_x und h_z im allgemeinen von gleicher Größenordnung. Da aber auch die Störgeschwindigkeitskomponente w höchstens die Größenordnung von v und $u - u_\infty$ erreichen wird, ist der letzte Summand in Gl. (111) ein Glied höherer Ordnung und kann folglich bei Linearisierung gestrichen werden.

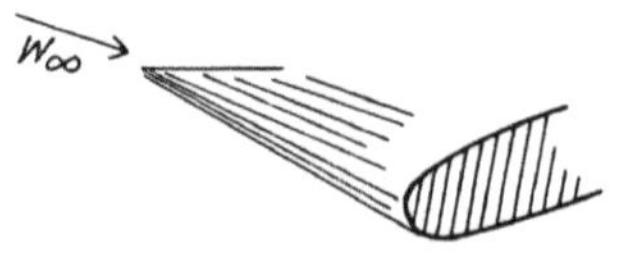

Abb. 117. Wenig angestellter steil abfallender Rand.

Die Entwicklungen (106) können auch hier verwendet werden, wenn nur beachtet wird, daß nun alle Größen von x *und* z abhängen. Eine Abschätzung von $\dfrac{\partial v}{\partial y}$ und $\dfrac{\partial u}{\partial y}$ zeigt auch hier, daß die Geschwindigkeitskomponenten am Körper bei Linearisierung durch jene in der Ebene $y = 0$ ersetzt werden können. Damit gilt beim *flachen* Körper wie bei ebener *Strömung* als Randbedingung bei Linearisierung:

$$\text{für } y = 0\colon \quad v = h_x\,u_\infty. \tag{112}$$

Es ist eine Vorschrift für die Normalkomponente der Geschwindigkeit auf $y = 0$. Bei Schräganblasung oder bei Körpern, welche in y *asymmetrisch* sind, ist in Gl. (112) zwischen der Ober- und Unterseite der Ebene $y = 0$ zu unterscheiden. Wie in Gl. (102), gibt es dann ein $h_o(x, z)$ und ein $h_u(x, z)$ und dementsprechend an Stelle von Gl. (112) je eine Bedingung für die beiden Seiten der Ebene $y = 0$.

An steil abfallenden Körperrändern, die aber nur wenig gegen die Anströmung angestellt sind und somit den Voraussetzungen der Linearisierung genügen (Abb. 117), ist eine Reduktion der Randbedingung (111) auf eine Vorschrift für v nach Gl. (112) nicht mehr möglich, weil h_z groß gegen h_x wird und der letzte Summand in Gl. (111) nicht mehr gestrichen werden kann. Dieser Umstand verursacht auch die Schwierigkeiten bei achsensymmetrischer Strömung.

18. Abhängigkeit des Strömungszustandes vom Anstellwinkel.

Den praktischen Erfordernissen entsprechend, werden die Luftkräfte fast stets nur unter der Annahme kleiner *Anstellwinkel* ε des Körpers gegen die Anströmrichtung berechnet, was gleichzeitig eine Linearisierung der Gleichungen gestattet. Der Auftrieb ergibt sich dann als eine dem Anstellwinkel ε proportionale Größe. Der Koeffizient gibt dabei die Änderung des Auftriebes mit dem Anstellwinkel. Vielfach interessiert der Differentialquotient, welcher die Änderung mit dem Anstellwinkel ausdrückt, mehr als die Größe selbst. Deshalb soll hier von vornherein eine von dem bisher Üblichen abweichende, mathematisch saubere Darstellungsweise gewählt werden. Bei den Überlegungen wird dabei stets von der Annahme einer Anstellung der Anströmung ausgegangen (Abb. 116), womit der Vorteil verbunden ist, daß die Randbedingungen am Körper unverändert bleiben. Allerdings ändern sich die Randbedingungen der Anströmung Gl. (101).

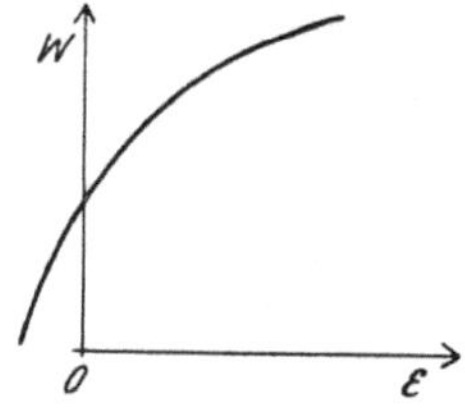

Abb. 118. Abhängigkeit des örtlichen Geschwindigkeitsbetrages W vom Anstellwinkel ε.

Abhängig vom Anstellwinkel ε müssen sich also in jedem Punkte der Strömung verschiedene Strömungszustände ergeben. Im besonderen ergeben sich am Körper bei gleichbleibendem Strömungswinkel ϑ in jedem Punkte Druck p und Geschwindigkeitsbetrag W als Funktion von ε (Abb. 118). Dabei wird besonders die Änderung der Größen bei verschwindendem Anstellwinkel $\varepsilon = 0$ interessieren. Die Ableitungen nach ε seien wieder durch Indizes gekennzeichnet:

$$\frac{\partial W}{\partial \varepsilon} = W_\varepsilon; \quad \frac{\partial^2 W}{\partial \varepsilon^2} = W_{\varepsilon\varepsilon}; \quad \frac{\partial p}{\partial \varepsilon} = p_\varepsilon; \quad \frac{\partial^2 p}{\partial \varepsilon^2} = p_{\varepsilon\varepsilon}; \quad \text{usw.} \tag{113}$$

Die Ableitungen nach ε bei $\varepsilon = 0$ sind wie der Geschwindigkeitsbetrag und der Druck bei verschwindendem Anstellwinkel nur Funktionen des Ortes. Durch diese Ableitungen sind Neigung und Krümmung der Funktion $W(\varepsilon)$ der Abb. 118 im Punkte $\varepsilon = 0$ festgelegt. Die Ableitungen für $\varepsilon = 0$ sind im folgenden von Interesse, und für sie sollen die Differentialgleichungen und Randbedingungen aufgestellt werden. Die ersten Ableitungen nach ε im Zustand $\varepsilon = 0$ sind jene Größen, welche letzten Endes bei den bisherigen Methoden unter der Voraussetzung kleiner Anstellwinkel berechnet wurden.

Die Anstellung soll in y-Richtung (Abb. 116) bei gleichbleibendem Betrag der Geschwindigkeit und bei gleichbleibender Mach-Zahl der Anströmung erfolgen. ε sei positiv bei positivem Auftrieb. Dann ist

$$M = M_\infty; \quad W = W_\infty; \quad u_\infty = W_\infty \cos \varepsilon; \quad v_\infty = W_\infty \sin \varepsilon; \quad w_\infty = 0. \tag{114}$$

Daraus folgt für die Ableitungen nach dem Anstellwinkel im Anströmgebiet für $\varepsilon = 0$ als Randbedingung:

$$u_{\varepsilon \infty} = 0, \ v_{\varepsilon \infty} = u_\infty, \ w_{\varepsilon \infty} = 0 \tag{115}$$

und für die zweiten Ableitungen nach ε bei $\varepsilon = 0$:

$$u_{\varepsilon \varepsilon \infty} = -u_\infty, \ v_{\varepsilon \varepsilon \infty} = 0, \ w_{\varepsilon \varepsilon \infty} = 0. \tag{116}$$

Die Bedingung (116) ist der Bedingung (114) bei $\varepsilon = 0$ analog. Die Bedingung (115) gibt ein Verschwinden der Differenz $v_\varepsilon - u_\infty$ im Anströmgebiet, weshalb vielfach zweckmäßiger mit dieser Differenz als Unbekannter gearbeitet wird.

Da die Neigungen der Körperoberfläche unabhängig von der Anstellung sind [$h(x, z)$ unabhängig von ε], lautet die allgemeine Randbedingung räumlicher Strömung am Körper einfach:

und

$$\text{für } y = h\,(x, z)\colon \ u_\varepsilon\, h_x - v_\varepsilon + w_\varepsilon\, h_z = 0 \tag{117}$$

$$\text{für } y = h\,(x, z)\colon \ u_{\varepsilon \varepsilon}\, h_x - v_{\varepsilon \varepsilon} + w_{\varepsilon \varepsilon}\, h_z = 0. \tag{118}$$

Handelt es sich um kleine Störungen einer Parallelströmung, dann beschränkt sich die Randbedingung an *flachen* Profilen, bei *ebener* und *räumlicher* Strömung auf eine Vorschrift für die v-Komponente Gl. (112) auf $y = 0$. An die Stelle der allgemeingültigen Gl. (117) tritt dann für den gesamten *Körpergrundriß* einfach:

$$\text{für } y = 0\colon \ v_\varepsilon = 0 \tag{119}$$

und an Stelle von Gl. (118):

$$\text{für } y = 0\colon \ v_{\varepsilon \varepsilon} = 0. \tag{120}$$

Da h_x und h_y klein gegen die Einheit sind und die Störkomponenten u_ε und w_ε nicht von höherer Größenordnung sind als v_ε, bleibt dieses in Gl. (117) als einziger Summand seiner Größenordnung. Entsprechendes gilt für Gl. (118).

In die Randbedingungen (119) und (120) geht demnach die Dicke des flachen Körpers, gegeben durch die Funktion $y = h(x, z)$, gar nicht mehr ein: d. h. die Änderung der Strömung und der Luftkräfte an flachen Körpern mit dem Anstellwinkel ε beim Herausdrehen aus der Lage $\varepsilon = 0$ ist dieselbe wie bei *unendlich dünnen ebenen Platten* gleichen Grundrisses. Das Studium der Auftriebseigenschaften flacher Körper oder — bei ebener Strömung — schlanker Profile kann also auf das Studium des Verhaltens unendlich dünner ebener Platten beschränkt bleiben.

Die Randbedingung an der Oberfläche *achsensymmetrischer* Körper reduziert sich nach *Linearisierung* nach Gl. (107) auf:

$$\text{für } r = h\,(x)\colon \ W_{1\varepsilon} = 0, \ W_{1\varepsilon \varepsilon} = 0. \tag{121}$$

Hier geht die Körperform dadurch ein, daß vorgeschrieben wird, wo die Bedingung (außerhalb der x-Achse) zu erfüllen ist.

Höheren Ableitungen als jenen der zweiten nach dem Anstellwinkel scheint keine praktische Bedeutung zuzukommen.

Es sollen dem zur Verfügung stehenden Raume entsprechend nur drehungsfreie Strömungen behandelt werden, obwohl die Methode auf wirbelbehaftete Strömungen in gleicher Weise anwendbar ist und für die Querkräfte sehr schnell fliegender Geschosse praktische Bedeutung besitzt. Die Gleichungen der Wirbelfreiheit (6) gelten voraussetzungsgemäß also für jeden Anstellwinkel ε. Sie gelten daher auch für die Differenz von u, v und w an einer bestimmten Stelle bei zwei verschiedenen ε-Werten. Da alle Ableitungen nach den Ortskoordinaten bei festem ε zu erfolgen haben, gelten die Gleichungen auch für Differenzenquotienten und nach Grenzübergang für die Differentialquotienten nach ε, insbesondere auch bei $\varepsilon = 0$. D. h. man kann in den Differentialgleichungen einfach nach dem Parameter ε differenzieren und erhält aus Gl. (6):

$$\frac{\partial v_\varepsilon}{\partial x} - \frac{\partial u_\varepsilon}{\partial y} = 0; \quad \frac{\partial w_\varepsilon}{\partial y} - \frac{\partial v_\varepsilon}{\partial z} = 0; \quad \frac{\partial u_\varepsilon}{\partial z} - \frac{\partial w_\varepsilon}{\partial x} = 0 \qquad (122)$$

und ganz entsprechende Gleichungen für die zweiten Ableitungen nach ε. Es gibt also *abgeleitete Geschwindigkeitspotentiale*. Insbesondere gilt mit Gl. (17):

$$u_\varepsilon = \Phi_{\varepsilon x}, \quad v_\varepsilon = \Phi_{\varepsilon y}, \quad w_\varepsilon = \Phi_{\varepsilon z};$$
$$u_{\varepsilon\varepsilon} = \Phi_{\varepsilon\varepsilon x}, \quad v_{\varepsilon\varepsilon} = \Phi_{\varepsilon\varepsilon y}, \quad w_{\varepsilon\varepsilon} = \Phi_{\varepsilon\varepsilon z}; \qquad (123)$$

wobei die Gl. (123) die Bedingungen der Wirbelfreiheit (122) erfüllen. Diese Bedingungen werden aber auch dann erfüllt, wenn zu den Komponenten u_ε, v_ε, ... $w_{\varepsilon\varepsilon}$ oder auch zum abgeleiteten Potential beliebige *Funktionen* des Anstellwinkels addiert werden.

Für eine beliebige räumliche Strömung hat man die gasd. Gl. (5) oder (20) entsprechend zur Ableitung von Gl. (122) nur nach ε zu differenzieren und dann zu Werten $\varepsilon = 0$ überzugehen, um die Differentialgleichung für die abgeleiteten Größen zu erhalten. Aus der ersten Gl. (20) folgt beispielsweise nach vorausgegangener Multiplikation mit c^2:

$$(c^2 - u^2)\,\Phi_{\varepsilon x x} + (c^2 - v^2)\,\Phi_{\varepsilon y y} + (c^2 - w^2)\,\Phi_{\varepsilon z z} - 2\,u\,v\,\Phi_{\varepsilon x y} - 2\,v\,w\,\Phi_{\varepsilon y z} +$$
$$- 2\,w\,u\,\Phi_{z x} + 2\,(c\,c_\varepsilon - u\,u_\varepsilon)\,\Phi_{x x} + \ldots - 2\,(u\,v_\varepsilon + u_\varepsilon\,v)\,\Phi_{x y} - \ldots - 2\,(w u_\varepsilon +$$
$$+ w_\varepsilon u)\,\Phi_{z x} = 0, \qquad (124)$$

und diese Gleichung gilt auch ebenso für $\varepsilon = 0$.

Diese Gleichung ist zwar kompliziert, unterscheidet sich aber von der gasd. Gl. ganz wesentlich dadurch, daß sie in der Unbekannten Φ_ε *linear* ist. Mit Gl. (123) und dem Energiesatz läßt sich neben u_ε, v_ε und w_ε auch c_ε ohne weiteres durch das abgeleitete Potential ausdrücken. Die Koeffizienten enthalten die Lösung beim Anstellwinkel $\varepsilon = 0$. Diese muß also im allgemeinen Fall bekannt sein, wenn Anstellwinkelabhängigkeit berechnet werden soll.

Ganz entsprechend wird die Gleichung für die zweiten Ableitungen nach ε gewonnen. Diese hat mit Gl. (124) außer der Linearität in $\Phi_{\varepsilon\varepsilon}$ die Tatsache gemein, daß sie in den Koeffizienten der zweiten Ableitungen $(c^2 - u^2)$, ... $w\,u$, mit der Gl. (20) für Φ übereinstimmt. Es wird später gezeigt, daß diese Koeffizienten den Gleichungstypus bestimmen. Die Gleichungen für Φ_ε und $\Phi_{\varepsilon\varepsilon}$ haben also in den einzelnen Feldpunkten den Typus der Gleichung für das Potential ohne Anstellung Φ.

Es sei nun vorausgesetzt, daß es sich um einen in y-Richtung *symmetrischen*, beliebig dicken, möglicherweise auch achsensymmetrischen Körper handelt. Dann ist auch die Strömung bei $\varepsilon = 0$ in y symmetrisch, d. h. das Potential Φ, die thermischen Zustände, u und w sind in y gerade Funktionen, v ist eine in y ungerade Funktion.

Sämtliche Koeffizienten der gesuchten Variablen Φ_ε, c_ε, u_ε und w_ε erweisen sich nun als gerade in y, nur die Koeffizienten von v_ε sind in y ungerade (Entsprechendes kann auch an allen anderen Gleichungen, wie etwa am Energiesatz, festgestellt werden). Es kann darnach Φ_ε, c_ε, u_ε und w_ε in y symmetrisch und v_ε in y antisymmetrisch sein, es kann aber auch das Umgekehrte der Fall sein. Das letztere ist tatsächlich auch physikalisch zu erwarten, denn mit wachsendem ε nimmt die Geschwindigkeit unter dem Körper ab und über dem Körper zu, unter dem Körper streben die Teilchen von der Mitte zu den Rändern, oben ist es umgekehrt. Hingegen besitzen die Teilchen in einiger Entfernung vom Körper eine mit ε wachsende v-Komponente. Die Randbedingungen für die Unterseite eines symmetrischen Körpers unterscheiden sich von den Gl. (111), (117) und (118) nach Gl. (102) und (103) nur durch eine Umdrehung des Vorzeichens für h_x und h_z. Sie besagen also nur, daß v, v_ε und $v_{\varepsilon\varepsilon}$ die entgegengesetzten Symmetrieeigenschaften am Körper besitzen müssen wie die entsprechenden u- und w-Größen. Die Entscheidung ergibt sich aus der Randbedingung (115) im Anströmgebiet. Danach ist bei einem beliebig dicken, in y symmetrischen Körper u_ε, w_ε, c_ε usw. eine in y ungerade, v_ε und damit auch $(v_\varepsilon - u_\infty)$ eine in y gerade Funktion. An der Körperoberfläche selbst haben die u_ε und w_ε oben und unten entgegengesetzte Werte. Auf der Ebene $y = 0$ außerhalb des Körpers können im allgemeinen wohl die Geschwindigkeitskomponenten einen Sprung machen, nicht aber der Druck. Da aber p_ε antisymmetrisch in y ist, gilt:

$$\text{auf } y = 0 \text{ außerhalb des Körpers: } p_\varepsilon = 0. \tag{125}$$

Daraus folgt nach der Bernoullischen Gl. (II, 51), indem W^2 zweckmäßig erst nach p abgeleitet wird, für $\varepsilon = 0$:

$$0 = p_\varepsilon = -\varrho\,(u\,u_\varepsilon + v\,v_\varepsilon + w\,w_\varepsilon)$$

und wegen $v = 0$:

$$\text{für } y = 0 \text{ außerhalb des Körpers: } u\,u_\varepsilon + w\,w_\varepsilon = 0. \tag{126}$$

Außerhalb $y = 0$ ist der zweite Summand von höherer Größenordnung als der erste. Es ist also $u_\varepsilon = 0$, woraus für $\varepsilon = 0$ mit der letzten Gl. (122) und mit (115) auch $w_\varepsilon = 0$ folgt. Bei *Linearisierung* gilt demnach bei $\varepsilon = 0$:

$$\text{für } y = 0 \text{ außerhalb des Körpers: } u_\varepsilon = 0,\ w_\varepsilon = 0. \tag{127}$$

Damit sind zusammen mit Gl. (119) die Bedingungen auf der ganzen Ebene $y = 0$ festgelegt.

Auf ganz analoge Weise wie für die ersten Ableitungen können die Schlüsse für die zweiten Ableitungen nach ε gezogen werden. Dabei zeigt sich, daß nun wieder $\Phi_{\varepsilon\varepsilon}$, $u_{\varepsilon\varepsilon}$, $w_{\varepsilon\varepsilon}$ und $c_{\varepsilon\varepsilon}$ in y gerade, $v_{\varepsilon\varepsilon}$ dagegen in y ungerade sein muß. Da v auf $y = 0$ außerhalb des Körpers immer stetig sein muß, gilt also für jeden symmetrischen Körper neben $v = 0$ auch bei $\varepsilon = 0$:

$$\text{auf } y = 0 \text{ außerhalb des Körpers } v_{\varepsilon\varepsilon} = 0. \tag{128}$$

Die Randbedingungen entsprechen damit genau jenen für die Geschwindigkeitskomponenten für $\varepsilon = 0$.

Besonders einfach werden die Gleichungen bei Linearisierung. Sie lauten für die Potentiale im Raume in kartesischen Koordinaten nach Gl. (20)

$$(1 - M_\infty^2)\,\Phi_{xx} + \Phi_{yy} + \Phi_{zz} = 0. \tag{129}$$

Daraus folgt für die abgeleiteten Potentiale:

$$(1 - M_\infty^2)\,\Phi_{\varepsilon xx} + \Phi_{\varepsilon yy} + \Phi_{\varepsilon zz} = 0, \tag{130}$$

und eine ganz analoge Gleichung für $\Phi_{\varepsilon\varepsilon}$.

In Zylinderkoordinaten ergibt sich nach Gl. (69):

$$(1 - M_\infty^2)\,\Phi_{xx} + \Phi_{rr} + \frac{1}{r^2}\,\Phi_{\beta\beta} + \frac{1}{r}\,\Phi_r = 0, \tag{131}$$

$$(1 - M_\infty^2)\,\Phi_{\varepsilon xx} + \Phi_{\varepsilon rr} + \frac{1}{r^2}\,\Phi_{\varepsilon\beta\beta} + \frac{1}{r}\,\Phi_{\varepsilon r} = 0 \tag{132}$$

und wieder eine analoge Gleichung für $\Phi_{\varepsilon\varepsilon}$.

Während die Randwertaufgabe für Φ_ε auf die Berechnung der Strömung um eine unendlich dünne infinitesimal angestellte Platte herausläuft, ist die Lösung für $\Phi_{\varepsilon\varepsilon}$ bei linearisierter Gleichung trivial. Mit

$$\Phi_{\varepsilon\varepsilon} = -u_\infty\,x,\ u_{\varepsilon\varepsilon} = \Phi_{\varepsilon\varepsilon x} = -u_\infty,\ v_{\varepsilon\varepsilon} = w_{\varepsilon\varepsilon} = W_{1\varepsilon\varepsilon} = W_{2\varepsilon\varepsilon} = 0 \tag{133}$$

sind Differentialgleichungen und Randbedingungen im Anströmgebiet Gl. (116), am flachen Körper (120) und am schlanken achsensymmetrischen Körper Gl. (121) erfüllt.

Bei den nach ε abgeleiteten Größen ist Potential und Störpotential nicht mehr zu unterscheiden, da u_∞ bei der Differentiation nach ε verschwindet.

19. Die Luftkräfte.

Großes Interesse kommt in der Praxis den resultierenden Kräften zu, welche das umströmende Medium auf einen Körper ausübt. Sie setzen sich aus Druck- und Reibungskräften zusammen. Die letzteren spielen beim Auftrieb eine untergeordnete Rolle, stellen aber beim Widerstand insbesondere bei Unterschallgeschwindigkeiten einen ausschlaggebenden Anteil. In diesem Abschnitt sollen nur die Druckkräfte berücksichtigt werden. Auch später können die Reibungskräfte nicht ausgedehnter behandelt werden, da auf diesem Gebiet noch der nötige Einblick fehlt. Allerdings hängen die Vorgänge in den Reibungsschichten nicht in jener typischen Weise von der Kompressibilität ab wie die Vorgänge in der reibungslosen Strömung, weshalb bei Reibungsströmung Analogieschlüsse aus der Kenntnis dichtebeständiger Vorgänge eher möglich sind.

Den Ausführungen des letzten Abschnittes entsprechend, soll ein Koordinatensystem im angeströmten Körper festgelegt werden. Die Achsenrichtung (x-Richtung) ist meist durch Symmetrieeigenschaften festgelegt. Die z-Achse weise in Flügelrichtung. Bei achsensymmetrischen Körpern ist sie willkürlich festzulegen. Im ganzen wären drei Komponenten der resultierenden Kraft und drei Momente um die drei Koordinatenachsen zu unterscheiden. Hier werde nur die *Tangentialkraft* (x-Richtung) und die *Normalkraft* (y-Richtung), nicht aber die Querkraft (z-Richtung) untersucht. Ferner wird noch das *Längsmoment* (um die z-Achse) betrachtet. Alle Kräfte werden in üblicher Weise durch den „Staudruck" und die Projektionsfläche f_p des Körpers auf die Ebene $y = 0$ dividiert, so daß dimensionslose Beiwerte entstehen. Entsprechend sei beim Ausdruck für den Momentenbeiwert x bereits durch eine geeignete Länge, etwa die maximale Flügeltiefe, dividiert gedacht.

Die Tangentialkraft ergibt sich aus der Integration der in x-Richtung auf das Oberflächenelement df weisenden Druckkraft $p \cos (n, x)\, df$ über die ganze Oberfläche des Körpers:

$$c_t\, \frac{\varrho_\infty\, u_\infty^2}{2}\, f_p = \underset{\text{Oberfläche}}{\int \int} p \cos (n, x)\, df = \underset{\text{über } f_p}{\int \int} \left[p\,(x, h_o, z)\, \frac{dh_o}{dx} + p\,(x, h_u, z)\frac{dh_u}{dx} \right] dx\, dz. \tag{134}$$

Dabei ist über die ganze Oberfläche zu integrieren. Beispielsweise ergeben sich beim letzten Integral für eine Stelle x, z für die Ober- und Unterseite je ein Integrand. Ganz entsprechend ergibt sich für den Beiwert der Normalkraft c_n:

$$c_n\, \frac{\varrho_\infty\, u_\infty^2}{2}\, f_p = -\underset{\text{Oberfläche}}{\int \int} p \cos (n, y)\, df = \underset{\text{über } f_p}{\int \int} [p\,(x, h_u, z) - p\,(x, h_o\, z)]\, dx\, dz. \tag{135}$$

Zwischen Normal- und Tangentialkraft einerseits und Auftrieb und Widerstand anderseits bestehen Beziehungen, welche sich ohne weiteres aus dem Kräfteparallelogramm ergeben. Dasselbe gilt auch für die Koeffizienten c_t, c_n, c_w (Widerstandsbeiwert) und c_a (Auftriebsbeiwert), die sich von den entsprechenden Kräften ja nur um einen Faktor unterscheiden. Abb. 119 ist zu entnehmen:

$$\begin{aligned} c_w &= c_t \cos \varepsilon + c_n \sin \varepsilon; & c_t &= c_w \cos \varepsilon - c_a \sin \varepsilon; \\ c_a &= - c_t \sin \varepsilon + c_n \cos \varepsilon; & c_n &= c_w \sin \varepsilon + c_a \cos \varepsilon. \end{aligned} \tag{136}$$

Die Berechnung des *Momentes* sei auf *flache,* nur wenig von $y = 0$ abweichende Körper beschränkt. Für das Moment um die z-Achse ist dann der Hebelarm durch x und der Anteil eines Flächenelementes an der Kraft normal auf den Hebelarm durch $p\,dx\,dz$ gegeben. Wie bei der Normalkraft, wirkt der Druck an der Unterseite in positivem Sinne, woraus sich für den Momentenbeiwert folgende Formel ergibt (mit der maximalen Flügeltiefe als Längeneinheit):

$$c_m \frac{\varrho_\infty u_\infty^2}{2} f_p = \int\!\!\int\limits_{\text{über } f_p} x\,[p\,(x, h_u, z) - p\,(x, h_o, z)]\,dx\,dz. \tag{137}$$

Es sollen nun die Änderungen der Widerstandsbeiwerte mit dem Anstellwinkel ε berechnet werden. Im Integranden hängt dabei lediglich der Druck p von ε ab. Es wird zweckmäßig mittelbar über die Geschwindigkeit nach ε differenziert.

Mit Rücksicht auf die Bernoullische Gl. (II, 51) ist dann für $\varepsilon = 0$:

$$\frac{dc_t}{d\varepsilon} \frac{\varrho_\infty u_\infty^2}{2} f_p = -\int\!\!\int\limits_{\text{über } f_p}\left[(\varrho\,W\,W_\varepsilon)_{y=h_o} \frac{dh_o}{dx} + (\varrho\,W\,W_\varepsilon)_{y=-h_u} \frac{dh_u}{dx}\right]dx\,dz. \tag{138}$$

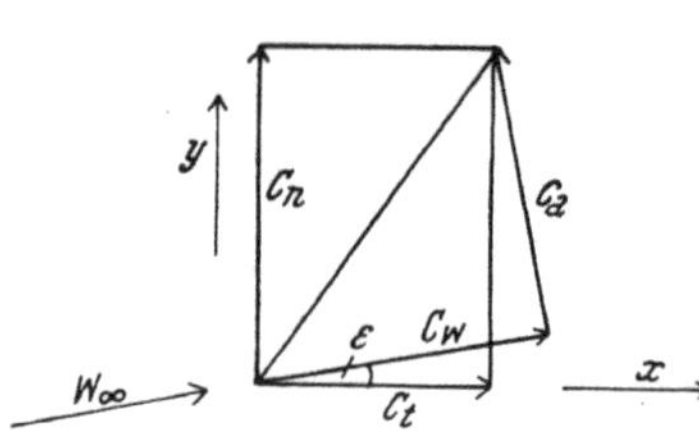

Abb. 119. Zusammenhang zwischen den Kraftbeiwerten.

Bei einem symmetrischen Körper ist $\varrho\,W$ oben und unten gleich und $\dfrac{dh_o}{dx} = \dfrac{dh_u}{dx}$, W_ε aber entgegengesetzt, so daß der Integrand und damit $\dfrac{dc_t}{d\varepsilon}$ verschwindet. Dies muß erwartet werden, da sich bei einem in y symmetrischen Körper c_t für $+\varepsilon$ und $-\varepsilon$ in gleicher Weise ändern muß.

Für den Beiwert der Normalkraft ergibt sich bei $\varepsilon = 0$:

$$\frac{dc_n}{d\varepsilon} \frac{\varrho_\infty u_\infty^2}{2} f_p = -\int\!\!\int\limits_{\text{über } f_p}[(\varrho\,W\,W_\varepsilon)_{y=-h_u} - (\varrho\,W\,W_\varepsilon)_{y=h_o}]\,dx\,dz. \tag{139}$$

Hier addieren sich die beiden Effekte an der Ober- und Unterseite, und zwar liefert bei in y symmetrischen Körpern jede der beiden Seiten denselben Beitrag. Bei in y symmetrischen Körpern müssen ja c_n und (auch das exakte) c_m ungerade Funktionen von ε sein.

Wegen des Verschwindens der ersten Ableitung von c_t für $h_o = h_u$ und $\varepsilon = 0$ wird die zweite Ableitung besonders interessieren. Es ergibt sich für $h_o = h_u = h$ bei $\varepsilon = 0$:

$$\frac{d^2c_t}{d\varepsilon^2} \frac{\varrho_\infty u_\infty^2}{2} f_p = -\int\!\!\int\limits_{\text{über } f_p}[(1 - M^2)\,\varrho\,W_\varepsilon^2 + \varrho\,W\,W_{\varepsilon\varepsilon}]_{y=h} \frac{dh}{dx}\,dx\,dz. \tag{140}$$

In den Formeln (134), (135) und (137) kann für p stets auch $p - p_\infty$ gesetzt werden. Dies liegt bei den letzten beiden Formeln auf der Hand. Bei der Gleichung für c_t ist es deshalb möglich, weil das Integral über einen konstanten Druck verschwindet. Es ist von Interesse, anstatt des Druckes die Geschwindigkeit in die Formeln einzuführen. Mit der Entwicklung der Bernoullischen Gleichung anschließend an (II, 51) ergibt sich in *zweiter Näherung*:

$$c_t f_p = -\int\!\!\int\limits_{\text{über } f_p}\left\{\left[2\frac{W - W_\infty}{W_\infty} - (1 - M_\infty^2)\left(\frac{W - W_\infty}{W_\infty}\right)^2\right]_{y=h_o} \frac{dh_o}{dx} + \left[2\frac{W - W_\infty}{W_\infty} - (1 - M_\infty^2)\left(\frac{W - W_\infty}{W_\infty}\right)^2\right]_{y=-h_u} \frac{dh_u}{dx}\right\}dx\,dz; \tag{141}$$

$$c_n\,f_p = +\int\!\!\int_{\text{über }f_p}\!\!\left\{\left[2\frac{W-W_\infty}{W_\infty}-(1-M_\infty^2)\left(\frac{W-W_\infty}{W_\infty}\right)^2\right]_{y=h_o}+\right.$$
$$\left.-\left[2\frac{W-W_\infty}{W_\infty}-(1-M_\infty^2)\left(\frac{W-W_\infty}{W_\infty}\right)^2\right]_{y=-h_u}\right\}dx\,dz;$$

$$c_m\,f_p = \int\!\!\int_{\text{über }f_p}\!\! x\left\{\left[2\frac{W-W_\infty}{W_\infty}-(1-M_\infty^2)\left(\frac{W-W_\infty}{W_\infty}\right)^2\right]_{y=h_o}+\right.$$
$$\left.-\left[2\frac{W-W_\infty}{W_\infty}-(1-M_\infty^2)\left(\frac{W-W_\infty}{W_\infty}\right)^2\right]_{y=-h_u}\right\}dx\,dz. \tag{141}$$

Auch die letzte Formel gilt in zweiter Näherung, denn Gl. (137) ist dadurch gewonnen, daß der Kosinus kleiner Winkel gleich 1 gesetzt wurde, was nicht nur in einer ersten, sondern auch noch in einer zweiten Näherung erlaubt ist.

Die Gl. (141) vereinfachen sich weiter in einer *ersten Näherung*. Das quadratische Glied in der Geschwindigkeitsabweichung fällt dann weg. Ferner ist $W-W_\infty$ durch $u-u_\infty$ zu ersetzen und einfach an der Ober- oder Unterseite von $y=0$ zu nehmen:

$$c_t\,f_p = -2\int\!\!\int\left[\left(\frac{u-u_\infty}{u_\infty}\right)_{+y\to0}\frac{dh_o}{dx}+\left(\frac{u-u_\infty}{u_\infty}\right)_{-y\to0}\frac{dh_u}{dx}\right]dx\,dz. \tag{142}$$

Entsprechendes gilt für c_n und c_m. In allen Formeln kann wieder $u-u_\infty$ durch u ersetzt werden.

In *erster Näherung* ergibt sich ferner für $\varepsilon=0$:

$$\frac{dc_n}{d\varepsilon}\,f_p = \frac{2}{u_\infty}\int\!\!\int\left[(u_\varepsilon)_{+y\to0}-(u_\varepsilon)_{-y\to0}\right]dx\,dz;$$
$$\frac{dc_m}{d\varepsilon}\,f_p = \frac{2}{u_\infty}\int\!\!\int x\left[(u_\varepsilon)_{+y\to0}-(u_\varepsilon)_{-y\to0}\right]dx\,dz. \tag{143}$$

Eine Berechnung der zweiten Ableitung von c_t nach dem Anstellwinkel ε mit Gl. (140) mit der *linearisierten* gasd. Gl. ist nicht ohne weiteres gerechtfertigt. Es zeigt sich nämlich mit der Lösung (133) und mit einer Abschätzung von W_ε, daß beide Summanden in Gl. (140) dieselbe Größenordnung, nämlich $\varrho_\infty\,u_\infty^2$ erreichen. Auf die Entwicklung für den Druck zurückgehend, ist das gleichbedeutend mit einer quadratischen Näherung von $p-p_\infty$ durch $W-W_\infty$.

Aus den Ableitungen von c_t und c_n nach ε können jene von c_w und c_a nach ε mittels Gl. (136) auf elementare Weise gewonnen werden. Es ergibt sich für:

$$\varepsilon=0:\qquad\begin{aligned}&c_w=c_t;\quad\frac{dc_w}{d\varepsilon}=\frac{dc_t}{d\varepsilon}+c_n;\quad\frac{d^2c_w}{d\varepsilon^2}=\frac{d^2c_t}{d\varepsilon^2}+2\frac{dc_n}{d\varepsilon}-c_t;\\[2mm]&c_u=c_n;\quad\frac{dc_a}{d\varepsilon}=\frac{dc_n}{d\varepsilon}-c_t;\quad\frac{d^2c_a}{d\varepsilon^2}=\frac{d^2c_n}{d\varepsilon^2}-2\frac{dc_t}{d\varepsilon}-c_n.\end{aligned} \tag{144}$$

20. Prandtlsche Regel.

In den letzten Abschnitten wurde öfter von einer Linearisierung der gasd. Gl. Gebrauch gemacht, deren Voraussetzung zunächst näher untersucht werden soll.

Die Berechtigung einer Vernachlässigung ergibt sich im allgemeinen daraus, daß sich von zwei Gliedern gleicher Dimensionen das eine als sehr klein gegen das andere herausstellt und daher gestrichen werden kann. Daher sei die gasd. Gl. (5) zunächst in einer entsprechenden, Vergleiche zulassenden Form geschrieben:

$$c^2 \left(\frac{\partial u}{\partial x} + \frac{\partial v}{\partial y} + \frac{\partial w}{\partial z} \right) =$$

$$= \frac{u}{2} \frac{\partial}{\partial x} (u^2 + v^2 + w^2) + \frac{v}{2} \frac{\partial}{\partial y} (u^2 + v^2 + w^2) + \frac{w}{2} \frac{\partial}{\partial z} (u^2 + v^2 + w^2).$$

Unter der Annahme einer wenig gestörten Parallelströmung kann hierin wegen $v^2 \ll u^2$, $w^2 \ll u^2$ einfach $u^2 + v^2 + w^2$ durch seinen ersten Summanden ersetzt werden. Unter der Voraussetzung von Wirbelfreiheit folgt dann weiter:

$$c^2 \left(\frac{\partial u}{\partial x} + \frac{\partial v}{\partial y} + \frac{\partial w}{\partial z} \right) = u^2 \frac{\partial u}{\partial x} + u\,v \frac{\partial u}{\partial y} + u\,w \frac{\partial u}{\partial z} + \ldots =$$

$$= \frac{u}{2} \frac{\partial}{\partial x} (u^2 + v^2 + w^2) + \ldots = u^2 \frac{\partial u}{\partial x} + \ldots,$$

wo die Punkte die näherungsweise zu vernachlässigenden Glieder andeuten sollen.

Die gasd. Gl. einer wenig gestörten Parallelströmung repräsentiert sich damit approximativ in folgender Form:

$$\left(1 - \frac{u^2}{c^2} \right) \frac{\partial u}{\partial x} + \frac{\partial v}{\partial y} + \frac{\partial w}{\partial z} = 0. \tag{145}$$

Für $u \ll c$ folgt daraus wieder die bekannte Kontinuitätsbedingung dichtebeständiger Strömung.

Bei ausreichend kleinen Störungen kann nun der Koeffizient $1 - \dfrac{u^2}{c^2}$ in Gl. (145) durch die entsprechenden Werte im Anströmgebiet ersetzt werden, womit sich eine lineare Kontinuitätsbedingung ergibt (,,*Prandtl-Linearisierung*''):

$$(1 - M_\infty^2) \frac{\partial (u - u_\infty)}{\partial x} + \frac{\partial v}{\partial y} + \frac{\partial w}{\partial z} = 0. \tag{146}$$

Die Kontinuitätsbedingung stellt stets eine Aussage über die Stromdichten dar. Ihre Linearisierung in den Geschwindigkeitskomponenten entspricht einer Linearisierung der Beziehung (II, 49) zwischen Stromdichte $\varrho\,W$ und Geschwindigkeit W (wozu noch zusätzlich die Voraussetzungen kleiner Störungen treten). Die Stromdichtekurve (Abb. 120) wird also durch ihre Tangente in jenem Punkte ersetzt, in welchem Gl. (146) exakt wird, d. i. bei $W = u_\infty$, $M = M_\infty$. Daraus ergibt sich eine Aussage über die zulässige Größe der Geschwindigkeitsschwankungen. Diese müssen mit Annäherung an die Schallgeschwindigkeit verschwindend klein werden. Die Linearisierung stimmt am besten in den Wendepunkten von $\varrho\,W$, d. i. bei $M = 0$ und bei einer bestimmten Überschallgeschwindigkeit.

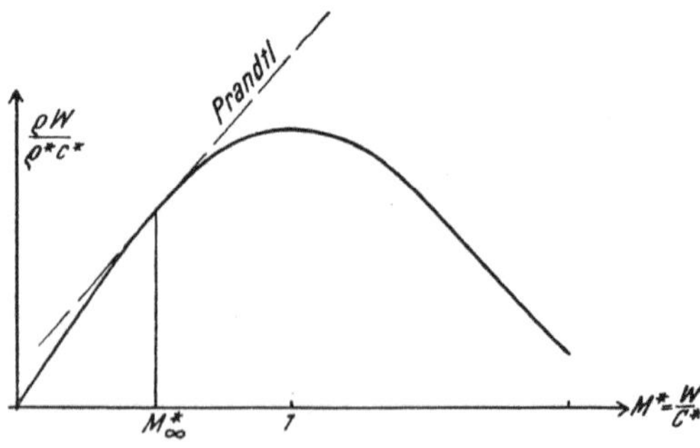

Abb. 120. Näherung der Stromdichtekurve durch eine Tangente.

Einer Linearisierung der Stromdichtebeziehung läßt sich eine Linearisierung der Druck-Geschwindigkeit-Beziehung — der Bernoullischen Gleichung — gegenüberstellen. Stets kommt es auf die Vernachlässigung der Glieder höherer Ordnung in den Entwicklungen von Gl. (II, 53) und (II, 52) an. Das macht folgende Voraussetzungen erforderlich:

$$\text{bei der Stromdichte:} \quad \frac{1}{2} M_\infty^2 \left| \frac{3 - (2 - \varkappa) M_\infty^2}{1 - M_\infty^2} \right| \left(\frac{W}{W_\infty} - 1 \right) \ll 1;$$

$$\text{beim Druck:} \quad \frac{1}{2} |1 - M_\infty^2| \left(\frac{W}{W_\infty} - 1 \right) \ll 1. \tag{147}$$

Während die Linearisierung der Stromdichte bei kleiner Mach-Zahl M_∞ stets sehr gut ist, setzt eine Linearisierung der Bernoulli-Gleichung dort kleine Störungen voraus. Die Bernoulli-Gleichung hat ja da die bekannte quadratische Form. Bei gleichbleibender Geschwindigkeitsstörung wird die Linearisierung der Stromdichte in Schallnähe ($|M_\infty - 1| \ll 1$) sehr schlecht, wogegen die Linearisierung der Druckgleichung nun gut wird. In der Umgebung von $M_\infty^2 = \dfrac{3}{2 - \varkappa}$ wird nochmals die Prandtl-Linearisierung sehr gut, wogegen beide Linearisierungen gegen hohe Mach-Zahlen (Hyperschall) hin versagen. Außer dieser letzten Eigenschaft haben beide Linearisierungen also nur das gemein, daß sie mit abnehmender Geschwindigkeitsstörung besser werden. Doch hat dies in den erforderlichen Körperdicken seine Grenzen. Das System von Gl. (146) und den Gleichungen der Wirbelfreiheit läßt sich nun in neuen Veränderlichen in die Form der Gleichungen für dichtebeständige Strömung umschreiben. Zu diesem Zweck sei für $M_\infty < 1$ der Prandtl-Faktor β und für $M_\infty > 1$ der Machsche Winkel α der Anströmung eingeführt (Indizes können dabei wegbleiben, da Verwechslungen hier ausgeschlossen sind):

$$M_\infty < 1; \quad \beta = \sqrt{1 - M_\infty^2}; \quad M_\infty > 1: \cot \alpha = \sqrt{M_\infty^2 - 1}. \tag{148}$$

Mit folgenden Bezeichnungen:

$$\text{für } M_\infty < 1: \begin{cases} \bar{y} = \beta y; \quad \bar{z} = \beta z; \\ \bar{u}(x, \bar{y}, \bar{z}) = A \beta [u(x, y, z) - u_\infty]; \\ \bar{v}(x, \bar{y}, \bar{z}) = A v(x, y, z); \\ \bar{w}(x, \bar{y}, \bar{z}) = A w(x, y, z); \end{cases}$$

$$\text{für } M_\infty > 1: \begin{cases} \bar{y} = y \cot \alpha; \quad \bar{z} = z \cot \alpha; \\ \bar{u}(x, \bar{y}, \bar{z}) = A [u(x, y, z) - u_\infty] \cot \alpha; \\ \bar{v}(x, \bar{y}, \bar{z}) = A v(x, y, z); \\ \bar{w}(x, \bar{y}, \bar{z}) = A w(x, y, z); \end{cases} \tag{149}$$

ergibt sich dann das Gleichungssystem (das untere Vorzeichen für $M_\infty > 1$):

$$\pm \frac{\partial \bar{u}}{\partial x} + \frac{\partial \bar{v}}{\partial \bar{y}} + \frac{\partial \bar{w}}{\partial \bar{z}} = 0,$$

$$\frac{\partial \bar{v}}{\partial x} - \frac{\partial \bar{u}}{\partial \bar{y}} = 0, \quad \frac{\partial \bar{w}}{\partial \bar{y}} - \frac{\partial \bar{v}}{\partial \bar{z}} = 0, \quad \frac{\partial \bar{u}}{\partial \bar{z}} - \frac{\partial \bar{w}}{\partial x} = 0. \tag{150}$$

Die Beziehungen (149) bedeuten etwa, daß die Strömungsrichtung v, w in einem Punkte x_1, y_1, z_1 die $\dfrac{1}{A}$-fache Neigung der Strömungsrichtung $\bar{v}, \bar{w}$ in einem Punkte $x_1, \bar{y}_1, \bar{z}_1$ hat, oder daß die Störung $\bar{u}$ in einem Punkte $x_2, \bar{y}_2, \bar{z}_2$ den $(A \beta)$-fachen Wert der Störung $u - u_\infty$ in einem Punkte x_2, y_2, z_2 annimmt. Man vergleicht also nach Gl. (149) die Zustände in Punkten, deren Entfernung von der x-Achse sich um einen Faktor β unterscheiden. Solche Vergleichspunkte seien „*entsprechende Punkte*" genannt (Abb. 121). Lediglich die Punkte der x-Achse und der unendlich ferne Punkt entsprechen sich selbst. Mit dem Verschwinden der Störungen in großem Körperabstand in einem Fall ist diese Randbedingung auch bereits im Vergleichsfall gesichert. Bei ebener Strömung, wo alle Größen unabhängig von z sind, entsprechen sich natürlich in der x, z-Ebene alle Punkte gleichen x-Wertes.

Die Größen $x, \bar{y}, \bar{z}, \bar{u}, \bar{v}, \bar{w}$ können für $M_\infty < 1$ als die Koordinaten und als die Störungen der Geschwindigkeitskomponenten einer dichtebeständigen Ver-

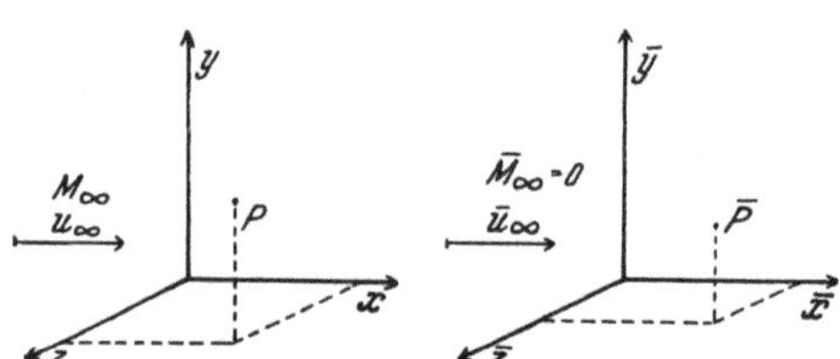

Abb. 121. Punkt P und Bild-Punkt $\bar{P}$ der dichtebeständigen Vergleichsströmung nach der Prandtlschen Regel.

gleichsströmung, oder für $M_\infty > 1$ einer Vergleichsströmung bei $\overline{M_\infty} = \sqrt{2}$ gedeutet werden. In beiden Fällen nimmt die Kontinuitätsbedingung (146) die Form (150) an.

Daß eine Konstante A in den Gl. (149) dabei frei wählbar bleibt, folgt einfach daraus, daß die Differentialgleichungen in den Störungen der Geschwindigkeitskomponenten linear sind. Ein entsprechender Faktor könnte auch bei den Koordinaten eingeführt werden. Doch ergäbe sich daraus nur eine ähnliche Vergrößerung der Raumdimensionen, also kein Vorteil.

Eine bestimmte Lösung in den Größen $x, \bar{y}, \bar{z}, \bar{u}, \bar{v}, \bar{w}$ kann also nach Gl. (149) je nach dem Werte von M_∞ — also je nach dem Werte von β oder $\cot \alpha$ — und je nach der Wahl von A sehr verschiedene Werte von $u - u_\infty$, v und w ergeben. Damit ist es im Gebiete kleiner Störungen möglich, Strömungen unterschiedlicher M_∞-Werte miteinander zu vergleichen. Wegen der Kleinheit der Störungen kann die Strömungsrichtung stets mit den Werten von v und w gleichgesetzt werden. Hingegen ist die Geschwindig-

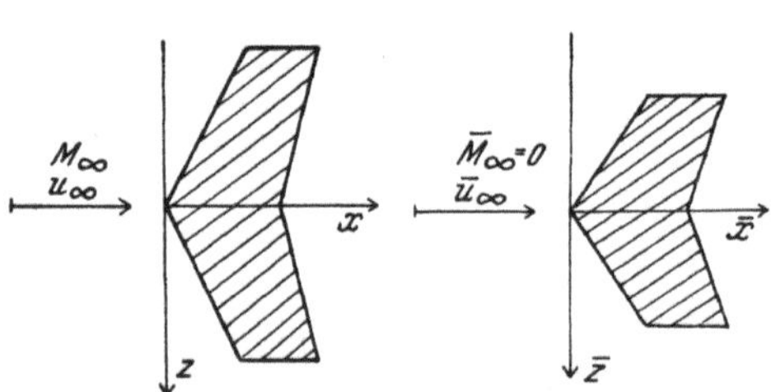

Abb. 122. Änderung eines Körpergrundrisses nach der Prandtlschen Regel.

keitsstörung nur bei flachen Körpern (insbesondere bei der ebenen Strömung) der Störung der u-Komponente gleich. Bei Achsensymmetrie hingegen ist diese Näherung schlecht, weil $u - u_\infty$ von der Größenordnung $\left(\dfrac{h}{l}\right)^2 \ln \left(\dfrac{h}{l}\right)$, v^2 [in der Entwicklung Gl. (IV, 31)] aber von der Größenordnung $\left(\dfrac{h}{l}\right)^2$ und daher nur bei sehr schlanken Rotationskörpern wesent-

lich kleiner ist. Für die Druckunterschiede und Druckkoeffizienten gilt in erster Näherung das gleiche wie für die Geschwindigkeitsstörungen. Bei den Luftkräften ist etwas Vorsicht geboten, weil die Körperform bei den im folgenden ausgesprochenen Sätzen im allgemeinen affin verzerrt wird (Dehnung um unterschiedlichen Faktor in den drei Koordinatenrichtungen) und es darauf ankommt, auf welche Flächen die Luftkraftkoeffizienten bezogen werden.

Alle folgenden Sätze werden als *Prandtlsche Regel* (Pr. Regel) oder *Prandtl-Glauertsche Analogie*[14] bezeichnet. PRANDTL brachte sie zuerst in seinen Vorlesungen. Abgesehen von der Mach-Zahl M_∞, sei der Anströmzustand (ϱ_∞, u_∞, $\frac{1}{2}\varrho_\infty u_\infty^2$, p_∞) in den Vergleichsfällen als gleich angenommen.

Unabhängig vom Wert des Faktors A ergibt sich aus der Koordinatenverzerrung eine Verzerrung des Körpergrundrisses in der x, z-Ebene (Abb. 122).

Darnach müssen Vergleichskörper mit M_∞-Werten, welche näher an der Schallgeschwindigkeit liegen, das größere Seitenverhältnis und die geringere Pfeilung haben. Für Überschallgeschwindigkeit ist diese Bedingung völlig einleuchtend, weil von den Machschen Linien alle Abhängigkeits- und Einflußverhältnisse abhängen. Insbesondere muß erwartet werden, daß der von der Körperspitze ausgehende Mach-Kegel in Vergleichsfällen denselben Körperanteil überstreicht. Damit muß aber auch mit abnehmendem Mach-Winkel der Pfeilwinkel zunehmen.

Zunächst seien Körper *gleicher Dickenverteilung* in der x, y-Ebene (Mittelschnitt) verglichen. Für ebene Strömung oder flache Körper bedeutet dies gleiche v-Verteilung auf der x-Achse oder $A = 1$. Dann stimmt auch die v-Verteilung in entsprechenden Punkten der x, z-Ebene überein, die Vergleichskörper gehen durch eine Affinverzerrung in z-Richtung proportional zu $\frac{1}{\beta}$ ineinander über. Keineswegs gehen dabei aber Stromlinien ineinander über, denn wenn ein Punkt auf dem Körper liegt, so tut es sicher nicht der entsprechende Punkt. Dies ist für die Form eines *flachen* Körpers deshalb bedeutungslos, weil die v-Verteilung sich in Körpernähe kaum ändert und mit der Verteilung auf der x, z-Ebene gleichgesetzt werden kann. Hat das Anströmgebiet eine v-Komponente, so werden mit $A = 1$ auch gleichflache Körper bei gleicher Anstellung betrachtet. Aus Gl. (141) ergibt sich hiermit gleich eine erste Form der Pr. Regel:

1. Bei flachen Körpern gleichen Mittelschnittes oder bei Profilen in ebener Strömung wächst die Störung der u-Komponente und der Geschwindigkeit und damit der Druckkoeffizient in entsprechenden Punkten wie $1/\beta$ oder $\operatorname{tg}\alpha$. Das gilt bei ebener Strömung auch für die Beiwerte des Auftriebes und des Widerstandes (bei $M_\infty > 1$).

Die Auftragung in Abb. 95 stellt bereits eine Anwendung der Pr. Regel dar.

Bei der Änderung der Luftkraftbeiwerte tragender Flächen mit M_∞ sind die unterschiedlichen Seitenverhältnisse in den Vergleichsfällen zu beachten (Abschnitt X, 2).

Achsensymmetrische Körper gleicher Form müssen dieselben Werte des Produktes $v\,y$ in Achsennähe aufweisen:

$$y \to 0: \quad v\,y = h\,h' = \frac{1}{2\pi}F' = \frac{\bar{v}\,\bar{y}}{A\,\beta}\left\{= \frac{\bar{v}\,\bar{y}}{A\cot\alpha}\right\} = \bar{v}\,\bar{y} \tag{151}$$

(der Überschallwert ist in Klammern beigefügt). Daraus folgt $\beta\,A = 1$, bzw. $A\cot\alpha = 1$. Damit sind die Störungen der u-Komponenten in entsprechenden Punkten einander gleich. Ein Punkt der Oberfläche $y = h$ liegt im Vergleichsfall nun an der Stelle $\bar{y} = \beta\,h$ oder $\bar{y} = h\cot\alpha$. Die Störgeschwindigkeit muß also mit Gl. (110) vom entsprechenden Punkt auf die Oberfläche umgerechnet werden. Damit gilt für $M_\infty < 1$:

$$\frac{u}{u_\infty} - 1 = \bar{u} + \frac{1}{2\pi}F''\ln\frac{h}{\bar{y}} = \bar{u} + \frac{1}{2\pi}F''\ln\beta.$$

Da bei gleicher Körperdicke auch die Strömungsrichtungen an Oberflächenpunkten gleicher x-Werte übereinstimmen, ergeben sich nach Gl. (IV, 31) die Geschwindigkeitsschwankungen direkt aus den Schwankungen der u-Werte. Mit den Mach-Zahlen als Indizes ergibt sich also folgende Umrechnungsformel für Geschwindigkeiten an Rotationskörpern[15, 16, 17]:

$$\left(\frac{W}{u_\infty} - 1\right)_{M\infty} = \left(\frac{W}{u_\infty} - 1\right)_0 + \frac{1}{2\pi}F''\ln\sqrt{1 - M_\infty^2} \tag{152}$$

und entsprechend für $M_\infty > 1$:

$$\left(\frac{W}{u_\infty} - 1\right)_{M\infty} = \left(\frac{W}{u_\infty} - 1\right)_{\sqrt{2}} + \frac{1}{2\pi}F''\ln\sqrt{M_\infty^2 - 1}. \tag{153}$$

Die Indizes 0 und $\sqrt{2}$ geben dabei die Machzahlen an, bei welchen die Klammerausdrücke zu nehmen sind. Zum Unterschied von der entsprechenden Pr. Regel für ebene Strömung oder flache Körper geht bei achsensymmetrischer Strömung mit F'' die Körperform in die Umrechnung ein. Bei Berechnung des Mantelwiderstandes, eines mit $M_\infty > 1$ fliegenden Rotationskörpers zeigt es sich im übrigen, daß dieser unabhängig von der Mach-Zahl der Anströmung ist, wenn der Körper spitz oder zylindrisch endigt[15, 16]. In letzterem Fall spielt allerdings der Geschoßbodendruck (Abschnitt VIII, 33) für den Druckwiderstand eine erhebliche Rolle.

Wenn die Stromlinien bei der Transformation in sich übergehen sollen, so müssen sich die Stromlinienneigungen, d. i. $\bar{v}$ und $\bar{w}$, in gleicher Weise wie die entsprechenden Koordinaten transformieren. Für diese Form der Pr. Regel, welche auch als *Stromlinienanalogie* bezeichnet wird, muß nach Gl. (149) der Faktor A die Werte annehmen:

$$M_\infty < 1: \quad A = \beta; \quad M_\infty > 1: \quad A = \cot \alpha.$$

Die Stromlinienanalogie hat den Vorteil, daß sie auf beliebig geformte Körper (also auch auf Rotationskörper) angewendet werden kann, weil Punkte der

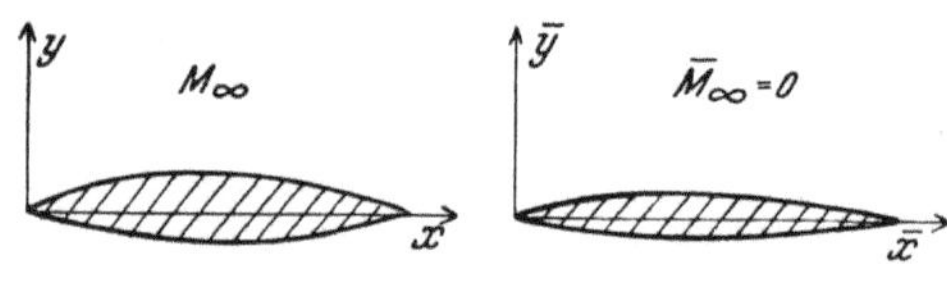

Abb. 123. Änderung eines Körperschnittes in $z = \bar{z} = 0$ nach der Stromlinienanalogie.

Oberfläche in sich übergehen, vorausgesetzt, daß es sich um kleine Störungen handelt. Sie kann für $M_\infty < 1$ nach Gl. (149) wie folgt ausgesprochen werden (die Regel für $M_\infty > 1$ ergibt sich ohne weiteres, wenn die Vergleichsströmung bei $M_\infty = 0$ durch jene bei $M_\infty = \sqrt{2}$ ersetzt wird):

2. Die Geschwindigkeitsstörungen oder Druckstörungen an einem beliebig geformten, schlanken Körper bei einer Mach-Zahl $M_\infty < 1$ ergeben sich als der $1/\beta^2$-fache Wert der Störungen in entsprechenden Punkten eines in y- und z-Richtung β-fach verdünnten Körpers in dichtebeständiger Strömung (bei $\overline{M}_\infty = 0$, Abb. 123).

Besonders bemerkenswert sind hier zwei Tatsachen. Nach Gl. (IV, 31) gilt die Regel bis einschließlich der Glieder $\left(\dfrac{v}{u_\infty}\right)^2$ und $\left(\dfrac{w}{u_\infty}\right)^2$, weil sich diese für $A = \beta$ in gleicher Weise transformieren wie $\dfrac{u}{u_\infty} - 1$, nämlich immer mit dem Faktor $1/\beta^2$. Dies ist für die Anwendung bei Achsensymmetrie wichtig. Aus der Näherung für die Bernoullische Gleichung anschließend an (II, 52) folgt bei $M_\infty < 1$:

$$\beta^2 \, \frac{2\,(p - p_\infty)}{\varrho_\infty u_\infty^2} = \beta^2 \, c_p = -\,2\,\beta^2 \left(\frac{W}{u_\infty} - 1\right) - \beta^4 \left(\frac{W}{u_\infty} - 1\right)^2 + \ldots \tag{154}$$

Während die Bernoullische Gleichung im allgemeinen bei Pr. Regeln nur in erster Ordnung der Störungen gilt, gilt sie bei der Stromlinienanalogie bis zu Gliedern der zweiten Ordnung einschließlich. Eine Genauigkeit über erste Ordnung hinaus kommt nach Gl. (147) sonst nur bei Schallnähe in Frage, wo aber die Linearisierung der gasd. Gl. anfechtbar wird.

Sollen die Potentiallinien ineinander übergehen („*Potentiallinienanalogie*"), so müssen die u-Störungen wie die x-Richtung unverändert bleiben, weil daraus unveränderte $\varphi_x = u - u_\infty$ und damit unveränderte φ-Werte folgen. Für $M_\infty < 1$ folgt dann $A\,\beta = 1$ und es ergibt sich der Satz:

3. Bei ebener Strömung oder bei flachen Körpern ergibt sich die Geschwindigkeitsstörung gleich der Störung an einem $1/\beta$-fach verdickten Körper von β-fachem Seitenverhältnis in dichtebeständiger Strömung.

Eben diese Potentiallinienanalogie war es, welche zu unveränderten Dicken bei Rotationskörpern und zu den Gl. (152), (153) führte.

Von den zahlreichen Möglichkeiten in der Wahl von A wird sich eine noch für Schallnähe als besonders wichtig erweisen, nämlich im wesentlichen $A = 1/\beta^3$ (Abschnitt IX, 3 und IX, 6). Unter Umständen erhält man besonders gute Resultate, wenn man auf Grund zusätzlicher Überlegungen die Drucke in besonderer Weise aus den Geschwindigkeiten errechnet (Abschnitt VII, 5).

21. Pfeileffekt.

Ein langer, zur Strömungsrichtung angestellter Flügelteil konstanter Tiefe und gleichbleibender Profilform (Abb. 124) muß in Richtung seiner Vorderkante annähernd gleichbleibende Geschwindigkeitsverteilungen aufweisen. Damit muß sich senkrecht zur Vorderkante eine Geschwindigkeitsverteilung ergeben, welche man erhält, wenn das entsprechende Profil mit der Normalkomponente der Anströmgeschwindigkeit u_∞ auf die Vorderkante angeströmt wird.

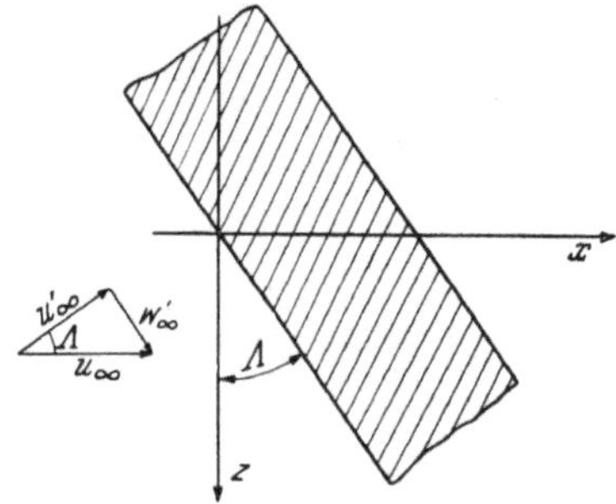

Abb. 124. Pfeileffekt.

Der durch die Anstellung in der x, z-Ebene sich ergebende „Pfeileffekt" sei an einem Teil eines unendlich lang gedachten Flügels studiert, indem die Geschwindigkeit in der x, z-Ebene in eine Normalkomponente u' und eine Tangentialkomponente w' zerlegt wird, während die Komponente in y-Richtung untransformiert bleibt ($v' = v$). Der Pfeileffekt als solcher ist natürlich keineswegs an Strömungen kleiner Störungen gebunden, ebensowenig an eine Unter- oder Überschallströmung, jedoch lassen sich gerade im Anwendungsbereich der Pr. Regel besonders leicht Aussagen machen.

Mit A als Pfeilwinkel (Winkel von Vorderkante und z-Richtung) ergeben sich folgende Beziehungen:

$$u' = u \cos A - w \sin A; \quad u = u' \cos A + w' \sin A;$$
$$w' = u \sin A + w \cos A; \quad w = - u' \sin A + w' \cos A. \tag{156}$$

Im Anströmgebiet ist nun wegen $w_\infty = 0$:

$$u'_\infty = u_\infty \cos A; \quad w'_\infty = u_\infty \sin A = w', \tag{157}$$

wobei der Wert von w' im ganzen Raum gilt, weil die Strömung aus einer Anströmung in u'-Richtung und einer Translation in w'-Richtung zusammensetzbar ist. Aus Gl. (156) ergeben sich dann die Geschwindigkeitskomponenten sehr einfach aus der Lösung für die ebene Strömung in u'-Richtung:

$$u = u' \cos A + u_\infty \sin^2 A; \quad v = v'; \quad w = - u' \sin A + u_\infty \sin A \cos A. \tag{158}$$

Aus Gl. (157) ergibt sich der Geschwindigkeitsbetrag exakt:

$$W^2 = u'^2 + v'^2 + w'^2 = u'^2 + v^2 + u_\infty^2 \sin^2 A \tag{159}$$

und bei kleinen Störungen in erster Näherung:

$$\frac{W}{u_\infty} - 1 = \sqrt{\left[\frac{u' - u'_\infty}{u'_\infty} + 1\right]^2 \cos^2 A + \sin^2 A} - 1 = \frac{u' - u'_\infty}{u'_\infty} \cos^2 A. \tag{160}$$

Das Dickenverhältnis, senkrecht zur Vorderseite gemessen, hat den $1/\cos A$-fachen Wert des in Strömungsrichtung gemessenen Dickenverhältnisses. Sollen nun die Geschwindigkeitsverteilungen in Längsschnitten (Schnitten in Hauptströmungsrichtung) abhängig vom Pfeilwinkel betrachtet werden, so müssen Umrechnungen auf die Dickenverhältnisse vorgenommen werden, welchen die Theorie kleiner Störungen bei linearisierten Gleichungen, also auch die Pr. Regel, zugrunde gelegt werden soll. In den Gl. (149) kann bei gleichbleibendem β oder $\cot \alpha$, d. h. bei gleichbleibender Mach-Zahl M_∞, der Faktor A geändert werden. Dies führt zu einer proportionalen Änderung $u - u_\infty$, v und w und besagt, daß die Geschwindigkeitsstörungen an flachen Körpern und insbesondere bei ebener Strömung bei gleichem M_∞ und gleichem Grundriß proportional dem Dickenverhältnis zunehmen. Die Machzahl in u'-Richtung M'_∞ hängt mit M_∞ wie folgt zusammen:

$$M'_\infty = \frac{u'_\infty}{c'_\infty} = \frac{u'_\infty}{c_\infty} = M_\infty \cos \Lambda. \tag{161}$$

Mit Rücksicht auf das geänderte Dickenverhältnis und die Pr. Regel kann die Geschwindigkeitsverteilung in Schnitten normal auf die Vorderkante durch die Geschwindigkeitsverteilung in einem Längsschnitt bei ungepfeiltem Flügel $\left(\frac{W}{u_\infty} - 1\right)_{\Lambda = 0}$, für $M_\infty < 1$ wie folgt ausgedrückt werden:

$$\frac{W'}{u_\infty} - 1 = \left(\frac{W}{u_\infty} - 1\right)_{\Lambda = 0} \frac{1}{\cos \Lambda} \frac{\sqrt{1 - M_\infty^2}}{\sqrt{1 - M'^2_\infty}} = \frac{u'}{u'_\infty} - 1.$$

Mit Gl. (160) folgt dann:

$$\frac{W}{u_\infty} - 1 = \left(\frac{W}{u_\infty} - 1\right)_{\Lambda = 0} \sqrt{\frac{1 - M_\infty^2}{1 - M_\infty^2 \cos^2 \Lambda}} \cos \Lambda. \tag{162}$$

Daraus ergibt sich bei dichtebeständiger Strömung ($M_\infty \ll 1$) eine Abnahme der Geschwindigkeitsstörung proportional zu $\cos \Lambda$ gegenüber einem Profil gleichen Längsschnittes bei ungepfeiltem Flügel. Für die Beurteilung des Strömungscharakters kommt es hier nicht darauf an, wie sich die Geschwindigkeiten, sondern wie sich die Normalkomponenten auf die Vorderkante zur Schallgeschwindigkeit verhalten. Wenn also nach Gl. (162) Schallgeschwindigkeit am Profil erreicht oder etwas überschritten wird, so hat dies bei genügender Pfeilung noch keinerlei Bedeutung. Für $M_\infty > 1$ und hinreichende Pfeilung ist $M_\infty \cos \Lambda < 1$. In diesem Bereich kann Gl. (162) nicht benutzt werden. Trotz Überschallströmung kann das Geschwindigkeitsprofil hier reine Unterschalleigenschaften haben, weshalb es unmöglich ist, eine Beziehung zur Strömung bei $\Lambda = 0$ im Längsschnitt herzustellen. Für die Umrechnung muß dann von Gl. (160) selbst ausgegangen werden. Bei genügender Überschreitung der Schallgeschwindigkeit wird schließlich $M_\infty \cos \Lambda > 1$, worauf man in ein zweites Anwendungsbereich von Gl. (162) kommt.

Der Pfeileffekt spielt bei hohen Geschwindigkeiten eine große Rolle, worauf zuerst A. BUSEMANN[18] und A. BETZ[19] hinwiesen. Die einfachen Überlegungen dieses Abschnittes zeigen im übrigen deutlich die Problematik der Typenunterscheidung im Raume (siehe auch den Schluß von Abschnitt 5).

Literatur.

[1] L. CROCCO: Eine neue Stromfunktion für die Erforschung der Bewegung der Gase mit Rotation. ZAMM XVII (1937), S. 17.

[2] G. J. TAYLOR: Strömung um einen Körper in einer kompressiblen Flüssigkeit. ZAMM X (1930), S. 334—345.

[3] H. BATEMAN: Irrotational motion of a compressible inviscid fluid. Proc. nat. Acad. Sci. XVI (1930), S. 816—825.

[4] W. TOLLMIEN: Grenzlinien adiabatischer Potentialströmung. ZAMM XXI (1941), S. 140—152 und S. 308.

[5] W. Tollmien: Zum Übergang von Unter- in Überschallströmung. ZAMM XVII/2 (1937), S. 117—136.

[6] G. J. Taylor and J. C. Macoll: Air pressure on a cone moving at high speeds. Proc. Roy. Soc. A, CXXXIX (1933), S. 278—311.

[7] A. Busemann: Die achsensymmetrische kegelige Überschallströmung. Lufo XIX/4 (1942), S. 137—144.

[8] R. Sauer: Linearverbindung kompressibler ebener Strömungsfelder. ZAMM XXI (1941), S. 313—315.

[9] P. Molenbroek: Über einige Bewegungen eines Gases mit Annahme eines Geschwindigkeitspotentials. Arch. Math. Phys. (Grunert-Hoppe) (2) IX (1890), S. 157—195.

[10] A. Busemann: Hodographenmethode der Gasdynamik. ZAMM XVII (1937), S. 73—79.

[11] C. A. Tschapligin: Über Gasstrahlen. Wiss. Ann. Univ. Moskau Math. Phys. XXI (1904), S. 1—121 oder NACA TM 1063.

[12] F. Ringleb: Lösungen der Differentialgleichung einer adiabatischen Strömung ZAMM XX (1940), S. 185—198.

[13] H. S. Tsien: Two-dimensional subsonic flow of compressible fluids. J. aeronaut. Sci. VI/10 (1939), S. 399—407.

[14] H. Glauert: The effect of compressibility on the lift of airfoils. Proc. Roy. Soc. (A) CXVIII (1927), S. 113—119.

[15] K. Oswatitsch: The effect of compressibility on the flow around slender bodies of revolution. KTH — AERO TN 12 (1950).

[16] K. Oswatitsch: Der Kompressibilitätseffekt bei schlanken Rotationskörpern in Unter- und Überschallströmung. Arch. Math. II/6 (1949/50), S. 401—404.

[17] E. V. Laitone: The extension of the Prandtl-Glauert Rule. J. aeronaut. Sci. XVII (1950), S. 250—251.

[18] A. Busemann: Aerodynamischer Auftrieb bei Überschallgeschwindigkeit. Voltakongress (1936), S. 329—332.

[19] H. Ludwieg: Pfeilflügel bei hohen Geschwindigkeiten. Lilienthal-Ges. Ber. 127 (1940), S. 44.

[20] E. Mach und P. Salcher: Photographische Fixierung der durch Projektile in der Luft eingeleiteten Vorgänge. S.-B. Akad. Wiss. Wien (IIa) XCV (1887), S. 764 bis 780.

[21] E. Mach und L. Mach: Weitere ballistisch-photographische Versuche. S.-B. Akad. Wiss. Wien (IIa) IIC (1889), S. 1310—1326.

[22] L. Mach: Weitere Versuche über Projektile. S.-B. Akad. Wiss. Wien (IIa) CV (1896), S. 605—633.

[23] I. Opatowski: Two-dimensional compressible flows. Proc. Symposia appl. Math. I. (1949), S. 87—93.

[24] J. H. Giese: Stream functions for three-dimensional flows. J. Math. Phys. XXX/1 (1951), S. 31—35.

VII. Stationäre, reibungsfreie, ebene und achsensymmetrische Unterschallströmung.

1. Quellartige Singularitäten.

Die Lösung der — der Pr. Regel zugrunde liegenden — linearisierten gasd. Gl., welche hier zuerst behandelt werden soll, kommt auf die Lösung der Laplaceschen Gleichung hinaus. Dabei interessiert allerdings nur die Umströmung schlanker Körper, weil eine Linearisierung im allgemeinen nur unter der Voraussetzung kleiner Störungen sinnvoll ist. Es soll dabei nur die Umströmung von Körpern in einer unendlich ausgedehnten Parallelströmung behandelt werden. Wegen der Linearität der Gleichung kann die Lösung durch Superpositionen aufgebaut werden. Dafür bietet sich als Grundlösung für das Störpotential [Gl. (VI, 21)] die Funktion:

$$\varphi = - \frac{q}{4\pi \sqrt{(x-\xi)^2 + (1-M_\infty^2)(y-\eta)^2 + (1-M_\infty^2)(z-\zeta)^2}} \tag{1}$$

mit den Störgeschwindigkeiten:

$$u - u_\infty = \frac{q\,(x - \xi)}{4\,\pi\,[(x - \xi)^2 + (1 - M_\infty^2)\,(y - \eta)^2 + (1 - M_\infty^2)\,(z - \zeta)^2]^{3/2}},$$

$$v = \frac{q\,(1 - M_\infty^2)\,(y - \eta)}{4\,\pi\,[(x - \xi)^2 + (1 - M_\infty^2)\,(y - \eta)^2 + (1 - M_\infty^2)\,(z - \zeta)^2]^{3/2}}, \qquad (2)$$

$$w = \frac{q\,(1 - M_\infty^2)\,(z - \zeta)}{4\,\pi\,[(x - \xi)^2 + (1 - M_\infty^2)\,(y - \eta)^2 + (1 - M_\infty^2)\,(z - \zeta)^2]^{3/2}}$$

an. Daß es sich wirklich um eine Lösung der Gl. (VI, 42) oder des Gleichungssystems (VI, 146), (VI, 6) handelt, ergibt sich allein schon aus der Anwendung der Pr. Regel auf die dichtebeständige Quellströmung mit dem Potential:

$$\overline{\varphi} = \frac{A}{\sqrt{(x - \xi)^2 + (\overline{y} - \overline{\eta})^2 + (\overline{z} - \overline{\zeta})^2}}\,.$$

Die Störungen wachsen im Punkte $x = \xi$, $y = \eta$, $z = \zeta$ über alle Grenzen. Natürlich ist die Lösung, wie auch alle folgenden, nur dort sinnvoll, wo die Störungen klein im Vergleich zu den Werten der Hauptströmung bleiben. Die exakte Quellströmung (Abb. 103) reicht gar nicht bis in das Zentrum. Lösung Gl. (1) gibt darnach dort das Verhalten der Strömung keineswegs richtig wieder. Zunächst kommt es aber nur darauf an, eine Lösung von Gl. (VI, 42) zu besitzen.

Physikalisch bedeutet q die durch ϱ_∞ dividierte Quellstärke. Dies läßt sich durch eine Integration zeigen, die sich durchaus nur über Gebiete kleiner Störungen erstreckt. Um eine im Ursprung befindliche Quellsingularität werde nämlich ein Kreiszylinder mit der Längsachse als x-Achse gelegt, dessen Radius r groß genug ist, um die Radialkomponente der Geschwindigkeit W_1 auf seinem Mantel als klein gegen u_∞ ansehen zu können. Aus v und w nach Gl. (2) ergibt sich mit dem Prandtl-Faktor $\beta \left(= \sqrt{1 - M_\infty^2}\right)$ leicht:

$$W_1 = \sqrt{v^2 + w^2} = \frac{q\,\beta^2\,r}{4\,\pi\,[x^2 + \beta^2\,r^2]^{3/2}}\,.$$

Die Quellstärke Q ergibt sich aus der Kontinuitätsbedingung nach Linearisierung wie folgt:

$$Q = \underset{\text{Zylinder}}{\int\!\!\int} \varrho\,W_n\,df \approx 2\,r\,\pi \int\limits_{-\infty}^{+\infty} \varrho_\infty\,W_1\,dx = q\,\varrho_\infty\,r^2\,\beta^2 \int\limits_{0}^{\infty} \frac{dx}{[x^2 + \beta^2\,r^2]^{3/2}} = q\,\varrho_\infty,$$

womit die Behauptung bewiesen ist.

Derjenige Abstand vom Zentrum, bei welchem noch von kleinen Störungen gesprochen werden kann, ist ausschließlich eine Funktion der Quellstärke.

Lösung (1) kann direkt zum Aufbau achsensymmetrischer Strömungen verwendet werden. Zur Erzeugung *ebener* Strömungen sind Quellstärken anzunehmen, welche unabhängig von z sind. Wollte man allerdings das Potential der ebenen Quellströmung einfach durch eine Integration von (1) mit $q = q\,(\xi, \eta)$ über ζ erhalten, so käme man im allgemeinen nicht zum Ziel. Das Geschwindigkeitspotential besitzt ja eine willkürliche Konstante, welche von Quellpunkt ξ, η, ζ zu Quellpunkt verschieden sein kann. Die Summation solcher willkürlicher Konstanten unendlich vieler Quellpunkte ergibt für sich unendlich große Werte, wenn nicht besondere Vorkehrungen getroffen werden.

Da die ebene Strömung in allen Ebenen $z =$ konst. gleich ist, wird sie am einfachsten in $z = 0$ berechnet. Wird die verfügbare Konstante im Punkte

ξ, η, ζ so gewählt, daß das Potential im Koordinatenursprung $x = y = z = 0$ den Wert $\varphi = 0$ annimmt:

$$\varphi = - \frac{q}{4\pi} \left[\frac{1}{\sqrt{(x-\xi)^2 + \beta^2 (y-\eta)^2 + \beta^2 (z-\zeta)^2}} - \frac{1}{\sqrt{\xi^2 + \beta^2 \eta^2 + \beta^2 \zeta^2}} \right],$$

so ergibt auch ein Integral über solche Potentiale einen verschwindenden Wert im Koordinatenursprung, also endliche Werte im Endlichen. Damit erhält man als *Quellpotential* der *ebenen* Strömung (Integraltafel, 2):

$$\varphi = - \frac{q}{4\pi} \int\limits_{-\infty}^{+\infty} \left[\frac{1}{\sqrt{(x-\xi)^2 + \beta^2 (y-\eta)^2 + \beta^2 \zeta^2}} - \frac{1}{\sqrt{\xi^2 + \beta^2 \eta^2 + \beta^2 \zeta^2}} \right] d\zeta$$

$$= - \frac{q}{4\pi\beta} \left[\ln \left(\beta\zeta + \sqrt{(x-\xi)^2 + \beta^2 (y-\eta)^2 + \beta^2 \zeta^2} \right) - \right.$$

$$\left. - \ln \left(\beta\zeta + \sqrt{\xi^2 + \beta^2 \eta^2 + \beta^2 \zeta^2} \right) \right]_{-\infty}^{+\infty}$$

und nach Grenzübergang das logarithmische Potential:

$$\varphi = + \frac{q}{2\pi\beta} \left[\ln \sqrt{(x-\xi)^2 + \beta^2 (y-\eta)^2} - \ln \sqrt{\xi^2 + \beta^2 \eta^2} \right]. \tag{3}$$

$q \varrho_\infty$ hat nun die Bedeutung einer Quellstärke pro Breiteneinheit der ebenen Strömung. Der zweite Logarithmus in Gl. (3) stellt eine additive Konstante dar, welche im allgemeinen bedeutungslos ist und nur das Potential auf den Wert $\varphi = 0$ im Ursprung normiert. Für die Geschwindigkeitskomponenten ergibt sich aus Gl. (3):

$$u - u_\infty = \frac{q}{2\pi\beta} \frac{x-\xi}{(x-\xi)^2 + \beta^2 (y-\eta)^2}; \quad v = \frac{q}{2\pi} \frac{\beta(y-\eta)}{(x-\xi)^2 + \beta^2 (y-\eta)^2}. \tag{4}$$

Für zahlreiche Anwendungen interessiert das Verhalten der Strömung in großer Entfernung vom Störzentrum, also hier vom Quellpunkt. Ein isolierter Quellpunkt in einer Parallelströmung stellt dabei in der Ebene wie im Raume einen Halbkörper dar. Gl. (2) und (4) zeigen, daß die Geschwindigkeitsstörungen im *Raume* umgekehrt wie das Quadrat des Abstandes, in der *Ebene* umgekehrt wie der Abstand selbst vom Störzentrum abklingen. Da die Strömung in großem Körperabstand nur wenig gestört ist, kann sie dort stets mit der linearisierten Gl. (VI, 42) genähert werden. D. h. das Abklingen in großer Entfernung vom Störzentrum erfolgt bei kompressibler Strömung mit *derselben* Potenz des Abstandes wie bei dichtebeständiger Strömung. Der Unterschied besteht lediglich im Faktor vor der Potenz. Er ist bei kompressibler Strömung auch noch von der Richtung abhängig, da wohl die y- und z-Koordinate, nicht aber die x-Koordinate mit dem Prandtl-Faktor β multipliziert ist.

2. Wirbelartige Singularitäten.

Bei ebener Strömung spielt neben der Lösung (3), (4) noch eine zweite Lösung von Gl. (VI, 35) eine wichtige Rolle:

$$\varphi = \frac{\Gamma}{2\pi} \operatorname{arctg} \frac{\beta(y-\eta)}{x-\xi}. \tag{5}$$

Es ist das Störpotential eines um den Punkt ξ, η kreisenden Wirbels der Zirkulation Γ. Die Komponenten sind:

$$u - u_\infty = - \frac{\Gamma}{2\pi} \frac{\beta(y-\eta)}{(x-\xi)^2 + \beta^2 (y-\eta)^2}; \quad v = \frac{\Gamma}{2\pi} \frac{\beta(x-\xi)}{(x-\xi)^2 + \beta^2 (y-\eta)^2}. \tag{6}$$

Man beachte die wechselseitige Ähnlichkeit der Größen in Gl. (4) und (6). Es gilt also für das Abklingen des Wirbels in großem Abstand vom Wirbelkern dasselbe wie für den Halbkörper.

In unmittelbarer Umgebung des Störzentrums kann natürlich keine der genannten Lösungen als brauchbare Näherung einer kompressiblen Strömung angesehen werden, da dort die Störungen groß sind, was den Voraussetzungen, welche zur Linearisierung der gasd. Gl. führten, widerspricht. Entsprechendes gilt auch für alle späteren Lösungen, ob sie nun aus den genannten Lösungen aufgebaut sind oder nicht. Sie können nur dort als richtig angesehen werden, wo sie die Vereinfachungsannahmen erfüllen.

Es sei erwähnt, daß diese Forderung vom mathematischen Standpunkt nicht hinreichend, in der Regel aber notwendig ist. Die bisher bekannten mit Linearisierung gewonnenen Lösungen von Problemen der Gasdynamik erwiesen sich allerdings stets im Gültigkeitsgebiet der Vernachlässigungen auch als richtig. Im übrigen sind alle mathematischen Lösungen physikalischer Probleme durch Vernachlässigungen und Abstraktionen gewonnen. Deshalb sind sie auch fast stets in zeitlich oder örtlich engbegrenzten Gebieten der Lösung falsch.

3. Ebene Strömung, linearisierte Gleichung.

Die Linearisierung der gasd. Gl. ist nur sinnvoll, wenn flache Profile bei kleinem Anstellwinkel angenommen werden, so daß die Störungen klein bleiben. Dann kann der Strömungszustand am Profil dem auf der Profilsehne (x-Achse) gleichgesetzt werden, wie in Abschnitt VI, 17 gezeigt wurde.

Ein *symmetrisches Profil* kann nun sehr einfach durch eine „Quellbelegung" der x-Achse dargestellt werden, wobei Profilanfang und -ende bei $x = 0$ und $x = 1$ liegen möge. Die Quellbelegung verursacht ein Ausströmen aus der x-Achse nach oben und unten (Abb. 125), dessen „Quellstärke" dq auf der Länge $d\xi$ mit $v_0(x)$ als v-Verteilung unmittelbar an der x-Achse bei positivem y (und mit $-v_0(x)$ als v-Verteilung an der x-Achse bei negativem y) offenbar gegeben ist durch:

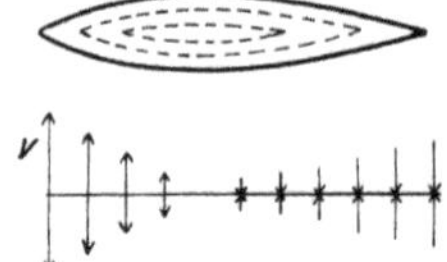
Abb. 125. Darstellung eines symmetrischen Profiles durch Quell-Senken-Verteilungen.

$$dq = 2\,v_0\,d\xi.$$

Durch Integration über alle Quellenteile ergeben sich dann Potential und Störgeschwindigkeiten:

$$\varphi = -\frac{1}{\beta\,\pi}\int_0^1 v_0(\xi)\ln\sqrt{(x-\xi)^2 + \beta^2 y^2}\,d\xi;$$

$$u - u_\infty = \frac{1}{\beta\,\pi}\int_0^1 \frac{v_0(\xi)(x-\xi)}{(x-\xi)^2 + \beta^2 y^2}\,d\xi; \qquad v = \frac{1}{\pi}\int_0^1 \frac{v_0(\xi)\,\beta\,y\,d\xi}{(x-\xi)^2 + \beta^2 y^2}. \tag{7}$$

Es interessiert vor allem die Störgeschwindigkeit am Profil, welche der $(u - u_\infty)$-Verteilung unmittelbar an der x-Achse gleichzusetzen ist. Für $y = 0$ wächst der Integrand von $u - u_\infty$ an der Stelle $x = \xi$ über alle Grenzen. Diese Stelle ist durch einen sogenannten „*Cauchyschen Hauptwert*" auszuschließen, weil nur der Grenzwert von $u - u_\infty$ für $y \to 0$ gesucht wird. Damit ist an der x-Achse:

$$u - u_\infty = \frac{1}{\beta\,\pi}\int_0^1 \frac{v_0(\xi)\,d\xi}{x-\xi} = \frac{1}{\beta\,\pi}\lim_{\varepsilon \to 0}\left[\int_0^{x-\varepsilon}\frac{v_0(\xi)\,d\xi}{x-\xi} + \int_{x+\varepsilon}^1\frac{v_0(\xi)\,d\xi}{x-\xi}\right]. \tag{8}$$

Gl. (8) enthält natürlich die Pr. Regel in allen Spielarten für ebene Strömung. Zunächst zeigt sich für dichtebeständige Strömung ($\beta = 1$), daß die Geschwindigkeitsstörung bei affin verdickten Profilen proportional zum Dickenverhältnis wächst. Ferner ist die Geschwindigkeitsstörung und damit auch die Druckstörung umgekehrt proportional zum Prandtl-Faktor, womit sich die Möglichkeit ergibt,

Profile unterschiedlichen Dickenverhältnisses und unterschiedlicher Mach-Zahlen der Anströmung zu vergleichen, soweit die Voraussetzung kleiner Störung erfüllt ist.

Abb. (126) gibt die Geschwindigkeitsverteilung, welche in der angewandten Näherung der u-Störung gleichzusetzen ist, an einem Kreisbogenzweieck. Sie wird mit Versuchen von W. Frössel[1] verglichen, welche an einem an der Kanalwand befindlichen Kreisbogensegment gemacht wurden. Die Dickenverteilung kann bei kleinem Dickenverhältnis $2\,h_m$ (mit

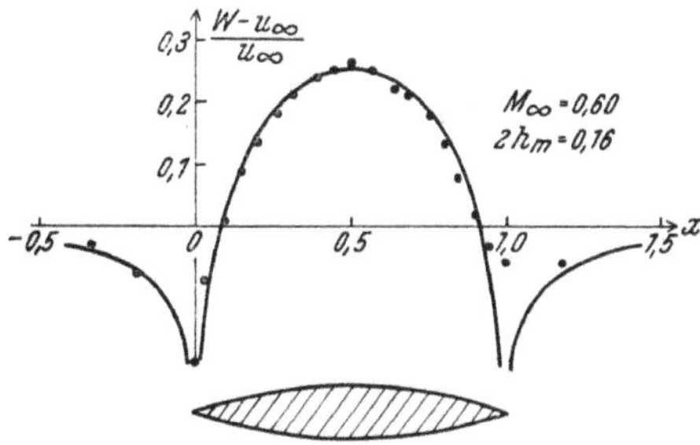

Abb. 126. Geschwindigkeitsverteilung an einem Kreisbogenzweieck (Parabelbogen) von 16% Dicke nach Gl. (8) und nach Versuchen von Frössel an einem Halbmodell.

h_m als maximaler halber Profilhöhe) mit ausreichender Genauigkeit dargestellt werden durch (sie entspricht demnach einer Parabel):

$$\text{für } 0 < x < 1: \qquad h = 4\,h_m\,(x - x^2), \qquad v = 4\,u_\infty\,h_m\,(1 - 2\,x);$$
$$\text{für } x < 0 \text{ und } 1 < x: \quad h = 0, \qquad\qquad\qquad v = 0.$$

Mit Gl. (8) ergibt sich dann, ohne daß sich durch die Bildung des Hauptwertes zusätzliche Glieder ergeben, symmetrisch zur Profilmitte:

$$\frac{W - u_\infty}{u_\infty} \approx \frac{u - u_\infty}{u_\infty} = \frac{4}{\pi}\,\frac{2\,h_m}{\beta}\left[1 - \left(\frac{1}{2} - x\right)\ln\left|\frac{1-x}{x}\right|\right].$$

Bei der sonst einfachen Integration ist darauf zu achten, daß das Argument des Logarithmus stets positiv zu nehmen ist. Die Verteilung ist natürlich symmetrisch, wobei die Werte an den Profilenden als Folge der Vereinfachungen über alle Grenzen wachsen. Darnach ist die Übereinstimmung von Theorie und Versuch auch in der unmittelbaren Staupunktsumgebung sehr zufriedenstellend. Die Versuchsergebnisse werden dort durch die anströmende Reibungsschicht natürlich etwas beeinflußt. Die auftretenden Werte von $\dfrac{v}{u_\infty}$ und $\dfrac{u - u_\infty}{u_\infty}$ sind — die Staupunkte ausgenommen — von gleicher Größenordnung.

In Abschnitt VI, 18 wurde gezeigt, daß die Änderung der Geschwindigkeitsverteilung mit dem *Anstellwinkel* ε bei $\varepsilon = 0$ für ein symmetrisches Profil die gleiche ist wie für eine unendlich dünne Platte. Nach Gl. (VI, 115) und (VI, 119) gelten im Anströmgebiet und an der Platte, also auf der x-Achse zwischen $x = 0$ und $x = 1$, die Randbedingungen

$$\text{für: } \sqrt{x^2 + y^2} \to \infty: \qquad u_\varepsilon = 0, \quad v_\varepsilon = +\,u_\infty;$$
$$\text{für: } y = 0 \text{ und } 0 < x < 1: \quad v_\varepsilon = 0.$$

Dem Umstand, daß die abgeleitete v-Komponente wohl an der Platte verschwindet, nicht aber im Anströmgebiet, wie die Lösungen der letzten beiden Abschnitte, wird leicht dadurch Rechnung getragen, daß zu dem Potential eine lineare Funktion addiert wird.

Da es sich gleichzeitig um die Änderung der Strömung mit dem Anstellwinkel ε einer unendlich dünnen Platte handelt, Verdrängungen der Strömung also nicht auftreten, liegt es auf der Hand, nicht mit Quellen-, sondern mit Wirbelbelegungen zu arbeiten. Es sei also das nach ε abgeleitete Potential wie folgt angesetzt:

$$\varphi_\varepsilon = \frac{1}{2\pi} \int\limits_0^1 f(\xi) \arctg \frac{\beta y}{x - \xi} \, d\xi + u_\infty y.$$

Während es sich beim Potential in Gl. (7) um einen in y symmetrischen Ausdruck handelt und auch die Geschwindigkeitsstörung $u - u_\infty$ in y symmetrisch, die v-Verteilung hingegen in y antisymmetrisch ist, ist es bei der Wirbellösung gerade umgekehrt. Eine Anstellung eines symmetrischen Körpers hat bei positivem und negativem y gerade entgegengesetzte Geschwindigkeitsänderungen, aber gleiche Richtungsänderungen zur Folge. Auf der x-Achse außerhalb des Profils muß daher $u - u_\infty$ verschwinden, weil es sich um eine antisymmetrische Funktion von y handelt, welche keinen Sprung macht. Am Profil springt sie auf entgegengesetzte Werte. Alles das sind Eigenschaften, welchen Wirbelbelegungen entsprechen.

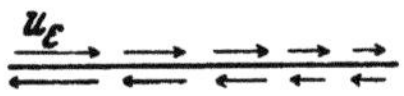

Abb. 127. Die abgeleitete Geschwindigkeit an einer Platte.

In der Gleichung für φ_ε ist $f(\xi)\, d\xi$ eine Zirkulationsänderung mit ε, was sich unmittelbar aus einem Vergleich mit Gl. (5) ergibt. $f(\xi)$ ist also eine nach ε abgeleitete Zirkulation pro Längeneinheit des Profils. Diese kann aber leicht durch u_ε am Profil ausgedrückt werden. Durch Ableiten nach ε folgt aus der Zirkulationsdefinition Gl. (IV, 23) derselbe Zusammenhang für die abgeleiteten Größen wie für die nicht abgeleiteten, was für alle *linearen* Beziehungen gilt. Aus Abb. 127 ergibt sich unmittelbar mit $u_{\varepsilon 0}(\xi)$ als abgeleiteter Geschwindigkeit am oberen Plattenrand:

$$- f(\xi) = 2\, u_{\varepsilon 0}(\xi).$$

Damit sind also die abgeleiteten Größen für das Potential und die Komponenten:

$$\varphi_\varepsilon = - \frac{1}{\pi} \int\limits_0^1 u_{\varepsilon 0}(\xi) \arctg \frac{\beta y}{x - \xi} \, d\xi + u_\infty y;$$

$$u_\varepsilon = \frac{1}{\pi} \int\limits_0^1 u_{\varepsilon 0}(\xi) \frac{\beta y}{(x - \xi)^2 + \beta^2 y^2} \, d\xi; \tag{9}$$

$$v_\varepsilon = - \frac{\beta}{\pi} \int\limits_0^1 u_{\varepsilon 0}(\xi) \frac{x - \xi}{(x - \xi)^2 + \beta^2 y^2} \, d\xi + u_\infty.$$

Für die v_ε-Verteilung auf der x-Achse ergibt sich ganz analog zu Gl. (8):

$$v_{\varepsilon 0} = + u_\infty - \frac{\beta}{\pi} \int\limits_0^1 \frac{u_{\varepsilon 0}(\xi)}{x - \xi} \, d\xi, \tag{10}$$

wobei wieder der entsprechende Cauchysche Hauptwert zu nehmen ist.

In Gl. (10) ist nun $u_{\varepsilon 0}(\xi)$ so zu bestimmen, daß die Randbedingung $v_{\varepsilon 0} = 0$ im Profilbereich auf der x-Achse erfüllt ist:

$$\text{für } y = 0 \text{ und } 0 < x < 1: \quad u_\infty = + \frac{\beta}{\pi} \int\limits_0^1 \frac{u_{\varepsilon 0}(\xi)}{x - \xi} \, d\xi.$$

Es handelt sich hier um einen Spezialfall der bekannten, von A. BETZ erstmalig gelösten Integralgleichung der singulären Wirbelschicht. Auch bei der kegeligen

Strömung spielt sie eine Rolle, wie wir später sehen werden. Wie bei der Berechnung von Integralen, interessiert hier nur die Lösung, nicht aber der Weg, welcher zur Lösung führt. In der Betzschen Umkehrformel (Integraltafel, 22) ist die Funktion in $g(x)$ für den hier besprochenen Fall einfach konstant $g(x) = \dfrac{\pi\,u_\infty}{\beta}$. Die Bestimmung von $u_{\varepsilon 0}(x)$ ist damit auf folgende Integration zurückgeführt:

$$u_{\varepsilon 0}(x) = \frac{C}{\sqrt{x(1-x)}} + \frac{1}{\beta\,\pi}\,\frac{u_\infty}{\sqrt{x(1-x)}}\int\limits_0^1 \sqrt{t(1-t)}\,\frac{dt}{t-x}.$$

Der Wert ergibt sich aus dem in der Integraltafel aufgeführten unbestimmten Integral zu:

$$u_{\varepsilon 0} = \frac{C}{\sqrt{x(1-x)}} + \frac{u_\infty}{\beta}\,\frac{\dfrac{1}{2}-x}{\sqrt{x(1-x)}}.$$

Daß die Geschwindigkeitsverteilung nur bis auf eine Konstante festliegt, kann nicht überraschen. Das entspricht dem Umstand, daß die Gesamtzirkulation um das Profil noch frei verfügbar bleibt. Sie wird bekanntlich so festgelegt, daß die Hinterkante nicht umströmt wird, sondern daß dort ein Staupunkt bleibt. D. h. an der Hinterkante bleibt u unabhängig von ε, es ist:

$$\text{auf } y = 0,\quad x = 1:\quad u_\varepsilon = 0.$$

Aus dieser Abströmbedingung ergibt sich dann unmittelbar an der Flügeloberseite (Abb. 128):

$$\frac{u_{\varepsilon 0}}{u_\infty} = \frac{1}{\beta}\sqrt{\frac{1-x}{x}}. \tag{11}$$

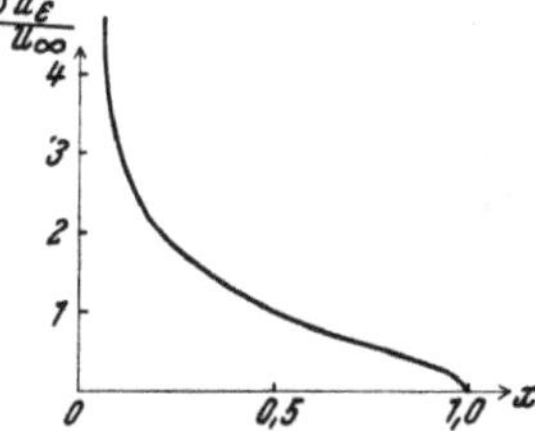

Abb. 128. Änderung der Geschwindigkeit mit dem Anstellwinkel nach Gl. (11).

Die Geschwindigkeitsstörungen und der Auftrieb wachsen also umgekehrt proportional wie der Prandtl-Faktor, was von der Pr. Regel her bereits bekannt ist.

Ob die durch Gl. (11) gegebene $u_{\varepsilon 0}$-Verteilung in der unmittelbaren Umgebung der Flügelnase als richtig angesehen werden kann, ist zweifelhaft. Sicher sind unendliche Geschwindigkeiten unmöglich und würden außerdem der Voraussetzung kleiner Störungen entschieden widersprechen. Immerhin könnten aber unendliche Geschwindigkeitsänderungen mit dem Anstellwinkel ε zulässig sein.

Die Änderung des Auftriebs- und Momentenbeiwertes mit dem Anstellwinkel ergibt sich aus den auf ebene Strömung angewandten Gl. (VI, 143) nach Gl. (11) und der Integraltafel für $\varepsilon = 0$ zu:

$$\frac{dc_a}{d\varepsilon} = \frac{dc_n}{d\varepsilon} = 4\int\limits_0^1 \frac{u_{\varepsilon 0}}{u_\infty}\,dx = \frac{4}{\beta}\int\limits_0^1 \sqrt{\frac{1-x}{x}}\,dx = \frac{2\,\pi}{\beta}\,;$$

$$\frac{dc_m}{d\varepsilon} = 4\int\limits_0^1 x\,\frac{u_\varepsilon}{u_\infty}\,dx = \frac{4}{\beta}\int\limits_0^1 \sqrt{x(1-x)} = \frac{\pi}{2\,\beta}. \tag{12}$$

Ist l der Abstand des *Druckpunktes* von der Vorderkante bei einem Profil der Länge 1, so ergibt sich für $\varepsilon = 0$:

$$l = \frac{dc_m}{d\varepsilon}\bigg/\frac{dc_a}{d\varepsilon} = \frac{1}{4}. \tag{13}$$

Die Druckpunktlage ist also unabhängig von der Mach-Zahl gleich jener in dichtebeständiger Strömung. Natürlich gilt das nur im Gültigkeitsbereich der Prandtlschen Linearisierung. Die Resultate sind kürzer direkt mit der Pr. Regel aus den bekannten Eigenschaften dichtebeständiger Strömung abzuleiten.

Für *asymmetrische* Profile ist der Rechengang derselbe, seine Durchführung mit Rücksicht auf die erforderlichen Integrationen aber komplizierter. Es sei das schlanke, aber sonst beliebig geformte Profil durch eine v-Verteilung am oberen und unteren Rand der x-Achse innerhalb $0 < x < 1$ gegeben [oben: $v_o(x)$, unten: $v_u(x)$]. Dann lassen sich diese beiden Verteilungen wie folgt in einen in y antisymmetrischen und einen in y symmetrischen Anteil auflösen:

$$v_o = \frac{1}{2}(v_o - v_u) + \frac{1}{2}(v_o + v_u); \quad v_u = \frac{1}{2}(v_o - v_u) - \frac{1}{2}(v_o + v_u).$$

Dementsprechend gibt es einen in y symmetrischen und einen in y antisymmetrischen Anteil für das Störpotential:

$$\varphi = -\frac{1}{\beta\pi}\int_0^1 \frac{1}{2}[v_o(\xi) - v_u(\xi)]\ln\sqrt{(x-\xi)^2 + \beta^2 y^2}\,d\xi +$$

$$+ \frac{1}{2\pi}\int_0^1 f(\xi)\,\mathrm{arctg}\,\frac{\beta y}{x-\xi}\,d\xi, \tag{14}$$

wobei die Funktion $f(\xi)$ so zu bestimmen ist, daß die Randbedingung erfüllt ist. Es ist am oberen und am unteren x-Achsenrand:

$$\left.\begin{matrix} v_o \\ v_u \end{matrix}\right\} = \pm\frac{1}{2}(v_o - v_u) + \frac{\beta}{2\pi}\int_0^1 f(\xi)\frac{d\xi}{x-\xi}.$$

Das gibt mit der Betzschen Umkehrformel:

$$\frac{1}{2}f(x) = \frac{\pi}{\beta}\frac{C}{\sqrt{x(1-x)}} +$$

$$+ \frac{1}{\pi\beta\sqrt{x(1-x)}}\int_0^1 \frac{1}{2}[v_o(t) + v_u(t)]\sqrt{t(1-t)}\frac{dt}{t-x}\quad\text{für } 0 \leqq x \leqq 1.$$

Ganz entsprechend zu den Resultaten der ebenen Platte, ist $f(\xi)$ der negative antisymmetrische Anteil der u-Verteilung, die sich ganz analog zur v-Verteilung aufspalten läßt. Damit ist die Störgeschwindigkeit am Profil:

$$u - u_\infty = \frac{1}{\beta\pi}\int_0^1 \frac{1}{2}[v_o(\xi) - v_u(\xi)]\frac{d\xi}{x-\xi} - \frac{1}{2}f(x) =$$

$$= \frac{1}{\beta\pi}\int_0^1 \frac{1}{2}[v_o(\xi) - v_u(\xi)]\frac{d\xi}{x-\xi} + \tag{15}$$

$$+ \frac{1}{\beta\pi}\frac{1}{\sqrt{x(1-x)}}\int_0^1 \frac{1}{2}[v_o(\xi) + v_u(\xi)]\cdot\sqrt{\xi(1-\xi)}\frac{d\xi}{x-\xi} - \frac{\pi}{\beta}\frac{C}{\sqrt{x(1-x)}}.$$

Die Berechnung der Geschwindigkeitsverteilung an flachen Profilen ist damit auf zwei Integrationen zurückgeführt, und es ist nur noch die Zirkulationskonstante C durch die „Abströmbedingung" zu bestimmen. Hier tritt zunächst eine kleine Schwierigkeit auf. In der hier wiedergegebenen Theorie kleiner Störungen ergibt sich bei Gl. (7) die Geschwindigkeit im Staupunkt als negativ unendlich. Die Geschwindigkeitsverteilung in der unmittelbaren Staupunktsumgebung wird übrigens dadurch durchaus zufriedenstellend wiedergegeben. Aber auch die Kantenumströmung, welche an der Hinterkante entsprechend

der Abströmbedingung vermieden werden soll, gibt unendliche Geschwindig-
keitswerte, natürlich auch im Rahmen exakter Potentialtheorie. Der Unterschied
in beiden Unendlichkeitswerten besteht darin, daß die Geschwindigkeit am Staupunkt bei der hier angewandten Näherung symmetrisch, bei einer Kantenumströmung hingegen antisymmetrisch in y über alle Grenzen wächst. Die
Konstante C in Gl. (15) ist also so zu bestimmen, daß sich bei $x = 1$ zusammen
mit dem *zweiten* Integral der Wert Null ergibt.

Gl. (15) enthält natürlich auch die Umströmung einer ebenen, wenig angestellten, verschwindend dünnen Platte. Mit $v_0 = - \varepsilon\, u_\infty$ und der Abströmbedingung ergibt sich im wesentlichen Gl. (11).

Es ist nützlich, die Berechnungen auch mit der *Stromfunktion* durchzuführen.
Für diese läßt sich die gasd. Gl. wie jene der Potentialfunktion linearisieren.
Für die Störstromfunktion Gl. (VI, 31) ψ gilt dann:

$$\beta^2\, \psi_{xx} + \psi_{yy} = 0. \tag{16}$$

Die in ψ frei verfügbare Konstante sei so gewählt, daß ψ in großer Entfernung vom Profil verschwindet, womit gleichzeitig die Randbedingung weit
draußen gegeben ist. Mit $h\,(x)$ als *halber Profilhöhe* eines symmetrisch zur x-Achse
angenommenen Profils muß mit der Kontinuitätsbedingung gelten:

$$h\, \varrho_\infty\, u_\infty = \int\limits_{h}^{\infty} (\varrho\, u - \varrho_\infty\, u_\infty)\, dy, \tag{17}$$

d. h. die an einer Stelle x vom Profil verdrängte anströmende Menge muß der
Erhöhung des Massenflusses über dem Profil gleich sein. Wegen der Schlankheit
des Profils gilt nun unter Vernachlässigung von Gliedern höherer Ordnung:

$$h\,(x)\, \varrho_\infty\, u_\infty = \int\limits_{0}^{\infty} (\varrho\, u - \varrho_\infty\, u_\infty)\, dy + \ldots = -\, \psi\,(x, 0) + \ldots . \tag{18}$$

Diese Näherung verbessert sich übrigens mit der Annäherung $M_\infty \to 1$.
Die Randbedingungen von ψ stimmen daher mit den Randbedingungen von v
in Gl. (7) formal völlig überein, womit die Lösung für ein schlankes, unangestelltes,
symmetrisches Profil gegeben ist durch:

$$\psi = -\, \frac{\varrho_\infty u_\infty}{\pi} \int\limits_{0}^{1} \frac{h\,(\xi)\, \beta\, y}{(x - \xi)^2 + \beta^2\, y^2}\, d\xi. \tag{19}$$

Daraus errechnet sich mit Gl. (VI, 31):

$$\frac{\varrho\, u}{\varrho_\infty u_\infty} - 1 = -\, \frac{\beta}{\pi} \int\limits_{0}^{1} h\,(\xi)\, \frac{(x - \xi)^2 - \beta^2\, y^2}{[(x - \xi)^2 + \beta^2\, y^2]^2}\, d\xi,$$

$$\frac{\varrho\, v}{\varrho_\infty u_\infty} = -\, \frac{2\, \beta\, y}{\pi} \int\limits_{0}^{1} h\,(\xi)\, \frac{x - \xi}{[(x - \xi)^2 + \beta^2\, y^2]^2}\, d\xi. \tag{20}$$

Die Pr. Regel (Abschnitt VI, 20, Abb. 120) entspricht einer Näherung der
Stromdichtekurve durch eine Gerade. Bei Annahme kleiner Strömungswinkel
[Entwicklung von Gl. (II, 53)] ist daher

$$\frac{\varrho\, u}{\varrho_\infty u_\infty} - 1 = \beta^2 \left(\frac{u}{u_\infty} - 1 \right) + \ldots,$$

woraus sich zusammen mit Gl. (20) ergibt:

$$\frac{u}{u_\infty} - 1 = -\, \frac{1}{\beta\,\pi} \int\limits_{0}^{1} h\,(\xi)\, \frac{(x - \xi)^2 - \beta^2\, y^2}{[(x - \xi)^2 + \beta^2\, y^2]^2}\, d\xi.$$

Diese Gleichung kann mittels partieller Integration direkt in die entsprechende Gl. (7) überführt werden, womit der Zusammenhang mit der Potentialfunktion hergestellt ist.

In Entfernungen, welche groß gegen die Profillänge sind, kann wegen der Kleinheit von ξ gegenüber x oder βy im Integral näherungsweise gesetzt werden:

$$\frac{(x-\xi)^2 - \beta^2 y^2}{[(x-\xi)^2 + \beta^2 y^2]^2} = \frac{x^2 - \beta^2 y^2}{[x^2 + \beta^2 y^2]^2} + \frac{2\,x\,(x^2 - 3\,\beta^2 y^2)}{[x^2 + \beta^2 y^2]^3}\,\xi + \cdots,$$

$$\frac{x-\xi}{[(x-\xi)^2 + \beta^2 y^2]^2} = \frac{x}{[x^2 + \beta^2 y^2]^2} + \frac{3\,x^2 - \beta^2 y^2}{[x^2 + \beta^2 y^2]^3}\,\xi + \cdots.$$

ξ kann den Wert 1 nicht überschreiten, weshalb bereits das erste Glied eine gute Näherung darstellt. Bei den Abschätzungen ist es nicht erforderlich, auf kleine β-Werte Rücksicht zu nehmen, da sich für solche die Linearisierung der Differentialgleichung als untauglich erweisen wird.

Damit ist die Störgeschwindigkeit in *größerem Körperabstand*:

$$\frac{u}{u_\infty} - 1 = -\frac{1}{\beta\,\pi}\,\frac{x^2 - \beta^2 y^2}{[x^2 + \beta^2 y^2]^2}\int_0^1 h\,(\xi)\,d\xi + \cdots,$$

$$\frac{v}{u_\infty} = \frac{\varrho\,v}{\varrho_\infty\,u_\infty} + \cdots = -\frac{1}{\pi}\,\frac{2\,\beta\,x\,y}{[x^2 + \beta^2 y^2]^2}\int_0^1 h\,(\xi)\,d\xi. \tag{21}$$

Während die Wirkung in den Staugebieten stromaufwärts und stromabwärts vom Körper ($y = 0$) bei kompressibler Strömung um den Faktor β^{-1} erhöht ist, ist sie es in den Übergeschwindigkeitsgebieten seitlich vom Körper ($x = 0$) um den Faktor β^{-3}. Die Berechnung solcher Fernwirkungen spielt für Korrekturen in der Windkanaltechnik eine große Rolle.

Das Integral in Gl. (21) stellt einfach die *halbe Fläche* des Profilquerschnittes dar. In großer Entfernung wirkt sich also bei flachen Profilen nur deren Platzbedarf in der Strömungsebene aus. Gl. (21) gilt, wie alle vorausgegangenen Formeln, auch für dichtebeständige Strömung ($\beta = 1$). Bei dieser erweist sich die Fernwirkung eines Kreiszylinders gleicher Fläche gerade doppelt so groß wie diejenige eines schlanken Profils, was natürlich auf seine große Dicke zurückzuführen ist.

Bei angestellten oder asymmetrischen Körpern kommen noch weitere Fernwirkungen hinzu.

4. Achsensymmetrische Körper, linearisierte Gleichung.

Während ein angestellter ebener Körper stets eine ebene Strömung ergibt, ist beim achsensymmetrischen Körper (Rotationskörper) die Strömung nur bei axialer Anströmung achsensymmetrisch. Dennoch läßt sich auch der Fall angestellter Körper einfach und in ähnlicher Weise wie die achsensymmetrische Strömung behandeln, was auch anschließend gemacht werden soll.

Die Störung der Geschwindigkeit ist bei schlanken Rotationskörpern naturgemäß viel kleiner als bei schlanken Profilen. Anschließend an Gl. (VI, 110) ergab sich mit h als halbem Dickenverhältnis die Abschätzung:

$$\frac{u}{u_\infty} - 1 \sim h^2 \ln h,$$

ein Ausdruck, der sich auch als erstes Glied der später folgenden Entwicklungen ergeben wird. Meist interessieren Dickenverhältnisse von wenigstens 5 bis 10%, was h-Werten von 0,025 bis 0,05 entspricht. Dabei ist das Dickenverhältnis nach oben vor allem durch die Streichung des Gliedes $\dfrac{u\,v}{c^2}\left(\dfrac{\partial u}{\partial y}+\dfrac{\partial v}{\partial x}\right)$ bei der Linearisierung der gasd. Gl. beschränkt. Für die erwähnten h-Werte ergibt sich $\ln h \sim 3{,}7$ bis 3. Die u-Störung liegt also der Größenordnung nach zwischen h und h^2, während v am Körper natürlich von der Größenordnung h ist. Bei der Entwicklung der Geschwindigkeit nach den Störungen der Komponenten Gl. (IV, 31) ist also das Glied v^2 mitzunehmen, wenn es sich nicht um außerordentlich schlanke Körper handelt. Entsprechendes gilt für die Druckstörung. In größerem Körperabstand sind hingegen die Störungen aller Geschwindigkeitskomponenten von derselben Größenordnung, wenn vom Prandtl-Faktor abgesehen wird.

Für die x,y-Ebene einer achsensymmetrischen Strömung ergibt sich nach Gl. (VI, 131):

$$\beta^2\,\frac{\partial u}{\partial x}+\frac{\partial v}{\partial y}+\frac{v}{y}=0. \tag{22}$$

Nun ändert sich die Strömung am Körper wegen der Energie- und Impulszerstreuung in y-Richtung um eine Größenordnung (also um $\dfrac{1}{h}$) stärker als in x-Richtung, was an Hand der Resultate bestätigt werden kann. (Bei ebener Strömung war dagegen die Änderung vom β-Faktor abgesehen in x- und y-Richtung dieselbe.) In Gl. (22) ist der erste Summand in Körpernähe daher um einen Faktor $\beta^2\,h^2\ln h$ kleiner als die beiden letzten Summanden und spielt also an schlanken Körpern keine Rolle. In großem Körperabstand erweisen sich hingegen alle drei Summanden als gleichberechtigt.

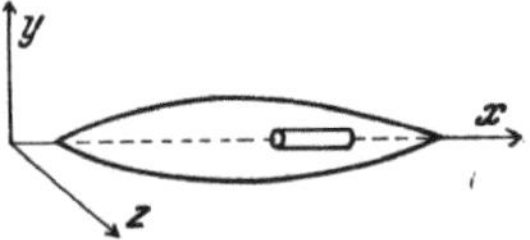

Abb. 129. Bestimmung der Quellstärke an der Achse eines schlanken Rotationskörpers.

Eine achsensymmetrische Strömung erhält man durch eine Quellbelegung der x-Achse. Als Quellstärke pro Länge dx ergibt sich die durch einen die x-Achse umgebenden schlanken Zylinder (Abb. 129) strömende Menge. Der Durchfluß durch die Endflächen des Zylinders kann wegen deren Kleinheit als Glied höherer Ordnung vernachlässigt werden. Im Rahmen der Linearisierung kann daher mit Gl. (VI, 108), welche einer Streichung des ersten Summanden in Gl. (22) gleichkommt, und mit $F\,(x)=h^2\,(x)\,\pi$ als *Querschnittsfläche* des Körpers für die Quellstärke $\varrho_\infty\,dq$ auf dx gesetzt werden:

$$\varrho_\infty\,dq = 2\,\pi\,y\,\varrho_\infty\,v\,(x,y)\,dx = 2\,\pi\,h\,v\,(x,h)\,\varrho_\infty\,dx = \varrho_\infty\,u_\infty\,\frac{dF}{dx}\,dx.$$

Eine Integration der Quellwirkungen über die Körperachse gibt unmittelbar das Störpotential und die Geschwindigkeitskomponenten der *achsensymmetrischen Strömung* um den schlanken Körper der Länge 1. Es ist mit Gl. (1) und (2) in der x,y-Ebene:

$$\varphi = -\frac{u_\infty}{4\,\pi}\int_0^1\frac{dF}{d\xi}\,\frac{d\xi}{\sqrt{(\xi-x)^2+\beta^2\,y^2}};$$

$$\frac{u-u_\infty}{u_\infty} = -\frac{1}{4\,\pi}\int_0^1\frac{dF}{d\xi}\,\frac{\xi-x}{[(\xi-x)^2+\beta^2\,y^2]^{3/2}}\,d\xi; \tag{23}$$

$$\frac{v}{u_\infty} = \frac{\beta^2\,y}{4\,\pi}\int_0^1\frac{dF}{d\xi}\,\frac{d\xi}{[(\xi-x)^2+\beta^2\,y^2]^{3/2}}.$$

Der Einfluß der einzelnen Teile des Körpers aufeinander ist entsprechend dem rascheren Abklingen der Störungen bedeutend geringer als bei ebener Strömung Gl. (7). Auch der Mach-Einfluß ist offenbar geringer, denn es fehlt in

Gl. (23) ein Faktor β gegenüber Gl. (7). Allerdings ist es hier nicht möglich, wie etwa in Gl. (7), (8), in der Gleichung für $u - u_\infty$ einfach $y = 0$ zu setzen, denn die Werte steigen mit Annäherung an die Achse über alle Grenzen. Nur unendliche Wirkungen bei verschwindendem Querschnitt an der Achse können nämlich in endlichem Abstand endliche Wirkungen hervorrufen. Zur Untersuchung des Verhaltens an der Achse sei der als glatt angenommene Querschnittsverlauf $F(\xi)$ an der Stelle $\xi = x$ entwickelt:

$$\left(\frac{dF}{dx}\right)_\xi = \left(\frac{dF}{dx}\right)_{\xi=x} + \left(\frac{d^2F}{dx^2}\right)_{\xi=x}(\xi - x) + \frac{1}{2}\left(\frac{d^3F}{dx^3}\right)_{\xi=x}(\xi - x)^2 +$$
$$+ \frac{1}{6}\left(\frac{d^4F}{dx^4}\right)_{\xi=x}(\xi - x)^3 + \dots$$

Damit können nun die Integrationen durchgeführt werden. Man findet mit Hilfe der Integraltafel folgendes Resultat:

$$4\pi\,\frac{u - u_\infty}{u_\infty} = \left(\frac{dF}{dx}\right)_x\left[\frac{1}{\sqrt{(1-x)^2 + \beta^2 y^2}} - \frac{1}{\sqrt{x^2 + \beta^2 y^2}}\right] +$$
$$+ \left(\frac{d^2F}{dx^2}\right)_x\left[\ln\frac{\sqrt{x^2 + \beta^2 y^2} - x}{\sqrt{(1-x)^2 + \beta^2 y^2} + 1 - x} + \frac{1 - x}{\sqrt{(1-x)^2 + \beta^2 y^2}} + \frac{x}{\sqrt{x^2 + \beta^2 y^2}}\right] +$$
$$+ \frac{1}{2}\left(\frac{d^3F}{dx^3}\right)_x\left[\frac{x^2 + 2\beta^2 y^2}{\sqrt{x^2 + \beta^2 y^2}} - \frac{(1-x)^2 + 2\beta^2 y^2}{\sqrt{(1-x)^2 + \beta^2 y^2}}\right] + \dots$$

Damit ergibt sich für kleine y-Werte[2]:

$$\frac{u - u_\infty}{u_\infty} = \frac{1}{2\pi}\left(\frac{d^2F}{dx^2}\right)_x\ln y - \frac{1}{2\pi}\left\{\left(\frac{dF}{dx}\right)_x\frac{\frac{1}{2} - x}{x(1-x)} + \left(\frac{d^2F}{dx^2}\right)_x \cdot\right.$$
$$\left.\cdot\left[\ln 2\sqrt{x(1-x)} - 1 - \ln\beta\right] + \frac{1}{2}\left(\frac{d^3F}{dx^3}\right)_x\left(\frac{1}{2} - x\right) + \dots\right\} + y^2\left\{\begin{matrix} \\ \end{matrix}\right\} + \dots \qquad (24)$$

Nach LAITONE[2] ist die Übereinstimmung der Entwicklung Gl. (24) mit der exakten Formel (23) bei einem Rotationsellipsoid und einem Spindelkörper mit einem Kreisbogenzweieck als Längsschnitt sehr gut.

Es ist:
$$\frac{1}{2\pi}\frac{dF}{dx} = h\frac{dh}{dx}.$$

Bei den üblichen Rotationskörpern mit höchstens einem Dickenmaximum haben die Ableitungen von $F(x)$ die Größenordnung von h^2, wenn die Körperlänge gleich 1 gesetzt wird.

Auf $y = h$ stimmt das erste Glied der Entwicklung mit dem am Anfang des Abschnittes wiedergegebenen Ausdruck überein. Dieses Glied enthält den Prandtl-Faktor nicht, weshalb bei *außerordentlich* schlanken Körpern und nicht zu großer Schallnähe ($\beta \sim 1$) gesagt werden kann, daß die Geschwindigkeitsverteilung unabhängig von der Machschen Zahl ist.

Im allgemeinen muß aber bei der Entwicklung der Geschwindigkeit am Körper das v^2-Glied [Gl. (IV, 31)] mitgenommen werden, woraus sich für die Geschwindigkeitsstörung auf $y = h$ folgendes ergibt:

$$\frac{W - u_\infty}{u_\infty} = \frac{1}{2\pi}\left(\frac{d^2F}{dx^2}\right)_x\ln h - \frac{1}{2\pi}\left\{\left(\frac{dF}{dx}\right)_x\frac{\frac{1}{2} - x}{x(1-x)} + \right.$$
$$+ \left(\frac{d^2F}{dx^2}\right)_x\left[\ln 2\sqrt{x(1-x)} - 1 - \ln\beta\right] + \frac{1}{2}\left(\frac{d^3F}{dx^3}\right)_x\left(\frac{1}{2} - x\right) + \qquad (25)$$
$$\left. + \frac{1}{48}\left(\frac{d^4F}{dx^4}\right)_x\left[1 + 4\left(\frac{1}{2} - x\right)^2\right] + \dots\right\} + \frac{1}{2}\left(\frac{dh}{dx}\right)^2.$$

Eine Berücksichtigung höherer Glieder in y am Profil ist wegen der vorausgegangenen Vernachlässigungen sinnlos. Nach Gl. (25) ist der Kompressibilitätseinfluß am Körper wieder durch folgende additive Größe gegeben [siehe Gl. (VI, 152)]:

$$\left(\frac{W - u_\infty}{u_\infty}\right)_{M_\infty} = \left(\frac{W - u_\infty}{u_\infty}\right)_{M_\infty = 0} + \frac{1}{2\,\pi}\left(\frac{d^2F}{dx^2}\right)_x \ln \beta. \tag{26}$$

Am Dickenmaximum ist $\dfrac{d^2F}{dx^2} < 0$, weshalb sich dort erwartungsgemäß wegen $\ln \beta < 0$ eine Steigerung der Geschwindigkeit aus dem Kompressibilitätseinfluß ergibt.

Abb. 130 gibt die Geschwindigkeitsverteilung an einem Spindelkörper. Mit derselben Dickenverteilung wie beim Kreisbogenzweieck (Abb. 126) ergibt sich nun mittels Gl. (23) folgende Geschwindigkeitsverteilung am Körper:

$$\frac{W - u_\infty}{u_\infty} = 8\,h_m^2\left\{[-1 + 6\,x\,(1 - x) + 48\,h_m^2\,x^2\,(1 - x)^2\,\beta^2]\right.$$

$$\ln\frac{[1 + \sqrt{1 + 16\,h_m^2\,x^2\,\beta^2}]\cdot[1 + \sqrt{1 + 16\,h_m^2\,(1 - x)^2\,\beta^2}]}{16\,h_m^2\,x\,(1 - x)\,\beta^2} +$$

$$-\,[6 - 9\,(1 - x)]\,(1 - x)\,\sqrt{1 + 16\,h_m^2\,x^2\,\beta^2} +$$

$$\left.-\,[6 - 9\,x]\,x\,\sqrt{1 + 16\,h_m^2\,(1 - x)^2\,\beta^2} + (1 - 2\,x)^2\right\}.$$

Hierin ergibt sich das letzte Glied aus der Berücksichtigung der v-Komponente. Auf der x-Achse außerhalb des Körpers ist unabhängig von der Mach-Zahl:

$$\frac{W - u_\infty}{u_\infty} = 8\,h_m^2\left\{3\,(1 - 2\,x) +\right.$$

$$\left.[-1 + 6\,x\,(1 - x)]\ln\left(-\frac{1 - x}{x}\right)\right\}.$$

Wie beim entsprechenden ebenen Problem gibt es also in den Staupunkten eine logarithmische Singularität.

Formel (26) gibt den Mach-Einfluß nach Abb. 130 ganz ausgezeichnet wieder, sie gilt auch auf der Achse außerhalb des Körpers.

Aus Abb. 130 können die Geschwindigkeitsverteilungen für Kreisbogenspindeln anderer Dickenverhältnisse mit Hilfe der Stromlinien-

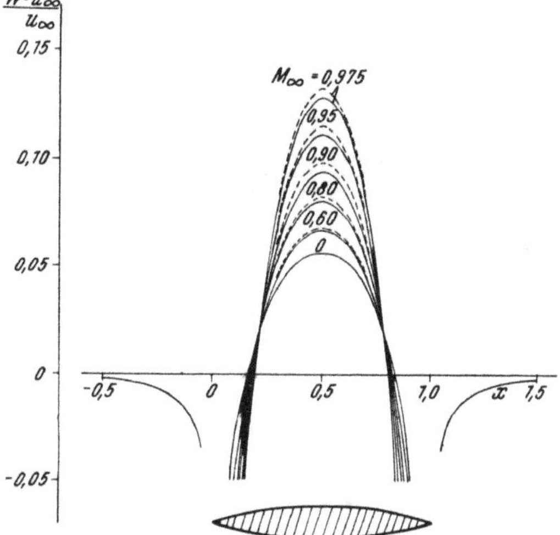

Abb. 130. Geschwindigkeitsverteilung an einer 16% dicken Parabelbogenspindel nach Gl. (23) (———) und Gl. (26) (- - - -).

analogie entnommen werden. Darnach ist die Geschwindigkeit beispielsweise bei $M_\infty = 0{,}80$, $\beta = 0{,}60$, $1/\beta^2 = 2{,}8$ mal so groß wie die Geschwindigkeitsverteilung bei $M_\infty = 0$ und einer Spindel $\beta = 0{,}60$ fachen Dickenverhältnisses. Die letzte Verteilung kann für eine Spindel von 9,6% Dicke also leicht ermittelt werden.

Zitate über weitere Arbeiten nebst Versuchen an Halbkörpern findet man bei E. R. van Driest[3]. (Siehe auch Laitone[33].)

Um ein Maß für die Genauigkeit zu erhalten, mit welcher das Produkt $v \cdot y$ am Körper und an der Achse gleichgesetzt werden kann — eine Näherung, welche dem Ansatz für dq zugrunde liegt — sei v entsprechend wie $u - u_\infty$ in Gl. (24) entwickelt. Dabei ergibt sich nach Durchführung der Integration aus Gl. (23):

$$\frac{v}{u_\infty} = -\frac{1}{2\,\pi\,y} \left(\frac{dF}{dx}\right)_x - \frac{\beta^2\,y}{4\,\pi} \left(\frac{d^3 F}{dx^3}\right)_x \ln(\beta\,y) + \frac{\beta^2\,y}{4\,\pi} \left\{ \ \right\} + \dots . \tag{27}$$

Der erste Summand der Entwicklung entspricht dem Ansatz für die Quellstärke. Der Fehler in $\dfrac{v\,y}{u_\infty}$ am Profil ist also von der Größenordnung $\beta^2\,y^2 \ln \beta\,y$ und daher um so geringer, je höher die Machsche Zahl ist.

Die Gleichung für das Störpotential (23) kann partiell integriert werden und gibt

$$\varphi = -\frac{u_\infty}{4\,\pi} \left[F\,\frac{1}{\sqrt{(\xi - x)^2 + \beta^2\,y^2}} \right]_0^1 - \frac{u_\infty}{4\,\pi} \int_0^1 F\,\frac{(\xi - x)\,d\xi}{[(\xi - x)^2 + \beta^2\,y^2]^{3/2}} ;$$

unter der Voraussetzung, daß der Körperquerschnitt an den Körperenden auf den Wert Null absinkt, wird bei großem Körperabstand, d. h.

$$\text{für } \sqrt{x^2 + \beta^2\,y^2} \gg 1: \quad \varphi = \frac{u_\infty}{4\,\pi}\,\frac{x}{[x^2 + \beta^2\,y^2]^{3/2}} \int_0^1 F\,d\xi + \dots .$$

Daraus findet man für die Komponenten in großem Abstand:

$$\sqrt{x^2 + \beta^2\,y^2} \gg 1: \quad \frac{u}{u_\infty} - 1 = \frac{1}{4\,\pi} \int_0^1 F\,d\xi\,\frac{\beta^2\,y^2 - 2\,x^2}{[\beta^2\,y^2 + x^2]^{5/2}} ;$$

$$\frac{v}{u_\infty} = -\frac{1}{4\,\pi} \int_0^1 F\,d\xi\,\frac{3\,\beta^2\,x\,y}{[\beta^2\,y^2 + x^2]^{5/2}} . \tag{28}$$

Das Integral in Gl. (28) ist das Körpervolumen. Dieses allein ist bei schlanken Körpern in großer Entfernung für die Größe der Störungen der Geschwindigkeitskomponenten maßgebend. Diese erweisen sich von gleicher Größenordnung. Bei dichtebeständiger Strömung ($\beta = 1$) ist die Störung einer Kugel wegen ihrer größeren Dicke $^3/_2$mal so groß wie diejenige eines schlanken Körpers gleichen Volumens.

Für die Änderung der Strömung mit dem *Anstellwinkel* ε ergab sich nach Linearisierung Gl. (VI, 132):

$$\beta^2\,\Phi_{\varepsilon xx} + \Phi_{\varepsilon rr} + \frac{1}{r^2}\,\Phi_{\varepsilon \chi\chi} + \frac{1}{r}\,\Phi_{\varepsilon r} = 0,$$

$$\text{mit } y = r \cos \chi, \quad z = r \sin \chi.$$

Die Extremwerte der Störungen in der Geschwindigkeit und im Potential sind in der x, y-Ebene zu erwarten, während dort gleichzeitig die perifere Umströmung des Körpers verschwinden muß. Es liegt daher folgender Separationsansatz auf der Hand:

$$\Phi_\varepsilon(x, r, \chi) = \varphi_\varepsilon(x, r) \cos \chi. \tag{29}$$

Er erfüllt die Differentialgleichung, wenn φ_ε folgender Gleichung gehorcht:

$$\beta^2\,\varphi_{\varepsilon xx} + \varphi_{\varepsilon rr} + \frac{1}{r}\,\varphi_{\varepsilon r} - \frac{1}{r^2}\,\varphi_\varepsilon = 0, \tag{30}$$

wobei in der x, y-Ebene $r = \sqrt{y^2 + z^2}$ durch y ersetzt werden könnte.

Diese Differentialgleichung ergibt sich sofort durch Differentiation von Gl. (22) nach y, wobei an Stelle der Komponenten deren Ableitungen nach y treten. Damit ist aber auch bereits eine Lösung von Gl. (30) gegeben, indem der einmal nach y abgeleitete Ansatz für φ in Gl. (23) genommen wird. D. h. es ist für φ_ε in Gl. (30) einfach der Ansatz für v in Gl. (23) zu nehmen, wobei y durch r zu ersetzen ist.

Allerdings hat dabei $\dfrac{dF}{d\xi} = f(\xi)$ nun nicht mehr die frühere Bedeutung. $f(\xi)$ ist einfach eine so zu wählende Funktion, daß die Randbedingungen erfüllt werden. Nach Gl. (VI, 115) und (VI, 121) gilt:

$$\text{für } \sqrt{x^2 + y^2 + z^2} \to \infty : \quad u_\varepsilon = 0, \quad v_\varepsilon = u_\infty, \quad w_\varepsilon = 0;$$
$$\text{für } r = h(x): \qquad W_{1\varepsilon} = \Phi_{\varepsilon r} = 0.$$

Nun ist:

$$\Phi_{\varepsilon r} = \varphi_{\varepsilon r} \cos \chi = v_\varepsilon \cos \chi + w_\varepsilon \sin \chi,$$

woraus sich folgende Randbedingungen für φ_ε ergeben:

$$\text{für } \sqrt{x^2 + r^2} \to \infty : \varphi_{\varepsilon x} = 0, \ \varphi_{\varepsilon r} = u_\infty, \text{ für } r = h(x): \varphi_{\varepsilon r} = 0. \qquad (31)$$

Formal stimmt dies mit den Randbedingungen für die Änderung der Strömung mit dem Anstellwinkel beim symmetrischen Profil völlig überein. Wie dort in Gl. (9), muß auch hier ein Glied $u_\infty r$ zur Erfüllung der Bedingung im Unendlichen hinzugefügt werden. Damit ist:

$$\varphi_\varepsilon = u_\infty r + \frac{\beta^2 r}{4\pi} \int_0^1 f(\xi) \frac{d\xi}{[(\xi - x)^2 + \beta^2 r^2]^{3/2}},$$

wobei $f(\xi)$ so zu bestimmen ist, daß $\varphi_{\varepsilon r} = 0$ auf $r = h(x)$ ist.

Man überzeugt sich leicht, daß dieser Ansatz Lösung von Gl. (30) ist. Zur Bestimmung von $f(\xi)$ werden die Werte in Achsennähe gebraucht. Hier kann für das Integral in der Gleichung von φ_ε einfach die Entwicklung von v/u_∞ gemäß Gl. (27) genommen werden, wobei $\dfrac{dF}{dx}$ durch $f(x)$ und y durch r zu ersetzen ist:

$$\varphi_\varepsilon = u_\infty r + \frac{1}{2\pi r} f(x) - \frac{\beta^2 r}{4\pi} \frac{d^2 f}{dx^2} \ln(\beta r) + \dots.$$

Daraus folgt:

$$\varphi_{\varepsilon x} = \frac{1}{2\pi r} \frac{df}{dx} - \frac{\beta^2 r}{4\pi} \frac{d^3 f}{dx^3} \ln(\beta r) + \dots,$$

$$\varphi_{\varepsilon r} = u_\infty - \frac{1}{2\pi r^2} f(x) - \frac{\beta^2}{4\pi} \frac{d^2 f}{dx^2} \ln(\beta r) + \dots.$$

Mit derselben Genauigkeit wie bei der achsensymmetrischen Strömung kann daher auf $r = h(x)$ zur Erfüllung der Randbedingung

$$0 = \varphi_{\varepsilon r} = u_\infty - \frac{1}{2\pi h^2} f(x)$$

gesetzt werden, so daß sich das gesuchte $f(x)$ wie folgt ergibt:

$$f(x) = 2\pi h^2 u_\infty = 2 u_\infty F(x).$$

Wieder mit derselben Genauigkeit wird dann:

$$\varphi_{\varepsilon x} = \frac{1}{2\pi h} \frac{df}{dx} = 2 u_\infty \frac{dh}{dx}.$$

Damit erhält man für die Änderung der Strömung mit dem Anstellwinkel am Körper im Rahmen der Näherung Formeln, welche diejenigen für achsensymmetrische Strömung Gl. (24) und (25) an Einfachheit und Genauigkeit übertreffen[4, 5]; es ist nämlich für $r = h(x)$ bei Verwendung von Zylinder-Koordinaten und -Komponenten:

$$\frac{u_\varepsilon}{u_\infty} = 2 \frac{dh}{dx} \cos \chi; \qquad \frac{W_{1\varepsilon}}{u_\infty} = 0;$$

$$\frac{W_{2\varepsilon}}{u_\infty} = \frac{1}{r} \frac{1}{u_\infty} \Phi_{\varepsilon\chi} = - \frac{\varphi_\varepsilon(x, h)}{u_\infty h} \sin \chi = - 2 \sin \chi. \tag{32}$$

An einer beliebigen Stelle des Raumes ist wegen $y = r \cos \chi$ das Potential:

$$\Phi_\varepsilon = u_\infty y + \frac{\beta^2 u_\infty y}{2\pi} \int_0^1 F(\xi) \frac{d\xi}{[(\xi - x)^2 + \beta^2 (y^2 + z^2)]^{3/2}}, \tag{33}$$

woraus die Geschwindigkeitskomponenten leicht abzuleiten sind.

Eine Integration über einen kleinen Anstellwinkelbereich ε, bei welcher Φ_ε als angenähert konstant angesehen werden kann, kommt einer Multiplikation mit ε gleich. Zur besseren Einsicht sei Gl. (33) daher wie folgt geschrieben:

$$\Phi = u_\infty \varepsilon \left\{ y + y \int_0^1 \frac{h^2(\xi)}{2} \cdot \frac{d\frac{\xi}{\beta}}{\left[\left(\frac{\xi - x}{\beta}\right)^2 + (y^2 + z^2)\right]^{3/2}} \right\}.$$

Ein Vergleich mit dem Potential einer umströmten Kugel zeigt, daß es sich bei der obigen Gleichung um die Anströmung auf der x-Achse aufgereihter, in x-Richtung affin verzerrter Kugeln handelt, die in y-Richtung mit der Geschwindigkeit εu_∞ angeströmt werden. Bei gleich großen Kugeln handelt es sich also um eine Zylinderströmung in y-Richtung. Aber auch eine kleine Querschnittsänderung des Körpers gibt in einer y, z-Ebene noch immer angenähert eine dichtebeständige Zylinderströmung, wie Gl. (32) zeigt. Darnach erreicht die v-Komponente am Körper auf $y = 0$ gerade den doppelten Betrag ihres Wertes im Unendlichen.

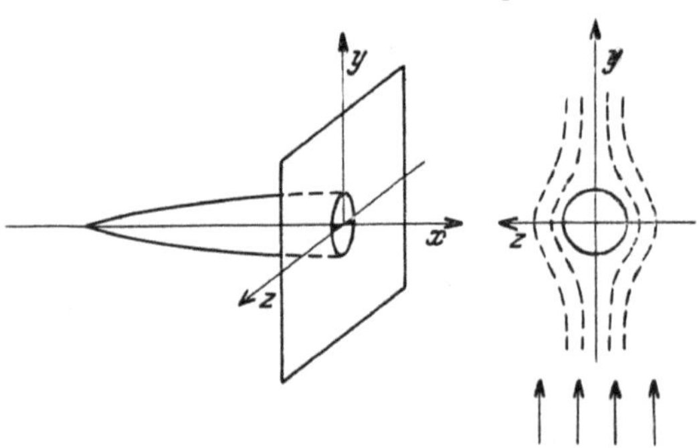

Abb. 131. Strömung in einer Querschnittsebene.

Die Dichtebeständigkeit erklärt sich dabei ohne weiteres daraus, daß die Mach-Zahl der Anströmung in y-Richtung mit ε beliebig klein ist.

Es kann erwartet werden, daß sich ein solch einfaches Resultat, wie es Gl. (32) ausdrückt, auch einfach ermitteln läßt. Entsprechende Impulsüberlegungen wurden für inkompressible Strömung schon seinerzeit von M. MUNK[32] und neuerdings für kompressible Strömung von J. ACKERET[6] durchgeführt. Hier sei noch ein anderer Weg beschritten. Bei einem schlanken Rotationskörper kann das erste Glied in Gl. (30) insbesondere in Schallnähe gestrichen werden, weil die Zustandsänderungen in Achsenrichtung klein gegenüber jenen in radialer Richtung sind[VIII, 50]. Damit ergibt sich, wie schon erwähnt, in einem Schnitt $x = \text{konst.}$ eine ebene Zylinderströmung (Abb 131), nämlich:

$$\Phi_\varepsilon = \varrho_\varepsilon \cos \chi = u_\infty \left(r + \frac{h^2}{r}\right) \cos \chi, \tag{34}$$

wobei $h(x)$ mit x variiert. Daraus folgt nun sofort am Körper das Ergebnis von Gl. (32):

$$r = h: \quad u_\varepsilon = u_\infty \, \frac{2\,h}{r} \, \frac{dh}{dx} \, \cos\chi = 2\,u_\infty \, \frac{dh}{dx} \, \cos\chi.$$

Für Schallanströmung gilt Gl. (34) innerhalb der Linearisierung $\beta = 0$ sogar exakt, sie gilt aber auch als eine erste Näherung für $M_\infty < 1$ und für nicht zu große $M_\infty > 1$.

Die Änderung der Normalkraft mit dem Anstellwinkel ε kann mit Gl. (VI, 139) aus Gl. (32) berechnet werden. Dabei ist zu beachten, daß folgendes gilt:

$$W^2 = u^2 + W_1{}^2 + W_2{}^2; \quad W\,W_\varepsilon = u\,u_\varepsilon + W_1\,W_{1\varepsilon} + W_2\,W_{2\varepsilon},$$

also mit Gl. (32) für $\varepsilon = 0$ in erster Näherung: $W_\varepsilon = u_\varepsilon$.

Ferner ist am Körper $dz = h \cos\chi \, d\chi$, also:

$$\left(\frac{dc_n}{d\varepsilon}\right)_{\varepsilon=0} \frac{\varrho_\infty u_\infty^2}{2} \, F_k = + \varrho_\infty \, u_\infty^2 \int\limits_0^1 \int\limits_0^{2\pi} 2\,h\,\frac{dh}{dx}\,\cos^2\chi \, d\chi \, dx = \varrho_\infty \, u_\infty^2 \int\limits_0^1 \frac{dF}{dx} \, dx.$$

Als Auftrieb und Auftriebsbeitrag der Länge dx ergibt sich damit

$$\left(\frac{dc_n}{d\varepsilon}\right)_{\varepsilon=0} = 2\,\frac{F}{F_k}, \quad d\left(\frac{dc_n}{d\varepsilon}\right)_{\varepsilon=0} = 2\,\frac{1}{F_k}\,\frac{dF}{dx}\,dx = 2\,\frac{dF}{F_k}, \tag{35}$$

woraus sich die Änderung des Momentes (um die Körperspitze) mit dem Anstellwinkel wie folgt berechnet:

$$\left(\frac{dc_m}{d\varepsilon}\right)_{\varepsilon=0} = -\,\frac{2}{F_k}\int\limits_0^1 x\,\frac{dF}{dx}\,dx = -\,\frac{2}{F_k}\int\limits_0^1 x\,dF. \tag{36}$$

Für einen Spindelkörper, etwa einen Flugzeugrumpf mit verschwindendem Endquerschnitt, ergibt sich also bei kleinem ε wohl ein Moment, aber keine Normalkraft, d. h. der Luftangriffspunkt rückt ins Unendliche. Bei Körpern, welche — wie die meisten Geschosse — am Ende in einen Zylinder übergehen, ergibt eine Verlängerung des Körpers bei gleichbleibendem Querschnitt keine Erhöhung der Normalkraft. Auch die Entfernung des Druckpunktes von der Körperspitze bleibt durch die Verlängerung unbeeinflußt.

Besonders bemerkenswert ist, daß die Änderungen mit dem Anstellwinkel nach Gl. (32), (34), (35) und (36) völlig unabhängig von der Machschen Zahl sind. Die genannten Formeln enthalten β nicht! Die praktische Bedeutung der genannten Gleichungen ist im allgemeinen größer als jene der Gleichungen für den nicht angestellten Körper. Die Widerstände lassen sich ohne Kenntnis der Reibungsvorgänge (und ohne Kenntnis des Bodendruckes eines flach abgeschnittenen Körpers) nur ungenau angeben. Hingegen haben die genannten Einflüsse für die Auftriebsverhältnisse nur untergeordnete Bedeutung.

Alle Aussagen dieses Abschnittes verlieren mit wachsendem Dickenverhältnis wegen der vorausgegangenen Näherungen an Bedeutung. Einen eingehenden Vergleich von Versuch und Theorie geben ACKERET, DEGEN und ROTT[29]. Dabei zeigt sich folgendes interessante Resultat, auf welches früher schon LIGHTHILL[VIII, 64] hingewiesen hatte. Die *Auftriebs*verteilung erweist sich in einem weiten Anstellwinkelbereich als richtig. Wird der Anstellwinkel von der Größenordnung des Dickenverhältnisses, was bei schlanken Körpern sehr leicht auftreten kann, so muß für die *Druck*verteilung ein Summand mitgenommen werden, der quadratisch in ε ist, bei der Integration über den Umfang aber verschwindet.

5. Verschiedene Fassungen der Prandtlschen Regel bei ebener Strömung.

In Abschnitt 3 führte die Linearisierung der Potentialgleichung zu Formeln [etwa Gl. (8) und (15)], in welchen sich die Störung der u-Komponente bei M_∞ als das $1/\beta$-fache der Störung bei dichtebeständiger Strömung darstellt. Wegen der Flachheit der Profile wurde dieses Ergebnis auch gleich für die Geschwindigkeits- und Druckunterschiede übernommen.

Mit demselben Recht kann aber auch die Gleichung für die Stromfunktion (VI, 28) linearisiert werden und ergibt für die gestörten Größen mit:

$$\psi_x = - v\,\varrho, \quad \psi_y = u\,\varrho - u_\infty\,\varrho_\infty$$

die Gleichung

$$(1 - M_\infty^2)\,\psi_{xx} + \psi_{yy} = 0. \tag{37}$$

Bei dichtebeständiger Strömung ist die relative Störung der Stromdichte und der Geschwindigkeit identisch, woraus man ganz entsprechend zur Pr. Regel für die Geschwindigkeiten folgende Form für die Stromdichte erhält:

$$\frac{\varrho\,W}{\varrho_\infty\,u_\infty} - 1 = \beta\left(\frac{W}{u_\infty} - 1\right)_{M=0} \tag{38}$$

Dieses Resultat ergibt sich sofort aus Gl. (37), die zu diesem Zweck wie folgt zu schreiben ist:

$$\frac{\partial(\varrho\,v)}{\partial x} + \frac{\partial}{\partial(\beta\,y)}\,\frac{u\,\varrho - u_\infty\,\varrho_\infty}{\beta} = 0, \quad \text{mit}: \quad \psi_x = - v\,\varrho, \quad \psi_{\beta y} = \frac{\varrho\,u - u_\infty\,\varrho_\infty}{\beta},$$

womit die Laplacesche Gleichung dasteht. Indem wieder die $u\,\varrho$-Störungen mit den $W\,\varrho$-Störungen gleichgesetzt werden, folgt Gl. (38). Gl. (38) kann aber auch direkt aus der Pr. Regel für die Geschwindigkeiten mittels der Prandtlschen Näherung der Stromdichtekurve durch eine Tangente (Abb. 120) gewonnen werden.

Schließlich können auch die auf Stromlinienkoordinaten transformierten Gl. (VI, 74 und 75) linearisiert werden, woraus sich ganz allgemein ergibt, daß Pr. Regeln auch für beliebig gekrümmte Strömungen aufgestellt werden können, wobei sich die Verzerrungen auf die Richtung quer zur Strömung und auf die Geschwindigkeitsstörungen oder Stromdichtestörungen beziehen.

Nach Linearisierung der Stromdichte geht Gl. (38) ohne weiteres in die Pr. Regel für die Geschwindigkeiten und nach Linearisierung der Bernoullischen Gleichung in die Regel für die Drucke über. Werden nun aber die exakten Beziehungen zwischen W, $\varrho\,W$ und p benutzt, so ergeben sich verschiedene Resultate je nach der Formulierung der Pr. Regel und nach dem Rechengang. Die Resultate unterscheiden sich bei flachen Profilen geringer Anstellung dabei nur sehr wenig.

Naturgemäß besteht auch bei dickeren Profilen Interesse für eine einfache angenäherte Berechnung der Druckverteilung. Eine gewisse Berechtigung für eine Prandtlsche Linearisierung besteht dabei insofern, als die Anströmgeschwindigkeit stets auch eine mittlere Geschwindigkeit im Störgebiet des Körpers darstellt. Nach Gl. (IV, 25) und Abb. 74 verschwindet das Integral der Tangentialkomponente der Geschwindigkeit über eine geschlossene Kurve einer wirbelfreien Strömung, wenn die Kurve nirgends das Profil umschließt. Wird die Kurve nun längs einer Stromlinie in Körpernähe, sonst aber in großem Körperabstand gezogen, so ergeben sich nur am Körper Beiträge. Die Geschwindigkeiten klingen nämlich weit draußen umgekehrt wie das Quadrat des Körperabstandes ab [Gl. (21)], während die Kurvenlänge nur mit der ersten Potenz des Körperabstandes zunimmt, was bei genügend großen Kurven stets beliebig kleine Beiträge ergibt. Dabei darf in großem Körperabstand stets die Pr. Regel benutzt werden, weil dort die Störungen stets gering sind. Starke Störungen wirken sich dort nur auf den Faktor, nicht aber auf die Potenz des Abklingens aus. Hiermit gilt für jede drehungsfreie Strömung Abb. 126.

$$\text{für } M_\infty < 1: \quad \int_{-\infty}^{+\infty} (W - u_\infty \cos\vartheta)\, ds = 0. \tag{39}$$

Es kommt für eine Linearisierung der gasd. Gl. (VI, 11) auch nicht darauf an, daß die Stromlinienneigungen klein sind, sondern vielmehr, daß die v-Komponente klein gegen c ist. Je dicker das Profil ist, desto kleiner ist jene Machsche Zahl der Anströmung M_∞, bis zu welcher die Linearisierung noch gute Resultate liefert. Im folgenden wird es sich immer wieder zeigen, daß jede Linearisierung sowie jede von einer Unterschallverteilung ausgehende, sich auf die exakten Gleichungen stützende Iterationsmethode unbrauchbar wird, sobald die Schallgeschwindigkeit wesentlich überschritten wird. Damit sind alle im Teil VII behandelten Methoden auf Strömungen beschränkt, in welchen überall Unterschallgeschwindigkeit herrscht ($M \leqq 1$: unterkritische Strömungen), d. h. aber gleichzeitig, daß bei starken Stromlinienneigungen M_∞ klein bleiben muß.

Die Geschwindigkeit am Dickenmaximum einer axial angeströmten Ellipse ergibt sich mit τ als Dickenverhältnis aus der Potentialtheorie:

$$\frac{W}{u_\infty} - 1 = \tau.$$

Nach E. KRAHN[7] sind nun in Tab. VII, 1 die Geschwindigkeiten verglichen, welche wie folgt aus der Pr. Regel für das Dickenmaximum einer 10% dicken Ellipse zu errechnen sind:

1. Aus der Pr. Regel für die Geschwindigkeit:

$$\text{auf } y = h_\text{max}: \quad \frac{W}{u_\infty} = 1 + \tau\,\frac{1}{\beta}. \tag{40}$$

Bei dieser erstgenannten Form der Pr. Regel bleibt die Gl. (39) für die Wirbelfreiheit exakt erfüllt, weil die Geschwindigkeitsunterschiede sich von den Unterschieden bei dichtebeständiger Strömung nur um einen konstanten Faktor unterscheiden.

Da die Übergeschwindigkeit am Dickenmaximum bei der Ellipse einfach proportional dem Dickenverhältnis τ ist, entspricht hier die Formel auch gleichzeitig jener Pr. Regel, bei welcher die Stromlinien ineinander übergehen. Nach dieser Regel ist die Geschwindigkeit der $1/\beta^2$-fache Wert der Störung an einem β-fach schlankeren Körper in dichtebeständiger Strömung.

2. Die Geschwindigkeit, gerechnet mit den exakten Formeln (Tab. II, 5) aus der Pr. Regel für die Stromdichte:

$$\frac{W\,\varrho}{u_\infty\,\varrho_\infty} = 1 + \tau\,\beta. \tag{41}$$

Hierin kann sich bei hohen Mach-Zahlen ein Wert $W\varrho > c^*\,\varrho^*$ ergeben, dem weder eine wirkliche Stromdichte noch eine Geschwindigkeit entsprechen kann.

3. Die Pr. Regel auf die Druckstörung angewendet, ergibt den $1/\beta$-fachen Wert der Größe bei Dichtebeständigkeit:

$$c_p = \frac{p - p_\infty}{\dfrac{1}{2}\,\varrho_\infty u_\infty^2} = -\frac{1}{\beta}\left[\left(\frac{W}{u_\infty}\right)^2 - 1\right] = -\frac{1}{\beta}\,[(1 + \tau)^2 - 1]. \tag{42}$$

In der dritten Spalte steht die daraus exakt berechnete Geschwindigkeit. Dabei ergibt sich wie in vielen anderen Fassungen der Nachteil, daß am Ort eines Staupunktes weder der Ruhedruck p_0 noch die Geschwindigkeit $W = 0$ auftritt.

4. Nach E. KRAHN[7] kann der „Staudruck" $\frac{1}{2} \varrho_\infty u_\infty^2$ durch den tatsächlichen isentropen Staudruck $p_0 - p_\infty$ ersetzt werden. Aus

$$\frac{p - p_\infty}{p_0 - p_\infty} = -\frac{1}{\beta}[(1 + \tau)^2 - 1] \tag{43}$$

errechnen sich mit den exakten Gleichungen die in Spalte 4 angegebenen Werte.

5. Die Druckerhöhung ist auch der Druckerhöhung um ein $1/\beta$-fach verdicktes Profil bei dichtebeständiger Strömung gleichzusetzen. Dabei soll wie in der letzten Formel der isentrope Staudruck genommen werden, was dann auch die richtige Staupunktsgeschwindigkeit ergibt.

$$\frac{p - p_\infty}{p_0 - p_\infty} = 1 - \left(1 + \tau\,\frac{1}{\beta}\right)^2. \tag{44}$$

Die aus den letzten beiden Formeln errechneten Geschwindigkeiten scheinen besonders gut zu sein. Sie erzwingen nicht nur im Staupunkt die richtige Geschwindigkeit, sondern ergeben auch höhere Werte für die Geschwindigkeit am Dickenmaximum als die Pr. Regel in der ersten Fassung. Die letzteren Geschwindigkeiten sind sicher stets etwas zu klein (im Staupunkt sogar negativ), weil die Stromdichte nach Abb. 120 überall — außer bei $W = u_\infty$ — zu groß angenommen ist, was bei gleichen Körpern zu kleine W-Werte ergeben muß.

In einer *sechsten* Spalte sind noch von HANTZSCHE und WENDT — nach einer in Abschnitt 7 skizzierten Methode — berechnete Werte angeführt, welche einer zweiten Näherung entsprechen. In der siebenten Spalte stehen die von HANTZSCHE berechneten Werte der dritten Näherung nach der Methode. Ein Maß für die Genauigkeit dieser Methode ergibt sich aus den Unterschieden in den letzten beiden Spalten.

Tabelle VII, 1. *Geschwindigkeiten am Dickenmaximum einer längs angeströmten, 10%* *dicken Ellipse nach verschiedenen Formen der Pr. Regel und nach* HANTZSCHE *und* WENDT *(nach* E. KRAHN*).*

M_∞	Gl. (40) (1)	(41) (2)	(42) (3)	(43) (4)	(44) (5)	H. u. W.	H.
0,50	1,115	1,13	1,12	1,12	1,125	1,118	1,118
0,60	1,125	1,14	1,13	1,14	1,139	1,131	1,131
0,70	1,140	1,18	1,14	1,16	1,163	1,151	1,151
0,75	1,151	1,28	1,15	1,17	1,181	1,166	1,172
0,80	1,167	—	1,17	1,20	1,201	1,189	1,198

Die hier diskutierten fünf verschiedenen Formen der Pr. Regel seien nun noch auf die Geschwindigkeitsverteilung an einem Kreiszylinder angewandt, um die Brauchbarkeit an extrem dicken Körpern zu prüfen. In der ersten Spalte der Tab. VII, 2 stehen die Werte für $M_\infty = 0$ abhängig von der in Graden angegebenen Bogenlänge. An letzter Stelle stehen die von LAMLA berechneten, als sehr genau anzusehenden Werte (Abschnitt 7).

Tabelle VII, 2. *Geschwindigkeitsverteilung an einem Kreiszylinder bei $M_\infty = 0{,}40$ nach verschiedenen Formen der Pr. Regel und nach Rechnungen von* LAMLA *mit der Methode von* JANZEN-RAYLEIGH *(nach* E. KRAHN*).*

	$M_\infty = 0$	(1)	(2)	(3)	(4)	(5)	L
0°	0	—0,091	0,07	—	—	0	0
10°	0,347	0,288	0,38	0,28	0,20	0,326	0,323
20°	0,684	0,655	0,68	0,66	0,64	0,654	0,644
30°	1,000	1,000	1,000	1,00	1,00	0,977	0,959
40°	1,286	1,312	1,35	1,32	1,33	1,292	1,266
50°	1,532	1,582	1,79	1,60	1,62	1,589	1,562
60°	1,732	1,798	—	1,85	1,88	1,857	1,836
70°	1,879	1,959	—	2,04	2,07	2,081	2,067
80°	1,970	2,058	—	2,16	2,20	2,219	2,224
90°	2,000	2,091	—	2,20	2,24	2,270	2,280

Regel (1) liefert am Staupunkt und am Dickenmaximum zu kleine Werte. Hingegen liefert Regel (2) zu hohe Stromdichten und damit am Staupunkt zu hohe und am Dickenmaximum überhaupt keine Geschwindigkeiten mehr. Dem Staupunktfehler kann allerdings abgeholfen werden, indem die Pr. Regel für die Geschwindigkeit auf ein $1/\beta$-fach verdicktes (für die Stromdichte auf ein β-fach verdünntes) Profil bei $M_\infty = 0$ bezogen wird. Dann ergeben sich dieselben Geschwindigkeiten (Stromdichten) in kompressibler Strömung wie am verzerrten Profil bei $M_\infty = 0$, d. h. am Staupunkt $W = 0$ (mit $\varrho\,W = 0$ exakt auch $W = 0$). Die Werte am Dickenmaximum bleiben aber unverändert. Gerade diese Werte sind aber schlecht.

Überhaupt sind die Staupunktsfehler nicht so maßgeblich. Das gilt auch für Gl. (23) mit negativ unendlichem Wert im Staupunkt. In dessen Umgebung ergeben sich besonders bei schlanken Körpern außerordentlich starke Geschwindigkeitsunterschiede. Die Geschwindigkeit $W = 0$ tritt in unmittelbarer Nähe des vorgesehenen Staupunktes auf, die Berechnung erfolgt also für einen am Staupunkt nur unbedeutend abgeänderten Körper. Deshalb sind die Fehlwerte im Staupunkt für die Form (3) und (4) der Pr. Regel nicht ausschlaggebend.

Immerhin gibt die Form (5) im Staupunkt wie am Dickenmaximum die beste Übereinstimmung mit den Werten von LAMLA. Sie wird deshalb allen anderen Formulierungen der Pr. Regel vorzuziehen sein. Bei schlanken Profilen hingegen sind die verschiedenen Formen der Pr. Regel nach Tab. VII, 1 etwa gleichwertig, nur Form (2) wird bei höheren M_∞-Werten unbrauchbar. Auch jene Formen der Pr. Regel, bei welchen die Stromlinien ineinander übergeführt werden, zeigen keine höhere Genauigkeit, weil die Ungenauigkeit nicht erst durch die Transformation, sondern bereits durch die Linearisierung entsteht.

Eine Verbesserung der Pr. Regel scheint sich im allgemeinen auch dadurch zu ergeben, daß der Faktor β nicht auf M_∞, sondern auf die lokale Mach-Zahl bezogen wird[28, 34]. Dadurch ergeben sich besonders bei dicken Körpern oder bei Schallnähe merklich höhere Störgeschwindigkeiten.

6. Die Krahnsche Methode.

Eine völlig von der Pr. Regel abweichende Methode stammt von E. KRAHN[8] und wurde von A. BETZ und E. KRAHN[8, 10] weiter entwickelt. Sie soll hier nur in ihrer ersten, einfachsten Form wiedergegeben werden.

Es fällt bei den Vergleichen des letzten Abschnittes auf, daß sich aus der Anwendung der Pr. Regel auf die Geschwindigkeit im allgemeinen zu kleine, bei der Anwendung auf die Stromdichte im allgemeinen zu große Werte ergeben.

Dies erklärt sich ohne weiteres aus einem Vergleich der exakten Gleichungen mit den linearisierten. Zum besseren Verständnis dieser Erscheinungen seien die Verhältnisse zunächst vom Standpunkt der dichtebeständigen Strömung aus untersucht.

Wird die gasd. Gl. für das Potential (VI, 20) einfach durch die Laplace-Gleichung $\Delta\Phi = 0$ ersetzt, so bedeutet dies eine Verletzung der Kontinuitätsbedingung, welche die gasd. Gl. für das Potential darstellt. Die Gleichung für die Wirbelfreiheit hingegen ist durch die Annahme eines Geschwindigkeitspotentials automatisch erfüllt. Die Näherung $\Delta\Phi = 0$ bedeutet, daß die kompressible Geschwindigkeitsverteilung der inkompressiblen gleichgesetzt wird, d. h. daß das Potentiallinienbild — und damit auch das Bild der Stromlinien als der Orthogonaltrajektorien der Potentiallinien — beider Strömungen übereinstimmt (Abb. 132). Da die Stromdichte durch den Kompressibilitätseinfluß abnimmt, ist sie zu hoch, also falsch angenommen. Tatsächlich nehmen die Stromdichtenunterschiede mit wachsendem M ab, die Stromlinien passen sich den Körperformen viel mehr an als bei $M = 0$. Die Folgen sind erhöhte Zentrifugalkräfte und folglich erhöhte Geschwindigkeiten bei Kompressibilität.

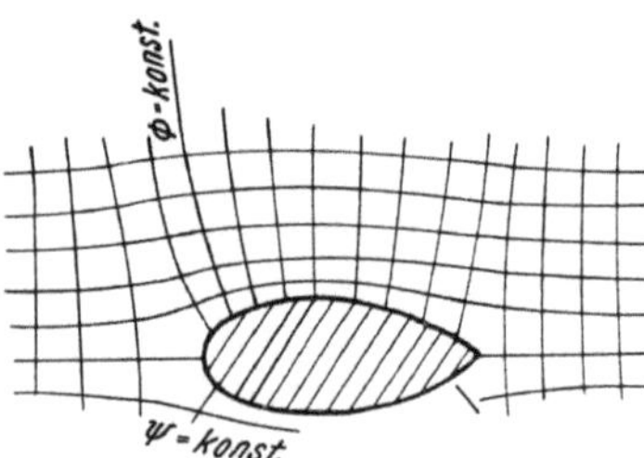

Abb. 132. Orthogonaltrajektorienbild der Strom- und Potentiallinien.

Die gasd. Gl. für die Stromfunktion (VI, 28) ist eine Wirbelgleichung, die Kontinuität ist durch Annahme einer Stromfunktion automatisch erfüllt. Für konstante Entropie ($s =$ = konst.) ergibt sich die Gleichung der Wirbelfreiheit, die verletzt wird, wenn die gasd. Gl. für Ψ einfach durch $\Delta\Psi = 0$ ersetzt wird. In Strom- und Potentiallinien (Abb. 132) für $M = 0$ wird nun die Stromdichteschwankung bei Kompressibilität jener bei $M = 0$ gleichgesetzt. Da die relative Geschwindigkeits- und Stromdichteschwankung bei $M = 0$ einander gleich sind, bedeutet dies:

$$\text{Näherung: } \Delta\Psi = 0; \quad \frac{\varrho\,W - \varrho_\infty\,u_\infty}{\varrho_\infty\,u_\infty} = \left(\frac{W - u_\infty}{u_\infty}\right)_{M\,=\,0} \tag{45}$$

Im Gegensatz zur

$$\text{Näherung: } \Delta\Phi = 0; \quad \frac{W - u_\infty}{u_\infty} = \left(\frac{W - u_\infty}{u_\infty}\right)_{M\,=\,0} \tag{46}$$

Die Geschwindigkeiten ergeben sich nach Gl. (45), wegen der höheren Empfindlichkeit der Geschwindigkeit gegenüber Stromdichteschwankungen bei Kompressibilität, also größer als bei $M = 0$. Damit sind aber die Zentrifugalkräfte, welche an die Stromlinienkrümmung geknüpft sind, falsch angenommen und die Voraussetzung der Wirbelfreiheit ist nicht mehr erfüllt. Tatsächlich werden sich die Stromlinien bei Kompressibilität weniger verengen und erweitern als bei $M = 0$, d. h. die Geschwindigkeit wird kleiner sein, als sich aus der Näherung (45) ergibt. Mit der Annahme geringerer Schwankungen in den Stromlinienabständen als bei $M = 0$ erhöhen sich die aus der Wirbelfreiheit gerechneten und erniedrigen sich die aus der Kontinuität berechneten Geschwindigkeiten und nähern sich einer gemeinsamen richtigen Lösung.

Da die Geschwindigkeitsschwankungen nach (45) zu groß, nach (46) zu klein sind, muß die richtige Lösung als zwischen den beiden Werten liegend angenommen werden:

$$\frac{W\,\varrho}{\varrho_\infty\,u_\infty} \lesseqgtr \left(\frac{W}{u_\infty}\right)_{M\,=\,0} \gtreqless \frac{W}{u_\infty}. \tag{47}$$

Das obere Ungleichheitszeichen gilt dabei im wesentlichen im Übergeschwindigkeitsgebiet, da eine zu große Schwankung dort einen zu großen Wert, das untere Zeichen gilt im Untergeschwindigkeitsgebiete, da eine zu große Schwankung dort einen zu kleinen Wert ergibt.

Auch die Abweichungen, welche die Pr. Regel gegenüber genauen Lösungen zeigt, lassen sich ganz entsprechend erklären, soweit nur mit Geschwindigkeiten und Stromdichten gearbeitet wird. Die Linearisierung der Stromdichtekurve (Abb. 132) ergibt zu hohe Stromdichtewerte. Daraus errechnen sich aus der Stromdichte bei $M = 0$ am selben Profil zu hohe Stromdichtewerte und mit der exakten Beziehung dann zu hohe Geschwindigkeiten. Unter Umständen über-

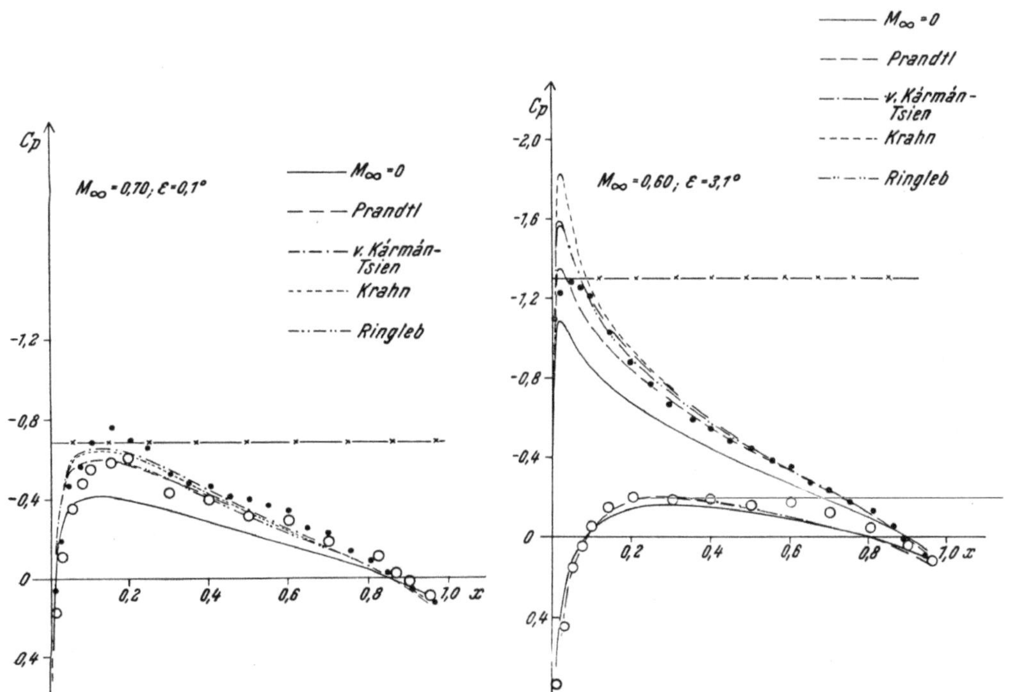

Abb. 133. Druckverteilung am NACA-Profil 0 00 12—1,130 (Amerik. NACA 0012) nahe der kritischen Geschwindigkeit nach Versuchen von GÖTHERT und nach verschiedenen Näherungstheorien. (Die Werte für $M_\infty = 0$ sind dem Buch: J. ABOTT und A. v. DOENHOFF, Theory of Wind Sections, Mc Graw-Hill, New York-London (1949) entnommen.)

steigen die errechneten Stromdichten die zulässigen Höchstwerte [Tab. VII, 1 und 2, Formulierung (2)]. Die Annahme zu hoher Stromdichten in der Kontinuitätsbedingung hingegen liefert zu kleine Geschwindigkeiten, weil die Strömung weniger Platz braucht [Formulierung (1) in Tab. VII, 1 und 2].

Im Übergangsgebiet von Unter- zu Übergeschwindigkeiten verlieren diese überschlägigen Überlegungen an Wert.

KRAHN[8] setzt nun die Verteilung bei $M = 0$ gleich dem geometrischen Mittel von Stromdichten und Geschwindigkeitsverteilung bei kompressibler Strömung:

$$\frac{\varrho\,W}{\varrho_\infty\,u_\infty}\,\frac{W}{u_\infty} = \left(\frac{W}{u_\infty}\right)^2_{M=0}$$

Mit Tab. II, 5 kann ϱ/ϱ_∞ leicht durch W/u_∞ und M_∞ ausgedrückt werden, indem zunächst ϱ/ϱ_0 und ϱ_∞/ϱ_0 gebildet wird. Nach elementarer Rechnung ergibt sich schließlich die Krahnsche Beziehung:

$$\left(\frac{W}{u_\infty}\right)_{M=0} = \frac{W}{u_\infty}\left\{1 - \frac{\varkappa-1}{2}\,M^2_\infty\left[\left(\frac{W}{u_\infty}\right)^2 - 1\right]\right\}^{\frac{1}{2\,(\varkappa-1)}}. \tag{48}$$

Mit ihr ist die Geschwindigkeitsverteilung bei M_∞ auf die Geschwindigkeitsverteilung bei $M = 0$ zurückgeführt. Die Berechnung der letzteren kann nicht Gegenstand dieses Buches sein, weil ihre allgemeine Behandlung für sich ein Buch füllt. Für den praktischen Gebrauch sei etwa auf einen Aufsatz von F. RIEGELS verwiesen[11]. (Eine neuere theoretische Behandlung gibt beispielsweise LIGHTHILL[30].) Es ist sehr bemerkenswert, daß die auf völlig anderem Wege gewonnene Näherung Gl. (48) für kleine M_∞-Werte und Geschwindigkeitsstörungen in die Pr. Regel übergeht, wie leicht durch Entwicklung zu bestätigen ist.

Nach Angaben von E. KRAHN ergibt sich aus Gl. (48) die Übergeschwindigkeit bei kleinen Schwankungen als zu klein, bei großen Übergeschwindigkeiten als zu groß, wobei die Grenze bei $\dfrac{W_i - u_\infty}{u_\infty} = 0{,}4$ bis $0{,}5$ liegt.

Zur Auswertung von Gl. (48) ist in einem Diagramm $\dfrac{W}{u_\infty}$ abhängig von $\left(\dfrac{W}{u_\infty}\right)_{M\,=\,0}$ und von M_∞ aufzutragen. Ein entsprechendes Diagramm kann auch für die Druckschwankungen hergestellt werden, womit die Berechnung dann leicht und schnell erfolgen kann. Im Staupunkt ergeben sich die richtigen Werte. In Abb. 133 ist ein Vergleich gerechneter Werte mit gemessenen Werten für das Profil NACA 00012 — 1,130 wiedergegeben. Bei $\varepsilon = 0{,}1$, $M_\infty = 0{,}70$ macht sich die Schallnähe in einem sehr hohen Wert eines Meßpunktes bemerkbar. Hier fällt das Resultat nahezu mit den Werten von KÁRMÁN-TSIEN zusammen (Abschnitt 9), während es bei $M_\infty = 0{,}60$, $\varepsilon = 3{,}1$ etwas höher liegt. Alle wiedergegebenen Näherungen geben das Geschwindigkeitsmaximum zu früh.

7. Das Verfahren von JANZEN und RAYLEIGH.

Werden in den verschiedenen Formen der gasd. Gl., abgesehen von den Gliedern, welche im Laplaceschen Operator stehen, alle Glieder auf die rechte Gleichungsseite geschafft, so ergibt sich der Typus einer *Poissonschen Gleichung*. Es sei dies durchgeführt an der Gl. (VI, 20), welche zunächst für ein auf u_∞ bezogenes Potential umgeschrieben sei, nachdem c mit dem Energiesatz (II, 29) auf c_∞ und Geschwindigkeitskomponenten zurückgeführt ist. Mit

$$\Phi_x = \frac{u}{u_\infty}; \quad \Phi_y = \frac{v}{u_\infty}; \quad c^2 = c_\infty^2 - \frac{\varkappa - 1}{2}\,(u^2 + v^2 - u_\infty^2)$$

kann geschrieben werden:

$$\Phi_{xx} + \Phi_{yy} = M_\infty^2 \left\{ \frac{\varkappa - 1}{2}\,(\Phi_x{}^2 + \Phi_y{}^2 - 1)(\Phi_{xx} + \Phi_{yy}) + \Phi_x{}^2\,\Phi_{xx} + \right.$$
$$\left. + 2\,\Phi_x\,\Phi_y\,\Phi_{xy} + \Phi_y{}^2\,\Phi_{yy}\right\}. \tag{49}$$

Die rechte Seite verschwindet mit M_∞^2, was zur Laplace-Gleichung für das Potential bei inkompressibler Strömung, d. h. bei Geschwindigkeiten, die klein gegen die Schallgeschwindigkeit sind, führt. Die Bedeutung der rechten Seite ist diejenige von Quellen, wie aus der Potentialtheorie bekannt ist.

Der in der Potentialtheorie Ungeübte überzeugt sich davon kurz wie folgt: Bei Quellen ist in stationärer Strömung $\iint_f \varrho\,W_n\,df > 0$ [siehe Gl. (IV, 2)]. Nach Übergang zu den Differentialgleichungen mittels des Gaußschen Integralsatzes (IV, 6) bleibt rechts eine positive Größe.

Physikalisch ergeben sich die Quellen daraus, daß die Stromdichte mit wachsendem M nicht in dem Maße zunimmt wie bei $\varrho = $ konst. Im Vergleich zur inkompressiblen Strömung wächst der Platzbedarf mit der Geschwindigkeit. Die kompressible Strömung ist *exakt* deutbar als inkompressible Strömung mit Quellen an Stellen von Beschleunigung und Senken an Stellen von Verzögerung. Die Schwierigkeit liegt nur darin, daß die Quellstärke unbekannt ist, weil sie sich aus der *gesuchten* Geschwindigkeitsverteilung ergibt.

Bei kleinem M_∞^2 allerdings ist die Korrektur, welche sich aus der Quellverteilung ergibt, klein und es bedarf zu ihrer Berechnung keiner sehr genauen Kenntnis der Strömung. Gl. (49) kann dann iteriert werden, indem, ausgehend von der dichtebeständigen Strömung, auf der rechten Seite stets die errechnete Strömung eingesetzt wird, um eine nächste Näherung zu finden. Bei jeder neuen Lösung der Poissonschen Gl. (49) sind die Randbedingungen zu erfüllen (Verschwinden der Normalkomponente der Geschwindigkeit auf der Profilkontur), worin ein Hauptteil der Arbeit steckt. Dieses Integrationsverfahren wurde zuerst von Janzen[12] auf die Umströmung des Kreiszylinders und einige Jahre später von Rayleigh[13] auf die Umströmung des Kreiszylinders und — unter Übertragung der Methode auf Achsensymmetrie — auf die Umströmung der Kugel angewendet. Es wird nach beiden Autoren benannt.

Die Zusätze, welche sich bei jedem neuen Schritt ergeben, werden im Konvergenzgebiet des Verfahrens immer kleiner, und zwar sind sie proportional M_∞^2, M_∞^4, M_∞^6 usw. Zweckmäßig setzt man daher an:

$$\Phi = \Phi_0 + M_\infty^2 \, \Phi_1 + M_\infty^4 \, \Phi_2 + \ldots \tag{50}$$

Für jede einzelne der Potentialfunktionen Φ_i muß die Normalkomponente auf dem Profilrand verschwinden. Die Gleichungen ergeben sich durch Einsetzen des Ansatzes in Gl. (49) und Nullsetzen der Koeffizienten bei den einzelnen Potenzen von M_∞. Denn Φ_0 ergibt sich aus $M_\infty^i = 0$ mit $i > 0$, Φ_1 ergibt sich aus $M_\infty^i = 0$ mit $i > 2$ usw. Für Φ_0 und Φ_1 gilt beispielsweise:

$$\Phi_{0xx} + \Phi_{0yy} = 0; \quad \Phi_{1xx} + \Phi_{1yy} = \Phi_{0x}^2 \Phi_{0xx} + 2 \Phi_{0x} \Phi_{0y} \Phi_{0xy} + \Phi_{0y}^2 \Phi_{0yy}. \tag{51}$$

Da die Berechnung der dichtebeständigen Strömung um ein beliebig geformtes Profil schon einigen Aufwand erfordert, gilt dies um so mehr für die Lösung einer allgemeinen Randwertaufgabe bei einer Poissonschen Differentialgleichung, zumal deren rechte Gleichungsseite alles eher als einfach ist. Die Methode von Janzen-Rayleigh (und ihre verschiedenen, noch zu schildernden Abarten) kommt daher weniger als allgemeine Berechnungsmethode in Frage. Sie stellt aber einen Weg dar zur möglichst genauen Berechnung einfacher Beispiele, welche dann für die Prüfung der Genauigkeit einfacher Methoden verwendet werden können. Deshalb soll hier nur über einige Ergebnisse und verschiedene Abwandlungen des Verfahrens berichtet werden.

Die Anwendung kann wie schon erwähnt auch im Raume erfolgen. Bei ebener und achsensymmetrischer Strömung kann dabei ebenso von den Gleichungen für die *Stromfunktion* ausgegangen werden. Wieder kommt es auf die Lösungen Poissonscher Gleichungen, nun aber für die Stromfunktion, hinaus. Wenn deren rechte Gleichungsseite vielfach als ,,Quellverteilung'' bezeichnet wird, so entspricht das einem mathematischen Sprachgebrauch, der physikalisch nicht gerechtfertigt ist. Denn die gasd. Gl. für die Stromfunktion (VI, 28 und 29) ist eine Wirbelgleichung. Es handelt sich also bei einer Poisson-Gleichung für die Stromfunktion um eine W i r b e l b e l e g u n g.

Anstatt von der dichtebeständigen Strömung als erster Näherung, kann auch von der Prandtl-Lösung ausgegangen werden. Dieses als *Prandtlsche Iterationsmethode* bezeichnete Verfahren kann natürlich im ebenen und achsensymmetrischen Fall auch auf Ψ angewendet werden und kommt, als iterative Verbesserung der Prandtl-Näherung, vor allem bei schlankeren Profilen und höheren M_∞-Werten in Frage. Für die Potentialfunktion wäre also folgende Gleichung zu iterieren, die nun besser für ein Störpotential $\left(\varphi_x = \dfrac{u}{u_\infty} - 1, \ \varphi_y = \dfrac{v}{u_\infty}\right)$ geschrieben wird:

$$(1 - M_\infty^2)\varphi_{xx} + \varphi_{yy} = M_\infty^2 \left[(\varkappa + 1)\varphi_x\varphi_{xx} + 2\varphi_y\varphi_{xy} + (\varkappa - 1)\varphi_x\varphi_{yy} \right] +$$

$$+ M_\infty^2 \left\{ \left[\frac{\varkappa + 1}{2}\varphi_x^2 + \frac{\varkappa - 1}{2}\varphi_y^2 \right] \varphi_{xx} + 2\varphi_x\varphi_y\varphi_{xy} + \right. \tag{52}$$

$$\left. + \left[\frac{\varkappa - 1}{2}\varphi_x^2 + \frac{\varkappa + 1}{2}\varphi_y^2 \right] \varphi_{yy} \right\}.$$

Für genügend kleine Störungen und nicht zu hohe M_∞-Werte steht links ein Glied erster Ordnung, rechts in der ersten Zeile ein Glied zweiter Ordnung (das allein beim ersten Iterationsschritt zu berücksichtigen ist) und in der zweiten Zeile ein Glied dritter Ordnung (vgl. H. GÖRTLER[14]).

Eine Abwandlung zur numerischen Berechnung, welche auf alle bisher genannten Varianten anwendbar ist, erfuhr die Methode durch GÖTHERT[15], der die kontinuierliche Quellverteilung durch eine Quellverteilung in einer Anzahl diskreter Punkte konzentriert. Der wesentliche Vorteil liegt darin, daß der Aufwand mit der Anzahl der Iterationsschritte nicht mehr ansteigt und das Verfahren weitgehend schematisiert werden kann. E. KRAHN[16, 17] zeigt, daß zur Durchführung des zweiten Schrittes, d. h. zur Berechnung von Φ_1 aus der Pois-

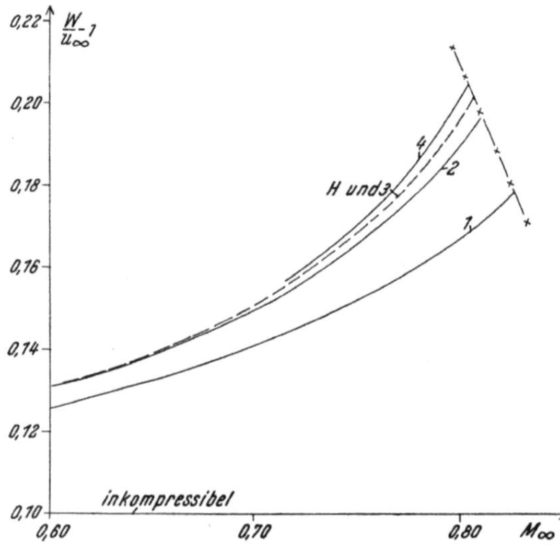

Abb. 134. Maximalgeschwindigkeit am elliptischen Zylinder von 10% Dicke. 1 bis 4: GÖTHERT-RAYLEIGH-JANZEN 1 bis 4te Näherung ($\varkappa = 1{,}40$).

sonschen Gl. (51), nur die Kenntnis der Geschwindigkeitsverteilung am Profilrand erforderlich ist. Vielfach[18, 19] wird auch zu komplexen Variablen: $\xi = x + iy\sqrt{1 - M_\infty^2}, \eta = x - iy\sqrt{1 - M_\infty^2}$ übergegangen, was zu Differentialgleichungen vom Typus der Wellengleichung führt. Im einfachsten Fall — der Laplace-Gleichung — wurde ja auch die Lösung (VI, 37) an der welligen Wand auf diesem Wege gefunden.

Es ist üblich, als erste Näherung die Laplace-Gleichung zu bezeichnen. Die erste Näherung des Verfahrens von JANZEN und RAYLEIGH ist also die dichtebeständige Lösung ($M_\infty^2 = 0$), bei der Prandtl-Iteration die Prandtl-Näherung. In Abb. 134 sind die nach GÖTHERT berechneten Maximalgeschwindigkeiten an der Ellipse von 10% Dicke aufgetragen und mit der Berechnung von HANTZSCHE verglichen[19], dessen dritte Näherung mit GÖTHERTS dritter Näherung praktisch zusammenfällt. Die erste Näherung entspricht der Pr. Regel für die Geschwindigkeiten. Der Wert für $M_\infty = 0$ fällt mit der Abszisse zusammen. GÖTHERT verwendet in jedem Quadranten zwölf Quellpunkte. Die Übereinstimmung ist sehr zufriedenstellend und zeigt gleichzeitig den Wert der Methoden als Kriterien vereinfachter Formeln. Der Gültigkeitsbereich der Formeln ist in den Bildern durch die Linie, an welcher der Wert $M = 1$ erreicht ist, begrenzt. Bei solch schlanken Profilen wird der wesentliche Effekt bereits durch die Pr. Regel erfaßt.

Für einen Vergleich verschiedener Profilformen untereinander bezieht man besser nicht auf das Dickenverhältnis, denn für die lokale Übergeschwindigkeit am Maximum ist die Profilform am Staupunkt und damit die genaue Profillänge von untergeordnetem Einfluß. Zur Abschätzung der Übergeschwindigkeiten ist eine andere dimensionslose Zahl: das Verhältnis von Profildicke und Krümmungsradius an der betrachteten Stelle, vorzuziehen[20].

In Abb. 135 sind die Maximalgeschwindigkeiten an Rotationsellipsoiden angegeben, welche von C. Schmieden und K. H. Kawalki[21] mit Hilfe der Prandtl-Iteration für die Störungsstromfunktion berechnet wurden. Es ist nur der zweite Schritt gerechnet, womit bei nicht zu dicken Rotationskörpern wegen der Klein-

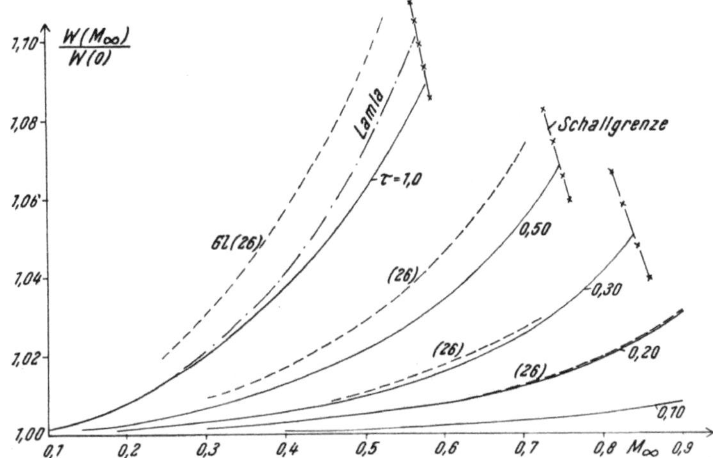

Abb. 135. Maximalgeschwindigkeit am Rotationsellipsoid bezogen auf die entsprechende dichtebeständige Geschwindigkeit nach C. Schmieden und K. H. Kawalki und nach Gl. (26).

heit der verursachten Störungen bereits eine ausreichende Genauigkeit erzielt wird. Für das Dickenverhältnis $\tau = 1$ ist der Unterschied zur genaueren Rechnung von Lamla[22] (dritte Näherung) merklich, im Verhältnis zur absoluten Größe der Störung aber $\left(\dfrac{W_{max}}{u_\infty} - 1 \right)_{M_\infty = 0} = 0{,}50$ immer noch geringfügig.

In Abb. 135 sind außerdem die Kompressibilitätskorrekturen für schlanke Körper nach Gl. (26) eingetragen. Sie geben bis zu einem Dickenverhältnis von $\tau = 0{,}3$ sehr zufriedenstellende Resultate. Für größere Dickenverhältnisse sind die Abweichungen bereits für kleine M_∞-Werte merklich, weil die Körperform durch die Quellbelegung auf der Achse nicht mehr gut genug wiedergegeben wird und von der linearisierten gasd. Gl. ausgegangen wurde.

In allen Bildern dieses Teiles wurden die Ergebnisse nur bis zu jener Mach-Zahl M_∞ der Anströmung wiedergegeben, bei welcher die Maximalgeschwindigkeit gleich der Schallgeschwindigkeit ist. Man nennt diesen M_∞-Wert die *kritische Machsche Zahl*. Ihre praktische Bedeutung liegt darin, daß sie eine obere Grenze für Strömungen von reinem Unterschalltypus darstellt. Auch wird sich zeigen, daß der Widerstand bei „überkritischer Strömung" mit wachsendem M_∞ sehr bald anzusteigen beginnt. (Die Bezeichnung über- und unterkritische Strömung in der Gasdynamik hat mit derselben Bezeichnung bei der Strömungstypenunterscheidung, abhängig von der Reynolds-Zahl, natürlich keinerlei Zusammenhang.) Abb. 136 gibt eine Zusammenstellung von HANTZSCHE[19] der nach verschiedenen Methoden berechneten kritischen Mach-Zahlen an elliptischen Zylindern, abhängig vom Dickenverhältnis. Die zweite Näherung des *gewöhnlichen* Janzen-Rayleigh-Verfahrens[23] ist für kleine Dickenverhältnisse natürlich ziemlich schlecht, da es sich dabei um eine Entwicklung nach M_∞ handelt, dessen kritischer Wert bei kleinem Dickenverhältnis nahe an 1 liegt. Für das Dickenverhältnis 1 dürfte der Wert von HANTZSCHE, der mit einer Entwicklung nach dem Dickenverhältnis gewonnen ist, nicht mehr sehr gut sein. Nach HANTZSCHE läge die kritische Mach-Zahl für den Kreiszylinder bei $M_\infty = 0{,}40$, während sich nach LAMLAS (Tab. VII, 2) vierter Näherung bei $M_\infty = 0{,}40$ noch unterkritische Strömung ergibt. Es ist bei:

$$M_\infty = 0{,}40; \quad M_\infty^* = 0{,}43; \quad M_{\mathrm{max}}^* = 2{,}280 \cdot 0{,}43 = 0{,}98;$$
$$M_{\mathrm{max}} = 0{,}975.$$

Bei genügend hohen M_∞-Werten kann man sowohl mit der Pr. Regel als auch mit verschiedenen Abarten des Janzen-Rayleigh-Verfahrens lokale Überschallgebiete bekommen. Der Wert solcher Ergebnisse ist aber sehr zweifelhaft, nicht weil der Kompressibilitätseffekt einer Quell-Senken-Verteilung in einer dichtebeständigen Strömung gleichgesetzt wurde, sondern weil die Konvergenz der Iteration äußerst fraglich ist, wie kurz skizziert werden soll. Zu diesem Zweck sei die gasd. Gl. für das Potential wie folgt geschrieben:

$$\Phi_{xx} + \Phi_{yy} = \frac{u^2}{c^2}\Phi_{xx} + 2\,\frac{u\,v}{c^2}\Phi_{xy} + \frac{v^2}{c^2}\Phi_{yy}$$

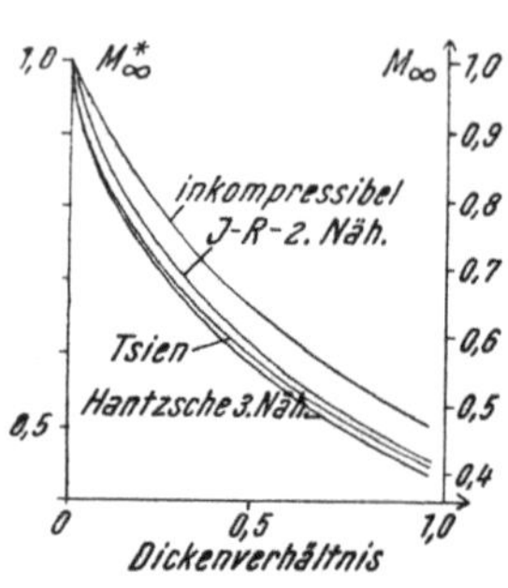

Abb. 136. Kritische Mach-Zahl elliptischer Zylinder abhängig vom Dickenverhältnis.

und die Umgebung des Dickenmaximums eines Profils betrachtet. Dort ist nur das erste Glied der rechten Gleichungsseite von Bedeutung. Dieses ist aber im Überschallgebiet größer als Φ_{xx}. In dieses größere Glied $\frac{u^2}{c^2}\Phi_{xx}$ wird nun im Verlauf der Iteration stets der ungenauere Wert eingesetzt, um eine bessere Genauigkeit für $\Phi_{xx} + \Phi_{yy}$ zu erhalten. Eine Steigerung der Genauigkeit kann sich nur daraus ergeben, daß sich die in die rechte Gleichungsseite getragene Ungenauigkeit auf die beiden Glieder der linken Seite gleichmäßig verteilt. Die Ausgangsgleichung $\Delta\Phi = 0$ ist jedenfalls in einem Überschallgebiet als elliptische Gleichung nicht einmal qualitativ richtig, weshalb man allgemein nur im unterkritischen Gebiet mit zuverlässigen Resultaten rechnet. Endgültig geklärt ist die Frage nach den Grenzen für die Konvergenz der Methode allerdings noch nicht.

Für die Prandtl-Iteration gilt im übrigen dasselbe. An Stellen kleiner v-Werte kann man schreiben:

$$(1 - M_\infty^2)\,\Phi_{xx} + \Phi_{yy} = (M^2 - M_\infty^2)\,\Phi_{xx} + \cdots$$

Wieder ist im Überschallgebiet der Koeffizient von Φ_{xx} rechts größer als links.

8. Die Relaxationsmethode*.

Wie bei gewöhnlichen, kann auch bei partiellen Differentialgleichungen zu Differenzengleichungen übergegangen werden. Zweckmäßig sei dies für die Stromfunktion durchgeführt, um die Randbedingungen einfacher erfüllen zu

---

* R. V. SOUTHWELL: Relaxation Methods in Theoretical Physics. Oxford, Clarendon Press (1946). Dieses Buch behandelt das gasdynamische Problem nur als eines unter vielen anderen.

können. Diese drücken sich bei Ψ durch Vorgabe der Funktionswerte auf den Rändern der Strömungsebene aus, während die Randbedingung für die Potentialfunktion durch Verschwinden der Normalableitung auf der Körperoberfläche gegeben ist.

Zunächst sei die Laplace-Gleichung für Ψ als Differenzengleichung geschrieben. Der Wert im Mittelpunkt eines auf der Spitze stehenden Quadrates sei ohne Index, die Werte in den vier Eckpunkten mit den Indizes 1 bis 4 bezeichnet (Abb. 137). Mit l als halber Quadratdiagonale ergibt sich die Ableitung Ψ_x in den Zwischenpunkten I und III als folgender Differenzenquotient:

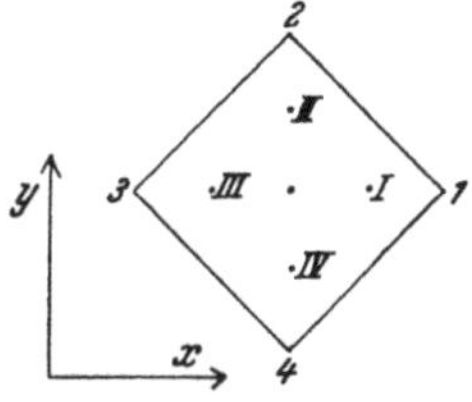

Abb. 137. Gitterpunkte bei der Relaxationsmethode.

$$(\Psi_x)_\mathrm{I} = \frac{1}{l}\,(\Psi_1 - \Psi); \quad (\Psi_x)_\mathrm{III} = \frac{1}{l}\,(\Psi - \Psi_3).$$

Für die zweite Ableitung im Mittelpunkt folgt also:

$$\Psi_{xx} = \frac{1}{l}\left[\frac{1}{l}\,(\Psi_1 - \Psi) - \frac{1}{l}\,(\Psi - \Psi_3)\right] = \frac{1}{l^2}\,[\Psi_1 + \Psi_3 - 2\Psi].$$

Ganz Entsprechendes gilt in y-Richtung, womit sich die Laplace-Gleichung unabhängig von l wie folgt als Differenzengleichung schreiben läßt:

$$\Psi_1 + \Psi_2 + \Psi_3 + \Psi_4 - 4\,\Psi = 0. \tag{53}$$

Bei dichtebeständiger Strömung ist die Stromfunktion im Mittelpunkt eines Quadrates gleich dem arithmetischen Mittel der Werte in den vier Eckpunkten. Dasselbe ergibt sich natürlich für Φ. Die Differenzengleichung (53) gilt um so genauer, je kleiner das Quadrat gewählt wird. Charakteristisch für Gl. (53) ist dabei, daß die stromabwärts wie die stromaufwärts gelegenen Punkte in gleicher Weise auf den Wert im Mittelpunkt einwirken (elliptischer Typus).

Es seien nun die Ψ-Randwerte gegeben, wobei zunächst angenommen wird, daß sie gerade in den Gitterpunkten eines Quadratnetzes bekannt sind (Abb. 138). Dann kann etwa auf zweierlei Art vorgegangen werden. Stets müssen anfänglich Ψ-Werte in allen Gitterpunkten angenommen werden. Aus diesen können mit Gl. (53) die Werte in den Mittelpunkten ausgerechnet werden. Im nächsten Schritt ergeben sich dann wieder die Ψ-Werte in den Ausgangspunkten. Das Verfahren ist fortzusetzen, solange sich die Werte ändern.

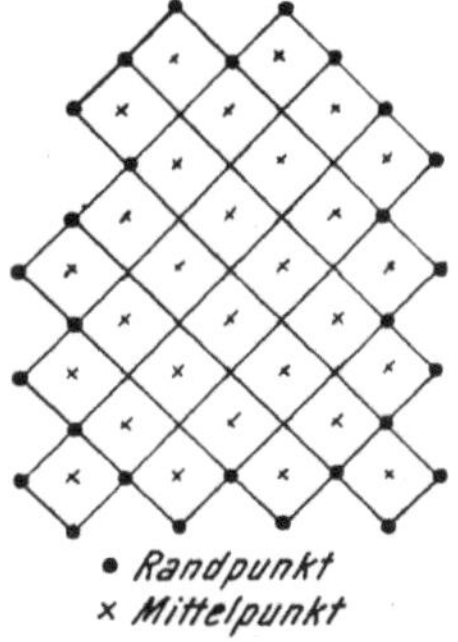

Abb. 138. Gitternetz zur Relaxationsmethode.

Es können aber auch anfangs gleichzeitig die Werte in den Mittelpunkten angenommen werden und die Reste:

$$q = \Psi_1 + \Psi_2 + \Psi_3 + \Psi_4 - 4\,\Psi$$

berechnet werden. Dann muß so lange korrigiert werden, bis sich überall möglichst kleine Reste ergeben. Aus der q-Verteilung ergibt sich, wo jeweils die Korrekturen anzubringen sind.

Die Methode für kompressible Medien unterscheidet sich nur durch eine kompliziertere Differenzengleichung. Die gasd. Gl. wird zu diesem Zweck wie folgt geschrieben. Aus der Wirbelfreiheit folgt:

$$\frac{\partial}{\partial x}\left(\frac{1}{\varrho}\,\Psi_x\right) + \frac{\partial}{\partial y}\left(\frac{1}{\varrho}\,\Psi_y\right) = 0 \quad \text{oder}$$

$$\Psi_{xx} + \Psi_{yy} = \Psi_x\,\frac{\partial}{\partial x}\ln\varrho + \Psi_y\,\frac{\partial}{\partial y}\ln\varrho$$

und damit folgende Differenzengleichung[24]:

$$\Psi_1 + \Psi_2 + \Psi_3 + \Psi_4 - 4\,\Psi - \frac{1}{4}\left\{(\Psi_1 - \Psi_3)\ln\frac{\varrho_1}{\varrho_3} + (\Psi_2 - \Psi_4)\ln\frac{\varrho_2}{\varrho_4}\right\} = 0. \tag{54}$$

Mit ihr kann in gleicher Weise vorgegangen werden wie mit Gl. (53), indem entweder iteriert wird oder indem die Reste berechnet werden, welche sich aus den Werten in allen fünf Punkten ergeben. Zur Berechnung von ϱ aus $4\,\Psi$ sind allerdings die Ableitungen von Ψ in den entsprechenden Punkten zu bilden, wofür nun auch Ψ-Werte außerhalb des Quadrates heranzuziehen sind. Dies macht die Gleichung verwickelter.

Erforderlichenfalls kann stets ein Kurvennetz, welches im Kleinen Quadrate bildet und durch den Strömungsrand begrenzt ist, eingeführt werden. Es sind dies die Potential- und Stromlinien der dichtebeständigen Strömung (Abb. 132). Dabei macht es wenig, daß die Quadrate verschieden groß sind.

Die Ausführungen zeigen, daß die Durchführung des Verfahrens (das sich natürlich auch bei Achsensymmetrie anwenden läßt) großen Aufwand erfordert, der allerdings von den speziellen Randbedingungen kaum abhängt. Die Methode kommt daher, wie jene von JANZEN-RAYLEIGH, nur für die Berechnung von speziellen Beispielen in Frage, mit denen dann anders gewonnene Resultate verglichen werden können. Sie gibt in Verbindung mit Charakteristikenmethoden die Möglichkeit zur Berechnung schallnaher Strömungen. Anwendungen werden in Teil IX wiedergegeben.

9. Die Formel von v. KÁRMÁN-TSIEN.

Die von v. KÁRMÁN vorgeschlagene und von TSIEN[25] ausgearbeitete Methode wird allgemein in Zusammenhang mit dem Hodographen gebracht. Wie sich im folgenden ergibt, kann aber ohne Schwierigkeit auf die Betrachtung der Geschwindigkeitsebene verzichtet werden. Es sei von den Gl. (VI, 74, 75) für Stromlinienkoordinaten ausgegangen. Diese lassen sich in symmetrischer Form schreiben, wenn folgende Funktion des Geschwindigkeitsbetrages eingeführt wird:

$$dh = \sqrt{1 - M^2}\,\frac{dW}{W}. \tag{55}$$

Mit ihr kann Kontinuität und Wirbelfreiheit in der Ebene wie folgt ausgedrückt werden:

$$\begin{aligned}
\frac{\partial h}{\partial \Phi} + \frac{\partial \vartheta}{\partial \Psi} &= \left[1 - \frac{\varrho_0}{\varrho}\sqrt{1 - M^2}\right]\frac{\partial h}{\partial \Phi}; \\
\frac{\partial h}{\partial \Psi} - \frac{\partial \vartheta}{\partial \Phi} &= -\left[1 - \frac{\varrho_0}{\varrho}\sqrt{1 - M^2}\right]\frac{\partial \vartheta}{\partial \Phi}.
\end{aligned} \tag{56}$$

Hierin ist die Stromfunktion auf die Ruhedichte ϱ_0 bezogen ($\Psi_x = -\frac{\varrho}{\varrho_0}\,v$; $\Psi_y = \frac{\varrho}{\varrho_0}\,u$). Bei konstanter Dichte ($M = 0$) entspricht $h = \ln W +$ konst. und gehen die Gl. (56) durch Verschwinden der rechten Seiten in die Cauchy-Riemannschen Differentialgleichungen über. Die Entwicklung des Klammerausdruckes beginnt mit:

$$1 - \frac{\varrho_0}{\varrho}\sqrt{1 - M^2} = \frac{\varkappa + 1}{8}\,M^4 + \dots,$$

so daß die Näherung durch die Cauchy-Riemannsche Differentialgleichung erst nahe an $M = 1$ schlechter wird.

Es ist durchaus möglich, durch Wahl einer anderen Funktion in Gl. (55) eine der beiden rechten Seiten von Gl. (56) exakt gleich Null zu erhalten, jedoch dürfte eine gleichmäßige Verletzung der beiden Gleichungen zu besseren Näherungen führen, ein Gedanke, der ja auch bei der Krahnschen Methode zum Erfolg führte.

Die Beziehung:

$$\frac{\varrho}{\varrho_0} = \sqrt{1 - M^2} \tag{57}$$

führt die Berechnung der Strömung auf die Laplacesche Gleichung zurück. Sie muß daher mit den Beziehungen identisch sein, mit welchen es gelang, Gl. (VI, 96) für die Stromfunktion im Hodographen mit Hilfe der Tschapligin-Transformation (VI, 97) auf die Laplace-Gleichung zu transformieren. Gl. (57) entspricht demnach entweder einem Gas mit $\varkappa = -1$ oder einer Näherung der Isentrope in der $p, \dfrac{1}{\varrho}$-Ebene durch eine Tangente. Unter der letzten Annahme ergibt sich mit den nach Gl. (VI, 98) wiedergegebenen Beziehungen auf elementare Weise aus Gl. (55) $\left(\beta = \sqrt{1 - M_\infty^2}\right)$:

$$dh = \frac{\dfrac{1}{\beta} d\left(1 - \dfrac{M_\infty^2}{2} c_p\right)}{1 - \dfrac{1}{\beta^2}\left(1 - \dfrac{M_\infty^2}{2} c_p\right)^2} \quad \text{mit} \quad c_p = \frac{p - p_\infty}{\dfrac{\varrho_\infty W_\infty^2}{2}}. \tag{58}$$

In Gl. (55) und (58) ist h nur bis auf eine Konstante bestimmt, die wie folgt festgelegt sein möge:

$$h = 0 \text{ für } c_p = 0 \text{ oder } p = p_\infty.$$

Damit ergibt sich durch Integration von Gl. (58) die Beziehung zwischen h und dem Druckkoeffizienten c_p:

$$h = \frac{1}{2} \ln \frac{\left(1 + \beta - \dfrac{M_\infty^2}{2} c_p\right)(1 - \beta)}{\left(1 - \beta - \dfrac{M_\infty^2}{2} c_p\right)(1 + \beta)}. \tag{59}$$

Ganz analog zur Lösung (7) läßt sich eine Lösung angeben, wenn der Strömungswinkel ϑ auf der Körperkontur ($\Psi = 0$) als Funktion des Potentials gegeben ist. Insbesondere ergibt sich für die h-Verteilung auf $\Psi = 0$, aus der sich die Druck- oder Geschwindigkeitsverteilung auf elementare Weise berechnen läßt (definitionsgemäß ist ja $h_\infty = 0$):

$$h(\Phi) = \frac{1}{\pi} \int\limits_{-\infty}^{\Phi} \frac{\vartheta(\chi)\, d\chi}{\Phi - \chi}. \tag{60}$$

Tatsächlich ist nicht $\vartheta(\Phi)$, d. h. der Strömungswinkel als Funktion des Potentials, gegeben, sondern bestenfalls als Funktion der Bogenlänge. Bei einem in Anströmrichtung asymmetrischen Körper ist ϑ auf $\Psi = 0$ im An- und Abströmgebiet unbekannt und bestimmt sich erst aus der „Abströmbedingung" durch die Forderung, daß die Profilhinterkante nicht umströmt wird. Der Zusammenhang von Potential und Bogenlänge ergibt sich aus Gl. (VI, 18). Im Anströmgebiet ist einfach $\Phi = u_\infty x$, das Potential kann bis auf den Faktor u_∞ der Abszisse gleichgesetzt werden. Das gilt in erster Näherung auch noch bei kleinen Störungen, womit Gl. (60) dann in Gl. (7) für $u - u_\infty$ übergeführt werden kann. Sonst rücken die Potentiallinien an Stellen mit Übergeschwindigkeit zusammen und an Stellen mit Untergeschwindigkeit auseinander.

Mit Gl. (60) können also in Anströmrichtung symmetrische Lösungen angegeben werden, indem $\vartheta\,(\Phi)$ erst näherungsweise angenommen wird. Erst nach Berechnung der Geschwindigkeitsverteilung kann also ϑ abhängig von der Profilbogenlänge und damit die Profilform bestimmt werden. Wird für $\vartheta\,(\Phi)$ jene Funktion genommen, welche sich aus der dichtebeständigen Strömung ergibt, so ändert sich die Profilform gegenüber der von $M_\infty = 0$ kaum mehr, da sich die Potentiallinienabstände beider Strömungen wie die *absoluten* Geschwindigkeiten verhalten und sich die Profilform erst durch Integration aus ϑ ergibt, wobei die stärksten Abweichungen dort auftreten, wo ϑ entweder nahe an $\dfrac{\pi}{2}$ (Staupunkt) oder nahe an 0 (Dickenmaximum) liegt. $\vartheta\,(\Phi)$ kann also für kompressible und inkompressible Strömung mit sehr guter Näherung als gleich angesetzt werden, d. h. auf $\Psi = 0$ ist an einer bestimmten Stelle $h\,(M_\infty) = h\,(M_\infty = 0)$. Mit Gl. (59) ergibt sich dann c_p aus c_{p0}, dem Druckkoeffizienten für $M_\infty = 0$. Da der Bruch in Gl. (59) für $M_\infty = 0$ unbestimmt wird, bedarf es eines Grenzüberganges, aus welchem sich ergibt:

$$\frac{\left(1 + \beta - \dfrac{M_\infty^2}{2}\,c_p\right)(1 - \beta)}{\left(1 - \beta - \dfrac{M_\infty^2}{2}\,c_p\right)(1 + \beta)} = \frac{1}{1 - c_{p0}}.$$

Daraus folgt nach elementarer Rechnung die Formel von v. Kármán und Tsien:

$$c_p = \frac{2\,(p - p_\infty)}{\varrho_\infty\,W_\infty^2} = \frac{c_{p0}}{\beta + \dfrac{1}{2}\,(1 - \beta)\,c_{p0}}. \tag{61}$$

Für kleine Störungen ($c_{p0} \ll 1$) ergibt sich sofort die Pr. Regel für den Druckkoeffizienten Gl. (42). Bei stärkeren Störungen ergibt sich in Übergeschwindigkeitsgebieten ($c_{p0} < 0$) eine Erhöhung der Unterdrucke, bei Anwendung auf den Auftrieb also eine Erhöhung über die Pr. Regel hinaus.

Der Anwendungsbereich von Gl. (61) ist keineswegs auf in Anströmrichtung symmetrische Strömungen beschränkt, da die ϑ-Verteilung auf $\Psi = 0$ in der Staupunktgegend weitgehend unabhängig von M_∞ sein dürfte. Allerdings rücken die Potentiallinien bei Zirkulation an der Druckseite im Mittel weniger stark zusammen als an der Saugseite, ein Effekt, der sich durch die Kompressibilität nur verstärkt. Das führt dazu, daß eine bei $M_\infty = 0$ geschlossene Kontur bei Zirkulation nach exakter nachträglicher Berechnung *offene* Profilformen ergibt, worauf die Autoren der Gl. (61) selbst hinweisen. Dieser Mangel kann aber zunächst nicht als stärker angenommen werden als die anderen Fehler, welche allen den stark vereinfachenden Verbesserungen der Pr. Regel anhaften [Gl. (48), (61), (65)]. Aus ihnen ergibt sich ein kleiner Schub oder Widerstand, sie geben die maximale Störung und die Störung Null an gleichen Stellen wie bei $M_\infty = 0$ usw., alles Fehler, die mit der Einfachheit der Formeln in Kauf genommen werden müssen. Güte und Gültigkeitsbereich muß stets an exakteren Methoden geprüft werden. In Abb. 136 sind die nach Gl. (61) berechneten kritischen Mach-Zahlen am elliptischen Zylinder wiedergegeben, die als sehr zufriedenstellend anzusehen sind. In Abb. 133 sind Vergleiche mit Versuchen wiedergegeben, wobei absichtlich die Verhältnisse nahe der kritischen Geschwindigkeit, also an der Grenze des Gültigkeitsbereiches der Formel, gewählt wurden.

Ob eine allzu genaue Berücksichtigung der Profilform in Anbetracht der Näherung der Adiabate durch eine Gerade sinnvoll ist, muß bezweifelt werden.

10. Hodographenmethoden, Ringleb-Formel.

Die Hauptschwierigkeiten beim Aufsuchen von Lösungen gasdynamischer Probleme ergeben sich daraus, daß die charakteristischen Strömungseigenschaften gekennzeichnet sind durch $M > 1$ und $M < 1$, also nicht vom Ort in der Strömungsebene, sondern von dem dort herrschenden Zustand abhängen. Schon TSCHAPLIGIN wählte daher die Zustandsgrößen W, ϑ als unabhängige Variable und gelangte zu den Gl. (VI, 93) und (VI, 94), für die er allgemeine Lösungen angab. Wird angesetzt:

$$\Psi = \sum_{n=0}^{\infty} P_n(W)\,(A_n \cos n\vartheta + B_n \sin n\vartheta), \tag{62}$$

so ergibt sich Ψ als Lösung von Gl. (VI, 94), wenn die Funktionen P_n folgende gewöhnliche Differentialgleichungen erfüllen:

$$
\begin{aligned}
W^2 \left(c_0^2 - \frac{\varkappa - 1}{2}\, W^2\right) \frac{d^2 P_n}{dW^2} + W \left(c_0^2 + \frac{3 - \varkappa}{2}\, W^2\right) \frac{dP_n}{dW} + \\
- n^2 \left(c_0^2 - \frac{\varkappa + 1}{2}\, W^2\right) P_n = 0.
\end{aligned}
\tag{63}
$$

Gl. (63) läßt sich in die hypergeometrische Differentialgleichung überführen, deren Lösungen allerdings nicht tabuliert sind. c_0 kann aus Gl. (63) leicht, etwa durch Einführen von M^* für W, eliminiert werden. Aus Gl. (63) ergeben sich die Funktionen P_n als konvergente Polynome:

$$P_n = \sum_{\nu = n}^{\infty} c_\nu\, W^\nu, \tag{64}$$

für deren Koeffizienten c_ν sich Rekursionsformeln angeben lassen. Es erweist sich hier eben der große Vorteil, den eine lineare Differentialgleichung wie Gl. (VI, 94) dadurch bietet, daß sich Lösungen superponieren lassen. Für dichtebeständige Strömung ($c_0 \to \infty$) geht P_n über in $P_n = W^n$, wie mit Gl. (63) leicht einzusehen ist.

Das Auffinden der Lösung in der Strömungsebene wurde schon in Abschnitt VI, 15 gezeigt, die dort wiedergegebene Lösung von RINGLEB entspricht einem Ansatz nach gebrochenen Potenzen in Gl. (64).

Die entscheidenden Schwierigkeiten ergeben sich bei allen Hodographenmethoden aus der Darstellung der Randbedingungen. Eine Kurve im Hodographen ist eine Beziehung zwischen v und u. Diese Beziehung auf der Profilstromlinie ist zu berechnen, wenn die Druckverteilung bestimmt werden soll. D. h. aber, daß der Verlauf des Bildes der Profilstromlinie im Hodographen unbekannt ist. Dazu kommt, daß ein Zustand in der Strömung im allgemeinen zweimal auftritt, wenn es sich um ein Umströmungsproblem handelt. In Abb. 139 ist der Verlauf des Bildes der Profilstromlinie und einer zweiten Stromlinie im Hodographen für ein in Anströmrichtung symmetrisches Profil skizziert. Für die entsprechenden Stromlinien der unteren Halbebene ergeben sich dieselben Kurven, aber mit entgegengesetztem Durchlaufungssinn. Die Punkte der Strömungsebene überdecken also einen Teil der Geschwindigkeitsebene zweifach, während der Rest der Geschwindigkeitsebene freibleibt. Es leuchtet ein, daß sich daraus weitere Schwierigkeiten in der Darstellung ergeben. Im allgemeinen ist der Ansatz Gl. (62) einer entsprechenden Gleichung für das Potential vorzuziehen, da sich die Randbedingungen für Ψ wenigstens in der Strömungsebene besser darstellen lassen.

Auf der eben genannten Grundlage wurde ein Verfahren zur näherungsweisen Berechnung von Profilströmungen von Ringleb[26] entwickelt. Er geht dazu von folgender Näherung aus:

$$P_n = P_1{}^n.$$

Dies gilt exakt für $M_\infty = 0$ mit $P_n = W^n$. Damit ergibt sich für die Stromfunktion formal dieselbe Darstellung wie bei $\varrho = $ konst., nur treten an Stelle der Potenzen von W entsprechende Potenzen von P_1. Jeder inkompressiblen Strömung entspricht also eine kompressible um eine etwas abgeänderte Profilform, die sich nachträglich bestimmen läßt. Die Änderungen sind dabei nicht groß und können bei flachen Profilen und nicht zu hohen Anströmgeschwindigkeiten[26] vernachlässigt werden.

Beispielsweise ergibt sich die dichtebeständige Vergleichsströmung eines Kreiszylinders bei $M_\infty = 0{,}426$, als die Umströmung einer um 8% schlankeren

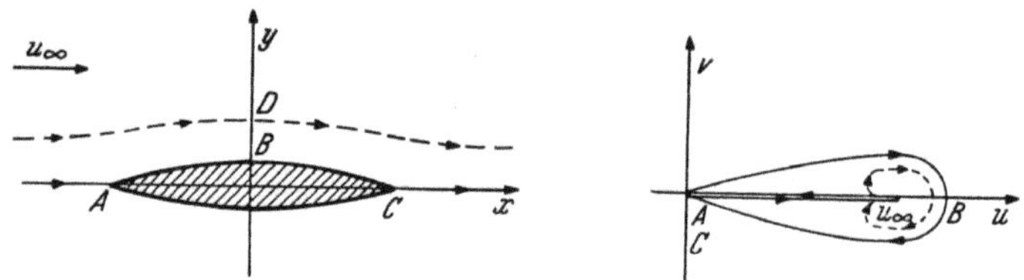

Abb. 139. Hodographenbild (qualitativ) zweier Stromlinien am Kreisbogenzweieck.

Ellipse, das entspricht etwa der Pr. Regel in Form der Stromlinienanalogie. Die Übereinstimmung der Ringleb-Werte mit den Rechnungen von Lamla erweist sich in diesem Falle als ausgezeichnet. Unter Vernachlässigung der Profilkorrektur kann P_1 einfach aus der Geschwindigkeit der dichtebeständigen Vergleichsströmung bestimmt werden. Dabei benutzt Ringleb noch folgende Näherung für P_1:

$$\left(\frac{W}{c_0}\right)_{M_\infty = 0} = \frac{P_1}{c_0} = \left[1 - \frac{1}{4}\left(\frac{W}{c_0}\right)^2 + \frac{1}{40}\left(\frac{W}{c_0}\right)^4\right]\frac{W}{c_0}. \tag{65}$$

Bemerkenswert ist, daß die Staupunktgeschwindigkeit richtig wiedergegeben wird. Die Werte in Abb. 133 fallen bei $\varepsilon = 0{,}10$ praktisch völlig mit der Pr. Regel zusammen, sind also zu klein. Bei $\varepsilon = 3{,}1$ fallen die Werte im Maximum mit dem Resultat von Kármán-Tsien zusammen und liefern bei diesem Beispiel die beste Näherung an die Versuche.

Ein Nachteil aller Hodographenmethoden besteht darin, daß sich die Güte der Näherungsannahme meist schwerer abschätzen läßt als in der Strömungsebene; ein Vorteil, daß sie meist über die kritische Geschwindigkeit hinweg gültig sind.

Literatur.

[1] W. Frössel: Experimentelle Untersuchung der kompressiblen Strömung an und in der Nähe einer gewölbten Wand. M-P-Inst. Strömf. Mitteil. 4 (1951).

[2] E. V. Laitone: The subsonic flow about a body of revolution. Quart. appl. math. V (1947), S. 227—231.

[3] E. R. van Driest: Die linearisierte Theorie der dreidimensionalen kompressiblen Unterschallströmung und die experimentelle Untersuchung von Rotationskörpern in einem geschlossenen Windkanal. ETH — AERO MITT 16 (1949).

[4] R. Sauer: Berechnungen zur Prandtlschen Affintransformation für Strömungen mit Unterschallgeschwindigkeit. ZAMM XXIV/5, 6 (1944), S. 277—279.

[5] E. V. Laitone: The linearized subsonic and supersonic flow about inclined slender bodies of revolution. J. aeronaut. Sci. XIV/11 (1947), S. 631—642.

[6] J. Ackeret: Elementare Betrachtungen über die Stabilität der Langgeschosse. Helv. phys. Acta XXII/2 (1949), S. 127—134.

[7] E. Krahn: Der Kompressibilitätseinfluß nach der Prandtlschen Regel. AVA 43/A/20 (1943).

[8] E. Krahn: Näherungsverfahren zur Berechnung kompressibler Unterschallströmung. ZAMM XXIX (1949), S. 2—3.

[9] E. Krahn: Berechnung der Druckverteilung an Profilen ebener Unterschallströmung. Lilienthalges.-Ber. 156 (1942).

[10] A. Betz und E. Krahn: Berechnung von Unterschallströmungen kompressibler Flüssigkeiten und Profile. Ing.-Arch. XVII/6 (1949), S. 403—417.

[11] F. Riegels: Das Umströmungsproblem bei inkompressiblen Potentialströmungen. I. und II. Mitt. Ing.-Arch. XVI (1948), S. 373—376; XVII (1949), S. 94—106.

[12] O. Janzen: Beitrag zu einer Theorie der stationären Strömung kompressibler Flüssigkeiten. Physik. Z. XIV (1913), S. 639—643.

[13] Lord Rayleigh: On the flow of compressible fluid past an obstacle. Philos. Mag. (6) XXXII (1916), S. 1—6.

[14] H. Görtler: Gasströmungen mit Übergang von Unterschall- zu Überschallgeschwindigkeiten. ZAMM XX (1940), S. 254—262.

[15] B. Göthert und K. H. Kawalki: Die kompressible Strömung um verschiedene dünne Profile in der Nähe der Schallgeschwindigkeit. UM 1471 (1944).

[16] E. Krahn: Die Janzen-Rayleigh zweite Näherung der kompressiblen Strömung um ein beliebiges Profil. ZAMM XXIII (1943), S. 33—35.

[17] E. Krahn: Berechnung der zweiten Näherung der kompressiblen Strömung um ein Profil nach Janzen-Rayleigh. Lufo XX (1943), S. 147—151.

[18] W. Hantzsche und H. Wendt: Der Kompressibilitätseinfluß für dünne wenig gekrümmte Profile bei Unterschallgeschwindigkeit. ZAMM XXII (1942), S. 72—86.

[19] W. Hantzsche: Die Prandtl-Glauertsche Näherung als Grundlage für ein Iterationsverfahren zur Berechnung kompressibler Unterschallströmungen. ZAMM XXIII (1943), S. 185—199.

[20] K. Oswatitsch und K. Wieghardt: Zur Abschätzung der kritischen Mach-Zahl. Techn. Ber. X/5 (1943).

[21] C. Schmieden und K. H. Kawalki: Beiträge zum Umströmungsproblem bei hohen Geschwindigkeiten. Lilienthalges.-Ber., S. 13 (1942), S. 14—68.

[22] E. Lamla: Die symmetrische Potentialströmung eines kompressiblen Gases um Kreiszylinder und Kugel im unterkritischen Gebiet. Jahrb. dtsch. Lufo (1939) I, S. 165—178.

[23] C. Kaplan: Two dimensional subsonic compressible flow past elliptic cylinders. NACA Rep. 624 (1938).

[24] H. W. Emmons: The numerical solution of partial differential equations. Quart. appl. math. II/3 (1944), S. 173—195.

[25] H. S. Tsien: Two-dimensional subsonic flow of compressible fluids. J. aeronaut. Sci. VI (1939), S. 399—407.

[26] F. Ringleb: Näherungsweise Bestimmung der Druckverteilung einer adiabatischen Gasströmung. FB 1284 (1940).

[27] R. T. Jones: Leading-edge singularities. J. aeronaut. Sci. XVII/5 (1950), S. 307—310.

[28] E. V. Laitone: New compressibility correction for tow-dimensional subsonic flow. J. aeronaut. Sci. XVIII/5 (1951), S. 350, sowie: J. aeronaut. Sci. XVIII/12 (1951), S. 842—843.

[29] J. Ackeret, M. Degen und N. Rott: Über die Druckverteilung an schräg angeströmten Rotationskörpern bei Unterschallgeschwindigkeit. L'Aerotecnica XXXI/1 (1951), S. 11—19.

[30] M. J. Lighthill: A new approach to thin aerofoil therory. Aeronaut. Quart. III/3 (1951), S. 193—210.

[31] Chi-Teh-Wang and S. de los Santos: Aproximate solutions of compressible flows past bodies of revolution by variational method. J. appl. Mech. XVIII/3 (1951), S. 260—266.

[32] M. Munk: The aerodynamic forces on airship hulls. NACA Rep. 184 (1923).

[33] E. V. Laitone: Experimental measurement of incompressible flow along a cylinder with conical nose. J. appl. Phys. XXII/1 (1951), S. 63—64.

[34] V. G. Szebehely: Local compressible pressure coefficient. J. Aeronaut. Sci. XVIII/11 (1951), S. 772—773.

[35] W. Schultz-Piszachich: Beitrag zur formelmäßigen Berechnung der stationären Geschwindigkeitsverteilung umströmter Drehkörper im Unter- und Überschallbereich. Österr. Ing. Arch. V/4 (1951), S. 289—303.

VIII. Stationäre, reibungsfreie ebene und achsensymmetrische Überschallströmung.

1. Schwach gestörte ebene Parallelströmung.

Im allgemeinen Teil VI, Abschnitt 5 wurde die Lösung Gl. (VI, 36) der linearisierten Überschallgleichung (VI, 35) für das Störungspotential φ:

$$\varphi = F_1\left(x - \sqrt{M_\infty^2 - 1}\, y\right) + F_2\left(x + \sqrt{M_\infty^2 - 1}\, y\right) \quad \text{(VI, 36)};$$

$$(M_\infty^2 - 1)\, \varphi_{xx} - \varphi_{yy} = 0 \quad \text{(VI, 35)}$$

bereits wiedergegeben. Die Lösung ist so einfach, daß sie dem Aufbau einer Lösung etwa aus quellartigen Lösungen weit vorzuziehen ist. Letzteres wird bei achsensymmetrischen (Abschnitt 3) und bei räumlichen Strömungen (X, 4) gemacht werden. Bei diesen ergibt sich die ebene Strömung dann als eigentümlicher Sonderfall.

Ein Profil in Überschallströmung kann nur stromabwärts wirken, es wird also stromabwärts nach oben und unten Störungen aussenden (Abb. 140).

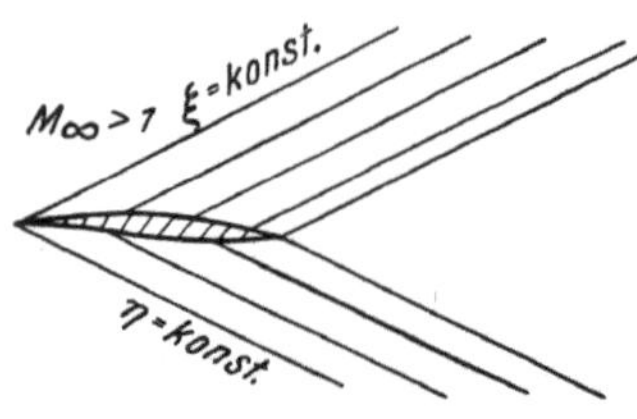

Abb. 140. Schlankes Profil in Überschallströmung.

Lösung (VI, 36) setzt sich aus einer Funktion F_1 zusammen, welche auf Geraden $\xi = $ konst.

$$\xi = x - \sqrt{M_\infty^2 - 1}\, y, \qquad (1)$$

und einer zweiten Funktion F_2, welche auf Geraden $\eta = $ konst.

$$\eta = x + \sqrt{M_\infty^2 - 1}\, y \qquad (2)$$

konstant ist. Da $\xi = $ konst. eine steigende Gerade (eine in Stromlinienrichtung *linksläufige* Gerade) ist, gibt F_1 die nach oben ausgesandten Störungen wieder. F_2 gibt die abwärts ausgesandten Störungen, sie sind auf den fallenden Geraden $\eta = $ konst. (*rechtsläufige* Gerade) konstant. $\xi = $ konst. und $\eta = $ konst. sind die beiden Scharen Machscher Linien.

Lösung (VI, 36) gilt wie die Differentialgleichung selbst nur in der freien Strömung, also nicht über das Profil hinweg. Die Lösung sagt also nur über die Wirkungen etwas aus, welche die Profiloberfläche auf die Strömung ausübt. Eine Änderung etwa an der Unterseite kann sich an der Oberseite gar nicht auswirken. Die Strömungszustände an beiden Seiten sind demnach völlig unabhängig voneinander. An der Oberseite gilt also:

$$\varphi = F_1\left(x - \sqrt{M_\infty^2 - 1}\, y\right); \quad u - u_\infty = \varphi_x = F_1'\left(x - \sqrt{M_\infty^2 - 1}\, y\right);$$

$$v = \varphi_y = -\sqrt{M_\infty^2 - 1}\, F_1'\left(x - \sqrt{M_\infty^2 - 1}\, y\right)$$

und an der Unterseite:

$$\varphi = F_2\left(x + \sqrt{M_\infty^2 - 1}\, y\right); \quad u - u_\infty = \varphi_x = F_2'\left(x + \sqrt{M_\infty^2 - 1}\, y\right);$$

$$v = \sqrt{M_\infty^2 - 1}\, F_2'\left(x + \sqrt{M_\infty^2 - 1}\, y\right).$$

Damit besteht folgende Beziehung zwischen $u - u_\infty$ und v, d. h. innerhalb der Näherung zwischen Geschwindigkeitsbetrag und Geschwindigkeitswinkel an der Ober- und Unterseite des Profiles:

$$u - u_\infty = \mp \frac{v}{\sqrt{M_\infty^2 - 1}}. \qquad (3)$$

Nach dieser Ackeretschen[1] Formel hängt also die Geschwindigkeitsstörung nur vom lokalen Strömungswinkel, also auch nicht von der Profilform vor der betrachteten Stelle, ab. Oberflächenelemente, welche in die Strömung hereingedreht sind, ergeben Untergeschwindigkeiten und Überdrucke (Stauwirkung),

Oberflächenelemente, welche aus der Strömung herausgedreht sind, ergeben Übergeschwindigkeiten (Sogwirkung) und Unterdrucke. Für ein Kreisbogenzweieck ergibt sich also eine Geschwindigkeitsverteilung (Abb. 141), die sich von jener in Unterschallströmung (Abb. 126) ganz wesentlich unterscheidet. An der Vorderkante herrscht Untergeschwindigkeit und Überdruck, an der Hinterkante Übergeschwindigkeit und Unterdruck, eine Verteilung, die notwendigerweise Widerstand zur Folge hat. Auch bei schlanken Profilen ergeben sich nach Gl. (3) mit $M_\infty \to 1$ anwachsende Störungen. Diese können bei kleinen M_∞-Werten nur mehr für kleine Dickenverhältnisse als klein angesehen werden. Die Übereinstimmung von Gl. (3) mit den Versuchen von FERRI[2] ist sehr gut. Über die Abweichungen an der Hinterkante — ein Reibungseffekt — wird in XI, 7 noch gesprochen werden.

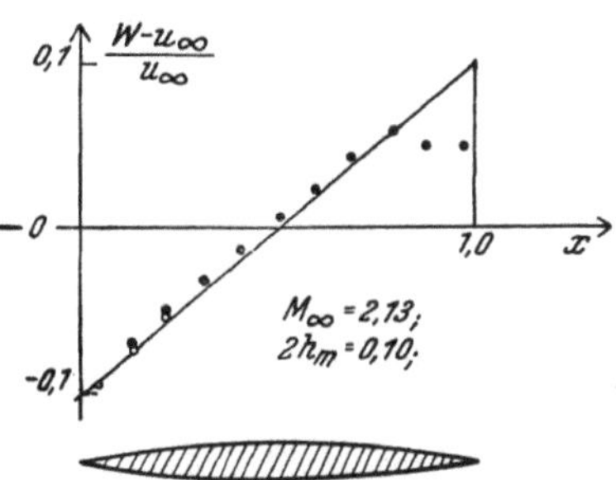

Abb. 141. Geschwindigkeitsverteilung an einem Kreisbogenzweieck (Parabelbogen) nach Gl. (3) (———) und nach Versuchen von FERRI[2] ($\bullet\ \circ\ \bullet$ Ober- und Unterseite).

Mit $h_o(x)$ und $h_u(x)$ als Abstand des oberen und unteren Randes von der Profilsehne (Abb. 115) ergibt sich der Beiwert der Tangentialkraft oder des Widerstandes für die Breiteneinheit beim Anstellwinkel $\varepsilon = 0$ nach Gl. (VI, 141) und Gl. (3):

$$\varepsilon = 0: \quad c_t = c_w = \frac{2}{\sqrt{M_\infty^2 - 1}} \int_0^1 \left[\left(\frac{dh_o}{dx}\right)^2 + \left(\frac{dh_u}{dx}\right)^2\right] dx. \tag{4}$$

Für das symmetrische Parabelbogenzweieck gibt das:

$$h_o = h_u = 4\,h_m\,x\,(1-x); \quad \frac{dh_0}{dx} = \frac{dh_u}{dx} = 4\,h_m\,(1-2\,x),$$

also

$$(c_w)_{\varepsilon=0} = \frac{64\,h_m^2}{\sqrt{M_\infty^2 - 1}} \int_0^1 (1-2\,x)^2\,dx = \frac{16}{3}\,\frac{(2\,h_m)^2}{\sqrt{M_\infty^2 - 1}}.$$

Der Widerstand ist also dem Quadrat des Dickenverhältnisses $2\,h_m$ und dem Faktor $1/\sqrt{M_\infty^2 - 1}$ proportional. Letzteres entspricht der Pr. Regel für Überschallströmungen. Sie ist bereits in Gl. (3) enthalten und wird sich entsprechend für Auftriebs- und Momentenbeiwert ergeben. Mit den Gliedern erster Ordnung von Gl. (VI, 141) und mit Gl. (3) gilt für die auf die Breiteneinheit bezogenen Beiwerte:

$$c_n = 2 \int_0^1 \left[\left(\frac{u-u_\infty}{u_\infty}\right)_{+\,y\to 0} - \left(\frac{u-u_\infty}{u_\infty}\right)_{-\,y\to 0}\right] dx =$$

$$= -\frac{2}{\sqrt{M_\infty^2 - 1}} \int_0^1 \left[\frac{dh_o}{dx} - \frac{dh_u}{dx}\right] dx =$$

$$= -\frac{2}{\sqrt{M_\infty^2 - 1}} \left[h_o(1) - h_u(1) - h_o(0) + h_u(0)\right]; \tag{5}$$

$$c_m = 2 \int_0^1 x \left[\left(\frac{u-u_\infty}{u_\infty}\right)_{+\,y\to 0} - \left(\frac{u-u_\infty}{u_\infty}\right)_{-\,y\to 0}\right] dx =$$

$$= -\frac{2}{\sqrt{M_\infty^2 - 1}} \int_0^1 x \left[\frac{dh_o}{dx} - \frac{dh_u}{dx}\right] dx.$$

Bei kleinen Störungen verschwindet also die Normalkraft, wenn h_o und h_u an Profilanfang und -ende verschwindet, oder wenn das Profil symmetrisch ist ($h_o = h_u$). Dann verschwindet auch das Moment.

Zur Berechnung der Abhängigkeit der Beiwerte vom Anstellwinkel ε seien nochmals die Randbedingungen für die abgeleiteten Größen notiert. Nach Gl. (VI, 115, 116, 119 120) gilt für $\varepsilon = 0$:

Im Anströmgebiet: $\quad u_\varepsilon = 0, \; v_\varepsilon = u_\infty; \quad u_{\varepsilon\varepsilon} = -u_\infty, \; v_{\varepsilon\varepsilon} = 0;$

am Profil: $\qquad\qquad\qquad v_\varepsilon = 0; \qquad\qquad\qquad v_{\varepsilon\varepsilon} = 0.$

Die Differentialgleichung ist für die abgeleiteten Potentiale φ_ε und $\varphi_{\varepsilon\varepsilon}$ dieselbe wie für φ, damit gilt auch dieselbe allgemeine Lösung (VI, 36), die nun nur mehr den Randbedingungen anzupassen ist. Dabei kann zu dieser Lösung stets noch eine lineare Funktion von x und y addiert werden. Damit ergibt sich für φ_ε folgende Lösung:

$$\text{für } y \gtrless 0: \quad \varphi_\varepsilon = u_\infty\, y \pm \frac{u_\infty}{\sqrt{M_\infty^2 - 1}}\, F\!\left(x \mp \sqrt{M_\infty^2 - 1}\; y\right) \tag{6}$$

mit dem in Abb. 142 wiedergegebenen Funktionsverlauf für $F(\eta)$.

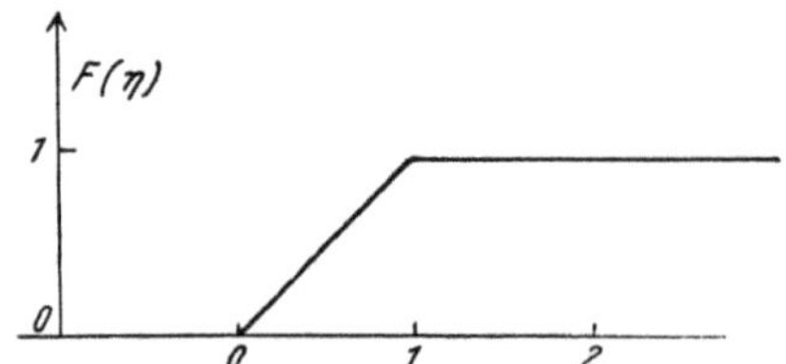
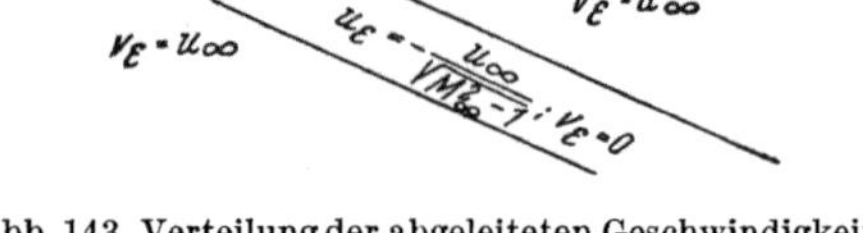

Abb. 142. Funktionsverlauf von $F(\eta)$ in Gl. (6).   Abb. 143. Verteilung der abgeleiteten Geschwindigkeitskomponenten bei kleinen Störungen in ebener Strömung.

Solche aus geraden Strecken zusammengesetzten Funktionen sind typisch für „hyperbolische" Probleme. So wurde in Teil III (Abb. 46) die Fortpflanzung von „Sägezähnen" studiert. Auch die Geschwindigkeitsverteilung in Abb. 141 hat diesen Typus, so daß also $F(\eta)$ in Gl. (6) nichts Ungewohntes mehr darstellt. Bei „elliptischen" Problemen, etwa bei der Unterschallströmung, treten entsprechende Funktionen kaum auf und verursachen, wenn sie durch die Randbedingung aufgezwungen werden, meist Unannehmlichkeiten.

Aus Gl. (6) folgt:

$$\text{Für } y \gtrless 0: \quad u_\varepsilon = \pm \frac{u_\infty}{\sqrt{M_\infty^2 - 1}}\, F'(\eta); \quad v_\varepsilon = u_\infty\,[1 - F'(\eta)], \tag{7}$$

mit der in Abb. 143 wiedergegebenen Verteilung in der Strömungsebene. Die Lösung für die zweifach abgeleiteten Größen ist, wie in Gl. (VI, 133) schon allgemein gezeigt, einfach: $u_{\varepsilon\varepsilon} = -u_\infty; \; v_{\varepsilon\varepsilon} = 0$ in der ganzen x,y-Ebene. Am Profil gilt also:

$$\text{für } y \gtrless 0: \quad u_\varepsilon = \pm \frac{u_\infty}{\sqrt{M_\infty^2 - 1}}; \quad u_{\varepsilon\varepsilon} = -u_\infty. \tag{8}$$

Mit Gl. (VI, 143) gilt also für $\varepsilon = 0$:

$$\frac{dc_n}{d\varepsilon} = \frac{2}{u_\infty} \int_0^1 2\, \frac{u_\infty}{\sqrt{M_\infty^2 - 1}}\, dx = \frac{4}{\sqrt{M_\infty^2 - 1}};$$

$$\frac{dc_m}{d\varepsilon} = \frac{4}{\sqrt{M_\infty^2 - 1}} \int_0^1 x\, dx = \frac{2}{\sqrt{M_\infty^2 - 1}}. \tag{9}$$

Aus Gl. (VI, 142) ergibt sich entsprechend für $\varepsilon = 0$:

$$\frac{dc_t}{d\varepsilon} = -\frac{2}{\sqrt{M_\infty^2 - 1}} \int\limits_0^1 \left(\frac{dh_o}{dx} - \frac{dh_u}{dx}\right) dx =$$

$$= -\frac{2}{\sqrt{M_\infty^2 - 1}} \left[h_o(1) - h_u(1) - h_o(0) + h_u(0)\right]; \qquad (10)$$

$$\frac{d^2 c_t}{d\varepsilon^2} = +2 \int\limits_0^1 \left(\frac{dh_o}{dx} + \frac{dh_u}{dx}\right) dx = +2 \left[h_o(1) + h_u(1) - h_o(0) - h_u(0)\right].$$

Die Ableitungen der Tangentialkraft verschwinden, wenn h_o und h_u am Profilanfang und -ende Null sind. Mit Gl. (VI, 144) kann nun leicht auf Widerstand und Auftrieb übergegangen werden. Z. B. gilt für ein an den Enden *zugespitztes, symmetrisches* Profil für $\varepsilon = 0$:

$$c_w = c_t; \qquad \frac{dc_w}{d\varepsilon} = 0;$$

$$\frac{d^2 c_w}{d\varepsilon^2} = \frac{8}{\sqrt{M_\infty^2 - 1}} - c_w;$$

$$0 = c_a = c_n; \qquad (11)$$

$$\frac{dc_a}{d\varepsilon} = \frac{4}{\sqrt{M_\infty^2 - 1}} - c_w.$$

Da die Profilneigungen klein sein müssen, ist c_w in den Gleichungen für $\dfrac{d^2 c_w}{d\varepsilon^2}$ und $\dfrac{dc_a}{d\varepsilon}$ nach Gl. (4) stets um zwei Größenordnungen kleiner als der Summand davor.

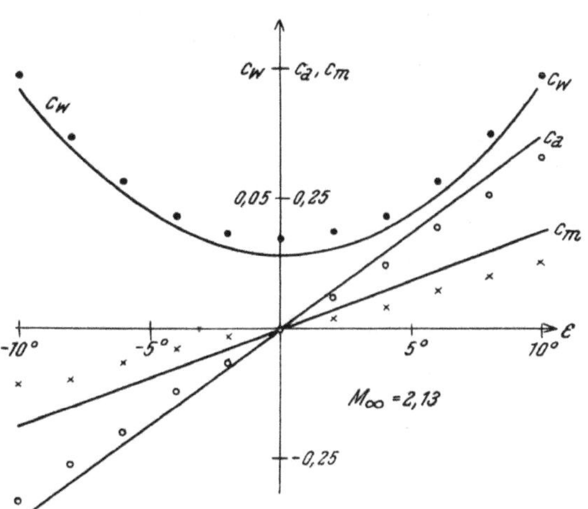

Abb. 144. c_w, c_a, c_m eines 10% dicken Kreisbogenzweiecks nach Gl. (12) —— und nach Versuchen von FERRI[2].

Damit ergibt sich für ein zugespitztes, symmetrisches Profil (ε im Bogenmaß!):

$$c_w(\varepsilon) = c_w(0) + \left(\frac{dc_w}{d\varepsilon}\right)_0 \varepsilon + \frac{1}{2}\left(\frac{d^2 c_w}{d\varepsilon^2}\right)_0 \varepsilon^2 = c_w(0) + \frac{4}{\sqrt{M_\infty^2 - 1}} \varepsilon^2 + \dots$$

$$c_a(\varepsilon) = c_a(0) + \left(\frac{dc_a}{d\varepsilon}\right)_0 \varepsilon + \dots = \frac{4}{\sqrt{M_\infty^2 - 1}} \varepsilon + \dots \qquad (12)$$

$$c_m(\varepsilon) = c_m(0) + \left(\frac{dc_m}{d\varepsilon}\right)_0 \varepsilon + \dots = \frac{2}{\sqrt{M_\infty^2 - 1}} \varepsilon + \dots$$

Die Formeln (12) gelten übrigens auch für asymmetrische Profile, weil sich die Asymmetrie erst in Gliedern höherer Ordnung geltend macht. Abb. 144 zeigt Versuche von FERRI und die Werte nach Gl. (12) und Gl. (4). Wegen der großen Widerstände ist man in Überschallströmung an schlanken Profilen sehr interessiert, weshalb die hier wiedergegebene Theorie kleiner Störungen starke praktische Bedeutung besitzt.

Die Druckpunktlage ergibt sich entsprechend zu Gl. (VII, 13) bei einem symmetrischen, zugespitzten Profil für $\varepsilon = 0$ mit Gl. (9):

$$l = \frac{dc_m}{d\varepsilon} \bigg/ \frac{dc_a}{d\varepsilon} = \frac{1}{2} + \dots. \qquad (13)$$

Dies ist ein sehr wichtiges Resultat, weil eine Wanderung des Druckpunktes von $l = {}^1/_4$ bei $M_\infty < 1$ (Gl. VII, 13) nach $l = {}^1/_2$ bei $M_\infty > 1$ den Flugzeugkonstrukteur vor ernste Probleme stellt.

Schwach gestörte Parallelströmungen in Kanälen, bei Flügelgittern usw. sollen mit der linearisierten Theorie nicht behandelt werden, da der Mehraufwand für exakte Methoden nur sehr gering ist.

2. Profile geringsten Widerstandes.

Da Profile unter einem bestimmten Dickenverhältnis nicht mehr mit der erforderlichen Festigkeit gebaut werden können, liegt die Frage nach dem geringsten Widerstand eines Profils gegebenen Dickenverhältnisses nahe. Zunächst sei gefordert, daß der Widerstandsanteil des oberen Profilteiles von der Vorderkante bis zum Dickenmaximum ein Minimum sei (Abb. 145). Diese Bedingung ist notwendig. Wenn sie nicht erfüllt wäre, könnte der Widerstand des ganzen Profiles durch Änderung des genannten Profilteiles bei gleichem Dickenverhältnis herabgesetzt werden.

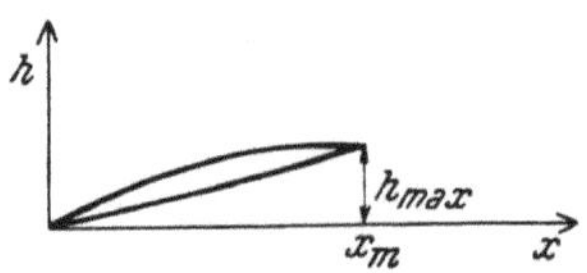

Abb. 145. Skizze zum Profil geringsten Widerstandes.

Es sei $m = h_m/x_m$ die mittlere Neigung. Dann ist

$$h_m = \int_0^{x_m} \frac{dh}{dx}\, dx = \int_0^{x_m} \left[m + \left(\frac{dh}{dx} - m \right) \right] dx = h_m + \int_0^{x_m} \left(\frac{dh}{dx} - m \right) dx,$$

also verschwindet das letzte Integral. Der Widerstand des Teiles ist mit Gl. (4) gegeben durch:

$$\frac{1}{2}\, c_{w_1} \sqrt{M_\infty^2 - 1} = \int_0^{x_m} \left(\frac{dh}{dx} \right)^2 dx = \int_0^{x_m} \left[m^2 + 2\,m \left(\frac{dh}{dx} - m \right) + \left(\frac{dh}{dx} - m \right)^2 \right] dx =$$

$$= m^2\, x_m + \int_0^{x_m} \left(\frac{dh}{dx} - m \right)^2 dx.$$

Das letzte Integral kann nicht negativ werden, also ist der geringste Widerstand gegeben durch eine Gerade:

$$\frac{dh}{dx} = m = \frac{h_m}{x_m}; \quad \frac{1}{2}\, c_{w_1} \sqrt{M_\infty^2 - 1} = m^2\, x_m = \frac{h_m^2}{x_m}.$$

Nimmt man an, daß die dickste Stelle oben und unten beim selben Wert x_m liegt, so ist der Gesamtwiderstand für ein Dickenverhältnis τ gegeben durch:

$$\frac{1}{2}\, c_w \sqrt{M_\infty^2 - 1} = \frac{h_m^2}{x_m} + \frac{h_m^2}{1 - x_m} + \frac{(\tau - h_m)^2}{x_m} + \frac{(\tau - h_m)^2}{1 - x_m} =$$

$$= (2\, h_m^2 - 2\, \tau\, h_m + \tau^2) \left(\frac{1}{x_m} + \frac{1}{1 - x_m} \right).$$

Das ist ein Produkt einer Funktion von h_m und einer Funktion von x_m, die jede für sich einen Minimalwert annehmen müssen. Nach elementarer Rechnung ergibt sich für diesen:

$$h_m = \frac{\tau}{2}; \quad x_m = \frac{1}{2},$$

das Profil kleinsten Widerstandes bei gegebenem Dickenverhältnis ist also ein nicht angestellter Rhombus.

Den praktischen Erfordernissen dürften allerdings andere Forderungen besser entsprechen, wie etwa die, daß die Profilfläche (das Flügelvolumen) vorgegeben ist und ähnliches[3].

3. Berechnung wenig gestörter achsensymmetrischer Strömungen mit Singularitätenbelegungen.

In Gl. (VII, 1) ist eine Lösung der linearisierten gasd. Gl. (VI, 42) für das Störungspotential im Raume angegeben. Diese Lösung stellt das Potential einer Quelle in einer Parallelströmung bei $M_\infty < 1$ dar, kann aber ebenso als Lösung der gasd. Gl. (VI, 42) für $M_\infty > 1$ angesehen werden, da über den Wert von M_∞ keine Voraussetzung gemacht wurde.

Bei $M_\infty > 1$ ist die Lösung Gl. (VII, 1) allerdings nicht mehr im ganzen Strömungsraum reell. Der Radikand im Nenner verschwindet auf dem Doppelkegel:

$$(x - \xi)^2 = (M_\infty^2 - 1)\,[(y - \eta)^2 + (z - \zeta)^2], \tag{14}$$

dessen halber Öffnungswinkel durch die Beziehung (vgl. VI, 40):

$$\cot \alpha = \sqrt{M_\infty^2 - 1} \tag{15}$$

gegeben ist. Der Doppelkegel Gl. (14) setzt sich also aus dem stromabwärts von der Singularität $\xi = x$, $\eta = y$, $\zeta = z$ gelegenen Machschen Einflußkegel (siehe VI, Abschnitt 5) und dem stromaufwärts gelegenen „*Abhängigkeitskegel*" zusammen (Abb. 146). Bei Vorgabe der Verhältnisse auf irgendeiner Fläche F des Anströmgebietes begrenzt letzterer Kegel das Abhängigkeitsgebiet für den Punkt $x = \xi$, $y = \eta$, $z = \zeta$ auf dieser Fläche. Der Einfluß- und Abhängigkeitsraum eines Punktes ist nur bei Linearisierung der gasd. Gl. exakt ein Kegel, da nur in diesem Falle der Machsche Winkel α Gl. (15) im ganzen Raume konstant ist. Für

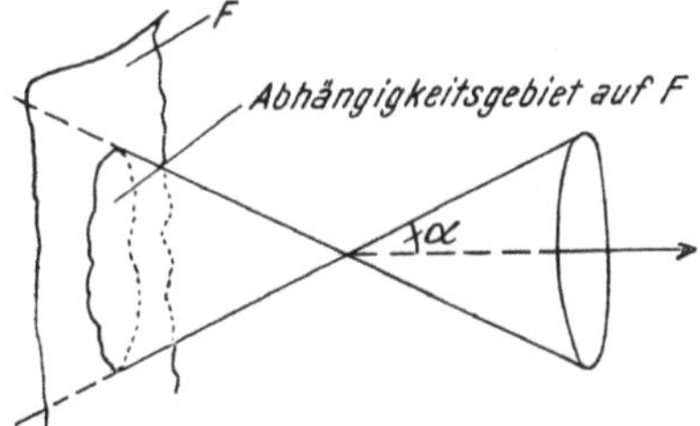

Abb. 146. Abhängigkeits- und Einflußkegel.

$M_\infty > 1$ sei mit Gl. (15) die singuläre Lösung (VII, 1) wie folgt geschrieben:

$$\varphi = - \frac{q}{4\,\pi \,\sqrt{(x - \xi)^2 - \cot^2 \alpha \,(y - \eta)^2 - \cot^2 \alpha \,(z - \zeta)^2}}. \tag{16}$$

Im Gegensatz zu Gl. (VII, 1) kann Gl. (16) nicht als „Quelle" oder als Störpotential einer Quelle in einer Parallelströmung angesprochen werden. φ in Gl. (16) wird nicht nur im Punkte $x = \xi$, $y = \eta$, $z = \zeta$ singulär, es wächst auch am Doppelkegel Gl. (14) über alle Grenzen. Die Quellstärke müßte durch eine Integration der Stromdichte über eine Fläche innerhalb des Einflußkegels bestimmt werden. Dabei würde sich aber eine unendliche Quellstärke ergeben. Außerdem dürfte eine Quelle in einer Überschallparallelströmung, abweichend von Lösung (16), nur reelle Werte im Einflußkegel, nicht aber auch im Abhängigkeitskegel aufweisen. Bei Verwendung von Lösung (16) wird im folgenden der Abhängigkeitskegel durch geeignete Festlegung der Grenzen in den Integralen ausgeschlossen werden müssen. Schließlich sei erwähnt, daß die Quelle bei Unterschallströmung auch ohne Parallelströmung eine Lösung darstellt, während die hyperbolische Form der gasd. Gl. (VI, 42) an das Vorhandensein einer Hauptströmung mit $M_\infty > 1$ gebunden ist. Daher kann (16) nicht als „Quelle", sondern mit Rücksicht auf die Verwandtschaft zu Gl. (VII, 1) für $M_\infty < 1$ nur als *quellartige Singularität* bezeichnet werden, die allerdings noch weitreichende Anwendung finden wird.

Bei Achsensymmetrie interessiert nur die x, y-Ebene, da die Strömung in allen durch die x-Achse gehenden Ebenen dieselbe ist. Da nur die x-Achse belegt werden soll, wird folgende Lösung verwendet:

$$\varphi = - \frac{q}{4\,\pi \,\sqrt{(x - \xi)^2 - y^2 \cot^2 \alpha}}. \tag{17}$$

Man überzeugt sich leicht, daß es sich tatsächlich um eine Lösung der gasd. Gl. bei Achsensymmetrie handelt:

$$\cot^2 \alpha \cdot \varphi_{xx} - \varphi_{yy} - \frac{1}{y}\,\varphi_y = 0. \tag{18}$$

Eine Superposition von Singularitäten, welche auf der x-Achse verteilt werden, ergibt eine neue Lösung. Auf einen Punkt x, y (Abb. 146) können dabei nur diejenigen Singularitäten einwirken, in deren Einflußgebiet der Punkt x, y liegt. Es darf also stets nur bis zu jenem ξ integriert werden, *auf* dessen Einflußkegel der betrachtete Punkt x, y liegt, also gerade bis zum Verschwinden des Radikanden in Gl. (17):

$$y > 0: \xi - x = - y \cot \alpha. \tag{19}$$

Damit sind die im Abhängigkeitskegel auftretenden Lösungsteile ausgeschlossen. Die Belegung beginne stets erst im Koordinatenursprung, womit folgende Lösung gefunden ist:

$$\varphi = - \frac{1}{4\,\pi} \int\limits_0^{x - y \cot \alpha} \frac{q\,(\xi)\,d\xi}{\sqrt{(x - \xi)^2 - y^2 \cot^2 \alpha}}. \tag{20}$$

Es besteht Verwandtschaft zur Lösung (VII, 23) des entsprechenden Unterschallproblems. Mit der physikalischen Aufgabe entsprechen sich hier auch die Randbedingungen. Verwandtschaft besteht aber auch zum Problem der Ausbreitung von Zylinderwellen Gl. (III, 64), die besser erkannt wird, wenn dort die Integrationsveränderliche z ersetzt wird durch $\xi = \sqrt{x^2 + z^2} - c_0\,t$. Im letzten Fall entsprechen sich die Differentialgleichungen (III, 52) mit $\sigma = 1$ und (VIII, 18) und mit deren Typus auch deren mathematische Behandlung. Die Frage nach der Wellenform in bestimmtem Achsenabstand abhängig von der Zeit entspräche in diesem Abschnitt der Frage nach der Geschwindigkeitsverteilung in einer Ebene quer zum Körper, abhängig vom Körperabstand, also nicht dem, was im allgemeinen interessiert. Die hier erwähnten wechselseitigen Beziehungen lassen sich durch fast alle Abschnitte dieses Teiles verfolgen.

Eine der wichtigsten Erscheinungen besteht dabei in folgendem. Bei der ebenen Überschallströmung kleiner Störung ergab sich die Geschwindigkeit nur abhängig von der örtlichen Oberflächenneigung, unbeeinflußt von der Profilform stromauf. Bei der achsensymmetrischen Strömung wird sich eine Abhängigkeit von der gesamten stromaufwärts liegenden Körperform ergeben, wie der Druck an einer Stelle der Zylinderwelle von der gesamten vorausgegangenen Quelltätigkeit abhängt, ein Effekt, der bei ebenen (und kugelsymmetrischen) Wellen kein Analogon hat. Darnach kann eine unumgängliche Erschwerung der Lösung beim Übergang von der ebenen zu einer achsensymmetrischen stationären Überschallströmung schon jetzt vorausgesehen werden.

Als einfachstes Beispiel sei mit Gl. (20) die Strömung um einen Drehkegel (mit der Spitze im Ursprung) bestimmt. In diesem Fall muß der Strömungszustand, also u und v, auf der Kegeloberfläche wie überhaupt auf allen Strahlen durch den Ursprung konstant sein. Bei zwei verschieden großen endlichen Kegeln von gleichem Öffnungswinkel ϑ (Abb. 147) muß der Strömungszustand in der gleichen absoluten Entfernung vom Ursprung — etwa in der Ebene $x = x_0$ — derselbe sein. Diese Stelle steht ja nicht unter dem Einfluß der Körperform stromabwärts: „Sie weiß nicht, ob der Kegel fortgesetzt wird oder nicht." Nach den Gesetzen der mechanischen Ähnlichkeit müssen aber auch die Strömungszustände in den Kegel-Endebenen übereinstimmen. Also kann der Strömungszustand nur vom Verhältnis y/x abhängen. Wegen der Unbegrenztheit der

Einflußgebiete bei $M_\infty < 1$ ist ein entsprechender Schluß bei Unterschall-strömung nicht möglich.

Es kann auch allgemeiner wie folgt geschlossen werden. Wenn sowohl bei den Differentialgleichungen als auch bei den Randbedingungen (am Körper und im An-strömgebiet) eine Transformation möglich ist — etwa eine Ähnlichkeitstransformation um den Ursprung — so muß dieselbe Transformation auch bei der Lösung möglich sein. Zunächst hat es den Anschein, als ob man auch bei $M_\infty < 1$ mit dieser Schlußweise fälschlich auf konstante Zustände schließen könnte, wenn man un-endlich lange Kegel betrachtet. Doch stößt man beim Versuch einer exakten Durchführung des Schlusses bei $M_\infty < 1$ sofort auf Schwierigkeiten, weil die Anströmbedingung im unendlich fernen Punkt an-zugeben ist, in dem aber der Kegelquerschnitt über alle Grenzen wächst.

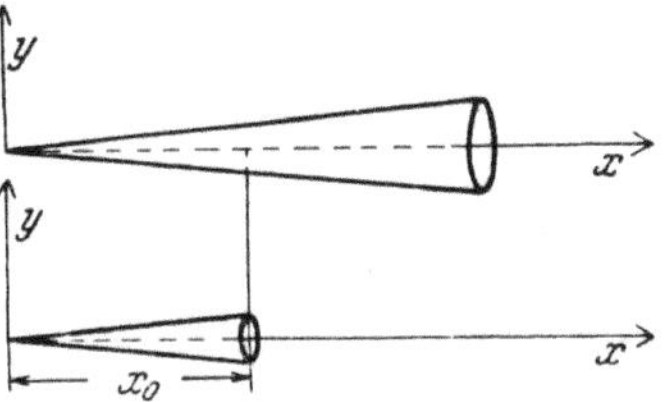

Abb. 147. Ähnliche Kegel.

Bei der Überschall-Kegelströmung muß also u und v eine homogene Funktion nullter Ordnung in x, y sein. D. h. φ muß eine homogene Funktion erster Ordnung in den Koordinaten sein, oder $q\,(\xi)$ in Gl. (20) muß linear in ξ sein. Mit $q\,(\xi) = A\,\xi$ ergibt sich leicht mit Hilfe der Integraltafel:

$$\varphi = -\frac{A}{4\,\pi}\int\limits_0^{x-y\cot\alpha}\frac{\xi\,d\xi}{\sqrt{(\xi-x)^2-y^2\cot^2\alpha}} =$$

$$= -\frac{A}{4\,\pi}\int\limits_0^{\xi=x-y\cot\alpha}\left[\frac{\xi-x}{\sqrt{(\xi-x)^2-y^2\cot^2\alpha}} + \frac{x}{\sqrt{(\xi-x)^2-y^2\cot^2\alpha}}\right]d(\xi-x) =$$

$$= +\frac{A}{4\,\pi}\left[-x\ln\frac{x+\sqrt{x^2-y^2\cot^2\alpha}}{y\cot\alpha} + \sqrt{x^2-y^2\cot^2\alpha}\right].$$

Um die Konstante A durch den Kegelöffnungswinkel auszudrücken, werde $v = \varphi_y$ gebildet und am Kegelmantel $y = x\,\mathrm{tg}\,\vartheta_0$ die Randbedingung $v/u_\infty = \mathrm{tg}\,\vartheta_0$ erfüllt:

$$v = \varphi_y = -\frac{A}{4\,\pi}\sqrt{\left(\frac{x}{y}\right)^2 - \cot^2\alpha}\,; \quad u_\infty\,\mathrm{tg}\,\vartheta_0 = -\frac{A}{4\,\pi}\sqrt{\cot^2\vartheta_0 - \cot^2\alpha}.$$

$$\frac{A}{4\,\pi} = -\frac{u_\infty\,\mathrm{tg}^2\,\vartheta_0}{\sqrt{1-\cot^2\alpha/\cot^2\vartheta_0}} = u_\infty\,\mathrm{tg}^2\,\vartheta_0\left[1 + \frac{1}{2}\frac{\cot^2\alpha}{\cot^2\vartheta_0} + \dots\right]. \tag{21}$$

Für nicht zu hohe Machzahlen: $\cot\alpha \sim 1$ ist A dem Quadrat des Öffnungs-winkels ϑ_0 proportional. Dann ergibt sich wie bei Unterschallströmung das Produkt $v\,y$ für $y \to 0$ mit hoher Ge-nauigkeit als konstant. Während aber bei $M_\infty < 1$ stets $0 < \beta < 1$ ist, kann $\cot\alpha$, der entsprechende Faktor bei $M_\infty > 1$, über alle Grenzen wachsen, also auch den Wert $\alpha = \vartheta_0$ erreichen.

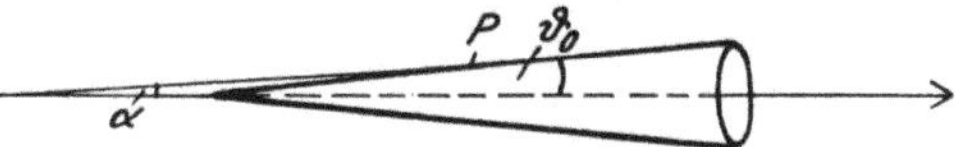

Abb. 148. Singularitätenbelegung bei großer Mach-Zahl.

Dann wächst aber auch A über alle Grenzen und die Methode der Singularitäten versagt, wenn mit der Mach-Zahl der Anströmung linearisiert wird. Dies kann nach folgender Überlegung nicht überraschen (Abb. 148). Ist der Mach-Winkel kleiner als der halbe Kegelöffnungswinkel ($\alpha < \vartheta_0$), dann kann ein Punkt der Kegeloberfläche nur von Stellen vor der Kegelspitze beeinflußt werden. Dort müßten also die Singularitäten angesetzt werden, was aber die Parallelanströmung gegen die Annahme zerstören würde. Die obere Grenze des Integrals in Gl. (20) läge dann vor der unteren Grenze! Für alle folgenden Formeln für beliebige Körperformen gilt also eine mit $\alpha \to \vartheta_0$ abnehmende Genauigkeit.

Bei $M_\infty < 1$ wurde in Gl. (VII, 22) der erste Summand als um etwa zwei Größenordnungen kleiner als die beiden nächsten bei $y \to 0$ abgeschätzt, womit wieder $v\,y = $ konst. folgt. Bei $M_\infty > 1$ tritt im ersten Summanden $\cot^2 \alpha$ an Stelle von $-\beta^2$, womit die Abschätzung nun stark Machzahl-abhängig wird. Es wird sich zeigen, daß bei sehr großem M_∞ auch die Drehungsfreiheit der Strömung nicht mehr ausreichend verwirklicht ist.

Mit den genannten Einschränkungen in der Genauigkeit ergibt sich aus Gl. (20) und (21):

$$\varphi = u_\infty \vartheta_0{}^2 \left[\sqrt{x^2 - y^2 \cot^2 \alpha} - x \ln \frac{x + \sqrt{x^2 - y^2 \cot^2 \alpha}}{y \cot \alpha} \right];$$

$$u - u_\infty = -u_\infty \vartheta_0{}^2 \ln \frac{x + \sqrt{x^2 - y^2 \cot^2 \alpha}}{y \cot \alpha}; \quad v = u_\infty \vartheta_0{}^2 \sqrt{\left(\frac{x}{y}\right)^2 - \cot^2 \alpha}, \quad (22)$$

und folglich am Kegel:

$$\frac{u - u_\infty}{u_\infty} = \vartheta_0{}^2 \ln \left(\frac{1}{2} \vartheta_0 \cot \alpha \right);$$

$$\frac{W - u_\infty}{u_\infty} = \vartheta_0{}^2 \left[\ln \vartheta_0 + \ln \frac{1}{2} + \ln (\cot \alpha) + \frac{1}{2} \right] + \ldots, \tag{23}$$

mit auffallender Ähnlichkeit zu den entsprechenden Formeln (VII, 24) und (VII, 25).

Die Belegungsfunktion $q(\xi)$ in Gl. (20) läßt sich mit der Körperform bei $M_\infty > 1$ nicht auf gleich kurzem Weg in Verbindung bringen wie bei $M_\infty < 1$. Das Ziel kann etwa auf folgende Art erreicht werden. Für die Umgebung der Achse wird vor allem der q-Wert im nächstgelegenen Achsenpunkt nebst seinen Ableitungen verantwortlich sein. Daher sei q an der Stelle $\xi = x$ entwickelt, wonach die Integration mit folgendem Resultat ausgeführt werden kann:

$$-4\pi\varphi = q \int\limits_0^{x - y \cot \alpha} \frac{d\xi}{\sqrt{(\xi - x)^2 - y^2 \cot^2 \alpha}} + q' \int\limits_0^{x - y \cot \alpha} \frac{(\xi - x)\,d\xi}{\sqrt{(\xi - x)^2 - y^2 \cot^2 \alpha}} +$$

$$+ \frac{q''}{2} \int\limits_0^{x - y \cot \alpha} \frac{(\xi - x)^2\,d\xi}{\sqrt{(\xi - x)^2 - y^2 \cot^2 \alpha}} + \ldots$$

$$= q \ln \left| \frac{y \cot \alpha}{x - \sqrt{x^2 - y^2 \cot^2 \alpha}} \right| - q' \sqrt{x^2 - y^2 \cot^2 \alpha} +$$

$$+ \frac{q''}{4} \left[-x \sqrt{x^2 - y^2 \cot^2 \alpha} + y^2 \cot^2 \alpha \ln \left| \frac{y \cot \alpha}{x - \sqrt{x^2 - y^2 \cot^2 \alpha}} \right| \right].$$

Daraus ergibt sich dann:

$$4\pi\varphi_y\, y = q \frac{x}{\sqrt{x^2 - y^2 \cot^2 \alpha}} - q' \frac{y^2 \cot^2 \alpha}{\sqrt{x^2 - y^2 \cot^2 \alpha}} +$$

$$- \frac{q''}{2} y^2 \cot^2 \alpha \ln \left| \frac{y \cot \alpha}{x - \sqrt{x^2 - y^2 \cot^2 \alpha}} \right| + \ldots. \tag{24}$$

Diese Formel zeigt wieder, daß die Genauigkeit einer Entwicklung nach y wesentlich von der Größe von $\cot \alpha$ abhängen muß. Mit den daraus folgenden Einschränkungen ergibt sich mit F als Körperquerschnitt [siehe Gl. (VI, 109)]:

$$q = \lim_{y \to 0} (4\pi\varphi_y\, y) = 4\pi \frac{dh}{dx} h\, u_\infty + \ldots = 2 \frac{dF}{dx} u_\infty. \tag{25}$$

Es sei darauf hingewiesen, daß die Entwicklung der Belegungsfunktion $q(\xi)$ an der Stelle x eigentlich nicht Überschalleigenschaften entspricht, da sich ja $q(x)$ bereits außerhalb des Integrationsintervalles und Abhängigkeitskegels befindet. Darnach wäre eine Entwicklung an der Stelle $x - y \cot \alpha$ richtiger, von welcher der Zustand im Punkte x, y auch am meisten abhängen wird. Doch soll hier die Verbindung mit $F(x)$ mittels Gl. (VI, 109) hergestellt werden, weshalb die Entwicklung an der Stelle $q(x)$ vorzuziehen ist. Auch Gl. (VI, 109) gibt eine Beziehung an Punkten, welche nicht im gegenseitigen Einflußkegel liegen. Die Verhältnisse an der Achse werden eben durch das singuläre Verhalten der Strömung an dieser Stelle beherrscht und von der örtlichen Mach-Zahl kaum beeinflußt, es sei denn, daß diese sehr hoch ist.

Mit Gl (20) ist das Potential also wieder auf die Querschnittsverteilung zurückgeführt, wobei sich das Resultat von der Gl. (VII, 23) für $M_\infty < 1$ um den Faktor 2 unterscheidet:

$$\varphi = -\frac{u_\infty}{2\pi} \int\limits_0^{x - y \cot \alpha} \frac{\frac{dF}{d\xi}\, d\xi}{\sqrt{(\xi - x)^2 - y^2 \cot^2 \alpha}}. \tag{26}$$

Sö einfach wie bei $M_\infty < 1$ lassen sich nun aber die Komponenten nicht ableiten. Im Nenner von Gl. (26) steht ein Ausdruck, welcher an der oberen Grenze wie die Wurzel eines kleinen Betrages verschwindet, also noch integrabel ist. Nach einer Ableitung nach x oder y würde wegen der Veränderlichkeit der oberen Grenze diese Wurzel selbst an der oberen Grenze genommen werden müssen, während der Integrand nun die dritte Potenz der Wurzel im Nenner aufweisen würde. Es ergäben sich zwei unendlich große Summanden entgegengesetzten Vorzeichens. Diese mathematisch unbrauchbare Darstellungsweise trat bei der Kegelströmung nicht in Erscheinung, weil dort die Integration *vor* der Ableitung ausgeführt werden konnte. Die Schwierigkeit sei hier mit Hilfe einer partiellen Integration umgangen, wodurch der Singularität des Integranden an der oberen Grenze leicht begegnet werden kann. Es sei dabei angenommen, daß der Körper in $x = 0$ eine Spitze habe, daß dort also $\dfrac{dF}{dx} = 0$ ist.

$$-\frac{2\pi\varphi}{u_\infty} = \left[\frac{dF}{d\xi}\ln\left|\xi - x + \sqrt{(\xi - x)^2 - y^2 \cot^2 \alpha}\right|\right]_0^{x - y \cot \alpha} +$$

$$-\int\limits_0^{x - y \cot \alpha} \frac{d^2F}{d\xi^2}\ln\left|\xi - x + \sqrt{(\xi - x)^2 - y^2 \cot^2 \alpha}\right| d\xi =$$

$$= \left(\frac{dF}{dx}\right)_{x - y \cot \alpha} \ln(y \cot \alpha) - \int\limits_0^{x - y \cot \alpha} \frac{d^2F}{d\xi^2}\ln\left|\xi - x + \sqrt{(\xi - x)^2 - y^2 \cot^2 \alpha}\right| d\xi.$$

Der Index im ersten Ausdruck bedeutet, daß die Funktion $\dfrac{dF}{dx}$ an der Stelle $x - y \cot \alpha$ zu nehmen ist. Nach den Regeln der Differentiation von Integralen veränderlicher Grenze ist:

$$-\frac{2\pi\varphi_x}{u_\infty} = \left(\frac{d^2F}{dx^2}\right)_{x - y \cot \alpha}\ln(y \cot \alpha) - \left(\frac{d^2F}{dx^2}\right)_{x - y \cot \alpha}\ln(y \cot \alpha) +$$

$$+ \int\limits_0^{x - y \cot \alpha} \frac{d^2F}{d\xi^2} \frac{d\xi}{\sqrt{(\xi - x)^2 - y^2 \cot^2 \alpha}}.$$

Etwas langwieriger ist die Ableitung von φ_y. Das Resultat sind die Formeln von KÁRMÁN-MOORE[4]:

$$\varphi_x = u - u_\infty = - \frac{u_\infty}{2\,\pi} \int\limits_0^{x-y\cot\alpha} \frac{d^2F/d\xi^2}{\sqrt{(\xi-x)^2 - y^2\cot^2\alpha}}\; d\xi;$$

$$\varphi_y = v = - \frac{u_\infty}{2\,\pi\,y} \int\limits_0^{x-y\cot\alpha} \frac{(\xi-x)\,d^2F/d\xi^2}{\sqrt{(\xi-x)^2 - y^2\cot^2\alpha}}\; d\xi. \qquad (27)$$

Bei der Berechnung der Geschwindigkeit oder des Druckkoeffizienten ist wie bei $M_\infty < 1$ die Oberflächenneigung zu berücksichtigen, wie dies schon bei der Kegelformel (23) geschehen ist (Abb. 149).

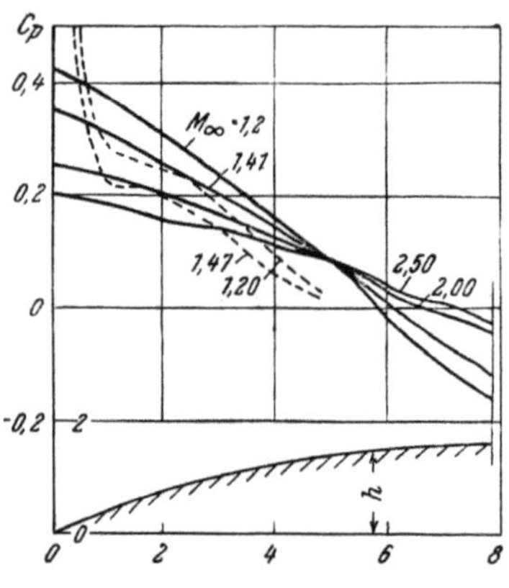

Abb. 149. Druckverteilung nach KÁRMÁN-MOORE (- - - - -) und nach Versuchen (———).

Wie dort und ähnlich wie bei $M_\infty < 1$, beginnt eine Entwicklung von $W - u_\infty$ auf $y = h$ mit:

$$\frac{W}{u_\infty} - 1 = + \frac{1}{2\,\pi} \left(\frac{d^2F}{dx^2}\right)_x \ln\left(\frac{h\cot\alpha}{x}\right) + \ldots, \qquad (28)$$

dem Glieder von der Größenordnung h^2 folgen. Diese enthalten $\cot\alpha$ nicht[5] und können nur bei außerordentlich schlanken, in der Praxis kaum vorkommenden Körpern vernachlässigt werden. Das Gl. (28) entsprechende Glied in Gl. (VII, 25) enthält nur h, das Verhältnis des örtlichen Körperradius zur Körperlänge, während hier h/x, das Verhältnis vom Radius zum Spitzenabstand steht. Bei $M_\infty > 1$ kann es eben nur auf die Körperlänge *vor* der betrachteten Stelle ankommen. Während ferner bei $M_\infty < 1$ (Gl. VII, 26) der Kompressibilitätseffekt besonders bei $M_\infty \to 1$, $\beta \to 0$ wesentlich wird, kann er nun *auch* bei $M_\infty \to \infty$, $\cot\alpha \to \infty$ wesentlich werden, wobei gleichzeitig die Genauigkeit abnimmt. Entsprechend zu Gl. (VII, 26) kann hier geschrieben werden mit $M_\infty = \sqrt{2}$ ($\cot\alpha = 1$) als Vergleichs-Machzahl:

$$\left(\frac{W}{u_\infty} - 1\right)_{M_\infty} = \left(\frac{W}{u_\infty} - 1\right)_{\sqrt{2}} + \frac{1}{2\,\pi} \left(\frac{d^2F}{dx^2}\right)_x \ln(\cot\alpha). \qquad (29)$$

Diese Formel kann auch direkt aus dem Ansatz (25) und (26) abgeleitet werden. Sie ist uns schon von Abschnitt VI, 20 her bekannt.

Bei sehr schlanken Körpern ergibt sich außerhalb von Schallnähe jedoch bei nicht zu hohen Mach-Zahlen damit der Druckwiderstand unabhängig von M_∞. Das gilt auch für Geschosse, abgesehen vom Bodendruck. Dieser ändert sich allerdings in theoretisch noch unberechenbarer Weise sehr stark mit M_∞, was hauptverantwortlich ist für die starke Mach-Zahl-Abhängigkeit der Geschoß-widerstandsbeiwerte.

Dem Problem des Körpers geringsten Widerstandes sind mehrere Arbeiten gewidmet[7, 8, 63]. Die Praxis erfordert weniger ein bestimmtes Dickenverhältnis als ein möglichst großes Volumen und einen möglichst weit vorn gelegenen Schwerpunkt bei gegebenem Kaliber. Bei einem Drehkörper sind die Stellen großer Dicke für den Widerstand maßgebend, während die Umgebung der Spitze wegen der geringen Angriffsfläche von untergeordneter Bedeutung ist. Im Gegensatz zu den Verhältnissen bei dem Profil zeigen daher alle Geschoßformen kleinsten Widerstandes an der Spitze einen starken Dickenanstieg, womit die Stellen großer Dicke und großer Oberfläche dann um so flacher gebaut werden können.

Die Änderung der Strömung mit dem Anstellwinkel ε kann mit Beziehung auf die Ableitung bei $M_\infty < 1$ nun schnell berechnet werden. (Die erste Arbeit stammt hier von H. S. Tsien[57].) Für das abgeleitete Potential φ_ε Gl. (VII, 29) tritt mit $\beta^2 = -\cot^2\alpha$ nun an Stelle von Gl. (VII, 30) einfach:

$$\cot^2\alpha\,\varphi_{\varepsilon\,xx} - \varphi_{\varepsilon\,rr} - \frac{1}{r}\,\varphi_{\varepsilon\,r} + \frac{1}{r^2}\,\varphi_\varepsilon = 0. \tag{30}$$

Formal dieselbe Gleichung ergibt sich für φ_y, wenn Gl. (18) nach y abgeleitet wird. Also ist die Lösung von (30) formal dieselbe wie v. Zur Erfüllung der Randbedingung im Anströmgebiet ($v_\varepsilon = u_\infty$) sei nun noch die lineare Funktion $u_\infty r$ addiert (wie bei $M_\infty < 1$). Das gibt mit Gl. (27):

$$\varphi_\varepsilon = u_\infty\,r - \frac{u_\infty}{2\,\pi\,r}\int_0^{x-r\cot\alpha} \frac{\dfrac{d^2 G}{d\xi^2}\,(\xi - x)}{\sqrt{(\xi - x)^2 - r^2\cot^2\alpha}}\,d\xi,$$

worin $G(\xi)$ zunächst keine physikalische Bedeutung hat und nur so gewählt werden muß, daß die Randbedingung am Körper Gl. (VI, 121): $W_1 = \varphi_{\varepsilon\,r} = 0$ für $r = h(x)$ erfüllt ist. Hier kann nun gleich die Entwicklung Gl. (24) verwendet werden, wobei sich mit Gl. (25) ergibt:

$$4\,\pi\,\varphi_\varepsilon\,r = 4\,\pi\,u_\infty\,r^2 + 2\,u_\infty\,\frac{dG}{dx}\,\frac{x}{\sqrt{x^2 - r^2\cot^2\alpha}} - 2\,u_\infty\,\frac{d^2 G}{dx^2}\,\frac{r^2\cot^2\alpha}{\sqrt{x^2 - r^2\cot^2\alpha}} +$$
$$- u_\infty\,\frac{d^3 G}{dx^3}\,r^2\cot\alpha\,\ln\frac{r\cot\alpha}{x - \sqrt{x^2 - r^2\cot^2\alpha}},$$

woraus sich folgende Ableitungen ergeben:

$$4\,\pi\,\varphi_{\varepsilon\,x} = 4\,\pi\,u_\varepsilon = -2\,u_\infty\,\frac{dG}{dx}\,\frac{r\cot^2\alpha}{(x^2 - r^2\cot^2\alpha)^{3/2}} +$$
$$+ 2\,u_\infty\,\frac{d^2 G}{dx^2}\,\frac{x^3}{r\,(x^2 - r^2\cot^2\alpha)^{3/2}} - 3\,u_\infty\,\frac{d^3 G}{dx^3}\,\frac{r\cot^2\alpha}{\sqrt{x^2 - r^2\cot^2\alpha}} + \cdots$$

$$4\,\pi\,\varphi_{\varepsilon\,r} = 4\,\pi\,u_\infty - 2\,u_\infty\cdot\frac{dG}{dx}\,\frac{x\,(x^2 - 2\,r^2\cot^2\alpha)}{r^2\,(x^2 - r^2\cot^2\alpha)^{3/2}} +$$
$$- 2\,u_\infty\,\frac{d^2 G}{dx^2}\,\frac{x^2\cot^2\alpha}{(x^2 - r^2\cot^2\alpha)^{3/2}} +$$
$$+ u_\infty\,\frac{d^3 G}{dx^3}\left[\frac{x\cot\alpha}{\sqrt{x^2 - r^2\cot^2\alpha}} - \cot\alpha\,\ln\frac{r\cot\alpha}{x - \sqrt{x^2 - r^2\cot^2\alpha}}\right] + \cdots$$

Für kleine Körperdicken $r = h(x)$ ist in der Entwicklung von $\varphi_{\varepsilon\,r}$ das erste der G-Glieder ausschlaggebend, wenn die Mach-Zahlen nicht zu groß sind. Damit folgt aus der Randbedingung:

$$r = h(x):\ 0 = 4\,\pi\,u_\infty - 2\,u_\infty\,\frac{dG}{dx}\,\frac{1}{h^2};\quad 2\,\frac{dG}{dx} = 4\,\pi\,h^2 = 4\,F.$$

In der Entwicklung für u_ε kommt es bei kleinem r offenbar auf das zweite Glied an. Damit ist:

$$u_\varepsilon = \Phi_{\varepsilon\,x} = \varphi_{\varepsilon\,x}\cos\chi = \frac{1}{\pi}\,\frac{u_\infty}{h}\,\frac{dF}{dx}\,\cos\chi = 2\,u_\infty\,\frac{dh}{dx}\,\cos\chi, \tag{31}$$

in voller Übereinstimmung mit der entsprechenden Formel bei Unterschallgeschwindigkeiten (VII, 32). Dies gilt auch für $W_{\varepsilon\,\varepsilon}$.

Daher gelten die für $M_\infty < 1$ abgeleiteten Formeln auch für $M_\infty > 1$, insbesondere die Formeln (VII, 35) und (VII, 36) für c_m und c_n einschließlich der physikalischen Folgerungen, allerdings mit abnehmender Genauigkeit, je mehr sich der Machsche Winkel der Oberflächenneigung nähert. Nach der Ableitung von Normalkraft und Moment in Abschnitt VII, 4 aus der inkompressiblen Strömung in einer Querschnittsebene kann dieses Resultat nicht mehr verwundern.

Bei der Anwendung von Linearisierungen bei $M_\infty > 1$ ist stets zu beachten, daß die Genauigkeit vom Verhältnis der Neigungen von Stromlinien und Machlinien abhängt, daß die Näherung mit steigender Mach-Zahl also schlechter wird. Während für unangestellte Rotationskörper stets auf gute Charakteristikenverfahren zurückgegriffen werden kann, sind entsprechende einfache Verfahren für angestellte Rotationskörper noch nicht ausgearbeitet. Lediglich für endlich dicke Kegel gibt Z. Kopal[50] exakte Lösungen. Während die einfache Formel (31) völlige Unabhängigkeit von $\cot \alpha$ ergibt, steigt nach Kopal der Normalkraftbeiwert mit M. Nun kann man zwar über die in Gl. (31) angegebenen Glieder hinaus auch bei Linearisierung noch weitere Machzahl-abhängige Glieder gewinnen, doch geben diese eine Abnahme des Normalkraftbeiwertes mit M. Ein Versuch einer Verfeinerung über Gl. (31) hinaus gibt also eine Verschlechterung der Resultate!

Die Umströmung *nicht* angestellter Rotationskörper läßt sich nur unter Vernachlässigung der Reibung sehr genau berechnen. Dabei zeigt sich, daß die Abhängigkeit von der Mach-Zahl infolge der hier getroffenen Vereinfachungen oft falsch wiedergegeben werden. Deshalb hat die hier wiedergegebene Methode für die direkte Anwendung hauptsächlich für angestellte Körper Bedeutung, wo die Formeln auch bei beliebiger Schallnähe noch gelten dürften. Wichtig sind die Formeln dieses Abschnittes auch als Spezialfall und Ausgangspunkt weitergehender Methoden, wie sich noch zeigen wird.

4. Der schiefe Verdichtungsstoß.

Bei Verzicht auf die Einschränkung, welche durch die Voraussetzung kleiner Störungen gegeben ist, muß mit dem Auftreten von Verdichtungsstößen gerechnet werden. Daß allgemeine Strömungsformen ohne solche Stöße gar nicht möglich sind, ergibt schon eine Betrachtung der Prandtl-Meyer-Eckenströmung

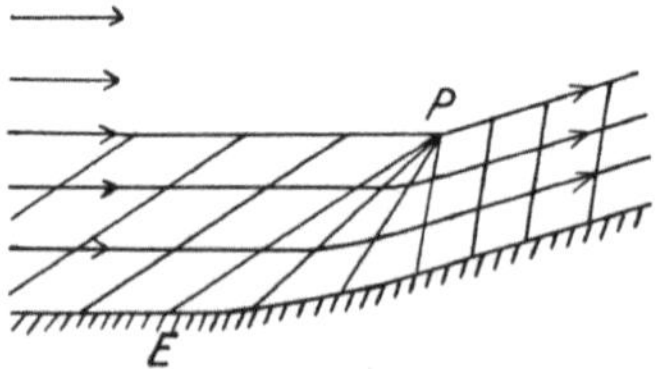

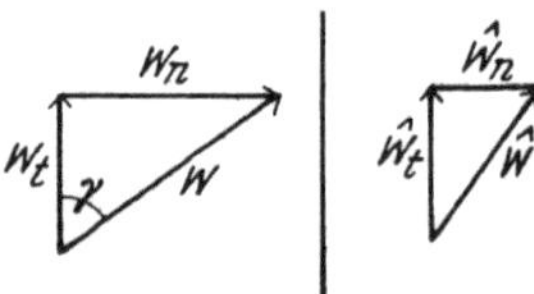

<table>
<tr><td>Abb. 150. Prandtl-Meyer-Verdichtungsströmung.</td><td>Abb. 151. Senkrechter stationärer Stoß im bewegten System.</td></tr>
</table>

(Abb. 109). Diese exakte Lösung kann in zwei Richtungen durchlaufen werden. Für die negative Richtung in Abb. 109 ergibt sich eine stetige Verdichtungsströmung, bei welcher alle Mach-Linien in einem Punkte P (Abb. 150) zusammenlaufen. Es ist unmöglich, daß die Strömung in der konkaven Ecke bei P stetig ist, wenn Parallelströmung auch noch oberhalb der letztgezeichneten Stromlinie herrscht. Denn die erste Störung der stetigen Strömung kann erst bei der vom Anfangspunkt E der Wandkrümmung ausgehenden Mach-Linie einsetzen. Diese wird jedoch von den späteren Mach-Linien im Punkte P durchkreuzt. Vom Punkte P muß also eine Störung ausgehen, welche steiler in der Strömung steht als die Mach-Linie der Anströmung. Dies muß eine Störung sein mit größerer Relativgeschwindigkeit zum Gas, als eine kleine Störung besitzt. Es ist also offenbar ein schief in der Strömung liegender Stoß.

Zur Aufstellung der Stoßbeziehungen sei ein stationärer senkrechter Stoß aus einem Bezugssystem betrachtet, welches sich abwärts in Richtung der Front des senkrechten Stoßes bewegt (Abb. 151). Die früheren Strömungsgeschwindigkeiten vor und hinter dem senkrechten Stoß erscheinen nun als Normalkomponenten der Geschwindigkeiten auf die Stoßfront (W_n, $\hat{W}_n$) und es gelten alle in Teil II abgeleiteten Stoßformeln, wenn an Stelle der Geschwindigkeitsbeträge nun die entsprechenden Normalkomponenten gesetzt werden. Zu diesen treten aber noch Tangentialkomponenten ($\hat{W}_t$, W_t), die einander gleich sind:

$$W_t = \hat{W}_t. \tag{32}$$

Die Stoßfront und die geänderte Anströmrichtung bilden nun den *Stoßfrontwinkel* γ. Es ist:

$$W_n = W \sin \gamma, \qquad W_t = W \cos \gamma. \tag{33}$$

Der Winkel γ beim schiefen Stoß entspricht dem Mach-Winkel α bei der Machschen Welle. Er geht für schwache Störungen in diesen über, hängt aber im allgemeinen nicht — wie α — von der Mach-Zahl der Anströmung allein, sondern auch von der Stoßstärke, also vom Zustand hinter der Stoßfront ab.

Während der Zustand hinter dem senkrechten Stoß ($\gamma = 90°$) eindeutig durch den Zustand davor gegeben ist, hängt der Zustand hinter dem schiefen Stoß noch vom Winkel γ ab, so daß in die Stoßgleichungen nun zwei Parameter eingehen: M und γ, oder $W/c^* = M^*$ und γ.

Der thermodynamische Zustand bleibt aus jedem beliebig bewegten System betrachtet der gleiche, er ist bewegungsinvariant. Das Verhältnis thermischer Zustandsgrößen — früher nur abhängig von $M = W/c$ — ist nur Funktion von W_n/c, also mit Gl. (33) nur Funktion von:

$$\frac{W_n}{c} = \frac{W}{c} \sin \gamma = M \sin \gamma. \tag{34}$$

Denn auch c ist bewegungsinvariant, weil es nur vom thermischen Zustand abhängt. Für das id. Gas konst. sp. W. ergeben sich also nach Gl. (II, 34), (II, 42) und (34) folgende Beziehungen:

$$\frac{\varrho}{\hat{\varrho}} = 1 - \frac{2}{\varkappa + 1} \left(1 - \frac{1}{M^2 \sin^2 \gamma}\right) = \frac{1}{M^2 \sin^2 \gamma}\left[1 + \frac{\varkappa - 1}{\varkappa + 1}(M^2 \sin^2 \gamma - 1)\right];$$

$$\frac{\hat{p}}{p} = 1 + \frac{2\varkappa}{\varkappa + 1}(M^2 \sin^2 \gamma - 1); \tag{35}$$

$$\frac{\hat{T}}{T} = \frac{\hat{c}^2}{c^2} = \frac{1}{M^2 \sin^2 \gamma}\left[1 + \frac{2\varkappa}{\varkappa + 1}(M^2 \sin^2 \gamma - 1)\right] \cdot \left[1 + \frac{\varkappa - 1}{\varkappa + 1}(M^2 \sin^2 \gamma - 1)\right];$$

$$\frac{\hat{\varrho}_0}{\varrho_0} = \frac{\hat{p}_0}{p_0} = \left[1 + \frac{2\varkappa}{\varkappa + 1}(M^2 \sin^2 \gamma - 1)\right]^{-\frac{1}{\varkappa - 1}}\left[1 - \frac{2}{\varkappa + 1}\left(1 - \frac{1}{M^2 \sin^2 \gamma}\right)\right]^{-\frac{\varkappa}{\varkappa - 1}}.$$

Da das Ruhedruckverhältnis nur vom Entropieanstieg abhängt, ist es ebenfalls bewegungsinvariant.

Die Definition des Ruhedruckes selbst ließ dieses einfache Ergebnis gar nicht erwarten, denn der Ruhezustand ist natürlich keineswegs bewegungsinvariant. Er verliert seine Eigenschaft bei Betrachtung aus einem bewegten Bezugssystem.

Der zweite Hauptsatz der Wärmelehre verbietet also auch schiefe Verdünnungsstöße. Die Extreme des Druckanstieges liegen nach Gl. (34) und Gl. (VI, 40) bei:

$$\sin \gamma = 1: \gamma = 90° \quad \text{und} \quad \sin \gamma = \frac{1}{M}: \gamma = \alpha.$$

Bei einer bestimmten Mach-Zahl der Anströmung zeigt also der senkrechte Stoß den stärksten Druckanstieg. Bei verschwindendem Druckanstieg entartet der schiefe Stoß erwartungsgemäß zu einer Machschen Linie.

Tab. II, 1 für die Zustandsänderungen im senkrechten Stoß kann auch für die Änderungen der thermischen Zustandsgrößen und des Ruhedruckes im schiefen Stoß verwendet werden, indem $M \sin \gamma$ gebildet wird, und mit diesem Zahlenwert in die Kolonne für M in Tab. II, 1 eingegangen wird.

Die Ruheschallgeschwindigkeit ändert sich, wenn sie auf das bewegte System bezogen wird, völlig. Werden die Größen des Systems, in welchem der Stoß senkrecht erscheint, mit einem Strich gekennzeichnet, so schreibt sich der Energiesatz in diesem System wie folgt ($T = T''$; $c \neq c'$, $W' = W_n$):

$$W_n{}^2 + 2\,c_p\,T = \frac{2}{\varkappa - 1}\,c_0{}'^2 = \frac{\varkappa + 1}{\varkappa - 1}\,c^{*\prime 2}.$$

Daraus folgt durch Addieren von $W_t{}^2$:

$$W^2 + 2\,c_p\,T = \frac{2}{\varkappa - 1}\,c_0{}'^2 + W_t{}^2 = \frac{\varkappa + 1}{\varkappa - 1}\,c^{*\prime 2} + W_t{}^2 = \frac{2}{\varkappa - 1}\,c_0{}^2 = \frac{\varkappa + 1}{\varkappa - 1}\,c^{*2}.$$

Also gilt folgende Beziehung für das mit W_t bewegte System:

$$c_0{}'^2 = c_0{}^2 - \frac{\varkappa - 1}{2}\,W_t{}^2; \quad c^{*\prime 2} = c^{*2} - \frac{\varkappa - 1}{\varkappa + 1}\,W_t{}^2. \tag{36}$$

Aus der einfachen Prandtlschen Beziehung (II, 35) folgt dann:

$$W_n \cdot \hat{W}_n + \frac{\varkappa - 1}{\varkappa + 1}\,W_t{}^2 = c^{*2}. \tag{37}$$

Für die Anwendung ist eine Beziehung anzustreben, bei welcher sich die Anströmung in x-Richtung, Stoßrichtung und Strömungsgeschwindigkeit nach dem Stoß abhängig vom Ablenkungswinkel, d. i. der Strömungswinkel ϑ nach dem Stoß, ergibt. Zu diesem Zweck ist also $\hat{W}_n$ und W_t durch $\hat{u}$ und $\hat{v}$ auszudrücken, wenn $u = W_n$ und $v = 0$ ist. Durch Drehung der Anströmrichtung in Abb. 151 und Aufeinanderlegen der Komponentendreiecke ergibt sich Abb. 152 mit folgenden Beziehungen:

$$W_n = u \sin \gamma, \quad W_t = u \cos \gamma = \hat{W}_t,$$

$$\hat{W}_n = u \sin \gamma - \frac{\hat{v}}{\cos \gamma}$$

und

$$\operatorname{tg} \gamma = \frac{u - \hat{u}}{\hat{v}}. \tag{38}$$

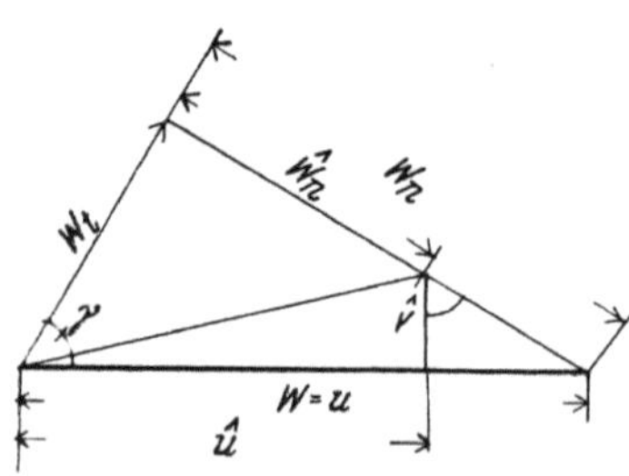
Abb. 152. Komponenten nach dem schiefen Stoß.

Damit lassen sich nun $\hat{u}$ und $\hat{v}$ in Gl. (37) einführen. Es ergibt sich der analytische Ausdruck für das „Cartesische Blatt" (Abb. 153):

$$\left(\frac{\hat{v}}{c^*}\right)^2 \left[1 + \frac{2}{\varkappa + 1}\left(\frac{u}{c^*}\right)^2 - \frac{u}{c^*}\frac{\hat{u}}{c^*}\right] = \left(\frac{u}{c^*}\frac{\hat{u}}{c^*} - 1\right)\left(\frac{u}{c^*} - \frac{\hat{u}}{c^*}\right)^2. \tag{39}$$

Für ein gegebenes u/c^* ergibt sich $\hat{v} = 0$ für:

$$1 = \frac{u}{c^*}\frac{\hat{u}}{c^*} \quad \text{und} \quad \frac{u}{c^*} = \frac{\hat{u}}{c^*}.$$

Das sind die beiden Grenzfälle für den senkrechten Stoß und die Machsche Linie. Zwischen ihnen liegt ein Zustand maximaler Ablenkung, der nahezu auf Schallgeschwindigkeit, exakt auf etwas Unterschallgeschwindigkeit führt. Es wird sich zeigen, daß alle von dem betrachteten Kurvenstück — die von A. BUSEMANN zuerst eingeführte „*Stoßpolare*" — wiedergegebenen Strömungszustände auch auftreten. Der Rest des Cartesischen Blattes wird gerne als keinem physikalischen Zustand entsprechend bezeichnet. Dies trifft aber nur für die Werte $\hat{W} > W_{\max}$ zu, weil sie negativen Drucken, Temperaturen und Dichten entsprächen. Die zwischen $u < W < \hat{W}_{\max}$ gelegenen Kurventeile geben die Strömungszustände *vor* dem Stoß, wenn mit u, $v = 0$ der Zustand hinter dem Stoß bezeichnet wird. Dies folgt daraus, daß dieses umgekehrte Problem mit genau denselben Gleichungen zu behandeln ist, nur mit der Voraussetzung: $\hat{u} > u$. Diese Stoßpolare für gegebene Anströmung hat beispielsweise praktische Bedeutung für die Konstruktion von Schwanzwellen. Eine entsprechende Fragestellung trat beim Stoß in instationärer Strömung auf (Abschnitt III, 14).

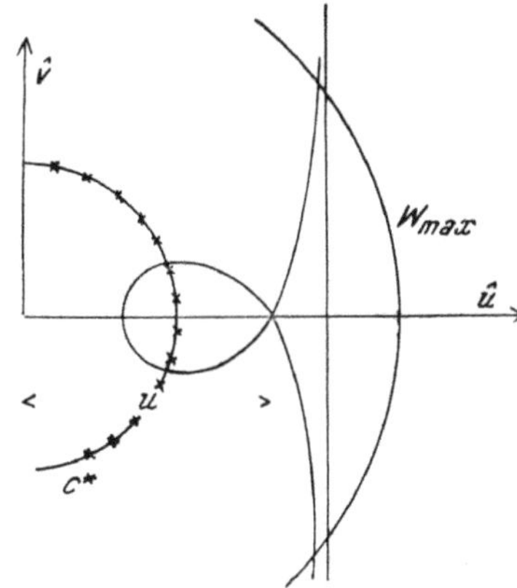

Abb. 153. Cartesisches Blatt Gl. (39).

Bei Variation der Anströmgeschwindigkeit ergibt sich das Busemannsche Stoßpolarendiagramm (Tafel I). Mit Hilfe des Diagramms lassen sich nun wichtige Aufgaben einfach lösen. Sie können entweder als exakte Lösungen einfacher Probleme oder auch als Lösungen in einer kleinen Umgebung einer komplizierten Strömung angesehen werden. Vielfach besteht starke Verwandtschaft mit entsprechenden instationären Problemen. Ein von A. BUSEMANN abweichendes praktisches Diagramm gibt L. PASCUCCI[54] an.

Eine Zusammenstellung von Formeln nebst Tabellen und Diagrammen gibt F. SCHUBERT[9]. Beispielsweise ist der Ablenkungswinkel gegeben durch:

$$\cot \vartheta = \operatorname{tg} \gamma \left[\frac{\dfrac{\varkappa + 1}{2} M^2}{M^2 \sin^2 \gamma - 1} - 1 \right]. \tag{40}$$

5. Der Stoß an einem Keil.

Die Konstruktion des Stoßes an einem Keil oder an einer konkav geknickten Wand stellt dieselbe Aufgabe dar. In jedem Falle ist die Machsche Zahl der Anströmung gegeben. Stoßfrontrichtung und Geschwindigkeit hinter dem Stoß ist mit Hilfe der dort vorgeschriebenen Strömungsrichtung zu bestimmen.

Bei der in Abb. 154 wiedergegebenen geknickten Wand ist zunächst die durch M^* gegebene Stoßpolare im Polarendiagramm aufzusuchen. Das kann entweder durch Ausmessen erfolgen ($M^* = 1$ etwa = 20 cm), oder es kann in Tab. VIII, 2 (S. 446) die zu M^* gehörige Ch-Zahl auf-

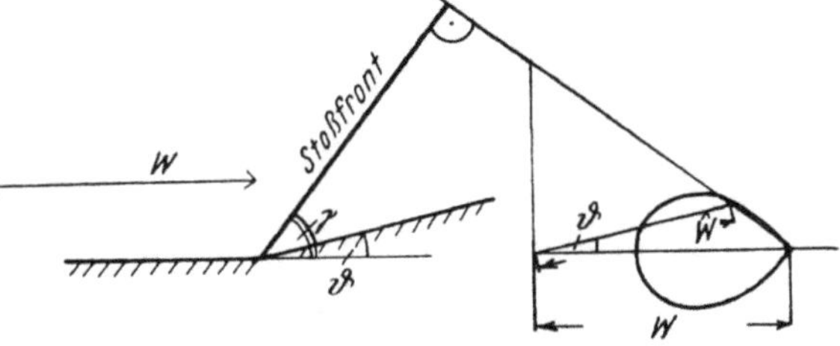

Abb. 154. Stoß am Wandknick in der Strömungsebene und im Hodographen (Stoßpolarendiagramm).

gesucht werden, nach welcher die entsprechende Stoßpolare bezeichnet ist. Die Zweckmäßigkeit der Verwendung dieser Ch-Zahlen wird sich später im Zusammenhang mit der Charakteristikenmethode erweisen. Aus der Richtung ϑ hinter dem Stoß ergibt sich unmittelbar $\hat{W}$. Die Verbindungsgerade der Endpunkte von den

Vektoren W und $\hat{W}$ stellt nach Abb. 152 die Normalenrichtung auf die Stoßfront dar. Damit ist der Zustand hinter dem Stoß völlig bekannt. Der Druck kann beispielsweise entweder aus Tab. II, 1 (S. 29) mit $M \sin\gamma$ an Stelle von M bestimmt werden, oder auch mit Hilfe der Bernoullischen Gleichung (also mit Tafel III), wobei das Resultat noch mit dem aus dem Stoßpolarendiagramm entnehmbaren Ruhedruckverhältnis zu multiplizieren ist.

Die in Abb. 154 gezeigte Strömung bildet das Gegenstück zur Prandtl-Meyer-Expansion an einem konvexen Wandknick. Übrigens gibt die Stoßpolare für eine bestimmte nicht zu große Ablenkung zwei mögliche Lösungen. Neben der eben verwendeten gibt es noch eine mit steilerer Stoßfront und Unterschallgeschwindigkeit nach dem Stoß.

Im Gebiet dieser „kräftigen" Lösung nimmt der Druck mit wachsendem Knickwinkel ϑ ab. Eine kleine Winkelvergrößerung hätte also eine Druckabnahme an der Wand zur Folge, was offenbar zu instabilen Strömungsverhältnissen führt[10]. Diese zweite Lösung kommt nur in Frage, wenn stromabwärts

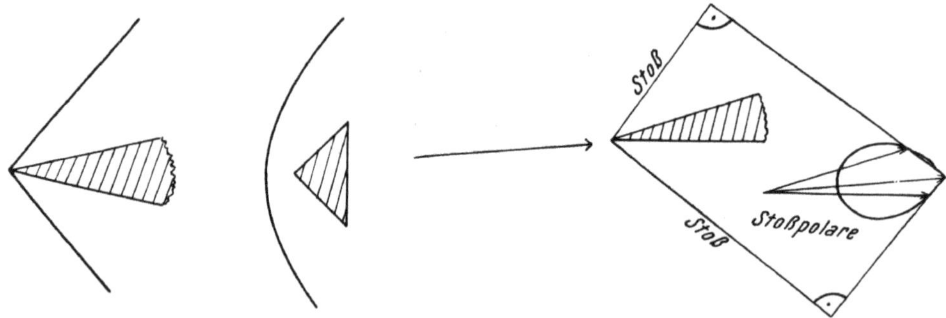

<table>
<tr><td>Abb. 155. Anliegende und abgelöste Kopfwelle.</td><td>Abb. 156. Allgemeine Lage eines Keiles in Überschall-
strömung.</td></tr>
</table>

noch stärkere Hindernisse auftreten, welche die Geschwindigkeit auf $M < 1$ abbremsen. Durch die Unterschallströmung wirkt das Hindernis dann stromaufwärts und drückt den Stoß gegen die Anströmung.

Bei verschwindendem Knickwinkel ϑ ginge von der Knickstelle nur eine Machsche Welle mit verschwindendem Druckanstieg aus. Bei langsamer Steigerung von ϑ würde schließlich die hier wiedergegebene Lösung erreicht. Bei weiterer Steigerung von ϑ würde schließlich — abhängig von der Mach-Zahl der Anströmung — ein $\vartheta_{\max}$ erreicht, von welchem an die Stoßfront am Knick nicht mehr anliegen kann. Eine genaue Untersuchung[11] zeigt, daß die Stoßfront bereits ein wenig vor $\vartheta = \vartheta_{\max}$ vom Knick abrückt, nämlich dann, wenn hinter der Front Schallgeschwindigkeit erreicht wird. Praktisch ist dieser Unterschied allerdings nur bei sehr genauer Beobachtung bemerkbar. Bei zu großem Winkel ϑ muß der Stoß, die Kopfwelle, vor dem Hindernis liegen. Ihr Abstand vom Hindernis muß dabei von der Größe des Hindernisses selbst abhängen (Abb. 155). Mit Vergrößerung des Hindernisses bei Beibehalten der Form muß der Stoß also stromaufwärts rücken. Das heißt aber, daß es für einen unendlich langen Keil mit $\vartheta > \vartheta_{\max}$ keine Strömung mit Überschallgeschwindigkeit im Anströmgebiet gibt. Die Länge des Keiles bei $\vartheta < \vartheta_{\max}$ dagegen ist auf die Strömungsverhältnisse an der Spitze ohne Einfluß. Es ist interessant, daß sich bei Überschallanströmung auf so einfache Weise unerfüllbare Randbedingungen aufstellen lassen.

Die Berechnung einer abgelösten Kopfwelle stellt eine schwierige Aufgabe dar, weil Unter- und Überschallströmung nebeneinander auftreten. Sie gehört damit zum Problemkreis der schallnahen Strömungen.

Bei einem beliebig asymmetrischen Keil mit beliebiger Anströmrichtung ist das Stoßpolarendiagramm entsprechend zu drehen. Wenn die Ablenkungswinkel nur unter der Höchstgrenze für anliegende Kopfwellen liegen, ergeben sich oben und unten zwei voneinander unabhängige Lösungen (Abb. 156). Die eine Seite kann sich auf der anderen ja nicht bemerkbar machen. Das ändert sich sofort, wenn der Keil zu kräftig ist und die Kopfwelle sich ablöst.

6. Reflexion des Stoßes an einer Wand.

Diese Aufgabe kann ganz analog zu Abschnitt III, 18 (Abb. 39) behandelt werden. Bei einer auf eine Wand zustrebenden Stoßfront (Abb. 157) ist die Strömungsrichtung hinter der Front (Feld 2) der Wand zugekehrt. Das Polarendiagramm ist nun auf die Strömungsrichtung in Feld 2 einzustellen. Der Schnittpunkt der zugehörigen Stoßpolaren mit der Wandrichtung gibt den Zustand im Feld 3 hinter dem reflektierten Stoß. Im Polarendiagramm werden die Zustände

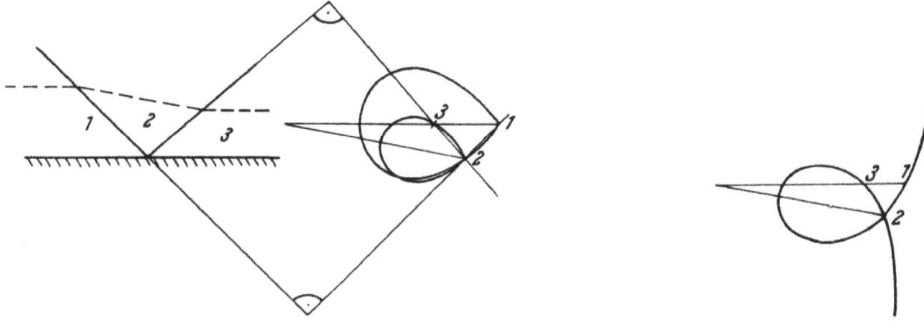

Abb. 157. Reflexion eines Stoßes an einer Wand.   Abb. 158.   Reflexion im vollständigen Polarenbild.
(– – – –) Stromlinie.

am besten durch die Endpunkte der entsprechenden Vektoren gekennzeichnet. Ein Stoß wird an der festen Wand als Stoß reflektiert.

Wie beim Stoß an der konkaven Ecke gibt es wieder zwei Lösungen im Feld 3, wobei wieder der schwächere Stoß zu wählen ist. Es kann aber wie beim vorausgegangenen Beispiel auch gar keine Lösung geben, wenn der erste Stoß so kräftig ist, daß die Umlenkung von Richtung 2 auf Richtung 3 nicht mehr möglich ist. Dann kommt schon der erste Stoß nicht zustande.

Ein Überblick über die möglichen Reflexionen ergibt sich, wenn von der vollständigen Polaren des Zustandes 2 ausgegangen wird (Abb. 158). Dann liegt der Punkt 1 auf dem Teil $\hat{W} > W$ und der Zustand 3 auf dem Teil $\hat{W} < W$. Beide Vektoren müssen in eine Richtung fallen, liegen also auf einer Geraden durch den Ursprung des Hodographen. Dabei ergibt sich sofort, daß es für zu große Werte von 1 — nun bei gegebenem Zustand 2 — keinen Zustand 3 gibt.

Im allgemeinen unterscheiden sich „Einfallswinkel" und „Reflexionswinkel", werden aber im Grenzfall sehr schwacher Stöße (Machscher Linien) einander gleich.

7. Reflexion des Stoßes am freien Strahlrand, Herzkurve.

Bei der Reflexion eines Stoßes am freien Strahlrand (Abb. 159, vgl. auch Abb. 43) soll der Druck nach der Reflexion, Feld 3, dem vor der Reflexion, Feld 1, gleich sein. Dabei ist vorausgesetzt, daß sich das Medium jenseits des Strahlrandes in Ruhe befindet. Im Reflexionspunkt muß der Druck also sprunghaft absinken. Das ist nur so möglich, daß sich an dieser Stelle das Zentrum einer

Prandtl-Meyer-Expansion befindet, in der der Druck vom Werte hinter dem Stoß [Feld 2] auf den Wert vor dem Stoß abfällt. Bei schwachen Stößen ($M \sin \gamma - 1 \ll 1$) bleibt die Entropie näherungsweise konstant. Die Forderung gleichen Druckes am Strahlrand ist dann mit Rücksicht auf die Bernoullische Gleichung identisch mit der Forderung konstanter Geschwindigkeit. In dieser sehr häufig benutzten „*isentropen Näherung*" kann die Aufgabe leicht im Hodographen gelöst werden, indem dort außer der Stoßpolaren noch die Prandtl-Meyer-Strömung eingetragen wird. Die Expansion erfolgt im gleichen Sinne wie in Abb. 109, so daß Formel (VI, 81) direkt verwendet werden kann, bis auf eine zu ϑ zu addierende

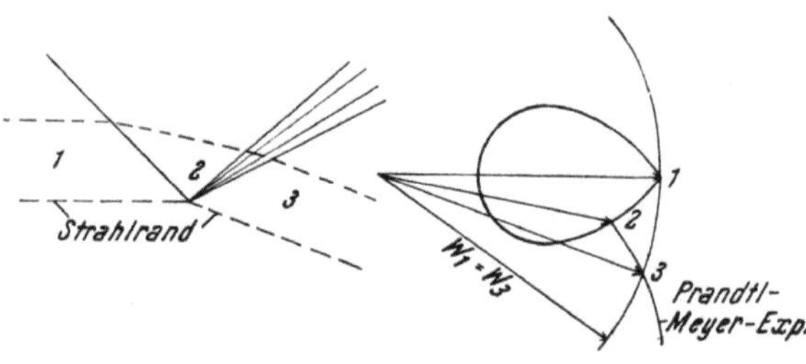

Abb. 159. Reflexion eines *schwachen* Stoßes am freien Strahlrand.

Konstante, welche so zu wählen ist, daß ϑ bei der Machschen Zahl hinter dem Stoß auch der Strömungsrichtung hinter dem Stoß entspricht. Abb. 159 zeigt, daß sich die Strömung im Stoß- und Expansionsteil in gleicher Richtung dreht. Die Reflexion führt zu einem scharfen Knick im Strahlrand, wobei die Verdichtung als Verdünnung zurückgeworfen wird.

Bei starken Stößen muß der Ruhedruckabfall berücksichtigt werden. Ist dieser nicht groß, so ergibt sich durch Entwickeln der Bernoullischen Gleichung (Tafel II, 5) nach dem Ruhedruck folgende Änderung der Geschwindigkeit mit dem Ruhedruck bei festgehaltenem statischen Druck:

$$\frac{\varDelta W}{W} = \frac{1}{\varkappa\,M^2} \left(\frac{\hat{p}_0}{p_0} - 1 \right) + \dots \quad (41)$$

Im Schnittpunkt der Prandtl-Meyer-Kurve mit jenem Kreis im Hodographen, welche der durch den Ruhedruckabfall verminderten Geschwindigkeit entspricht, findet man dann den Zustand 3 nach der Reflexion.

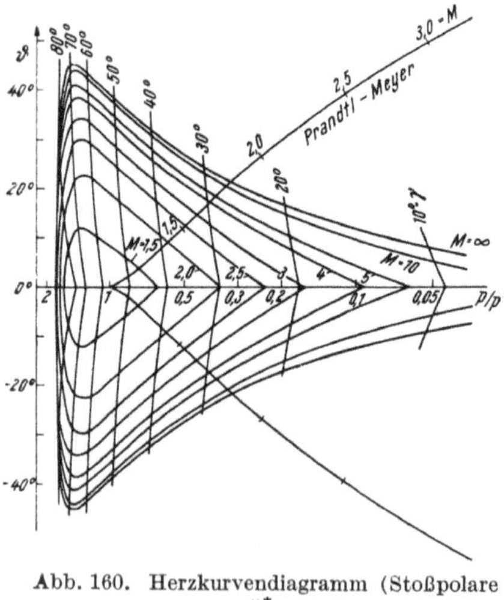

Für Aufgaben, welche Druckbedingungen enthalten, empfiehlt es sich aber im folgenden überhaupt ein Diagramm zu verwenden, welches als Koordinaten Druck und Strömungswinkel ϑ aufweist im Gegensatz zum Hodographen, dessen Polarkoordinaten W und ϑ sind. Es ist üblich und praktisch als kartesische

Abb. 160. Herzkurvendiagramm (Stoßpolare in der $\log \frac{p^*}{p}$, ϑ-Ebene).

Koordinaten $\log \dfrac{p}{p_1}$ und ϑ zu verwenden (log = Logarithmus mit der Basis 10). Es ist dabei von untergeordneter Bedeutung, auf welchen Druck p_1 bezogen wird — in Frage käme etwa der Ruhedruck oder der statische Druck vor dem Stoß — weil dies nur Einfluß auf die Lage des O-Punktes, nicht aber auf den Maßstab hat. Die Gerade $\log \dfrac{p}{p_1} = 0$ ($p = p_1$) gibt den Bezugsdruck wieder. Die in die $\log \dfrac{p}{p_1}$, ϑ-Ebene gezeichnete Stoßpolare heißt ihrer Form nach „*Herzkurve*" (Abb. 160). Bei Schallnähe zeigt sie noch deutliche Ähnlichkeit mit der Busemannschen Stoßpolaren. Der Herzkurve kann aber der Stoßwinkel γ nicht mehr so leicht entnommen werden, weshalb es praktisch ist, γ-Kurven in das Herzkurvendiagramm einzuzeichnen. Aus der Stoßtabelle II, 1 folgt für jedes Druckverhältnis der Wert von $M \sin\gamma$. Mit dem Wert von γ weiß man dann auch M, M^* und alle anderen Daten hinter dem Stoß. Alle thermischen Größen einschließlich des Ruhedruckverhältnisses ergeben sich direkt aus dem Druckverhältnis in Tab. II, 1.

Zur Feststellung des Zustandes 3 wird auch die Prandtl-Meyer-Expansion [Gl. (VI, 81)] in ein $\log\dfrac{p}{p_1}$, ϑ-Diagramm eingezeichnet (möglichst auf durchsichtigem Papier). Es ergeben sich je eine Kurve für die Expansion im und gegen den Uhr-

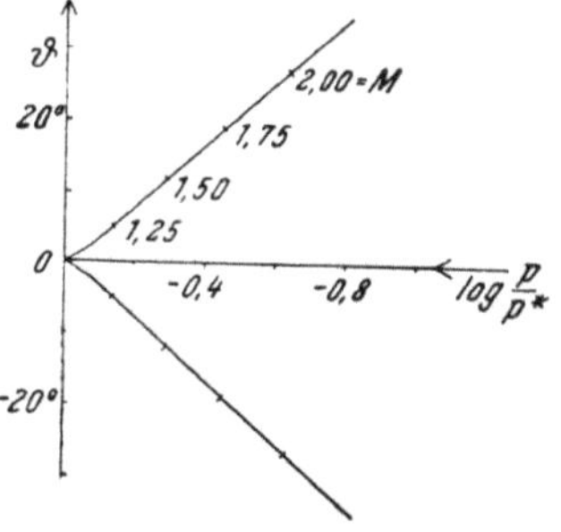

Abb. 161. Prandtl-Meyer-Expansion in der verzerrten p-, ϑ-Ebene.

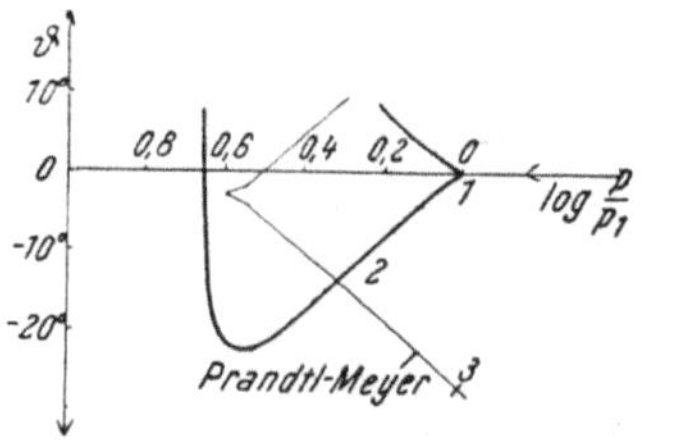

Abb. 162. Reflexion am Strahlrand im Herzkurvendiagramm.

zeigersinn (Abb. 161). An der Kurve sind die zugehörigen Mach-Zahlen notiert. Eine Parallelverschiebung der Kurve in ϑ-Richtung kommt einer Änderung des Winkels bei $M = 1$, eine Parallelverschiebung in $\log\dfrac{p}{p_1}$-Richtung kommt einer Änderung des Bezugsdruckes gleich. Um die vom Zustand 2 ausgehende Expansion zu erfassen, ist die Prandtl-Meyer-Kurve so zu verschieben, daß sie durch den Punkt 2 der Herzkurve geht und sich mit der dortigen Machschen Zahl deckt. Der Zustand 3 ergibt sich dann auf den Geraden $\log\dfrac{p}{p_1} = 0$ (Abb. 162). Die Ähnlichkeit mit dem Stoßpolarenbild (159) ist deutlich.

8. Der Stoß im Zentrum einer Prandtl-Meyer-Kompression.

Die Frage, was im Zentrum einer durch eine konkave Wand vorgegebenen Prandtl-Meyer-Kompression geschieht (Abb. 150), kann nun leicht beantwortet werden. Der Zustand 2 nach der Kompression ist durch Druck und Richtung völlig bestimmt. Da er durch isentrope Verdichtung aus dem Zustand 1 erreicht wurde, kann er nicht gleichzeitig auch über einen schiefen Stoß hergestellt werden. Dies ist

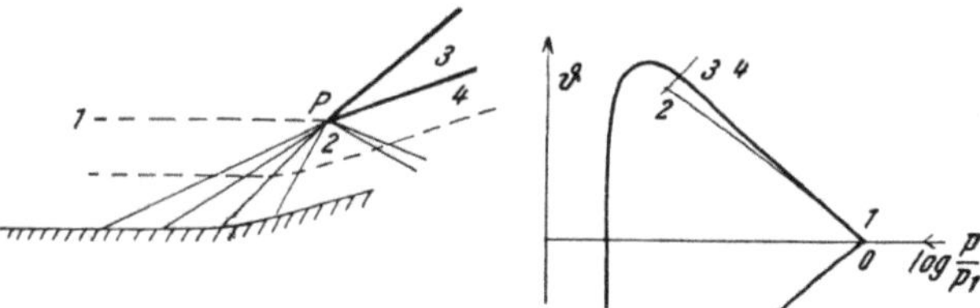

Abb. 163. Zustand im Zentrum einer Prandtl-Meyer-Verdichtung.

nur näherungsweise in „isentroper Näherung" möglich, in der sich der Stoß ohne weiteres aus der vorgeschriebenen Richtungsänderung ergibt, wobei an der von P ausgehenden Stromlinie der gleiche Druck entsteht wie bei der stetigen Kompression.

Exakt ist der Druck bei gleicher Ablenkung nach einem Stoß stets etwas kleiner als nach einer stetigen Verdichtung. Dieser muß also eine von P ausgehende Expansion folgen, die so groß ist, daß an der Begrenzungsstromlinie von stetig und unstetig verdichtetem Medium wieder derselbe Druck $p_3 = p_4$

(Abb. 163) herrscht. Der Endzustand in den Feldern 3 und 4 ergibt sich sofort aus der von 1 ausgehenden Herzkurve und der gegen den Uhrzeiger drehenden, vom Zustand 2 ausgehenden Prandtl-Meyer-Expansion. M_3 ergibt sich dabei aus der Herzkurve, M_4 hingegen aus der Prandtl-Meyer-Kurve. Der Unterschied zwischen den Zuständen 3 und 4 ist im allgemeinen gering und die Expansion von 2 nach 4 schwach (vgl. auch Abb. 41).

Die in P ansetzende Stromlinie liegt an einem Geschwindigkeitssprung, es ist eine Unstetigkeitslinie. Mathematisch wäre dieser Geschwindigkeitssprung durch eine Wirbelbelegung darzustellen. Die Strömung ist als ganze nicht mehr wirbelfrei, wohl aber noch in den Teilgebieten beiderseits der Wirbelbelegung. Im allgemeinen kann also eine Strömung mit schiefen Stößen nicht mehr als wirbelfrei angesehen werden.

9. Zusammentreffen gleichlaufender Stoßwellen.

Die Prandtl-Meyer-Verdichtung kann als Grenzfall einer großen Anzahl in einem Punkte zusammenlaufender schiefer Stöße aufgefaßt werden. Der Vorgang im Treffpunkt zweier gleichlaufender schiefer Stöße — hervorgerufen etwa durch zwei aufeinanderfolgende Wandknicke (Abb. 164, siehe auch Abb. 42) — ist also nahe verwandt. Wieder ist der Verlust in beiden schiefen Stößen

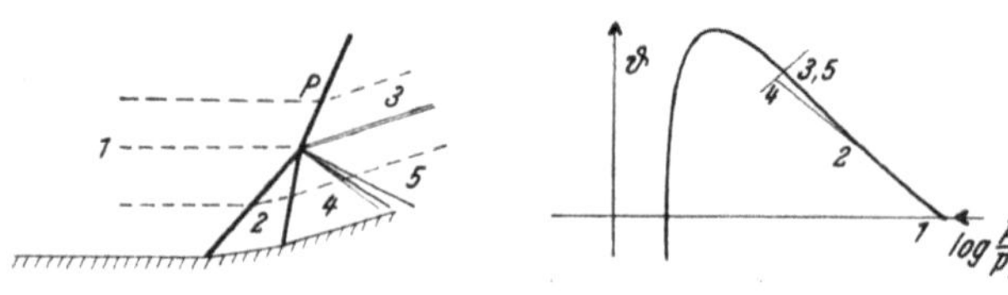

Abb. 164. Zusammentreffen gleichgerichteter Stöße.

zusammen geringer als in dem einen Stoß, der jenseits des Zusammentreffens entsteht. Immerhin ist der Verlust aber größer als bei einer isentropen Verdichtung auf gleichen Strömungswinkel. Der vom Treffpunkt P ausgehende Verdünnungsfächer ist also im allgemeinen noch schwächer als beim vorangegangenen Beispiel. Die „isentrope Näherung" ist meist schon recht gut, was sich in einem geringen Abweichen der Herzkurven voneinander äußert.

Der Zustand 2 und 3 liegt auf der Herzkurve des Zustandes 1. Im Punkte 2 setzt die zu diesem Zustand gehörige Herzkurve an und führt zu dem durch den zweiten Wandknick gegebenen Zustand 4. Der Schnittpunkt der von dort ausgehenden Prandtl-Meyer-Expansion mit der Herzkurve von 1 gibt die Zustände 3 und 5, wobei sich wieder M_3 und $M_3{}^*$ aus der Herzkurve, M_5 und $M_5{}^*$ aus der Prandtl-Meyer-Expansion ergibt.

10. Zusammentreffen gegenläufiger Stoßwellen.

Die Reflexion eines Stoßes an einer Wand (Abb. 157) kommt dem Zusammentreffen zweier gegenläufiger, gleichstarker Stoßwellen in der Wandebene gleich. Das Zusammentreffen von Stößen unterschiedlicher Stärke sei wieder im Herzkurvendiagramm betrachtet (Abb. 165). Die Zustände 2 und 3 liegen nun auf der positiven und negativen Seite der Herzkurve des Zustandes 1.

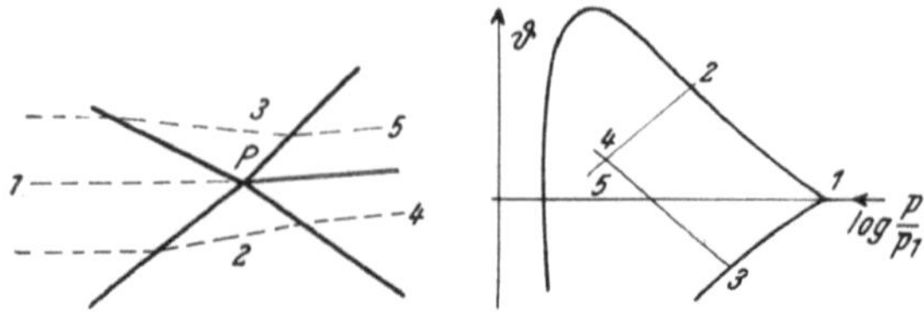

Abb. 165. Zusammentreffen gegenläufiger Stöße.

Dort sind die Herzkurven von 2 und 3 anzusetzen, aus deren Schnittpunkt sich nun sofort die Zustände 4 und 5 gleichen Druckes und gleicher Richtung, aber im allgemeinen unterschiedlicher Mach-Zahl ergeben. Bei häufiger

Behandlung dieser Aufgabe empfiehlt es sich, zwei durchsichtige Herzkurvendiagramme zu haben, die auf einem undurchsichtigen verschoben werden. Die Mannigfaltigkeit aller Lösungen läßt sich gut überblicken, wenn man ähnlich wie in Abb. 158 „vollständige" Herzkurven zu Hilfe nimmt. Zustand 1 und Zustand 4—5 sind dann zwei Schnittpunkte der vollständigen Herzkurven vom Zustand 2 und 3.

Die entsprechende instationäre Aufgabe zeigt Abb. 40.

11. Der Gabelstoß.

Es erweist sich auch durchaus als möglich, daß beim Zusammentreffen zweier Stöße nur ein einziger Stoß abzweigt, ohne daß es zu einem Prandtl-Meyer-Fächer kommt. Man spricht dann von Gabelstößen. Sie sind in Wandnähe im Zusammenhang mit Grenzschichtvorgängen oft zu beobachten. Um die Möglichkeiten eines Gabelstoßes bei einer bestimmten Mach-Zahl M_1 der Anströmung zu studieren, sind für die verschiedenen Punkte der Herzkurve des Zustandes 1 die zugehörigen Herzkurven zu zeichnen (Abb. 166). Ergibt sich ein Schnittpunkt der Herzkurve des Zustandes 2, welcher selbst ein Punkt der Herzkurve 1 ist, mit der Herzkurve 1, so gibt es einen Gabelstoß. Denn der Zustand 3 ist dann sowohl über *einen* Stoß als auch über zwei Stöße vom Zustand 1 aus erreichbar. Die Erscheinung kann in isentroper Näherung natürlich auch direkt im Busemannschen Stoßpolarendiagramm studiert werden, wobei sich der Strömungszustand etwas schneller ergibt als aus dem Herzkurvendiagramm.

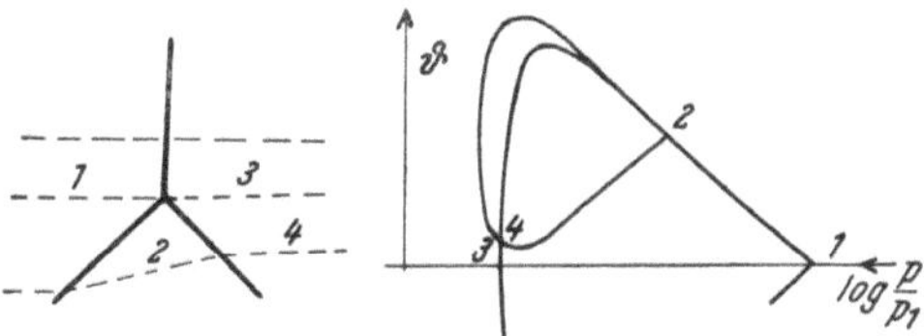

Abb. 166. Der Gabelstoß.

Mit dem Gabelstoß haben sich erstmalig A. WEISE[12] und H. EGGINK[13] beschäftigt. Verbesserungen und Vereinfachungen gibt W. WUEST[14]. Eine genaue Feststellung aller Möglichkeiten bedarf einer sehr genauen Untersuchung, welche F. WECKEN[15] gibt. Dabei zeigt sich, daß es unter Umständen nicht nur zwei, sondern auch drei Lösungen bei gegebenen Zuständen 1 und 2 geben kann.

Unter einer bestimmten Mach-Zahl (für $\varkappa = 1{,}405$: $M_1 = 1{,}2447$ nach W. WUEST) gibt es keinen Gabelstoß. Dies ist interessant, weil die Überlegungen auch für einen Punkt einer beliebigen Strömung gelten. Denn der Vorgang der Gabelung vollzieht sich in einem außerordentlich kleinen Bereich, in dem die Strömung im allgemeinen als parallel angesehen werden kann.

12. Kegelige Strömung.

Wie alle in den letzten Abschnitten behandelten Strömungen, zeichnet sich auch die Strömung an einem Kreiskegel dadurch aus, daß der Strömungszustand lediglich vom Polarwinkel abhängt, auf allen von der Kegelspitze ausgehenden Kegelflächen also konstant ist. Voraussetzung ist dabei, daß eine entsprechende Strömung überhaupt besteht, d. h. daß die Kopfwelle an der Kegelspitze anliegt. Tut sie das nicht, etwa weil der Kegel zu stumpf ist, so kann man genau wie beim Keil schließen (Abschnitt 5), daß es an einem unendlich langen Kegel keine Überschallströmung gibt.

Anschließend an die Prandtl-Meyer-Strömung wurde in Abschnitt VI, 12 eine kegelige Kompressionsströmung behandelt. Mit deren Hilfe ist es allerdings nicht möglich, vom Kegel ausgehend die Strömung vor diesem zu berechnen, weil die Größe der Geschwindigkeit am Kegel unbekannt ist. Doch läßt sich für einen gegebenen Stoßwinkel γ — ausgehend von den Bedingungen hinter dem Stoß — die Strömung bis zum Kegel leicht nach Abb. 111 konstruieren. Da es sich um eine Konstruktion im Hodographen handelt, ergibt sich für jeden Stoß

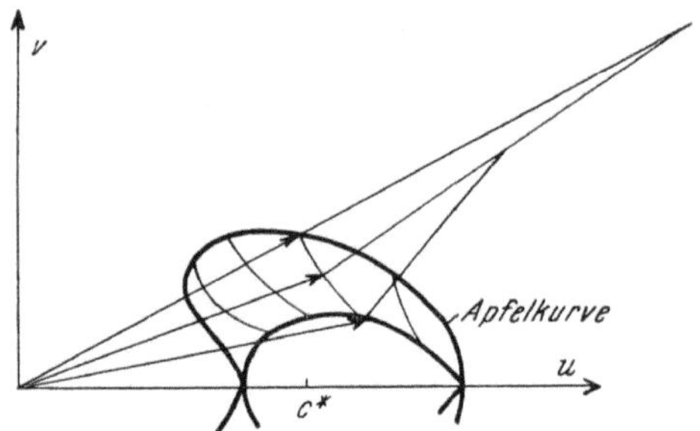

Abb. 167. Stoßpolare und Apfelkurve.

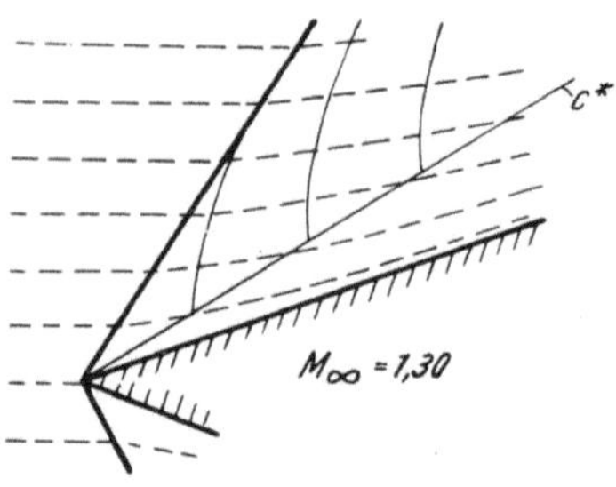

Abb. 168. Kegelströmung bei $M_\infty = 1,30$ nach TAYLOR und MACOLL. ——— Mach-Linien, --- Stromlinien.

bei einem bestimmten M_∞, d. h. für die Punkte der Stoßpolare als Anfangsbedingung ein kegeliges Feld (Abb. 167). Die Endpunkte der Konstruktion geben die Kegelwinkel ϑ und die Geschwindigkeitsbeträge W am Kegel, welche zu dem entsprechenden Stoßwinkel gehören. Die Endpunkte bilden die sogenannten „Apfelkurven"[16], sie geben den Zusammenhang von W und ϑ am Kegel bei gegebener Anströmung. Bei derselben Stoßlage ist nach dem Verlauf der Apfelkurve die Strömung am Kegel steiler als hinter dem Stoß, also steiler als an einem Keil gleichen Stoßwinkels. Die Stromlinien biegen sich gegen den Uhrzeigersinn. Dabei kann hinter dem Stoß reine Überschall-, reine Unterschall- oder auch gemischte Strömung herrschen. Den letzten Fall gibt Abb. 168 für eine Mach-

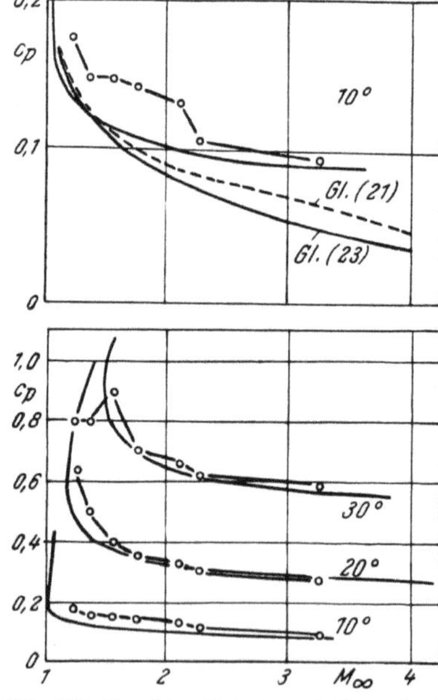

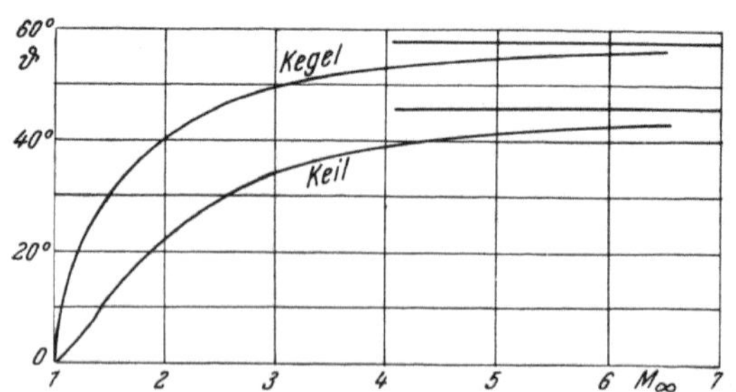

Abb. 169. Grenzwinkel von Keil und Kegel, abhängig von M_∞ ($\varkappa = 1{,}405$).

Abb. 170. Druckkoeffizient nach Versuchen[18] und Theorie (———) von TAYLOR-MACOLL und v. KÁRMÁN-MOORE [Gl. (21) u. (23)] an Kegeln mit 10°, 20° und 30° als halben Öffnungswinkel.

Zahl der Anströmung $M_\infty = 1,30$ wieder. Auf der Schallisotache müssen die Mach-Linien senkrecht zur Stromlinie enden. Der maximal zulässige Kegelwinkel ist bedeutend größer als beim Keil mit gleicher Mach-Zahl der Anströmung M_∞. Abb. 169 zeigt die Grenzwinkel für Kegel und Keil. Diese sind allerdings nicht völlig identisch mit dem Anliegen der Kopfwelle, wie in Abschnitt 5 ausgeführt, weil die Strömung schon bei einem etwas kleineren Winkel instabil wird. Für den praktischen Gebrauch spielt dieser Unterschied aber kaum eine Rolle.

Aus der dünnen, von der Apfelkurve zur Stoßpolare gehenden Verbindungslinie ergibt sich der gesamte Strömungszustand zwischen Stoß und Kegel. Der Vektor vom Ursprung zu einem Punkt dieser Kurve gibt Geschwindigkeitsbetrag und Richtung. Die Normalen-Richtung der Kurve (die Richtung des Krümmungsradius) gibt nach Abb. 111 die zugehörige Richtung des kegeligen Strömungsfeldes.

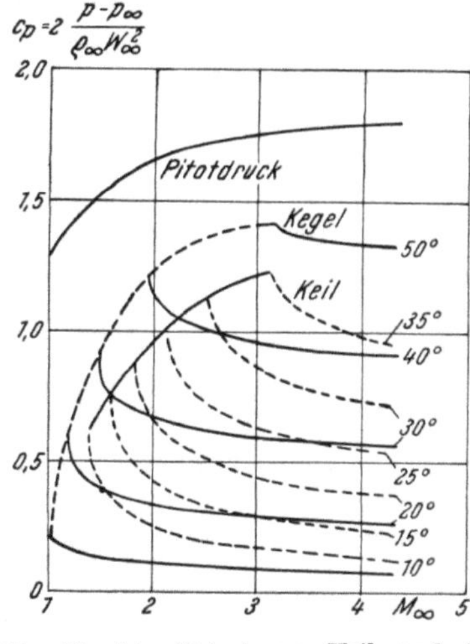

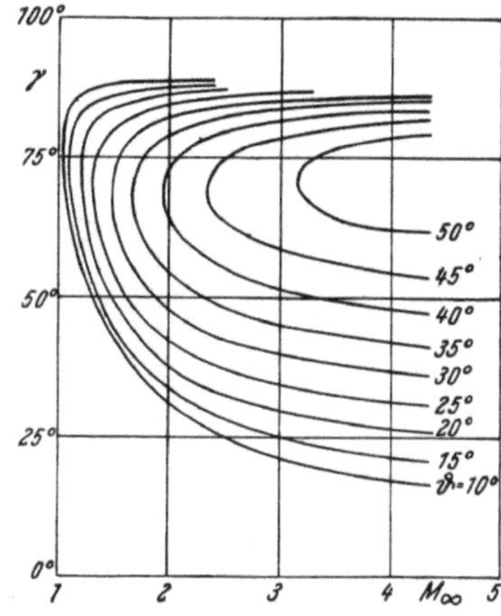

Abb. 171. Druckkoeffizient an Keil und Kegel ($\varkappa = 1{,}405$).

Abb. 172. Stoßwinkel am Kegel, abhängig vom Kegelwinkel und M_∞ ($\varkappa = 1{,}405$).

Abb. 170 zeigt Versuche und die exakte Theorie, beides nach Taylor-Macoll[17]. Außerdem sind für den Kegel kleinsten Öffnungswinkels noch die Ergebnisse der Theorie kleiner Störungen nach v. Kármán-Moore eingetragen. Sie sind für das entsprechende Dickenverhältnis (etwa 35%) ziemlich schlecht, obwohl die Geschwindigkeitsstörungen noch klein sind. Mit Annäherung von α_∞ an ϑ, in diesem Fall für $M_\infty \to 5{,}76$, ergeben sich verschiedene Resultate in der Theorie kleiner Störungen, je nachdem, ob in Gl. (21) die exakten Werte der Konstanten A verwendet werden, oder ob nach Gl. (23) auch $(\operatorname{tg} \vartheta \cot \alpha)^2 \ll 1$ vorausgesetzt wurde. Die Unterschiede sind jedoch im Vergleich zum Abweichen von der exakten Theorie bedeutungslos. Es hat demnach den Anschein, daß eine über die Gl. (23) hinausgehende Genauigkeit nicht gerechtfertigt ist.

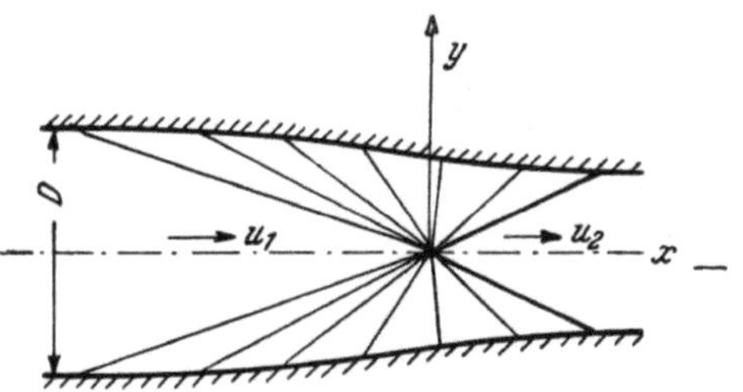

Abb. 173. Achsensymmetrische Verdichtungsdüse nach Busemann.

Abb. 171 gibt die Druckkoeffizienten am Kegel und Keil verschiedenen Öffnungswinkels abhängig von M_∞. Mit ihrer Hilfe läßt sich bereits ein Bild von den möglichen Widerständen in Überschallströmung gewinnen.

Für die Berechnung der Geschwindigkeitsverteilung an Körperspitzen, die näherungsweise stets als Kegel angesehen werden können, ist die Kenntnis des Stoßwinkels γ bei gegebenem Kegelwinkel und gegebenem M_∞ Voraussetzung. Zu dessen Ermittlung dient das Diagramm Abb. 172. Wie beim Keil (Abschnitt 5) ist auch beim Kegel stets der kleinere der beiden möglichen Stoßfrontwinkel zu wählen. Nach ermitteltem γ ist dann mit der Konstruktion nach Abb. 111 die Kegelströmung schnell konstruiert. Wegen mangelhafter Ablesegenauigkeit kann sich in der Konstruktion dabei ein geringfügig geänderter

Kegelwinkel ergeben. Nach Wiederholung der Konstruktion mit etwas geändertem Stoßwinkel ist die gewünschte Kegelströmung dann bald gefunden. Es macht daher wenig aus, daß das Diagramm Abb. 171 und 172 abweichend von den Tabellen dieses Buches für $\varkappa = 1,405$ gezeichnet ist.

Bei schwachen Stößen ergibt sich der Zustand hinter dem Stoß nur ungenau aus γ. Deshalb empfiehlt es sich, bei schlanken Kegeln die Geschwindigkeit am Kegel etwa mit Abb. 171 zu bestimmen und die Konstruktion des Strömungsfeldes am Kegel zu beginnen.

Eine genaue Analyse der Kegelströmung gibt A. Busemann[19]. Dabei können solche Strömungen nur als Verdichtungen in Verbindung mit Stößen auftreten, worin ein wesentlicher Unterschied zur verwandten ebenen Strömung nach Prandtl-Meyer besteht. Außer den Strömungen am Kegel hat noch eine Verdichtungsströmung in Düsen die Eigenschaft konstanter Strömungszustände auf Strahlen durch ein Zentrum (Abb. 173). Diese endet mit einem kegeligen Stoß.

Ausführliche Tabellen der Kegelströmung für $\varkappa = 1,405$ und $\varkappa = 1,33$ wurden in Amerika gerechnet[20, 21].

Abb. 174 zeigt Aufnahmen fliegender Körper mit Kegelspitze. (Über das Sichtbarmachen von Stößen und Mach-Wellen siehe Abschnitt XII, 2.) Für die

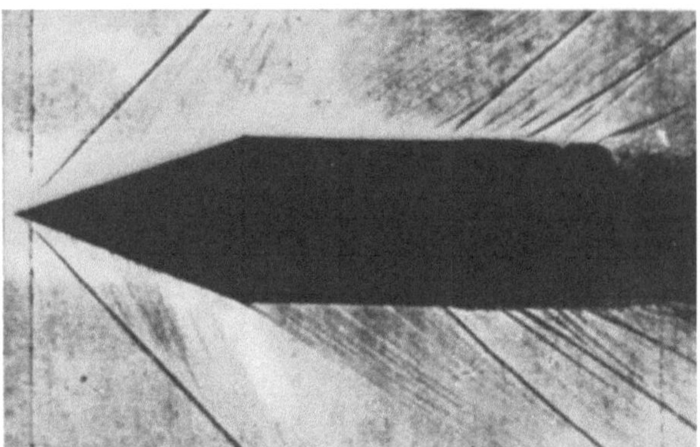

Abb. 174. Kegelprojektil bei $M_\infty = 1,576$ (oben) und $M_\infty = 1,231$ nach Macoll[18].

Strömung am Kegel ist die Form des Körpers dahinter ohne Einfluß, wenn überall Überschallströmung herrscht. Bei $M_\infty = 1,576$ zeigen sich von den Rauhigkeiten der Kegeloberfläche ausgehend deutlich Mach-Wellen. Erst dort, wo die vom Kegelende ausgehende Mach-Welle auf den Stoß auftrifft, kann sich bei diesem eine Krümmung bemerkbar machen. Bei $M_\infty = 1,231$ hingegen herrscht am Kegel bereits Unterschallgeschwindigkeit, daher können keine Mach-Wellen mehr auftreten. Die Endlichkeit des Kegels beeinflußt nun die ganze Kegelströmung. Tatsächlich ist die Stoßfront auch etwas gekrümmt. Eine Kegelströmung mit Unterschallgeschwindigkeit läßt sich mit *endlichen* Kegeln exakt nicht mehr verwirklichen. Es handelt sich dabei bereits um ein typisches Problem schallnaher Strömung.

13. Stoßströmung.

Da in *ebener* Strömung hinter einem Stoß wieder Parallelströmung herrscht, allerdings mit geänderter Mach-Zahl, läßt sich eine nur aus Verdichtungsstößen und Parallelstromfeldern zusammengesetzte Strömung — eine Stoßströmung — aufbauen. Schwierigkeiten können erst dort auftreten, wo sich die Stöße durchkreuzen. Dieses Gebiet sei aber hier nicht betrachtet, durch entsprechende Wände können Stoßdurchdringungen überhaupt vermieden werden (Abb. 175). Praktische Bedeutung besitzt eine solche Strömung für die Verwirklichung eines guten Druckrückgewinnes. Der Ruhedruckverlust ist bei höheren Mach-Zahlen im senkrechten Stoß ganz erheblich und kann durch Auflösen des senkrechten Stoßes in schiefe Teilstöße wesentlich verringert werden. Das gelingt besonders gut an scharfen Vorderkanten, wo die Grenzschicht ohne Einfluß ist. Den geringsten Verlust gäbe natürlich eine stetige isentrope Verdichtung. Doch zeigt es sich, daß diese durch Grenzschichteffekte (hervorgerufen durch die starken Druckanstiege) gestört wird, wobei sich schiefe Stöße bilden.

Beim Aufbau einer Stoßströmung tritt die Frage auf, wie eine bestimmte Anzahl von Stößen beschaffen sein muß, damit der gesamte Ruhedruckverlust einen Minimalwert annimmt. Es muß dabei gefordert werden, daß der letzte Stoß zu einer bestimmten Mach-Zahl führt (etwa $M = 1$) oder daß er ein senkrechter Stoß ist. Ohne eine solche Einschränkung

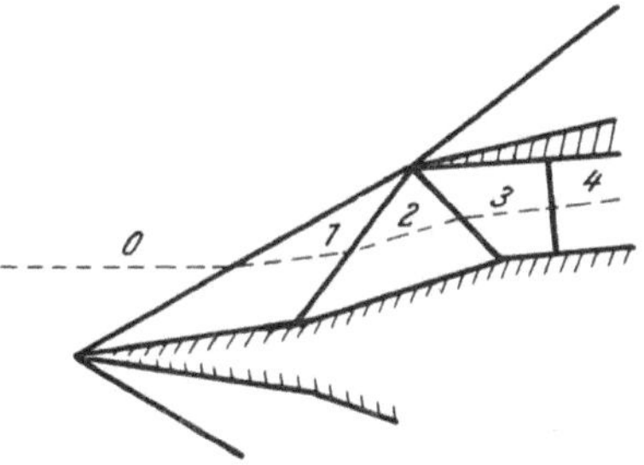

Abb. 175. Stoßströmung.

ergibt sich nämlich der geringste Verlust dann, wenn alle Stöße in Mach-Wellen ausarten, womit dann allerdings auch jeder Druckanstieg ausbleibt. Obwohl die Aufgabenstellung elementar ist — es handelt sich um eine Extremwertaufgabe mehrerer unabhängiger Veränderlicher mit Nebenbedingungen — kommt man nur bei geschickter Darstellung zum Ziel[22]. Bei $M_n = 1$ (M_n = Mach-Zahl nach dem n-ten Stoß) ergibt sich als Resultat, daß für alle Stöße der Wert von $M \sin \gamma$ derselbe sein muß. D. h. die Verluste in den einzelnen Stößen müssen einander gleich sein! Für den praktisch wichtigeren Fall, daß der letzte Stoß senkrecht ist, ergibt sich für die schiefen Stöße wieder gleiches $M \sin \gamma = M_0 \sin \gamma_0$ (M_0 = Mach-Zahl der Anströmung), aber ein etwas abweichendes M_{n-1} (Mach-Zahl vor dem letzten Stoß):

Tabelle VIII, 1[22]. *Höchstmöglicher Ruhedruck $\hat{p}_0$ nach*
$n - 1$ schiefen und einem senkrechten Stoß ($\varkappa = 1{,}405$).

M_0	$n = 1$	$n = 2$			$n = 3$		
	$\hat{p}_0/p_0$	$M_0 \sin \gamma_0$	M_{n-1}	$\hat{p}_0/p_0$	$M_0 \sin \gamma_0$	M_{n-1}	$\hat{p}_0/p_0$
1,0	1,000	1,000	1,000	1,000	1,000	1,000	1,000
1,5	0,929	1,215	1,168	0,980	1,125	1,095	0,990
2,0	0,721	1,470	1,388	0,900	1,279	1,222	0,949
2,5	0,499	1,724	1,622	0,715	1,443	1,365	0,863
3,0	0,328	1,966	1,854	0,586	1,600	1,508	0,744
3,5	0,213	2,198	2,079	0,435	1,752	1,649	0,615
4,0	0,139	2,418	2,288	0,314	1,892	1,782	0,488

Darnach zeigt sich bei höheren Mach-Zahlen ein ganz entscheidender Effekt. Während bei geringem Überschall schon mit zwei Stößen der wesentliche Effekt erreicht wird, wird bei hohen Mach-Zahlen möglichst über drei Stöße herausgegangen werden. Dabei ist es nicht wichtig, die hier angegebenen Zahlen genau einzuhalten, da geringe Abweichungen in der Umgebung eines Extremwertes nur wenig am Resultat ändern.

14. Transformation der Differentialgleichungen auf die Machschen Linien.

In Abschnitt VI, 5 über die Typenunterscheidung der Differentialgleichung wurde festgestellt, daß Störungen in Überschallströmungen begrenzte Einflußgebiete besitzen. Diese werden, wie bei den instationären Strömungen, durch die Machschen Linien begrenzt, wenn die Störungen schwach oder die Zustandsänderungen stetig sind. Wie bei den instationären Strömungen kann, also von „Einflußgebieten", „Abhängigkeitsgebieten" und „Fortsetzungsgebieten" gesprochen werden, wobei die Abb. 48, 49, 50 einfach in die x, y-Ebene, die Strömungsebene der ebenen oder achsensymmetrischen Strömung zu übertragen sind.

Jede Machsche Linie kann als Rand eines Einflußgebietes in Frage kommen. Durch die Zustände *auf* der Mach-Linie sind die Ableitungen *längs* der Mach-Linie gegeben. Diese dürfen nun aber nicht mit den Ableitungen zusammenhängen, welche von der Mach-Linie wegführen, weil sonst entgegen der Voraussetzung ein Einfluß über das Einflußgebiet hinaus bestehen würde (siehe Abschnitt III, 25). Es muß also bei der stationären Überschallströmung wie bei der instationären Strömung eine besonders einfache Gestalt der Differentialgleichungen nach Transformation auf die Machschen Linien erwartet werden. Diese werden wieder als Charakteristiken bezeichnet.

Beim Blick in Strömungsrichtung sei die *linksläufige* Charakteristik, welche den Neigungswinkel $\vartheta + \alpha$ mit der x-Achse einschließt, mit $\xi = $ konst., die *rechtsläufige*

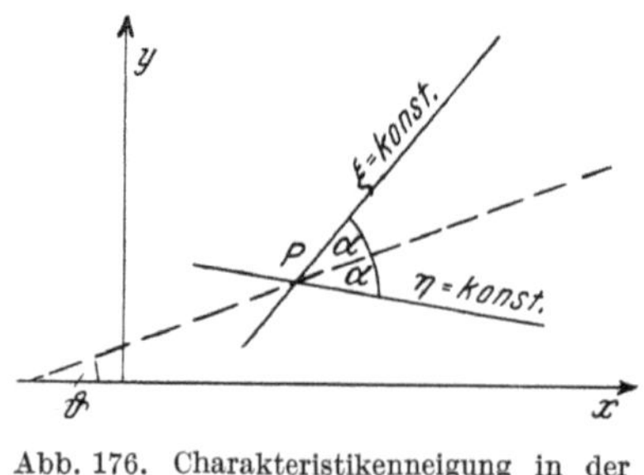

Abb. 176. Charakteristikenneigung in der Strömungsebene.

Charakteristik, welche den Neigungswinkel $\vartheta - \alpha$ mit der x-Achse einschließt, mit $\eta = $ konst. bezeichnet (Abb. 176). Dann ist:

$$\xi_x/\xi_y = - \operatorname{tg}(\vartheta + \alpha); \quad \eta_x/\eta_y = - \operatorname{tg}(\vartheta - \alpha). \tag{42}$$

Diese Gleichungen führen zum Spezialfall kleiner Störungen, wenn $\vartheta = 0$ und $\alpha = \alpha_\infty$ gesetzt wird. Die Mach-Linien sind dann zwei Scharen paralleler Geraden (Abb. 140) mit den Neigungen:

$$\xi_x/\xi_y = - \operatorname{tg} \alpha_\infty = - \frac{1}{\sqrt{M_\infty^2 - 1}}; \quad \eta_x/\eta_y = \operatorname{tg} \alpha_\infty = \frac{1}{\sqrt{M_\infty^2 - 1}}. \tag{43}$$

Hier interessiert nur der allgemeine Fall. Es ist zweckmäßig, entsprechend zu Gl. (VI, 50) die Beträge der Gradienten von ξ und η einzuführen. Aus Gl. (42) folgt dann:

$$\begin{aligned}
\xi_x &= \sin(\vartheta + \alpha)\sqrt{\xi_x^2 + \xi_y^2} = h_1 \sin(\vartheta + \alpha); \quad \xi_y = - h_1 \cos(\vartheta + \alpha), \\
\eta_x &= - \sin(\vartheta - \alpha)\sqrt{\eta_x^2 + \eta_y^2} = - h_2 \sin(\vartheta - \alpha); \quad \eta_y = h_2 \cos(\vartheta - \alpha).
\end{aligned} \tag{44}$$

Dabei liegt eine Willkür in der Wahl der positiven Gradientenrichtung. Die Wahl wurde so getroffen, daß die Zählung von ξ in Richtung von x und die Zählung von η in Richtung von y verläuft, wenn $-\pi/2 < \vartheta < \pi/2$ ist. Der Betrag des Machschen Winkels α übersteigt definitionsgemäß nie den Wert $\pi/2$. Die Differentialgleichungen wurden bereits in Abschnitt VI, 6 auf allgemeine Koordinaten transformiert. Vor deren Anwendung sollen noch folgende, häufig vorkommende Ausdrücke mittels Gl. (44) und Gl. (VI, 40) vereinfacht werden:

$$\begin{aligned}
u\,\xi_x + v\,\xi_y &= h_1\,W\,[\sin(\vartheta + \alpha)\cos\vartheta - \cos(\vartheta + \alpha)\sin\vartheta] = h_1\,W\sin\alpha = h_1\,c. \\
u\,\eta_x + v\,\eta_y &= h_2\,W\,[-\sin(\vartheta - \alpha)\cos\vartheta + \cos(\vartheta - \alpha)\sin\vartheta] = h_2\,W\sin\alpha = h_2\,c.
\end{aligned}$$

$$\tag{45}$$

Daß hier nur c vorkommt, kann nicht verwundern, denn es handelt sich um ein inneres Produkt von Geschwindigkeitsvektor und Gradient der Mach-Linie (Abb. 177) Die Normalkomponente der Geschwindigkeit auf diese ist aber c.

Aus der Kontinuitätsbedingung (VI, 45) sei die Dichte mit dem Energiesatz (VI, 47) eliminiert, so daß sich zusammen mit den beiden Eulerschen Gl. (VI, 46) drei Gleichungen für u, v, p ergeben. Mit Gl. (44) und (45) gilt dann:

$$c\,\varrho\,h_1 \sin(\vartheta + \alpha)\,u_\xi - c\,\varrho\,h_2 \sin(\vartheta - \alpha)\,u_\eta - c\,\varrho\,h_1 \cos(\vartheta + \alpha)\,v_\xi +$$

$$+\,c\,\varrho\,h_2 \cos(\vartheta - \alpha)\,v_\eta + h_1\,p_\xi + h_2\,p_\eta + \left\{\frac{\varrho\,v}{y}\,c\right\} = 0;$$

$$c\,\varrho\,h_1\,u_\xi + c\,\varrho\,h_2\,u_\eta + h_1 \sin(\vartheta + \alpha)\,p_\xi - h_2 \sin(\vartheta - \alpha)\,p_\eta = 0;$$

$$c\,\varrho\,h_1\,v_\xi + c\,\varrho\,h_2\,v_\eta - h_1 \cos(\vartheta + \alpha)\,p_\xi + h_2 \cos(\vartheta - \alpha)\,p_\eta = 0.$$

Das eingeklammerte Glied in der ersten Gleichung gilt dabei für achsensymmetrische Strömung. Die Eulerschen Gleichungen weisen kein entsprechendes Zusatzglied auf. Nach den früheren Überlegungen darf nun etwa auf der linksläufigen Mach-Linie ($\xi =$ konst.) keine Ableitung u_ξ, v_ξ, p_ξ vorkommen. Aus dem System läßt sich durch Multiplizieren der drei Gleichungen mit

$$1; \quad -\sin(\vartheta + \alpha); \quad \cos(\vartheta + \alpha)$$

und nachfolgender Addition leicht u und v fortschaffen. Tatsächlich verschwindet dann gleichzeitig auch der Koeffizient von p_ξ. Nach trigonometrischen Umformungen und Division durch $2\,c\,h_2 \cos\alpha$ bleibt

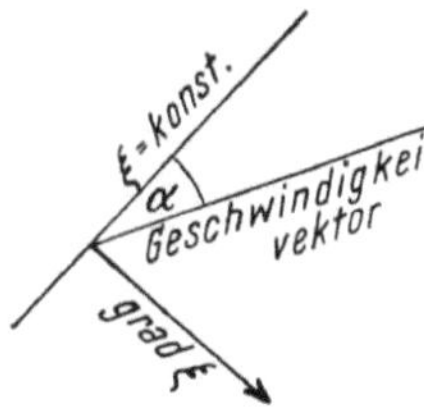

Abb.177. Geschwindigkeits-vektor und Gradient der Mach-Linie.

$$-\sin\vartheta\,u_\eta + \cos\vartheta\,v_\eta + \frac{\cos\alpha}{c\,\varrho}\,p_\eta + \left\{\frac{v}{2\,y\,h_2 \cos\alpha}\right\} = 0.$$

Es ist hier zweckmäßig, W und ϑ einzuführen, mit Gl. (VI, 40) ist:

$$\vartheta_\eta + \cot\alpha\,\frac{p_\eta}{\varrho\,W^2} + \left\{\frac{\sin\vartheta}{2\,y\,h_2 \cos\alpha}\right\} = 0.$$

Für ebene Strömung wäre man mit obiger Gleichung schon am Ziel mit einer sehr einfachen Gleichung auf $\xi =$ konst. als Resultat. Bei achsensymmetrischer Strömung ist es jedoch zweckmäßig, die Bogenlänge l längs der Machschen Linie einzuführen. Das Bogenlängenelement ist bekanntlich gegeben durch:

$$dl = \sqrt{x_t{}^2 + y_t{}^2}\,dt,$$

wenn die Kurve durch die Parameterdarstellung $x(t)$, $y(t)$ dargestellt wird. Die Kurve $\xi = \xi_1 =$ konst. hat dann die Darstellung $x(\xi_1, \eta)$, $y(\xi_1, \eta)$. Mit den Gl. (VI, 43, 44) ergibt sich nun allgemein:

$$x_\eta{}^2 + y_\eta{}^2 = \frac{\xi_x{}^2 + \xi_y{}^2}{(\xi_x\,\eta_y - \xi_y\,\eta_x)^2} =$$

$$= \frac{h_1{}^2}{h_1{}^2\,h_2{}^2\,[\sin(\vartheta + \alpha)\cos(\vartheta - \alpha) - \sin(\vartheta - \alpha)\cos(\vartheta + \alpha)]^2} = \frac{1}{h_2{}^2 \sin^2 2\,\alpha},$$

woraus für das Bogenelement folgt:

$$\left(\frac{\partial l}{\partial \eta}\right)_\xi = \sqrt{x_\eta{}^2 + y_\eta{}^2} = \frac{1}{h_2 \sin 2\,\alpha}, \tag{46}$$

eine Beziehung, die sich auch geometrisch deuten ließe. Wird mit dieser die Größe h_2 eleminiert, so ergibt sich die Gleichung:

$$\vartheta_\eta + \frac{\cot\alpha}{\varrho\,W^2}\,p_\eta + \left\{\sin\alpha \sin\vartheta\,\frac{1}{y}\,\frac{\partial l}{\partial \eta}\right\} = 0, \tag{47}$$

auf der *linksläufigen* Charakteristik: $\xi = $ konst. Indem das negative Vorzeichen von α genommen wird:

$$-\vartheta_\xi + \frac{\cot \alpha}{\varrho\, W^2}\, p_\xi + \left\{\sin \alpha \sin \vartheta\, \frac{1}{y}\, \frac{\partial l}{\partial \xi}\right\} = 0, \tag{47}$$

auf der *rechtsläufigen* Charakteristik: $\eta = $ konst.

Die Gl. (47) sind das Analogon zu den Gl. (III, 106) auf den Mach-Linien der instationären eindimensionalen Strömung und werden wie diese *Verträglichkeits*bedingungen genannt. Sie reichen zur Berechnung isentroper Strömungen aus, weil dann auch der Druck nur von W abhängt, womit ϑ und W als einzige Unbekannte auftreten. [Wie M hängt ja auch α bei isoenergetischer Strömung über den Energiesatz (II, 29) stets nur von W ab. Die entsprechenden Formeln in Tab. II, 5 gelten über Verdichtungsstöße hinweg.] Im allgemeinen Fall der isoenergetischen Strömung kommt noch Gl. (VI, 3) dazu, die aussagt, daß die Entropie auf Stromlinien konstant ist, daß die Bernoullische Gleichung also auf jeder Stromlinie zwischen Stößen gilt mit einem mit der Stromlinie sich ändernden Ruhedruck p_0.

15. Die Machschen Linien als Kurven unbestimmter Querableitung.

Obwohl mit den Gl. (47) bereits das gewünschte Ziel erreicht wurde, sei hier zur Vertiefung des Verständnisses noch eine andere Darstellung gegeben, zumal ein entsprechender Weg auch bei der instationären eindimensionalen Strömung beschritten werden kann. Die Betrachtung sei dabei auf den ebenen Fall beschränkt. Sie kann dabei an der gasd. Gl. (VI, 11) und dem Croccoschen Wirbelsatz Gl. (VI, 25) — als zwei Gleichungen mit den Unbekannten u, v — durchgeführt werden, doch sei hier wieder das System von Kontinuitätsbedingung und Eulerscher Gleichung bevorzugt. Bei Achsensymmetrie ist die Betrachtung nicht nennenswert anders.

Es sei von der Frage ausgegangen, ob es Kurven in der Strömungsebene gibt, bei denen es nicht möglich ist, auf den Strömungszustand in der Nachbarschaft der Kurve zu schließen, wenn der Strömungszustand auf der Kurve gegeben ist. Zur Beantwortung der Frage seien neue allgemeine Koordinaten ξ, η [Gl. (VI, 43)] eingeführt. Eine solche (zunächst noch hypothetische) Kurve mit der eben geforderten Eigenschaft sei $\xi = $ konst., so daß die bekannten Ableitungen der Zustände längs der Kurve durch die Ableitungen nach η und die gesuchten, von der Kurve wegführenden Ableitungen durch die Ableitungen nach ξ gegeben sind. Nach Elimination der Dichte aus der Kontinuitätsbedingung Gl. (VI, 45) mit dem Energiesatz (VI, 47) seien die bekannten Ableitungen auf die rechte Gleichungsseite gebracht, mit folgendem Ergebnis:

$$c^2 \varrho\, \xi_x u_\xi + c^2 \varrho\, \xi_y v_\xi + (u\, \xi_x + v\, \xi_y)\, p_\xi = -c^2 \varrho\, \eta_x u_\eta - c^2 \varrho\, \eta_y v_\eta - (u\eta_x + v\eta_y)\, p_\eta;$$

$$\varrho\,(u\, \xi_x + v\, \xi_y)\, u_\xi + \xi_x\, p_\xi = -\varrho\,(u\, \eta_x + v\, \eta_y)\, u_\eta - \eta_x\, p_\eta;$$

$$\varrho\,(u\, \xi_x + v\, \xi_y)\, v_\xi + \xi_y\, p_\xi = -\varrho\,(u\, \eta_x + v\, \eta_y)\, v_\eta - \eta_y\, p_\eta.$$

Bei gegebenem Kurvennetz $\xi\,(x, y)$, $\eta\,(x, y)$ stehen oben drei Gleichungen für die unbekannten Ableitungen u_ξ, v_ξ, p_ξ. Da das Kurvensystem nur indirekt durch eine Forderung gegeben ist, enthalten die Gleichungen die noch zu bestimmenden Ableitungen ξ_x, ξ_y, η_x, η_y. Nach der Kramerschen Regel für die Auflösung linearer Gleichungssysteme ergibt sich etwa für p_ξ:

$$p_\xi = \frac{\begin{vmatrix} c^2 \varrho\, \xi_x; & c^2 \varrho\, \xi_y; & -c^2 \varrho\, \eta_x u_\eta - c^2 \varrho\, \eta_y v_\eta - (u\eta_x + v\eta_y)\, p_\eta \\ \varrho\,(u\, \xi_x + v\, \xi_y); & 0; & -\varrho\,(u\, \eta_x + v\, \eta_y)\, u_\eta - \eta_x\, p_\eta \\ 0; & \varrho\,(u\, \xi_x + v\, \xi_y); & -\varrho\,(u\, \eta_x + v\, \eta_y)\, v_\eta - \eta_y\, p_\eta \end{vmatrix}}{\begin{vmatrix} c^2 \varrho\, \xi_x; & c^2 \varrho\, \xi_y; & (u\, \xi_x + v\, \xi_y) \\ \varrho\,(u\, \xi_x + v\, \xi_y); & 0; & \xi_x \\ 0; & \varrho\,(u\, \xi_x + v\, \xi_y); & \xi_y \end{vmatrix}} \tag{48}$$

Wenn p_ξ unbestimmt sein soll, so muß die Nennerdeterminante, die übrigens für u_ξ und v_ξ gleichlautet, verschwinden. Aus dem Nullsetzen der Nennerdeterminante ergibt sich die einfache Gleichung

$$(u\,\xi_x + v\,\xi_y)\,[(u^2 - c^2)\,\xi_x^2 + 2\,u\,v\,\xi_x\,\xi_y + (v^2 - c^2)\,\xi_y^2] = 0. \qquad (49)$$

Darnach gibt es in einem Punkt drei Richtungen, für die die Ableitungen u_ξ, v_ξ, p_ξ unbestimmt sind, und zwar:

$$-\frac{\xi_x}{\xi_y} = \frac{v}{u} = \operatorname{tg}\vartheta;$$

und: $\qquad\qquad\qquad\qquad\qquad\qquad\qquad\qquad\qquad\qquad\qquad\qquad\qquad (50)$

$$-\frac{\xi_x}{\xi_y} = \frac{u\,v \pm c\,\sqrt{W^2 - c^2}}{u^2 - c^2} = \frac{v\,\sqrt{W^2 - c^2} \pm u\,c}{u\,\sqrt{W^2 - c^2} \mp v\,c} = \frac{\operatorname{tg}\vartheta \pm \operatorname{tg}\alpha}{1 \mp \operatorname{tg}\vartheta\,\operatorname{tg}\alpha} = \operatorname{tg}(\vartheta \pm \alpha).$$

Zu den beiden Richtungen der Machschen Linien [$\operatorname{tg}(\vartheta \pm \alpha)$] kommt also noch die Richtung der Stromlinie hinzu. Das ist aber auch nach den behandelten Beispielen nicht verwunderlich (etwa Abb. 163), weil die Geschwindigkeit — allerdings nicht der Druck — bei anisentroper Strömung an einer Stromlinie sogar einen Sprung machen kann, der aus der Verteilung auf der einen Seite der Stromlinie nicht berechenbar ist. Bei isentroper Strömung tritt die Stromlinie als dritte Charakteristik nicht auf.

Soll nun p_ξ keinen Sprung machen, dann muß gleichzeitig mit der Nennerdeterminante in Gl. (48) auch die Zählerdeterminante verschwinden. Daraus ergeben sich dann die „Verträglichkeitsbedingungen" und aus dieser Eigenschaft ergibt sich auch ihre Bezeichnung. Durch Nullsetzen der Zählerdeterminante folgt nach einigen einfachen Reduktionen:

$$v\,c^2\,\varrho\,[\xi_x\,\eta_y - \eta_x\,\xi_y]\,u_\eta - u\,c^2\,\varrho\,[\xi_x\,\eta_y - \eta_x\,\xi_y]\,v_\eta +$$
$$- \{\eta_x\,[(u^2 - c^2)\,\xi_x + u\,v\,\xi_y] + \eta_y\,[(v^2 - c^2)\,\xi_y + u\,v\,\xi_x]\}\,p_\eta = 0.$$

Nun ergibt sich aus Gl. (50):

und $\qquad\qquad (u^2 - c^2)\,\xi_x + u\,v\,\xi_y = \mp\,\xi_y\,c\,\sqrt{W^2 - c^2}$

$\qquad\qquad\qquad (v^2 - c^2)\,\xi_y + u\,v\,\xi_x = \pm\,\xi_x\,c\,\sqrt{W^2 - c^2}\,.$

Diese Richtungsbedingung von $\xi = $ konst. in den Koeffizienten von p_η eingeführt, ergibt für $\xi_x\,\eta_y - \eta_x\,\xi_y \neq 0$ sofort:

$$v\,u_\eta - u\,v_\eta \mp \cot\alpha\,\frac{1}{\varrho}\,p_\eta = 0, \qquad (51)$$

die Verträglichkeitsbedingung für die beiden Richtungen $\vartheta \pm \alpha$. Sie lassen sich leicht in die Verträglichkeitsbedingungen (47) für ebene Strömung überführen. Es sei darauf hingewiesen, daß bei dieser Herleitung $\xi = $ konst. als eine der beiden Machschen Linien angenommen wurde, während $\eta = $ konst. beliebig sein konnte. Bei der Ableitung von Gl. (51) konnten daher nur Beziehungen für ξ_x/ξ_y verwendet werden.

Im folgenden seien nun aber stets $\xi = $ konst. und $\eta = $ konst. die beiden Scharen Machscher Linien.

16. Die exakte isentrope Profilströmung.

In diesem Abschnitt, der mit Abschnitt III, 27 über die Ausbreitung ebener Wellen nahe verwandt ist, wird die ebene isentrope Strömung um ein Profil exakt behandelt. Zu diesem Zweck sei von den entsprechenden Verträglichkeitsbedingungen ausgegangen, nachdem der Druck mittels der Bernoullischen Gl. (II, 51) durch die Geschwindigkeit ersetzt wurde. Auf der links- und rechtsläufigen Mach-Linie gilt dann:

$$\vartheta_\eta - \frac{\cot\alpha}{W} W_\eta = 0; \qquad \vartheta_\xi + \frac{\cot\alpha}{W} W_\xi = 0. \tag{52}$$

Diese Gleichungen stellen die Änderungen des Strömungszustandes auf den Mach-Linien dar. Sie lassen sich exakt integrieren, denn $\cot\alpha$ selbst ist mit c über den Energiesatz (II, 7) nur Funktion von W. Für diesen Zusammenhang von α und W ist beim idealen Gas nur Isoenergie vorauszusetzen und Isentropie nicht erforderlich.

Die Isoenergie ist allerdings keine Folge der Isentropie, denn es sind leicht Strömungen mit konstanter Entropie denkbar, welche nicht isoenergetisch sind. Zu diesem Zweck braucht nur mit T_0 auch p_0 entsprechend variiert werden. Praktische Bedeutung haben solche Strömungen bisher allerdings nicht erlangt.

Um die Integration ausführen zu können, muß allerdings der funktionelle Zusammenhang gegeben sein. Für das *id. Gas konst. sp. W.* ergibt sich mit Tab. II, 5 nach Ausführung der Quadratur:

$$\vartheta \mp \left[\sqrt{\frac{\varkappa+1}{\varkappa-1}}\ \mathrm{arctg}\ \sqrt{\frac{\varkappa-1}{\varkappa+1}(M^2-1)} - \mathrm{arctg}\ \sqrt{M^2-1} \right] = \vartheta^* \tag{53}$$

oder

$$\vartheta \mp \left[\sqrt{\frac{\varkappa+1}{\varkappa-1}}\ \mathrm{arctg}\ \sqrt{\frac{M^{*2}-1}{\dfrac{2}{\varkappa-1}-(M^{*2}-1)}} + \right.$$

$$\left. - \mathrm{arctg}\ \sqrt{\frac{\varkappa+1}{\varkappa-1}\ \frac{M^{*2}-1}{\dfrac{2}{\varkappa-1}-(M^{*2}-1)}} \right] = \vartheta^*. \tag{54}$$

auf der links- (oberes Vorzeichen) und rechtsläufigen Mach-Linie. Die Integrationskonstante ϑ^* ändert dabei im allgemeinen von einer Charakteristik zur anderen ihren Wert. Sie ist der Wert von ϑ für $M = M^* = 1$. Dann ist nämlich die nach ϑ stehende, etwas komplizierte Geschwindigkeitsfunktion gleich Null.

Gl. (54) stellt als Zusammenhang von W und ϑ auf der Machschen Linie das Bild der Machschen Linie im Hodographen dar. Dieses liegt bei ebener isentroper Strömung also von vornherein fest. (Auch bei der instationären, ebenen, isentropen Rohrströmung lagen die Charakteristiken in der Zustandsebene fest.) Es ist daher zweckmäßig, die Charakteristiken in den Hodographen von vornherein einzuzeichnen (Abb. 178). Man erhält damit ein im folgenden häufig verwendetes Diagramm, welches daher wie das Stoßpolarendiagramm als Tafel II in Großausführung beigegeben ist.

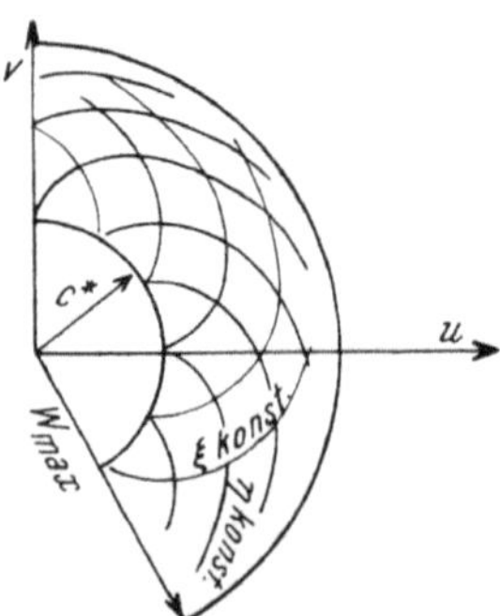

Abb. 178. Charakteristiken der ebenen isentropen Strömung im Hodographen.

Die Unabhängigkeit der Lage der Charakteristiken ebener Überschallströmung im Hodographen von den Randbedingungen ist auch leicht aus jenen Formen der gasd. Gl. zu erkennen, die sich nach der Molenbroek-Transformation Gl. (VI, 93) oder nach der Legendre-Transformation Gl. (VI, 89) im Hodographen ergeben. Es handelt sich dabei stets um lineare Differentialgleichungen, d. h. die Charakteristiken können bereits allein aus den Koeffizienten der höchsten Ableitungen ermittelt werden.

Eine rechtsläufige Mach-Linie ergibt sich im Hodographen bei Betrachten aus dem Ursprung wieder als mit zunehmender Geschwindigkeit rechtsläufige Kurve.

Auch bei beliebiger Zustandsgleichung liegen die Charakteristiken im Hodographen fest, doch ist zu der Berechnung die Kenntnis der Zustandsgleichung erforderlich. Im allgemeinen Fall wird es notwendig sein, für jeden Ruhezustand p_0, T_0 ein besonderes Diagramm zu zeichnen. Für viele allgemeine Überlegungen kommt es aber nicht auf die Kenntnis der Kurven, sondern nur auf die Tatsache ihres Festliegens im Hodographen an. Die entsprechenden Schlüsse können dann ohne weiteres auf nicht ideale Gase übertragen werden.

Die Bildkurven der Machschen Linien in der Geschwindigkeitsebene sind dort wieder Charakteristiken, eine ganz allgemeine Eigenschaft hyperbolischer Differentialgleichungen oder Differentialgleichungs-systeme. Dies kann an Hand der Gleichungen mit u, v als unabhängigen Veränderlichen leicht gezeigt werden und ist im übrigen kein unerwartetes Resultat. Darnach kann völlig eindeutig von Charakteristiken im Hodographen gesprochen werden, womit gleichzeitig sowohl die Begrenzungskurven von Einfluß-gebieten im Hodographen als auch das Bild der Machschen Linien verstanden wird. Der Ausdruck „Machsche Linie" wird hier nur für die Charakteristiken der Strömungsebene verwendet.

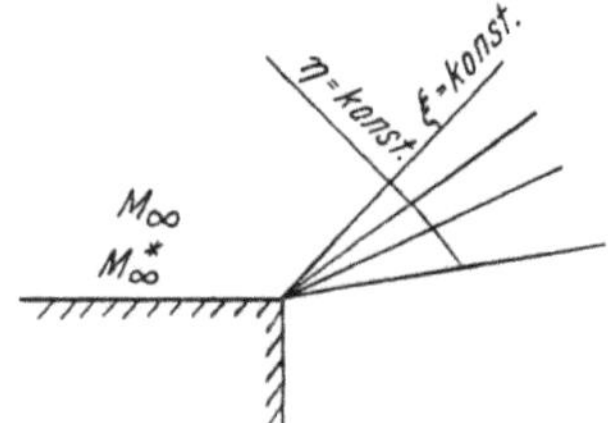

Abb. 179. Rechtsläufige Mach-Linie im Prandtl-Meyer-Fächer.

Gl. (53) für die rechtsläufige Mach-Linie ist mit Gl. (VI, 81) für die Prandtl-Meyer-Expansion oder -Kompression identisch, wenn die Integrationskonstante ϑ^* gleich Null gesetzt wird. Dies wird sofort klar nach Einzeichnen einer rechts-läufigen Mach-Linie in einem Verdünnungsfächer (Abb. 179). Die Konstante ϑ^* für die rechtsläufige Charakteristik ist dadurch festgelegt, daß für $M^* = M^*_\infty$ $\vartheta = 0$ ist. Daraus ergibt sich aus Gl. (54) mit dem unteren Vorzeichen für jedes beliebige ϑ ein ganz bestimmtes M^*, das um so größer ist, je stärkere negative Werte ϑ annimmt. Jedem ϑ ist also auch ein α und ein $(\vartheta + \alpha)$-Wert zugeordnet. Daraus ergibt sich für jede Neigung einer Linie $\xi = $ konst. der gesamte Strömungs-

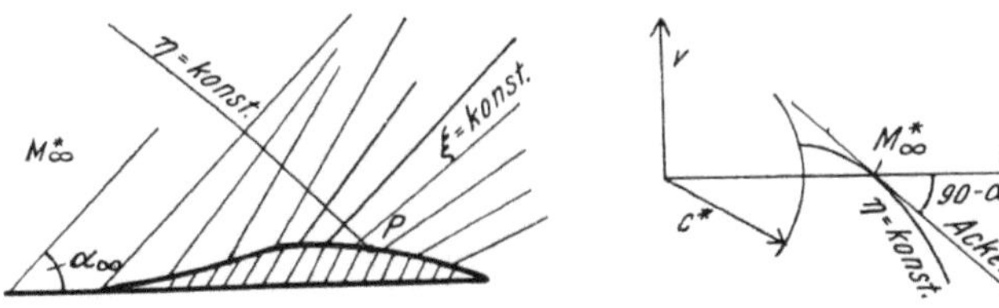

Abb. 180. Mach-Linien der Profilströmung.

zustand. Diese Überlegung gilt auch für jede Linie $\eta = $ konst., da ja auch sie alle aus der Parallelströmung $M^* = M^*_\infty$, $\vartheta = 0$ kommen.

Das erlaubt aber sofort eine Verallgemeinerung auf beliebige Wand- oder Profilformen (Abb. 180). Zunächst seien allerdings Stöße ausgeschlossen. Zur Bestimmung der Geschwindigkeit in einem Punkte P mit bekannter Strömungsrichtung bei Parallelanströmung sei die im Punkte P endende, aus dem Anströmgebiet kommende rechtsläufige Mach-Linie gezogen. Ihre Konstante ϑ^* bestimmt sich aus den Werten im Anströmgebiet. Sie ist für alle ebenen Profilpunkte dieselbe. D. h. alle rechtsläufigen Mach-Linien über dem Profil entsprechen im Hodographen einer einzigen Kurve, die dort durch den Wert M^*_∞, $\vartheta = 0$ festliegt. Ihr können abhängig vom Strömungswinkel sofort die Geschwindigkeitsbeträge entnommen werden.

Die Geschwindigkeit eines Profilpunktes ist also lediglich Funktion der Profiloberflächenneigung im betrachteten Punkt und hängt nicht von der übrigen

Profilform ab, solange die Strömung überall stetig ist. Die Ackeretsche Formel (3) erfährt also einfach eine Erweiterung im wesentlichen dadurch, daß an Stelle der Geschwindigkeit eine allgemeine Geschwindigkeitsfunktion tritt. Gl. (3) entspricht der Näherung der Charakteristik im Punkte $M^* = M^*_\infty$, $\vartheta = 0$ des Hodographen durch die dortige Tangente. Aus Gl. (52) ergibt sich dann unmittelbar:

$$\frac{W - u_\infty}{u_\infty} = \operatorname{tg} \alpha_\infty \vartheta + \dots$$

und für kleine Störungen also Gl. (3). Letztere Näherung ist in jedem Punkte des Hodographen möglich. D. h. die Charakteristik schließt in jedem Punkte des Hodographen mit der Radialrichtung den Winkel $90° - \alpha$ ein, wenn α der zur örtlichen Geschwindigkeit gehörige Machsche Winkel ist. Dies zeigt auch schon Gl. (52). Daraus folgt weiter, daß die linksläufige Mach-Linie senkrecht auf der Tangente an die rechtsläufige Charakteristik im Hodographenbildpunkt steht und umgekehrt. Eine Drehung des Strömungswinkels in der Strömungsebene ist ja mit derselben Drehung im Hodographen verknüpft. Bei bekanntem

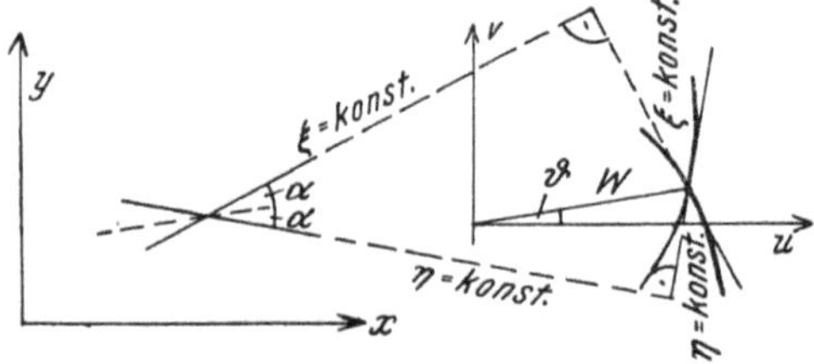

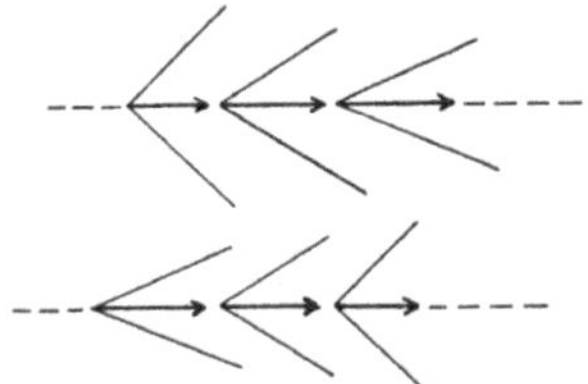

Abb. 181. Orthogonalitätsbedingung der Charakteristiken.

Abb. 182. Mach-Linien in beschleunigter und verzögerter Strömung.

Strömungszustand erhält man also die Richtung der Mach-Linien durch die in Abb. 181 wiedergegebene sehr einfache Konstruktion. Sie erinnert an Abb. 68. Dort hat es sich allerdings um die rechtsläufigen (linksläufigen) Charakteristiken in Strömungs- und Zustandsebene gehandelt.

Auf einer von der Wand ausgehenden Mach-Linie $\xi = $ konst. ist W eine durch die erste Verträglichkeitsbedingung (54) gegebene Funktion von ϑ. Das gleiche gilt für $\eta = $ konst., wobei für *alle* rechtsläufigen Mach-Linien dieselbe Konstante ϑ^* zu nehmen ist. Aus diesen beiden Gleichungen mit den Unbekannten W und ϑ ergeben sich dieselben Werte für den Strömungszustand in allen Punkten einer linksläufigen Mach-Welle über dem Profil. Also hat eine linksläufige Mach-Welle überall dieselbe Neigung, sie ist eine Gerade (siehe auch Abb. 51 mit vertauschten Rollen der linksläufigen und rechtsläufigen Mach-Linien. Während nämlich die Stromlinien in Abb. 180 im wesentlichen waagrecht liegen, stehen die Teilchenbahnen in Abb. 51 im wesentlichen senkrecht). Ihr Bild im Hodographen (Abb. 180) schrumpft auf einen Punkt zusammen. Die ganze Strömungsebene über dem Profil wird in der Geschwindigkeitsebene durch eine einzige Kurve, nämlich eine rechtsläufige Charakteristik, wiedergegeben. Damit ist die exakte Lösung einer stoßfreien, isentropen ebenen Profilströmung gegeben.

Die Neigung der Machschen Linien zur Strömungsrichtung — d. i. der Mach-Winkel α — nimmt mit wachsender Geschwindigkeit ab. In einer beschleunigten Strömung laufen deshalb die stromabwarts gehenden Mach-Linien auseinander, in einer verzögerten Strömung laufen sie zusammen (Abb. 182). Eine überall verzögerte Strömung muß also schließlich zum Ineinander- oder Übereinanderlaufen der Machschen Linien führen. Dies hat Drucksprünge, also Verdichtungs-

stöße, zur Folge. Eine überall beschleunigte Strömung dagegen ist „harmlos".
Längs den vom Profil ausgehenden Mach-Linien in Abb. 180 herrscht nun
entweder stets Verzögerung, wenn sie von einem konkaven Wandstück stammen,
oder stets Beschleunigung, wenn sie von einem konvexen Wandstück kommen.
Ein konkaves Wandstück hat daher bei der exakten Profilströmung stets einen
Verdichtungsstoß zur Folge, der allerdings sehr weit draußen in der Strömung
liegen kann. Da ein Profil notwendigerweise stets konkave Strömungen zur
Folge hat — oft in Form eines Knickes an der scharfen Profilnase — führt es
stets zu Stößen und zu Entropieanstiegen, besitzt also nach Gl. (IV, 37) notwendigerweise einen Widerstand. Bei Profilkombinationen hingegen können
Verdichtungsstöße vermieden werden, indem ein Gebiet der Verzögerung dann
endlich begrenzt sein kann (Abb. 201).

Für die exakte Geschwindigkeitsverteilung am Profil spielt das Auftreten
von Stößen keine Rolle, solange das Profil nicht im Einflußgebiet des Stoßes
liegt, d. h. solange die am Profil endenden rechtsläufigen Mach-Linien ($\eta = $ konst.)
den Stoß nicht durchkreuzen. In der Regel allerdings liegt gerade an der Profilspitze eine Kopfwelle. Wie im nächsten Abschnitt gezeigt wird, kann in einer
„isentropen Näherung" eine um einen Grad höhere Näherung erreicht werden
als nach den Ackeret-Formeln der linearisierten Theorie.

17. Die isentrope Näherung bei mittleren Mach-Zahlen.

Schon in Abb. 163 über die Ablenkung einer Strömung in einer Prandtl-
Meyer-Kompression und in dem dazugehörigen Stoß fällt das geringe Abweichen
der „Herzkurve" von der Prandtl-Meyer-Kurve in der $\log p, \vartheta$-Ebene auf. Die
letztere Kurve ist nichts anderes als die in die verzerrte p, ϑ-Ebene eingezeichnete
Charakteristik. Eine Entwicklung beider Kurven im Ausgangspunkt liegt daher
nahe und liefert nach A. BUSEMANN[23] folgende Resultate für die Druckänderung
längs der rechtsläufigen *Charakteristik*:

$$c_p = 2\,\frac{p - p_\infty}{\varrho_\infty\,W_\infty^2} = C_1\vartheta + C_2\vartheta^2 + C_3\vartheta^3 + \cdots \tag{55}$$

mit

$$C_1 = \frac{2}{\sqrt{M_\infty^2 - 1}} = 2\,\mathrm{tg}\,\alpha_\infty;\quad C_2 = \frac{(M_\infty^2 - 2)^2 + \varkappa M_\infty^4}{2\,(M_\infty^2 - 1)^2} =$$

$$= \frac{\varkappa + 1}{2} + (\varkappa - 1)\,\mathrm{tg}^2\,\alpha_\infty + \frac{\varkappa + 1}{2}\,\mathrm{tg}^4\,\alpha_\infty; \tag{56[24]}$$

$$C_3 = \frac{1}{6\,(M_\infty^2 - 1)^{7/2}}\,[(\varkappa + 1)\,M_\infty^8 + (2\,\varkappa^2 - 7\,\varkappa - 5)\,M_\infty^6 +$$

$$+ 10\,(\varkappa + 1)\,M_\infty^4 - 12\,M_\infty^2 + 8]$$

und für die Druckänderung in einem entsprechenden *Stoß*:

$$c_p = C_1\vartheta + C_2\vartheta^2 + (C_3 - D)\,\vartheta^3 + \cdots$$

$$D = \frac{1}{(M_\infty^2 - 1)^{7/2}}\,\frac{\varkappa + 1}{12}\,M_\infty^4\left[\frac{5 - 3\,\varkappa}{4}\,M_\infty^4 - (3 - \varkappa)\,M_\infty^2 + 2\right]. \tag{57[24]}$$

Die Entwicklung stimmt also in den beiden ersten Koeffizienten überein,
zeigt aber im dritten Koeffizienten einen Unterschied, der abhängig von M_∞
sowohl negativ als auch positiv sein kann.

Wie die dynamische Adiabate und die Isentrope (Abb. 7), zeigen also
Stoßpolare und Charakteristik in einem Punkt gleiche Tangente und gleiche
Krümmung. Dasselbe Resultat gab es bei der stationären Fadenströmung. Auch

im Hodographen ergibt sich dasselbe Resultat und ist direkt aus den entsprechenden Gl. (39) und (54) abzuleiten. Da sich die Entropie erst mit der dritten Potenz des Druckanstieges ändert, macht sich die Ruhedruckänderung bei einer Entwicklung der Geschwindigkeit nach dem Druck erst im dritten Glied geltend, spielt also in allen Entwicklungen nach kleinen Störungen erst im Glied dritter Ordnung eine Rolle. Das Abweichen beider Entwicklungen voneinander ist keineswegs nur auf das Konto der Stoßverluste zu schreiben, es entstammt der Verschiedenheit der Vorgänge, von denen einer stetig, der andere unstetig ist. Dies zeigt sich deutlich bei schallnaher Strömung. Dort wird die Konvergenz der Entwicklung (55) und (57) schlecht, da die Werte der Koeffizienten stark ansteigen (siehe Abschnitt IX, 3). Die folgenden Näherungen verlieren an Genauigkeit mit Annäherung der lokal auftretenden Geschwindigkeiten an die Schallgeschwindigkeit. Auch bei sehr hohen Mach-Zahlen ($M_\infty \gg 1$) bedarf es einer gesonderten Untersuchung. Beispielsweise wächst C_3 und D mit M_∞ über alle Grenzen.

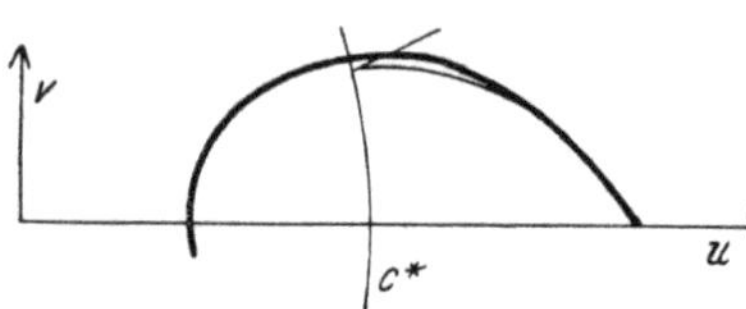

Abb. 183. Stoßpolare und Charakteristik.

In dem Gebiet, in welchem Charakteristik und Stoßpolare wegen der Gleichheit der Tangente und der Krümmung zusammenfallen, kann auf das Stoßpolarendiagramm verzichtet und an dessen Stelle das Charakteristikendiagramm verwendet werden. Nur bei kleinen Überschallgeschwindigkeiten liegt die Charakteristik völlig unter der Stoßpolaren gleichen Ausgangswertes wie in Abb. 183 (Vergl. auch Abb. 235). Bei höheren Mach-Zahlen (Vergl. Tafel I mit Tafel II) ist es umgekehrt. Bei einem Ausgangswert von $M = 1{,}4$ decken sich die Kurven am besten.

Bei dieser Beschränkung der Entwicklung von Stoßpolare und Charakteristik auf die ersten beiden Glieder ergibt sich eine einfache Formel für die Stoßfrontneigung. In den Geschwindigkeitskomponenten muß eine Näherung im Punkte $u = u_1$, $v = 0$ folgende Form haben:

$$v = a\,(u_1 - u) - \frac{b}{2}\,(u_1 - u)^2 + \ldots,$$

mit zunächst noch unbekannten Konstanten a und b. Nach der Orthogonalitätsbedingung (Abb. 181) gilt nun für die *links-* und *rechtsläufige* Charakteristik im Hodographen:

$$\frac{dv}{du} = -\cot(\vartheta \mp \alpha). \tag{58}$$

Daraus ergibt sich für die Zustände u_1, $v_1 = 0$, α_1, $\vartheta_1 = 0$ vor und $\hat{u}_1$, $\hat{v}_1$, $\hat{\alpha}_1$, $\hat{\vartheta}_1$ hinter dem Stoß:

$$\pm \cot \alpha_1 = -a; \quad -\cot(\hat{\vartheta}_1 \mp \hat{\alpha}_1) = -a + b\,(u_1 - \hat{u}_1).$$

Nach Gl. (38) folgt daher für den Stoßfrontwinkel γ der rechts- und linksläufigen Mach-Linie:

$$\cot \gamma = \frac{\hat{v}_1}{u_1 - \hat{u}_1} = a - \frac{b}{2}\,(u_1 - \hat{u}_1) = \mp \frac{1}{2}\,[\cot \alpha_1 + \cot(\hat{\alpha}_1 \mp \hat{\vartheta}_1)]. \tag{59}$$

In völliger Analogie zur Pfriemschen Formel Gl. (III, 85) für schwache instationäre Stöße ergibt sich hier cot γ als arithmetisches Mittel der Kotangenten von den Neigungen der Mach-Linien vor und hinter dem Stoß (Abb. 184). Darnach ist die Stoßfront die Schwerlinie des aus den Machschen Linien vor und hinter der Front und der Anströmlinie als Basis gebildeten Dreieckes. Da die Störungen bei isentroper Näherung nicht stark sein dürfen, kann die Stoßfront auch einfach als Winkelhalbierende der beiden Machschen Richtungen genommen werden.

Die Zustandsänderung in der Stoßfront ist dieselbe wie auf einer entsprechenden Machschen Linie. In isentroper Näherung ergibt sich also in einem Profilpunkt dieselbe Geschwindigkeit unabhängig davon, ob die rechtsläufige Mach-Linie einen Stoß durchsetzt oder nicht (Abb. 185). In der Kopfwelle geht eine sprunghafte Änderung auf der Charakteristik des Hodographen vor sich. Auf derselben Charakteristik ändert sich der Zustand hinter dem Stoß dann stetig. Ganz wie in Abb. 51, bilden die links-läufigen Mach-Linien zwischen Kopf- und Schwanz-welle eine Geradenschar. Der Teil vor dem Dicken-maximum wird dabei von der Kopfwelle, der Teil hinter dem Dickenmaximum wird von der Schwanz-welle verschluckt und schwächt mit zunehmendem Profilabstand den Stoß. Die von der ,,neutralen Mach-Linie'' getrennten Teile der Strömungsebene vor und hinter dem Dickenmaximum sind ohne Einfluß aufeinander. Ebenso kann die Strömung

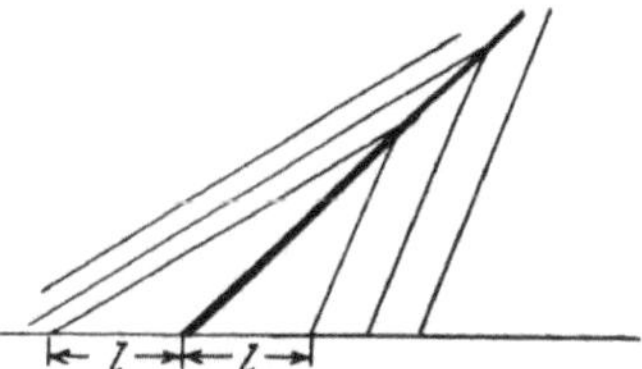

Abb. 184. Stoßfrontneigung in isentroper Näherung mittlerer Mach-Zahlen.

am oberen und unteren Profil völlig getrennt behandelt werden. Für die Strömung hinter der Schwanzwelle ergibt sich wieder die ungestörte Parallelströmung, da jeder Punkt Kreuzungspunkt einer aus dem Anströmgebiet kommenden rechts- und linksläufigen Charakteristik ist. Die Schwanzwelle wird im Hodographen nun durch die sonst weggelassenen Äste des Stoßpolarendiagramms dargestellt.

Ein gegenseitiger Einfluß der Strömung auf beiden Profilseiten tritt erst auf, wenn die Kopfwelle nicht anliegt und ein lokales Unterschallgebiet solche Einflüsse vermittelt. Dies ist aber ein Problem der schallnahen Strömung.

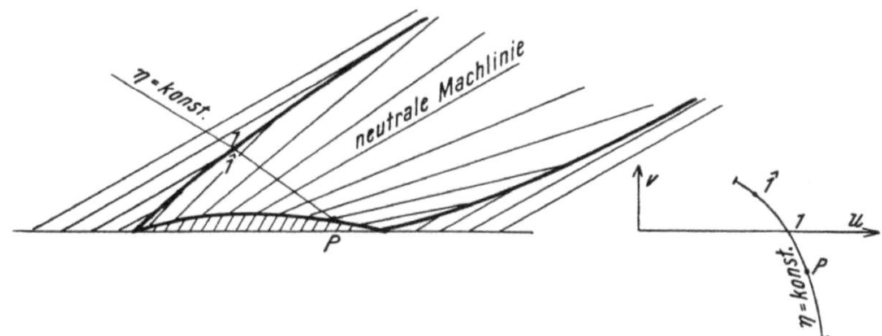

Abb. 185. Isentrope Näherung der Profilströmung für mittlere Mach-Zahlen in Strömungsebene und Hodographen.

Die Probleme des Abklingens der Stöße mit zunehmendem Profilabstand sind mit den entsprechenden Problemen der instationären Fadenströmung (Abschnitt III, 24) so nahe verwandt und in ihrer mathematischen Behandlung so ähnlich, daß hier ein Literaturhinweis[25] und das Wiedergeben der Resultate genügt. Das Abklingen einer Kopfwelle an einem endlichen Keil kann exakt behandelt werden. Die Stoßstärke wird mit der Wurzel aus dem Profilabstand geschwächt. Demselben Gesetz gehorchen Kopf- und Schwanzwelle eines beliebigen Profils bei genügend großem Abstand.

Da die Stoßverluste schwacher Stöße mit der dritten Potenz der Stoßstärke abnehmen, sinken sie mit der Potenz $(-3/2)$ des Profilabstandes. Aus der Integration der Verluste muß sich nach dem Entropiesatz (IV, 37) der Widerstand ergeben. Tatsächlich gibt die Potenz $(-3/2)$ bis zu unendlichen Abständen integriert — wie erforderlich — einen endlichen Wert. Obwohl Entropieunterschiede nach dem Croccoschen Wirbelsatz Gl. (IV, 27) notwendig Wirbel zur Folge haben, kann die Strömung in einer isentropen Näherung noch als wirbelfrei betrachtet werden. Die Wirbelstärke hängt nämlich von der Entropieänderung längs der Stoßfront ab und diese Entropieänderung ist bei dem langsamen Abklingen der kleinen Entropieunterschiede vernachlässigbar klein. Nicht zu vernachlässigen aber sind die Verluste in den Stoßwellen, denn sie summieren sich aus allerdings kleinen Entropieanstiegen, die aber auf langen Fronten auftreten. Die Anisentropie ist also für die Wirbelbildung bedeutungslos, für die Widerstandsfrage aber entscheidend. Tatsächlich sind die Verluste in den Stößen auch in den mit dem Pitot-Rohr meßbaren Impulsen im Profilnachlauf experimentell nachweisbar.

Die aus der Linearisierung abgeleitete Theorie ergibt Störungen, die ungedämpft in unendliche Entfernungen reichen (Abb. 140). Tatsächlich verschwinden aber die Störungen, wenn auch sehr langsam. Die Linearisierung führt also bei Überschallströmung in großer Entfernung zu falschen Resultaten, während

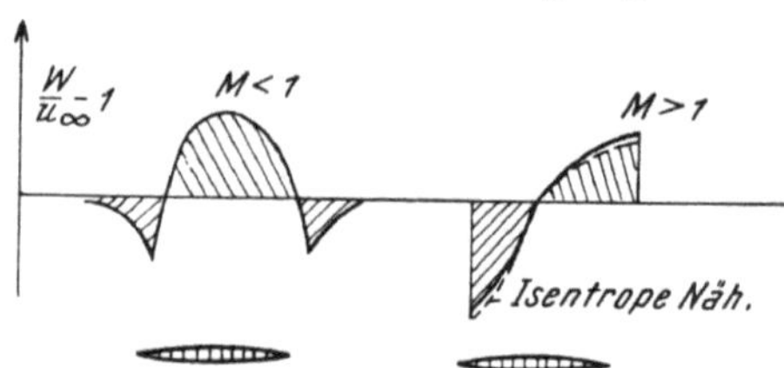

Abb. 186. Über- und Untergeschwindigkeitsflächen bei $M < 1$ und $M > 1$.

sie bei Unterschallströmungen mit der Abnahme der Störungen in großem Körperabstand besonders gut wird. Bei Unterschallströmung ist eine richtige Darstellung des Anströmzustandes in *allen* Richtungen besonders wichtig, weil von überall her Einflüsse kommen können. Bei Überschallströmung kommt es für die Verteilung am Profil aber nur auf eine möglichst richtige Darstellung des

Einflußgebietes an. Dieses sich in unmittelbarer Profilnähe befindliche Gebiet wird aber bei kleinen Störungen bei Linearisierung gut wiedergegeben, woraus sich die Brauchbarkeit der Ackeret-Formel Gl. (3) erklärt.

Aus dieser Gl. (3) folgt sofort, daß das Gebiet der Über- und Untergeschwindigkeiten, über der Profilbogenlänge aufgetragen, flächengleich ist, wenn das Profil endlich ist. Dieselbe Eigenschaft zeigt sich an der Profilstromlinie in zirkulationsfreier Unterschallströmung (Abb. 186; siehe auch Abb. 126 und 141).

Es folgt dies aus dem Thompsonschen Satz, nach dem die Zirkulation, d. i. das Linienintegral der Geschwindigkeit, auf einer geschlossenen Kurve Null ist, die Beiträge aber in weit entfernter zirkulationsfreier Unterschallströmung verschwinden. Etwas Ähnliches wäre zunächst bei der isentropen Näherung der Überschallströmung zu erwarten, da auch hier die Störungen im Unendlichen abklingen. Doch zeigen Beispiele ohne weiteres, daß in dieser Näherung die Über- und Untergeschwindigkeiten im allgemeinen keine flächengleichen Gebiete liefern (Abb. 180). Die Ackeret-Näherung im Hodographen, repräsentiert durch die Tangente an die Charakteristik im Punkte der Anströmung, liefert bei einer bestimmten Ablenkung stets zu hohe Werte der Geschwindigkeit. Die wirklichen Untergeschwindigkeiten sind also größer, die wirklichen Übergeschwindigkeiten kleiner als nach Gl. (3). Dies erklärt sich daraus, daß die Maximalstörungen an der Kopf- und Schwanzwelle wohl mit der Wurzel aus dem Profilabstand abnehmen, der Abstand von Kopf- und Schwanzwelle aber mit der Wurzel aus dem Profilabstand über alle Grenzen wächst. Dies ergibt einen konstanten Beitrag zum Linienintegral der Geschwindigkeit in großer Entfernung, welcher durch einen entgegengesetzten Beitrag am Profil kompensiert werden muß, damit die Zirkulation auf der geschlossenen Kurve verschwindet. Die Kurvenstücke im An- und Abströmgebiet liefern keine Beiträge. Die praktische Folge ist, daß ein unten ebenes Profil (Abb. 180) nicht nach der

Ackeret-Näherung, wohl aber nach der höheren isentropen Näherung einen Abtrieb zeigt. Denn die Drucke sind überall etwas höher als in der ersten Näherung.

Vielfach werden durch Hinzunahme des Gliedes dritter Ordnung in den Entwicklungen (55) und (57) noch genauere Formeln aufgestellt, wobei der Ruhedruckverlust in der Kopfwelle am Körper als maßgebend für die Geschwindigkeits- und Druckverteilung angenommen wird. Alle solchen Formeln sind aber im allgemeinen falsch, abgesehen von ihrer geringen praktischen Bedeutung. Für den Zustand des Punktes P der Abb. 185 ist der Stoß am Schnittpunkt mit der rechtsläufigen zu P führenden Mach-Linie von Bedeutung. Vom Punkte $\hat{1}$ ab ist dann die allgemeine Verträglichkeitsbedingung (47) zu verwenden, die sich nun nicht mehr allgemein integrieren läßt, da der Ruhedruckabfall mit berücksichtigt werden muß. Eine genauere Untersuchung zeigt, daß die Änderung des Ruhedruckabfalles in der Stoßfront von der Profilnase bis zum Punkte $\hat{1}$ und die Änderung des Ruhedruckabfalles längs $\eta = $ konst. ganz verschieden in die Gleichungen eingehen und eine Reduktion auf die Ruhedruckverluste an der Profilnase im allgemeinen nicht möglich ist. Eine über die isentrope Näherung hinausgehende Genauigkeit erfordert also eine Durchkonstruktion des ganzen beeinflussenden Strömungsfeldes.

18. Luftkräfte in isentroper Näherung.

Auch in diesem Abschnitt, der wesentlich die Ergebnisse des letzten Abschnittes benutzt, muß von zu großer Schallnähe ($M - 1 \ll 1$) oder zu hoher Überschallgeschwindigkeit ($M \gg 1$) abgesehen werden. Bei einer linksläufigen Charakteristik ist das Vorzeichen von ϑ in Gl. (55) nur umzukehren. Damit folgt für eine Anstellung der Anströmrichtung im Winkel ε (Abb. 119) an der Ober- und Unterseite eines Profils in isentroper Näherung:

$$c_p = 2\,\frac{p - p_\infty}{\varrho_\infty\,W_\infty^2} = \pm\,C_1\,(\vartheta - \varepsilon) + C_2\,(\vartheta - \varepsilon)^2 \qquad (60)$$

mit den Werten von Gl. (56) für C_1 und C_2. Daraus folgt für $\varepsilon = 0$:

$$c_p = \pm\,C_1\vartheta + C_2\vartheta^2;\quad c_{p\,\varepsilon} = \mp\,C_1 - 2\,C_2\vartheta;\quad c_{p\,\varepsilon\varepsilon} = +\,2\,C_2. \qquad (61)$$

Nun ist aber oben und unten am Profil:

$$y = h_o:\ \vartheta = \operatorname{arctg}\frac{dh_o}{dx} = \frac{dh_o}{dx} - \frac{1}{3}\left(\frac{dh_o}{dx}\right)^3 + \ldots,$$

$$y = h_u:\ \vartheta = \operatorname{arctg}\left(-\frac{dh_u}{dx}\right) = -\frac{dh_u}{dx} + \frac{1}{3}\left(\frac{dh_u}{dx}\right)^3 + \ldots,$$

also gilt für den Druckkoeffizienten am Profil bei $\varepsilon = 0$:

$$y = h_o:\ c_{po} = C_1\frac{dh_o}{dx} + C_2\left(\frac{dh_o}{dx}\right)^2;\quad c_{po\,\varepsilon} = -C_1 - 2\,C_2\frac{dh_o}{dx};\quad c_{po\,\varepsilon\varepsilon} = 2\,C_2;$$

$$y = h_u:\ c_{pu} = C_1\frac{dh_u}{dx} + C_2\left(\frac{dh_u}{dx}\right)^2;\quad c_{pu\,\varepsilon} = C_1 + 2\,C_2\frac{dh_u}{dx};\quad c_{pu\,\varepsilon\varepsilon} = 2\,C_2; \qquad (62)$$

mit derselben Genauigkeit wie in Gl. (61).

Für die auf Breiteneinheit bezogenen Beiwerte gilt daher bei $\varepsilon = 0$ mit Gl. (VI, 134, 135, 137):

$$c_t = \int\limits_0^1\left[c_{po}\frac{dh_o}{dx} + c_{pu}\frac{dh_u}{dx}\right]dx = C_1\int\limits_0^1\left[\left(\frac{dh_o}{dx}\right)^2 + \left(\frac{dh_u}{dx}\right)^2\right]dx +$$

$$+\,C_2\int\limits_0^1\left[\left(\frac{dh_o}{dx}\right)^3 + \left(\frac{dh_u}{dx}\right)^3\right]dx,$$

oder mit der Symbolik:

$$A_{on} = \int_0^1 \left(\frac{dh_o}{dx}\right)^n dx; \qquad A_{un} = \int_0^1 \left(\frac{dh_u}{dx}\right)^n dx;$$

$$B_{on} = \int_0^1 x \left(\frac{dh_o}{dx}\right)^n dx; \qquad B_{un} \int_0^1 x \left(\frac{dh_u}{dx}\right)^n dx; \quad \text{für } n = 1, 2, \ldots \tag{63}$$

$$c_t = \int_0^1 \left[c_{po} \frac{dh_o}{dx} + c_{pu} \frac{dh_u}{dx}\right] dx = C_1 [A_{o2} + A_{u2}] + C_2 [A_{o3} + A_{u3}];$$

$$c_n = -\int_0^1 [c_{po} - c_{pu}] dx = -C_1 [A_{o1} - A_{u1}] - C_2 [A_{o2} - A_{u2}]; \tag{64}$$

$$c_m = -\int_0^1 x [c_{po} - c_{pu}] dx = -C_1 [B_{o1} - B_{u1}] - C_2 [B_{o2} - B_{u2}].$$

Für die abgeleiteten Größen ergibt sich bei $\varepsilon = 0$:

$$c_{t\varepsilon} = -C_1 [A_{o1} - A_{u1}] - 2 C_2 [A_{o2} - A_{u2}]; \quad c_{t\varepsilon\varepsilon} = 2 C_2 [A_{o1} + A_{u1}];$$

$$c_{n\varepsilon} = +2 C_1 + 2 C_2 [A_{o1} + A_{u1}]; \quad c_{m\varepsilon} = +C_1 + 2 C_2 [B_{o1} + B_{u1}]. \tag{65}$$

Zu den im ersten Abschnitt wiedergegebenen Werten tritt noch ein um eine Ordnung höheres Glied hinzu. Entsprechendes gilt auch für alle anderen Formeln. Nach Gl. (VI, 144) gilt beispielsweise für den Widerstand:

$$c_w (\varepsilon) = c_w(0) + \left(\frac{dc_w}{d\varepsilon}\right)_0 \varepsilon + \frac{1}{2} \left(\frac{d^2c_w}{d\varepsilon^2}\right)_0 \varepsilon^2$$

$$= c_t(0) + \left[\left(\frac{dc_t}{d\varepsilon}\right)_0 + c_n(0)\right] \varepsilon + \frac{1}{2} \left[\left(\frac{d^2c_t}{d\varepsilon^2}\right)_0 + 2 \left(\frac{dc_n}{d\varepsilon}\right)_0 - c_t(0)\right] \varepsilon^2.$$

Der letzte Summand in der letzten Klammer liefert aber nur Beiträge, welche um zwei Größenordnungen kleiner sind als der Hauptbeitrag von $c_{n\varepsilon}$. In der letzten Klammer ist also c_t zu streichen mit dem Resultat:

$$c_w = C_1 (A_{o2} + A_{u2}) + C_2 (A_{o3} + A_{u3}) +$$

$$+ [2 C_1 (-A_{o1} + A_{u1}) + 3 C_2 (-A_{o2} + A_{u2})] \varepsilon + [2 C_1 + 3 C_2 (A_{o1} + A_{u1})] \varepsilon^2. \tag{66}$$

Der Koeffizient von ε fällt für symmetrische Profile fort. Gl. (66) stellt die nächsthöhere Näherung nach der entsprechenden Gl. (12) dar. Noch höhere Näherungen lassen sich im allgemeinen ohne Berechnung des gesamten Einflußgebietes nicht aufstellen.

19. Einfache anisentrope Profilströmungen.

Anisentrope Vorgänge sind auch dann noch einfach zu behandeln, wenn die Entropie in ganzen Feldern konstant ist, d. h. wenn die Stöße im interessierenden Gebiet gerade Fronten besitzen. Unter dieser Bedingung können besonders bei höheren Mach-Zahlen (Abb. 187) durchaus brauchbare Profile konstruiert werden, während das Vermeiden jeden Stoßes in dem für das Profil maßgebenden Einflußgebiet der Anströmung zu praktisch unbrauchbaren Profilspitzen mit verschwindendem Keilwinkel führt.

Zur Erzeugung eines Stoßes mit gerader Front muß die Profilspitze exakt keilförmig sein. Dann bleiben die Fronten bis zu jenem Punkte T gerade, in welchem die von den Keilenden E ausgehenden (zum Stoße gleichläufigen) Machschen Linien auf die Fronten treffen. Durch diese Machschen Linien wird ja das Einflußgebiet des Keiles begrenzt. In den durch Kopf- und Schwanzwelle, durch Profil und vom Treffpunkt T ausgehende Stromlinie begrenzten Gebieten ist die Entropie konstant, im allgemeinen oben (s_1) und unten (s_2) verschieden von der Anströmentropie (s_∞). Außerhalb der T-Stromlinie wird die Strömung dann mit der Krümmung der Stoßfront anisentropisch. Auch hinter der Schwanzwelle ist die Strömung im allgemeinen, d. h. wenn das Profil nicht exakt keilförmig endet, anisentrop.

Die Anisentropie macht sich längs der von T ausgehenden, oben rechtsläufigen (unten linksläufigen) Machschen Welle geltend. Treffen diese Machschen Linien nicht mehr auf das Profil auf, was insbesondere bei hohen Mach-

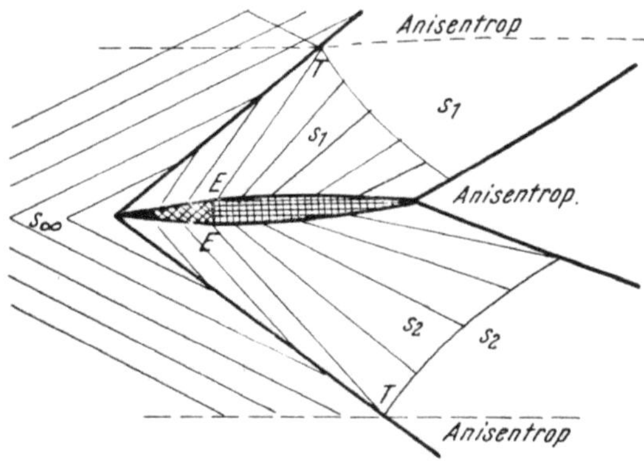

Abb. 187. Profil mit isentropem Einflußgebiet.

Zahlen der Fall sein wird, so läßt sich die Geschwindigkeitsverteilung am Profil exakt angeben. Beispielsweise wird das ganze obere von der von T ausgehenden rechtsläufigen Charakteristik begrenzte Gebiet durch eine einzige Kurve, nämlich eben durch diese Charakteristik im Hodographen dargestellt. Sie geht durch jenen Punkt des Hodographen, der sich aus der Keilströmung durch die Stoßpolare ergibt. Bei den Druckberechnungen darf dabei der Ruhedruckabfall nicht vergessen werden.

Das Beispiel zeigt, daß eine isentrope Näherung auch dann noch getroffen werden kann, wenn lediglich das Abhängigkeitsgebiet des Profils auf dem Stoß genügend geringe Krümmung aufweist. Der Stoß selbst darf dabei beliebig kräftig sein. Entropieanstieg und Ruhedruckabfall lagert sich dabei mit einem konstanten Betrag über die Strömung nach dem Stoß. Für aus-

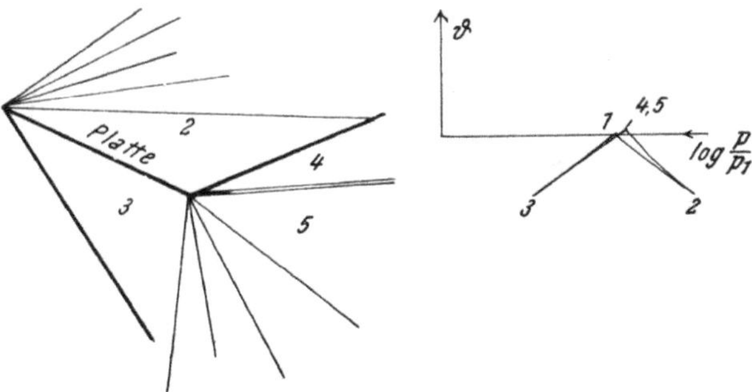

Abb. 188. Isentrope Plattenströmung in Strömungsebene und Herzkurvendiagramm.

reichend kleine Profilkrümmungen an der Profilspitze ist die Strömung also auch noch als einfach anzusehen. Über die Größe der zulässigen Krümmung gibt der nächste Abschnitt Anhaltspunkte.

Im allgemeinen Fall erfolgt das Abströmen vom Profil hinter der Schwanzwelle nicht mehr in Anströmrichtung. Das erkennt man leicht am einfachsten Fall einer anisentropen Strömung, der Strömung an einer stark angestellten, unendlich dünnen Platte (Abb. 188). Die Zustände müssen in Druck und Richtung an der vom Plattenende ausgehenden Strom-Wirbel-Linie übereinstimmen. Daher erweist sich wieder das Herzkurvendiagramm als geeignete Zustandsebene. Vom Zustand 1 führt eine Herzkurve auf den Zustand 3 und eine Prandtl-Meyer-Expansion auf den Zustand 2 mit demselben negativen Ablenkungswinkel. Etwas flacher verlaufend geht nun vom Zustand 3 eine Prandtl-

Meyer-Expansion aus, etwas steiler verlaufend vom Zustand 2 eine Herzkurve. Im Treffpunkt 4, 5 ergibt sich Druck und Richtung der Abströmung. Aus dem Busemannschen Stoßpolarendiagramm sind aus der Abströmrichtung dann leicht die in 4 und 5 verschiedenen Geschwindigkeiten zu ermitteln. Wegen des stärkeren Ruhedruckverlustes muß gelten $W_4 < W_5$, $M_4 < M_5$.

Bei sehr geringen Ruhedruckabfällen kann bei verschwindenden oder genügend kleinen Profilkrümmungen an der Nase einfach das dritte Glied der Entwicklung (57) genommen werden. Doch ist entsprechend der Ungenauigkeit der Entwicklung der Stoßverluste nach kleinen Störungen (Tab. II, 2) nur bis zu Druckanstiegen bis zu 20% mit einiger Genauigkeit zu rechnen, das entspricht Ruhedruckverlusten von weniger als 1%. Diese werden aber nach dem Stoßpolarendiagramm bei höheren Mach-Zahlen schon bei kleinen Ablenkungen erreicht.

20. Wand- und Stoßkrümmung am Profil.

Die Strömung hinter einem Keil bei anliegender Stoßwelle ist eine Parallelströmung. Bei einer leichten Störung dieser Strömung, etwa durch Krümmung der Wand, kann wie bei schwach gestörten Parallelströmungen vorgegangen werden, wobei als Hauptrichtung die Richtung der Wand an der Profilspitze zu wählen ist (Abb. 189). Dabei muß allerdings beachtet werden, daß schwache Störungen hier zu einer Anisentropie der Strömung führen, weil der Stoß selbst beliebig kräftig sein darf, wenn er nur anliegt.

Für den Ruhedruckverlust ergab sich Gl. (35), aus welcher nach logarithmischer Ableitung folgende Formel folgt:

$$- \frac{d\hat{p}_0}{d\gamma} \frac{1}{\hat{p}_0} = \varkappa \sin\gamma \cos\gamma \frac{W^2}{\hat{c}^2} \left(\frac{2}{\varkappa + 1}\right)^2 \left[1 - \frac{1}{M^2 \sin^2\gamma}\right]^2. \tag{67}$$

Dabei ist vorausgesetzt, daß vor dem Stoß Parallelströmung der Mach-Zahl M und der Geschwindigkeit W herrscht. Bei schwachen Stößen ($M \sin\gamma - 1 \ll 1$) verschwindet die Änderung des Ruhedruckes mit der Frontrichtung allerdings quadratisch, besonders aber bei höheren Mach-Zahlen muß die Ruhedruckänderung berücksichtigt werden. Auch beim senkrechten Stoß $\gamma = \pi/2$ ist $d\hat{p}_0/d\gamma = 0$.

Wie stets bei anisentropen Vorgängen werden zweckmäßig p und ϑ als Zustandsgrößen verwendet. In der Umgebung der Profilspitze können die Zustände durch den Zustand 0 hinter dem Stoß an der Spitze sowie durch die Ableitungen

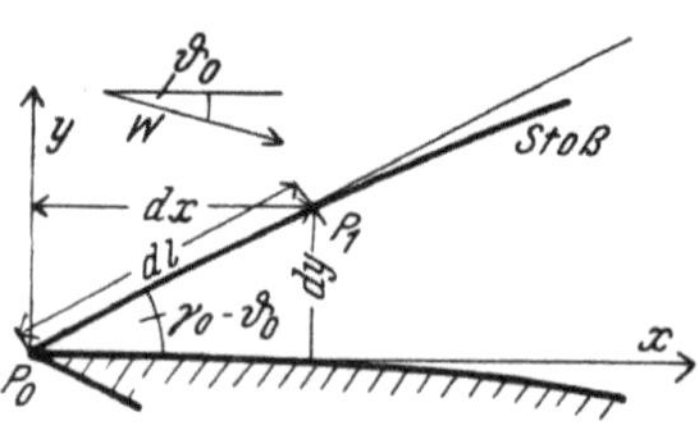

Abb. 189. Stoß an einer gekrümmten Profilspitze.

dort ausgedrückt werden. Die Änderungen können dabei sowohl in x- und y-Richtung als auch in Stoßrichtung ausgedrückt werden. Da die Krümmungen von Stoß und Profil nur Abweichungen in der zweiten Ordnung der Abstände ergeben, brauchen sie für die Lage des Punktes P_1 am Stoß sowie für die Abstände dx, dy in der Koordinatenrichtung und dl in Stoßrichtung nicht berücksichtigt zu werden. Damit ist:

$$\vartheta_1 - \vartheta_0 = \left(\frac{\partial\vartheta}{\partial x}\right)_0 dx + \left(\frac{\partial\vartheta}{\partial y}\right)_0 dy = \left(\frac{\partial\vartheta}{\partial l}\right)_0 dl = \left(\frac{d\vartheta}{d\gamma}\right)_{St} \left(\frac{d\gamma}{dl}\right)_0 dl =$$

$$= \left(\frac{d\vartheta}{dp}\right)_{St} \left(\frac{dp}{d\gamma}\right)_{St} \left(\frac{d\gamma}{dl}\right)_0 dl;$$

$$p_1 - p_0 = \left(\frac{\partial p}{\partial x}\right)_0 dx + \left(\frac{\partial p}{\partial y}\right)_0 dy = \left(\frac{\partial p}{\partial l}\right)_0 dl = \left(\frac{dp}{d\gamma}\right)_{St} \left(\frac{d\gamma}{dl}\right)_0 dl.$$

Bei fester Anströmungsrichtung und Mach-Zahl ist die Änderung von p und ϑ mit dem Stoßfrontwinkel: $\left(\dfrac{dp}{d\gamma}\right)_{St}$, $\left(\dfrac{d\vartheta}{d\gamma}\right)_{St}$ aus den Stoßgleichungen leicht zu ermitteln. Es ist zweckmäßig, in die Gleichungen die Änderung des Winkels ϑ mit dem Druck p am Stoß: $\left(\dfrac{d\vartheta}{dp}\right)_{St}$ einzuführen. Die Ableitungen nach x und y gehorchen den Differentialgleichungen, welche wegen $v = 0$ und $u = W$ in P_0 wie folgt lauten:

Aus Gl. (VI, 1): $\quad u\,\dfrac{\partial \varrho}{\partial x} + \varrho\,\dfrac{\partial u}{\partial x} + \varrho\,\dfrac{\partial v}{\partial y} = 0;$

$\qquad$ (VI, 2): $\quad u\,\dfrac{\partial u}{\partial x} + \dfrac{1}{\varrho}\,\dfrac{\partial p}{\partial x} = 0; \qquad u\,\dfrac{\partial v}{\partial x} + \dfrac{1}{\varrho}\,\dfrac{\partial p}{\partial y} = 0;$

$\qquad$ (VI, 4): $\quad \dfrac{1}{\varrho}\,\dfrac{\partial p}{\partial x} - c^2\,\dfrac{1}{\varrho}\,\dfrac{\partial \varrho}{\partial x} = 0.$

Ferner ist im Punkte P_0 mit $\vartheta = 0$:

$$u = W; \qquad \frac{\partial v}{\partial x} = W_x \sin\vartheta + W\cos\vartheta\,\vartheta_x = W\vartheta_x; \qquad \frac{\partial v}{\partial y} = W\vartheta_y.$$

Damit ergibt sich für die Ableitungen in P_0 nach einfacher Elimination:

$$\vartheta_x + \frac{1}{\varrho_0 W_0{}^2}\,p_y = 0; \qquad (M_0{}^2 - 1)\,\frac{1}{\varrho_0 W_0{}^2}\,p_x + \vartheta_y = 0.$$

Ferner sind die Änderungen der Richtung mit der Bogenlänge einfach die Krümmung, also sind die Krümmungen K_P des Profils und K_{St} des Stoßes gegeben durch:

$$K_P = -\left(\frac{\partial \vartheta}{\partial x}\right)_0; \qquad K_{St} = -\left(\frac{\partial \gamma}{\partial l}\right)_0. \tag{68}$$

Zwischen den Differentialen aber besteht mit ϑ_0 als Anströmrichtung und γ_0 als Stoßfrontwinkel in P_0 der Zusammenhang:

$$dx = \cos(\gamma_0 - \vartheta_0)\,dl; \qquad dy = \sin(\gamma_0 - \vartheta_0)\,dl,$$

womit sich die Entwicklungen nun wie folgt schreiben lassen:

$$+ K_P \cos(\gamma_0 - \vartheta_0) + (M_0{}^2 - 1)\,\frac{1}{\varrho_0 W_0{}^2}\,(p_x)_0 \sin(\gamma_0 - \vartheta_0) = \left(\frac{d\vartheta}{dp}\right)_{St}\cdot\left(\frac{dp}{d\gamma}\right)_{St} K_{St};$$

$$K_P \sin(\gamma_0 - \vartheta_0) + \frac{1}{\varrho_0 W_0{}^2}\,(p_x)_0 \cos(\gamma_0 - \vartheta_0) = -\frac{1}{\varrho_0 W_0{}^2}\left(\frac{dp}{d\gamma}\right)_{St} K_{St}.$$

Daraus ergeben sich die Formeln:

$$-\frac{1}{\varrho_0 W_0{}^2}\,(p_x)_0 = K_P\,\frac{1 + \varrho_0 W_0{}^2 \left(\dfrac{d\vartheta}{dp}\right)_{St} \operatorname{tg}(\gamma_0 - \vartheta_0)}{\varrho_0 W_0{}^2 \left(\dfrac{d\vartheta}{dp}\right)_{St} + (M_0{}^2 - 1)\operatorname{tg}(\gamma_0 - \vartheta_0)},$$

$$-\frac{1}{\varrho_0 W_0{}^2}\left(\frac{\partial p}{\partial l}\right)_0 = K_{St}\,\frac{1}{\varrho_0 W_0{}^2}\left(\frac{dp}{d\gamma}\right)_{St} = \tag{69}$$

$$= K_P\,\frac{1}{\cos(\gamma_0 - \vartheta_0)}\,\frac{1 - M_0{}^2 \sin^2(\gamma_0 - \vartheta_0)}{\varrho_0 W_0{}^2 \left(\dfrac{d\vartheta}{dp}\right)_{St} + (M_0{}^2 - 1)\operatorname{tg}(\gamma_0 - \vartheta_0)}.$$

Die im Punkte P_0 mit dem Index 0 bezeichneten Werte geben den Zustand hinter einem Stoß am Keil. Auch die Werte $\left(\dfrac{dp}{d\gamma}\right)_{St}$ und $\left(\dfrac{d\vartheta}{dp}\right)_{St}$ sind für $\gamma = \gamma_0$ zu nehmen. Beide Größen sind für $\vartheta = \vartheta_{\max}$ positiv, wie aus dem Stoßpolaren- und Herzdiagramm folgt.

Das Problem wurde zuerst von L. CROCCO[26], dann von M. SCHÄFER[27] und schließlich von MUNK und PRIM[56] und von H. RICHTER[11] behandelt, von welchem die folgende Diskussion für die Ablösung der Kopfwelle stammt. Der Punkt maximaler Ablenkung $\vartheta = \vartheta_{\max}$ liegt stets bei $M_0 < 1$. Mit Annäherung an $\vartheta = \vartheta_{\max}$ kehrt sich das Vorzeichen von $(M_0{}^2 - 1)$ um, während $\left(\dfrac{d\vartheta}{dp}\right)_{St}$ immer kleiner wird. Vor Erreichen von $\vartheta = \vartheta_{\max}$ wächst also der Bruch über alle Grenzen. Der Druck längs dem Profil $(p_x)_0$ fällt nicht mehr ab, sondern steigt plötzlich außerordentlich an. Dies führt zuerst in der Grenzschicht zu Gegenströmungen, also zu einer Ablösung der Kopfwelle. Der exakte Ablösungszustand hängt also wesentlich von der Reynolds-Zahl ab. Allerdings spielt sich der ganze Vorgang in einem außerordentlich kleinen Winkelbereich ab, in dem sich die Zustände hinter dem Stoß ganz wesentlich ändern.

Der Zähler $1 - M_0{}^2 \sin^2 (\gamma_0 - \vartheta_0)$ in Gl. (69) ist stets positiv. Bei $M_0 > 1$ ist ja $1/M_0 = \sin \alpha_0$ und $\alpha_0 > (\gamma_0 - \vartheta_0)$. Bei $M_0 = 1$ ist die Behauptung trivial. Mit $(p_x)_0 > 0$ folgt also $\left(\dfrac{\partial p}{\partial l}\right)_0 > 0$ und $K_{St} < 0$. Bei positiver (konvexer) Profilkrümmung wird die Stoßfrontkrümmung negativ (konkav gegen die Anströmung).

Der Wert der Formel (69) liegt aber nicht nur in dem mehr theoretisch interessierenden genauen Ablösungspunkt, sondern vor allem auch in der Möglichkeit der Berechnung gewisser anisentroper Vorgänge.

21. Hyperschallströmung.

Bei hohen Mach-Zahlen nähert sich die Geschwindigkeit in stationärer Strömung bekanntlich einem Maximalwert, während der thermodynamische Zustand des Mediums variabel bleibt. Die Änderung der Mach-Zahl M in diesem Bereich beruht fast ausschließlich auf der durch die Temperaturänderung bedingten Änderung der Schallgeschwindigkeit. Bei genügend hohen Mach-Zahlen kann schließlich mit sehr guter Näherung an die Wirklichkeit die Änderung des Geschwindigkeitsbetrages vernachlässigt werden, und es herrschen gerade die umgekehrten Verhältnisse wie bei sehr niederen Unterschallgeschwindigkeiten ($M \ll 1$), wo die relativen Änderungen (Änderungen der Größe im Verhältnis zur Größe selbst) des thermischen Zustandes vernachlässigbar klein sind ($\dfrac{dp}{p} \ll 1$, $\dfrac{d\varrho}{\varrho} \ll 1$, $\dfrac{dc}{c} \ll 1$) und nur Geschwindigkeitsänderungen zu berücksichtigen sind.

Die in Frage kommenden Mach-Zahlen sind gar nicht so sehr hoch. Denn bei $M = 5$ hat sich die Geschwindigkeit ihrem Maximalwert bereits auf 9%, bei $M = 10$ auf 2,5% genähert. Der Hauptwert einer Behandlung solcher Extremfälle beruht aber weniger in der gegenwärtigen Bedeutung solch hoher Mach-Zahlen. Wenngleich eine Lösung noch nicht gefunden ist, müssen doch besondere Vereinfachungen in diesem Gebiet erwartet werden, mit deren Hilfe die Asymptoten etwa der Luftkräfte für extreme Mach-Zahlen einfach zu berechnen wären. Damit wäre aber auch für die Machzahl-Abhängigkeit mittelhoher Überschallgeschwindigkeit viel gewonnen.

Die Entwicklung des Druckkoeffizienten nach dem Ablenkungswinkel bei ebener Strömung Gl. (55), (56) und (57) gilt uneingeschränkt und nähert sich für hohe Mach-Zahlen beim Stoß folgender Beziehung:

$$M_\infty^2 \, c_p = \frac{2}{\varkappa} \, \frac{p - p_\infty}{p_\infty} =$$

$$= 2 \, (M_\infty \vartheta) + \frac{\varkappa + 1}{2} \, (M_\infty \vartheta)^2 + \frac{\varkappa + 1}{6} \left(1 - \frac{5 - 3\varkappa}{8}\right) (M_\infty \vartheta)^3 + \ldots . \quad (70)$$

Die entsprechende Entwicklung für die Charakteristik unterscheidet sich dabei nur um das unterstrichene Glied im Ausdruck dritten Grades.

Bei Beschränkung auf das erste Glied der Entwicklung (70) ergibt sich der Druckkoeffizient proportional zu $1/M_\infty$. Das ist einfach die Ackeret-Formel (3), in welcher 1 gegen M_∞^2 vernachlässigt wurde. Zu entsprechenden Ergebnissen kommt auch Tsien[28] aus allgemeinen Überlegungen heraus, die sich allerdings nur auf die stetige Strömung, nicht aber auf den Stoß erstrecken. Für eine sich auf die ersten beiden Glieder von (70) erstreckende Betrachtung erhält man die isentrope Näherung mit etwas vereinfachten Koeffizienten. Doch versagt die Entwicklung (70) für jedes beliebig dünne Profil, wenn nur zu genügend hohen Mach-Zahlen M_∞ gegangen wird. Dann wird nämlich im allgemeinen $M_\infty \vartheta = \vartheta/\alpha_\infty \gg 1$ und von Isentropie kann keine Rede mehr sein. Die *Hyperschallströmung* sei also dadurch definiert, daß das Produkt von Dickenverhältnis $2 h_m$ und Mach-Zahl der Anströmung M_∞ groß gegen 1 sei, ein Zustand, welcher von jedem Körper mit Steigerung von M_∞ einmal erreicht wird:

$$2 h_m M_\infty \gg 1. \tag{71}$$

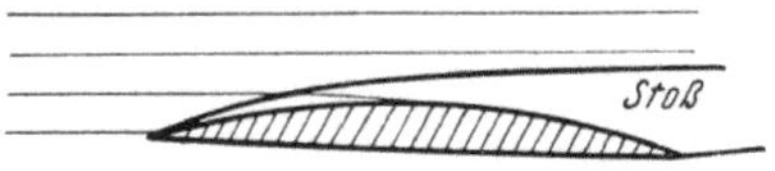

Abb. 190. Profil in Hyperschallströmung.

Für die Druckverteilung am Profil ist bei hohen Mach-Zahlen vor allem die Stoßform an der Profilnase verantwortlich, da nur von diesem Teil rechtsläufige Machsche Linien am Profil auftreffen, wenn der Körper schlank ist (Abb. 190). Da der Stoßwinkel an der Profilnase stets größer als der Profilwinkel ist, ist im wichtigen Teil der Kopfwelle $M_\infty^2 \sin^2 \gamma \gg 1$, was zu Stoßformeln führt, welche jenen des instationären Stoßes nahe verwandt sind [Gl. (III, 79)]. Nach (35) gilt:

$M^2 \sin^2 \gamma \gg 1$:

$$\frac{\hat{\varrho}}{\varrho} = \frac{\varkappa + 1}{\varkappa - 1}; \quad \frac{\hat{p}}{p} = \frac{2\varkappa}{\varkappa + 1} M^2 \sin^2 \gamma; \quad \frac{\hat{c}^2}{c^2} = \frac{2\varkappa(\varkappa - 1)}{(\varkappa + 1)^2} M^2 \sin^2 \gamma;$$

$$\frac{\hat{p}_0}{p_0} = \left(\frac{\varkappa + 1}{\varkappa - 1}\right)^{\frac{\varkappa}{\varkappa - 1}} \left(\frac{2\varkappa}{\varkappa + 1}\right)^{-\frac{1}{\varkappa - 1}} (M \sin \gamma)^{-\frac{2}{\varkappa - 1}} + \tag{72}$$

$$- \left(\frac{\varkappa + 1}{\varkappa - 1}\right)^{\frac{\varkappa}{\varkappa - 1}} \left(\frac{\hat{p}}{p}\right)^{-\frac{1}{\varkappa - 1}}.$$

Bei schlanken Körpern, welche ja vor allem bei so hohen Mach-Zahlen interessieren, ist auch der Stoßfrontwinkel klein, so daß die Normalkomponente der Geschwindigkeit gegen die Tangentialkomponente bei der Berechnung der Geschwindigkeit vernachlässigt werden kann. Da nun W_t auf beiden Stoßseiten gleich ist, herrscht also auch hinter dem Stoß Maximalgeschwindigkeit. Demnach gilt mit Gl. (37) und (40) für:

$\sin^2 \gamma \ll 1$:

$$\hat{M}^* = M^* = \frac{\varkappa + 1}{\varkappa - 1}; \quad \hat{M} = M \frac{c}{\hat{c}} = \frac{\varkappa + 1}{\sqrt{2\varkappa(\varkappa - 1)}} \frac{1}{\sin \gamma} = \frac{1}{\sin \hat{\alpha}},$$

$$\operatorname{tg} \vartheta = \frac{2}{\varkappa + 1} \sin \gamma = \sqrt{\frac{2}{\varkappa(\varkappa - 1)}} \sin \hat{\alpha}; \quad \operatorname{tg}(\gamma - \vartheta) = \sqrt{\frac{\varkappa - 1}{2\varkappa}} \sin \hat{\alpha}. \tag{73}$$

Es herrschen also sehr einfache Winkelbeziehungen, wobei die Winkelfunktionen tg oder sin ebensogut durch das Bogenmaß der Winkel ersetzt werden können. Die Mach-Zahl hinter dem Stoß ist also auch noch sehr groß. Der Mach-Winkel $\hat{\alpha}$ ist kleiner als γ, aber größer als $\gamma - \vartheta$, natürlich, denn die Störungen des Körpers müssen ja in den Stoß laufen.

Nun seien noch die Differentialgleichungen in Form der Verträglichkeitsbedingungen längs der Machschen Linien und der Entropiebedingung längs der Stromlinie vereinfacht. Dabei seien wieder kleine Störungswinkel ϑ und wegen der Höhe der Mach-Zahl im Anströmgebiet M_∞ konstante Geschwindigkeiten und kleine Stoßfrontwinkel γ und Mach-Winkel α vorausgesetzt. Der zweite Summand in Gl. (47) kann wie folgt vereinfacht werden:

$$\frac{\cot\alpha}{\varrho\,W^2}\,p_\xi = \frac{1}{\varkappa}\cot\alpha\,\sin^2\alpha\,\frac{p_\xi}{p} = \frac{1}{\varkappa}\sin\alpha\cos\alpha\,\frac{p_\xi}{p} = \frac{\alpha}{\varkappa}\,\frac{p_\xi}{p} + \dots \tag{74}$$

Die bei achsensymmetrischer Strömung auftretende Bogenlänge l, längs den Mach-Linien gemessen, kann bei deren flachem Verlauf einfach durch die x-Koordinate ersetzt werden. Damit gilt auf der *links- und rechtsläufigen* Mach-Linie:

$$\pm\,d\vartheta + \alpha\,\frac{1}{\varkappa}\,\frac{dp}{p} + \left\{\alpha\,\vartheta\,\frac{dx}{y}\right\} = 0. \tag{75}$$

Die Winkel sind im Bogenmaß zu messen, das letzte Glied fällt bei ebener Strömung $(\frac{dx}{y} \to 0)$ weg.

Längs einer Stromlinie gilt wegen der dort herrschenden Isentropie für ein id. Gas konst. sp. W.:

$$0 = \frac{dp}{p} - \varkappa\,\frac{d\varrho}{\varrho} = \frac{dp}{p} - \varkappa\,\frac{dp}{p} + \varkappa\,\frac{dT}{T} = (1 - \varkappa)\,\frac{dp}{p} + 2\,\varkappa\,\frac{dc}{c}.$$

Daraus folgt bei näherungsweise konstanter Geschwindigkeit längs der *Stromlinie*:

$$d\alpha = \frac{\varkappa - 1}{2}\,\alpha\,\frac{1}{\varkappa}\,\frac{dp}{p} + \dots . \tag{76}$$

Eine Elimination des Druckes aus den Gl. (75), (76) kommt natürlich nicht in Frage, da diese Bedingungen auf völlig verschiedenen Kurven gelten.

Die *Randbedingung* am Körper $y = h(x)$ schreibt den Strömungswinkel dort vor. Wegen dessen Kleinheit gilt:

$$\text{auf } y = h(x): \quad \vartheta = h'(x). \tag{77}$$

Aus dem Gleichungssystem (75), (76) ist nun sofort ein Ähnlichkeitsgesetz abzulesen, wenn noch die Stoßbedingungen (72) und (73) geeignet geschrieben werden. Diese interessieren nur für p, ϑ und α, da nur diese Veränderlichen in den Gleichungen auftreten, und allenfalls für γ wegen der Form des Stoßes. Mit M_∞ als Mach-Zahl der Anströmung und p_∞ als entsprechenden Druck gilt am Stoß:

$$\frac{2}{\varkappa\,M_\infty^2}\,\frac{p}{p_\infty} = \frac{2\,p}{\varrho_\infty\,W_\infty^2} = \frac{4}{\varkappa + 1}\,\gamma^2; \quad \vartheta = \frac{2}{\varkappa + 1}\,\gamma = \sqrt{\frac{2}{\varkappa\,(\varkappa - 1)}}\,\alpha. \tag{78}$$

Die Gleichungen (75) und (76) gelten nun in gleicher Weise für p wie für $\frac{2\,p}{\varrho_\infty\,W_\infty^2}$. Für letzteren Ausdruck ist aber die Mach-Zahl der Anströmung aus allen Gleichungen eliminiert. Es muß sich also bei gleicher Körperform an jeder Stelle des Raumes derselbe Wert von $\frac{2\,p}{\varrho_\infty\,W_\infty}$, α, ϑ und γ ergeben. Das Bild der Machschen Linien, der Stromlinien oder der Stoßfront ist bei gleichen ebenen oder achsensymmetrischen Körpern dasselbe, unabhängig von der Hyper-Mach-Zahl M_∞, während der Druck wie der Staudruck $\frac{\varrho_\infty\,W_\infty^2}{2}$ anwächst. Damit ergeben sich aber auch die Beiwerte der Luftkräfte in ebener und achsensymmetrischer Hyperschallströmung unabhängig von M_∞, ein Resultat, das sich an den exakten Lösungen der Keil- und Kegelströmung erhärten läßt und im Gegensatz zu den Ergebnissen von Tsien[28] steht.

Das Ähnlichkeitsgesetz läßt sich noch auf affin verzerrte Körper erweitern. Zu diesem Zweck seien mit h_m als Maximaldicke des Körpers oder des Profils folgende neue Größen eingeführt:

$$\bar\vartheta = \frac{1}{h_m}\,\vartheta\,; \quad \bar\alpha = \frac{1}{h_m}\,\alpha\,; \quad \bar\gamma = \frac{1}{h_m}\gamma\,; \quad \bar y = \frac{y}{h_m}\,; \quad \text{und}\quad \bar p = \frac{2}{\varrho_\infty\,W_\infty^2}\,\frac{p}{h_m^2}. \tag{79}$$

Dagegen bleibe die x-Richtung nach wie vor durch die Körperlänge dimensionslos gemacht. Dann lautet die *Randbedingung*:

$$\text{auf}\ \ \bar y = \frac{h(x)}{h_m} = f(x)\colon \quad \bar\vartheta = f'(x), \tag{80}$$

mit $f(x) = h(x)/h_m$ als für alle affin verzerrten Körper gleichbleibende Funktion.

Die Stoßbedingungen lauten nun:

$$\bar p = \frac{4}{\varkappa + 1}\,\bar\gamma^2\,; \quad \bar\vartheta = \frac{2}{\varkappa + 1}\,\bar\gamma = \sqrt{\frac{2}{\varkappa\,(\varkappa - 1)}}\;\bar\alpha. \tag{81}$$

Schließlich lauten die Differentialgleichungen längs Mach- und Stromlinien:

$$\pm\, d\bar\vartheta + \bar\alpha\,\frac{1}{\varkappa}\,\frac{d\bar p}{\bar p} + \left\{\bar\alpha\,\bar\vartheta\,\frac{dx}{\bar y}\right\} = 0\,; \quad d\bar\alpha = \frac{\varkappa - 1}{2}\,\bar\alpha\,\frac{1}{\varkappa}\,\frac{d\bar p}{\bar p}.$$

Nun kommt weder die Körperdicke h_m noch die Mach-Zahl der Anströmung M_∞ in den Gleichungen und Randbedingungen vor, weshalb sich unabhängig von h_m und M_∞ für alle schlanken ebenen oder achsensymmetrischen Körper dieselbe Lösung für: $\bar\alpha\,(x, \bar y)$, $\bar\vartheta\,(x, \bar y)$, $\bar\gamma(x)$ und $\bar p\,(x, \bar y)$ ergeben muß. Das gibt in Verallgemeinerung des zuerst abgeleiteten Gesetzes gleiche Werte von $\bar p$ an der Körperoberfläche. Bei gleichem Staudruck $\dfrac{\varrho_\infty\,W_\infty^2}{2}$ und affinen Körpern muß sich der Druck also verhalten wie die Quadrate der Maximaldicken h_m! [Siehe Gl. (79).] Das ganze Bild von Mach-Linien, Stoßfront und Stromlinien verzerrt sich wie die Körperstromlinie.

Im Bereich der Körperspitze ist wegen der hohen Drucke das Verhältnis von Druck und Staudruck dem Druckkoeffizienten gleichzusetzen:

$$c_p = 2\,\frac{p - p_\infty}{\varrho_\infty\,W_\infty^2} = \frac{2\,p}{\varrho_\infty\,W_\infty^2} - \frac{2}{\varkappa}\,\frac{1}{M_\infty^2} = \frac{2\,p}{\varrho_\infty\,W_\infty^2} - \dots \tag{82}$$

Diese Näherung dürfte am und nach dem Dickenmaximum falsch sein, weil die Drucke dort den Anströmdruck erreichen dürften und auch wohl kleiner als dieser werden. Damit werden die Drucke aber an diesen Stellen bedeutungslos und die Näherung Gl. (82) kann am ganzen Körper verwendet werden, wenn es sich um Überblicke oder Integrale über den Körper handelt. Für die Luftkräfte ist in Hyperschallströmung jedenfalls nur der Teil vor dem Dickenmaximum bedeutungsvoll.

Wie exakt gezeigt werden kann[30], strebt die Strömung um Körper beliebiger Form und Dicke mit $M_\infty \to \infty$ einem Endzustand zu, der um so schneller erreicht wird, je stumpfer die Körpernase ist. Dabei werden die Beiwerte der Luftkräfte unabhängig von M_∞. Bei flachen Körpern ergeben sich in jedem Längsschnitt die gleichen Strömungszustände wie bei ebener Strömung um ein Profil von der Form des Längsschnittes. Der Auftrieb wächst mit dem Quadrat des Anstellwinkels.

In jenem Bereich Machscher Zahlen, in welchem $2\,h_m\,M_\infty \sim 1$ gilt, können nach H. Tsien Strömungen gleichen Parameterwertes $2\,h_m\,M_\infty$ um schlanke Körper miteinander verglichen werden. Der dickere Körper muß darnach mit kleinerer Mach-Zahl angeströmt werden und ergibt[31] Beiwerte der Luftkräfte proportional zu h_m^2.

Vom Hyperschall zu unterscheiden ist die *Supraaerodynamik*[29]. Dieses Wort wird für jene Strömungen gebraucht, bei welchen die mittlere freie Weglänge der Moleküle eine Rolle spielt. Eine reine Supraschallströmung würde sich dann ergeben, wenn die Körper klein gegen die mittlere freie Weglänge der Moleküle sein würden. Dieses zur Gaskinetik gehörige Forschungsgebiet fällt aus dem Rahmen dieses Buches. Seine praktische Bedeutung ist noch nicht allzu groß und vor allem dadurch beschränkt, daß die viel wichtigere kompressible Grenzschichtströmung selbst noch wenig erforscht ist. Es zeigt sich, daß die Supraaerodynamik beim Fluge an der Atmosphärengrenze merkliche Effekte ergeben kann. Schon die Strömung stark verdünnter Gase zwischen zwei ebenen Platten stellt ein schwer zu lösendes Problem dar, wenn die mittlere freie Weglänge von der Größenordnung des Plattenabstandes ist. Auch die Vorgänge im Verdichtungsstoß sind ein Problem der Supraaerodynamik, da seine Tiefe von der Größenordnung der mittleren freien Weglänge der Moleküle ist.

22. Berechnung drehungsfreier ebener Überschallfelder.
(Modifiziertes Prandtl-Busemann-Verfahren.)

Nach dem Croccoschen Wirbelsatz ist eine drehungsfreie Strömung auch stets isentrop. Die Verträglichkeitsbedingungen — also die auf die Mach-Linien transformierten Differentialgleichungen — nehmen dann die einfache Form (52) an, die eine feste Beziehung von Geschwindigkeitsbetrag und -richtung darstellt. Damit liegen die Charakteristiken im Hodographen, wie schon früher betont, fest.

Die Beispiele über Profilströmung zeigten, daß auch dann näherungsweise wie bei einer wirbelfreien Strömung gerechnet werden kann, wenn die Entropieunterschiede quer zur Strömungsrichtung genügend klein sind. In dieser „isentropen Näherung" ist auf jeder Stromlinie derjenige Ruhedruck anzunehmen, welcher sich aus den Verlusten in den vorangegangenen Verdichtungsstößen ergibt. Er ist wohl für die Energiedissipation, nicht aber für die Wirbelbildung von Bedeutung. Ein exaktes Beispiel dafür gibt die Strömung an einem Keil. Sie ist eine wirbelfreie Parallelströmung mit überall gleichmäßig abgesunkenem Ruhedruck. Tatsächlich ergeben sich, wie man sich leicht überzeugen kann, die Verträglichkeitsbedingungen (52) direkt aus der allgemein geltenden gasd. Gl. (VI, 11) und der Gl. (VI, 9) für die Wirbelfreiheit. Das Folgende gilt daher gleichzeitig für die annähernd wirbelfreie Strömung der „isentropen Näherung".

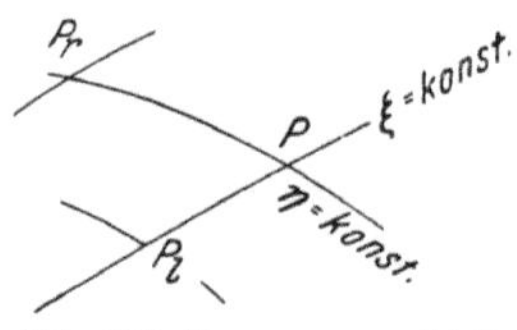

Abb. 191. Kreuzungspunkt P zweier Mach-Linien.

Angenommen, der Strömungszustand sei in zwei Punkten P_r und P_l der Strömungsebene bekannt. Dann gibt es einen Punkt P, welcher mit dem Punkte P_r die rechtsläufige und mit dem Punkte P_l die linksläufige Mach-Linie gemeinsam hat (Abb. 191). Seine Lage ist also nur indirekt gegeben. Sein Zustand läßt sich allerdings sofort angeben. Die in der Gl. (54) auftretende Geschwindigkeitsfunktion sei bezeichnet mit:

$$Ch(M^*) = 1000 - \sqrt{\frac{\varkappa + 1}{\varkappa - 1}}\, \text{arctg} \sqrt{\frac{M^{*2} - 1}{\dfrac{2}{\varkappa - 1} - (M^{*2} - 1)}} +$$

$$+ \text{arctg} \sqrt{\frac{\varkappa + 1}{\varkappa - 1} \frac{M^{*2} - 1}{\dfrac{2}{\varkappa - 1} - (M^{*2} - 1)}}, \tag{83}$$

wobei die Funktionen arctg in Winkelgraden ausgedrückt werden sollen.

Die Funktion $Ch(M^*)$ ist wie der Strömungswinkel dimensionslos. Sie wird nach BUSEMANN willkürlich bei $M = M^* = 1$ auf 1000 festgelegt. Dies erweist sich später als zweckmäßig, um möglichst negative Werte zu vermeiden. $Ch(M^*)$ steigt mit dem Druck und fällt mit wachsender Geschwindigkeit und wird auch „Druckzahl" genannt.

Für den Zustand in P gilt dann (mit ϑ in Winkelgraden):

$$\vartheta + Ch(M^*) = \vartheta_l + Ch(M_l^*),$$

$$\vartheta - Ch(M^*) = \vartheta_r - Ch(M_r^*),$$

zwei leicht lösbare Gleichungen für die Unbekannten ϑ und $Ch(M^*)$. Es ist zweckmäßig, die Verhältnisse im Hodographen zu verfolgen, wozu in der Praxis ein besonderes Charakteristikendiagramm verwendet wird (Tafel II). Eine rechtsläufige Machsche Linie ergibt sich dort, aus dem Ursprung betrachtet, wieder als rechtsläufig, wodurch dort der Punkt P völlig festliegt (Abb. 192). Einer der beiden Punkte P_r oder P_l oder auch beide Punkte können dabei ebensogut bei höheren Geschwindigkeiten liegen als der Punkt P. Offenbar gibt es noch einen zweiten Punkt, welcher mit P_r und P_l je eine Charakteristik gemeinsam hat in Strömungs- und Geschwindigkeitsebene. Seine Lage und sein Zustand ist dadurch festgelegt, daß er mit P_r die linksläufige und mit P_l die rechtsläufige Charakteristik gemeinsam hat.

Aus Tab. VIII, 2 (S. 446) kann für $\varkappa = 1{,}400$ zu jedem Funktionswert von $Ch(M^*)$, der sich etwa bei den Rechnungen ergibt, die zugehörige Geschwindigkeit, Mach-Winkel, Druck, Stromdichte usw. abgelesen

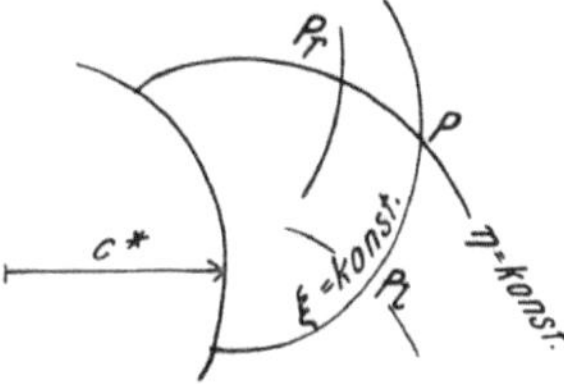

Abb. 192. Gemeinsame Lage der Punkte auf Charakteristiken im Hodographen.

werden. Außerdem ist noch, beginnend mit $\vartheta = 0$ bei $M^* = 1$, der Strömungswinkel einer linksdrehenden Prandtl-Meyer-Expansion notiert. Nach Gl. (54) ergänzt sich dieser Winkel mit $Ch(M^*)$ gerade zum Werte 1000.

Für kleine Ablenkungen ergibt sich im Stoß dieselbe Geschwindigkeits- und Druckänderung mit dem Ablenkungswinkel wie in stetiger Strömung, so daß Tab. VIII, 2 auch für Abschätzungen bei Stößen sehr gute Dienste leistet. Durch Aufeinanderlegen überzeugt man sich, daß sich Charakteristiken und Stoßpolaren in der Umgebung der Stoßpolarenspitzen weitgehend decken. Für die isentrope Näherung kann also gleich das Charakteristikendiagramm als Stoßpolarendiagramm verwendet werden, was den Vorteil hat, daß das Diagramm nun nicht mehr für die jeweilige Richtung vor dem Stoß gedreht zu werden braucht. Die Stoßpolaren sind im Diagramm im übrigen für diskrete Anfangswerte der Funktion $Ch(M^*)$ gezeichnet, wobei die Polaren für 990, 980 usw. besonders hervorgehoben sind.

Jede Charakteristik im Hodographen ist durch einen besonderen Wert gekennzeichnet. Als solcher könnte nach Gl. (54) etwa gewählt werden ϑ^*, der Winkel bei $M = M^* = 1$. Es ist aber praktisch, die Charakteristik mit folgenden ebenfalls konstant bleibenden Werten zu bezeichnen:

$$\xi = \text{konst.}: \quad \frac{1}{2}(1000 + \vartheta^*) = \frac{1}{2}[Ch(M^*) + \vartheta] = \lambda \quad \text{(linksläufig)};$$

$$\eta = \text{konst.}: \quad \frac{1}{2}(1000 - \vartheta^*) = \frac{1}{2}[Ch(M^*) - \vartheta] = \mu \quad \text{(rechtsläufig)}. \tag{84}$$

Diese werden im Diagramm (Tafel II) verwendet. Aus ihnen ergibt sich Strömungswinkel ϑ und Druckzahl $Ch(M^*)$ auf kürzestem Wege wie folgt:

$$Ch(M^*) = \lambda + \mu; \quad \vartheta = \lambda - \mu. \tag{85}$$

Aus Tab. VIII, 2 (S. 446) können dann alle anderen Größen leicht entnommen werden. Dabei steht es völlig frei, die Zustände entweder durch $Ch\,(M^*)$ und ϑ oder durch λ und μ festzulegen. Das erstere ist etwas anschaulicher, das zweite etwas kürzer, denn es gilt einfach für die Punkte der Abb. 191:

$$P_l(\lambda_l,\,\mu_l),\quad P_r(\lambda_r,\,\mu_r):\quad P(\lambda_l,\,\mu_r). \tag{86}$$

Die Zahlenwerte von Ch und ϑ und von λ und μ sind dabei so unterschiedlich gewählt, daß aus ihrer Größe schon hervorgeht, um welche Funktion es sich handelt.

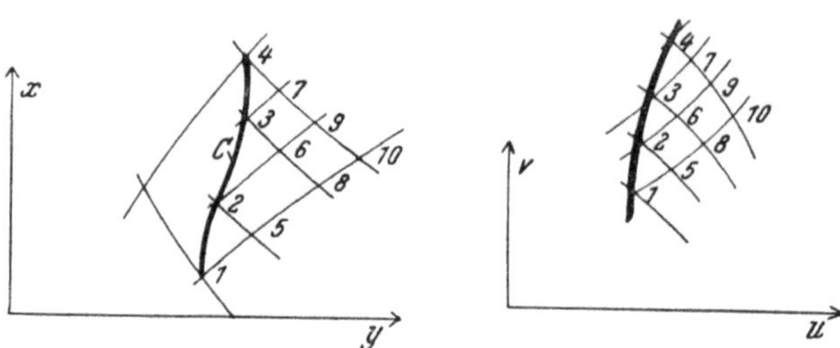

Abb. 193. Fortsetzungsgebiet der Kurve C in Strömungsebene und Hodograph.

Für die Werte von λ und μ hätte ebenso in Gl. (84) der Buchstabe ξ und η verwendet werden können. Dies wurde aber bewußt vermieden, um ξ und η für beliebige Funktionen zur Verfügung zu haben. Auf $\lambda = $ konst. ist ja auch jede beliebige Funktion von λ konstant. Es kann also $\xi = \xi(\lambda)$, $\eta = \eta(\mu)$ noch eine ganz beliebige Funktion sein, die aber im allgemeinen monoton gewählt werden wird. Beispielsweise käme ϑ^* selbst in Frage.

Bei Vorgabe des Strömungszustandes auf einem Kurvenstück C liegt die Strömung im ganzen Fortsetzungsgebiet fest, das ist das gesamte von den Machschen Linien der Endpunkte eingeschlossene Feld (Abb. 193). Es genügt, die Konstruktion des rechtsgelegenen Teiles zu betrachten, wobei die Strömungsrichtung in Schreibrichtung angenommen werden kann. Auf C seien diskrete Punkte herausgegriffen. Die Aufgaben werden dabei zweckmäßig möglichst so gestellt, daß sich runde Werte der Zustandsgrößen ergeben, daß die Ausgangspunkte also möglichst auf Kreuzungspunkten der im Hodographen eingezeichneten Charakteristik liegen. (Doch ist dies natürlich keineswegs notwendig.)

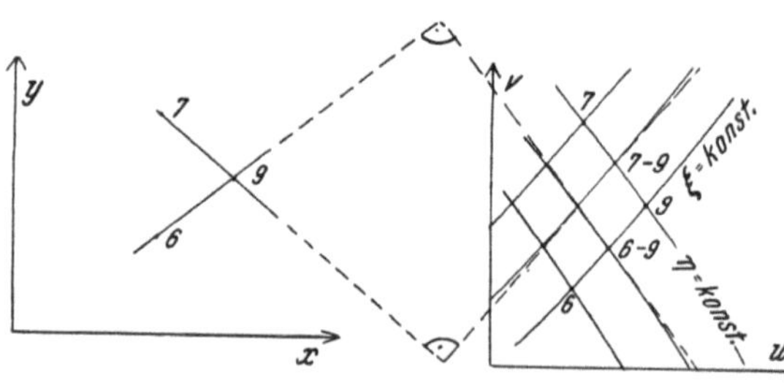

Abb. 194. Richtungen der Mach-Linien.

Das gesamte Strömungsbild im Hodographen liegt damit nun bereits fest, und die Aufgabe besteht nur mehr darin, die Machschen Linien in der Strömungsebene zu konstruieren, um so die Lage der auf den verschiedenen Kreuzungen der Mach-Linien liegenden Punkte zu finden. Dies geschieht einfach mit der Orthogonalitätsbedingung (Abb. 181), wobei das Punktgitter so eng zu nehmen ist, daß die Näherung der Machlinien-Richtungen durch Geradenstücke ausreicht. Für die Neigung eines Machlinien-Stückes wird dabei am besten der Zustand zwischen den entsprechenden Bildpunkten im Hodographen gewählt (Abb. 194). Die Richtung des Streckenstückes 7 bis 9 wird also orthogonal auf die Tangente an die linksläufige Charakteristik im Zwischenpunkt 7 bis 9 des Hodographen genommen. (Wegen dieser Orthogonalitätsbedingung ist es ein bedeutender Vorteil, wenn ein Zeichenbrett mit Zeichenmaschine zur Verfügung steht.) Damit ist die Aufgabe der Konstruktion ebener Strömungsfelder gelöst. Die Methode wird als *Charakteristiken-Verfahren* bezeichnet. In den nächsten Abschnitten wird noch die Behandlung der Randbedingung und die Stoßkonstruktion zu besprechen sein.

Die Verwandtschaft mit den entsprechenden Methoden der instationären Fadenströmung ist offenbar. Im entsprechenden Abschnitt (III, 28) ist insbesondere auch auf den Unterschied zwischen Gitterpunktverfahren — wie das hier wiedergegebene — und Felderverfahren —, wie es ursprünglich von Prandtl und Busemann[32] entwickelt wurde, hingewiesen. Im ursprünglichen Prandtl-Busemann-Verfahren wurden alle Zustandsänderungen in Unstetigkeitsfronten verlegt, während die dazwischen gelegenen Felder Parallelströmung zeigten. Daraus ergeben sich duale Beziehungen zwischen Strömungsebene und Hodographen. Felderverfahren erweisen sich jedoch zur Verallgemeinerung bedeutend weniger geeignet als Gitterpunktmethoden, weshalb das Prandtl-Busemann-Verfahren hier nicht mehr in seiner ursprünglichen Form wiedergegeben wurde.

23. Randbedingungen bei ebener, drehungsfreier Strömung.

Zu einem auf einer Berandung der Strömung liegenden Punkt P führt nur eine einzige Mach-Linie, weshalb die eben geschilderte Methode nicht anwendbar ist. Dafür ist aber der Strömungszustand im Randpunkt zum Teil bekannt.

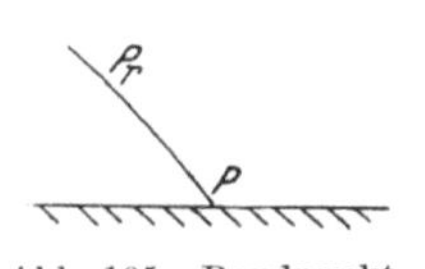

Abb. 195. Randpunkt.

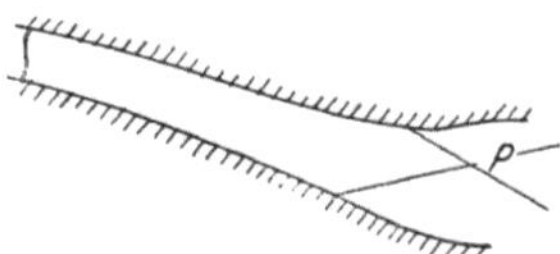

Abb. 196. Abhängigkeitsgebiet im geschlossenen Kanal.

Handelt es sich um eine *feste Wand*, so ist der Strömungswinkel bekannt. Bei dem in Abb. 195 wiedergegebenen Fall, daß eine rechtsläufige Mach-Linie nach P führt, errechnet sich die Geschwindigkeit (ganz wie an einem Profil in unendlich ausgedehnter wirbelfreier Strömung) einfach aus der zweiten Verträglichkeitsbedingung Gl. (84):

$$Ch(M^*) = \vartheta + Ch(M_r^*) - \vartheta_r. \tag{87}$$

An einer *freien Strahlgrenze* hingegen ist der Druck vorgegeben. Bei isentroper Strömung ist damit aber auch die Geschwindigkeit bekannt. Nun errechnet sich der Strömungswinkel aus Gl. (87) bei bekanntem M^*.

Wird nur mit den Unbekannten λ und μ gearbeitet, so errechnet sich im Falle der Abb. 195 der λ-Wert im Randpunkt mit der Gl. (85) sehr einfach:

für die feste Wand: $\quad\quad\quad \lambda = \vartheta + \mu_r,$

für den Strahlrand: $\quad\quad\quad \lambda = Ch(M^*) - \mu_r.$ $\tag{88}$

Ganz Entsprechendes gilt natürlich für einen Randpunkt auf linksläufiger Mach-Linie.

Die Lage des Randpunktes ergibt sich wieder ohne weiteres aus der Richtung der Mach-Linie mit Hilfe der Orthogonalitätsbedingung.

Dabei zeigt sich, daß ein Rand das Fortsetzungsgebiet vergrößert. Das kann nicht anders erwartet werden. Beispielsweise kann sich bei einem geschlossenen Kanal das Abhängigkeitsgebiet am Kanalanfang für einen Punkt am Kanalende (Abb. 196) nur über die Kanalbreite erstrecken. Ränder sind eben stets Spiegelungen gleichzusetzen (siehe auch Abb. 32), was einer entsprechenden Vergrößerung des Strömungsbildes gleichkommt.

24. Stoßfronten in ebener, drehungsfreier Strömung.

Der Stoßwinkel muß stets größer als der Mach-Winkel vor der Stoßfront sein, weil die Laufgeschwindigkeit eines Stoßes höher ist als diejenige einer Schallwelle. Anderseits müßten die gleichlaufenden Mach-Linien hinter der Front stets in diese hineinlaufen, weil der Stoß durch die Bedingungen hinter der Front hervorgerufen wird. Überall dort, wo eine Front auftritt, überlappen sich also die stetigen Felder der Strömung vor und hinter der Front, und diese kann bei schwachen Stößen nach Gl. (59) so eingezeichnet werden (Abb. 197), daß sie das Mittel der gleichlaufenden Mach-Linien vor und hinter ihr bildet. Die Verhältnisse unterscheiden sich von jenen der Abb. 185 nur insofern, daß die stetigen Strömungsfelder nun eine kompliziertere Struktur aufweisen, wie sie sich eben aus der Konstruktion bei vorgegebenen Randbedingungen ergibt. Daraus ergibt sich, daß das Feld hinter dem Stoß nur schrittweise mit dem Stoß zusammen aufgebaut werden kann, weil es unter dem Einfluß der Strahlen des Feldes davor steht. Das Feld vor dem Stoß hingegen kann leicht über diesen hinweg fortgesetzt werden.

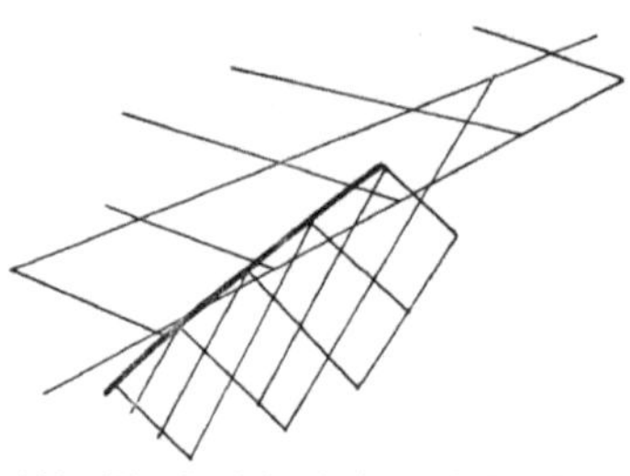

Abb. 197. Stoß in drehungsfreier Strömung.

Da die Verträglichkeitsbedingungen in isentroper Näherung über den Stoß hinweg gelten, ist der Zustand eines Kreuzungspunktes einer rechtsläufigen Mach-Linie vor dem Stoß mit einer linksläufigen Mach-Linie hinter dem Stoß in Abb. 197 stets völlig bestimmt, wie bei stetiger Strömung. Seine Lage hingegen läßt sich im allgemeinen nicht so genau bestimmen, da die Machschen Linien im Stoß einen Knick erfahren. Das ist nur dann von untergeordneter Bedeutung, wenn der gesuchte Punkt unmittelbar hinter der Front liegt. Da die Frontrichtung aber näherungsweise konstant ist, lassen sich solche Punkte stets auswählen, wenn auf den Mach-Linien interpoliert wird. Damit ist dann eine sehr genaue Konstruktion der Stoßfront möglich.

Alle Probleme der Reflexionen von Stoßfronten an Rändern, des Durchkreuzens von Stoßfronten usw. können am Ort des Vorganges stets wie in unendlicher Parallelströmung behandelt werden. Da die Stoßfronten praktisch verschwindend tief sind, ergeben sich in unmittelbarer Umgebung des Vorganges bei genügender Vergrößerung gerade jene Bilder, wie sie in den Abschnitten 5 bis 11 behandelt wurden.

25. Parallelstrahldüse.

Sowohl für Windkanäle als auch für Raketen ist das Erzeugen von Parallelstrahlen erwünscht. Bei der Raketenschubdüse z. B. ergibt sich der Schub als ein Maximum, wenn die Zustände über dem Düsenende konstant sind. Während im Windkanal mehr das ebene Problem interessiert, ist bei der Rakete eine achsensymmetrische Düse von größerer praktischer Bedeutung. Die Aufgabe soll daher hier so behandelt werden, daß auch gleichzeitig der Weg zur Konstruktion achsensymmetrischer Düsen gezeigt wird.

Angenommen, stromabwärts vom Düsenende herrsche Unterdruck oder angenähert Gleichdruck, dann muß im gesamten Fortsetzungsgebiet des Düsenendquerschnittes Parallelströmung herrschen, wenn sie im Düsenendquerschnitt selbst gefordert wird. Diese Forderung ist im übrigen typisch für ein Überschallproblem und nur für dieses exakt zu erfüllen. Bei Unterschallströmung würde sich ja jede Störung, die sich irgendwo in der Strömung befindet, im Düsenendquerschnitt bemerkbar machen und die Parallelströmung dort stören. Ungestörte Parallel-strömung in einem Querschnitt wäre exakt nur durch Parallelströmung im *ganzen* Strömungsraum zu erreichen, was praktisch nicht realisierbar ist. Mit beliebiger Näherung läßt sich die Forderung in Unterschallströmung allerdings schon erfüllen.

Das Fortsetzungsgebiet des Endquerschnittes besteht aus einem stromauf-wärts und einem stromabwärts gelegenen Teil, welche in der Zeichenebene bei Parallelströmung exakt einen Rhombus bilden, den sogenannten „Meßrhombus" der Überschallkanaldüse. In ihm herrschen im Idealfalle die gewünschten Bedingungen für das Modell. Bei achsensymmetrischen Düsen bildet das Fort-setzungsgebiet räumlich gesehen exakt einen Doppelkegel mit dem Machschen Winkel der Parallelströmung als halben Öffnungswinkel.

Herrscht am Düsenende stärkerer Gegendruck, dann wird das Fortsetzungs-gebiet stromabwärts durch Stöße abgeschlossen und etwas gekürzt, wie dies im Abschnitt 27 über Freistrahlen gezeigt wird.

Zunächst sei eine Strömung angenommen, in welcher die Geschwindigkeit beginnend von $M = 1$ so beschleunigt wird, daß sie in einem Punkte die im End-querschnitt erwünschte Mach-Zahl M_E er-reicht. Dieser Punkt A sei gleichzeitig der Anfangspunkt des „Meßrhombus" (Ab-bildung 198). Die angenommene Expansions-strömung sei nur bis zu den zum Punkte A führenden Mach-Linien gezeichnet. Als Expansionsströmung kann beispielsweise die exakte Überschallquelle (der Ebene

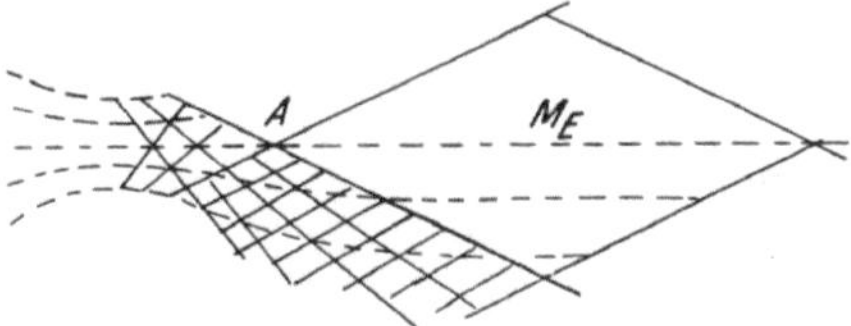

Abb. 198. Aufbau einer Parallelstrahldüse.

oder des Raumes) genommen werden. Auch kann eine experimentell ermittelte Strömung verwendet werden, was den Vorteil hat, daß damit gleichzeitig der Einfluß des Unterschallteiles erfaßt wird. Für die weiteren Berechnungen sind dabei nur die Werte auf den zu A führenden Mach-Linien erforderlich.

Eine reine Prandtl-Meyer-Expansion eignet sich für diese Zwecke nicht. Sie gibt ja selbst eine exakte Parallelströmung mit geänderter mittlerer Strömungs-richtung, stellt also bereits eine spezielle Lösung der Aufgabe dar.

Das Feld zwischen der in A endenden Expansionsströmung und dem „Meß-rhombus", dessen absolute Größe zunächst noch freisteht, kann nun mit Hilfe des Charakteristikenverfahrens auskonstruiert werden. Damit wird die gegebene Expansionsströmung mit jeder gewünschten Genauigkeit in die geforderte Parallelströmung übergeführt. Jedes am „Meßrhombus" endende, durch die Expansionsströmung führende Paar von Stromlinien ergibt eine Parallelstrahl-düse. Symmetrie ist dabei keineswegs erforderlich. Bei Asymmetrie oder bei Verlängerung der Parallelwände am Düsenende wird das Gebiet der Parallel-strömung größer als das Fortsetzungsgebiet des Endquerschnittes und verliert seine Rhombengestalt. Die Lösung bei Achsensymmetrie unterscheidet sich von derjenigen bei ebener Strömung nur durch das anzuwendende Charakteristiken-verfahren.

Die von der Expansionsströmung ausgehenden Mach-Linien in den Feldern über und unter Punkt A sind bei ebener Strömung Geradenscharen. Sie ent-sprechen also Punkten im Hodographen, aus denen sich die beiden Charakte-ristiken zusammensetzen, welche allein durch den Zustand $\vartheta = 0$, $M^* = M_E^*$ gehen (Abb. 199). Das über den Mach-Linien von A gelegene Feld ist also durch $\mu = \mu_E$, das unter A gelegene Feld durch $\lambda = \lambda_E$ gekennzeichnet. Die Expansion erfolgt in diesen Feldern nur mehr längs einer Schar Machscher Linien, während die Zustände längs der anderen Schar konstant bleiben. Bei ebener

Strömung ist also die Expansionsströmung so weit zu nehmen, bis an der Düsenwand oben μ_E und unten λ_E erreicht wird. Dann ist die Düsenwand oben weiter so zu krümmen, daß die Randbedingung $\mu = \mu_E$ erfüllt wird (und Entsprechendes für λ) womit die Aufgabe gelöst ist.

Vielfach interessieren möglichst kurz gebaute Düsen. Die rascheste Expansion wird erreicht, wenn die Wand nach der engsten Stelle geknickt wird. Angenommen, es herrscht in der engsten Stelle Parallelströmung mit $M = 1$, so entspricht die Prandtl-Meyer-Expansion an den Knicken den beiden von $M^* = 1$, $\vartheta = 0$ ausgehenden Charakteristiken im Hodographen (Abb. 199). Damit ist aber auch der Knickwinkel gegeben als Schnittpunkt mit der vom Punkte A (M_E^*, $\vartheta = 0$) ausgehenden Charakteristik. Die $Ch(M^*)$-Werte am Punkte größten Strömungswinkels der Wand ergibt

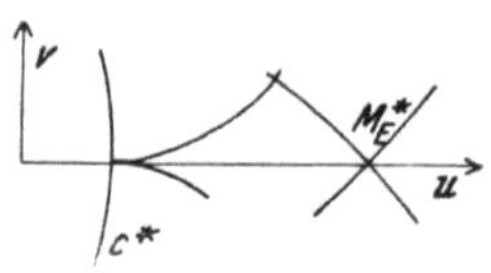

Abb. 199. Knickdüse im Hodographen.

sich als arithmetisches Mittel von 1000 und $Ch^*(M_E)$. Abb. 200 gibt eine entsprechende Düse geringster Länge.

Die Neigungen der Düsenwand sind keiner Beschränkung unterworfen, weil es sich um lauter Strömungen mit Druckabfall handelt, welchen eine Grenzschicht stets mitmacht. Ein Vergleich mit den ebenfalls divergenten Unter-

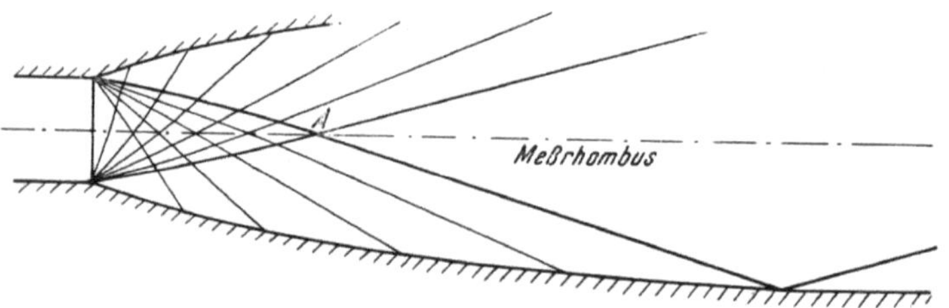

Abb. 200. Skizze einer Düse geringster Länge für $M_E = 2,50$.

schalldiffusoren, wie er gelegentlich in Arbeiten gemacht wird, ist nicht am Platze, da die Diffusorprobleme mit dem Druckanstieg zusammenhängen.

Für richtige theoretische Ausgangswerte im engsten Düsenquerschnitt sei auf Abschnitt IX, 7 der schallnahen Strömung verwiesen. Es zeigt sich, daß die Geschwindigkeitsverteilung im Düsenhals nur bei geringen Überschallgeschwindigkeiten Bedeutung für die Düsenform hat.

26. Doppelflügel[33], Interferenz.

Bei der Parallelstrahldüse wurde die Expansion durch konvexe Wandkrümmung ausgelöst. Es liegt nahe, das Umgekehrte bei einem Flügel zu versuchen, um die Stöße möglichst rasch auszulösen oder gar nicht erst entstehen zu lassen und auf diese Weise einen möglichst geringen Widerstand zu erhalten. Nach den Ausführungen von Abschnitt 16 ist das aber nur möglich, wenn dem Profil ein zweites Profil gegenübergelegt wird. Man gelangt so zum Busemannschen Doppelflügel (Abb. 201 a), bei welchem die beiden Teile gegenseitig die auftretenden Störungen durch Interferenz aufheben. Es sei hier nur der Fall behandelt, bei welchem jeder Stoß vermieden werden soll.

Dann müssen die Außenseiten parallel zur Anströmrichtung liegen und die Vorderkanten verschwinden Öffnungswinkel besitzen. Auch dürfen die konkaven Profilkrümmungen nur klein sein, damit sich die Verdichtung nicht vor Erreichen der Expansion zu Stößen aufsteilt. In dem in Abb. 201a wiedergegebenen Beispiel nach A. Busemann bleibt die Wand zunächst nach anfänglicher Krümmung konstant geneigt, was zu einem Feld mit Parallelströmung führt. Die konvexe Krümmung am Dickenmaximum verwandelt die ankommende Kompression in eine Expansion, die am Flügelende wieder zu einer Parallelströmung ausgerichtet wird. Keinesfalls dürfen Wellen das Profilpaar verlassen, da sich sonst doch noch Stöße ergeben würden. Nach den Ausführungen des letzten Abschnittes bedeutet es keine Schwierigkeit, unterschiedliche Doppelflügel zu konstruieren. Nach verhältnismäßig willkürlicher Kompression und anfänglich auch willkürlicher Expansion ist einfach eine Paralleldüse mit der Mach-Zahl der Anströmung im Endquerschnitt zu konstruieren.

Die praktische Bedeutung eines Doppelflügels als Tragfläche ist anzweifelbar. Der verschwindende Öffnungswinkel der Vorderkanten könnte wohl ohne wesentliche Verluste durch einen endlichen Winkel ersetzt werden. Doch dürfte der Reibungswiderstand groß und die technische Verwirklichung schwierig sein. Dennoch ist das Beispiel sehr lehrreich. Es zeigt, daß Körper auch mit endlicher Dicke grundsätzlich auch mit Überschallgeschwindigkeit ohne Widerstand fliegen können.

Ein wichtiges Resultat ergibt sich dabei für das Interferenzproblem, also die Frage des Einflusses verschiedener Körper aufeinander. Es zeigt sich, daß der Druckwiderstand zweier Körper durch gegenseitige Einwirkung aufgehoben werden kann.

Neben dem Busemannschen Doppelflügel (Abb. 201a), bei welchem im wesentlichen eine Kompressions- und Expansionsparalleldüse

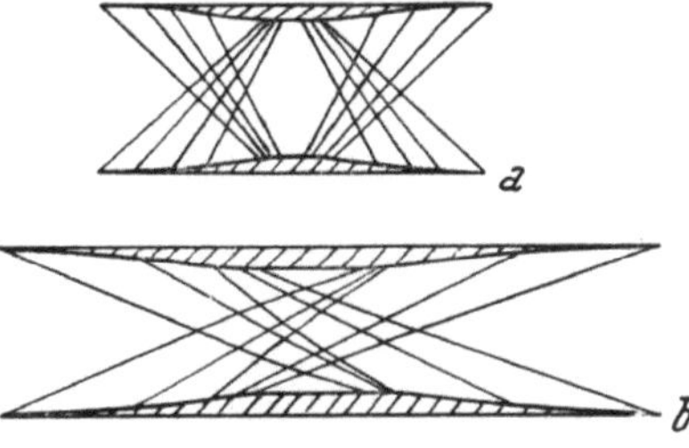

Abb. 201. Widerstandsfreier Doppelflügel.

hintereinander geschaltet sind, gibt es noch eine andere Form (Abb. 201b), welche in der engsten Stelle keine Parallelströmung aufweist. Bei dieser zweiten Form wird die Kompression der einen Flügelhälfte beim Auftreffen auf die andere Flügelhälfte durch Expansion ausgelöscht.

Die beiden Flügelarten ergeben zwei verschiedene Arten der Widerstandsverringerung durch Interferenz. Beim Busemannschen Flügel (Abb. 201a) wird die Druckwelle am Nachbarflügel im wesentlichen reflektiert und am eigenen Flügel gelöscht, während die Flügel in Abb. 201b gegenseitig die Druckwellen nach dem Dickenmaximum abfangen.

Bei dem wiedergegebenen Beispiel muß der Druckwiderstand schon aus Symmetriegründen verschwinden. Einfacher ergibt sich dieses Resultat aus dem Entropiesatz Gl. (IV, 37), nach dem ein Widerstand in reibungsloser Strömung Stöße zur Voraussetzung hat.

Nach Abschnitt II, 11 sind nur Verengungen bis zu einem gewissen Grad zulässig, wenn unbedingt vermieden werden soll, daß sich Stöße vor den Flügel wie vor ein Pitot-Rohr legen. Dabei zeigen Versuche von FERRI[34], daß dieser Anlaufeffekt bis zu gewissen Verengungen durch vorübergehendes Erweitern des Flügelabstandes vermieden werden kann.

27. Schwingende Freistrahlen.

Während ein Unterschallstrahl nur bei Gleichdruck aus einer Mündung austreten kann, weil der Druck an der Mündung regulierend auf die Strömung einwirkt, kann an Überschallmündungen beliebig starker Unterdruck, aber auch bis zu einem gewissen Grade Überdruck herrschen. Tritt ein Überschallparallelstrahl aus einer Mündung gegen Unterdruck aus, so wird er an den Rändern zunächst expandieren und sich so an den Außendruck anpassen. Im weiteren Verlauf muß an der Strahlgrenze stets Außendruck herrschen, wodurch die Randbedingungen festgelegt sind.

An den Mündungskanten (Abb. 202) stellt eine Prandtl-Meyer-Expansion sprunghaft den Außendruck am Strahlrand her. Die Strömung ist isentrop, so

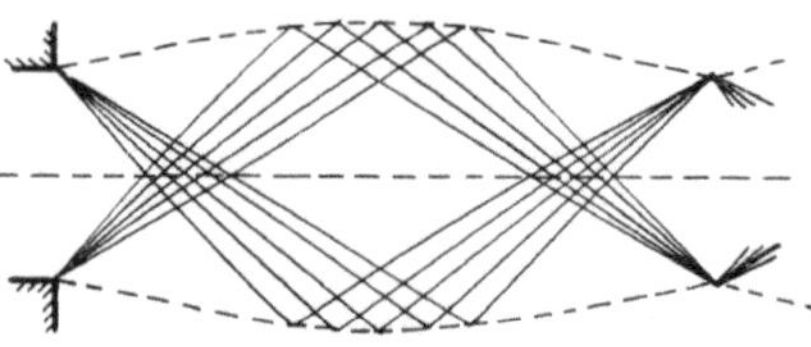

Abb. 202. Austritt eines Überschallstrahles gegen Unterdruck nach A. Busemann.

daß sich die Geschwindigkeit am Strahlrand aus der Bernoullischen Gleichung ergibt, womit die Expansionsfläche und die Richtung des Strahlrandes festliegen. Im Innern macht sich der Unterdruck natürlich erst weiter stromab geltend. Die Charakteristikenmethode ist erst anzuwenden, wo die beiden Expansionsfächer aufeinandertreffen. Nach der Durchkreuzung der Expansionsfächer entsteht in der Strahlmitte ein Unterdruckgebiet. Der Freistrahl hat sich überexpandiert. Die Expansionsfächer werden am Strahlrand als Kompressionen reflektiert, was eine Einschnürung des Strahles zur Folge hat, die wieder zu Überdrucken führt. Der Strahl schwingt.

Die Schwingung in Abb. 202 ist als streng periodisch wiedergegeben, doch dürfte dies nur in der Näherung kleiner Störungen zutreffen[45]. Mit zeichnerischen Methoden kann nämlich kaum festgestellt werden, ob sich die Machschen Linien erst am Strahlrand oder schon vorher treffen. Im allgemeinen ist aber mit Stößen, also mit einer Dämpfung, zu rechnen, die bei geringen Druckunterschieden allerdings wegen der turbulenten Strahldurchmischung nicht beobachtbar ist. Bei starken Unterdrucken ändern sich die Verhältnisse erheblich (Abb. 203). Der Strahlrand kann mehr als 90° zur Anfangsrichtung geneigt sein. Wegen der dort herrschenden hohen Mach-Zahlen verlaufen die Machlinien nun längs des Strahlrandes und ergeben einen Stoß, der ungefähr in Strahlrandrichtung verläuft. In diesem Stoß springt der Gasdruck von tiefen Unterdrucken annähernd auf den Außendruck. Solche Expansionen bei starken Strahlüberdrucken sind an

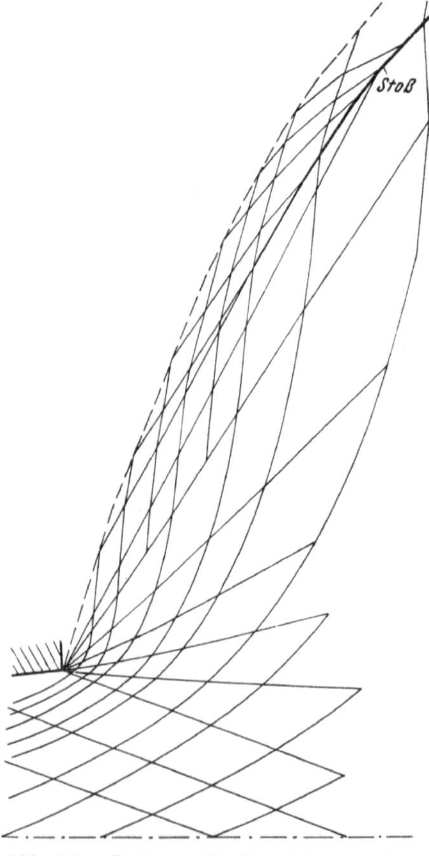

Abb. 203. Stoß am Strahlrand bei starker Strahlexpansion.

den Pulvergasglocken von Geschützen zu beobachten, wobei die Verhältnisse noch wesentlich von der Achsensymmetrie des Vorganges beeinflußt werden.

Bei Austritt gegen Überdruck entsteht an der Mündung ein schiefer Stoß, dessen Stärke und Abströmrichtung aus der Herzkurve zu entnehmen ist. Bei zu hohen Außendrucken allerdings gibt es keine Lösung, wobei die Grenze bei der Maximalablenkung des Strahlrandes anzunehmen ist. Bei starken Überdrucken laufen kräftige instationäre Stöße stromaufwärts. Die angenommenen Bedingungen an der Mündung können nicht aufrechterhalten werden. Bei geringem

Überdruck in der Umgebung durchkreuzen sich die beiden von den Mündungskanten ausgehenden Stöße (Abb. 204) nach Abb. 165. Nach der Durchkreuzung der Stöße ergibt sich ein Überdruckgebiet und die Stöße werden am Strahlrand nach Abb. 159 als Prandtl Meyer-Expansion reflektiert. Von hier an ergibt sich nun dasselbe Bild wie beim Strahlaustritt gegen Unterdruck, mit dem Ruhedruck und der Mach-Zahl nach der Stoßdurchkreuzung.

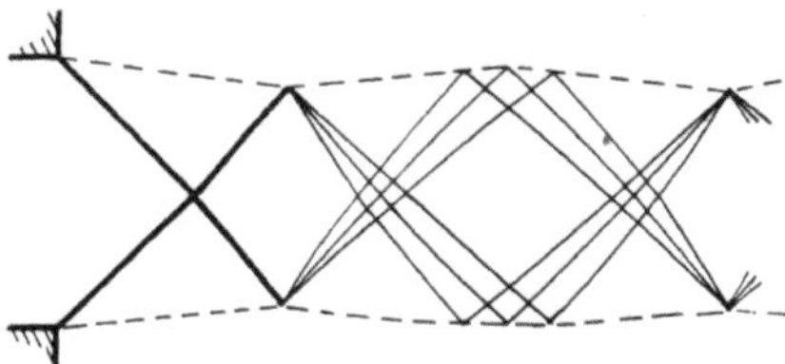

Abb. 204. Austritt eines Überschallstrahles gegen schwachen Überdruck nach A. BUSEMANN.

Ist der Überdruck der Umgebung so stark, daß eine Durchkreuzung der Stöße nicht mehr möglich ist, dann können Stoßgabeln auftreten, wobei der Stoß auf der Symmetrieachse des Strahles senkrecht sein muß. Dort springt die Geschwindigkeit aber unter die Schallgeschwindigkeit, weshalb solche Erscheinungen einer theoretischen Behandlung schwer zugänglich sind. Sie gehören zu den schallnahen Strömungen.

28. Flügelgitter.

Bei Strömungsmaschinen werden oft hohe Druckverhältnisse angestrebt, wozu sich Überschallströmungen besonders eignen, da sie stärkere relative Änderungen der thermischen Zustände als solche der Geschwindigkeit aufweisen. Es liegt auf der Hand, daß dabei zu starke Stöße wegen der damit verbundenen Verluste zu vermeiden sein werden. Dabei können die Verluste übrigens nicht durch den Entropiesatz Gl. (IV, 37) erfaßt werden, weil dieser für begrenzte Körper in unendlicher Strömung aufgestellt wurde. Davon unterscheidet sich das hier behandelte Problem aber in mehrfacher Hinsicht. Schwache Stöße sind durchaus zulässig, ja unter Umständen erwünscht, weil sie starke Druckerhöhungen bei geringen Verlusten auf kürzester Strecke ermöglichen und damit im Sinne einer Verminderung der Baulänge und der Reibungsverluste wirken. Beispielsweise hat bei Machscher Zahl 1,4 selbst ein senkrechter Stoß nur einen Ruhedruckverlust von 4% und steigert den Druck auf den 2,2-fachen Ausgangswert. Für die Konstruktion der Gitterströmung und die damit verbundenen Überlegungen wird im allgemeinen die isentrope Näherung ausreichen. Für integrale Impulsüberlegungen sei auf Abschnitt V, 4 verwiesen.

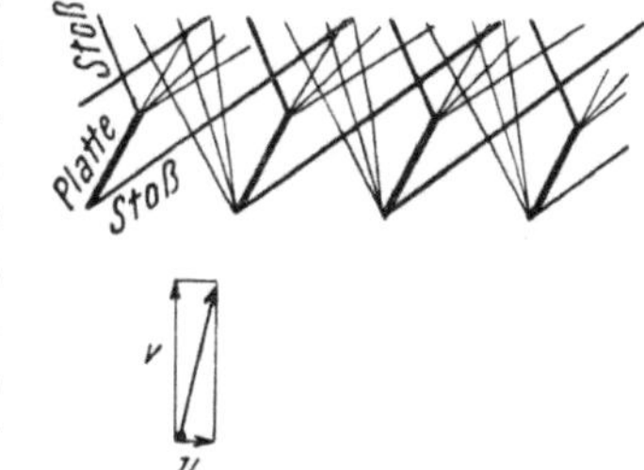

Abb. 205. Interferenzfreies Gitter bei lokaler Überschallgeschwindigkeit.

Die wesentlichen Erkenntnisse sind bereits an Streckengittern zu gewinnen. Bei den folgenden Beispielen sind stets gerade Strecken gewählt. Die in der Praxis kreisförmige Schaufelanordnung wird wie üblich aufgerollt, woraus sich in der Ebene dann ein unendliches Gitter ergibt.

Zwei Fälle liefern keine neuen Gesichtspunkte, da sich die einzelnen Schaufeln dabei nicht beeinflussen. Dies ist der Fall, wenn die Mach-Zahl der Anströmung M_∞ so hoch ist, daß die Kopfwelle des einen Flügels hinter den Hinterkanten der Nachbarflügel vorbeigeht (Abb. 205). Solche Fragen hängen hier wie im folgenden auch wesentlich mit der Staffelung (dem Gitterabstand) und den Winkelverhältnissen zusammen. In isentroper Näherung strömt das Medium hinter der Schwanzwelle eines Profils mit dem Anströmzustand ab. In dieser Näherung ergibt sich auch dann kein gegenseitiger Schaufeleinfluß, wenn die Schwanzwelle auf einer Seite vor der Vorderkante des Nachbarprofiles liegt, was wieder genügend kleine Mach-Zahlen der Anströmung erfordert (Abb. 206). Dieser Fall schließt übrigens eine Parallelanströmung aus. In der Näherung der Linearisierung wäre die Wellenbildung ungedämpft bis in unendliche Entfernung, das Anströmgebiet wäre mit Wellen stromaufwärts völlig durchsetzt. In isentroper Näherung ergibt sich wohl eine Schwächung der Wellen mit zunehmendem Profilabstand, dabei geht aber auch der Abstand von Kopf- und Schwanzwelle über alle Grenzen. Da diese bereits vor dem Gitter liegt, verschwindet die Wellen-

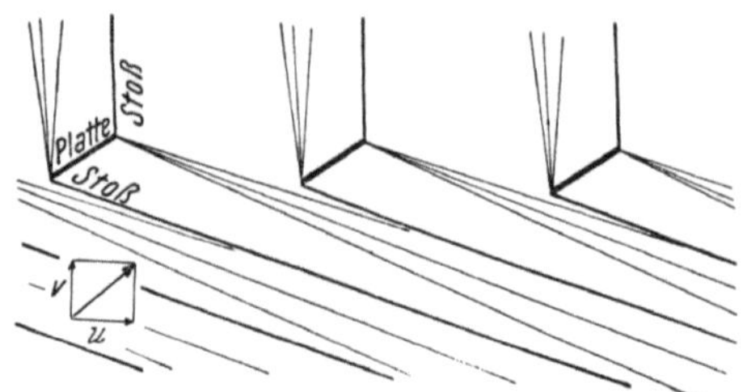

Abb. 206. Interferenzfreies Gitter bei niederer Überschallgeschwindigkeit.

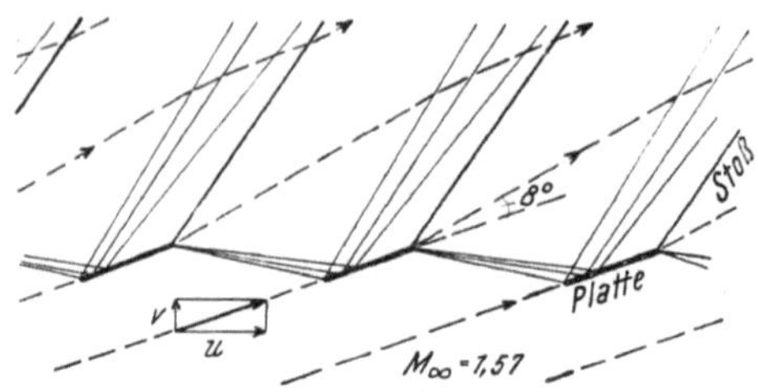

Abb. 207. Expansionsströmung durch ein Streckenprc-
filgitter bei tangentialer Anströmung nach E. STRAUSS.

bildung vor diesem erst im Unendlichen stromaufwärts. Wichtig dabei ist, daß sich auf einer Stromlinie ein unendliches Produkt von Ruhedruckabfällen ergibt, welche allerdings mit der Potenz $-^3/_2$ des Abstandes vom Gitter abfallen. Daraus können sich erhebliche Ruhedruckabfälle ergeben, wobei die Strömung als wirbelfrei angesehen werden kann. Die Strömung nach Abb. 206 ist also reichlich problematisch.

Da sich das Einflußgebiet des Gitters in Abb. 206 wegen der Unendlichkeit stromaufwärts ins Unendliche erstreckt, ist es nicht mehr verwunderlich,

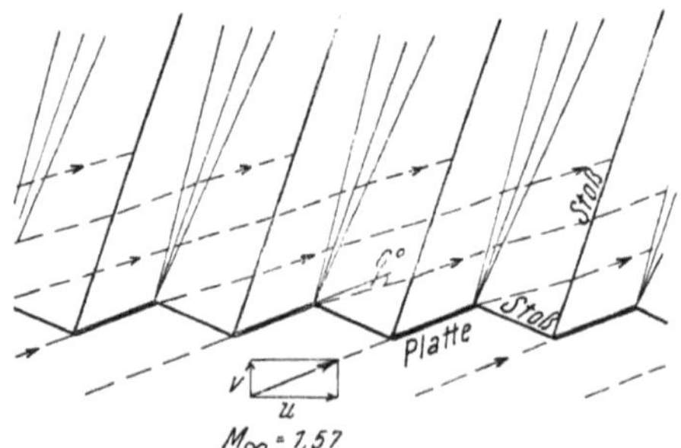

Abb. 208. Kompressionsströmung durch ein Strecken-
profilgitter bei tangentialer Anströmung nach
E. STRAUSS.

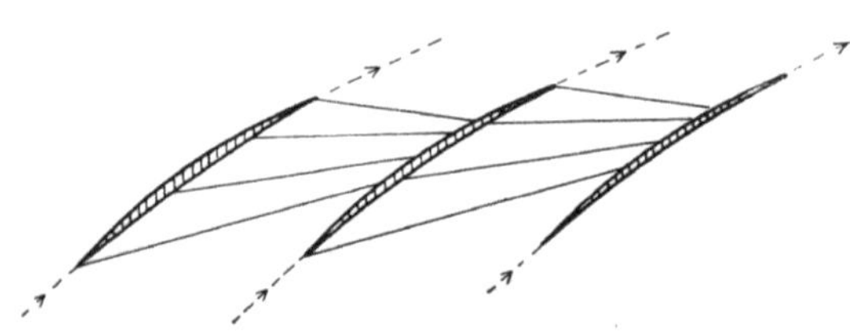

Abb. 209. Stoßfreies Überschallschaufelgitter als Ver-
dichtungsgitter.

daß auch die Zustände in unendlicher Entfernung stromabwärts auf die Verhältnisse am Gitter einwirken können. Der Gegendruck weit hinter dem Gitter kann also die Abströmung vom Gitter festlegen, wie es zwei Beispiele von E. STRAUSS zeigen (Abb. 207, 208). Nach Abb. 81 ergibt sich eine Expansion (Turbine bei einer Strömungswinkelzunahme, eine Kompression (Verdichter) bei einer Strömungswinkelabnahme. Die eine von der Hinterkante stromaufwärts führende Mach-Linie geht hinter der Hinterkante des Nachbarprofils vorbei, bekommt also mit zunehmender Länge wachsenden Abstand stromab vom Gitter. Die Hinterkanten liegen damit im Einflußgebiet des Gegendruckes. Doch wird die Konstruktion besser so durchgeführt, daß die Abströmrichtung von der Hinterkante gegeben und nachträglich der mittlere Gegendruck errechnet wird. Die

Abströmrichtung liegt dann bis zu jenem Punkte fest, wo die am Nachbarprofil reflektierte Strömung die Abströmstromlinie erreicht.

Physikalisch ist die Wirkung stromaufwärts in einem mit Überschallgeschwindigkeit durchströmten unendlichen Flügelgitter so zu verstehen, daß die Möglichkeit eines Einflusses stromaufwärts beispielsweise in einem Axialkompressor nur davon abhängt, ob die Axialgeschwindigkeit, also v, größer oder kleiner als c ist. In Abb. 207 ist die Anwendung der Charakteristikenmethode nur für die Reflexion der Prandtl-Meyer-Expansion am Nachbarprofil und dann erst beim Zusammentreffen der Expansion mit dem Stoß, bei Abb. 208 vorher überhaupt nicht erforderlich. Die Konstruktion ist also denkbar einfach. Daß leicht auch Strömungen völlig ohne Stoß aufgebaut werden können, zeigt Abb. 209. Hier sind einfach zwei Stromlinien einer Prandtl-Meyer-Expansion oder -Kompression (je nach der Strömungsrichtung) herausgegriffen. Aus der stärkeren Krümmung der Stromlinien in Richtung auf das Zentrum der Prandtl-Meyer-Strömung ergeben sich endliche Profildicken.

Bei allen Verdichtungsgittern ist zu beachten, daß es unter Umständen gar nicht zu erwünschten Strömungen kommt, indem Anlaufeffekte auftreten, wie sie beim Doppelflügel und beim zweifach verengten Kanal beschrieben wurden. Dies kann zur Folge haben, daß die Überschallströmung vor dem Gitter überhaupt nicht zustande kommt.

29. Wenig gestörte achsensymmetrische Strömung.

Bei kleinen Störungen und mittleren Machschen Zahlen können die Koeffizienten der Gleichungen als konstant angesehen werden, die Gleichungen können linearisiert werden, was dann die in Abschnitt 3 behandelte Singularitätenbelegung ermöglicht. Ebenso kann aber dabei mit Charakteristikenmethoden gearbeitet werden, wie SAUER und HEINZ[35] vorgeschlagen haben. Wie bei allen Charakteristikenmethoden ergeben sich dabei allerdings keine analytischen Formeln, jedoch große Unabhängigkeit von der speziellen Körperform, was bei analytisch schwer darstellbaren Querschnittsverläufen einen wesentlichen Vorteil bedeutet. Ferner fallen jene Fehler weg, die daraus entstehen, daß die Singularitäten in Abschnitt 3 auf der Achse aus den Körpereigenschaften in Achsennähe bestimmt werden.

Bei kleinen Störungen sind die Einflußgebiete durch Kreiskegel begrenzt, die Machschen Linien im Achsenquerschnitt werden Gerade mit den in Gl. (43) wiedergegebenen Neigungen. Das Netzwerk der Machschen Linien und die Lagekoordinaten der Gitterpunkte in der Strömungsebene sind bekannt, wenn die Gitterpunkte auf einem Abhängigkeitsgebiet gegeben sind (Abb. 210).

Die Verträglichkeitsbedingungen, also die Änderung des Strömungszustandes längs der Mach-Linien, ermittelt man leicht aus der allgemeinen Formel (47), wobei zweckmäßig die Geschwindigkeitskomponenten eingeführt werden. In Differentialen geschrieben, ergibt sich zunächst für *isentrope* Strömung auf der links- und rechtsläufigen Mach-Linie:

$$\pm\, d\vartheta - \cot\alpha\, \frac{dW}{W} + \sin\alpha \sin\vartheta\, \frac{dl}{y} = 0. \tag{89}$$

Daraus folgt für die Komponenten:

$$\mp\, dv + \cot(\alpha \mp \vartheta)\, du - \frac{\sin^2\alpha}{\sin(\alpha \mp \vartheta)}\, v\, \frac{dl}{y} = 0. \tag{90}$$

Hierin kann mittels der Beziehung

$$dy = \pm \sin(\alpha \pm \vartheta)\, dl \tag{91}$$

auch die Änderung der Ordinate auf der Machschen Linie anstatt der Änderung der Bogenlänge eingeführt werden.

Eine Linearisierung der Ausgangsgleichungen und eine Näherung der Mach-Linien durch Scharen paralleler Geraden entspricht einer Linearisierung der Verträglichkeitsbedingungen in den abhängigen Veränderlichen. Um das zu ermöglichen, muß $\vartheta \ll \alpha$ vorausgesetzt werden, wodurch augenfällig wird, daß zu hohe Mach-Zahlen ausgeschlossen bleiben, wie schon seinerzeit bei der Methode der Singularitätenbelegung bemerkt. Durch Elimination von dl aus den letzten beiden Gleichungen ergibt sich ein Faktor von Winkelfunktionen, der wie folgt genähert werden kann:

$$\frac{\sin^2 \alpha}{\sin (\alpha + \vartheta) \sin (\alpha - \vartheta)} = \frac{1}{\cos^2 \vartheta - \cot^2 \alpha \sin^2 \vartheta} =$$

$$= \left[1 - \frac{\sin^2 \vartheta}{\sin^2 \alpha} \right]^{-1} = 1 + \frac{\sin^2 \vartheta}{\sin^2 \alpha} + \dots \tag{92}$$

Darnach gilt bei Vernachlässigung von $\dfrac{\sin^2 \vartheta}{\sin^2 \alpha}$ gegen 1, also in zweiter Näherung, nach elementarer Rechnung:

$$d(v\,y) \mp y \cot (\alpha \mp \vartheta)\, du = 0 \tag{93}$$

auf der links- und rechtsläufigen Mach-Linie.

In *erster* Näherung ist:

$$d(v\,y) \mp y \cot \alpha_\infty\, du = 0, \tag{94}$$

worin α_∞ nicht unbedingt der Mach-Winkel der Anströmung zu sein braucht, es kann auch ein mittlerer Mach-Winkel der Umgebung sein, in welcher man mit dieser Näherung rechnet. Man kann den Zustand des Punktes P durch Lösung zweier linearer Gleichungen mit zwei Unbekannten durch die Zustände in den Punkten P_l und P_r ausdrücken:

$$v\,y - (v\,y)_l = \frac{1}{2} (y + y_l) \cot \alpha_\infty (u - u_l),$$

$$v\,y - (v\,y)_r = -\frac{1}{2} (y + y_r) \cot \alpha_\infty (u - u_r). \tag{95}$$

Noch schneller geht es, wenn in der $u, v\,y$-Ebene die Bilder der Machschen Linien konstruiert werden (Abb 210). Die konstanten Zustände von P_l und P_r legen diese Punkte in der $u, v\,y$-Ebene fest. Die Neigungen der Bilder der Mach-Linien in dieser Ebene ergeben sich einfach mit Gl. (95) aus den mittleren y-Werten der Punkte:

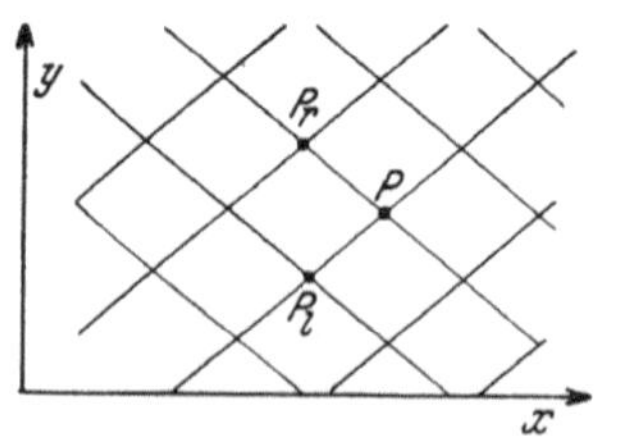
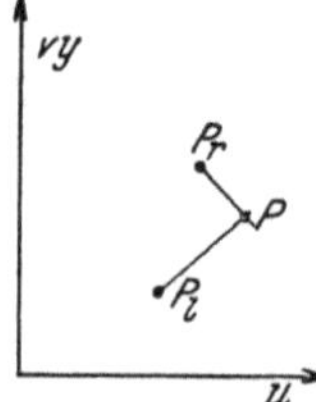

linksläufig: $\dfrac{d(v\,y)}{du} = \dfrac{y + y_l}{2} \cot \alpha_\infty$;

rechtsläufig: $\dfrac{d(v\,y)}{du} = -\dfrac{y + y_r}{2} \cot \alpha_\infty$

Abb. 210. Charakteristikenmethode nach SAUER-HEINZ.

In einen Randpunkt mündet nur eine Mach-Linie, dafür ist aber — wie bei ebener Strömung — am festen Rand $v\,y = \vartheta\,u_\infty\,y$ und am Strahlrand u bekannt.

Bei Linearisierung herrscht auf dem von der Körperspitze ausgehenden Mach-Kegel der ungestörte Anströmzustand. Hier ergeben sich also die Ausgangsgitterpunkte mit bekannten Zuständen (Abb. 211).

Bei der Durchführung des Verfahrens kommt stets nur u und $v\,y$ vor. Eine Berechnung von v selbst ist gar nicht erforderlich, da auch die Randbedingung am festen Körper für $v\,y$ angegeben werden kann. Lediglich für die Berechnung des Geschwindigkeitsbetrages und des Druckes wird in Gl. (IV, 31) die Strömungsrichtung am Körper benötigt.

Das Verfahren läßt sich auch für die Änderung der Größen mit dem Anstellwinkel durchführen[36], indem von den Differentialgleichungen für die abgeleiteten Größen u_ε, v_ε bei $\varepsilon = 0$ ausgegangen wird. Jedoch ist die Methode dann komplizierter, während die Formeln, welche aus der Methode der Singularitätenbelegung folgen, gerade besonders einfach sind. Es ergibt sich beim Charakteristikenverfahren lediglich der Vorteil, daß die Randbedingungen exakt erfüllt werden. Ob dies allein aber ein viel komplizierteres, mit linearisierten Gleichungen arbeitendes Verfahren rechtfertigt, ist sehr zweifelhaft, weil die Linearisierung selbst eine starke Fehlerquelle einschließt.

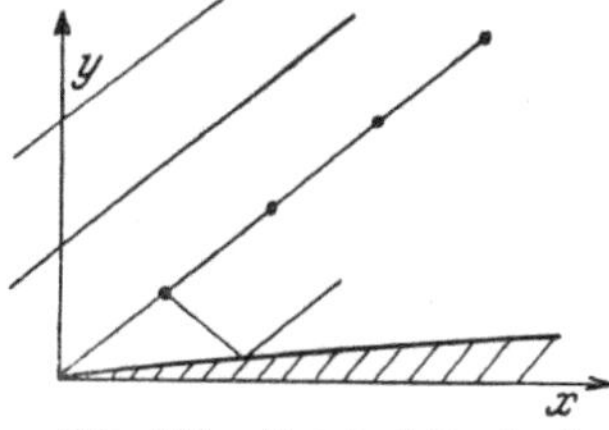

Abb. 211. Konstruktionsbeginn an der Körperspitze.

Gl. (93) gestattet noch eine Erweiterung der Methode auf schwache Störungen in zweiter Näherung, was etwa der ebenen Profilströmung in isentroper Näherung in Abschnitt 17 und 18 entspräche. Die Machschen Linien in der Strömungsebene müssen nun mitkonstruiert werden, die Richtungen in der $u, v\,y$-Ebene hängen nun auch vom Zustand ab, was natürlich wesentlichen Mehraufwand erfordert, weshalb im nächsten Abschnitt gleich ein exaktes Verfahren behandelt werden soll.

30. Isentrope achsensymmetrische Strömung.

Die Verfahren für achsensymmetrische Strömung wurden etwa gleichzeitig von G. Guderley[36] (in sehr allgemeiner Form), von R. Sauer[37] und von Tollmien[38] (zunächst als Felderverfahren) entwickelt. K. Oswatitsch[39] und R. E. Meyer[40] geben eine zusammenfassende Darstellung aller Charakteristikenverfahren der Hydrodynamik. Dabei wird wie auch hier neben der Strömungsebene die Zustandsebene benutzt. Es handelt sich bei den verschiedenen Autoren stets im wesentlichen um ein und dieselbe Methode in modifizierten, den praktischen Erfordernissen angepaßten Ausführungsformen. Bei Isentropie ist die Durchführung keineswegs zeitraubend, kann von eingearbeiteten Rechenkräften ausgeführt werden und verdient eine stärkere Verwendung, als ihr im allgemeinen zuteil wird.

Die Richtung der Mach-Linien in einem Punkte ist wie bei ebener Strömung durch die Winkel $\vartheta \pm \alpha$ gegeben. Wie bei dieser, können diese Richtungen also mit Hilfe des Charakteristikendiagramms bestimmt werden. Es besteht wieder die Orthogonalitätsbedingung (Abb. 181) in dem Sinne, daß die Machschen Linien der achsensymmetrischen Strömung im Bildpunkte im Hodographen senkrecht auf den Charakteristiken der *ebenen* Strömung stehen. Es ist daher zweckmäßig, das Diagramm (Tafel II) auch hier zu verwenden. Keineswegs sind aber die Bilder der Machschen Linien im Hodographen bei achsensymmetrischer Strömung fest. Diese Bilder müssen schrittweise konstruiert werden. Natürlich kann auf eine solche Hodographenkonstruktion verzichtet werden, doch bietet sie neben der Einfachheit der Zustandsbestimmung wegen ihrer Anschaulichkeit weitgehende Sicherheit gegen Rechenfehler. Ein solcher ist meist an der ausgefallenen Lage des entsprechenden Punktes leicht zu erkennen.

Für die Konstruktion der Bilder der Mach-Linien im Hodographen sei die exakte Gl. (89) als Differenzengleichung geschrieben. Sie lautet dann auf der links- und rechtsläufigen Mach-Welle:

$$\vartheta - \vartheta_l - \frac{\cot \alpha}{W}\,(W - W_l) + \sin \alpha \sin \vartheta \,\frac{l - l_l}{y} = 0,$$

$$-\vartheta + \vartheta_r - \frac{\cot \alpha}{W}\,(W - W_r) + \sin \alpha \sin \vartheta \,\frac{l - l_r}{y} = 0. \tag{96}$$

Die Koeffizienten $\dfrac{\cot \alpha}{W}$ und $\dfrac{\sin \alpha \sin \vartheta}{y}$ können im Punkte P_l und P_r genommen werden, wo sie bekannt sind. Genauer freilich ist es, sie an Zwischenpunkten von $P\,P_l$ und $P\,P_r$ zu nehmen. Dies macht nach einigen Schritten keinerlei Schwierigkeit, weil sich Mittelwerte dann leicht durch Extrapolation abschätzen lassen. $l - l_l$ und $l - l_r$ sind die Abstände des Punktes P von P_l und P_r in der Strömungsebene (Abb. 212). Die dritten Summanden in den Gl. (96) lassen sich in einer Nebenrechnung leicht bestimmen. Bei ausgedehnteren Rechnungen ist es dann praktisch, am Charakteristikendiagramm noch $\sin \alpha = \dfrac{1}{M}$ und $\sin \vartheta$ zu notieren. Diese Summanden ergeben sich aber auch sehr einfach graphisch als das Verhältnis zweier Strecken. Für den rechtsgelegenen Punkt P_r beispielsweise (Abbildung 213) ist es das Verhältnis des Normalabstandes des Punktes P von der Strömungsrichtung von P_r dividiert durch den Achsenabstand von P_r in dieser Richtung.

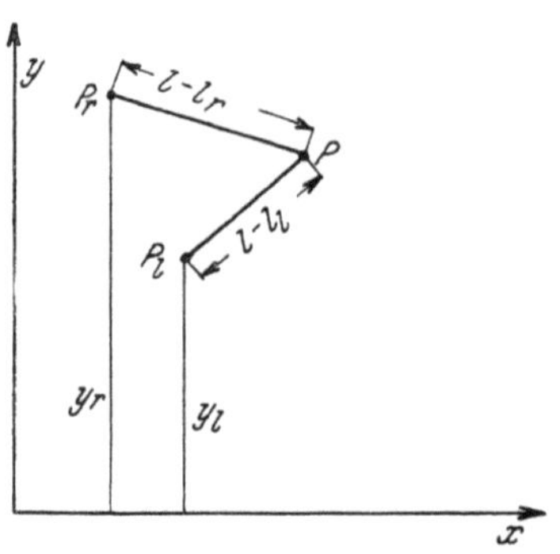

Abb. 212. Abstände an den Mach-Linien.

Die Gl. (96) hat formal dieselbe Form wie die entsprechenden Gleichungen bei ebener Strömung, wenn folgende Größen eingeführt werden:

$$\overline{\vartheta}_l = \vartheta_l - \sin \alpha \sin \vartheta \, \frac{l - l_l}{y}; \qquad \overline{\vartheta}_r = \vartheta_r + \sin \alpha \sin \vartheta \, \frac{l - l_r}{y}. \tag{97}$$

D. h. der Zustand im Punkte P der Zustandsebene ergibt sich wie bei ebener Strömung, nur mit dem Unterschied, daß nun von zwei Punkten $\overline{P}_l\,(W_l, \overline{\vartheta}_l)$, $\overline{P}_r\,(W_r, \overline{\vartheta}_r)$ mit korrigierten Winkelwerten auszugehen ist (Abb. 214). Die

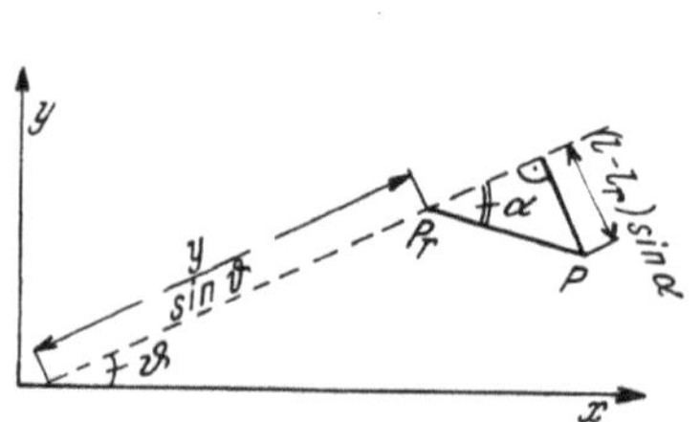

Abb. 213. Strecken im Zusatzglied bei Achsensymmetrie.

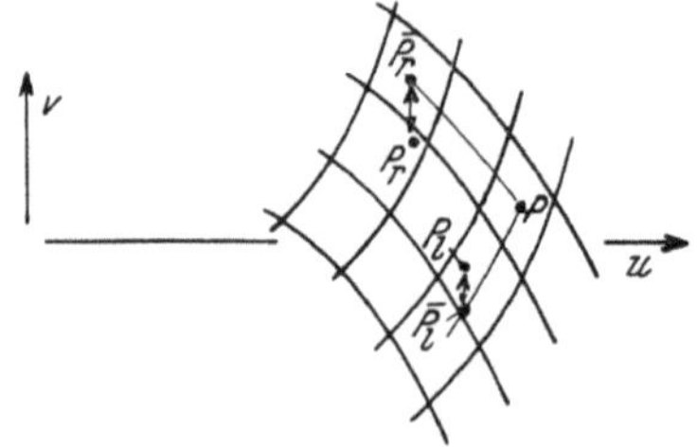

Abb. 214. Bestimmung des Zustandes bei achsensymmetrischer Strömung.

Winkelkorrekturen sind dabei stets entgegengesetzt. Bei positivem Strömungswinkel ϑ ist ϑ_l zu verkleinern, ϑ_r zu vergrößern. Wird ϑ in Winkelgraden gemessen, so muß auch die Korrektur durch Multiplikation mit $\dfrac{180}{\pi}$ auf Winkelgrade umgerechnet werden.

Etwas weniger anschaulich, aber noch kürzer für die Rechnung ist es, wenn nach GUDERLEY die Größen λ und μ eingeführt werden [Gl. (84)]. Diese beiden Veränderlichen, ursprünglich die Bilder der Mach-Linien einer ebenen isentropen Strömung im Hodographen, können als zweckmäßig gewählte Hodographen-Koordinaten angesehen werden. Mit ihnen lautet Gl. (89):

$$d\lambda + \frac{180}{2\,\pi} \sin \alpha \sin \vartheta \, \frac{dl}{y} = 0, \qquad d\mu + \frac{180}{2\,\pi} \sin \alpha \sin \vartheta \, \frac{dl}{y} = 0 \tag{98}$$

exakt auf der links- und rechtsläufigen Mach-Linie.

Gl. (98) als Differenzengleichung geschrieben, gibt die λ- und μ-Werte in $P(\lambda, \mu)$ einfach wie folgt:

$$\lambda = \lambda_l - \frac{180}{2\,\pi} \sin \alpha \sin \vartheta \, \frac{l - l_l}{y}; \quad \mu = \mu_r - \frac{180}{2\,\pi} \sin \alpha \sin \vartheta \, \frac{l - l_r}{y}. \quad (99)$$

Die Korrekturen für die λ-, μ-Werte sind also halb so groß wie jene für die Winkel in Gl. (97), sonst aber in gleicher Weise zu ermitteln. Gl. (99) gibt direkt die Lage des neuen Punktes im Hodographen, woraus der gesamte Zustand sofort folgt. Ein Eintragen der Punkte ist auch hier zweckmäßig, weil die Lage der Punkte dort ohnehin für die Bestimmung der Richtungen der Mach-Linien benötigt wird. Wegen der Korrekturen ist eine Beschränkung auf runde λ- und μ-Werte bei achsensymmetrischer Strömung natürlich nicht möglich.

Je kleiner die Korrektur ist, desto weniger kommt es darauf an, in welchen der drei Punkte P, P_l, P_r eines Schrittes die Größen $\sin \alpha$, $\sin \vartheta$ und y genommen werden. Um die Korrektur in Achsennähe klein zu halten, darf der Gitterpunktabstand nicht zu groß gewählt werden. Diese Forderung steht im Einklang damit, daß auch der Gitterpunktabstand für die Konstruktion des Machschen Netzes in der Strömungsebene in Achsennähe am kleinsten sein muß, weil dort die stärksten Zustandsänderungen auftreten: Bei achsensymmetrischer Strömung klingen die Störungen in Abständen ab, welche von der Größenordnung des Körperdurchmessers sind. Daher werden die Gitterpunktabstände nicht größer als der Körperradius gewählt werden dürfen. Daraus folgt aber, daß der Aufwand für schlanke Körper und niedrige Mach-Zahl, wo der Abstand von Kopfwelle und Körper groß ist, sehr groß wird. Der Aufwand wird also gerade dort gering, wo die linearisierten Verfahren (SAUER-HEINZ) versagen.

Die Genauigkeit der Methode ist eine Frage des Gitterpunktabstandes und damit eine Frage des Arbeitsaufwandes, der mit dem Quadrat des Gitterpunktabstandes wächst. Es empfiehlt sich die Zusammenarbeit zu zweit, eine Rechenkraft am Konstruktionsbrett mit Zeichenmaschine, die andere am Rechenprotokoll. Zwei eingearbeitete Kräfte berechnen etwa 20 Gitterpunkte in der Stunde.

Der Behandlung der Randbedingungen seien die allgemeinsten Methoden vorangestellt.

31. Anisentrope, ebene und achsensymmetrische Strömung.

Einfache strenge Kriterien für die Grenzen, bis zu welchen mit wirbelfreien Strömungen gerechnet werden kann, wurden bisher noch nicht aufgestellt. Selbstverständlich ergeben sich solche Grenzen abhängig von der geforderten Genauigkeit. Ferner hängen die Grenzen von den Krümmungsverhältnissen am Körper ab, wobei die Körperkrümmung zunächst den Stoß krümmt. Die dann entstehenden Wirbel wirken aber erst im Einflußgebiet stromabwärts. Die Verhältnisse werden also etwas verwickelt. Im allgemeinen wird mit zunehmender Mach-Zahl und zunehmender Körperwölbung der Wirbeleinfluß ansteigen, wobei sich Abschätzungen aus den folgenden Formeln ergeben.

Mit Berücksichtigung der Anisentropie nimmt der Arbeitsaufwand stark zu. Es ist daher nicht einmal so wesentlich, ob die Strömung eben oder achsensymmetrisch ist, weshalb die Behandlung gemeinsam erfolgen kann. Wie auch bei der instationären Fadenströmung, gibt es keine grundsätzlichen Schwierigkeiten. Es sei angenommen, daß die Strömung durch Stöße Wirbel erhalten hat. Sie ist dann isoenergetisch, aber anisentrop. Ruhetemperaturen und kritische Geschwindigkeit sind überall konstant, Entropie und Ruhedruck hingegen sind nur auf Stromlinien konstant und gegeben und ändern sich quer zu dieser.

Die Bestimmung der Richtung der Mach-Linien erfolgt wie stets mit Hilfe der Orthogonalitätsbedingung, aus der Richtung der λ- und μ-Kurven des Charakteristikendiagramms der ebenen isentropen Strömung. Für die Bestimmung des Strömungszustandes ergeben sich wie bei instationärer Strömung im wesentlichen zwei Möglichkeiten. Bei der hier erst behandelten wird die Entropie (der Ruhedruck) in die Gleichung eingeführt. Die in Differentialen geschriebenen Verträglichkeitsbedingungen (47) auf der links- und rechtsläufigen Mach-Linie:

$$\pm\, d\vartheta + \frac{\cot\alpha}{\varrho\, W^2}\, dp + \left\{\sin\alpha\, \sin\vartheta\, \frac{dl}{y}\right\} = 0 \tag{100}$$

schreiben sich dann wie folgt. Mit Gl. (I, 35), (II, 25) und (II, 6) ist für das ideale Gas:

$$\frac{1}{\varrho}\, dp = -\, T\, ds + di = -\, \frac{W^2}{M^2}\, \frac{ds}{\varkappa\,(c_p - c_v)} - W\, dW$$

und in Gl. (100) eingesetzt:

$$\pm\, d\vartheta - \cot\alpha\, \frac{dW}{W} - \sin\alpha\, \cos\alpha\, \frac{ds}{\varkappa\,(c_p - c_v)} + \left\{\sin\alpha\, \sin\vartheta\, \frac{dl}{y}\right\} = 0. \tag{101}$$

Wie im letzten Abschnitt können nun Winkelkorrekturen eingeführt werden, oder es wird mit GUDERLEY wieder mit λ und μ gearbeitet. Dann ist in Erweiterung von Gl. (99):

$$\begin{aligned}\lambda &= \lambda_l + \frac{180}{2\,\pi}\, \sin\alpha\, \cos\alpha\, \frac{s - s_l}{\varkappa\,(c_p - c_v)} - \frac{180}{2\,\pi}\left\{\sin\alpha\, \sin\vartheta\, \frac{l - l_l}{y}\right\},\\[2mm] \mu &= \mu_r + \frac{180}{2\,\pi}\, \sin\alpha\, \cos\alpha\, \frac{s - s_r}{\varkappa\,(c_p - c_v)} - \frac{180}{2\,\pi}\left\{\sin\alpha\, \sin\vartheta\, \frac{l - l_r}{y}\right\}.\end{aligned} \tag{102}$$

Hierin unterscheidet sich die ebene Strömung von der achsensymmetrischen nur durch das eingeklammerte Glied. Es kommt also jetzt noch eine Entropiekorrektur hinzu. Zu deren Bestimmung müssen nun die Stromlinien mitgezeichnet werden (Abbildung 215). Durch Interpolation ergibt sich die Entropie in den Punkten P, P_l und P_r, womit dann auch die Entropiedifferenzen feststehen.

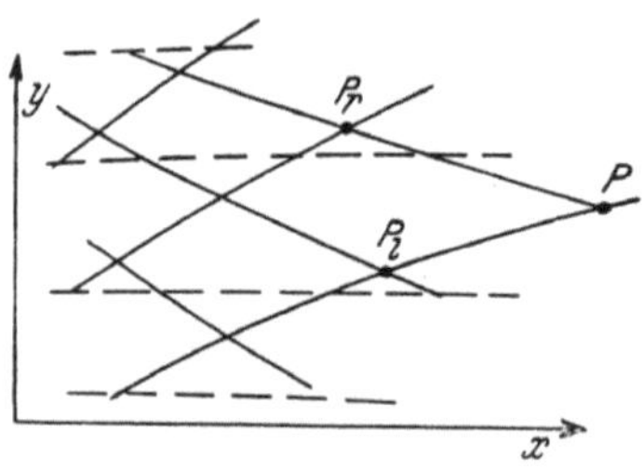

Abb. 215. Stromlinien (— — —) im Machschen Netz.

Während Gl. (102) für ebene Strömung schon recht praktisch ist, ist es bei achsensymmetrischer Strömung zweckmäßig, die Entropieunterschiede durch die Punktabstände auszudrücken. Mit s ist $\dfrac{ds}{d\psi}$ nur Funktion der Stromfunktion ψ und daher also auf der Stromlinie bekannt. Die Änderung von s mit l, der Bogenlänge längs einer der Machschen Linien, drückt sich bei Achsensymmetrie also wie folgt aus:

$$\frac{\partial s}{\partial l} = \frac{ds}{d\psi}\, \frac{\partial\psi}{\partial l} = \frac{ds}{d\psi}\left(\psi_x\, \frac{\partial x}{\partial l} + \psi_y\, \frac{\partial y}{\partial l}\right) =$$

$$= \frac{ds}{d\psi}\, \varrho\, y\, [-\, v\, \cos(\vartheta \pm \alpha) + u\, \sin(\vartheta \pm \alpha)] =$$

$$= \frac{ds}{d\psi}\, \varrho\, y\, W\, [\sin(\vartheta \pm \alpha)\, \cos\vartheta - \cos(\vartheta \pm \alpha)\, \sin\vartheta] = \pm\, \frac{ds}{d\psi}\, \varrho\, y\, W\, \sin\alpha,$$

mit dem oberen Vorzeichen für die linksläufige Mach-Linie. Es sei $\psi^* = \dfrac{1}{\varrho^*\, W^*}\, \psi$ die auf die kritische Stromdichte der Anströmung bezogene Stromfunktion. Die

kritischen Dichten im Stoß ändern sich wie die Ruhedichten, also wie die Ruhedrucke. Damit ist:

$$\frac{\varrho\,W}{\hat{\varrho}^*\,W^*} = \frac{\varrho\,W}{\varrho^*\,W^*}\,\frac{\varrho^*}{\hat{\varrho}^*} = \frac{\varrho\,W}{\varrho^*\,W^*}\,\frac{p_0}{\hat{p}_0}. \tag{103}$$

$\dfrac{\varrho\,W}{\hat{\varrho}^*\,W^*}$ ist dabei die isentrope Stromdichtenfunktion und $p_0/\hat{p}_0$ das auf der
Stromlinie bekannte Ruhedruckverhältnis. Mit Gl. (103) und Gl. (II, 41) für den
Ruhedruck ist dann:

$$\frac{\partial s}{\partial l} = \pm\,\frac{ds}{d\psi^*}\,\frac{\varrho\,W}{\varrho^*\,W^*}\,y\,\sin\alpha = \pm\,\frac{ds}{d\psi^*}\,\frac{\hat{p}_0}{p_0}\,\frac{\varrho\,W}{\hat{\varrho}^*\,W^*}\,y\,\sin\alpha =$$
$$= \pm\,(c_p - c_v)\,\frac{1}{p_0}\,\frac{d\hat{p}_0}{d\psi^*}\,\frac{\varrho\,W}{\hat{\varrho}^*\,W^*}\,y\,\sin\alpha. \tag{104}$$

Die Änderung der Entropie mit der Bogenlänge auf der Mach-Linie ist damit
durch die auf Stromlinien bekannte Größe $\dfrac{d\hat{p}_0}{d\psi^*}$, den Abstand y und eine von α
abhängige Größe $\dfrac{\varrho\,W}{\hat{\varrho}^*\,W^*}\sin\alpha$ ausgedrückt. Damit ergeben sich die beiden
letzten Differentiale in Gl. (101) zu:

$$-\sin\alpha\cos\alpha\,\frac{ds}{\varkappa\,(c_p - c_v)} + \sin\alpha\sin\vartheta\,\frac{dl}{y} =$$
$$= \sin\alpha\,dl\left[\frac{\sin\vartheta}{y} \mp \frac{1}{\varkappa\,p_0}\,\frac{d\hat{p}_0}{d\psi^*}\,y\,\frac{\varrho\,W}{\hat{\varrho}^*\,W^*}\sin\alpha\cos\alpha\right] \tag{105}$$

auf der links- und rechtsläufigen Mach-Linie. Allerdings steht im zweiten Glied
nun wieder eine Größe $\dfrac{d\hat{p}_0}{d\psi^*}$, die sich von Stromlinie zu Stromlinie ändert.
Ein Mitzeichnen der Stromlinien kann also im allgemeinen nicht umgangen
werden. Jedoch ist eine genauere Interpolation nun nicht mehr erforderlich, da
nicht mehr der Unterschied in zwei Punkten, sondern der
Wert irgendwo zwischen zwei Punkten auftritt.

Von gewisser praktischer Bedeutung zur Gewinnung
einfacher Beispiele ist jene Lösung, bei welcher $\dfrac{d\hat{p}_0}{d\psi^*}$
konstant ist, weil dann auf eine Stromlinienkonstruktion
verzichtet werden kann. Das kann nur für ganz bestimmte
Stoßformen erreicht werden, weshalb die Strömungs-
berandung oder die Körperform in einem solchen Fall
nicht vorgeschrieben werden kann, sondern sich aus der
Stoßform ergibt. Von den Gl. (105) kann leicht zu den entsprechenden Formen der Gl. (102) übergegangen werden.

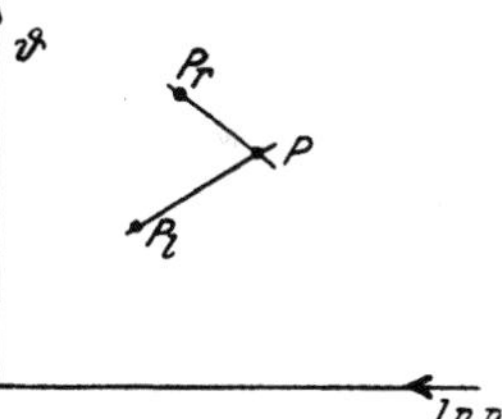

Abb. 216. Bildpunkte in der
ln p, ϑ-Ebene bei ebener Strömung.

Die zweite Möglichkeit zur Behandlung anisentroper Strömungen besteht in der
Verwendung von ϑ, α und p als abhängigen Veränderlichen. Ohne die Vereinfachungen, die sich aus der Hyperschallströmung ergeben, kann die Verträglichkeitsbedingung (100) mit Gl. (74) für ideale Gase wie folgt geschrieben werden:

$$\pm\,d\vartheta + \sin\alpha\cos\alpha\,\frac{1}{\varkappa}\,d(\ln p) + \left\{\sin\alpha\sin\vartheta\,\frac{dl}{y}\right\} = 0. \tag{106}$$

Hier wird man neben dem Charakteristikendiagramm zur Ermittlung der
Neigungen der Mach-Linien noch eine ln p, ϑ-Ebene zur Ermittlung der Zustände
verwenden. Es ist dies die Ebene, in welcher die Herzkurven eingezeichnet
werden. Der Zustand im Punkte P (Abb. 216) ergibt sich aus den Lagen der
Punkte P_l und P_r und den Neigungen der Kurven $\pm\dfrac{1}{\varkappa}\sin\alpha\cos\alpha$ bei ebener

Strömung sehr schnell. Bei achsensymmetrischer Strömung muß, wie in Abbildung 214 von Punkten $\bar{P}_l$ und $\bar{P}_r$ mit korrigierten Winkelwerten ausgegangen werden. Dabei ergeben sich die Winkelkorrekturen wieder durch Gl. (97), während die Neigungen dieselben sind wie bei ebener Strömung. In jedem Falle wird in der $\ln p, \vartheta$-Ebene zunächst nur Druck und Strömungswinkel im neuen Punkt bestimmt. Der Ruhedruck im neuen Punkt ergibt sich aus der Strömungsebene durch Mitzeichnen der Stromlinien. Aus dem Verhältnis von Druck und Ruhedruck ergeben sich dann sofort der Mach-Winkel und die übrigen gesuchten Größen.

In der Praxis wird man zweckmäßigerweise an die Stromlinie den Wert von $\ln \hat{p}_0$ schreiben. Ferner trägt man α über $\ln \dfrac{p}{\hat{p}_0}$ auf und notiert an die Abszisse auch $\dfrac{1}{\varkappa} \sin \alpha \cos \alpha$ und $Ch(M^*)$. Dann ergibt sich sehr schnell $\ln \dfrac{p}{\hat{p}_0} = \ln p - \ln \hat{p}_0$, womit alle anderen Werte aus dem Kurvenblatt folgen.

In allen hier geschilderten Methoden wird die Strömungsebene in kartesischen Koordinaten gezeichnet. Es ist aber durchaus möglich, daß sich die Arbeit vereinfacht, wenn Stromlinienkoordinaten benutzt werden. Dies entspricht etwa der Verwendung Lagrangescher Koordinaten bei instationärer Strömung. Die Richtungen der Machschen Linien sind dann einfach durch den Machschen Winkel gegeben. Über eine Entwicklung solcher Verfahren ist bisher nichts bekanntgeworden.

32. Randbedingungen (allgemein).

Grundsätzlich ergeben sich bei der Berücksichtigung der Randbedingungen keine neuen Gesichtspunkte. Stets führt zu einem Randpunkt nur eine Mach-Linie. Es gibt also nur *eine* Verträglichkeitsbedingung längs einer Mach-Linie. Dieser Verträglichkeitsbedingung entspricht stets ein Kurvenstück in der Zustandsebene, ob diese nun durch den Hodographen oder durch die $\ln p, \vartheta$-Ebene repräsentiert wird. Während sich aber der Zustand in einem gewöhnlichen Gitterpunkt als Schnittpunkt zweier solcher Kurvenstücke ergibt, ist der Zustand in einem Randpunkt dadurch festgelegt, daß eine Zustandsgröße — am festen Rand ϑ, am freien Strahlrand p oder W — bekannt ist. Die andere ist dann an dem die eine Verträglichkeitsbedingung darstellenden Kurvenstück abzulesen. Erforderlichenfalls ist, wie in dem in Abb. 217 gezeigten Beispiel, von Punkten $\bar{P}$ mit korrigierten Winkelwerten $\bar{\vartheta}$ auszugehen.

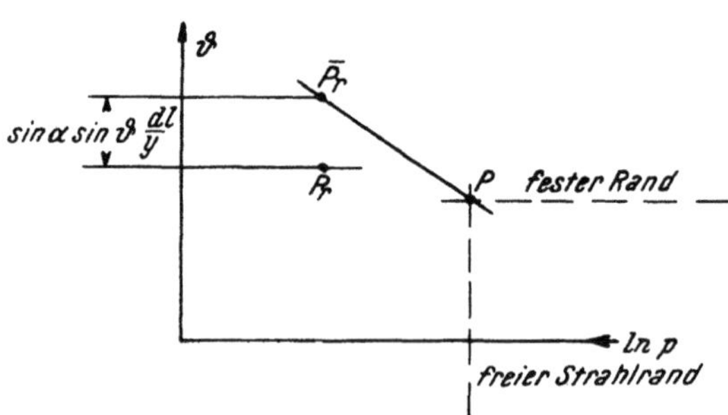

Abb. 217. Ermittlung des Zustandes in einem Randpunkt bei achsensymmetrischer anisentroper Strömung.

Wird nach GUDERLEY der Wert von μ und λ berechnet und außerdem auf das Eintragen in eine Zustandsebene verzichtet, so ergibt sich der eine Wert aus der Verträglichkeitsbedingung [etwa Gl. (102)] und der andere aus Gl. (88). Dabei ist am freien Strahlrand zu beachten, daß die Geschwindigkeit M^* und damit $Ch(M^*)$ aus dem Druck mit dem am Strahlrand herrschenden Ruhedruck zu bestimmen ist.

Wie üblich, wird hier unter „freiem Strahlrand" die Begrenzung eines Strahles durch ein *ruhendes* Medium bezeichnet. Eine exakte Behandlung ist schwierig, wenn der Strahl durch ein mit Unterschallgeschwindigkeit bewegtes Medium begrenzt wird. Dies gehört in den Problemkreis der schallnahen Strömung. Keine Schwierigkeiten entstehen hingegen an der Grenze zweier Überschallstrahlen. Diese Aufgabe ist zu lösen, wenn beispielsweise eine durch einen Gabelstoß oder durch eine Stoßkreuzung (Abb. 165) entstandene Unstetigkeitslinie in einem veränderlichen Strömungsfeld weiter zu konstruieren ist. Bei Verwendung der ln p, ϑ-Ebene ergibt sich ein Punkt auf der Unstetigkeitslinie wie jeder gewöhnliche Gitterpunkt aus den Verträglichkeitsbedingungen beiderseits der Unstetigkeitsstromlinie. Eine Mehrarbeit erwächst nur daraus, daß die Machschen Linien in der Strömungsebene so zu ziehen sind, daß sie sich

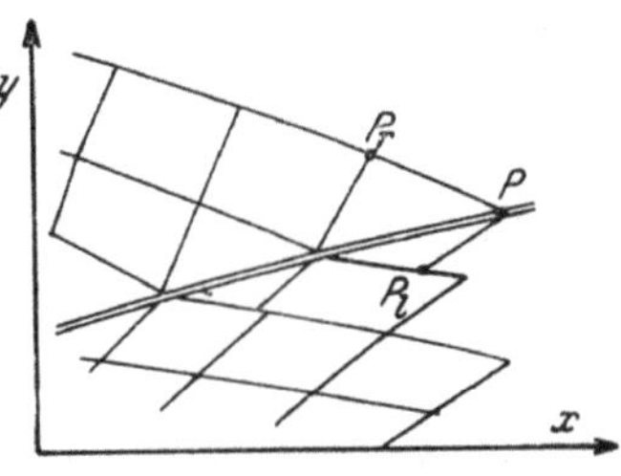

Abb. 218. Punktgitter an Unstetigkeitsstromlinien.

gerade auf der Unstetigkeitslinie treffen, was in der Regel eine Interpolation erfordert (Abb. 218). Aus dem gleichen Druck, aber den unterschiedlichen Ruhedrucken beiderseits der Unstetigkeitsstromlinie ergeben sich dann die unterschiedlichen Geschwindigkeiten, Mach-Zahlen usw. Am Rand zweier *beliebiger* Überschallstrahlen springt nicht nur der Ruhedruck, wie an einer Unstetigkeitsstromlinie nach einem Gabelstoß, sondern auch die Ruhetemperaturen und damit auch $W_{\max}$, c^* usw. Dies darf bei der Berechnung der absoluten Geschwindigkeiten nicht übersehen werden.

Ein konvex geknickter Rand in achsensymmetrischer Strömung kann in seiner unmittelbaren Umgebung stets als ebenes Problem behandelt werden. Denn ein Knick bleibt in kleinsten Abmessungen stets eine unstetige Richtungs-änderung, also ein endlicher ϑ-Sprung, während der Betrag des Zusatzgliedes der achsensymmetrischen Strömung in der Verträglichkeitsbedingung — beispielsweise in Gl. (89) — mit abnehmendem Gitterpunktabstand unter alle Grenzen sinkt. So ergibt sich in Abb. 219 in der unmittelbaren Umgebung der Mündungskante eine gewöhnliche Prandtl-Meyer-

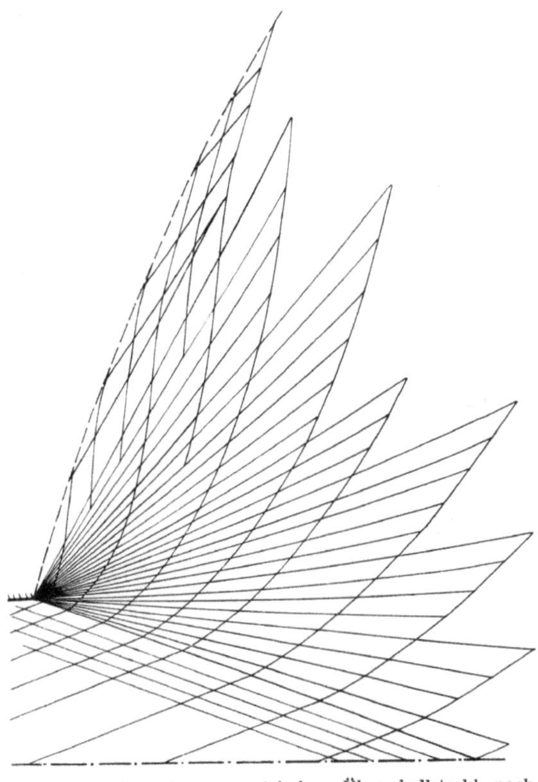

Abb. 219. Rotationssymmetrischer Überschallstrahl nach M. Schäfer.

Expansion. Die Umgebung muß dabei stets klein gegen den Achsenabstand y sein. Nur auf der Achse selbst ist eine ähnliche Betrachtung nicht möglich, jedoch kommt dort ein konvexer Knick nicht in Frage.

Wenn die achsensymmetrische Strömung bis an die Achse heranreicht (Abb. 219) ergibt sich dort die Randbedingung $\vartheta = 0$. Die Achse ist diesbezüglich einem festen Rand gleichzusetzen, nur mit dem Unterschied, daß das

Zusatzglied der achsensymmetrischen Strömung [etwa in Gl. (89)] dort unbestimmt wird, indem y und $\sin \vartheta$ verschwindet. Damit ähneln die Verhältnisse völlig jenen an der Achse einer Zylinderwelle (Abschnitt III, 32). In Achsennähe kann bei einer rechtsläufigen Mach-Linie gesetzt werden (Abb. 220):

$$\vartheta = \frac{y}{y_r}\,\vartheta_r + \cdots$$

Damit ergibt sich erster Näherung:

$$\sin \alpha \sin \vartheta\,\frac{l-l_r}{y} = \frac{(l-l_r)\sin \alpha}{y}\,\vartheta = \frac{(l-l_r)\sin \alpha}{y_r}\,\vartheta_r = \vartheta_r. \qquad (107)$$

Ganz Entsprechendes gilt für eine linksläufige Mach-Linie. Die Entropieglieder erhalten keine neue Form. Bei isentroper Strömung folgt daraus für den Achsenwert einfach nach Gl. (96) (mit ϑ in Winkelgraden):

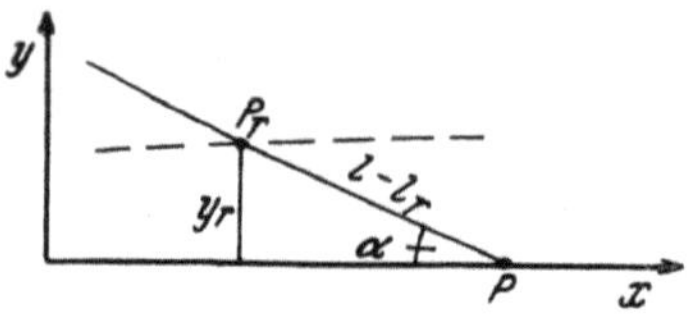

$$\frac{180}{\pi}\,\frac{\cot \alpha}{W}\,(W - W_r) = Ch(M_r{}^*) - Ch(M^*) = 2\,\vartheta_r. \qquad (108)$$

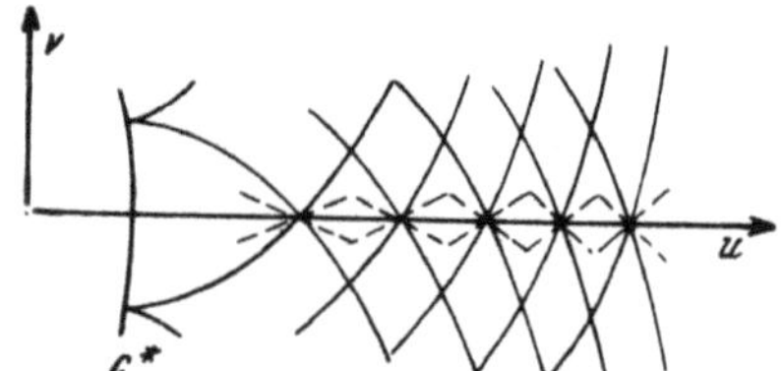

Abb. 220. Gitterpunkt an der Achse.

Gl. (108) kann auch so gedeutet werden: Die Bilder der Machschen Linien im Hodographen haben in Achsennähe die *halbe* Neigung der Charakteristiken der ebenen Strömung (Abb. 221). Daraus ergibt sich bei isentroper Strömung also eine Vereinfachung, in Achsennähe liegen die Charakteristiken im Hodographen auch bei achsensymmetrischer Strömung fest. Die besonderen Verhältnisse in Achsennähe sind auch bei der Bestimmung des Zustandes eines Gitterpunktes zu berücksichtigen, dessen einer Ausgangspunkt auf der Achse liegt (Abb. 222).

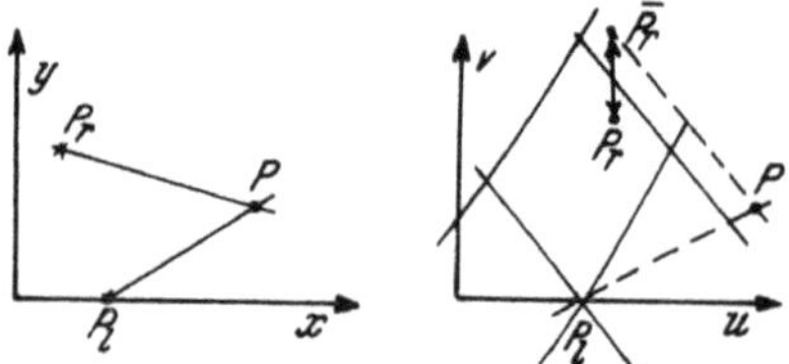

Abb. 221. Neigung der Charakteristiken an der Achse im Hodographen.

Abb. 222. Gitterpunkte in Achsennähe.

Beim Auftreffen der ersten Verdünnungen auf der Achse bei einem austretenden Überschallstrahl (Abb. 219) entstehen dort (ähnlich wie bei einer Zylinder- oder Kugelwelle) unendliche Beschleunigungen, was nicht immer beachtet wird. Es ergeben sich nämlich bei der Rechnung aus diesem Umstand keine Besonderheiten und es kann offenbar ohne wesentlichen Fehler mit der hier geschilderten Methode darüber hinweg gerechnet werden. Alle Singularitäten an der Achse können im übrigen umgangen werden, wenn die Achse mit einem sehr dünnen starren Zylinder umgeben wird. Da der Strömungsquerschnitt dadurch kaum geändert wird, ändert so ein Zylinder das Strömungsbild kaum. Damit erklärt sich aber auch, daß die Singularitäten auf der Achse für die gesamte Strömung keine wesentliche Bedeutung haben können.

Während eine ebene Strömung beliebig gedreht werden kann, ist dies bei achsensymmetrischer Strömung nicht mehr möglich, weil die Achsenrichtung durch $\vartheta = 0$ ausgezeichnet ist. Ebensowenig ist eine Translation in y-Richtung gestattet.

33. Konstruktion der Stoßfronten. Beispiele.

Für Stoßfronten, welche an konkaven Knicken von Berandungen ansetzen, gilt dasselbe, was über konvexe Knicke gesagt wurde. In einer Umgebung des Knickes, der klein gegenüber dem Achsenabstand des Knickes ist, kann die Strömung als eben angesehen werden. Die Näherung gilt um so genauer, je mehr man sich dem Unstetigkeitspunkt nähert. Dasselbe gilt auch für Stoßkreuzungen, Gabelstöße usw. in isentroper oder anisentroper Strömung, oder für das Auftreffen von Stößen auf feste Wände und freie Strahlränder. Das Auftreffen von Stößen

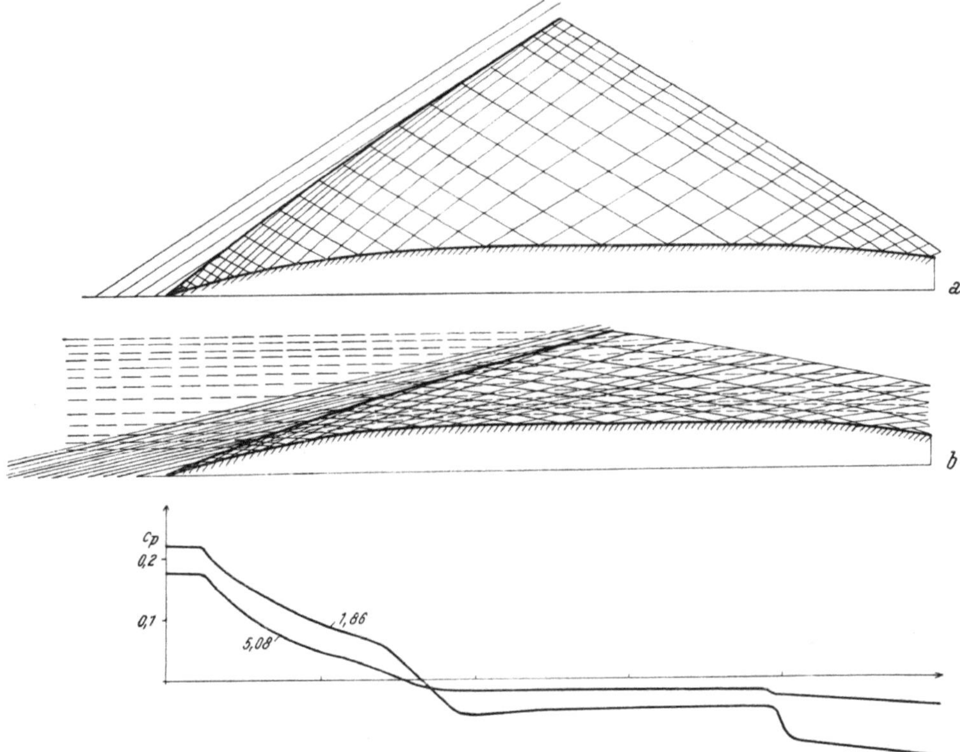

Abb. 223. Strömungsbild und Druckverteilung an einem Rotationskörper bei $M_\infty = 1,86$ (a) und 5,08 (b) nach M. Schäfer.

auf Unstetigkeitsstromlinien oder der Fall von Stoßkreuzungen auf Unstetigkeitsstromlinien ist ebenfalls wie das entsprechende Problem bei ebener Strömung zu behandeln, wobei die Entropie auf der Stromlinie springt, beiderseits des Sprunges aber als konstant angesehen werden kann. Die Lösung solcher Sonderfälle bleibe dem Leser überlassen. Sie ist nach Beherrschung der hier wiedergegebenen Beispiele leicht zu finden und ist durch die Bedingung gleichen Druckes und gleichen Strömungswinkels beiderseits der abgehenden Stromlinie stets ausreichend festgelegt.

Es bleibt also die Behandlung der Fortsetzung einer irgendwo entstandenen Stoßfront sowie die Behandlung der Verhältnisse auf der Achse, da dort das Herausgreifen einer Umgebung, welche klein gegen den Achsenabstand ist, unmöglich ist. Dabei stellt ein konkaver Knick auf der Achse eine kegelige Strömung dar, die der in Abschnitt 12 behandelten Parallelanströmung eines Kreiskegels um so näher kommt, je kleiner die Umgebung der kontinuierlich veränderlichen

Strömung ist, welche man an der Kegelspitze herausgreift. Auch dies Problem ist damit erledigt. In der Praxis handelt es sich in der überwiegenden Anzahl von Fällen überhaupt um die Parallelanströmung von Kegelspitzen. Ein Abweichen von der exakt kegeligen Strömung ergibt sich erst dadurch, daß die Körperform mit zunehmendem Abstand von der Spitze von der Form eines Kreiskegels abweicht.

Bei der Konstruktion von *schwachen* Stoßfronten ergeben sich keine neuen Gesichtspunkte gegenüber der gleichen Aufgabe bei ebener isentroper Strömung. Die Neigung schwacher Stoßfronten ist das Mittel zwischen den Neigungen der Machschen Linien vor und hinter der Front Gl. (59). Unterschiede in der Fortsetzung bei ebener oder achsensymmetrischer isentroper oder anisentroper Strömung ergeben sich also lediglich in der Konstruktion des Gitterpunktnetzes vor und hinter der Front. Damit ist aber bereits der wichtigste Fall behandelt, da in der Praxis meistens starke Stöße wegen der damit verbundenen Verluste vermieden werden. Abb. 223a zeigt eine solche von M. SCHÄFER berechnete

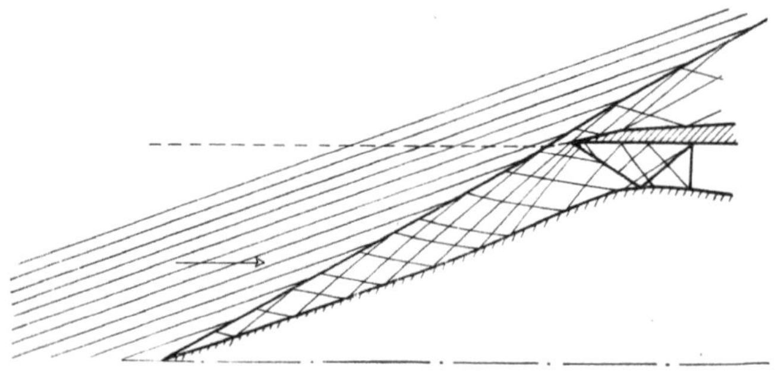

Abb. 224. Strömung bei $M_\infty = 3,0$ an einem Diffusorkopf.

Strömung an einem Rotationskörper. Ausgehend von der exakten Kegelströmung, nähert sich die Stoßfront sehr schnell der Mach-Richtung der Anströmung. Die Schwächung ist hier also bedeutend stärker als bei ebener Strömung (Abb. 185), weil die Impulse und die Energie wie bei einer Zylinderwelle nach zwei Raumrichtungen zerstreut werden.

Bei stärkeren Stößen muß eine allgemeine Methode verwendet werden. Der Zustand hinter dem Stoß ergibt sich aus dem Zustand vor dem Stoß mit Hilfe der Stoßpolaren, womit eine Beziehung zwischen ϑ und W oder zwischen ϑ und $\ln p$ hinter der Stoßfront gegeben ist. Der Zustand *vor* dem Stoß muß zu diesem Zwecke bekannt sein. Dies ist besonders einfach bei Kopfwellen, da vor diesen überall derselbe Zustand herrscht. Im allgemeinen muß aber der Zustand vor dem Stoß durch Extrapolation der Stoßfront erst bestimmt werden (Abb. 197). Ferner mündet in die Stoßfront von hinten eine gleichlaufende Machsche Linie. Ausgehend vom letzten Gitterpunkt ergibt die Verträglichkeitsbedingung auf der Mach-Linie eine zweite Beziehung zwischen ϑ und W oder zwischen ϑ und $\ln p$. Dabei wird bei isentroper Strömung der Hodograph (Busemannsche Stoßpolare), bei anisentroper Strömung gleichberechtigt das Herzkurvendiagramm verwendet werden. Aus dem Schnitt beider Kurven ergibt sich also der Zustand hinter dem Stoß in einem neuen Gitterpunkt. Daraus ergibt sich die neue Stoßfrontrichtung. Gegenüber einem gewöhnlichen Gitterpunkt besteht nur der Unterschied, daß an Stelle der einen Verträglichkeitsbedingung die Stoßpolare oder die Herzkurve tritt, was die Kenntnis des Zustandes vor dem Stoß erfordert. Ein praktisches Beispiel einer Anwendung zeigt Abb. 224. Es handelt sich um einen „Fangdiffusor", mit der Aufgabe, die Luft im Flug zur Verwendung in einem Antrieb zu verdichten. Die Kopfwelle halbiert dabei die Richtungen der Machschen Linien davor und dahinter nur mehr näherungsweise. Dennoch ist die Änderung der Stoßstärke aller Stöße so gering, daß die Strömung als drehungsfrei angesehen werden kann. Der wesentliche Teil der komprimierten Luft wird in einen Kanal eingeführt und schließlich in einem senkrechten Stoß auf Unterschallgeschwindigkeiten verdichtet. Die Lage dieses letzten senkrechten Stoßes ergibt sich aber nicht mehr aus den Rand- und Anströmbedingungen, sondern — da er auf Unterschall führt — aus den Drucken stromabwärts.

Ein weiteres Beispiel einer Kopfwellenkonstruktion, welche die genaue Methode erforderlich macht, liefert Abb. 223 b. Hier machen sich schon Hyperschalleigenschaften geltend. Trotz der Schlankheit des Körpers wurde wegen der Entropieunterschiede hinter der Front nicht mehr wirbelfrei gerechnet. Ein Mitzeichnen der Stromlinien ist erforderlich.

Praktische Anwendungen der Charakteristikenverfahren ergeben sich bei den sogenannten „Strahlablenkern" an Schußwaffen. Diese haben den Zweck, die hinter dem Geschoß austretenden Pulvergase umzulenken. Eine solche achsen-

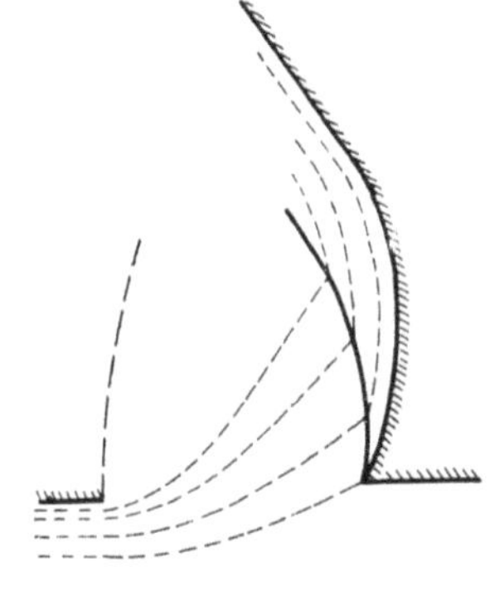

Abb. 225. Achsensymmetrische Umlenkungsschaufel mit Öffnung an der Achse.

symmetrische Umlenkungsschaufel ist in Abb. 225 gezeigt. Sie hat in der Fortsetzung der Mündung ein Loch für das Geschoß, durch welches dann natürlich ein Teil der Pulvergase hindurchtritt. Hier kommt es auf Verluste in Stößen nicht an, sondern es ist die Aufgabe zu lösen, die Pulvergase auf möglichst kurzem Wege möglichst glatt umzulenken. Zur Verminderung des Rechenaufwandes wurde deshalb hier ein kräftiger Stoß angesetzt, der eine starke Umlenkung verursacht und in dem gleichzeitig $d\hat{p}_0/d\psi^*$ konstant ist. Wie sich aus Gl. (105) ergibt, ist ein Mitzeichnen der Stromlinien nicht mehr erforderlich. Diese können nachträglich — soweit sie interessieren — konstruiert werden, woraus sich dann auch die zum vorgegebenen Stoß gehörende Schaufelform ergibt.

Einer eingehenden Betrachtung bedarf ein Stoß, welcher auf die Achse zuläuft. Dieses Problem ergibt sich in

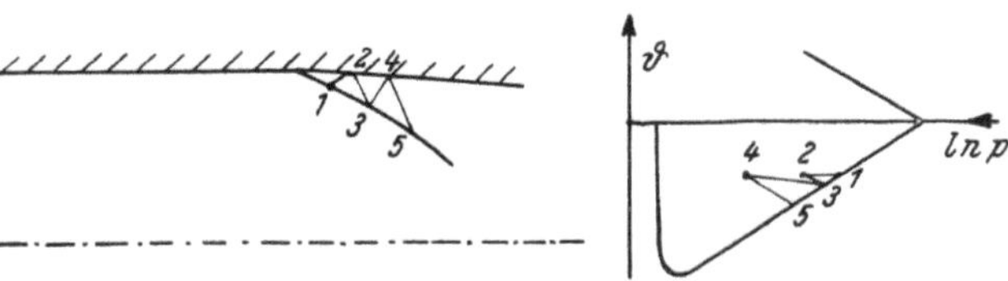

Abb. 226. Stoß im konvergenten Rohr.

einfachster Form etwa, wenn ein Rohr auf einem Streckenstück eine Verengung konstanter Neigung aufweist (Abb. 226) und vor dieser Parallelströmung herrscht. Alle Zustände hinter dem Stoß liegen dann auf einer Stoßpolaren und auf einer Herzkurve. Der erste Gitterpunkt 1 am Stoß kann dem Wert bei ebener Strömung gleichgesetzt werden. Von hier aus ist nun eine Machsche Linie an die Wand zu führen. In diesem Punkte 2 ergibt sich nach Gl. (106) bei gleichem negativem ϑ wegen der Achsenkorrektur der Druck etwas höher als im Punkte 1. Von 2 auf einer rechtsläufigen Mach-Linie fortschreitend ergibt sich im Kreuzungspunkt, Punkt 3 mit dem Stoß (mit der Herzkurve) ein höherer Druck und ein stärkerer negativer Winkel ϑ. Damit erhält man aber im Punkt 4 eine weitere Drucksteigerung, und diese ist im Punkt 5 mit einer weiteren Vergrößerung der Stromlinienneigung verbunden. Die Stoßfront steilt sich wie bei einer Zylinder- oder Kugelwelle mit Annäherung an die Achse auf, ein Vorgang, der in der hier gezeigten Art nur so lange zu verfolgen ist, als hinter dem Stoß Unterschallgeschwindigkeit herrscht. Offenbar wird jeder auf die Achse zueilende Stoß in Achsennähe schließlich senkrecht (siehe auch [40], 2. Teil). Dies bildet ein Gegenstück zur starken Schwächung von Kopfwellen mit zunehmendem Achsenabstand. Damit entsteht also wieder eines der so schwer zu behandelnden Probleme der schallnahen Strömung.

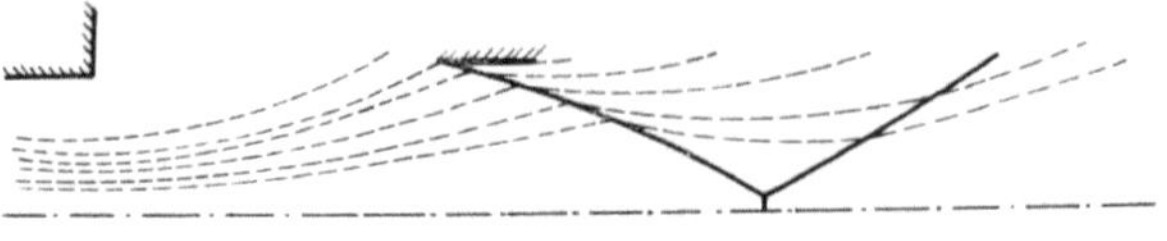

Abb. 227. Stoßfront an der Achse.

An der Achse muß irgendeine Form der Stoßreflexion auftreten, die allerdings bei niedrigen Mach-Zahlen nicht mit einem Gabelstoß verbunden sein kann, da es diesen dann nicht gibt. Bei nicht zu starken Stößen und höheren Mach-Zahlen muß sich der ganze Vorgang der schallnahen Strömung mit senkrechtem Stoß auf unmittelbare Achsennähe beschränken, denn mit Übergang zu verschwindender Stoßstärke muß der ganze Effekt verschwinden. Da der Stoß an der Achse senkrecht ist, ist das aber nur so möglich, daß die Front des senkrechten Stoßteiles immer kleiner wird, je schwächer der von außen kommende Stoß wird. Die Gabel selbst läßt sich bei schwächeren Vorgängen noch gut konstruieren, da das kurze Stückchen senkrechten Stoßes auf der Achse senkrecht sitzen muß. Es wäre nun

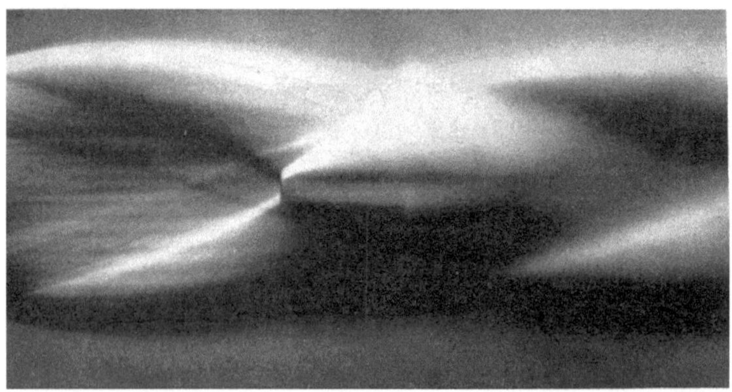

Abb. 228. Austritt eines achsensymmetrischen Freistrahles gegen Unterdruck.

oft sehr unangenehm, wenn man keinesfalls über die Gabelung hinaus rechnen könnte. Doch kann man sich wegen der geringen Bedeutung der Vorgänge in unmittelbarer Achsennähe so helfen (Abb. 227), daß man Entropie und Mach-Zahl hinter dem senkrechten Stoß gleichsetzt den Größen hinter dem reflektierten schiefen Stoß. Das auf diese Art gewonnene Bild nach Abb. 227 deckt sich völlig mit entsprechenden Schlierenbeobachtungen. Man kann sich bei diesem Problem auch so helfen, daß man die Achse mit einem starren Zylinder umgibt.

In Wirklichkeit dürfte sich die Strömung an der Achse nach dem Stoßvorgang rasch expandieren und zu Überschallgeschwindigkeiten beschleunigen, wozu sie wegen ihrer geringen Menge nur wenig zusätzlichen Raumes bedarf. Bei starken

Geschwindigkeitsunterschieden an der Unstetigkeitsstromlinie nach der Stoßgabel spielt auch die Reibung entscheidend herein. Deshalb ist eine exakte Lösung bei schwachen Stößen höherer Mach-Zahl von geringer praktischer Bedeutung, wenn die Reibung vernachlässigt wird.

Abb. 227 stellt die Ergänzung von Abb. 225 für die Strömung durch die Umlenkschaufel dar. Die Wand verläuft dabei durchaus achsenparallel und der Stoß entsteht dadurch, daß die Strömung eine radiale Komponente hat. Dies verursacht eine unbedeutende Komplikation, ohne das Wesen des Vorganges zu beeinflussen.

Der Effekt des Aufsteilens der Stoßfront mit Annäherung an die Achse ist auch an drehsymmetrischen Überschallfreistrahlen zu beobachten. Dabei ergeben sich in periodischen Abständen senkrechte Stöße, was natürlich Dämpfung zur Folge hat (Abb. 228).

Da Überschallrotationskörper meistens ziemlich abgehackt enden, löst sich dort die Strömung ab und es entsteht ein „Totwasser". Dessen Druck, der sogenannte Bodendruck, ist bei niedriger Überschallgeschwindigkeit für den Widerstand von ausschlaggebender Bedeutung. Bei genügend langem Körper hängt der Bodendruck im wesentlichen nur von den Anströmbedingungen ab, während die innere Reibung und die Körperform eine untergeordnete Rolle spielen. Eine exakte Behandlung des Problems ist bisher nicht gelungen und ein ausführliches Eingehen im Rahmen dieses Buches ist leider nicht möglich. Doch seien mit Rücksicht auf die Bedeutung der Fragestellung einige Arbeiten zitiert[41, 42, 43, 44, 68].

34. Angestellte Rotationskörper.

Die Strömung um einen angestellten Rotationskörper (Abb. 93) hängt eigentlich von drei Raumkoordinaten ab. Wenn aber der Anstellwinkel der Anströmung klein ist — und das ist gerade der meist interessierende Fall —, dann ändern sich die Störungen in einer bestimmten Querschnittsebene des Körpers $x = $ konst. und in einem bestimmten Abstand $r = $ konst. wie $\cos \chi$ ($\operatorname{tg} \chi = z/y$). Wie bei schlanken Körpern (Abschnitt VII, 4 und VIII, 3), weichen die Störungen am stärksten in der x, y-Ebene von denjenigen Werten ab, welche sie bei $\varepsilon = 0$ annehmen und welche auch bei $\varepsilon \neq 0$ noch in der z, x-Ebene herrschen. Die Strömung um einen dicken, wenig angestellten Rotationskörper kann also als schwach gestörte Strömung des nicht angestellten Körpers angesehen werden, sie kann nach ε linearisiert werden. Dies kann wie in Abschnitt VI, 18 durch eine Differentiation nach ε geschehen, oder auch einfach durch einen Ansatz, bei welchem die Zusatzstörungen als klein angesehen werden. Der letztere Weg soll in diesem Abschnitt der größeren Anschaulichkeit wegen vorgezogen werden. Die Zylinderkomponenten der Geschwindigkeit (Abschnitt VI, 7) können dann wie folgt angesetzt werden:

$$u(x, r, \chi) = u(x, r)_{\varepsilon \,=\, 0} + \overline{u}\,(x, r)\,\varepsilon \cos \chi;$$

$$W_1(x, r, \chi) = W_1(x, r)_{\varepsilon \,=\, 0} + \overline{W}_1\,(x, r)\,\varepsilon \cos \chi; \qquad (109)$$

$$W_2(x, r, \chi) = \overline{W}_2(x, y)\,\sin \chi;$$

was dem Ansatz (VII, 29) völlig entspricht. Bei anisentroper Strömung ist auch $s(x, r, \chi)$ noch analog anzusetzen. Natürlich gilt ähnliches auch für p, ϱ, c usw.

Wird mit diesen Ansätzen in die Ausgangsgleichungen eingegangen und werden alle Glieder gestrichen, welche die „Störamplituden" $\overline{u}\,\varepsilon$, $\overline{W}_1\varepsilon$, $\overline{W}_2\varepsilon$ usw. quadratisch enthalten, so ergeben sich schließlich Gleichungen, welche lediglich die unbekannten, quergestrichenen Größen linear, aber nicht mehr den Winkel χ enthalten. Dabei ist zu berücksichtigen, daß die Ausgangsgleichungen voraussetzungsgemäß von der Lösung bei $\varepsilon = 0$: $u_{\varepsilon \,=\, 0}$, $W_{1\varepsilon \,=\, 0}$ erfüllt werden.

Am einfachsten werden die Lösungen beim wenig angestellten Kreiskegel. Die Störfunktionen $\bar{u}$, $\bar{W}_1$, und $\bar{W}_2$ hängen dann nur vom Verhältnis r/x ab, und es ergibt sich, wie bei der Strömung am nicht angestellten Kreiskegel, ein System gewöhnlicher Differentialgleichungen. Dabei ist die Strömung nicht mehr als ganze, jedoch noch in Längsschnitten isentrop. Die „Amplitude" der Entropiestörung ist eine Konstante. Die Strömung um den wenig angestellten Kreiskegel ist bereits gerechnet und tabuliert[50]. Betreffs der Anwendung der Tabellen beachte die Hinweise[65, 66]. Auch Ferri[67] behandelt die Aufgabe.

Ein Charakteristikenverfahren für das allgemeine Problem gibt beispielsweise G. Guderley[36] an. Ausgehend von der Strömung bei $\varepsilon = 0$ und deren Mach-Linien als Charakteristiken auch für $\varepsilon \neq 0$, ergeben sich aber so viele Korrekturglieder, daß der Aufwand kaum zu bewältigen ist.

Dagegen ist es vorzuziehen, direkt von den Gl. (VI, 66, 67) auszugehen und diese auf die x, y-Ebene anzuwenden[51] ($\beta = \chi$). Mit Gl. (109) ergibt sich dann für wirbelfreie Strömung und $y > 0$:

$$(c^2 - u^2)\frac{\partial u}{\partial x} + (c^2 - W_1{}^2)\frac{\partial W_1}{\partial y} - 2\,u\,W_1\frac{\partial u}{\partial y} = -\,c^2\left(\frac{W_1}{y} - \frac{\bar{W}_2\,\varepsilon}{y}\right);$$

$$\frac{\partial u}{\partial y} - \frac{\partial W_1}{\partial x} = 0. \tag{110}$$

Dieses System unterscheidet sich von dem für achsensymmetrische Strömung nur durch das Zusatzglied: $c^2\,\dfrac{\bar{W}_2\,\varepsilon}{y}$. Die Größe $\bar{W}_2\,\varepsilon$ kann mit einer der restlichen Gl. (VI, 67) bei jedem Schritt ermittelt werden. Es ist:

$$\frac{\partial(\bar{W}_2\,\varepsilon)}{\partial x} = \frac{u - u_{\varepsilon=0}}{y} \quad\text{oder}\quad \frac{\partial(\bar{W}_2\,\varepsilon)}{\partial y} = \frac{W_1 - W_{1\varepsilon=0}}{y} - \frac{\bar{W}_2}{y}, \tag{111}$$

dabei muß die Lösung für $\varepsilon = 0$ bereits bekannt sein. Die Machschen Linien unterscheiden sich bei der skizzierten Methode von jener bei $\varepsilon = 0$, müssen also mitkonstruiert werden, doch reduzieren sich dadurch die Korrekturen in entscheidendem Maße. Anwendungen sind noch nicht bekanntgeworden.

In der Darstellungsweise von Abschnitt VI, 18 über die Abhängigkeit des Strömungszustandes vom Anstellwinkel ist die Methode so zu deuten, daß erstens die Änderung der Größen mit ε auf den Mach-Linien und zweitens die Änderung der Mach-Linien mit ε bei $\varepsilon = 0$ zu berechnen ist.

Für angestellte Rotationskörper ist eine linearisierte Charakteristiken Theorie — etwa entsprechend jener von Sauer-Heinz für nicht angestellte Körper — von geringem Interesse, weil die Singularitätenmethode (Abschnitt 3, S. 271) so einfache Ergebnisse liefert. Anders ist es bei angestellten ringförmigen Körpern, für welche W. Haack[61] neuerdings ein einfacheres Verfahren angibt.

Literatur.

[1] J. Ackeret: Luftkräfte an Flügeln, die mit größerer als Schallgeschwindigkeit bewegt werden. Z. Flugtechn. Motorluftsch. XVI (1925), S. 72—74.

[2] A. Ferri: Alcuni resultati sperimentali riguardanti profili alari provanti alla galleria ultrasonora di Guidonia. Atti di Guidonia Nr. 17 (1939).

[3] G. Drougge: Wing sections with minimum drag at supersonic speeds. FFA Medd 26 (1949).

[4] v. Kármán and N. B. Moore: The resistance of slender bodies moving with supersonic velocities with special reference to projectiles. Trans. Amer. Soc. mech. Engr. LIV (1932), S. 303—310.

[5] E. V. Laitone: The linearized subsonic and supersonic flow about inclined slender bodies of revolution. J. aeronaut. Sci. XIV (1947), S. 631—642.

[6] K. Oswatitsch: The effect of compressibility on the flow around slender bodies of revolution. KTH AERO—TN 12 (1950).

[7] TH. V. KÁRMÁN: The problem of resistance in compressible fluids. Volta-Kongreß (1936), S. 222—283.

[8] W. HAACK: Geschoßformen kleinsten Wellenwiderstandes. Lilienthalges.-Ber. 139 (1941), S. 14—28.

[9] F. SCHUBERT: Zur Theorie des stationären Verdichtungsstoßes. ZAMM XXII/3 (1943), S. 129—138.

[10] H. RICHTER: Die Stabilität des Verdichtungsstoßes in einer konkaven Ecke. ZAMM XXVIII/11, 12 (1948), S. 341—345.

[11] H. RICHTER: Ablösen der Kopfwelle bei einem konvexen Stoß-Profil. Tagung St. Louis 12. und 13. Juli 1949.

[12] A. WEISE: Theorie des gegabelten Verdichtungsstoßes. Jahrb. dtsch. Lufo (1943) I.

[13] H. EGGINK: Über Verdichtungsstöße bei abgelöster Strömung. FB 1850 (1943).

[14] W. WUEST: Zur Theorie des gegabelten Verdichtungsstoßes. ZAMM XXVIII/3 (1948), S. 74—80.

[15] F. WECKEN: Grenzlagen gegabelter Verdichtungsstöße. ZAMM XXIX/5 (1949), S. 147—155.

[16] W. HANTZSCHE und H. WENDT: Mit Überschallgeschwindigkeit angeblasene Kegelspitzen. Jahrb. dtsch. Lufo (1942) I, S. 80—90.

[17] G. J. TAYLOR and J. W. MACOLL: Air pressure on a cone moving at high speeds. Proc. Roy. Soc. A (1933), S. 278—311.

[18] J. W. MACOLL: The conical shock wave. Proc. Roy. Soc. A CLIX (1937), S. 459—472.

[19] A. BUSEMANN: Die achsensymmetrische kegelige Überschallströmung. Lufo XIX/4 (1942), S. 137—144.

[20] Notes and tables for use in the analysis of supersonic flow. NACA TN 1428 (1947).

[21] Z. COPAL: Tables of supersonic flow around cones. MIT Rep 1 (1947).

[22] K. OSWATITSCH: Der Druckwiedergewinn bei Geschossen mit Rückstoßantrieb bei hohen Überschallgeschwindigkeiten. Ber., Göttingen (1944), oder: NACA TM 1140.

[23] A. BUSEMANN: Aerodynamischer Auftrieb bei Überschallgeschwindigkeit. Volta-Kongreß (1935), S. 315—347. (Der dort angegebene Wert für C_3 und D enthält Fehler.)

[24] M. SCHÄFER: Charakteristikenverfahren und Verdichtungsstoß, Göttinger Monographie C 4, 1 (1946).

[25] K. OSWATITSCH: Der Verdichtungsstoß bei der stationären Umströmung flacher Profile. ZAMM XXIX/5 (1949), S. 129—141.

[26] L. CROCCO: Singolarita delle corrente gassosa iperacusticanell' intorno di una prora a diedro. L'Aerotecnica XVII (1937), S. 519—536.

[27] M. SCHÄFER: Zusammenhang zwischen Wandkrümmung und Stoßfrontrichtung bei ebener Gasströmung. HA-Peenemünde-Ber. 44/8 und 44/8a (1942/43).

[28] H. TSIEN: Similarity laws of hypersonic flows. J. Math. Physics. XXV/3 (1946), S. 247—251.

[29] H. TSIEN: Superaerodynamics. J. aeronaut. Sci. XIII/12 (1946), S. 653—664.

[30] K. OSWATITSCH: Ähnlichkeitsgesetze für Hyperschallströmung. ZAMP II/4 (1951), S. 249—264.

[31] K. OSWATITSCH: Similarity laws for hypersonic flow. KTH AERO—TN 16 (1950).

[32] L. PRANDTL und A. BUSEMANN: Näherungsverfahren zur zeichnerischen Ermittlung von ebenen Strömungen mit Überschallgeschwindigkeit. Stodola-Festschrift Zürich (1929), S. 499—509.

[33] O. WALCHNER: Zur Frage der Widerstandsverringerung von Tragflügeln mit Doppeldeckeranordnung. Lufo XIV (1937), S. 55—62.

[34] A. FERRI: Esperienze su di un biplano iperacustico tipo Busemann. Atti di Guidonia No. 37—38 (1940).

[35] R. SAUER und C. HEINZ: Nicht veröffentlichter Bericht.

[36] G. GUDERLEY: Erweiterung der Charakteristiken-Methode. Lilienthalges.-Ber. 139 II. Teil (1941), S. 15—23.

[37] R. SAUER: Rechnerisch-zeichnerisches Verfahren für räumliche Überschallströmungen. Lilienthalges.-Ber. 139 II. Teil (1941), S. 23—25.

[38] W. TOLLMIEN und M. SCHÄFER: Rotationssymmetrische Überschallströmungen. Lilienthalges.-Ber. 139 II. Teil (1941), S. 5—15.

[39] K. OSWATITSCH: Über die Charakteristikenverfahren der Hydrodynamik. ZAMM XXV/XXVII (1947), S. 196—208 und 264—270.

[40] R. E. MEYER: The method of characteristics for problems of compressible flow involving two independent variables. Quat. J. mech. appl. math. 1. Teil: I/2 (1948), S. 196—219; 2. Teil: I/4, S. 451—467.

[41] F. K. Hill and R. A. Alpher: Base pressures at supersonic velocities. J. aeronaut. Sci. XVI/3 (1949), S. 154—160.

[42] L. Gabeaud, Recherches sur la résistance de l'air. Mem. L'Artillerie française XV/4 (1936), S. 1219—1313, oder: J. aeronaut. Sci. XVI/10 (1949), S. 638.

[43] F. K. Hill: Base pressures at supersonic velocities. J. aeronaut. Sci. XVII/3 (1950), S. 185—187.

[44] D. R. Chapman: Analysis of base pressure at supersonic velocities and comparison with experiment. NACA TN 2137 (1950).

[45] M. J. Lighthill: The position of the shock-wave in certain aerodynamic problems. Quart. J. mech. appl. math. I/3 (1948), S. 309—318.

[46] M. Holt: The behaviour of the velocity along a straight characteristic in steady irrotational isentropic flow with axial symmetry. Quart. J. mech. appl. math. I/3 (1948), S. 358—364.

[47] D. C. Pack: On the formation of shock-waves in supersonic gas jets. Quart J. mech. appl. math. I/1 (1948), S. 1—17.

[48] M. Holt: The numerical method of characteristics for supersonic flows with axial symmetry. Quart. J. mech. appl. math. II/4 (1948), S. 473—478.

[49] G. N. Ward: Supersonic flow past slender pointed bodies. Quart. J. mech. appl. math. II/1 (1948), S. 75—97.

[50] Z. Kopal: Tables of supersonic flow around yawing cones. MIT Rep 3 (1947) und MIT Rep 5 (1949).

[51] K. Oswatitsch: Diskussionsbemerkung zum Vortrag von R. Sauer: Zusammenfassung d. mod. Arb. ü. aerodyn. Geschoßtheorie. Tagung St. Louis, 12. und 13. Juli 1949.

[52] Th. Meyer: Über zweidimensionale Bewegungsvorgänge in einem Gas, das mit Überschallgeschwindigkeit strömt. Zusammen mit: E. Magin: Optische Untersuchung über den Ausfluß von Luft durch eine Laval-Düse. Forschungsheft VDI 62 (1908).

[53] M. H. Martin: Plane rotational Prandtl-Meyer flows. J. Math. Physics. XXIX (1950), S. 76—89.

[54] L. Pascucci: Un' osservazione sulla costruzione del diagramma per il calcolo delgi urti di compressione in corrente gassosa. L'Aerotecnica XXIX (1949), S. 90—94.

[55] M. M. Lotkin: Vorticity in the supersonic flow about yawing cones. J. aeronaut. Sci. XV (1948), S. 656—660.

[56] M. M. Munk and R. C. Prim: Surface-pressure gradient and shock-front curvature at the edge of a plane ogive with attached shock front. J. aeronaut. Sci. XV (1948), S. 691—695.

[57] H. S. Tsien: Supersonic flow over an inclined body of revolution. J. aeronaut Sci. V/12 (1938), S. 480—483.

[58] Z. Kopal: Some remarks on the limitations of linearized theory of supersonic flow around cones. Phys. Rev. (2) LXXI/474 (1947), Nr. 7.

[59] M. D. van Dyke: First- and second-order theory of supersonic flow past bodies of revolution. J. aeronaut. Sci. XVIII/3 (1951), S. 161—179.

[60] M. D. van Dyke: A study of second order supersonic flow theory. NACA TN 2200 (1951).

[61] W. Haack: Charakteristikenverfahren zur näherungsweisen Berechnung der unsymmetrischen Überschallströmung um ringförmige Körper. ZAMP II (1951), S. 357—375.

[62] C. Ferrari: On rotational conical flow (italienisch). Termotecnica V/2 (1951), S. 64—66.

[63] C. Ferrari: Sulla determinazione del proietto di minima resistenza d'onda, und: Sul problema del fuso e dell'ogiva di minima resistenza d'onda. Atti della R. Acad. delle Scienze di Torino LXXIV (1939), S. 675—693, LXXXIV (1950), S. 3—18.

[64] M. J. Lighthill: Supersonic flow past bodies of revolution. R & M 2003 (A. R. C. Techn. Rep.) (1945).

[65] M. D. van Dyke, G. B. W. Young and C. Siska: Proper use of the MIT. tables for supersonic flow past inclined cones. J. aeronaut. Sci. XVIII/5 (1951), S. 355—356.

[66] A. Ferri: Proper use of the MIT. tables for supersonic flow past inclined cones. J. aeronaut. Sci. XVIII/11 (1951), S. 771.

[67] A. Ferri: Supersonic flow around circular cones at angles of attack. NACA TN 2236 (1950).

[68] H. H. Kurzweg: Interrelationship between boundary layer and base pressure. J. aeronaut. Sci. XVIII/11 (1951), S. 743—749.

IX. Stationäre, reibungsfreie, schallnahe Strömung.

1. Vorbemerkung.

Mit dem Wort „Schallnähe" sei alles umfaßt, was das Wort selbst bereits ausdrückt. Es ist dabei nicht erforderlich, daß die gesamte Strömung Machsche Zahlen nahe an $M = 1$ aufweist. Schon das Erreichen oder Überschreiten der kritischen Geschwindigkeit an einer einzigen Stelle bei sonst tiefen Unterschallgeschwindigkeiten oder hohen Überschallgeschwindigkeiten genügt, um die Strömung in den Problemkreis dieses Teiles einzuordnen. Freilich wird in der Praxis nur dann auf die besonderen Erscheinungen Rücksicht zu nehmen sein, wenn die schallnahe Strömung einen wesentlichen Teil der betrachteten Strömung ausmacht. Denn genau genommen überschreitet die Geschwindigkeit auch bei niedrigster Mach-Zahl der Anströmung an einer konvexen Kante stets den Wert $M^* = 1$, und es befindet sich auch in der praktischen Ausführung an der Spitze jedes noch so schnell fliegenden Geschosses ein lokales Unterschallgebiet. Doch werden solche Erscheinungen nur dann der „schallnahen Strömung" zuzuzählen sein, wenn man sich ganz speziell für die Vorgänge in diesem für die Gesamtströmung unbedeutenden Teilgebiete interessiert.

Zumeist werden in der Literatur Vorgänge behandelt, bei welchen die Geschwindigkeit in allen Teilen schallnahe ist. Dann wird die kritische Geschwindigkeit bereits bei kleinen Geschwindigkeitsstörungen durchschritten. Das erleichtert nicht nur die Behandlung der Aufgaben etwas, sondern entspricht auch weitgehend den praktischen Erfordernissen, weil kleine Störungen auch im allgemeinen mit kleinen Widerständen verbunden sind.

Der Begriff der „Schallnähe" deckt sich weitgehend mit dem, was im anglo-amerikanischen Sprachgebrauch mit „transonic" (richtiger trans-sonic) bezeichnet wird. Dabei ist ein Durchschreiten der Schallgeschwindigkeit nicht unbedingt erforderlich. Besonders bei Überschallgeschwindigkeit zeigen sich die Effekte der Schallnähe schon deutlich, wenn die Schallgeschwindigkeit an den Stellen geringster Geschwindigkeit auch nur erreicht wird.

Im Gegensatz zu den letzten Teilen muß man sich bei schallnaher Strömung trotz der großen Bedeutung, welche diesem Problemkreis zukommt, mit verhältnismäßig bescheidenen Ergebnissen begnügen. Es ist anzunehmen, daß noch wesentliche Fortschritte erzielt werden, so daß nur das berichtet werden soll, wo das Resultat den Aufwand einigermaßen rechtfertigt. Darüber hinaus sei dem Forschenden ein Bild über die bisher beschrittenen Wege gegeben.

Zwei Problemkreise stehen bei schallnaher Strömung im Vordergrund, jener des in Unterschallströmung eingebetteten *lokalen Überschallgebietes* und jener des in Überschallströmung eingebetteten *lokalen Unterschallgebietes*. Das erstere erscheint bei Unterschallströmungen an Stellen höchster Geschwindigkeit, wenn die mittlere Geschwindigkeit über ein gewisses Maß gesteigert wird. Lokale Unterschallgebiete wurden im letzten Teil bereits öfter erwähnt. Sie treten an der Spitze stumpfer Körper oder auch an stumpfen Kegeln auf.

Zu diesen Hauptproblemen tritt das Durchschreiten der Schallgeschwindigkeit auf allen Stromlinien, wie es in der engsten Stelle von Laval-Düsen auftritt. Für dieses einfachste Problem dieses Teiles gibt es sowohl Näherungslösungen als auch exakte Beispiele. Diese ergeben sich dadurch, daß gewisse exakte Lösungen (etwa die Wirbelquelle, Abschnitt VI, 10) zwischen zwei geeignet gewählten Stromlinien betrachtet werden.

Eine besondere Stellung nimmt schließlich die Umströmung eines Körpers bei Schallgeschwindigkeit im Anströmgebiet selbst ein. Da die Stromdichte dabei weit vor dem Körper den Maximalwert annimmt, muß sie im Störgebiet des Körpers also kleiner als im Anströmgebiet sein, und es ist nicht einzusehen, wie das Medium am Körper — der selbst auch noch Raum beansprucht — vorbei soll. Es muß also angenommen werden, daß es bei Anströmung mit exakt $M_\infty = 1$ keine stationäre Lösung gibt. Dieser Schluß betrifft allerdings nur den Fall $M_\infty = 1$, nicht aber eine Mach-Zahl der Anströmung, welche sich — wenn auch noch so wenig — von eins unterscheidet. Darnach dürfte es wohl Grenzzustände geben, welchen die Strömung zustrebt, wenn M_∞ von oben oder unten an den Wert $M_\infty = 1$ heranrückt.

2. Überblick über das Umströmungsproblem, Einflüsse und Abhängigkeiten.

Das allgemeine Verhalten der Strömung um ein Profil bei verschiedenen Mach-Zahlen der Anströmung M_∞ nahe an eins läßt sich durchaus verstehen, wenn auch eine quantitative Berechnung großen Schwierigkeiten begegnet. Bei der Besprechung des Umströmungsproblems bei steigenden M_∞-Werten kommen die wesentlichen Besonderheiten aller schallnahen Strömungen zur Sprache. Die Überschallgebiete entstehen in Unterschallströmung an den Stellen höchster Geschwindigkeit, d. h. in der Nähe des Dickenmaximums, die Unterschallgebiete an den Stellen niedrigster Geschwindigkeit in Überschallströmung, d. h. an den Stellen größter Dickenzunahme, meistens also an der Flügelnase. Diese sei zugespitzt, auch habe das Profil keine konvexen Ecken, so daß es bei kleinem M_∞ eine reine Unterschall-, bei großem M_∞ eine reine Überschallströmung gibt. In den Unterschallteilen der Strömung werden sich besonders die Unterschalleigenschaften, in den Überschallteilen die Überschalleigenschaften geltend machen, und dies um so mehr, je ausgedehnter das entsprechende Gebiet ist.

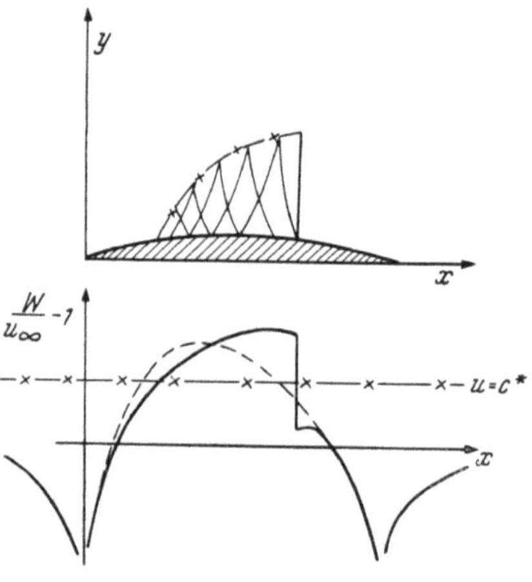

Abb. 229. Lokales Überschallgebiet am Profil (- - - - - stoßfreie Geschwindigkeitsverteilung).

Typisch für $M < 1$ ist dabei das Wirken einer Störung nach allen Seiten. Die Dicke eines Körpers macht sich weit stromaufwärts geltend, daher ergibt sich die größte Stromdichte und damit die höchste Geschwindigkeit in der Nähe des Dickenmaximums. Bei $M > 1$ hingegen reagiert die Strömung auf eine Dickenzunahme wie auf eine Verengung, auf eine Dickenabnahme wie auf eine Erweiterung des Stromfadens. Daher liegt bei $M > 1$ die geringste Stromdichte und damit die höchste Geschwindigkeit an Stellen größter Dickenabnahme (größter negativer Neigung des Oberflächenelementes) (Abb. 141).

Nach Überschreiten der *kritischen* Mach-Zahl M_∞ — das ist jene Mach-Zahl der Anströmung $M_\infty < 1$, bei welcher in *einem* Punkt am Profil Schallgeschwindigkeit erreicht wird — bildet sich ein Überschallgebiet aus, in welchem das Geschwindigkeitsmaximum zu abnehmenden Profildicken hin verlagert ist (Abb. 229). Ein stärkeres Abrücken des Geschwindigkeitsmaximums, d. h. des Sogmaximums, ergibt Widerstand. Es muß also mit dem Erscheinen von Stößen verbunden sein, in welchen ein Teil der Bewegungsenergie in Wärme verwandelt wird. Dies ist die energetische Äußerung ein und desselben Widerstandes, der sich in den Oberflächenkräften durch ein Stromabwärtswandern des Soges und im Impuls durch Verzögerungen der Geschwindigkeit im Profilnachlauf wiederfindet.

Bei M_∞-Werten, welche nur etwas über der kritischen Mach-Zahl liegen, scheint es auch stoßfreie Strömungen mit lokalen Überschallgebieten zu geben. Sicher ist das allerdings nicht, weil schwache Stöße von lokalen Druckanstiegen theoretisch wie experimentell schwer zu unterscheiden sind, wobei im letzten Fall die Beobachtungen noch von Grenzschichterscheinungen gestört werden. Außerdem kann es sein, daß solche stoßfreie lokale Überschallgebiete instabil sind und bei kleinster Störung in ein Überschallgebiet mit Stoß übergehen. Daß es bei einem bestimmten Profil bei manchen M_∞-Werten mehrere Lösungen gibt, ist durchaus möglich. Solche Mehrdeutigkeiten bei bestimmten Randbedingungen haben sich ja schon bei der Strömung durch einen zweimal verengten Kanal ergeben (Abschnitt II, 11). Sicher gibt es vom mathematischen Standpunkt mehrere Lösungen, d. h. wenn im Widerspruch zum zweiten Hauptsatz der Wärmelehre Verdünnungsstöße zugelassen werden. Bei der Umströmung eines Kreisbogenzweieckes mit Stoß (Abb. 230) können, wie bei allen Strömungen, die Strömungsrichtungen in allen Punkten umgekehrt werden. Das ist gleichbedeutend damit, daß es eine um die y-Achse gespiegelte Geschwindigkeitsverteilung gibt, bei welcher das Überschallgebiet mit einem Verdünnungsstoß beginnt. Vom mechanischen Standpunkt müßte diese dieselben Stabilitätseigenschaften besitzen wie ihr Spiegelbild. Eine allenfalls dazwischenliegende Lösung braucht allerdings nicht, wie in Abb. 230 eingezeichnet, glatt zu sein. Sie könnte auch symmetrische Verdichtungs- und Verdünnungsstöße aufweisen. Daß es sich dabei um eine labile, zwischen zwei stabilen Lösungen

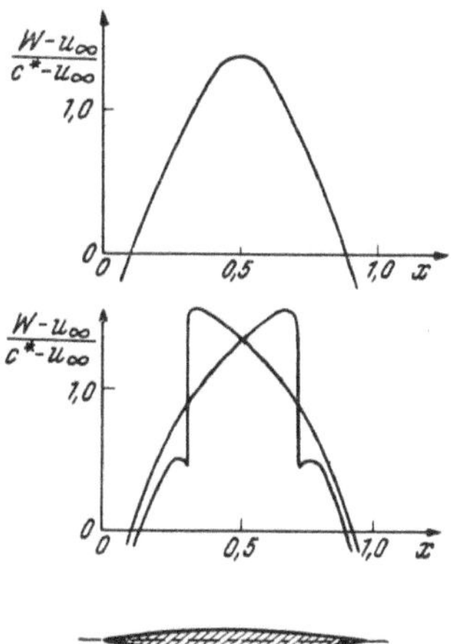

Abb. 230. Mechanisch mögliche Geschwindigkeitsverteilung am Kreisbogenzweieck.

befindliche Lösung handelt, hat viel für sich. Auch in Abschnitt II, 11 über die Strömung durch einen zweimal verengten Kanal ergab sich zwischen zwei stabilen Lösungen eine labile. Während dort aber alle Lösungen auch thermodynamisch möglich waren, ergäbe sich hier noch eine Auslese durch den zweiten Hauptsatz der Wärmelehre, der die Lösung mit Verdünnungsstoß in Abb. 230 verbietet.

Mit Steigerung von M_∞ nimmt das Überschallgebiet an Ausdehnung zu. Der Stoß nähert sich immer mehr dem Profilende und dürfte dieses erreichen, noch bevor M_∞ den Wert 1 annimmt (Abb. 231). Der Stoß am Ende des lokalen Überschallgebietes geht bei $M_\infty > 1$ in die Schwanzwelle über. Diese ist also schon bei $M_\infty < 1$ vorhanden, während eine Kopfwelle erst bei $M_\infty > 1$ auftreten kann. Tatsächlich befindet sich die Schwanzwelle bei Überschallströmung in einer Umgebung von viel höherer Geschwindigkeit als die Kopfwelle. Wird von Werten $M_\infty > 1$ kommend die Geschwindigkeit der Anströmung vermindert, so erhält sich verständlicherweise die Schwanzwelle mit dem Überschallgebiet davor viel länger als die Kopfwelle.

Ein Punkt vor dem lokalen Überschallgebiet übt einen Einfluß ohne weiteres über die ganze Strömung aus. Ein Punkt im lokalen Überschallgebiet kann zunächst nur innerhalb eines Einflußgebietes wirken. Dieses stört aber an der

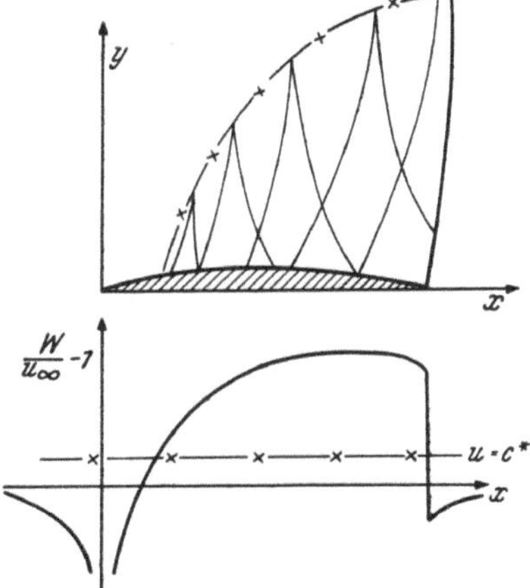

Abb. 231. Lokales Überschallgebiet bis zum Profilende.

Schallisotache und am Stoß die Unterschallströmung und überträgt den Einfluß des Punktes auf diese Weise auf die gesamte Strömung. Ein Punkt nach dem lokalen Überschallgebiet kann stromaufwärts wirken. Dadurch beeinflußt sein Zustand direkt den Abschluß des lokalen Überschallgebietes. Durch dieses hindurch kann sich sein Einfluß aber nicht geltend machen, sondern nur um dieses herum. Auf diesem Wege macht sich die Profilform am Profilende auch vor dem Überschallgebiet und in diesem selbst geltend. Es leuchtet aber ein, daß diese Wirkungen stromaufwärts mit der Größe des lokalen Überschallgebietes stark abnehmen werden, womit sich der Übergang zur Überschallströmung mit begrenzten Einflußzonen ganz stetig vollzieht.

Ein Widerstandsanstieg des Profiles macht sich erst bemerkbar, nachdem die kritische Mach-Zahl ganz wesentlich überschritten ist. Da das Überschallgebiet nahe am Dickenmaximum entsteht, macht sich nämlich eine Verlagerung des Soges stromabwärts erst dann im Widerstand geltend, wenn sich das lokale Überschallgebiet über Profilteile erstreckt, deren Dicke wesentlich unter dem Maximalwert liegt. Bei Profilen, die nicht wie das Kreisbogenzweieck auch noch um eine y-Gerade symmetrisch sind, beginnt das Stromabwandern des Soges (Abb. 244) bereits vor Erreichen der kritischen Mach-Zahl, also in reiner widerstandsfreier Unterschallströmung. Genauer ergibt sich die Verzögerung des Widerstandsanstieges aus folgender energetischen Überlegung. Der Verlust im Stoß ist proportional der dritten Potenz der Stoßstärke. Die Länge der Stoßfront läßt sich als proportional der Stoßstärke abschätzen[1], so daß der gesamte Entropie- und Widerstandsanstieg also erst mit der vierten Potenz der Stoßstärke beginnt. Auch wenn sofort nach Überschreiten der kritischen Mach-Zahl Stöße auftreten, so ist der daraus resultierende Widerstandsanstieg zu gering, um daraus einen Rückschluß auf ein lokales Überschallgebiet mit oder ohne Stoß machen zu können.

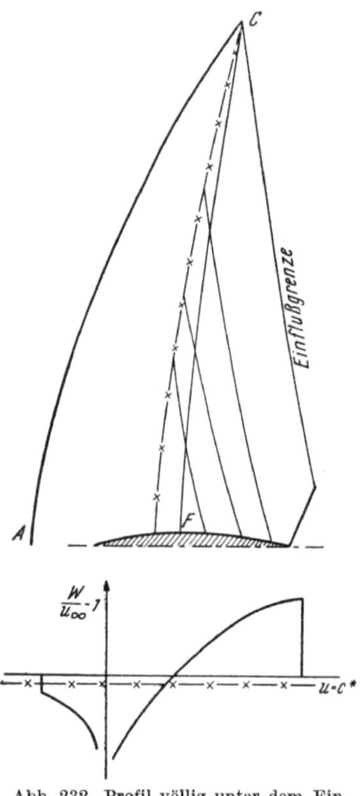

Abb. 232. Profil völlig unter dem Einfluß des lokalen Unterschallgebietes.

Mit dem Auftreten von Stößen verliert die Strömung exakt ihre Wirbelfreiheit. Dennoch kann, wie in der „isentropen Näherung", wirbelfrei gerechnet werden. Es ist nicht richtig, ein „Zusammenbrechen der Potentialströmung" für die im Zusammenhang mit den Stößen auftretenden Erscheinungen verantwortlich zu machen. Auch unter der Annahme eines Geschwindigkeitspotentials ergibt sich genau dasselbe Bild, die auftretenden Wirbel sind viel zu schwach, als daß ihnen eine wesentliche Bedeutung zukäme.

In größerem Profilabstand herrscht reine Unterschallströmung. Sie wird durch die Prandtlsche Linearisierung wieder ausreichend genähert. Das Abklingen der Störung in großer Entfernung erfolgt also wieder wie bei reiner Unterschallströmung, jedoch ist für die Abklingkonstante nicht mehr die Profildicke allein, sondern auch die Größe des lokalen Überschallgebietes maßgebend. Unter der Annahme von Drehungsfreiheit folgt daraus, daß nach Gl. (IV, 25) das Linienintegral der Geschwindigkeit längs der Profilstromlinie verschwinden muß, ein Resultat, welches die Skizzierung der Verhältnisse etwas erleichtert.

Der stationäre Strömungszustand bei $M_\infty = 1$ sei übergangen, da an seiner Existenz zu zweifeln ist. Jedoch ist bei $M_\infty \to 1$ für Strömungen mit $M_\infty < 1$ und Strömungen mit $M_\infty > 1$ ein stetiger Übergang zu erwarten. Da sich bei

$M_\infty < 1$ und geringen Überschallgeschwindigkeiten vor dem Körper ein sehr großes Unterschallgebiet befindet, der Stoß bei $M_\infty < 1$ wahrscheinlich sogar schon vor $M_\infty = 1$ in die Position der Schwanzwelle wandert, nähern sich die Bilder der Umströmung bei $M_\infty < 1$ und $M_\infty > 1$ einander stetig, je mehr sich die Anströmgeschwindigkeiten einander nähern.

Abb. 232 gibt ein Strömungsbild bei geringer Überschallgeschwindigkeit. Alle Störungen, welche zwischen Punkt A und C auf die Kopfwelle auftreffen, beeinflussen das gesamte lokale Unterschallgebiet und wirken sich damit im gesamten Einflußgebiet des lokalen Unterschallgebietes aus. Dies vermengt und erweitert demnach alle auftreffenden Einflüsse. Es steht selbst noch unter dem Einfluß aller jener Profilteile, von denen aus noch Mach-Wellen auf die Schallisotache auftreffen. Der letzte solche Punkt (Punkt F in Abb. 232) begrenzt das Abhängigkeitsgebiet der Unterschallzone am Profil. Die Kenntnis des übrigen Profilteiles ist zur Berechnung des Unterschallgebietes nicht mehr nötig. Anderseits kann ausgehend von der Schallinie in Abb. 232 die gesamte Geschwindigkeitsverteilung am Profil auskonstruiert werden, wobei die Profilform nach Punkt F noch variiert werden darf.

In Abb. 233 ist M_∞ gesteigert und damit die Ausdehnung des Unterschallgebietes vermindert. Der Profilteil stromabwärts vom Punkt G liegt nun im Einflußgebiet der Kopfwelle über Punkt C. Damit läßt sich die Geschwindigkeit abwärts von Punkt G, dessen Lage im übrigen wohl definiert, aber sonst unbekannt ist, mit der isentropen Näherung angeben. Diese Näherung ist in G selbst noch nicht sehr genau, da die Stoßpolare im Punkte C mit Schallabströmung nur ungenau durch die Charakteristik genähert wird, wie in Abschnitt 3 noch zu zeigen sein wird. Mit Steigerung von M_∞ nimmt das berechenbare Gebiet an Ausdehnung zu. Außerdem sind noch

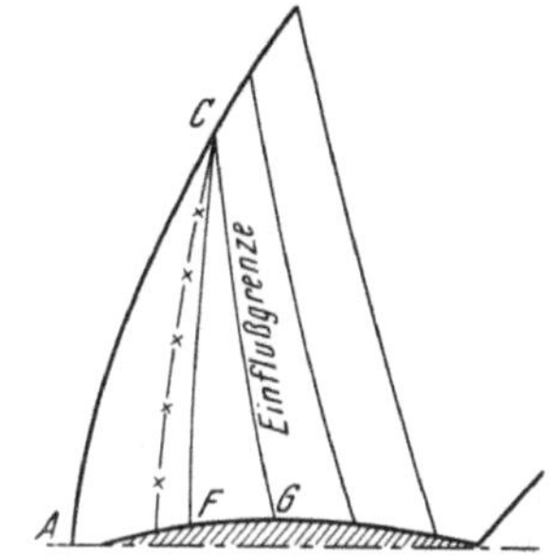

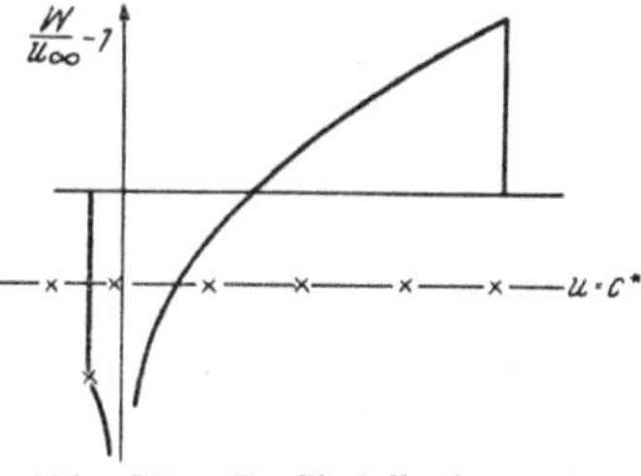

Abb. 233. Profil teilweise unter dem Einfluß des lokalen Unterschallgebietes.

die Staupunktswerte bekannt. Das Unterschallgebiet nimmt an Ausdehnung und Einfluß ab und verschwindet schließlich bei ausreichend zugespitzten Profilen.

Im Unterschallgebiet herrscht die für $M_\infty < 1$ typische Geschwindigkeitsverteilung mit dem Wert $W = 0$ im Staupunkte. Das Unterschallgebiet wirkt stromaufwärts und schiebt dabei die Kopfwelle gegen die Anströmung. Ebensowenig wie bei der isentropen Näherung sind die Flächen der Unter- und Übergeschwindigkeiten einander gleich. Auch bei reiner Überschallströmung mit schallnahen Teilen geben die Potenzreihenentwicklungen von Charakteristik und Stoßpolare schlechte Resultate. Sie werden durch besondere Entwicklungen in Schallnähe zu ersetzen sein.

Die ausrichtende Wirkung der lokalen Überschallgebiete auf die Einflüsse in Unterschallströmung und die Polsterwirkung der lokalen Unterschallgebiete in Überschallströmung ist für alle Probleme dieses Buchteiles typisch.

3. Entwicklungen in Schallnähe.

Eine Behandlung der Strömungen in Schallnähe erfordert eine möglichst weitgehende Vereinfachung der Gleichungen in diesem Bereich. Eine Entwicklung der gebräuchlichen Beziehungen liegt daher nahe. Das typischeste Verhalten

zeigt bei $M = 1$ die Stromdichte. Ihr Maximum bei der kritischen Geschwindigkeit wird am besten durch eine Parabel darzustellen sein. Diese ergibt sich
beispielsweise, wenn die Stromdichte nach der Geschwindigkeit bis zu dem
quadratischen Glied (einschließlich) entwickelt wird. Die Kurve hat dann mit
dem exakten Wert an der Stelle der Entwicklung gleiche Tangente und gleiche
Krümmung. Eine noch einfachere Form ergibt sich, wenn neben der Forderung
gemeinsamer Tangenten im Punkte der Entwicklung $W = W_1$ die Forderung
erhoben wird, daß das Stromdichtemaximum bei $W = c^*$ erreicht wird. D. h.
die vereinfachte Stromdichtekurve soll ebenfalls den Wechsel vom elliptischen
zum hyperbolischen Typus bei kritischer Geschwindigkeit aufweisen. Daraus
ergibt sich der Ansatz:

$$\frac{\varrho\, W}{\varrho_1\, W_1} - 1 = (1 - M_1{}^2) \left(\frac{W}{W_1} - 1\right) + A \left(\frac{W}{W_1} - 1\right)^2 + \dots$$

Mit Gl. (VI, 148) kann $1 - M_1{}^2$ durch den Prandtl-Faktor ersetzt werden,
bei $W_1 > c_1$ wäre statt dessen $\cot^2 \alpha_1$ ($\equiv M_1{}^2 - 1$) zu nehmen. A bestimmt
sich aus der Forderung eines Maximums bei $W = c^*$ und man erhält:

$$\frac{\varrho\, W}{\varrho_1\, W_1} - 1 = \beta_1{}^2 \left(\frac{W}{W_1} - 1\right) - \frac{1}{2}\, \frac{\beta_1{}^2}{\left(\dfrac{1}{M_1{}^*} - 1\right)} \left(\frac{W}{W_1} - 1\right)^2 + \dots \qquad (1)$$

Der erste Summand stellt die Prandtlsche Näherung dar. Diese versagt
natürlich stark beim Durchgang durch die Schallgeschwindigkeit. Ein Vergleich
der Entwicklung in Gl. (1) mit den exakten Werten in einem speziellen Fall gibt
Tabelle IX, 1. Das Resultat ist sehr zufriedenstellend.

Tabelle IX, 1. *Exakte Werte der Stromdichte, Näherung nach* PRANDTL *und nach
Gl. (1) für* $M_1 = 0{,}80$ *und* $\varkappa = 1{,}400$.

M	M^*	$\dfrac{\varrho\, W}{\varrho_1\, W_1} - 1$		
		exakt	Gl. (1)	PRANDTL
0	0	—1,000	—1,209	—0,360
0,1	0,109	—0,821	—0,952	—0,312
0,2	0,218	—0,650	—0,724	—0,265
0,3	0,326	—0,490	—0,528	—0,218
0,4	0,431	—0,347	—0,366	—0,172
0,5	0,535	—0,225	—0,231	—0,126
0,6	0,635	—0,126	—0,128	—0,082
0,7	0,732	—0,051	—0,051	—0,041
0,8	0,825	0	0	0
0,9	0,915	0,029	0,029	0,039
1,0	1,000	0,038	0,038	0,076
1,1	1,082	0,030	0,030	0,112
1,2	1,158	0,007	0,007	0,145
1,3	1,231	—0,026	—0,028	0,177
1,4	1,300	—0,068	—0,074	0,207
1,5	1,365	—0,117	—0,128	0,236

Die Größen β_1 und $M_1{}^*$ können mittels der exakten Formeln in Tab. II, 5
leicht ineinander übergeführt werden. In Schallnähe ist:

$$\beta^2 = 1 - M^2 = (\varkappa + 1)(1 - M^*) \left[1 - \left(\varkappa - \frac{1}{2}\right)(1 - M^*) + \dots\right]$$

$$= (\varkappa + 1)\left(\frac{1}{M^*} - 1\right)\left[1 - \left(\varkappa + \frac{1}{2}\right)\left(\frac{1}{M^*} - 1\right) + \dots\right]. \qquad (2)$$

Vielfach ist es jedoch praktischer, β_1 und M_1^* nebeneinander zu verwenden. (Bei $M > 1$ ist β durch $\cot \alpha$ zu ersetzen.)

Für die Entwicklung bei $W_1 = c^*$ ergibt sich damit:

$$\frac{\varrho\, W}{\varrho^* c^*} - 1 = -\frac{\varkappa + 1}{2}\left(\frac{W}{c^*} - 1\right)^2 + \dots \tag{3}$$

Für jede andere Geschwindigkeit $W_1 \neq c^*$ erweist sich hingegen folgende Schreibweise als geeignet:

$$\frac{\dfrac{\varrho\, W}{\varrho_1 W_1} - 1}{\beta_1{}^2\left(\dfrac{1}{M_1^*} - 1\right)} = \frac{W - W_1}{c^* - W_1} - \frac{1}{2}\left(\frac{W - W_1}{c^* - W_1}\right)^2 + \dots \tag{4}$$

Auf der linken Gleichungsseite steht eine „reduzierte Stromdichte", auf der rechten eine „reduzierte Geschwindigkeit". Da in Schallnähe gern mit solchen „reduzierten" Größen gearbeitet wird, empfiehlt es sich, für diese besondere Bezeichnungen einzuführen, nämlich für Unterschallgeschwindigkeit im Punkte der Entwicklung:

$$M_1 < 1:\quad \frac{\dfrac{\varrho\, W}{\varrho_1 W_1} - 1}{\beta_1{}^2\left(\dfrac{1}{M_1^*} - 1\right)} = \Theta;\quad \frac{W - W_1}{c^* - W_1} = \mathfrak{w};\quad \frac{u - W_1}{c^* - W_1} = \mathfrak{u};$$

$$\frac{v}{\beta_1(c^* - W_1)} = \mathfrak{v};\quad \frac{w}{\beta_1(c^* - W_1)} = \mathfrak{w};\quad \beta_1 y = \mathfrak{y};\quad \beta_1 z = \mathfrak{z}. \tag{5}$$

Die Zweckmäßigkeit der Abkürzungen wird sich im weiteren Verlauf zeigen. Vorläufig sei nur darauf hingewiesen, daß die Koordinatentransformationen in genau derselben Weise vorgenommen werden wie bei der Pr. Regel (Abschnitt VI, 20). Auch die Verhältnisse der Geschwindigkeitskomponenten zueinander sind dieselben wie bei der Pr. Regel. Die einzelnen Geschwindigkeitskomponenten haben allerdings einen Faktor, der eine besondere Form der Pr. Regel ergibt.

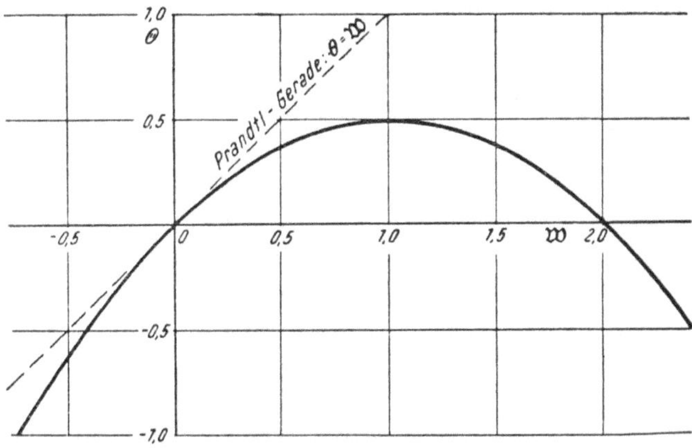

Abb. 234. Reduzierte Stromdichte und Prandtl-Gerade abhängig von der reduzierten Geschwindigkeit.

Die Stromdichte stellt sich nach Gl. (4) nun wie folgt in reduzierten Größen dar (Abb. 234).

$$M_1 < 1:\quad \Theta = \mathfrak{w} - \frac{1}{2}\,\mathfrak{w}^2. \tag{6}$$

$M = 1$ bedeutet nach Gl. (5) $\mathfrak{w} = 1$. Dort hat die reduzierte Stromdichte ihren Maximalwert mit $\Theta = \dfrac{1}{2}$. Zu beachten ist, daß die reduzierten Größen auch bei kleinen Störungen in Schallnähe die Größenordnung der Einheit annehmen. Sie sind nicht klein gegen diese, wie die in üblicher Weise (etwa Abschnitt VI, 5) gebildeten Störungsgrößen.

Bei Überschallgeschwindigkeiten von W_1 wird β_1 imaginär. Die reduzierten Größen sind dann ein wenig anders zu bilden. Damit sich Übergeschwindigkeiten und positive v-Komponenten auch in den reduzierten Größen als positive Werte ergeben, setzt man zweckmäßig:

$$\text{für } M_1 > 1: \quad \frac{\dfrac{\varrho\, W}{\varrho_1 W_1} - 1}{\left(1 - \dfrac{1}{M_1{}^*}\right)}\, \mathrm{tg}^2\, \alpha_1 = \Theta; \quad \frac{W - W_1}{W_1 - c^*} = \mathfrak{w}; \quad \frac{u - W_1}{W_1 - c^*} = \mathfrak{u}; \tag{7}$$

$$\frac{v}{W_1 - c^*}\, \mathrm{tg}\, \alpha_1 = \mathfrak{v}; \quad \frac{w}{W_1 - c^*}\, \mathrm{tg}\, \alpha_1 = \mathfrak{w}; \quad y \cot \alpha_1 = \mathfrak{y}; \quad z \cot \alpha_1 = \mathfrak{z}.$$

Daraus folgt die Stromdichtebeziehung:

$$M_1 > 1: \quad \Theta = -\,\mathfrak{w} - \frac{1}{2}\,\mathfrak{w}^2, \tag{8}$$

mit dem Maximalwert $\Theta = \dfrac{1}{2}$ bei $\mathfrak{w} = -1$, welcher Wert bei $M_1 > 1$ Schallgeschwindigkeit bedeutet.

Für die Mach-Zahl ergibt sich folgende Beziehung, wenn analog zu den Forderungen bei der Stromdichte verlangt wird, daß M bei $W = W_1$ und $W = c^*$ richtig wiedergegeben wird:

$$1 - M^2 = (1 - M_1{}^2)\left[1 - \frac{W - W_1}{c^* - W_1}\right]. \tag{9}$$

Mit Gl. (5) und (7) ergibt sich daraus für:

$$M_1 < 1: \qquad \beta^2 = 1 - M^2 = \beta_1{}^2\,[1 - \mathfrak{w}], \tag{10}$$

$$M_1 > 1: \quad \cot^2 \alpha = M^2 - 1 = \cot^2 \alpha_1\,[1 + \mathfrak{w}]. \tag{11}$$

Wie die Entwicklung (1) gehen auch diese Gleichungen einen Schritt weiter als die Pr. Linearisierung. Mit Hilfe der Gl. (II, 49) können die Gl. (6) und (10) oder (8) und (11) auch direkt ineinander übergeführt werden, wenn Schallnähe vorausgesetzt wird. Während aber bei der Stromdichtegleichung stets Isentropie vorausgesetzt werden muß, ist diese Forderung bei den letzten drei Gleichungen nicht erforderlich.

Nach der Entwicklung der Bernoullischen Gl. (II, 52) ergibt sich der Druck in Schallnähe einfach als lineare Funktion der Geschwindigkeiten bis auf Glieder dritten Grades. Der *reduzierte Druckkoeffizient* ist einfach wie die reduzierten Geschwindigkeiten zu bilden:

$$M_1 < 1: \quad \frac{c_p}{\dfrac{1}{M_1{}^*} - 1} = -\,2\,\mathfrak{w}; \quad M_1 > 1: \quad \frac{c_p}{1 - \dfrac{1}{M_1{}^*}} = -\,2\,\mathfrak{w}. \tag{12}$$

Ein besonders typisches Verhalten zeigen Charakteristik und Stoßpolare. Aus Gl. (VI, 81) folgt für Schallnähe:

$$\vartheta - \vartheta^* = \pm\, \frac{2}{3}\, \frac{1}{\varkappa + 1}\,(M^2 - 1)^{3/2} + \cdots = \frac{2}{3}\, \sqrt{\varkappa + 1}\,(M^* - 1)^{3/2} + \cdots. \tag{13}$$

Eine Entwicklung in dieser Gegend in einer Potenzreihe entsprechend Gl. (VIII, 55) kann darnach gar nicht befriedigend erfolgen, da damit das Imaginärwerden für $M^* < 1$ sowie die Verzweigung bei $M^* = 1$ nicht erfaßt werden kann. Tab. IX, 2 gibt einen Vergleich exakter und nach Gl. (13) genäherter Geschwindigkeiten in der Prandtl-Meyer-Expansion. Die Übereinstimmung erweist sich dabei noch in einem Bereich als gut, der weit über „kleine Schwankungen" hinausgeht. Besonders auffallend und wichtig im folgenden ist die starke Geschwindigkeitsänderung bei nur geringer Strömungswinkeländerung.

Tabelle IX, 2. *Entwicklung der Charakteristik nach Gl. (13) für $\varkappa = 1{,}400$.*

$\vartheta - \vartheta^*$		$0°$	$1°$	$2°$	$3°$	$4°$	$6°$	$8°$	$10°$	$12°$	$14°$	$16°$
M		1,000	1,082	1,133	1,177	1,218	1,293	1,365	1,435	1,502	1,570	1,638
$M^* - 1$	exakt	0	0,067	0,107	0,141	0,171	0,227	0,276	0,323	0,366	0,409	0,448
	Gl. (13) ..	0	0,066	0,105	0,137	0,166	0,218	0,263	0,306	0,345	0,383	0,418

Wird in Gl. (13) $\vartheta = 0$ für $M^* = M_1^*$ angenommen, wie das der Fall ist, wenn die Störungen eines Anströmzustandes studiert werden, so läßt sich ϑ^* durch M_1 ausdrücken und es ergibt sich:

$$M^* = M_1, \quad \vartheta = 0: \quad \pm \vartheta = \frac{2}{3} \sqrt{\varkappa + 1} \, [(M_1^* - 1)^{3/2} - (M^* - 1)^{3/2}].$$

Mit Gl. (2) kann die *Charakteristik* in gleicher Näherung wie folgt durch die reduzierten Größen Gl. (7) ausgedrückt werden:

$$\frac{\vartheta \, \mathrm{tg} \, \alpha_1}{\left(1 - \dfrac{1}{M_1^*}\right)} = \frac{2}{3} \, [1 - (1 + \mathfrak{w})^{3/2}] \quad \text{oder} \quad v = \frac{2}{3} \, [1 - (1 + \mathfrak{u})^{3/2}]. \tag{14}$$

Die Formel für ϑ ist bei stärkeren Geschwindigkeitsschwankungen genauer als die für v. Tatsächlich ist meist durch die Oberflächenneigung ϑ und nicht v gegeben, was der Genauigkeit zugute kommt. Man überzeugt sich leicht, daß im Punkte $W = W_1$: $\mathfrak{w} = 0$ nicht nur der Wert von ϑ, sondern auch noch die Tangente richtig wiedergegeben wird.

Bei der Ableitung der Stoßpolaren für Schallnähe ist zu beachten, daß sich die Geschwindigkeit sowohl vor wie nach dem Stoß von der Schallgeschwindigkeit nur wenig unterscheiden soll. Mit Rücksicht darauf ergeben sich aus Gl. (VIII, 39) vier Glieder von derselben Größenordnung:

$$\frac{\hat{v}^2}{c^{*2}} = \frac{\varkappa + 1}{2} \left[\left(\frac{u}{c^*} - 1\right)^3 - \left(\frac{u}{c^*} - 1\right)^2 \left(\frac{\hat{u}}{c^*} - 1\right) + \right.$$
$$\left. - \left(\frac{u}{c^*} - 1\right) \left(\frac{\hat{u}}{c^*} - 1\right)^2 + \left(\frac{\hat{u}}{c^*} - 1\right)^3 \right] + \dots \tag{15}$$

Die nächsten Summanden sind vom vierten Grad. Werden hier wieder reduzierte Geschwindigkeiten eingeführt, so ergibt sich mit Gl. (2) nach elementarer Rechnung die *reduzierte Stoßpolare* wie folgt:

$$\hat{v}^2 = (\mathfrak{u} - \hat{\mathfrak{u}}) \left[\left(\mathfrak{u} + \frac{\mathfrak{u}^2}{2}\right) - \left(\hat{\mathfrak{u}} + \frac{\hat{\mathfrak{u}}^2}{2}\right) \right], \tag{16}$$

das ist bei kleinem Strömungswinkel das Produkt zweier Geschwindigkeits- und zweier Stromdichtedifferenzen. Gl. (16) schreibt sich noch einfacher, wenn die Bezugsgeschwindigkeit gleich der Strömungsgeschwindigkeit vor dem Stoß ist:

$$\text{für} \quad u = W_1: \quad \hat{v}^2 = \hat{\mathfrak{u}} \left(\hat{\mathfrak{u}} + \frac{\hat{\mathfrak{u}}^2}{2}\right). \tag{17}$$

Aus Gl. (16) lassen sich alle typischen Eigenschaften der Stoßpolare leicht ablesen. Man erhält:

$$\hat{v} = 0: \text{ für } 1. \quad \hat{u} = 0:$$

$$2. \quad \hat{u} + \frac{\hat{u}^2}{2} = 0; \quad \hat{u} = -2. \tag{18}$$

Die Quergeschwindigkeit verschwindet 1. bei verschwindender Stoßstärke und 2. beim senkrechten Stoß. Letzterer ist ein Sprung auf dieselbe reduzierte Stromdichte. Dabei liegt die Geschwindigkeit hinter dem Stoß genau so viel unter der kritischen Geschwindigkeit, wie jene vor dem Stoß darüber liegt (vgl. etwa Abb. 245). Dies ergibt sich auch direkt aus der Pr. Formel Gl. (II, 36)

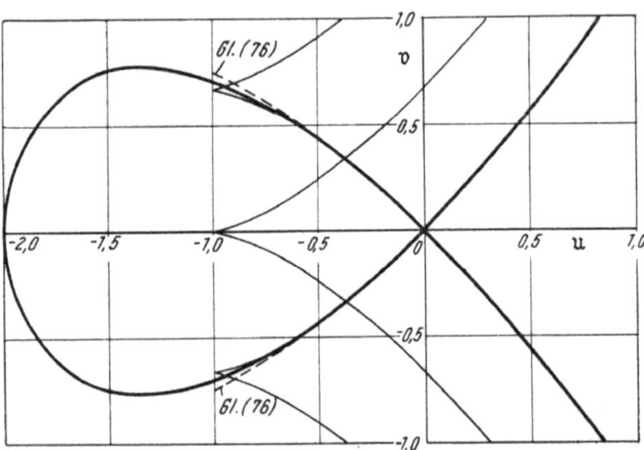

Abb. 235. Reduzierte Stoßpolare, Charakteristik und Potenzreihenentwicklung Gl. (76) im reduzierten Hodographen (u, v nach Gl. (7)).

unter der Annahme kleiner Sprünge. Es ist jener Bereich, in welchem die *Verluste* mit der dritten Potenz des Geschwindigkeitssprunges ansteigen.

Die maximale Ablenkung im Stoß ist bei kleinen Störungen identisch mit der maximalen $\hat{v}$-Komponente. Durch Nullsetzen der Ableitung von $\hat{v}$ nach $\hat{u}$ ergibt sich aus Gl. (16) der Maximalwert:

$$\hat{v} = \frac{4}{9} \sqrt{3} \text{ bei } \hat{u} = -\frac{4}{3}, \tag{19}$$

also, wie bekannt, bei Unterschallgeschwindigkeit hinter dem Stoß. Bei Schallgeschwindigkeit ergibt sich:

$$\hat{M} = 1: \hat{u} = -1; \quad \hat{v}^* = \frac{1}{2} \sqrt{2}. \tag{20}$$

Dieser Wert liegt stets über dem Wert der Charakteristik gleichen Ausgangswertes (Abb. 235), welcher nach Gl. (14) gegeben ist durch:

$$M = 1: u = -1; \quad v^* = \frac{2}{3}. \tag{21}$$

Damit ergibt sich folgender prozentuale Unterschied der reduzierten v-Komponenten, der in gleicher Weise unabhängig von $\varkappa$ auch für die gewöhnlichen v-Komponenten bei Schallnähe gilt:

$$M = 1: \frac{\hat{v}^* - v^*}{v^*} = \frac{\hat{v}^* - v^*}{v^*} = \frac{3}{4} \sqrt{2} - 1 = 0{,}0606. \tag{22}$$

Dieser Unterschied von rund 6% ist in Schallnähe unveränderlich gleich groß, stellt demnach also keinen Effekt höherer Ordnung dar. Für den praktischen Gebrauch wird er meist unberücksichtigt bleiben können. Im Ausgangspunkt stimmen Tangente und Krümmung beider Kurven überein.

Aus den Potenzreihenentwicklungen Gl. (VIII, 55), (VIII, 56) und (VIII, 57) läßt sich das Abweichen beider Kurven bei Schallgeschwindigkeit schlecht bestimmen. In den Abweichungen vom kritischen Zustand (etwa $1 - M^*$) nehmen alle Glieder dieselbe Potenz an. Sie unterscheiden sich nur mehr durch Koeffizienten, welche gewöhnliche Zahlen sind und für die ersten beiden Glieder übereinstimmen. So kommt es, daß der prozentuale Unterschied der kritischen Zustände von Charakteristik und Stoßpolare sich als feste Zahl ergibt, die allerdings aus den Potenzreihen wegen der schlechten Konvergenz beim kritischen Zustand nur schlecht zu berechnen ist. Wegen dieser schlechten Konvergenz hat die Bedeutung der höheren Glieder zugenommen.

Die Eigenschaft, daß die vom Ursprung in Abb. 235 ausgehende Charakteristik die Gerade $u = -1$ $(M = 1)$ unter der Stoßpolaren trifft, bedeutet, daß die Schallgeschwindigkeit bei einer Knickung der Stromlinie erst unter einem etwas größeren Winkel erreicht wird als bei entsprechender stetiger Krümmung der Stromlinie. Dies ist typisch für Schallnähe. Bei höherem Überschall ist es gerade umgekehrt. Bei höchsten Anströmgeschwindigkeiten wird $M = 1$ bei einer Knickung von rund 45° stets erreicht, ein Effekt, der bei stetiger Krümmung

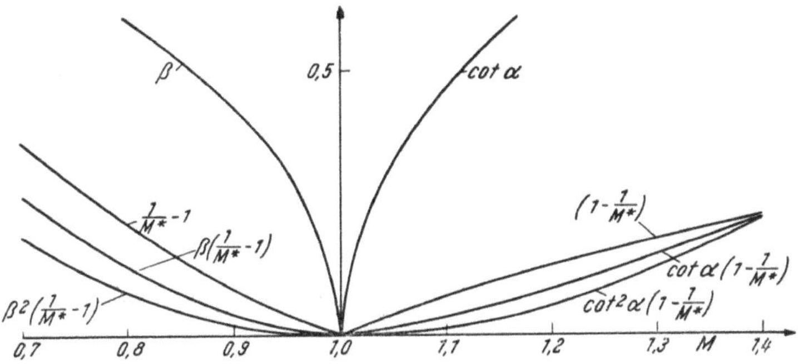

Abb. 236. Reduktionskoeffizienten für $\varkappa = 1{,}400$.

erst bei 130° auftritt. Bei etwa $M = 1{,}4$ haben Stoßpolare und Charakteristik im Hodographen nicht nur gleiche Tangente und Krümmung, sondern berühren sich nochmals am Schallkreis.

In den Formeln für die reduzierten Größen erscheinen im wesentlichen folgende Funktionen der Mach-Zahl:

$$M_1 < 1: \qquad \beta_1; \quad \left(\frac{1}{M_1^*} - 1\right); \quad \beta_1\left(\frac{1}{M_1^*} - 1\right); \quad \beta_1^2\left(\frac{1}{M_1^*} - 1\right);$$
$$M_1 > 1: \cot\alpha_1; \quad \left(1 - \frac{1}{M_1^*}\right); \quad \cot\alpha_1\left(1 - \frac{1}{M_1^*}\right); \quad \cot^2\alpha_1\left(\frac{1}{M_1^*} - 1\right). \tag{23}$$

Sie sind bei gleichem $\varkappa$ im wesentlichen folgenden Potenzen proportional:

$$\beta_1, \ \beta_1^2, \ \beta_1^3, \ \beta_1^4 \quad \text{und} \quad \cot\alpha_1, \ \cot^2\alpha_1, \ \cot^3\alpha_1, \ \cot^4\alpha_1.$$

Wegen ihrer Bedeutung, die sich in den kommenden Abschnitten erweisen wird, seien hier Werte für $\varkappa = 1{,}400$ in folgender Tabelle und in Abb. 236 wiedergegeben.

Tabelle IX, 3: *Reduktionskoeffizienten bei Schallnähe ($\varkappa = 1{,}400$).*

M	0,7	0,8	0,9	0,95	
β	0,714	0,600	0,436	0,312	
$(1/M^* - 1)$	0,366	0,212	0,093	0,044	
$\beta\,(1/M^* - 1)$	0,261	0,127	0,040	0,014	
$\beta^2\,(1/M^* - 1)$	0,187	0,076	0,018	0,004	
M	1,05	1,10	1,20	1,30	1,40
$\cot\alpha$	0,320	0,458	0,663	0,831	0,980
$(1 - 1/M^*)$	0,039	0,076	0,136	0,188	0,231
$\cot\alpha\,(1 - 1/M^*)$	0,013	0,035	0,090	0,156	0,226
$\cot^2\alpha\,(1 - 1/M^*)$	0,004	0,016	0,060	0,130	0,222

4. Gasdynamische Gleichung für Schallnähe.

Unter der Voraussetzung kleiner Geschwindigkeitskomponenten quer zur Anströmrichtung, was in Schallnähe gleichbedeutend damit ist, daß die Geschwindigkeitskomponenten auch klein gegenüber der Schallgeschwindigkeit sind, läßt sich die gasd. Gl. auf folgende Form bringen:

$$(1 - M^2)\, \frac{\partial u}{\partial x} + \frac{\partial v}{\partial y} + \frac{\partial w}{\partial z} = 0. \tag{24}$$

Sie unterscheidet sich von der der Pr. Regel zugrunde liegenden Form dadurch, daß der Ausdruck $1 - M^2$ nun nicht mehr als konstant angenommen wird. Mit Rücksicht darauf, daß $1 - M^2$ in Schallnähe negative und positive Werte annehmen kann, sei die lineare Näherung durch die Geschwindigkeit nach Gl. (9) benutzt. Da hier vorzüglich Umströmungsprobleme behandelt werden, werde $W_1 = u_\infty$ gesetzt. Ferner sei die Schwankung der u-Komponente der Geschwindigkeitsschwankung gleichgesetzt. (Die Berechtigung dieser Näherung bei Achsensymmetrie wird anschließend gezeigt.) Entsprechend der isentropen Näherung bei Überschallströmung kann Wirbelfreiheit angenommen werden.

Die Vernachlässigung der Summanden von der Form

$$\frac{u\,v}{c^2} \left(\frac{\partial u}{\partial y} + \frac{\partial v}{\partial x} \right)$$

in der gasd. Gl. wird bei der Prandtl-Linearisierung wegen $v \ll c$ vorgenommen. Allerdings ist der Faktor $1 - M^2$ bei Schallnähe im Mittel kleiner als bei reiner Unterschallströmung, so daß bei den folgenden Anwendungen schlankere Profile und Körper vorausgesetzt werden müssen, als dies bei einer Unter- oder Überschallströmung erforderlich ist. Dies ist auch schon deshalb notwendig, weil meist die Voraussetzung kleiner Störungen gemacht wird. Es ist aber bekannt, daß besonders bei ebener Strömung auch Profile kleineren Dickenverhältnisses erhebliche Störungen aufweisen. Die auf Gl. (24) beruhenden Ergebnisse (etwa der Ähnlichkeitstheorie), gelten bei räumlichen flachen Körpern (Dreiecksflügel) mit wesentlich höherer Genauigkeit als in ebener Strömung. Damit gelten sie aber gerade im praktisch interessierenden Gebiet besser. Die theoretische Bedeutung der ebenen Strömung beruht darauf, daß sie vielfach als eine Vorstufe zur Lösung des räumlichen Problems angesehen werden kann. Die Berechtigung der Vernachlässigung des besprochenen Gliedes bei genügender Schallnähe und ebener Strömung wurde exakt von K. OSWATITSCH[2], die Berechtigung der Annahme der Wirbelfreiheit wurde exakt von G. GUDERLEY[3] gezeigt.

Unter diesen Voraussetzungen ergibt sich mit Gl. (9) folgende gasd. Gl.:

$$\left[1 - M_\infty^2 - \frac{1 - M_\infty^2}{1/M_\infty^* - 1} \left(\frac{u}{u_\infty} - 1 \right) \right] \frac{\partial}{\partial x} \left(\frac{u}{u_\infty} - 1 \right) +$$

$$+ \frac{\partial}{\partial y} \left(\frac{v}{u_\infty} \right) + \frac{\partial}{\partial z} \left(\frac{w}{u_\infty} \right) = 0.$$

Werden nun mit B als zunächst willkürlichem Faktor folgende neue Veränderlichen eingeführt:

$$x = x; \quad \mathfrak{y} = B\,y; \quad \mathfrak{z} = B\,z;$$

$$\mathfrak{u} = \frac{1}{B^2} \frac{1 - M_\infty^2}{\frac{1}{M_\infty^*} - 1} \left(\frac{u}{u_\infty} - 1 \right); \quad \mathfrak{v} = \frac{1}{B^3} \frac{1 - M_\infty^2}{\frac{1}{M_\infty^*} - 1} \frac{v}{u_\infty};$$

$$\mathfrak{w} = \frac{1}{B^3} \frac{1 - M_\infty^2}{\frac{1}{M_\infty^*} - 1} \frac{w}{u_\infty}, \tag{25}$$

so erhalten die gasd. Gl. und die Gleichungen der Wirbelfreiheit folgende Form:

$$\left(\frac{1-M_\infty^2}{B^2}-\mathfrak{u}\right)\frac{\partial\mathfrak{u}}{\partial x}+\frac{\partial\mathfrak{v}}{\partial y}+\frac{\partial\mathfrak{w}}{\partial z}=0;$$

$$\frac{\partial\mathfrak{w}}{\partial y}-\frac{\partial\mathfrak{v}}{\partial z}=0;\quad \frac{\partial\mathfrak{u}}{\partial z}-\frac{\partial\mathfrak{w}}{\partial x}=0;\quad \frac{\partial\mathfrak{v}}{\partial x}-\frac{\partial\mathfrak{u}}{\partial y}=0. \tag{26}$$

Hierin kommt allerdings noch M_∞, die Mach-Zahl der Anströmung, vor, doch kann durch entsprechende Wahl des Faktors B leicht eine Form hergestellt werden, bei welcher M_∞ eliminiert ist. Die Schwankungen der Geschwindigkeitskomponenten sind in Gl. (25) durch einen gemeinsamen Faktor, nach Gl. (2) im wesentlichen:

$$\frac{1-M_\infty^2}{\dfrac{1}{M_\infty^*}-1}=\varkappa+1+\cdots, \tag{27}$$

dividiert, was stets möglich ist. Darüber hinaus erscheint die v- und w-Komponente um den Faktor $1/B$ gegenüber der u-Komponentenschwankung vergrößert. Dies ist erforderlich, wenn die Wirbelgleichungen bei einer Streckung von y und z die einfache Form beibehalten sollen.

Der Übergang zur Gleichung bei *Achsensymmetrie* kann wie in Abschnitt VI, 2 gemacht werden, mit dem Resultat:

$$\left(\frac{1-M_\infty^2}{B^2}-\mathfrak{u}\right)\frac{\partial\mathfrak{u}}{\partial x}+\frac{\partial\mathfrak{v}}{\partial y}+\frac{\mathfrak{v}}{y}=0;\quad \frac{\partial\mathfrak{v}}{\partial x}-\frac{\partial\mathfrak{u}}{\partial y}=0. \tag{28}$$

Aus den Abschätzungen in Abschnitt VI, 17 ergab sich, daß das erste Glied der Kontinuitätsbedingung Gl. (28) besonders in Schallnähe in der Umgebung des Körpers keine Rolle spielt, was zur Folge hatte, daß dort $v\,y=$ konst. gesetzt werden konnte. Das erste Glied kann allerdings nicht gestrichen werden, da die Gleichung auch den Anschluß an die Anströmung herstellen muß und dort alle drei Summanden gleichwertig sind. Während die Geschwindigkeitsschwankung am Körper durch die u-Schwankung nur sehr mangelhaft genähert wird, ist diese Näherung in großem Körperabstand so gut wie bei ebener Strömung. Beispielsweise ergibt sich aus Gl. (VII, 28) für die linearisierte Unterschallströmung, die für Abschätzungen weit vom Körper auch für schallnahe Unterschallströmung ausreicht, daß die u- und v-Schwankungen in allgemeiner Richtung von gleicher Größenordnung sind. Es ist daher berechtigt, den Faktor $1-M^2$ durch $1-M_\infty^2$ und die Schwankung der u-Komponente allein auszudrücken, weil dadurch die Geschwindigkeitsschwankung gerade dort gut genährt wird, wo das entsprechende Glied der Kontinuitätsbedingung eine Rolle spielt.

Die Vereinfachung der gasd. Gl. für Schallnähe wurde zuerst von K. Oswatitsch[4] durchgeführt. Dies Gleichungssystem ist nicht mehr linear, kann es auch nicht mehr sein, wenn es beispielsweise bei ebener Strömung im Überschallgebiet hyperbolisch, im Unterschallgebiet aber elliptisch sein soll. Doch wird der Übergang von einem Typus zum anderen in einfachster analytischer Form erfaßt.

Um die Beschränkung auf kleine v-Komponenten zu vermeiden, könnte bei ebener Strömung zu Stromlinienkoordinaten übergegangen werden. Man erhält dann die Gl. (VI, 74, 75), in welchen an Stelle von Geschwindigkeitsbetrag und $1-M^2$ nun folgende Ausdrücke treten (vgl. etwa [5]):

$$\int\varrho\,\frac{dW}{W}\quad \text{und}\quad \frac{1}{\varrho^2}\,(1-M^2).$$

Die Näherung von $1/\varrho^2\,(1 - M^2)$ als lineare Funktion von $\int \varrho\,\dfrac{dW}{W}$ ist aber leider nur in einem sehr beschränkten Bereich brauchbar, so daß die Korrektur einer Ungenauigkeit mit einer anderen Ungenauigkeit erkauft werden muß. Für spezielle Probleme kann sich daraus allerdings ein Vorteil ergeben.

5. Ähnlichkeitsgesetze für Schallanströmung.

Wenn es auch zweifelhaft ist, ob bei Schallanströmung stationäre Strömungen möglich sind, so behält dieses Gesetz doch seine Bedeutung für Anströmungen, welche sich von der Schallgeschwindigkeit kaum unterscheiden. Es handelt sich dann um einen Spezialfall des im nächsten Abschnitt besprochenen Gesetzes.

Für $M_\infty = 1$ bekommt das Gleichungssystem (26) sofort eine vom speziellen Wert von B unabhängige Form:

$$- \mathfrak{u}\,\frac{\partial \mathfrak{u}}{\partial x} + \frac{\partial \mathfrak{v}}{\partial \mathfrak{y}} + \frac{\partial \mathfrak{w}}{\partial \mathfrak{z}} = 0;$$

$$\frac{\partial \mathfrak{w}}{\partial \mathfrak{y}} - \frac{\partial \mathfrak{v}}{\partial \mathfrak{z}} = 0; \qquad \frac{\partial \mathfrak{u}}{\partial \mathfrak{z}} - \frac{\partial \mathfrak{w}}{\partial x} = 0; \qquad \frac{\partial \mathfrak{v}}{\partial x} - \frac{\partial \mathfrak{u}}{\partial \mathfrak{y}} = 0. \tag{29}$$

Das trifft ebenfalls bei Achsensymmetrie Gl. (28) zu und braucht nicht besonders wiedergegeben zu werden. Gl. (27) gilt auch, wenn es sich mit $M_\infty = M_\infty^* = 1$ um eine unbestimmte Form handelt, womit die reduzierten Geschwindigkeitskomponenten in Gl. (25) folgende Form annehmen:

$$\mathfrak{u} = \frac{1}{B^2}\,(\varkappa + 1)\left(\frac{u}{c^*} - 1\right); \qquad \mathfrak{v} = \frac{1}{B^3}\,(\varkappa + 1)\,\frac{v}{c^*}; \qquad \mathfrak{w} = \frac{1}{B^3}\,(\varkappa + 1)\,\frac{w}{c^*}, \tag{30}$$

die wieder ebenso für Achsensymmetrie gilt.

Die Randbedingung am *flachen Körper* (die die ebene Strömung um flache Profile mit einschließt) kann mit Gl. (VI, 112) wie folgt geschrieben werden:

$$\mathfrak{y} = 0: \ \mathfrak{v}(x, 0, \mathfrak{z}) = (\varkappa + 1)\,\frac{2\,h_m}{B^3}\,\frac{d}{dx}\left(\frac{h}{2\,h_m}\right).$$

Für Körper, welche durch affine Verdickung ineinander übergehen, ist $\dfrac{d}{dx}\left(\dfrac{h}{2\,h_m}\right)$ wie die relative Dicke selbst, dieselbe Funktion von x und z. Damit die relative Dicke auch dieselbe Funktion von x und $\mathfrak{z}$ ist, muß der Körper in z-Richtung wie die Koordinate $z = B^{-1}\,\mathfrak{z}$, also verkehrt proportional zu B, gedehnt werden. Mit

$$\frac{h}{h_m} = q\,(x, \mathfrak{z}), \qquad B^3 = (\varkappa + 1)\,2\,h_m \tag{31}$$

bekommt die Randbedingung schließlich eine von $\varkappa$ und h_m völlig unabhängige Form:

$$\mathfrak{y} = 0: \ \mathfrak{v}(x, 0, \mathfrak{z}) = \frac{d}{dx}\left(\frac{h}{2\,h_m}\right). \tag{32}$$

Die Dickenverteilung $q\,(x, \mathfrak{z})$ bleibt dabei willkürlich. Die Randbedingung im Anströmgebiet bleibt formal auch in den reduzierten Veränderlichen Gl. (25) dieselbe, weil die reduzierten Komponenten mit den Störkomponenten verschwinden und die verzerrten Koordinaten mit den ursprünglichen Null und unendlich werden.

Bei gleichen Differentialgleichungen und Randbedingungen für die reduzierten Größen ergeben sich für diese auch dieselben Lösungen. Aus ihnen rechnen sich die gewöhnlichen Koordinaten und Komponenten mit Gl. (30) und (31) für flache Körper wie folgt:

$$y = (\varkappa + 1)^{-1/3}(2\,h_m)^{-1/3}\,\gamma, \qquad z = (\varkappa + 1)^{-1/3}(2\,h_m)^{-1/3}\,\mathfrak{z},$$

$$\frac{u}{c^*} - 1 = (\varkappa + 1)^{-1/3}(2\,h_m)^{2/3}\,\mathfrak{u}; \qquad \frac{v}{c^*} = 2\,h_m\,\mathfrak{v}; \qquad \frac{w}{c^*} = 2\,h_m\,\mathfrak{w}. \tag{33}$$

Als „*entsprechende Punkte*" werden Punkte gleicher reduzierter Koordinaten $x, \gamma, \mathfrak{z}$ bezeichnet. Ihre Lage errechnet sich mit Gl. (33) aus dem Verhältnis der h_m- und $(\varkappa + 1)$-Werte.

Das Ähnlichkeitsgesetz wurde zuerst von v. Kármán[6, 7] formuliert und kann für gleichbleibendes $\varkappa$ der Vergleichsfälle wie folgt ausgedrückt werden:

Die Geschwindigkeits- und Druckstörungen an flachen, mit Schallgeschwindigkeit angeströmten, affin verdickten Körpern wachsen wie die Potenz $^2/_3$ des Dickenverhältnisses. Das Seitenverhältnis, die Pfeilung ist bei den Vergleichskörpern proportional zur Potenz $-^1/_3$, $+^1/_3$ des Dickenverhältnisses zu ändern.

Darnach hat der dickere Körper ein kleineres Seitenverhältnis und eine stärkere Pfeilung anzunehmen. Die Neigungen der Stromlinien in entsprechenden Punkten wachsen verständlicherweise einfach wie das Dickenverhältnis.

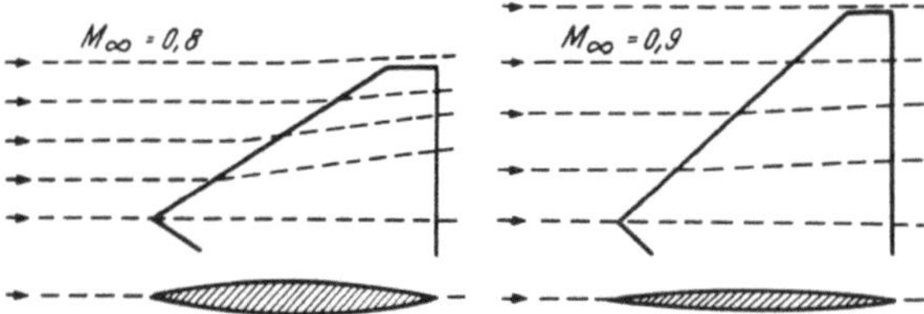

Abb. 237. Mittelschnitt, Grundriß und Stromlinien zweier „ähnlicher" Flügel.

Hingegen nehmen die Abstände entsprechender Punkte von den Ebenen $y = 0$ und $z = 0$ mit $h_m^{-1/3}$ zu, d. h. sie nehmen mit zunehmender Dicke ab. Stromlinien gehen also keineswegs ineinander über. Auch das Stromlinienbild am Körper selbst ändert sich völlig. Der dickere Körper (Abb. 237) zeigt bei stärker Pfeilung die größeren Stromlinienneigungen zur x-Achse, was wegen der stärkeren Dickenabnahme in z-Richtung physikalisch verständlich ist. Der Umstand, daß die Stromlinien nicht richtig abgebildet werden, macht sich deshalb nicht störend bemerkbar, weil die w-Komponente nicht in die Randbedingung flacher Körper eingeht.

Die Beiwerte der Luftkräfte ergeben sich einfach aus den Drucken. Beim Widerstandsbeiwert geht das Dickenverhältnis nochmals ein, wenn dieser Beiwert auf die Projektionsfläche des Körpers bezogen wird.

Ist der Körper in y-Richtung asymmetrisch, was schon bei Anstellung der Fall ist, so ist die Randbedingung auf $\gamma = 0$ durch zwei verschiedene Gleichungen zu ersetzen, welche an beiden Seiten der z, x-Ebene gelten. Am Resultat ändert sich hierdurch nichts. Eine Anstellwinkeländerung kommt einer Änderung des Dickenverhältnisses gleich. Verschiedene Anstellungen können demnach nur dann aufeinander bezogen werden, wenn gleichzeitig das Seitenverhältnis geändert wird.

Die *achsensymmetrische* Strömung kann einfach mit den Veränderlichen von Gl. (30) behandelt werden, wenn man sich auf die Betrachtung der x, y-Ebene beschränkt, in welcher $\mathfrak{w}$ Null zu setzen ist. Mit Gl. (VI, 109) kann die Randbedingung am Körper auf eine Bedingung auf der x-Achse reduziert werden und lautet in reduzierter Form:

$$\gamma = 0: \qquad \mathfrak{v}\,\gamma = \frac{\varkappa + 1}{2\,\pi}\,\frac{F'(x)}{B^2}. \tag{34}$$

Wenn diese Randbedingung unabhängig von der absoluten Dicke des Körpers sein soll, muß B^2 proportional zum Flächenquerschnitt $F(x)$ sein, oder mit h_m als maximalem Radius und $q(x)$ als Dickenfunktion des Körpers:

$$\frac{h}{2\,h_m} = q(x), \qquad B = \sqrt{\varkappa + 1}\,.\,2\,h_m. \tag{35}$$

Daraus folgt mit Gl. (30) und (25):

$$y = \frac{1}{\sqrt{\varkappa + 1}}\,\frac{v}{2\,h_m}, \qquad \frac{u}{c^*} - 1 = (2\,h_m)^2\,\mathfrak{u}, \qquad \frac{v}{c^*} = \sqrt{\varkappa + 1}\,(2\,h_m)^3\,\mathfrak{v}. \tag{36}$$

Die folgenden Aussagen seien wieder auf gleichbleibendes $\varkappa$ beschränkt. Darnach wachsen die Störungen der u-Komponente in *entsprechenden Punkten* wie $h_m{}^2$. Da aber wieder die Stromlinien *nicht* ineinander übergehen, denn die Achsenabstände und die Stromlinienneigungen v/c transformieren sich verschieden voneinander, so entsprechen die Werte am Körper $y = h(x)$ keinesfalls einander, ein Umstand, der oft zu wenig beachtet wurde. Die Geschwindigkeiten am Körper können auch keineswegs entsprechend zu den Verhältnissen an flachen Körpern jenen auf der Achse gleichgesetzt werden. Dort wachsen sie logarithmisch über alle Grenzen. Vielmehr ist eine Umrechnung mit Gl. (VI, 110) erforderlich. Werden die betrachteten Vergleichsfälle mit den Indizes 1 und 2 bezeichnet, so ergibt sich die Lage eines Oberflächenpunktes $y = h_1$ des ersten Körpers in folgender Entfernung von der Achse des zweiten. Entsprechende Punkte sind durch gleichen γ-Wert gekennzeichnet, woraus mit Gl. (36) folgt:

$$y_2 = \sqrt{\frac{\varkappa_1 + 1}{\varkappa_2 + 1}}\,\frac{2\,h_{m1}}{2\,h_{m2}}\,.\,h_1.$$

Das Verhältnis zur entsprechenden Körperordinate h_2 ist:

$$\frac{y_2}{h_2} = \sqrt{\frac{\varkappa_1 + 1}{\varkappa_2 + 1}}\,.\,\frac{2\,h_{m1}\,.\,h_1}{2\,h_{m2}\,.\,h_2} = \sqrt{\frac{\varkappa_1 + 1}{\varkappa_2 + 1}}\left(\frac{2\,h_{m1}}{2\,h_{m2}}\right)^2.$$

Mit Gl. (VI, 110) ist dann auf $y = h_2$:

$$\frac{u_2}{c^*} - 1 = \left(\frac{u}{c^*} - 1\right)_{y_2} - \frac{1}{2\,\pi}\,F_2{}''(x)\,\ln\frac{h_2}{y_2} = \left(\frac{u_1}{c^*} - 1\right)\left(\frac{2\,h_{m2}}{2\,h_{m1}}\right)^2 +$$

$$- \frac{1}{2\,\pi}\,F_2{}''(x)\,\ln\left(\sqrt{\frac{\varkappa_2 + 1}{\varkappa_1 + 1}}\,\frac{4\,h_{m2}^2}{4\,h_{m1}^2}\right).$$

Aus dieser Gleichung folgt für die Geschwindigkeitsstörungen:

$$\frac{W_2}{c^*} - 1 = \frac{u_2}{c^*} - 1 + \frac{1}{2}\left(\frac{dh_2}{dx}\right)^2 = \left(\frac{u_1}{c^*} - 1\right)\left(\frac{2\,h_{m2}}{2\,h_{m1}}\right)^2 +$$

$$+ \frac{1}{2}\left(\frac{2\,h_{m2}}{2\,h_{m1}}\right)^2\left(\frac{dh_1}{dx}\right)^2 - \frac{1}{2\,\pi}\,F_2{}''(x)\,\ln\left(\sqrt{\frac{\varkappa_2 + 1}{\varkappa_1 + 1}}\,\frac{4\,h_{m2}^2}{4\,h_{m1}^2}\right).$$

Dies läßt sich symmetrisch schreiben. Mit Gl. (35) sei:

$$\frac{h_1(x)}{2\,h_{m1}} = \frac{h_2(x)}{2\,h_{m2}} = \frac{h(x)}{2\,h_m}$$

und folglich auf $y = h$:[8]

$$\left(\frac{1}{2\,h_{m2}}\right)^2\left(\frac{W_2}{c^*} - 1\right) + \frac{d^2}{dx^2}\left(\frac{h}{2\,h_m}\right)^2\ln\left(\sqrt[4]{\varkappa_2 + 1}\,.\,2\,h_{m2}\right) =$$

$$= \frac{1}{(2\,h_{m1})^2}\left(\frac{W_1}{c^*} - 1\right) + \frac{d^2}{dx^2}\left(\frac{h}{2\,h_m}\right)^2\ln\left(\sqrt[4]{\varkappa_1 + 1}\,.\,2\,h_{m1}\right). \tag{37}$$

Die Verwandtschaft mit Formel (VIII, 29) und (VII, 26) ist offenbar und verständlich, da sie auf gemeinsamen Eigenschaften schlanker achsensymmetrischer Körper beruht. Die Umrechnungsformel gilt in gleicher Weise für den Druckkoeffizienten. Bei Berechnung des Druckwiderstandes des Mantels verschwindet übrigens das logarithmische Glied für einen beiderseits zugespitzten oder zylindrisch endenden Körper. Der auf den *Querschnitt* bezogene Widerstandsbeiwert ist dann (von Reibung und eventuell Bodendruck abgesehen) dem Querschnitt proportional.

Für die Querkräfte ergaben sich unabhängig von M_∞ bei kleinen Störungen dieselben Formeln. Sie gelten also auch in Schallnähe. Die Formeln können dort ja in gleicher Weise abgeleitet werden. Die Ähnlichkeitsgesetze können also den Formeln direkt entnommen werden (Abschnitt VII, 4 und VIII, 3).

Befinden sich die Körper in einem Kanal (Ähnlichkeitsgesetze für Kanalversuche mit wesentlichen Kanaleffekten), oder handelt es sich um Düsenströmungen, so gehen in die Randbedingungen noch Abstände von Wänden ein. Diese müssen sich dann genau so wie die y- und z-Koordinate transformieren, während sich die Kanalwände im allgemeinen wie die Stromlinien, also wie die Querkomponenten der Geschwindigkeit ändern müssen. Die jeweiligen exakten Bedingungen ergeben sich, wenn die zusätzlichen Randbedingungen durch die reduzierten Größen ausgedrückt werden.

6. Ähnlichkeitsgesetze für schallnahe Anströmung.

Für schallnahe Anströmung ergibt sich ein für $M_\infty < 1$ und $M_\infty > 1$ gültiges Ähnlichkeitsgesetz, das zuerst von G. GUDERLEY[3] in einem kurzen Abschnitt für theoretische Zwecke wiedergegeben wurde und unabhängig dann etwas später gleichzeitig von TH. v. KÁRMÁN[7, 9] und K. OSWATITSCH[10] entdeckt und für die praktischen Bedürfnisse ausgestaltet wurde. v. KÁRMÁN behandelt nicht nur, wie die beiden anderen Autoren, den ebenen Fall, sondern auch die achsensymmetrische Strömung. Die Formeln der letzteren bedürfen aber einer Korrektion, wie sich das schon im letzten Abschnitt bei $M_\infty = 1$ als notwendig erwies.

Für $M_\infty \neq 1$ können die Gl. (26) und (28) sofort auf eine von M_∞ unabhängige Form gebracht werden durch entsprechende Wahl von B. Damit B allerdings stets reell bleibt, muß die Wahl unterschiedlich für $M_\infty < 1$ und $M_\infty > 1$ getroffen werden. Es sei:

$$\begin{aligned}
&\text{für } M_\infty < 1: \quad B = \sqrt{1 - M_\infty^2} = \beta_\infty, \\
&\text{für } M_\infty > 1: \quad B = \sqrt{M_\infty^2 - 1} = \cot \alpha_\infty.
\end{aligned} \tag{38}$$

Damit ergibt sich die gasd. Gl.:

$$\begin{aligned}
&\text{für } M_\infty < 1: \quad (1 - \mathfrak{u})\, \frac{\partial \mathfrak{u}}{\partial x} + \frac{\partial \mathfrak{v}}{\partial \mathfrak{y}} + \frac{\partial \mathfrak{w}}{\partial \mathfrak{z}} = 0, \\
&\text{für } M_\infty > 1: \quad (1 + \mathfrak{u})\, \frac{\partial \mathfrak{u}}{\partial x} - \frac{\partial \mathfrak{v}}{\partial \mathfrak{y}} - \frac{\partial \mathfrak{w}}{\partial \mathfrak{z}} = 0,
\end{aligned} \tag{39}$$

deren einfachere Formen für ebene und achsensymmetrische Strömung wohl nicht besonders vermerkt zu werden brauchen.

Die reduzierten Komponenten und Koordinaten von Gl. (25) erhalten damit die in Gl. (5) und Gl. (7) wiedergegebene Form, worin nur $\beta_1 = \beta_\infty$ und $\alpha_1 = \alpha_\infty$ zu setzen ist. Stromdichte und $M^2 - 1$ werden hier eben im Zustand der Anströmung entwickelt.

Die Randbedingung an *flachen Körpern* (mit Einschluß der ebenen Profilströmung) bekommt folgende Form Gl. (VI, 112):

$$
\mathfrak{y} = 0: \quad
\begin{cases}
M_\infty < 1: \quad v = \dfrac{2\,h_m}{\beta_\infty \left(\dfrac{1}{M_\infty^*} - 1 \right)} \dfrac{d}{dx}\left(\dfrac{h}{2\,h_m} \right); \\[4ex]
M_\infty > 1: \quad v = \dfrac{2\,h_m}{\left(1 - \dfrac{1}{M_\infty^*} \right)} \operatorname{tg} \alpha_\infty \dfrac{d}{dx}\left(\dfrac{h}{2\,h_m} \right).
\end{cases}
\tag{40}
$$

Wieder ist die Bedingung im Anströmgebiet von selbst in reduzierten Größen
erfüllt. Bei asymmetrischen Körpern in y treten wieder zwei Bedingungen
beiderseits der x, z-Ebene auf, für deren jede die folgenden Forderungen zu erfüllen sind.

Damit in den Vergleichsfällen auf $\mathfrak{y} = 0$ dasselbe $v\,(x, \mathfrak{z})$ und damit dieselbe
Lösung in den reduzierten Größen auftritt, sind folgende Forderungen zu erfüllen:

$$
\begin{aligned}
M_\infty < 1: \quad & \frac{h}{2\,h_m} = \frac{\mathfrak{h}}{2\,\mathfrak{h}_m} = q\,(x, z); \quad && \frac{2\,h_m}{\beta_\infty \left(\dfrac{1}{M_\infty^*} - 1 \right)} = 2\,\mathfrak{h}_m; \\[3ex]
M_\infty > 1: \quad & \frac{h}{2\,h_m} = \frac{\mathfrak{h}}{2\,\mathfrak{h}_m} = q\,(x, z); \quad && \frac{2\,h_m}{\left(1 - \dfrac{1}{M_\infty^*} \right)} \operatorname{tg} \alpha_\infty = 2\,\mathfrak{h}_m.
\end{aligned}
\tag{41}
$$

$\mathfrak{h}$ ist eine „reduzierte Körperhöhe", $\mathfrak{h}_m$ eine „reduzierte Maximalhöhe". Die
Reduktion hat dabei wie bei v zu erfolgen, denn die Höhe geht schließlich aus
einer Integration von v über x, welches unverzerrt bleibt, in der x, z-Ebene hervor.

Die Vergleichskörper müssen nach Gl. (41) gleiche „reduzierte Höhen"
haben. Ihre Seitenverhältnisse (ihre Pfeilungen) müssen sich darnach wie die
z-Koordinate, also nach Gl. (5) und (7) bei $M_\infty < 1$ wie β_∞^{-1}, bei $M_\infty > 1$
wie $\operatorname{tg} \alpha_\infty$ ändern. (Letzteres ist sehr einleuchtend, denn es heißt, daß sich Pfeilung
oder Seitenverhältnis wie die Neigung der Machschen Linie im Anströmgebiet
ändern muß.) Ferner muß nach Gl. (41) die reduzierte Maximalhöhe der Körper
die gleiche sein. Ihre wirklichen Höhen h müssen sich also bei $M_\infty < 1$ wie die
Faktoren $\beta_\infty \left(\dfrac{1}{M_\infty^*} - 1 \right)$, bei $M_\infty > 1$ wie $\cot \alpha_\infty \left(1 - \dfrac{1}{M_\infty^*} \right)$ verhalten.

Je näher also die Anströmgeschwindigkeit an $M_\infty = 1$ liegt, desto dünner
muß der Körper sein.

Nach Gl. (5) und (7) verhalten sich die Geschwindigkeitsstörungen, also auch
die Druckstörungen und Druckkoeffizienten von Vergleichskörpern, welche die
Ähnlichkeitsforderung gleicher reduzierter Höhen erfüllen, wie die Unterschiede
von Anströmgeschwindigkeit und kritischer Schallgeschwindigkeit.

Die Ergebnisse sind ohne weiteres auf die Luftkräfte übertragbar. Da sich die
Reduktionskoeffizienten bei gleichem $\varkappa$ nach Gl. (23) wie die verschiedenen
Potenzen von β_∞ und $\cot \alpha_\infty$ verhalten, kann das *Ähnlichkeitsgesetz* etwa für
$M_\infty < 1$ auch wie folgt ausgedrückt werden: Wenn sich die Höhen affin ver-
dickter Körper wie β_∞^3 und die Seitenverhältnisse wie β_∞^{-1} verhalten, so verhalten
sich die Druckkoeffizienten wie β_∞^2, also wie $h_m^{2/3}$. Eine Mach-Zahl, welche außerordentlich nahe an $M_\infty = 1$ liegt, ergibt nach einer Umrechnung auf eine andere
Profilhöhe wieder eine ganz nahe an $M_\infty = 1$ liegende Mach-Zahl der Anströmung.
Die Druckkoeffizienten haben sich aber wie $h_m^{2/3}$ geändert. Damit ergibt sich
das im letzten Abschnitt abgeleitete Gesetz für $M_\infty = 1$ als Grenzfall des Gesetzes
für $M_\infty \neq 1$ bei Annäherung $M_\infty \to 1$.

In dieser Darstellung ist die ebene Strömung der Spezialfall unendlich großen Seitenverhältnisses. Die Forderung nach Änderung des Seitenverhältnisses der Vergleichskörper fällt dann weg. Es ist lehrreich, die Vorgänge bei der Transformation in anderer Hinsicht zu betrachten (Abb. 238). Ganz entsprechende Überlegungen sind auch im letzten Abschnitt möglich. Gleiche u-Verteilung in entsprechenden Punkten bedeutet, wenn u- Schwankungen und Geschwindigkeitsschwankungen gleichgesetzt werden, daß Schallgeschwindigkeit (u = 1) in entsprechenden Punkten, also auch an gleichen Profilstellen erreicht wird. Dasselbe trifft auch für die Lage der Stoßfront zu. Da entsprechende Punkte mit β_∞^{-1} an das Profil heranrücken, liegt auch die Schallisotache beim dickeren Profil proportional zu β_∞^{-1} näher, die Neigung der Machschen Linien nimmt ebenfalls mit β_∞^{-1} zu. Nun müssen sich bei ähnlicher Strömung nicht nur die Isotachen, sondern auch die Machschen Linien und wohl auch die Stoßfronten entsprechen, da durch sie die ganzen Einfluß- und Abhängigkeitsverhältnisse bestimmt werden. Die Neigung der Mach-Linien läßt sich auch mit Gl. (10) wie folgt ausdrücken:

$$\mathrm{tg}\ \alpha = \left(\sqrt{M^2-1}\right)^{-1} = \beta_\infty^{-1}\left(\sqrt{\mathfrak{w}-1}\right)^{-1} = \beta_\infty^{-1}\left(\sqrt{\mathfrak{u}-1}\right)^{-1} + \ldots$$

Natürlich ergibt sich bei Unterschallströmung (β_∞ reell) nur im Überschallgebiet ($\mathfrak{u} > 1$) ein reeller Machscher Winkel α. Und dieser ist — aus der Geschwindigkeit berechnet — in entsprechenden Punkten wieder proportional β_∞^{-1}. Die stärkere Neigung der Mach-Linie beim dickeren Profil ergibt sich nun

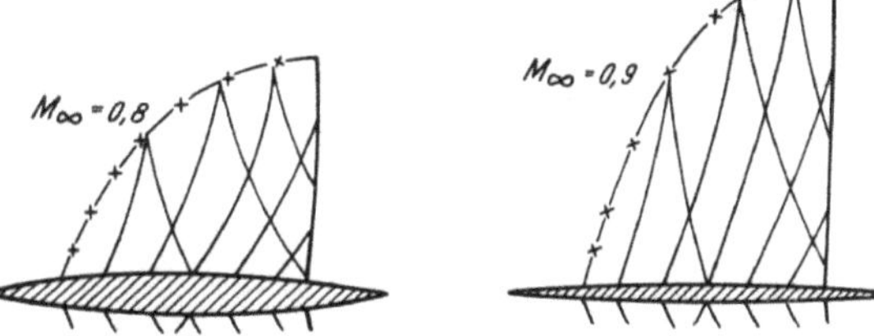

Abb. 238. Lokale Überschallgebiete ähnlicher Strömungen.

aus der mit der größeren Dicke verbundenen höheren Störgeschwindigkeit.

Der Druckkoeffizient in entsprechenden Punkten ergab sich proportional zu $\dfrac{1}{M_\infty^*} - 1$ nach Gl. (12). Daraus folgt ein auf die Profillänge und Breiteneinheit bezogener Widerstandsbeiwert [mit Rücksicht auf die geänderte Dicke Gl. (41)] proportional zu $\left(\dfrac{1}{M_\infty^*} - 1\right)^2 \beta_\infty$. Dieser Faktor sei nochmals über die Stoßverluste bestimmt. Da der Stoß senkrecht am Profil auftrifft und auch weit draußen an der Schallisotache senkrecht zur Strömungsrichtung stehen muß, kann die Betrachtung auf einen senkrechten Stoß beschränkt werden. Für einen solchen kann der Entropieanstieg Gl. (II, 39) mit Gl. (2) wie folgt geschrieben werden:

$$\frac{\hat{s} - s}{\varkappa(c_p - c_v)} = \frac{2}{3}(M^2 - 1)\left(\frac{W}{c^*} - 1\right)^2 + \ldots, \tag{42}$$

worin sich M und W unmittelbar auf den Zustand vor dem Stoß beziehen. Mit Gl. (5) und (10) drückt sich der Entropieanstieg durch die reduzierten Größen nach kurzer Rechnung wie folgt aus:

$$\frac{\hat{s} - s}{\varkappa(c_p - c_v)} = \frac{2}{3}\beta_\infty^3\left(\frac{1}{M_\infty^*} - 1\right)^2 (\mathfrak{w} - 1)^3 + \ldots \tag{43}$$

Aus dem Entropiesatz Gl. (IV, 37) ergibt sich der Widerstand als Integral über den Entropieanstieg längs der Stoßfront bei kleinen Störungen in Schallnähe wie folgt für die Breiteneinheit, wenn y wie stets durch die Profillänge dimensionslos gemacht ist:

$$c_w = \frac{2}{M_\infty^2}\int\limits_{\text{Stoß}} \frac{\hat{s} - s}{\varkappa(c_p - c_v)}\, dy + \ldots = \frac{4}{3}\left(\frac{1}{M_\infty^*} - 1\right)^2 \beta_\infty \int\limits_{\text{Stoß}} (\mathfrak{w} - 1)^3\, dy. \tag{44}$$

Da das letzte Integral für ähnliche Profile gleiche Werte annimmt, ergibt sich wieder dieselbe Abhängigkeit des Widerstandsbeiwertes von M_∞, welche zuvor aus den Drucken errechnet wurde. $\varkappa$ tritt in keiner der Darstellungen explizit auf. Damit ist gezeigt, wie sich alle Näherungen der schallnahen Strömung zu einem geschlossenen Bild vereinigen.

Einen Vergleich von Versuchen bezüglich des Ähnlichkeitsgesetzes zeigt Abb. 239. Ein besseres Bild würde sich ergeben, wenn Versuche in Hinblick auf das Ähnlichkeitsgesetz an besonders flachen Profilen vorgenommen würden. Die Störungen in den gezeigten Beispielen können keineswegs mehr als klein bezeichnet werden, sie betragen bei den dickeren Profilen mehr als 50%. Bei

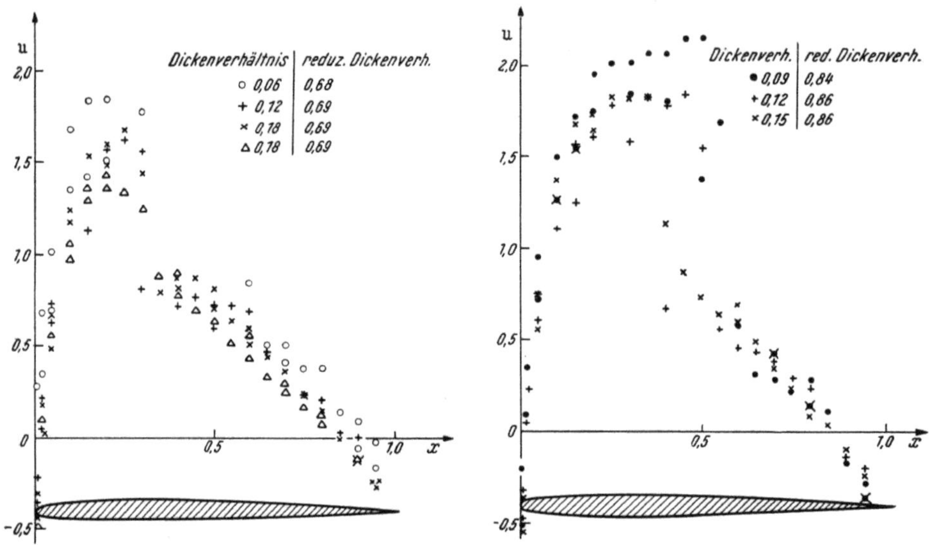

Abb. 239. Prüfung des Ähnlichkeitsgesetzes an Versuchen von B. Göthert[11] an NACA-Profilen mit 30% Dickenrücklage.

Strömungen an Dreiecksflügeln sind nicht nur die Störungen selbst, sondern auch das stärker gestörte Gebiet viel kleiner, so daß mit einer weitgehenden Brauchbarkeit der Ähnlichkeitssätze zu rechnen ist. Immerhin ist auch Abb. 239 sehr lehrreich, weil sie zeigt, daß sich die Druckverteilung bei dickeren Profilen im Sinne geringerer Widerstände verschiebt. Das stimmt damit überein, daß auch der Stoßverlust als proportional der dritten Potenz des Geschwindigkeitssprunges bei stärkeren Störungen zu hoch angesetzt ist.

Die Reduktionen der Komponenten und Koordinaten einer *achsensymmetrischen* Strömung haben wie früher gemäß Gl. (38) zu erfolgen, damit man zu einer Darstellung der Differentialgleichungen (28) kommt, welche nur mehr reduzierte Größen enthält. Diese müssen also wie beim flachen Körper nach Gl. (5) und (7) gebildet werden. In ihnen schreibt sich die Randbedingung am Körper wie folgt [Gl. (VI, 109)]:

$$\varkappa = 0; \quad \begin{cases} M_\infty < 1: & \mathfrak{v}\,\varkappa = \dfrac{1}{2\,\pi}\,\dfrac{F'(x)}{\left(\dfrac{1}{M_\infty^*} - 1\right)}; \\[2em] M_\infty > 1: & \mathfrak{v}\,\varkappa = \dfrac{1}{2\,\pi}\,\dfrac{F'(x)}{\left(1 - \dfrac{1}{M_\infty^*}\right)}. \end{cases} \qquad (45)$$

Der Körperquerschnitt muß sich also proportional zu $\dfrac{1}{M^*_\infty} - 1$ ändern, wenn die Randbedingung für die reduzierten Größen bei Änderung von M_∞ dieselbe bleiben soll. Dann gibt es in den reduzierten Größen dieselben Lösungen, also ähnliche, aufeinander abbildbare Strömungen, wobei sich allerdings — wie im letzten Abschnitt bei $M_\infty = 1$ — die y-Werte verkleinern, wenn sich die Querschnitte vergrößern. Ein Körperpunkt geht also nicht in einen solchen über. Die Geschwindigkeiten müssen wieder mit Gl. (VI, 110) auf die Körperoberfläche umgerechnet werden. Dabei ergibt sich[8] auf dem zweiten Körper $y = h_2$ für $M_\infty < 1$ bei Berücksichtigung der Möglichkeit ungleicher Anströmgeschwindigkeiten $u_{1\infty}$ und $u_{2\infty}$:

$$\frac{u_2}{u_{2\infty}} - 1 = \left(\frac{u}{u_\infty} - 1\right)_{y_2} - \frac{1}{2}\, F_2{}''(x)\, \ln \frac{h_2}{y_2} =$$

$$= \left(\frac{u_1}{u_{1\infty}} - 1\right) \frac{\dfrac{1}{M^*_{?\infty}} - 1}{\dfrac{1}{M^*_{1\infty}} - 1} - \frac{1}{2\,\pi}\, F_2{}''(x)\, \ln \frac{h_2\,\beta_{2\infty}}{h_1\,\beta_{1\infty}}.$$

Hier kann wieder auf die Geschwindigkeitsstörungen übergegangen werden. Mit Rücksicht auf die Ähnlichkeitsforderung:

$$\frac{F_1(x)}{F_2(x)} = \frac{\dfrac{1}{M^*_{1\infty}} - 1}{\dfrac{1}{M^*_{2\infty}} - 1} = \frac{h_1{}^2}{h_2{}^2} \tag{46}$$

ist dann folgende symmetrische Darstellung möglich ($M_\infty < 1$):

$$y = h: \quad \frac{\dfrac{W_2}{u_{2\infty}} - 1}{\dfrac{1}{M^*_{2\infty}} - 1} + \frac{1}{2\,\pi}\, \frac{F_2{}''(x)}{\dfrac{1}{M^*_{2\infty}} - 1}\, \ln \left[\beta_{2\infty} \sqrt{\frac{1}{M^*_{2\infty}} - 1}\,\right] =$$

$$= \frac{\dfrac{W_1}{u_{1\infty}} - 1}{\dfrac{1}{M^*_{1\infty}} - 1} + \frac{1}{2\,\pi}\, \frac{F_1{}''(x)}{\dfrac{1}{M^*_{1\infty}} - 1}\, \ln \left[\beta_{1\infty} \sqrt{\frac{1}{M^*_{1\infty}} - 1}\,\right]. \tag{47}$$

Hierin ist für $M_\infty > 1$ nur β_∞ durch $\cot \alpha_\infty$ und $\sqrt{\dfrac{1}{M^*_\infty} - 1}$ durch $\sqrt{1 - \dfrac{1}{M^*_\infty}}$ zu ersetzen. Ganz Entsprechendes gilt für den Druckkoeffizienten. Das logarithmische Glied verschwindet wieder bei der Mantel-Widerstandsberechnung an einem beiderseits zugespitzten oder hinten zylindrisch endenden Körper. Wegen der Voraussetzung kleiner Störungen muß der Körper bei $M_\infty < 1$ und bei $M_\infty > 1$ stets mit einer Spitze beginnen.

Angestellte Drehkörper sind bei Schallnähe wie bei Unter- oder Überschallströmung zu behandeln.

Für Ähnlichkeitsgesetze von Kanalströmungen, in welchen sich auch Körper befinden dürfen, gilt dasselbe wie im letzten Abschnitt. Die Wandabstände müssen sich wie die entsprechenden Koordinaten ändern.

Mit den hier geschilderten Beispielen sind die Möglichkeiten für Ähnlichkeitsgesetze keineswegs erschöpft. Beispielsweise ergibt sich ein kritischer Zustand für einen flachen gepfeilten Flügel dann, wenn die Kopfwelle die Vorderkante erreicht, wenn also Pfeilwinkel und Mach-Winkel etwa übereinstimmen. Wird hier über die einfache, durch Linearisierung gegebene Theorie hinausgegangen, so ergeben sich besondere Ähnlichkeitssätze[12].

Nie ist aber eine Überschallanströmung hier mit einer Unterschallanströmung vergleichbar. Die Streckung der y- und z-Richtung enthält Faktoren β_∞ und $\cot \alpha_\infty$, welche jeweils nur für $M_\infty < 1$ oder für $M_\infty > 1$ reell sind.

7. Düsenströmung.

Kennzeichnend für eine Strömung durch Düsen ist die starke Veränderlichkeit der Strömung in Richtung der Düsenachse gegenüber einer nur geringen Veränderlichkeit quer dazu. Dies ermöglicht besondere Ansätze, welche zuerst von K. OSWATITSCH und W. ROTHSTEIN[13, 18] gegeben wurden, und die mit ziemlich geringem Aufwand zu einem recht allgemeinen Resultat führen. Stets sollen hier zur x-Achse symmetrische Düsen vorausgesetzt werden. Wie in der einfachen Stromfadentheorie, gibt es auch hier zwei Möglichkeiten der Durchströmung einer Laval-Düse. Die Düse selbst zeigt ein im wesentlichen zum engsten Querschnitt symmetrisches Bild. Das Bild der Strömung kann aber zum engsten Querschnitt asymmetrisch oder symmetrisch sein. Die asymmetrische Lösung wurde zuerst von TH. MEYER[14] mit einem Potenzreihenansatz in x und y behandelt, und die symmetrische Lösung in ähnlicher Weise von G. J. TAYLOR[15]. Im letzten Fall interessieren besonders die Unterschallströmungen mit lokalen Überschallgebieten an den Düsenwänden in der Nähe des engsten Quer-

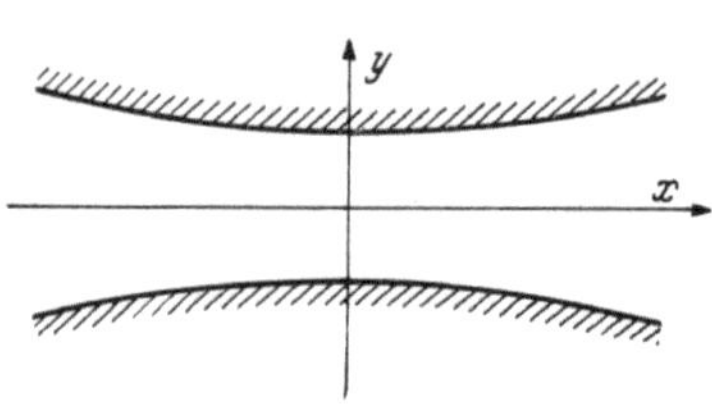

Abb. 240. Koordinaten zur Düsenströmung.

schnittes. Der Übergang von dieser Lösung zur asymmetrischen Lösung wurde von H. GÖRTLER[16] und später von S. TOMOTIKA und K. TAMADA[17] behandelt.

Das Strömungsprofil in einem Düsenquerschnitt kann näherungsweise im allgemeinen sehr gut durch eine Potenzreihe in y (Abb. 241) dargestellt werden. Bei einer zur Düsenachse symmetrischen Düse und bei entsprechend symmetrischer Anströmung ist dann u als symmetrische und v als antisymmetrische Funktion in y anzusetzen. Hier sei die Entwicklung auf das erste y-Glied beschränkt:

$$\frac{u}{c^*} = \frac{u_0}{c^*} + \frac{a}{2}\, y^2 + \ldots; \qquad \frac{v}{c^*} = b\, y + \ldots. \tag{48}$$

Hierin seien die Koeffizientenfunktionen $u_0\,(x)$, $a\,(x)$, $b\,(x)$ zunächst freie Funktionen von x, die so bestimmt werden sollen, daß die Randbedingungen und Differentialgleichungen erfüllt werden. Damit wird dem Geschwindigkeitsprofil ein bestimmter Charakter gegeben — eine Parabelform —, ohne daß aber etwa die Wölbung des Profils oder der Wert der Geschwindigkeit auf der Achse $u_0\,(x)$ von vornherein festgelegt wird. Unter den Koeffizientenfunktionen ergeben sich aus den Differentialgleichungen durch Vergleich der Koeffizienten von y Bindungen. Im einfachsten Falle folgt hier aus der Wirbelfreiheit (Striche bedeuten Ableitungen nach x):

$$\frac{\partial}{\partial y}\left(\frac{u}{c^*}\right) = a\, y + \ldots = \frac{\partial}{\partial x}\left(\frac{v}{c^*}\right) = b'\, y: \qquad a = b'. \tag{49}$$

$b\,(x)$ ergibt sich aber aus der Bedingung, daß v am Düsenrand $y = h(x)$ durch die Wandneigung festgelegt ist. Mit W_s als „Stromfadengeschwindigkeit", also als jenem Wert, der sich ergibt, wenn konstante Zustände über den Querschnitt angenommen werden, ist mit ausreichender Genauigkeit für $y = h(x)$:

$$\frac{v}{c^*} = h'(x)\,\frac{W_s}{c^*} = b\, h. \tag{50}$$

Daraus folgt bereits mit Gl. (49):

$$b = \frac{h'}{h}\,\frac{W_s}{c^*}; \qquad a = \frac{h''}{h}\,\frac{W_s}{c^*} + \frac{h'}{h}\,\frac{W_s{}'}{c^*} - \frac{h'^2}{h^2}\,\frac{W_s}{c^*}. \tag{51}$$

Der Linearansatz von v in Gl. (48) bedeutet, daß in dieser einfachsten Form der Theorie ein linearer Übergang der Stromlinienneigung von der Achse zum Rand angenommen wird. Zur Vereinfachung der Schreibung seien die durch die bekannten Funktionen $W_s(x)$ und $h(x)$ festgelegten Koeffizientenfunktionen $a(x)$ und $b(x)$ zunächst noch nicht durch die Ausdrücke der Gl. (51) ersetzt.

Das stärkste Interesse gilt der Strömung im engsten Düsenquerschnitt. Dort ist die v-Komponente sehr klein, die Geschwindigkeit kann der u-Komponente gleichgesetzt werden. Diese vereinfachende Annahme mit ihrer Beschränkung der Gültigkeit der Formeln sei nur hier zugunsten einer übersichtlicheren Darstellung gemacht. (Der allgemeine Fall wird referierend wiedergegeben.) Im Ausdruck für a der Gl. (51) müssen dann die letzten beiden Glieder, welche aus der Düsenneigung resultieren, gestrichen werden. Es bleibt nur das erste aus der Wandkrümmung sich ergebende Glied.

Unbekannt geblieben ist noch die Achsengeschwindigkeit $u_0(x)$. Sie soll so festgelegt werden, daß sich die vorgeschriebene Durchflußmenge im symmetrischen Fall, die Maximalmenge im asymmetrischen Fall ergibt. Diese Erfüllung der Kontinuitätsbedingung in Integralform hat den Vorteil, daß sich im Mittel in jedem Querschnitt die richtige Geschwindigkeit ergeben muß. Sie kann nicht über den ganzen Querschnitt zu groß oder zu klein herauskommen.

Ist $y = y_s$ jener Ordinatenwert, bei welchem $u = W = W_s$ ist, so gilt mit Gl. (8):

$$\frac{W}{c^*} = \frac{u}{c^*} = \frac{W_s}{c^*} + \frac{a}{2}\,(y^2 - y_s{}^2), \tag{52}$$

worin nun anstatt $u_0(x)$ die Unbekannte $y_s(x)$ steht.

Mit Gl. (43) ist dann die Stromdichte:

$$\frac{\varrho\,W}{\varrho^*\,c^*} = \frac{\varrho\,u}{\varrho^*\,c^*} = 1 - \frac{\varkappa+1}{2}\left[\left(\frac{W_s}{c^*}-1\right)+\left(\frac{u}{c^*}-\frac{W_s}{c^*}\right)\right]^2 =$$

$$= 1 - \frac{\varkappa+1}{2}\left(\frac{W_s}{c^*}-1\right)^2 - \frac{\varkappa+1}{2}\left(\frac{W_s}{c^*}-1\right)a\,(y^2-y_s{}^2) - \frac{\varkappa+1}{2}\,\frac{a^2}{4}\,(y^2-y_s{}^2)^2 =$$

$$= \frac{\varrho_s\,W_s}{\varrho^*\,c^*} - \frac{\varkappa+1}{2}\left(\frac{W_s}{c^*}-1\right)a\,(y^2-y_s{}^2) - \frac{\varkappa+1}{2}\,\frac{a^2}{4}\,(y^2-y_s{}^2)^2. \tag{53}$$

Damit ergibt sich die Stromdichte als Stromdichte der Stromfadentheorie, vermehrt um zwei Zusatzglieder. An Stellen, an denen sich W_s wesentlich von c^* unterscheidet, ist das zweite Glied wesentlich, während bei $W_s = c^*$ erst das dritte Glied einen Zusatz zur Stromfadendichte $\varrho_s W_s$ bringt.

Bis hierher gilt die Ableitung in gleicher Weise für ebene und für achsensymmetrische Düsen, da die Randbedingungen und die Gleichung für die Wirbelfreiheit formal dieselben sind. Ein Unterschied ergibt sich erst bei Anwendung der Kontinuitätsbedingung. Diese ergibt für *ebene* Strömung mit Gl. (53) für die Durchflußmenge G der Breiteneinheit der Düse:

$$\frac{G}{\varrho^*\,c^*} = \int_0^h \frac{\varrho\,u}{\varrho^*\,c^*}\,dy = \frac{\varrho_s\,W_s}{\varrho^*\,c^*}\,h - \frac{\varkappa+1}{2}\left(\frac{W_s}{c^*}-1\right)a\left(\frac{h^3}{3} - y_s{}^2\,h\right) +$$

$$- \frac{\varkappa+1}{2}\,\frac{a^2}{4}\left(\frac{h^5}{5} - 2\,\frac{h^3}{3}\,y_s{}^2 + y_s{}^4\,h\right). \tag{54}$$

Für die engste Stelle $j' = 0$ ergibt sich im asymmetrischen Fall oder im symmetrischen Fall mit $W_s = c^*$ dann die Maximalmenge G, wenn der letzte Klammerausdruck seinen kleinsten Wert annimmt. Dies ist der Fall für:

$$\frac{d}{dy_s}\left(\frac{h^4}{5} - 2\frac{h^3}{3}y_s{}^2 + y_s{}^4\right) = -4\frac{h^3}{3}y_s + 4y_s{}^3 = 0; \quad y_s{}^2 = \frac{h^2}{3}. \tag{55}$$

Mit Gl. (52) und (51) ergibt sich daraus folgende Geschwindigkeitsverteilung:

$$M^* = \frac{W}{c^*} = \frac{W_s}{c^*}\left[1 + \frac{1}{2}\left(\frac{y^2}{h^2} - \frac{1}{3}\right)h'' h\right]. \tag{56}$$

Als Durchflußmenge ergibt sich mit Gl. (55) und (51):

$$\frac{G}{h^* \varrho^* c^*} = 1 - \frac{\varkappa + 1}{90}(h'' h)_{x=0}^2 = 1 - \frac{\varkappa + 1}{90}\left(\frac{h^*}{R^*}\right)^2. \tag{57}$$

Im engsten Querschnitt ist h'' dem dortigen Krümmungsradius R^* gleichzusetzen. Die Durchflußmenge weicht also nur mit dem Quadrat des Verhältnisses von halber Düsenhöhe h^* und Krümmungsradius R^* im engsten Querschnitt von der Stromfadenmenge ab, wobei auch noch der Faktor außerordentlich klein ist.

Überall dort, wo sich W_s und c^* wesentlich unterscheiden, ist das letzte Glied in Gl. (54) von höherer Ordnung. Die Stromfadengeschwindigkeit ergibt sich aus der Durchflußmenge durch $G = \varrho_s W_s h$. Nur bei kritischer Geschwindigkeit ist das nach Gl. (57) nicht exakt erfüllbar, wobei der Unterschied gerade durch das letzte Glied in Gl. (54) gegeben ist. Damit ergibt sich für $W_s \neq c^*$:

$$\frac{\varkappa + 1}{2}\left(\frac{W_s}{c^*} - 1\right)a\left(\frac{h^2}{3} - y_s{}^2\right) = 0 \quad \text{oder} \quad y_s{}^2 = \frac{h^2}{3}.$$

Das ist aber dasselbe Ergebnis wie in Gl. (55). Stets wird die Stromfadengeschwindigkeit bei $y_s = {}^1/_3\sqrt{3}\,h$ erreicht, womit Gl. (56) also in beiden Fällen gilt.

Die auf die kritische Stromdichte bezogene Durchflußmenge ergibt sich mit Gl. (53) bei *achsensymmetrischer* Strömung wie folgt:

$$\frac{G}{\varrho^* c^*} = 2\pi\int_0^h \frac{\varrho\, u}{\varrho^* c^*} y\, dy = \frac{\varrho_s W_s}{\varrho^* c^*}h^2 - \frac{h^2}{2}(\varkappa + 1)\left(\frac{W_s}{c^*} - 1\right)a\left(\frac{h^2}{2} - y_s{}^2\right) +$$
$$- \frac{\pi h^2}{8}(\varkappa + 1)a^2\left(\frac{h^4}{3} - y_s{}^2 h^2 + y_s{}^4\right). \tag{58}$$

Wie bei ebener Strömung ergeben sich für die beiden Fälle: $W_s = c^*$ und W_s wesentlich verschieden von c^*, dieselben Werte von y_s, nämlich:

$$y_s{}^2 = \frac{h^2}{2}. \tag{59}$$

Mit Gl. (52) folgt dann die Geschwindigkeitsverteilung bei Achsensymmetrie:

$$M^* = \frac{W}{c^*} = \frac{W_s}{c^*}\left[1 + \frac{1}{2}\left(\frac{y^2}{h^2} - \frac{1}{2}\right)h'' h\right]. \tag{60}$$

Die Mengenkorrekturen beim achsensymmetrischen Fall gegenüber der Stromfadenmenge ist nun mit Gl. (58) und (59):

$$\frac{G}{h^{*2}\pi \varrho^* c^*} = 1 - \frac{\varkappa + 1}{96}(h'' h)_{x=0}^2 = 1 - \frac{\varkappa + 1}{96}\left(\frac{h^*}{R^*}\right)^2. \tag{61}$$

Sie unterscheidet sich also nur wenig von der entsprechenden Korrektur nach Gl. (57) bei ebener Strömung.

Mit Hilfe der Formeln kann leicht die Form der Schallisotache beim asymmetrischen Fall berechnet werden. Aus Gl. (II, 58) ergibt sich die Stromfadengeschwindigkeit am engsten Querschnitt wie folgt:

$$\text{eben:}\qquad \frac{W_s}{c^*} = 1 + \frac{W_s{}'}{c^*}\, x = 1 + \frac{x}{h^*}\sqrt{\frac{1}{\varkappa+1}\frac{h^*}{R^*}}\;;$$

$$\text{achsensymmetrisch:}\qquad \frac{W_s}{c^*} = 1 + \frac{x}{h^*}\sqrt{\frac{2}{\varkappa+1}\frac{h^*}{R^*}}\,.$$

Daraus erhält man beispielsweise bei ebener Strömung die Schallisotache mit Gl. (56):

$$1 = \left[1 + \frac{x}{h^*}\sqrt{\frac{1}{\varkappa+1}\frac{h^*}{R^*}}\right]\left[1 + \frac{1}{2}\left(\frac{y^2}{h^{*2}} - \frac{1}{3}\right)\frac{h^*}{R^*}\right] =$$

$$= 1 + \frac{x}{h^*}\sqrt{\frac{1}{\varkappa+1}\frac{h^*}{R^*}} + \frac{1}{2}\left(\frac{y^2}{h^{*2}} - \frac{1}{3}\right)\frac{h^*}{R^*} + \ldots\,.$$

Nach entsprechender Rechnung bei Achsensymmetrie werden folgende Parabelformen für die Schallisotachen gefunden:

$$\text{eben:}\qquad \frac{x}{h^*} = \frac{\sqrt{\varkappa+1}}{2}\sqrt{\frac{h^*}{R^*}}\left(\frac{1}{3} - \frac{y^2}{h^{*2}}\right);$$

$$\text{achsensymmetrisch:}\qquad \frac{x}{h^*} = \frac{\sqrt{2(\varkappa+1)}}{4}\sqrt{\frac{h^*}{R^*}}\left(\frac{1}{2} - \frac{y^2}{h^{*2}}\right).$$

$$(62)$$

Diese Gleichungen enthalten natürlich wieder besondere Formen der Ähnlichkeitsgesetze für Schallnähe.

Abb. 241 zeigt den asymmetrischen Fall und den symmetrischen Fall mit lokalen Überschallgebieten bei ebener Strömung. Abb. 242[19] gibt Versuch und Theorie beim symmetrischen Fall in einer achsensymmetrischen Düse. Beim Vergleich von Versuch und Theorie im

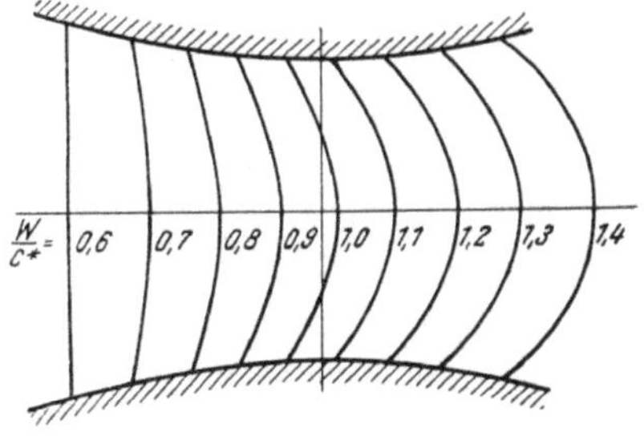

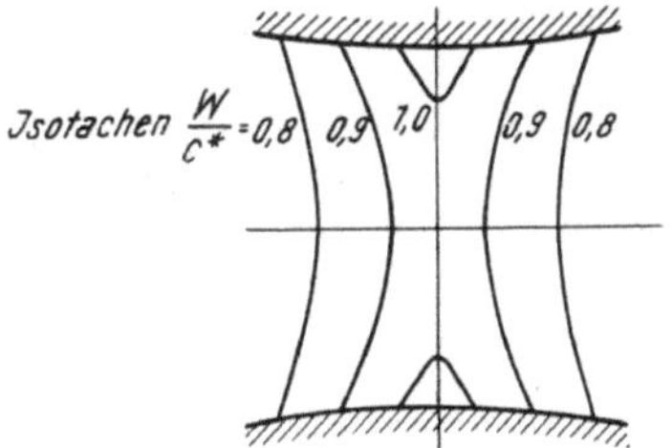

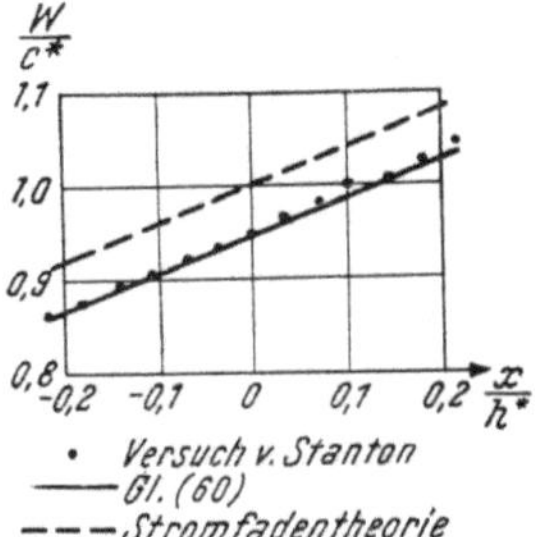

Abb. 241. Asymmetrische und symmetrische ebene Strömung durch eine Lavaldüse mit $\dfrac{h^*}{R^*} = 0{,}20$.

Abb. 242. Geschwindigkeitsverteilung auf der Achse einer rotationssymmetrischen Lavaldüse mit $\dfrac{h^*}{R^*} = 0{,}21$.

symmetrischen Fall muß entweder die Durchflußmenge bekannt sein, oder es kann die Übereinstimmung in *einem* willkürlich herausgegriffenen Punkt erzwungen werden. Ein Maß für die Güte der Theorie ergibt sich dann aus der Übereinstimmung im übrigen Strömungsfeld.

Die Theorie für stärkere Düsenwandneigungen führt nach K. Oswatitsch und W. Rothstein zu folgenden Resultaten:

$$v/W_s = \frac{y}{h}\, h'; \quad W/W_s = \begin{cases} \text{eben:} = 1 + \dfrac{1}{2}\left(\dfrac{y^2}{h^2} - \dfrac{1}{3}\right)\left(h\,h'' + \dfrac{W_s'\,h}{W_s}\,h'\right) + \\[2mm] \qquad\qquad\qquad - \dfrac{1}{6}\dfrac{W_s'\,h}{W_s}\,h'; \\[3mm] \text{achsensymm.:} = 1 + \dfrac{1}{2}\left(\dfrac{y^2}{h^2} - \dfrac{1}{2}\right)\left(h\,h'' + \dfrac{W_s'\,h}{W_s}\,h'\right) + \\[2mm] \qquad\qquad\qquad\quad - \dfrac{1}{8}\dfrac{W_s'\,h}{W_s}\,h'. \end{cases}$$

Daraus ergibt sich ein Krümmungseffekt ($h\,h''$) und ein Neigungseffekt der Wand. Es zeigt sich, daß beide Effekte bei Unterschallströmung einander entgegenwirken, hingegen bei Überschallströmung einander verstärken. Eine Verfeinerung der Theorie liefert Formeln, in denen höhere Ableitungen von h auftreten. Diese dürfen nicht zu hohe Werte annehmen, wenn die Theorie erster Ordnung richtig sein soll. Physikalisch bedeutet das, daß nicht nur $h\,h''$ und h' klein gegen die Einheit sein müssen, sondern daß sich die Größen mit x nicht zu rasch ändern dürfen. Das leuchtet ein, weil es anderenfalls unmöglich wäre, die Geschwindigkeitsverteilung aus den örtlichen Wandeigenschaften zu berechnen. Aus demselben Grund kann man im Überschallgebiet nicht mit derselben Genauigkeit rechnen wie bei Unterschall- und Schallströmung. Bei $M > 1$ kann der Strömungszustand eines Punktes ja nur von jenen stromaufwärts gelegenen Wandteilen abhängen, in deren Einflußgebiet der Punkt liegt. Die Abnahme der Genauigkeit mit wachsender Mach-Zahl bei $M > 1$ stört wenig, weil dann ja die Berechnung mit Charakteristiken-Methoden möglich ist.

Der asymmetrische Fall läßt sich auch so behandeln, daß in der gasd. Gl. der Geschwindigkeitsgradient vorgegeben wird. Damit ergibt sich näherungsweise eine lineare Differentialgleichung vom Wärmeleitungstypus (parabolischer Typus), in welcher der Durchgang durch die Schallgeschwindigkeit nicht ausgezeichnet ist. H. Behrbohm[5] wendet diese Methode auf das Gleichungssystem Gl. (VI, 74, 75) mit Stromlinienkoordinaten an. Er bekommt eine Lösung, deren Fehler mit Annäherung an die Schallisotache verschwindet. Diese Lösung enthält keine Beschränkung der Stromlinienneigungen. In einer weiteren Arbeit[38] behandelt derselbe Verfasser mit kartesischen Koordinaten den Schalldurchgang in einer Düse allgemein räumlich. Auf ein interessantes Resultat sei bei einer Düse beispielsweise von elliptischem Querschnitt hingewiesen. Erreichen beide Achsen des elliptischen Querschnittes an der engsten Düsenstelle ihr Minimum, so bildet die Schallisotache, wie zu erwarten, eine bauchige Fläche. Doch kann auch der Fall vorkommen, daß eine Achse an der engsten Stelle ein Minimum, die andere hingegen ein weniger starkes Maximum erreicht. In diesem Fall bildet die Schallisotache eine Sattelfläche. Mit Hilfe der Hodographenmethode wurde das ebene Problem für die exakte isentrope Strömung von Lighthill[39] behandelt. Wie weit man an der engsten Stelle sogar mit der Stromfadentheorie kommt, zeigt eine Arbeit von Ackeret-Rott[V, 3] (siehe Abschnitt V, 4). Versuche zur ebenen Strömung machten Martinot-Lagarde und Goutier[44].

8. Näherungsweise Darstellung stoßfreier lokaler Überschallgebiete.

Die Darstellung stoßfreier lokaler Überschallgebiete an einer Wand ist auf verschiedene Art möglich, wenn nur die Wandumgebung betrachtet wird, ohne die Bedingungen in größerem Wandabstand zu berücksichtigen. Beispielsweise enthält schon die exakte Lösung von Ringleb (Abb. 113) eine Anzahl solcher Beispiele, da jede Stromlinie als Wand angesehen werden kann.

Auch mit der Methode des letzten Abschnittes lassen sich lokale Überschallgebiete aufbauen[18]. Wird nun mit y der Wandabstand bezeichnet, dann sind in der Potenzreihe nach y mit unbestimmten Koeffizientenfunktionen von x in Gl. (48) alle Potenzen in y mitzunehmen. Die Symmetrieeigenschaften, welche zum einfachen Ansatz (48) führten, fallen ja hier weg. Die Entwicklung für v hat nun mit v_0 zu beginnen, welches durch die Körperform bestimmt ist. Die Koeffizientenfunktionen bestimmen sich wieder durch Einsetzen der Reihen in das Differentialgleichungssystem. Während aber u_0 bei der Düsenströmung mittels der Kontinuitätsbedingung in Integralform bestimmt wurde, bleibt nun $u_0(x)$ frei und willkürlich wählbar. Durch Vorgabe eines bestimmten $u_0(x)$ und $v_0(x)$ ergibt sich dann beispielsweise Abb. 243. Doch braucht keineswegs wie in diesem Bild $v_0(x)$ oder $u_0(x)$ bezüglich x symmetrisch angenommen zu werden. Die Geschwindigkeitsverteilung am Profil liegt ja erst durch die Vorgaben im Anströmgebiet fest. Die Freiheit in der Wahl von $u_0(x)$ ist daher verständlich. Die Schwierigkeiten der Ausdehnung dieser Methode auf die Berechnung von Profilströmungen beruhen darauf, daß die Strömungsverhältnisse in größerer Körperentfernung durch einen Reihenansatz nur schlecht wiedergegeben werden. Im einfachsten Fall beruht die Methode einfach darauf, daß die Geschwindigkeitsabnahme in y-Richtung durch die Wandkrümmung $\left(\dfrac{\partial v}{\partial x}\right)$ mit der Gleichung der Wirbelfreiheit festgelegt ist. Damit ergibt sich aus $u_0(x)$ auch das u in unmittelbarer Körpernähe.

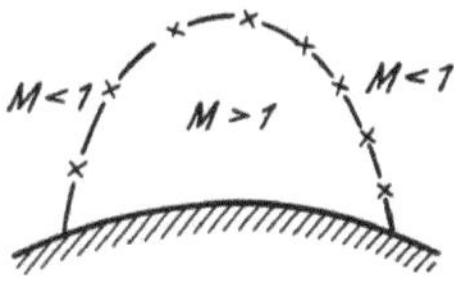

Abb. 243.   Stoßfreies lokales Überschallgebiet.

Für die direkte Anwendung ist ein symmetrisches stoßfreies Überschallgebiet nach Abb. 243 von geringer Bedeutung. Es tritt an Profilen, welche — wie der Zylinder, die Ellipse und das Kreisbogenzweieck — zu zwei orthogonalen Achsen symmetrisch sind und in Richtung einer Achse angeströmt werden, schon bei der Anwendung der Pr. Regel auf überkritische M_∞-Werte auf. Genauere Theorien (Abschnitt 9 und 10) weisen solche Lösungen auch auf, wenn M_∞ nicht zu hohe Werte annimmt. Die Existenz solcher stoßfreier lokaler Überschallgebiete ist darnach kaum anzuzweifeln, wenn auch ihre Stabilität gegenüber kleinen Störungen vielleicht fraglich ist. Die geringe praktische Bedeutung solcher Gebiete beruht darauf, daß ihre Ausdehnung offenbar beschränkt ist, in kleinen Gebieten die Stöße aber nur schwach und kurz sein können, weshalb sie für den Widerstand von untergeordneter Bedeutung bleiben. Wegen der Schwäche der Stöße ermöglichen Versuche auch kaum eine Klarstellung, weil die Grenzschicht Drucksprünge verwischt und die Randbedingungen etwas ändert. Als sicher kann jedoch angenommen werden (Abb. 244), daß der Druckanstieg im lokalen Überschallgebiet keineswegs nur stoßförmig erfolgen kann, wie auch die Theorie zeigt [20].

Die Unmöglichkeit stoßfreier Gebiete nach Abb. 243 an umströmten Profilen bei zu hoher Anströmgeschwindigkeit zeigt folgende einfache Überlegung [4]. Zunächst bestimmt die stetige Geschwindigkeitsverteilung mit einem Maximum in der Symmetriegeraden die Krümmung der Stromlinien bis weit in die Strömung hinaus (Abb. 243). Der Stromlinienabstand hat ja auf der Schallisotache ein Minimum. Das hat zur Folge, daß die Krümmung auf der Symmetrielinie erst zunimmt, bei Schallgeschwindigkeit konstant bleibt und erst in der Unterschallströmung abnimmt. Der Geschwindigkeitsabfall in y-Richtung liegt durch die Annahme der Wirbelfreiheit weitgehend fest. Anderseits muß die vom Profil verdrängte Luftmenge mit erhöhter Stromdichte am Profil vorbei. Die Erhöhung der Geschwindigkeit bringt aber nur solange eine Erhöhung der Stromdichte, als

$$u - c^* \leq c^* - u_\infty \tag{63}$$

gilt. Die durch das Gleichheitszeichen in Gl. (63) gegebene Geschwindigkeit nach Gl. (5) $\mathfrak{u} = 2$ (siehe auch Abb. 234) ist demnach von besonderer Bedeutung. Sie kann in einem lokalen Überschallgebiet nach Abb. 243 kaum wesentlich überschritten werden, da eine Steigerung der Anströmgeschwindigkeit u_∞ eine Zunahme des Geschwindigkeitsabfalles in y-Richtung erzwingt und zu einer Abnahme der am Profil vorbeifließenden Menge führen müßte.

Die asymmetrischen Geschwindigkeitsverteilungen ändern das Bild nicht durch das Auftreten von Wirbeln. Abgesehen davon, daß diese bedeutungslos sind, treten sie auch erst nach dem Dickenmaximum auf. Vielmehr führt die Beschleunigung am Dickenmaximum zu einer raschen Abnahme der Stromlinienkrümmung. (Das einfachste Beispiel dafür liefert die beschleunigte Durchströmung einer Laval-Düse.) Dadurch können nun ausgedehnte Gebiete erhöhter Stromdichte in y-Richtung auftreten.

Physikalisch weniger anschaulich, jedoch mathematisch exakter beschäftigt sich mit dem Problem des stoßfreien Überschallgebietes z. B. F. FRANKL[21].

Einen völlig anderen Weg zur Darstellung stoßfreier lokaler Überschallgebiete beschreitet G. J. TAYLOR[22], welcher Weg später auch von G. GUDERLEY[23] benutzt wird. Die Schwierigkeit der Anwendung der gasd. Gl. liegt darin, daß eine Linearisierung unmöglich ist. Die Tatsache ist aber nicht notwendig mit jeder schallnahen Strömung verbunden. So ergibt sich aus der linearen Gleichung der Wirbelfreiheit eine exakte schallnahe Strömung (Abb. 104), der Potentialwirbel. Er hat die Schallisotache als Stromlinie. TAYLOR überlagert nun diese Wirbelströmung mit kleinen, harmonischen Störungen in Richtung des Umfanges, wie dies in Abb. 95 für die Parallelströmung gezeigt wird. Für die Änderung der Wellenamplituden in radialer Richtung ergibt sich in erster Näherung eine gewöhnliche Differentialgleichung. Die Schallisotache bleibt nicht Stromlinie. Da die Wellenlänge wählbar bleibt, ist die Möglichkeit gegeben, entsprechend zu Abb. 243 stoßfreie lokale Überschallgebiete aufzubauen.

9. Lösungen mittels Integralgleichungen.

Die Methode von JANZEN-RAYLEIGH (Abschnitt VII, 7) und ihre Abarten stellen den Kompressibilitätseffekt durch ein zusätzliches Quellenfeld dar. (Bei der Anwendung auf die Stromfunktion handelt es sich physikalisch um ein Wirbelfeld.) Eine solche Darstellung der Beiträge der nicht linearen Glieder etwa im Gleichungssystem der ebenen schallnahen Strömung [nach Gl. (39)] für $M_\infty < 1$:

$$\frac{\partial \mathfrak{u}}{\partial x} + \frac{\partial \mathfrak{v}}{\partial y} = \mathfrak{u}\,\frac{\partial \mathfrak{u}}{\partial x},$$
$$\frac{\partial \mathfrak{u}}{\partial y} - \frac{\partial \mathfrak{v}}{\partial x} = 0 \tag{64}$$

ist immer richtig, auch dann, wenn der als zusätzliche Quellverteilung dargestellte Beitrag der rechten Gleichungsseite in Gl. (64) größer ist als eines der Glieder der linken Gleichungsseite. Das ist beispielsweise der Fall, wenn $\mathfrak{u} > 1$ ist, also an Stellen mit Überschallgeschwindigkeit.

Die Darstellung der lokalen Überschallgebiete durch Quellfelder kann daher nicht für ein Versagen der Methoden von JANZEN-RAYLEIGH beim Versuch der Darstellung stoßbehafteter und widerstandserzeugender lokaler Überschallgebiete verantwortlich gemacht werden. Das Versagen der Methoden nach JANZEN und RAYLEIGH ist vielmehr in der Art der Iteration zu suchen, deren Konvergenz kaum erwartet werden kann, wenn von einer Lösung ausgegangen wird, welche durch das Streichen eines Hauptgliedes gewonnen wurde. Wenn dennoch Konvergenz gegeben ist, so kann auf diese Weise beim symmetrisch angeströmten Kreisbogenzweieck (oder bei der Ellipse) nur eine bezüglich beider Symmetrieachsen symmetrische Lösung gewonnen werden. Ausgehend von einer solchen symmetrischen Lösung kann ja nirgends eine Asymmetrie entstehen. Es kann also nicht erwartet werden, daß das Verfahren von JANZEN-RAYLEIGH etwa mit der Prandtl-Näherung als erstem Schritt zu den gesuchten asymmetrischen Stoßlösungen konvergiert. Doch kann es möglich sein, daß eine andere Ausgangsnäherung eine Konvergenz zur gewünschten Endlösung ergibt.

Im folgenden sei ein nicht angestelltes, symmetrisches Profil angenommen. Dann sind zu unterscheiden: die Quellbelegungen auf der x-Achse, welche die gewünschte Profilform ergeben sollen, und die Quellfelder in der Strömung, welche den Kompressibilitätseffekt darstellen sollen. Letztere sind bei einem symmetrischen, nicht angestellten Profil ebenfalls zur x-Achse symmetrisch. Sie erzeugen also auf der x-Achse keine v-Komponente. Die Quellbelegung auf der x-Achse muß damit dieselbe sein wie beim Fehlen des Kompressibilitätsgliedes $u \frac{\partial u}{\partial x}$. Das Weglassen dieses Gliedes entspricht nach Abschnitt 3 einer Näherung der Stromdichte durch eine Gerade, d. h. der Prandtl-Linearisierung. Das hier Gesagte bezieht sich offenbar ebenso auf flache symmetrische Körper und in ähnlicher Weise auch auf Rotationskörper.

In Abschnitt VII, 3 [Gl. (7)] wurde die Wirkung einer Quelle oder Quellverteilung auf der Achse auf die u-Komponente der Strömung berechnet. Bei den oben genannten Gleichungen ist zu beachten, daß nun u selbst schon eine Störgeschwindigkeit darstellt und der Prandtl-Faktor β ebenfalls aus den Gl. (64) eliminiert ist. Die mit der Prandtlschen Linearisierung ($u \frac{\partial u}{\partial x} = 0$) sich ergebende Lösung, im folgenden „Prandtl-Lösung" u_p genannt, liefert nach Gl. (VII, 7) unter Anwendung auf das System (64) einfach die Formel:

$$u_p(x, y) = \frac{1}{\pi} \int\limits_{-\infty}^{+\infty} \frac{v_0(\xi)\,(x - \xi)}{(x - \xi)^2 + y^2}\,d\xi. \tag{65}$$

Für die Zusatzquellen, welche sich aus dem Stromdichteglied $u \frac{\partial u}{\partial x}$ ergeben, sei die Quellwirkung auf dem Flächenelement $d\xi\,d\eta$ berechnet. Die Quellwirkung ergibt sich daraus, daß anstatt der meist zu großen Prandtl-Stromdichte u die exaktere kleinere Stromdichte $u - \frac{u^2}{2}$ genommen wird (Abb. 234). Eine Zunahme der Geschwindigkeit wirkt dabei verdrängend, also im Sinne einer Quelle. Für die Breiteneinheit des Stromfadens ergibt sich die Quellwirkung dann auf $d\xi$ zu:

$$d \frac{u^2}{2} = u \frac{\partial u}{\partial \xi}\,d\xi.$$

Auf der Breite $d\eta$, also auf dem Element $d\xi\,d\eta$ der Strömungsebene, ist die Quellstärke:

$$u \frac{\partial u}{\partial \xi}\,d\xi\,d\eta.$$

Die Quellstärken sind nun mit den Abstandsfunktionen Gl. (VII, 4) zu multiplizieren und über die gesamte Strömungsebene zu summieren, um zusammen mit den Quellwirkungen des Profils die Geschwindigkeitsstörungen zu erhalten[2, 24]:

$$u(x, y) = \frac{1}{\pi} \int\limits_{-\infty}^{+\infty} \frac{v_0(\xi)\,(x - \xi)}{(x - \xi)^2 + y^2}\,d\xi + \frac{1}{2\,\pi} \int\limits_{-\infty}^{+\infty}\int\limits_{-\infty}^{+\infty} u \frac{\partial u}{\partial \xi} \frac{x - \xi}{(x - \xi)^2 + (y - \eta)^2}\,d\xi\,d\eta. \tag{66}$$

Hiermit ist eine Integrodifferentialgleichung für die Geschwindigkeitsverteilung in der Strömungsebene gewonnen, welche eine partielle Integration im letzten Summanden nahelegt.

Nach der Klarlegung des Randwertproblems ist die Ableitung am mühelosesten mit Hilfe der bekannten Lösungen der Poissonschen Gleichung für das Geschwindigkeitspotential: $\Phi_x = \mathfrak{u}$, $\Phi_y = v$ zu gewinnen (siehe etwa COURANT-HILBERT: Methoden der Math. Physik II, S. 230. Springer 1937). Die gegebene Ableitung sollte nur ohne größeren Aufwand und ohne größere Ansprüche an die mathematischen Kenntnisse des Lesers zum Resultat führen bei gleichzeitiger Klarstellung des Sinnes der einzelnen Glieder.

Bei der Durchführung der partiellen Integration ist besonders auf die Grenzen des ausintegrierten Bestandteiles zu achten. Mit Gl. (65) ergibt sich — wobei mit einiger Sorgfalt vorzugehen ist — die Integralgleichung:

$$\mathfrak{u} - \frac{\mathfrak{u}^2}{2} = \mathfrak{u}_p - \frac{1}{2\pi} \int\limits_{-\infty}^{+\infty} \int\limits_{-\infty}^{+\infty} \frac{\mathfrak{u}^2(\xi, \eta)}{2} \, \frac{(\xi - x)^2 - (\eta - y)^2}{[(\xi - x)^2 + (\eta - y)^2]^2} \, d\xi \, d\eta. \tag{67}$$

Das Doppelintegral ist dabei so zu verstehen, daß — wie in Gl. (VII, 8) — an die Stelle $x = \xi$ symmetrisch heranintegriert werden soll, wobei die Stelle selbst ausgeschlossen bleibt (Cauchyscher Hauptwert).

Das Doppelintegral in Gl. (67) hat die Eigenschaft, daß sein Wert an Sprungstellen von $\mathfrak{u}^2$, also an Verdichtungsstößen, nicht springt, wovon man sich durch Einsetzen einfacher spezieller Funktionen leicht überzeugen kann. An einem Stoß gibt das Doppelintegral also keine Sprungwerte und, da dort auch $\mathfrak{u}_p$ im allgemeinen stetig ist, ergibt sich an einem Stoß ein stetiger Verlauf des Wertes der rechten Gleichungsseite in Gl. (67). Für einen bestimmten Wert von $\mathfrak{u} - \dfrac{\mathfrak{u}^2}{2}$ hingegen ergeben sich zwei Werte $\mathfrak{u}$, die sich zueinander wie die Geschwindigkeiten vor und hinter einem senkrechten Stoß verhalten. Damit ist der senkrechte Stoß mit in den Gleichungen enthalten. Dies gilt natürlich in gleicher Weise für Verdichtungs- wie für Verdünnungsstöße. Werden letztere miteinbezogen, so dürfte es eine große Mannigfaltigkeit von Lösungen geben, welche mehrfach hintereinanderliegende Verdichtungs- und Verdünnungsstöße enthalten. Aus dieser Auswahl ergeben sich aber nur ganz wenige, welche keine Verdünnungsstöße enthalten, also mit Rücksicht auf den zweiten Hauptsatz der Wärmelehre möglich sind. Von diesen wenigen Lösungen mag vielleicht nur eine gegen kleine Störungen stabil sein.

Hauptsächlich interessiert die Geschwindigkeitsverteilung am Profil (auf $y = 0$). Zu deren Berechnung muß nun allerdings die Geschwindigkeitsverteilung im gesamten Feld bekannt sein, jedoch können wesentliche Beiträge nur von der nächsten Profilumgebung kommen, da diese Störungen am nächsten liegen und am stärksten sind. Der Geschwindigkeitsabfall in y-Richtung ist nun aber mit der Gl. (64) für die Wirbelfreiheit durch $\dfrac{\partial v}{\partial x}$, d. h. durch die Krümmung der Profilkontur festgelegt. Somit läßt sich der Wert des Doppelintegrals im wesentlichen durch die gesuchte Geschwindigkeit am Profil $\mathfrak{u}_0(x) = \mathfrak{u}(x, 0)$ und durch die bekannte Profilform erfassen, so daß sich Gl. (67) in eine einfache Integralgleichung für $\mathfrak{u}_0$ überführen läßt. Diese ist allerdings immer noch kompliziert genug und exakten Methoden wenig zugänglich. Physikalisch ausreichende Näherungslösungen hingegen sind recht schnell zu bekommen.

Eine Möglichkeit zur näherungsweisen Lösung besteht darin, daß ein Ansatz für $\mathfrak{u}$ verwendet wird, welcher den charakteristischen Verlauf einer Strömung mit lokalem Überschallgebiet wiedergibt, aber noch einige Parameter, wie etwa die Stoßlage und die Stoßstärke, frei läßt. Die Integralgleichung kann nun in ebensoviel Punkten erfüllt werden, als Parameter frei sind. Die Erfüllung der Integralgleichung ist vor allem in besonders wichtigen Punkten anzustreben, z. B. an Stellen der höchsten Geschwindigkeit. Sind die Parameter auf diese Weise bestimmt, so wird diese sogenannte „Ausgangslösung" nur zur Berechnung von $u - u_p$ verwendet. Auf die numerische Durchführung sei hier nicht näher eingegangen, weil noch wesentliche Vereinfachungen mit der Zeit zu erwarten sind.

Die Resultate gelten entsprechend dem Ähnlichkeitsgesetz abhängig von M_∞ für verschiedene Dickenverhältnisse $2\,h_m$. Abb. 244 und 245 zeigt zwei Geschwindigkeitsverteilungen im Vergleich mit Versuchen. Bei der unterkritischen Strömung erscheint bemerkenswert, daß das Geschwindigkeitsmaximum gegenüber jenem der Prandtl-Näherung stromabwärts gerückt ist, ein Effekt, den die in Abb. 133 a wiedergegebenen Näherungstheorien gar nicht oder — wie die Ringleb-Formel — nur sehr schwach zeigen.

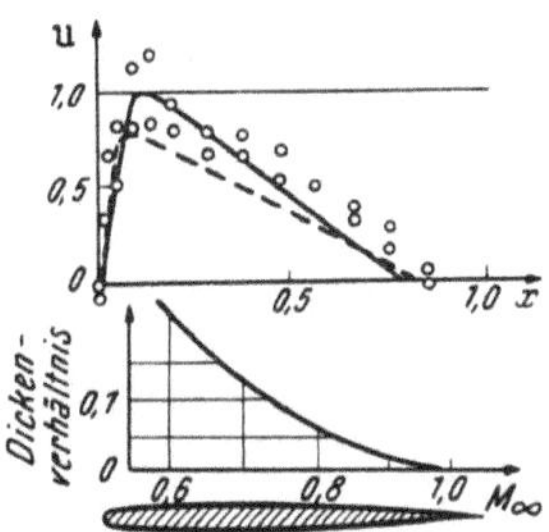

Abb. 244. Kritische Strömung am Profil
NACA 0 00 06 — 1,130.
(----- Pr.-Regel.)

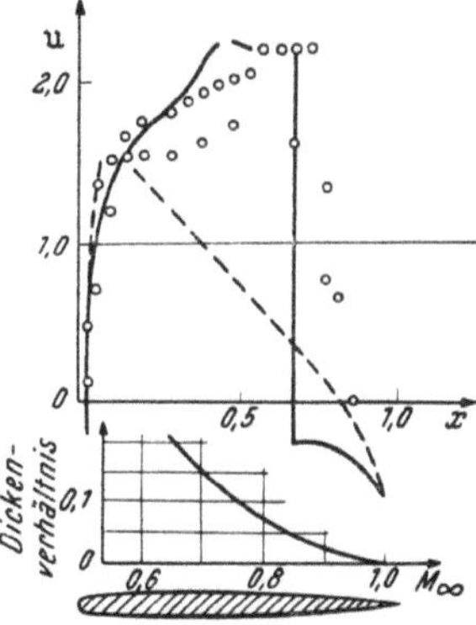

Abb. 245. Überkritische Strömung am Profil
NACA 0 00 06 — 1,130.
(----- Pr.-Regel.)

Der Effekt kann an Ellipsen und Kreisbogenzweiecken nicht auftreten, muß aber an Profilen mit Dickenrücklagen ungleich 50% als gesichert angesehen werden. Eine besonders starke Steigerung des Unterdruckes in der Umgebung des Maximums ohne dessen Verlagerung würde nämlich zu einem Schub des Profils führen, wenn das Unterdruckmaximum vor dem Dickenmaximum liegt. Die eigentümliche Geschwindigkeitsverteilung im lokalen Überschallgebiet dürfte mit Rücksicht auf die Ungenauigkeit des Ansatzes zwar nicht in allen Einzelheiten stimmen. Theoretische Überlegungen (A. A. Nikolskii und G. J. Taganow[20]) führen zu Bedingungen für die Überschallgeschwindigkeit. Wie noch einige andere Schlüsse, lassen sich diese mit Hilfe der Verträglichkeitsbedingung für die Mach-Linien des lokalen Überschallgebietes ableiten. Die zitierte Arbeit gibt einen Einblick für die Brauchbarkeit der Charakteristiken auch im lokalen Überschallgebiet.

Auch die Beschleunigung der Strömung unmittelbar hinter dem Stoß ist reell und experimentell erwiesen[25]. Angenommen, die Geschwindigkeit springe im Stoß von Überschallgeschwindigkeit auf etwa Anströmgeschwindigkeit, so kommt dies wegen des plötzlichen Aufhörens aller Verdrängungswirkungen etwa den Verhältnissen in einem hinteren Körperstaupunkt gleich. Nur sind die Erscheinungen dadurch etwas gemildert, daß die Verdrängung nicht wie bei einem Körper auf eine schmale Stelle konzentriert ist. Die Verdrängung ist vielmehr über einen Teil der Strömungsebene „verschmiert". Genau dieselbe

Beschleunigung, welche die Strömung bei der Bewegung aus einem hinteren Staupunkt erfährt, stellt sich auch unmittelbar nach der Stoßfront ein. Hingegen kann sich der Stoß auf die Überschallströmung am Profil unmittelbar davor kaum bemerkbar machen. Auch die letztzitierte Arbeit[25] behandelt den Effekt kurz theoretisch.

Dieses eigentümliche Verhalten des Gases nach dem Stoß in der Überschallströmung macht manche Schwierigkeit bei der theoretischen Behandlung erklärlich. Physikalisch erweist sich die Beschleunigung auch aus folgendem Grund als notwendig. Bei Strömungen ohne Ablösung muß der Stoß senkrecht am Profil enden. Ist dieses am Stoß konvex gekrümmt, so muß der Druck vor und nach dem Stoß mit dem Profilabstand zunehmen. Anderseits ergeben aber die kleinsten Drücke vor dem Stoß am Profil die höchsten Drücke nach dem Stoß, was mit der aus der Profilkrümmung abgeleiteten Bedingung im Widerspruch zu stehen scheint. In einiger Stoßentfernung ergibt sich nun dadurch ein völlig klares Bild, daß der Druck unmittelbar hinter dem Stoß am Profil bei großer Beschleunigung der Strömung wieder etwas abfällt. Unmittelbar am Stoß, wo natürlich die Differentialgleichungen ebenfalls erfüllt sein müssen, ist die Regelung durch verschieden starke Beschleunigung der Teilchen bei entsprechender Krümmung der Stoßfront möglich.

Die starke Beschleunigung hinter dem Stoß dürfte der Grund sein, daß in Druckversuchen oft nicht der volle Drucksprung erscheint, woraus dann irrtümlich auf einen schiefen Stoß geschlossen wird. Ein schiefer Stoß hat aber an Stellen ohne Wandknick Ablösung zur Folge, welche sich im Versuch durch nahezu gleichbleibende Druckwerte kundgibt, so daß sich die Vorgänge am Versuch sehr wohl auseinanderhalten lassen.

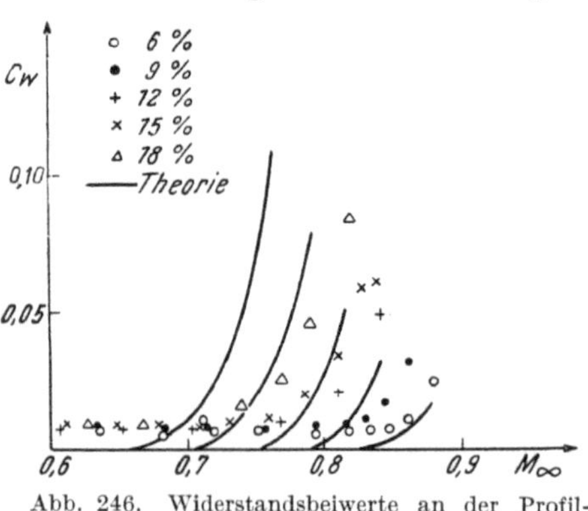

Abb. 246. Widerstandsbeiwerte an der Profilserie NACA 0 00 06 bis 0 00 18 – 1,130.

Abb. 246 gibt die aus der Theorie resultierenden Widerstandsanstiege im Vergleich zu Versuchen. Diese sollen stets um einen aus der Reibung resultierenden Anteil höher liegen als die Theorie. Bei den schlanksten Profilen ergibt die Theorie völlig zufriedenstellende Resultate, was zeigt, daß der starke Widerstandsanstieg keineswegs aus Ablösungserscheinungen, sondern im wesentlichen aus der Verschiebung des Sogmaximums stromabwärts zu erklären ist. Natürlich üben die Reibungseffekte vielfach auch einen Einfluß auf die gesamte Strömung aus, was noch Gegenstand eines späteren Abschnittes sein wird. Der Widerstand wurde stets aus der Lösung mit Stoß berechnet. Da eine solche für jede überkritische Mach-Zahl existiert, beginnt der Widerstandsanstieg theoretisch bei der kritischen Mach-Zahl. Doch entsteht das Überschallgebiet zunächst nahe am Dickenmaximum. Mit der Kleinheit des Gebietes ist zunächst auch die Verlagerung des Sogmaximums stromabwärts gering und wirkt sich außerdem auf den Widerstand kaum aus, weil Tangentialkräfte am Dickenmaximum kaum angreifen können. Erst mit dem Übergreifen des Soges auf geringere Profildicken beginnt ein rapider Widerstandsanstieg, ein Effekt, der so stark ist, daß er auch mit viel gröberen Theorien erfaßbar ist[26]. Entsprechendes muß auch für die räumliche Strömung gelten. Auch aus Stoßintensität und Stoßlänge ergibt sich energetisch ein Widerstandsanstieg proportional etwa zur vierten Potenz des Unterschiedes von M_∞ und kritischer Mach-Zahl.

Die Widerstände der dickeren Profile ergeben sich aus dem Ähnlichkeitsgesetz und sind, wie in Abschnitt 6 besprochen, nach der Theorie für kleine Störungen etwas zu hoch. Immerhin ergeben sich aber auch bei dicken Profilen schon wertvolle Anhaltspunkte.

Für die Berechnung lokaler Unterschallgebiete in Überschallströmungen sind zwei verschiedene Wege denkbar. Der eine entspricht der eben geschilderten Methode, indem das lokale Unterschallgebiet einschließlich des anschließenden kurzen Überschallteiles, von welchem es abhängt (Abb. 233), als Unterschallströmung mit Zusatzquellen behandelt wird. Das lokale Unterschallgebiet läßt sich aber auch als Überschallströmung mit Zusatzquellen darstellen. Beim Problem der ebenen Strömung etwa hat man mit Gl. (39) für $M_\infty > 1$ folgendes hyperbolische System:

$$\frac{\partial \mathfrak{u}}{\partial x} - \frac{\partial \mathfrak{v}}{\partial y} = - \mathfrak{u} \frac{\partial \mathfrak{u}}{\partial x}; \qquad \frac{\partial \mathfrak{u}}{\partial y} - \frac{\partial \mathfrak{v}}{\partial x} = 0. \tag{68}$$

Dies auf die Charakteristiken des linearen Systems transformiert (das sind steigende und fallende 45°-Geraden), ergibt dort Verträglichkeitsbedingungen, welche die Geschwindigkeit am Profil darstellen als Geschwindigkeit nach Ackeret-Gl. (VIII, 3), vermehrt um ein Integral über Quellwirkungen.

Während es sich in allen beschriebenen Fällen um nichtlineare Probleme handelt, kann das Umströmungsproblem bei Anstellung auf ein lineares Problem zurückgeführt werden, welches die Lösung um den nicht angestellten Körper enthält, wie in Abschnitt VI, 18 gezeigt. Die zugehörigen Integralgleichungen sind dann auch linear.

Mit der hier geschilderten Methode wurden bisher Arbeiten über die ebene Strömung um das symmetrische Profil bei $M_\infty \leqslant 1$ veröffentlicht[46, 47]. Die Integralgleichung wurde dabei mit Hilfe des Greenschen Satzes in die geeignete Form gebracht.

10. Lösungen mit der Relaxationsmethode.

Die Relaxationsmethode (Abschnitt VII, 8) ist gegenüber Komplikationen in den Randbedingungen und Differentialgleichungen ziemlich unempfindlich. Diese Eigenschaft hat sie mit den meisten numerischen Verfahren, auch mit den Charakteristikenmethoden gemeinsam. In beiden Fällen steigt wohl in der Regel mit der Schwierigkeit des Problems auch der Aufwand bei der Lösung, ohne daß jedoch die Lösbarkeit dadurch in Frage gestellt wird. Das Anwendungsgebiet der Relaxationsmethode ist im wesentlichen bei Unterschallströmungen zu suchen, weil dabei der Zustand in einem Punkte in Zusammenhang mit dem Zustand in Punkten gebracht wird, die nach allen Richtungen möglichst gleichmäßig verteilt sind, wodurch dem elliptischen Typus Rechnung getragen wird.

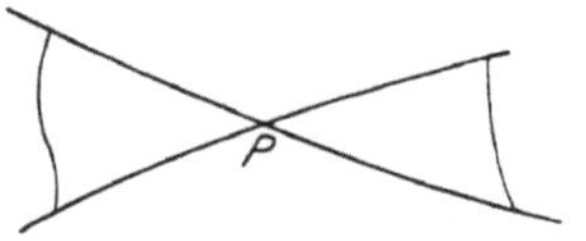

Abb. 247. Stromaufwärts und stromabwärts gelegenes Abhängigkeitsgebiet.

Charakteristikenmethoden können bei stationären Strömungen nur bei $M > 1$ angewendet werden, weil es nur dann reelle Charakteristiken (Machsche Linien) gibt. Dabei ergibt sich der Zustand in einem Punkt abhängig vom Zustand in einem beschränkten „Abhängigkeitsgebiet". Doch gibt es dabei zwei Möglichkeiten, indem der Zustand in einem Punkt sowohl aus einem stromaufwärts als auch aus einem stromabwärts gelegenen „Abhängigkeitsgebiet" allein bestimmbar ist (Abb. 247). Wenn also in Überschallströmung kein Zusammenhang zwischen den Zuständen beliebig gelegener Punkte besteht, so gibt es doch Zusammnhänge zwischen Zuständen in gewissen stromabwärts und stromaufwärts gelegenen Punkten. Bei richtiger Wahl der Lage der Punkte kommt also auch eine Anwendung der Relaxationsmethode im lokalen Überschallgebiet in Frage.

Abb. 248 zeigt die Strömung hinter der Kopfwelle an einem axial mit $M_\infty > 1$ angeströmten Zylinder nach J. W. MACCOLL[27]. In derselben Arbeit werden auch andere ebene und achsensymmetrische Strömungen um endliche Keile und Kegel mit Unter- und Überschallströmung behandelt. Der Verdichtungsstoß und die Schallisotache werden im voraus durch allgemeine Überlegungen festgelegt. Beispielsweise kann gezeigt werden, daß die Schallinie am Ansatzpunkt des Teiles konstanter Dicke normal auf die gerade Kontur davor mündet. Dies ist begreiflich, da an der „Schulter" solch stumpfer Teile ähnliche Verhältnisse herrschen müssen wie an der Kante einer Mündung bei Gasaustritt gegen starken Unterdruck. An der kantigen Schulter kommt es anschließend zu einer Prandtl-Meyer-Expansion. Mit ähnlichen Problemen beschäftigt sich G. DROUGGE[28], doch nimmt dieser Verfasser die Kopfwelle aus Versuchen. Das grundsätzlich mögliche Einbeziehen der Kopfwelle in das Verfahren erhöht den Aufwand bedeutend. Die gemischte Strömung in Düsen, an Profilen, in Kanälen und in freier Strömung wird von

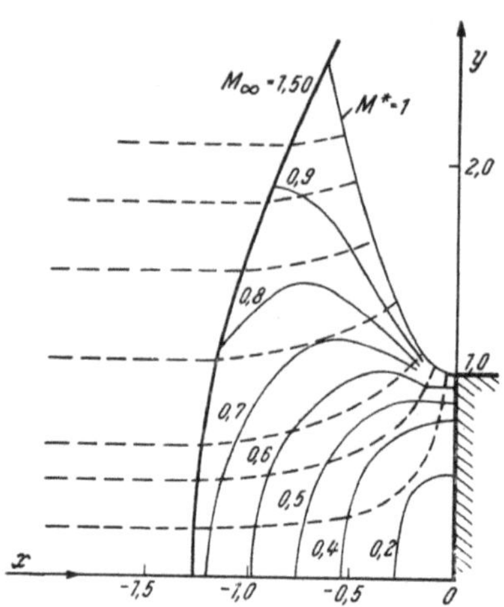

Abb. 248. Stoß, Isotachen und Stromlinien an einer axial angeströmten Scheibe nach J. W. MACCOLL.

H. W. EMMONS[29, 30, 31] behandelt. Die Übereinstimmung mit den Versuchen ist zum Teil besonders bei den ersten Verfassern sehr gut, bei allerdings beträchtlichem Arbeitsaufwand (siehe auch Zitat [32]).

11. Lösungen mittels Hodographenmethode.

Schon im allgemeinen Teil VI ergab die Hodographenmethode einige exakte Lösungen mit Übergängen über die kritische Geschwindigkeit. Es sei etwa auf die allgemeine Methode von SAUER (Abschnitt VI, 13) oder auf die spezielle Lösung von RINGLEB (Abb. 113) hingewiesen. Die Schwierigkeiten bei diesen Methoden bestanden vor allem in der Erfüllung gewünschter Randbedingungen, zu welchen insbesondere auch jene der Parallelströmung im Unendlichen gehört. (Die leichtere Aufgabe der Herstellung einer speziellen Düsenströmung löste LIGHTHILL[39] durch Vorgabe monoton zunehmender Geschwindigkeit auf der Düsenachse.) G. GUDERLEY hat sich nun insbesondere mit dem Studium der Singularitäten befaßt, welche im Hodographen der Parallelströmung im unendlich fernen Punkt der Strömungsebene entsprechen. Er gelangt dabei neben anderen Resultaten bei Schallanströmung zu einer Lösung[33], welche in diesem Abschnitt als bemerkenswerter Erfolg dieser Methode kurz wiedergegeben werden soll. Mit Schallanströmung ist dabei wieder eine Anströmgeschwindigkeit u_∞ gemeint, die sich nur wenig von c^* unterscheidet im Vergleich zu den auftretenden Geschwindigkeitsschwankungen.

Eine ebene Strömung wird mit Gl. (29) durch folgendes System beschrieben:

$$-\,\mathfrak{u}\,\frac{\partial \mathfrak{u}}{\partial x} + \frac{\partial \mathfrak{v}}{\partial \mathfrak{y}} = 0; \qquad \frac{\partial \mathfrak{u}}{\partial \mathfrak{y}} - \frac{\partial \mathfrak{v}}{\partial x} = 0, \tag{69}$$

wobei die Variablen die in Gl. (33) wiedergegebenen Bedeutungen haben. Die Resultate gelten entsprechend dem Ähnlichkeitsgesetz in Abschnitt 5 gleichzeitig für verschiedene Körperdicken h_m. Im Unendlichen muß $\mathfrak{u}$ verschwinden.

In Gl. (69) können nun mit der Transformationsbeziehung (VI, 44) die unabhängigen und abhängigen Veränderlichen vertauscht werden mit dem Resultat:

$$- \mathfrak{u}\, \frac{\partial \mathfrak{v}}{\partial \mathfrak{v}} + \frac{\partial x}{\partial \mathfrak{u}} = 0; \qquad \frac{\partial \mathfrak{v}}{\partial \mathfrak{u}} - \frac{\partial x}{\partial \mathfrak{v}} = 0. \tag{70}$$

Damit ist ein lineares System gewonnen, in dem mit Legendre (Abschnitt VI, 14) ein Potential Φ eingeführt werden kann:

$$x = \Phi_{\mathfrak{u}}; \qquad \mathfrak{v} = \Phi_{\mathfrak{v}}. \tag{71}$$

Mit Φ ist die Bedingung der Wirbelfreiheit befriedigt, während die Kontinuitätsbedingung nun lautet[34]:

$$\Phi_{\mathfrak{u}\mathfrak{u}} - \mathfrak{u}\, \Phi_{\mathfrak{v}\mathfrak{v}} = 0. \tag{72}$$

Für das Potential läßt sich nun nach Guderley folgender Ansatz machen:

$$\Phi = |\mathfrak{u}|^{n} f_{n}(\zeta) \quad \text{mit} \quad \zeta = \frac{9}{4}\, \frac{\mathfrak{v}^{2}}{\mathfrak{u}^{3}}. \tag{73}$$

Mit dem Index n an der Funktion f sei nur angedeutet, daß sich zu jedem willkürlich vorgebbaren n eine bestimmte Funktion f_{n} ergibt, welche folgender gewöhnlichen Differentialgleichung gehorcht. Einsetzen des Ansatzes (73) in Gl. (72) führt zur *hypergeometrischen Differentialgleichung*:

$$\zeta\,(\zeta - 1)\, \frac{d^{2}f_{n}}{d\zeta^{2}} + \left[\left(\frac{4}{3} - \frac{2}{3}\, n\right)\zeta - \frac{1}{2}\right] \frac{df_{n}}{d\zeta} + \frac{(n-1)\,n}{9}\, f_{n} = 0. \tag{74}$$

Die Lösungen von Gl. (74) bedürfen einer besonderen Diskussion, worauf hier nicht eingegangen werden soll. Die erforderlichen Lösungen werden als gegeben angenommen.

Für die Anströmgeschwindigkeit $u = 0$ muß x über alle Grenzen wachsen. Nach Gl. (71) heißt das, daß die Ableitung von Φ nach u im Punkte $\mathfrak{u} = 0$ der u, v-Ebene unendlich werden muß. Als einzig in Frage kommende Lösung analysiert Guderley jene mit dem Exponenten $n = - 1$ heraus. Zu dieser Lösung wird von Guderley noch eine zweite, für die Profilform verantwortliche Lösung mit dem Exponenten $n = 2$ addiert, womit sich dann folgendes Legendre-Potential ergibt (der Typus der die Anströmung darstellenden Singularität ist bei Schallanströmung und bei dichtebeständiger Strömung ein anderer):

$$\Phi = - |\mathfrak{u}|^{-1}\, \frac{1}{54}\, f_{-1}(\zeta) - |\mathfrak{u}|^{2}\, \frac{3}{4}\, f_{2}(\zeta). \tag{75}$$

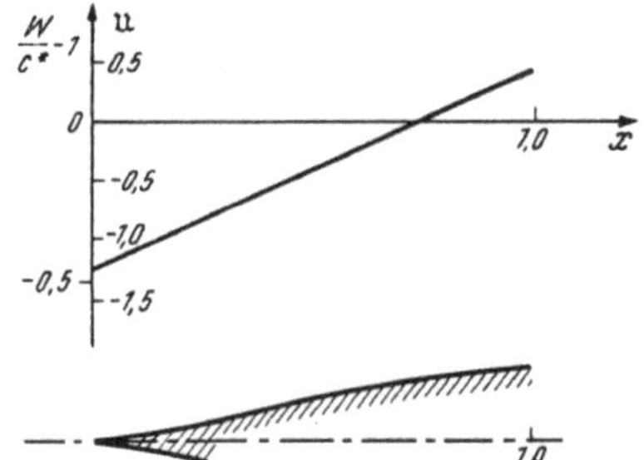

Abb. 249. Geschwindigkeitsverteilung an einer mit Schallgeschwindigkeit angeströmten Nase nach G. Guderley. ($\frac{W}{c^{*}} - 1$ gilt nur für das wiedergegebene Profil, u nach Gl. (33) hingegen für beliebige Dickenverhältnisse.)

Aus Gl. (74) folgt, daß f_{n} nur bis auf einen Faktor bestimmt ist, weshalb es in Gl. (75) nur auf das Verhältnis der beiden Koeffizienten ankommt. Darüber hinaus ergeben sich für jedes u aus Gl. (74) mehrere Lösungen, unter denen allerdings nur zwei voneinander linear unabhängig sind. Nur eine dieser Lösungen ist brauchbar und in Gl. (75) einzusetzen, wenn sich die gewünschte Umströmung mit $M_{\infty} = 1$ ergeben soll. In der Möglichkeit, zwei oder mehrere Lösungen zu superponieren, um so eine neue Lösung mit gewünschten Eigenschaften zu erhalten, zeigt sich einer der Vorteile der Hodographenmethode.

Gl. (71) liefert für jeden Strömungszustand u, v einen oder mehrere Orte in der Strömungsebene, womit die Lösung prinzipiell gegeben ist (bezüglich aller Einzelheiten muß auf die Originalarbeit verwiesen werden). Vorausgesetzt war,

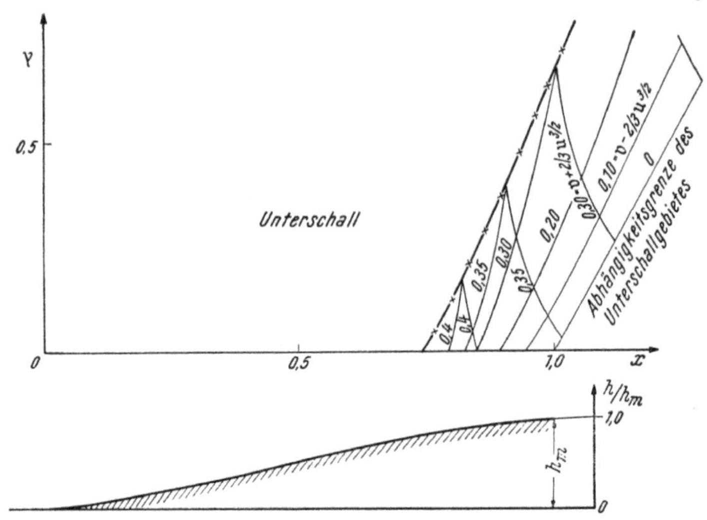

Abb. 250. Überschallgebiet an einer mit Schall angeströmten Flügelnase nach G. GUDERLEY.

daß sich M_∞ kaum von dem Werte 1 unterscheidet, ohne nähere Festlegung, ob die Anströmung wenig unter oder über der Schallgeschwindigkeit liegt. Wie in Abschnitt 1 ausgeführt (siehe auch Abb. 232), wird die Unterschallströmung vor dem Dickenmaximum nur von einem Teil der Profilform abhängen. Der restliche Teil kann beliebig verändert werden, ohne daß dies die Strömung stromaufwärts beeinflußt. Damit ist der große Vorteil verbunden, daß ein großer Teil des Profils leicht abgeändert und mit Charakteristiken-Verfahren berechnet werden kann. Insbesondere kann der Widerstandsbeitrag des restlichen Profilteiles zu einem Minimum gemacht werden.

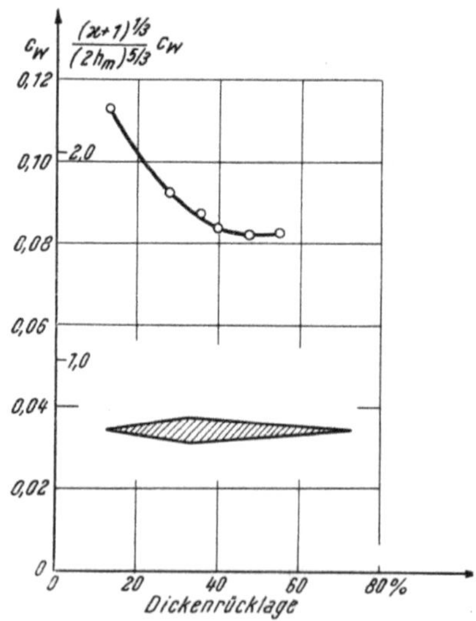

Abb. 251. Widerstandsbeiwerte 10% dicker Profile und reduzierte Widerstandsbeiwerte abhängig von der Dickenrücklage nach G. GUDERLEY.

Abb. 249 zeigt die Profilnase und die Druckverteilung bis zum Ende des Abhängigkeitsgebietes der Nase. Abb. 250 gibt die Mach-Linien und die Geschwindigkeitsverteilung in der reduzierten Strömungsebene. Da das Abhängigkeitsgebiet der Nase nahezu mit Parallelströmung endet, ergibt sich der kleinste Widerstand wie in Abschnitt VIII, 2 durch ein nahezu keilförmiges Ende (Abb. 251). Beim Knick am Dickenmaximum stellt sich eine Prandtl-Meyer-Expansion ein. Bei einem bestimmten Dickenverhältnis ergibt sich der geringste Widerstand etwa bei 50% Dickenrücklage, wenn die Profilteile vor und hinter dem Maximum für sich durch Affinverzerrung auseinander hervorgehen.

Auch die achsensymmetrische Strömung wurde in entsprechender Weise von GUDERLEY und YOSHIHARA[41] behandelt.

Eine vereinfachte Hodographenmethode für die ebene Strömung am Keil für Mach-Zahlen $M_\infty \leqq 1$ gibt J. D. COLE[45]. Die Übereinstimmung mit den Versuchen bei $M_\infty < 1$ und mit der Theorie von GUDERLEY-YOSHIHARA[36] bei $M_\infty = 1$ ist dabei sehr zufriedenstellend.

12. Einige Bemerkungen zur schallnahen Überschallströmung.

Ein Vergleich der Darstellung von Charakteristik Gl. (14) und Stoßpolare Gl. (17) in Schallnähe mit der Entwicklung, welche man entsprechend zu den Gl. (VIII, 55) erhält (und die schließlich zu den Formeln des Abschnittes VIII, 18 für die Luftkraft führt), zeigt einen bestimmten Fehler bei Schallgeschwindigkeit. Die Potenzreihenentwicklung nach BUSEMANN in der Umgebung der Anströmgeschwindigkeit ($\mathfrak{u} = 0$) stimmt in den ersten beiden Gliedern natürlich überein und liefert folgendes Resultat:

$$\mathfrak{v} = -\mathfrak{u} - \frac{1}{4}\mathfrak{u}^2 + \ldots, \tag{76}$$

welches auch in Abb. 235 wiedergegeben ist. Für die Beurteilung der Genauigkeit der Entwicklung ist im wesentlichen der Unterschied in den $\mathfrak{u}$-Werten bei einem bestimmten $\mathfrak{v}$-Wert, d. h. bei einer bestimmten Oberflächenneigung eines Profils, maßgebend. Darnach ergibt sich Schallgeschwindigkeit und Ablösung der Kopfwelle früher als nach der Potenzreihenentwicklung Gl. (76). Bei gleicher Profilneigung sind die Drucke in Schallnähe höher als nach Gl. (76), insbesondere aber höher als die lineare Näherung, welche den Ackeret-Formeln und der Pr. Regel entspricht. Da sich diese Druckabweichungen nur im Überdruckgebiet bemerkbar machen, bedeutet dies, daß die Widerstände und Auftriebe in Schallnähe über den Werten von Abschnitt (VIII, 18) liegen. Das Profil geringsten Widerstandes muß deshalb eine Dickenrücklage von mehr als 50% haben.

Das quadratische Glied der Potenzreihenentwicklung (VIII, 55), welches den Unterschied der Busemann-Formeln von den Ackeret-Formeln bringt, macht sich bei den Luftkräften vielfach gar nicht bemerkbar. Es gibt nämlich eine Druckerhöhung gegenüber der Linearisierung im Unter- und Überdruckgebiet. Dabei gilt die Pr. Regel (etwa für die Änderung des Auftriebes mit der Mach-Zahl) vielfach noch innerhalb der Busemann-Näherung. Sicher aber gibt sie zu kleine Werte in Schallnähe, eine Tendenz, welche sich ganz analog bei Unterschallströmung ergeben hat.

Nur bei den schlanksten Profilen kann $\mathfrak{v}$ mit dem Strömungswinkel gleichgesetzt werden, da die Geschwindigkeitsschwankungen mit der Dicke stark anwachsen. Formeln für die Luftkräfte, ausgehend von den Entwicklungen in Schallnähe, geben H. S. TSIEN und J. R. BARON[35].

Ein anderes Problem betrifft Charakteristikenverfahren in Schallnähe. Die starke Geschwindigkeitsänderung bei nur geringer Strömungswinkeländerung schafft Verhältnisse, welche besondere Methoden zweckmäßig erscheinen ließen. Während die Neigung der Machschen Linien in einer wenig gestörten Parallelströmung im wesentlichen nur von der Geschwindigkeit abhängt, was zu gewissen Vereinfachungen führt, werden anderseits oft besondere Ansprüche an die Berechnung der Strömungswinkel gestellt, wie etwa bei der Konstruktion schallnaher Paralleldüsen. Auch die Konstruktion der Machschen Linien, ausgehend von der Schallisotache, wo sie senkrecht zur Strömungsrichtung stehen, wird mit der gewöhnlichen Methode wenig befriedigend gelöst, da bei starker Richtungsänderung der Mach-Linie sehr kleine Schritte erforderlich werden. Hier sind also handliche Verbesserungen wünschenswert.

Literatur.

[1] K. Oswatitsch: Der Verdichtungsstoß bei stationärer Umströmung flacher Profile. ZAMM XXIX/5 (1949), S. 129—141.

[2] K. Oswatitsch: Die Geschwindigkeitsverteilung bei lokalen Überschallgebieten an flachen Profilen. ZAMM XXX/1, 2 (1950), S. 17—24.

[3] G. Guderley: Die Ursache für das Auftreten von Verdichtungsstößen in gemischten Unter-Überschallströmungen. M. O. S. (A) Völkenrode, R & T 110.

[4] K. Oswatitsch und K. Wieghardt: Theoretische Untersuchungen über stationäre Potentialströmungen und Grenzschichten bei hohen Geschwindigkeiten. (Lilienthal-Preisausschreiben 1942.) Lilienthalgas-Ber., S. 13 (1944), NACA TM 1189.

[5] H. Behrbohm: Näherungstheorie des unsymmetrischen Schalldurchganges in einer Laval-Düse. ZAMM XXX/4 (1950), S. 101—112.

[6] Th. v. Kármán: Vortrag am 6. internationalen Kongreß für angewandte Mechanik, Paris (1946).

[7] Th. v. Kármán: The similarity law of transonic flow. J. Math. Physics XXVI (1947), S. 182—190.

[8] K. Oswatitsch and S. B. Berndt: Aerodynamic similarity at axisymmetric transonic flow around slender bodies. KTH — AERO TN 15 (1950).

[9] Th. v. Kármán: Supersonic aerodynamics—principles and applications. J. aeronaut. Sci. XIV/7 (1947), S. 373—402.

[10] K. Oswatitsch: A new law of similarity for profiles valid in the transonic region. R. A. E. TN 1902 (1947).

[11] B. Göthert: Druckverteilung- und Impulsverlust-Schaubilder für das Profil NACA 0 00 06 (bis 0 00 18) — 1,130 bei hohen Unterschallgeschwindigkeiten. FB 1501/1 bis 5.

[12] S. B. Berndt: Similarity laws for transonic flow around wings of finite aspect ratio. KTH — AERO TN 14 (1950).

[13] K. Oswatitsch und W. Rothstein: Das Strömungsfeld in einer Laval-Düse. Jb. dtsch. Lufo (1942), I, S. 91—102.

[14] Th. Meyer: Dissertation Göttingen (1908), Forschungsheft V. D. I. 62.

[15] G. J. Taylor: The flow of air at high speeds past curved surfaces. Aeronaut. res. comm. Rep. a. Mem. Nr. 1381 (1930).

[16] H. Görtler: Zum Übergang von Unterschall- zu Überschallgeschwindigkeiten in Düsen. ZAMM XIX (1939), S. 325—337.

[17] S. Tomotika and K. Tamada: Studies on two-dimensional transonic flows of compressible fluids. Quart. appl. math. VII (1950), S. 381—398.

[18] R. Sauer: General characteristics of the flow through nozzles at near critical speeds. NACA TM 1147.

[19] T. E. Stanton: Velocity in a wind channel throat. Aeronaut. res. com. Rep. a. Mem. Nr. 1388 (1931).

[20] A. A. Nikolskii and G. J. Taganow: Gas motion in a local supersonic region and conditions of potential-flow breakdown. NACA TM 1213 (1949). Übersetzung aus Prikladnaya Mathematika Mekhanika X/4 (1946).

[21] F. Frankl: On the problems of Chapligin for the mixed sub- and supersonic flow. NACA TM 1155 (1947).

[22] G. J. Taylor: Strömung um einen Körper in einer kompressiblen Flüssigkeit. ZAMM X (1930), S. 334—345.

[23] G. Guderley: New aspects of transonic flow theory. Technical Data Digest (1. November 1947).

[24] K. Oswatitsch: Die Geschwindigkeitsverteilung an symmetrischen Profilen beim Auftreten lokaler Überschallgebiete. Acta Physica Austriaca, IV (1950), S. 230 bis 271.

[25] J. Ackeret, F. Feldmann und N. Rott: Untersuchungen an Verdichtungsstößen und Grenzschichten in schnell bewegten Gasen. ETH — AERO MITT X (1946).

[26] K. Oswatitsch: Gesetzmäßigkeiten der schallnahen Strömung. ZAMM XXIX/1, 2 (1949), S. 1—2

[27] J. W. Maccoll: Investigations of compressible flow at sonic speed. Ministr. o. Supply, Theor. VII/46 (1946).

[28] G. Drougge: The flow around conical tips in the upper transonic range. FFA Medd 25 (1948).

[29] H. W. Emmons: The numerical solution of compressible fluid flow problems. NACA TN 932 (1944).

[30] H. W. Emmons: The theoretical flow of a frictionless, adiabatic, perfect gas inside of a two-dimensional hyperbolic nozzle. NACA TN 1003 (1946).

[31] H. W. Emmons: Flow of a compressible fluid past a symmetrical airfoil in a wind tunnel and free air. NACA TN 1746 (1948).

[32] J. L. Amick: Comparison of the experimental pressure distribution on an NACA 0012 profile at high speeds with that calculated by the relaxations method. NACA TN 2174 (1950).

[33] G. Guderley: Singularities at the sonic velocity. Techn. Rep. No. F.-TR-1171-ND (1948).

[34] F. Tricomi: Sulle equazioni lineari alle derivati partiali di 2 ordine di tipo misto. Atti delle Accademia Nationale dei Lincei 1923. Serie Quinta. Memorie della Classe di Scienci Fisiche, Matemat. e Naturali; Vol. XIV, S. 134.

[35] H. S. Tsien and J. R. Baron: Airfoils in slightly supersonic flow. J. aeronaut. Sci. XVI/1 (1949), S. 55—61.

[36] G. Guderley and H. Yoshihara: The flow over a wedge profile at Mach number 1. J. aeronaut. Sci. XVII/11 (1950). S. 723—735.

[37] M. Holt: Flow patterns and the method of Characteristics near a sonic line. Quart. J. mech. appl. math. II (1949), S. 246—256.

[38] H. Behrbohm: Zum Schalldurchgang in zwei- und dreidimensionalen Düsenströmungen. ZAMM XXX/8, 9 (1950), S. 268—269.

[39] M. J. Lighthill: The hodograph transformation in transonic flow. I. Symmetrical channels. Proc. Roy. Soc. London A CXCI (1948), S. 323—341.

[40] H. W. Liepmann and A. E. Bryson, Jr.: Transonic flow past wedge sections. J. aeronaut. Sci. XVII/12 (1950), S. 745—756.

[41] G. Guderley and H. Yoshihara: An axial-symmetric transonic flow pattern. Quart. appl. Math. VIII/4 (1951), S. 333—339.

[42] P. Germain: Recherches sur une équation du type mixte. Rech. Aéronautique XXII (1951), S. 7—20.

[43] J. R. Spreiter: Similarity laws for transonic flow about wings of finite span. NACA TN 2273 (1950).

[44] A. Martinot-Lagarde et G. Goutier: Sur une vérification en soufflerie des équations des écoulements plans transsonique. C. r. Acad. Sci. CCXXXII (1951), S. 2288—2290.

[45] J. D. Cole: Drag of a finite wedge at high subsonic speeds. J. Math. Physics XXX/2 (1951), S. 79—93.

[46] T. Gullstrand: The flow over symmetrical aerofoils without incidence in the lower transonic range. KTH—AERO TN 20 (1951).

[47] T. Gullstrand: The flow over symmetrical aerofoils without incidence at sonic speeds. KTH—AERO TN 24 (1952) und TN 25 (1952).

X. Spezielle stationäre und instationäre räumliche Strömungen.

1. Die Unterschallströmung am flachen symmetrischen Körper.

Bei genügender Entfernung von der Schallgeschwindigkeit kann von der linearisierten Gl. (VI, 42) für das Strömungspotential ausgegangen werden. Mit β als Prandtl-Faktor der Anströmung lautet die Gleichung:

$$\beta^2\,\varphi_{xx} + \varphi_{yy} + \varphi_{zz} = 0. \tag{1}$$

Diese Linearisierung ist im allgemeinen berechtigter als bei der ebenen Strömung, da die Störungen bei räumlicher Strömung wegen der größeren Ausweichmöglichkeit geringer sind. Noch kleiner allerdings sind die Störungen bei Achsensymmetrie, wenn bei gleichen Dickenverhältnissen und gleichem β verglichen wird. Doch macht man in der Praxis Rümpfe nicht so dünn wie Flügel oder Leitwerke.

Eine Lösung von Gl. (1) wurde schon in Gl. (VII, 1) mit q als Quellstärke angegeben. Die Randbedingung ergibt sich nach Gl. (VI, 112) einfach als Vorschrift für v auf $y = 0$, wenn der flache Körper (wie im folgenden stets) in die x, z-Ebene gelegt wird. Mit der Ausströmgeschwindigkeit v aus dieser Ebene ist aber auch die Quellstärke q bekannt. Für das Element $d\zeta\, d\xi$ der Projektionsfläche (wegen der nachfolgenden Integration müssen statt z, x besondere Integrationsvariable ζ, ξ eingeführt werden) ist q gegeben durch:

$$q = 2\, v\, d\zeta\, d\xi = 2\, u_\infty\, h_\xi\, d\zeta\, d\xi.$$

Nun brauchen die einzelnen Quellen nur mit den Abstandsfunktionen nach Gl. (VII, 1, 2) multipliziert zu werden, um nach Summation über alle Quellwirkungen die Lösung für die gewünschte Dickenverteilung $h\,(x, z)$ des flachen Körpers zu liefern. Mit F als Grundrißfläche (Abb. 252) ergibt sich ganz analog zu Gl. (VII, 7):

$$\varphi = -\frac{u_\infty}{2\,\pi}\int\!\!\int_F \frac{h_\xi\,(\xi,\,\zeta)\,d\zeta\,d\xi}{\sqrt{(x-\xi)^2 + \beta^2\,y^2 + \beta^2\,(z-\zeta)^2}} \tag{2}$$

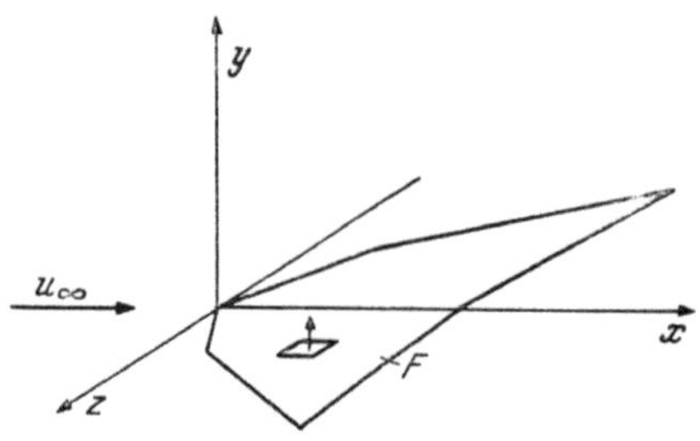

Abb. 252. Körpergrundriß F.

Der Übergang zum logarithmischen Potential der ebenen Strömung wurde bereits in Abschnitt VII, 1 gezeigt. Einfacher ist der entsprechende Übergang in den Geschwindigkeitskomponenten.

Aus der Superposition der Gl. (VII, 2) oder durch Ableiten von Gl. (2) ergeben sich die Geschwindigkeitskomponenten:

$$\frac{u}{u_\infty} - 1 = -\frac{1}{2\,\pi}\int\!\!\int_F \frac{h_\xi\,(\xi - x)\,d\zeta\,d\xi}{[(\xi - x)^2 + \beta^2\,y^2 + \beta^2\,(\zeta - z)^2]^{3/2}}\,;$$

$$\frac{v}{u_\infty} = \frac{\beta^2\,y}{2\,\pi}\int\!\!\int_F \frac{h_\xi\,d\zeta\,d\xi}{[(\xi - x)^2 + \beta^2\,y^2 + \beta^2\,(\zeta - z)^2]^{3/2}}\,; \tag{3}$$

$$\frac{w}{u_\infty} = -\frac{\beta^2}{2\,\pi}\int\!\!\int_F \frac{h_\xi\,(\zeta - z)\,d\zeta\,d\xi}{[(\xi - x)^2 + \beta^2\,y^2 + \beta^2\,(\zeta - z)^2]^{3/2}}\,.$$

Die Integration kann dabei ebenso gut über die ganze x, z-Ebene erstreckt werden, weil ja außerhalb von F die Dicke h verschwindet. Nach Abschnitt VI, 17 können die Werte am Körper und in der $x,\, z$-Ebene einander gleichgesetzt werden. Gegenüber der ebenen Strömung [vgl. etwa Gl. (VII, 8)] ergibt sich die Schwierigkeit, daß der Integrand auf $y = 0$ an der Stelle $\xi = x$, $\zeta = z$ quadratisch über alle Grenzen wächst. Man kann sich nun auch nicht mit einem Cauchyschen Hauptwert helfen. Dieser Schwierigkeit wird hier (und in den nächsten Abschnitten) sehr einfach dadurch begegnet, daß in Analogie zum Übergang zur ebenen Strömung einmal in ζ-Richtung in der Weise partiell integriert wird, daß die Singularität des Integranden um eine Potenz sinkt. Am stärksten interessiert die u-Störung, weil mit ihr im wesentlichen die Geschwindigkeits- und Druckstörung gegeben ist. Aus Gl. (3) folgt mit Hilfe der Integraltafel:

$$\frac{u}{u_\infty} - 1 = -\frac{1}{2\,\pi}\int\limits_{-\infty}^{+\infty}\frac{\xi - x}{(\xi - x)^2 + \beta^2\,y^2}\left\{\frac{h_\xi\,(\xi,\, +\infty) + h_\xi\,(\xi,\, -\infty)}{\beta} + \right.$$

$$\left. -\int\limits_{-\infty}^{+\infty}\frac{h_{\xi,\zeta}\,\xi\,(\zeta - z)\,d\zeta}{\sqrt{(\xi - x)^2 + \beta^2\,y^2 + \beta^2\,(\zeta - z)^2}}\right\}d\xi.$$

Indem die Stelle $\xi = x$ wie in Gl. (VII, 8) durch Bildung des Cauchyschen Hauptwertes ausgeschlossen wird, kann nun ohne weiteres zum Werte auf der x, z-Ebene übergegangen werden. Für $y = 0$ gilt damit:

$$\frac{u}{u_\infty} - 1 = - \frac{1}{2\,\pi} \int\limits_{-\infty}^{+\infty} \left\{ \frac{h_\xi\,(\xi, +\infty) + h_\xi\,(\xi, -\infty)}{\beta} + \right.$$

$$\left. - \int\limits_{-\infty}^{+\infty} \frac{h_{\xi,\zeta}\,(\zeta - z)\,d\zeta}{\sqrt{(\xi - x)^2 + \beta^2\,(\zeta - z)^2}} \right\} \frac{d\xi}{\xi - x}.$$

(4)

Bei ebener Strömung fällt mit $h_{\xi,\zeta} = 0$ das Doppelintegral weg, es bleibt im wesentlichen Gl. (VII, 8). Bei allen in z-Richtung endlichen flachen Körpern (also im Normalfall) verschwindet $h_\xi(\xi, \pm\infty)$ und es bleibt nur das Doppelintegral.

Mit Gl. (4) ist die Aufgabe der Geschwindigkeitsbestimmung an einem flachen, symmetrischen Körper bei $M_\infty < 1$ auf eine Integration zurückgeführt. Die dafür erforderliche Arbeit soll allerdings nicht unterschätzt werden, wenn die Körperform zu allgemein angenommen wird. Jedenfalls ist sie aber stets zu bewältigen, da numerische Integrationen durchgeführt werden können, wenn analytische nicht möglich erscheinen.

Abb. 253 zeigt die Geschwindigkeitsverteilung an einem Profil nach R. T. Jones[1]. (Ein ähnliches Beispiel gibt S. Neumark[15].) Das Profil ist, in allen Längsschnitten gleichbleibend, ein Parabelbogenzweieck. Die Pfeilung beträgt bei $M_\infty = 0$, $\Lambda = 60°$. Daraus können mit der Pr. Regel die Geschwindigkeits

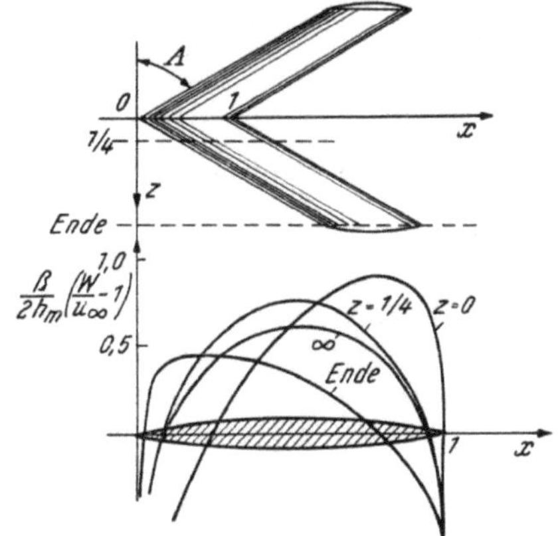

Abb. 253. Geschwindigkeitsverteilung bei $M_\infty < 1$ in Längsschnitten eines mit $\Lambda = 60°$ gepfeilten Flügels nach Jones [∞ : Werte nach Gl. (VI, 162)].

verteilungen für andere M_∞-Werte bei entsprechend geändertem Pfeilwinkel berechnet werden. Bei unendlich langem Pfeilflügel strebt die Geschwindigkeitsverteilung dem mit ∞ bezeichneten Werte zu (Abschnitt VI, 21). Das Beispiel zeigt, daß diese Verteilung schon sehr nahe am Mittelschnitt annähernd erreicht ist. (Entsprechendes ist am Endquerschnitt zu erwarten.)

Das Geschwindigkeitsmaximum im Mittelschnitt verlagert sich stromabwärts. Hier ergibt sich also wie bei Überschallgeschwindigkeiten eine Druckverteilung mit Widerstand. Im ganzen darf sich natürlich kein Widerstand ergeben. Daher zeigt sich an den Enden eine schuberzeugende Druckverteilung.

Die hier geschilderte Methode setzt wegen der Linearisierung nur voraus, daß die Störungen klein, die Oberflächenelemente also nicht zu stark gegen die Anströmrichtung angestellt sind. Doch kann durch entsprechend starke Belegung auf der Achse durchaus auch ein Rumpf nachgebildet werden. Nur stimmt dann die Belegungsfunktion $h\,(\xi, \zeta)$ nicht mit der Körperdicke überein sondern gibt diese nur näherungsweise wieder, da die Geschwindigkeitskomponenten am Körper — entsprechend wie beim Rotationskörper — nicht mehr jenen in der x, z-Ebene gleichgesetzt werden können. In diesem Fall muß die genaue Körperform aus den Stromfäden in der Nähe von $y = 0$ mit Hilfe von Gl. (3) erst bestimmt werden. An den so gefundenen y-Werten ist dann die Geschwindigkeit ebenfalls mit Gl. (3) zu bilden.

Flache Körper lassen sich auch sehr einfach superponieren, wenn *jede* Fläche in einer Symmetrieebene der ganzen Anordnung liegt (Abb. 254), wie es häufig bei Leitwerken vorkommt. Auf einer bestimmten Fläche werden dann nämlich vom übrigen Körper keine Geschwindigkeiten induziert, so daß sich die dortige Quergeschwindigkeit und damit die Flächendicke aus der örtlichen Quellbelegung der Fläche allein ergibt.

Neuerdings gibt F. Keune[39] besonders einfache Formeln zur Berechnung von nicht angestellten Flügeln kleiner Spannweite (auch bei Überschallströmung). In naher Verwandtschaft zur Theorie angestellter Platten kleiner Spannweite von R. T. Jones[16], kann die Strömung in einem Querschnitt in der Nähe des Flügels als eben angesehen werden. Während die Strömung um die tragende Platte

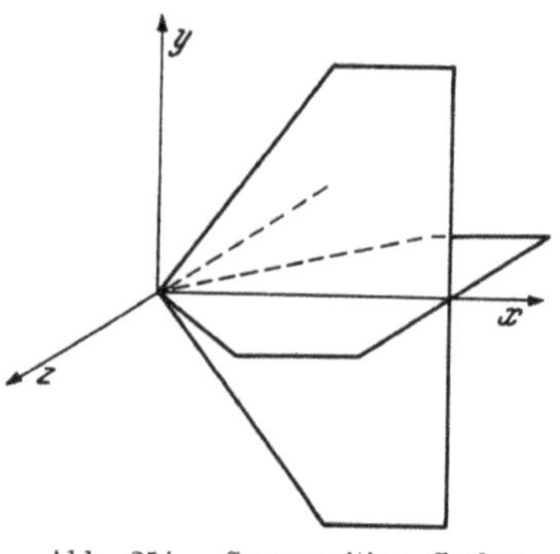

Abb. 254. Superposition flacher Körper.

damit bereits gegeben ist, kommt beim nicht tragenden Körper noch ein additiver Effekt dazu. Es ist die vom übrigen Flügel induzierte, nur aus Integralen über Flügelquerschnitte zu berechnende Geschwindigkeit.

2. Tragende Flächen in Unterschallströmung.

Die Theorie erfordert bereits bei dichtebeständiger Strömung beträchtlichen Aufwand. Die Aufgabe dieses Abschnittes kann daher nur in der Ermittlung des Kompressibilitätseinflusses liegen, wobei die zugehörige dichtebeständige Strömung als durch Versuch oder Theorie (Prandtlsche Tragflügeltheorie, Beschleunigungspotential usw.) gegeben angenommen werden muß. Eine Ausnahme hievon machen Dreiecksflügel kleiner Spannweite. Diese sind gerade bei Schallnähe einer einfachen Behandlung zugänglich.

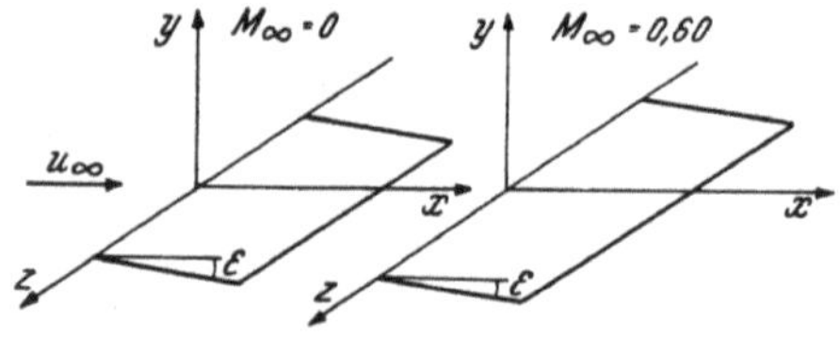

Soweit die Pr. Regel zugrunde gelegt werden kann, ist die Übertragung der Resultate ziemlich einfach. Zur Bestimmung des Auftriebes sei von der Fassung 1 der Pr. Regel von Abschnitt VI, 20 ausgegangen. Darnach haben die Druckkoeffizienten an einer bestimmten Körperform den $1/\beta$-fachen Wert der Druckkoeffizienten in entsprechenden Punkten eines Körpers von β-facher Spannweite

Abb. 255. Zugeordnete Tragflächen nach der ersten Fassung der Pr. Regel.

in dichtebeständiger Strömung. Da nichts über die Körperform vorausgesetzt wurde, kann als solche auch eine tragende Fläche genommen werden. Sie wird nach der ersten Fassung der Pr. Regel mit einer Fläche gleicher Anstellung, aber β-fach verringerter Spannweite verglichen (Abb. 255).

Nach Integration der Druckkoeffizienten über die Fläche ergibt sich der Faktor $1/\beta$ auch für den Auftriebsbeiwert c_a und, da bei gleichem Anstellwinkel ε verglichen wird, auch für $\left(\dfrac{dc_a}{d\varepsilon}\right)_0$ (d. i. $\dfrac{dc_a}{d\varepsilon}$ bei $\varepsilon = 0$). Nun nimmt der Wert von $\left(\dfrac{dc_a}{d\varepsilon}\right)_0$ mit der Spannweite ab, er ist also für den Vergleichsflügel bei $M_\infty = 0$ kleiner als für einen Flügel gleicher Spannweite, bei $M_\infty = 0$. Daraus folgt, daß der Wert von $\left(\dfrac{dc_a}{d\varepsilon}\right)_0$ bei endlichen Tragflächen weniger als mit dem Faktor $1/\beta$

mit wachsender Mach-Zahl M_∞ zunimmt und den Faktor $1/\beta$ nur bei unendlich großem Seitenverhältnis, d. h. bei ebener Strömung, erreicht.

Die Verhältnisse seien an der Formel elliptischer Auftriebsverteilung der Prandtlschen Tragflügeltheorie für Flügel großer Spannweite b studiert. Mit F als Flügelgrundrißfläche in der x, z-Ebene ergibt sich folgende Beziehung* für dichtebeständige Strömung ($\left(\dfrac{dc_a}{d\varepsilon}\right)_{0i}$ sei $\left(\dfrac{dc_a}{d\varepsilon}\right)_0$ für $M_\infty = 0$, inkompressibel!):

$$\left(\frac{dc_a}{d\varepsilon}\right)_{0i} = \frac{2\,\pi}{1 + \dfrac{2\,F}{b^2}}. \tag{5}$$

Für $b \to \infty$ strebt $F/b^2 \to 0$, womit sich Gl. (VII, 12) für $M_\infty = 0$, $\beta = 1$ ergibt. Da die x-Richtung unverzerrt bleibt, entspricht einem Verhältnis F/b^2 bei M_∞ ein Verhältnis $\dfrac{1}{\beta} \cdot \dfrac{F}{b^2}$ bei $M_\infty = 0$. Nach Gl. (5) ergibt sich der Auftrieb des entsprechenden Vergleichsflügels aus dem Auftrieb des unverzerrten Flügels durch Multiplikation mit dem Faktor:

$$\frac{1 + \dfrac{2\,F}{b^2}}{1 + \dfrac{2\,F}{b^2}\dfrac{1}{\beta}}.$$

Nach der Pr. Regel ist dann schließlich der Auftrieb bei M_∞ wie folgt durch jenen des *gleichen* Flügels bei $M_\infty = 0$ ausgedrückt:

$$\left(\frac{dc_a}{d\varepsilon}\right)_0 = \frac{1}{\beta}\left(\frac{dc_a}{d\varepsilon}\right)_{0i} \frac{1 + \dfrac{2\,F}{b^2}}{1 + \dfrac{2\,F}{b^2}\dfrac{1}{\beta}} = \left(\frac{dc_a}{d\varepsilon}\right)_{0i} \frac{1 + \dfrac{2\,F}{b^2}}{\beta + \dfrac{2\,F}{b^2}}. \tag{6}$$

Hierin ist der letzte Bruch stets kleiner als $1/\beta$.

Aus Gl. (6) kann mittels Gl. (5) entweder der Auftrieb bei $M_\infty = 0$ oder das Verhältnis F/b^2 eliminiert werden[2]:

$$\left(\frac{dc_a}{d\varepsilon}\right)_0 = \frac{2\,\pi}{\beta + \dfrac{2\,F}{b^2}} = \left(\frac{dc_a}{d\varepsilon}\right)_{0i} \frac{1}{1 - \dfrac{1}{2\,\pi}\left(\dfrac{dc_a}{d\varepsilon}\right)_{0i}(1 - \beta)}. \tag{7}$$

Obwohl die Beziehung Gl. (6) und (7) zwischen $\left(\dfrac{dc_a}{d\varepsilon}\right)_0$ und $\left(\dfrac{dc_a}{d\varepsilon}\right)_{0i}$ nur für elliptische Auftriebsverteilung großer Spannweite abgeleitet wurde, ist doch mit einer Anwendbarkeit über den vorausgesetzten Bereich hinaus zu rechnen. Eine entsprechende Erfahrung macht man nämlich auch bei den Umrechnungsformeln für geänderte Seitenverhältnisse in der Tragflügeltheorie.

Während der Einfluß der Spannweite bei großen Seitenverhältnissen nur die Bedeutung einer Korrektur des aus der zweidimensionalen Theorie gewonnenen Auftriebsbeiwertes hat [vgl. Gl. (5) mit Gl. (VII, 12)], gewinnt die Spannweite mit abnehmendem Seitenverhältnis an Bedeutung für den Auftrieb, damit sinkt nach Gl. (7) aber der Kompressibilitätseinfluß. Für mittlere Seitenverhältnisse lassen sich wie bei dichtebeständiger Strömung nur schwer Aussagen machen. Für *kleine* Seitenverhältnisse hingegen kann man ganz analoge Überlegungen anstellen wie bei schlanken angestellten Rotationskörpern (vgl. Schluß der Abschnitte VII, 4 und VIII, 3). Da die Änderungen bei kleinen Seitenverhältnissen

---

* Siehe etwa den Beitrag von TH. v. KÁRMÁN und J. M. BURGERS über General Aerodynamic Theory of Perfect Fluids in W. F. DURAND, Aerodynamic Theory, Bd. II, S. 169, Gl. (2, 15), worin mit Rücksicht auf das verschwindend kleine Dickenverhältnis $m = 2$ gesetzt werden kann. Ferner: S. 170, Gl. (2, 18).

in einer y, z-Ebene bedeutend stärker sind als in x-Richtung, läßt sich die Strömung nach R. T. JONES[16, 17] in der y, z-Ebene als eben und dichtebeständig behandeln. Diese Näherung ist um so berechtigter, je näher die Mach-Zahl der Anströmung dem Werte 1 ist. Für $M_\infty = 1$, $\beta = 0$ gibt es nach Gl. (1) für das Auftriebsproblem auch bei Linearisierung Resultate.

Für eine unendlich dünne angestellte Platte entspricht das Potential in einer y,z-Ebene dem *ebenen* Problem einer quer angeströmten Platte (Abb. 256). Dieses kann als bekanntes Resultat den Lehrbüchern entnommen oder entsprechend zur angestellten Platte (Abschnitt VII, 3) abgeleitet werden. Während bei letztgenanntem Fall die Zirkulation so gewählt wurde, daß die Störgeschwindigkeit am Plattenende Null

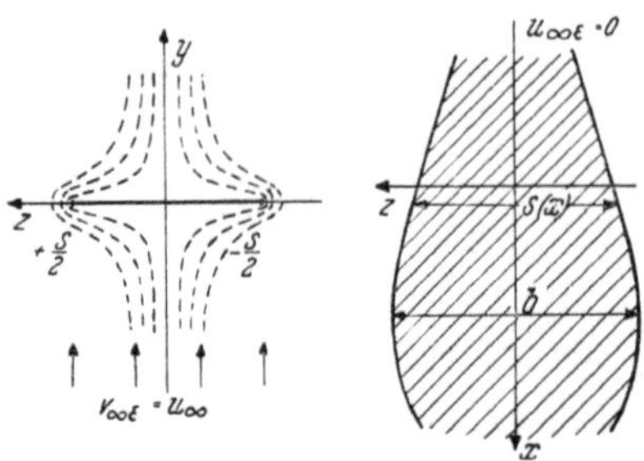

Abb. 256. Tragende Platte kleinen Seitenverhältnisses.

ist, muß die Strömung hier in z symmetrisch sein, die Zirkulation also verschwinden. Damit ist für verschwindenden Anstellwinkel ($\varepsilon = 0$), wenn die Platte von der Breite $s(x)$ symmetrisch zur x-Achse liegt ($-\frac{s}{2} \leq z \leq \frac{s}{2}$):

$$y = 0: \quad \frac{w_\varepsilon}{u_\infty} = \frac{z}{\sqrt{\left(\frac{s}{2}\right)^2 - z^2}}. \tag{8}$$

(Demgegenüber war in Abschnitt VII, 3 die der Zirkulation entsprechende verfügbare Konstante C so gewählt worden, daß u_ε in Gl. (VII, 11) zur Plattenmitte $x = {}^1/_2$ antisymmetrisch wurde.)

Mit Gl. (VII, 9) ist dann das abgeleitete Potential:

$$\varphi_\varepsilon - u_\infty\, y = -\frac{1}{\pi} \int\limits_{-\frac{s}{2}}^{+\frac{s}{2}} w_\varepsilon\,(\zeta)\, \operatorname{arctg} \frac{y}{z - \zeta}\, d\zeta =$$

$$= -\frac{u_\infty}{\pi} \int\limits_{-\frac{s}{2}}^{+\frac{s}{2}} \frac{\zeta}{\sqrt{\left(\frac{s}{2}\right)^2 - \zeta^2}}\, \operatorname{arctg} \frac{y}{z - \zeta}\, d\zeta.$$

Nach partieller Integration und Grenzübergang $y \to 0$:

$$y = 0: \quad \varphi_\varepsilon = \frac{u_\infty}{\pi} \lim_{y \to 0} \int\limits_{-\frac{s}{2}}^{+\frac{s}{2}} \sqrt{\left(\frac{s}{2}\right)^2 - \zeta^2}\; \frac{y}{(\zeta - z)^2 - y^2}\, d\zeta = u_\infty \sqrt{\left(\frac{s}{2}\right)^2 - z^2}. \tag{9}$$

Der Grenzübergang geschieht dabei wie in Gl. (VII, 7) für v, wo sich auch für $y = 0$ $v = v_0(x)$ ergibt. Hier tritt an die Stelle von v_0 der Wurzelausdruck. Aus dem für sich bekannten Resultat (9) der ebenen Strömung folgt nun leicht:

$$\varepsilon = 0,\; y = 0: \quad \frac{u_\varepsilon}{u_\infty} = \frac{\varphi_{\varepsilon\,x}}{u_\infty} = \pm \frac{1}{4} \frac{s\,\frac{ds}{dx}}{\sqrt{\frac{s^2}{4} - z^2}}. \tag{10}$$

Die u-Strömung eines angestellten Flügels kleinen Seitenverhältnisses ist also wie jene eines schlanken angestellten Rotationskörpers unabhängig von der Mach-Zahl. (Eine Anwendung auf zu hohe Überschallgeschwindigkeiten ist dabei wieder ausgeschlossen.)

u_ε hat an der Plattenober- und -unterseite entgegengesetzte Werte. Der Drucksprung verschwindet an Stellen, wo die Flügelbreite $s(x)$ ein Maximum hat. An Knickstellen des Flügelrandes ist diese Theorie nicht ohne weiteres anwendbar, sie würde Drucksprünge an solchen Stellen ergeben. Das in Gl. (1) vernachlässigte Glied $\beta^2 \varphi_{xx}$ würde damit sehr groß werden können. Es leuchtet ja ein, daß für die Anwendbarkeit der Theorie neben der Kleinheit der Spannweite b zunächst auch eine nicht zu plötzliche Änderung der lokalen Breite $s(x)$ Voraussetzung ist. Die Zulässigkeit der Theorie an Flügelteilen mit starken Änderungen in x-Richtung bedarf also einer besonderen Untersuchung.

Eine blinde Anwendung von Gl. (10) auf Stellen hinter dem Breitenmaximum b ergäbe dort, wie bei einem angestellten Rotationskörper, lokalen Abtrieb. Dieses Resultat folgt daraus, daß man die Ränder der Wirbelschicht mit den Plattenrändern gleichgesetzt hat, was nur vor dem Breitenmaximum richtig ist. Am Breitenmaximum trägt die Platte nach Gl. (10) nicht mehr, der Druck oben und unten ist ausgeglichen wie in einer freien Wirbelschicht. Hinter dem Breitenmaximum zieht sich die Platte in der freien Wirbelschicht der Breite b zusammen (Abb. 257). Damit ist sowohl die

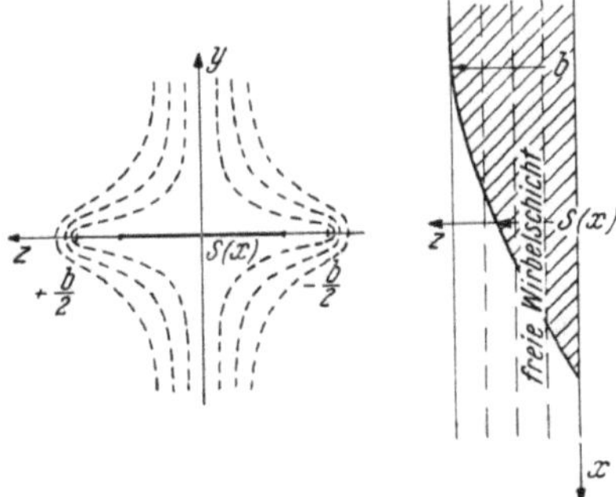

Abb. 257. Platte hinter dem Breitenmaximum in der Wirbelschicht.

Randbedingung als auch die Kutta-Joukowski-Bedingung des glatten Abströmens an der Hinterkante erfüllt. Der Flügelteil hinter dem Dickenmaximum trägt bei kleinen Seitenverhältnissen nicht und kann daher auch im Rahmen dieser Theorie beliebig geformt oder auch scharf abgeschnitten sein. Ein Vergleich mit exakten Resultaten zeigt, daß die Anwendbarkeit keineswegs auf sehr kleine Breiten beschränkt ist.

Es sei F die Fläche der tragenden Platte. Aus Gl. (VI, 143) und (VI, 144) ist dann der Auftrieb leicht zu gewinnen, wobei die Integration erst in x-Richtung ausgeführt werden möge. Mit $\bar{x}\,(z)$ sei die Kante gekennzeichnet und die z-Achse liege im Breitenmaximum:

$$\varepsilon = 0: \quad \frac{dc_n}{d\varepsilon} = \frac{dc_a}{d\varepsilon} = \frac{1}{F} \int\limits_{-\frac{b}{2}}^{+\frac{b}{2}} \left\{ \int\limits_{\bar{x}}^{0} \frac{s\,\dfrac{ds}{dx}}{\sqrt{\dfrac{s^2}{4} - z^2}}\,dx \right\} dz =$$

$$= \frac{1}{F} \int\limits_{-\frac{b}{2}}^{+\frac{b}{2}} \left\{ \int\limits_{z}^{b} \frac{s\,ds}{\sqrt{\dfrac{s^2}{4} - z^2}} \right\} dz = \frac{4}{F} \int\limits_{-\frac{b}{2}}^{+\frac{b}{2}} \sqrt{\frac{b^2}{4} - z^2}\,dz = \frac{\pi}{2}\,\frac{b^2}{F}. \qquad (11)$$

Das letzte Integral, über z allein gebildet, zeigt, daß die Auftriebsverteilung über der Spannweite bei kleinem Seitenverhältnis stets elliptisch ist, unabhängig von der Flügelform. Der Auftrieb selbst ist, unabhängig von M_∞, gerade halb so groß wie der Wert, der sich für $M_\infty = 1$ ($\beta = 0$) aus der Prandtlschen Tragflügeltheorie Gl. (7) ergibt. Die gesuchten Lösungen liegen irgendwo zwischen den beiden durch Gl. (7) und (11) repräsentierten Extremfällen. Mit $M_\infty \to 1$ gewinnt das letzte Ergebnis an Genauigkeit, doch dürften dann auch gewisse, über die Linearisierung hinausgehende Korrekturen notwendig werden.

Zur Bestimmung des *induzierten Widerstandes* einer zunächst beliebig geformten tragenden Fläche sei der Impulssatz auf eine y, z-Ebene hinter der tragenden Platte angewendet. Ganz entsprechend zur Ableitung in Abschnitt IV, 7, Gl. (IV, 36) ist der Widerstand K, die Kraft in negativer x-Richtung, bei Anwendung der Kontinuitätsbedingung (IV, 2) auf die unendliche y, z-Kontrollebene:

$$- K = + \int\limits_{-\infty}^{+\infty}\!\!\int [\varrho\, u^2 - \varrho_\infty\, u_\infty^2 + (p - p_\infty)]\, dy\, dz =$$

$$= \int\limits_{-\infty}^{+\infty}\!\!\int [\varrho\, u\, (u - u_\infty) + p - p_\infty]\, dy\, dz. \tag{12}$$

Hierin sei $\varrho\, u$ und $p - p_\infty$ nach kleinen Störungen der Geschwindigkeitskomponenten entwickelt. Da $\varrho\, u$ mit $u - u_\infty$ multipliziert ist, genügt hier eine Entwicklung bis einschließlich dem linearen Glied in den Störungen, $\varrho\, u$ selbst kann mit der Stromdichte $\varrho\, W$ gleichgesetzt werden. Für den Druck erweist sich aber eine Entwicklung bis einschließlich den quadratischen Gliedern als notwendig. Nach Anwendung der Entwicklungen von Gl. (II, 52) und Gl. (II, 53) fällt schließlich das lineare Glied in den Störungen weg und es bleibt:

$$K = \frac{1}{2}\, \varrho_\infty\, u_\infty^2 \int\limits_{-\infty}^{+\infty}\!\!\int \left[\left(\frac{v}{u_\infty}\right)^2 + \left(\frac{w}{u_\infty}\right)^2 - (1 - M_\infty^2)\left(\frac{u}{u_\infty} - 1\right)^2 + \ldots \right] dy\, dz. \tag{13}$$

Der induzierte Widerstand ist eine Kraft, welche proportional zu dem Quadrat der Störungen ist. Eine Anwendung der Pr. Regel ist daher von vornherein nicht berechtigt, sie bedarf einer Prüfung. Für den Übergang von Gl. (12) auf Gl. (13) wurde zwar die lineare Entwicklung der Stromdichte, aber die quadratische Entwicklung der Druckstörung verwendet. Dies ist nur berechtigt, wenn die Pr. Regel in Form der *Stromlinienanalogie* verwendet wird. Der Flügel bei $M_\infty \neq 0$ ist also zu vergleichen mit einem Flügel bei $M_\infty = 0$, mit β-fachem Anstellwinkel, β-facher Spannweite und β^2-fachen Druckkräften. Daß gerade die Stromlinien richtig abgebildet werden müssen, ist wegen der Bedeutung der Wirbelbildung für den Widerstand verständlich. Im übrigen zeigte es sich schon bei den Ähnlichkeitsgesetzen für Schallnähe und für Hyperschall, daß die Anwendung einer bestimmten Form der Pr. Regel auch über die Linearisierung hinaus zulässig sein kann.

Für die Änderung des induzierten Widerstandes K mit dem Anstellwinkel ε erhält man für eine unendlich dünne Platte innerhalb der Linearisierung folgendes exakte Resultat. Zur Ableitung sei die Strömung an der Kontrollfläche bei verschiedenen Anstellungen der Platte (nicht der Anströmung wie in Abschnitt VI, 18) betrachtet und berücksichtigt, daß für $\varepsilon = 0$: $u = u_\infty$, $v = w = 0$ gilt:

$$\varepsilon = 0: \quad K_\varepsilon = 0; \quad K_{\varepsilon\varepsilon} = \varrho_\infty \int\limits_{-\infty}^{+\infty}\!\!\int [v_\varepsilon^2 + w_\varepsilon^2 - (1 - M_\infty^2)\, u_\varepsilon^2]\, dy\, dz. \tag{14}$$

Höhere als quadratische Glieder verschwinden in Gl. (14). Außerdem treten nur Größen auf ($u_\varepsilon, v_\varepsilon, w_\varepsilon$), welche sich völlig richtig aus den linearisierten

Gleichungen ergeben. Also ist die Anwendung der *Stromlinienanalogie* auf eine unendlich dünne Platte auch zulässig.

Damit läßt sich für *elliptische* Auftriebsverteilung der induzierte Widerstand mit der aus der Tragflügeltheorie bekannten Formel auf den Auftriebsbeiwert zurückführen. Mit einem Querstrich seien die entsprechenden Werte bei $M_\infty = 0$ und Stromlinienanalogie bezeichnet. Es gilt $\bar{b} = \beta\, b$; $\bar{F} = \beta\, F$; $\bar{\varepsilon} = \beta\, \varepsilon$. Weil nun die Druckunterschiede zu $1/\beta^2$ proportional sind, gilt bei kleinerem Anstellwinkel $\bar{c}_a = \beta^2\, c_a$ und $\bar{c}_w = \beta^3\, c_w$, wie direkt aus der Integration über die Druckkräfte geschlossen werden kann. Folglich ist:

$$c_w = \frac{1}{\beta^3}\,\bar{c}_w = \frac{1}{\beta^3}\,\frac{1}{\pi}\,\frac{\bar{F}}{\bar{b}^2}\,\bar{c}_a{}^2 = \frac{1}{\pi}\,\frac{1}{\beta^3}\,\frac{\beta\,F}{\beta^2\,b^2}\,\beta^4\,c_a{}^2 = \frac{1}{\pi}\,\frac{F}{b^2}\,c_a{}^2. \tag{15}$$

Die Formel für $M_\infty = 0$ gilt bekanntlich unabhängig vom Seitenverhältnis und daher nach Gl. (15) auch für $M_\infty \neq 0$. Sie kann also direkt auf Flügel *kleiner Spannweite b* angewendet werden und gibt mit Gl. (11):

$$\varepsilon = 0: \quad \frac{d^2 c_w}{d\varepsilon^2} = \frac{2}{\pi}\,\frac{F}{b^2}\left(\frac{dc_a}{d\varepsilon}\right)^2 = \frac{2}{\pi}\,\frac{F}{b^2}\left(\frac{\pi}{2}\,\frac{b^2}{F}\right)^2 = \frac{\pi}{2}\,\frac{b^2}{F} = \frac{dc_a}{d\varepsilon}. \tag{16}$$

Wie später aus den Gl. (51) und (53) hervorgeht, aber auch direkt aus den Gl. (VI, 144) gezeigt werden kann, ergibt sich für alle tragenden Platten ohne Umströmung der Vorderkanten, also ohne Tangentialkräfte, $\dfrac{d^2 c_w}{d\varepsilon^2} = 2\,\dfrac{dc_a}{d\varepsilon}$. Der Sog an der Vorderkante nimmt also die Hälfte des Widerstandes weg.

Eine Anwendung der Resultate auf beliebige Schallnähe hat zur Voraussetzung, daß die Ergebnisse den entsprechenden Ähnlichkeitsgesetzen nicht widersprechen. Wo solche Widersprüche auftreten, müssen sie auf unzulässige Vereinfachungen zurückgeführt werden. Beispielsweise zeigt das Streckenprofil in ebener Schallströmung eigentümliche Eigenschaften. Nach Gl. (IX, 33) ist die u-Störung proportional $\left(\dfrac{v}{c^*}\right)^{2/3}$. Damit ist der Auftriebsbeiwert proportional $\varepsilon^{2/3}$, d. h. für $\varepsilon = 0$ ist $\dfrac{dc_a}{d\varepsilon} = \infty$. Das widerspricht allen Erfahrungen und zeigt, daß sich ein Streckenprofil bei Schallanströmung von einem Profil — wenn auch sehr kleinen — endlichen Dickenverhältnisses wesentlich unterscheidet. Darnach ist es keine Überraschung, daß die Ähnlichkeitsgesetze für Schallnähe versagen, wenn sie auf die wiedergegebenen Resultate für tragende Platten großer Spannweite angewendet werden. Gl. (6) und (7) gilt nur im unterkritischen, nicht aber im schallnahen Gebiet, wie man sich überzeugen kann.

Anders ist es bei Flügeln kleinen Seitenverhältnisses. Ob nun in Gl. (1) das nicht linearisierte oder das linearisierte erste Glied gestrichen wird, das Ergebnis bleibt dasselbe. Bei einer Anwendung der Ähnlichkeitsgesetze ist zu beachten, daß nun mit dem Anstellwinkel auch die Spannweite zu ändern ist, weshalb sich keine ε-Abhängigkeit für eine bestimmte Platte und daher auch nicht das eigentümliche Resultat des ebenen Streckenprofiles ergibt. Bei Schallströmung ist nach Gl. (IX, 33) $c_p \sim \varepsilon^{2/3}$, daher die Beiwerte $c_a = \text{prop.}\ \varepsilon^{2/3}$, $c_w = \text{prop.}\ \varepsilon^{5/3}$, wenn sie wie üblich auf die Projektionsfläche bezogen werden. Bei der Anwendung der Gl. (11) und (16) auf Platten kleinen Seitenverhältnisses b ist zu beachten, daß sich $b = \text{prop.}\ \varepsilon^{-1/3}$ ändert. Gleiches gilt für F. Damit folgt aus Gl. (11):

$$c_a = \frac{\pi}{2}\,\frac{b^2}{F}\,\varepsilon = \text{prop.}\ \varepsilon^{-1/3}\,\varepsilon = \text{prop.}\ \varepsilon^{2/3} \quad \text{und aus Gl. (16)}\ c_w = \text{prop.}\ c_a \cdot \varepsilon = \text{prop.}\ \varepsilon^{5/3}$$

in Übereinstimmung mit dem Ähnlichkeitsgesetz. Diese Resultate bestärken das Vertrauen in diese einfache Theorie als eine gute erste Näherung bei kleinen Seitenverhältnissen.

Man sieht sofort, daß die Impulsintegrale in Gl. (13) und (14) auch nicht den Ähnlichkeitsgesetzen gehorchen; sofern die u-Störungen im Vergleich zu den v- und w-Störungen klein sind, spielt dies allerdings keine Rolle. Ist das aber nicht der Fall, so muß $p - p_\infty$ in Gl. (12) bis zu Gliedern dritten Grades in $(u - u_\infty)$ entwickelt werden. Im Falle $M_\infty = 1$ beispielsweise steht dann in Gl. (13) neben $\left(\dfrac{v}{u_\infty}\right)^2 + \left(\dfrac{w}{u_\infty}\right)^2$ ein Summand $\left(\dfrac{u}{u_\infty} - 1\right)^3$ als erstes u-Glied, womit wieder die bekannten Potenzverhältnisse der Schallströmung vorliegen.

3. Anstellung und Kantenumströmung bei Überschallgeschwindigkeit.

Der wesentliche Unterschied der in Abschnitt X, 1 und X, 2 besprochenen Unterschallströmungen lag darin, daß die v-Komponente beim symmetrischen, nicht angestellten Körper in der ganzen x,z-Ebene bekannt, bei der tragenden Fläche hingegen in der umgebenden Strömung unbekannt war. In jenem Bereich der x,z-Ebene, welches außerhalb der Grundrißfläche eines symmetrischen, nicht angestellten Körpers liegt, müssen die v-Komponenten aus Symmetriegründen verschwinden. Da sich aber die Quellstärken der Singularitäten sehr einfach durch die v-Komponenten ausdrücken — sie sind diesen proportional —, kann die Lösung mit der Kenntnis der v-Werte in der ganzen x,z-Ebene leicht hingeschrieben werden. Die tragende Fläche hingegen wird wegen der Druckunterschiede auf Druck- und Saugseite in Unterschallströmung in y-Richtung umströmt. Auf $y = 0$ gibt es außerhalb der Grundrißfläche unbekannte v-Werte. Wie in Abschnitt VII, 3 ausgeführt, muß jedoch bei tragenden Flächen oder bei wenig angestellten symmetrischen Körpern in dem entsprechen-

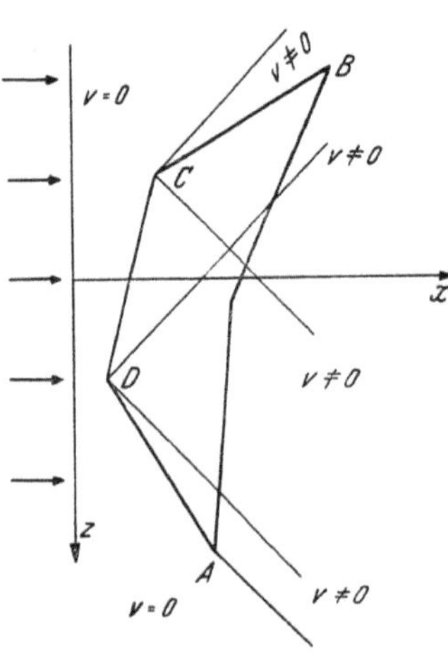

Abb. 258. Kantenumströmung bei $M > 1$.

den Gebiet $u - u_\infty$ als antisymmetrische, stetige Funktion auf $y = 0$ verschwinden. Damit ist die Randbedingung in folgender einfacher Weise zu formulieren, daß in der x,z-Ebene auf der Grundrißfläche des tragenden Körpers v bekannt, außerhalb der Grundrißfläche hingegen $u - u_\infty$ bekannt (nämlich gleich Null) ist. Schon das Beispiel des angestellten Körpers in ebener Strömung zeigt jedoch, daß dieser einfachen sprachlichen Formulierung keineswegs entsprechend einfache Lösungsmethoden gegenüberstehen.

Es ist nicht zweckmäßig, die Einteilung von Geschwindigkeitsverteilungen in solche, welche in y entweder symmetrisch oder antisymmetrisch sind, auch bei Überschallströmungen zu übernehmen. Denn hier ist ein Druckunterschied auf Druck- und Saugseite nicht notwendigerweise mit einer Kantenumströmung verbunden. Damit es zu einer solchen kommt, muß ein Teil des Flügels im Einflußgebiet jener Punkte der x,z-Ebene liegen, in welchen sich der Druckausgleich von Druck- und Saugseite bemerkbar macht. Ein solches Druckausgleichsgebiet kann aber selbst nur im Einflußgebiet des Flügels liegen. Es kommt also darauf an, ob Einflußgebiete des Flügels auf $y = 0$ außerhalb von dessen Grundrißfläche den Flügel beeinflussen können oder nicht.

Abb. 258 zeigt bereits alles Wichtige am Beispiel einer tragenden und „schieben-den" Fläche. Ihr Einflußgebiet in der x,z-Ebene reicht von der vom Punkte A abgehenden rechtsläufigen Mach-Linie über die Kanten AD, DC bis zu der vom

Punkte C abgehenden linksläufigen Mach-Linie. Das Einflußgebiet besteht aus der Grundrißfläche des Flügels, der in y symmetrisch sein möge, und einem ins Unendliche reichenden Nachlaufgebiet. Angestellt in v-Richtung sei der Flügel (nicht die Anströmung). Dann ist $v = 0$ (v-Wert im Anströmgebiet) außerhalb des Einflußgebietes des Flügels, auf dessen Grundrißfläche F ist $v = $ konst., im Einflußgebiet außerhalb F jedoch ist v unbekannt. In der ganzen x,z-Ebene außerhalb F ist $u = u_\infty$. Während die Seitenkante AD nur unter dem Einfluß der ungestörten Anströmung steht und daher ebensowenig umströmt wird wie die Vorderkante eines Profils in ebener Überschallströmung, liegt die Seitenkante BC unter dem Einfluß des Flügelnachlaufes. Sie wird umströmt, und das gesamte, unter dem Einflußkegel des Punktes C liegende Gebiet läßt sich nicht aus den v-Werten der Flügeloberseite berechnen, denn es hängt nicht allein von diesen ab.

Die Geschwindigkeitskomponente normal zur Machschen Linie ist die Schallgeschwindigkeit. Die beiden Seitenkanten unterscheiden sich im wesentlichen dadurch, daß die Normalkomponente der Geschwindigkeit für die Kante AD größer als c, für die Kante BC kleiner als c ist. In Analogie zu den Betrachtungen beim Pfeileffekt (Abschnitt VI, 21) führt eine Translation in Kantenrichtung bei AD also zu einem Überschall-, bei BC hingegen zu einem Unterschallproblem.

Während also bei $M_\infty < 1$ tragende Flächen notwendig umströmte Kanten haben, tritt dies bei $M_\infty > 1$ um so weniger auf, je höher M_∞ ist. Hier sind die leichter lösbaren Probleme ohne Kantenumströmung von denen mit Kantenumströmung zu trennen. Bei letzteren beziehen sich die Schwierigkeiten im allgemeinen nur auf einen Flügelteil.

Bei Hyperschallströmung ($\alpha_\infty \to 0$) werden die Mach-Kegel schließlich so schlank, daß jeder Längsschnitt für sich wie ein ebenes Problem behandelt werden kann. Jedoch wird eine Linearisierung dann unzulässig, wenn nicht gleichzeitig Anstellwinkel und Dickenverhältnis so niedrig gehalten werden, daß sie weiter unter α_∞ bleiben, was nur geringes praktisches Interesse hat.

4. Überschallströmung an flachen Körpern ohne Kantenumströmung.

Für Überschallströmungen erhält Gl. (1) mit α als Mach-Winkel der Anströmung die Form:

$$\cot^2 \alpha \, \varphi_{xx} - \varphi_{yy} - \varphi_{zz} = 0, \qquad (17)$$

deren Lösung bereits in Abschnitt VIII, 3, Gl. (VIII, 16) als „quellartige Singularität" besprochen und für die achsensymmetrische Strömung verwendet wurde.

Auf einen Punkt können nur jene Profilstellen einwirken, in deren Einflußgebiet der Punkt liegt. Wäre mit Gl. (VIII, 16) nun eine echte Quellströmung gegeben, so würde sich die richtige Begrenzung von selbst ergeben. Da es sich aber nur um eine quellartige Lösung handelt, die auch stromaufwärts im sogenannten Abhängigkeitskegel reelle Werte aufweist, ist auf eine richtige

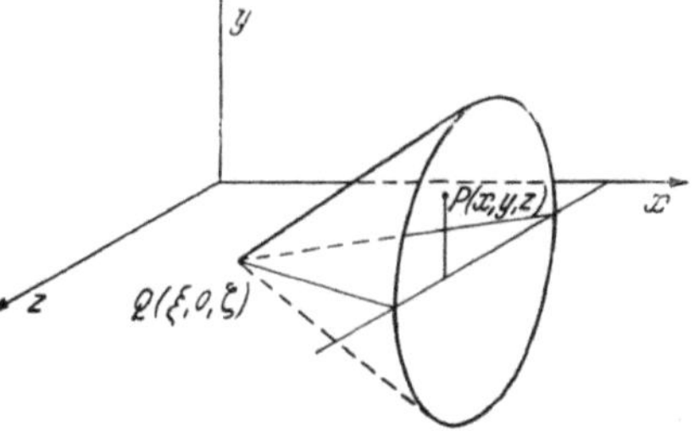

Abb. 259. Einflußkegel eines Quellpunktes

Abgrenzung bei der Integration zu achten (Abb. 259). Der Einflußkegel eines Quellpunktes $Q\,(\xi, 0, \zeta)$ auf der x,z-Ebene ist [siehe auch Gl. (VIII, 14)] durch folgende Gleichung gegeben:

$$(x - \xi)^2 = \cot^2 \alpha \, [y^2 + (z - \zeta)^2]. \qquad (18)$$

Nur über jene Quellpunkte $\xi < x$, deren durch Gl. (18) gegebene Einflußkegel den Aufpunkt x, y, z umschließen, ist zu integrieren, da nur sie für den Zustand im Aufpunkt verantwortlich sind. Der größte Wert von ξ ergibt sich aus Gl. (18) für $\zeta = z$ zu:

$$\xi = x - y \cot \alpha. \tag{19}$$

Nur für Aufpunkte der x, z-Ebene wird demnach der Wert $x = \xi$ erreicht.

Mit Rücksicht auf die durch Gl. (18) gegebenen Grenzen findet man durch Belegung der x,z-Ebene mit Singularitäten der Stärke $q(\xi, \zeta)$ das Potential:

$$\varphi = - \frac{1}{4\,\pi} \int\limits_{-\infty}^{x-y\,\cot\alpha} \left\{ \int\limits_{\zeta_1}^{\zeta_2} \frac{q\,(\xi,\,\zeta)\,d\zeta}{\sqrt{(x - \xi)^2 - y^2 \cot^2 \alpha - (z - \zeta)^2 \cot^2 \alpha}} \right\} d\xi \tag{20}$$

mit folgenden von ξ abhängigen ζ-Grenzen:

$$\zeta_{1,\,2} = z \mp \sqrt{\operatorname{tg}^2 \alpha \, (x - \xi)^2 - y^2}. \tag{21}$$

Dem Integral (20) liegt die Vorstellung zugrunde, daß die ganze x, z-Ebene belegt ist, wobei sich der ungestörte Teil und besonders das Anströmgebiet

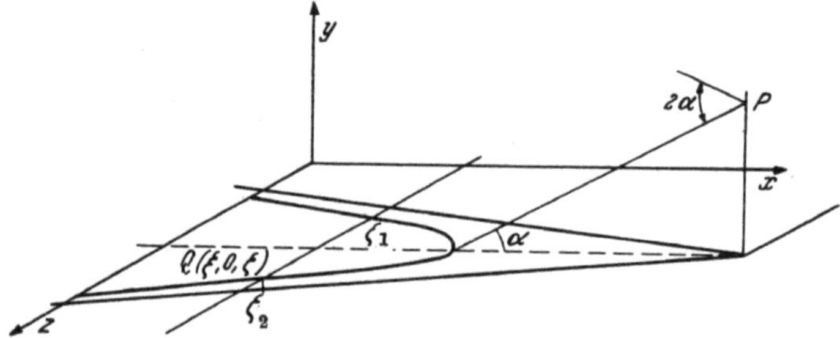

Abb. 260. Abhängigkeitsgebiet des Punktes P.

durch $q(\xi, \zeta) = 0$ auszeichnet. Ferner wird in Gl. (20) zuerst über ζ integriert. Je näher dabei die Gerade $\xi =$ konst. (Abb. 260) am Aufpunkt P liegt, desto näher liegen die Grenzen $\zeta_{1,\,2}$ aneinander. Gl. (18) kann auch als der Schnitt des Abhängigkeitskegels von $P\,(x, y, z)$ mit der ξ, ζ-Ebene gedeutet werden. Die Beziehung von ξ und ζ bei festem x, y, z ist dann eine Hyperbel, welche nur im Sonderfall $y = 0$ in ein Geradenpaar zerfällt.

Wenn hier stets die Grundrißfläche mit Singularitäten belegt wird, so ist dies wohl das Übliche aber keineswegs das einzig Mögliche. J. F. W. BISHOP[41] beispielsweise löste einige Überschallprobleme erfolgreich durch Belegung einer Ebene quer zur Hauptströmungsrichtung.

Die Integrationsreihenfolge in Gl. (20) kann natürlich ohne weiteres umgekehrt werden bei Beachten der durch Gl. (18) gegebenen Grenzen im erst auszuführenden Integral.

Stets sind aber die Grenzen des erst auszuführenden Integrals durch das Verschwinden der Nennerwurzel in Gl. (20) gekennzeichnet, wobei das Integral endlich bleibt. Doch würden sich an diesen Grenzen Schwierigkeiten ergeben, wenn φ zur Ermittlung der Geschwindigkeitskomponenten nochmals nach x, y oder z differenziert wird. Denn dann tritt wie in Gl. (VII, 2) die Nennerpotenz $^3/_2$ eines verschwindenden Ausdruckes auf. Einer solchen Differentiation hat also stets eine Integration vorauszugehen, die erforderlichenfalls auch nur partiell zu sein braucht und die den Zweck hat, die Singularität des Integranden herabzusetzen.

Es ist lehrreich, die gewöhnliche *ebene* Strömung zu studieren, was zur bekannten Ackeret-Formel Gl. (VIII, 3) führen muß. In diesem Falle ist q nur Funktion von ξ, weshalb die erste Integration sofort ausführbar wird:

$$\varphi = -\frac{1}{4\,\pi} \int\limits_{-\infty}^{x-y\cot\alpha} q(\xi) \int\limits_{\zeta_1}^{\zeta_2} \frac{d\zeta}{\sqrt{(x-\xi)^2 - y^2\cot^2\alpha - (z-\zeta)^2\cot^2\alpha}}\, d\xi =$$

$$= -\frac{\operatorname{tg}\alpha}{4\,\pi} \int\limits_{-\infty}^{x-y\cot\alpha} q(\xi) \int\limits_{-1}^{+1} \frac{dt}{\sqrt{1-t^2}}\, d\xi = -\frac{\operatorname{tg}\alpha}{4} \int\limits_{-\infty}^{x-y\cot\alpha} q(\xi)\, d\xi.$$

Da ein Integral über $q(\xi)$ wieder eine Funktion von ξ ist, für welches die obere Grenze $x - y\cot\alpha$ einzusetzen ist, gibt die letzte Gleichung das bekannte Resultat für die ebene Überschallströmung kleiner Störungen, daß φ nur Funktion von $x - y\cot\alpha$ ist. Ferner folgt:

$$v = \varphi_y = \frac{q(x-y\cot\alpha)}{4}; \quad w = \varphi_z = 0;$$

$$u - u_\infty = \varphi_x = -\frac{q(x-y\cot\alpha)}{4}\operatorname{tg}\alpha = -v\operatorname{tg}\alpha.$$

Die letzte Zeile enthält die Formel VIII, 3. Die erste Zeile gibt den Zusammenhang von q und v, welcher sehr wichtig ist, wenn q durch die Körperdicke ausgedrückt werden soll. Es zeigt sich, daß diese Beziehung nicht nur für ebene Strömung gilt. Zu diesem Zweck sei q an der Stelle $\zeta = z$ entwickelt, wobei hier nach dem zweiten Glied abgebrochen werden soll:

$$q(\xi, \zeta) = q(\xi, z) + q_\zeta(\xi, z)(\zeta - z) + \dots$$

Dies in Gl. (20) eingesetzt, läßt wieder eine Integration über ζ zu, deren erster Teil sich ganz analog zum ebenen Fall ergibt:

$$\varphi = -\frac{\operatorname{tg}\alpha}{4} \int\limits_{-\infty}^{x-y\cot\alpha} q(\xi, z)\, d\xi +$$

$$+ \int\limits_{-\infty}^{x-y\cot\alpha} q_\zeta(\xi, z) \int\limits_{\zeta_1}^{\zeta_2} \frac{(\zeta - z)\, d\zeta}{\sqrt{(x-\xi)^2 - y^2\cot^2\alpha - (z-\zeta)^2\cot^2\alpha}}\, d\xi + \dots$$

$$= -\frac{\operatorname{tg}\alpha}{4} \int\limits_{-\infty}^{x-y\cot\alpha} q(\xi, z)\, d\xi +$$

$$+ \int\limits_{-\infty}^{x-y\cot\alpha} q_\zeta(\xi, z)\operatorname{tg}^2\alpha \left[\sqrt{(x-\xi)^2 - y^2\cot^2\alpha - (z-\zeta)^2\cot^2\alpha}\right]_{\zeta_1}^{\zeta_2} d\xi + \dots$$

Der Klammerausdruck verschwindet aber an beiden Grenzen, so daß nur das erste Integral bleibt. Aus ihm folgt:

$$v = \varphi_y = +\frac{1}{4}\, q(x - y\cot\alpha, z) + \dots$$

Das erste folgende Glied enthält die Ableitung $q_{\zeta\zeta}$, auf welche es natürlich ankommt, wenn v in einiger Entfernung vom Körper bestimmt werden soll. Hier interessiert aber der v-Wert unmittelbar auf $y = 0$, wofür nur die q-Werte der unmittelbaren Umgebung verantwortlich sein können. Mit h als Körperdickenanteil auf der Seite $y > 0$ folgt dann aus der Randbedingung flacher Körper (VI, 112):

$$v(x, 0, z) = v_0(x, z) = +\frac{1}{4}\, q(x, z) = u_\infty\, h_x(x, z). \tag{22}$$

Damit kann φ in Gl. (20) unmittelbar durch die Dickenverteilung des Körpers ausgedrückt werden. Da im wesentlichen die $(u - u_\infty)$- und die w-Werte interessieren, welche beide aus Ableitungen in der x, z-Ebene gewonnen werden, so interessiert vor allem auch nur φ auf $y = 0$:

$$\varphi(x, z) = -\frac{u_\infty}{\pi} \int\limits_{-\infty}^{x} \int\limits_{\zeta_1}^{\zeta_2} \frac{h_\xi(\xi, \zeta)\, d\zeta}{\sqrt{(x - \xi)^2 - (z - \zeta)^2 \cot^2 \alpha}}\, d\xi, \tag{23}$$

mit:

$$\zeta_{1,\,2} = z \mp \operatorname{tg} \alpha\, (x - \xi). \tag{24}$$

Gegenüber der entsprechenden Gl. (2) für $M_\infty < 1$ fehlt hier bei π ein Faktor 2. Wegen der Singularität des Integranden wird hier auf Gleichungen, welche Gl. (3) entsprechen, verzichtet. Man führt in der Praxis zunächst besser eine Integration aus, bevor die Komponenten ermittelt werden.

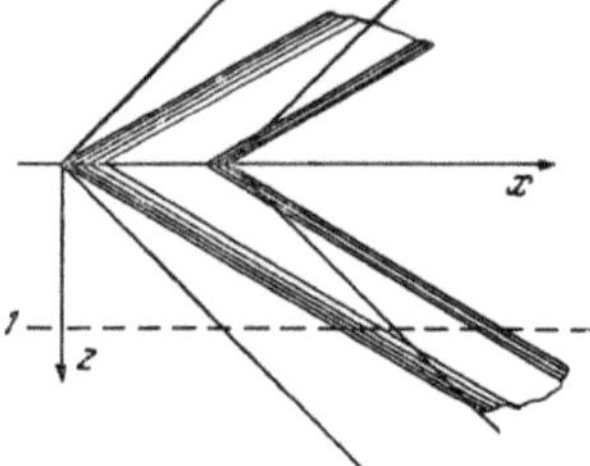

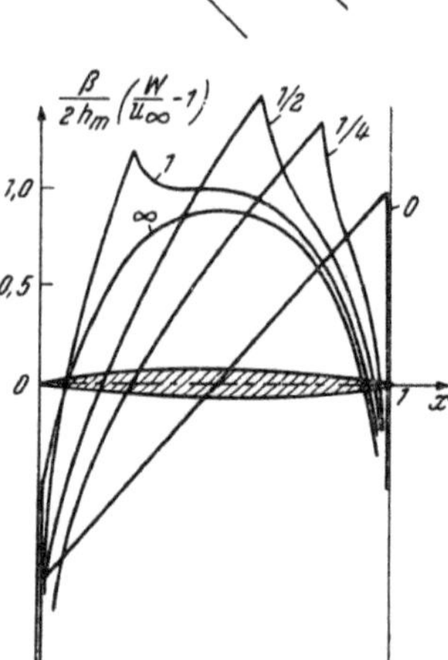

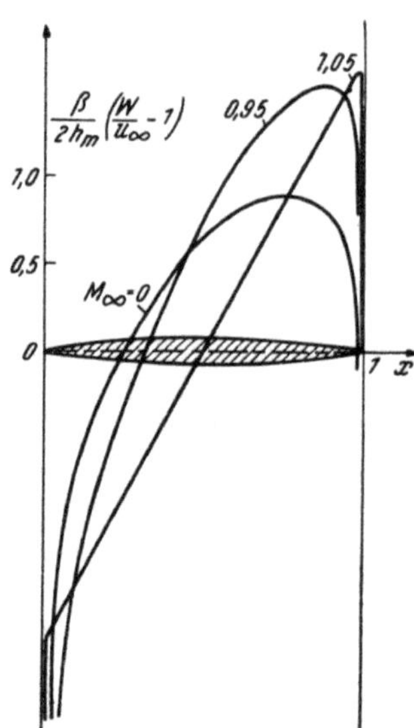

Abb. 261. Geschwindigkeitsverteilung bei $M_\infty > 1$ in Längsschnitten eines Pfeilflügels ($\Lambda = 60°$) nach Jones.

Abb. 262. Geschwindigkeitsverteilung im Mittelschnitt des Pfeilflügels bei verschiedenen M_∞.

Das Problem dieses Abschnittes wurde zuerst von A. E. Puckett[3] bearbeitet, der bereits zahlreiche Anwendungsbeispiele gibt. Hier sei zunächst in Ergänzung des Beispiels in Abb. 253 die Geschwindigkeitsverteilung am selben Flügel, nur mit unendlicher Spannweite bei $M_\infty = \sqrt{2}$ nach R. T. Jones[4] wiedergegeben (Abb. 261). Da die Pfeilung des Flügels Λ größer ist als jene des Mach-Kegels $\frac{\pi}{2} - \alpha$, ergibt sich in unendlicher Entfernung der Pfeileffekt des unendlich langen, schiebenden Flügels. Abb. 262 zeigt schließlich die Geschwindigkeitsverteilung im Mittelschnitt bei gleichbleibendem Pfeilwinkel Λ und verschiedenen Mach-Zahlen der Anströmung. Diese können keineswegs ineinander mit der Pr. Regel umgerechnet werden, weil sich damit auch die Pfeilung ändern würde. Wenn das Resultat bei solcher Schallnähe auch kaum mehr als richtig angesprochen werden kann, da die Voraussetzungen der Linearisierung nicht mehr erfüllt sind, so ist es doch insofern wertvoll, als es zeigt, daß die Verteilungen alle vom selben Typus sind. Stets ist das Geschwindigkeitsmaximum im Sinne eines Widerstandes verrückt.

Vielfach kann sich das Einführen der „Mach-Linien" in der x,z-Ebene als zweckmäßig erweisen[5], wobei für die folgenden Zwecke die Begrenzung der Einfluß- und Abhängigkeitsgebiete aller Punkte auf $y = 0$ kurz als „Mach-Linien" bezeichnet werden. Mit

$$s = x + z \cot \alpha; \qquad \sigma = \xi + \zeta \cot \alpha;$$
$$t = x - z \cot \alpha; \qquad \tau = \xi - \zeta \cot \alpha \qquad (25)$$

ergibt sich $s = $ konst. als „linksläufige" und $t = $ konst. als „rechtsläufige" Mach-Linie (Abb. 258) und σ, τ als die entsprechenden Integrationsvariablen. Aus Gl. (25) folgt:

$$(x - \xi)^2 - (z - \zeta)^2 \cot^2 \alpha = (s - \sigma)(t - \tau);$$

$$d\sigma \cdot d\tau = \begin{vmatrix} \sigma_\xi, & \sigma_\zeta \\ \tau_\xi, & \tau_\zeta \end{vmatrix} d\xi \, d\zeta = 2 \cot \alpha \, d\xi \, d\zeta.$$

Die Grenzen von σ und τ erstrecken sich für $\xi \rightarrow -\infty$ ebenfalls auf negativ unendliche Werte. Das Abhängigkeitsgebiet eines Aufpunktes $P(s, t)$ wird nun einfach durch $\sigma = s$ und $\tau = t$ begrenzt. Mit Gl. (25) ergibt sich also aus Gl. (23) die Form:

$$\varphi(s, t) = -\frac{\operatorname{tg} \alpha}{2 \pi} \int\limits_{-\infty}^{s} \int\limits_{-\infty}^{t} \frac{v_0(\sigma, \tau)}{\sqrt{(s - \sigma)(t - \tau)}} \, d\sigma \, d\tau, \qquad (26)$$

mit

$$u - u_\infty = \varphi_s + \varphi_t; \qquad w = \cot \alpha \, (\varphi_s - \varphi_t), \qquad (27)$$

wenn man nicht schon in φ auf die Veränderlichen x, z zurückgeht. Das Integral (26) macht den Eindruck, daß die Grenzen unabhängig voneinander sind. Doch trifft dies im allgemeinen für die unteren Grenzen nicht zu, da meist nicht bis $-\infty$ integriert wird, sondern nur bis zum vorderen Flügelrand, an dem die Belegung plötzlich aufhört. Durch diesen Rand kommen dann die Integrationsveränderlichen in die unteren Grenzen herein.

5. Gleichungen für kegelige Strömung.

Ein besonderer — wie sich zeigen wird, sehr fruchtbarer — Fall ergibt sich, wenn die v_0-Verteilung oder die h-Verteilung in Gl. (23) auf Strahlen durch den Ursprung konstant angenommen wird. Die Körper müssen dann allgemeine Kegelform haben, natürlich mit wenig angestellten Oberflächenelementen, wobei es ohne weiteres erlaubt ist, daß die Belegung auch stromaufwärts erfolgt, wenn sie für $x < 0$ nur außerhalb vom Abhängigkeitskegel des Ursprunges bleibt. Ein einfaches Beispiel für eine Belegung auf $y = 0$, $x < 0$ liefert der unendlich lange schiebende Flügel unendlicher Spannweite. Ist dabei $\Lambda < \frac{\pi}{2} - \alpha$, so übertrifft die Normalkomponente auf die Vorderkante die Schallgeschwindigkeit. Ist hingegen $\Lambda > \frac{\pi}{2} - \alpha$, so kann das Problem durch eine Translation in Vorderkantenrichtung auf eine ebene Unterschallströmung zurückgeführt werden, weshalb es verständlich ist, daß die Überschalldarstellung zu keinem Resultat führt. Die Beschränkung der Belegung auf das Gebiet außerhalb des Abhängigkeitsgebietes erweist sich auch im folgenden wiederholt als notwendig. Schließlich würde eine Belegung des Abhängigkeitskegels die ungestörte Anströmung zerstören.

Wie bei der exakten und bei der linearisierten Strömung um einen Kreiskegel bei $M_\infty > 1$, gibt es auch hier Strömungszustände, welche auf Strahlen durch den Ursprung konstant sind, wenn der Körper und die Belegung diese

Forderung erfüllen. Nur hängen die Zustände nun von zwei Parametern ab. Allerdings soll im folgenden nur der Zustand auf $y = 0$ betrachtet werden, wo als einzige unabhängige Veränderliche dann nur das Verhältnis z/x auftritt. Natürlich kann der Körper auch endlich sein, wenn nur der abschließende Schnitt kein Einflußgebiet der interessierenden Punkte schneidet.

Die solchermaßen definierte Strömung wurde zuerst von A. Busemann[6] mittels konformer Abbildung behandelt und als „infinitesimal kegelige Überschallströmung" bezeichnet. In diesem Abschnitt wird ein völlig anderer Weg beschritten[7], doch soll zuvor wegen der allgemein interessierenden Verhältnisse kurz auf die Behandlung durch Busemann eingegangen werden.

Unter Beschränkung auf die Mach-Zahl $M_\infty = \sqrt{2}$ lauten die Gleichungen für die Komponenten wie folgt:

$$-\frac{\partial u}{\partial x} + \frac{\partial v}{\partial y} + \frac{\partial w}{\partial z} = 0; \quad \frac{\partial u}{\partial y} = \frac{\partial v}{\partial x}; \quad \frac{\partial u}{\partial z} = \frac{\partial w}{\partial x}. \tag{28}$$

Daraus ergibt sich etwa für die u-Komponente:

$$-\frac{\partial^2 u}{\partial x^2} + \frac{\partial^2 u}{\partial y^2} + \frac{\partial^2 u}{\partial z^2} = 0. \tag{29}$$

Da die Werte auf Strahlen durch den Ursprung konstant sind, hängen sie nur von den folgendermaßen definierten Kegelkoordinaten ab:

$$r^2 = \frac{y^2}{x^2} + \frac{z^2}{x^2}; \quad \chi = \text{arctg}\,\frac{z}{y}. \tag{30}$$

In den Kegelkoordinaten lautet dann Gl. (29):

$$(1-r^2)\,r^2\,\frac{\partial^2 u}{\partial r^2} + (1 - 2\,r^2)\,r\,\frac{\partial u}{\partial r} + \frac{\partial^2 u}{\partial \chi^2} = 0. \tag{31}$$

Gl. (31) ist der Tschapliginschen Gl. (VI, 94) gleichwertig. Sie kann mit zu Gl. (VI, 95) analogen Transformationen vereinfacht werden. Innerhalb des Kreises vom Radius $r = 1$, d. h. innerhalb des vom Ursprung ausgehenden Mach-Kegels ergibt sich mit

$$r < 1: \quad \varrho = \frac{1 - \sqrt{1 - r^2}}{r}, \quad \frac{d\varrho}{dr} = \frac{1}{\sqrt{1-r^2}}\,\frac{\varrho}{r}, \tag{32}$$

die Laplace-Gleichung in ebenen Polarkoordinaten (vgl. VI, 93):

$$\varrho^2\,\frac{\partial^2 u}{\partial \varrho^2} + \varrho\,\frac{\partial u}{\partial \varrho} + \frac{\partial^2 u}{\partial \chi^2} = 0. \tag{33}$$

Damit ergibt sich die Möglichkeit, die Probleme innerhalb der Ursprungs-Mach-Kegel nach Busemann[6] mittels konformer Abbildungen zu behandeln[37]. Wichtig ist hierbei, daß nur die Geschwindigkeitskomponenten u, v, w, nicht aber das Potential φ (dessen Dimension ja um eine Längendimension größer ist als jene der Komponenten) von r und χ allein abhängt. Daher gelingt die Überführung in die Laplace-Gleichung für das Potential nicht.

Außerhalb des Kreises $r = 1$ (Abb. 263) hat Gl. (31) hyperbolischen Typus und ist daher auf die Wellengleichung zurückführbar. Die Charakteristiken sind die Tangenten an den Kreis $r = 1$.

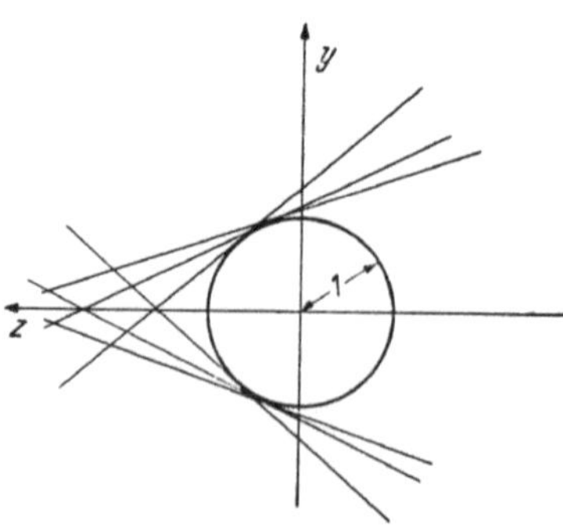

Abb. 263. Charakteristiken der kegeligen Strömung.

Nach den Ausführungen über den Pfeileffekt (Abschnitt VI, 21) kann der mit der Anstellung des Kegelstrahles zur Anströmrichtung zusammenhängende Wechsel vom elliptischen zum hyperbolischen Typus nicht mehr verwundern. Dieselben Erscheinungen werden sich im folgenden von anderen Gesichtspunkten aus ergeben.

Da auch die nicht linearisierten Gleichungen bei einem völlig im Machschen Einflußkegel des Ursprunges gelegenen Körper überall elliptisch sind, ist eine Iteration entsprechend der Methode von JANZEN-RAYLEIGH möglich, wobei die Resultate der linearisierenden Theorie bei flachen Körpern als Ausgangslösungen genommen werden können. Solche Rechnungen wurden von F. K. MOORE[20] durchgeführt. Mit der Kopfwelle, welche nun an Stelle der Randbedingungen am Mach-Kegel tritt, hat sich M. J. LIGHTHILL[21] befaßt.

Da die kegelige Strömung konstante v_0-Werte auf Halbstrahlen aufweist, werden zweckmäßig die Halbstrahlen selbst als Koordinaten im Integral (23) eingeführt. Dann läßt sich die Integration längs der Halbstrahlen ausführen und es bleibt wie bei achsensymmetrischer Strömung nur mehr ein einfaches Integral. Die Singularitäten in dessen Integranden haben sich dabei erniedrigt, so daß durch Differentiation auf die gesuchten Komponenten übergegangen werden kann.

Die Übersichtlichkeit wird erleichtert, wenn im folgenden nur der Spezialfall $M_\infty = \sqrt{2}$, $\alpha = 45°$ behandelt wird. Der Übergang zum allgemeinen Fall beliebigen M_∞-Wertes im Resultat ist mittels der Pr. Regel leicht. Vorweg seien die Integrationsgrenzen untersucht, wenn neben dem Halbstrahl noch ξ als Koordinate eingeführt wird. Dabei ergibt sich gleichzeitig eine Typenunterscheidung (Abb. 264). Von den durch die Zahlen I bis VIII gekennzeichneten Oktanten der Belegungsebene liegen vier (nämlich II, III, VI und VII) außerhalb des Ursprungs-Mach-Kegels, zwei (VIII und I) im

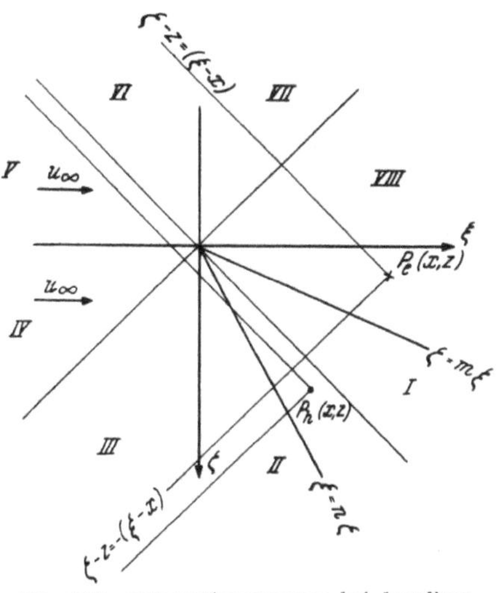

Abb. 264. Integrationsgrenzen bei kegeliger Strömung.

belegbaren Einflußkegel des Ursprungs und zwei (IV und V) in dem durch die Anströmbedingungen gekennzeichneten Abhängigkeitskegel des Ursprungs. Eine Belegungsgerade $\zeta = m\,\xi$ in I und VIII, d. h. mit $-1 \leq m \leq 1$, strahlt ihre Wirkung über beide Oktanten I und VIII, womit in diesem Teil genau jene Eigenschaften auftreten, welche den elliptischen Gleichungstypus kennzeichnet. I und VIII seien demgemäß als *elliptisches Gebiet* bezeichnet. In ihm sind die Einwirkungen der einzelnen Stellen aufeinander unbeschränkt.

In den an der ζ-Achse gelegenen Oktanten werden die Halbstrahlen besser mit $\xi = n\,\zeta$ bezeichnet. Dann entspricht die ζ-Achse dem Werte $n = 0$, während der Wert des im Oktanten I und VIII verwendeten $m\;(= \frac{1}{n})$ an der ζ-Achse über alle Grenzen wachsen würde. Die Belegung eines solchen Halbstrahles wirkt im eigenen Oktanten nur stromabwärts, dann aber in allen anschließenden Oktanten einschließlich der beiden elliptischen Oktanten I und VIII.

Zunächst seien ausschließlich Halbstrahlen mit $\zeta > 0$ betrachtet. Für einen in VIII oder I gelegenen Punkt $P_e\,(x, z)$ ergibt sich dann ein Einfluß nur für folgende ξ-Werte des Halbstrahles:

$$\text{für } z/x \lessgtr \zeta/\xi:\quad 0 \leq |\xi| \leq x \mp (\zeta - z),$$

worin negative ξ-Werte für die Belegung des Oktanten III in Frage kommen.

Wird hierin ζ durch die Variablen m oder n ersetzt, so ergeben sich folgende Grenzen:

$$z/x \lessgtr m: \quad 0 \leqq |\xi| < \frac{x \pm z}{1 \pm m}. \quad x/z > n: \quad 0 \leqq |\xi| \leqq n\,\frac{x + z}{1 + n}. \tag{34}$$

Völlig anders gestalten sich die Verhältnisse bei einem in einem der Oktanten II, III, VI oder VII gelegenen Aufpunkt $P_h\,(x,\,z)$. Dieser erfährt nur Einflüsse durch stromaufwärts gelegene Halbstrahlen, weshalb die entsprechenden Oktanten als *hyperbolisches Gebiet* bezeichnet werden. Die Grenzen sind:

$$x/z > n: \quad n\,\frac{x - z}{1 - n} < |\xi| < n\,\frac{x + z}{1 + n}. \tag{35}$$

Mit den neuen Veränderlichen $\xi,\,m$ oder $\xi,\,n$ ergeben sich die Differentiale zu:

$$d\xi\,d\zeta = \xi\,d\xi\,dm = -\frac{1}{n^2}\,\xi\,d\xi\,dn,$$

doch kann zunächst von der Variablen n noch abgesehen werden, da sich mit $n = \dfrac{1}{m}$ der Übergang zu ihr stets leicht durchführen läßt. Für das *unbestimmte* Integral von Gl. (23) ergibt sich dann:

$$\int\int \frac{v_0\,(\zeta/\xi)\,d\zeta\,d\xi}{\sqrt{(x - \xi)^2 - (z - \zeta)^2}} = \int\int \frac{v_0\,(m)\,\xi\,d\zeta\,dm}{\sqrt{\xi^2\,(1 - m^2) - 2\,(x - m\,z)\,\xi + (x^2 - z^2)}} = J.$$

Nach der Integrationstabelle Nr. 17 und 18 ergeben sich bereits formal ganz verschiedene Werte für J, je nach dem, ob $|m| \lessgtr 1$, also ob der Halbstrahl im elliptischen oder hyperbolischen Gebiet liegt. Nach Ausführen der Integration und Einsetzen der Grenzen nach Gl. (34) ergibt sich schließlich folgender Beitrag für eine Belegung in VIII, I:

$$\varphi\,(x,\,z) =$$

$$\frac{1}{\pi} \int\limits_{-1}^{+1} \frac{v_0\,(m)}{1 - m^2} \left\{ \sqrt{x^2 - z^2} - \frac{x - m\,z}{\sqrt{1 - m^2}} \ln \left| \frac{x - m\,z + \sqrt{1 - m^2}\,\sqrt{x^2 - z^2}}{m\,x - z} \right| \right\} dm. \tag{36}$$

Hierin ist bereits auch über den Oktanten VIII integriert. Die Berechtigung kann aus der Betrachtung einer Belegung des Oktanten VIII entnommen werden, ist aber kürzer aus folgender Überlegung zu gewinnen. Das Potential φ in einem Punkt des Oktanten I bei einer Belegung von VIII muß dasselbe sein wie das Potential in einem an der x-Achse gespiegelten Punkt bei einer in gleicher Weise gespiegelten Belegung. Da nun der Integrand von (36) bei einer Vorzeichenumkehrung von m und z, welcher die eben genannte Spiegelung entspricht, in sich übergeht, gilt er unverändert auch bei einer Belegung von VIII.

Für eine Belegung von II, III, VI und VII erhält man mit den Grenzen (34) für einen im elliptischen Gebiet VIII, I gelegenen Aufpunkt folgendes Resultat:

$$\varphi = \frac{1}{\pi} \int\limits_{+1\,(\text{II, III})}^{-1} \frac{v_0\,(n)}{1 - n^2} \left\{ \sqrt{x^2 - z^2} + \frac{z - n\,x}{\sqrt{1 - n^2}} \left(\frac{\pi}{2} - \arcsin \frac{z - n\,x}{x - n\,z} \right) \right\} dn +$$

$$+ \frac{1}{\pi} \int\limits_{+1\,(\text{VI, VII})}^{-1} \frac{v_0\,(n)}{1 - n^2} \left\{ \sqrt{x^2 - z^2} + \frac{z - n\,x}{\sqrt{1 - n^2}} \left(-\frac{\pi}{2} + \arcsin \frac{z - n\,x}{x - n\,z} \right) \right\} dn. \tag{37}$$

Der Integrand für die Belegung von VI und VII folgt wieder aus jenem für die Belegung von II und III aus der eben skizzierten Überlegung.

In den Gl. (36) und (37) entstammen die komplizierteren Ausdrücke der Grenze $\xi = 0$. Deshalb wird das Resultat für einen hyperbolisch gelegenen Punkt viel einfacher. Hier kann man sich auf einen in II oder III gelegenen Punkt beschränken und kommt zum Ergebnis:

$$x/z > n: \quad \varphi = -\int_{\frac{x}{z}\,(\mathrm{II,\ III})}^{-1} \frac{n\,x - z}{(1-n^2)^{3/2}}\, v_0\,(n)\, dn. \tag{38}$$

Der Integrand in Gl. (36) enthält an der Stelle $m = z/x$ eine integrierbare Singularität. Wenn im folgenden auf die Geschwindigkeitskomponenten übergegangen wird, ist also bei der Belegung des elliptischen Gebietes das Ausschließen der Stelle $m = z/x$ mittels einer *Cauchyschen Hauptwertbildung* erforderlich. Dies entspricht völlig den bekannten Verhältnissen bei Unterschallströmung Gl. (VII, 8), weshalb dieser Hinweis genügen möge.

Die Möglichkeit, direkt mit den Komponenten zu arbeiten, erweist sich als ein Vorteil, der dadurch ermöglicht wurde, daß sich das Potential der kegeligen Strömung durch eine Integration aus dem allgemeinen Integral (23) ergeben hat.

Bei Belegung aller in Frage kommenden Oktanten setzen sich die entsprechenden Geschwindigkeitsstörungen einfach additiv aus den einzelnen Wirkungen der elliptischen und hyperbolischen Belegung zusammen. Damit ergeben sich nach Ableitung der entsprechenden Potentiale folgende Resultate für einen elliptisch gelegenen Aufpunkt:

$$x \gtreqless |z|:$$

$$u - u_\infty = \frac{1}{\pi} \int_{+1\,(\mathrm{VI,\ VII})}^{-1} \frac{v_0\,(n)}{1-n^2} \left\{ \frac{\sqrt{x^2 - z^2}}{x - n\,z} + \frac{n}{\sqrt{1-n^2}} \left[\frac{\pi}{2} - \arcsin \frac{z - n\,x}{x - n\,z} \right] \right\} dn +$$

$$+ \frac{1}{\pi} \int_{-1\,(\mathrm{VIII,\ I})}^{+1} \frac{v_0\,(m)}{1-m^2} \left\{ m\, \frac{\sqrt{x^2 - z^2}}{m\,x - z} - \frac{1}{\sqrt{1-m^2}} \ln \left| \frac{x - m\,z + \sqrt{1-m^2}\,\sqrt{x^2-z^2}}{m\,x - z} \right| \right\} dm +$$

$$+ \frac{1}{\pi} \int_{+1\,(\mathrm{II,\ III})}^{-1} \frac{v_0\,(n)}{1-n^2} \left\{ \frac{\sqrt{x^2 - z^2}}{x - n\,z} - \frac{n}{\sqrt{1-n^2}} \left[\frac{\pi}{2} + \arcsin \frac{z - n\,x}{x - n\,z} \right] \right\} dn. \tag{39}$$

Die Funktion w ist von geringerem Interesse und kann nachträglich stets mit der Gleichung der Wirbelfreiheit bestimmt werden, weshalb man sich die entsprechenden Formeln — die übrigens große Verwandtschaft zeigen — hier ersparen kann. Natürlich sind die Geschwindigkeitskomponenten Funktion von z/x allein, und zwar ist $u - u_\infty$ in z symmetrisch, wenn der Körper und damit die Belegung in z symmetrisch ist.

Die Komponenten für einen in II oder III gelegenen Aufpunkt folgen sehr leicht aus Gl. (38):

$$z > x > n\,z: \quad u - u_\infty = \varphi_x = \int_{-1}^{x/z} \frac{v_0\,(n)\,n\,dn}{(1-n^2)^{3/2}} - \frac{1}{\sqrt{1 - \dfrac{x^2}{z^2}}}. \tag{40}$$

Damit das Integral an der unteren Grenze endlich bleibt, muß gefordert werden, daß $v_0\,(n)$ dort verschwindet und mit einer höheren Potenz als $\sqrt{1-n^2}$ mit n steigt. Die Notwendigkeit einer solchen Forderung kann nicht überraschen, weil die Normalkomponente der Geschwindigkeit auf die Vorderkante am Abhängigkeitskegel des Ursprunges der Schallgeschwindigkeit gleich ist. Dieselbe Forderung wird anschließend nochmals notwendig sein. Eine genauere Untersuchung der Verhältnisse am Abhängigkeitskegel und am Einflußkegel des Ursprunges kann überhaupt nicht ohne weiteres von den linearisierten Gleichungen ausgehen.

Während Gl. (40) unverändert angewendet werden soll, ist es vorteilhaft, die Funktionen „arcsin" und „ln" in Gl. (39) mittels einer partiellen Integration fortzuschaffen. Die Ableitungen der genannten Funktionen nach der Integrationsvariablen lauten:

$$\frac{\partial}{\partial n}\left(\arcsin\frac{z-nx}{x-nz}\right) = -\frac{\sqrt{x^2-z^2}}{(x-nz)\sqrt{1-n^2}};$$

$$\frac{\partial}{\partial m}\left(\ln\frac{x-mz+\sqrt{1-m^2}\sqrt{x^2-z^2}}{|mx-z|}\right) = -\frac{\sqrt{x^2-z^2}}{|mx-z|\sqrt{1-m^2}}. \tag{41}$$

Ferner werden folgende Integrale über die Belegung gebraucht:

$$B_1(n) = \int_{+1}^{n}\frac{v_0(t)\,t\,dt}{(1-t^2)^{3/2}}; \quad A(m) = \int_{0}^{m}\frac{v_0(t)\,dt}{(1-t^2)^{3/2}}; \quad B_2(n) = \int_{-1}^{n}\frac{v_0(t)\,t\,dt}{(1-t^2)^{3/2}}. \tag{42}$$

Wegen der schon für Gl. (40) erforderlichen Voraussetzung, daß $v_0(n)$ am *Abhängigkeits*kegel des Ursprunges mit einer höheren Potenz als $\sqrt{1-n^2}$ beginnen muß, ist:

$$B_1(+1) = B_2(-1) = 0. \tag{43}$$

Da Unstetigkeiten am *Einfluß*kegel durch die linearisierten Gleichungen nicht mehr richtig erfaßt werden, bedeutet es keine weitere Einschränkung, wenn v_0 am *Einfluß*kegel als stetig vorausgesetzt wird. Die Oberfläche soll dort keinen Knick machen. Wegen des Verschwindens von v_0 am *Abhängigkeits*kegel kann keine Verwechslung entstehen, wenn die Werte am *Einfluß*kegel einfach mit $v_0(+1)$ und $v_0(-1)$ bezeichnet werden.

Die Funktionen A, B_1, B_2 wachsen am Einflußkegel über alle Grenzen. Indem $v_0(t)$ dort entwickelt wird, ergeben sich folgende Näherungen (siehe Integraltafel):

$$n \to +1: \; B_2 = v_0(1)\frac{1}{\sqrt{1-n^2}} + \ldots; \quad m \to +1: \; A = v_0(1)\frac{1}{\sqrt{1-m^2}} + \ldots;$$

$$n \to -1: \; B_1 = v_0(-1)\frac{1}{\sqrt{1-n^2}} + \ldots; \quad m \to -1: \; A = -v_0(-1)\frac{1}{\sqrt{1-m^2}} + \ldots. \tag{44}$$

An denselben Stellen wird auch die Kenntnis des Verhaltens der Funktionen „arcsin" und „ln" benötigt. Da es sich zeigt, daß diese wie die Wurzeln $\sqrt{1-n^2}$ und $\sqrt{1-m^2}$ verschwinden, wird am besten nach diesen Ausdrücken abgeleitet:

$$n \to -1: \qquad \frac{\pi}{2} - \arcsin\frac{z-nx}{x-nz} =$$

$$= \left[\frac{\partial}{\partial\sqrt{1-n^2}}\left(\frac{\pi}{2} - \arcsin\frac{z-nx}{x-nz}\right)\right]_{-1}\sqrt{1-n^2} + \ldots,$$

$$= \left[\frac{\partial}{\partial n}\left(\arcsin\frac{z-nx}{x-nz}\right)\cdot\frac{\sqrt{1-n^2}}{n}\right]_{-1}\sqrt{1-n^2} + \ldots =$$

$$= \sqrt{\frac{x-z}{x+z}}\,\sqrt{1-n^2} + \ldots.$$

Ganz entsprechend ergeben sich die anderen Resultate:

$$n \to -1: \quad \frac{\pi}{2} - \arcsin \frac{z - nx}{x - nz} = \sqrt{\frac{x-z}{x+z}} \, \sqrt{1-n^2} + \dots;$$

$$m \to \mp 1: \quad \ln \frac{x - mz + \sqrt{1-m^2} \, \sqrt{x^2 - z^2}}{|mx - z|} = \sqrt{\frac{x \mp z}{x \pm z}} \, \sqrt{1-m^2} + \dots; \tag{45}$$

$$n \to +1: \quad \frac{\pi}{2} + \arcsin \frac{z - nx}{x - nz} = \sqrt{\frac{x+z}{x-z}} \, \sqrt{1-n^2} + \dots.$$

Mit Gl. (41) bis (45) folgt nun für die partielle Integration im ersten Integral von (39):

$$\int\limits_{+1\,(\mathrm{VI,\,VII})}^{-1} \frac{v_0(n)\,n}{(1-n^2)^{3/2}} \left[\frac{\pi}{2} - \arcsin \frac{z - nx}{x - nz} \right] dn =$$

$$= \left[B_1(n) \left(\frac{\pi}{2} - \arcsin \frac{z - nx}{x - nz} \right) \right]_{+1}^{-1} - \sqrt{x^2 - z^2} \int\limits_{+1\,(\mathrm{VI,\,VII})}^{-1} B_1(n) \frac{dn}{(x - nz)\sqrt{1-n^2}} =$$

$$= v_0(-1) \sqrt{\frac{x-z}{x+z}} - \sqrt{x^2 - z^2} \int\limits_{+1\,(\mathrm{VI,\,VII})}^{-1} B_1(n) \frac{dn}{(x - nz)\sqrt{1-n^2}}.$$

Ähnliche Ergebnisse zeigen die anderen partiellen Integrationen. Bei der Summation aller Bestandteile fallen die ausintegrierten Glieder schließlich weg mit folgendem Resultat[7]:

$$\frac{\pi}{\sqrt{x^2 - z^2}} (u - u_\infty) = \int\limits_{+1\,(\mathrm{VI,\,VII})}^{-1} \left[\frac{v_0(n)}{1-n^2} - \frac{B_1(n)}{\sqrt{1-n^2}} \right] \frac{dn}{x - nz} +$$

$$+ \int\limits_{-1\,(\mathrm{VIII,\,I})}^{+1} \left[\frac{v_0(m)\,m}{1-m^2} - \frac{A(m)}{\sqrt{1-m^2}} \right] \frac{dm}{mx - z} + \int\limits_{+1\,(\mathrm{II,\,III})}^{-1} \left[\frac{v_0(n)}{1-n^2} - \frac{B_2(n)}{\sqrt{1-n^2}} \right] \frac{dn}{x - nz}. \tag{46}$$

Gl. (46) ist deshalb besonders brauchbar, weil die Ortsveränderlichen x, z darin in einfachster Form auftreten. Nach Herausheben von $1/z$ im ersten und letzten und von $1/x$ im mittleren Integral ergeben sich formal genau Poisson-Integrale, wie sie in Gl. (VII, 8) bei schlanken Profilen in Unterschallströmung angewendet wurden. Nur tritt an Stelle der dortigen Belegung hier ein Klammerausdruck, in welchem die Belegung in komplizierterer Weise eingeht. Doch ist dies von untergeordneter Bedeutung, da die Belegung ja vielfach durch solche Funktionen ausgedrückt werden kann, die besonders einfache Formen der Klammerausdrücke ergeben. Wie bereits erwähnt, ist im mittleren Integral wie in Gl. (VII, 8) an der Belegungsstelle der Cauchysche Hauptwert zu nehmen. Gl. (46) gilt auch dann, wenn der Körper irgendwo im VIII. oder I. Oktanten endigt. Mit der Belegung v_0 verschwinden dann alle Integralbeiträge außerhalb vom Körper bis auf das Integral über $A(m)$. Bei einem die x-Achse umschließenden Körper beispielsweise nimmt $A(m)$ nach Gl. (42) im ganzen I. und VIII. Oktanten von Null verschiedene Werte an. Außerhalb der Grundrißfläche des Körpers ist $A(m)$ dabei konstant. F. Hjelte[40] gibt eine Systematik und Beispiele zur Berechnung symmetrischer, innerhalb des Machkegels gelegener Körper ausgehend von Gl. (46).

6. Kegelige Fläche ohne Kantenumströmung.

Gl. (46) sei auf einen Körper angewendet, dessen Vorderkanten in den hyperbolischen Oktanten beiderseits der x-Achse liegen mögen. An der Oberseite sei v_0 auf der ganzen Fläche konstant. Für die Berechnung der Geschwindigkeitsverteilung an der Oberseite sind die Verhältnisse an der Unterseite bedeutungslos. Aus Gl. (42) ergibt sich dann für $v_0 =$ konst. zwischen n_1 und n_2 (Abb. 265) und $v_0 = 0$ außerhalb (Integraltabelle):

$$\frac{v_0}{1-n^2} - \frac{B_1(n)}{\sqrt{1-n^2}} = \frac{v_0}{1-n^2} - \frac{v_0}{\sqrt{1-n^2}} \int_{n_1}^{n} \frac{t\,dt}{(1-t^2)^{3/2}} = \frac{v_0}{\sqrt{1-n_1^2}\,\sqrt{1-n^2}};$$

$$\frac{v_0}{1-n^2} - \frac{B_2(n)}{\sqrt{1-n^2}} = \frac{v_0}{\sqrt{1-n_2^2}\,\sqrt{1-n^2}}; \quad \frac{v_0\,m}{1-m^2} - \frac{A(m)}{\sqrt{1-m^2}} = 0. \tag{47}$$

Die Integrale in Gl. (46) sind nun mit der Integraltabelle oder direkt mit Gl. (41) leicht auszuführen:

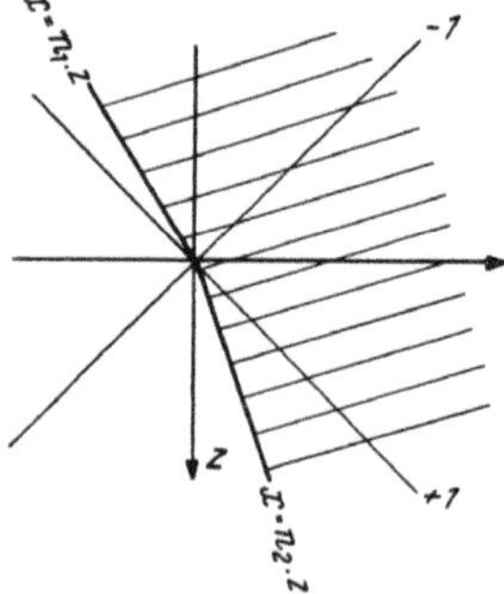

Abb. 265. Kegelige Fläche ohne Kantenumströmung.

$$\frac{\pi}{\sqrt{x^2-z^2}}\frac{u-u_\infty}{v_0} = \frac{1}{\sqrt{1-n_1^2}} \int_{n_1}^{-1} \frac{dn}{\sqrt{1-n^2}\,(x-n\,z)} +$$

$$+ \frac{1}{\sqrt{1-n_2^2}} \int_{+1}^{n_2} \frac{dn}{\sqrt{1-n^2}\,(x-n\,z)} =$$

$$= -\frac{1}{\sqrt{x^2-z^2}}\frac{1}{\sqrt{1-n_1^2}}\left[\frac{\pi}{2} - \arcsin\frac{z-n_1\,x}{x-n_1\,z}\right] +$$

$$- \frac{1}{\sqrt{x^2-z^2}}\frac{1}{\sqrt{1-n_2^2}}\left[\frac{\pi}{2} + \arcsin\frac{z-n_2\,x}{x-n_2\,z}\right].$$

Diese Gleichung gilt für $M = \sqrt{2}$. Mittels der Pr. Regel gilt dann bei beliebigem M nach entsprechenden Reduktionen für $x > |z|\cot\alpha$:

$$-\frac{u-u_\infty}{v_0}\cot\alpha = \frac{1}{\sqrt{1-n_1^2\cot^2\alpha}}\left[\frac{1}{2} - \frac{1}{\pi}\arcsin\frac{\cot\alpha\,(z-n_1\,x)}{x-n_1\,z\cot^2\alpha}\right] +$$

$$+ \frac{1}{\sqrt{1-n_2^2\cot^2\alpha}}\left[\frac{1}{2} + \frac{1}{\pi}\arcsin\frac{\cot\alpha\,(z-n_2\,x)}{x-n_2\,z\cot^2\alpha}\right]. \tag{48}$$

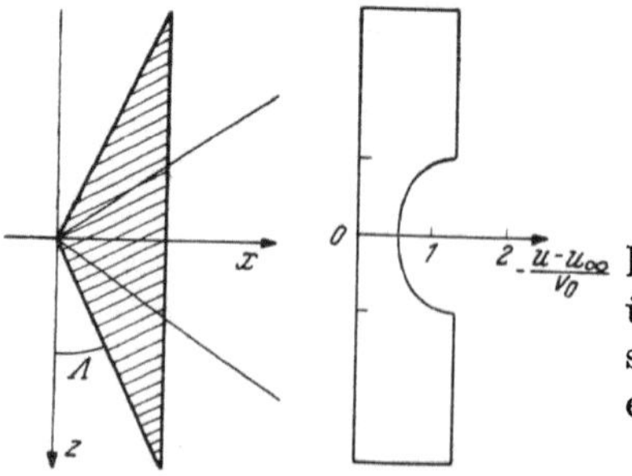

Aus Gl. (33) folgt für $z\cot\alpha > x > n_1\,z\cot\alpha$:

$$-\frac{u-u_\infty}{v_0}\cot\alpha = \frac{1}{\sqrt{1-n_2^2\cot^2\alpha}}. \tag{49}$$

Für $n_1 = n_2$ ergibt sich ein schiebender Flügel konstanter v_0-Werte. Gl. (48) geht in Gl. (49) über. Letztere ist schon vom Pfeileffekt (Abschnitt VI, 21) her bekannt. Für $n_1 = n_2 = 0$ ergibt sich die Ackeret-Formel Gl. (VIII, 3).

Für einen symmetrischen Dreiecksflügel (Abbildung 266) folgt mit $-n_1 = +\operatorname{tg}\varLambda = n_2$ folgendes Resultat:

Abb. 266. Dreieckflügel ohne Kantenumströmung bei $M = \sqrt{2}$.

$$-\frac{u-u_\infty}{v_0}\cot\alpha\,\sqrt{1-\operatorname{tg}^2\varLambda\cot^2\alpha} = 1 - \frac{1}{\pi}\arcsin\frac{\cot\alpha\,(z+x\operatorname{tg}\varLambda)}{x+z\operatorname{tg}\varLambda\cot^2\alpha} +$$

$$+ \frac{1}{\pi}\arcsin\frac{\cot\alpha\,(z-x\operatorname{tg}\varLambda)}{x-z\operatorname{tg}\varLambda\cot^2\alpha}, \tag{50}$$

dessen Verlauf in Abb. 266 gezeigt wird. Am Einflußkegel schließen die Werte unmittelbar an Gl. (49) an. Die Geschwindigkeitsstörungen liegen vor dem Einflußkegel entsprechend dem Pfeileffekt über jenem der ebenen Strömung gleichen Längsschnittes. Im Einflußkegel sinken sie aber unter diesen Wert, und eine allerdings etwas umständlich auszuführende Integration würde zeigen, daß sich im Mittel längs einer Geraden $x =$ konst. genau die Werte der ebenen Strömung ergeben.

An der Unterseite einer unendlich dünnen Platte herrscht dieselbe Geschwindigkeitsverteilung wie oben, nur mit umgekehrten Vorzeichen. Da sich ferner im Abschnitt (VI, 19) der Auftrieb eines flachen Körpers jenem einer unendlich dünnen Platte gleichen Grundrisses als gleich erwies, ergibt sich der Auftrieb eines Dreiecksflügels bei $\Lambda + \alpha < \pi/2$ gleich jenem eines flächengleichen Profiles bei ebener Strömung[3]:

$$\text{für } \varepsilon = 0: \quad \frac{dc_n}{d\varepsilon} = \frac{dc_a}{d\varepsilon} = \frac{4}{\sqrt{M_\infty^2 - 1}} = 4 \operatorname{tg} \alpha. \tag{51}$$

Voraussetzung dabei ist natürlich eine gerade Hinterkante.

Der Auftrieb eines Streifens dx ist proportional seiner Breite und damit proportional x. Damit wird das Moment des Streifens um die Flügelspitze proportional x^2. Man überzeugt sich leicht, daß sich für den Abstand des Druckpunktes von der Spitze folgender Wert ergibt, wenn der Abstand der Hinterkante von der Spitze gleich 1 gesetzt wird:

$$l = \int\limits_0^1 x^2 \, dx \bigg/ \int\limits_0^1 x \, dx = {}^2/_3. \tag{52}$$

Die Tangentialkraft einer unendlich dünnen Platte ohne Kantenumströmung verschwindet und bleibt auch bei einem flachen Körper vernachlässigbar klein für die Berechnung der Widerstandsänderung mit dem Anstellwinkel. Mit Gl. (VI, 144) ergibt sich für $\varepsilon = 0$:

$$\frac{d^2 c_w}{d\varepsilon^2} = 8 \operatorname{tg} \alpha, \tag{53}$$

wie für alle flachen Körper ohne Kantenumströmung.

7. Tragendes Dreieck mit umströmten Kanten.

Das einfachste Beispiel einer Kantenumströmung ergibt eine angestellte, unendlich dünne Dreiecksplatte mit einer Pfeilung $\Lambda > \pi/2 - \alpha$. Mit Rücksicht auf die Pr. Regel genügt es $\alpha = 45°$ zu wählen, damit ist also $\Lambda > 45°$ (Abb. 267).

Die Theorie für kegelige Strömung kann unverändert auch für das abgeleitete Potential und die abgeleiteten Geschwindigkeitskomponenten übernommen werden (Abschnitt VI, 18). Damit gelten alle aufgestellten Gleichungen, wenn die Komponenten wie folgt ersetzt werden:

$$u - u_\infty \to u_\varepsilon, \quad v \to v_\varepsilon - u_\infty, \quad w \to w_\varepsilon. \tag{54}$$

Dabei liege wie bei allen vorausgegangenen ähnlichen Aufgaben, dem angestellten Profil oder dem angestellten Rotationskörper, die Vorstellung zugrunde, daß der Körper unveränderlich fest im Koordinatensystem liege. Studiert wird die Änderung des Strömungszustandes mit dem Anstellwinkel der Anströmung bei $\varepsilon = 0$.

Während die v-Komponente am Körper unabhängig vom Anstellwinkel ε bleibt, nimmt sie zwischen der Vorderkante und dem Einflußkegel der Spitze mit ε zu, indem sich die Unterschiede auf Druck- und Saugseite des Körpers nun auf diese Weise ausgleichen können. Außerhalb vom Einflußkegel ist $v_\varepsilon = u_\infty$, also $v_\varepsilon - u_\infty = 0$. Damit bleibt in Gl. (46) nur das mittlere Integral von Null verschieden und kann wie folgt geschrieben werden:

$$\frac{\pi}{\sqrt{1-\left(\dfrac{z}{x}\right)^2}}\, u_\varepsilon = \int\limits_{-1}^{+1} K\,(m)\,\frac{dm}{m-\dfrac{z}{x}}. \tag{55}$$

Für die Funktion $K\,(m)$ gibt es mit Gl. (42) und (54) dann die Darstellung:

$$K\,(m) = \frac{m\,(v_\varepsilon - u_\infty)}{1-m^2} - \frac{1}{\sqrt{1-m^2}} \int\limits_0^m \frac{v_\varepsilon\,(t) - u_\infty}{(1-t^2)^{3/2}}\,dt =$$

$$= m^2\,\frac{d}{dm}\left[\frac{\sqrt{1-m^2}}{m}\int\limits_0^m \frac{v_\varepsilon\,(t) - u_\infty}{(1-t^2)^{3/2}}\,dt\right]. \tag{56}$$

Am Körper ist $v_\varepsilon = 0$. Im Umströmungsgebiet des Einflußkegels ist hingegen v_ε unbekannt, doch weiß man (Abschnitt VI, 18), daß dort $u_\varepsilon = 0$ ist. Dies führt zu einer Integralgleichung für v_ε, deren Lösung bekannt ist. Das Problem sowie jenes des nächsten Abschnittes und des Abschnittes VIII, 3 (angestelltes Profil) soll gelöst werden, indem die v_ε-Verteilung aus der Integralgleichung bestimmt wird. Die u_ε-Verteilung kann dann aus einem Integral über die nunmehr bekannte v_ε-Verteilung berechnet werden[7]. Diese Methode erlaubt es, auch komplizierte Probleme einfach auf zwei Integrationen zurückzuführen. Deren analytische Durchführung ist zwar nicht immer leicht, doch kann erforderlichenfalls stets auf numerische Integrationen zurückgegriffen werden.

Mit der Symmetrie des Flügels erweist sich auch die v_ε-Verteilung in m symmetrisch. Indem man das Vorzeichen der Integrationsvariablen t umkehrt, ergibt sich dann:

$$K\,(-m) = m^2\,\frac{d}{dm}\left[\frac{\sqrt{1-m^2}}{m}\int\limits_0^{-m} \frac{v_\varepsilon\,(t) - u_\infty}{(1-t^2)^{3/2}}\,dt\right] =$$

$$= -\,m^2\,\frac{d}{dm}\left[\frac{\sqrt{1-m^2}}{m}\int\limits_0^m \frac{v_\varepsilon\,(t) - u_\infty}{(1-t^2)^{3/2}}\,dt\right] = -\,K\,(m). \tag{57}$$

$K\,(m)$ ist antisymmetrisch in m bei symmetrischem Körper.

Die Vorderkanten seien durch die Werte $m_1 = \operatorname{tg} \varLambda$ und $-\,m_1$ gegeben. Da auf der Fläche $v_\varepsilon - u_\infty = -\,u_\infty$ ist, verschwindet $K\,(m)$ für $-\,m_1 < m < m_1$. Die Integration in Gl. (55) ist auf zwei symmetrisch gelegene Intervalle zu erstrecken, welche mit Gl. (57) leicht auf ein Intervall zurückgeführt werden können:

$$\frac{\pi}{\sqrt{1-\left(\dfrac{z}{x}\right)^2}}\, u_\varepsilon = \int\limits_{-1}^{-m_1} K\,(m)\,\frac{dm}{m-\dfrac{z}{x}} + \int\limits_{m_1}^{1} K\,(m)\,\frac{dm}{m-\dfrac{z}{x}} =$$

$$= \int\limits_{1}^{m_1} K\,(-m)\,\frac{dm}{m+\dfrac{z}{x}} + \int\limits_{m_1}^{1} K\,(m)\,\frac{dm}{m-\dfrac{z}{x}} = \tag{58}$$

$$= \int\limits_{m_1}^{1} K\,(m)\,\frac{2\,m\,dm}{m^2-\left(\dfrac{z}{x}\right)^2} = \int\limits_{0}^{1} K\,(m)\,\frac{d\xi}{\xi - \bar z};$$

$$\text{mit:}\quad \xi = \frac{m^2 - m_1{}^2}{1 - m_1{}^2};\quad \bar z = \frac{\left(\dfrac{z}{x}\right)^2 - m_1{}^2}{1 - m_1{}^2}.$$

Im Gebiet $m_1{}^2 < \left(\dfrac{z}{x}\right)^2 < 1$ verschwindet u_ε, so daß sich dort die Integralgleichung ergibt:

$$0 = \int\limits_0^1 K(m)\, \frac{d\xi}{\xi - \bar z}.$$

Sie ist aus der Tragflügeltheorie bekannt und wurde auch schon in Abschnitt (VII, 3) verwendet. Nach der Integraltafel erhält man daraus für:

$$m_1{}^2 < \left(\frac{z}{x}\right)^2 < 1: \quad K\left(\frac{z}{x}\right) = \frac{C}{\sqrt{\bar z\,(1 - \bar z)}} = C\,\frac{1 - m_1{}^2}{\sqrt{\left[\left(\frac{z}{x}\right)^2 - m_1{}^2\right] \cdot \left[1 - \left(\frac{z}{x}\right)^2\right]}}. \tag{59}$$

Außerhalb des Gültigkeitsbereiches wird $K(m)$ imaginär. Die Konstante C ist zunächst frei, was nicht verwunderlich ist, weil $K(m)$ für alle konstanten Werte von $v_\varepsilon - u_\infty$ verschwindet. C muß so gewählt werden, daß v_ε am Einflußkegel $m = 1$ die Werte der Anströmung annimmt, daß also dort gilt: $v_\varepsilon - u_\infty = 1$. Aus Gl. (56) folgt mit Rücksicht darauf, daß $K(m)$ für $m_1 > m \geqslant 0$ verschwindet und die verfügbare Integrationskonstante so gewählt werden muß, daß sich am Körper $v_\varepsilon = 0$ ergibt:

$$- u_\infty \frac{m_1}{\sqrt{1 - m_1{}^2}} + \int\limits_{m_1}^m \frac{v_\varepsilon(t) - u_\infty}{(1 - t^2)^{3/2}}\, dt = \frac{m}{\sqrt{1 - m^2}}\left[\int\limits_{m_1}^m \frac{K(t)}{t^2}\, dt - u_\infty\right]$$

und nach Ableiten nach m mittels Gl. (59):

$$v_\varepsilon(m) - u_\infty = (1 - m^2)^{3/2}\, \frac{d}{dm}\left\{\frac{m}{\sqrt{1 - m^2}}\left[\int\limits_{m_1}^m \frac{K(t)}{t^2}\, dt - u_\infty\right]\right\}, \quad \text{oder}$$

$$v_\varepsilon(m) = \int\limits_{m_1}^m \frac{K(t)}{t^2}\, dt + \frac{1 - m^2}{m}\, K(m) =$$

$$= C\,(1 - m_1{}^2)\left[\int\limits_{m_1}^m \frac{dt}{t^2\, \sqrt{(t^2 - m_1{}^2)(1 - t^2)}} + \sqrt{\frac{1 - m^2}{m^2 - m_1{}^2}}\,\right].$$

Daraus ergibt sich für $m = 1$, $v = + u_\infty$:

$$u_\infty = C\,(1 - m_1{}^2)\int\limits_{m_1}^1 \frac{dt}{t^2\, \sqrt{(t^2 - m_1{}^2)(1 - t^2)}} = C\,(1 - m_1{}^2)\, \frac{E'(m_1)}{m_1{}^2}. \tag{60}$$

Das Integral, welches zur Bestimmung von C erforderlich ist, ist elliptisch und muß Tabellenwerken entnommen werden. Die hier verwendeten Werte sind in Abb. 268 wiedergegeben. Mit Gl. (60) ist also $K(m)$ in Gl. (59) völlig bestimmt, so daß sich nun mit Gl. (58) folgender Wert ergibt:

$$- \frac{\pi}{\sqrt{1 - \left(\frac{z}{x}\right)^2}}\, \frac{u_\varepsilon}{u_\infty} = \frac{m_1{}^2}{(1 - m_1{}^2)\, E'(m_1)}\int\limits_0^1 \frac{d\xi}{(\xi - \bar z)\,\sqrt{\xi\,(1 - \xi)}} =$$

$$= 2\,\frac{m_1{}^2}{(1 - m_1{}^2)\, E'(m_1)}\int\limits_{-1}^1 \frac{dt}{[t - (2\bar z - 1)]\,\sqrt{1 - t^2}}.$$

Mit der Superposition $t = 2\,\xi - 1$ ist das Integral (19) der Tafel gewonnen, wobei auf der Fläche die untere Lösung zu verwenden ist. Nach Einsetzen der Grenzen und des Wertes für $\bar{z}$ nach Gl. (58) folgt:

$$\frac{u_\varepsilon}{u_\infty} = \frac{m_1}{E'(m_1)} \; \frac{1}{\sqrt{1 - \left(\dfrac{z}{m_1\,x}\right)^2}}.$$

Von diesem für $M = \sqrt{2}$ gültigen Resultat kann nun leicht auf beliebige Mach-Zahlen übergegangen werden. Mit $m_1 = \cot\varLambda$ ergibt sich (Abb. 267):

$$\frac{u_\varepsilon}{u_\infty} = \frac{\cot\varLambda}{E'(\cot\varLambda \,.\, \cot\alpha)} \cdot \frac{1}{\sqrt{1 - \left(\dfrac{z}{x\cot\varLambda}\right)^2}}. \tag{61}$$

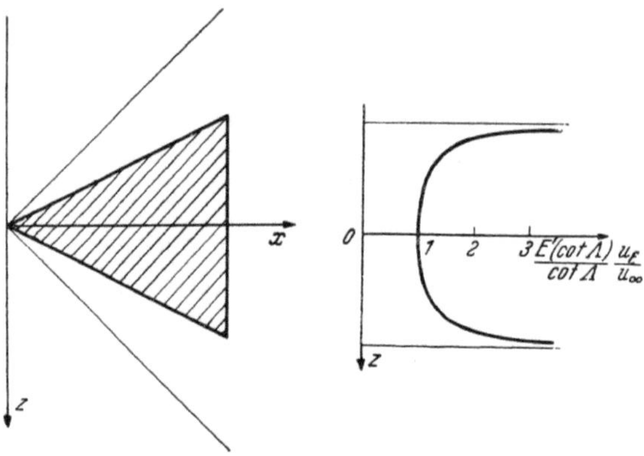

Abb. 267. Dreieckflügel mit Kantenumströmung bei $M = \sqrt{2}$.

Bei diesem Beispiel kann w_ε besonders leicht gewonnen werden. Die Integrationskonstante, welche sich bei der Integration der Wirbelgleichung ergibt, ist so zu wählen, daß w_ε auf der x-Achse verschwindet:

$$\frac{w_\varepsilon}{u_\infty} = \int\limits_0^x \frac{\partial}{\partial z}\left(\frac{u_\varepsilon}{u_\infty}\right)dx = \frac{1}{E'(\cot\varLambda \cot\alpha)} \int\limits_0^x \frac{\dfrac{z}{x\cot\varLambda}\,dx}{x\left[1 - \left(\dfrac{z}{x\cot\varLambda}\right)^2\right]^{3/2}} =$$

$$= \frac{1}{E'(\cot\varLambda \cot\alpha)} \; \frac{\dfrac{z}{x\cot\varLambda}}{\sqrt{1 - \left(\dfrac{z}{x\cot\varLambda}\right)^2}}. \tag{62}$$

Die Störungen wachsen an den Flügelkanten über alle Grenzen, weshalb die Linearisierung dort nicht mehr berechtigt sein dürfte. Bezüglich des „induzierten Widerstand" gilt das auf S. 380 für Unterschallströmung Gesagte. Er ist mit Hilfe des Impulssatzes zu berechnen. Da die Tangentialkräfte nun nicht mehr vernachlässigbar sind, kann hier im allgemeinen Gl. (53) nicht mehr gelten. Hingegen gilt Formel (52) für die Druckpunktslage eines Dreiecksflügels unverändert, weil hierin nur vorausgesetzt ist, daß der Auftrieb eines Streifens dx proportional seinem Abstand von der Spitze ist.

Für den Auftriebsbeiwert ergibt sich aus Gl. (VI, 143) folgendes Resultat für $\varepsilon = 0$:

$$\frac{dc_n}{d\varepsilon} = \frac{dc_a}{d\varepsilon} = \frac{4}{\cot\varLambda}\iint\limits_F \left(\frac{u_\varepsilon}{u_\infty}\right)dx\,dz = \frac{2\,\pi\cot\varLambda}{E'(\cot\varLambda \cot\alpha)} =$$

$$= \frac{\pi}{2}\,\frac{1}{E'(\cot\varLambda \cot\alpha)}\,\frac{b^2}{F} \tag{63}$$

für $\varLambda \gtreqqless \dfrac{\pi}{2} - \alpha$. An der Grenze $\varLambda = \dfrac{\pi}{2} - \alpha$, also $\cot\varLambda \cot\alpha = 1$, ist

$E'(1) = \dfrac{\pi}{2}$. Damit ist dort der Anschluß an das Dreieck ohne Kantenumströmung hergestellt. Nach Abb. 268 nimmt der Auftrieb mit zunehmender Pfeilung bei gleichem M ab.

Für starke Pfeilung oder $M_\infty \to 1$ geht nach Abb. 268 Gl. (63) in Gl. (11) über. Damit erhält man eine Möglichkeit, die einfache Theorie kleiner Seitenverhältnisse zu prüfen. Offenbar kommt es auf das Verhältnis vom Pfeilwinkel und Mach-Winkel an. Je kleiner dieses ist, um so genauer ist die einfache Theorie von R. T. JONES in Abschnitt 2. Dies zeigt auch folgende Überlegung: Eine Änderung der Kantenform kann sich erst längs Machscher Linien im Inneren des Flügels bemerkbar machen. War das Feld etwa kegelig, so bleibt es im inneren des Flügels auch bei Änderung des Kantenwinkels noch ein kurzes Stück kegelig. Nach R. T. JONES hingegen hängt die örtliche Störung nur vom Kantenwinkel im selben Querschnitt ab. Das stimmt offenbar um so besser, je steiler der Mach-Winkel ist (je näher M_∞ an 1 liegt) und je langsamer die Kanten ihre Richtungen ändern.

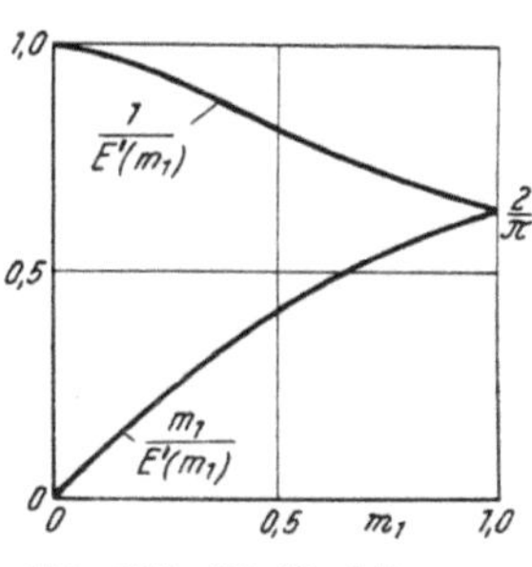

Abb. 268. Die Funktionen zu Gl. (60) bis (63).

8. Flügelrand.

Während sich die Flügelenden bei $M_\infty < 1$ in allen Flügelteilen bemerkbar machen, ist ihre Wirkung bei $M_\infty > 1$ durch ihre Einflußzonen begrenzt. Handelt es sich insbesondere um eine tragende Fläche, welche am Flügelrand durch gerade Kanten begrenzt wird (Abb. 269), so kann man die Kantenumströmung als selbständige Aufgabe der kegeligen Strömung behandeln. Im vorliegenden Beispiel falle die umströmte Kante mit der x-Achse zusammen, die andere Kante liege in VI oder VII. Gl. (46) werde wieder mit den Beziehungen (54) umgeschrieben, wobei nun Beiträge vom ersten und zweiten Integral geliefert werden. Die ersteren wurden bereits in Gl. (48) berechnet, im zweiten Integral hingegen gibt es wieder nur Beiträge aus dem Gebiet $0 \leqq m \leqq 1$ der unbekannten v_ε-Werte. Mit der Funktion $K(m)$ Gl. (56) ist somit:

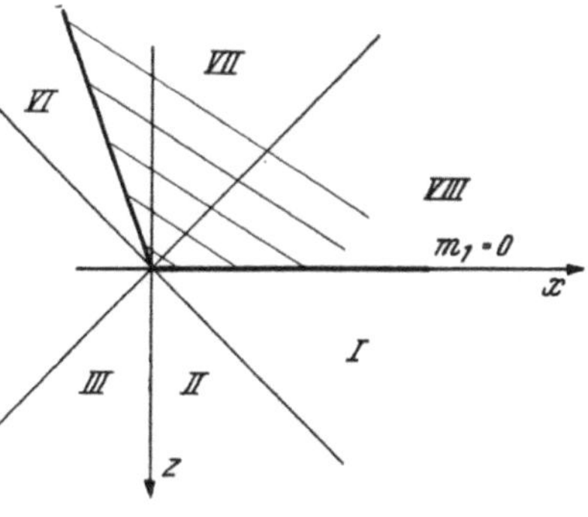

Abb. 269. Flügelrand.

$$\frac{\pi}{\sqrt{x^2-z^2}}\,u_\varepsilon = \int_0^1 K(m)\,\frac{dm}{m\,x-z} + \frac{u_\infty}{\sqrt{x^2-z^2}}\,\frac{1}{\sqrt{1-n_1^2}}\left[\frac{\pi}{2}-\arcsin\frac{z-n_1 x}{x-n_1 z}\right]. \tag{64}$$

Da nun u_ε zwischen $0 < \dfrac{z}{x} < 1$ verschwindet, ergibt sich für diesen Bereich die Betzsche Integralgleichung:

$$\int_0^1 K(m)\,\frac{dm}{m-\dfrac{z}{x}} = \frac{-1}{\sqrt{1-n_1^2}}\,\frac{u_\infty}{\sqrt{1-\left(\dfrac{z}{x}\right)^2}}\left[\frac{\pi}{2}-\arcsin\frac{\dfrac{z}{x}-n_1}{1-n_1\dfrac{z}{x}}\right],$$

mit der Lösung (Integraltafel):

$$K\left(\frac{z}{x}\right) = \frac{C}{\sqrt{\frac{z}{x}\left(1-\frac{z}{x}\right)}} +$$

$$+ \frac{1}{2\pi}\frac{u_\infty}{\sqrt{\frac{z}{x}\left(1-\frac{z}{x}\right)}\sqrt{1-n_1{}^2}}\int\limits_0^1\left[\frac{\pi}{2}-\arcsin\frac{t-n_1}{1-n_1 t}\right]\cdot\frac{\sqrt{t}\,dt}{\sqrt{1+t}\left(t-\frac{z}{x}\right)}.$$

Der Berechnungsweg soll nur skizziert werden. Eine partielle Integration brächte keinen Vorteil, da damit wohl der „arcsin" verschwinden, jedoch eine gleich unangenehme Funktion neu auftreten würde. Wird das Integral hingegen nach n_1 abgeleitet, so ergeben sich bekannte Integrale. Nach Einsetzen der Grenzen für t kann nun nach n_1 integriert werden. Als untere Grenze ist dabei $n_1 = -1$ zu wählen, da dort das Integral verschwindet. Als Resultat ergibt sich schließlich:

$$K\left(\frac{z}{x}\right) = \frac{C}{\sqrt{\frac{z}{x}\left(1-\frac{z}{x}\right)}} +$$

$$-\frac{1}{\pi}\frac{u_\infty}{\pi\sqrt{1-n_1{}^2}}\frac{1}{\sqrt{\frac{z}{x}\left(1-\frac{z}{x}\right)}}\ln\left|\frac{n_1}{1+\sqrt{1-n_1{}^2}}\frac{1+\sqrt{1+n_1}}{1-\sqrt{1+n_1}}\right| +$$

$$-\frac{u_\infty}{\pi\sqrt{1-n_1{}^2}\sqrt{1-\left(\frac{z}{x}\right)^2}}\ln\left|\frac{\sqrt{1+n_1}\sqrt{\frac{z}{x}}-\sqrt{1+\frac{z}{x}}}{\sqrt{1+n_1}\sqrt{\frac{z}{x}}+\sqrt{1+\frac{z}{x}}}\right|,\quad \text{für } 0 \leqq \frac{z}{x} \leqq 1.$$

Hierin ist C zwar noch unbestimmt, doch kann v_ε bei $\frac{z}{x} = 0$ nur integrierbar unendlich werden, weil sich sonst ein unendlicher Massenfluß nach aufwärts ergäbe. Aus $v_\varepsilon \sim z^{-\alpha}$ mit $\alpha < 1$ folgt nach Gl. (56): $K\left(\frac{z}{x}\right) \sim z^{1-\alpha}$. Für $z \to 0$ muß also $K\left(\frac{z}{x}\right)$ endlich bleiben, weshalb C so gewählt werden muß, daß die singulären Stellen auf der x-Achse wegfallen. In der letzten Gleichung bleibt damit nur der dritte Summand, woraus sich schließlich u_ε mittels Gl. (64) wie folgt bestimmt:

$$\frac{u_\varepsilon}{u_\infty} = -\frac{1}{\pi^2}\frac{1}{\sqrt{1-n_1{}^2}}\int\limits_0^1\ln\left|\frac{\sqrt{1+n_1}\sqrt{m}-\sqrt{1+m}}{\sqrt{1+n_1}\sqrt{m}+\sqrt{1+m}}\right|\frac{dm}{m-\frac{z}{x}} +$$

$$+ \frac{1}{\sqrt{1-n_1{}^2}}\left[\frac{1}{2}-\frac{1}{\pi}\arcsin\frac{z-n_1 x}{x-n_1 z}\right].$$

Die Integration wird wie jene letzte nach t ausgeführt, indem zuerst nach n_1 differenziert und nach Einsetzen der Grenzen von m wieder über n_1 integriert wird. Das Integral in der letzten Gleichung für $n_1 = -1$ verschwindet zwar nicht, ist jedoch elementar. Man findet:

$$\frac{u_\varepsilon}{u_\infty} = \frac{1}{\pi\sqrt{1-n_1{}^2}}\arccos\frac{x+(2+n_1)z}{x-n_1 z}\quad \text{für } -1 \leqq \frac{z}{x} \leqq 0.$$

Man überzeugt sich leicht, daß die Werte dieser Gleichung auf der x-Achse an den Wert im Oktanten I (d. h. $u = 0$) und am Einflußkegel ($z = -x$) an den Wert im Oktanten VII anschließen. Letzterer ergibt sich aus Gl. (49) mittels Gl. (54). Für *beliebige* Mach-Zahlen gilt schließlich:

$$\text{für } -\operatorname{tg}\alpha \leqq \frac{z}{x} \leqq 0: \quad \frac{u_\varepsilon}{u_\infty} = \frac{\operatorname{tg}\alpha}{\sqrt{1-n_1^2\cot^2\alpha}}\,\frac{1}{\pi}\arccos\frac{x+(2+n_1\cot\alpha)\,z\cot\alpha}{x-n_1 z\cot^2\alpha}\,;$$

$$\text{für } -\operatorname{tg}\alpha \leqq \frac{z}{x} \leqq n_1: \quad \frac{u_\varepsilon}{u_\infty} = \frac{\operatorname{tg}\alpha}{\sqrt{1-n_1^2\cot^2\alpha}}\,. \tag{65}$$

Für den Rand eines Rechtecksflügels ergibt sich die in Abb. 270 wiedergegebene Verteilung. Sie wurde erstmalig von SCHLICHTING[8], ausgehend von Anschauungen der Unterschalltragflügeltheorie, berechnet. Weitere Literatur über den Gegenstand findet man unter [9, 10, 11, 38].

9. Verallgemeinerungen durch Transformation.

Mit Transformationen, welche die Eigenschaft besitzen, die Ausgangsgleichung in sich überzuführen, können aus bekannten Lösungen neue hergestellt werden. Die Randbedingungen der neuen Lösungen ergeben sich dabei ebenfalls durch dieselbe Transformation. Bei der Laplace-Gleichung sind es beispielsweise die konformen

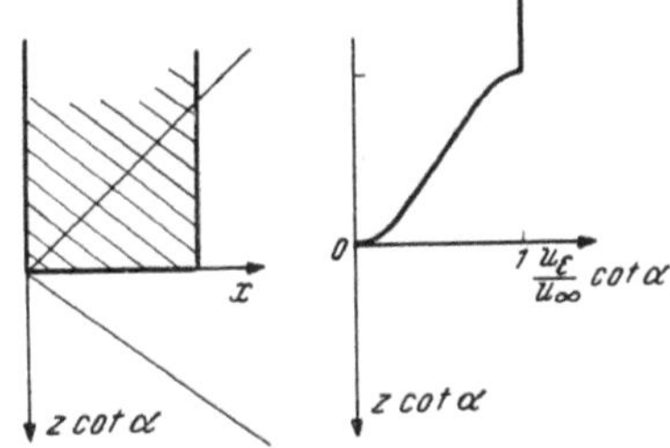

Abb. 270. Geschwindigkeitsverteilung am Rand eines Rechteckflügels.

Abbildungen, durch deren Anwendung viele Randwertaufgaben gelöst werden können. Eine besonders einfache Transformation bei der Laplace-Gleichung ist ferner die Drehung des Koordinatensystems, wobei es physikalisch klar ist, daß die Form der Differentialgleichung dabei ungeändert bleibt.

Wie die genannten Transformationen, beschränkt sich auch jene dieses Abschnittes keineswegs auf „kegelige Strömungen". Doch sollen nur Transformationen in der x, z-Ebene betrachtet werden, womit das Anwendungsgebiet auf flache Körper beschränkt bleibt. Es sei eine einfache lineare Beziehung angenommen, d. h. das Gegenstück der „Drehung" bei der Laplace-Gleichung sei gesucht. Des besseren Überblickes wegen seien die Betrachtungen wieder auf $M = \sqrt{2}$ beschränkt.

In das Gleichungssystem:

$$-\frac{\partial u}{\partial x} + \frac{\partial v}{\partial y} + \frac{\partial w}{\partial z} = 0; \quad \frac{\partial u}{\partial y} = \frac{\partial v}{\partial x}; \quad \frac{\partial w}{\partial y} = \frac{\partial v}{\partial z}, \tag{66}$$

wird zunächst eine lineare Transformation in den unabhängigen und abhängigen Veränderlichen eingeführt:

$$\begin{aligned} x' &= a\,x + b\,z; & z' &= c\,x + d\,z; & y' &= y; \\ u &= A\,u' + B\,w'; & w &= C\,u' + D\,w'; & v' &= v. \end{aligned} \tag{67}$$

Aus der Forderung, daß die Gleichungen in den gestrichenen Größen wieder die Form von (66) annehmen sollen und daß die Transformation für den Parameterwert $\sigma = 0$ die Identität ergeben soll, ergibt sich nach elementarer Rechnung:

$$x' = \frac{x-\sigma z}{\sqrt{1-\sigma^2}}; \quad z' = \frac{-\sigma x+z}{\sqrt{1-\sigma^2}}; \quad x = \frac{x'+\sigma z'}{\sqrt{1-\sigma^2}}; \quad z = \frac{\sigma x'+z'}{\sqrt{1-\sigma^2}}. \tag{68}$$

Die Transformationen führen die Wellengleichung in sich über und sind als „Lorentz-Transformationen" durch die spezielle Relativitätstheorie sehr bekannt geworden. (Richtiger sollten sie eigentlich nach VOIGT, der sie zuerst aufstellte, benannt werden.) Für die neuen Geschwindigkeitskomponenten ergibt sich:

$$u'(x', z') = \frac{u(x, z) + \sigma\, w(x, z)}{\sqrt{1 - \sigma^2}}; \quad w'(x', z') = \frac{\sigma\, u(x, z) + w(x, z)}{\sqrt{1 - \sigma^2}}. \tag{69}$$

Der Parameter σ ist innerhalb der Grenzen $-1 < \sigma < 1$ frei wählbar. Die Umkehr der Gl. (69) ergibt sich, wie bei der Gl. (68), einfach durch einen Vorzeichenwechsel von σ. Die Transformation der Geschwindigkeitskomponenten entspricht genau den Umkehrformeln der Koordinatentransformation.

Durch die Gl. (68) geht der Abhängigkeits- und Einflußkegel des Ursprungs in sich über:

$$\text{aus} \quad x^2 = y^2 + z^2 \quad \text{folgt} \quad x'^2 = y'^2 + z'^2. \tag{70}$$

Ferner kann durch die Transformation kein Punkt über den Mach-Kegel versetzt werden. Die Geraden durch den Ursprung in der x, z-Ebene erfahren folgende Lageänderung:

$$\frac{z'}{x'} = \frac{-\sigma + \dfrac{z}{x}}{1 - \sigma\, \dfrac{z}{x}}. \tag{71}$$

Daraus folgt:

$\dfrac{z}{x}$	1	σ	0	$-\sigma$	-1	$-\dfrac{1}{\sigma}$	∞	$\dfrac{1}{\sigma}$	1
$\dfrac{z'}{x'}$	1	0	$-\sigma$	$-\dfrac{2\,\sigma}{1 + \sigma^2}$	-1	$-\dfrac{1 + \sigma^2}{2\,\sigma}$	$-\dfrac{1}{\sigma}$	∞	1

Alle Geraden durch den Ursprung drängen sich demnach bei positivem σ zur Geraden $x = -z$ hin unabhängig davon, ob sie nun im Einflußkegel liegen oder außerhalb von diesem. In Abb. 271, welche diesen Vorgang zeigt, stehen an den Geraden die Richtungskonstanten vor der Transformation, um so die Zuordnung kenntlich zu machen.

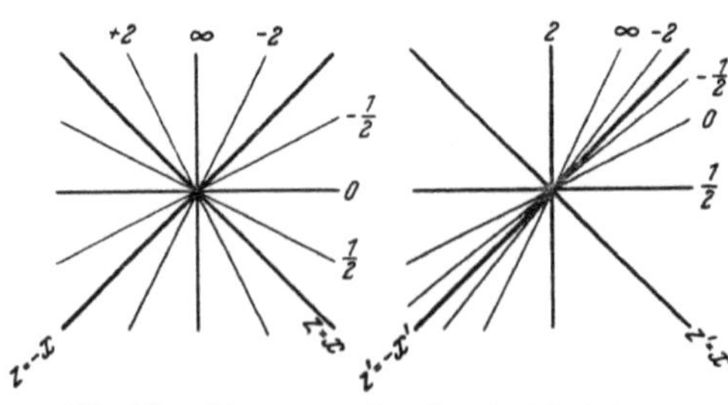

Abb. 271. Verzerrung des Geradenbüschels nach Gl. (71): $\sigma = {}^1\!/_2$.

Man erkennt die Bedeutung der Transformation sofort an der kegeligen Strömung. Eine symmetrisch um die x-Achse gelegene Dreiecksfläche geht in eine asymmetrisch gelegene über. Ein Flügelrand mit der x-Achse als umströmte Kante bekommt eine andere Gerade als Rand. Mit den in Abschnitt 7 behandelten symmetrisch angeströmten tragenden Dreiecken beliebigen Pfeilwinkels und den in Abschnitt 8 behandelten Flügelrändern mit der x-Achse als Begrenzung hat man unter Hinzunahme der „Lorentz-Transformation" bereits den allgemeinsten Fall tragender kegeliger Flächen beliebiger Lage beider Kanten. Nur darf bei tragenden Flächen aus physikalischen Gründen eine elliptisch gelegene Flügelvorderkante (also eine gegen die Strömung angestellte Kante) nicht in eine Hinterkante transformiert werden (also eine Kante, an der das Medium vom Flügel kommend abströmt). Wie in Abschnitt 2 bei der Darstellung der Theorie von JONES ausführlich gezeigt wurde, unterscheiden sich die Randbedingungen an Vorder- und Hinterkanten ganz wesentlich, weil sich das Wirbelband einer tragenden Fläche an der breitesten Stelle ablöst. Eine elliptisch gelegene Hinterkante liegt somit stets im Wirbelband, an ihr ist die Bedingung glatten Anströmens zu erfüllen, wie in inkompressibler Strömung.

Die Transformation kann auch auf den Kreiskegel angewendet werden. Doch bleibt dieser hierbei im allgemeinen kein Kreiskegel mehr.

In Hinblick auf die Analogie zur dichtebeständigen Strömung kann auch von einer „hyperbolischen Drehung" gesprochen werden. Sie ist im Gegensatz zur gewöhnlichen (elliptischen) Drehung mit Verzerrungen verbunden.

10. Verallgemeinerung durch Superposition.

Bei linearen Gleichungen, wie sie allen vorausgehenden Abschnitten von Teil X zugrunde liegen, können Lösungen superponiert werden. Da jede einzelne Lösung auch noch mit einem Faktor multipliziert werden kann, können beliebige Linearkombinationen bekannter Lösungen gebildet werden, was besonders bei

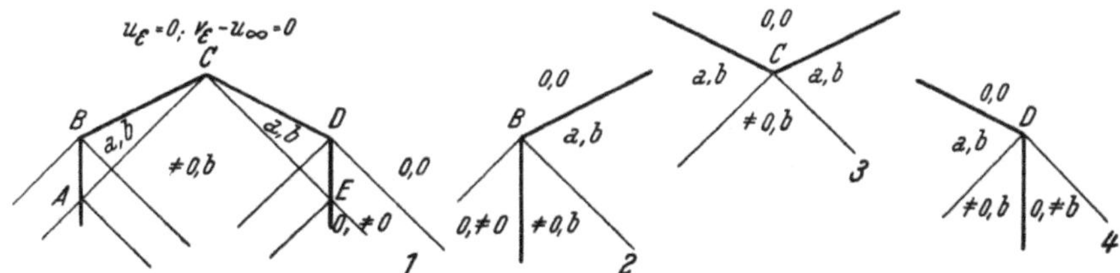

Abb. 272. Superposition von Lösungen: 1, = 2, + 4, − 3.

flachen Körpern sehr nützlich sein kann. Da sich die Geschwindigkeitskomponenten dabei alle aus derselben Linearkombination der Ausgangslösungen ergeben, ergeben sich auch die Dickenverteilungen flacher Körper und die Geschwindigkeitsverteilungen auf ihnen (d. h. auf $\pm y \rightarrow 0$) in gleicher Weise. Es muß also nur darauf geachtet werden, daß die Randbedingungen auf der x, z-Ebene erfüllt sind. Jene im Anströmgebiet und in großer Entfernung sind es von selbst, wenn nicht die Strömungen, sondern nur Störungen superponiert werden.

Eine Superposition kommt vor allem unter Verwertung einfacher Lösungen in Frage, weil gerade dann viel Arbeit gespart werden kann. Daher seien die Ausführungen an Hand der kegeligen Überschallströmung erläutert. Grundrisse tragender Flächen sind ja vielfach geradlinig begrenzt und bilden damit ein Anwendungsgebiet der in Abschnitt 7 und 8 berechneten und in Abschnitt 9 verallgemeinerten Lösungen. Eine Dreiecksfläche mit abgeschnittenen Flügelspitzen und einer Pfeilung $\Lambda < \dfrac{\pi}{2} - \alpha$ (Abb. 272) kann beispielsweise aus folgenden drei Lösungen superponiert werden: Zwei kegelige Lösungen mit umströmten Kanten in den Punkten B und D und eine ohne umströmte Kanten im Punkt C. Die Werte von u_ε und $v_\varepsilon - u_\infty$ sind in den Feldern notiert. a, b sind dabei einfach die durch den Pfeileffekt gegebenen Werte von u_ε und $v_\varepsilon - u_\infty$. Wo irgendwelche Werte ungleich Null, a oder b auftreten, steht einfach 0. Man überzeugt sich leicht, daß die Superposition 2, + 4, − 3 die Randbedingungen der Lösung 1 erfüllt, und zwar bis zu den Einflußgebieten des Punktes A und E, wo der Einflußkegel des Punktes C auf die Kanten trifft. Dann ergibt nämlich die Superposition im Umströmungsgebiet nicht mehr $u_\varepsilon = 0$. Handelt es sich um einen

Rechtecksflügel, fällt also der Knick bei C weg, so ergibt die genannte Superposition richtige Werte bis zum Auftreffen der Einflußgebiete von B und D auf die Gegenkanten. Physikalisch sind die Verhältnisse noch klarer, indem das Knicken der Kanten bei B und D im hyperbolischen Gebiet unbeeinflußt von der Endlichkeit des Flügels erfolgen kann.

Dies zeigt, daß eine entsprechende Superposition bei einer Pfeilung $\varLambda + \alpha > \dfrac{\pi}{2}$ nicht mehr zum Ziele führt.

11. Einige Bemerkungen zu allgemeinen Problemen bei flachen Körpern bei $M_\infty > 1$.

Bisher wurden nur unendlich dünne kegelige tragende Flächen bei $M_\infty > 1$ behandelt. Damit sind allerdings auch alle in y symmetrischen kegeligen flachen Körper erfaßt, weil diese dasselbe u besitzen, wie in Abschnitt VI, 18 gezeigt wurde. Kegelige Flächen, welche in y asymmetrisch sind, ergeben aber grundsätzlich nichts Neues. Ist die v_0-Verteilung am Körper beiderseits der x,z-Ebene

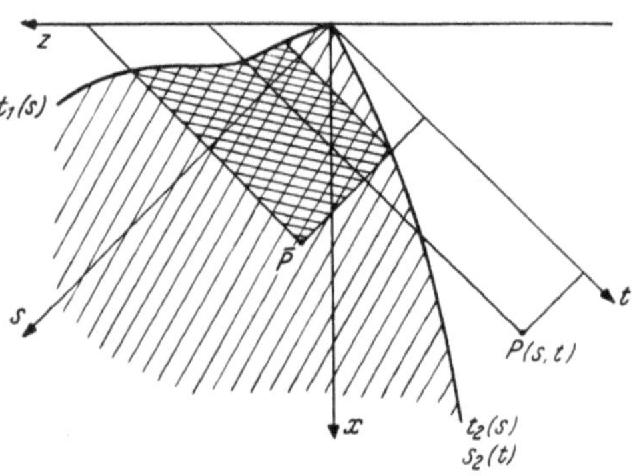

Abb. 273. Tragende Platte bei $M_\infty > 1$ mit gekrümmtem Rand.

durch $\overline{v_0}$ und v_0 gegeben, so ergeben diese eine u-Verteilung im Umströmungsgebiet der Kanten. Die Summe der Einflüsse, welche von der Ober- und Unterseite herrühren, kann dabei von einem in y symmetrischen Anteil $\dfrac{1}{2}\,(\overline{v_0} + \underline{v_0})$ und von einem antisymmetrischen Anteil $\dfrac{1}{2}\,(\overline{v_0} - \underline{v_0})$ herrührend aufgefaßt werden. Die Aufgabe kann daher aufgespalten werden in die Berechnung der Strömung um einen symmetrischen Körper der Dickenverteilung $\dfrac{1}{2}\,(\overline{v_0} + \underline{v_0})$ und einen

antisymmetrischen Körper der Dickenverteilung $\dfrac{1}{2}\,(\overline{v_0} - \underline{v_0})$. Bei letzterem muß u außerhalb des Körpers verschwinden. Die skizzierte Aufspaltung ist keineswegs erforderlich. Man erreicht dasselbe Ziel, wenn man im Umströmungsgebiet der Kanten fordert, daß sich aus der v_0-Verteilung der ganzen unteren und der ganzen oberen Halbebene dasselbe u ergibt. Stets ergibt sich die Betzsche Integralgleichung. Dabei wird man bestrebt sein, die v-Verteilung durch solche Funktionen zu erfassen, welche die Integrationen möglichst erleichtern.

Auch ein beliebig geformter flacher Körper läßt sich wie oben angegeben aus zwei Körpern superponieren, von denen der eine in y-Richtung symmetrisch, der andere hingegen antisymmetrisch ist. Die Berechnung der Strömung um symmetrische Körper oder um solche ohne umströmte Kanten wurde in Abschnitt 4 behandelt. Somit bleibt im wesentlichen das allgemeine Problem der tragenden Platte mit umströmten Kanten bei $M_\infty > 1$ zu behandeln. Eine sehr allgemeine Lösung wird von J. C. Evvard[38] angegeben und soll ihrer relativen Einfachheit wegen hier kurz behandelt werden. Es handelt sich dabei wieder um eine Aufgabe, deren Behandlung bei $M_\infty > 1$ bedeutend leichter ist als bei $M_\infty < 1$.

Der einfache Fall, daß der umströmte Rand einer tragenden Platte gekrümmt sei, enthält bereits alles Typische (Abb. 273). Als Koordinatenlinien seien die Mach-Linien t, s eingeführt. Ohne Einschränkung der Allgemeinheit kann man sich dabei auf ein rechtwinkliges Mach-Netz beschränken. Die eine Plattenkante $t_1(s)$ sei nicht umströmt. Wäre sie in *bekannter* Weise umströmt, etwa indem die Lösung im interessierenden Gebiet kegelig ist, so handelt es sich grundsätzlich um dieselbe Aufgabe. Für die nächsten Schritte wesentlich ist nur, daß v_0 im Integrationsgebiet zwischen $t_1(s)$ und der umströmten Kante $t_2(s)$ bekannt ist. Der Ursprung des s, t-Systems liege am Anfangspunkt der Kante $t_2(s)$. Im Umströmungsgebiet $t_2 < t$ ist die u- und w-Komponente wie bei der kegeligen Strömung gleich Null. Also verschwindet dort auch das Störungspotential bei geeigneter Wahl der frei verfügbaren Konstanten. Mit Gl. (19) gilt also für:

$$t > t_2: \quad 0 = \int\limits_0^s \left[\int\limits_{t_1(\sigma)}^t \frac{v_0(\sigma, \tau)\, d\tau}{\sqrt{t - \tau}} \right] \frac{d\sigma}{\sqrt{s - \sigma}}. \tag{72}$$

Der Ausdruck in der eckigen Klammer stellt eine Funktion dar, die nur von σ und t, nicht aber von s abhängt. Da das Integral über σ nun aber für jeden Wert von s verschwinden muß, so ist zu vermuten, daß dies nur dann möglich ist, wenn der Ausdruck in der eckigen Klammer für sich verschwindet. Wenigstens kann gesagt werden, daß das Verschwinden des Klammerausdruckes eine Lösung der Integralgleichung (72) darstellt. Denkt man sich den Klammerausdruck als Funktion von σ (mit dem für diese Betrachtung uninteressanten Parameter t) geschrieben, so erkennt man in Gl. (72) genau die Abelsche Integralgleichung (Integraltafel S. 449). Nach einem Eindeutigkeitssatz aus der Theorie dieser Integralgleichung gibt es aber nur eine Lösung, nämlich die vermutete: das Verschwinden des Klammerausdruckes. Damit gelangt man zu einem einfachen Integral, welches in jenen Teil, wo v_0 bekannt, und in jenen, wo v_0 unbekannt ist, aufgespalten sei:

$$-\int\limits_{t_1(\sigma)}^{t_2(\sigma)} \frac{v_0(\sigma, \tau)\, d\tau}{\sqrt{t - \tau}} = \int\limits_{t_2(\sigma)}^t \frac{v_0(\sigma, \tau)\, d\tau}{\sqrt{t - \tau}}. \tag{73}$$

Hier fungiert nun σ nur mehr als Parameter. Die v_0-Werte auf $s = \sigma$, $t > t_2$ hängen nur von den bekannten v_0-Werten auf derselben Mach-Linie $s = \sigma$, $t < t_2$ ab. Die v_0-Werte auf Mach-Linien $s < \sigma$, welche innerhalb des ursprünglichen Integrationsgebietes von (72) liegen, spielen also keine Rolle. Ein sehr bemerkenswertes Resultat!

Auch bei Gl. (73) handelt es sich um die Abelsche Integralgleichung, wobei die linke Seite als gegeben anzusehen ist. Die Lösung ist bekannt (Integraltabelle 23) und lautet:

$$v_0(\sigma, t) = -\frac{1}{\pi} \frac{d}{dt} \int\limits_{t_2(\sigma)}^t \left\{ \int\limits_{t_1(\sigma)}^{t_2(\sigma)} \frac{v_0(\sigma, \tau)\, d\tau}{\sqrt{\xi - \tau}} \right\} \frac{d\xi}{\sqrt{t - \xi}} =$$

$$= -\frac{1}{\pi} \frac{d}{dt} \int\limits_{t_1(\sigma)}^{t_2(\sigma)} \left\{ \int\limits_{t_2(\sigma)}^t \frac{d\xi}{\sqrt{(\xi - \tau)(t - \xi)}} \right\} v_0\, d\tau = \tag{74}$$

$$= \frac{1}{\pi} \int\limits_{t_1}^{t_2} \frac{d}{dt} \left\{ \frac{\pi}{2} - \arcsin \frac{\tau + t - 2t_2}{\tau - t} \right\} v_0\, d\tau = \frac{1}{\pi \sqrt{t - t_2(\sigma)}} \int\limits_{t_1}^{t_2} \frac{v_0(\sigma, \tau)\, \sqrt{t_2 - \tau}}{\tau - t}\, d\tau.$$

Damit ist der Aufwind im Umströmungsgebiet durch die v_0-Verteilung auf der Platte ausgedrückt.

Ohne Schwierigkeit kann auf die nach dem Anstellwinkel ε abgeleiteten Größen mit Hilfe von (54) übergegangen werden. Für eine tragende, unendlich dünne Platte ist zu setzen: $t < t_2: v_0 = - u_\infty; t > t_2: v_0 = v_\varepsilon - u_\infty$. Wenn v_0 im letzten Integral von (74) aber unabhängig von τ ist, kann die Integration mit der Substitution $t_2 - \tau = m^2, d\tau = - 2\, m\, dm$ usw. leicht ausgeführt werden und gibt schließlich:

$$\varepsilon = 0,\ t > t_2,\ y = 0: \frac{v_\varepsilon}{u_\infty} = 1 + \frac{2}{\pi} \sqrt{\frac{t_2 - t_1}{t - t_2}} - \frac{2}{\pi} \operatorname{arctg} \sqrt{\frac{t_2 - t_1}{t - t_2}}. \tag{75}$$

Am Flügelrand geht die Funktion arctg gegen $\dfrac{\pi}{2}$, $\dfrac{v_\varepsilon}{u_\infty}$ also wie der zweite Summand über alle Grenzen. Weit draußen aber geht $v_\varepsilon \to u_\infty$, entsprechend der Anströmung von unten, welche die Platte in dieser Darstellung erfährt.

Krümmt sich der Flügelrand in die negative z-Richtung, so muß wie in Abb. 257 eine Ablösung des Wirbelbandes angenommen werden. Krümmt sich hingegen die Kante in entsprechender Richtung über die Neigung der Mach-Linie hinaus, so wird sie nicht mehr umströmt und beeinflußt den Aufwind vor ihr nicht mehr.

Eine explizite Ausrechnung der Aufwindverteilung ist zur Berechnung des Potentials am Flügel in dem in Abb. 273 wiedergegebenen Fall nicht erforderlich. Das abgeleitete Potential φ_ε kann für einen Punkt $\overline{P}$ der Platte in zwei Summanden aufgespalten werden. $s_2(t)$, die Umkehrfunktion von $t_2(s)$, gebe den Flügelrand wieder.

$$- 2\,\pi \cot \alpha\, \varphi_\varepsilon = \int\limits_0^{s_2(t)} \left[\int\limits_{t_1(s)}^t \frac{v_\varepsilon - u_\infty}{\sqrt{t - \tau}}\, d\tau \right] \frac{ds}{\sqrt{s - \sigma}} + \int\limits_{s_2(t)}^s \int\limits_{t_1(\sigma)}^t \frac{- u_\infty\, d\tau\, d\sigma}{\sqrt{(s - \sigma)(t - \tau)}}.$$

Am Flügel selbst ändert sich v mit ε ja nicht, da die Anströmung bei festem Flügel angestellt wird. Der Klammerausdruck im ersten Summanden ist aber gerade jene Größe in Gl. (72) und (73), welche Null sein muß, weil φ_ε im Aufwindgebiet verschwindet. Also bleibt nur das zweite Integral, ein Integral über einen vorgegebenen Teil der Flügelfläche (in Abb. 273 doppelt schraffiert). Dabei kann die Integration über τ noch ausgeführt werden, die über σ wegen der freibleibenden Funktion $t_1(\sigma)$ jedoch nicht, mit dem relativ sehr einfachen Ergebnis:

$$\pi \cot \alpha \cdot \frac{\varphi_\varepsilon}{u_\infty} = \int\limits_{s_2(t)}^s \sqrt{\frac{t - t_1(\sigma)}{s - \sigma}}\, d\sigma, \tag{76}$$

wobei der umströmte Flügelrand in der Integralgrenze, der nicht umströmte im Integranden auftritt. Für den Rand des Rechtecksflügels ist beispielsweise: $t_1(\sigma) = - \sigma; s_2(t) = t$. Damit gelangt man auf ganz anderem Weg zu dem entsprechenden Resultat von Abschnitt 8. Das Beispiel zeigt, daß man auch bei einem umströmten Flügelrand $t_1(s)$ möglichst versuchen wird, eine explizite Berechnung des Aufwindes zu vermeiden, wenn lediglich nach Werten auf dem Flügel gefragt wird. Für gewisse Flügelformen kann allerdings die Kenntnis des Aufwindes im Abhängigkeitsgebiet für stromabwärts gelegene Teile unerläßlich sein. Indem man, ausgehend von einer bekannten Lösung am Flügelanfang, einen Teil des Aufwindgebietes errechnet, schafft man sich die Möglichkeit, einen zusätzlichen Teil des Flügels und Aufwindgebietes zu bestimmen. Auf diese Weise fortfahrend, lassen sich grundsätzlich alle Probleme der Überschalltragflächentheorie lösen, bis auf die Abströmbedingung an Flügelhinterkanten, die stärker als die Mach-Linien der z, x-Ebene geneigt sind.

Bei umströmten Kanten kann der induzierte Widerstand auch bei $M_\infty > 1$ nur dann aus den Drucken am Flügel berechnet werden, wenn alle auftretenden umströmten Kanten in Strömungsrichtung fallen, weil dann die dort angreifenden Saugkräfte nichts zum Widerstand beitragen. Eine Möglichkeit der Widerstandsberechnung besteht in der Auswertung des Integrals (14), was allerdings die Berechnung der Geschwindigkeitsverteilung in einer Kontrollebene voraussetzt, was grundsätzlich aus der Quellverteilung in der x,z-Ebene möglich ist. Das Doppelintegral ist dabei nur über den im Überschall begrenzten Störungsbereich zu erstrecken.

Als Abschluß dieses allgemeinen Abschnittes sei noch auf ein anderes Resultat hingewiesen. Nack M. Munk[12] ergibt sich innerhalb der durch die Linearisierung gegebenen Genauigkeit derselbe Widerstand, unabhängig davon, ob der Körper in der ursprünglichen oder in der dazu entgegengesetzten Richtung angeströmt wird.

12. Instationäre, isentrope Strömung.

Während von Teil VI an nur stationäre Strömungen behandelt wurden, muß nun mit der Behandlung instationärer Strömungen auf die Eulerschen Gl. (VI, 13) und die Kontinuitätsbedingung (IV, 10) zurückgegriffen werden. Unter der Annahme von Isentropie und von Drehungsfreiheit im Anströmgebiet folgt mit dem Thomsonschen Satz (IV, 25) auch bei instationären Strömungen Wirbelfreiheit im ganzen Raum. Damit kann die erste Eulersche Gleichung wie folgt geschrieben werden:

$$\frac{\partial u}{\partial t} + \frac{\partial}{\partial x}\left(\frac{u^2 + v^2 + w^2}{2} + \int_{\varrho_1}^{\varrho}\frac{c^2}{\varrho}\,d\varrho\right) = 0. \tag{77}$$

Die beiden anderen Eulerschen Gleichungen lauten entsprechend, und man überzeugt sich leicht, daß alle drei durch folgenden Potentialansatz befriedigt werden:

$$u = \Phi_x, \quad v = \Phi_y, \quad w = \Phi_z, \quad \frac{W^2}{2} + \int_{\varrho_1}^{\varrho}\frac{c^2}{\varrho}\,d\varrho = -\Phi_t. \tag{78}$$

Dabei handelt es sich um eine Verallgemeinerung des Ansatzes nach Gl. (III, 48) und nach Gl. (VI, 17). Wie in Gl. (III, 49), besteht folgender Zusammenhang:

$$-\Phi_t = \frac{W^2}{2} + i - i_1 = \frac{W^2}{2} + \frac{1}{\varkappa - 1}(c^2 - c_1^2), \tag{79}$$

wobei die Gleichung mit der Enthalpie i allgemein, jene mit der Schallgeschwindigkeit c aber nur für ideale Gase konstanter spezifischer Wärme gilt. Nach Gl. (78) und (79) kann die Schallgeschwindigkeit durch die ersten Ableitungen von Φ ausgedrückt werden.

Für Ableitung von Φ_t ergibt sich:

$$-\Phi_{tt} = u\,\Phi_{xt} + v\,\Phi_{yt} + w\,\Phi_{zt} + \frac{c^2}{\varrho}\,\frac{\partial\varrho}{\partial t};$$

$$-\Phi_{tx} = u\,\Phi_{xx} + v\,\Phi_{xy} + w\,\Phi_{xz} + \frac{c^2}{\varrho}\,\frac{\partial\varrho}{\partial x}\ \text{usw.}$$

Mit diesen Gleichungen kann die Dichte aus der Kontinuitätsbedingung eliminiert werden mit folgendem Resultat:

$$(c^2 - u^2)\,\Phi_{xx} + (c^2 - v^2)\,\Phi_{yy} + (c^2 - w^2)\,\Phi_{zz} - \Phi_{tt} - 2\,u\,v\,\Phi_{xy} + $$
$$- 2\,v\,w\,\Phi_{yz} - 2\,w\,u\,\Phi_{zx} - 2\,u\,\Phi_{xt} - 2\,v\,\Phi_{yt} - 2\,w\,\Phi_{zt} = 0. \tag{80}$$

Man überzeugt sich, daß diese Gleichung für stationäre Strömung in die gasd. Gl. (VI, 20) und für $v = w = 0$ in Gl. (III, 50) für ebene Wellen übergeht. Ebenso kann natürlich auch zu den Gleichungen für Zylinder- oder Kugelwellen übergegangen werden.

Behandlungen der nichtlinearen Gl. (80) waren bisher selten. Beispielsweise wären instationäre „Nachbarlösungen" stationärer Strömungen einer Bearbeitung zugänglich. G. GUDERLEY[22] hat die Ausgangsgleichung für kleine Schwingungen eines Körpers in einer Überschallströmung umgeformt, indem er periodische Funktionen der Zeit einführt. Auf diese Weise gelangt man zu Charakteristikenverfahren für die Amplitudenfunktionen.

Bei kleinen Störungen kann Gl. (80) linearisiert werden und ist dann einer Behandlung viel zugänglicher. Handelt es sich um kleine Störungen einer Parallelströmung der Geschwindigkeit u_∞, so ergibt sich mit $t' = c_\infty\,t$:

$$(1 - M_\infty^2)\,\Phi_{xx} + \Phi_{yy} + \Phi_{zz} - \Phi_{t't'} - 2\,M_\infty\,\Phi_{xt'} = 0. \tag{81}$$

Diese Gleichung läßt sich nun nicht mehr mittels einer einfachen Affintransformation, also einer Dehnung der Koordinaten und des Zeitmaßstabes in eine von M_∞ unabhängige Form bringen, weshalb die Pr. Regel für instationäre Vorgänge im allgemeinen nicht mehr gilt. Dies kann auch nicht erwartet werden, weil nach den Ähnlichkeitssätzen Abschnitt IV, 4 eine neue Kenngröße hinzukommt. Bei Schwingungsvorgängen, für welche Gl. (81) große Bedeutung besitzt, ist es die „reduzierte Frequenz".

Gl. (81) kann mittels einer Galilei-Transformation, d. h. mit einer Transformation auf das zur Anströmung ruhende Koordinatensystem auf die bekannte Wellengleichung gebracht werden. Sie lautet für ebene Strömung mit $c_\infty = c_0$:

$$- c_0{}^2\,(\Phi_{xx} + \Phi_{yy}) + \Phi_{tt} = 0. \tag{82}$$

Da es sich nur um kleine Störungen des Ruhezustandes handelt, kann Φ nun als Störpotential angesehen werden. Mit $c_1 = c_0$ ergibt sich dann in erster Näherung der Druck für ein ideales Gas aus Gl. (79) [siehe auch Gl. (III, 51)]:

$$\frac{p - p_0}{p_0} = \frac{2\,\varkappa}{\varkappa - 1}\,\frac{c - c_0}{c_0} = - \frac{\varkappa}{c_0{}^2}\,\Phi_t = - \frac{\varrho_0}{p_0}\,\Phi_t. \tag{83}$$

Die Behandlung kleiner instationärer Störungen hat, insbesondere mit Rücksicht auf ihre Bedeutung für Schwingungsvorgänge, einen Ausbau in einem Umfang erfahren, der eine erschöpfende Behandlung im Rahmen eines allgemein gehaltenen Buches unmöglich macht[23, 24]. Wegen der ausschließlichen Beschränkung auf linearisierte Gleichungen handelt es sich dabei um ein weitgehend für sich abgeschlossenes Grenzgebiet von Gasdynamik und Akustik. Auf die instationären räumlichen Vorgänge sei dabei hier nur so weit eingegangen, daß der Zusammenhang mit den typischen Problemen der Gasdynamik hergestellt erscheint.

13. Allgemeine Lösungen für ebene, wenig gestörte Strömung.

Die Verwandtschaft von Gl. (82) und Gl. (17) ist offenbar. An Stelle der Abszisse bei stationärer Überschallströmung ist die Zeit t bei instationärer Strömung getreten. Die beiden restlichen Ortskoordinaten in Gl. (17) entsprechen wieder Ortskoordinaten in Gl. (82). Auch hier seien die Profile durch eine Belegung der x-Achse dargestellt, eine Belegung, die nun zeitlich veränderlich ist. Eine allgemeine Lösung kann nun aus Elementarlösungen, welche analog zu Gl. (VIII, 16) gebildet sind, aufgebaut werden.

$$\Phi = - \frac{q}{4\,\pi\,\sqrt{c_0^2\,(t-\tau)^2 - (x-\xi)^2 - y^2}}. \tag{84}$$

Durch Superposition solcher Elementarlösungen auf der x-Achse für verschiedene Zeiten ergibt sich schließlich die allgemeine Lösung:

$$\Phi = - \frac{1}{\pi} \int \int \frac{v_0(\tau,\xi)}{\sqrt{c_0^2\,(t-\tau)^2 - (x-\xi)^2 - y^2}}\,d\xi\,d\tau. \tag{85}$$

Wie in den Gl. (20), (23), (26) darf dabei nur über jene Zeiten und Orte integriert werden, für welche sich Störungen im Aufpunkt bemerkbar machen können. Auch bei der Behandlung von Zylinderwellen (Abschnitt III, 11) waren entsprechende Abgrenzungen erforderlich. Die Integrationsgrenzen sollen an Hand des entsprechenden Beispiels festgelegt werden. In den Integranden von (85) konnte die Quellstärke q bereits durch $v_0(\tau,\xi)$, die v-Störung im Belegungspunkte (τ,ξ), ersetzt werden. Da sich nämlich die y-Koordinate in Gl. (20) und (85) selbst entspricht, muß die letztere für Φ_y auf $y=0$ ganz analog zu Gl. (22) das Resultat liefern: $v(t,x,0) = v_0(t,x) = \frac{1}{4}\,q(t,x)$. Die formale Analogie führt hier also schnell zum gesuchten Resultat. Wie bei stationärer Strömung, sollen auch hier bei flachen Körpern die Geschwindigkeitskomponenten am Körper durch jene auf der x-Achse genähert werden. Die erforderlichen Abschätzungen erfolgen analog zu jenen in Abschnitt VI, 17. Bei Profilen, welche in y asymmetrisch sind, ergeben sich in Gl. (73) für beide Seiten der x-Achse verschiedene v_0-Werte. Die enge Verwandtschaft der instationären Probleme mit den Überschallproblemen zeigt sich auch darin, daß sich die Aufgaben unter Umständen ineinander überführen lassen[36].

14. Verzögert bewegter Keil bei Schallgeschwindigkeit.

Als Anwendungsbeispiel sei eine instationäre schallnahe Bewegung genommen. Das ganz analoge Problem des beschleunigten Keiles wurde zuerst von M. A. Biot[13] behandelt. Unter anderen Beispielen findet man das hier behandelte bei Ch. Roumien[14].

Ein Keil bewege sich ausgehend von Überschallgeschwindigkeiten verzögert von rechts nach links. (Vom Keil aus betrachtet hat dann das Medium, wie in allen vorausgegangenen Beispielen, eine positive Geschwindigkeit.) Die Bahnkurve oder Lebenslinie der Keilspitze sei durch die Gleichung gegeben:

$$y = 0, \quad x + c_0\,t - \frac{g}{2}\,t^2 = 0. \tag{86}$$

Darnach durcheilt die Keilspitze den Koordinatenursprung der x,y-Ebene zur Zeit $t=0$ mit negativer Schallgeschwindigkeit. Der Keil hat für $t<0$ Überschall-, für $t>0$ Unterschallgeschwindigkeiten. Mit ϑ als halbem Keilöffnungswinkel ergibt sich der Abstand h der Keiloberfläche von der x-Achse zu:

$$h = \operatorname{tg}\vartheta\left(x + c_0\,t - \frac{g}{2}\,t^2\right),$$

woraus sich die v-Komponente am Keil und die Randbedingung auf der x-Achse wie folgt ergibt:

$$v_0(t,x) = \frac{\partial h}{\partial t} = \operatorname{tg}\vartheta\,(c_0 - g\,t). \tag{87}$$

Im folgenden seien nur die Zustände auf der x-Achse gesucht, für welche sich folgende Integrationsgrenzen ergeben (Abb. 274): Zunächst kommen nur solche Punkte ξ, τ für einen Einfluß auf einen Punkt x, y, t in Frage, für welche die Wurzel in Gl. (84) oder (85) reell ist für Zeiten $\tau < t$, denn der Entstehungszeitpunkt muß ja vor dem Ankunftszeitpunkt der Störung liegen. Anderseits darf aber die Zeit nicht vor der durch Gl. (86) gegebenen Grenze liegen, weil die Keilspitze vorher noch nicht in dem „Abhängigkeitskegel":

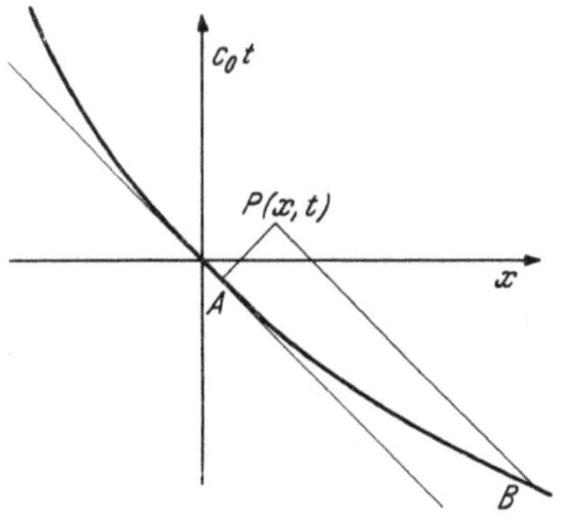

Abb. 274. Integrationsgrenzen bei instationärer Bewegung.

$$c_0 (t - \tau) = \left| \sqrt{(\xi - x)^2 + y^2} \right| \qquad (88)$$

des Aufpunktes $P(x, y, t)$ eingedrungen ist. Für einen Punkt mit $y = 0$ ist das Integrationsgebiet durch die von zwei Geraden und einer Kurve begrenzte Fläche $A\,B\,P$ bestimmt. In den Integrationsvariablen lauten die Gleichungen für die Begrenzungen:

$$AB: \quad \xi + c_0 \tau - \frac{g}{2} \tau^2 = 0;$$
$$BP: \quad c_0 (\tau - t) + \xi - x = 0;$$
$$PA: \quad c_0 (\tau - t) - \xi + x = 0,$$

woraus sich die Koordinaten der Punkte A und B leicht ergeben. Da die Quellstärke nach Gl. (87) nur von der Zeit abhängt, empfiehlt sich zuerst die Integration über ξ. Diese hat für Zeiten zwischen den durch A und B gegebenen Grenzen von der Bahnkurve AB bis zum Rand des Abhängigkeitskegels zu erfolgen. Später sind beide Grenzen durch den Abhängigkeitskegel von $P(x, t)$ gegeben. Daraus folgt:

$$-\frac{\pi\,\Phi}{c_0\,\operatorname{tg}\vartheta} = \int\limits_{-\sqrt{\frac{2}{g}(x + c_0 t)}}^{\frac{2c_0}{g}\left[1 - \sqrt{1 + \frac{g}{2c_0^2}(x - c_0 t)}\right]} (c_0 - g\tau) \int\limits_{-c_0\tau + \frac{g}{2}\tau^2}^{x + c_0(t-\tau)} \frac{d\xi}{\sqrt{c_0^2(\tau - t)^2 - (\xi - x)^2}}\, d\tau +$$

$$+ \int\limits_{\frac{2c_0}{g}\left[1 - \sqrt{1 + \frac{g}{2c_0^2}(x - c_0 t)}\right]}^{t} (c_0 - g\tau) \int\limits_{x - c_0(t-\tau)}^{x + c_0(t-\tau)} \frac{d\xi}{\sqrt{c_0^2(\tau - t)^2 - (\xi - x)^2}}\, d\tau. \qquad (88)$$

Bei der Ausführung dieses Integrales kommt man allerdings auch auf elliptische Funktionen. Die genannten Autoren beschränken sich daher auf kleine Beschleunigungen: $g\,t \ll c_0$. Das Integral (88) vereinfacht sich dann auf

$$-\frac{\pi\,\Phi}{c_0^2\,\operatorname{tg}\vartheta} = \int\limits_{-\sqrt{\frac{2}{g}(x + c_0 t)}}^{-\frac{x - c_0 t}{2 c_0}} \int\limits_{-c_0\tau}^{x + c_0(t-\tau)} \frac{d\xi\, d\tau}{\sqrt{c_0^2(\tau - t)^2 - (\xi - x)^2}} +$$

$$+ \int\limits_{-\frac{x - c_0 t}{2 c_0}}^{t} \int\limits_{x - c_0(t-\tau)}^{x + c_0(t-\tau)} \frac{d\xi\, d\tau}{\sqrt{c_0^2(\tau - t)^2 - (\xi - x)^2}}.$$

Nach CH. ROUMIEN ergibt sich nach Integration in erster Näherung:

$$\Phi = -\operatorname{tg}\vartheta\,\frac{2^{1/2}+2^{3/4}}{\pi}\,\frac{(x+c_0\,t)^{3/4}}{g^{1/4}}\,c_0^{3/2}+\dots.$$

Mit Gl. (83) folgt daraus:

$$\frac{p-p_0}{\varrho_0\,c_0^2}=-\frac{1}{c_0^2}\,\Phi_t=1{,}48\,\operatorname{tg}\vartheta\left[\frac{c_0^2}{(x+c_0\,t)\,g}\right]^{1/4}+\dots,$$

oder bei $t=0$ für den auf die Keilgeschwindigkeit $u_\infty=-c_0$ bezogenen Druckkoeffizienten:

$$c_p=2\,\frac{p-p_0}{\varrho_0\,u_\infty^2}=1{,}48\,\operatorname{tg}\vartheta\left(\frac{c_0^2}{x\,g}\right)^{1/4}+\dots\tag{89}$$

für kleine Werte von $\dfrac{x\,g}{c_0^2}$. Für den ruckartig auf Schallgeschwindigkeit gebrachten und sodann mit g beschleunigten Keil erhält M. A. BIOT dieselbe Gesetzmäßigkeit, nur mit einem Unterschied im Koeffizienten.

Der Druck wächst also an der Keilspitze integrabel über alle Grenzen, so daß sich für einen ungleichförmig bewegten Keil bei Schallgeschwindigkeit ein endlicher Widerstandsbeiwert auch bei linearisierter Theorie ergibt. Das kann nach den Erkenntnissen, welche an der instationären Fadenströmung gewonnen wurden, nicht mehr überraschen. Das Erreichen der Schallgeschwindigkeit bei instationärer Bewegung führt zu keiner grundlegenden Änderung des Strömungstypus. Dies kommt darin mathematisch zum Ausdruck, daß es sich bei instationärer Fadenströmung ausschließlich um Gleichungen von hyperbolischem Typus handelt. Bei mehr als zwei unabhängigen Veränderlichen gibt es die scharfe Unterscheidung von „hyperbolisch" und „elliptisch" nicht mehr, was man schon an der räumlichen Überschallströmung erkannte. Ähnliches gilt auch bei der instationären räumlichen Strömung. Stets kann hier jenes Koordinatensystem benutzt werden, in welchem das ungestörte Medium ruht. Grundsätzlich kann also beispielsweise bei ebener Strömung stets mit derselben Gl. (82) und (85) gearbeitet werden. In den Abgrenzungen des Integrationsgebietes von (85) treten allerdings gewisse Unterschiede auf, weil die Störungen eines mit Unterschallgeschwindigkeit bewegten Körpers schon vor diesem, eines mit Überschallgeschwindigkeit bewegten Körpers erst mit diesem eintreffen. Ähnliche Abgrenzungsunterschiede gab es ja auch bei der infinitesimal kegeligen Strömung.

Die für die Gasdynamik typischen, nicht mit linearen Gleichungen behandelbaren Vorgänge, bedingt durch starke Störungen oder durch schallnahe, stationäre Strömung, treten in den bisher behandelten Vorgängen instationärer räumlicher Strömung nicht auf. Natürlich ergeben sich beim Übergang zum Stationären sofort die bekannten Schwierigkeiten, indem beispielsweise in Gl. (89) der Druckkoeffizient mit $g\to0$ über alle Grenzen wächst.

Es leuchtet ein, daß dieselben Mittel zur Verallgemeinerung, welche bei stationärer Strömung verwendet werden, auch bei instationärer räumlicher Strömung kleiner Störungen in Frage kommen. Neben der Superposition wird dabei vor allem auch die Lorentz-Transformation von Nutzen sein.

Literatur.

[1] R. T. JONES: Subsonic flow over thin oblique airfoils at zero lift. NACA Rep 902 (1948).

[2] H. TSIEN and L. LEES: The Prandtl-Glauert approximation for supersonic flows of a compressible fluid. J. aeronaut. Sci. XII/2 (1945), S. 173—187.

[3] A. E. PUCKETT: Supersonic wave drag of thin airfoil. J. aeronaut. Sci. XIII/9 (1946), S. 475—484.

[4] R. T. Jones: Thin oblique airfoils at supersonic speed. NACA Rep 851 (1946).

[5] J. C. Evvard: Distribution of wave drag and lift in the vicinity of wing tips at supersonic speeds. NACA TN 1382 (1947).

[6] A. Busemann: Infinitesimale kegelige Überschallströmungen. Schriften Dtsch. Akad. Lufo, Bd. 7 B/3 (1943), S. 105—120.

[7] H. Behrbohm and K. Oswatitsch: Flache kegelige Körper in Überschallströmung. Ing.-Arch. XVII/6 (1950), S. 370—377, und ausführlicher: Corps coniques plats dans un écoulement supersonique. Centre d'Études supérieures de Mécanique (Section des fluides compressibles). Bulletin 10, 11 und 12, Paris 1950/51.

[8] F. Schlichting: Tragflügeltheorie bei Überschallgeschwindigkeit. Lufo XIII (1936), S. 320—335.

[9] H. J. Stewart: The lift of the deltawing at supersonic speeds. Quart. appl. Math. IV/3 (1946), S. 246—254.

[10] P. Germain: Aérodynamique supersonique. Étude de certains régimes coniques. C. R. Acad. Sci. CXXIV (1947), S. 183—185.

[11] C. E. Brown: Theoretical lift and drag of thin triangular wings at supersonic speeds. NACA TN 1183 (1946).

[12] M. M. Munk: The reversal theorem of linearized supersonic airfoil theory. J. appl. Physics XXI/2 (1950), S. 159—161.

[13] M. A. Biot: Transonic drag of an accelerated body. Quart. appl. Math. VII/1 (1949), S. 101—105.

[14] Ch. Roumien: Régimes transitoires en aérodynamique supersonique, aperçu théorique sur le domaine transonique. Rech. aéronaut. IX (1949), S. 47—54.

[15] S. Neumark: Critical Mach numbers for swept-back wings. Aeronaut. quart. II (1950), S. 84—110.

[16] R. T. Jones: Properties of low-aspect-ratio pointed wings at speeds below and above the speed of sound. NACA Rep 835 (1946).

[17] A. Robinson and A. D. Young: Note on the application of the linearized theory for compressible flow to transonic speeds. Coll. aeronaut. Cranfield Rep 2 (1947).

[18] M. A. Heaslet, H. Lomax and J. R. Spreiter: Linearized compressible-flow theory for sonic flight speeds. NACA TN 1824 (1949).

[19] H. Lomax and M. A. Heaslet: Linearized lifting-surface theory for swept-back wings with slender plan forms. NACA TN 1992 (1949).

[20] F. K. Moore: Second approximation to supersonic conical flows. J. aeronaut. Sci. XVII (1950), S. 328—335.

[21] M. J. Lighthill: The shock strength in supersonic "conical fields". Philos. Mag. J. Sci. 40 (1949), No. 311, S. 1202—1223.

[22] G. Guderley: Erweiterung der Charakteristiken-Methode. Lilienthalges.-Ber. 139, II. Teil (1941), S. 15—23.

[23] H. G. Küssner: Allgemeine Tragflächentheorie. Lufo XVII (1940), S. 370—378.

[24] I. E. Garrick: A survey of flutter. NACA — Univ. Conf. Aero. Langley Field (1948), S. 289—303.

[25] W. J. Strang: Transient source, doublet and vortex solutions of the linearized equations of supersonic flow. Proc. Roy. Soc. CCII (1950), S. 40—80.

[26] S. Goldstein and G. N. Ward: The linearized theory of conical fields in supersonic flows, with applications to plane aerofoils. Aeronaut. quart. II (1950), S. 39—84.

[27] G. M. Roper: The flat delta wing at incidence, at supersonic speeds, when the leading edges lie outside the Mach cone of the vertex. J. Quart. Mech. appl. Math. I (1948), S. 327—343.

[28] G. N. Ward: Supersonic flows past thin wings. I. General theory. J. Quart. Mech. appl. Math. II (1949), S. 136—152. II. Flow-reversal theorems. J. Quart. Mech. appl. Math. II (1949), S. 374—384.

[29] F. Ursell and G. N. Ward: On some general theorems in the linearized theory of compressible flow. J. Quart. Mech. appl. Math. III (1950), S. 326—348.

[30] C. C. Lin, E. Reissner and H. S. Tsien: On two-dimensional non-steady motion of a slender body in a compressible fluid. J. Math. Physics XVII (1948), S. 220—231.

[31] R. T. Jones: The minimum drag of thin wings in the frictionless flow. Inst. aeronaut. Sci. Preprint 289 (1950).

[32] G. M. Roper: The yawed delta wing at incidence at supersonic speed. J. Quart. Mech. appl. Math. II/3 (1949), S. 354—373.

[33] M. Ferrain: Traînée d'ailes delta symétriques à incidence nulle en régime supersonique. Rech. aéronaut. XVI (1950), S. 27—38.

[34] B. BEANE: The characteristics of supersonic wings having biconvex sections. J. aeronaut. Sci. XVIII/1 (1950), S. 7—20.

[35] A. E. PUCKETT and H. J. STEWART: Aerodynamic performance of delta wings at supersonic speeds. J. aeronaut. Sci. XIV/10 (1947), S. 567—578.

[36] J. W. MILES: On the reduction of unsteady supersonic flow problems to steady flow problems. J. aeronaut. Sci. XVII/1 (1950), S. 64.

[37] P. GERMAIN: La théorie des mouvements homogènes et son application au calcul de certaines ailes delta en régime supersonique. Rech. aéronaut. Nr. 7 (1949), S. 3—16.

[38] J. C. EVVARD: Use of source distributions for evaluating theoretical aerodynamics of thin finite wings at supersonic speeds. NACA Rep 951 (1950).

[39] F. KEUNE: Low aspect ratio wings with small thickness at zero lift in subsonic and supersonic flow. KTH—AERO TN 21 (1952).

[40] F. HJELTE: Velocity distribution on a family of thin conical bodies with zero incidence according to linearized supersonic flow theory. KTH—AERO TN 22 (1952).

[41] J. F. W. BISHOP: The application of virtual source distributions to problems in the linearized theory of supersonic flows. Quart. J. Math. Oxford II. Ser. 2, (1951) S. 291—307.

XI. Strömungen mit Reibung.

1. Verdichtungsstoß.

In Abschnitt II, 5 ergab sich der senkrechte Verdichtungsstoß aus den Integralgleichungen der Bewegung als Sprung in der Geschwindigkeit und im thermischen Zustand. Ein Sprung in der Temperatur würde aber bei noch so kleinem Leitvermögen des Gases wegen des unendlichen Temperaturgradienten einen unendlichen Wärmestrom ergeben, womit sich ein Temperatursprung als unmöglich erweist. Aus dieser Größe des Wärmestroms hat zuerst L. PRANDTL[1] die Tiefe der Stoßfront abgeschätzt. Eine Berechnung des Zustandsverlaufes im Stoß muß allerdings auch die innere Reibung berücksichtigen. Die Behandlungen können auf den senkrechten, stationären Stoß beschränkt werden. Dann hängen alle Größen nur von einer Koordinate, der x-Richtung ab. Zweckmäßigerweise wird gleich von den Integralgleichungen ausgegangen, weil man sich damit eine Integration erspart.

Werden die Zustände vor und nach dem Stoß mit den Indizes 1 und 2 bezeichnet, so ergibt sich aus Gl. (IV, 2), (IV, 4) und (IV, 5) für ein id. Gas konst. sp. W., dessen Zustand nur von einer Unabhängigen x abhängt:

$$\varrho_1 u_1 = \varrho\, u = \varrho_2 u_2; \tag{1}$$

$$\varrho_1 u_1^2 + p_1 = \varrho^2 u^2 + p - (p_{xx} + p) = \varrho_2 u_2^2 + p_2; \tag{2}$$

$$c_p T_1 + \frac{u_1^2}{2} = c_p T + \frac{u^2}{2} - \frac{1}{\varrho\, u}\left\{\lambda\, \frac{dT}{dx} + u\,(p_{xx} + p)\right\} = c_p T_2 + \frac{u_2^2}{2}. \tag{3}$$

Die Mittelteile von Gl. (2) und (3) unterscheiden sich von den Ausgangsgleichungen für den senkrechten Stoß (II, 12) durch Glieder, welche die Veränderlichkeit des Zustandes mit x enthalten. Für ein kontinuierliches Medium ergibt sich das Reibungsglied mit Gl. (IV, 14) und mit dem in Kleindruck angeführten Ansatz für μ'

$$p_{xx} + p = (2\,\mu + \mu')\,\frac{du}{dx} = \frac{4}{3}\,\mu\,\frac{du}{dx}. \tag{4}$$

Nun ist für Luft nahezu:

$$\lambda = \frac{4}{3}\,c_p\,\mu$$

(mit $\lambda = 0{,}56 \cdot 10^{-4} \dfrac{\text{cal}}{\text{Grad} \cdot \text{cm} \cdot \text{sec}}$, $\mu = 1{,}7 \cdot 10^{-4} \dfrac{\text{g}}{\text{cm} \cdot \text{sec}}$, $c_p = 0{,}24 \dfrac{\text{cal}}{\text{g} \cdot \text{Grad}}$

ist für Luft $\dfrac{3}{4} \dfrac{\lambda}{\mu c_p} = 1{,}03$), womit der Energiesatz dann wie folgt geschrieben werden kann:

$$c_p\, T_1 + \frac{u_1^2}{2} = c_p\, T + \frac{u^2}{2} - \frac{4}{3}\frac{\mu}{u_1 \varrho_1}\frac{d}{dx}\left[c_p\, T + \frac{u^2}{2}\right] = c_p\, T_2 + \frac{u_2^2}{2}.$$

Aus dieser Gleichung folgt, daß der Energiesatz für Luft praktisch erfüllt ist:

$$\frac{\varkappa}{\varkappa - 1}\frac{p_1}{\varrho_1} + \frac{u_1^2}{2} = \frac{\varkappa}{\varkappa - 1}\frac{p}{\varrho} + \frac{u^2}{2} = \frac{\varkappa}{\varkappa - 1}\frac{p_2}{\varrho_2} + \frac{u_2^2}{2}. \tag{5}$$

Mit Gl. (1), (4) und (5) läßt sich nun der Impulssatz (2) nach R. Becker[2] leicht auf folgende Gleichungen reduzieren:

$$\frac{4}{3}\frac{\mu}{\varrho_1 u_1}\frac{dw}{dx}\cdot\frac{\varkappa + 1}{2\varkappa}\frac{(\omega - \omega_1)(\omega - \omega_2)}{\omega} \quad \text{mit } \omega = \frac{\varrho\, u^2}{p + \varrho\, u^2}$$

mit der Lösung:

$$\frac{3}{4}\frac{\varrho_1 u_1}{\mu}\, x = \frac{2\varkappa}{\varkappa + 1}\frac{\omega_1 \ln(\omega_1 - \omega) - \omega_2 \ln(\omega - \omega_2)}{\omega_1 - \omega_2}.$$

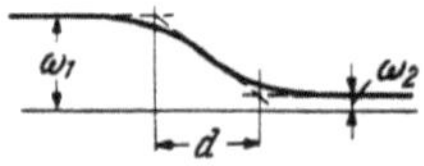

Abb. 275. Stoßfronttiefe.

Es handelt sich um die in Abb. 275 wiedergegebene Funktion. Für die dort skizzierte Stufenbreite ergeben sich abhängig vom Druckverhältnis die Werte:

$\dfrac{p_2}{p_1}$	2	5	10	100	1000	2000	3000
$d \cdot 10^7$ cm	447	117	66	16,5	5,2	3,6	2,9

Wie R. Recker selbst bemerkt, haben die Stoßtiefen also die Größenordnung der mittleren freien Weglänge oder noch weniger. Es handelt sich darnach um einen Vorgang, der mit dem Modell eines kontinuierlichen Mediums gar nicht erfaßt werden kann. Mit der Ungültigkeit der Voraussetzung sind demnach auch die Resultate dieses Abschnittes ungültig. Ihre Bedeutung liegt nur darin, daß sie ein Bild von der bedeutungslosen Kleinheit der Stoßtiefe geben. Innerhalb der Kontinuitätsmechanik ist der Verdichtungsstoß darnach als unstetiger Vorgang anzusehen.

2. Grenzschichtgleichungen.

Für alle jene Fälle, in welchen sich alle wesentlichen Änderungen quer zur Hauptströmungsrichtung abspielen, lassen sich die Differentialgleichungen nach Prandtl[3] vereinfachen. Das Anwendungsgebiet dieses Gleichungssystems ist nicht nur die Strömung in Wandnähe, sondern auch an Freistrahlgrenzen, weil in beiden Fällen eine rasche Geschwindigkeitsabnahme quer zur Hauptströmungsrichtung aufgezwungen wird. Als solche soll die x-Richtung gewählt werden. Die Betrachtungen seien zunächst auf *ebene, stationäre* Strömungen beschränkt. Wegen der Kleinheit von v und der geringen Änderung in x-Richtung bekommen dann die Gl. (IV, 12) und (IV, 16) die Form:

$$\varrho\, u\, \frac{\partial u}{\partial x} + \varrho\, v\, \frac{\partial u}{\partial y} = -\frac{\partial p}{\partial x} + \frac{\partial p_{yx}}{\partial y}; \tag{6}$$

$$\varrho\, u\, \frac{\partial i}{\partial x} + \varrho\, v\, \frac{\partial i}{\partial y} = u\, \frac{\partial p}{\partial x} + v\, \frac{\partial p}{\partial y} + p_{xy}\cdot\frac{\partial u}{\partial y} + \frac{\partial}{\partial y}\left(\lambda\,\frac{\partial T}{\partial y}\right). \tag{7}$$

Aus der zweiten Navier-Stokesschen Gleichung wird gefolgert, daß der Druck in y-Richtung konstant ist, da das Druckgefälle mit den Geschwindigkeitskomponenten klein sein muß. Es wird aber nicht immer genügend beachtet, daß dies für sehr hohe Mach-Zahlen nicht gilt. Aus den Gleichungen für reibungslose Strömung in Stromlinienkoordinaten (Abschnitt VI, 8) folgt, daß die Zentrifugalkräfte Druckgefälle quer zur Strömungsrichtung verursachen, welche mit dem Quadrat der Mach-Zahl zunehmen. Ähnliche Erscheinungen müssen auch bei Reibung auftreten. Wenn im folgenden also p unabhängig von y angesetzt wird, so bleiben höhere Überschallgeschwindigkeiten unter Umständen von der Anwendung ausgeschlossen. Für ideale Gase ergibt sich dann aus Gl. (6), (7)

$$\varrho\, u\, \frac{\partial u}{\partial x} + \varrho\, v\, \frac{\partial u}{\partial y} = -\,\frac{dp}{dx} + \frac{\partial p_{yx}}{\partial y}\,; \tag{8}$$

$$\varrho\, u\, c_p\, \frac{\partial T}{\partial x} + \varrho\, v\, c_p\, \frac{\partial T}{\partial y} = u\, \frac{dp}{dx} + p_{yx}\, \frac{\partial u}{\partial y} + \frac{\partial}{\partial y}\left(\lambda\, \frac{\partial T}{\partial y}\right). \tag{9}$$

Dazu tritt noch die Kontinuitätsbedingung, die Zustandsgleichung idealer Gase und ein Ansatz für die Schubspannung, der mit Gl. (IV, 14) für laminare Strömung einfach lautet:

$$p_{xy} = \mu\, \frac{\partial u}{\partial y}. \tag{10}$$

Für turbulente Strömungen gibt es noch keine befriedigende Darstellung der Schubspannungen durch die zeitlichen Mittelwerte der Geschwindigkeitskomponenten. In diesem Falle wären unter allen abhängigen Größen in den Gleichungen zeitliche Mittelwerte zu verstehen.

$\frac{dp}{dx}$ ist der Druckgradient außerhalb der Reibungsschicht und mit der „Außenströmung" bekannt. Diese braucht nicht unbedingt eine „Potentialströmung" zu sein, weil mit Verdichtungsstößen auch Wirbel auftreten können. Doch sind solche Erscheinungen noch kaum behandelt.

Da der Druckverlauf durch die Außenströmung gegeben ist, ist nur mehr eine thermische Größe unbekannt, weshalb nun die Strömung durch die Kontinuitätsbedingung, den Energiesatz (9) und eine Navier-Stokes-Gleichung, nämlich (8) völlig beschrieben wird.

3. Laminare Grenzschicht an der ebenen Platte, Plattenthermometer.

An einer parallel mit der Geschwindigkeit u_∞ angeströmten ebenen Platte ist der Druck konstant. Dies führt mit Gl. (8), (9) und (11) zu folgenden Gleichungssystemen:

$$\varrho\, u\, \frac{\partial u}{\partial x} + \varrho\, v\, \frac{\partial u}{\partial y} = \frac{\partial}{\partial y}\left(\mu\, \frac{\partial u}{\partial y}\right);$$

$$\frac{\partial\, \varrho u}{\partial x} + \frac{\partial\, \varrho v}{\partial y} = 0; \tag{11}$$

$$\varrho\, u\, c_p\, \frac{\partial T}{\partial x} + \varrho\, v\, c_p\, \frac{\partial T}{\partial y} = \mu\left(\frac{\partial u}{\partial y}\right)^2 + \frac{\partial}{\partial y}\left(\lambda\, \frac{\partial T}{\partial y}\right).$$

In den ältesten Darstellungen (vgl. etwa E. POHLHAUSEN[4]) werden meist die Materialkonstanten der inneren Reibung und des Wärmeleitvermögens als konstant angesehen und vor die Differentialzeichen gesetzt. Diese Materialkonstanten ändern sich aber bei idealen Gasen etwa mit der Potenz 0,8 der absoluten Temperatur, sie ändern sich also in der Grenzschicht prozentual nahezu gleich stark wie die Dichte. Wenn daher ϱ als Veränderliche berücksichtigt werden soll, muß das auch bei μ und λ geschehen. Die verhältnismäßig gute Übereinstimmung der Ergebnisse von POHL-HAUSEN mit neueren Arbeiten, welche die Veränderlichkeit der Materialkonstanten berücksichtigen, erklärt sich daraus, daß sich der Einfluß der Temperaturabhängigkeit von μ und λ größtenteils aufhebt und der Einfluß von ϱ auf das Geschwindigkeits- und Temperaturfeld relativ gering ist.

Wie bei der dichtebeständigen laminaren Reibungsschicht, kann u und der thermische Zustand als Funktion in einer einzigen Variablen

$$\eta = \sqrt{\frac{u_\infty\, \varrho_1}{\mu_1\, x}} \cdot y \qquad (12)$$

angesehen werden. Während aber bei dichtebeständiger Strömung ohne Wärmeübergang ϱ und μ konstant sind, werden hier zweckmäßig die durch den Index 1 gekennzeichneten, konstant angenommenen „*Wandwerte*" genommen. Das System (11) kann dann in folgende gewöhnliche Differentialgleichungen umgeschrieben werden:

$$\left[-\frac{\eta}{2}\frac{\varrho}{\varrho_1}\frac{u}{u_\infty} + \frac{\varrho}{\varrho_1}\frac{v}{u_\infty}\sqrt{\frac{x\,u_\infty\,\varrho_1}{\mu_1}}\right]\frac{du}{d\eta} = \frac{d}{d\eta}\left(\frac{\mu}{\mu_1}\frac{d}{d\eta}\frac{u}{u_\infty}\right); \qquad (13)$$

$$-\frac{\eta}{2}\frac{d}{d\eta}\left(\frac{\varrho}{\varrho_1}\frac{u}{u_\infty}\right) + \frac{d}{d\eta}\left(\frac{\varrho}{\varrho_1}\frac{v}{u_\infty}\sqrt{\frac{x\,u_\infty\,\varrho_1}{\mu_1}}\right) = 0; \qquad (14)$$

$$\left[-\frac{\eta}{2}\frac{\varrho}{\varrho_1}\frac{u}{u_\infty} + \frac{\varrho}{\varrho_1}\frac{v}{u_\infty}\sqrt{\frac{x\,u_\infty\,\varrho_1}{\mu_1}}\right]\frac{d}{d\eta}\left(\frac{c_p\,T}{u_\infty^2}\right) =$$

$$= \frac{\mu}{\mu_1}\left(\frac{d}{d\eta}\frac{u}{u_\infty}\right)^2 + \frac{\lambda_1}{c_p\,\mu_1}\frac{d}{d\eta}\left(\frac{\lambda}{\lambda_1}\frac{d}{d\eta}\frac{c_p\,T}{u_\infty^2}\right). \qquad (15)$$

Hierin kommt v nur in Verbindung mit einer Reynolds-Zahl, welche mit x, u_∞, ϱ_1 und μ_1 gebildet ist, vor. Auch x tritt nicht anders auf, woraus hervorgeht, daß das Produkt von v mit der Wurzel aus der Reynolds-Zahl nur Funktion von η ist. In Gl. (15) tritt ferner eine Prandtlsche Kennzahl (vgl. Abschnitt IV, 4) auf. Sie hängt nach der kinetischen Gastheorie nur von $\varkappa$ ab und kann somit zugleich mit c_p als konstant angesehen werden.

$$\sigma = \frac{c_p\,\mu_1}{\lambda_1} = \frac{c_p\,\mu}{\lambda}. \qquad (16)$$

Nach HANTZSCHE und WENDT[5], welchen Autoren sich diese Darstellung im wesentlichen anschließt, werden folgende Größen eingeführt:

$$\tau = \frac{\mu}{\mu_1}\frac{d}{d\eta}\frac{u}{u_\infty}; \quad \mathfrak{i} = \frac{c_p\,T}{u_\infty^2}; \quad \mathfrak{u} = \frac{u}{u_\infty}. \qquad (17)$$

L. CROCCO[6], der zu ganz entsprechenden Resultaten kommt, nimmt neben der Enthalpie die richtige Schubspannung Gl. (10) als zweite Abhängige.

Durch Elimination des Klammerausdruckes aus Gl. (13) und (15) ergibt sich mit $\mathfrak{u}$ als Unabhängiger nach kurzer Rechnung mit Gl. (16) wegen $\mu/\mu_1 = \lambda/\lambda_1$:

$$(1-\sigma)\frac{d\tau}{d\mathfrak{u}} \cdot \frac{d\mathfrak{i}}{d\mathfrak{u}} + \tau\left(\sigma + \frac{d^2\mathfrak{i}}{d\mathfrak{u}^2}\right) = 0. \qquad (18)$$

Die Veränderlichkeit von μ kann stets ausreichend durch eine Potenz von T berücksichtigt werden. Zugleich mit der Konstanz des Druckes ist:

$$\frac{\varrho}{\varrho_1} = \frac{T_1}{T} = \frac{\mathfrak{i}_1}{\mathfrak{i}}; \qquad \frac{\mu}{\mu_1} = \left(\frac{T}{T_1}\right)^\omega = \left(\frac{\mathfrak{i}}{\mathfrak{i}_1}\right)^\omega. \qquad (19)$$

Mit Gl. (19) folgt dann durch Elimination von $\dfrac{v}{u_\infty}\sqrt{\dfrac{x\,u_\infty\,\varrho_1}{\mu_1}}$ aus Gl. (13) und (14):

$$\tau\,\frac{d^2\tau}{d\mathfrak{u}^2} = -\frac{\mathfrak{u}}{2}\left(\frac{\mathfrak{i}}{\mathfrak{i}_1}\right)^{1-\omega}. \qquad (20)$$

Gl. (18) und (20) stellen ein System gewöhnlicher Differentialgleichungen für τ und j dar mit den Randbedingungen für τ:

$$u = 1: \ \tau = 0; \quad u = 0: \ \frac{d\tau}{du} = 0. \tag{21}$$

Die letzte Bedingung, das ist die an der Wand, folgt aus Gl. (13) mit Gl. (17). Die Randbedingungen für die Temperatur hängen von der Problemstellung ab. Beispielsweise kann die Wandtemperatur vorgegeben werden. Hier sei nur jener Fall betrachtet, bei welchem kein Wärmeübergang stattfindet, bei welchem also der Temperaturgradient an der Wand verschwindet. Man spricht dann vom *Thermometerproblem*, weil die Thermometertemperatur durch verschwindenden Wärmeübergang gekennzeichnet ist. Für dieses gilt mit Gl. (17):

$$u = 1: \ j = \frac{1}{\varkappa - 1} \frac{1}{M_\infty^2}; \quad u = 0: \ \frac{dj}{du} = 0. \tag{22}$$

Mit den Randbedingungen ist die Lösung grundsätzlich festgelegt. Ist $\tau(u)$ und $j(u)$ bekannt, so ergibt sich $\eta(u)$ aus Gl. (17) und (19) wie folgt:

$$\eta = \int_0^u \frac{\mu}{\mu_1} \frac{du}{\tau} = \int_0^u \left(\frac{j}{j_1}\right)^\omega \frac{du}{\tau}, \tag{23}$$

womit jedem $\tau(u)$ und $j(u)$ ein $\eta(u)$ zugeordnet ist.

In zwei Fällen läßt sich die Integration leicht durchführen. Der eine mit $\sigma = 1$ ist schon länger bekannt[7]. Dann liefert Gl. (18) eine einfache Differentialgleichung für j allein. Sie ergibt zusammen mit den Randbedingungen (22) (wie die Lösung von R. BECKER in Abschnitt 1) den Energiesatz:

$$\frac{u^2}{2} + c_p T = \frac{u_\infty^2}{2} + c_p T_\infty.$$

Natürlich kann man sich schon im System (11) selbst überzeugen, daß bei $\sigma = 1$ die letzte Gleichung mit obigem Energiesatz in die erste übergeht. In diesem Fall ergibt sich also an der Wand stets die Ruhetemperatur. Es herrscht eine weitgehende Analogie von Geschwindigkeits- und Temperatur-Grenzschicht. Während aber die Annahmen beim Stoß in Luft weitgehend erfüllt sind, trifft dies bei der Grenzschicht nicht mehr zu, denn σ liegt bei Luft von Zimmertemperatur etwas über 0,7 (Tabelle XI, 1).

Tabelle XI, 1. *Innere Reibung und Wärmeleitvermögen von Luft.*

$T - 273°$	—50	0	50	100	150	200	300	400	500	Grad
$\lambda \cdot 10^4$ ..	0,47	0,56	0,65	0,73	0,81	0,88	1,03	1,19	1,34	$\dfrac{\text{cal}}{\text{Grad.cm.sec}}$
$\mu \cdot 10^4$ ..	1,44	1,72	1,96	2,18	2,39	2,61	3,03	3,41	3,80	$\dfrac{\text{g}}{\text{cm . sec}}$
$\lambda/\varrho\, c_p{}^*$ ..	0,128	0,186	0,255	0,33	0,41	0,50	0,70	0,92	1,16	$\dfrac{\text{cm}^2}{\text{sec}}$
$\mu/\varrho\,{}^*$	0,094	0,137	0,185	0,24	0,30	0,36	0,51	0,67	0,86	$\dfrac{\text{cm}^2}{\text{sec}}$
σ	0,74	0,74	0,73	0,72	0,72	0,72	0,72	0,73	0,73	

* Beim Druck von einer techn. at.

Damit gewinnt die Lösung linearer Abhängigkeit des μ-Wertes von T ($\omega = 1$) größere Bedeutung. Dann ist Gl. (20) für sich zu integrieren und liefert eine von der Theorie für dichtebeständige Medien[5] her bekannte Gleichung. Die Integration muß dann numerisch erfolgen. Dies gilt um so mehr für den allgemeinen Fall $\sigma \neq 1$ und $\omega \neq 1$ und wurde für einige Fälle von Crocco[6] durchgeführt. Hantzsche und Wendt zeigen an einem Beispiel (Abb. 276), daß die Werte

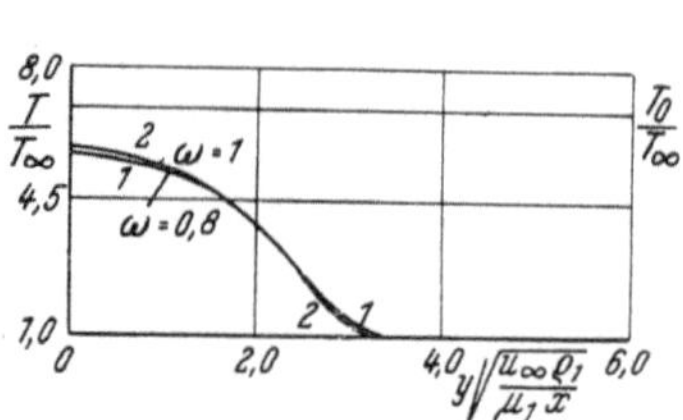

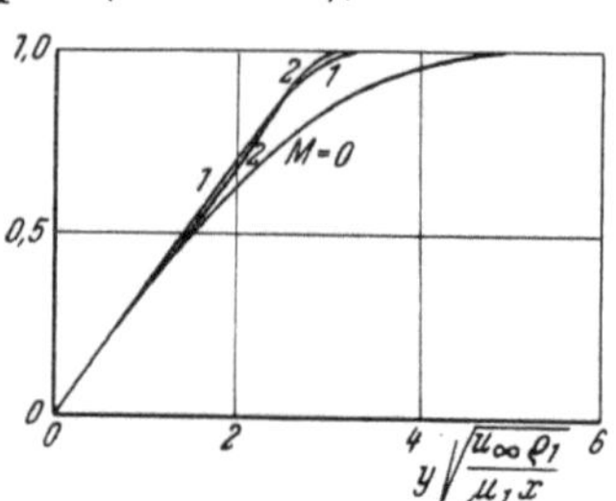

Abb. 276. Temperaturverteilung an einer mit $M = 5{,}4$ angeströmten Platte[5]. $\sigma = 0{,}7$.
Kurve 1: $\omega = 0{,}8$; Kurve 2: $\omega = 1$.

Abb. 277. Geschwindigkeitsverteilung an einer mit $M = 5{,}4$ angeströmten Platte[5]. $\sigma = 0{,}7$.
Kurve 1: $\omega = 0{,}8$; Kurve 2: $\omega = 1$.

von $\omega = 1$ sich von den richtigen Werten, welche etwa durch $\omega = 0{,}80$ gegeben werden, wenig unterscheiden. Abb. 277 zeigt die entsprechenden Geschwindigkeitsprofile, die selbst bei $M_\infty = 5{,}4$ noch nahe an jenen von $M_\infty = 0$ liegen.

Zwei Ergebnisse beanspruchen ein besonderes Interesse. Das eine ist der für den Widerstand bedeutende Reibungswert c_r. Er ist für eine Platte der Länge L und der Breite 1 gegeben durch:

$$c_r = \frac{2}{\varrho_\infty u_\infty^2 L} \int\limits_0^L \mu_1 \left(\frac{\partial u}{\partial y}\right)_1 dx = 2\,\frac{\varrho_1}{\varrho_\infty}\,\frac{\tau(0)}{L} \int\limits_0^L \sqrt{\frac{u_\infty \varrho_1}{\mu_1\, x}}\, d\left(\frac{\mu_1\, x}{u_\infty \varrho_1}\right) =$$

$$= 4\,\frac{\tau(0)}{\sqrt{Re}} \left(\frac{j_\infty}{j_1}\right)^{\frac{1-\omega}{2}}. \tag{24}$$

Hierin ist die Reynolds-Zahl mit den Werten in der Außenströmung gebildet:

$Re = \dfrac{u_\infty\, L\, \varrho_\infty}{\mu_\infty}$. Bei $\sigma = 1$ oder $\omega = 1$ wird c_r also unabhängig von den Tempe-

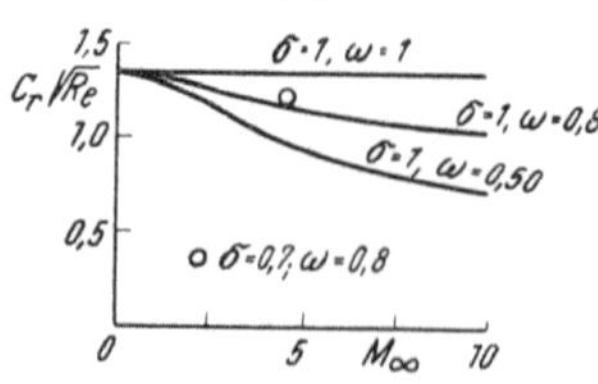

Abb. 278. Reibungsbeiwert an der ebenen Platte
$\left(Re = \dfrac{u_\infty\, L\, \varrho_\infty}{\mu_\infty}\right)$.

raturverhältnissen. Abb. 278 zeigt den Reibungsbeiwert abhängig von der Mach-Zahl für verschiedene ω-Werte bei $\sigma = 1$. (Allerdings ist die Berechtigung der Grenzschichtvernachlässigungen bei den ganz hohen Mach-Zahlen etwas zweifelhaft.) Bei $M_\infty = 5{,}4$ ist noch der Wert für $\sigma = 0{,}7$ und $\omega = 0{,}8$ eingetragen, woraus hervorgeht, daß c_r mit $\sigma = 1$ genügend genau gewonnen wird.

Anders ist es mit der *Wandtemperatur* beim Thermometerproblem, die natürlich mit $\sigma = 1$ nicht befriedigend ermittelt werden kann. Hier sind die Werte von $\omega = 1$ wieder sehr befriedigend. Es bestätigen sich die Resultate von E. Pohlhausen[4], welche für Gase (σ nahe an 1 und nach der kinetischen Gastheorie nur abhängig von $\varkappa$) in folgende Form gebracht werden können:

$$\frac{T_1 - T_\infty}{T_0 - T_\infty} = \sqrt{\sigma} = \sqrt{\frac{c_p\, \mu}{\lambda}}. \tag{25}$$

Dieses zweite wichtige Ergebnis besagt, daß sich bei Prandtl-Zahlen nahe an 1 die Wandtemperaturen bei verschwindendem Wärmeübergang von den Ruhetemperaturen nur wenig unterscheiden. Das Ergebnis hat für die Wandtemperaturen von Windkanälen oder von fliegenden Körpern Bedeutung. Es zeigt aber auch, daß an angeströmten Wänden im wesentlichen die Ruhetemperaturen gemessen werden.

Für allgemeinere Fälle veränderlicher Stoffwerte hat H. Schuh[8] die Probleme mit einer sehr wirksamen numerischen Methode behandelt. Für $\sigma = 1$ liegt eine Arbeit von v. Kármán und Tsien[9] vor. Beliebige Temperaturverteilungen an der Wand berücksichtigt eine Arbeit von Chapman und Rubesin[25].

4. Grenzschicht bei veränderlichem Druck.

Bei Druckänderungen in der Außenströmung hängen mit p auch u_∞, ϱ_∞ usw. von x ab. Da der Druck mit der Bernoullischen Gleichung leicht durch u_∞ und ϱ_∞ ersetzt werden kann, läßt sich Gl. (8) leicht wie folgt umformen:

$$\frac{\partial p_{xy}}{\partial y} = \varrho\, u\, \frac{\partial u}{\partial x} + \varrho\, v\, \frac{\partial u}{\partial y} - \varrho_\infty\, u_\infty\, \frac{du_\infty}{dx} =$$

$$= \varrho\, u\, \frac{\partial}{\partial x}\, (u - u_\infty) + (\varrho\, u - \varrho_\infty\, u_\infty)\, \frac{du_\infty}{dx} + \varrho\, v\, \frac{\partial}{\partial y}\, (u - u_\infty) +$$

$$+ (u - u_\infty) \left[\frac{\partial \varrho\, u}{\partial x} + \frac{\partial \varrho\, v}{\partial y} \right] = \frac{\partial}{\partial x}\, [\varrho\, u\, (u - u_\infty)] + (\varrho\, u - \varrho_\infty\, u_\infty)\, \frac{du_\infty}{dx} +$$

$$+ \frac{\partial}{\partial y}\, [\varrho\, v\, (u - u_\infty)].$$

Nach v. Kármán[10] kann diese Gleichung über y integriert werden und ergibt wegen $p_{xy} = 0$ für $u = u_\infty$ und $v = 0$ mit Gl. (10) an der Wand das Resultat[11]:

$$\mu_1 \left(\frac{\partial u}{\partial y} \right)_1 = \delta^*\, \varrho_\infty\, u_\infty\, \frac{du_\infty}{dx} + \frac{d}{dx}\, (\varrho_\infty\, u_\infty^2\, \delta^{**}). \tag{26}$$

Hierin ist δ^*, die sogenannte *Verdrängungsdicke*, und δ^{**}, die *Impulsverlustdicke*, durch Gl. (27) definiert:

$$\delta^* = \int\limits_0^\delta \left(1 - \frac{\varrho\, u}{\varrho_\infty\, u_\infty} \right) dy; \quad \frac{d\delta^*}{dx} = \frac{v_\infty}{u_\infty}; \quad \delta^{**} = \int\limits_0^\delta \frac{\varrho\, u}{\varrho_\infty\, u_\infty} \left(1 - \frac{u}{u_\infty} \right) dy. \tag{27}$$

Als obere Grenze der Integrale ist die „*Grenzschichtdicke*" δ genommen. Sie ist dadurch definiert, daß δ^* und δ^{**} unabhängig von δ sein müssen. Damit ist δ allerdings nicht scharf begrenzt, doch ist dies für das Folgende bedeutungslos. Bei Gl. (26) handelt es sich um die sogenannte *Kármánsche Impulsgleichung*. Sie steht zwischen Gl. (8) und dem Impulssatz (IV, 4), der keine Differentialquotienten enthält, aber aus dem sie natürlich auch abgeleitet werden kann. Gl. (26) gilt zunächst auch für turbulente Grenzschichten, da diese an der Wand stets laminar sind, womit die Wandschubspannung stets durch Gl. (10) gegeben ist.

Nach Art des sogenannten *Pohlhausen-Verfahrens*[12] kann nach K. Oswatitsch[11] eine einfache Methode zur Berechnung *laminarer* Grenzschichten entwickelt werden. Wieder sei verschwindender Wärmeübergang angenommen. Nach den Ergebnissen des letzten Abschnittes kann zur Berechnung der Geschwindigkeitsprofile ohne wesentlichen Fehler der Energiesatz angenommen werden. Das bedeutet, daß die Prandtl-Zahl im folgenden einfach $\sigma = 1$ gesetzt wird. (Für die Berechnung der Wandtemperatur käme man mit dieser Näherung natürlich nicht zum Ziel. Nach J. Ginzel[13] muß das Verfahren dann durch Hinzunahme eines Energieintegralsatzes erweitert werden.) Mit Tabelle II, 5 kann die Dichte leicht durch die Geschwindigkeit ausgedrückt werden, womit sich die dritte Gleichung erübrigt. Der Geschwindigkeitsbetrag ist dabei der u-Komponente gleichzusetzen:

$$\frac{\varrho_\infty}{\varrho} = \frac{T}{T_0} \cdot \frac{T_0}{T_\infty} = 1 + \frac{\varkappa - 1}{2} M_\infty^2 \left(1 - \frac{u^2}{u_\infty^2}\right). \tag{28}$$

Damit ist δ^* und δ^{**} auf das „Geschwindigkeitsprofil" der Reibungsschicht und der Mach-Zahl M_∞ der Ausströmung zurückgeführt. Wie bei den dichtebeständigen Reibungsschichten wird nur eine Profilschar, etwa die Pohlhausen-Profile oder die Hartree-Profile, genommen, die im wesentlichen alle Typen — vom „Ablösungsprofil" bis zu Profilen bei starker Beschleunigung — vertreten. Die Profile seien durch $\dfrac{u}{u_\infty}$ als Funktion von y/δ^{**} gegeben. Als Profilparameter λ sei die negative zweite Ableitung von u/u_∞ nach y/δ^{**} an der Wand gewählt. Da mit der Ableitung von T auch jene von μ nach y an der Wand verschwindet, gilt dort nach Gl. (8) und (10):

$$\frac{\varrho_\infty \, \delta^{**2}}{\mu_1} \frac{du_\infty}{dx} = -\frac{\delta^{**2}}{\mu_1 u_\infty} \frac{\partial}{\partial y}\left(\mu \, \frac{\partial u}{\partial y}\right)_1 = \frac{\delta^{**2}}{u_\infty}\left(\frac{\partial^2 u}{\partial y^2}\right)_1 = \lambda. \tag{29}$$

Sowohl $\dfrac{\delta^*}{u_\infty}\left(\dfrac{\partial u}{\partial y}\right)_1$ als auch δ^*/δ^{**} hängen nach Gl. (27) und (28) nur von dem Profilparameter λ und M_∞ ab. Weil voraussetzungsgemäß $\mu_1 = \mu(T_0)$ konstant ist, kann Gl. (26) nach Multiplikation mit $2\,\delta^{**}$ auf folgende Form gebracht werden:

$$u_\infty \frac{d}{dx} \frac{\varrho_\infty \, \delta^{**2}}{\mu_1} =$$
$$= -\lambda\left(2\,\frac{\delta^*}{\delta^{**}} + 4 - M_\infty^2\right) + 2\,\frac{\delta^{**}}{u_\infty}\left(\frac{\partial u}{\partial y}\right)_1. \tag{30}$$

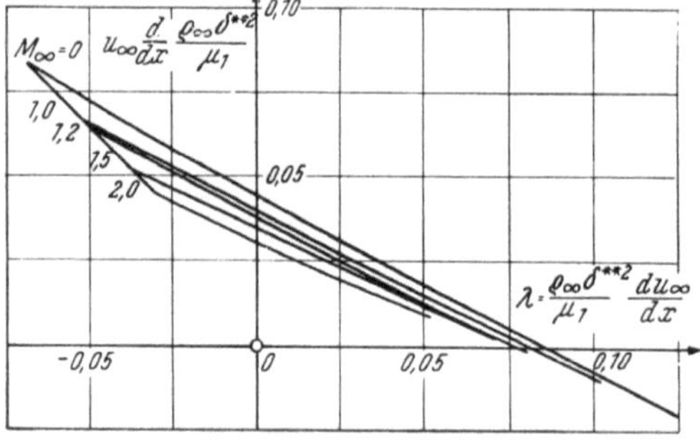

Abb. 279. Diagramm zum Pohlhausen-Verfahren.

Auf der rechten Seite steht eine Funktion von λ und M_∞ allein. Bei bekanntem λ an der Stelle x ergibt sich aus Gl. (30) der Wert von $\dfrac{\varrho_\infty \, \delta^{**}}{\mu_1}$ an der Stelle $x + dx$ und damit nach Gl. (29) auch λ bei $x + dx$. Für Hartree-Profile sind die rechten Seiten von Gl. (30) für verschiedene M_∞-Werte errechnet (Abb. 279). Zum Unterschied vom Verfahren für dichtebeständige Strömung[14] ergeben sich — abhängig von M_∞ — verschiedene Kurven, ohne daß damit wesentliche Komplikationen verbunden sind.

5. Beziehungen zwischen ebenen und rotationssymmetrischen Grenzschichten.

Wenn die Grenzschichtdicke klein gegen den Krümmungsradius der Oberfläche eines Körpers ist, so gelten die Grenzschichtgleichung (6) und (7) für *ebene* Strömung bekanntlich auch an gekrümmten Wänden oder Profilen. Nur ist dann unter x die Bogenlänge längs der gekrümmten Oberfläche und unter y der Normalabstand von der Oberfläche zu verstehen. Dies gilt im wesentlichen auch für kompressible Grenzschichten, nur muß bei gleicher Genauigkeit die Grenzschichtdicke um so kleiner sein, je höher die Mach-Zahl M_∞ der Außenströmung ist, weil sonst der Druck normal auf die Oberfläche unter der Einwirkung der Zentrifugalkräfte nicht mehr als konstant angesehen werden kann.

Bei *achsensymmetrischer* Strömung gelten Gl. (6) und (7) wie bei ebener Strömung, was sofort einleuchtet, wenn man die räumlichen Gleichungen in der x, y-Ebene betrachtet, die ja einen Meridianschnitt darstellt (vgl. Abschnitt VI, 2). Wenn ferner, wie stets im folgenden, vorausgesetzt wird, daß die Grenzschichtdicke klein gegen den Körperradius $r_1(x)$ ist, lautet die Kontinuitätsbedingung Gl. (VI, 15) mit den Grenzschichtvernachlässigungen:

$$\frac{\partial}{\partial x}(u \, \varrho \, r_1) + \frac{\partial}{\partial y}(v \, \varrho \, r_1) = 0. \tag{31}$$

Hier ist zunächst vorausgesetzt, daß $r = y$ ist. Doch gilt Gl. (31) auch dann, wenn bei genügend kleinem Krümmungsradius der Körperoberfläche x längs dieser und y normal dazu gemessen wird. Denn Gl. (10) ist drehungsinvariant für beliebige Werte von ϱ, also auch dann, wenn ϱ durch $\varrho \, r_1$ ersetzt wird.

Gl. (31) stellt zusammen mit Gl. (8) und (9) die vollständigen Grenzschichtgleichungen bei Achsensymmetrie dar, mit Gl. (10) als Schubspannung bei *laminarer* Strömung. Nach W. MANGLER[15] läßt sich dieses System in jenes für ebene Strömung überführen. Es sei:

$$x' = \int_0^x \frac{r_1^2(x)}{L^2} \, dx; \quad y' = \frac{r_1(x)}{L} \, y, \tag{32}$$

worin L eine Bezugslänge (etwa größter Radius oder Länge des Körpers) sei, mit welcher x' und y' die Dimension einer Länge erhalten. Für eine beliebige Funktion f gilt dann mit Gl. (32):

$$\frac{\partial f}{\partial x} = \frac{\partial f}{\partial x'} \frac{r_1^2}{L^2} + \frac{\partial f}{\partial y'} \frac{y'}{r_1} \frac{dr_1}{dx}; \quad \frac{\partial f}{\partial y} = \frac{\partial f}{\partial y'} \frac{r_1}{L}. \tag{33}$$

Da nun x nur von x' abhängt, ist p nur Funktion von x'. Damit läßt sich aber das Gleichungssystem (8), (9), (10), (31) nach kurzer Rechnung auf die Form bringen:

$$\varrho \, u \, \frac{\partial u}{\partial x'} + \varrho \left(v \frac{L}{r_1} + u \frac{y' \, L^2}{r_1^3} \frac{dr_1}{dx} \right) \frac{\partial u}{\partial y'} = - \frac{dp}{dx'} + \frac{\partial}{\partial y'} \left(\mu \, \frac{\partial u}{\partial y'} \right);$$

$$\frac{\partial}{\partial x'} (\varrho \, u) + \frac{\partial}{\partial y'} \varrho \left(v \frac{L}{r_1} + u \frac{y' \, L^2}{r_1^3} \frac{dr_1}{dx} \right) = 0; \tag{34}$$

$$\varrho \, u \, c_p \frac{\partial T}{\partial x'} + \varrho \left(v \frac{L}{r_1} + u \frac{y' \, L^2}{r_1^3} \frac{dr_1}{dx} \right) c_p \frac{\partial T}{\partial y'} = u \frac{dp}{dx'} + \mu \left(\frac{\partial u}{\partial y'} \right)^2 + \frac{\partial}{\partial y'} \left(\lambda \frac{\partial T}{\partial y'} \right).$$

Dieses System unterscheidet sich formal nicht mehr von jenem für ebene Strömung. An Stelle der v-Komponente tritt der Klammerausdruck $\left(v \frac{L}{r_1} + \right.$ $\left. + u \frac{y' \, L^2}{r_1^3} \frac{dr_1}{dx} \right)$. Im übrigen ist die Rechnung dieselbe wie bei ebener Strömung. Bei Achsensymmetrie ergeben sich u, ϱ, T als dieselben Funktionen von x' und y' wie bei ebener Strömung als Funktionen von x, y, wenn die Verteilung des Druckes und der Mach-Zahl in x-Richtung gemäß Gl. (32) verzerrt wird.

Die Brauchbarkeit dieser Formel leuchtet ein. Beispielsweise ist der Zustand an einem mit Überschallgeschwindigkeit angeblasenem Kreiskegel konstant, wenn die Kopfwelle anliegt. Hier können die Ergebnisse von Abschnitt 3 unmittelbar angewendet werden, wobei unter u_∞, M_∞, p_∞ usw. nicht der Zustand im Anströmgebiet, sondern der Zustand der reibungsfreien Strömung an der Kegeloberfläche verstanden wird. Der Einfluß der Grenzschicht auf die Zustände infolge ihrer Verdrängungswirkung werde wie üblich vernachlässigt. Mit ϑ als halbem Öffnungswinkel folgt aus Gl. (32) (Abb. 280):

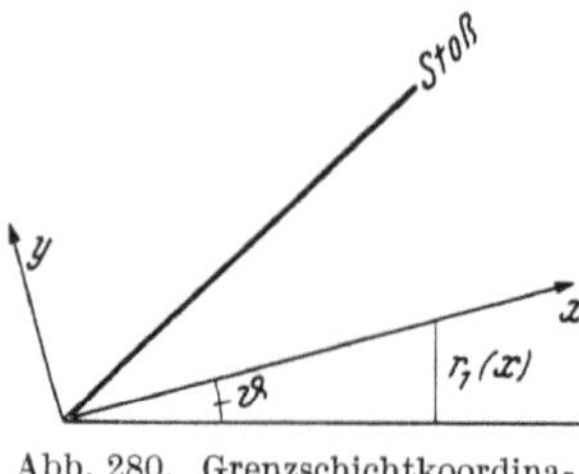

Abb. 280. Grenzschichtkoordinaten im Kegellängsschnitt.

$$r_1 = x \sin \vartheta; \qquad x' = \frac{\sin^2 \vartheta}{L^2} \frac{x^3}{3}; \qquad y' = \frac{\sin \vartheta}{L} x\,y.$$

Nach Abschnitt 3 ergibt sich u als Funktion von η, Gl. (12). In diesem ist bei Achsensymmetrie x und y einfach durch die gestrichenen Größen zu ersetzen. Folglich ergibt sich für die Wandschubspannung:

$$(p_{xy})_1 = \mu_1 \left(\frac{\partial u}{\partial y} \right)_1 = \mu_1 \left(\frac{\partial u}{\partial y'} \right)_1 \frac{r_1}{L} = \mu_1 \frac{r_1}{L} \frac{du}{d\eta} \sqrt{\frac{u_\infty \varrho_1}{\mu_1 x'}} =$$
$$= (p_{xy})_1 \frac{r_1}{L} \sqrt{\frac{x}{x'}} = (p_{xy})_1 \sqrt{3}. \tag{35}$$
$$\qquad\quad \text{eben} \qquad\qquad\qquad \text{eben}$$

Die Wandschubspannung unter denselben Bedingungen in der Außenströmung hat an der Stelle x' eines Kreiskegels den $\sqrt{3}$-fachen Wert der Wandschubspannung an der Stelle x der ebenen Platte[21].

6. Turbulente Grenzschicht, turbulenter Strahl.

Schon bei dichtebeständiger Strömung fehlt es an befriedigenden Darstellungen der turbulenten Bewegungen. Um so mehr ist dies bei hohen Geschwindigkeiten der Fall. Dieser Mangel fällt um so mehr ins Gewicht, als es sich in den nächsten Abschnitten zeigen wird, daß die laminaren Reibungsvorgänge in der Gasdynamik praktisch eine ziemlich untergeordnete Rolle spielen, denn die hohen Geschwindigkeiten haben im allgemeinen auch hohe Reynolds-Zahlen zur Folge. Nur einige Bemerkungen sollen hier gemacht werden.

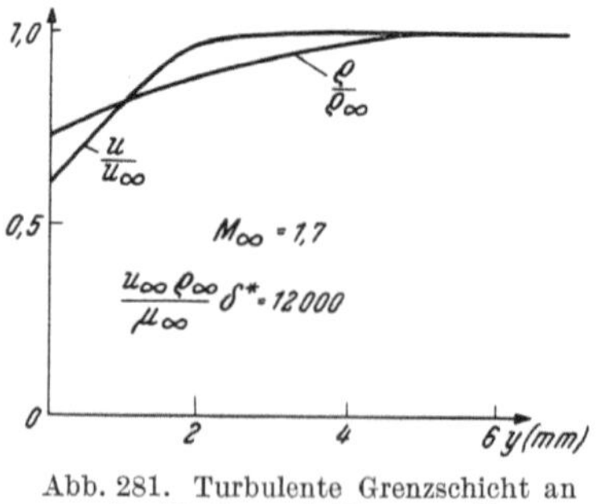

Auf Schlierenbildern können leicht Grenzschichten an Körpern beobachtet werden. Die Erhellungen oder Verdunkelungen der körpernahen Schichten sind durch den Dichtegradienten hervorgerufen. Dieser kommt wegen der Konstanz des Druckes einem Temperaturgradienten gleich. Auf diese Weise wird also die Temperaturgrenzschicht beobachtet. Bei Überschallgeschwindigkeit ist bis unmittelbar an der Wand $M > 1$, so daß Wandrauhigkeiten Mach-Linien erzeugen. Aus deren Neigung kann die Geschwindigkeit ermittelt werden, wenn der Temperaturverlauf und somit der Geschwindigkeitsverlauf bekannt ist. In Abb. 281 wurde der Dichteverlauf interferometrisch und die Geschwindigkeitsverteilung aus der Neigung der Mach-Linien bestimmt. Die letzte Methode ist allerdings wenig genau. Nach neueren, noch nicht veröffentlichten Messungen, verläuft die Kurve für die Geschwindigkeitsverteilung bei größeren

Abb. 281. Turbulente Grenzschicht an der Platte nach Messungen[11].

Wandabständen näher an der Dichtekurve als in Abb. 281. Die Geschwindigkeitsverteilung zeigt etwa dieselbe Form wie bei inkompressibler Strömung. Für die Verdrängungsdicke Gl. (27) wird mit wachsender Mach-Zahl der Dichteverlauf von größerem Einfluß als der Geschwindigkeitsverlauf. Dies ist mit den Erfahrungen bei reibungsfreier Strömung im Einklang, wo sich alle Einflüsse bei hohen Mach-Zahlen viel mehr im thermischen Zustand als in einer Änderung der Geschwindigkeit geltend machen. Wie Versuche zeigen, nimmt der Reibungsbeiwert bei turbulenter Strömung an der ebenen Platte ungefähr proportional zur mittleren Dichte in der Grenzschicht ab. Die Kompressibilität verursacht also eine Verminderung des Reibungsbeiwertes, die bei Schallnähe noch ziemlich unbedeutend ist.

Die Bestimmung der Geschwindigkeitsverteilung erfolgt besser mit feinen Pitotrohren wie im Inkompressiblen. Genauere Messungen von R. E. WILSON[16] und C. FERRARI[17] bestätigen die große Ähnlichkeit der Geschwindigkeitsprofile bei kompressibler Strömung mit jener bei dichtebeständiger Strömung. Ebenfalls C. FERRARI[18] gibt eine halbempirische Theorie für die turbulente Überschallgrenzschicht mit einem aus den Versuchen zu bestimmenden Parameter. Eine weitere Arbeit stammt von v. DRIEST[27].

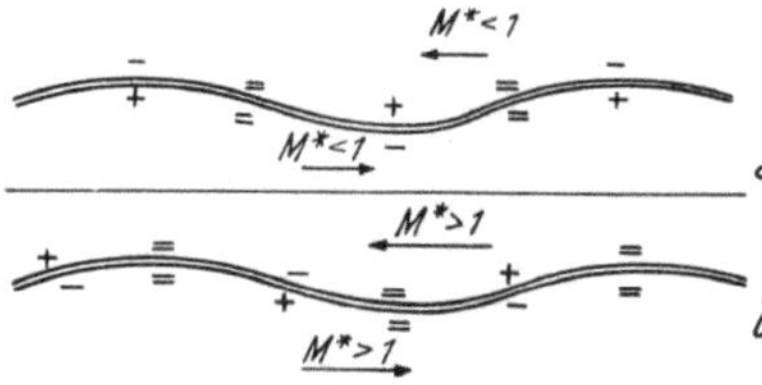

Auch die turbulenten Durchmischungszonen von Strahlen höherer Mach-Zahl sind

Abb. 282. Stabilität von Strahlrändern.

wenig durchforscht. Beobachtungen am Strahlrand von D. BERSHADER und S. J. PAI[19] zeigen, daß die Breite der Mischzone mit wachsender Mach-Zahl abnimmt. Diese Autoren finden bei Mach-Zahlen von 1,7 im Strahl rund 30% schmälere Durchmischungszonen als bei $M \to 0$. S. J. PAI[20] gibt auch eine halbempirische Theorie. Die Abnahme der Mischungszonenbreite wurde von L. PRANDTL vor längerer Zeit wie folgt erklärt (Abb. 282). Angenommen, die freie Grenze zweier entgegengesetzt gerichteter Strahlen bilde infolge einer Störung eine schwache Wellenlinie. Auf beiden Seiten der Strahlgrenze ergeben sich dann, wie durch $+$, $=$, $-$ angedeutet, Über-, Gleich- und Unterdrucke, unter deren Einfluß sich die Strahlgrenze deformiert. Offenbar neigt die Strahlgrenze in Abb. 282a, wo die Relativgeschwindigkeit der Strahlen unter $M = 2$ liegt, viel stärker zu einer weiteren Deformation als in Abb. 282b. Die Stabilität freier Strahlgrenzen nimmt darnach mit der Mach-Zahl zu.

7. Einfluß der Grenzschicht auf die Hauptströmung.

Schon durch die Verzögerung der wandnahen Schicht durch innere Reibung ergibt sich eine Verdrängungswirkung der Grenzschicht, welche eine Änderung der Hauptströmung und damit eine Änderung der Druckverteilung zur Folge hat. Dieser Einfluß könnte etwa dadurch berücksichtigt werden, daß die Druckverteilung um einen um die Verdrängungsdicke verdickten Körper berechnet wird. Allerdings setzt eine Berechnung der Verdrängungsdicke die Kenntnis der Druckverteilung voraus, doch kann zunächst von der Druckverteilung ausgegangen werden, welche sich ohne Reibungseinfluß ergibt, wenn dieser gering ist. Tatsächlich erweisen sich die Verdrängungsdicken wegen der durch die hohen Geschwindigkeiten bedingten hohen Reynolds-Zahlen im allgemeinen als sehr klein im Verhältnis zu den Körperdicken.

Größere Wirkungen als durch die Verdrängung werden im allgemeinen durch Ablösung der Grenzschicht zu erwarten sein. Die Ablösung ist allerdings durch

Formgebung der Körper weitgehend beeinflußbar und vermeidbar. Mathematisch ist sie bedeutend schwieriger erfaßbar, da ihre Wirkung auf die Druckverteilung oft außerordentlich groß ist, was erschwerend auf eine Iteration wirkt. Man bedenke nur, welche Schwierigkeiten sich aus Ablösungserscheinungen bereits bei dichtebeständiger Strömung ergeben.

Bei reiner Überschallströmung liegen die Verhältnisse vielfach wesentlich einfacher, denn hier beeinflußt nur der vor der jeweilig betrachteten Stelle liegende Grenzschichtteil die Hauptströmung. Bei Vernachlässigung der Verdrängungswirkung bleibt also die Druckverteilung bis zum Ablösungspunkt in reiner Überschallströmung unbeeinflußt und nimmt dann den „Totwasser"-Druck an (vgl. Abb. 141). Allerdings ergibt sich, wie schon aus dieser Abbildung hervorgeht, die Ablösung der Hauptströmung keineswegs aus der ohne Reibung berechneten Druckverteilung.

Während nur der im Abhängigkeitsgebiet der Überschallströmung gelegene Grenzschichtteil die Hauptströmung beeinflussen kann (wobei allenfalls die Änderung der Einflußbereiche durch Verdichtungsstöße zu berücksichtigen ist), hat die Reibungsschicht selbst keine entsprechend begrenzte Wirkung stromauf-

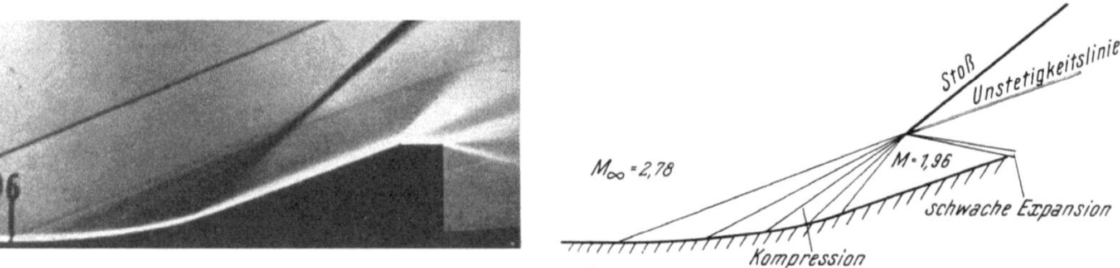

Abb. 283. Überschallgrenzschicht bei starkem Druckanstieg nach G. DROUGGE[36].

wärts. Einerseits kann eine Störung im Unterschallteil der Grenzschicht stromaufwärts wirken. Anderseits begrenzen die Mach-Linien — also die stehenden Schallwellen — bei reibender Strömung keineswegs mehr die Einflußgebiete, sie sind dort nicht mehr „Charakteristiken". Die Reibung bedingt einen Einfluß über die Mach-Linien hinweg, eine Wirkung, mit der sich LAGERSTRÖM[31] eingehender befaßt hat. Mathematisch bestimmt sich nämlich der Charakter einer Differentialgleichung aus den Koeffizienten der höchsten Ableitungen, die nun im Reibungsglied stehen. Einen Einblick in den ersten Effekt gewährt eine Arbeit von TSIEN und FINSTON[32], die die wechselseitige Einwirkung von nebeneinander strömenden reibungslosen Unter- und Überschallschichten studieren. Genauer erfaßt LIGHTHILL[26] diesen Effekt, indem er eine laminare reibungslose Strömung mit kontinuierlicher Machzahl-Abnahme auf den Wert Null an der Wand voraussetzt.

Eine Ablösung der Hauptströmung hat zwei Voraussetzungen, erstens eine Rückströmung in der Grenzschicht infolge zu starken Druckanstieges und zweitens eine ausreichende Verjüngung des Körpers an der Ablösungsstelle, wodurch „Totwasser"-Bildung ermöglicht wird. Bei reiner Unterschallströmung ergibt sich das Druckminimum in der Nähe des Dickenmaximums, so daß der Druckanstieg weitgehend mit der Verjüngung des Körpers zusammenfällt, womit beide Voraussetzungen einer Ablösung gegeben sind. Bei Überschallströmung hingegen ergibt sich ein Druckanstieg an konkav gekrümmter Wand. Hier kann sich aber kein wesentliches Totwasser bilden, auch dann nicht, wenn die Geschwindigkeitsprofile der Reibungsschicht Ablösungscharakter haben. Theoretisch ist das Verhalten der Strömung in diesem Falle noch nicht geklärt, doch zeigen

Versuche an konkav gekrümmten oder geknickten Körpern in Überschallströmung, daß wesentliche Strömungsablösungen trotz starken Druckanstieges ausbleiben (Abb. 283). Im vorliegenden Fall handelt es sich um eine laminare Grenzschicht bei einer Reynolds-Zahl von $Re = 4 . 10^5$. Das Schlierenbild ist kaum von einem entsprechenden bei turbulenter Grenzschicht zu unterscheiden.

Die stärksten Druckanstiege ergeben sich an Stößen, doch sind diese Vorgänge nicht mehr mit der gewöhnlichen Grenzschichttheorie erfaßbar. Der Stoß muß in der Grenzschicht an der Schallgrenze endigen, was zu starken Druckgradienten in Richtung normal zur Wand führen müßte. Schon bei schallnaher reibungsfreier Strömung (Abb. 230, oder [22]) ergeben sich hinter dem Stoß Druckverteilungen mit starken Beschleunigungen, was auf sehr verwickelte Vorgänge bei Stößen in Grenzschichten hinweist. Keineswegs führen Stöße stets zur Ablösung. Bei schlanken Körpern müssen die Stöße überhaupt schief sein, wenn sie eine Ablenkung der Hauptströmung vom Körper und damit Ablösung verursachen sollen.

Ein Kriterium für eine Ablösung ist auch bei Stößen die Druckverteilung, die sich bei Totwasser stets als konstant ergibt. Aus der absoluten Höhe der Drucksprünge am Körper lassen sich hingegen keine sicheren Schlüsse ziehen. Denn theoretisch kann der Stoß überhaupt nicht bis an die Wand reichen, weil dort Unterschallgeschwindigkeit herrscht. Außerdem spielt bei rascher Druckänderung die Lage der Druckbohrung eine große Rolle und vielfach vollführt der Stoß im Versuch auch kleine Schwingungen.

Durch Ablösung kann ein Stoß in reiner Überschallströmung auch aus dieser durch die reibungsfreie Strömung gegebenen Lage heraus stromaufwärts rücken. Denn ein Stoß vermag bei ausreichender Stärke ja stromaufwärts zu wandern (vgl. Abb. 141). Während aber eine Ablösung bei Unterschallströmung stets eine Erhöhung des Druckwiderstandes ergibt, weil die hohen Drucke in der Umgebung des hinteren Staupunktes ausbleiben, setzt ein Vorrücken der Schwanzwelle den Druckwiderstand herab, da die höchsten Unterdrucke wegfallen. Da dabei auch gleichzeitig der Reibungswiderstand absinkt, ist der Gesamtwiderstand in Abb. 141 um so geringer, je weiter stromabwärts die Schwanzwelle liegt. Dennoch dürfte aber der Gesamtwiderstand stets über dem reibungsfreien gerechneten Wert liegen. Bei angestelltem Profil dürfte eine Ablösung unter dem Einfluß der Schwanzwelle auch eine Verschlechterung der Gleitzahl c_a/c_w zur Folge haben.

Verursachen ausgedehnte senkrechte Stöße eine Ablösung der Strömung an der Wand, so müssen sie dort als schiefer Stoß beginnen, was Gabelstöße in Wandnähe zur Folge hat. Wie im entsprechen-

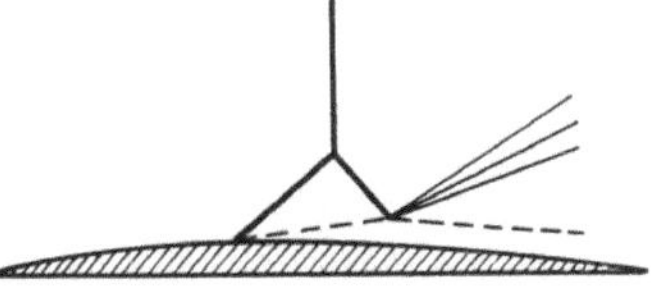

Abb. 284. Gabelstoß mit Ablösung.

den Abschnitt VIII, 11 ausgeführt, können solche Gabelstöße allerdings nicht bei allen Überschallgeschwindigkeiten auftreten. Wenn sie aber theoretisch möglich sind, werden sie in Wandnähe auch meist beobachtet. Der erste schiefe Stoß an der Wand (Abb. 284) verursacht die Bildung eines kleinen „Totwassers", auf welches der zweite schiefe Stoß auftrifft. Hierbei wird dieser an der „freien Strahlgrenze" des Totwassers als Verdünnungsfächer reflektiert (vgl. Abb. 159), womit die freie Strahlgrenze wieder in Richtung auf die Wand geknickt wird. Dabei hängt es nun sehr vom weiteren Verlauf der Wand ab, ob die freie Strahlgrenze wieder auf die feste Wand auftrifft, ob sich die Hauptströmung durch die turbulente Durchmischung an der Totwassergrenze wieder an die Wand ansaugt, oder ob die Ablösung durch den Gabelstoß größere Dimensionen annimmt.

Ausschlaggebend für die Vorgänge ist die Reynolds-Zahl (Abschnitt IV, 4). Tatsächlich zeigt sich vielfach eine deutliche Abhängigkeit der Versuchsresultate von dieser Kennzahl. Mit Rücksicht auf die Praxis sind dabei meist hohe Reynolds-Zahlen erstrebenswert, können aber im Versuch wegen des damit verbundenen

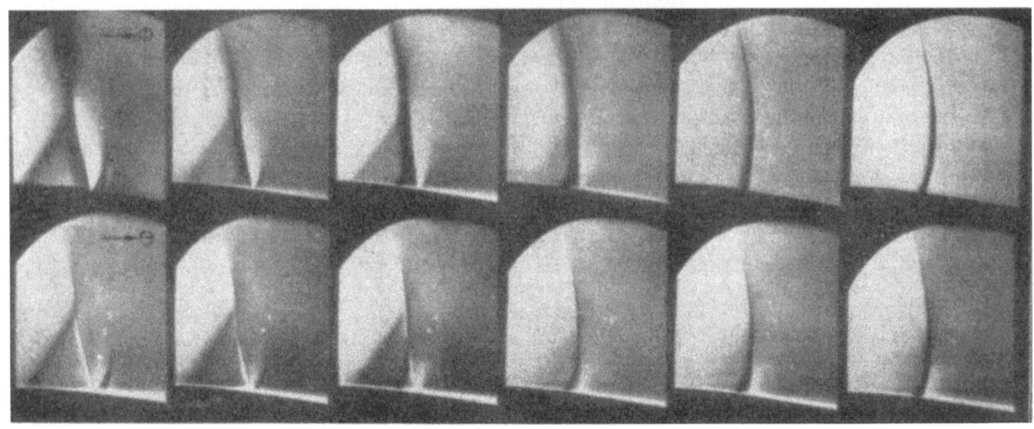

Abb. 285. Schlierenaufnahmen von Stößen mit senkrechter (oben) und waagrechter Blende bei konstanter Mach-Zahl in großer Entfernung und Reynolds-Zahlen von: $Re \cdot 10^{-6} = 1{,}32$; $1{,}57$; $1{,}78$; $2{,}02$; $2{,}26$ und $2{,}68$ nach ACKERET, FELDMANN und ROTT.

Aufwandes nicht immer erreicht werden. Von besonderem Interesse, welche Ansprüche an die Größe der Reynolds-Zahlen zu stellen sind, sind Versuche von J. ACKERET, F. FELDMANN und N. ROTT[22] an lokalen Überschallgebieten und von LIEPMANN[23]. Abb. 285 zeigt, daß eine Verdoppelung der Reynolds-Zahl

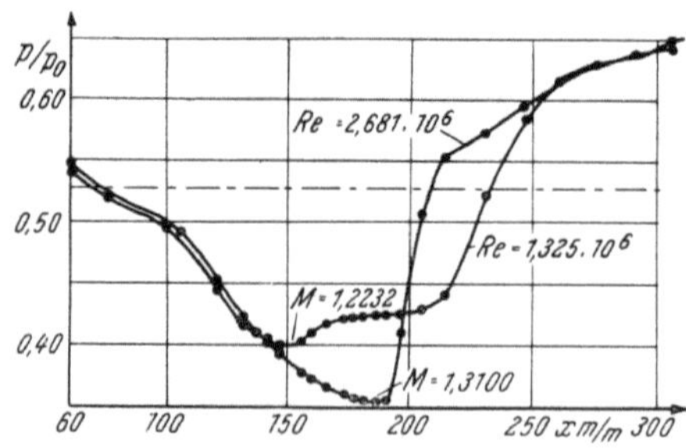

Abb. 286. Einfluß der Reynolds-Zahl auf die Druckverteilung[22].

eine wesentliche Änderung des Strömungsbildes verursacht. Während bei kleinem Re-Wert verwickelte Stoßvorgänge auftreten, welche wegen der Kleinheit der örtlichen Mach-Zahlen aber keine Gabelstöße sein können, zeigt sich bei höherem Re-Wert im wesentlichen das Bild einer reibungsfreien Hauptströmung. Man kann also hoffen, bei hohen Reynolds-Zahlen die richtige Druckverteilung zu erhalten. (Die Reynolds-Zahlen sind mit der Grenzschichtlänge bis zum Stoß und mit den Unterschallanströmungswerten gebildet.)

Abb. 286 zeigt die entsprechenden Druckverteilungen. Der Druckanstieg rückt offenbar mit der Reynolds-Zahl stromaufwärts. Wenn die Unterschiede auch deutlich sind, so sind sie mit Rücksicht auf die große Empfindlichkeit schallnaher Strömungen gegen die Anströmbedingungen (Abschnitt IX, 9) doch nicht als groß anzusprechen. Weitere Versuchsergebnisse mit Untersuchungen zum Thema dieses Abschnittes geben die Arbeiten[28, 29, 30].

8. Stabilität der Grenzschicht.

Das Umschlagen der laminaren in turbulente Grenzschichten kann wie bei dichtebeständigen Strömungen auf die Instabilität der laminaren Grenzschichten gegenüber kleinen instationären Störungen zurückgeführt werden. Die Methoden der Stabilitätsrechnung für laminare Grenzschichten sind im Kompressiblen ähnlich wie im Inkompressiblen. An Stelle der für die Stabilität im Inkompressiblen maßgebenden Größe $\dfrac{\partial^2 u}{\partial y^2}$ tritt nun im Kompressiblen $\dfrac{\partial}{\partial y}\left(\varrho\,\dfrac{\partial u}{\partial y}\right)$. Die Ergebnisse dieser Rechnungen, die von L. Lees[24] und anderen[33, 34] durchgeführt wurden, zeigen im Kompressiblen einen starken Einfluß des Temperaturfeldes auf die Stabilität, derart, daß eine beheizte Wand die Stabilität erniedrigt, eine gekühlte Wand sie erhöht. Dieser Effekt hat übrigens mit der Kompressibilität des Mediums nichts zu tun, er tritt auch bei sehr niedrigen Mach-Zahlen auf[35]. Wenn kein Wärmeübergang an der Wand auftritt, bewirkt jedoch bei hohen Geschwindigkeiten die Reibungswärme Temperaturunterschiede in der Grenzschicht, die, wie schon erwähnt, die Stabilität beeinflussen. Bei genügend hoher Kühlung kann die laminare Grenzschicht bei Überschallströmung sogar für alle Re-Zahlen stabil werden[24]. Jedoch ist dabei zu beachten, daß die Aussage nur für unendlich kleine Störungen, wie bei den meisten Stabilitätsrechnungen, gilt, aber für endliche Störungen erst untersucht werden müßte.

Noch ein anderer Effekt, dem wohl noch nicht genug Beachtung geschenkt wurde, tritt bei stationären laminaren oder turbulenten Überschallgrenzschichten auf[11]. Er erklärt sich aus dem wechselseitigen Einfluß von stationärer Hauptströmung und stationärer Reibungsschichtströmung. Die Verdrängungsdicke nimmt im allgemeinen mit dem Druck in Strömungsrichtung zu. Anderseits bedingt eine Zunahme der Verdrängungsdicke durch die daraus resultierende Randbedingung eine Druckzunahme in der Hauptströmung. Es besteht darnach die Möglichkeit, daß eine anfänglich kleine Störung verstärkt wird. Nach Näherungsrechnungen, welche K. Oswatitsch[11] am Beispiel der ebenen Platte durchgeführt hat, ergibt sich bei $M_\infty = 1{,}7$ dadurch eine Verdoppelung der Verdrängungsdicke auf einer Länge von rund 15 Verdrängungsdicken bei laminarer Grenzschicht, auf der Länge von nur etwa einer Verdrängungsdicke bei turbulenter Grenzschicht. Es mag sein, daß derselbe Effekt auch bei den Versuchen von Ackeret-Feldmann-Rott hereinspielt. Dem Druckanstieg bei $Re = 1{,}325 \cdot 10^6$ nach dem Druckminimum in Abb. 286 steht das Auftreten eines schiefen Stoßes am Ort des Druckanstieges gegenüber. Auch die starke Streuung der gemessenen Druckwerte in vielen Überschallströmungen dürfte mit diesem Effekt zusammenhängen. Bei Druckabfall liegen die gemessenen Druckkurven in der Regel glatt, während stetig verlaufende Meßwerte in Überschallströmungen bei im Mittel konstantem Druck schwer erzielbar sind. Auch auf diesem Gebiet bleibt noch manche Frage offen.

Literatur.

[1] L. Prandtl: Zur Theorie des Verdichtungsstoßes. Z. ges. Turbinenwes. III (1906), S. 241.

[2] R. Becker: Stoßwelle und Detonation. Z. f. Physik VIII (1922), S. 321—362.

[3] L. Prandtl: Über Flüssigkeitsbewegung sehr kleiner Reibung. Verhandl. III. Int. Math. Kongr., Heidelberg (1904), Teubner, Leipzig (1905), S. 484—491.

[4] E. Pohlhausen: Der Wärmeaustausch zwischen festen Körpern und Flüssigkeiten mit kleiner Reibung und kleiner Wärmeleitung. ZAMM I (1921), S. 115—121.

[5] W. Hantzsche und H. Wendt: Die laminare Grenzschicht der ebenen Platte mit und ohne Wärmeübergang unter Berücksichtigung der Kompressibilität. Jahrb. d. deutsch. Lufo (1942), S. I 40—50.

[6] L. Crocco: Una caracteristica transformaziore delle equazioni dello strato limite nei gas. Atti Guidonia VII (1939), S. 105—120.

[7] L. Prandtl: Eine Beziehung zwischen Wärmeaustausch und Strömungswiderstand der Flüssigkeiten. Phys. Z. XI (1910), S. 1072—1078.

[8] H. Schuh: Über die Lösung der laminaren Grenzschichtgleichung an der ebenen Platte bei veränderlichen Stoffwerten.... ZAMM XXV, XXVII/2 (1947), S. 54—60.

[9] Th. v. Kármán and H. Tsien: Boundery layer in compressible fluids. J. aeronaut. Sci. V (1938), S. 227—232.

[10] TH. V. KÁRMÁN: Über laminare und turbulente Reibung. ZAMM I (1921), S. 233.

[11] K. OSWATITSCH und K. WIEGHARDT: Theoretische Untersuchungen über stationäre Potentialströmungen und Grenzschichten bei hohen Geschwindigkeiten. Lilienthal-Ber., S. 13 (1943), oder: NACA TM 1189.

[12] K. POHLHAUSEN: Zur näherungsweisen Integration der Differentialgleichung der laminaren Grenzschicht. ZAMM I (1921), S. 252.

[13] J. GINZEL: Ein Pohlhausen-Verfahren zur Berechnung laminarer kompressibler Grenzschichten an einer geheizten Platte. ZAMM XXIX/11, 12 (1949), S. 321—337.

[14] H. HOLSTEIN und T. BOHLEN: Verfahren zur Berechnung laminarer Grenzschichten. Lilienthal-Ber., S. 10 (1940).

[15] W. MANGLER: Zusammenhang zwischen ebenen und rotationssymmetrischen Grenzschichten in kompressiblen Flüssigkeiten. ZAMM XXVIII/4 (1948), S. 97—103.

[16] R. E. WILSON: Turbulent boundary layer characteristics at supersonic speeds (theory and experiment). Defense Res. Lab. (1949), CM 569 DRL 221.

[17] C. FERRARI: Comparison of theoretical and experimental results for the turbulent boundary layer in supersonic flow along a flat plate. Cornell Aeron. Lab. (1949), CAL CM — 580.

[18] C. FERRARI: Study of the boundary layer at supersonic speeds in turbulent flow. Quart. appl. Math. VIII/1 (1950), S. 33—57.

[19] D. BERSHADER and S. J. PAI: On the turbulent jet mixing in two-dimensional supersonic flow. J. appl. Physics XXI (1950), S. 616.

[20] S. J. PAI: Two-dimensional jet mixing of a compressible fluid. J. aeronaut. Sci. XVI/8 (1949), S. 463—469.

[21] W. HANTZSCHE und H. WENDT: Die laminare Grenzschicht bei einem mit Überschallgeschwindigkeit angeströmten nicht angestellten Kreiskegel. Jahrb. dtsch. Lufo (1941), S. I 76.

[22] J. ACKERET, F. FELDMANN und N. ROTT: Untersuchungen an Verdichtungsstößen und Grenzschichten in schnell bewegten Gasen. ETH-AERO MITT 10 (1496).

[23] H. W. LIEPMANN: The interaction between boundary layer and shock waves in transonic flow. J. aeronaut. Sci. XIII/12 (1946), S. 623—637.

[24] L. LEES: The stability of the laminar boundary layer in a compressible fluid. NACA Rep. 876 (1947).

[25] D. R. CHAPMAN and M. W. RUBESIN: Temperature and velocity profiles in the compressible laminar boundary layer with arbitrary distribution of surface temperature. J. aeronaut. Sci. XVI (1949), S. 547—565.

[26] M. I. LIGHTHILL: Reflection at a laminar boundary layer of a weak steady disturbance to a supersonic stream, neglecting viscosity and heat conduction. J. Mech. appl. Math. III (1950), S. 303—325.

[27] E. R. VAN DRIEST: Turbulent boundary layer in compressible fluids. J. aeronaut. Sci. XVIII/3 (1951), S. 145—161.

[28] F. W. BARRY, A. H. SHAPIRO and E. P. NEUMANN: The interaction of shock waves with boundary layers on a flat surface. J. aeronaut. Sci. XVIII/4 (1951), S. 229—238.

[29] A. D. YOUNG: Boundary layers and skin friction in high-speed flow. J. Roy. aeronaut. Soc. LV (1951), S. 285—302.

[30] H. W. LIEPMANN, A. ROSHKO and S. DHAWAN: On reflection of shock waves from boundary layers. NACA TN 2334 (1951).

[31] P. A. LAGERSTRÖM, J. D. COLE and L. TRILLING: Problems in the theory of viscous compressible fluids. Cal. Inst. Tech. Pasadena, March 1949 (Guggenheim Aeronautical Laboratory).

[32] H. S. TSIEN and M. FINSTON: Interaction between parallel streams of subsonic and supersonic velocities. J. aeronaut. Sci. XVI (1949), S. 515—528.

[33] H. WEIL: Effects of pressure gradient on stability and skin friction in laminar boundary layers in compressible fluids. J. aeronaut. Sci. XVIII (1951), S. 311—318.

[34] J. A. LAURMANN: Stability of the compressible laminar boundary layer with an external pressure gradient. College Aeronaut., Cranfield Rep. No 48 (1951).

[35] H. W. LIEPMANN and G. H. FIALA: Investigation of effects of surface temperature and single roughness elements of boundary layer transition. NACA Rep. 890 (1947).

[36] G. DROUGGE: Experimental investigation of the influence of strong adverse pressure gradients on turbulent boundary layers at supersonic speeds. (8. Intern. Mech. Kongreß, Instanbul 1952).

[37] G. B. W. Young and EARL JANSSEN: The compressible boundary layer. J. aero. Sci. XIX/4 (1952), S. 229—236.

[38] A. OUDART: Calcul de la couche limite compressible, Public. Scient. Techn. Minst. L'Air No 258 (1952).

XII. Überblick über die Versuchstechnik, Analogien.

1. Druckmessung, Kraftmessung.

Die Messung des *statischen* Druckes in stationärer Strömung an Kanalwänden und an Körpern ist eines der einfachsten experimentellen Hilfsmittel. In der Regel wird die Messung mit gewöhnlichen Quecksilbermanometern durchgeführt, an welchen der Druckunterschied zum äußeren Luftdruck abgelesen wird. Die Forderungen an die Druckanbohrungen sind dieselben wie bei langsamen Strömungen. Der Meßbereich jedoch ist in der Regel viel größer und die Meßzeit viel kürzer als bei niedrigen Geschwindigkeiten. Bei kurzen Einstellzeiten hilft man sich dadurch, daß man die Leitungen zur Meßstelle möglichst kurz wählt, um die Aussaugzeit herabzusetzen, die Manometer blockiert, vor der Messung auf die erwarteten Werte einstellt und nach der Messung abliest. Das Messen des statischen Druckes mit Sonden stößt auf ähnliche Schwierigkeiten wie bei langsamen Strömungen. Am verbreitetsten dürfte die Rohrsonde sein, ein langes dünnes Rohr mit einer oder mehreren Druckanbohrungen, das in Hauptströmungsrichtung durch die gesamte Düse und Meßstrecke führt.

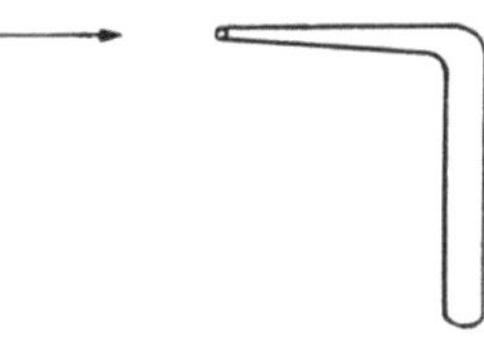

Abb. 287. Pitot-Rohr.

In Überschallströmung kann die „Kegelsonde"[34] gute Dienste leisten: Ein Kreiskegel mit anschließendem Kreiszylinder, in welch letzterem sich die Druckanbohrung in einem Abstand von etwa 12 Durchmessern von der Spitze befindet. Theoretisch herrscht dort etwas Unterdruck, der jedoch praktisch bei genügender Schlankheit des Kegels ohne Bedeutung ist.

Bei niedrigen absoluten Drucken, wie sie gerne bei Kanälen hoher Mach-Zahlen auftreten, ergeben sich große Ungenauigkeiten, wenn der Unterschied zum Luftdruck gemessen wird, weil sich der gesuchte Wert aus der Differenz zweier nahezu gleich großer Werte ergibt. In diesem Fall sind Torricelli-Rohre vorzuziehen, welche mit Substanzen sehr niedrigen Sättigungsdampfdruckes gefüllt sind. Beispielsweise ist Wasser bei einem Kanal mit einem Ruhedruck von einer Atmosphäre und einer Meß-Mach-Zahl über 3 nicht mehr verwendbar, weil an der Meßstelle der Sättigungsdruck erreicht wird und das Wasser im Manometer zu sieden beginnt. Schon vor dieser Grenze macht sich die Anwesenheit kleinster Luftmengen in der Manometerflüssigkeit sehr unangenehm bemerkbar.

Hohe Mach-Zahlen lassen sich vielfach aus dem *Pitot-Druck* weitgehend genau bestimmen. Wird in die Strömung ein Staurohr (Pitot-Rohr, Abb. 287) eingeführt, so stellt sich in diesem bei $M < 1$ der „Ruhedruck" p_0 ein. Das ist der Druck in einem Staupunkt, für welchen allerdings leider nicht die Bezeichnung „Staudruck" verwendet werden kann, weil dieses Wort aus der Strömungslehre dichtebeständiger Medien für den Ausdruck $\frac{1}{2}\varrho\,W^2$ bereits zu allgemein eingeführt ist. Bei $M > 1$ legt sich vor das Staurohr eine Kopfwelle, welche vor der Pitot-Rohröffnung im wesentlichen senkrecht ist. Bei Überschallgeschwindigkeiten wird also mit dem Staurohr der Ruhedruck $\hat{p}_0$ hinter einem senkrechten Stoß gemessen. Zur Vereinfachung der Ausdrucksweise heiße der mit dem Staurohr gemessene Druck: *Pitot-Druck*. Sein Verhältnis zum Ruhedruck kann für Luft der letzten Leiter des Diagrammes Tafel III entnommen werden. Aus Ruhedruck und Pitot-Druck ergibt sich damit sehr einfach die Mach-Zahl bei Überschallgeschwindigkeiten. Sie wird in Schallnähe auf diese Weise nur ungenau, bei höherer Mach-Zahl wegen des größeren Betrages von $dM/d\hat{p}_0$ aber sehr genau bestimmt, wobei sich der Vorteil ergibt, daß der Pitot-Druck weit über dem statischen Druck liegt und daher leichter meßbar ist. Man kann also bei höheren Mach-Zahlen für den Pitot-Druck die gleichen Manometer benützen, die bei mittleren Mach-Zahlen für den statischen Druck verwendet werden.

Die Pitot-Druckmessung allein gibt nicht immer ein klares Bild der Vorgänge. Tritt in der Strömung beispielsweise ein senkrechter Stoß auf, so macht er sich in der Pitot-Druckmessung nicht bemerkbar! Denn das Pitot-Rohr gibt in der Stellung vor der zu messenden Stoßfront (Abb. 288) und hinter ihr stets den Ruhedruck $\hat{p}_0$ hinter dem senkrechten Stoß, welcher sich bei der entsprechenden Überschallgeschwindigkeit einstellt.

In zunehmendem Maße werden auch elektrische Druckmeßmethoden verwendet. Auf solche kann insbesondere bei den instationären Vorgängen in der Ballistik oder bei der Wellenausbreitung kaum verzichtet werden. Doch fällt die raffiniertere Meßtechnik aus dem Rahmen dieses Buches.

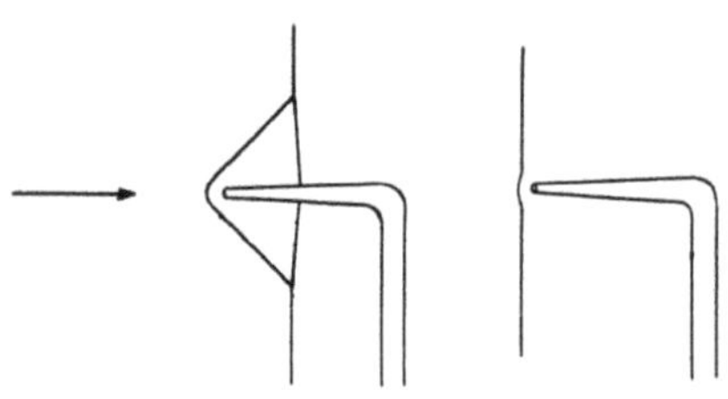

Abb. 288. Pitotrohr am senkrechten Stoß.

Pitotdruckmessungen im Nachlauf des Körpers können auch zur Bestimmung des Widerstandes benützt werden. Die Methode ist für inkompressible Strömungen schon lange unter den Namen BETZ oder JONES bekannt und wurde in letzter Zeit mehrfach für kompressible Strömungen erweitert[36, 37]. Diese Verfahren beruhen im wesentlichen darauf, daß der Widerstand mit Hilfe des Impulssatzes durch Ruhedruckverluste ausgedrückt wird und diese im Nachlauf ausgemessen werden. Die Herleitung der Formeln bedingt allerdings gewisse plausible Zusatzannahmen.

Die *Wägung* der Luftkräfte stellt kein typisch gasdynamisches Problem dar und soll hier deshalb nur gestreift werden. Die Waagen zeigen in den Systemen dieselbe Vielfalt wie bei niederen Strömungsgeschwindigkeiten. Bei zu hohen Staudrucken können Meßschwierigkeiten dadurch entstehen, daß der Modellhalter wegen des hohen Modellwiderstandes sehr kräftig gebaut werden muß. Ist er nun Luftkräften ausgesetzt, so kann der Fall eintreten, daß die Kräfte auf den Halter jene auf das Modell weit übertreffen, was die Meßgenauigkeit wesentlich herabsetzt. Die Gefahr dafür ist bei sehr hohen Mach-Zahlen in der Praxis gar nicht so groß wie bei mittleren Mach-Zahlen, weil Hyperschallmessungen meist nur bei sehr kleinen Dichten durchgeführt werden können. Der besprochene Effekt ist ohne Bedeutung, wenn die Waage in das Modell oder in den Halter verlegt wird, was etwa unter Verwendung von Drähten gemacht werden kann, deren elektrischer Widerstand sich bei Dehnung des Drahtes ändert (strain gage). Bei Überschallströmungen könnte man einen wesentlichen Vorteil aus dem Umstand erwarten, daß ein stromabwärts gelegener Halter die Strömung am Modell nicht beeinflussen kann. Dieser Vorteil betrifft aber nicht die Unterschallnachläufe von Modellen. Insbesondere bei stumpf endenden Körpern (bei Geschossen) kann der Bodendruck vom Halter wesentlich gestört werden. Dies ist insbesondere bei Schallnähe, wo der Bodensog stark am Gesamtwiderstand beteiligt ist, zu beachten, in Hyperschallströmung aber ohne Bedeutung.

2. Optische Methoden.

Bei der Durchleuchtung eines über einer Heizung aufsteigenden Luftstromes lassen sich auf einem der Lichtquelle gegenüberliegenden Schirm oder auch mit freiem Auge leicht Aufhellungen und Schatten in der Luft beobachten. Sie rühren daher, daß sich mit der „Massendichte" auch die „optische Dichte" der

Luft ändert (Luftflimmern). Die Dichteunterschiede der Luft bewirken Ablenkungen der einfallenden Lichtstrahlen, wodurch es zu Aufhellungen und Verdunkelungen (Schatten) in der Beobachtungsebene kommen kann. Sie beruhen
also einfach auf einer Linsenwirkung bestimmter Luftteile, die beispielsweise
dort gegeben ist, wo die optische Dichte einer Luftschicht konstanter Tiefe
quer zur Beobachtungsrichtung zuerst zu- und dann wieder abnimmt. In der
Umgebung der maximalen optischen Dichte entspricht eine solche Luftschicht
also einer Sammellinse, sie erzeugt dort eine Erhellung. Da die optische Dichte
mit großer Genauigkeit einfach proportional der Massendichte ϱ ist, ist die Stärke
der Schatten oder der Erhellungen, welche von einer Luftschicht bestimmter
Tiefe hervorgerufen werden, proportional der *zweiten* Ableitung der Luftdichte
quer zur Beobachtungsrichtung.

Die auf dem geschilderten Effekt
beruhende Beobachtungsmethode
heißt *Schattenmethode*[1].

Viel größere Bedeutung als
diese besitzt die sogenannte
Schlierenmethode[2]. Sie gehört in
der Überschalltechnik neben der
Wägung der Luftkräfte oder der
Messung des statischen Druckes
zu den gebräuchlichsten Hilfs-
mitteln, wird aber fast ausschließlich zur qualitativen und
nicht zur quantitativen Beobachtung verwendet (Abb. 289a).

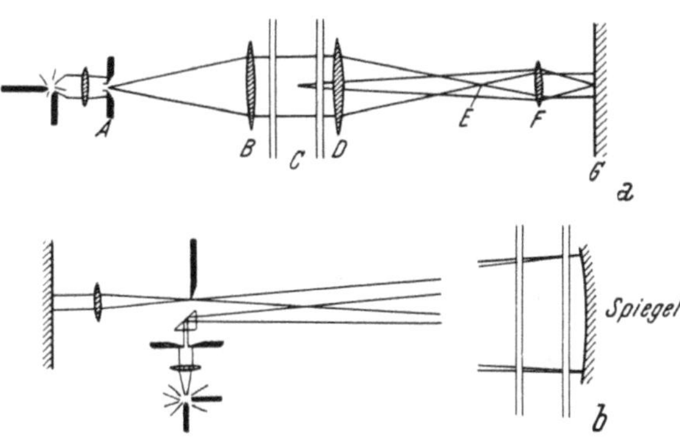

Abb. 289. Schlierenbeobachtung.

Eine Lichtquelle, z. B. ein Spalt A vor einer Bogen- oder Quecksilberdampf-
lampe, wird im Brennpunkt einer großen Linse B (Schlierenkopf) aufgestellt,
so daß hinter dieser ein Parallelstrahlenbündel entsteht, mit welchem das
Objekt C, etwa der Überschallkanal, durchleuchtet wird. Dahinter steht eine
zweite Linse D, in deren Strahlenkreuzungspunkt eine scharfe Kante E, die
sogenannte Schlierenblende, steht. Eine dahinter befindliche Linse F bildet
das Objekt C auf dem Schirm G ab. Der Lichtspalt A erscheint am Ort
der Schlierenblende E als Lichtfleck. Er soll von E etwa zur Hälfte ab-
gedeckt werden, so daß das Bild auf dem Schirm halb verdunkelt erscheint.
Eine Änderung der optischen Dichte des Objektes quer zur Lichtstrahlrichtung
führt zu einer Lichtstrahlablenkung in Richtung des Dichtegradienten. Dies
hat eine Verschiebung des Lichtfleckes an der Schlierenblende zur Folge, wonach
je nach deren Stellung der entsprechende Objektteil auf dem Schirm erhellt
oder verdunkelt erscheint. Mit der Schlierenmethode wird also die *erste* Ableitung der Dichte normal zur Schlierenblendenkante beobachtet. Mit dieser
Methode können die Machschen Linien, wegen der in ihnen auftretenden Dichteunterschiede, leicht sichtbar gemacht werden (Abb. 283). Natürlich erscheinen
auch die Dichteunterschiede der gläsernen Kanalwände, die sogenannten
Schlieren, auf dem Bild. Es muß daher „schlierenfreies" Glas (Kristallglas,
Schaufensterglas, aber kein gewöhnliches Fensterglas) verwendet werden.

Durch Drehen der Schlierenblende kann man den Dichtegradienten in
beliebiger Richtung als Erhellung oder Schatten erhalten. Für die Methode
selbst gibt es zahlreiche Anordnungen[3]. Bei genügender Brennweite der Linse B
kann diese so eingestellt werden, daß der Lichtstrahl leicht konvergent durch
das Objekt geht. Die Linse D bleibt dann weg und die Schlierenblende wird
im Strahlenkreuzungspunkt von B aufgestellt. Im allgemeinen sind Hohlspiegel

Linsen vorzuziehen. Die Farbfehler der Linsen fallen dann weg und Anordnungen werden möglich, welche nur auf einer Kanalseite Raum benötigen. In Abb. 289 b beispielsweise wird der Lichtstrahl mit einem Spiegel großer Brennweite zweimal durch den Kanal geschickt (Koinzidenz-Methode). Damit sich Lichtquelle und Beobachtungsschirm nicht stören, wird das Licht nahe am Lichtspalt zweckmäßig mit einem Prisma umgelenkt.

Wegen der im folgenden Abschnitt geschilderten Schwierigkeiten bei Temperaturmessungen wird vielfach versucht, mit Interferometern die Dichte zu messen. Zusammen mit einer Messung des statischen Druckes gewinnt man damit die erforderliche Auskunft über zwei thermodynamische Zustandsgrößen. Das Prinzip ist dabei stets folgendes. Zwei von einer Lichtquelle stammende Strahlen (kohärentes Licht) zur Interferenz gebracht, erzeugen dunkle Interferenzstreifen an Stellen, wo sich die Länge des optischen Lichtweges beider

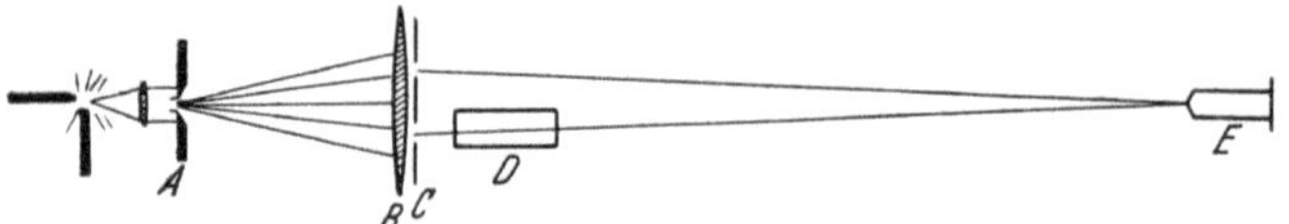

Abb. 290. Doppelspaltinterferometer.

Strahlen um eine ungerade Anzahl halber Wellenlängen unterscheidet. Dadurch entstehen die bekannten Systeme von Interferenzstreifen. Wird nun die Dichte der Luft auf dem Wege des einen Strahles geändert, so entstehen Unterschiede in den optischen Lichtweglängen, welche entweder ein Interferenzstreifensystem entstehen lassen oder ein schon vorhandenes Streifensystem verändern. Aus diesen Veränderungen läßt sich die Dichteverteilung im Versuchsobjekt bestimmen. Vielfach sind die Verschiebungen so stark, daß die Dichteänderungen auf einem Lichtweg auf dem anderen Lichtweg kompensiert werden müssen. Dabei ist es von Bedeutung, ob mit „weißem“ oder mit „monochromatischem“ Licht gearbeitet wird. Bei letzterem ist die Anzahl der Interferenzstreifen bedeutend größer als bei weißem Licht, weil die Lichtwellenlänge genauer festliegt. „Weißes“ Licht hat dagegen den Vorteil, daß das „Hauptmaximum“, die Stelle exakt gleich langen Lichtweges beider Strahlen, leicht zu erkennen ist, da die Schärfe der Interferenzstreifen an beiden Seiten des Maximums rasch abnimmt.

Die einfachste Anordnung zeigt das Doppelspaltinterferometer. Es wurde mit Erfolg bei Strömungen angewendet[4] (Abb. 290). Das Licht eines Spaltes A wird mit einer Linse B in einem Mikroskop E abgebildet. An der Linse B befindet sich ein Doppelspalt C, welcher die beiden kohärenten Lichtstrahlen erzeugt. Hinter diesem Spalt befindet sich in einem Lichtweg das Objekt D, im anderen allenfalls ein Kompensator. Die Genauigkeit dieser Methode nimmt mit dem Abstand der Doppelspalte ab. Die Lichtstrahlen sind also möglichst nahe aneinander zu führen. Das Doppelspaltinterferometer eignet sich daher besonders für Dichtemessungen nahe an Wänden oder den Vergleich der Dichte in Grenzschicht und

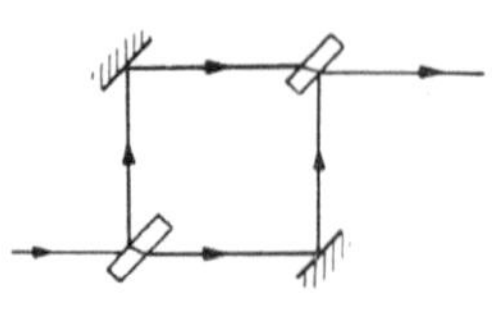

Abb. 291. Mach-Zehnder-Interferometer.

Potentialströmung und zeichnet sich durch seine große Einfachheit aus. Weitgehend unabhängig voneinander können die Lichtwege etwa beim Mach-Zehnder-Interferometer[5, 6, 33] geführt werden. Hier werden die Lichtstrahlen mittels halbdurchlässiger Spiegel getrennt (Abb. 291). Da aber die Lichtwege bis zum Interferenzstreifenbild bei weißem Licht auf einige Wellenlängen, bei

monochromatischem Licht auf einige hundert Wellenlängen genau gleich lang
sein müssen (wofür beim Doppelspaltinterferometer sehr einfach die Abbildung
durch die Linse sorgt), stellt dieses Instrument große Ansprüche an die Versuchstechnik. Ein einfacheres Interferometer wurde neuerdings von S. F. ERDMANN[32]
entwickelt.

Bei quantitativer Auswertung kommen die optischen Methoden vor allem
bei ebener Strömung in Frage. Rotationssymmetrische Felder können schrittweise berechnet werden. In letzter Zeit wurden auch Erfolge bei der Dichtemessung in räumlichen Feldern erzielt[30].

3. Temperaturmessung.

Im vorderen Staupunkt eines Körpers stellt sich bei stationärer Strömung
ohne Wärmezufuhr selbst dann die Ruhetemperatur ein, wenn Überschallgeschwindigkeit herrscht und sich daher vor den Staupunkt eine Kopfwelle
legt. Denn der Energiesatz (II, 7) gilt ja über Stöße hinweg. Lediglich bei nicht
idealen Gasen ergibt sich mit der Abhängigkeit der Enthalpie vom Druck ein
Einfluß der Ruhedruckabfälle auf die Staupunktstemperatur. Bei laminarer
Grenzschicht ergab sich in Abschnitt XI, 3 theoretisch ebenfalls ein Anstieg
der Temperatur bis nahezu zum Ruhewert isoenergetischer Strömung, und bei
turbulenter Strömung zeigen Versuche ein ähnliches Resultat. Die mittlere
Temperatur eines Körpers liegt also der „Ruhetemperatur" viel näher als der
Strömungstemperatur, weshalb ein angeströmtes Thermometer ein wenig geeignetes Temperaturmeßinstrument darstellt. Dies zeigen auch die Messungen
von FR. MÜLLER[8], der in einer Laval-Düse mit einem gewöhnlichen Thermometer überall nahezu die Kesseltemperatur erhielt. W. F. HILTON[9] erhält an
einem quer angeströmten Zylinder zwischen dem vorderen Staupunkt und dem
Totwasser nahezu die ganze Skala der zwischen Ruhe- und Strömungstemperatur
gelegenen Werte. Da der Wärmeübergang an den Stellen dünnster Grenzschicht
und höchster Geschwindigkeit am größten ist, verwundert es nicht, daß die
niederen Totwassertemperaturen die mittlere Thermometertemperatur nur wenig
beeinflussen. HILTON führt auch Messungen an Plattenthermometern unterschiedlicher Dicke durch und vergleicht die Versuche — indem er auf verschwindende
Plattendicke extrapoliert — mit dem theoretischen Resultat von E. POHLHAUSEN
(XI, 3). Er findet in der Nähe des vorderen Staupunktes, wo die Strömung
noch als laminar anzusehen ist, innerhalb der Meßgenauigkeit Übereinstimmung
mit der Theorie und empfiehlt das Plattenthermometer als geeignetes Meß-
instrument. Ganz analoge Versuche wurden von ECKERT und WEISE[29] durchgeführt.

Für die Feststellung der Temperatur wird jedenfalls stets die Kenntnis der
Geschwindigkeit erforderlich sein. Ein Instrument, mit welchem die Staupunktstemperatur gemessen wird, gibt beispielsweise S. SVENSSON[10]. Mit dem Energiesatz ergibt sich mit der Geschwindigkeit dann leicht die Strömungstemperatur.
Eine zusammenfassende Arbeit stammt von E. ECKERT[7], weitere Untersuchungen von G. R. EBER[31] und L. F. RYAN[35].

4. Kanaltypen.

Stationär laufende Kanäle werden vielfach — ganz analog zu den Kanälen
niedriger Geschwindigkeit vom „Göttinger Typus" — als einfache Rundlauf-
kanäle mit starkem, mehrstufigem Gebläse gebaut[11] (Abb. 292). Die vorhandenen Kanäle haben dabei meist eine „*geschlossene Meßstrecke*", d. h. der

Luftstrahl, in welchem sich das Modell befindet, ist von festen Wänden begrenzt und nicht wie bei der „offenen Meßstrecke" ein Freistrahl. (Diese Ausdrucksweise sagt also nichts darüber aus, ob der Freistrahl von einem Gehäuse umgeben ist oder nicht.)

Bei Hochgeschwindigkeitskanälen laufen vom Gebläse her oft beträchtliche Störungen stromaufwärts durch den Diffusor in die Meßstrecke. Diese Störungen werden durch die Verengung des Querschnittes in ihrer Fortpflanzungsrichtung noch verstärkt. H. Eggink beseitigt diese Störungen durch Einschalten einer kurzen Überschallstrecke zwischen Meßstrecke und Diffusor. Ein solcher Überschallsperriegel für stromaufwärtslaufende Störungen kommt im allgemeinen natürlich nur bei Anlagen in Frage, wo die Geschwindigkeiten schallnahe sind und eine Beschleunigung auf Überschallgeschwindigkeit den Leistungsbedarf nicht wesentlich steigert.

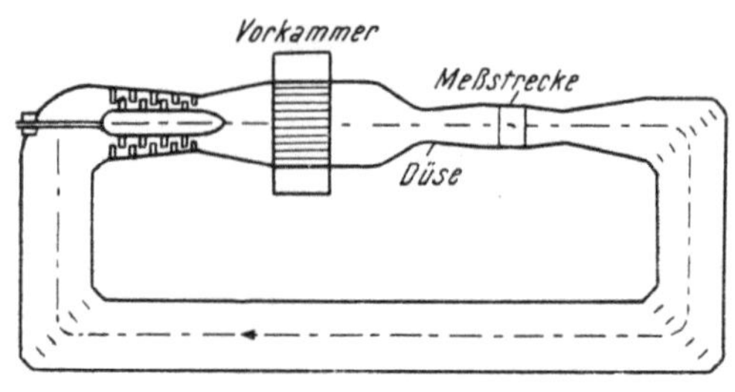

Abb. 292. Geschlossener Überschallkanal für stationären Betrieb.

Bei Überschallkanälen tritt an die Stelle der konvergenten Kanaldüse eine Laval-Düse. Wegen der für die Geschwindigkeit erforderlichen Leistung ist bei höheren Mach-Zahlen der Meßquerschnitt meist verhältnismäßig klein. Da die oft beträchtliche Anlaufzeit eines solchen Kanals für die Versuchszeit verloren ist, wird bei einem solchen Kanal der Anstellwinkel eines Modells möglichst während des Versuches zu verstellen sein. Die für genauere Überschallversuche erforderliche Lufttrocknung (Abschnitt II, 19) ist beim Typus nach Abb. 292 leichter zu lösen als beim Typus nach Abb. 293, wo ständig frische Luft verwendet wird.

Da bei einem Kanal für einen ständigen Energiestrom gesorgt werden muß, ist nach Gl. (II, 4) bei einer bestimmten Mach-Zahl, d. h. bei einem bestimmten Verhältnis von i zu W^2, die Leistung proportional zum Querschnitt, zur Dichte und zur dritten Potenz der Geschwindigkeit. Wenn die Mach-Zahl vorgeschrieben ist, ist auch die Geschwindigkeit im wesentlichen gegeben, da die Schallgeschwindigkeit durch die Temperatur des Luftstromes praktisch ziemlich festgelegt ist. Zur Erfüllung der Ähnlichkeitsgesetze ist man nun an möglichst hohen Reynolds-Zahlen des Modells interessiert. Diese sind der Dichte, der Geschwindigkeit und der Modellänge proportional und werden bei gegebener Leistung dann

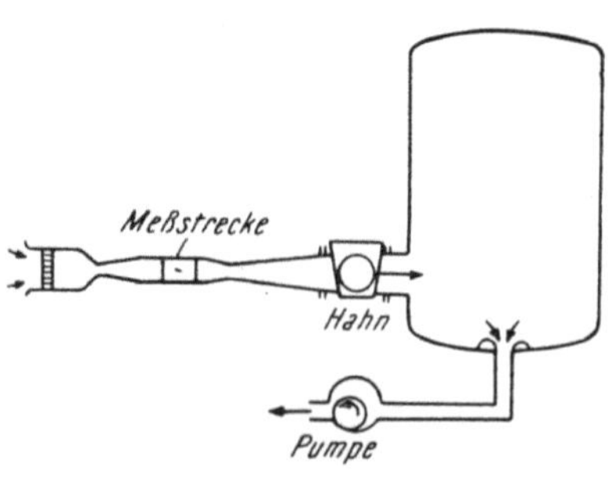

Abb. 293. Absaugkanal für intermittierenden Betrieb.

am größten, wenn man die Dichte möglichst hoch und den Meßquerschnitt, der ja im wesentlichen proportional zum Quadrat der Modellänge ist, möglichst klein hält. Die Luftdichte läßt sich beim geschilderten Kanaltyp leicht variieren, nur machen hohe Dichten starke Kanalwände erforderlich. Auch sind zu kleine Modelle nicht genau genug herstellbar.

Einen zweiten Kanaltypus zeigt Abb. 293. Ein Kessel wird von ständig laufenden Pumpen ausgesaugt. Durch eine Düse, eine Meßkammer und einen schnell schließbaren Hahn wird die Luft für die Dauer des Versuches in den Kessel gesaugt. Bei dieser „intermittierenden" Methode sind verhältnismäßig kleinere Leistungen der Pumpen und Motoren erforderlich, weil die Versuche selbst nur verhältnismäßig wenig Zeit erfordern. Allerdings ist ein ausreichendes Kesselvolumen und für genauere Versuche bei Absaugen aus der Atmosphäre eine verhältnismäßig große Lufttrocknungsanlage erforderlich. Die stationäre Strömung im Kanal stellt sich praktisch sofort ein. Eine instationäre Ausgleichswelle braucht ja nur einen kleinen Bruchteil einer Sekunde, um durch den Kanal zu laufen. Nur für Versuche, bei welchen sich am Modell eine Endtemperatur einstellen soll, ist der intermittierende Betrieb weniger geeignet.

Auch das Auffüllen und intermittierende Ablassen eines Kessels in die Atmosphäre ist als Überschallkanaltypus denkbar. Doch ist dabei das Absinken des Ruhedruckes im Kessel nachteilig. Allerdings ist praktisch stets quasistatisch zu rechnen. Die Kräfte und Drucke im Kanal können einfach auf den gleichzeitig herrschenden Ruhedruck im Kessel bezogen werden. Das Absinken der Kesseltemperatur infolge der Expansion der Kesselluft braucht dabei für Kraftmessungen nicht bekannt zu sein. Nach bekannten Formeln ist der Staudruck der Anströmung

$$\frac{1}{2}\,\varrho\,W^2 = \frac{\varkappa}{2}\,\frac{\varrho}{\varkappa\,p}\,W^2\,p = \frac{\varkappa}{2}\,M^2\,p \tag{1}$$

durch den leicht zu messenden Druck und die von der Laval-Düse abhängende Mach-Zahl allein festgelegt. Ein Vorteil ergibt sich bei genügend hohen Drucken im Speicherkessel daraus, daß der Hauptteil der Luftfeuchte bei der Kompression ausgeschieden wird. Die Sättigungsdampfdichte hängt ja nur von der Temperatur ab. Wird diese also durch Kühlung bei der Kompression etwa auf Zimmertemperatur gehalten, so entfällt bei etwa 10 at Druck auf die Masseneinheit der Luft nur mehr so wenig Wasserdampf, daß der Kondensationsstoß kaum mehr in Erscheinung tritt.

Die Kondensation stört im übrigen nicht so sehr durch die Änderung des über dem Querschnitt gemittelten Strömungszustandes, wie er in Abschnitt II, 19 behandelt wurde, sondern durch ihre Auswirkung auf die Verteilung über den Querschnitt. Die Kondensation tritt nämlich bei stärkerer Wölbung der Düsenwände zuerst an diesen auf und verursacht dort Druckanstiege, welche sich längs Machscher Linien in die Strömung fortpflanzen (X-Stoß[II, 16]). Der ungleichmäßige Kondensationsbeginn auf den einzelnen Stromlinien nebst den von den Wänden ausgehenden Störwellen, die lediglich den Kondensationsbeginn an den Wänden anzeigen, verursachen naturgemäß eine schwer kontrollierbare Verschlechterung des Meßstrahles.

Die Kanäle bedürfen mit wachsenden Mach-Zahlen größerer Druckgefälle (vgl. Abb. 296). Beim Absaugen in Unterdruckkessel ergeben sich dabei praktische Grenzen daraus, daß das Erzeugen von Vakua unter $^1/_{20}$ at Druck schon einigen Aufwand erfordert, und daß der Druck auch bei großen Kesselanlagen durch das Auffüllen während der Blaszeit rasch ansteigt. Außerdem wird bei zu kleinen Drucken in der Meßkammer die Druckmessung und die Wägung schwierig und das Schlierenbild undeutlich. Schon bei Machscher Zahl 3,7 beträgt der Druck ja nur mehr 0,01 des Ruhedruckes! Für Hyperschallkanäle wird man also stets aus Überdruckbehältern in die Atmosphäre oder ins Vakuum abblasen müssen.

Bei allen Kanaltypen macht es sich für den Leistungsbedarf günstig bemerkbar, daß bei steigenden Anforderungen an das Druckverhältnis und gleichbleibendem Meßquerschnitt mit dem engsten Querschnitt der Laval-Düse auch die geförderte Menge stark abnimmt.

Einen dritten, sehr verbreiteten Typus, der ebenfalls mit Energiespeicherung[12, 13] arbeitet, zeigt Abb. 294. Die erforderliche Energie wird hier von einem Dampfstrahl- oder Preßluftinjektor geliefert. Im letzten Fall ist auch eine Kombination mit einem Rundlaufkanal möglich, womit gleichzeitig das Problem der Lufttrocknung gelöst werden kann. Der Injektorkanal kommt vor allem in Schallnähe in Frage. Der starke Druckanstieg, welcher bei höheren Überschallgeschwindigkeiten hinter der Meßstrecke erzeugt werden müßte, erfordert entweder große Luftmengen

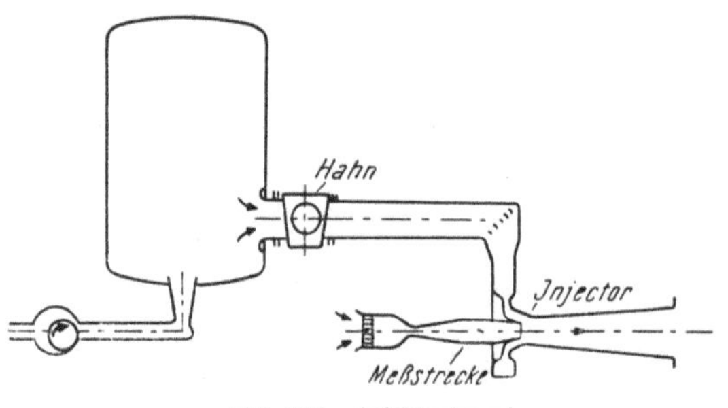

Abb. 294. Injektorkanal.

oder hohe Geschwindigkeiten des injizierten Strahles. Zu große Luftmengen werden aber besser gleich für einen Überdruckkanal mit Ausblasen verwendet. Mit großen Übergeschwindigkeiten steigen aber anderseits die Verluste im Injektor außerordentlich an.

Eine ausführliche Behandlung noch weiterer Kanaltypen mit vielen Zitaten gibt A. Eula[14].

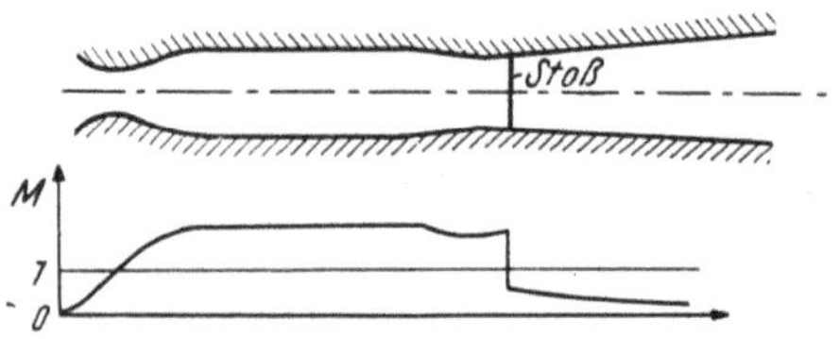

Die bisher gebauten Überschallkanäle stellen im wesentlichen ein Rohr mit zwei Verengungen dar, deren erste durch die Kanal-Laval-Düse und deren zweite durch den Diffusor gegeben sind. Damit ergibt sich im wesentlichen das im Abschnitt II, 11 behandelte Strömungsproblem. (Bei offener Meßstrecke ergeben sich an den Strahlrändern dabei noch zusätzliche Verluste, was Diffusoren größerer Weite und noch höhere Druckgefälle erfordert.)

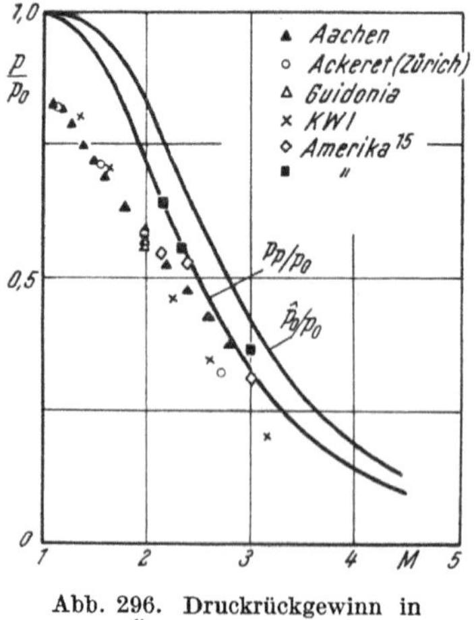

Abb. 295. Stoßlage im Diffusor.

Wie dort ausgeführt, kann der Diffusor auch bei den höchsten Mach-Zahlen nicht mehr als auf 60% der Meßstrecke verengt werden, wenn der Kanal anlaufen soll. In den üblichen geschlossenen Kanälen bestehen die Verluste in innerer Reibung und in Verdichtungsstößen, welche möglichst nahe am engsten Diffusorquerschnitt in dessen divergentem Teil (Abb. 295) stehen sollen. (Im konvergenten Teil ist der Stoß, wie schon in Abschnitt II, 11 ausgeführt, instabil.) Mit steigenden Mach-Zahlen gewinnen die Stoßverluste an Bedeutung und sind bei höheren Mach-Zahlen allein ausschlaggebend. Abb. 296 zeigt, daß die Verluste bei hohem Überschall allenfalls etwas unter den Verlust des senkrechten Stoßes in der Meßstrecke gedrückt werden können. Dabei kommt es auf die Diffusorform an[15]. Die beiden ausgezogenen Kurven geben den Pitotdruck p_p der Meßstrecke und

Abb. 296. Druckrückgewinn in Überschallkanälen.

den Ruhedruck $\hat{p}_0$ bei maximaler zulässiger Verengung des Diffusors. Die Versuche entsprechen Drucken am Diffusorende. Durch Verengen des Diffusors nach dem Anlaufen des Kanals läßt sich der Druckrückgewinn wesentlich steigern[16].

Neben allen hier geschilderten Kanaltypen für stationäre Strömungen gewinnt ein Kanaltypus mit instationärer Strömung zunehmende Bedeutung, auf englisch als „*shock tube*" bezeichnet. Es handelt sich um ein langes gerades Rohr, in welchem die in Abschnitt III, 16 behandelte instationäre Ausgleichströmung realisiert wird. In einem solchen Rohr können nicht nur instationäre Strömungen, sondern in gewissem Umfang auch stationäre Strömungen untersucht werden. Wegen der kurzen Dauer der Vorgänge ist aber der Anspruch an die Meßtechnik größer als bei den gewöhnlichen Kanälen. Näheres im obengenannten Abschnitt.

5. Schallnahe Kanäle.

Ein besonderes Problem stellt das Messen in Schallnähe dar. Der Meßquerschnitt einer Düse ist in Schallnähe kaum größer als der kritische Querschnitt. Bei einer geschlossenen Meßstrecke darf nun die Differenz von Meßquerschnitt und Modellquerschnitt nicht kleiner sein als der zur vorgesehenen Mach-Zahl gehörige kritische Querschnitt. Sonst stellt sich in jenem Querschnitt, in welchem das Modell sein Dickenmaximum besitzt, kritische Strömung ein und die vorgesehene Mach-Zahl wird gar nicht erreicht. Beträgt beispielsweise der Modellquerschnitt nur 1% des Meßquerschnittes, so können Mach-Zahlen zwischen $0{,}9 < M < 1{,}1$ gar nicht geblasen werden. Schallnahe Versuche erfordern also relativ sehr große Meßquerschnitte. Bei offener Meßstrecke dürfte der skizzierte „Absperreffekt" („choking") wesentlich geringer sein, weil der Freistrahl ausweichen kann.

Bei Überschallkanälen wird der Absperreffekt noch vom „Anlaufeffekt" (Kanal mit zwei Verengungen) übertroffen. Während bei einer Mach-Zahl von 1,5 in der Meßstrecke der Modellquerschnitt auf Grund des Absperreffekts 15% des Meßquerschnittes betragen darf, darf er nach den Rechnungen von Abschnitt II, 11 nur 8,5% betragen, damit der Kanal anläuft.

Aber nicht nur die Verdrängungswirkung des Modells, sondern auch sein Widerstand kann zu einem „Absperreffekt" führen, wie sich leicht mit Hilfe der Stromfadentheorie (entsprechend zu Abschnitt II, 15) ermitteln läßt.

Im nächsten Abschnitt wird sich zeigen, daß auch die Kanalkorrekturen mit Annäherung an die Schallgeschwindigkeit außerordentlich anwachsen, so daß auch von diesem Gesichtspunkt große Meßquerschnitte erforderlich erscheinen. Allerdings wurden bisher Korrekturen nur mit Linearisierungen gerechnet, was ihren Wert für Schallnähe wesentlich einschränkt.

Der Einfluß der Begrenzung des Meßstrahles auf die Druckverteilung am Körper muß umso stärker sein, je größer die Störungen sind, welche der Körper in unendlicher Strömung dort erzeugt, wo sich die Strahlbegrenzung bei der Messung befindet. Nun ist anzunehmen, daß sich der Druck mit zunehmendem Profilabstand rascher dem ungestörten Druck nähert, als sich die Stromlinien der Parallelströmung anpassen. Denn der Druckabfall vom Körper weg hängt von den Zentrifugalkräften, die Ausbuchtung der Stromlinien aber von der kaum veränderlichen Stromdichte ab. Die Bedingung konstanten Druckes, wie sie am Rand der offenen Meßstrecke besteht, stellt voraussichtlich daher eine bessere Näherung dar als die Bedingung paralleler Stromlinien an den festen Kanalwänden. Daher dürfte bei gleicher Kanalkorrektur der offene Kanal bedeutend geringeren Querschnitt aufweisen. Wenn sich diese Behauptung bestätigt, würde in Schallnähe ein Freistrahlrand möglichst hoher Luftdichte die geringste Leistung für eine bestimmte Mach-Zahl und eine bestimmte Reynolds-Zahl des Modells erfordern. Denn es ist zu beachten, daß für die Beurteilung eines Kanals nicht die mit der Kanaldimension, sondern die mit der Modelldimension gebildete Reynolds-Zahl maßgebend ist.

Für schallnahe Messungen buchtet man die Kanalwand vielfach etwas aus und mißt in dem von der Wölbung hervorgerufenen Übergeschwindigkeitsgebiet[17, 18] (bumping method). Freilich muß das Modell klein im Verhältnis zur Größe des Störgebietes sein, und eine Ermittlung der Fehlerquellen ist gerade in diesem Falle besonders schwierig. Brauchbare Messungen in Schallnähe wurden auch mit „halboffenen" Kanälen erzielt, d. h. mit Meßstrecken, welche zweiseitig von festen Wänden und zweiseitig von Freistrahlen begrenzt sind.

Eine exaktere Methode für schallnahe Überschallgeschwindigkeiten gibt G. DROUGGE[19] an. Er erzeugt mit einem schlanken Keil, der sich am Rand einer halboffenen Überschallmeßstrecke befindet, eine Parallelströmung geringer Überschallgeschwindigkeit, in welcher die Messungen vorgenommen werden. Der Vorteil dieser Methode liegt darin, daß die Meß-Mach-Zahl durch Neigung des Keiles auch während des Blasens kontinuierlich bis sehr nahe an $M = 1$ verändert werden kann. Auch die Anlaufschwierigkeiten werden durch eine Änderung während des Blasens teilweise umgangen.

6. Kanalkorrekturen und Strahltypen.

Dadurch, daß nur in Kanälen endlichen Meßquerschnittes gemessen werden kann, im allgemeinen aber nach der Druckverteilung oder nach den Luftkräften bei einem Körper in unendlich ausgedehntem Strömungsfeld gefragt wird, ergeben sich gewisse Korrekturen der Meßwerte, beispielsweise des Staudruckes und der Mach-Zahl der Anströmung, des Anstellwinkels usw. Diese Kanalkorrekturen bilden einen festen Bestandteil der Unterschallmeßtechnik und werden in zahlreichen Arbeiten behandelt. Hier interessieren sie nur im Hinblick auf einige grundsätzlich gasdynamische Probleme.

Die Korrekturen erhält man mathematisch durch Anordnung von Quellen oder Senken in größerem Körperabstand in der Weise, daß sich am Ort einer festen Kanalwand eine gerade Stromlinie, am Rand eines Freistrahles aber konstanter Druck, also konstante Geschwindigkeit ergibt. Beispielsweise ergibt sich ein Körper in einem geschlossenen Kanal quadratischen Querschnittes, wenn man in jedes Quadrat eines unendlichen Netzes denselben Körper anordnet. Diese Ermittlung der gewünschten Strömung aus der Superposition unendlich vieler Strömungen einzelner Körper läßt sich auch bei Unterschallströmung im Gültigkeitsbereich der linearisierten gasd. Gl., also im Gültigkeitsbereich der Pr. Regel, durchführen. Der Einfluß quer zur Strömungsrichtung wächst allerdings stark mit der Mach-Zahl an und beträgt nach Gl. (VII, 21) und Gl. (VII, 28) (für $x = 0$) sowohl für den ebenen wie für den achsensymmetrischen Körper den $1/\beta^3$-fachen Wert der dichtebeständigen Strömung. Darnach unterscheiden sich die Korrekturformeln für Unterschallströmungen im Rahmen der Pr. Regel von jenen für $M = 0$ um den allerdings oft gewichtigen Faktor $1/\beta^3$.

Wegen der Einengung durch die Wände ergeben sich bei geschlossener Meßstrecke am Körper im Mittel zu hohe Geschwindigkeiten, wegen der Ausweichmöglichkeiten bei offener Meßstrecke aber zu kleine Störungen. Bei halboffenen Kanälen, bei welchen die Meßstrecke in einem *bestimmten* Verhältnis von festen Wänden und von freien Strahlrändern begrenzt ist, muß also die Kanalkorrektur klein sein.

Eine andere Beseitigung der Kanalkorrektur gibt F. VANDREY[20] an. In einer geschlossenen Meßstrecke wird einer Randzone eine verminderte Geschwindigkeit erteilt. Hat die Randzone die Geschwindigkeit Null, so ergibt sich in der Mitte ein Freistrahl mit gerade entgegengesetzter Korrektur, wie wenn die Randzone gleiche Geschwindigkeit mit der Mittelzone hat. Es muß also eine bestimmte Geschwindigkeit der Randzone geben, für welche die Wandeinflüsse verschwinden.

Das Verschwinden der Wandkorrektur in beiden geschilderten Fällen ergibt sich mit Hilfe der Pr. Regel in gleicher Weise auch für kompressible Strömungen und sollte gerade in diesem Fall besondere Bedeutung haben.

Auch über die Linearisierung hinaus dürften die beiden geschilderten Methoden zur Aufhebung des Kanaleinflusses Bedeutung haben, allerdings unter Abänderung der quantitativen Verhältnisse. Bei der Methode von VANDREY wird außerdem die Strahldurchmischung an der mathematisch angenommenen Sprungstelle der Geschwindigkeit zu beachten sein.

Arbeiten über Kanalkorrekturen in Schallnähe, denen also die in Teil IX wiedergegebene nichtlineare gasd. Gl. zugrunde liegen müßte, sind bisher nicht bekanntgeworden. Hier bleiben sehr wichtige Fragen im Augenblick noch unbeantwortet. Höchstwahrscheinlich gibt es auch in größter Schallnähe noch endliche Korrekturen. Das Resultat der linearisierten Gleichung, nach dem die Korrektur mit β^{-3} bei $M \to 1$ über alle Grenzen wächst, gilt hier ebensowenig wie die Pr. Regel, nach der die Störungen an einem Körper mit β^{-1} bei $M \to 1$ unendlich werden.

Zu völlig anderen als den vorausgegangenen Betrachtungen kommt man bei Überschallkanälen (Abb. 297). Hier wird die Parallelströmung durch das Modell nicht vor dessen Kopfwelle gestört. Die endliche Strahlbegrenzung macht sich in reiner

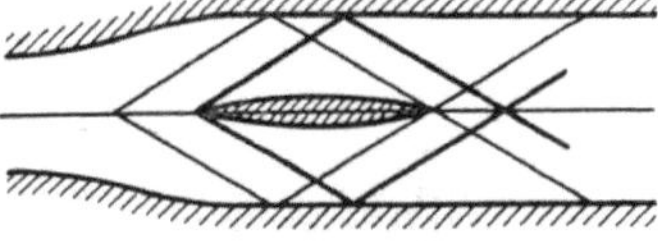

Abb. 297. Modell im Überschallkanal.

Überschallströmung erst dort bemerkbar, wo die Kopfwelle nach der Reflexion an der festen Wand oder am freien Strahlrand auf das Modell auftrifft. Daraus ergibt sich die Beschränkung der Modellänge. Da die Meßstrecke nicht unnötig lang sein soll, wird das Modell möglichst weit in die Düse hineingeschoben, um auf diese Weise den „Meßrhombus" auszunützen. In der Praxis ergibt sich allerdings hinter dem Modell ein oft langer Unterschallnachlauf, längs welchem sich Störungen am Modellende bemerkbar machen können. Daher sollen auf den Unterschallteil des Nachlaufes möglichst kleine Störungen auftreffen.

7. Schaumströmung.

Die Analogie zwischen einer Schaumströmung und einer Gasströmung soll hier nicht wegen ihrer technischen Bedeutung, sondern wegen der nahen Verwandtschaft der verglichenen Strömungen als erste Analogie behandelt werden. Unter einem Schaum[38] sei dabei eine Mischung eines Gases mit einer Flüssigkeit in festem Massenverhältnis verstanden. Dabei ist es zunächst gleichgültig, ob sich in der Flüssigkeit nur einige Gasbläschen befinden (Mineralwasser), oder ob die Gasblasen nur von dünnen Flüssigkeitsfilmen bedeckt werden (Seifenschaum). Stets sei die Mischung so fein, daß der Schaum einfach als homogene Substanz betrachtet werden kann.

Es sei nun $\bar{\varrho}$ die mittlere Schaumdichte, ϱ die Gas- und σ die Flüssigkeitsdichte. Mit μ als Massenanteil des Gases und $1 - \mu$ als Massenanteil der Flüssigkeit am Gemisch ergibt sich dann das Volumen der Masseneinheit des Schaumes als Summe von Gas- und Flüssigkeitsvolumen:

$$\frac{1}{\bar{\varrho}} = \mu \, \frac{1}{\varrho} + (1 - \mu) \, \frac{1}{\sigma}. \tag{2}$$

Im allgemeinen wird sich das Gas in den Blasen isentrop ausdehnen, nur bei außerordentlich kleinen Blasen ist ein nennenswerter Wärmeübergang zwischen

Gas und Flüssigkeit denkbar. Mit der Isentropenbeziehung von Gasdichte und Druck gibt Gl. (2) eine Beziehung von mittlerer Dichte $\bar\varrho$ und Druck, aus der sich das Verhalten der Schaumströmung ergibt.

Besonders einfach stellen sich die Verhältnisse dar, wenn $\mu \gg \dfrac{\varrho}{\sigma}$ angenommen werden kann. Unter normalem Druck heißt das: $\mu \gg 10^{-3}$. Mit $\bar\varrho_0$ und ϱ_0 als Ruhegrößen folgt dann näherungsweise aus Gl. (2):

$$\bar\varrho = \frac{1}{\mu}\,\varrho; \quad \bar\varrho_0 = \frac{1}{\mu}\,\varrho_0; \quad \frac{\bar\varrho}{\bar\varrho_0} = \left(\frac{p}{p_0}\right)^{\frac{1}{\varkappa}}. \tag{3}$$

Beim größenordnungsmäßigen Überwiegen des Gasvolumens dehnt sich der Schaum wie der Gasanteil aus. Für die „Schallgeschwindigkeit" ergibt sich mit Gl. (3):

$$\bar c^2 = \frac{dp}{d\bar\varrho} = \mu\left(\frac{\partial p}{\partial\varrho}\right)_s = \mu\, c^2 \tag{4}$$

und aus der Bernoullischen Gleichung folgt:

$$\frac{\overline{W^2}}{2} = \int_{p_0}^{p} \frac{1}{\bar\varrho}\,dp = \mu \int_{p_0}^{p} \frac{1}{\varrho}\,dp = \mu\,\frac{W^2}{2}. \tag{5}$$

D. h. der Schaum hat die $\sqrt{\mu}$-fache Geschwindigkeit und $\sqrt{\mu}$-fache „Schallgeschwindigkeit", welche das Gas allein unter denselben Druckverhältnissen annehmen würde. Dabei ist unter der „Schallgeschwindigkeit" einfach $\bar c = \sqrt{\dfrac{dp}{d\bar\varrho}}$ zu verstehen, das ist jene Größe, welche für die Bildung der Machschen Zahl ausschlaggebend ist. (Die Fortpflanzungsgeschwindigkeit des Schalles im Schaum kann dieser Größe nicht ohne weiteres gleichgesetzt werden, denn sie ergibt sich aus einem akustisch recht komplizierten Vorgang, bei welchem die Schallfrequenz eine Rolle spielt.) Nach Gl. (4) und (5) ergibt sich dieselbe Abhängigkeit der Mach-Zahl $\bar M = \overline{W}/\bar c$ vom Druck wie beim reinen Gas, die kritische Geschwindigkeit aber (immer unter der Annahme $\mu \gg 10^{-3}$) nur als der $\sqrt{\mu}$-fache Betrag des Wertes beim reinen Gas. Über diesem Wert erfordert eine Beschleunigung des Schaumes eine Erweiterung des Stromfadens, es gibt Einfluß- und Abhängigkeitsgebiete und alle bekannten Erscheinungen einer Überschallströmung.

Nahe verwandt der Schaumströmung ist die Kavitation. Bei Erreichen des Dampfdruckes scheidet das Wasser Dampf ab, und der Druck könnte erst dann fallen, wenn alle Flüssigkeit verdampft ist. Wird wieder angenommen, daß sich dabei ein homogenes Gemisch von Wasser und kleinen Dampfbläschen bildet, so unterscheidet sich die Kavitation von der eben geschilderten Schaumströmung dadurch, daß über dem Sättigungsdruck nur Wasser vorhanden ist, beim Sättigungsdruck die Blasen aber vom Wasser gespeist werden und sich nach dem vorhandenen Raum ausdehnen. Über dem Sättigungsdruck ist praktisch $M = 0$, beim Sättigungsdruck aber $\dfrac{dp}{d\varrho} = 0$, also $M = \infty$. Beim Eintreten von Kavitation springt also die Strömung von Inkompressibilität auf Hyperschall. Damit steht im Einklang, daß Kavitation stets an der engsten Stelle einer Düse beginnt. Die Erscheinungen werden in der Praxis meist noch dadurch etwas moduliert, daß vor Erreichen des Sättigungsdruckes schon die im Wasser gelöste Luft auszutreten beginnt.

8. Wasserströmung mit freier Oberfläche[21].

Auf ebener Unterlage ströme stationär Wasser mit freier Oberfläche, deren Flächennormale nur wenig von der Flächennormalen der Unterlage, d. h. der Richtung der Schwerkraft (z-Richtung) abweiche. Für einen beliebigen Stromfaden gilt bei reibungsfreier Strömung die Bewegungsgleichung (II, 44), wobei dort mit x die Bogenlänge verstanden wird, wofür hier besser der Buchstabe l verwendet wird. Die auf die Masseneinheit in Strömungsrichtung wirkende Kraft X ist dann leicht durch die Schwerebeschleunigung g auszudrücken mit dem Resultat:

$$W \frac{dW}{dl} = - \frac{1}{\varrho} \frac{dp}{dl} - g \frac{dz}{dl},$$

woraus nach Integration die bekannte Bernoullische Gleichung für eine Flüssigkeit ($\varrho = \varrho_0$) folgt:

$$\frac{W^2}{2} + \frac{p}{\varrho_0} + g z = \frac{p_0}{\varrho_0} + g z_0. \tag{6}$$

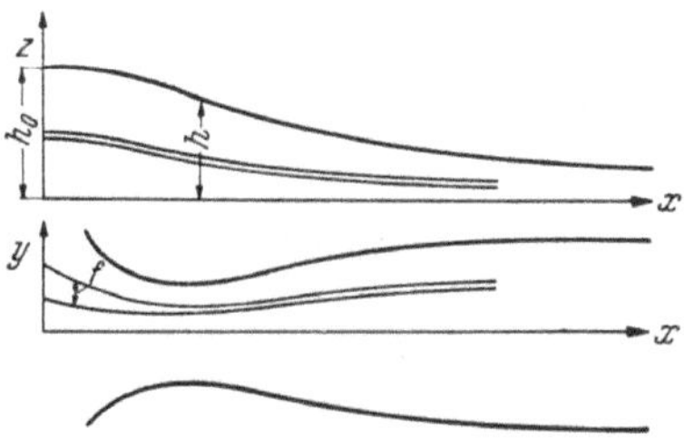

Abb. 298. Wasserströmung mit freier Oberfläche.

Mit dem Index 0 sind wieder die Ruhegrößen bezeichnet (Abb. 298). Die Annahme geringer Oberflächenneigung gestattet nun eine Vernachlässigung der Vertikalbeschleunigungen, womit sich der Druck aus Wasserschichthöhe h und dem auf der Oberfläche lastende Atmosphärendruck p_a wie folgt ausdrückt:

$$p = p_a + g \varrho_0 (h - z); \quad p_0 = g \varrho_0 (h_0 - z_0). \tag{7}$$

Mit Gl. (6) und (7) ergibt sich die Geschwindigkeit unabhängig von z und nur abhängig von der Wasserschichthöhe:

$$\frac{W^2}{2} + g h = g h_0. \tag{8}$$

Gl. (8) entspricht völlig der Energiegleichung (II, 9) für id. Gase konst. sp. W., wobei die absolute Temperatur im wesentlichen durch die Wasserschichthöhe ersetzt ist.

Nach Gl. (7) werden auch die Horizontalbeschleunigungen von z unabhängig, denn es ist:

$$\frac{\partial p}{\partial x} = g \varrho_0 \frac{\partial h}{\partial x}; \quad \frac{\partial p}{\partial y} = g \varrho_0 \frac{\partial h}{\partial y}.$$

Damit werden auch die Geschwindigkeitskomponenten u, v von z unabhängig. Nicht nur der Geschwindigkeitsbetrag, sondern auch die Projektion der Strömungsrichtung auf die Unterlage ist in einer Vertikalen dieselbe. Damit ergibt sich aber die Kontinuitätsbedingung völlig analog zu jener der ebenen kompressiblen Strömung. Mit f als Breite des Stromfadens auf der Unterlage (Abb. 299) lautet die Kontinuitätsbedingung für einen durch vertikale Wände begrenzten Faden:

$$h W f = \text{konst.} \tag{9}$$

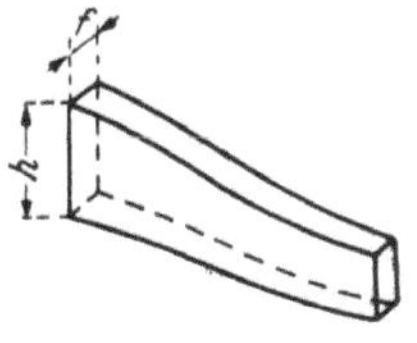

Abb. 299. Stromfadenstück der Wasser-Analogieströmung.

h tritt an die Stelle von ϱ einer ebenen kompressiblen Strömung. Ganz entsprechend ergibt sich auch die Integralform (IV, 2) der Kontinuitätsbedingung für eine in der Ebene $z = 0$ gegebene Kurve oder die Differentialform in der x, y-Ebene:

$$\frac{\partial h u}{\partial x} + \frac{\partial h v}{\partial y} = 0. \tag{10}$$

Aus Gl. (10) und (8) folgt völlig analog zur gasd. Gl.:

$$(g h - u^2) \frac{\partial u}{\partial x} - u v \left(\frac{\partial u}{\partial y} + \frac{\partial v}{\partial x} \right) + (g h - v^2) \frac{\partial v}{\partial y} = 0. \tag{11}$$

Dazu tritt noch die Gleichung der Wirbelfreiheit.

Um den zum Druck beim Gas analogen Ausdruck zu finden, sei Gl. (8) in die Form der differentiellen Bernoulli-Gleichung gebracht:

$$W\,dW = -\,\frac{1}{h}\,d\,\frac{g\,h^2}{2} = -\,\frac{d\!\left(\dfrac{g\,h^2}{2}\right)}{dh}\,\frac{1}{h}\,dh = -\,g\,h\,\frac{dh}{h}.$$

Daraus ersieht man, daß dem Gasdruck nun nicht der Flüssigkeitsdruck, sondern der Ausdruck $\dfrac{g\,h^2}{2}$ entspricht, das ist im wesentlichen der über die Höhe h integrierte Flüssigkeitsdruck $p - p_a$. Aus der Ableitung von $\dfrac{g\,h^2}{2}$ nach h, dem Analogon der Dichte, ergibt sich tatsächlich $g\,h$, das Analogon des Quadrates der Schallgeschwindigkeit. Auch $\sqrt{g\,h}$ stellt eine Fortpflanzungsgeschwindigkeit kleiner Störungen dar, nämlich jene der sogenannten „Grundwellen" (vgl. etwa PRANDTL, Führer durch die Strömungslehre). Die Analogie kann also wie folgt zusammengefaßt werden:

Ebene Gasströmung: $\qquad \dfrac{\varrho}{\varrho_0};\quad \dfrac{T}{T_0};\quad \dfrac{p}{p_0};\quad c^2;$

Flüssigkeit freier Oberfläche: $\dfrac{h}{h_0};\quad \dfrac{h}{h_0};\quad \left(\dfrac{h}{h_0}\right)^2;\quad g\,h.$

Außerdem gibt es Gegenstücke zur Machschen Zahl, zur kritischen und maximalen Geschwindigkeit usw. Ein Vergleich mit den Formeln (I, 27) für isentrope Zustandsänderung zeigt, daß die geschilderte Wasserströmung der Bewegung eines id. Gases konst. sp. W. mit $\varkappa = 2{,}0$ entspricht, ein Wert, der von keinem realen Gas erreicht werden kann. Die höchsten $\varkappa$-Werte besitzen einatomige Gase mit $\varkappa = {}^5/_3$.

Wenn sich Wasser langsamer als die lokale Grundwellengeschwindigkeit bewegt, spricht man von *strömendem* Wasser, ist $W > \sqrt{g\,h}$ spricht man von *schießendem* Wasser. Das letztere entspricht einer ebenen Überschallströmung. Ganz wie bei dieser, können in offenen Gerinnen geringer Wassertiefe stehende Störungswellen (Machsche Linien) beobachtet werden.

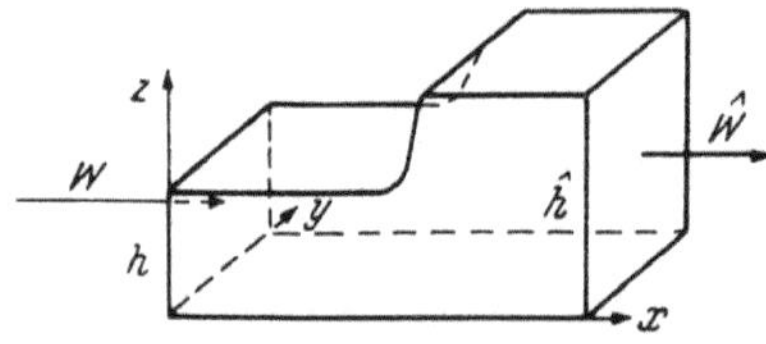

Abb. 300. Senkrechter Wasserstoß.

Auch ein dem Verdichtungsstoß entsprechender Vorgang, der *Wasserstoß*, tritt auf (Abb. 300). In ihm vermindert sich die Geschwindigkeit unter gleichzeitigem Anwachsen der Höhe h plötzlich, doch keineswegs so sprunghaft wie im Verdichtungsstoß. Da es nur zwei Variable hinter dem senkrechten Wasserstoß gibt, nämlich $\hat{W}$ und $\hat{h}$, sind diese bereits durch Kontinuitätsbedingung und Impulssatz allein bestimmt. Sie ergeben sich aus Gl. (IV, 2) und (IV, 4) wie folgt:

$$\hat{W}\,\hat{h} = W\,h;\quad \hat{h}\,\hat{W}^2 + \frac{g}{2}\,\hat{h}^2 = h\,W^2 + \frac{g}{2}\,h^2, \tag{12}$$

mit der Lösung:

$$\frac{\hat{h}}{h} = \frac{W}{\hat{W}} = \frac{1}{2}\left[\sqrt{8\,\frac{W^2}{g\,h} + 1} - 1\right]. \tag{13}$$

Der Energiesatz (8) hingegen bleibt nicht in dieser Form erhalten, sondern der Wert von h_0 ändert sich im Wasserstoß. Ein (allerdings sehr) kleiner Teil der Energie verwandelt sich nämlich in Wärme, ein Effekt, der wohl im Energiesatz (II, 5) für Gase, nicht aber in Gl. (8) berücksichtigt ist. Da nun h_0 sowohl ϱ_0

als auch T_0 entspricht, beim Verdichtungsstoß des Gases aber ϱ_0 geändert wird, während T_0 konstant bleibt, erstreckt sich die geschilderte Analogie exakt nicht mehr auf den Wasserstoß [21, 23], ganz abgesehen davon, daß dieser nicht mit jener Sauberkeit auftritt wie der Gasstoß.

Die geschilderte Analogie wird in zunehmendem Maße in der Versuchstechnik benutzt, weil sich entsprechende Kanäle mit sehr geringem Aufwand herstellen lassen. Die leicht durchführbaren Versuche eignen sich besonders zur Demonstration oder zur schnellen Orientierung, die sich mit gewissen Vorbehalten auch auf Stoßvorgänge erstrecken kann. Für höhere Ansprüche ist die Analogie allerdings weniger geeignet, schon deshalb, weil sie sich auf ebene Strömungen mit $\varkappa = 2$ beschränkt.

9. Elektrische Analogien.

Die Analogie zwischen mechanischen und elektrischen Strömungen ist kaum jünger als die Lehre von der Elektrodynamik selbst. Die elektrische Strömung durch einen Elektrolyten konstanten spezifischen Widerstandes entspricht genau einer *dichtebeständigen* Strömung, wobei das elektrische Potential dem Geschwindigkeitspotential und der Stromdichtevektor dem Geschwindigkeitsvektor analog ist. In einem quellenfreien Feld muß die Divergenz beider Vektoren verschwinden. Eine dichtebeständige Strömung kann daher in einem sogenannten Potentialtank nachgebildet werden. Dem Körper und den Seitenwänden der Meßstrecke im Windkanal entsprechen gleiche Stücke aus dielektrischem Material im Potentialtank. Anfang und Ende der Meßstrecke bilden hingegen zwei Elektrodenplatten, welche auf der für die elektrische Strömung erforderlichen Potentialdifferenz gehalten werden. Solche Potentialtanks werden in zunehmendem Maße verwendet.

Nach G. J. Taylor[24] läßt sich der Potentialtank wie folgt auf ebene kompressible Strömungen anwenden. Die ebene inkompressible Strömung wird durch die elektrische Strömung um ein Profil zwischen zwei ebenen Dielektrika dargestellt, die nahe aneinander liegen können. Wird nur das eine Dielektrikum verbeult, so daß der Abstand h der Seitenplatten und damit die Schichtdicke des Elektrolyten variiert, so entspricht die Strömung einer kompressiblen Gasströmung mit einer örtlichen Dichte ϱ proportional zu h. Diese elektrische Strömung ist nämlich genau analog zu der im letzten Abschnitt behandelten Wasserströmung. Wie bei dieser, darf sich die Schichtdicke h nur langsam ändern. Während sich aber bei der Wasserströmung die Schichtdicke h, einem Verhältnis der spezifischen Wärmen von $\varkappa = 2$ entsprechend, selbst einstellt, ist sie hier frei wählbar: Nach G. J. Taylor ergibt sich für Unterschallströmungen nun folgendes Iterationsverfahren. Wie bei der Methode von Janzen-Rayleigh wird von der dichtebeständigen Strömung als erster Näherung ausgegangen. Aus ihr werden die Dichten in einer ersten Näherung berechnet und h dementsprechend eingestellt. Daraus ergibt sich die Geschwindigkeitsverteilung in einer zweiten Näherung, die aber keineswegs mehr der zweiten Näherung nach der Methode von Janzen-Rayleigh entspricht. Die Iteration kann bei gleichbleibendem Arbeitsaufwand fortgesetzt werden.

Nach F. Vandrey[25] kann das geschilderte Verfahren auch auf die Hodographenebene angewendet werden. Hierbei ergibt sich der Vorteil, daß mit ϱ auch der Plattenabstand h nur vom Geschwindigkeitsbetrag oder vom Betrag des Stromdichtevektors abhängt. Man hat dann also einen bestimmten Potentialtank mit einer in bestimmter Weise drehsymmetrisch veränderlichen Schichtdicke des Elektrolyten. Bei Anwendung auf Profilströmungen ergeben sich aber wieder die bekannten Schwierigkeiten bei der Darstellung der Randbedingungen.

Zu einer anderen Art von Analogie führt das Auflösen der Differentialgleichungen in Differenzengleichungen entsprechend der Relaxationsmethode. Damit gelangt man zu Bedingungen, welche jenen in einem Netzwerk elektrischer Leiter gleichkommen. Ein solches Netzwerk[27, 28] kann einerseits als elektrische Analogie für eine Strömung, anderseits als elektrische Rechenmaschine für die Relaxationsmethode angewendet werden.

Literatur.

[1] V. DVORAK: Über eine neue einfache Art der Schlierenbeobachtung. Wied. Ann. IX (1880), S. 502—511.

[2] A. TÖPLER: Beobachtungen nach einer neuen optischen Methode. Bonn 1861, Ostwalds Klassiker 157.

[3] H. SCHARDIN: Schlierenverfahren und ihre Anwendung. Ergebn. exakt. Naturwiss. XX (1942), S. 303—439.

[4] K. OSWATITSCH: Dichtemessung mit Hilfe des Doppelspaltinterferometers in strömender Luft. FB 1285 (1940).

[5] H. SCHARDIN: Theorie und Anwendung des Mach-Zehnder-Interferenz-Refraktometers. Z. Instrumentenkunde, LIII (1933), S. 431—432.

[6] TH. ZOBEL: Strömungsmessung durch Lichtinterferenz. FB 1167 (1940) oder NACA TM 1253.

[7] E. ECKERT: Temperaturmessung in schnellströmenden Gasen. Z. V. D. I. LXXXIV/43 (1940), S. 813.

[8] FR. MÜLLER: Die Ermittlung des Temperaturverlaufes von schnellströmenden Gasen und Dämpfen bei Expansion in einer Laval-Düse. Z. ges. Turbinenwes. XVII (1920), S. 61—65; 76—80; 87—90; 100—106.

[9] W. F. HILTON: Thermal effects on bodies in an air stream. Proc. Roy. Soc., London, A CLXVIII (1938), S. 43—56.

[10] S. SVENSSON: Temperaturmätning från flygplan. Vingpennor Nr. 8 (1948), SAAB, Linköping (Schweden).

[11] J. ACKERET: Das Inst. f. Aerodynamik a. d. Eidg. Techn. Hochsch. Zürich. ETH —AERO MITT 8 (1943).

[12] O. FRENZL: Windkanäle mit Energiespeicherung. Interavia IV/1 (1949), S. 35—38.

[13] J. A. BEAVAN and D. W. HOLDER: Recent developments in high-speed research in the Aerodynamics Division of the N. P. L. J. Roy. aeronaut. Soc. (1950). S. 545 bis 578.

[14] A. EULA: Impianti aerodinamici sperimentali. L'Aerotecnica XXX/1 (1950), S. 3—24.

[15] E. P. NEUMANN and F. LUSTWERK: Supersonic diffusers for wind tunnels. J. appl. mech. XVI/2 (1949), S. 195—202.

[16] E. P. NEUMANN and F. LUSTWERK: High-efficiency supersonic diffusers. MIT Meteor-Rep. 56 (1950).

[17] J. H. WEAVER: A Method of wind-tunnel testing through the transonic range. J. aeronaut. Sci. XV/1 (1948), S. 28—34.

[18] C. B. MILLIKAN, J. E. SMITH and R. W. BELL: High-speed testing in the Southern California cooperative wind tunnel. J. aeronaut. Sci. XV/2 (1948), S. 69—88.

[19] G. DROUGGE: A method for the continuous variation of the Mach number in a supersonic wind tunnel and some experimental results obtained at low supersonic speeds. FFA Medd 29 (1949).

[20] F. VANDREY: Der Wandeinfluß in einem geschlossenen Windkanal von kreisförmigem Querschnitt mit einer Unstetigkeitsfläche. Albert Betz zum 60. Geburtstag. Festschrift Göttingen (1945), S. 25—33.

[21] E. PREISWERK: Anwendungen gasdynamischer Methoden auf Wasserströmungen mit freier Oberfläche. ETH — AERO MITT 7 (1938).

[22] TH. v. KÁRMÁN: Eine praktische Anwendung der Analogie zwischen Überschallströmung in Gasen und überkritischer Strömung in offenen Gerinnen. ZAMM X (1930), S. 334—345.

[23] F. R. GILMORE, M. S. PLESSET and H. E. CROSSLEY, Jr.: The analogies between hydraulic jump in liquids and shock waves in gases. J. appl. Physics XXI/3 (1950), S. 243—249.

[24] G. J. Taylor: Strömung um einen Körper in einer kompressiblen Flüssigkeit. ZAMM X (1930), S. 334—345. G. J. Taylor and C. T. Shuman: Proc. Roy. Soc. A CXXI (1928), S. 194.

[25] F. Vandrey: Behandlung einer Unterschallströmung mit Hilfe einer elektrischen Analogie. Techn. Bericht AVA Göttingen B/44/A/1 (1944).

[26] J. Black and O. P. Mediratta: Supersonic flow investigations with a "hydraulic analogy" water channel. The Aeronautical Quart. II/4 (1951), S. 227—253.

[27] G. Kron: Equivalent circuits of compressible and incompressible fluids flow fields. J. aeronaut. Sci. XII (1945), S. 221—231.

[28] G. Kron and C. K. Carter: Numerical and network analyser test of an equivalent circuit for compressible fluid flow. J. aeronaut. Sci. XII (1945), S. 232—234.

[29] E. Eckert und W. Weise: Messung der Temperaturverteilung schnell angeströmter unbeheizter Körper. Forsch. Ing. Wes. XIII (1942), S. 246.

[30] A. Kantrowitz and R. L. Trimpi: A sharp-focussing Schlieren-System. J. aeronaut. Sci. XVII/5 (1950), S. 311—314.

[31] G. R. Eber: Recent investigation of temperature recovery and heat transmission on cones and cylinders in axial flow in the N. O. L. Aeroballistics Windtunnel. J. aeronaut. Sci. XIX_1 (1952) S. 1—6.

[32] S. F. Erdmann: Ein neues, sehr einfaches Interferometer zum Erhalt quantitativ auswertbarer Strömungsbilder. (Dissertation, Aachen 1951.)

[33] H. J. Ashkenas and A. E. Bryson: Design and performance of a simple interferometer for wind-tunnel measurements. J. aeronaut. Sci. XVIII/2 (1951), S. 82—90.

[34] P. E. Culbertson: Calibration report on the University of Michigan supersonic wind-tunnel. Aeronaut. Res. Center-Univ. Mich. (1949), UMM 36, S. 9.

[35] L. F. Ryan: Experiments on aerodynamic cooling. ETH-AERO MITT 18 (1951).

[36] B. Göthert: Widerstandsbestimmung bei hohen Unterschallgeschwindigkeiten aus Impulsverlustmessungen. Jahrb. dtsch. Lufo (1941), S. I 148—155.

[37] C. N. H. Lock, W. F. Hilton and S. Goldstein: Determination of profil drag at high speeds by a pitot traverse method. R. & M. 1971 (A. R. C. Techn. Rep.), (1946).

[38] G. Heinrich: Über Strömungen von Schäumen. ZAMM XXII/2, (1942) S. 117 bis 118.

VIII, 2: *Tabelle zum Charakteristikendiagramm* ($\varkappa = 1{,}400$).

Ch	ϑ	M	M^*	α	p/p_0	ϱ/ϱ_0	T/T_0	$\dfrac{\varrho\,W}{\varrho^*\,c^*}$
1000	0	1,000	1,000	90°	0,5283	0,6339	0,8333	1,0000
999	1	1,082	1,067	67° 33′	0,4789	0,5910	0,8103	0,9947
998	2	1,133	1,107	61° 58′	0,4496	0,5649	0,7957	0,9864
997	3	1,177	1,141	58° 10′	0,4249	0,5426	0,7830	0,9765
996	4	1,218	1,171	55° 11′	0,4028	0,5223	0,7712	0,9654
995	5	1,256	1,200	52° 46′	0,3830	0,5038	0,7602	0,9534
994	6	1,293	1,227	50° 40′	0,3644	0,4862	0,7494	0,9404
993	7	1,330	1,252	48° 45′	0,3464	0,4690	0,7389	0,9263
992	8	1,365	1,276	47° 6′	0,3300	0,4530	0,7285	0,9120
991	9	1,400	1,300	45° 35′	0,3142	0,4374	0,7184	0,8970
990	10	1,435	1,323	44° 11′	0,2990	0,4222	0,7083	0,8811
989	11	1,469	1,345	42° 54′	0,2847	0,4077	0,6986	0,8651
988	12	1,502	1,366	41° 45′	0,2711	0,3937	0,6888	0,8487
987	13	1,537	1,387	40° 35′	0,2580	0,3800	0,6792	0,8318
986	14	1,570	1,409	39° 34′	0,2456	0,3669	0,6696	0,8148
985	15	1,604	1,429	38° 34′	0,2337	0,3541	0,6601	0,7975
984	16	1,638	1,448	37° 37′	0,2221	0,3415	0,6506	0,7797
983	17	1,673	1,467	36° 42′	0,2111	0,3294	0,6412	0,7621
982	18	1,707	1,486	35° 52′	0,2006	0,3175	0,6319	0,7441
981	19	1,741	1,505	35° 3′	0,1905	0,3060	0,6226	0,7262
980	20	1,775	1,523	34° 17′	0,1808	0,2948	0,6134	0,7081
979	21	1,809	1,541	33° 34′	0,1715	0,2839	0,6043	0,6899
978	22	1,844	1,559	32° 50′	0,1627	0,2733	0,5951	0,6718
977	23	1,879	1,576	32° 9′	0,1540	0,2629	0,5860	0,6536
976	24	1,915	1,593	31° 29′	0,1459	0,2529	0,5769	0,6355
975	25	1,950	1,610	30° 51′	0,1380	0,2430	0,5679	0,6174
974	26	1,986	1,627	30° 14′	0,1306	0,2335	0,5590	0,5995
973	27	2,023	1,643	29° 37′	0,1234	0,2243	0,5499	0,5815
972	28	2,060	1,659	29° 2′	0,1166	0,2153	0,5411	0,5637
971	29	2,096	1,675	28° 30′	0,1099	0,2066	0,5322	0,5461
970	30	2,134	1,691	27° 57′	0,1037	0,1982	0,5233	0,5286
969	31	2,172	1,706	27° 25′	0,09770	0,1899	0,5146	0,5113
968	32	2,211	1,722	26° 53′	0,09200	0,1819	0,5058	0,4942
967	33	2,249	1,738	26° 24′	0,08656	0,1741	0,4971	0,4773

966	34	2,289	1,753	25° 54'	0,08137	0,1666	0,4884	0,4607
965	35	2,329	1,767	25° 26'	0,07644	0,1593	0,4798	0,4442
964	36	2,369	1,782	24° 58'	0,07174	0,1522	0,4711	0,4280
963	37	2,411	1,796	24° 30'	0,06726	0,1454	0,4626	0,4121
962	38	2,453	1,810	24° 4'	0,06301	0,1389	0,4540	0,3964
961	39	2,495	1,824	23° 38'	0,05898	0,1325	0,4455	0,3811
960	40	2,538	1,838	23° 12'	0,05517	0,1263	0,4370	0,3660
959	41	2,581	1,852	22° 47'	0,05153	0,1203	0,4286	0,3513
958	42	2,626	1,865	22° 23'	0,04811	0,1145	0,4203	0,3368
957	43	2,671	1,878	21° 59'	0,04488	0,1089	0,4121	0,3228
956	44	2,718	1,891	21° 35'	0,04181	0,1035	0,4038	0,3090
955	45	2,764	1,904	21° 13'	0,03890	0,09835	0,3955	0,2955
954	46	2,812	1,917	20° 50'	0,03616	0,09336	0,3873	0,2824
953	47	2,861	1,931	20° 27'	0,03357	0,08853	0,3792	0,2695
952	48	2,911	1,943	20° 5'	0,03114	0,08391	0,3712	0,2571
951	49	2,961	1,955	19° 44'	0,02886	0,07946	0,3632	0,2451
950	50	3,013	1,967	19° 23'	0,02670	0,07518	0,3552	0,2333
949	51	3,066	1,979	19° 2'	0,02467	0,07106	0,3472	0,2218
948	52	3,119	1,991	18° 42'	0,02277	0,06711	0,3394	0,2108
947	53	3,174	2,003	18° 22'	0,02101	0,06334	0,3317	0,2001
946	54	3,230	2,014	18° 2'	0,01935	0,05973	0,3240	0,1898
945	55	3,287	2,025	17° 43'	0,01781	0,05628	0,3163	0,1798
940	60	3,594	2,080	16° 9'	0 01148	0,04114	0,2790	0,1349
935	65	3,941	2,131	14° 42'	0,007131	0,02926	0,2435	0,09835
930	70	4,339	2,177	13° 20'	0,004233	0,02017	0,2098	0,06929
925	75	4,802	2,221	12° 1'	0,002391	0,01341	0,1782	0,04697
920	80	5,348	2,260	10° 47'	0,001271	0,008541	0,1488	0,03045
915	85	6,007	2,296	9° 35'	0,0006291	0,005169	0,1217	0,01863
910	90	6,820	2,328	8° 26'	0,0002849	0,002935	0,09706	0,01078
905	95	7,852	2,356	7° 19'	0,0001156	0,001541	0,07505	0,005732
900	100	9,210	2,380	6° 14'	0,00004069	0,0007310	0,05566	0,002745
895	105	11,095	2,401	5° 10'	0,00001175	0,0003010	0,03903	0,001140
890	110	13,87	2,4183	4° 8'	0,000002587	0,0001021	0,02533	0,0003896
885	115	18,435	2,4317	3° 6'	0,0000003670	0,00002531	0,01450	0,00009710
880	120	27,35	2,4413	2° 6'	0,00000002385	0,000003593	0,006640	0,00001384
875	125	52,48	2,4473	1° 6'	0,0000000002746	0,0000001481	0,001812	0,0000005397
869,55	130,45	∞	2,4495	0°	0	0	0	0

Integrale und Integralformeln.

(Siehe etwa W. GRÖBNER und N. HOFREITER: Integraltafel, I. Teil. Springer-Verlag, 1949. Bei den unbestimmten Integralen sind die willkürlichen Konstanten weggelassen.)

1. $\displaystyle\int \sqrt{a\,t^2 + 2\,b\,t + c}\,dt = \frac{1}{2}\left(t + \frac{b}{a}\right)\sqrt{a\,t^2 + 2\,b\,t + c} +$
$$+ \frac{a\,c - b^2}{2\,a\,\sqrt{a}}\ln\left|\frac{a\,t + b}{\sqrt{a}} + \sqrt{a\,t^2 + b\,t + c}\,\right|,\ \text{für}\ a > 0;$$

für $a < 0$: $\quad = \dfrac{1}{2}\left(t + \dfrac{b}{a}\right)\sqrt{a\,t^2 + 2\,b\,t + c} + \dfrac{b^2 - a\,c}{2\,a\sqrt{-a}}\arcsin\dfrac{a\,t + b}{\sqrt{b^2 - a\,c}}.$

2. $\displaystyle\int \frac{dt}{\sqrt{a\,t^2 + 2\,b\,t + c}} = \frac{1}{\sqrt{a}}\ln\left|\frac{a\,t + b}{\sqrt{a}} + \sqrt{a\,t^2 + 2\,b\,t + c}\,\right|,\ \text{für}\ a > 0;$
$$= -\frac{1}{\sqrt{-a}}\arcsin\frac{a\,t + b}{\sqrt{b^2 - a\,c}},\ \text{für}\ a < 0.$$

3. $\displaystyle\int \frac{dt}{\sqrt{a\,t^2 + 2\,b\,t + c}} = \frac{1}{a}\sqrt{a\,t^2 + 2\,b\,t + c} - \frac{b}{a}\int \frac{dt}{\sqrt{a\,t^2 + 2\,b\,t + c}}.$

4. $\displaystyle\int \frac{dt}{1 + t^2} = \operatorname{arctg} t;\quad \int \ldots dt = \frac{\pi}{2}.$

5. $\displaystyle\int \frac{dt}{\sqrt{1 - t^2}} = \arcsin t;\quad \int_0^1 \ldots dt = \frac{\pi}{2}.$

6. $\displaystyle\int \sqrt{\frac{1 - t}{t}}\,dt = \sqrt{(1 - t)\,t} + \frac{1}{2}\arcsin(2\,t - 1);\quad \int_0^1 \ldots dt = \frac{\pi}{2}.$

7. $\displaystyle\int \sqrt{t\,(1 - t)}\,dt = \frac{1}{4}\left[(2\,t - 1)\,\sqrt{t\,(1 - t)} + \frac{1}{2}\arcsin(2\,t - 1)\right];$
$$\int_0^1 \ldots dt = \frac{\pi}{8}.$$

8. $\displaystyle\int \frac{dt}{(1 + t^2)^{3/2}} = \frac{t}{\sqrt{1 + t^2}};\quad \int_0^1 \ldots dt = \frac{1}{\sqrt{2}}.$

9. $\displaystyle\int \frac{dt}{(1 + t^2)^{5/2}} = \frac{t\left(1 + \dfrac{2}{3}t^2\right)}{(1 + t^2)^{3/2}};\quad \int_0^1 \ldots dt = \frac{5}{6}\frac{1}{\sqrt{2}}.$

10. $\displaystyle\int \frac{t\,dt}{(1 + t^2)^{3/2}} = -\frac{1}{\sqrt{1 + t^2}};\quad \int_0^1 \ldots dt = 1 - \frac{1}{\sqrt{2}}.$

11. $\displaystyle\int \frac{t\,dt}{(1 + t^2)^{5/2}} = -\frac{1}{3}\frac{1}{(1 + t^2)^{3/2}};\quad \int_0^1 \ldots dt = \frac{1}{3}\left(1 - \frac{1}{2\sqrt{2}}\right).$

12. $\displaystyle\int \frac{t^2\,dt}{(1 + t^2)^{3/2}} = \ln\left|t + \sqrt{1 + t^2}\,\right| - \frac{t}{\sqrt{1 + t^2}};\quad \int_0^1 \ldots dt = \ln\left(1 + \sqrt{2}\right) - \frac{1}{\sqrt{2}}.$

13. $\int \dfrac{t^2\,dt}{(1+t^2)^{5/2}} = \dfrac{1}{3}\dfrac{t^2}{(1+t^2)^{3/2}}; \quad \int\limits_0^1 \ldots dt = \dfrac{1}{6}\dfrac{1}{\sqrt{2}}.$

14. $\int \dfrac{t^3\,dt}{(1+t^2)^{3/2}} = \dfrac{2+t^2}{\sqrt{1+t^2}}; \quad \int\limits_0^1 \ldots dt = \dfrac{3}{\sqrt{2}} - 2.$

15. $\int \dfrac{t^3\,dt}{(1+t^2)^{5/2}} = -\dfrac{\frac{2}{3}+t^2}{(1+t^2)^{3/2}}; \quad \int\limits_0^1 \ldots dt = \dfrac{2}{3} - \dfrac{5}{6}\dfrac{1}{\sqrt{2}}.$

16. $\int \dfrac{t^4\,dt}{(1+t^2)^{3/2}} = \dfrac{1}{2}\dfrac{3\,t+t^3}{\sqrt{1+t^2}} - \dfrac{3}{2}\ln\big|t+\sqrt{1+t^2}\big|;$

$$\int\limits_0^1 \ldots dt = \sqrt{2} - \dfrac{3}{2}\ln\big(1+\sqrt{2}\big).$$

17. $\int \dfrac{t^4\,dt}{(1+t^2)^{5/2}} = -\dfrac{1}{3}\dfrac{3\,t+4\,t^3}{(1+t^2)^{3/2}} + \ln\big|t+\sqrt{1+t^2}\big|;$

$$\int\limits_0^1 \ldots dt = \ln\big(1+\sqrt{2}\big) - \dfrac{7}{6\sqrt{2}}.$$

18. $\int \dfrac{dt}{(1-t^2)^{3/2}} = \dfrac{t}{\sqrt{1-t^2}}.$

19. $\int \dfrac{t\,dt}{(1-t^2)^{3/2}} = \dfrac{1}{\sqrt{1-t^2}}.$

20. $\int \sqrt{t(1-t)}\,\dfrac{dt}{t-a} = \sqrt{a(1-a)}\,\ln\dfrac{\big[\sqrt{(1-a)\,t}-\sqrt{a(1-t)}\big]^2}{|t-a|} +$

$$- \Big(a-\dfrac{1}{2}\Big)\arcsin(2\,t-1) + \sqrt{t(1-t)}; \quad \int\limits_0^1 \ldots dt = \Big(\dfrac{1}{2}-a\Big)\pi.$$

21. $\int \dfrac{dt}{\sqrt{a^2-t^2}\,(t-\alpha)} = -\dfrac{1}{\sqrt{a^2-\alpha^2}}\,\ln\left|\dfrac{-\alpha t + a^2 + \sqrt{(a^2-\alpha^2)(a^2-t^2)}}{t-\alpha}\right|,$

$$\text{für } |\alpha| < a;$$

$$= \dfrac{1}{\sqrt{\alpha^2-a^2}}\,\arcsin\dfrac{a^2-\alpha t}{a\,|t-\alpha|}, \text{ für } |\alpha| > a > 0.$$

22. Betzsche Umkehrformel:

$$\int\limits_0^1 \dfrac{f(\xi)}{\xi - x}\,d\xi = g(x);$$

$$f(x) = \dfrac{C}{\sqrt{x(1-x)}} - \dfrac{1}{\pi^2}\dfrac{1}{\sqrt{x(1-x)}}\int\limits_0^1 g(t)\sqrt{t(1-t)}\,\dfrac{dt}{t-x}.$$

23. Abelsche Integralgleichung:

$$\int\limits_a^x \dfrac{f(\xi)}{\sqrt{x-\xi}}\,d\xi = g(x); \quad f(x) = \dfrac{1}{\pi}\dfrac{d}{dx}\int\limits_a^x \dfrac{g(t)}{\sqrt{x-t}}\,dt.$$

Einige Literatur auf dem Gebiete der Gasdynamik.

1. Einschlägige Lehrbücher.

R. Sauer: Einführung in die theoretische Gasdynamik. 2. Aufl. (1951). Springer, Berlin. 174 S.

H. W. Liepmann — A. E. Puckett: Introduction to aerodynamics of a compressible fluid (1947). Wiley, New York. 262 S.

R. Courant — K. O. Friedrichs: Supersonic flow and shock waves (1948). Interscience, New York. 464 S.

H. W. Silbert: High-speed aerodynamics (1948). Prentice-Hall, New York. 280 S.

A. Ferri: Elements of aerodynamics of supersonic flows (1949). Macmillan, New York. 434 S.

E. A. Bonney: Engineering supersonic aerodynamics (1950). Graw — Hill, New York. 264 S.

E. R. C. Miles: Supersonic aerodynamics (1950). McGraw-Hill, New York. 225 S.

R. Sauer: Écoulements des fluides compressibles (1951). Béranger, Paris. 307 S.

2. Handbuchartikel.

M. Schröter — L. Prandtl: Technische Thermodynamik (1905). Encykl. d. Math. Wissensch. V, 1. Teubner, Leipzig.

J. Ackeret: Gasdynamik (1927). Handbuch der Physik VII. Springer, Berlin.

A. Busemann: Gasdynamik (1931). Handbuch der Exp.-Physik IV, 1. Akad. Verlag, Leipzig.

G. J. Taylor — J. W. Macoll: The mechanics of compressible fluids (1935). W. F. Durand — Aerodynamic theory. Vol. III. Springer, Berlin.

3. Tabellen- und Formelwerke.

H. W. Emmons: Gasdynamics tables for air (1947). Dover, New York. 46 S.

Z. Kopal: Tables of supersonic flow around cones (1947). MIT Rep. 1. Cambridge, Massachusetts. 555 S.

Z. Kopal: Tables of supersonic flow around yawing cones. MIT Rep. 3 (1947). Cambridge, Massachusetts. 321 S.

Z. Kopal: Tables of supersonic flow around cones of large yaw. MIT Rep. 5 (1949). Cambridge, Massachusetts. 125 S.

Handbook of supersonic aerodynamic (1950). A bureau of ordnance publication, Washington.

4. Sammelwerke und Kongresse.

Convegno di scienze fisiche, matematiche e naturali, Roma 1935, (Volta — Kongress): Le alte velocita in aviazione.

NACA — university — conference on aerodynamics, Langley Field 1948. Durand — Reprinting Committee, Pasadena.

Seventh intern. congress f. applied mechanics, London 1948.

Second intern. aeronautical conference, New York 1949. Inst. aeronaut. sci., New York.

Third Anglo — American aeronautical conference, Brighton 1951. Royal aeronaut. Soc., London.

G. F. Carrier: Foundations of high speed aerodynamics (1951).

5. Spezialwerke.

J. Hadamard: Propagation des ondes et les équations de l'hydrodynamique (1949). Chelsea, New York. 372 S.

R. Sauer: Anfangswertprobleme bei partiellen Differentialgleichungen (1952). Springer, Berlin. 280 S.

N. A. Hall: Thermodynamics of fluid flow (1951). Prentice — Hall, New York. 278 S.

G. Kuerti: The laminar boundary layer in compressible flow. In: Advances in appl. mech. II (1951). Acad. Press. New York.

Namen- und Sachverzeichnis.

(Steht vor dem Substantiv ein Adjektiv, so ist in der Regel unter dem Substantiv nachzusehen; z. B. ist „innere Energie" unter „Energie, innere" zu finden.)

Berichtigungen.

S. 27, Gl. (37) statt: $\left(\dfrac{p}{p}-1\right)^3$ lies: $\left(\dfrac{\hat{p}}{p}-1\right)^3$;

S. 38, Gl. (53) 2. Teil:
$$= \left(\frac{\varrho}{\varrho^*}\right)^{\frac{\varkappa+1}{2}} \sqrt{1+\frac{\varkappa+1}{\varkappa-1}\left|\left(\frac{\varrho^*}{\varrho}\right)^{\varkappa-1}-1\right|} =$$
$$= \left(\frac{p}{p^*}\right)^{\frac{\varkappa+1}{2\varkappa}} \sqrt{1+\frac{\varkappa+1}{\varkappa-1}\left[\left(\frac{p^*}{p}\right)^{\frac{\varkappa-1}{\varkappa}}-1\right]};$$

S. 59. Kopf der Tab. II, 7 lies: Detonationsdruck/Ausgangsdruck;

S. 90, Gl. (69) statt: $-F_1(-x-c_0 t)$ lies: $-F_1(-x+c_0 t)$;

S. 108, 1. und 2. Zeile von oben statt: Zustand 1 und 2 lies: Zustand 2 und 3 $(s_2 = s_3)$;

S. 111, 12. Zeile von oben statt: $\ln n$ lies: $2\ln n$;

S. 138, 2. Zeile von unten statt: „Masseneinheit" lies: „Raumeinheit";

S. 148, unten statt: $\dfrac{\partial}{\partial z'}\left(\bar{\mu}\,\dfrac{\partial w'}{\partial z'}\right)$ und $\dfrac{\partial}{\partial z'}\left(\mu'\,\dfrac{\partial w'}{\partial z'}\right)$

        lies: $\dfrac{1}{\varrho'}\,\dfrac{\partial}{\partial z'}\left(\bar{\mu}\,\dfrac{\partial w'}{\partial z'}\right)$ und $\dfrac{1}{\varrho'}\,\dfrac{\partial}{\partial z'}\left(\mu'\,\dfrac{\partial w'}{\partial z'}\right)$;

S. 149, 3. Zeile von oben statt: $\dfrac{\partial}{\partial x'}\left(\lambda'\,\dfrac{\partial T'}{\partial x'}\right)$ lies: $\dfrac{\partial}{\partial x'}\left(\bar{\lambda}\,\dfrac{\partial T'}{\partial x'}\right)$;

S. 152, 4. Zeile von oben: $\varkappa$ unter der Wurzel streichen;

S. 156, 18. Zeile von oben statt: Gl. (26) lies (27);

S. 176, 25. Zeile von oben statt: $f \cdot \varrho_1 \cdot W_1$ lies: $f \cdot \varrho_2 \cdot W_2$;

S. 177, 3. Zeile von oben lies: $i_1(T_1) - i_2(T_1) = i_2(T_2) - i_2(T_1) = c_p(T_2 - T_1)$;

S. 188, 20. Zeile von oben statt: $+i\sin x$ lies: $-i\sin x$;

S. 193, Gl. (64): $\beta = \operatorname{arctg} z/y$;

S. 205, 7. Zeile von unten: $W^2 - W_1^2 = -2\displaystyle\int_{p_1} \frac{dp}{\varrho} = $;

S. 216 und S. 217, Gl. (141) statt: $-(1-M_\infty^2)$ lies überall: $+(1-M_\infty^2)$;

S. 221, 9. Zeile von unten statt: $\ln h/\bar{y}$ lies: $\ln \bar{y}/h$;

S. 228, Gl. (7): $\varphi = +\dfrac{1}{\beta\,\pi}\displaystyle\int_0^1 \ldots d\xi$;

S. 232, 9. Zeile von oben: $v_u = \dfrac{1}{2}(v_o + v_u) - \dfrac{1}{2}(v_o - v_u)$;

S. 240, Gl. (34): $\Phi_\varepsilon = \varphi_\varepsilon \cos \chi = \ldots$;

S. 247, in der Unterschrift zu Abb. 133 statt: Wind Sections lies: Wing Sections;

S. 255, Gl. (60): $h\,(\Phi) = \dfrac{1}{\pi} \displaystyle\int\limits_{-\infty}^{+\infty} \ldots$;

S. 269, nach Kleindruck statt: Gl. (20) lies: Gl. (25);

S. 270, in der Unterschrift zu Abb. 149 lies: KÁRMÁN-MOORE (——) und nach Versuchen (- - -);

S. 275, 5. Zeile von unten statt: 20 cm lies: 13 cm;

S. 301, 2. Zeile von unten statt: $\vartheta = \vartheta_{\max}$ lies: $\vartheta < \vartheta_{\max}$;

S. 301, 11. Zeile von oben statt: $\sin \vartheta$, $\cos \vartheta$ lies: $\sin (\vartheta - \vartheta_0)$, $\cos (\vartheta - \vartheta_0)$;

S. 312, 13. und 12. Zeile von unten statt: auslösen lies: auslöschen;

S. 342, Gl. (13): $= \pm \dfrac{2}{3} \sqrt{\varkappa + 1}\,(M^* - 1)^{3/2} + \ldots$;

S. 343, 3. und 4. Zeile nach Tab. IX, 2: statt M_1 lies: M_1^*;

S. 355, 11., 12., 17. und 18. Zeile von oben: entgegengesetztes Vorzeichen bei $F_2''(x)$ und $F_1''(x)$;

S. 357, 24. Zeile von oben statt: Gl. (8) lies: Gl. (48);

S. 357, 27. Zeile von oben statt: Gl. (43) lies: Gl. (3);

S. 369, 6. Zeile von unten statt: u lies: n;

S. 378, in Gl. (9) statt: $\dfrac{y}{(\zeta - z)^2 - y^2}$ lies: $\dfrac{y}{(\zeta - z)^2 + y^2}$;

S. 379, 29. Zeile von oben statt: Dickenmaximum lies: Breitenmaximum;

S. 394, 12. Zeile von unten: Aus Gl. (40) folgt für $z \cot \alpha > x > n_2 z \cot \alpha$: ;

S. 405, 9. Zeile von oben statt: Gl. (19) lies: Gl. (26);

S. 409, Gl. (85): $\Phi = -\dfrac{c_0}{\pi} \displaystyle\int\int \ldots$;

S. 414, 9. Zeile von oben statt: $\dfrac{dw}{dx}$ lies: $\dfrac{\partial \omega}{\partial x}$ und $\omega = \dfrac{\varrho\,u^2}{p_1 + \varrho_1 u_1^{\,2}}$;

S. 420, 8. Zeile von oben statt: Ausströmung lies: Außenströmung;

S. 420, Gl. (29) statt: ∂^{**2} lies: $-\delta^{**2}$;

S. 421, 14. Zeile von oben statt: Krümmungsradius lies: Krümmung;

S. 422, 5. Zeile von unten statt: Geschwindigkeitsverlauf lies: Schallgeschwindigkeitsverlauf;

S. 441, Gl. (7): $p_0 = p_a + g\,\varrho_0\,(h_0 - z_0)$;

S. 448, 3. statt: $\displaystyle\int \dfrac{dt}{\sqrt{a\,t^2 + 2\,b\,t + c}} =$ lies: $\displaystyle\int \dfrac{t\,dt}{\sqrt{a\,t^2 + 2\,b\,t + c}} =$;

S. 448, 4. statt: $\displaystyle\int \ldots dt = \dfrac{\pi}{2}$ lies: $\displaystyle\int\limits_{0}^{\infty} \ldots dt = \dfrac{\pi}{2}$;

S. 449, 13. statt: $\ldots = \dfrac{1}{3} \dfrac{t^2}{(1 + t^2)^{3/2}}$ lies: $= \dfrac{1}{3} \dfrac{t^3}{(1 + t^2)^{3/2}}$;

Stoßpolaren-Diagramm für $\varkappa = 1{,}400$

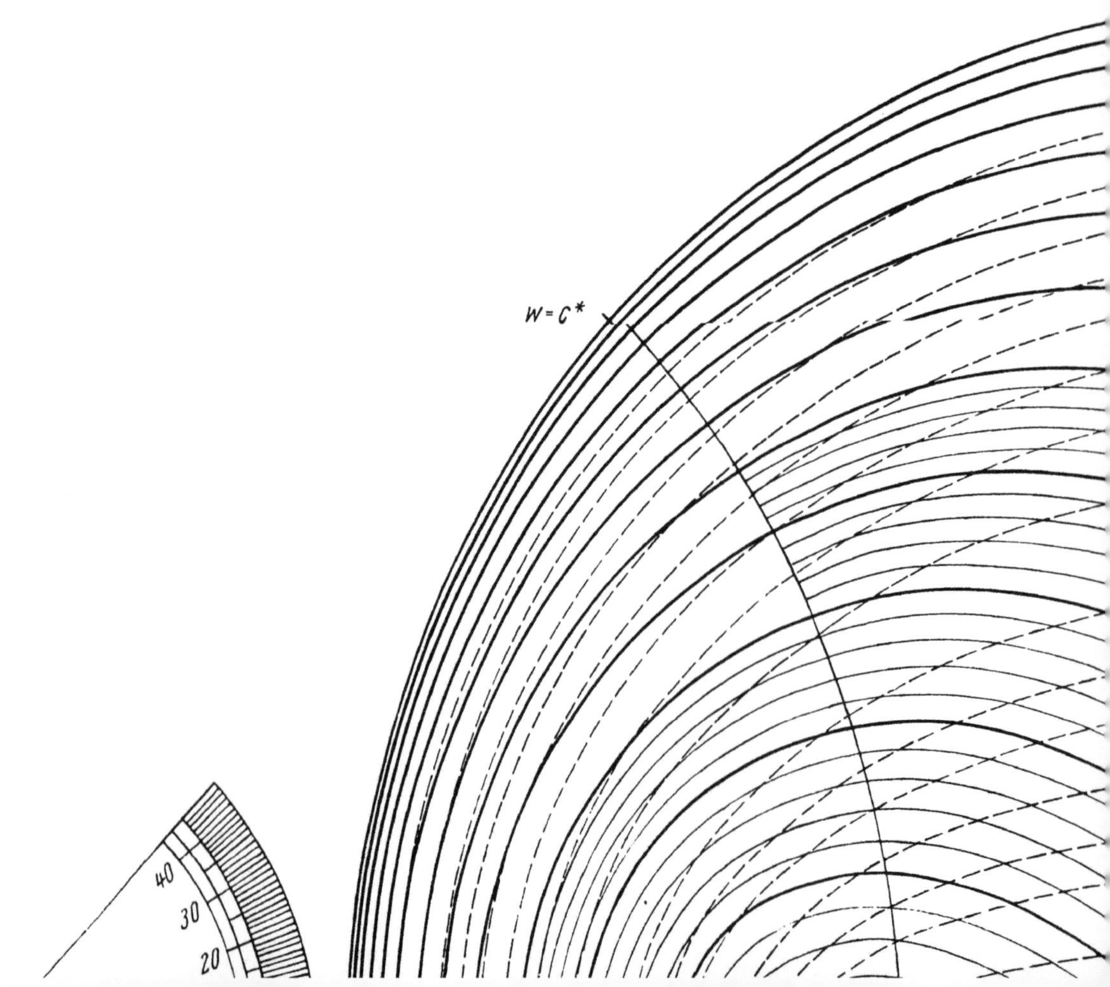

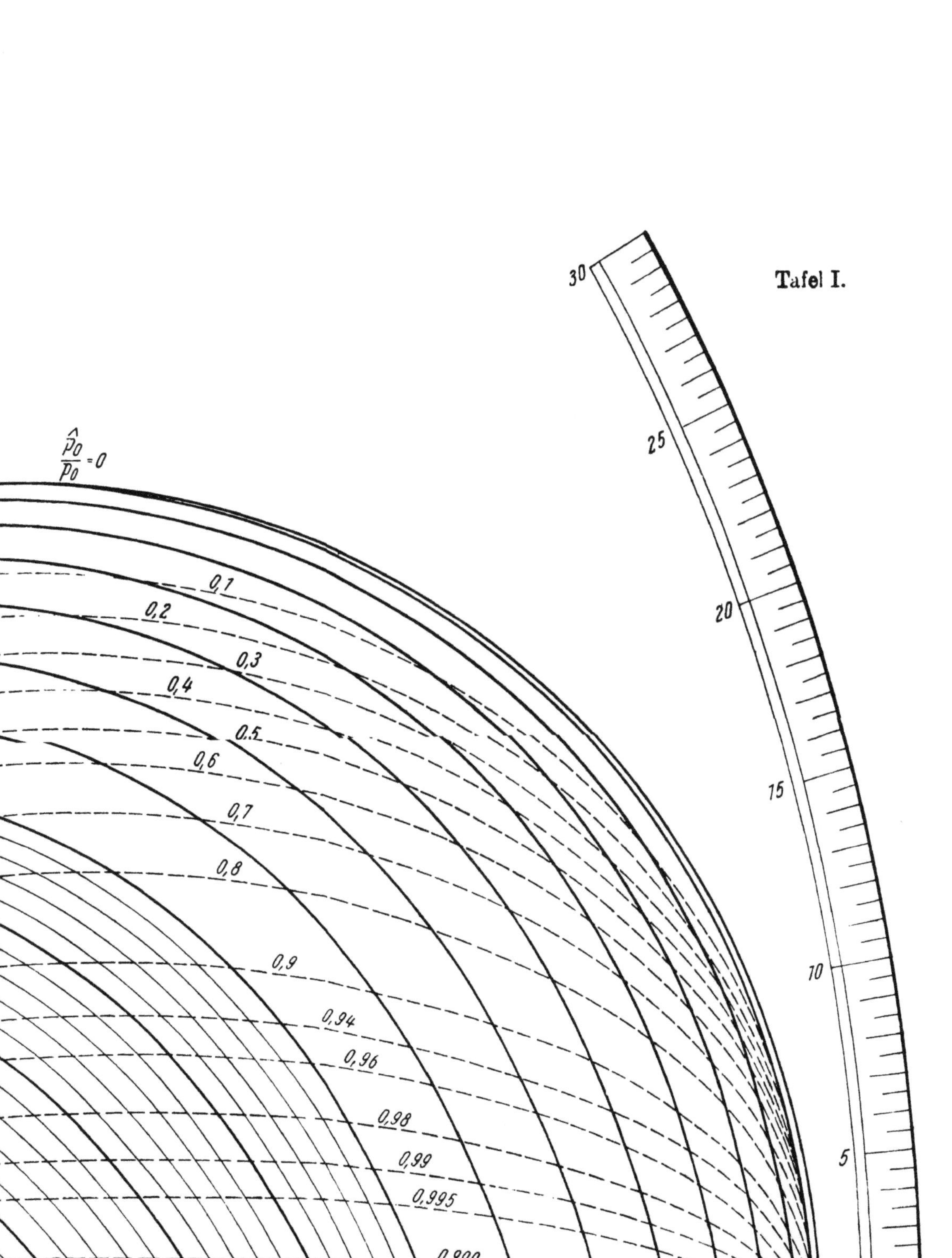

Tafel I.
30
25
20
15
10
5
$\dfrac{\hat{p}_0}{p_0}=0$
0,1
0,2
0,3
0,4
0,5
0,6
0,7
0,8
0,9
0,94
0,96
0,98
0,99
0,995
0,999

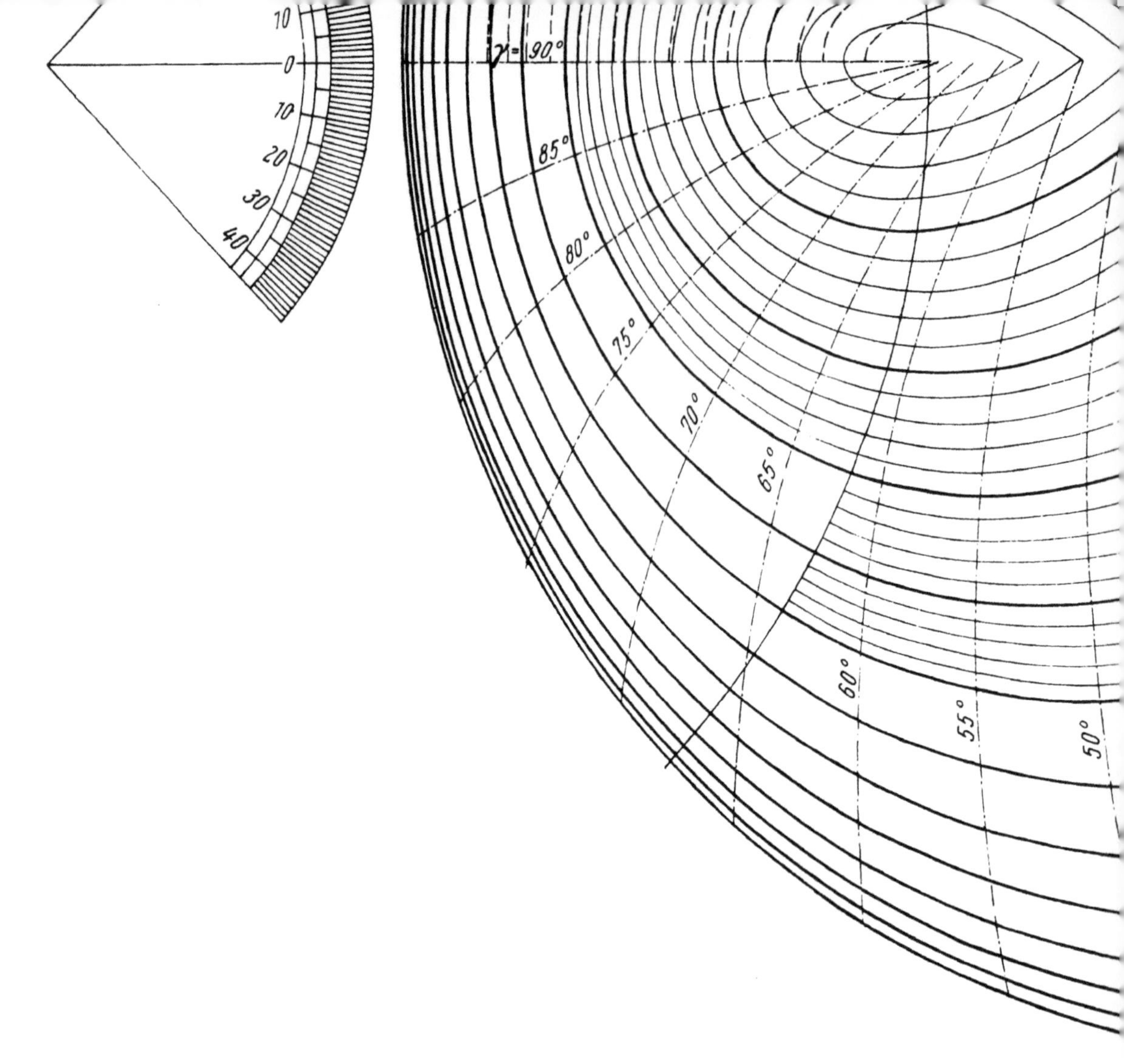

Oswatitsch, Gasdynamik

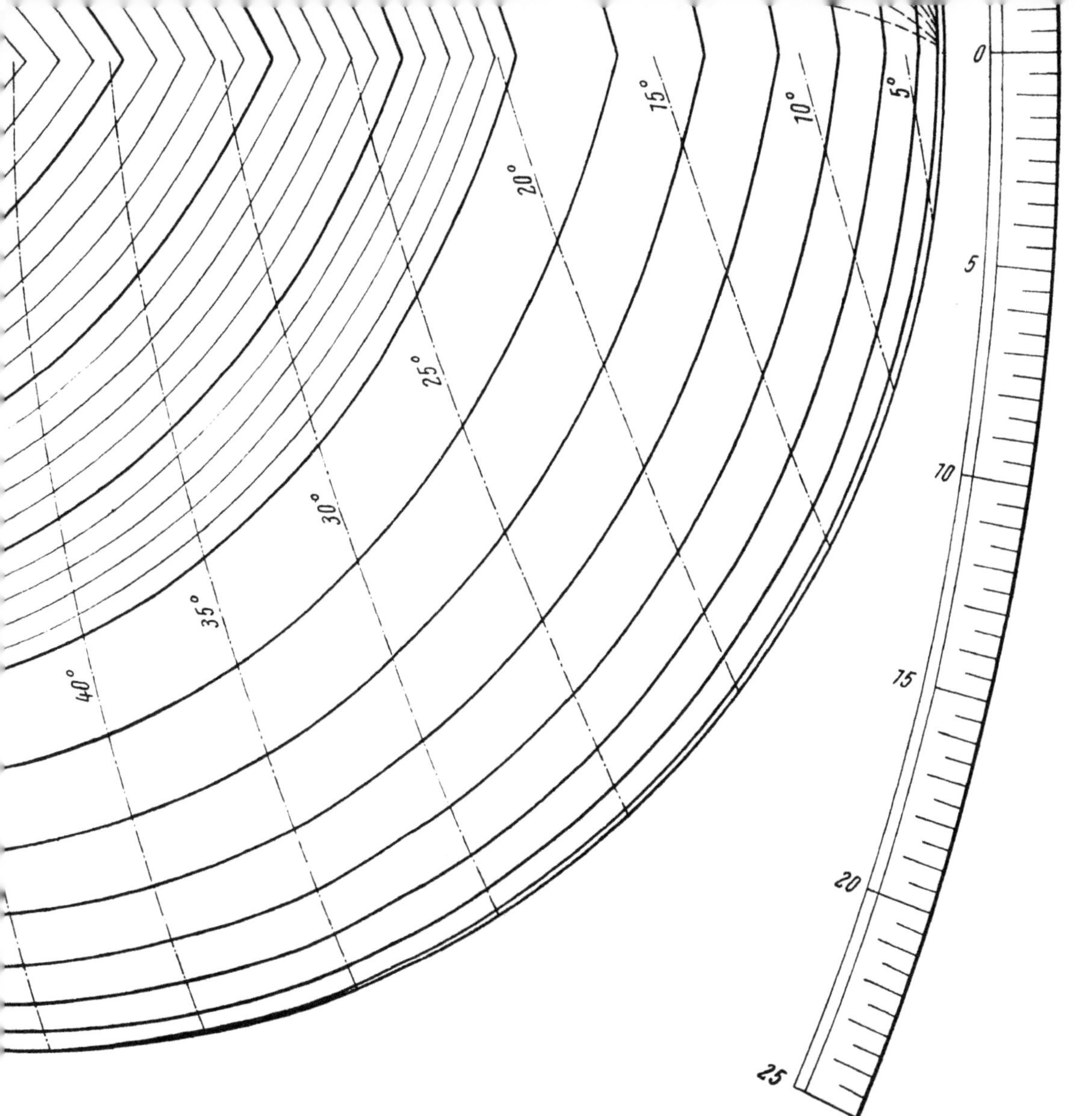

Springer-Verlag in Wien

Charakteristiken-Diagramm für $\varkappa = 1,400$

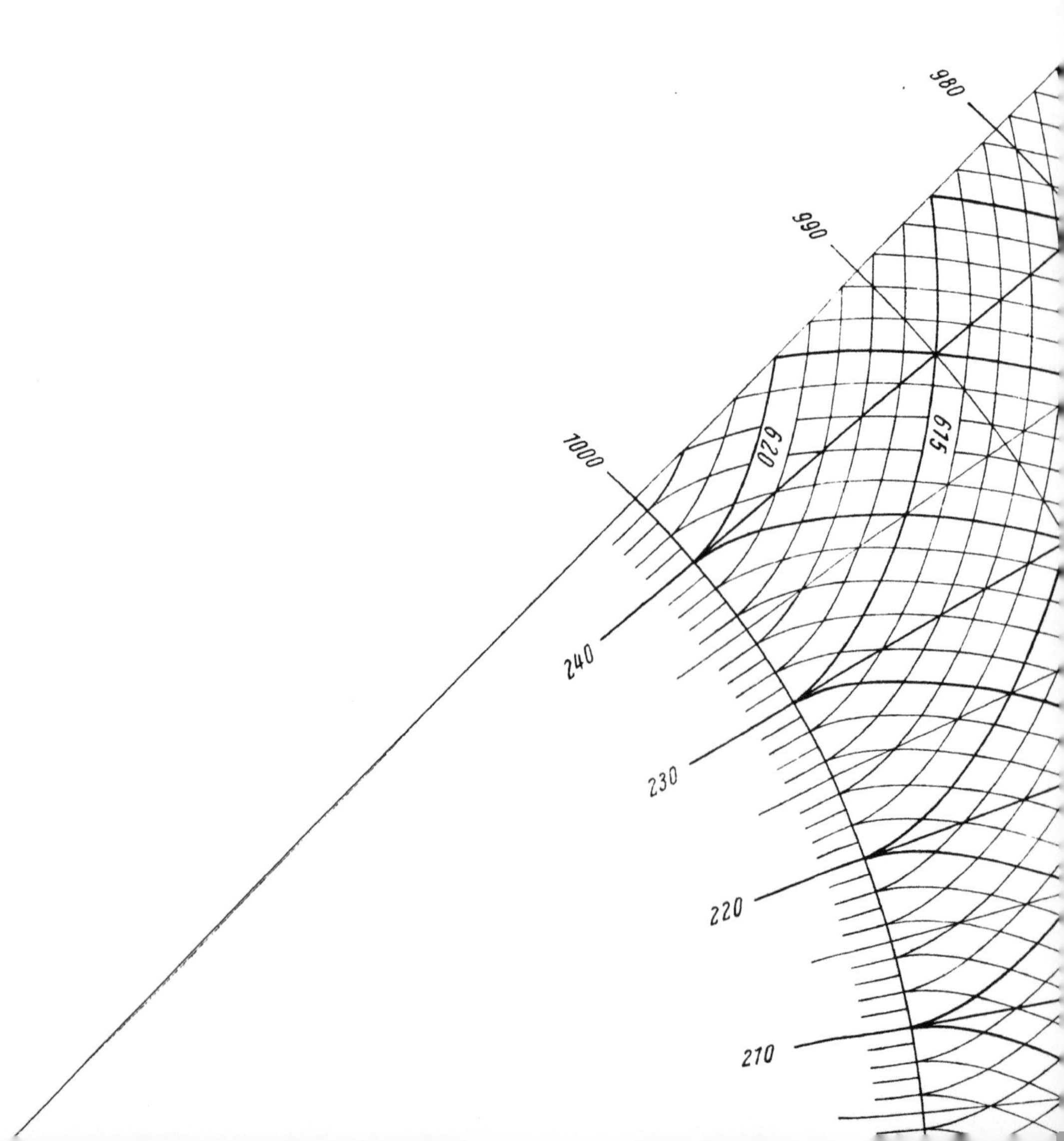

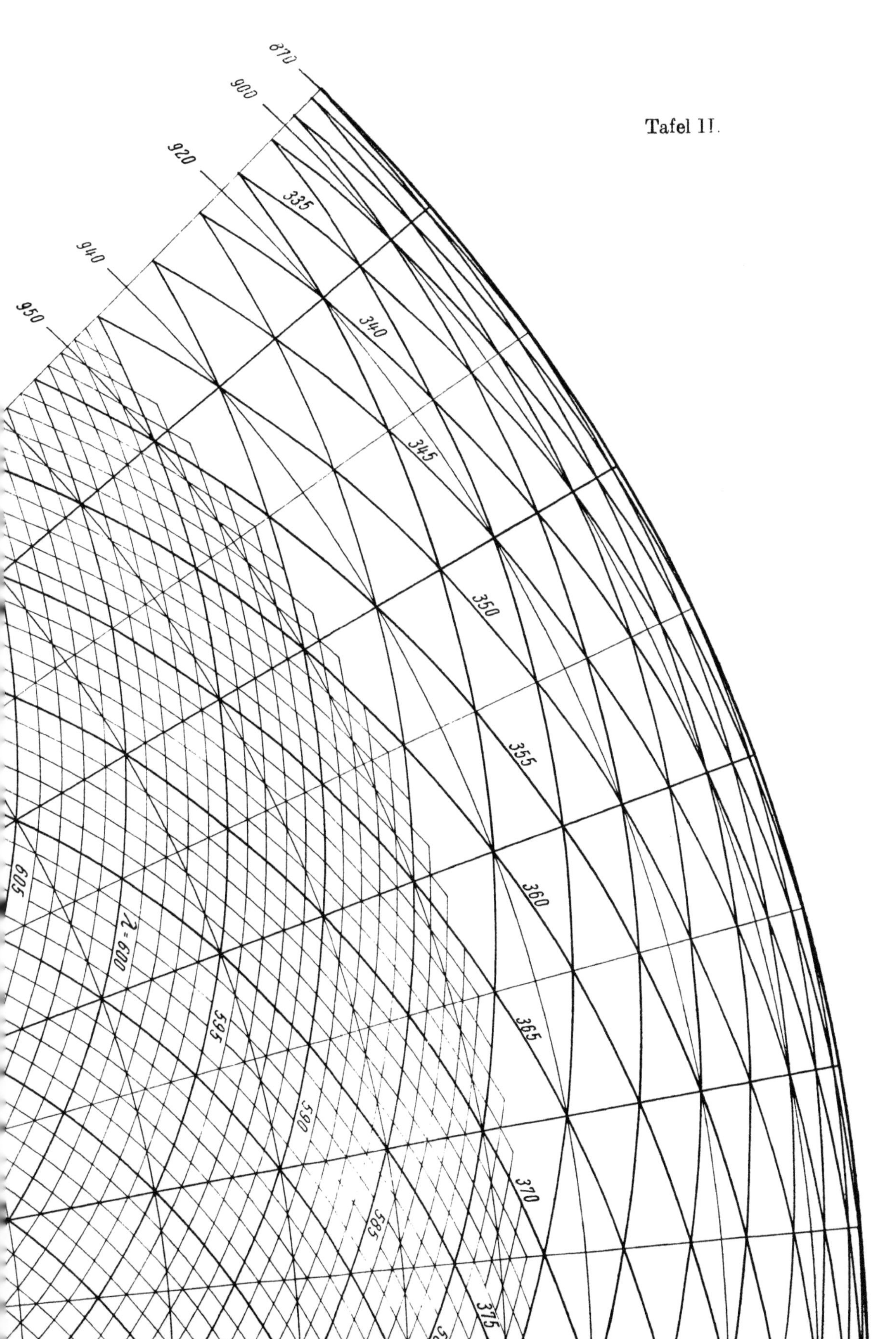

Tafel 11.
870
900
920
940
950
335
340
345
350
355
360
365
370
375
605
λ=600
595
590
585

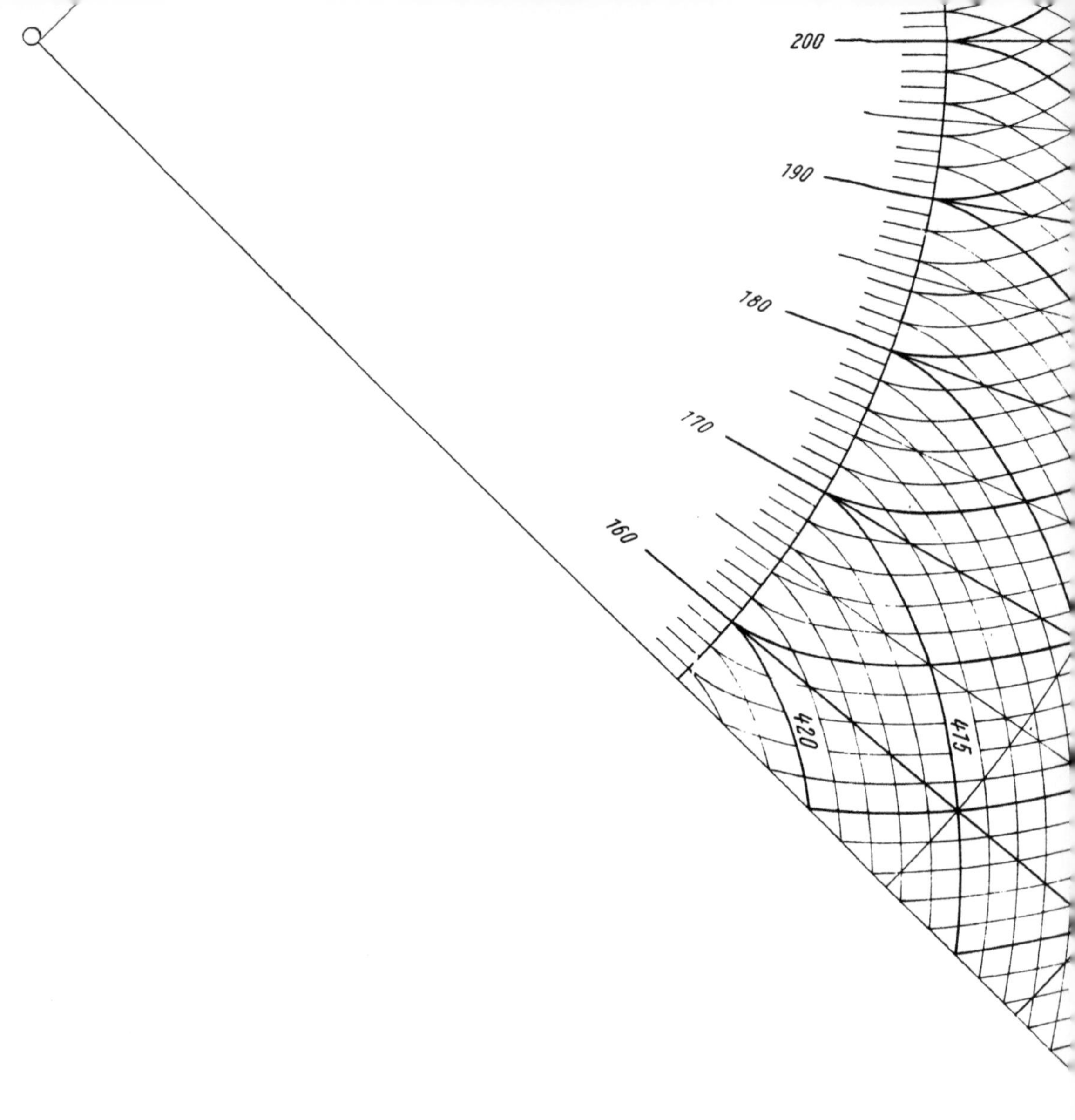

Oswatitsch, Gasdynamik

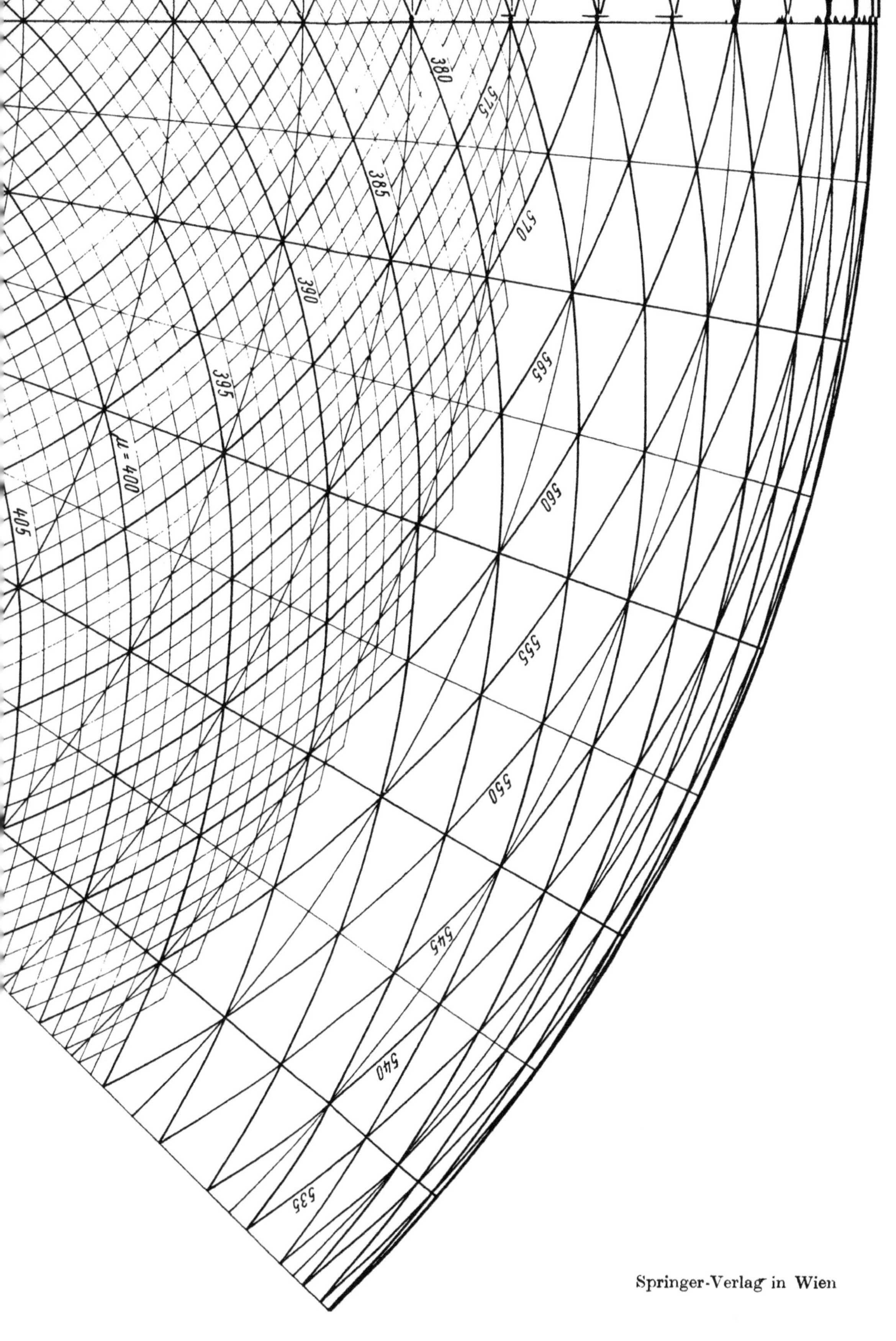

380
385
390
395
μ = 400
405
575
570
565
560
555
550
545
540
535

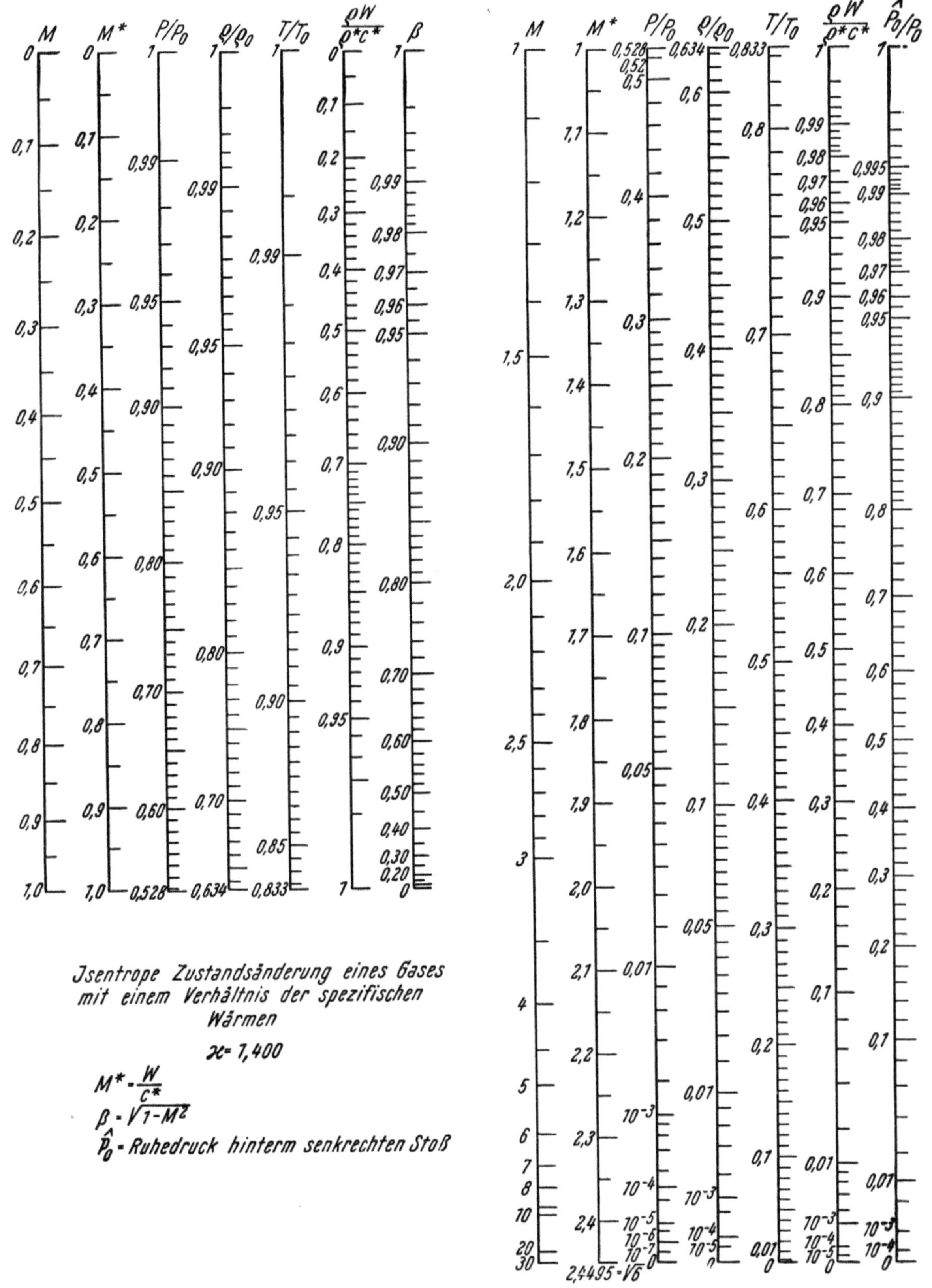
M
M*
P/P_0
ρ/ρ_0
T/T_0
ρW/ρ*c*
β
Jsentrope Zustandsänderung eines Gases
mit einem Verhältnis der spezifischen
Wärmen
ϰ = 1,400
M* = W/c*
β = √(1−M²)
P̂_0 = Ruhedruck hinterm senkrechten Stoß

MIX
Papier aus verantwortungsvollen Quellen
Paper from responsible sources
FSC® C105338
www.fsc.org

If you have any concerns about our products,
you can contact us on
ProductSafety@springernature.com

In case Publisher is established outside the EU,
the EU authorized representative is:
Springer Nature Customer Service Center GmbH
Europaplatz 3, 69115 Heidelberg, Germany

Printed by Libri Plureos GmbH
in Hamburg, Germany